3ds Max 2014

本 书 部 分 实 例 展 示

实例名称	【练习3-1】：修改参数化对象
技术掌握	了解参数化对象的含义

实例名称	【练习3-2】：通过改变球体形状创建苹果
技术掌握	了解"可编辑对象"的含义

实例名称	【练习4-1】：用长方体制作简约书架
技术掌握	"长方体"建模工具的用法

实例名称	【练习4-2】：用长方体制作书桌
技术掌握	"长方体"建模工具的用法

实例名称	【练习4-3】：用球体制作创意灯饰
技术掌握	"圆柱体"和"球体"建模工具的用法

实例名称	【练习4-4】：用圆柱体制作圆桌
技术掌握	"圆柱体"建模工具的用法

实例名称	【练习4-5】：用圆环创建木质饰品
技术掌握	"圆环"建模工具的用法

实例名称	【练习4-6】：用管状体和圆环制作水杯
技术掌握	"管状体"和"圆环"建模工具的用法

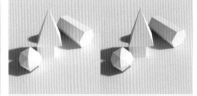

实例名称	【练习4-7】：用标准基本体制作一组石膏
技术掌握	标准基本体综合练习

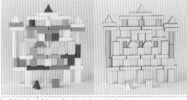

实例名称	【练习4-8】：用标准基本体制作积木
技术掌握	标准基本体综合练习

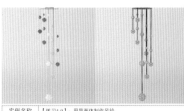

实例名称	【练习4-9】：用异面体制作风铃
技术掌握	"异面体"建模工具的用法

头例名称	【练习4-10】：用切角长方体制作餐桌椅
技术掌握	"切角长方体"建模工具的用法

U0351369

实例名称	【练习4-11】：用切角圆柱体制作简约茶几
技术掌握	"切角圆柱体"建模工具的用法

实例名称	【练习4-12】：用mental ray代理物体制作会议室座椅
技术掌握	mental ray代理物体的制作方法

实例名称	【练习4-13】：用植物制作垂柳
技术掌握	AEC扩展中的"植物"的使用方法

实例名称	【练习4-14】：创建螺旋楼梯
技术掌握	"螺旋楼梯"建模工具的用法

实例名称	【练习4-15】：用散布制作遍山野花
技术掌握	"散布"建模工具的使用方法

实例名称	【练习4-16】：用图形合并制作创意钟表
技术掌握	"图形合并"建模工具的用法

3ds Max 2014
本 书 部 分 实 例 展 示

实例名称	【练习4-17】：用布尔运算制作骰子
技术掌握	"布尔"和"塌陷"工具的用法

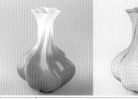

实例名称	【练习4-18】：用放样制作旋转花瓶
技术掌握	"放样"建模工具的用法

实例名称	【练习5-1】：用FFD修改器制作沙发
技术掌握	FFD修改器的使用方法

实例名称	【练习5-2】：用弯曲修改器制作花朵
技术掌握	"弯曲"修改器的用法

实例名称	【练习5-3】：用扭曲修改器制作大厦
技术掌握	"扭曲"修改器的用法

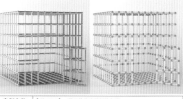

实例名称	【练习5-4】：用晶格修改器制作鸟笼
技术掌握	"晶格"修改器的用法

实例名称	【练习5-5】：用置换与噪波修改器制作海面
技术掌握	"置换"修改器的用法

实例名称	【练习6-1】：用线制作台历
技术掌握	"线"工具的使用方法

实例名称	【练习6-2】：用线制作卡通猫咪
技术掌握	"线"工具的使用方法

实例名称	【练习6-3】：用文本制作创意字母
技术掌握	"文本"建模工具的用法

实例名称	【练习6-4】：用文本制作数字灯箱
技术掌握	"文本"建模工具的用法

实例名称	【练习6-5】：用螺旋线制作现代沙发
技术掌握	"螺旋线"建模工具的用法

实例名称	【练习6-6】：用多种样条线制作糖果
技术掌握	样条线建模工具综合运用

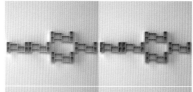

实例名称	【练习6-7】：用扩展样条线制作置物架
技术掌握	扩展样条线的使用方法

实例名称	【练习6-8】：用扩展样条线创建迷宫
技术掌握	扩展样条线的使用方法

实例名称	【练习6-9】：用车削修改器制作餐具
技术掌握	"车削"修改器的使用方法

实例名称	【练习6-10】：用车削修改器制作高脚杯
技术掌握	"车削"修改器的使用方法

实例名称	【练习6-11】：用样条线制作创意桌子
技术掌握	样条线建模工具综合运用

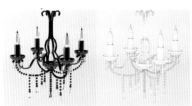

实例名称	【练习6-12】：用样条线制作水晶灯
技术掌握	样条线建模工具综合运用

实例名称	【练习6-13】：根据CAD图纸制作户型图
技术掌握	样条线建模工具综合运用

实例名称	【练习7-1】：用网格建模制作沙发
技术掌握	网格建模工具的用法

实例名称	【练习7-2】：用网格建模制作大檐帽
技术掌握	网格建模工具的用法

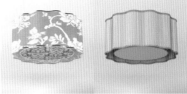

实例名称	【练习7-3】：用挤出修改器制作花朵吊灯
技术掌握	"挤出"修改器的用法

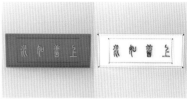

实例名称	【练习7-4】：用倒角修改器制作牌匾
技术掌握	"倒角"修改器的用法

实例名称	【练习7-5】：用倒角剖面修改器制作三维文字
技术掌握	"倒角剖面"修改器的用法

实例名称	【练习7-6】：用对称修改器制作字母休闲椅
技术掌握	"对称"修改器的用法

实例名称	【练习7-7】：用优化与专业优化修改器优化模型
技术掌握	"优化"和"专业优化"修改器的用法

实例名称	【练习7-8】：用网格平滑修改器制作樱桃
技术掌握	"网格平滑"修改器的用法

实例名称	【练习8-1】：用多边形建模制作足球
技术掌握	多边形建模方法

实例名称	【练习8-2】：用多边形建模制作布料
技术掌握	多边形建模方法

实例名称	【练习8-3】：用多边形建模制作单人沙发
技术掌握	多边形建模方法

实例名称	【练习8-4】：用多边形建模制作向日葵
技术掌握	多边形建模方法

实例名称	【练习8-5】：用多边形建模制作藤椅
技术掌握	多边形建模方法

实例名称	【练习8-6】：用多边形建模制作苹果手机
技术掌握	多边形建模方法

实例名称	【练习8-7】：用多边形建模制作欧式别墅
技术掌握	多边形建模方法

实例名称	【练习9-1】：用Graphite建模工具制作床头柜
技术掌握	"Graphite建模工具"的使用方法

3ds Max 2014

本 书 部 分 实 例 展 示

实例名称	【练习9-2】：用Graphite工具制作欧式台灯
技术掌握	"Graphite建模工具"的使用方法

实例名称	【练习9-3】：用Graphite工具制作麦克风
技术掌握	"Graphite建模工具"的使用方法

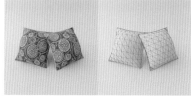

实例名称	【练习10-1】：用NURBS建模制作抱枕
技术掌握	NURBS建模工具的使用方法

实例名称	【练习10-2】：用NURBS建模制作植物叶片
技术掌握	NURBS建模工具的使用方法

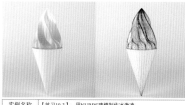

实例名称	【练习10-3】：用NURBS建模制作冰激凌
技术掌握	NURBS建模工具的使用方法

实例名称	【练习10-4】：用NURBS建模制作花瓶
技术掌握	NURBS建模工具的使用方法

实例名称	【练习11-1】：用目标摄影机制作花丛景深
技术掌握	目标摄影机的使用方法

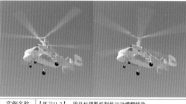

实例名称	【练习11-2】：用目标摄影机制作运动模糊特效
技术掌握	目标摄影机的使用方法

实例名称	【练习11-3】：测试VRay物理像机的缩放因数
技术掌握	VRay物理像机的使用方法-

实例名称	【练习11-4】：测试VRay物理像机的光晕
技术掌握	VRay物理像机的使用方法

实例名称	【练习11-5】：测试VRay物理像机的快门速度
技术掌握	VRay物理像机的使用方法

实例名称	【练习12-1】：用目标灯光制作餐厅夜晚灯光
技术掌握	3ds Max目标灯光的用法

实例名称	【练习12-2】：用目标聚光灯制作餐厅日光
技术掌握	3ds Max目标聚光灯的用法

实例名称	【练习12-3】：用目标平行光制作阴影效果
技术掌握	3ds Max目标平行光的用法

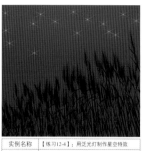

实例名称	【练习12-4】：用泛光灯制作星空特效
技术掌握	3ds Max泛光灯的用法

实例名称	【练习12-5】：用mr区域泛光灯制作荧光棒
技术掌握	mr区域泛光灯的用法

实例名称	【练习12-6】：用mr区域聚光灯制作焦散
技术掌握	mr区域聚光灯的用法

实例名称	【练习12-7】：用VRay光源制作客厅灯光效果
技术掌握	VRay光源的用法

实例名称	【练习12-8】：用VRay太阳制作室内阳光
技术掌握	VRay太阳的用法

实例名称	【练习12-9】：用VRay太阳制作室外阳光
技术掌握	VRay太阳的用法

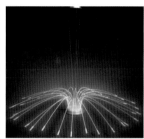

实例名称	【练习13-1】：用标准材质制作发光材质
技术掌握	3ds Max标准材质的用法

实例名称	【练习13-2】：用混合材质制作雕花玻璃效果
技术掌握	3ds Max混合材质的用法

实例名称	【练习13-3】：墨水油漆材质制作卡通效果
技术掌握	3ds Max墨水油漆材质的用法

实例名称	【练习13-4】：用VRayMtl材质制作陶瓷材质
技术掌握	VRayMtl材质的使用方法

实例名称	【练习13-5】：用VRayMtl材质制作银材质
技术掌握	VRayMtl材质的使用方法

实例名称	【练习13-6】：用VRayMtl材质制作水晶材质
技术掌握	VRayMtl材质的使用方法

实例名称	【练习13-7】：用VRayMtl材质制作卫生间材质
技术掌握	VRayMtl材质的使用方法

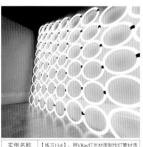

实例名称	【练习13-8】：用VRay灯光材质制作灯管材质
技术掌握	VRay灯光材质的用法

实例名称	【练习13-9】：用VRay混合材质制作钻戒材质
技术掌握	VRay混合材质的用法

实例名称	【练习13-10】：用位图贴图制作书本材质
技术掌握	位图贴图的用法

3ds Max 2014

本 书 部 分 实 例 展 示

实例名称	【练习13-11】：用渐变贴图制作渐变花瓶材质
技术掌握	渐变贴图的用法

实例名称	【练习13-12】：用平铺贴图制作地砖材质
技术掌握	平铺贴图的用法

实例名称	【练习13-13】：用衰减贴图制作水墨材质
技术掌握	衰减贴图的用法

实例名称	【练习13-14】：用噪波贴图制作茶水材质
技术掌握	噪波贴图的用法

实例名称	【练习14-1】：为效果图添加室外环境贴图
技术掌握	背景与全局照明的设置方法

实例名称	【练习14-2】：测试全局照明
技术掌握	全局照明的设置方法

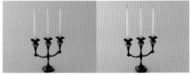

实例名称	【练习14-3】：用火效果制作蜡烛火焰
技术掌握	火效果的设置方法

实例名称	【练习14-4】：用雾效果制作海底烟雾
技术掌握	雾效果的设置方法

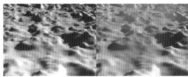

实例名称	【练习14-5】：用体积雾制作荒漠沙尘雾
技术掌握	体积雾效果的设置方法

实例名称	【练习14-6】：用体积光为CG场景添加体积光
技术掌握	体积光效果的设置方法

实例名称	【练习14-7】：用镜头效果制作镜头特效
技术掌握	镜头效果的设置方法

实例名称	【练习14-8】：用模糊效果制作奇幻CG特效
技术掌握	模糊效果的设置方法

实例名称	【练习14-9】：用亮度/对比度效果调整场景的亮度与对比度
技术掌握	亮度/对比度的设置方法

实例名称	【练习14-10】：用色彩平衡效果调整场景的色调
技术掌握	色彩平衡的设置方法

实例名称	【练习14-11】：用胶片颗粒效果制作老电影画面
技术掌握	胶片颗粒的设置方法

实例名称	【练习15-1】：用默认扫描线渲染器渲染水墨画
技术掌握	扫描线渲染器的用法

实例名称	【练习15-2】：用VRay渲染器渲染玻璃材质
技术掌握	VRay渲染器的用法

实例名称	【练习15-3】：用VRay渲染器渲染钢琴烤漆材质
技术掌握	VRay渲染器的用法

实例名称	【练习15-4】：用VRay渲染器渲染红酒材质
技术掌握	VRay渲染器的使用方法

实例名称	【练习】：用mental ray渲染器渲染牛奶场景
技术掌握	mental ray渲染器的用法

实例名称	综合练习1——制作室内效果图
技术掌握	VRay材质、灯光、渲染综合运用

实例名称	综合练习3——制作建筑效果图
技术掌握	VRay材质、灯光、渲染综合运用

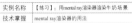

实例名称	【练习17-1】：用粒子流源制作影视包装文字动画
技术掌握	用PF Source（粒子流源）制作影视动画

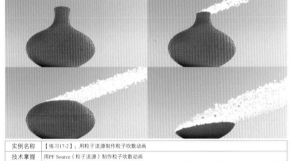

实例名称	【练习17-2】：用粒子流源制作粒子吹散动画
技术掌握	用PF Source（粒子流源）制作粒子吹散动画

实例名称	【练习17-3】：用粒子流源制作烟花爆炸动画
技术掌握	用PF Source（粒子流源）制作烟花爆炸动画

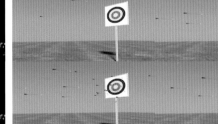

实例名称	【练习17-4】：用粒子流源制作放箭动画
技术掌握	用PF Source（粒子流源）制作放箭动画

实例名称	【练习17-5】：用粒子流源制作手写字动画
技术掌握	用PF Source（粒子流源）制作手写字动画

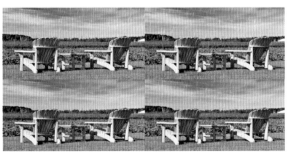

实例名称	【练习17-6】：用喷射粒子制作下雨动画
技术掌握	喷射粒子的使用方法

实例名称	【练习17-7】：用雪粒子制作雪花飘落动画
技术掌握	用雪粒子模拟下雪动画效果

实例名称	【练习17-8】：用超级喷射粒子制作烟雾动画
技术掌握	用超级喷射粒子模拟烟雾动画

实例名称	【练习17-9】：用超级喷射粒子制作喷泉动画
技术掌握	用超级喷射粒子模拟喷泉动画

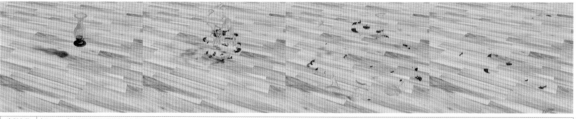

实例名称	【练习17-10】：用粒子阵列制作花瓶破碎动画
技术掌握	用粒子阵列模拟破碎动画

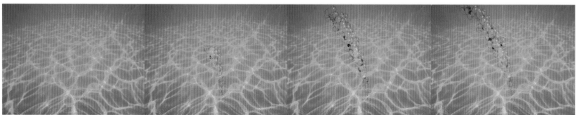

实例名称	【练习17-11】：用推力制作冒泡泡动画
技术掌握	超级喷射粒子配合推力制作冒泡泡动画

实例名称	【练习17-12】：用漩涡力制作蝴蝶飞舞动画
技术掌握	超级喷射粒子配合漩涡力制作蝴蝶飞舞动画

实例名称	【练习17-13】：用路径跟随制作树叶飞舞动画
技术掌握	超级喷射粒子配合路径制作树叶飞舞动画

实例名称	【练习17-14】：用风力制作海面波动动画
技术掌握	用粒子阵列配合风力模拟水浪波动效果

实例名称	【练习17-15】：用爆炸变形制作汽车爆炸动画
技术掌握	用爆炸变形模拟爆炸动画

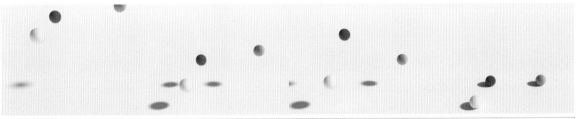

实例名称	【练习18-1】：制作弹力球动力学刚体动画
技术掌握	将选定项设置为动力学刚体工具，将选定项设置为静态刚体工具

实例名称	【练习18-2】：制作硬币散落动力学刚体动画
技术掌握	将选定项设置为动力学刚体工具，将选定项设置为静态刚体工具

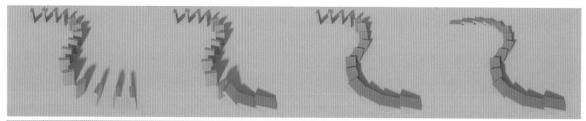

实例名称	【练习18-3】：制作多米诺骨牌动力学刚体动画
技术掌握	将选定项设置为动力学刚体工具

实例名称	【练习18-4】：制作茶壶下落动力学刚体动画
技术掌握	将选定项设置为动力学刚体工具，将选定项设置为静态刚体工具

实例名称	【练习18-5】：制作球体撞墙运动学刚体动画
技术掌握	将选定项设置为动力学刚体工具，将选定项设置为运动学刚体工具

实例名称	【练习18-6】：制作汽车碰撞运动学刚体动画
技术掌握	将选定项设置为运动学刚体工具，将选定项设置为动力学刚体工具，将选定项设置为静态刚体工具

实例名称	【练习18-7】：用Cloth（布料）修改器制作毛巾动画
技术掌握	Cloth（布料）修改器的使用方法

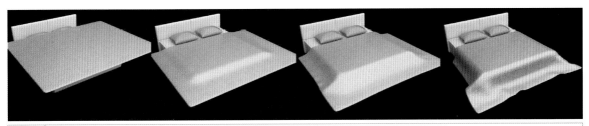

实例名称	【练习18-8】：用Cloth（布料）修改器制作床单下落动画
技术掌握	Cloth（布料）修改器的使用方法

实例名称	【练习18-9】：用Cloth（布料）修改器制作布料下落动画
技术掌握	Cloth（布料）修改器的使用方法

实例名称	【练习18-10】：用Cloth（布料）修改器制作旗帜飘扬动画
技术掌握	风力配合Cloth（布料）修改器制作旗帜飘扬动画

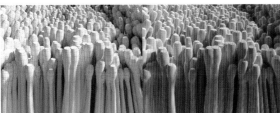  

实例名称	【练习19-1】：用Hair和Fur（WSN）修改器制作海葵
技术掌握	Hair和Fur（WSN）修改器的用法

实例名称	【练习19-2】：用Hair和Fur（WSN）修改器制作仙人球
技术掌握	Hair和Fur（WSN）修改器的用法

实例名称	【练习19-3】：用Hair和Fur（WSN）修改器制作油画笔
技术掌握	Hair和Fur（WSN）修改器的用法

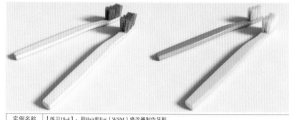

实例名称	【练习19-4】：用Hair和Fur（WSM）修改器制作牙刷
技术掌握	Hair和Fur（WSN）修改器的用法

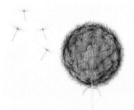

实例名称	【练习19-5】：用Hair和Fur（WSN）修改器制作蒲公英
技术掌握	Hair和Fur（WSN）修改器的用法

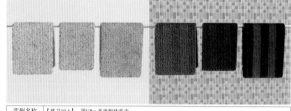

实例名称	【练习19-6】：用VRay毛发制作毛巾
技术掌握	VRay毛发的用法

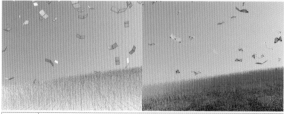

实例名称	【练习19-7】：用VRay毛发制作草地
技术掌握	VRay毛发的用法

实例名称	【练习19-8】：用VRay毛发制作地毯
技术掌握	VRay毛发的用法

实例名称	【练习20-1】：用自动关键点制作风车旋转动画
技术掌握	自动关键点动画技术的运用

实例名称	【练习20-2】：用自动关键点制作茶壶扭曲动画
技术掌握	自动关键点动画技术的运用

实例名称	【练习20-3】：用曲线编辑器制作蝴蝶飞舞动画
技术掌握	用曲线编辑器编辑动画曲线

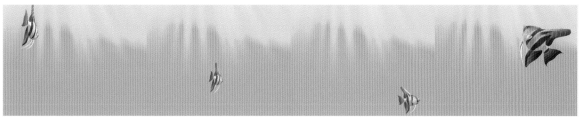

实例名称	【练习20-4】：用路径约束制作金鱼游动动画
技术掌握	路径约束技术的运用

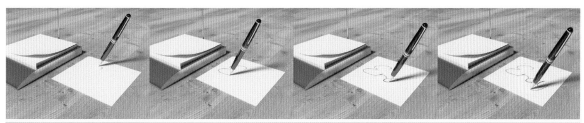

实例名称	【练习20-5】：用路径约束制作写字动画
技术掌握	用路径约束配合路径变形绑定（WSM）修改器制作写字动画

实例名称	【练习20-6】：用路径约束制作摄影机动画
技术掌握	路径约束技术的运用

实例名称	【练习20-7】：用路径约束制作星形发光圈
技术掌握	路径约束技术的运用

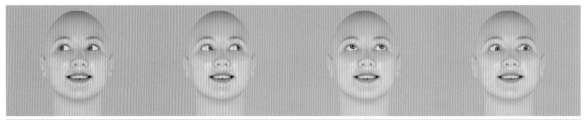

实例名称	【练习20-8】：用注视约束制作人物眼神动画
技术掌握	用点辅助对象配合注视约束制作眼神动画

实例名称	【练习20-9】：用变形器修改器制作露珠变形动画
技术掌握	变形器修改器的运用

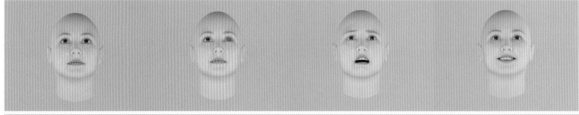

实例名称	【练习20-10】：用变形器修改器制作人物面部表情动画
技术掌握	变形器修改器的运用

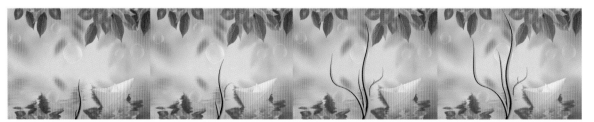

实例名称	【练习20-11】：用路径变形（WSM）修改器制作植物生长动画
技术掌握	路径变形（WSM）修改器的运用

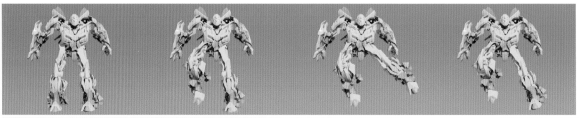

实例名称	【练习21-1】：为变形金刚创建骨骼
技术掌握	骨骼工具、IK肢体解算器

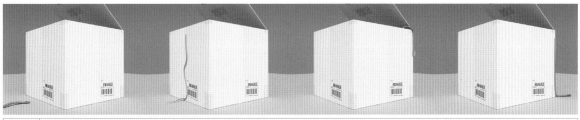

实例名称	【练习21-2】：用样条线IK解算器制作爬行动画
技术掌握	样条线IK解算器的运用

实例名称	【练习21-3】：用Biped制作人体行走动画
技术掌握	Biped工具的运用

实例名称	【练习21-4】：用Biped制作搬箱子动画
技术掌握	Biped工具的运用

实例名称	【练习21-5】：用群组和代理辅助对象制作群集动画
技术掌握	群组和代理辅助对象的运用

实例名称	【练习21-6】：用CATParent制作动物行走动画
技术掌握	CATParent工具的运用

实例名称	【练习21-7】：用CATParent制作恐龙动画
技术掌握	CATParent工具的运用

实例名称	综合练习1——用Biped制作人物打斗动画
技术掌握	动画技术综合运用

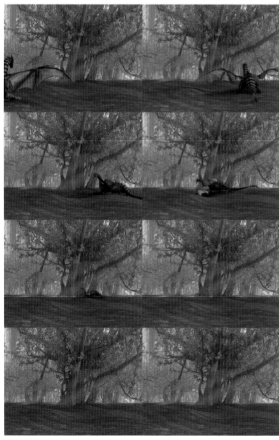

实例名称	综合练习2——用CATParent制作飞龙爬树动画
技术掌握	动画技术综合运用

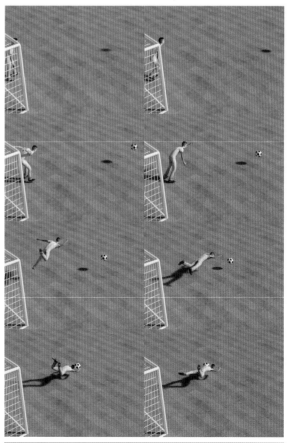

实例名称	综合练习3——制作守门员救球动画
技术掌握	动画技术综合运用

Autodesk

中文版 **3ds Max** 2014
技术大全

朱江 编著

人民邮电出版社

北 京

图书在版编目（CIP）数据

中文版3ds Max 2014技术大全 / 朱江编著. -- 北京：
人民邮电出版社，2014.6（2019.1重印）
ISBN 978-7-115-35110-4

Ⅰ. ①中… Ⅱ. ①朱… Ⅲ. ①三维动画软件 Ⅳ.
①TP391.41

中国版本图书馆CIP数据核字(2014)第062849号

内 容 提 要

这是一本全面介绍 3ds Max 2014 基本功能及实际运用的书，也是一本 3ds Max 功能速查完全手册。

本书从 3ds Max 2014 基本操作入手，结合大量的可操作性实例，全面而深入地阐述了 3ds Max 的建模、材质、灯光、渲染、粒子、动力学、毛发和动画等方面的技术。同时，本书还结合当前最流行的渲染器 VRay 和 mental ray 进行讲解，向读者展示了如何运用 VRay 和 mental ray 在 3ds Max 平台上进行室内设计、建筑表现、产品设计、动画制作等领域的渲染表现。

本书共有 21 章，每章分别介绍一个或多个技术板块的内容，讲解过程细腻，实例数量丰富，通过丰富的练习，读者可以轻松而有效地掌握软件技术，避免被枯燥的理论密集轰炸。

本书附带 1 张 DVD 光盘，内容包括本书所有练习的案例文件。教学软件的版本分别是中文版 3ds Max 2014 和中文版 VRay 2.0。

本书非常适合作为初、中级读者的入门及提高参考书，或者作为案头必备的功能速查手册。

◆ 编　　著　朱　江
　　责任编辑　孟飞飞
　　责任印制　程彦红

◆ 人民邮电出版社出版发行　　北京市丰台区成寿寺路 11 号
　　邮编　100164　　电子邮件　315@ptpress.com.cn
　　网址　http://www.ptpress.com.cn
　　固安县铭成印刷有限公司印刷

◆ 开本：787×1092　1/16
　　印张：78　　　　　　　　　　彩插：8
　　字数：2 290 千字　　　　　　2014 年 6 月第 1 版
　　印数：7 901－8 400 册　　　　2019 年 1 月河北第 11 次印刷

定价：128.00 元（附光盘）

读者服务热线：(010)81055410　印装质量热线：(010)81055316
反盗版热线：(010)81055315
广告经营许可证：京东工商广登字 20170147 号

Autodesk的3ds Max是世界顶级的三维制作软件之一。它的强大功能使其从诞生以来就一直受到CG艺术家的喜爱。3ds Max在模型塑造、场景渲染、动画及特效等方面都能制作出高品质的对象，这也使其在室内设计、建筑表现、影视与游戏制作等领域中占据领导地位，成为全球最受欢迎的三维制作软件之一。

本书是初学者自学中文版3ds Max 2014的经典畅销图书。全书从实用角度出发，全面、系统地讲解了中文版3ds Max 2014所有应用功能，基本上涵盖了中文版3ds Max 2014的全部工具、面板、对话框和菜单命令。书中在介绍软件功能的同时，还精心安排了具有针对性的练习案例，帮助读者轻松掌握软件使用技巧和具体应用，以做到学用结合。

图书结构与内容

全书共有21章，从基础的3ds Max 2014应用领域开始讲起，先介绍软件的界面和操作方法，然后讲解软件的功能，包含3ds Max 2014的基本操作、建模技术、灯光技术、摄影机技术、材质与贴图技术、环境和效果技术、渲染技术，再到粒子系统与空间扭曲、动力学、毛发系统和动画技术等高级功能。

本书内容非常全面，涉及各种实用模型制作、场景布光、摄影机景深和运动模糊、场景材质与贴图设置、场景环境和效果设置、VRay和mental ray渲染参数设置、粒子动画、动力学刚体动画、场景毛发、关键帧动画、约束动画、变形动画，以及角色动画（骨骼与蒙皮）等。

DVD光盘说明

本书附带1张DVD教学光盘，内容包括本书所有实例文件、场景文件、贴图文件，同时我们还准备了500套常用单体模型、5套CG场景、15套效果图场景、5000多幅经典位图贴图和180幅高动态HDRI贴图等电子文档赠送给读者。读者在学完本书内容以后，可以调用这些资源进行深入练习。

图书售后服务

在学习技术的过程中会碰到一些难解的问题，我们衷心地希望能够为广大读者提供力所能及的阅读服务，尽可能地帮助大家解决一些实际问题。如果大家在学习过程中需要我们的支持，请通过以下方式与我们取得联系，我们将尽力解答。

客服/投稿QQ：996671731
客服邮箱：iTimes@126.com
祝您在学习的道路上百尺竿头，更进一步！

编　者
2014年4月

目录

9

第 1 章

进入3ds Max 2014 的世界

本章导读

3ds Max是一款综合性很强的3D制作软件,在学习之前,我们先来了解一下这款软件的前世今生,认识其功能特色,这样会有助于后面的学习。本章主要涉及软件的起源及发展史、软件的功能特点、软件的应用领域、软件对计算机配置需求、项目工作流和如何学习该软件这几方面内容。通过学习本章的这些知识,读者将会对3ds Max有一个宏观的认识,最起码知道3ds Max是什么、3ds Max可以做什么,以及如何学习3ds Max。

1.1 认识3ds Max

1.1.1 什么是3ds Max

3ds Max是Autodesk公司开发的基于PC系统的三维动画渲染和制作软件，其前身是基于DOS操作系统的3D Studio系列软件，目前的最新版本是3ds Max 2014，如图1-1所示。

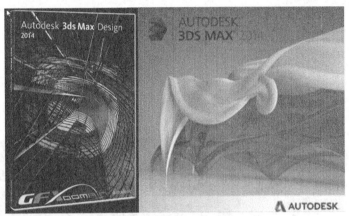

图1-1

3ds Max是目前基于PC平台上最为流行的三维制作软件之一，它为用户提供了一个"集3D建模、动画、渲染和合成于一体"的综合解决方案。虽然3ds Max的功能强大，但是凭借其简单快捷的操作方式，深受广大用户的喜爱，以至于在很多新兴行业都可以看到该软件的应用。

1.1.2 3ds Max的发展历史

1990年，Autodesk成立多媒体部，推出了第一款动画软件——3D Studio。

1996年，Autodesk成立Kinetix分部负责3D Studio的发行。

1999年，Autodesk收购Discreet Logic公司，并与Kinetix合并成立了新的Discreet分部。

DOS版本的3D Studio 诞生于20世纪80年代末，那时只要有一台386 DX 以上的微机就可以圆一个电脑设计师的梦。但是进入20世纪90年代后，PC业以及Windows操作系统的进步，使DOS下的设计软件在颜色深度、内存、渲染和速度上存在严重不足，同时基于工作站的大型三维设计软件Softimage、Lightwave等在电影特技行业取得了巨大的成功，这使3D Studio的设计者决心迎头赶上。与前述软件不同，3D Studio从DOS向Windows移植非常困难，所以3ds Max的开发几乎是从零开始的，下面简要介绍一下它的发展历程。

❖ 3D Studio MAX 1.0

1996年4月，3D Studio MAX 1.0诞生了，这是3D Studio系列的第一个Windows版本。

❖ 3D Studio MAX R2

1997年8月4日，Autodesk在洛杉矶Siggraph 97上正式发布了3D Studio MAX R2，新的软件不仅具有超过以往3D Studio MAX几倍的性能，而且还支持各种三维图形应用程序开发接口，包括OpenGL和Direct3D，同时针对Intel Pentium Pro和Pentium II处理器进行了优化，特别适合Intel Pentium多处理器系统。

❖ 3D Studio MAX R3

在1999年4月的圣何塞游戏开发者会议上，3D Studio MAX R3正式发布，这是带有Kinetix标志的最后版本。

❖ Discreet 3ds max 4

在新奥尔良的Siggraph 2000会议中，Discreet 3ds max 4正式发布。从4.0版开始，软件名称改为3ds max，新版本主要在角色动画制作方面有了较大提高。

❖ Discreet 3ds max 5

Autodesk在2002年6月发布了3ds max 5，这是第一版本支持早先版本的插件格式，3ds max 4的插件可以用在3ds max 5上，不用从新编写。3ds max 5在动画制作、纹理、场景管理工具、建模和灯光等方面都有所提高，加入了骨骼工具（Bone Tools）和重新设计的UV工具（UV Tools）。

❖ Discreet 3ds max 6

2003年7月，Discreet公司发布了3ds max 6，主要集成了mental ray渲染器。

❖ Discreet 3ds max 7

Discreet公司于2004年8月3日发布该版本，3ds max 7为了满足用户对威力强大而且使用方便的非线性动画工具的需求，集成了高级人物动作工具套件Character studio，并且从这个版本开始，3ds max正式支持法线贴图技术。

❖ Autodesk 3ds Max 8

2005年10月11日，Autodesk宣布3ds Max软件的最新版本3ds Max 8正式发售，注意新版软件名称中的m已经变成大写的M。

❖ Autodesk 3ds Max 9

Autodesk在Siggraph 2006 User Group大会上正式公布3ds Max 9，并且首次发布包含32位和64位的版本。

> **提示：** 这里的32位和64位指的是计算机的CPU一次能处理的最大位数，32位计算机的CPU一次最多能处理32位数据，而64位计算机的CPU一次最多能处理64位数据。由于CPU分32位和64位，所以操作系统也分32位和64位，64位计算机可以安装32位操作系统，但是32位绝对不能安装64位操作系统，同理64位操作系统下可以安装32位应用软件，但是32位操作系统下绝对不能安装64位应用软件。

❖ Autodesk 3ds Max 2008

在圣地亚哥的Siggraph 2007会议上，该版本正式发布，它正式支持Windows Vista操作系统。

❖ Autodesk 3ds Max 2009

2008年2月12日，Autodesk宣布推出Autodesk 3ds Max软件的两个新版本，分别是面向娱乐专业人士的3ds Max 2009和面向建筑师、设计师以及可视化专业人士的3ds Max Design 2009。Autodesk 3ds Max 的两个版本均提供了新的渲染功能、增强了与包括Revit软件在内的行业标准产品之间的互通性，以及更多的节省大量时间的动画和制图工作流工具。3ds Max Design 2009还提供了灯光模拟和分析技术。

❖ Autodesk 3ds Max 2010

2009年4月，3ds Max 2010终于浮出水面，新版本增加了不少特色功能，比如石墨建模（Graphite）工具、网格分析（xView Mesh Analyzer）工具和超级优化（ProBooleans）工具等。

❖ Autodesk 3ds Max 2011

3ds Max 2011于2011年4月发布，Autodesk对3ds Max 2011的核心部件进行了重新设计，推出了新的基于节点的材质编辑器工具，并为这款软件加入了包括Quicksilver硬件渲染等许多新功能，在3ds Max 2011的帮助下，3D创作者将能在更短的时间内创作出更高质量的3D作品。

❖ Autodesk 3ds Max 2012

这是该软件的最新版本，软件提供了全新的创意工具集、增强型迭代工作流和加速图形核心，能够帮助用户显著提高整体工作效率。3ds Max 2012拥有先进的渲染和仿真功能、更强大的绘图、纹理和建模工具集以及更流畅的多应用工作流,可让艺术家有充足的时间制定更出色的创意决策。

❖ Autodesk 3ds Max 2013

Autodesk 3ds Max 2013的发布,为使用者带来了更高的制作效率及令人无法抗拒的新技术。该版本更新了以往多边形工具(Polygon Modeing Tools),MassFx工具中增加了布料系统(mCloth)与布娃娃系统(Regdoll)模块,使用户将重点从技术难题转向了创作设计上;另外State Sets全新的Render Pass系统支持PSD多图层,还可同步更新到After Effect软件中进行特效处理;加上灵活的新自定义选项,能够轻松地进行配置并按个人的工作方式优化接口间的切换。使用户可以在更短的时间内制作模型,角色动画及更高质量的图像。

Autodesk 3ds Max 2014

该版本是目前最新的3ds Max 版本,支持Windows 8系统,目前只支持64位的系统,灵活性的粒子流系统已被增强,能帮助运动图形艺术家和视觉特效专家创建更复杂的、现实的和定制的物理模拟,同时还能节约不少的时间;其在模型、插件、材质、灯光等方面也有很大程度的完善及改进。

1.1.3　3ds Max的功能特点

1. 功能强大,扩展性好

3ds Max是迄今为止功能最强、应用领域最宽、使用人群最广的3D软件之一。首先它的建模功能很强大,无论是建筑模型、工业产品模型、生物模型,使用3ds Max都可以轻松做出最逼真的模型效果;其次是它的动画功能,3ds Max几乎可以用来制作任何领域的三维动画,最常见的就是建筑动画、产品动画、影视动画和游戏动画;最后就是它的渲染功能,虽然3ds Max本身的渲染功能极为一般,但是它的扩展性好,可以很好地配合其他渲染插件来进行工作,比如VRay、mental ray等。

如图1-2所示,这就是当前最为流行的渲染软件VRay和mental ray,它们能够与3ds Max无缝衔接,工作起来非常流畅。

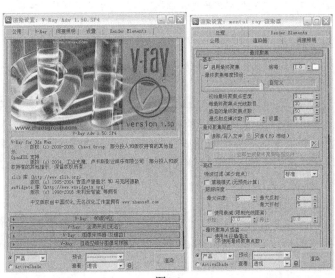

图1-2

2. 操作简单,容易上手

与强大的功能相比,3ds Max可以说是最容易上手的3D软件,不需要很高的学历,只需要一本3ds Max操作手册,零基础的用户就可以很快跨入3ds Max的殿堂。

如图1-3所示，这就是3ds Max 2014的工作界面，看起来还是很简洁，功能区域划分都非常清楚。

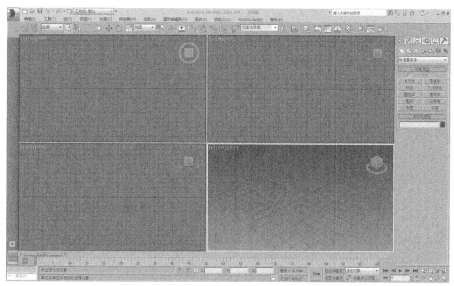

图1-3

3. 和其他相关软件配合流畅

在建筑可视化、影视制作、游戏开发和工业设计等领域，3ds Max是铁打的主力军，牢牢占据着三维实现这个环节。在实际工作中，3ds Max往往要配合AutoCAD、Photoshop、After Effects等软件来使用，这样才能组成完整的工作流。

在效果图领域，用户一般用AutoCAD绘制施工图，然后使用3ds Max根据施工图建模并渲染，最后使用Photoshop进行后期处理，完成制作。

在电视包装领域，用户一般用Photoshop进行前期创意构思（比如绘制分镜、草稿等），然后使用3ds Max制作需要的模型并渲染动画，最后使用After Effects进行后期合成输出，完成制作。

由此可见，在数字多媒体领域，靠一款软件走天下基本不太现实，绝大部分实际工作都需要多软件配合，而3ds Max在这些工作流中都承担着至关重要的角色，是不可或缺的软件工具。

4. 做出来的效果非常的逼真

3ds Max作为一款三维制作软件，它具备极强的建模、渲染和动画功能，能够做出完全满足物理真实要求的3D作品。

在效果图领域，3ds Max配合VRay或mental ray可以制作出照片级的效果图，如图1-4所示。

图1-4

在工业设计领域，3ds Max可以制作出最真实的产品模型，如图1-5所示。

图1-5

在影视动画领域，3ds Max可以制作出最逼真的动画和电影特效，如图1-6所示。

图1-6

1.1.4 3ds Max的应用领域

随着3ds Max 2014和3ds Max Design 2014两款新版本的发布，越来越多的实用功能使其更加强大起来，从而更能够满足客户在可视化设计、游戏开发和影视特效等各个方面的应用需求。

1. 建筑可视化

建筑可视化主要包括室内效果图、室外效果图以及建筑动画这3个方面，3ds Max提供的建模、动画、灯光、材质和渲染工具可以让用户轻松完成这些工作。

在这个领域，3ds Max主要用于创建模型、制作材质和设置动画，渲染一般靠其他GI渲染器来完成，比如前面讲到的VRay、mental ray等，尤其是VRay的大量普及，极大促进了建筑可视化领域的发展。

提示：VRay是以插件的形式安装到3ds Max中的，它与3ds Max的兼容性很好，使用起来非常顺畅，主要在建筑可视化领域应用较多；mental ray是集成在3ds Max中的，也就是说3ds Max自带该渲染器，它一般在影视渲染中使用较多。

目前，建筑可视化已经在全球形成产业化，国内从事这个行业的公司、工作室非常多，并涌现出了一些实力强劲的大型制作公司。如图1-7所示，这就是常见的室内效果图、建筑效果图和建筑动画。

图1-7

2. 电视包装

在电视包装领域，3ds Max也是当仁不让的主角。从制作角度讲，电视包装要用到平面设计软件、三维制作软件和后期合成软件，分别就是Photoshop、3ds Max、After Effects。当然这也不是绝对的，不同的用户也会用到其他软件，但是这3个软件基本上是必备的。

如图1-8所示，这就是使用3ds Max制作模型和动画的电视包装栏目。

图1-8

3. 影视动画与特效

随着数字特效在电影中越来越广泛的应用，各类三维软件在影视动画与特效领域都得到了广泛的应用和长足的发展。3ds Max以其强大的功能吸引了众多电影制作者的目光，使许多电影公司在特效和动画方面都使用3ds Max来进行制作。一大批耳熟能详的经典影片，例如，《后天》《2012》《功夫》《罪恶之城》《最后的武士》等，其中都有使用3ds Max制作的特效或动画，如图1-9所示。

图1-9

4. 游戏设计开发

3ds Max在全球游戏市场扮演领导角色已经多年，它是全球最具生产力的动画制作系统，广泛应用于游戏资源的创建和编辑任务。在网络游戏飞速发展的今天，3ds Max为游戏开发商实现最高生产力提供了最可靠的保障。3ds Max与游戏引擎的出色结合能力，极大地满足了游戏开发商的众多需求，使得设计师可以充分发挥自己的创造潜能，集中精力来创作最受欢迎的艺术作品。如图1-10所示，这就是使用3ds Max制作的一些游戏场景。

图1-10

5. 工业设计及可视化

随着社会的发展，各种生活需求的极大增长，以及人们对产品精密度、视觉效果需求的提升，工业设计已经逐步成为一个成熟的应用领域。在早期，设计师一般使用Rhino、Cinema 4D、Alias等软件从事设计工作。随着3ds Max在建模工具、格式兼容性、渲染效果与速度等方面的不断提升，很多设计师也慢慢开始选用3ds Max作为自己的设计工具，并取得了许多优秀的成果。如图1-11所示，这就是使用3ds Max建模并渲染的工业产品。

图1-11

1.1.5　学习3ds Max的一些建议

虽然3ds Max的容量相对比较大，但是并不复杂和混乱，它的功能划分都非常明晰，学习起来也较为便捷，这里结合该软件的功能特点，给读者提供一些学习建议。

1．三维空间能力

三维空间能力的锻炼非常关键，必须要熟练掌握视图、坐标与物体的位置关系。应该做到放眼过去就可以判断物体的空间位置关系，可以随心所欲地控制物体的位置。

这是要掌握的最基本的内容，如果掌握不好，下面的所有内容都会受到影响。

有了设计基础和空间能力的朋友，掌握起来其实很简单；没有基础的朋友，只要有科学的学习和锻炼方法，也可以很快掌握。

2．基本操作命令

熟练掌握几个基本操作命令：选择、移动、旋转、缩放、镜像、对齐、阵列和视图工具，这些命令是最常用也是最基本的，几乎所有制作都会用到。

另外，几个常用的三维和二维几何体的创建及参数也必须要非常熟悉，这样就掌握了3ds Max的基本操作习惯。

3．二维图形编辑

二维图形的编辑是非常重要的一部分内容，很多三维物体的生成和效果都是取决于二维图形。编辑二维图形主要通过"编辑样条线"来实现，对于曲线图形的点、段、线编辑主要涉及几个常用的命令：焊接、连接、相交、圆角、切角和轮廓等，熟练掌握这些命令，才可以自如地编辑各类图形。

4．常用编辑命令

在3ds Max中，多边形是比较核心的建模功能，尤其是多边形的编辑命令，这是工作中最常用的一些功能命令，例如，挤出、分割、切角和连接等命令。多边形的子对象包括顶点、边、边界、多边形，它们分别都有对应的编辑命令，熟练掌握这些命令，基本上就可以应付大部分模型的制作工作。

5．材质灯光

材质、灯光是不可分割的，材质效果是靠灯光来体现的，材质也影响灯光效果表现，没有灯光的世界都是黑的。掌握好材质、灯光，大概有以下几个途径和方法。

（1）掌握常用的材质参数、贴图的原理和应用。

（2）熟悉灯光的参数及与材质效果的关系。

（3）灯光、材质效果的表现主要是物理方面的体现，应该加强实际常识的认识。

（4）想掌握好材质、灯光效果，除了以上的几方面，感觉也是很重要的，也是突破境界的一个瓶颈。所谓的感觉，就是艺术方面的修养，这就需要我们不断加强美术方面的修养，多注意观察实际生活中的效果，加强色彩方面的知识等。

1.2　3ds Max 2014软硬件配置需求

1.2.1　3ds Max 2014对软件环境的需求

1. 3ds Max和3ds Max Design 2014软件的64位版本支持以下操作系统

❖　Microsoft Windows 8 Professional操作系统

❖　Microsoft Windows 7 Professional操作系统

❖　Microsoft Windows Vista Business操作系统（SP2或更高版本）

❖　Microsoft Windows XP Professional操作系统（SP3或更高版本）

❖　Microsoft Windows 7 Professional x64操作系统

❖　Microsoft Windows Vista Business x64版本（SP2或更高）

❖　Microsoft Windows XP Professional x64版本（SP3或更高）

2. 3ds Max和3ds Max Design 2014软件的64位版本需要以下补充软件

❖　Microsoft Internet Explorer 8.0互联网浏览器或更高版本

❖　Mozilla Firefox 3.0 web浏览器或更高版本

提示：目前官方只推出了Autodesk 3ds Max 2014和Autodesk 3ds Max Design 2014的64位版本，由于运行该版本的电脑配置要求都不低，安装64位操作系统是最基本的。

1.2.2　3ds Max 2014对硬件环境的需求

1. 3ds Max和3ds Max Design 2014软件的64位版本最低需要配置以下硬件系统

❖　Intel 64位处理器或采用SSE2技术的AMD 64位处理器

❖　4GB内存（推荐8GB）

❖　支持Direct3D 10、Direct3D 9或OpenGL的显卡

❖　256MB或更大的显卡内存

❖　配有鼠标驱动程序的三键鼠标

❖　3GB可用硬盘空间

❖　DVD-ROM光驱

提示：对于硬件环境的需求，除了软件本身之外，还要看用户的工作要求。如果是普通动画与渲染（通常少于1 000个对象或100 000个多边形），那么可以参考以上的硬件配置。在实际工作和生活中，如经济条件允许，硬件配置当然是越高越好。

2. 3ds Max和3ds Max Design 2014软件的64位版本建议配置以下硬件系统

❖ Intel 64位处理器或采用SSE2技术的AMD 64位处理器

❖ 8GB内存

❖ 支持Direct3D 11、Direct3D 10或OpenGL的显卡

❖ 1GB或更大的显卡内存

❖ 配有鼠标驱动程序的三键鼠标

❖ 4GB可用硬盘空间

❖ DVD-ROM光驱

3ds Max 2014和3ds Max Design 2014都经过了优化，能够充分利用Intel奔腾4（或更高版本）、AMD Athlon64、AMD Opteron和AMD Phenom处理器所支持的SSE2扩展指令集，不支持SSE2的计算机无法运行3ds Max 2014软件。

1.3 3ds Max 2014的项目工作流

使用3ds Max进行工作时，基本上有一套固定的操作流程，虽然在细节上可以灵活运用，但是整体的操作流程是固定不变的，因为这是由软件功能决定的，而且绝大部分三维软件也都遵循这个工作流。

1.3.1 构建模型

建模是三维制作的第一步，也是所有工作的源头。在制作模型之前，一般要设置好单位，同时设置一些辅助绘图功能（比如捕捉、栅格等），以方便制作。

1.3.2 赋予材质

材质是3ds Max中一个比较独立的概念，它可以给模型表面添加色彩、光泽和纹理。材质通过"材质编辑器"窗口进行指定和编辑。

1.3.3 布置灯光

灯光是三维制作中的重要组成部分，在表现场景、气氛等方面发挥着至关重要的作用。它是3ds Max中的一种特殊对象，它本身不能被渲染显示，只能在视图操作时被看到，但它却可以影响周围物体表面的光泽、色彩和亮度。通常灯光与材质、环境是共同作用的，它们的结合可以生产出真实的3D效果。

> **提示：** 在3ds Max的工作流中，还有一个重要的环节就是"设置摄影机"，这个环节的处理比较灵活，不同的人有完全不同的习惯，比如可以在建模阶段设置摄影机；也可以在材质阶段设置摄影机；还可以在灯光阶段设置摄影机，实际上用户完全可以根据项目制作需要来确定。

1.3.4 设置动画

动画是3ds Max软件中比较难掌握的技术，并且在制作过程中又增加了一个时间维度的概念。在3ds Max中，用户几乎可以给任何对象或参数进行动画设置。3ds Max给用户提供了众多的动画解决方案，并且提供大量的实用工具来编辑这些动画。例如为游戏制作提供各种角色动画功能、为建筑动画制作提供摄像机动画功能、为影视制作提供各种特效功能等。

1.3.5 制作特效

特效这个定义很难划分工作流，跟摄影机的处理方式一样，可以灵活把握，用户可以根据实际制作需要在不同的阶段设置特效。

1.3.6 渲染输出

渲染输出是整个工作流的最后环节，完成3D作品的各项制作后，需要通过渲染输出把作品呈现出来，这个阶段相对比较简单。3ds Max自带了两种渲染器，分别是扫描线渲染器和mental ray渲染器，扫描线渲染器在实际制作中基本上已经被淘汰了，mental ray渲染器的发展空间比较大。另外，3ds Max还有很多渲染插件，比如VRay、FinalRender、Maxwell等，其中VRay的普及率最高。

第 **2** 章

掌握3ds Max 2014 的基本操作

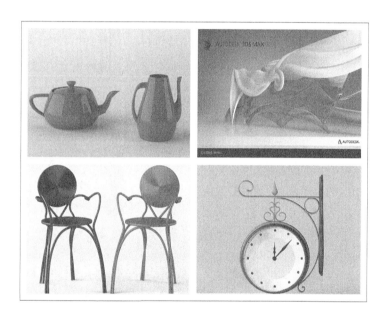

本章导读

　　从本章开始，我们正式进入3ds Max的软件技术学习阶段，由于3ds Max 2014有两个版本，但是本书不能同时用两个版本进行教学，所以我们选用面向娱乐专业人士的3ds Max 2014进行教学。当然，读者也要明白，虽然3ds Max分为两个版本，但版本之间的功能差异是极其细微的，而且从实际工作来看，两个版本基本上是可以互通的，也就是说用哪个版本来学习都一样。本章主要带领读者认识3ds Max 2014的工作界面，以及学习软件的基本操作。

2.1 3ds Max 2014的工作界面

2.1.1 启动3ds Max 2014

安装好3ds Max 2014后，可以通过以下两种方法来启动3ds Max 2014。

第1种：双击桌面上的快捷图标 。

第2种：执行"开始>所有程序>Autodesk>Autodesk 3ds Max 2014 >3ds Max 2014-Simplified Chinese"命令，如图2-1所示。

图2-1

在启动3ds Max 2014的过程中，可以观察到3ds Max 2014的启动画面，如图2-2所示，启动完成后可以看到其工作界面，如图2-3所示。

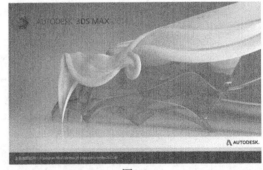

图2-2

3ds Max 2014的默认工作界面是四视图显示，如果要切换到单一的视图显示，可以单击界面右下角的"最大化视口切换"按钮 或按Alt+W组合键，如图2-4所示。

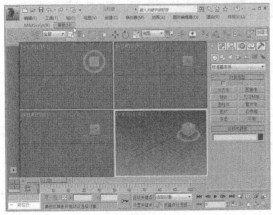

图2-3

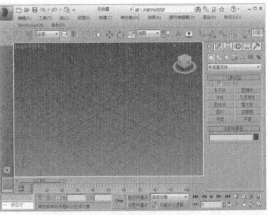

图2-4

技术专题2-1 ［如何使用教学影片］

　　在初次启动3ds Max 2014时，系统会自动弹出"欢迎使用3ds Max"对话框，其中包括6个入门视频教程，如图2-5所示。

　　若想在启动3ds Max 2014时不弹出"欢迎使用3ds Max"对话框，只需要在该对话框左下角关闭"在启动时显示此欢迎屏幕"选项即可，如图2-6所示；若要恢复"欢迎使用3ds Max"对话框，可以执行"帮助（H）>欢迎屏幕"菜单命令来打开该对话框，如图2-7所示。

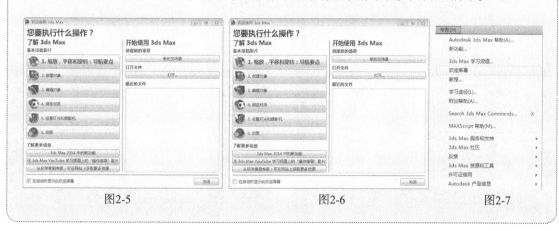

图2-5　　　　　　　　　　　　　图2-6　　　　　　　　　　　　图2-7

2.1.2　3ds Max 2014的工作界面

　　3ds Max 2014的工作界面分为"标题栏"、"菜单栏"、"主工具栏"、视口区域、"命令"面板、"时间尺"、"状态栏"、时间控制按钮和视口导航控制按钮9大部分，如图2-8所示。

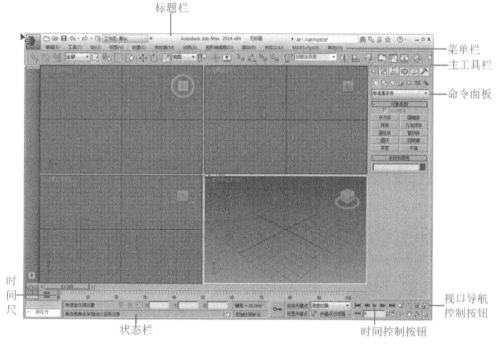

图2-8

默认状态下的"主工具栏"和"命令"面板分别停靠在界面的上方和右侧，可以通过拖曳的方式将其移动到视图的其他位置，这时的"主工具栏"和"命令"面板将以浮动的面板形态呈现在视图中，如图2-9所示。

提示：若想将浮动的工具栏/面板切换回停靠状态，可以将浮动的面板拖曳到任意一个面板或工具栏的边缘，或者直接双击工具栏/面板的标题名称。比如"命令"面板是浮动在界面中的，将光标放在"命令"面板的标题名称上，然后双击鼠标左键，这样"命令"面板就会返回到停靠状态，如图2-10和图2-11所示。另外，也可以在工具栏/面板的顶部单击鼠标右键，然后在弹出的菜单中选择"停靠"菜单下的子命令来选择停靠位置，如图2-12所示。

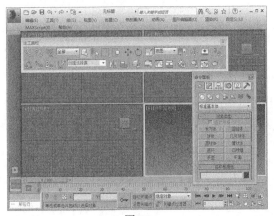

图2-9

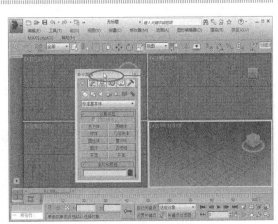

图2-10

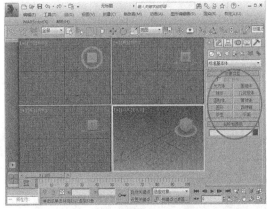

图2-11

图2-12

2.2 标题栏

3ds Max 2014的"标题栏"位于界面的最顶部。"标题栏"上包含当前编辑的文件名称、软件版本信息，同时还有软件图标（这个图标也称为"应用程序"图标）、快速访问工具栏和信息中心3个非常人性化的工具栏，如图2-13所示。

图2-13

2.2.1 应用程序

功能介绍

单击"应用程序"图标 会弹出一个用于管理场景文件的下拉菜单。这个菜单与之前版本的"文件"菜单类似，主要包括"新建"、"重置"、"打开"、"保存"、"另存为"、"导入"、"导出"、"发送到"、"参考"、"管理"、"属性"和"最近使用的文档"12个常用命令，如图2-14所示。

命令详解

❖ 新建 ：该命令用于新建场景，包含3种方式，如图2-15所示。
　　◇ 新建全部 ：新建一个场景，并清除当前场景中的所有内容。
　　◇ 保留对象 ：保留场景中的对象，但是删除它们之间的任意链接以及任意动画键。
　　◇ 保留对象和层次 ：保留对象以及它们之间的层次链接，但是删除任意动画键。

提示：在一般情况下，新建场景都用快捷键来完成。按Ctrl+N组合键可以打开"新建场景"对话框，在该对话框中也可以选择新建方式，如图2-16所示。这种方式是最快捷的新建方式。

图2-14

图2-15

图2-16

❖ 重置 ：执行该命令可以清除所有数据，并重置3ds Max设置（包括视口配置、捕捉设置、"材质编辑器"和视口背景图像等）。重置可以还原启动默认设置，并且可以移除当前所做的任何自定义设置。
❖ 打开 ：该命令用于打开场景，包含两种方式，如图2-17所示。
　　◇ 打开 ：执行该命令或按Ctrl+O组合键可以打开"打开文件"对话框，在该对话框中可以选择要打开的3ds Max场景文件，如图2-18所示。

图2-17

图2-18

提示：除了可以用"打开"命令打开场景以外，还有一种更为简便的方法。在文件夹中选择要打开的场景文件，然后使用鼠标左键将其直接拖曳到3ds Max的操作界面即可将其打开，如图2-19所示。

◇ 从Vault中打开：执行该命令可以直接从 Autodesk Vault（3ds Max附带的数据管理提供程序）中打开 3ds Max文件，如图2-20所示。

图2-19

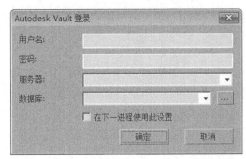

图2-20

❖ 保存：执行该命令可以保存当前场景。如果先前没有保存场景，则执行该命令会打开"文件另存为"对话框，在该对话框中可以设置文件的保存位置、文件名以及保存的类型，如图2-21所示。

❖ 另存为：执行该命令可以将当前场景文件另存一份，包含4种方式，如图2-22所示。

设置文件的保存位置

设置文件的保存名称

设置文件的保存类型

图2-21

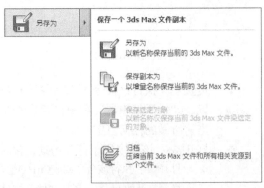

图2-22

◇　另存为🖫：执行该命令可以打开
　　"文件另存为"对话框，在该对话
　　框中可以设置文件的保存位置、
　　文件名以及保存的类型，如图2-23
　　所示。

图2-23

提示： "保存"与"另存为"命令都是用来保存文件的，它们之间有什么区别呢？

　　　　对于"保存"命令，如果事先已经保存了场景文件，也就是计算机硬盘中已经有这个场景文件，那么执行该命令可以直接覆盖掉这个文件；如果计算机硬盘中没有场景文件，那么执行该命令会打开"文件另存为"对话框，设置好文件保存位置、保存命令和保存类型后才能保存文件，这种情况与"另存为"命令的工作原理是一样的。

　　　　对于"另存为"命令，如果硬盘中已经存在场景文件，执行该命令同样会打开"文件另存为"对话框，可以选择另存为一个文件，也可以选择覆盖掉原来的文件；如果硬盘中没有场景文件，执行该命令还是会打开"文件另存为"对话框。

◇　保存副本为🖫：执行该命令可以用一个不同的文件名来保存当前场景的副本。

◇　保存选定对象🖫：在视口中选择一个或多个几何体对象以后，执行该命令可以保存选定的几何体。注意，只有在选择了几何体的情况下该命令才可用。

◇　归档🖫：这是一个比较实用的功能。执行该命令可以将创建好的场景、场景位图保存为一个zip压缩包。对于复杂的场景，使用该命令进行保存是一种很好的保存方法，因为这样不会丢失任何文件。

❖　导入🖫：该命令可以加载或合并当前3ds Max场景文件以外的几何体文件，包含6种方式，如图2-24所示。

◇　导入🖫：执行该命令可以打开"选择要导入的文件"对话框，在该对话框中可以选择要导入的文件，如图2-25所示。

图2-24　　　　　　　　　　　　　　　　　　　　　图2-25

◇　合并🖫：执行该命令可以打开"合并文件"对话框，在该对话框中可以将保存的场景文件中的对象加载到当前场景中，如图2-26所示。

提示： 选择要合并的文件后，在"合并文件"对话框中单击"打开"按钮 打开(O)，3ds Max会弹出"合并"对话框，在该对话框中可以选择要合并的文件类型，如图2-27所示。

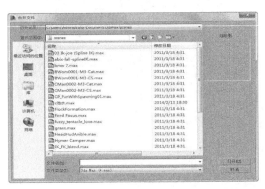

图2-26

图2-27

◇　替换 🔧：执行该命令可以替换场景中的一个或多个几何体对象。

◇　链接Revit 📄：执行该命令不只是简单的导入文件，还可以保持从Revit和3ds Max导出的DWG
文件之间的"实时链接"。如果决定在 Revit 文件中做出更改，则可以很轻松地在3ds Max
中更新该更改。

◇　链接FBX 📄：将指向FBX格式文件的链接插入到当前场景中。

◇　链接到AutoCAD 📄：将指向DWG或DXF格式文件的链接插入到当前场景中。

❖　导出 📄：该命令可以将场景中的几何体对象导出为各种格式的文件，包含3种方式，如
图2-28所示。

◇　导出 📄：执行该命令可以导出场景
中的几何体对象，在弹出的"选择
要导出的文件"对话框中可以选择
要导出成何种文件格式，如图2-29
所示。

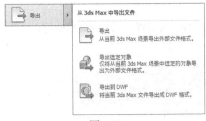

图2-28

图2-29

◇　导出选定对象 📄：在场景中选择几何体对象以后，执行该命令可以用各种格式导出选定的几
何体。

◇　导出到DWF 📄：执行该命令可以将场景中的几何体对象导出成DWF格式的文件。这种格式
的文件可以在AutoCAD中打开。

❖　发送到 📄：该命令可以将当前场景发送到其他软件中，以
实现交互式操作，可发送的软件有3种，如图2-30所示。

图2-30

提示：上面涉及了Maya、Softimage、MotionBuilder和Mudbox这些软件，下面顺便给读者介绍一下这些软件的基本情况。

Autodesk Maya同样是美国Autodesk公司出品的世界顶级的三维动画软件，应用对象是专业的影视广告、角色动画、电影特技等。Maya功能完善，工作灵活，易学易用，制作效率极高，渲染真实感极强，是电影级别的高端制作软件。

Softimage（该软件是Autodesk公司的软件）是一款专业的3D动画制作软件。Softimage占据了娱乐业和影视业的主要市场，动画设计者们用这个软件制作出了很多优秀的影视作品，如《泰坦尼克号》、《失落的世界》、《第五元素》等电影中的很多镜头都是由Softimage作完成的。

MotionBuilder（该软件是Autodesk公司的软件）是业界最为重要的3D角色动画制作软件之一。它集成了众多优秀的工具，为制作高质量的动画作品提供了保证。

Mudbox（该软件是Autodesk公司的软件）是一款用于数字雕刻与纹理绘画的软件，其基本操作方式与Maya（Maya也是Autodesk公司的软件）相似。

❖ 参考：该命令用于将外部的参考文件插入到3ds Max中，以供用户进行参考，可供参考的对象包含5种，如图2-31所示。

❖ 管理：该命令用于对3ds Max的相关资源进行管理，如图2-32所示。

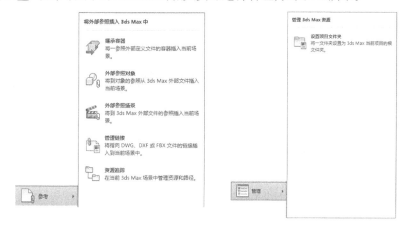

图2-31　　　　　　　　　　　　图2-32

◇ 设置项目文件夹：执行该命令可以打开"浏览文件夹"对话框，在该对话框中可以选择一个文件夹作为3ds Max当前项目的根文件夹，如图2-33所示。

图2-33

❖ 属性▣：该命令用于显示当前场景的
详细摘要信息和文件属性信息，如图
2-34所示。

图2-34

❖ 选项 选项：单击该按
钮可以打开"首选
项设置"对话框，
在该对话中几乎可
以设置3ds Max所
有的首选项，如图
2-35所示。

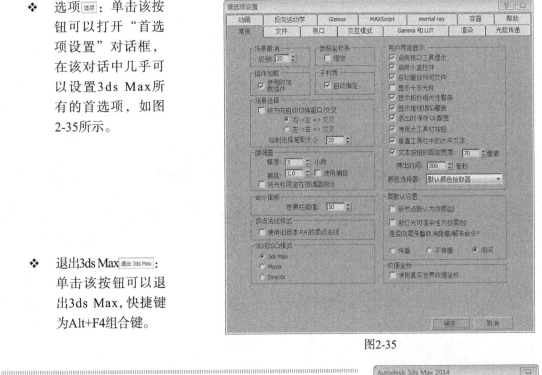

❖ 退出3ds Max 退出3ds Max：
单击该按钮可以退
出3ds Max，快捷键
为Alt+F4组合键。

图2-35

提示： 如果当前场景中有编辑过的对象，那么在退出时会弹出一个
3ds Max对话框，提示"场景已修改。保存更改？"用户可根
据实际情况来进行操作，如图2-36所示。

图2-36

【练习2-1】：用归档功能保存场景

Step 01 按Ctrl+O组合键打开
"打开文件"对话框，然后
选择光盘中的"练习文件>第
2章>练习2-1.max"文件，接
着单击"打开"按钮 打开(O)，
如图2-37所示，打开的场景效
果如图2-38所示。

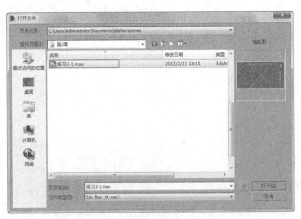

图2-37

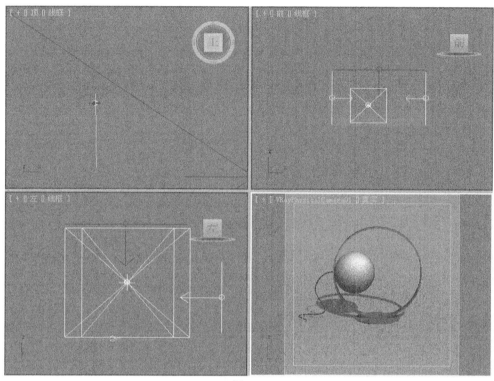

图2-38

> **提示:** 观察图2-38所示的摄影机视图，发现里面有些斑点，这是3ds Max 2014的实时照明和阴影显示效果（默认情况下，在3ds Max 2014中打开的场景都有实时照明和阴影），如图2-39所示。如果要关闭实时照明和阴影，可以执行"视图>视口配置"菜单命令，打开"视口配置"对话框，然后在"照明和阴影"选项组下关闭"高光"、"阴影"和"环境光阻挡"选项，接着单击"应用到活动视图"按钮，如图2-40所示，这样在活动视图中就不会显示出实时照明和阴影，如图2-41所示。注意，开启实时照明和阴影会占用一定的系统资源，建议计算机配置比较低的用户关闭这个功能。

Step 02 单击界面左上角的"应用程序"图标，然后在弹出的菜单中执行"另存为>归档"菜单命令，如图2-42所示，接着在弹出的"文件归档"对话框中设置好保存位置和文件名，最后单击"保存"按钮，如图2-43所示。

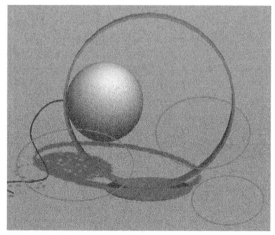

图2-39

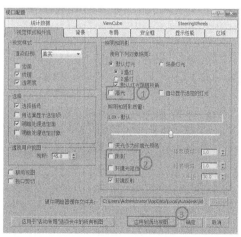

图2-40

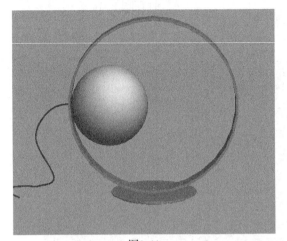

图2-41

图2-42

归档场景以后，在保存位置会出现一个zip压缩包，该压缩包中会包含这个场景的所有文件以及一个归档信息文本。

图2-43

2.2.2 快速访问工具栏

功能介绍

"快速访问工具栏"集合了用于管理场景文件的常用命令，便于用户快速管理场景文件，包括"新建"、"打开"、"保存"、"撤销"、"重做"和"设置项目文件夹"6个常用工具，同时用户也可以根据个人喜好对"快速访问工具栏"进行设置，如图2-44所示。

图2-44

命令详解

❖ 保存文件 🖫：单击该按钮保存当前打开的场景。

❖ 撤销操作 ↺：单击该按钮取消当前最后一步操作。

❖ 重做操作 ↻：单击该按钮取消当前最后一步撤销操作。

❖ 项目文件夹 🗐：单击该按钮打开"浏览文件架"对话框，该对话框可以为当前场景设置项目文件夹，如图2-45所示。

图2-45

提示： "快速访问工具栏"集中的图标可以进行自定义设置，比如可以控制显示哪些图标以及不显示哪些图标。在图2-44中，右边的弹出式下拉菜单就是用来控制图标的显示与否。例如，在菜单中选择"新建"命令（前面出现√符号表示被选中），那么"快速访问工具栏"中将显示▢图标，反之亦然。

2.2.3 信息中心

"信息中心"用于访问有关3ds Max 2014和其他Autodesk产品的信息，如图2-46所示。一般来讲，这个工具的使用频率非常低，绝大部分用户基本上不使用这个工具。

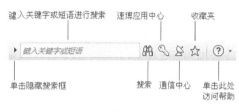

图2-46

2.3 菜单栏

2.3.1 菜单栏简介

"菜单栏"位于工作界面的顶端，包括"编辑"、"工具"、"组"、"视图"、"创建"、"修改器"、"动画"、"图形编辑器"、"渲染"、"自定义"、"MAXScript"（MAX脚本）和"帮助"12个主菜单，如图2-47所示。

编辑(E) 工具(T) 组(G) 视图(V) 创建(C) 修改器 动画 图形编辑器 渲染(R) 自定义(U) MAXScript(M) 帮助(H)

图2-47

在每个主菜单的下面都集成了很多相应的功能命令，这里面基本包含了3ds Max绝大部分常用功能命令，是3ds Max极为重要的组成部分。

在执行菜单栏中的命令时可以发现，某些命令后面有与之对应的快捷键，如图2-48所示。如"移动"命令的快捷键为W键，也就是说按W键就可以切换到"选择并移动"工具。牢记这些快捷键能够节省很多操作时间。

若下拉菜单命令的后面带有省略号，则表示执行该命令后会弹出一个独立的对话框，如图2-49所示。

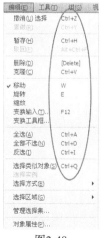

图2-48

图2-49

　　若下拉菜单命令的后面带有小箭头图标，则表示该命令还含有子命令，如图2-50所示。

　　部分菜单命令的字母下有下划线，需要执行该命令时可以先按住Alt键，然后在键盘上按该命令所在主菜单的下划线字母，接着在键盘上按下拉菜单中该命令的下划线字母。以"撤销"命令为例，先按住Alt键，然后按E键，接着按U键即可撤销当前操作，返回到上一步（按Ctrl+Z组合键也可以达到相同的效果），如图2-51所示。

　　仔细观察菜单命令，会发现某些命令显示为灰色，表示这些命令不可用，这是因为在当前操作中该命令没有合适的操作对象。比如在没有选择任何对象的情况下，"组"菜单下的命令只有一个"集合"命令处于可用状态，如图2-52所示，而在选择了对象以后，"组"命令和"集合"命令都可用，如图2-53所示。

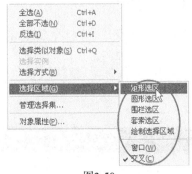

图2-50

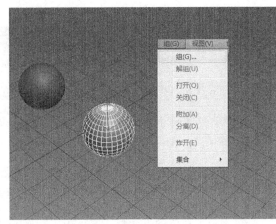

图2-51　　图2-52　　　　　　　　　图2-53

2.3.2　编辑菜单

功能介绍

　　顾名思义，"编辑"菜单就是集成了一些常用于文件编辑的命令，比如"移动"、"缩放"、"旋转"等，这些都是使用频率极高的功能命令。"编辑"菜单下的常用命令基本都配有快捷键，如图2-54所示。

命令详解

❖　撤销：用于撤销上一次操作，可以连续使用，撤销的次数可以控制。

❖　重做：用于恢复上一次撤销的操作，可以连续使用，直到不能恢复为止。

❖　暂存：使用"暂存"命令可以将场景设置保存到基于磁盘的缓冲区，可存储的信息包括几何体、灯光、摄影机、视口配置以及选择集。

图2-54

❖ 取回：当使用了"暂存"命令后，使用"取回"命令可以还原上一个"暂存"命令存储的缓冲内容。

❖ 删除：选择对象以后，执行该命令或按Delete键可将其删除。

❖ 克隆：使用该命令可以创建对象的副本、实例或参考对象。

 技术专题2-2　[克隆的3种方式]

选择一个对象以后，执行"编辑>克隆"菜单命令或按Ctrl+V组合键可以打开"克隆选项"对话框，在该对话框中有3种克隆方式，分别是"复制"、"实例"和"参考"，如图2-55所示。

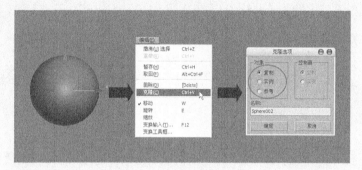

图2-55

1. 复制

如果选择"复制"方式，那么将创建一个原始对象的副本对象，如图2-56所示。如果对原始对象或副本对象中的一个进行编辑，那么另外一个对象不会受到任何影响，如图2-57所示。

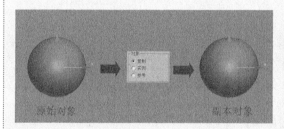

图2-56

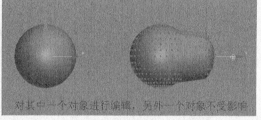

图2-57

2. 实例

如果选择"实例"方式，那么将创建一个原始对象的实例对象，如图2-58所示。如果对原始对象或副本对象中的一个进行编辑，那么另外一个对象也会跟着发生变化，如图2-59所示。这种复制方式很实用，在一个场景中创建一盏目标灯光，调节好参数以后，用"实例"方式将其复制若干盏到其他位置。这时如果修改其中一盏目标灯光的参数，所有目标灯光的参数都会跟着发生变化。

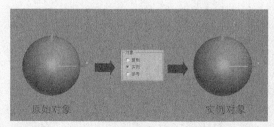

图2-58

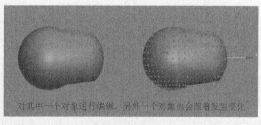

图2-59

3. 参考

如果选择"参考"方式，那么将创建一个原始对象的参考对象。如果对参考对象进行编辑，那么原始对象不会发生任何变化，如图2-60所示；如果为原始对象加载一个FFD 4×4×4修改器，那么参考对象也会被加载一个相同的修改器，此时对原始对象进行编辑，那么参考对象也会跟着发生变化，如图2-61所示。注意，在一般情况下都不会用到这种克隆方式。

图2-60

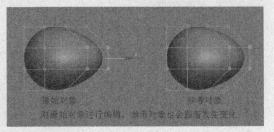
图2-61

- ❖ 移动：该命令用于选择并移动对象，选择该命令将激活主工具栏中的 按钮。
- ❖ 旋转：该命令用于选择并旋转对象，选择该命令将激活主工具栏中的 按钮。
- ❖ 缩放：该命令用于选择并缩放对象，选择该命令将激活主工具栏中的 按钮。

提示： 这里暂时先不详细介绍"移动"、"旋转"和"缩放"命令的使用方法，笔者将在后面的"主工具栏"内容中进行详细介绍。

- ❖ 变换输入：该命令可以用于精确设置移动、旋转和缩放变换的数值。比如，当前选择的是"选择并移动"工具 ，那么执行"编辑>变换输入"菜单命令可以打开"移动变换输入"对话框，在该对话框中可以精确设置对象的x、y、z坐标值，如图2-62所示。

图2-62

提示： 如果当前选择的是"选择并旋转"工具 ，执行"编辑>变换输入"菜单命令将打开"旋转变换输入"对话框，如图2-63所示；如果当前选择的是"选择并均匀缩放"工具 ，执行"编辑>变换输入"菜单命令将打开"缩放变换输入"对话框，如图2-64所示。

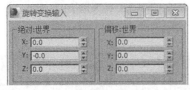
图2-63

图2-64

- ❖ 变换工具框：执行该命令可以打开"变换工具框"对话框，如图2-65所示。在该对话框中可以调整对象的旋转、缩放、定位以及对象的轴。
- ❖ 全选：执行该命令或按Ctrl+A组合键可以选择场景中的所有对象。

图2-65

❖ 全部不选：执行该命令或按Ctrl+D组合键可以取消对任何对象的选择。

❖ 反选：执行该命令或按Ctrl+I组合键可以反向选择对象。

❖ 选择类似对象：执行该命令或按Ctrl+Q组合键可以自动选择与当前选择对象类似的所有对象。注意，类似对象是指这些对象位于同一层中，并且应用了相同的材质或不应用材质。

❖ 选择实例：执行该命令可以选择选定对象的所有实例化对象。如果对象没有实例或者选定了多个对象，则该命令不可用。

❖ 选择方式：该命令包含3个子命令，如图2-66所示。

  ◇ 名称：执行该命令或按H键可以打开"从场景选择"对话框，如图2-67所示。

图2-66

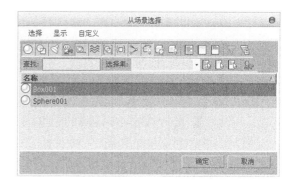

图2-67

  ◇ 层：执行该命令可以打开"按层选择"对话框，如图2-68所示。在该对话框中选择一个或多个层以后，这些层中的所有对象都会被选择。

  ◇ 颜色：执行该命令可以选择与选定对象具有相同颜色的所有对象。

❖ 选择区域：该命令包含7个子命令，如图2-69所示。

图2-68

图2-69

- ◇ 矩形选区：以矩形区域拉出选择框选择对象。
- ◇ 圆形选区：以圆形区域拉出选择框，常用于放射状区域的选择。
- ◇ 围栏选区：用鼠标绘制出多边形框来围出选择区域。不断单击鼠标左键拉出直线段（类似绘制样条线）围成多边形区域，最后单击起点进行区域闭合，或者在末端双击   鼠标左键，完成区域选择。如果中途要放弃选择，可单击鼠标右键。
- ◇ 套索选区：通过按住鼠标左键不放来自由圈出选择区域。
- ◇ 绘制选择区域：用于将鼠标在对象上方拖曳以将其选中。
- ◇ 窗口：框选对象时，使用"窗口"设定，即只有完全被包围在方框内的对象才能被选中，仅局部被框选的对象不能被选择。在"主工具栏"中对应的按钮是█。

- ◇ 交叉：框选对象时，使用"交叉"设定，只要有部分区域被框选的对象都会被选择（当然也包含全部都在框选区域内的对象）。在"主工具栏"中对应的按钮是█。

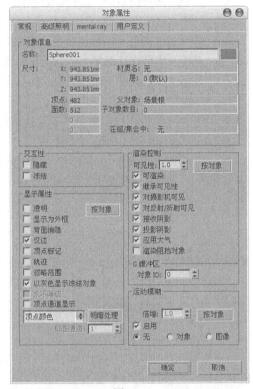

图2-70

- ❖ 管理选择集：3ds Max可以对当前的选择集合指定名称，以方便对它们操作。例如在效果图制作中，把将要使用同一材质的物件都选择，为了方便以后再回来对它们进行操作，可以对它们的选择集合命名，这样下一次就不用再一个一个去选择了。具体的方法将在后面的"主工具栏"中进行介绍。

- ❖ 对象属性：选择一个或多个对象以后，执行该命令可以打开"对象属性"对话框，如图2-70所示。在该对话框中可以查看和编辑对象的"常规"、"高级照明"和mental ray参数。

2.3.3 工具菜单

功能介绍

　　"工具"菜单主要包括对物体进行基本操作的命令，如图2-71所示。这些命令一般在"主工具栏"中都有相对应的命令按钮，直接使用命令按钮更方便一些，部分不太常用的命令需要使用菜单命令来执行。

命令详解

- ❖ 打开容器资源管理器：执行该命令可以打开"容器资源管理器"对话框，如图2-72所示，这是一个资源管理器模式的对话框，可用于查看、排序和选择容器及其内容。

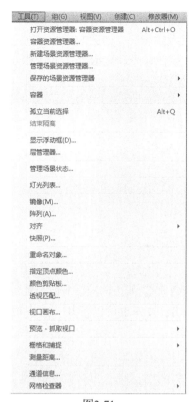

图2-71

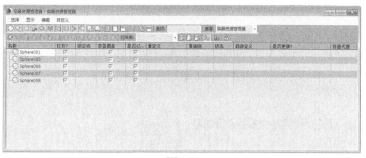

图2-72

❖ 新建场景资源管理器：执行该命令，可以在新场景中创建一个新的"场景资源管理器"。在3ds Max中，"场景资源管理器"是一个场景对象列表，用来查看、排序、过滤和选择对象，并且还提供一些属性编辑功能，比如重命名、删除、隐藏和冻结对象、创建和修改对象层次等，如图2-73所示。

❖ 管理场景资源管理器：所有活动的场景资源管理器都使用场景来保存和加载，要单独保存和加载场景资源管理器，以及删除和重命名它们，可以执行该命令打开"管理场景资源管理器"对话框，如图2-74所示。通过该对话框，用户可以保存和加载自定义的场景资源管理器，删除和重命名现在的实例，以及将喜好的场景资源管理器设置为默认值。

  ❖ 保存的场景资源管理器：执行该命令可以打开已经保存的场景资源管理器，已经保存的场景资源管理器会出现在该命令的子菜单中，选择即可打开。

  ❖ 容器：该命令的子菜单和容器资源管理器中的"容器"工具栏功能是相同的，如图2-75所示。

  ❖ 孤立当前选择：这是一个相当重要的命令，也是一种特殊选择对象的方法，可以将选择的对象单独显示出来，以方便对其进行编辑。

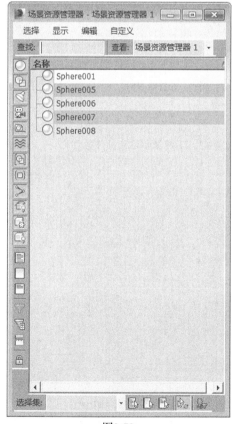

图2-73

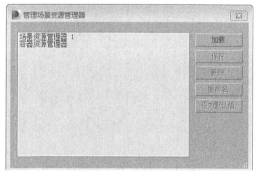

图2-74

❖ 显示浮动框：执行该命令将打开"显示浮动框"面板，里面包含了许多用于对象显示、隐藏和冻结的命令设置，这与显示命令面板内的控制项目大致相同，如图2-76所示。它的优点是可以浮动在屏幕上，不必为显示操作而频繁地在修改命令和显示命令面板之间切换，这对于提高工作效率很有帮助。

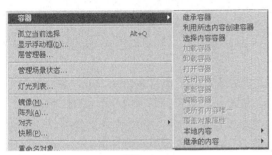

图2-75   图2-76

❖ 层管理器：执行该命令可以打开"层管理器"对话框，层管理器可用于全面管理3s Max 中的对象，并且界面合理、直观。在"主工具栏"中单击❷按钮也可以打开"层管理器"对话框，具体内容将在后面介绍。

❖ 管理场景状态：执行该命令可以打开"管理场景状态"对话框，如图2-77所示。该功能可以让用户快速保存和恢复场景中元素的特定属性，其最主要的用途是可以创建同一场景的不同版本内容而不用实际创建出独立的场景。它可以在不复制新文件的情况下来改变场景中的灯光、摄影机、材质和环境等元素，并可以随时调出用户保存的场景库，这样非常便于比较在不同参数条件下的场景效果。

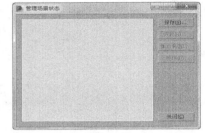

图2-77

❖ 灯光列表：执行该命令可以打开"灯光列表"对话框，如图2-78所示。在该对话框中可以设置每个灯光的很多参数，也可以进行全局设置。

提示： 注意，"灯光列表"对话框中只显示3ds Max内置的灯光类型，不能显示渲染插件的灯光。

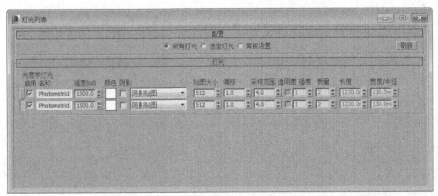

图2-78

❖ 镜像：选择对象进行镜像操作，它在"主工具栏"中有相应的命令按钮▥。
❖ 阵列：选择对象以后，执行该命令可以打开"阵列"对话框，如图2-79所示。在该对话框中可以基于当前选择创建对象阵列。

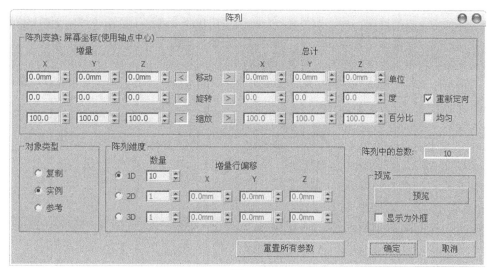

图2-79

- ❖ 对齐：选择对象并进行对齐操作，它在"主工具栏"中有相应的命令按钮。
- ❖ 快照：执行该命令打开"快照"对话框，如图2-80所示。在该对话框中可以随时间克隆动画对象。
- ❖ 重命名对象：执行该命令可以打开"重命名对象"对话框，如图2-81所示。在该对话框中可以一次性重命名若干个对象。
- ❖ 指定顶点颜色：该命令可以基于指定给对象的材质和场景中的照明来指定顶点颜色。
- ❖ 颜色剪贴板：该命令可以存储用于将贴图或材质复制到另一个贴图或材质的色样。
- ❖ 透视匹配：该命令可以使用位图背景照片和5个或多个特殊的CamPoint对象来创建或修改摄影机，以便其位置、方向和视野与创建原始照片的摄影机相匹配。
- ❖ 视口画布：执行该命令可以打开"视口画布"对话框，如图2-82所示。可以使用该对话框中的工具将颜色和图案绘制到视口中对象的材质的任何贴图上。

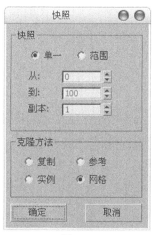

图2-80

图2-81

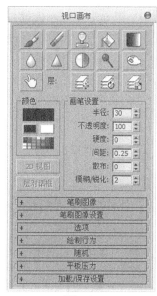

图2-82

❖ 预览-抓取视口：该命令可以将视口抓取为图像文件，还可以生成动画的预览。

❖ 栅格和捕捉：该命令的子菜单中包含使用栅格和捕捉工具帮助精确布置场景的命令。关于捕捉工具的应用，与"主工具栏"中的应用相同。栅格工具用于控制主栅格和辅助栅格对象。主栅格是基于世界坐标系的栅格对象，由程序自动产生。辅助栅格是一种辅助对象，根据制作需要而手动创建的栅格对象。

❖ 测量距离：使用该命令可快速计算出两点之间的距离。计算的距离显示在状态栏中。

❖ 通道信息：选择对象以后，执行该命令可以打开"贴图通道信息"对话框，如图2-83所示。在该对话框中可以查看对象的通道信息。

	贴图通道信息

复制 粘贴 名称 清除 添加 子成分 锁定 更新

复制缓冲区信息：

对象名	ID	通道名称	顶点数	面数	不可用...	大小(KB)
Sphere001	多边形	-无-	482	512	0	40kb
Sphere001	顶点选择	-无-	482	512	0	1kb
Sphere001	-2:Alpha	-无-	0	0	0	0kb
Sphere001	-1:照明	-无-	0	0	0	0kb
Sphere001	0:顶点...	-无-	0	0	0	0kb
Sphere001	1:贴图	-无-	559	512	0	12kb

图2-83

2.3.4 组菜单

功能介绍

"组"菜单中的命令可以将场景中的两个或两个以上的物体编成一组，同样也可以将成组的物体拆分为单个物体，如图2-84所示。

命令详解

❖ 组：选择一个或多个对象以后，执行该命令将其编为一组。

❖ 解组：将选定的组解散为单个对象。

❖ 打开：执行该命令可以暂时对组进行解组，这样可以单独操作组中的对象。

图2-84

❖ 关闭：当用"打开"命令对组中的对象编辑完成以后，可以用"关闭"命令关闭打开状态，使对象恢复到原来的成组状态。

❖ 附加：选择一个对象以后，执行该命令，然后单击组对象，可以将选定的对象添加到组中。

❖ 分离：用"打开"命令暂时解组以后，选择一个对象，然后用"分离"命令可以将该对象从组中分离出来。

❖ 炸开：这是一个比较难理解的命令，下面用一个"技术专题"来进行讲解。

技术专题2-3 [解组与炸开的区别]

要理解"炸开"命令的作用，就要先介绍"解组"命令的深层含义。先看图2-85所示，其中茶壶与圆锥体是一个"组001"，而球体与圆柱体是另外一个"组002"。选择这两个组，然后执行"组>组"菜单命令，将这两个组再编成一组，如图2-86所示。在"主工具栏"中单击"图解视图（打开）"按钮，打开"图解视图"对话框，在该对话框中可以观察到3个组以及各组与对象之间的层次关系，如图2-87所示。

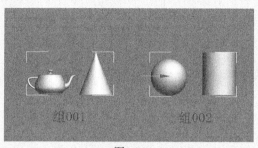

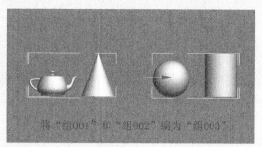

图2-85   图2-86

1. 解组

选择整个"组003",然后执行"组>解组"菜单命令,然后在"图解视图"对话框中观察各组之间的关系,可以发现"组003"已经被解散了,但"组002"和"组001"仍然保留了下来,也就是说,"解组"命令一次只能解开一个组,如图2-88所示。

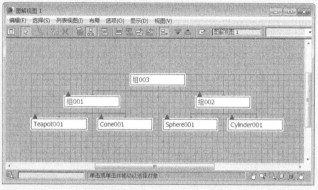

图2-87

2. 炸开

同样选择"组003",然后执行"组>炸开"菜单命令,然后在"图解视图"对话框中观察各组之间的关系,可以发现所有的组都被解散了,也就是说"炸开"命令可以一次性解开所有的组,如图2-89所示。

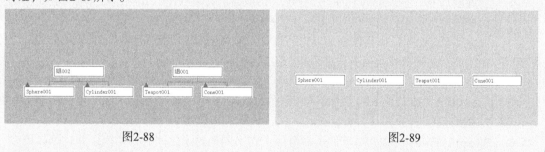

图2-88   图2-89

2.3.5 视图菜单

功能介绍

"视图"菜单中的命令主要用来控制视图的显示方式以及视图的相关参数设置(例如视图的配置与导航器的显示等),如图2-90所示。

命令详解

❖ 撤销视图更改:执行该命令可以取消对当前视图的最后一次更改。

❖ 重做视图更改:取消当前视口中的最后一次撤销操作。

❖ 视口配置：执行该命令可以打开"视口配置"对话框，如图2-91所示。在该对话框中可以设置视图的视觉样式外观、布局、安全框和显示性能等。

图2-90

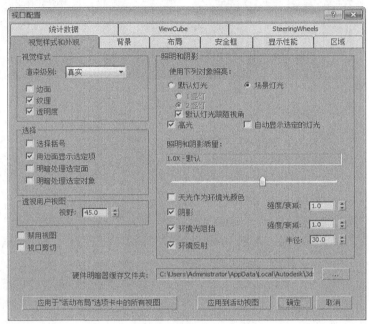

图2-91

❖ 重画所有视图：执行该命令可以刷新所有视图中的显示效果。
❖ 设置活动视口：该菜单下的子命令用于切换当前活动视图，如图2-92所示。比如当前活动视图为透视图，按F键可以切换到前视图。
❖ 保存活动X视图：执行该命令可以将该活动视图存储到内部缓冲区。X是一个变量，比如当前活动视图为透视图，那么X就是透视图。
❖ 还原活动视图：执行该命令可以显示以前面使用的"保存活动X视图"命令存储的视图。
❖ ViewCube：该菜单下的子命令用于设置ViewCube（视图导航器）和"主栅格"，如图2-93所示。
❖ SteeringWheels：该菜单下的子命令用于在不同的轮子之间进行切换，并且可以更改当前轮子中某些导航工具的行为，如图2-94所示。
❖ 从视图创建摄影机：执行该命令可以创建其视野与某个活动的透视视口相匹配的目标摄影机。

图2-92

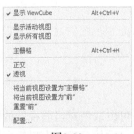

图2-93

图2-94

❖ 视口中的材质显示为：该菜单下的子命令用于切换视口显示材质的方式，如图2-95所示。

❖ 视口照明和阴影：该菜单下的子命令用于设置灯光的照明与阴影，如图2-96所示。

❖ xView：该菜单下的"显示统计"和"孤立顶点"命令比较重要，如图2-97所示。

```
显示统计          7
面方向
重叠面
开放边
多重边
孤立顶点
重叠顶点
T-顶点
缺少 UVW 坐标
UVW 翻转面
重叠的 UVW 面

选择结果

✓ 透明
✓ 自动更新
在顶部显示

配置...
```

```
✓ 启用透明

没有贴图的明暗处理材质
有贴图的明暗处理材质
没有贴图的真实材质
有贴图的真实材质
```

图2-95

```
自动显示选定的灯光

锁定选定的灯光
解除锁定选定的灯光
```

图2-96

图2-97

◇ 显示统计：执行该命令或按大键盘上的7键，可以在视图的左上角显示整个场景或当前选择对象的统计信息，如图2-98所示。

◇ 孤立顶点：执行该命令可以在视口底部的中间显示出孤立的顶点数目，如图2-99所示。

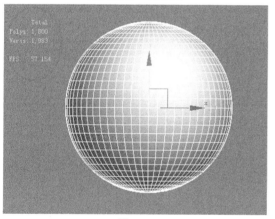

图2-98

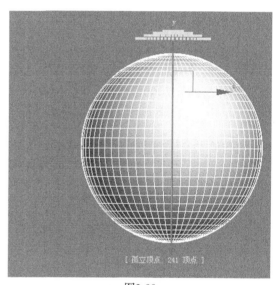

图2-99

提示："孤立顶点"就是与任何边或面不相关的顶点。"孤立顶点"命令一般在创建完一个模型以后，对模型进行最终的整理时使用，用该命令显示出孤立顶点以后可以将其删除。

❖ 视口背景：该菜单下的子命令用于设置视口的背景，如图2-100所示。设置视口背景图像有助于辅助用户创建模型。

❖ 显示变换Gizmo：该命令用于切换所有视口Gizmo的3轴架显示，如图2-101所示。

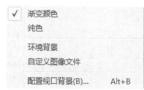

```
✓ 渐变颜色
   纯色

   环境背景
   自定义图像文件

   配置视口背景(B)...    Alt+B
```

图2-100

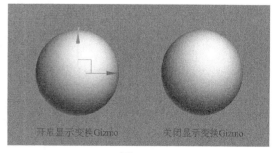

图2-101

❖ 显示重影："重影"是一种显示方式，它在当前帧之前或之后的许多帧显示动画对象的线框"重影副本"。使用重影可以分析和调整动画。

❖ 显示关键点时间：该命令用于切换沿动画显示轨迹上的帧数。

❖ 明暗处理选定对象：如果视口设置为"线框"显示，执行该命令可以将场景中的选定对象以"着色"方式显示出来。

❖ 显示从属关系：使用"修改"面板时，该命令用于切换从属于当前选定对象的视口高亮显示。

❖ 微调器拖动期间更新：执行该命令可以在视口中实时更新显示效果。

❖ 渐进式显示：在变换几何体、更改视图或播放动画时，该命令可以用来提高视口的性能。

❖ 专家模式：启用"专家模式"后，3ds Max的界面上将不显示"标题栏"、"主工具栏"、"命令"面板、"状态栏"以及所有的视口导航按钮，仅显示菜单栏、时间滑块和视口，如图2-102所示。

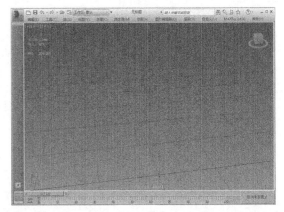

图2-102

【练习2-2】：加载背景图像

Step 01 执行"视图>视口背景>配置视口背景"菜单命令或按Alt+B组合键，打开"视口配置"对话框，然后选择"背景"栏，如图2-103所示。

Step 02 在"视口配置/背景"对话框中选定"使用文件"选项，然后单击"文件"按钮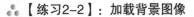，在弹出的"选择背景图像"对话框中选择光盘中的"练习文件>第2章>练习2-2>背景.jpg"文件，接着单击"打开"按钮，最后单击"确定"按钮，如图2-104所示，此时的视图显示效果如图2-105所示。

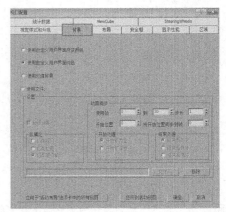

图2-103

Step 03 如果要关闭背景图像的显示，可以在"视图>视口背景"菜单下关闭"自定义图像文件"选项。另外，还可以在视图左上角单击视口显示模式文本，然后在弹出的菜单中"真实>视口背景"菜单下"自定义图像文件"选项，如图2-106所示。

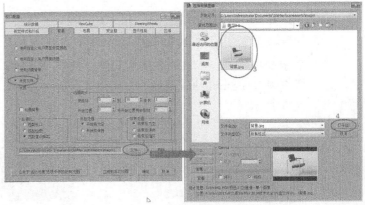

图2-104

图2-105

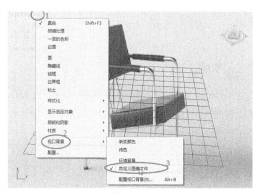

图2-106

2.3.6 创建菜单

功能介绍

"创建"菜单中的命令主要用来创建几何体、二维图形、灯光和粒子等对象，如图2-107所示。

图2-107

提示： "创建"菜单下的命令与"创建"面板中的工具完全相同，这些命令非常重要，这里就不再讲解了，大家可参阅后面各章内容。

2.3.7 修改器菜单

功能介绍

"修改器"菜单中的命令集合了所有的修改器，如图2-108所示。

提示： "修改器"菜单下的命令与"修改"面板中的修改器完全相同，这些命令同样非常重要，大家可以参阅后面的相关内容。

图2-108

2.3.8　动画菜单

功能介绍

　　"动画"菜单主要用来制作动画，包括正向动力学、反向动力学以及创建和修改骨骼的命令，如图2-109所示。

　　提示：　"动画"菜单命令的用法请参阅后面的"基础动画"和"高级动画"章节的相关内容。

图2-109

2.3.9　图形编辑器菜单

功能介绍

　　"图形编辑器"菜单是场景元素之间用图形化视图方式来表达关系的菜单，包括"轨迹视图-曲线编辑器"、"轨迹视图-摄影表"、"新建图解视图"和"粒子视图"等，如图2-110所示。

图2-110

2.3.10　渲染菜单

功能介绍

　　"渲染"菜单主要是用于设置渲染参数，包括"渲染"、"环境"和"效果"等命令，如图2-111所示。这个菜单下的命令将在后面的相关章节进行详细讲解，这里就不再赘述了。

图2-111

提示： 请用户特别注意，在"渲染"菜单下有一个"Gamma/LUT设置"命令，这个命令用于调整输入和输出图像以及监视器显示的Gamma和查询表（LUT）值。"Gamma/LUT设置"不仅会影响模型、材质、贴图在视口中的显示效果，而且还会影响渲染效果，而3ds Max 2014在默认情况下开启了"Gamma/LUT校正"。为了得到正确的渲染效果，需要执行"渲染>Gamma和LUT"菜单命令打开"首选项设置"对话框，然后在"Gamma和LUT"选项卡下关闭"启用Gamma/LUT校正"选项，并且要关闭"材质和颜色"选项组下的"影响颜色选择器"和"影响材质选择器"选项，如图2-112所示。

图2-112

2.3.11 自定义菜单

功能介绍

"自定义"菜单主要用来更改用户界面以及设置3ds Max的首选项。通过这个菜单可以定制自己的界面，同时还可以对3ds Max系统进行设置，例如，设置场景单位和自动备份等，如图2-113所示。

命令详解

❖ 自定义用户界面：执行该命令可以打开"自定义用户界面"对话框，如图2-114所示。在该对话框中可以创建一个完全自定义的用户界面，包括键盘、鼠标、工具栏、四元菜单、菜单和颜色。

图2-113

图2-114

❖ 加载自定义用户界面方案：执行该命
令可以打开"加载自定义用户界面方
案"对话框，如图2-115所示。在该
对话框中可以选择想要加载的用户界
面方案。

图2-115

技术专题2-4 　更改用户界面方案

在默认情况下，3ds Max 2014的界面颜
色为黑色，如果用户的视力不好，那么很可
能看不清界面上的文字，如图2-116所示。
这时就可以利用"加载自定义用户界面方
案"命令来更改界面颜色，在3ds Max 2014
的安装路径下打开UI文件夹，然后选择想
要的界面方案即可，如图2-117和图2-118
所示。

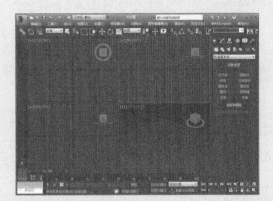

图2-116

图2-117

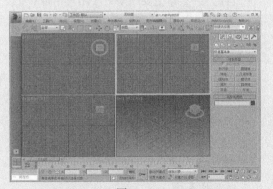

图2-118

❖ 保存自定义用户界面方案：执行该命
令可以打开"保存自定义用户界面方
案"对话框，如图2-119所示。在该
对话框中可以保存当前状态下的用户
界面方案。

❖ 还原为启动布局：执行该命令可以自动
加载_startup.ui文件，并将用户界面返回
到启动设置。

图2-119

❖　锁定UI布局：当该命令处于激活状态时，通过拖曳界面元素不能修改用户界面布局（但是仍然可以使用鼠标右键单击菜单来改变用户界面布局）。利用该命令可以防止由于鼠标单击而更改用户界面或发生错误操作（如浮动工具栏）。

❖　显示UI：该命令包含5个子命令，如图2-120所示。勾选相应的子命令即可在界面中显示出相应的UI对象。

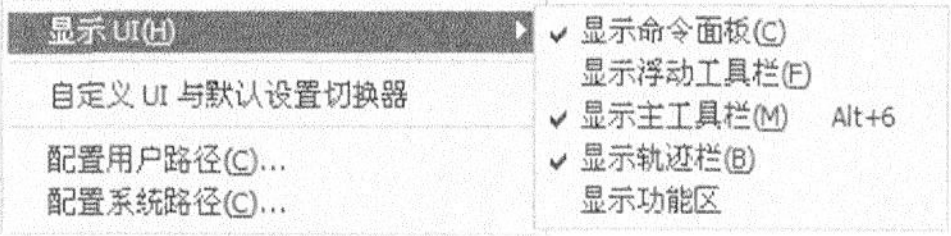

❖　自定义UI与默认设置切换器：使用该命令可以快速更改程序的默认值和UI方案，以更适合用户所做的工作类型。

图2-120

❖　配置用户路径：3ds Max可以使用存储的路径来定位不同种类的用户文件，其中包括场景、图像、DirectX效果、光度学和MAXScript文件。使用"配置用户路径"命令可以自定义这些路径。

❖　配置系统路径：3ds Max使用路径来定位不同种类的文件（其中包括默认设置、字体）并启动MAXScript文件。使用"配置系统路径"命令可以自定义这些路径。

❖　单位设置：这是"自定义"菜单下最重要的命令之一，执行该命令可以打开"单位设置"对话框，如图2-121所示。在该对话框中可以在通用单位和标准单位间进行选择。

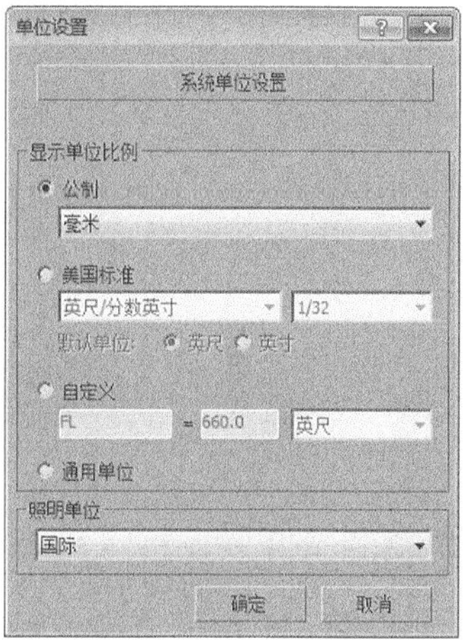

❖　插件管理器：执行该命令可以打开"插件管理器"对话框，如图2-122所示。该对话框提供了位于3ds Max插件目录中的所有插件的列表，包括插件描述、类型（对象、辅助对象、修改器等）、状态（已加载或已延迟）、大小和路径。

图2-121

图2-122

❖　首选项：执行该命令可以打开"首选项设置"对话框，在该对话中几乎可以设置3ds Max所有的首选项。

提示： 在"自定义"菜单下有3个命令比较重要，分别是"自定义用户界面"、"单位设置"和"首选项"命令。这些命令在下面将安排实际练习来进行重点讲解。

 【练习2-3】：设置快捷键

在实际工作中，一般都是使用快捷键来代替繁琐的操作，因为使用快捷键可以提高工作效率。3ds Max 2014内置的快捷键非常多，并且用户可以自行设置快捷键来调用常用的工具或命令。

Step 01 执行"自定义>自定义用户界面"菜单命令，打开"自定义用户界面"对话框，然后单击"键盘"选项卡，如图2-123所示。

Step 02 3ds Max默认的"文件>导入文件"菜单命令没有快捷键，这里就来给它设置一个快捷键Ctrl+I。在"类别"列表中选择File（文件）菜单，然后在"操作"列表下选择"导入文件"命令，接着在"热键"框中按键盘上的Ctrl+I组合键，再单击"指定"按钮 指定 ，最后单击"保存"按钮 保存... ，如图2-124所示。

图2-123

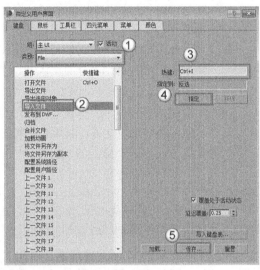

图2-124

Step 03 单击"保存"按钮 保存... 后会弹出"保存快捷键文件为"对话框，在该对话框中为文件进行命名，然后继续单击"保存"按钮 保存(S) ，如图2-125所示。

Step 04 在"自定义用户界面"对话框中单击"加载"按钮 加载... ，然后在弹出的"加载快捷键文件"对话框中选择前面保存好的文件，接着单击"打开"按钮 打开(O) ，如图2-126所示。

图2-125

图2-126

Step 05 关闭"自定义用户界面"对话框，然后按Ctrl+I组合键即可打开"选择要导入的文件"对话框，如图2-127所示。

图2-127

【练习2-4】：设置场景与系统单位

通常情况下，在制作模型之前都要对3ds Max的单位进行设置，这样才能制作出精确的模型。

Step 01 打开光盘中的"练习文件>第2章>练习2-4.max"文件，这是一个球体，如图2-128所示。

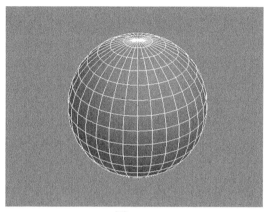

图2-128

Step 02 在"命令"面板中单击"修改"按钮 ，切换到"修改"面板，在"参数"卷展栏下可以观察到球体的相关参数，但是这些参数后面的都没有单位，如图2-129所示。

Step 03 下面将长方体的单位设置为mm（mm表示"毫米"）。执行"自定义>单位设置"菜单命令，打开"单位设置"对话框，然后设置"显示单位比例"为"公制"，接着在下拉列表中选择单位为"毫米"，如图2-130所示。

图2-129

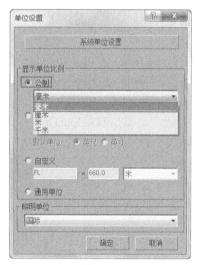

图2-130

Step 04 单击"系统单位设置"按钮 ，然后在弹出的"系统单位设置"对话框中设置"系统单位比例"为"毫米"，接着单击"确定"按钮 ，如图2-131所示。

提示：注意"系统单位"一定要与"显示单位"保持一致，这样才能更方便地进行操作。

Step 05 在场景中选择球体，然后在"命令"面板中单击"修改"按钮 ，切换到"修改"面板，此时在"参数"卷展栏下就可以观察到球体的"半径"参数后面带上了单位mm，如图2-132所示。

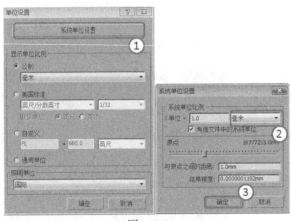

图2-131　　　　　　　　　　　　　　　　　　　　　　图2-132

> **提示：** 在制作室外场景时一般采用m（米）作为单位；在制作室内场景中时一般采用cm（厘米）或mm
> （毫米）作为单位。

【练习2-5】：设置文件自动备份

3ds Max 2014在运行过程中对计算机的配置要求比较高，占用系统资源也比较大。在运行3ds Max 2014时，由于某些配置较低的计算机和系统性能的不稳定等原因会导致文件关闭或发生死机现象。当进行较为复杂的计算（如光影追踪渲染）时，一旦出现无法恢复的故障，就会丢失所做的各项操作，造成无法弥补的损失。

解决这类问题除了提高计算机的硬件配置外，还可以通过增强系统稳定性来减少死机现象。在一般情况下，可以通过以下3种方法来提高系统的稳定性。

第1种：要养成经常保存场景的习惯。

第2种：在运行3ds Max 2014时，尽量不要或少启动其他程序，而且硬盘也要留有足够的缓存空间。

第3种：如果当前文件发生了不可恢复的错误，可以通过备份文件来打开前面自动保存的场景。

下面将重点讲解设置自动备份文件的方法。

执行"自定义>首选项"菜单命令，然后在弹出的"首选项设置"对话框中单击"文件"选项卡，接着在"自动备份"选项组下勾选"启用"选项，再对"Autobak文件数"和"备份间隔（分钟）"选项进行设置，最后单击"确定"按钮 确定 ，如图2-133所示。

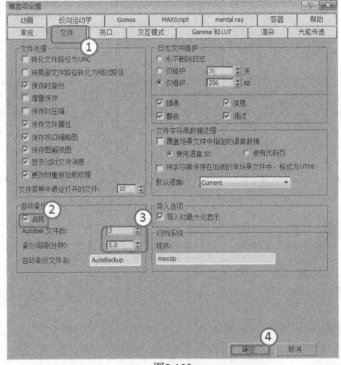

图2-133

2.3.12　MAXScript（MAX脚本）菜单

功能介绍

MAXScript（MAX脚本）是3ds Max的内置脚本语言，其菜单下包含用于创建、打开和运行脚本的命令，如图2-134所示。

图2-134

2.3.13　帮助菜单

功能介绍

"帮助"菜单中主要是一些帮助信息，可以供用户参考学习，如图2-135所示。

图2-135

2.4　主工具栏

"主工具栏"中集合了最常用的一些编辑工具，图2-136所示为默认状态下的"主工具栏"。某些工具的右下角有一个三角形图标，单击该图标就会弹出下拉工具列表。以"捕捉开关"为例，单击"捕捉开关"按钮就会弹出捕捉工具列表，如图2-137所示。

提示：　若显示器的分辨率较低，"主工具栏"中的工具可能无法完全显示出来，这时可以将光标置在"主工具栏"上的空白处，当光标变成手型时使用鼠标左键左右移动"主工具栏"即可查看没有显示出来的工具。在默认情况下，很多工具栏都处于隐藏状态，如果要调出这些工具栏，可以在"主工具栏"的空白处单击鼠标右键，然后在弹出的快捷菜单中选择相应的工具栏即可，如图2-138所示。如果要调出所有隐藏的工具栏，可以执行"自定义>显示UI>显示浮动工具栏"菜单命令，如图2-139所示，再次执行"显示浮动工具栏"命令可以将浮动的工具栏隐藏起来。

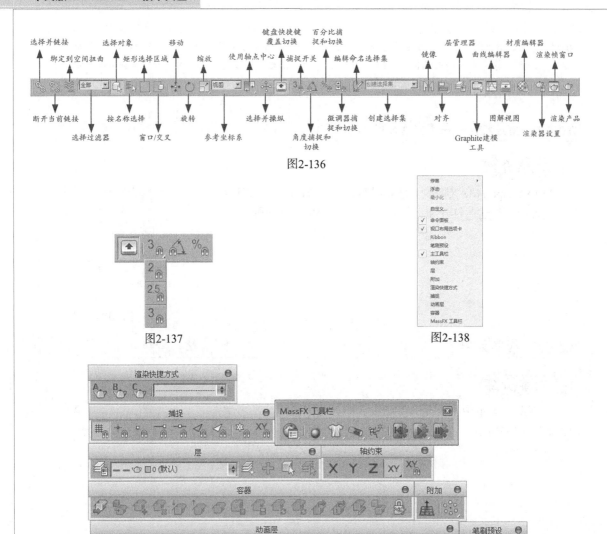

图2-136

图2-137

图2-138

图2-139

2.4.1 撤销

功能介绍

"撤销"工具🔙主要用于撤销上一次操作的结果，返回到上一次操作开始之前的状态。它与"编辑"菜单中的"撤销"命令的功能相同。

在🔙按钮上单击鼠标右键，系统将弹出可撤销动作的列表，如图2-140所示。

在列表中，用户可以了解上一步操作的名称，选择要撤销的步骤。按住Shift键可以连选，但是不能跳选。按Esc键或者单击列表以外的任意处可以退出列表。

图2-140

　　在3ds Max中，默认的可撤销次数为20次，即系统可以记录20次操作步骤。用户可以在"首选项设置"面板中调整场景撤销的级别数，但最大数值不能超过500，如图2-141所示。

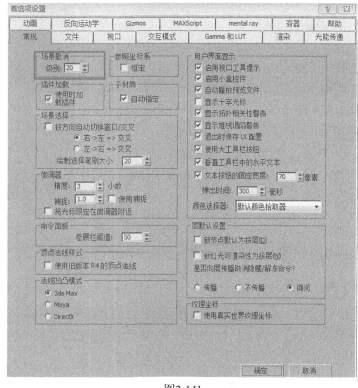

图2-141

提示：在制作过程中，有些操作是不能被撤销的，比如修改命令面板中的参数、改变屏幕视图显示等。

2.4.2　重做

功能介绍

　　"重做"工具 用于取消上一次"撤销"命令的操作，恢复到撤销之前的状态。它与"编辑"菜单中的"重做"命令的功能相同。

　　在 按钮上单击鼠标右键，系统将弹出可重做动作的列表，如图2-142所示。

　　在列表中，用户可以了解上一步操作的名称，选择要恢复的步骤。按住Shift键可以连选，但是不能跳选。按Esc键或者单击列表以外的任意处可以退出列表。

图2-142

2.4.3　选择并链接

功能介绍

　　"选择并链接"工具 主要用于建立对象之间的父子链接关系与定义层级关系，但是只能父级物体带动子级物体，而子级物体的变化不会影响到父级物体。比如，使用"选择并链接"工具 将一个球体拖曳到一个导向板上，可以让球体与导向板建立链接关系，使球体成为导向板的子对象，那么移动导向板，则球体也会跟着移动，但移动球体时，则导向板不会跟着移动，如图2-143所示。

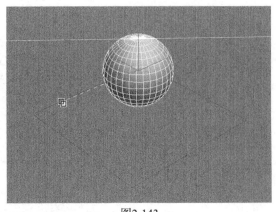

图2-143

操作方法

Step 01 选择"选择并链接"工具 。

Step 02 在视图中选择子级物体并在它上边按住鼠标左键。

Step 03 拖曳鼠标箭头到父级物体上，这时会引出虚线，鼠标箭头牵动这条虚线。

Step 04 释放鼠标左键，父级物体会闪烁一下外框，表示链接操作成功。

2.4.4 断开当前选择链接

功能介绍

"断开当前选择链接"工具 与"选择并链接"工具 的作用恰好相反，用来取消两个对象之间的层级链接关系。换句话说，就是拆散父子链接关系，使子级物体恢复独立，不再受父级物体的约束。这个工具是针对子级物体执行的。

操作方法

Step 01 在视图中选择要取消链接关系的子级物体。

Step 02 单击"断开当前选择链接"工具 ，它与父级物体之间的层级关系就取消了。

2.4.5 绑定到空间扭曲

功能介绍

使用"绑定到空间扭曲"工具 可以将对象绑定到空间扭曲对象上，使它受空间扭曲对象的影响。空间扭曲对象是一类特殊对象，它们本身不能被渲染，起到的作用是限制或加工绑定的对象，比如风力影响、波浪影响、磁力影响和爆炸影响等，它起着非常重要的作用。

操作方法

在图2-144中有一个风力和一个雪粒子，此时没有对这两个对象建立绑定关系，拖曳时间线滑块，发现雪粒子垂直向下飘动，这说明雪粒子没有受到风力的影响。

Step 01 使用"绑定到空间扭曲"工具 将雪粒子拖曳到风力上，当光标变成 形状时松开鼠标即可建立绑定关系，如图2-145所示。

Step 02 绑定以后，拖曳时间线滑块，可以发现雪粒子受到风力的影响而向右倾斜飘落，如图2-146所示。

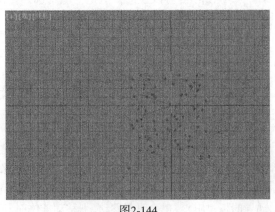

图2-144

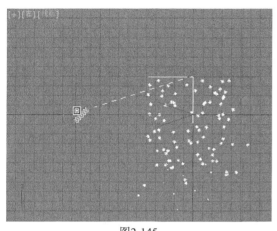
图2-145

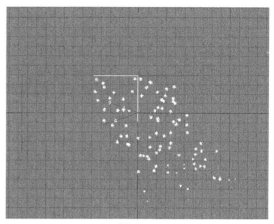
图2-146

2.4.6　过滤器

功能介绍

"过滤器" <u>全部</u> 主要用来过滤不需要选择的对象类型，这对于批量选择同一种类型的对象非常有用，如图2-147所示。例如，在下拉列表中选择"L-灯光"选项，那么在场景中选择对象时，只能选择灯光，而几何体、图形、摄影机等对象不会被选中，如图2-148所示。

图2-147

图2-148

【练习2-6】：用过滤器选择场景中的灯光

在较大的场景中，物体的类型可能非常多，这时要想选择处于隐藏位置的物体就会很困难，而使用"过滤器"过滤掉不需要选择的对象后，选择相应的物体就很方便了。

Step 01 打开光盘中的"练习文件>第2章>练习2-6.max"文件，从视图中可以观察到本场景包含两把椅子和4盏灯光，如图2-149所示。

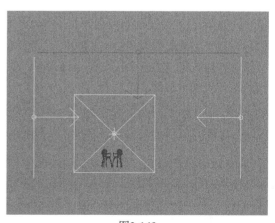
图2-149

Step 02 如果只想选择灯光，可以在"过滤器"下拉列表中选择"L-灯光"选项，如图2-150所示，然后使用"选择对象"工具框选视图中的灯光，框选完毕后可以发现只选择了灯光，而椅子模型并没有被选中，如图2-151所示。

图2-150

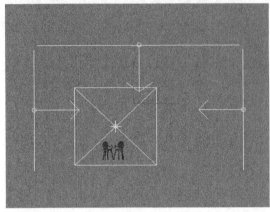

图2-151

Step 03 如果要想选择椅子模型，可以在"过滤器"下拉列表中选择"G-几何体"选项，然后使用"选择对象"工具框选视图中的椅子模型，框选完毕后可以发现只选择了椅子模型，而灯光并没有被选中，如图2-152所示。

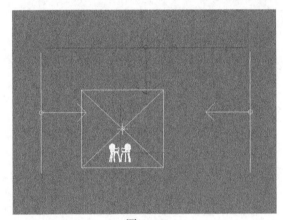

图2-152

2.4.7 选择对象

功能介绍

"选择对象"工具是非常重要的工具之一，主要用来选择对象，对于想选择对象而又不想移动它来说，这个工具是最佳选择。使用该工具单击对象即可选择相应的对象，如图2-153所示。

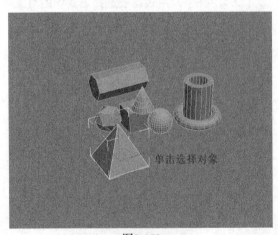

单击选择对象

图2-153

技术专题2-5 [选择对象的5种方法]

上面介绍使用"选择对象"工具■单击对象即可将其选择，这只是选择对象的一种方法。下面介绍一下框选、加选、减选、反选和孤立选择对象的方法。

1. 框选对象

这是选择多个对象的常用方法之一，适合选择一个区域的对象，例如，使用"选择对象"工具■在视图中拉出一个选框，那么处于该选框内的所有对象都将被选中（这里以在"过滤器"列表中选择"全部"类型为例），如图2-154所示。另外，在使用"选择对象"工具■框选对象时，按Q键可以切换选框的类型，例如，当前使用的"矩形选择区域"■模式，按一次Q键可切换为"圆形选择区域"■模式，如图2-155所示，继续按Q键又会切换到"围栏选择区域"■模式、"套索选择区域"■模式、"绘制选择区域"■模式，并一直按此顺序循环下去。

图2-154

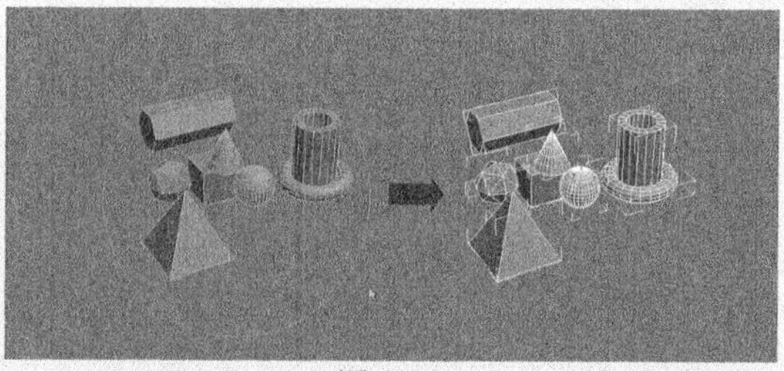

图2-155

2. 加选对象

如果当前选择了一个对象，还想加选其他对象，可以按住Ctrl键单击其他对象，这样即可同时选择多个对象，如图2-156所示。

图2-156

3. 减选对象

如果当前选择了多个对象，想减去某个不想选择的对象，可以按住Alt键单击想要减去的对象，这样即可减去当前单击的对象，如图2-157所示。

图2-157

4. 反选对象

如果当前选择了某些对象，想要反选其他的对象，可以按Ctrl+I组合键来完成，如图2-158所示。

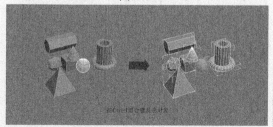

图2-158

5. 孤立选择对象

这是一种特殊选择对象的方法,可以将选择的对象的单独显示出来,以方便对其进行编辑,如图2-159所示。

切换孤立选择对象的方法主要有以下两种。

第1种:执行"工具>孤立当前选择"菜单命令或直接按Alt+Q组合键,如图2-160所示。

第2种:在视图中单击鼠标右键,然后在弹出的快捷菜单中选择"孤立当前选择"命令,如图2-161所示。

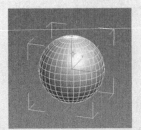

图2-159

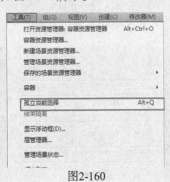

图2-160

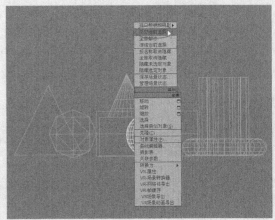

图2-161

请大家牢记这几种选择对象的方法,这样在选择对象时可以达到事半功倍的效果。

2.4.8 按名称选择

功能介绍

单击"按名称选择"按钮█会弹出"从场景选择"对话框,在该对话框中选择对象的名称后,单击"确定"按钮 确定 即可将其选择。例如,在"从场景选择"对话框中选择了Sphere01,单击"确定"按钮 确定 后即可选择这个球体对象,如图2-162和图2-163所示。

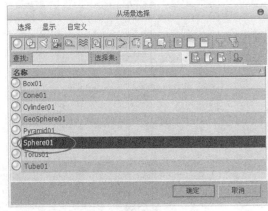

图2-162

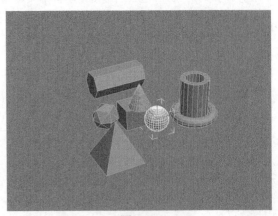

图2-163

⚙ 【练习2-7】：按名称选择对象

Step 01 打开光盘中的"练习文件>第2章>练习2-7.max"文件，如图2-164所示。

Step 02 在"主工具栏"中单击"按名称选择"按钮⚙，打开"从场景选择"对话框，从该对话框中可以观察到场景对象的名称，如图2-165所示。

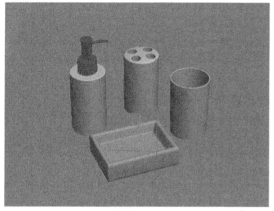

图2-164

图2-165

Step 03 如果要选择单个对象，可以直接在"从场景选择"对话框单击该对象的名称，然后单击"确定"按钮 确定 ，如图2-166所示。

Step 04 如果要选择隔开的多个对象，可以按住Ctrl键依次单击对象的名称，然后单击"确定"按钮 确定 ，如图2-167所示。

图2-166

图2-167

提示：如果当前已经选择了部分对象，那么按住Ctrl键可以进行加选，按住Alt键可以进行减选。

Step 05 如果要选择连续的多个对象，可以按住Shift键依次单击首尾的两个对象名称，然后单击"确定"按钮 确定 ，如图2-168所示。

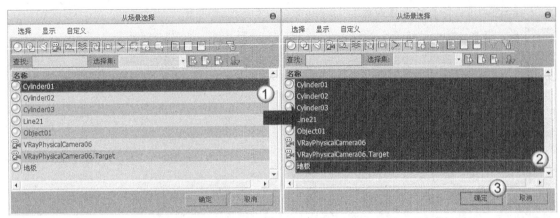

图2-168

提示："从场景选择"对话框中有一排按钮与"创建"面板中的部分按钮是相同的，这些按钮主要用来显示对象的类型，当激活相应的对象按钮后，在下面的对象列表中就会显示出与其相对应的对象，如图2-169所示。

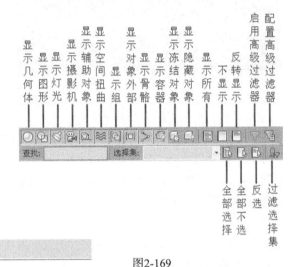

图2-169

2.4.9 选择区域

功能介绍

选择区域工具包含5种模式，如图2-170所示，主要用来配合"选择对象"工具🖱一起使用。在前面的【技术专题2-5】中已经介绍了其用法，这里就不再重复了。

矩形选择区域
圆形选择区域
围栏选择区域
套索选择区域
绘制选择区域
图2-170

【练习2-8】：用套索选择区域工具选择对象

Step 01 打开光盘中的"练习文件>第2章>练习2-8.max"文件，如图2-171所示。

Step 02 在"主工具栏"中单击"选择对象"按钮🖱，然后连续按3次Q键将选择模式切换为"套索选择区域"📷，接着在视图中绘制一个形状区域，将刀叉模型勾选出来，如图2-172所示，释放鼠标以后就选中了刀叉模型，如图2-173所示。

图2-171

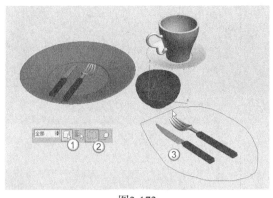

图2-172 图2-173

2.4.10 窗口/交叉

功能介绍

当"窗口/交叉"工具处于凸出状态（即未激活状态）时，其显示效果为 ，这时如果在视图中选择对象，那么只要选择的区域包含对象的一部分即可选中该对象，如图2-174所示；当"窗口/交叉"工具 处于凹陷状态（即激活状态）时，其显示效果为 ，这时如果在视图中选择对象，那么只有选择区域包含对象的全部才能将其选中，如图2-175所示。在实际工作中，一般都要让"窗口/交叉"工具 处于未激活状态。

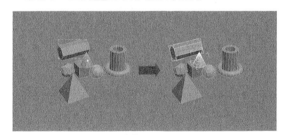

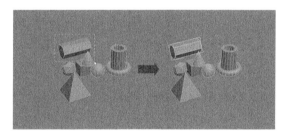

图2-174 图2-175

2.4.11 选择并移动

功能介绍

"选择并移动"工具 是最重要的工具之一（快捷键为W键），主要用来选择并移动对象，其选择对象的方法与"选择对象"工具 相同。使用"选择并移动"工具 可以将选中的对象移动到任何位置。当使用该工具选择对象时，在视图中会显示出坐标移动控制器，在默认的四视图中只有透视图显示的是x、y、z轴这3个轴向，而其他3个视图中只显示其中的某两个轴向，如图2-176所示。若想要在多个轴向上移动对象，可以将光标放在轴向的中间，然后拖曳光标即可，如图2-177所示；如果想在单个轴向上移动对象，可以将光标放在这个轴向上，然后拖曳光标即可，如图2-178所示。

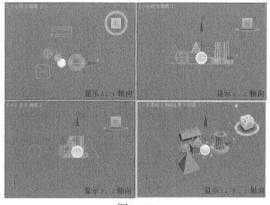

图2-176

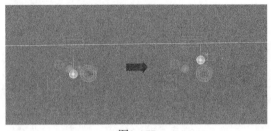

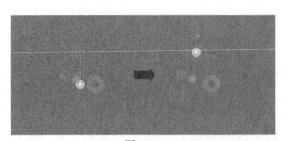

图2-177   图2-178

提示： 如果想将对象精确移动一定的距离，可以在"选择并移动"工具
上单击鼠标右键，然后在弹出的"移动变换输入"对话框中输入
"绝对:世界"或"偏移:世界"的数值即可，如图2-179所示。
"绝对"坐标是指对象目前所在的世界坐标位置；"偏移"
坐标是指对象以屏幕为参考对象所偏移的距离。

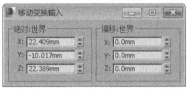

图2-179

【练习2-9】：用选择并移动工具制作酒杯塔

本例使用"选择并移动"工具的移动复制功能制作的酒杯塔效果如图2-180所示。

图2-180

Step 01 打开光盘中的"练习文件>第2章>练习2-9.max"文件，如图2-181所示。

Step 02 在"主工具栏"中单击"选择并移动"按钮，然后按住Shift键在前视图中将高脚杯沿y轴向下移动复制，接着在弹出的"克隆选项"对话框中设置"对象"为"复制"，最后单击"确定"按钮 确定 完成操作，如图2-182所示。

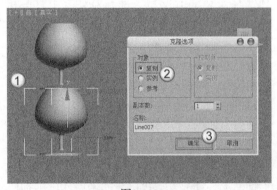

图2-181   图2-182

Step 03 在顶视图中将下层的高脚杯沿*x*、*y*轴向外拖曳到如图2-183所示的位置。

Step 04 保持对下层高脚杯的选择，按住Shift键沿*x*轴向左侧移动复制，接着在弹出的"克隆选项"对话框中单击"确定"按钮 ▓确定▓，如图2-184所示。

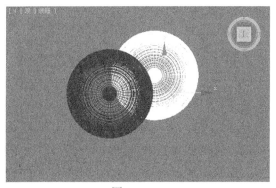

图2-183

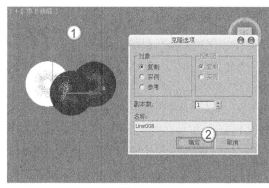

图2-184

Step 05 采用相同的方法在下层继续复制一个高脚杯，然后调整好每个高脚杯的位置，完成后的效果如图2-185所示。

Step 06 将下层的高脚杯向下进行移动复制，然后向外复制一些高脚杯，得到最下层的高脚杯，最终效果如图2-186所示。

图2-185

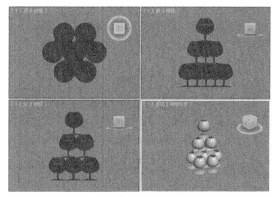

图2-186

2.4.12 选择并旋转

功能介绍

"选择并旋转"工具 ◎ 是最重要的工具之一（快捷键为E键），主要用来选择并旋转对象，其使用方法与"选择并移动"工具 ✜ 相似。当该工具处于激活状态（选择状态）时，被选中的对象可以在*x*、*y*、*z*这3个轴上进行旋转。

> **提示：** 如果想要将对象精确旋转一定的角度，可以在"选择并旋转"按钮 ◎ 上单击鼠标右键，然后在弹出的"旋转变换输入"对话框中输入旋转角度即可，如图2-187所示。

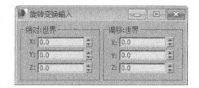

图2-187

2.4.13 选择并缩放

选择并缩放工具是最重要的工具之一（快捷键为R键），主要用来选择并缩放对象。选择并缩放工具包含3种，如图2-188所示。使用"选择并均匀缩放"工具■可以沿所有3个轴以相同量缩放对象，同时保持对象的原始比例，如图2-189所示；使用"选择并非均匀缩放"工具■可以根据活动轴约束以非均匀方式缩放对象，如图2-190所示；使用"选择并挤压"工具■可以创建"挤压和拉伸"效果，如图2-191所示。

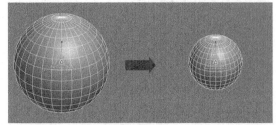

图2-189

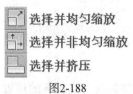

选择并均匀缩放

选择并非均匀缩放

选择并挤压

图2-188

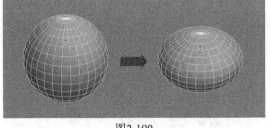

图2-190

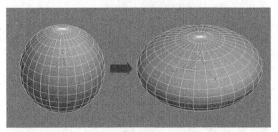

图2-191

提示： 同理，选择并缩放工具也可以设定一个精确的缩放比例因子，具体操作方法就是在相应的工具上单击鼠标右键，然后在弹出的"缩放变换输入"对话框中输入相应的缩放比例数值即可，如图2-192所示。

图2-192

【练习2-10】：用选择并缩放工具调整花瓶形状

Step 01 打开光盘中的"练习文件>第2章>练习2-10.max"文件，如图2-193所示。

Step 02 在"主工具栏"中选择"选择并均匀缩放"工具■，然后选择最左边的花瓶，接着在前视图中沿x轴正方向进行缩放，如图2-194所示，完成后的效果如图2-195所示。

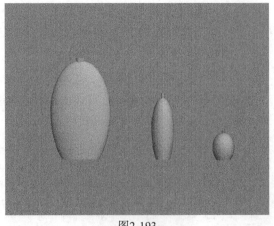

图2-193

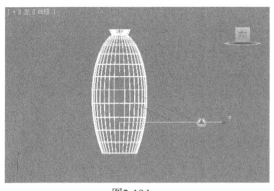

图2-194

图2-195

Step 03 在"主工具栏"中选择"选择并非均匀缩放"工具，然后选择中间的花瓶，接着在透视图中沿y轴正方向进行缩放，如图2-196所示。

Step 04 在"主工具栏"中选择"选择并挤压"工具，然后选择最右边的模型，接着在透视图中沿z轴负方向进行挤压，如图2-197所示。

图2-196

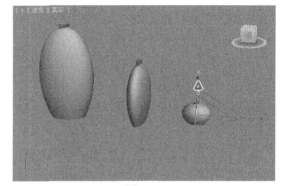

图2-197

2.4.14 参考坐标系

功能介绍

"参考坐标系"可以用来指定变换操作（如移动、旋转、缩放等）所使用的坐标系统，包括视图、屏幕、世界、父对象、局部、万向、栅格、工作和拾取9种坐标系，如图2-198所示。

参数详解

❖ 视图：在默认的"视图"坐标系中，所有正交视图中的x、y、z轴都相同。使用该坐标系移动对象时，可以相对于视图空间移动对象。

❖ 屏幕：将活动视口屏幕用作坐标系。

❖ 世界：使用世界坐标系。

❖ 父对象：使用选定对象的父对象作为坐标系。如果对象未链接至特定对象，则其为世界坐标系的子对象，其父坐标系与世界坐标系相同。

图2-198

❖ 局部：使用选定对象的轴心点为坐标系。

❖ 万向：万向坐标系与Euler XYZ旋转控制器一同使用，它与局部坐标系类似，但其3个旋转轴相互之间不一定垂直。

❖ 栅格：使用活动栅格作为坐标系。

❖ 工作：使用工作轴作为坐标系。

❖ 拾取：使用场景中的另一个对象作为坐标系。

2.4.15 使用轴点中心

功能介绍

轴点中心工具包括"使用轴点中心"工具■、"使用选择中心"工具■和"使用变换坐标中心"工具■3种，如图2-199所示。

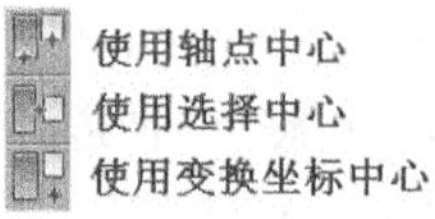

使用轴点中心
使用选择中心
使用变换坐标中心

图2-199

❖ 使用轴点中心■：该工具可以围绕其各自的轴点旋转或缩放一个或多个对象。

❖ 使用选择中心■：该工具可以围绕其共同的几何中心旋转或缩放一个或多个对象。如果变换多个对象，该工具会计算所有对象的平均几何中心，并将该几何中心用作变换中心。

❖ 使用变换坐标中心■：该工具可以围绕当前坐标系的中心旋转或缩放一个或多个对象。当使用"拾取"功能将其他对象指定为坐标系时，其坐标中心在该对象轴的位置上。

2.4.16 选择并操纵

功能介绍

使用"选择并操纵"工具■可以在视图中通过拖曳"操纵器"来编辑修改器、控制器和某些对象的参数。这个工具不能独立应用，需要与其他选择工具配合使用。

提示："选择并操纵"工具■与"选择并移动"工具■不同，它的状态不是唯一的。只要选择模式或变换模式之一为活动状态，并且启用了"选择并操纵"工具■，那么就可以操纵对象。但是在选择一个操纵器辅助对象之前必须禁用"选择并操纵"工具■。

2.4.17 键盘快捷键覆盖切换

功能介绍

当关闭"键盘快捷键覆盖切换"工具■时，只识别"主用户界面"快捷键；当激活该工具时，可以同时识别主UI快捷键和功能区域快捷键。一般情况都需要开启该工具。

2.4.18 捕捉开关

功能介绍

捕捉开关工具（快捷键为S键）包括"2D捕捉"工具■、"2.5D捕捉"工具■和"3D捕捉"工具■3种，如图2-200所示。

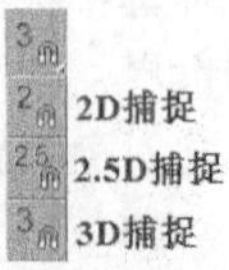

2D捕捉
2.5D捕捉
3D捕捉

图2-200

❖ 2D捕捉 ：主要用于捕捉活动的栅格。
❖ 2.5D捕捉 ：主要用于捕捉结构或捕捉根据网格得到的几何体。
❖ 3D捕捉 ：可以捕捉3D空间中的任何位置。

图2-201

提示： 在"捕捉开关"上单击鼠标右键，可以打开"栅格和捕捉设置"对话框，在该对话框中可以设置捕捉类型和捕捉的相关选项，如图2-201所示。

2.4.19　角度捕捉切换

功能介绍

"角度捕捉切换"工具 可以用来指定捕捉的角度（快捷键为A键）。激活该工具后，角度捕捉将影响所有的旋转变换，在默认状态下以5°为增量进行旋转。

操作方法

若要更改旋转增量，可以在"角度捕捉切换"工具 上单击鼠标右键，然后在弹出的"栅格和捕捉设置"对话框中单击"选项"选项卡，接着在"角度"选项后面输入相应的旋转增量角度即可，如图2-202所示。

图2-202

【练习2-11】：用角度捕捉切换工具制作挂钟刻度

本例使用"角度捕捉切换"工具制作的挂钟刻度效果如图2-203所示。

图2-203

Step 01 打开光盘中的"练习文件>第2章>练习2-11.max"文件，如图2-204所示。

图2-204

提示：从图2-204中可以观察到挂钟没有指针刻度。在3ds Max中，制作这种具有相同角度且有一定规律的对象一般都使用"角度捕捉切换"工具来制作。

Step 02 在"创建"面板中单击"球体"按钮 球体 ，然后在场景中创建一个大小合适的球体，如图2-205所示。

Step 03 选择"选择并均匀缩放"工具 ，然后在左视图中沿x轴负方向进行缩放，如图2-206所示，接着使用"选择并移动"工具 将其移动到表盘的"12点钟"的位置，如图2-207所示。

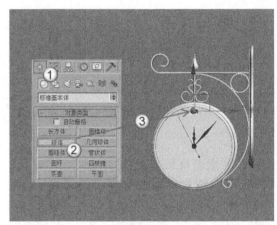

图2-205

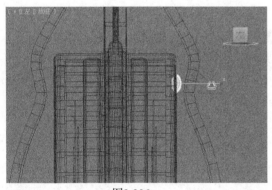

图2-206

图2-207

Step 04 在"命令"面板中单击"层次"按钮 ，进入"层次"面板，然后单击"仅影响轴"按钮 仅影响轴 （此时球体上会增加一个较粗的坐标轴，这个坐标轴主要用来调整球体的轴心点位置），接着使用"选择并移动"工具 将球体的轴心点拖曳到表盘的中心位置，如图2-208所示。

Step 05 单击"仅影响轴"按钮 仅影响轴 退出"仅影响轴"模式，然后在"角度捕捉切换"工具 上单击鼠标右键（注意，要使该工具处于激活状态），接着在弹出的"栅格和捕捉设置"对话框中单击"选项"选项卡，最后设置"角度"为30度，如图2-209所示。

图2-208

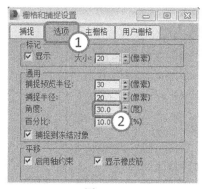

图2-209

Step 06 选择"选择并旋转"工具，然后在前视图中按住Shift键顺时针旋转-30°，接着在弹出的"克隆选项"对话框中设置"对象"为"实例"、"副本数"为11，最后单击"确定"按钮，如图2-210所示，最终效果如图2-211所示。

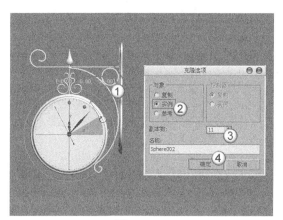

图2-210

图2-211

2.4.20 百分比捕捉切换

功能介绍

使用"百分比捕捉切换"工具可以将对象缩放捕捉到自定的百分比（快捷键为Shift+Ctrl+P组合键），在缩放状态下，默认每次的缩放百分比为10%。

操作方法

若要更改缩放百分比，可以在"百分比捕捉切换"工具上单击鼠标右键，然后在弹出的"栅格和捕捉设置"对话框中单击"选项"选项卡，接着在"百分比"选项后面输入相应的百分比数值即可，如图2-212所示。

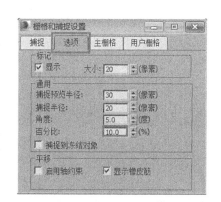

图2-212

2.4.21　微调器捕捉切换

功能介绍

"微调器捕捉切换"工具 ▦ 可以用来设置微调器单次单击的增加值或减少值。

操作方法

若要设置微调器捕捉的参数，可以在"微调器捕捉切换"工具 ▦ 上单击鼠标右键，然后在弹出的"首选项设置"对话框中单击"常规"选项卡，接着在"微调器"选项组下设置相关参数即可，如图2-213所示。

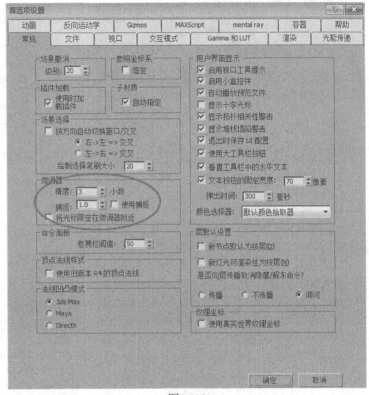

图2-213

2.4.22　编辑命名选择集

功能介绍

使用"编辑命名选择集"工具 ▨ 可以为单个或多个对象创建选择集。选中一个或多个对象后，单击"编辑命名选择集"工具 ▨ 可以打开"命名选择集"对话框，在该对话框中可以创建新集、删除集以及添加、删除选定对象等操作，如图2-214所示。

图2-214

2.4.23　创建选择集

功能介绍

如果选择了对象，在"创建选择集" 创建选择集 中输入名称以后就可以创建一个新的选择集；如果已经创建了选择集，在列表中可以选择创建的集。

2.4.24 镜像

功能介绍

使用"镜像"工具▣可以围绕一个轴心镜像出一个或多个副本对象。选中要镜像的对象后，单击"镜像"工具▣，可以打开"镜像:世界坐标"对话框，在该对话框中可以对"镜像轴"、"克隆当前选择"和"镜像IK限制"进行设置，如图2-215所示。

图2-215

【练习2-12】：用镜像工具镜像椅子

本例使用"镜像"工具镜像的椅子效果如图2-216所示。

图2-216

Step 01 打开光盘中的"练习文件>第2章>练习2-12.max"文件，如图2-217所示。

Step 02 选中椅子模型，然后在"主工具栏"中单击"镜像"按钮▣，接着在弹出的"镜像"对话框中设置"镜像轴"为x轴、"偏移"值为-120mm，再设置"克隆当前选择"为"复制"方式，最后单击"确定"按钮 确定 ，具体参数设置如图2-218所示，最终效果如图2-219所示。

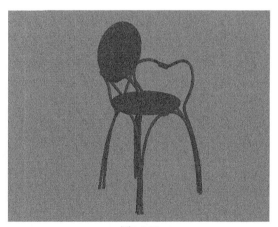

图2-217

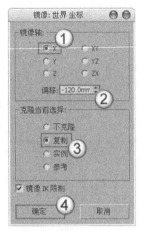

图2-218

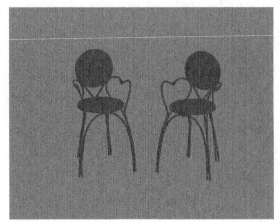

图2-219

2.4.25 对齐

功能介绍

对齐工具包括6种,分别是"对齐"工具、"快速对齐"工具、"法线对齐"工具、"放置高光"工具、"对齐摄影机"工具和"对齐到视图"工具,如图2-220所示。

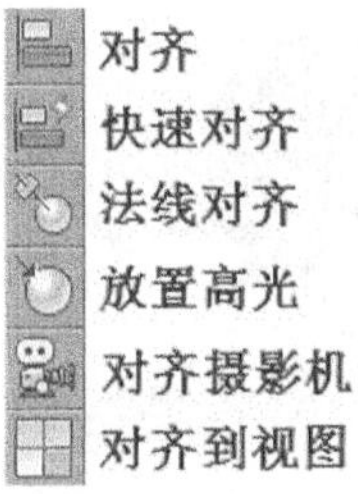

	对齐
	快速对齐
	法线对齐
	放置高光
	对齐摄影机
	对齐到视图

图2-220

❖ 对齐:使用该工具(快捷键为Alt+A组合键)可以将当前选定对象与目标对象进行对齐。

❖ 快速对齐:使用该工具(快捷键为Shift+A组合键)可以立即将当前选择对象的位置与目标对象的位置进行对齐。如果当前选择的是单个对象,那么"快速对齐"需要使用到两个对象的轴;如果当前选择的是多个对象或多个子对象,则使用"快速对齐"可以将选中对象的选择中心对齐到目标对象的轴。

❖ 法线对齐:"法线对齐"(快捷键为Alt+N组合键)基于每个对象的面或是以选择的法线方向来对齐两个对象。要打开"法线对齐"对话框,首先要选择对齐的对象,然后单击对象上的面,接着单击第2个对象上的面,释放鼠标后就可以打开"法线对齐"对话框。

❖ 放置高光:使用该工具(快捷键为Ctrl+H组合键)可以将灯光或对象对齐到另一个对象,以便可以精确定位其高光或反射。在"放置高光"模式下,可以在任一视图中单击并拖曳光标。

> **提示:**"放置高光"是一种依赖于视图的功能,所以要使用渲染视图。在场景中拖曳光标时,会有一束光线从光标处射入到场景中。

❖ 对齐摄影机:使用该工具可以将摄影机与选定的面法线进行对齐。该工具的工作原理与"放置高光"工具类似。不同的是,它是在面法线上进行操作,而不是入射角,并在释放鼠标时完成,而不是在拖曳鼠标期间完成。

❖ 对齐到视图:使用该工具可以将对象或子对象的局部轴与当前视图进行对齐。该工具适用于任何可变换的选择对象。

【练习2-13】：用对齐工具对齐办公椅

本例使用"对齐"工具对齐办公椅后的效果如图2-221所示。

图2-221

Step 01 打开光盘中的"练习文件>第2章>练习2-13.max"文件，可以观察到场景中有两把椅子没有与其他的椅子对齐，如图2-222所示。

Step 02 选中其中的一把没有对齐的椅子，然后在"主工具栏"中单击"对齐"按钮 ，接着单击另外一把处于正常位置的椅子，在弹出的对话框中设置"对齐位置（世界）"为"X位置"，再设置"当前对象"和"目标对象"为"轴点"，最后单击"确定"按钮 确定 ，如图2-223所示。

Step 03 采用相同的方法对齐另外一把没有对齐的椅子，完成后的效果如图2-224所示。

图2-222

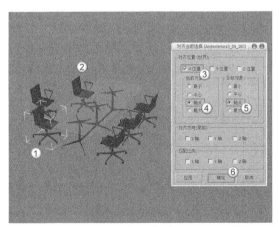

图2-223

图2-224

技术专题2-6 ［对齐参数详解］

X/Y/Z位置：用来指定要执行对齐操作的一个或多个坐标轴。同时勾选这3个选项可以将当前对象重叠到目标对象上。

最小：将具有最小x/y/z值对象边界框上的点与其他对象上选定的点对齐。

中心：将对象边界框的中心与其他对象上的选定点对齐。

轴点：将对象的轴点与其他对象上的选定点对齐。

最大：将具有最大x/y/z值对象边界框上的点与其他对象上选定的点对齐。

对齐方向（局部）：包括x/y/z轴3个选项，主要用来设置选择对象与目标对象是以哪个坐标轴进行对齐。

匹配比例：包括x/y/z轴3个选项，可以匹配两个选定对象之间的缩放轴的值，该操作仅对变换输入中显示的缩放值进行匹配。

2.4.26 层管理器

功能介绍

使用"层管理器" ▣可以创建和删除层，也可以用来查看和编辑场景中所有层的设置以及与其相关联的对象。单击"层管理器"工具▣可以打开"层"对话框，在该对话框中可以指定光能传递中的名称、可见性、渲染性、颜色以及对象和层的包含关系等，如图2-225所示。

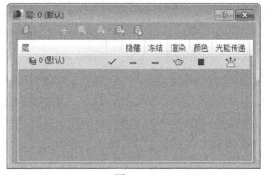

图2-225

2.4.27 Graphite建模工具

功能介绍

Graphite建模工具（石墨建模工具）▣是优秀的PolyBoost建模工具与3ds Max的完美结合，其工具摆放的灵活性与布局的科学性大大方便了多边形建模的流程。单击"主工具栏"中的"Graphite建模工具"按钮▣即可调出"Graphite建模工具"的工具栏，如图2-226所示。

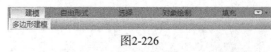

图2-226

2.4.28 曲线编辑器

功能介绍

单击"曲线编辑器"按钮▣可以打开"轨迹视图-曲线编辑器"对话框，如图2-227所示。"曲线编辑器"是一种"轨迹视图"模式，可以用曲线来表示运动，而"轨迹视图"模式可以使运动的插值以及软件在关键帧之间创建的对象变换更加直观化。

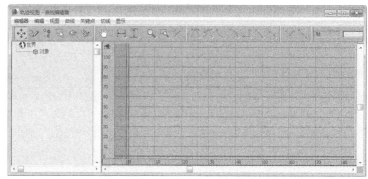

图2-227

> **提示**：使用曲线上的关键点的切线控制手柄可以轻松地观看和控制场景对象的运动效果和动画效果。

2.4.29 图解视图

功能介绍

"图解视图" ▣是基于节点的场景图，通过它可以访问对象的属性、材质、控制器、修改器、层次和不可见场景关系，同时在"图解视图"对话框中可以查看、创建并编辑对象间的关系，也可以创建层次、指定控制器、材质、修改器和约束等，如图2-228所示。

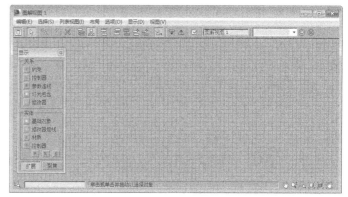

> **提示**：在"图解视图"对话框列表视图中的文本列表中可以查看节点，这些节点的排序是有规则性的，通过这些节点可以迅速浏览极其复杂的场景。

图2-228

2.4.30 材质编辑器

功能介绍

"材质编辑器" ▨是最重要的编辑器之一（快捷键为M键），在后面的章节中将有专门的内容对其进行介绍，主要用来编辑对象的材质。3ds Max 2014的"材质编辑器"分为"精简材质编辑器" ▨和"Slate材质编辑器" ▨两种，如图2-229和图2-230所示。

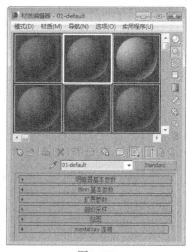

图2-229

> **提示**：关于"材质编辑器"的详细功能和使用方法，请读者参考本书后面相关章节的教学内容。

图2-230

2.4.31 渲染设置

功能介绍

单击"主工具栏"中的"渲染设置"按钮 （快捷键为
F10键）可以打开"渲染设置"对话框，所有的渲染设置参
数基本上都在该对话框中完成，如图2-231所示。

提示： 关于"渲染设置"的详细功能和使用方法，请读者参考本
书后面相关章节的教学内容。

图2-231

2.4.32 渲染帧窗口

功能介绍

单击"主工具栏"中
的"渲染帧窗口"按钮 可
以打开"渲染帧窗口"对话
框，在该对话框中可执行选
择渲染区域、切换图像通道
和储存渲染图像等任务，如
图2-232所示。

图2-232

2.4.33 渲染工具

功能介绍

渲染工具包括"渲染产品"工具 、"渲染迭代"工具
和ActiveShade工具 3种，如图2-233所示。

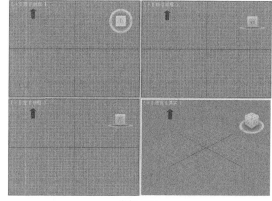

渲染产品
渲染迭代
ActiveShade

图2-233

> **提示：** 关于"渲染工具"的详细功能和使用方法，请读者参考本书
> 后面相关章节的教学内容。

2.5 视口区域

视口区域是操作界面中最大的一个区域，也是3ds Max中用于实际工作的区域，默认状态下为四视图显示，包括顶视图、左视图、前视图和透视图4个视图，在这些视图中可以从不同的角度对场景中的对象进行观察和编辑。

每个视图的左上角都会显示视图的名称以及模型的显示方式，右上角有一个导航器（不同视图显示的状态也不同），如图2-234所示。

图2-234

> **提示：** 常用的几种视图都有其相对应的快捷键，顶视图的快捷键是T键、底视图的快捷键是B键、左视图的快捷键是L键、前视图的快捷键是F键、透视图的快捷键是P键，以及摄影机视图的快捷键是C键。

3ds Max 2014中视图的名称部分被分为3个小部分，用鼠标右键分别单击这3个部分会弹出不同的菜单，如图2-235~图2-237所示。第1个菜单用于还原、激活、禁用视口以及设置导航器等；第2个菜单用于切换视口的类型；第3个菜单用于设置对象在视口中的显示方式。

图2-235

图2-236 图2-237

【练习2-14】：视口布局设置

视图的划分及显示在3ds Max 2014中是可以调整的，用户可以根据观察对象的需要来改变视图的大小或视图的显示方式。

Step 01 打开光盘中的"练习文件>第2章>练习2-14.max"文件，如图2-238所示。

Step 02 执行"视图/视口配置"菜单命令，打开"视口配置"对话框，然后单击"布局"选项卡，在该选框下系统预设了一些视口的布局方式，如图2-239所示。

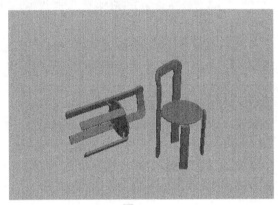

图2-238

Step 03 选择第6个布局方式，此时在下面的缩略图中可以观察到这个视图布局的划分方式，如图2-240所示。

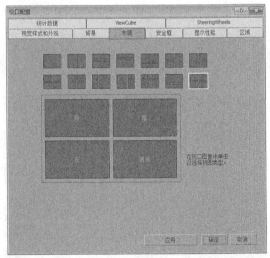

图2-239

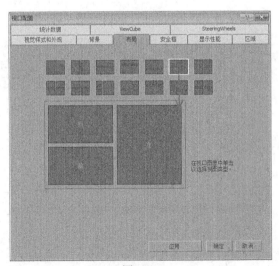

图2-240

Step 04 在视图缩略图上单击鼠标左键或右键，在弹出的菜单中可以选择应用哪个视图，选择好后单击"确定"按钮 确定 即可，如图2-241所示，重新划分后的视图效果如图2-242所示。

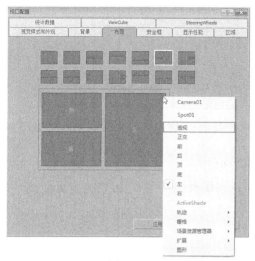

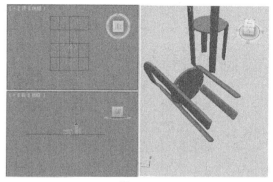

图2-241　　　　　　　　　　　　　图2-242

提示： 视图间的比例是可以调整的，下面来介绍具体的调整方法。

将光标放置在视图与视图的交界处，当光标变成"双向箭头"↔/↕时，可以左右或上下调整视图的大小，如图2-243所示；当光标变成"十字箭头"✛时，可以上下左右调整视图的大小，如图2-244所示。

如果要将视图恢复到原始的布局状态，可以在视图交界处单击鼠标右键，然后在弹出的菜单中选择"重置布局"命令，如图2-245所示。

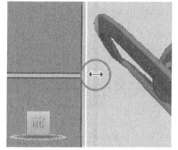
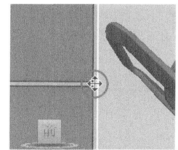

图2-243　　　　　　　　　图2-244　　　　　　　　　图2-245

2.6　命令面板

"命令"面板非常重要，场景对象的操作都可以在"命令"面板中完成。"命令"面板由6个用户界面面板组成，默认状态下显示的是"创建"面板，其他面板分别是"修改"面板、"层次"面板、"运动"面板、"显示"面板和"实用程序"面板，如图2-246所示。

图2-246

2.6.1 创建面板

功能介绍

"创建"面板是最重要的面板之一，在该面板中可以创建7种对象，分别是"几何体" 、"图形" 、"灯光" 、"摄影机" 、"辅助对象" 、"空间扭曲" 和"系统" ，如图2-247所示。

命令详解

❖ 几何体 ：主要用来创建长方体、球体和圆锥体等基本几何体，同时也可以创建出高级几何体，比如布尔、阁楼以及粒子系统中的几何体。

❖ 图形 ：主要用来创建样条线和NURBS曲线。

图2-247

提示：虽然样条线和NURBS曲线能够在2D空间或3D空间中存在，但是它们只有一个局部维度，可以为形状指定一个厚度以便于渲染，但这两种线条主要用于构建其他对象或运动轨迹。

❖ 灯光 ：主要用来创建场景中的灯光。灯光的类型有很多种，每种灯光都可以用来模拟现实世界中的灯光效果。

❖ 摄影机 ：主要用来创建场景中的摄影机。

❖ 辅助对象 ：主要用来创建有助于场景制作的辅助对象。这些辅助对象可以定位、测量场景中的可渲染几何体，并且可以设置动画。

❖ 空间扭曲 ：使用空间扭曲功能可以在围绕其他对象的空间中产生各种不同的扭曲效果。

❖ 系统 ：可以将对象、控制器和层次对象组合在一起，提供与某种行为相关联的几何体，并且包含模拟场景中的阳光系统和日光系统。

提示：关于各种对象的创建方法将在后面中的章节中分别进行详细讲解。

2.6.2 修改面板

功能介绍

"修改"面板是最重要的面板之一，该面板主要用来调整场景对象的参数，同样可以使用该面板中的修改器来调整对象的几何形体，图2-248所示是默认状态下的"修改"面板。

图2-248

提示：关于如何在"修改"面板中修改对象的参数将在后面的章节中进行详细讲解。

【练习2-15】：制作一个变形的茶壶

本例将用一个正常的茶壶和一个变形的茶壶来讲解"创建"面板和"修改"面板的基本用法，如图2-249所示。

图2-249

Step 01 在"创建"面板中单击"几何体"按钮 ⬡ ，然后单击"茶壶"按钮 茶壶 ，接着在视图中拖曳鼠标左键创建一个茶壶，如图2-250所示。

Step 02 用"选择并移动"工具 ⬦ 选择茶壶，然后按住Shift键在前视图中向右移动复制一个茶壶，接着在弹出的"克隆选项"对话框中设置"对象"为"复制"，最后单击"确定"按钮 确定 ，如图2-251所示。

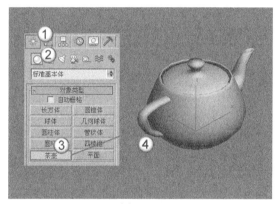
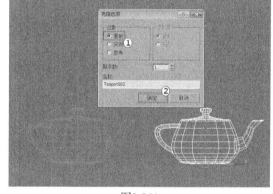

图2-250

图2-251

Step 03 选择原始茶壶，然后在"命令"面板中单击"修改"按钮 ⬠ ，进入"修改"面板，接着在"参数"卷展栏下设置"半径"为200mm、"分段"为10，最后关闭"壶盖"选项，具体参数设置如图2-252所示，效果如图2-253所示。

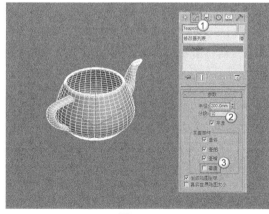

图2-252

图2-253

提示： 为什么图2-252中的茶壶上有很多线框呢？

在默认情况下创建的对象处于（透视图）"真实"显示方式，如图2-253所示，而图2-252是"真实+线框"显示方式。如果要将"真实"显示方式切换为"真实+线框"显示方式或将"真实+线框"方式切换为"真实"显示方式，可按F4键进行切换，图2-254所示为"真实+线框"显示方式；如果要将显示方式切换为"线框"显示方式，可按F3键，如图2-255所示。

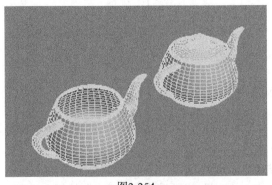

图2-254

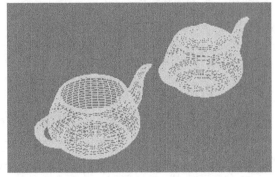

图2-255

Step 04 选择原始茶壶，在"修改"面板下单击"修改器列表"，然后在下拉列表中选择FFD 2×2×2修改器，为其加载一个FFD 2×2×2修改器，如图2-256所示。

Step 05 在FFD 2×2×2修改器左侧单击 图标，展开次物体层级列表，然后选择"控制点"次物体层级，如图2-257所示。

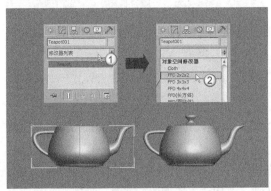

图2-256

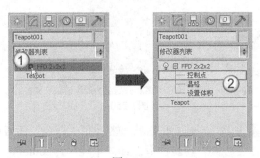

图2-257

Step 06 用"选择并移动"工具 在前视图中框选上部的4个控制点，然后沿y轴向上拖曳控制点，使其产生变形效果，如图2-258所示。

图2-258

Step 07 保持对控制点的选择，按R键切换到"选择并均匀缩放"工具，然后在透视图中向内缩放茶壶顶部，如图2-259所示，最终效果如图2-260所示。

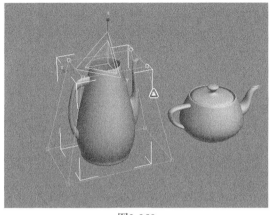

图2-259

图2-260

2.6.3　层次面板

功能介绍

在"层次"面板中可以访问调整对象间的层次链接信息，通过将一个对象与另一个对象相链接，可以创建对象之间的父子关系，如图2-261所示。

图2-261

参数详解

❖ 轴 轴：该工具下的参数主要用来调整对象和修改器中心位置，以及定义对象之间的父子关系和反向动力学IK的关节位置等，如图2-262所示。

❖ IK IK：该工具下的参数主要用来设置动画的相关属性，如图2-263所示。

❖ 链接信息 链接信息：该工具下的参数主要用来限制对象在特定轴中的移动关系，如图2-264所示。

图2-262

图2-263

图2-264

2.6.4　运动面板

功能介绍

"运动"面板中的工具与参数主要用来调整选定对象的运动属性，如图2-265所示。

可以使用"运动"面板中的工具来调整关键点的时间及其缓入和缓出效果。"运动"面板还提供了"轨迹视图"的替代选项来指定动画控制器，如果指定的动画控制器具有参数，则在"运动"面板中可以显示其他卷展栏；如果"路径约束"指定给对象的位置轨迹，则"路径参数"卷展栏将添加到"运动"面板中。

图2-265

2.6.5 显示面板

功能介绍

"显示"面板中的参数主要用来设置场景中控制对象的显示方式，如图2-266所示。

图2-266

2.6.6 实用程序面板

功能介绍

在"实用程序"面板中可以访问各种工具程序，包含用于管理和调用的卷展栏，如图2-267所示。

图2-267

2.7 时间尺

"时间尺"包括时间线滑块和轨迹栏两大部分。时间线滑块位于视图的最下方，主要用于制定帧，默认的帧数为100帧，具体数值可以根据动画长度来进行修改。拖曳时间线滑块可以在帧之间迅速移动，单击时间线滑块左右的向左箭头图标≪与向右箭头图标≫可以向前或者向后移动一帧，如图2-268所示；轨迹栏位于时间线滑块的下方，主要用于显示帧数和选定对象的关键点，在这里可以移动、复制、删除关键点以及更改关键点的属性，如图2-269所示。

图2-268　　　　　　　　　　　　　　　图2-269

提示：在"轨迹栏"的左侧有一个"打开迷你曲线编辑器"按钮，单击该按钮可以显示轨迹视图。

【练习2-16】：用时间线滑块预览动画效果

本例将通过一个设定好的动画来让用户初步了解动画的预览方法，如图2-270所示。

图2-270

Step 01 打开光盘中的"练习文件>第2章>练习2-16.max"文件，如图2-271所示。

提示：本场景中已经制作好了动画，并且时间线滑块位于第10帧。

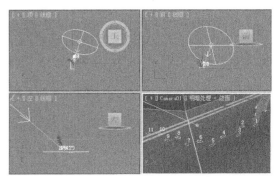

图2-271

Step 02 将时间线滑块分别拖曳到第10帧、第34帧、第60帧、第80帧、第100帧和第120帧的位置，如图2-272所示，然后观察各帧的动画效果，如图2-273所示。

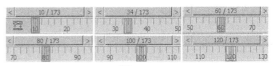

图2-272

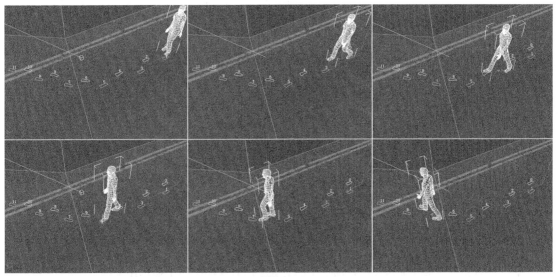

图2-273

提示：如果计算机配置比较高，可以直接单击"播放动画"按钮 ▶ 来预览动画效果，如图2-274所示。

图2-274

2.8   状态栏

状态栏位于轨迹栏的下方，它提供了选定对象的数目、类型、变换值和栅格数目等信息，并且状态栏可以基于当前光标位置和当前活动程序来提供动态反馈信息，如图2-275所示。

图2-275

2.9   时间控制按钮

时间控制按钮位于状态栏的右侧，这些按钮主要用来控制动画的播放效果，包括关键点控制和时间控制等，如图2-276所示。

> **提示**：关于时间控制按钮的用法请参见本书后面相关章节的内容。

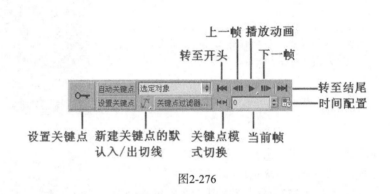

图2-276

2.10   视图导航控制按钮

视图导航控制按钮在状态栏的最右侧，主要用来控制视图的显示和导航。使用这些按钮可以缩放、平移和旋转活动的视图，如图2-277所示。

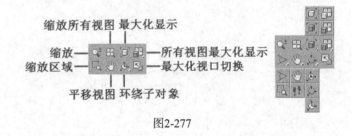

图2-277

2.10.1   所有视图可用控件

所有视图中可用的控件包含"所有视图最大化显示"工具 /"所有视图最大化显示选定对象"工具 和"最大化视口切换"工具 。

命令详解

❖   所有视图最大化显示 ：将场景中的对象在所有视图中居中显示出来。
❖   所有视图最大化显示选定对象 ：将所有可见的选定对象或对象集在所有视图中以居中最大化的方式显示出来。
❖   最大化视口切换 ：可以将活动视口在正常大小和全屏大小之间进行切换，其快捷键为Alt+W组合键。

> **提示**：以上3个控件适用于所有的视图，而有些控件只能在特定的视图中才能使用，下面的内容中将依次讲解到。

【练习2-17】：使用所有视图可用控件

Step 01 打开光盘中的"练习文件>第2章>练习2-17.max"文件，可以观察到场景中的物体在4个视图中只显示出了局部，并且位置不居中，如图2-278所示。

Step 02 如果想要整个场景的对象都居中显示，可以单击"所有视图最大化显示"按钮，效果如图2-279所示。

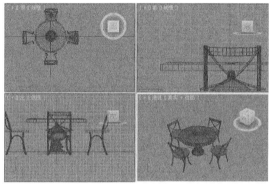
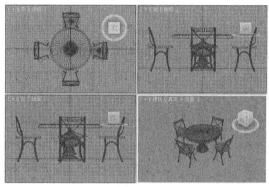

图2-278　　　　　　　　　　　图2-279

Step 03 如果想要餐桌居中最大化显示，可以在任意视图中选中餐桌，然后单击"所有视图最大化显示选定对象"按钮（也可以按快捷键Z键），效果如图2-280所示。

Step 04 如果想要在单个视图中最大化显示场景中的对象，可以单击"最大化视图切换"按钮（或按Alt+W组合键），效果如图2-281所示。

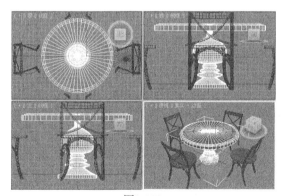
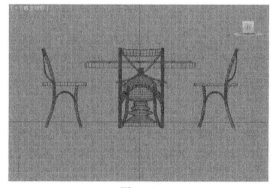

图2-280　　　　　　　　　　　图2-281

> **提示**：在工作中，有时候会遇到这种情况，就是"按Alt+W组合键不能最大化显示当前视图"，导致这种情况可能有两种原因，具体如下。
> 第1种：3ds Max出现程序错误。遇到这种情况可重启3ds Max。
> 第2种：可能是由于某个程序占用了3ds Max的Alt+W组合键，比如腾讯QQ的"语音输入"快捷键就是Alt+W组合键，如图2-282所示。这时可以将这个快捷键修改为其他快捷键，或直接不用这个快捷键，如图2-283所示。

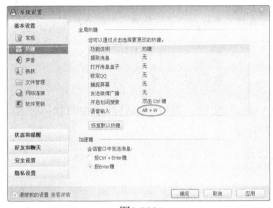

图2-282

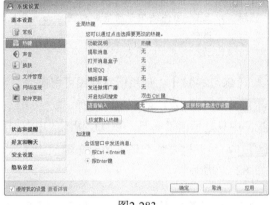

图2-283

2.10.2 透视图和正交视图可用控件

透视图和正交视图（正交视图包括顶视图、前视图和左视图）可用控件包括"缩放"工具、"缩放所有视图"工具、"所有视图最大化显示"工具、"所有视图最大化显示选定对象"工具（适用于所有视图）、"视野"工具、"缩放区域"工具、"平移视图"工具、"环绕"工具/"选定的环绕"工具/"环绕子对象"工具和"最大化视口切换"工具（适用于所有视图）。

命令详解

- ❖ 缩放：使用该工具可以在透视图或正交视图中通过拖曳光标来调整对象的显示比例。
- ❖ 缩放所有视图：使用该工具可以同时调整透视图和所有正交视图中的对象的显示比例。
- ❖ 视野：使用该工具可以调整视图中可见对象的数量和透视张角量。视野的效果与更改摄影机的镜头相关，视野越大，观察到的对象就越多（与广角镜头相关），而透视会扭曲。视野越小，观察到的对象就越少（与长焦镜头相关），而透视会展平。
- ❖ 缩放区域：可以放大选定的矩形区域，该工具适用于正交视图、透视和三向投影视图，但是不能用于摄影机视图。
- ❖ 平移视图：使用该工具可以将选定视图平移到任何位置。

提示：按住Ctrl键可以随意移动平移视图；按住Shift键可以在垂直方向和水平方向平移视图。

- ❖ 环绕：使用该工具可以将视口边缘附近的对象旋转到视图范围以外。
- ❖ 选定的环绕：使用该工具可以让视图围绕选定的对象进行旋转，同时选定的对象会保留在视口中相同的位置。
- ❖ 环绕子对象：使用该工具可以让视图围绕选定的子对象或对象进行旋转的同时，使选定的子对象或对象保留在视口中相同的位置。

【练习2-18】：使用透视图和正交视图可用控件

Step 01 打开光盘中的"练习文件>第2章>练习2-18.max"文件，如果想要拉近或拉远视图中所显示的对象，可以单击"视野"按钮，然后按住鼠标左键进行拖曳，如图2-284所示。

Step 02 如果想要观看视图中未能显示出来的对象（如图2-285所示的椅子就没有完全显示出来），可以单击"平移视图"按钮，然后按住鼠标左键进行拖曳，如图2-286所示。

图2-284

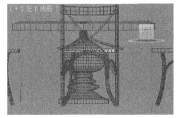
图2-285

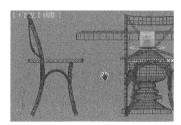
图2-286

2.10.3　摄影机视图可用控件

创建摄影机后，按C键可以切换到摄影机视图，该视图中的可用控件包括"推拉摄影机"工具 / "推拉目标"工具 / "推拉摄影机+目标"工具 、"透视"工具 、"侧滚摄影机"工具 、"所有视图最大化显示"工具 / "所有视图最大化显示选定对象"工具 （适用于所有视图）、"视野"工具 、"平移摄影机"工具 / "穿行"工具 、"环游摄影机"工具 / "摇移摄影机"工具 和"最大化视口切换"工具 （适用于所有视图），如图2-287所示。

> **提示**：在场景中创建摄影机后，按C键可以切换到摄影机视图，若想从摄影机视图切换回原来的视图，可以按相应视图名称的首字母。比如要将摄影机视图切换到透视图，可按P键。

图2-287

命令详解

❖ 推拉摄影机 /推拉目标 /推拉摄影机+目标 ：这3个工具主要用来移动摄影机或其目标，同时也可以移向或移离摄影机所指的方向。

❖ 透视 ：使用该工具可以增加透视张角量，同时也可以保持场景的构图。

❖ 侧滚摄影机 ：使用该工具可以围绕摄影机的视线来旋转"目标"摄影机，同时也可以围绕摄影机局部的z轴来旋转"自由"摄影机。

❖ 视野 ：使用该工具可以调整视图中可见对象的数量和透视张角量。视野的效果与更改摄影机的镜头相关，视野越大，观察到的对象就越多（与广角镜头相关），而透视会扭曲。视野越小，观察到的对象就越少（与长焦镜头相关），而透视会展平。

❖ 平移摄影机 /穿行 ：这两个工具主要用来平移和穿行摄影机视图。

> **提示**：按住Ctrl键可以随意移动摄影机视图；按住Shift键可以将摄影机视图在垂直方向和水平方向进行移动。

❖ 环游摄影机 /摇移摄影机 ：使用"环游摄影机"工具 可以围绕目标来旋转摄影机；使用"摇移摄影机"工具 可以围绕摄影机来旋转目标。

> **提示**：当一个场景已经有了一台设置完成的摄影机时，并且视图是处于摄影机视图，直接调整摄影机的位置很难达到预想的最佳效果，而使用摄影机视图控件来进行调整就方便多了。

【练习2-19】：使用摄影机视图可用控件

Step 01 打开光盘中的"练习文件>第2章>练习2-19.max"文件，可以在4个视图中观察到摄影机的位置，如图2-288所示。

Step 02 选择透视图，然后按C键切换到摄影机视图，如图2-289所示。

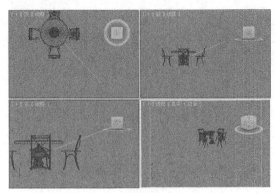

图2-288

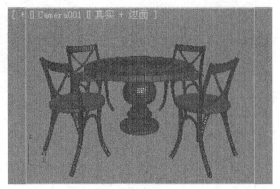

图2-289

提示：在摄影机视图中有一个黄色线框，这是安全框，也就是要渲染的区域，如图2-290所示。按Shift+F
组合键可以开启或关闭安全框。

Step 03 如果想拉近或拉远摄影机镜头，可以
单击"视野"按钮 ，然后按住鼠标左键进行
拖曳，如图2-291所示。

Step 04 如果想要一个倾斜的构图，可以单击
"环绕摄影机"按钮 ，然后按住鼠标左键拖
曳光标，如图2-292所示。

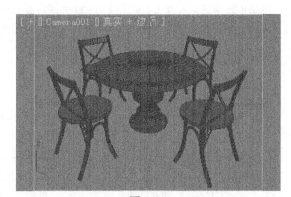

图2-290

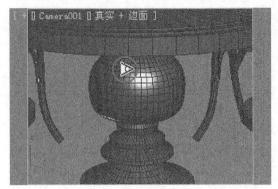

图2-291

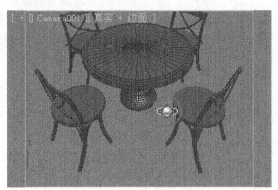

图2-292

3ds Max 建模功能概述

本章导读

在3D制作中，建模是所有工作的第一步，也是最重要的基础工作之一，没有模型作为基础，其他的一切都是浮云。例如，做室内效果图先要把空间模型建出来；做产品效果图先要把产品外观模型建出来；做影视动画先要把场景和角色模型建出来。在制作模型前，首先要明白建模的重要性、建模的思路以及建模的常用方法等。只有掌握了这些最基本的知识，才能在创建模型时得心应手。

3.1　为什么要建模

使用3ds Max制作三维作品时，一般都遵循"建模→材质→灯光→渲染"这4个基本流程。建模是一个作品的基础，没有模型，材质和灯光就无从谈起，如图3-1所示，这是两幅非常优秀的建模作品。

图3-1

3.2　建模思路解析

在开始学习建模之前首先需要掌握建模的思路。在3ds Max中，建模的过程就相当于现实生活中的"雕刻"过程。下面以一个壁灯为例来讲解建模的思路，如图3-2所示（左侧为壁灯的效果图，右侧为壁灯的线框图）。

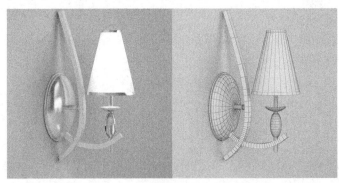

图3-2

在创建这个壁灯模型的过程中可以先将其分解为9个独立的部分来分别进行，如图3-3所示。

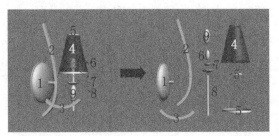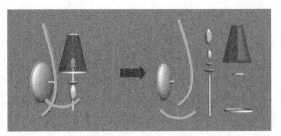

图3-3

如图3-3所示，第2、3、5、6、9部分的创建非常简单，可以通过修改标准基本体（圆柱体、球体）和样条线来得到；而第1、4、7、8部分可以使用多边形建模方法来进行制作。

下面以第1部分的灯座来介绍一下其制作思路。灯座形状比较接近于半个扁的球体，因此可以采用以下5个步骤来完成，如图3-4所示。

第1步：创建一个球体。

第2步：删除球体的一半。

第3步：将半个球体"压扁"。

第4步：制作出灯座的边缘。

第5步：制作灯座前面的凸起部分。

图3-4

提示：此可见，多数模型的创建在最初阶段都需要由一个简单的对象作为基础，然后经过转换来进一步调整。这个简单的对象就是下面即将要讲解到的"参数化对象"。

3.3 参数化对象与可编辑对象

3ds Max中的所有对象都是"参数化对象"与"可编辑对象"中的一种。两者并非独立存在的，"可编辑对象"在多数时候都可以通过转换"参数化对象"来得到。

3.3.1 参数化对象

"参数化对象"是指对象的几何形态由参数变量来控制，修改这些参数就可以修改对象的几何形态。相对于"可编辑对象"而言，"参数化对象"通常是被创建出来的。

【练习3-1】：修改参数化对象

本例将通过创建3个不同形状的茶壶来加深了解参数化对象的含义，图3-5所示是本例的渲染效果。

图3-5

Step 01 在"创建"面板中单击"茶壶"按钮 茶壶 ，然后在场景中拖曳鼠标左键创建一个茶壶，如图3-6所示。

Step 02 在"命令"面板中单击"修改"按钮，切换到"修改"面板，在"参数"卷展栏下可以观察到茶壶部件的一些参数选项，这里将"半径"设置为20mm，如图3-7所示。

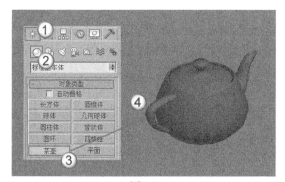

图3-6

图3-7

Step 03 用"选择并移动"工具 ▦ 选择茶壶，然后按住Shift键在前视图中向右拖曳鼠标光标，接着在弹出的"克隆选项"对话框中设置"对象"为"复制"、"副本数"为2，最后单击"确定"按钮 ▭，如图3-8所示。

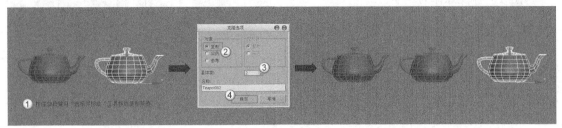

图3-8

Step 04 选择中间的茶壶，然后在"参数"卷展栏下设置"分段"为20，接着关闭"壶把"和"壶盖"选项，茶壶就变成了如图3-9所示的效果。

Step 05 选择最右边的茶壶，然后在"参数"卷展栏下将"半径"修改为10mm，接着关闭"壶把"和"壶盖"选项，茶壶就变成了如图3-10所示的效果，3个茶壶的最终对比效果如图3-11所示。

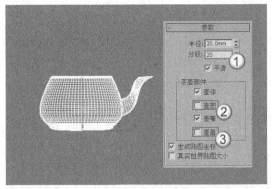

图3-9

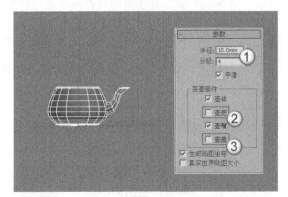

图3-10

图3-11

提示： 从图3-11中可以观察到，修改参数后，第2个茶壶的表面明显比第1个茶壶更光滑，并且没有了壶把和壶盖；第3个茶壶比前两个茶壶小了很多。这就是"参数化对象"的特点，可以通过调节参数来观察到对象最直观的变化。

3.3.2　可编辑对象

在通常情况下，"可编辑对象"包括"可编辑样条线"、"可编辑网格"、"可编辑多边形"、"可编辑面片"和"NURBS对象"。"参数化对象"是被创建出来的，而"可编辑对象"通常是通过转换得到的，用来转换的对象就是"参数化对象"。

　　通过转换生成的"可编辑对象"没有"参数化对象"的参数那么灵活，但是"可编辑对象"可以对子对象（点、线、面等元素）进行更灵活的编辑和修改，并且每种类型的"可编辑对象"都有很多用于编辑的工具。

> **提示：** 注意，上面讲的是通常情况下的"可编辑对象"所包括的类型，而"NURBS对象"是一个例外。"NURBS对象"可以通过转换得到，还可以直接在"创建"面板中创建出来，此时创建出来的对象就是"参数化对象"，但是经过修改以后，这个对象就变成了"可编辑对象"。经过转换而成的"可编辑对象"就不再具有"参数化对象"的可调参数。如果想要对象既具有参数化的特征，又能够实现可编辑的目的，可以为"参数化对象"加载修改器而不进行转换。可用的修改器有"可编辑网格"、"可编辑面片"、"可编辑多边形"和"可编辑样条线"4种。

【练习3-2】：通过改变球体形状创建苹果

　　本例将通过调整一个简单的球体来创建苹果，从而让用户加深了解"可编辑对象"的含义，图3-12所示为本例的渲染效果。

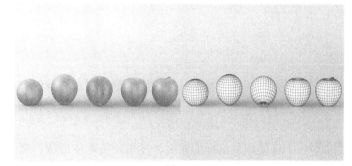

图3-12

Step 01 在"创建"面板中单击"球体"按钮　球体　，然后在视图中拖曳光标创建一个球体，接着在"参数"卷展栏下设置"半径"为1000mm，如图3-13所示。

Step 02 为了能够对球体的形状进行调整，所以需要将球体转换为"可编辑对象"。在球体上单击鼠标右键，然后在弹出的快捷菜单中选择"转换为>转换为可编辑多边形"命令，如图3-14所示。

> **提示：** 此时创建的球体属于"参数化对象"，展开"参数"卷展栏，可以观察到球体的"半径"、"分段"、"平滑"、"半球"等参数，这些参数都可以直接进行调整，但是不能调节球体的点、线、面等子对象。

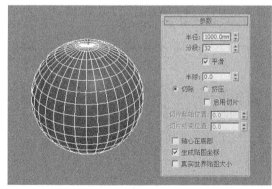

图3-13

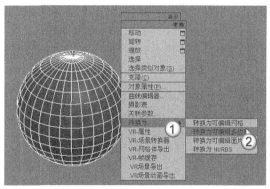

图3-14

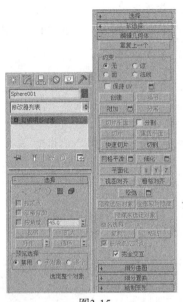

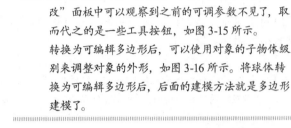

提示：将"参数化对象"转换为"可编辑多边形"后，在"修改"面板中可以观察到之前的可调参数不见了，取而代之的是一些工具按钮，如图3-15所示。

转换为可编辑多边形后，可以使用对象的子物体级别来调整对象的外形，如图3-16所示。将球体转换为可编辑多边形后，后面的建模方法就是多边形建模了。

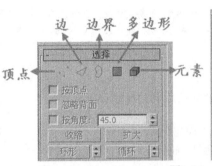

图3-15　　　　　　　　　　　　　　　　　　图3-16

Step 03 展开"选择"卷展栏，然后单击"顶点"按钮█，进入"顶点"级别，这时对象上会出现很多可以调节的顶点，并且"修改"面板中的工具按钮也会发生相应的变化，使用这些工具可以调节对象的顶点，如图3-17所示。

Step 04 下面使用软选择的相关工具来调整球体形状。展开"软选择"卷展栏，然后勾选"使用软选择"选项，接着设置"衰减"为1200mm，如图3-18所示。

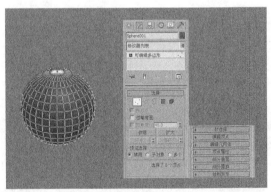

图3-17　　　　　　　　　　　　　　　　　　图3-18

Step 05 用"选择并移动"工具█选择底部的一个顶点，然后在前视图中将其向下拖曳一段距离，如图3-19所示。

Step 06 在"软选择"卷展栏下将"衰减"数值修改为400mm，然后使用"选择并移动"工具█将球体底部的一个顶点向上拖曳到合适的位置，使其产生向上凹陷的效果，如图3-20所示。

Step 07 选择顶部的一个顶点，然后使用"选择并移动"工具█将其向下拖曳到合适的位置，使其产生向下凹陷的效果，如图3-21所示。

Step 08 选择苹果模型，然后在"修改器列表"中选择"网格平滑"修改器，接着在"细分量"卷展栏下设置"迭代次数"为2，如图3-22所示。

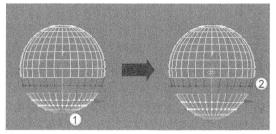

图3-19

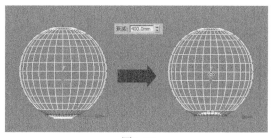

图3-20

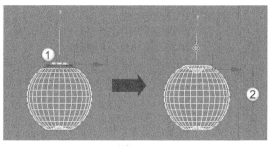

图3-21

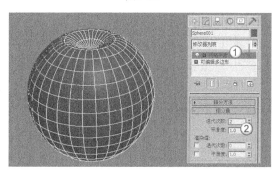

图3-22

3.4 常用的建模方法

建模的方法有很多种，大致可以分为内置几何体建模、复合对象建模、二维图形建模、网格建模、多边形建模、面片建模和NURBS建模7种。确切地说它们不应该有固定的分类，因为它们之间都可以交互使用。

3.4.1 内置几何体建模

内置几何体模型是3ds Max中自带的一些模型，用户可以直接调用这些模型。例如，想创建一个台阶，可以使用内置的长方体来创建，然后将其转换为"可编辑对象"，再对其进一步调节。

提示: 图3-23所示是一个完全使用内置模型创建出来的台灯，创建的过程中使用到了管状体、球体、圆柱体和样条线等内置模型。使用基本几何体和扩展基本体来建模的优点在于快捷简单，只需要调节参数和摆放位置就可以完成模型的创建，但是这种建模方法只适合制作一些精度较低并且每个部分都很规则的物体。

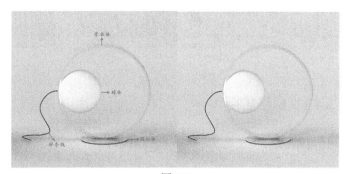

图3-23

3.4.2　复合对象建模

复合对象建模是一种特殊的建模方法，它包括"变形"工具 变形 、"散布"工具 散布 、"一致"工具 一致 、"连接"工具 连接 、"水滴网格"工具 水滴网格 、"图形合并"工具 图形合并 、"布尔"工具 布尔 、"地形"工具 地形 、"放样"工具 放样 、"网格化"工具 网格化 、ProBoolean工具 ProBoolean 和ProCutter工具 ProCutter ，如图3-24所示。复合对象建模可以将两种或两种以上的模型对象合并成为一个对象，并且在合并的过程中可以将其记录成动画。

以一个骰子为例，骰子的形状比较接近于一个切角长方体，在每个面上都有半球形的凹陷，这样的物体如果使用"多边形"或者其他建模方法来制作将会非常麻烦。但是使用"复合对象"中的"布尔"工具 布尔 或ProBoolean工具 ProBoolean 来进行制作就可以很方便地在切角长方体上"挖"出一个凹陷的半球形，如图3-25所示。

图3-24　　　　　　　　　　图3-25

3.4.3　二维图形建模

在通常情况下，二维物体在三维世界中是不可见的，3ds Max也渲染不出来。这里所说的二维图形建模是通过绘制出二维样条线，然后通过加载修改器将其转换为三维可渲染对象的过程。

提示： 使用二维图形建模可以快速地创建出可渲染的文字模型，如图3-26所示。第1个物体是二维线，下面的两个是给二维样条线加载了不同修改器后得到的三维物体效果。

除了可以使用二维图形创建文字模型外，还可以用来创建比较复杂的物体，例如，对称的坛子，可以先绘制出纵向截面的二维样条线，然后为二维样条线加载"车削"修改器将其变成三维物体，如图3-27所示。

 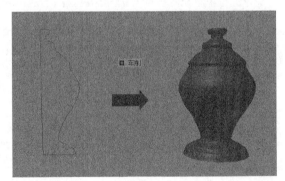

图3-26　　　　　　　　　　　图3-27

3.4.4　网格建模

网格建模方法就像"编辑网格"修改器一样，可以在3种次物体级别中编辑对象，其中包括"顶点"、"边"、"面"、"多边形"和"元素"5种可编辑对象。在3ds Max中，可以将大多数对象转换为可编辑网格对象，然后对形状进行调整，图3-28所示是将一个药丸模型转换为可编辑网格对象后，其表面就变成了可编辑的三角面。

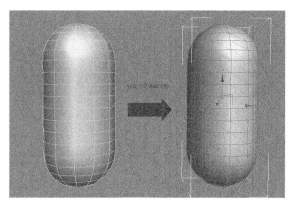

图3-28

3.4.5　多边形建模

多边形建模方法是最常用的建模方法（在后面章节中将重点讲解）。可编辑的多边形对象包括
"顶点"、"边"、"边界"、"多边形"和"元素"5个层级，也就是说可以分别对"顶点"、"边"、"边
界"、"多边形"和"元素"进行调整，而每个层级都有很多可以使用的工具，这就为创建复杂模型提供
了很大的发挥空间。下面以一
个休闲椅为例来分析多边形建
模方法，如图3-29所示。

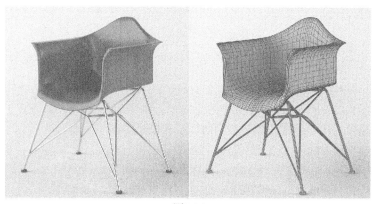

图3-29

图3-30所示是休闲椅在四视图中的显示效
果，可以观察出休闲椅至少是由两个部分组成
的（座垫靠背部分和椅腿部分）。座垫靠背部
分并不是规则的几何体，但其中每一部分都是
由基本几何体变形而来的，从布线上可以看出
构成物体的大多都是四边面，这就是使用多边
形建模方法创建出的模型的显著特点。

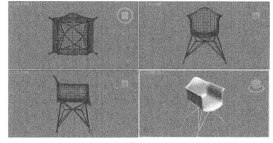

图3-30

提示： 初次接触网格建模和多边形建模时可能会难以辨别这两种建模方式的区别。网格建模本来是3ds Max最基
本的多边形加工方法，但在Discreet 3ds Max 4之后被多边形建模取代了，之后网格建模逐渐被忽略，不过
网格建模的稳定性要高于多边形建模；多边形建模是当前最流行的建模方法，而且建模技术很先进，有着
比网格建模更多更方便的修改功能。
其实这两种方法在建模的思路上基本相同，不同点在于网格建模所编辑的对象是三角面，而多边形建模所
编辑的对象是三边面、四边面或更多边的面，因此多边形建模具有更高的灵活性。

3.4.6 面片建模

面片建模是基于子对象编辑的建模方法，面片对象是一种独立的模型类型，可以使用编辑贝兹曲线的方法来编辑曲面的形状，并且可以使用较少的控制点来控制很大的区域，因此常用于创建较大的平滑物体。

以一个面片为例，将其转换为可编辑面片后，选中一个顶点，然后随意调整这个顶点的位置，可以观察到凸起的部分是一个圆滑的部分，如图3-31（左）所示。而同样形状的物体，转换成可编辑多边形后，调整顶点的位置，该顶点凸起的部分会非常尖锐，如图3-31（右）所示。

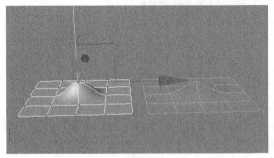 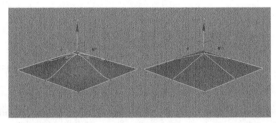

图3-31

3.4.7 NURBS建模

NURBS是指Non—Uniform Rational B-Spline（非均匀有理B样条曲线）。NURBS建模适用于创建比较复杂的曲面。在场景中创建出NURBS曲线，然后进入"修改"面板，在"常规"卷展栏下单击"NURBS创建工具箱"按钮，可以打开"NURBS创建工具箱"，如图3-32所示。

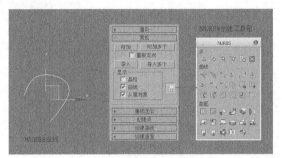

图3-32

提示： NURBS建模已成为设置和创建曲面模型的标准方法。这是因为很容易交互操作这些NURBS曲线，且创建NURBS曲线的算法效率很高，计算稳定性也很好，同时NURBS自身还配置了一套完整的造型工具，通过这些工具可以创建出不同类型的对象。同样，NURBS建模也是基于对子对象的编辑来创建对象，所以掌握了多边形建模方法之后，使用NURBS建模方法就会更加轻松一些。

第 **4** 章　内置几何体建模

本章导读

　　内置几何体建模是3ds Max最基础的建模功能，也是非常重要的建模功能之一，这是学习3ds Max必须掌握的技术。在内置几何体中，尤其以标准基本体的使用频率最高，很多复杂模型都是从制作标准基本体开始的。当然，扩展基本体中的有些功能也经常被用到，还有门、窗、楼梯、复合对象这些功能。在学习的过程中，读者不一定要面面俱到，可以根据自己的工作需求进行选择。

4.1 内置几何体建模思路分析

建模是创作作品的开始，而内置几何体的创建和应用是一切建模的基础，可以在创建内置模型的基础上进行修改，以得到想要的模型。在"创建"面板下提供了很多内置几何体模型，如图4-1所示。

图4-2~图4-7所示的作品都是用内置几何体创建出来的，因为这些模型并不复杂，使用基本几何体就可以创建出来，下面依次对各图进行分析。

图4-1

图4-2

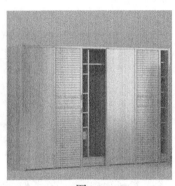

图4-3

图4-4

图4-5

图4-6

图4-7

- ❖ 图4-2：场景中的沙发可以使用内置模型中的切角长方体进行制作，沙发腿部分可以使用圆柱体进行制作。
- ❖ 图4-3：衣柜看起来很复杂，制作起来却很简单，可以完全使用长方体进行拼接。
- ❖ 图4-4：这个吊灯全是用球体与样条线组成的，因此使用内置模型可以快速地创建出来。
- ❖ 图4-5：奖杯的制作使用到了多种内置几何体，例如球体、圆环、圆柱体和圆锥体等。
- ❖ 图4-6：这个茶几表面使用到了切角圆柱体，而茶几的支撑部分则可以使用样条线创建出来。
- ❖ 图4-7：钟表的外框使用到了管状体，指针和刻度使用长方体来制作即可，表盘则可以使用圆柱体进行制作。

4.2 标准基本体

标准基本体是3ds Max中自带的一些模型，用户可以直接创建出这些模型。在"创建"面板中单击"几何体"按钮，然后在下拉列表中选择几何体类型为"标准基本体"。标准基本体包含10种对象类型，分别是长方体、圆锥体、球体、几何球体、圆柱体、管状体、圆环、四棱锥、茶壶和平面，如图4-8所示。

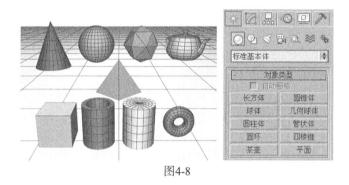

图4-8

4.2.1 长方体

功能介绍

长方体是建模中最常用的几何体，现实中与长方体接近的物体很多。可以直接使用长方体创建出很多模型，比如方桌、墙体等，同时还可以将长方体用作多边形建模的基础物体。长方体的参数很简单，如图4-9所示。

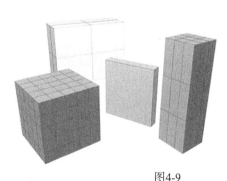

图4-9

参数详解

- ❖ 立方体：直接创建立方体模型。
- ❖ 长方体：通过确定长、宽、高来创建长方体模型。
- ❖ 长度/宽度/高度：这3个参数决定了长方体的外形，用来设置长方体的长度、宽度和高度。
- ❖ 长度分段/宽度分段/高度分段：这3个参数用来设置沿着对象每个轴的分段数量。
- ❖ 生成贴图坐标：自动产生贴图坐标。
- ❖ 真实世界贴图大小：不勾选此项时，贴图大小符合创建对象的尺寸；勾选此项后，贴图大小由绝对尺寸决定。

【练习4-1】：用长方体制作简约书架

本练习的简约书架效果
如图4-10所示。

图4-10

Step 01 使用"长方体"工具 长方体 在场景中创建一个长方体，然后在"参数"卷展栏下设置
"长度"为400mm、"宽度"为35mm、"高度"为10mm，如图4-11所示。

Step 02 继续使用"长方体"工具 长方体 在场景中创建一个长方体，然后在"参数"卷展栏下设置
"长度"为35mm、"宽度"为200mm、"高度"为10mm，具体参数设置及模型位置如图4-12所示。

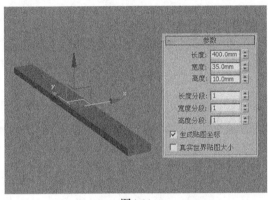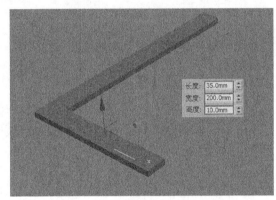

图4-11 　　　　　　　　　　　　　　　　　　图4-12

Step 03 用"选择并移动"工具 选择步骤01创建的长方体，然后按住Shift键在顶视图中向右移动
复制一个长方体到如图4-13所示的位置。

Step 04 使用"长方体"工具 长方体 在场景中创建一个长方体，然后在"参数"卷展栏下设置"长
度"为160mm、"宽度"为10mm、"高度"为10mm，具体参数设置及模型位置如图4-14所示。

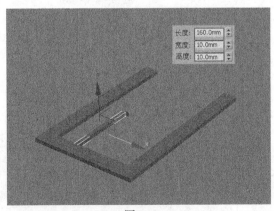

图4-13 　　　　　　　　　　　　　　　　　　图4-14

Step 05 用"选择并移动"工具 🕀 选择上一步创建的长方体，然后按住Shift键在顶视图中向右移动复制两个长方体到如图4-15所示的位置。

Step 06 用"选择并移动"工具 🕀 选择步骤02创建的长方体，然后按住Shift键在顶视图中向上移动复制一个长方体到如图4-16所示的位置。

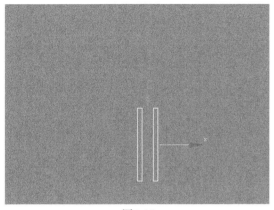

图4-15

图4-16

Step 07 按Ctrl+A组合键全选场景中的模型，然后执行"组>组"菜单命令，接着在弹出的"组"对话框中单击"确定"按钮 确定 ，如图4-17所示。

Step 08 选择"组001"，然后在"选择并旋转"工具 💍 上单击鼠标右键，接着在弹出的"旋转变换输入"对话框中设置"绝对:世界"的 x 为-55，如图4-18所示。

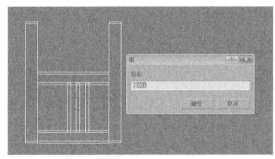

图4-17

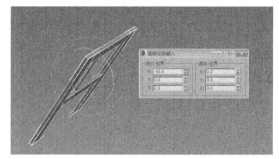

图4-18

Step 09 选择"组001"，然后单击"镜像"工具 📷 ，接着在弹出的"镜像:世界坐标"对话框中设置"镜像轴"为 y 轴、"偏移"为90mm，再设置"克隆当前选择"为"复制"，最后单击"确定"按钮 确定 ，如图4-19所示，最终效果如图4-20所示。

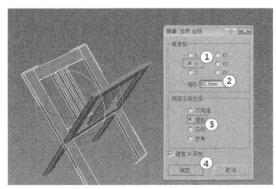

图4-19

图4-20

【练习4-2】：用长方体制作书桌

本练习的书桌效果如图4-21所示。

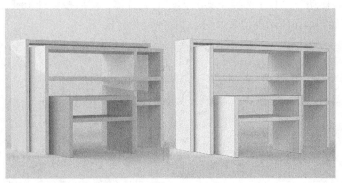

图4-21

Step 01 使用"长方体"工具 长方体 在场景中创建一个长方体，然后在"参数"卷展栏下设置"长度"为400mm、"宽度"为40mm、"高度"为1200mm，如图4-22所示。

Step 02 选择长方体，然后单击"镜像"工具 ，接着在弹出的"镜像：世界坐标"对话框中设置"镜像轴"为x轴、"偏移"为1620mm，再设置"克隆当前选择"为"复制"，最后单击"确定"按钮 确定 ，如图4-23所示。

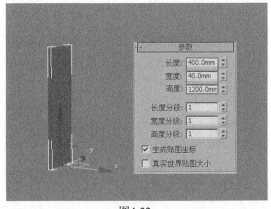

图4-22

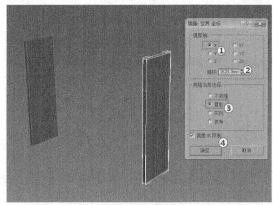

图4-23

Step 03 使用"长方体"工具 长方体 在顶视图中创建一个长方体，然后在"参数"卷展栏下设置"长度"为400mm、"宽度"为1620mm、"高度"为40mm，具体参数设置及模型位置如图4-24所示。

Step 04 继续用"长方体"工具 长方体 在场景中创建一个长方体，然后在"参数"卷展栏下设置"长度"为700mm、"宽度"为40mm、"高度"为1116mm，具体参数设置及模型位置如图4-25所示。

Step 05 使用"选择并移动"工具 选择上一步创建的长方体，然后按住Shift键在前视图中移动复制两个长方体到如图4-26所示的位置。

Step 06 继续使用"长方体"工具 长方体 在顶视图中创建一个长方体，然后在"参数"卷展栏下设置"长度"为700mm、"宽度"为1500mm、"高度"为40mm，具体参数设置及模型位置如图4-27所示。

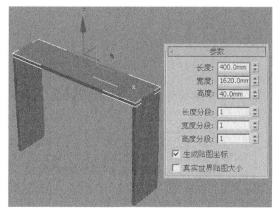

图4-24

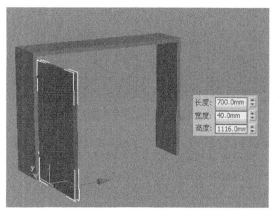

图4-25

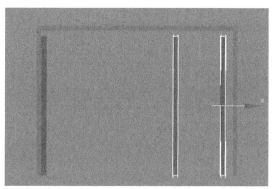

图4-26

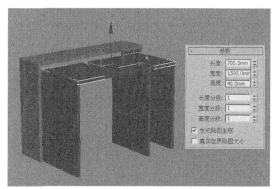

图4-27

Step 07 使用"选择并移动"工具 ⊹ 选择上一步创建的长方体，然后按住Shift键在前视图中向下移动复制一个长方体到如图4-28所示的位置。

Step 08 使用"长方体"工具 长方体 在场景中创建一个长方体，然后在"参数"卷展栏下设置"长度"为520mm、"宽度"为40mm、"高度"为600mm，具体参数设置及模型位置如图4-29所示。

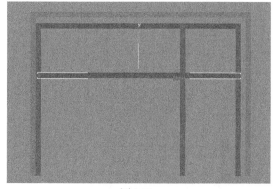

图4-28

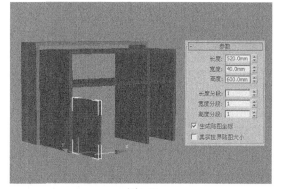

图4-29

Step 09 使用"选择并移动"工具 ⊹ 选择上一步创建的长方体，然后按住Shift键在前视图中向右移动复制一个长方体到如图4-30所示的位置。

Step 10 继续使用"长方体"工具 长方体 在顶视图中创建一个长方体，然后在"参数"卷展栏下设置"长度"为520mm、"宽度"为810mm、"高度"为40mm，具体参数设置及模型位置如图4-31所示。

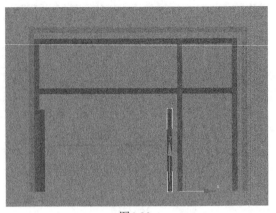

图4-30

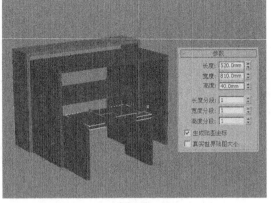

图4-31

Step 11 使用"选择并移动"工具 ⬚ 选择上一步创建的长方体，然后按住Shift键在前视图中向下移动复制一个长方体到如图4-32所示的位置，最终效果如图4-33所示。

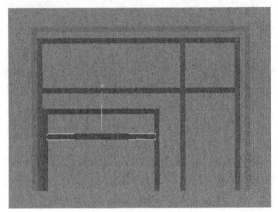

图4-32

图4-33

4.2.2 圆锥体

功能介绍

圆锥体在现实生活中经常看到，比如冰激凌的外壳、吊坠等。圆锥体的参数设置面板如图4-34所示。使用该工具可以创建圆锥、圆台、棱锥和棱台。

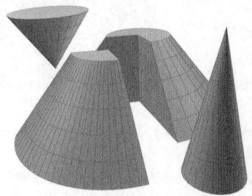

图4-34

参数详解

- ❖ 边：按照边来绘制圆锥体，通过移动鼠标可以更改中心位置。
- ❖ 中心：从中心开始绘制圆锥体。
- ❖ 半径1/半径2：设置圆锥体的第1个半径和第2个半径，两个半径的最小值都是0。
- ❖ 高度：设置沿着中心轴的维度。负值将在构造平面下面创建圆锥体。
- ❖ 高度分段：设置沿着圆锥体主轴的分段数。
- ❖ 端面分段：设置围绕圆锥体顶部和底部的中心的同心分段数。
- ❖ 边数：设置圆锥体周围边数。
- ❖ 平滑：混合圆锥体的面，从而在渲染视图中创建平滑的外观。
- ❖ 启用切片：控制是否开启"切片"功能。
- ❖ 切片起始/结束位置：设置从局部x轴的零点开始围绕局部z轴的度数。

提示：对于"切片起始位置"和"切片结束位置"这两个选项，正数值将按逆时针移动切片的末端；负数值将按顺时针移动切片的末端。

4.2.3 球体

功能介绍

球体也是现实生活中最常见的物体。在3ds Max中，可以创建完整的球体，也可以创建半球体或球体的其他部分，其参数设置面板如图4-35所示。

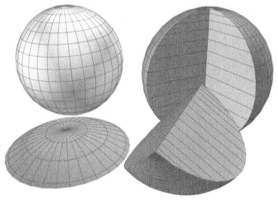

图4-35

参数详解

- ❖ 半径：指定球体的半径。
- ❖ 分段：设置球体多边形分段的数目。分段越多，球体越圆滑，反之则越粗糙，图4-36所示是"分段"值分别为8和32时的球体对比。
- ❖ 平滑：混合球体的面，从而在渲染视图中创建平滑的外观。
- ❖ 半球：该值过大将从底部"切断"球体，以创建部分球体，取值范围可以从0~1。值为0可以生成完整的球体；值为0.5可以生成半球，如图4-37所示；值为1会使球体消失。

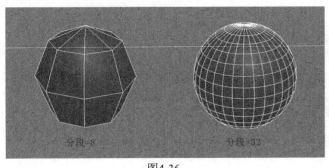
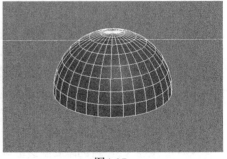

图4-36　　　　　　　　　　　　　　　　图4-37

❖　切除：通过在半球断开时将球体中的顶点数和面数"切除"来减少它们的数量。
❖　挤压：保持原始球体中的顶点数和面数，将几何体向着球体的顶部挤压为越来越小的体积。
❖　轴心在底部：在默认情况下，轴点位于球体中心的构造平面上，如图4-38所示。如果勾选"轴心在底部"选项，则会将球体沿着其局部z轴向上移动，使轴点位于其底部，如图4-39所示。

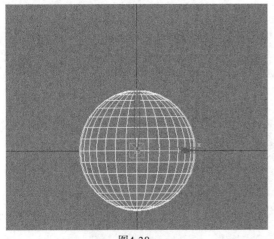
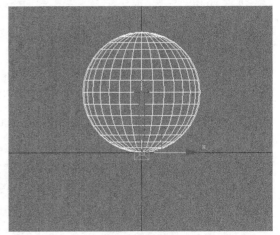

图4-38　　　　　　　　　　　　　　　　图4-39

【练习4-3】：用球体制作创意灯饰

本练习的创意灯饰效果如图4-40所示。

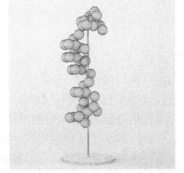

图4-40

Step 01 在"创建"面板中单击"圆柱体"按钮 圆柱体 ，然后在场景中创建一个圆柱体，接着在"参数"卷展栏下设置"半径"为150mm、"高度"为15mm、"边数"为30，具体参数设置及模型效果如图4-41所示。

Step 02 继续用"圆柱体"工具 圆柱体 在场景中创建一个圆柱体，然后在"参数"卷展栏下设置"半径"为4mm、"高度"为800mm、"边数"为20，具体参数设置及模型位置如图4-42所示。

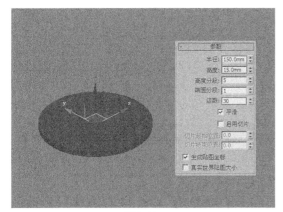

图4-41

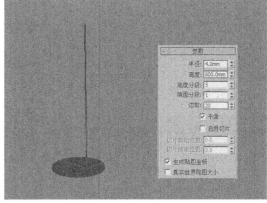

图4-42

Step 03 使用"选择并移动"工具 选择上一步创建的圆柱体，然后按住Shift键在左视图中向左移动复制一个圆柱体到如图4-43所示的位置。

Step 04 在"创建"面板中单击"球体"按钮 球体 ，然后在场景中创建一个球体，接着在"参数"卷展栏下设置"半径"为28mm，具体参数设置及球体效果如图4-44所示。

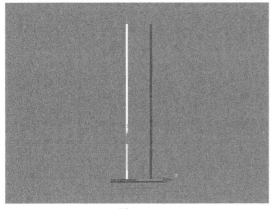

图4-43

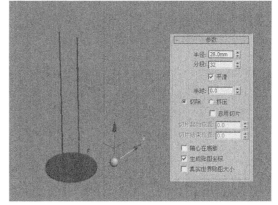

图4-44

Step 05 使用"选择并移动"工具 选择上一步创建的球体，然后按住Shift键移动复制5个球体，如图4-45所示，最后将球体调整成堆叠效果，如图4-46所示。

Step 06 选择场景中的所有球体，然后执行"组>组"菜单命令，接着在弹出的"组"对话框中单击"确定"按钮 确定 ，如图4-47所示。

Step 07 选择"组001"，然后按住Shift键使用"选择并移动"工具 移动复制7组球体，如图4-48所示。

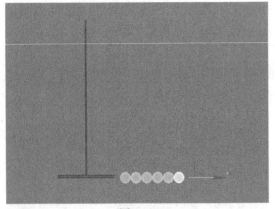

图4-45

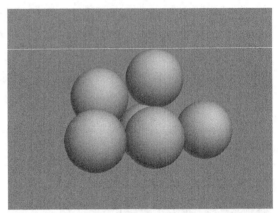

图4-46

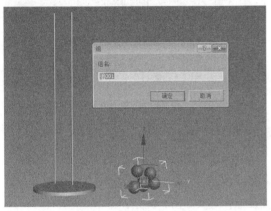

图4-47

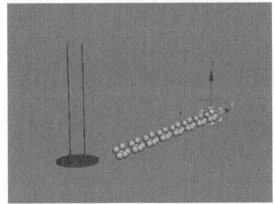

图4-48

提示：将球体编为一组以后进行移动复制，可以
大大提高工作效率。

Step 08 使用"选择并移动"工具 ✛ 和"选择
并旋转"工具 ⟲ 调整好每组球体的位置和角
度，最终效果如图4-49所示。

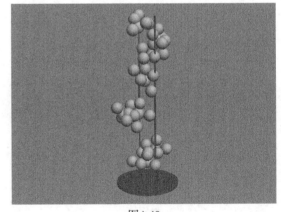

图4-49

4.2.4 几何球体

功能介绍

该功能可以创建由三角面拼接而成的球体或半球体，它不像球体那样可以控制切片局部的大
小。几何球体的形状与球体的形状很接近，学习了球体的参数之后，几何球体的参数便不难理解
了，如图4-50所示。

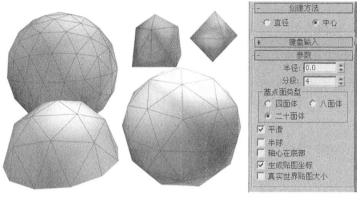

图4-50

②参数详解

❖ **直径**：按照边来绘制几何球体，通过移动鼠标可以更改中心位置。

❖ **中心**：从中心开始绘制几何球体。

❖ **基点面类型**：选择几何球体表面的基本组成单位类型，可供选择的有"四面体"、"八面体"和"二十面体"，图4-51所示分别是这3种基点面的效果。

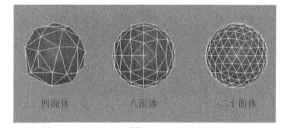

图4-51

❖ **平滑**：勾选该选项后，创建出来的几何球体的表面就是光滑的，如果关闭该选项，效果则反之，如图4-52所示。

❖ **半球**：若勾选该选项，创建出来的几何球体会是一个半球体，如图4-53所示。

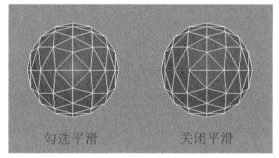

图4-52

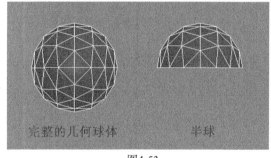

图4-53

> **提示**：几何球体与球体的外形看起来可能很相似，但几何球体是由三角面构成的，而球体是由四角面构成的，它们之间有本质的差别，如图4-54所示。

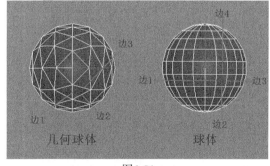

图4-54

4.2.5 圆柱体

功能介绍

　　圆柱体在现实中很常见，比如玻璃杯和桌腿等，制作由圆柱体构成的物体时，可以先将圆柱体转换成可编辑多边形，然后对细节进行调整。圆柱体的参数如图4-55所示。

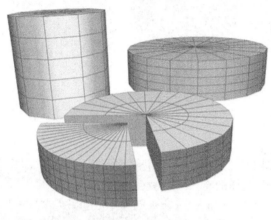

图4-55

参数详解

❖　半径：设置圆柱体的半径。

❖　高度：设置沿着中心轴的维度。负值将在构造平面下面创建圆柱体。

❖　高度分段：设置沿着圆柱体主轴的分段数量。

❖　端面分段：设置围绕圆柱体顶部和底部的中心的同心分段数量。

❖　边数：设置圆柱体周围的边数。

【练习4-4】：用圆柱体制作圆桌

　　本练习的圆桌效果如图4-56所示。

图4-56

Step 01　下面制作桌面。在"创建"面板中单击"圆柱体"按钮 圆柱体 ，然后在场景中拖曳光标创建一个圆柱体，接着在"参数"卷展栏下设置"半径"为55mm、"高度"为2.5mm、"边数"为30，具体参数设置及模型效果如图4-57所示。

Step 02 选择桌面模型，然后按住Shift键使用"选择并移动"工具 在前视图中向下移动复制一个圆柱体，接着在弹出的"克隆选项"对话框中设置"对象"为"复制"，最后单击"确定"按钮 ，如图4-58所示。

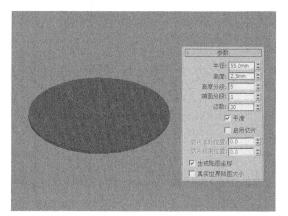

图4-57

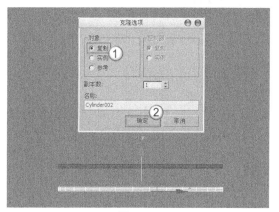

图4-58

Step 03 选择复制出来的圆柱体，然后在"参数"卷展栏下设置"半径"为3mm、"高度"为60mm，具体参数设置及模型效果如图4-59所示。

Step 04 切换到前视图，选择复制出来的圆柱体，在"主工具栏"中单击"对齐"按钮 ，然后单击最先创建的圆柱体，如图4-60所示，接着在弹出的对话框中设置"对齐位置（屏幕）"为"Y位置"、"当前对象"为"最大"、"目标对象"为"最小"，具体参数设置及对齐效果如图4-61所示。

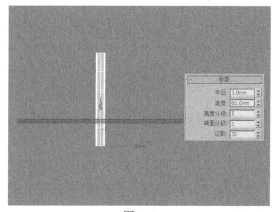

图4-59

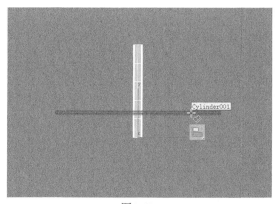

图4-60

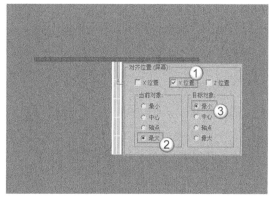

图4-61

Step 05 选择桌面模型，然后按住Shift键使用"选择并移动"工具 在前视图中向下移动复制一个圆柱体，接着在弹出的"克隆选项"对话框中设置"对象"为"复制"、"副本数"为2，最后单击"确定"按钮 ，如图4-62所示。

Step 06 选择中间的圆柱体，然后将"半径"修改为15mm，接着将最下面的圆柱体的"半径"修改为25mm，如图4-63所示。

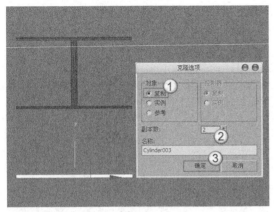

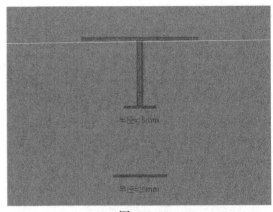

图4-62   图4-63

Step 07 采用步骤04的方法用"对齐"工具 ■ 在前视图中将圆柱体进行对齐，完成后的效果如图4-64所示，最终效果如图4-65所示。

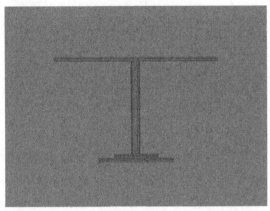

图4-64   图4-65

4.2.6 管状体

功能介绍

　　管状体的外形与圆柱体相似，不过管状体是空心的，因此管状体有两个半径，即外径（半径1）和内径（半径2）。管状体的参数如图4-66所示。

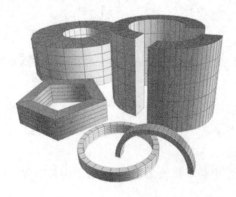

图4-66

参数详解

- ❖ 半径1/半径2："半径1"是指管状体的外径，"半径2"是指管状体的内径，如图4-67所示。
- ❖ 高度：设置沿着中心轴的维度。负值将在构造平面下面创建管状体。
- ❖ 高度分段：设置沿着管状体主轴的分段数量。
- ❖ 端面分段：设置围绕管状体顶部和底部的中心的同心分段数量。
- ❖ 边数：设置管状体周围边数。

图4-67

4.2.7　圆环

功能介绍

圆环可以用于创建环形或具有圆形横截面的环状物体。圆环的参数如图4-68所示。

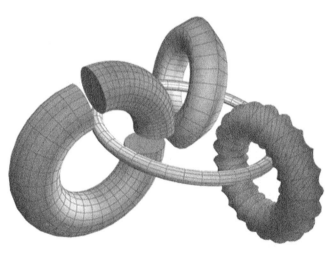

图4-68

参数详解

- ❖ 半径1：设置从环形的中心到横截面圆形的中心的距离，这是环形环的半径。
- ❖ 半径2：设置横截面圆形的半径。
- ❖ 旋转：设置旋转的度数，顶点将围绕通过环形中心的圆形非均匀旋转。
- ❖ 扭曲：设置扭曲的度数，横截面将围绕通过环形中心的圆形逐渐旋转。
- ❖ 分段：设置围绕环形的分段数目。通过减小该数值，可以创建多边形环，而不是圆形。
- ❖ 边数：设置环形横截面圆形的边数。通过减小该数值，可以创建类似于棱锥的横截面，而不是圆形。

【练习4-5】：用圆环创建木质饰品

本练习的木质饰品效果如图4-69所示。

图4-69

Step 01 在"创建"面板中单击"圆环"按钮
圆环，然后在左视图中拖曳光标创建一个
圆环，然后在"参数"卷展栏下设置"半径
1"为20mm、"半径2"为10mm、"边数"为
32，具体参数设置及模型效果如图4-70所示。

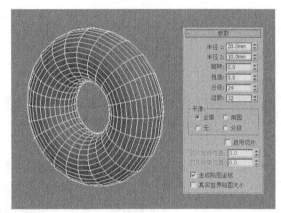

图4-70

Step 02 切换到前视图，然后按住Shift键使用"选择并移动"工具 向右移动复制一个圆环，如图4-71所示。

Step 03 选择复制出来的圆环，在"参数"卷展栏下将"扭曲"修改为-400，此时圆环的表面会变成扭曲状，如图4-72所示。

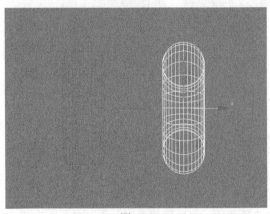

图4-71

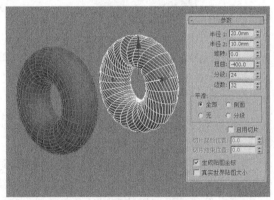

图4-72

Step 04 在"参数"卷展栏下将"旋转"修改为70，此时圆环的表面会产生旋转效果（从布线上可以观察到旋转效果），如图4-73所示。

Step 05 若要切掉一段圆环，可以先勾选"启用切片"选项，然后适当修改"切片起始位置"选项的数值（这里设置为270），如图4-74所示。

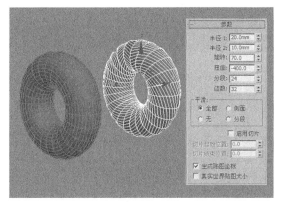
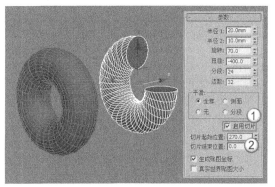

图4-73　　　　　　　　　　　　　　　　　　　　　图4-74

【练习4-6】：用管状体和圆环制作水杯

本练习的水杯效果如图4-75所示。

图4-75

Step 01 在"创建"面板中单击"管状体"按钮 管状体 ，然后在场景中创建一个管状体，接着在"参数"卷展栏下设置"半径1"为12mm、"半径2"为11.5mm、"高度"为32mm、"高度分段"为1、"边数"为30，具体参数设置及模型效果如图4-76所示。

Step 02 在"创建"面板中单击"圆环"按钮 圆环 ，然后在顶视图中创建一个圆环，接着在"参数"卷展栏下设置"半径1"为12mm、"半径2"为1mm、"分段"为52，具体参数设置及模型位置如图4-77所示。

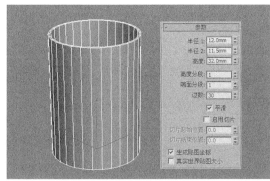
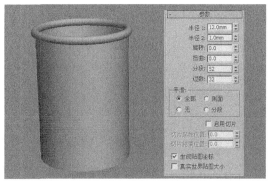

图4-76　　　　　　　　　　　　　　　　　　　　　图4-77

Step 03 使用"选择并移动"工具 ❖ 选择圆环，然后按住Shift键在前视图中向下移动复制一个圆环到管状体的底部，如图4-78所示。

Step 04 继续使用"圆环"工具 圆环 在左视图中创建一个圆环作为把手的上半部分，然后在"参数"卷展栏下设置"半径1"为6.5mm、"半径2"为1.8mm、"分段"为50，具体参数设置及模型位置如图4-79所示。

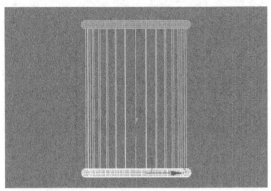

图4-78

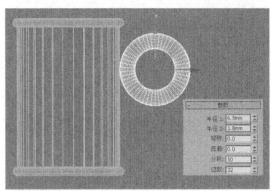

图4-79

Step 05 使用"选择并移动"工具 ❖ 选择上一步创建的圆环，然后按住Shift键在左视图中向下移动复制一个圆环，如图4-80所示，接着在"参数"卷展栏下将"半径1"修改为3.5mm、将"半径2"修改为1mm，效果如图4-81所示。

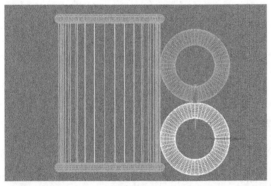

图4-80

图4-81

Step 06 使用"圆柱体"工具 圆柱体 在杯子底部创建一个圆柱体，然后在"参数"卷展栏下设置"半径"为12mm、"高度"为1.5mm、"高度分段"为1、"边数"为30，具体参数设置及模型位置如图4-82所示，最终效果如图4-83所示。

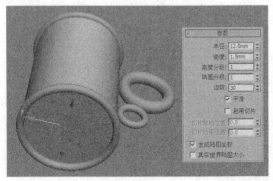

图4-82

图4-83

4.2.8　四棱锥

功能介绍

四棱锥的底面是正方形或矩形，侧面是三角形。四棱锥的参数如图4-84所示。

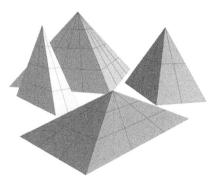

图4-84

参数详解

❖　宽度/深度/高度：设置四棱锥对应面的维度。

❖　宽度分段/深度分段/高度分段：设置四棱锥对应面的分段数。

4.2.9　茶壶

功能介绍

茶壶在室内场景中是经常使用到的一个物体，使用"茶壶"工具 ▭茶壶▭ 可以方便快捷地创建出一个精度较低的茶壶。茶壶的参数如图4-85所示。

图4-85

参数详解

❖　半径：设置茶壶的半径。

❖　分段：设置茶壶或其单独部件的分段数。

❖　平滑：混合茶壶的面，从而在渲染视图中创建平滑的外观。

❖　茶壶部件：选择要创建的茶壶的部件，包含"壶体"、"壶把"、"壶嘴"和"壶盖"4个部件，图4-86所示是一个完整的茶壶与缺少相应部件的茶壶。

完整的茶壶　　没有壶体　　没有壶把　　没有壶嘴　　没有壶盖

图4-86

4.2.10 平面

功能介绍

　　平面在建模过程中使用的频率非常高，例如墙面和地面等。平面的参数如图4-87所示。

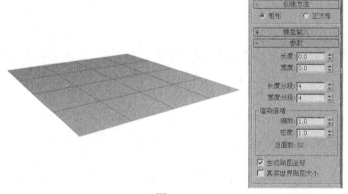

图4-87

参数详解

❖　长度/宽度：设置平面对象的长度和宽度。
❖　长度分段/宽度分段：设置沿着对象每个轴的分段数量。

技术专题4-1 〔**为平面添加厚度**〕

　　在默认情况下创建出来的平面是没有厚度的，如果要让平面产生厚度，需要为平面加载"壳"修改器，然后适当调整"内部量"和"外部量"数值即可，如图4-88所示。关于修改器的用法将在后面的章节中进行讲解。

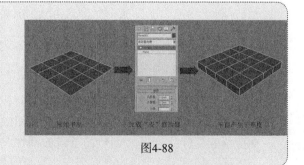

图4-88

【练习4-7】：用标准基本体制作一组石膏

本练习的石膏效果如图4-89所示。

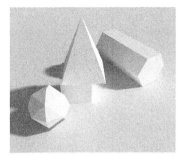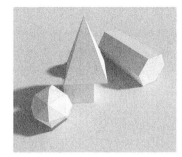

图4-89

Step 01 使用"长方体"工具 长方体 在视图中创建一个长方体，然后在"参数"卷展栏下设置"长度"、"宽度"和"高度"都为45mm，具体参数设置及模型效果如图4-90所示。

Step 02 使用"四棱锥"工具 四棱锥 在长方体顶部创建一个四棱锥，然后在"参数"卷展栏下设置"宽度"为60mm、"深度"为60mm、"高度"为80mm，具体参数设置及模型位置如图4-91所示。

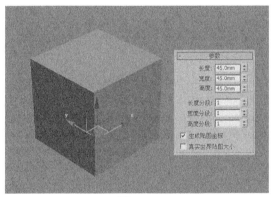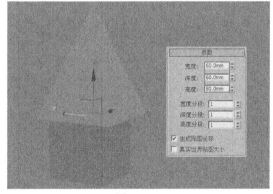

图4-90   图4-91

Step 03 使用"圆柱体"工具 圆柱体 在左视图中创建一个圆柱体，然后在"参数"卷展栏下设置"半径"为30mm、"高度"为120mm、"高度分段"为1、"边数"为6，接着关闭"平滑"选项，具体参数设置及模型位置如图4-92所示。

Step 04 使用"几何球体"工具 几何球体 在场景中创建一个几何球体，然后在"参数"卷展栏下设置"半径"为28mm、"分段"为2、"基点面类型"为"八面体"，接着关闭"平滑"选项，具体参数设置及模型位置如图4-93所示。

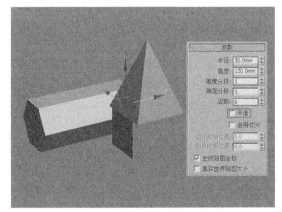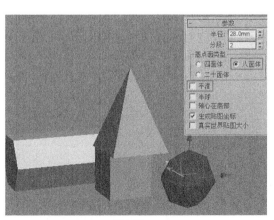

图4-92   图4-93

Step 05 使用"平面"工具 <u>平面</u> 在场景中创建一个平面，然后在"参数"卷展栏下设置"长度"为500mm、"宽度"为600mm，具体参数设置及模型位置如图4-94所示，最终效果如图4-95所示。

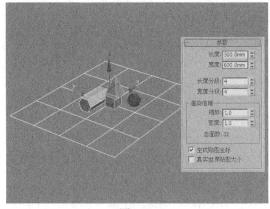

图4-94

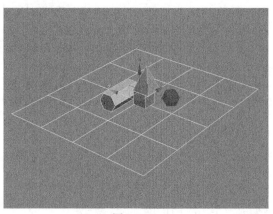

图4-95

【练习4-8】：用标准基本体制作积木

本练习的积木效果如图4-96所示，这是一个专门针对"标准基本体"相关工具的综合练习实例。

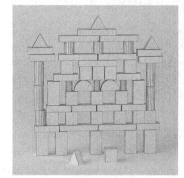

图4-96

Step 01 使用"圆柱体"工具 <u>圆柱体</u> 在顶视图中创建一个圆柱体，然后在"参数"卷展栏下设置"半径"为60mm、"高度"为43mm、"高度分段"为1、"边数"为3，具体参数设置及模型效果如图4-97所示。

Step 02 选择上一步创建的圆柱体，然后将其复制两个到如图4-98所示的位置。

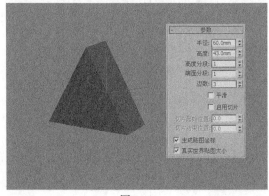

图4-97

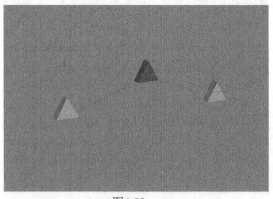

图4-98

技术专题4-2 [修改对象的颜色]

　　这里介绍一下如何修改几何体对象在视图中的显示颜色。以图4-98中的3个圆柱体为例，原本复制出来的圆柱体颜色应该是与原始圆柱体的颜色相同，如图4-99所示。为了将对象区分开，可以先选择复制出来的两个圆柱体，然后在"修改"面板右上部单击"颜色"图标■，打开"对象颜色"对话框，在这里可以选择预设的颜色，也可以自定义颜色，如图4-100所示。

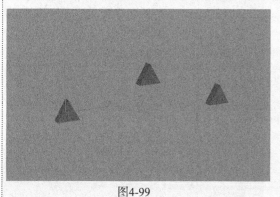

图4-99　　　　　　　　　　　　　　　　　　图4-100

Step 03 使用"长方体"工具 长方体 在场景中创建一个长方体，然后在"参数"卷展栏下设置"长度"为40mm、"宽度"为260mm、"高度"为60mm，具体参数设置及模型位置如图4-101所示。

Step 04 使用"选择并移动"工具✛选择上一步创建的长方体，然后复制两个长方体到如图4-102所示的位置。

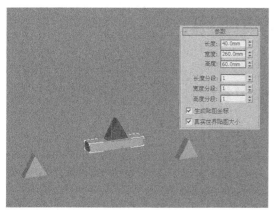

图4-101

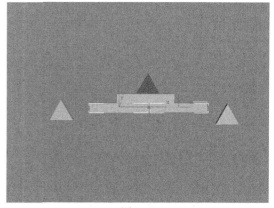

图4-102

Step 05 使用"长方体"工具 长方体 在场景中创建一个长方体，然后在"参数"卷展栏下设置"长度"为43mm、"宽度"为165mm、"高度"为60mm，具体参数设置及模型位置如图4-103所示。

Step 06 使用"选择并移动"工具✛选择上一步创建的长方体，然后复制3个长方体到如图4-104所示的位置。

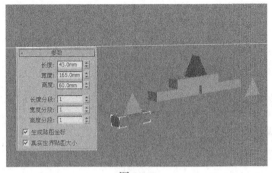

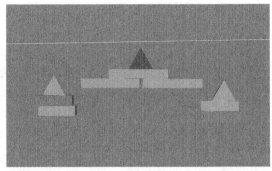

图4-103　　　　　　　　　　　　　　　　图4-104

Step 07 使用"圆柱体"工具 圆柱体 在场景中创建一个圆柱体，然后在"参数"卷展栏下设置"半径"为35mm、"高度"为80mm、"高度分段"为1，接着复制两个圆柱体，具体参数设置及模型位置如图4-105所示。

Step 08 将步骤03中创建的长方体复制3个到如图4-106所示的位置。

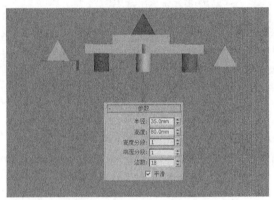

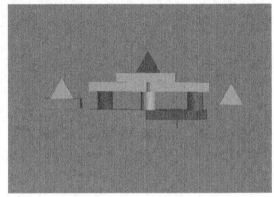

图4-105　　　　　　　　　　　　　　　　图4-106

Step 09 使用"长方体"工具 长方体 在场景中创建一个长方体，然后在"参数"卷展栏下设置"长度"为90mm、"宽度"为80mm、"高度"为55mm，接着复制4个长方体，具体参数设置及模型位置如图4-107所示。

Step 10 使用"圆柱体"工具 圆柱体 在场景中创建一个圆柱体，然后在"参数"卷展栏下设置"半径"为32mm、"高度"为160mm、"高度分段"为1，接着复制3个圆柱体，具体参数设置及模型位置如图4-108所示。

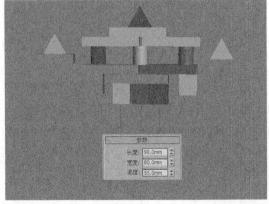

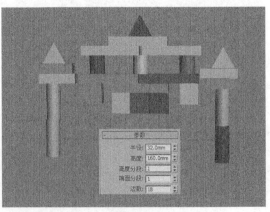

图4-107　　　　　　　　　　　　　　　　图4-108

Step 11 继续使用"圆柱体"工具 圆柱体 在场景中创建一个圆柱体,然后在"参数"卷展栏下设置"半径"为22mm、"高度"为75mm、"高度分段"为1,接着复制两个圆柱体,具体参数设置及模型位置如图4-109所示。

Step 12 使用"圆柱体"工具 圆柱体 在前视图中创建一个圆柱体,然后在"参数"卷展栏下设置"半径"为65mm、"高度"为42mm、"高度分段"为1,接着勾选"启用切片"选项,并设置"切片起始位置"为180,最后复制一个圆柱体,具体参数设置及模型位置如图4-110所示。

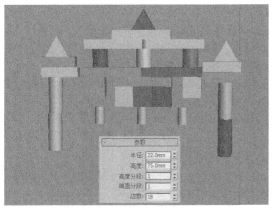

图4-109

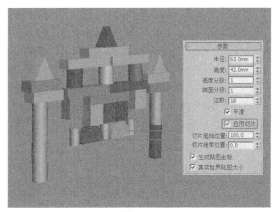

图4-110

Step 13 将前面制作的几何体复制一些到下部,完成后的积木效果如图4-111所示。

Step 14 使用"平面"工具 平面 在积木底部创建一个平面,然后在"参数"卷展栏下设置"长度"为1200mm、"宽度"为1500mm、"长度分段"为1、"宽度分段"为1,具体参数设置及模型位置如图4-112所示,最终效果如图4-113所示。

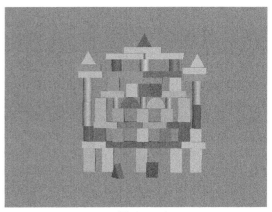

图4-111

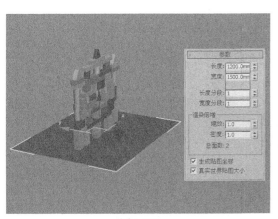

图4-112

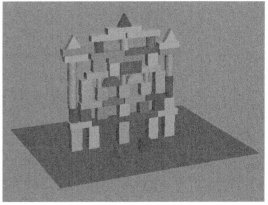

图4-113

4.3 扩展基本体

　　"扩展基本体"是基于"标准基本体"的一种扩展物体，共有13种，分别是异面体、环形结、切角长方体、切角圆柱体、油罐、胶囊、纺锤、L-Ext、球棱柱、C-Ext、环形波、软管和棱柱，如图4-114所示。

　　有了这些扩展基本体，就可以快速地创建出一些简单的模型，如使用"软管"工具 软管 制作冷饮吸管、用"油罐"工具 油罐 制作货车油罐、用"胶囊"工具 胶囊 制作胶囊药物等，图4-115所示是所有的扩展基本体。

图4-114

图4-115

4.3.1 异面体

功能介绍

　　异面体是一种很典型的扩展基本体，可以用它来创建四面体、立方体和星形等。异面体的参数如图4-116所示。

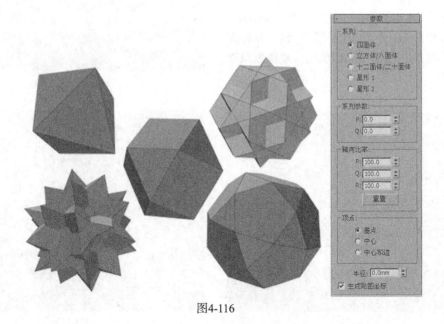
图4-116

图4-117

② 参数详解

❖ 系列：在这个选项组下可以选择异面体的类型，图4-117所示是5种异面体效果。

❖ 系列参数：P、Q两个选项主要用来切换多面体顶点与面之间的关联关系，其数值范围从0~1。

❖ 轴向比率：多面体可以拥有多达3种多面体的面，如三角形、方形或五角形。这些面可以是规则的，也可以是不规则的。如果多面体只有一种或两种面，则只有一个或两个轴向比率参数处于活动状态，不活动的参数不起作用。P、Q、R控制多面体一个面反射的轴。如果调整了参数，单击"重置"按钮 重置 可以将P、Q、R的数值恢复到默认值100。

❖ 顶点：这个选项组中的参数决定多面体每个面的内部几何体。"中心"和"中心和边"选项会增加对象中的顶点数，从而增加面数。

❖ 半径：设置任何多面体的半径。

【练习4-9】：用异面体制作风铃

本练习的风铃效果如图4-118所示。

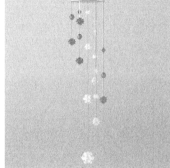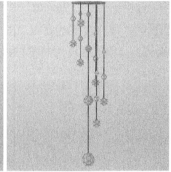

图4-118

Step 01 设置几何体类型为"扩展基本体"，然后使用"切角圆柱体"工具 切角圆柱体 在场景中创建一个切角圆柱体，接着在"参数"卷展栏下设置"半径"为45mm、"高度"为1mm、"圆角"为0.3mm、"高度分段"为1、"边数"为30，具体参数设置及模型效果如图4-119所示。

Step 02 使用"选择并移动"工具 ✛ 选择上一步创建的切角圆柱体，然后移动复制一个切角圆柱体到上方，接着在"参数"卷展栏下将"半径"修改为12mm、"圆角"修改为0.2mm，具体参数设置及模型位置如图4-120所示。

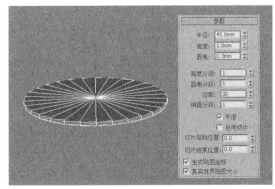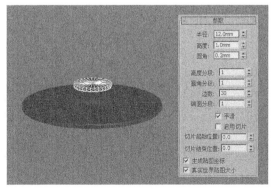

图4-119   图4-120

Step 03 设置几何体类型为"标准基本体",然后使用"圆柱体"工具 圆柱体 在场景中创建一个圆柱体,接着在"参数"卷展栏下设置"半径"为1.5mm、"高度"为80mm、"高度分段"为1、"边数"为30,具体参数设置及模型位置如图4-121所示。

Step 04 继续使用"圆柱体"工具 圆柱体 在比较大的切角圆柱体边缘创建一些高度不一的圆柱体作为吊线,完成后的效果如图4-122所示。

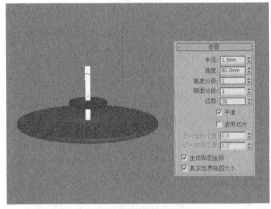

图4-121

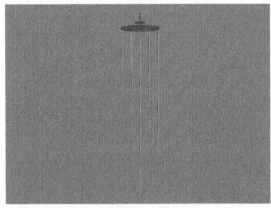

图4-122

Step 05 设置几何体类型为"扩展基本体",然后使用"异面体"工具 异面体 在场景中创建4个异面体,具体参数设置如图4-123所示。

图4-123

Step 06 将创建的异面体复制一些到吊线上,最终效果如图4-124所示。

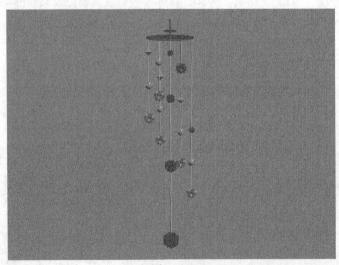

图4-124

4.3.2　切角长方体

功能介绍

切角长方体是长方体的扩展物体，可以快速创建出带圆角效果的长方体。切角长方体的参数如图4-125所示。

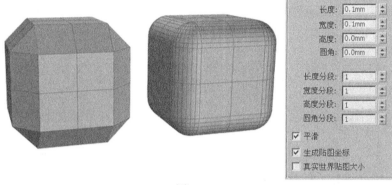

图4-125

参数详解

❖　长度/宽度/高度：用来设置切角长方体的长度、宽度和高度。

❖　圆角：切开切角长方体的边，以创建圆角效果，图4-126所示是长度、宽度和高度相等，而"圆角"值分别为1mm、3mm、6mm时的切角长方体效果。

图4-126

❖　长度分段/宽度分段/高度分段：设置沿着相应轴的分段数量。

❖　圆角分段：设置切角长方体圆角边时的分段数。

【练习4-10】：用切角长方体制作餐桌椅

本练习的餐桌椅效果如图4-127所示。

图4-127

Step 01 设置几何体类型为"扩展基本体"，然后使用"切角长方体"工具 切角长方体 在场景中创建一个切角长方体，接着在"参数"卷展栏下设置 "长度"为1200mm、"宽度"为40mm、"高度"为1200mm、"圆角"为0.4mm、"圆角分段"为3，具体参数设置及模型效果如图4-128所示。

Step 02 按A键激活"角度捕捉切换"工具 ，然后按E键选择"选择并旋转"工具 ，接着按住Shift键在前视图中沿z轴旋转90°，在弹出的"克隆选项"对话框中设置"对象"为"复制"，最后单击"确定"按钮 确定 ，如图4-129所示。

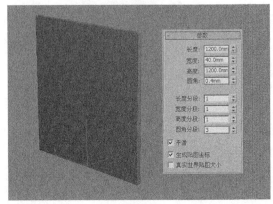

图4-128

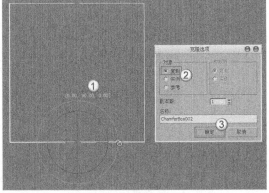

图4-129

Step 03 使用"切角长方体"工具 切角长方体 在场景中创建一个切角长方体，然后在"参数"卷展栏下设置 "长度"为1200mm、"宽度"为1200mm、"高度"为40mm、"圆角"为0.4mm、"圆角分段"为3，具体参数设置及模型位置如图4-130所示。

Step 04 继续使用"切角长方体"工具 切角长方体 在场景中创建一个切角长方体，然后在"参数"卷展栏下设置"长度"为850mm、"宽度"为850mm、"高度"为700mm、"圆角"为10mm、"圆角分段"为3，具体参数设置及模型位置如图4-131所示。

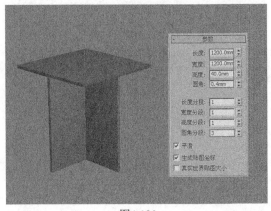

图4-130

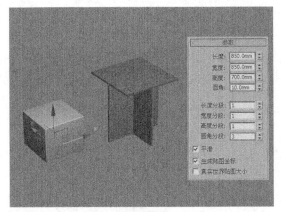

图4-131

Step 05 使用"切角长方体"工具 切角长方体 在场景中创建一个切角长方体，然后在"参数"卷展栏下设置 "长度"为80mm、"宽度"为850mm、"高度"为500mm、"圆角"为8mm、"圆角分段"为2，具体参数设置及模型位置如图4-132所示。

Step 06 使用"选择并旋转"工具 选择上一步创建的切角长方体，然后按住Shift键在前视图中沿z轴旋转90°，接着在弹出的"克隆选项"对话框中设置"对象"为"复制"，最后单击"确定"按钮 确定 ，如图4-133所示。

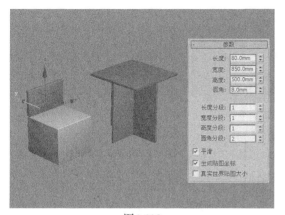

图4-132

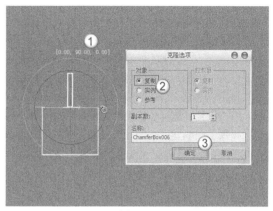

图4-133

Step 07 使用"选择并移动"工具➕选择上一步复制的切角长方体，然后将其调整到如图4-134所示的位置。

Step 08 选择椅子的所有部件，然后执行"组>组"菜单命令，接着在弹出的"组"对话框中单击"确定"按钮 确定 ，如图4-135所示。

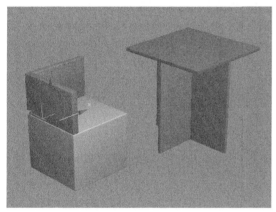

图4-134

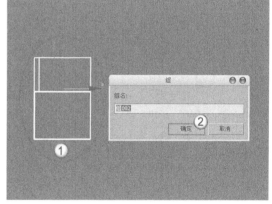

图4-135

Step 09 选择"组002"，然后按住Shift键使用"选择并移动"工具➕移动复制3组椅子，如图4-136所示。

Step 10 使用"选择并移动"工具➕和"选择并旋转"工具↻调整好各把椅子的位置和角度，最终效果如图4-137所示的位置。

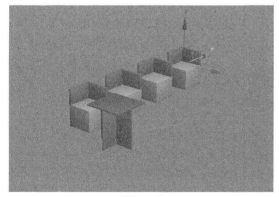

图4-136

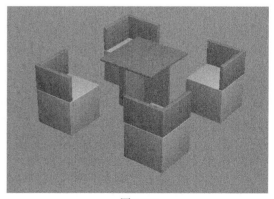

图4-137

提示：在上述建模过程中，我们发现椅子上有黑色的色斑，这是为什么呢？

这是由于创建模型时启用了"平滑"选项造成的，如图4-138所示。解决这种问题有以下两种方法。

第1种：关闭模型的"平滑"选项，模型会恢复正常，如图4-139所示。

第2种：为模型加载"平滑"修改器，模型也会恢复正常，如图4-140所示。

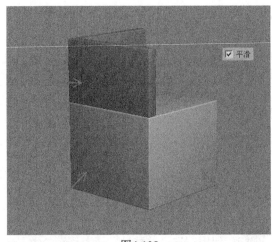

图4-138

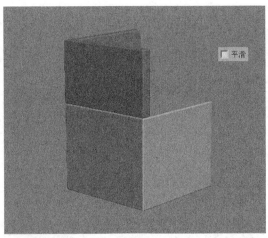

图4-139

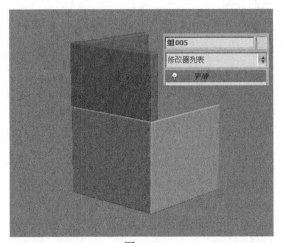

图4-140

4.3.3 切角圆柱体

功能介绍

切角圆柱体是圆柱体的扩展物体，可以快速创建出带圆角效果的圆柱体。切角圆柱体的参数如图4-141所示。

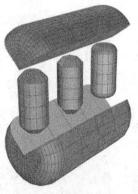

图4-141

参数详解

- ❖ 半径：设置切角圆柱体的半径。
- ❖ 高度：设置沿着中心轴的维度。负值将在构造平面下面创建切角圆柱体。
- ❖ 圆角：斜切切角圆柱体的顶部和底部封口边。
- ❖ 高度分段：设置沿着相应轴的分段数量。
- ❖ 圆角分段：设置切角圆柱体圆角边时的分段数。
- ❖ 边数：设置切角圆柱体周围的边数。
- ❖ 端面分段：设置沿着切角圆柱体顶部和底部的中心和同心分段的数量。

【练习4-11】：用切角圆柱体制作简约茶几

本练习的简约茶几效果如图4-142所示。

 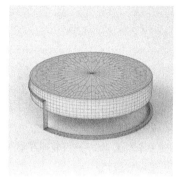

图4-142

Step 01 下面创建桌面模型。使用"切角圆柱体"工具 切角圆柱体 在场景中创建一个切角圆柱体，然后在"参数"卷展栏下设置"半径"为50mm、"高度"为20mm、"圆角"为1mm、"高度分段"为1、"圆角分段"为4、"边数"为24、"端面分段"为1，具体参数设置及模型效果如图4-143所示。

Step 02 下面创建支架模型。设置几何体类型为"标准基本体"，然后使用"管状体"工具 管状体 在桌面的上边缘创建一个管状体，接着在"参数"卷展栏下设置"半径1"为50.5mm、"半径2"为48mm、"高度"为1.6mm、"高度分段"为1、"端面分段"为1、"边数"为36，再勾选"启用切片"选项，最后设置"切片起始位置"为-200、"切片结束位置"为53，具体参数设置及模型位置如图4-144所示。

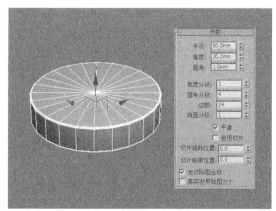 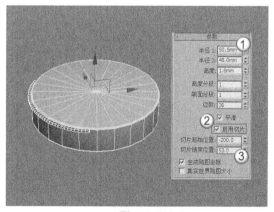

图4-143   图4-144

Step 03 使用"切角长方体"工具 切角长方体 在管状体末端创建一个切角长方体,然后在"参数"卷展栏下设置"长度"为2mm、"宽度"为2mm、"高度"为30mm、"圆角"为0.2mm、"圆角分段"为3,具体参数设置及模型位置如图4-145所示。

Step 04 使用"选择并移动"工具 选择上一步创建的切角长方体,然后按住Shift键的同时移动复制一个切角长方体到如图4-146所示的位置。

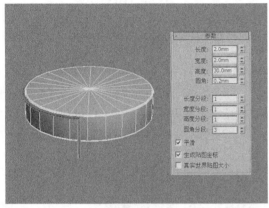

图4-145

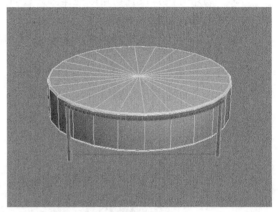

图4-146

> **提示:** 在复制对象到某个位置时,一般都不可能一步到位,这就需要调整对象的位置。调整对象位置需要在各个视图中进行调整。

Step 05 使用"选择并移动"工具 选择管状体,然后按住Shift键在左视图中向下移动复制一个管状体到如图4-147所示的位置。

Step 06 选择复制出来的管状体,然后在"参数"卷展栏下将"切片起始位置"修改为56、"切片结束位置"修改为-202,如图4-148所示,最终效果如图4-149所示。

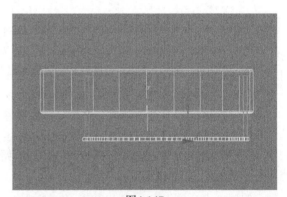

图4-147

图4-148

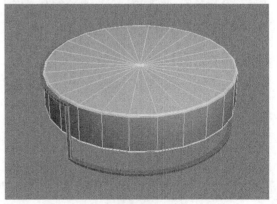

图4-149

4.3.4　环形结

功能介绍

这是扩展基本体中最复杂的一个建模工具，可控制的参数很多，组合产生的效果也比较多。环形结可转化为NURBS表面对象。环形结的参数如图4-150所示。

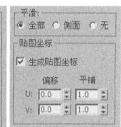

图4-150

参数详解

1. **基础曲线**

- ❖　结：选择该选项，环形将基于其他各种参数自身交织。
- ❖　圆：选择该选项，基础曲线将是圆形的，如果在其默认设置中保留"扭曲"和"偏心率"这样的参数，则会产生标准环形。
- ❖　半径：控制曲线半径的大小。
- ❖　分段：确定在曲线路径上片段的划分数目。
- ❖　P/Q：选择"结"方式时，这两项参数才能被激活。用于控制曲线路径蜿蜒缠绕的圈数。
- ❖　扭曲数/扭曲高度：选择"圆"方式时，这两项参数才能被激活。用于控制在曲线路径上产生的弯曲数目和弯曲的高度。

2. **横截面**

- ❖　半径：设置截面图形的半径大小。
- ❖　边数：设置截面图形的边数，确定它的圆滑度。
- ❖　偏心率：设置截面压扁的程度。
- ❖　扭曲：设置截面沿路径扭曲旋转的程度，当有偏心率或弯曲设置时，它就会显示出效果，比如螺旋状的扭曲。
- ❖　块：设置环形结中的凸出数量。
- ❖　块高度：设置凸出块隆起的高度。
- ❖　块偏移：在路径上移动凸出块的位置。

3. **平滑**

- ❖　全部：对整个造型进行平滑处理。
- ❖　侧面：只对纵向（路径方向）的面进行平滑处理。
- ❖　无：不进行表面平滑处理。

4. **贴图坐标**

- ❖　生成贴图坐标：基于环形结的几何体指定贴图坐标，默认设置为启用。
- ❖　偏移 U/V：沿着U向和V向偏移贴图坐标。
- ❖　平铺 U/V：沿着U向和V向平铺贴图坐标。

4.3.5 油罐

功能介绍

使用该工具可以创建带有球状凸出顶部的圆柱体，其参数面板如图4-151所示。

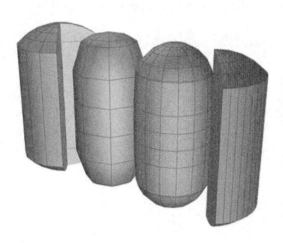

图4-151

参数详解

❖ 半径：设置油罐底面的半径。

❖ 高度：设置油罐的高度，负数值将在构造平面以下创建油罐。

❖ 封口高度：设置凸面封口的高度，最小值是"半径"的 2.5%。除非"高度"的绝对值小于两倍"半径"（在这种情况下，封口高度不能超过"高度"绝对值的 49.5%），否则最大值为"半径"的 99%。

❖ 总体：确定油罐的总体高度。

❖ 中心：确定油罐柱状高度，不包括顶盖高度。

❖ 混合：当该参数设置大于0时，将在封口的边缘创建倒角。

❖ 边数：设置油罐周围的片段划分数。值越高，油罐越圆滑。

❖ 高度分段：设置油罐高度上的片段划分数。

4.3.6 胶囊

功能介绍

使用"胶囊"工具 胶囊 可以创建出半球状带有封口的圆柱体。胶囊的参数如图4-152所示。

参数详解

❖ 半径：用来设置胶囊的半径。

❖ 高度：设置胶囊中心轴的高度。

❖ 总体/中心：决定"高度"值指定的内容。"总体"指定对象的总体高度；"中心"指定圆柱体中部的高度，不包括其圆顶封口。

❖ 边数：设置胶囊周围的边数。

❖ 高度分段：设置沿着胶囊主轴的分段数量。

❖ 平滑：启用该选项时，胶囊表现会变得平滑，反之则有明显的转折效果。

❖ 启用切片：控制是否启用"切片"功能。

❖ 切片起始/结束位置：设置从局部x轴的零点开始围绕局部z轴的度数。

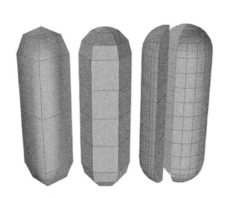

图4-152

4.3.7　纺锤

功能介绍

该工具可以制作两端带有圆锥尖顶的柱体，其参数如图4-153所示。

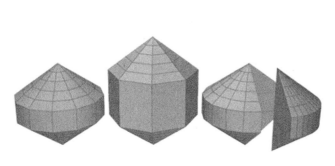

图4-153

参数详解

❖ 半径：用来设置底面的半径大小。

❖ 高度：确定纺锤体柱体的高度。

❖ 封口高度：确定纺锤体两端的圆锥的高度。最小值是0.1，最大值是"高度"的一半。

❖ 总体：以纺锤体的全部来计算高度。

❖ 中心：以纺锤体的柱状部分来计算高度，不计算两端圆锥的高度。

❖ 混合：当参数设置大于0时，将在纺锤主体与顶盖的结合处创建圆角。

❖ 边数：设置圆周上的片段数。值越高，纺锤体越平滑。

❖ 端面分段：设置圆锥顶盖的片段数。

❖ 高度分段：设置柱体高度方向上的片段数。

4.3.8　L-Ext/C-Ext

功能介绍

使用L-Ext工具 [L-Ext] 可以创建并挤出L形的对象，其参数设置面板如图4-154所示；使用C-Ext工具 [C-Ext] 可以创建并挤出C形的对象，其参数设置面板如图4-155所示。

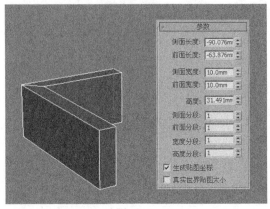

图4-154

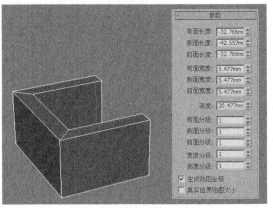

图4-155

参数详解

1. L-Ext工具的参数

❖　侧面长度/前面长度：设置底面侧边和前边的长度。

❖　侧面宽度/前面宽度：设置底面侧边和前边的宽度。

❖　高度：设置高度。

❖　侧面/前面/宽度/高度分段：设置各边上的片段数。

2. C-Ext工具的参数

❖　背面长度/侧面长度/前面长度：设置3边的长度。

❖　背面宽度/侧面宽度/前面宽度：设置3边的宽度。

❖　高度：设置高度。

❖　背面/侧面/前面/宽度/高度分段：设置各边上的片段数。

4.3.9　球棱柱

功能介绍

使用该工具可以创建带圆角效果的棱柱，其参数面板如图4-156所示。

参数详解

❖　边数：设置棱柱的边数，即几棱柱。

❖　半径：设置底面圆形的半径。

❖　圆角：设置棱上圆角的大小。

❖　高度：设置球棱柱的高度。

❖　侧面分段/高度分段/圆角分段：分别设置侧面、高度、圆角上的片段数。

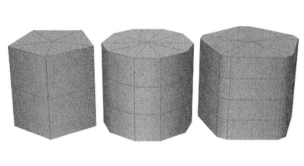

图4-156

4.3.10 环形波

功能介绍

使用该功能可以创建一个不规则边缘的特殊圆形，可以通过设置动画来控制环形波的变形，以应用于不同类型的特效动画中，比如爆炸动画中的冲击波特效，其参数如图4-157所示。

图4-157

参数详解

1. 环形波大小

❖ 半径：设置环形波的外沿半径。

❖ 径向分段：设置内沿半径与外沿半径之间的分段。

❖ 环形宽度：设置从外沿半径向内的环形宽度的平均值。

❖ 边数：设置环形波圆周上的片段数。

❖ 高度：设置环形波沿主轴方向上的高度。

❖ 高度分段：设置环形波高度上的片段数。

2. 环形波计时

- ❖ 无增长：设置一个静态环形波，它在"开始时间"显示，在"结束时间"消失。
- ❖ 增长并保持：只设置一个增长动画周期，环形波从开始时增长，并在"开始时间"以及"增长时间"处达到最大尺寸，并保持增长后的状态直到结束。
- ❖ 循环增长：环形波从开始时增长，完成增长后，继续循环这一过程。例如，如果设置"开始时间"为0、"增长时间"为25、"结束时间"为100，并选择"循环增长"，则在动画期间，环形波将从零增长到其最大尺寸4次。
- ❖ 开始时间/增长时间/结束时间：设置环形波增长过程的起始时间，增长所需时间和结束时间。

3. 外边波折

- ❖ 主周期数：设置围绕环形波外边缘运动的主波纹数量。
- ❖ 宽度波动：设置围绕环形波外边缘运动的主波纹尺寸，以波动幅度的百分比表示。
- ❖ 爬行时间：设置每一个主波纹围绕环形波外边缘运动一周所用的帧数。
- ❖ 次周期数：设置主波纹上随即尺寸的次波纹数量。
- ❖ 宽度波动：设置次波纹的尺寸，以波动幅度的百分比表示。
- ❖ 爬行时间：设置每一个次波纹围绕主波纹运动一周所用的帧数。

4. 内边波折

- ❖ 主周期数：设置围绕环形波内边缘运动的主波纹数量。
- ❖ 宽度波动：设置围绕环形波内边缘运动的主波纹尺寸，以波动幅度的百分比表示。
- ❖ 爬行时间：设置每一个主波纹围绕环形波内边缘运动一周所用的帧数。
- ❖ 次周期数：设置主波纹上随即尺寸的次波纹数量。
- ❖ 宽度波动：设置次波纹的尺寸，以波动幅度的百分比表示。
- ❖ 爬行时间：设置每一个次波纹围绕主波纹运动一周所用的帧数。

5. 曲面参数

- ❖ 纹理坐标：设置将贴图材质应用于对象时所需的坐标，默认设置为启用。
- ❖ 平滑：通过将所有多边形设置为平滑组1，并将平滑应用到对象上，默认设置为启用。

4.3.11 软管

功能介绍

软管是一种能连接两个对象的弹性物体，有点类似于弹簧，但它不具备动力学属性，如图4-158所示。

软管的参数设置面板如图4-159所示。下面对各个参数选项组分别进行讲解。

参数详解

1. 端点方法

- ❖ 自由软管：如果只是将软管用作为一个简单的对象，而不绑定到其他对象，则需要选中该选项。
- ❖ 绑定到对象轴：如果要把软管绑定到对象，该选项必须选中。

2. 绑定对象

❖ 顶部<无>：显示顶部绑定对象的名称。

❖ 拾取顶部对象 拾取顶部对象 ：使用该按钮可以拾取顶部对象。

❖ 张力：当软管靠近底部对象时，该选项主要用来设置顶部对象附近软管曲线的张力大小。若减小张力，顶部对象附近将产生弯曲效果；若增大张力，远离顶部对象的地方将产生弯曲效果。

❖ 底部<无>：显示底部绑定对象的名称。

❖ 拾取底部对象 拾取底部对象 ：使用该按钮可以拾取底部对象。

❖ 张力：当软管靠近顶部对象时，该选项主要用来设置底部对象附近软管曲线的张力。若减小张力，底部对象附近将产生弯曲效果；若增大张力，远离底部对象的地方将产生弯曲效果。

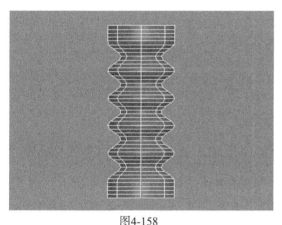

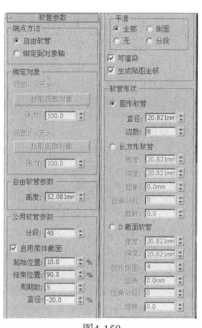

图4-158　　　　　　　　　　　　　　　图4-159

提示：只有选择了"绑定到对象轴"选项时，"绑定对象"选项组中的参数才可用。

3. 自由软管参数

❖ 高度：用于设置软管未绑定时的垂直高度或长度（当选择"自由软管"选项时，该选项才可用）。

4. 公用软管参数

❖ 分段：设置软管长度的总分段数。当软管弯曲时，增大该值可以使曲线更加平滑。

❖ 启用柔体截面：启用该选项时，"起始位置"、"结束位置"、"周期数"和"直径"4个参数才可用，可以用来设置软管的中心柔体截面；若关闭该选项，软管的直径和长度会保持一致。

❖ 起始位置：软管的始端到柔体截面开始处所占软管长度的百分比。在默认情况下，软管的始端是指对象轴出现的一端，默认值为10%。

❖ 结束位置：软管的末端到柔体截面结束处所占软管长度的百分比。在默认情况下，软管的末端是指与对象轴出现的相反端，默认值为90%。

❖ 周期数：柔体截面中的起伏数目。可见周期的数目受限于分段的数目。如果分段值不够大，不足以支持周期数目，则不会显示出所有的周期，其默认值为5。

提示： 要设置合适的分段数目，首先应设置周期，然后增大分段数目，直到可见周期停止变化为止。

❖ 直径：周期外部的相对宽度。如果设置为负值，则比总的软管直径要小；如果设置为正值，则比总的软管直径要大。

❖ 平滑：定义要进行平滑处理的几何体，其默认设置为"全部"。

◇ 全部：对整个软管都进行平滑处理。

◇ 侧面：沿软管的轴向进行平滑处理。

◇ 无：不进行平滑处理。

◇ 分段：仅对软管的内截面进行平滑处理。

❖ 可渲染：如果启用该选项，则使用指定的设置对软管进行渲染；如果关闭该选项，则不对软管进行渲染。

❖ 生成贴图坐标：设置所需的坐标，以对软管应用贴图材质，其默认设置为启用。

5. 软管形状

❖ 圆形软管：设置软管为圆形的横截面。

◇ 直径：软管端点处的最大宽度。

◇ 边数：软管边的数目，其默认值为8。设置"边数"为3表示三角形的横截面；设置"边数"为4表示正方形的横截面；设置"边数"为5表示五边形的横截面。

❖ 长方形软管：设置软管为长方形的横截面。

◇ 宽度：指定软管的宽度。

◇ 深度：指定软管的高度。

◇ 圆角：设置横截面的倒角数值。若要使圆角可见，"圆角分段"数值必须设置为1或更大。

◇ 圆角分段：设置每个圆角上的分段数目。

◇ 旋转：指定软管沿其长轴的方向，其默认值为0。

❖ D截面软管：与"长方形软管"类似，但有一条边呈圆形，以形成D形状的横截面。

◇ 宽度：指定软管的宽度。

◇ 深度：指定软管的高度。

◇ 圆形侧面：圆边上的分段数目。该值越大，边越平滑，其默认值为4。

◇ 圆角：指定将横截面上圆边的两个角倒为圆角的数值。要使圆角可见，"圆角分段"数值必须设置为1或更大。

◇ 圆角分段：指定每个圆角上的分段数目。

◇ 旋转：指定软管沿其长轴的方向，其默认值为0。

4.3.12 棱柱

功能介绍

该工具可以制作底面为等腰三角形或不等边三角形的三棱柱，其参数如图4-160所示。

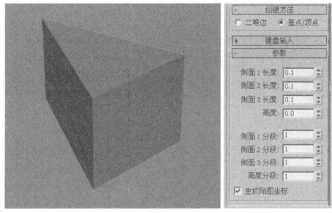

图4-160

参数详解

- ❖　二等边：用于创建等腰三棱柱，配合Ctrl键可以创建底面为等边三角形的棱柱。
- ❖　基点/顶点：用于创建底面是不等边三角形的棱柱。
- ❖　侧面1长度/侧面2长度/侧面3长度：分别设置底面三角形3条边的长度。
- ❖　高度：设置棱柱的高度。
- ❖　侧面1分段/侧面2分段/侧面3分段：分别设置各条边的片段数。
- ❖　高度分段：设置沿棱柱高度方向的片段数。

4.4　门

3ds Max 2014提供了3种内置的门模型，包括"枢轴门"、"推拉门"和"折叠门"，如图4-161所示。"枢轴门"是在一侧装有铰链的门；"推拉门"有一半是固定的，另一半可以推拉；"折叠门"的铰链装在中间以及侧端，就像壁橱门一样。

图4-161

这3种门的参数大部分都是相同的，下面先对相同的参数部分进行讲解，图4-162所示是"枢轴门"的参数设置面板。所有的门都有高度、宽度和深度，在创建之前可以先选择创建的顺序，比如"宽度/深度/高度"或"宽度/高度/深度"。

参数详解

1. 创建方法

❖ 宽度/深度/高度：首先创建门的宽度，然后创建门的深度，接着创建门的高度。

❖ 宽度/高度/深度：首先创建门的宽度，然后创建门的高度，接着创建门的深度。

❖ 允许侧柱倾斜：允许创建倾斜门。

2. 参数

❖ 高度/宽度/深度：设置门的总体高度/宽度/深度。

❖ 打开：使用枢轴门时，指定以角度为单位的门打开的程度；使用推拉门和折叠门时，指定门打开的百分比。

❖ 门框：用于控制是否创建门框和设置门框的宽度和深度。

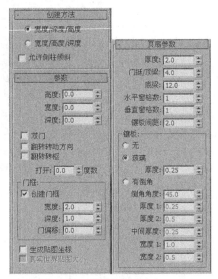

图4-162

    ◇ 创建门框：控制是否创建门框。

    ◇ 宽度：设置门框与墙平行方向的宽度（启用"创建门框"选项时才可用）。

    ◇ 深度：设置门框从墙投影的深度（启用"创建门框"选项时才可用）。

    ◇ 门偏移：设置门相对于门框的位置，该值可以为正，也可以为负（启用"创建门框"选项时才可用）。

❖ 生成贴图坐标：为门指定贴图坐标。

❖ 真实世界贴图大小：控制应用于对象的纹理贴图材质所使用的缩放方法。

3. 页扇参数

❖ 厚度：设置门的厚度。

❖ 门挺/顶梁：设置顶部和两侧的面板框的宽度。

❖ 底梁：设置门脚处的面板框的宽度。

❖ 水平窗格数：设置面板沿水平轴划分的数量。

❖ 垂直窗格数：设置面板沿垂直轴划分的数量。

❖ 镶板间距：设置面板之间的间隔宽度。

❖ 镶板：指定在门中创建面板的方式。

    ◇ 无：不创建面板。

    ◇ 玻璃：创建不带倒角的玻璃面板。

    ◇ 厚度：设置玻璃面板的厚度。

    ◇ 有倒角：选中该选项可以创建具有倒角的面板。

    ◇ 倒角角度：指定门的外部平面和面板平面之间的倒角角度。

    ◇ 厚度1：设置面板的外部厚度。

    ◇ 厚度2：设置倒角从起始处的厚度。

    ◇ 中间厚度：设置面板内的面部分的厚度。

    ◇ 宽度1：设置倒角从起始处的宽度。

    ◇ 宽度2：设置面板内的面部分的宽度。

提示：门参数除了这些公共参数外，每种类型的门还有一些细微的差别，下面依次讲解。

4.4.1　枢轴门

功能介绍

"枢轴门"只在一侧用铰链进行连接，也可以制作成为双门，双门具有两个门元素，每个元素在其外边缘处用铰链进行连接，如图4-163所示。"枢轴门"包含3个特定的参数，如图4-164所示。

图4-163

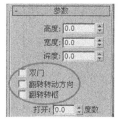

图4-164

参数详解

❖　双门：制作一个双门。
❖　翻转转动方向：更改门转动的方向。
❖　翻转转枢：在与门面相对的位置上放置门转枢（不能用于双门）。

4.4.2　推拉门

功能介绍

"推拉门"可以左右滑动，就像火车在铁轨上前后移动一样。推拉门有两个门元素，一个保持固定，另一个可以左右滑动，如图4-165所示。"推拉门"包含两个特定的参数，如图4-166所示。

图4-165

图4-166

参数详解

❖　前后翻转：指定哪个门位于最前面。
❖　侧翻：指定哪个门保持固定。

4.4.3 折叠门

功能介绍

"折叠门"就是可以折叠起来的门，在门的中间和侧面有一个转枢装置，如果是双门的话，就有4个转枢装置，如图4-167所示。"折叠门"包含3个特定的参数，如图4-168所示。

图4-167

图4-168

参数详解

❖　双门：勾选该选项可以创建双门。

❖　翻转转动方向：翻转门的转动方向。

❖　翻转转枢：翻转侧面的转枢装置（该选项不能用于双门）。

4.5　窗

3ds Max 2014中提供了6种内置的窗户模型，使用这些内置的窗户模型可以快速地创建出所需要的窗户，如图4-169所示。

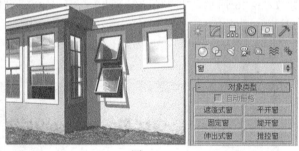

图4-169

4.5.1 窗的分类

1. 遮篷式窗

这种窗户有一扇通过铰链与其顶部相连，如图4-170所示。

2. 平开窗

这种窗户的一侧有一个固定的窗框，可以向内或向外转动，如图4-171所示。

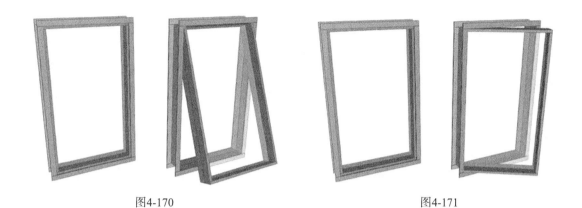

图4-170   图4-171

3. 固定窗

这种窗户是固定的，不能打开，如图4-172所示。

4. 旋开窗

这种窗户可以在垂直中轴或水平中轴上进行旋转，如图4-173所示。

图4-172   图4-173

5. 伸出式窗

这种窗户有3扇窗框，其中两扇窗框打开时就像反向的遮蓬，如图4-174所示。

6. 推拉窗

推拉窗有两扇窗框，其中一扇窗框可以沿着垂直或水平方向滑动，如图4-175所示。

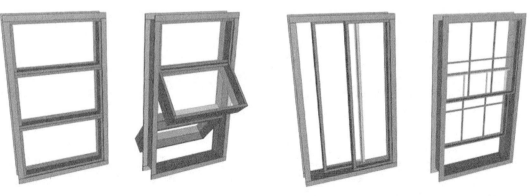

图4-174   图4-175

4.5.2 窗的公共参数

由于窗户的参数比较简单，因此本书只讲解这6种窗户的公共参数，如图4-176所示。

参数详解

- ❖ 高度：设置窗户的总体高度。
- ❖ 宽度：设置窗户的总体宽度。
- ❖ 深度：设置窗户的总体深度。
- ❖ 窗框：控制窗框的宽度和深度。
  - ◇ 水平宽度：设置窗口框架在水平方向的宽度（顶部和底部）。
  - ◇ 垂直宽度：设置窗口框架在垂直方向的宽度（两侧）。
  - ◇ 厚度：设置框架的厚度。
- ❖ 玻璃：用来指定玻璃的厚度等参数。
  - ◇ 厚度：指定玻璃的厚度。
- ❖ 窗格：用于设置窗格的宽度与窗格数量。
  - ◇ 宽度：设置窗框中窗格的宽度（深度）。
  - ◇ 窗格数：设置窗中的窗框数。
- ❖ 开窗：设置窗户的打开程度。
  - ◇ 打开：指定窗打开的百分比。

图4-176

4.6 mental ray代理对象

mental ray代理对象主要运用在大型场景中。当一个场景中包含多个相同的对象时就可以使用mental ray代理物体，比如在图4-177中有许多植物，这些植物在3ds Max中使用实体进行渲染将会占用非常多的内存，所以植物部分可以使用mental ray代理物体来进行制作。

图4-177

> **提示：** 代理物体尤其适用在具有大量多边形物体的场景中，这样既可以避免将其转换为mental ray格式，又无需在渲染时显示源对象，同时也可以节约渲染时间和渲染时所占用的内存。但是使用代理物体会降低对象的逼真度，并且不能直接编辑代理物体。

mental ray代理对象的基本原理是创建"源"对象（也就是需要被代理的对象），然后将这个"源"对象转换为mr代理格式。若要使用代理物体时，可以将代理物体替换掉"源"对象，然后删除"源"对象（因为已经没有必要在场景显示"源"对象）。在渲染代理物体时，渲染器会自动加载磁盘中的代理对象，这样就可以节省很多内存。

技术专题4-3 [加载mental ray渲染器]

需要注意的是，mental ray代理对象必须在mental ray渲染器中才能使用，所以使用mental ray代理物体前需要将渲染器设置成mental ray渲染器。在3ds Max 2014中，如果要将渲染器设置为mental ray渲染器，可以按F10键打开"渲染设置"对话框，然后单击"公用"选项卡，展开"指定渲染器"卷展栏，接着单击第1个"选择渲染器"按钮 ，最后在弹出的对话框中选择渲染器为"NVIDIA mental ray"，如图4-178所示。

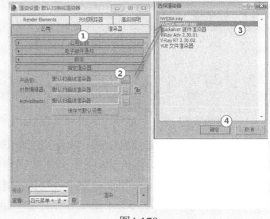

图4-178

随意创建一个几何体，然后设置几何体类型为mental ray，接着单击"mr代理"按钮 ，这样可以打开代理物体的参数设置面板，如图4-179所示。

参数详解

1. 源对象

❖ None（无） ：若在场景中选择了"源"对象，这里将显示"源"对象的名称；若没有选择"源"对象，这里将显示为None（无）。

❖ 清除源对象 ：单击该按钮可以将"源"对象的名称恢复为None（无），但不会影响代理对象。

❖ 将对象写入文件 ：将对象保存为MIB格式的文件，随后可以使用"代理文件"将MIB格式的文件加载到其他的mental ray代理对象中。

提示：MIB格式的文件仅包含几何体，不包含材质，但是可以对每个示例或mental ray代理对象的副本应用不同的材质。

图4-179

2. 代理文件

❖ 浏览■：单击该按钮可以选择要加载为被代理对象的MIB文件。

❖ 比例：调整代理对象的大小，当然也可以使用"选择并均匀缩放"工具■来调整代理对象的大小。

3. 显示

❖ 视口顶点：以代理对象的点云形式来显示顶点数。

❖ 渲染的三角形：设置当前渲染的三角形的数量。

❖ 显示点云：勾选该选项后，代理对象在视图中将始终以点云（一组顶点）的形式显示出来。该选项一般与"显示边界框"选项一起使用。

❖ 显示边界框：勾选该选项后，代理对象在视图中将始终以边界框的形式显示出来。该选项只有在开启"显示点云"选项后才可用。

4. 预览窗口

❖ 预览窗口：该窗口用来显示MIB文件在当前帧存储的缩略图。

提示：若没有选择对象，该窗口将不会显示对象的缩览图。

---

5. 动画支持

❖ 在帧上：勾选该选项后，如果当前MIB文件为动画序列的一部分，则会播放代理对象中的动画；若关闭该选项，代理对象仍然保持在最后的动画帧状态。

❖ 重新播放速度：用于调整播放动画的速度。例如，如果加载100帧的动画，设置"重新播放速度"为0.5（半速），那么每一帧将播放两次，所以总共就播放了200帧的动画。

❖ 帧偏移：让动画从某一帧开始播放（不是从起始帧开始播放）。

❖ 往复重新播放：开启该选项后，动画播放完后将重新开始播放，并一直循环下去。

【练习4-12】：用mental ray代理物体制作会议室座椅

本练习的会议室座椅代理物体效果如图4-180所示。

图4-180

Step 01 打开光盘中的"练习文件>第4章>练习4-12-1.max"文件，如图4-181所示。

Step 02 下面创建mental ray代理对象。单击界面左上角的"应用程序"图标■，然后执行"导入>导入"菜单命令，接着在弹出的"选择要导入的文件"对话框中选择光盘中的"练习文件>第4章>练习4-12-003.3DS"文件，最后在弹出的"3DS导入"对话框中设置"是否："为"合并对象到当前场景。"，如图4-182所示，导入后的效果如图4-183所示。

Step 03 使用"选择并移动"工具 ⊹、"选择并旋转"工具 ○ 和"选择并均匀缩放"工具 □ 调整好座椅的位置、角度与大小，完成后的效果如图4-184所示。

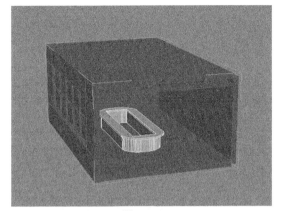

图4-181

图4-182

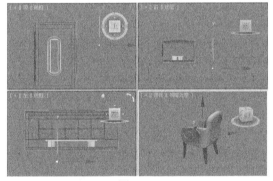

图4-183

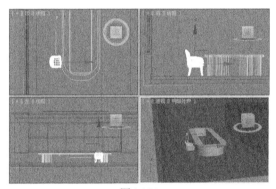

图4-184

Step 04 设置几何体类型为mental ray，然后单击"mr代理"按钮 [mr 代理]，如图4-185所示。

Step 05 在"参数"卷展栏下单击"将对象写入文件"按钮 [将对象写入文件...]，然后在视图中拖曳光标创建一个代理图形，如图4-186所示。

图4-185

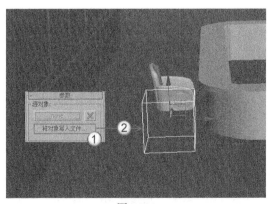

图4-186

提示： 在单击"将对象写入文件"按钮 `将对象写入文件...` 时，3ds Max 可能会弹出"mr代理错误"对话框，单击"确定"按钮 `确定` 即可，如图4-187所示。

图4-187

Step 06 切换到"修改"面板，在"参数"卷展栏下单击None（无）按钮 `None`，然后在视图中单击之前导入进来的椅子模型，如图4-188所示。

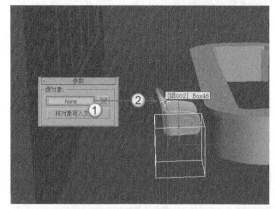

图4-188

Step 07 继续在"参数"卷展栏下单击"将对象写入文件"按钮 `将对象写入文件...`，然后在弹出的"写入mr代理文件"对话框中进行保存（保存完毕后，在"代理文件"选项组下会显示代理物体的保存路径），接着设置"比例"为0.03，最后勾选"显示边界框"选项，具体参数设置如图4-189所示。

图4-189

提示： 代理完毕后，椅子模型便以mr代理对象的形式显示在视图中，并且是以点的形式显示出来，如图4-190所示。

Step 08 使用复制功能将代理物体复制到会议桌的四周，如图4-191所示。

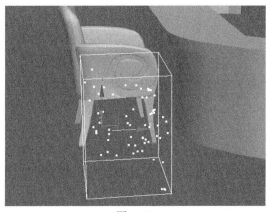
图4-190

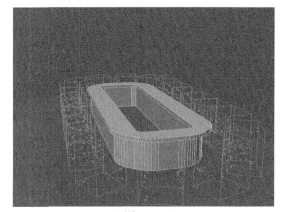
图4-191

Step 09 继续导入光盘中的"练习文件>第4章>练习4-12-004.3DS"文件，如图4-192所示，然后采用相同的方法创建出茶杯代理物体，最终效果如图4-193所示。

图4-192

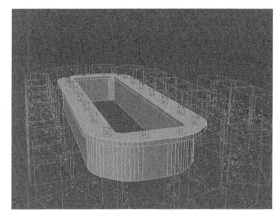
图4-193

提示： 代理物体在视图中是以点的形式显示出来的，只有使用mental ray渲染器渲染出来后才是真实的模型效果。

4.7　AEC扩展

　　"AEC扩展"对象专门用在建筑、工程和构造等领域，使用"AEC扩展"对象可以提高创建场景的效率。"AEC扩展"对象包括"植物"、"栏杆"和"墙"3种类型，如图4-194所示。

图4-194

4.7.1　植物

功能介绍

使用"植物"工具 植物 可以快速地创建出3ds Max预设的植物模型。植物的创建方法很简单，首先将几何体类型切换为"AEC扩展"，然后单击"植物"按钮 植物 ，接着在"收藏的植物"卷展栏下选择树种，最后在视图中拖曳光标就可以创建出相应的树木，如图4-195所示。

植物的参数设置面板如图4-196所示。

图4-195

图4-196

参数详解

- ❖　高度：控制植物的近似高度，这个高度不一定是实际高度，它只是一个近似值。
- ❖　密度：控制植物叶子和花朵的数量。值为1时表示植物具有完整的叶子和花朵；值为5时表示植物具有1/2的叶子和花朵；值为0时表示植物没有叶子和花朵。
- ❖　修剪：只适用于具有树枝的植物，可以用来删除与构造平面平行的不可见平面下的树枝。值为0时表示不进行修剪；值为1时表示尽可能修剪植物上的所有树枝。

提示： 3ds Max从植物上修剪植物取决于植物的种类，如果是树干，则永不进行修剪。

- ❖　新建 新建 ：显示当前植物的随机变体，其旁边是种子的显示数值。
- ❖　显示：该选项组中的参数主要用来控制植物的叶子、果实、花、树干、树枝和根的显示情况。勾选相应选项后，相应的对象就会在视图中显示出来。
- ❖　视口树冠模式：该选项用来设置树冠在视图中的显示模式。
    - ◇　未选择对象时：未选择植物时以树冠模式显示植物。
    - ◇　始终：始终以树冠模式显示植物。
    - ◇　从不：从不以树冠模式显示植物，但是会显示植物的所有特性。

提示： 植物的树冠是覆盖植物最远端（如叶子、树枝和树干的最远端）的一个壳。

- ❖　详细程度等级：该选项组用来设置植物的渲染精度级别。
    - ◇　低：这种级别用来渲染植物的树冠。

◆ 　中：这种级别用来渲染减少了面的植物。

◆ 　高：以最高的细节级别渲染植物的所有面。

> **提示：** 减少面数的方式因植物而异，但通常的做法是删除植物中较小的元素（比如树枝和树干中的面数）。

【练习4-13】：用植物制作垂柳

本练习的池塘垂柳效果如图4-197所示。

图4-197

Step 01 设置几何体类型为"AEC扩展"，然后单击"植物"按钮 ▏ 植物 ▏，接着在"收藏的植物"卷展栏下选择"垂柳"树种，最后在视图中拖曳光标创建一棵垂柳，如图4-198所示。

Step 02 选择上一步创建的垂柳，然后在"参数"卷展栏下设置"高度"为480mm、"密度"为0.8、"修剪"为0.1，接着设置"视口树冠模式"为"从不"，具体参数设置如图4-199所示。

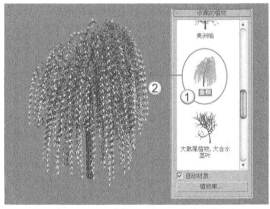

图4-198

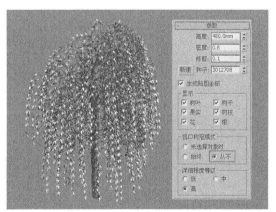

图4-199

> **提示：** 在修改完参数后，如果植物的外形并不是所需要的，可以在"参数"卷展栏下单击"新建"按钮 ▏新建▏ 修改"种子"数值，这样可以随机产生不同的树木形状，如图4-200和图4-201所示。

图4-200　　　　　　　　　　　　　　　　图4-201

Step 03 单击界面左上角的"应用程序"图标 ，然后执行"导入>合并"菜单命令，接着在弹出的"合并文件"对话框中选择光盘中的"练习文件>第4章>练习4-13.max"文件，并在弹出的"合并"对话框中单击"确定"按钮 确定 ，如图4-202所示，最后调整好垂柳的位置，如图4-203所示。

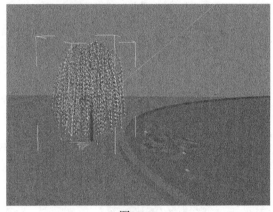

图4-202　　　　　　　　　　　　　　　图4-203

Step 04 使用"选择并移动"工具 选择垂柳模型，然后按住Shift键移动复制4株垂柳到如图4-204所示的位置，接着调整好每株垂柳的位置，最终效果如图4-205所示。

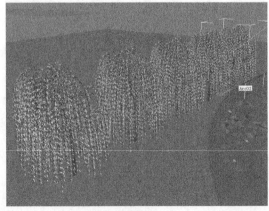

图4-204　　　　　　　　　　　　　　　图4-205

4.7.2 栏杆

功能介绍

"栏杆"对象的组件包括"栏杆"、"立柱"和"栅栏"。3ds Max提供了两种创建栏杆的方法，第1种是创建有拐角的栏杆，第2种是通过拾取路径来创建异形栏杆，如图4-206所示。栏杆的参数包含"栏杆"、"立柱"和"栅栏"3个卷展栏，如图4-207所示。

参数详解

1. **栏杆卷展栏**

❖ 拾取栏杆路径 拾取栏杆路径 ：单击该按钮可以拾取视图中的样条线来作为栏杆路径。

❖ 分段：设置栏杆对象的分段数（只有在使用"拾取栏杆路径"工具 拾取栏杆路径 时才能使用该选项）。

❖ 匹配拐角：在栏杆中放置拐角，以匹配栏杆路径的拐角。

❖ 长度：设置栏杆的长度。

❖ 上围栏：该选项组主要用来调整上围栏的相关参数。

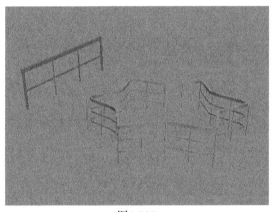

图4-206

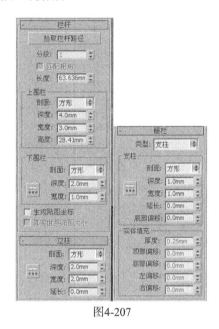

图4-207

◇ 剖面：指定上栏杆的横截面形状。

◇ 深度：设置上栏杆的深度。

◇ 宽度：设置上栏杆的宽度。

◇ 高度：设置上栏杆的高度。

❖ 下围栏：该选项组主要用来调整下围栏的相关参数。

◇ 剖面：指定下栏杆的横截面形状。

◇ 深度：设置下栏杆的深度。

◇ 宽度：设置下栏杆的宽度。

◇ 下围栏间距 ：设置下围栏之间的间距。单击该按钮后会弹出一个对话框，在该对话框中可以设置下栏杆间距的一些参数。

❖ 生成贴图坐标：为栏杆对象分配贴图坐标。

❖ 真实世界贴图大小：控制应用于对象的纹理贴图材质所使用的缩放方法。

2. 立柱卷展栏

❖ 剖面：指定立柱的横截面形状。

❖ 深度：设置立柱的深度。

❖ 宽度：设置立柱的宽度。

❖ 延长：设置立柱在上栏杆底部的延长量。

❖ 立柱间距▦：设置立柱的间距。单击该按钮后会弹出一个对话框，在该对话框中可设置立柱间距的一些参数。

提示： 如果将"剖面"设置为"无"，则"立柱"卷展栏中的其他参数将不可用。

---

3. 栅栏卷展栏

❖ 类型：指定立柱之间的栅栏类型，有"无"、"支柱"和"实体填充"3个选项。

❖ 支柱：该选项组中的参数只有当栅栏类型设置为"支柱"时才可用。

　◇ 剖面：设置支柱的横截面形状，有方形和圆形两个选项。

　◇ 深度：设置支柱的深度。

　◇ 宽度：设置支柱的宽度。

　◇ 延长：设置支柱在上栏杆底部的延长量。

　◇ 底部偏移：设置支柱与栏杆底部的偏移量。

　◇ 支柱间距▦：设置支柱的间距。单击该按钮后会弹出一个对话框，在该对话框中可设置支柱间距的一些参数。

❖ 实体填充：该选项组中的参数只有当栅栏类型设置为"实体填充"时才可用。

　◇ 厚度：设置实体填充的厚度。

　◇ 顶部偏移：设置实体填充与上栏杆底部的偏移量。

　◇ 底部偏移：设置实体填充与栏杆底部的偏移量。

　◇ 左偏移：设置实体填充与相邻左侧立柱之间的偏移量。

　◇ 右偏移：设置实体填充与相邻右侧立柱之间的偏移量。

4.7.3　墙

功能介绍

墙对象由3个子对象构成，这些对象类型可以在"修改"面板中进行修改。编辑墙的方法和样条线比较类似，可以分别对墙本身，以及其顶点、分段和轮廓进行调整。

创建墙模型的方法比较简单，首先将几何体类型设置为"AEC扩展"，然后单击"墙"按钮 ▭ 墙 ，接着在视图中拖曳光标就可以创建出墙体，如图4-208所示。

单击"墙"按钮 ▭ 墙 后，会弹出墙的两个创建参数卷展栏，分别是"键盘输入"卷展栏和"参数"卷展栏，如图4-209所示。

参数详解

1. 键盘输入卷展栏

❖ X/Y/Z：设置墙分段在活动构造平面中的起点的$x/y/z$轴坐标值。

❖ 添加点 ▭添加点▭：根据输入的$x/y/z$轴坐标值来添加点。

❖ 关闭 ▭关闭▭：单击该按钮可以结束墙对象的创建，并在最后1个分段端点与第1个分段起点之间创建出分段，以形成闭合的墙体。

❖ 完成 <u>完成</u>：单击该按钮可以结束墙对象的创建，使
端点处于断开状态。

❖ 拾取样条线 <u>拾取样条线</u>：单击该按钮可以拾取场景中的样
条线，并将其作为墙对象的路径。

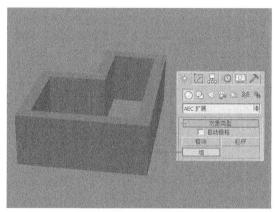

图4-208

图4-209

2. 参数卷展栏

❖ 宽度：设置墙的厚度，其范围为0.01~100mm，默认设置为5mm。

❖ 高度：设置墙的高度，其范围为0.01~100mm，默认设置为96mm。

❖ 对齐：指定门的对齐方式，共有以下3种。

◇ 左：根据墙基线（墙的前边与后边之间的线，即墙的厚度）的左侧边进行对齐。如果启用
"栅格捕捉"功能，则墙基线的左侧边将捕捉到栅格线。

◇ 居中：根据墙基线的中心进行对齐。如果启用"栅格捕捉"功能，则墙基线的中心将捕捉到
栅格线。

◇ 右：根据墙基线的右侧边进行对齐。如果启用"栅格捕捉"功能，则墙基线的右侧边将捕捉
到栅格线。

❖ 生成贴图坐标：为墙对象应用贴图坐标。

❖ 真实世界贴图大小：控制应用于对象的纹理贴图材质所使用的缩放方法。

4.8 楼梯

楼梯在室内外场景中是很常见的一种物体，按梯段组合形式来分，可分为直梯、折梯、旋转
梯、弧形梯、U形梯和直圆梯6种。3ds Max 2014提供了4种内置的参数化楼梯模型，分别是"直线
楼梯"、"L型楼梯"、"U型楼梯"和"螺旋楼梯"，如图4-210所示。这4种楼梯的参数比较简
单，并且每种楼梯都包括"开放式"、"封闭式"和"落地式"3种类型，完全可以满足室内外的
模型需求。

以上4种楼梯都包括"参数"卷展栏、"支撑梁"卷展栏、"栏杆"卷展栏和"侧弦"卷展
栏，而"螺旋楼梯"还包括"中柱"卷展栏，如图4-211所示。

图4-210

图4-211

4.8.1 L型楼梯

功能介绍

这4种楼梯中，"L型楼梯"是最常见的一种，使用该功能可以创建转弯处带有彼此成直角的两段楼梯，其参数如图4-212所示。

参数详解

1. 参数

❖ 类型：该选项组中的参数主要用来设置楼梯的类型。

    ◇ 开放式：创建一个开放式的梯级竖板楼梯。

    ◇ 封闭式：创建一个封闭式的梯级竖板楼梯。

    ◇ 落地式：创建一个带有封闭式的梯级竖板和两侧具有
封闭式侧弦的楼梯。

❖ 生成几何体：该选项组中的参数主要用来设置需要生
成的楼梯零部件。

    ◇ 侧弦：沿楼梯梯级的端点创建侧弦。

    ◇ 支撑梁：在梯级下创建一个倾斜的切口梁，该梁支撑
着台阶。

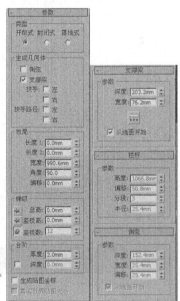

图4-212

    ◇ 扶手：创建左扶手和右扶手。

    ◇ 扶手路径：创建左扶手路径和右扶手路径。

❖ 布局：该选项组中的参数主要用来设置楼梯的布局效果。

    ◇ 长度1：设置第1段楼梯的长度。

    ◇ 长度2：设置第2段楼梯的长度。

    ◇ 宽度：设置楼梯的宽度，包括台阶和平台。

　　　　◇　角度：设置平台与第2段楼梯之间的角度，范围从-90°~90°。
　　　　◇　偏移：设置平台与第2段楼梯之间的距离。
　　❖　梯级：该选项组中的参数主要用来调整楼梯的梯级形状。
　　　　◇　总高：设置楼梯级的高度。
　　　　◇　竖板高：设置梯级竖板的高度。
　　　　◇　竖板数：设置梯级竖板的数量（梯级竖板总是比台阶多一个，隐式梯级竖板位于上板和楼梯顶部的台阶之间）。

提示：当调整这3个选项中的其中两个选项时，必须锁定剩下的一个选项，要锁定该选项，可以单击选项前面的█按钮。

　　❖　台阶：该选项组中的参数主要用来调整台阶的形状。
　　　　◇　厚度：设置台阶的厚度。
　　　　◇　深度：设置台阶的深度。
　　❖　生成贴图坐标：为楼梯对象应用贴图坐标。
　　❖　真实世界贴图大小：控制应用于对象的纹理贴图材质所使用的缩放方法。

2. 支撑梁

　　❖　深度：设置支撑梁离地面的深度。
　　❖　宽度：设置支撑梁的宽度。
　　❖　支撑梁间距█：设置支撑梁的间距。单击该按钮会弹出"支撑梁间距"对话框，在该对话框中可设置支撑梁的一些参数。
　　❖　从地面开始：控制支撑梁是从地面开始，还是与第1个梯级竖板的开始平齐，或是否将支撑梁延伸到地面以下。

提示：只有在"生成几何体"选项组中开启"支撑梁"选项，该卷展栏下的参数才可用。

3. 栏杆

　　❖　高度：设置栏杆离台阶的高度。
　　❖　偏移：设置栏杆离台阶端点的偏移量。
　　❖　分段：设置栏杆中的分段数目。值越高，栏杆越平滑。
　　❖　半径：设置栏杆的厚度。

提示：只有在"生成几何体"选项组中开启"扶手"选项时，该卷展栏下的参数才可用。

4. 侧弦

　　❖　深度：设置侧弦离地板的深度。
　　❖　宽度：设置侧弦的宽度。
　　❖　偏移：设置地板与侧弦的垂直距离。
　　❖　从地面开始：控制侧弦是从地面开始，还是与第1个梯级竖板的开始平齐，或是否将侧弦延伸到地面以下。

提示：只有在"生成几何体"选项组中开启"侧弦"选项时，该卷展栏中的参数才可用。

4.8.2 螺旋楼梯

功能介绍

该工具可以创建螺旋型的楼梯模型，如图
4-213所示。

图4-213

参数详解

相同参数请参考上一小节的内容，下面只介绍"螺旋楼梯"特有的参数，如图4-214所示。

1. 生成几何体

❖ 中柱：在螺旋楼梯的中心位置创建一根圆柱。

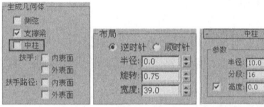

图4-214

2. 布局

❖ 逆时针：设置螺旋楼梯按逆时针方向旋转。
❖ 顺时针：设置螺旋楼梯按顺时针方向旋转。
❖ 半径：设置螺旋楼梯的半径。
❖ 旋转：设置螺旋楼梯的旋转圈数。
❖ 宽度：设置楼梯宽度。

3. 中柱

只有在"生成几何体"参数栏中勾选了"中柱"，该参数栏中的参数才能被激活。

❖ 半径：设置中心圆柱体的半径。
❖ 分段：设置中心圆柱体在圆周方向的分段数，值越大圆柱越光滑。
❖ 高度：设置中柱的高度。

【练习4-14】：创建螺旋楼梯

本练习的螺旋楼梯效果
如图4-215所示。

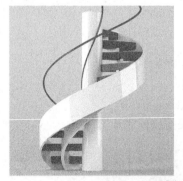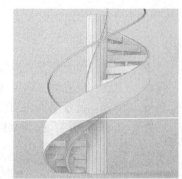

图4-215

Step 01 设置几何体类型为"楼梯",然后使用"螺旋楼梯"工具 螺旋楼梯 在场景中拖曳光标,随意创建一个螺旋楼梯,如图4-216所示。

Step 02 切换到"修改"面板,展开"参数"卷展栏,然后在"生成几何体"卷展栏下勾选"侧弦"和"中柱"选项,接着勾选"扶手"的"内表面"和"外表面"选项;在"布局"选项组下设置"半径"为1200mm、"旋转"为1、"宽度"为1000mm;在"梯级"选项组下设置"总高"为3600mm、"竖板高"为300mm;在"台阶"选项组下设置"厚度"为160mm,具体参数设置如图4-217所示,楼梯效果如图4-218所示。

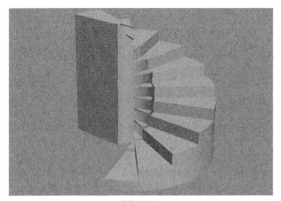

图4-216

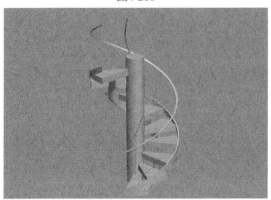

图4-218

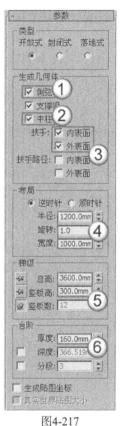

图4-217

Step 03 展开"支撑梁"卷展栏,然后在"参数"选项组下设置"深度"为200mm、"宽度"为700mm,具体参数设置及模型效果如图4-219所示。

Step 04 展开"栏杆"卷展栏,然后在"参数"选项组下设置"高度"为100mm、"偏移"为50mm、"半径"为25mm,具体参数设置及模型效果如图4-220所示。

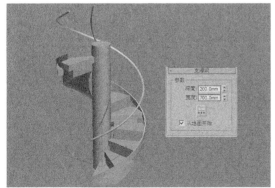

图4-219

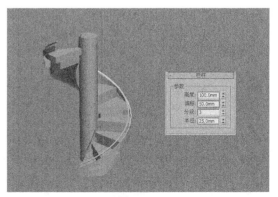

图4-220

173

Step 05 展开"侧弦"卷展栏，然后在"参数"选项组下设置"深度"为600mm、"宽度"为50mm、"偏移"为25mm，具体参数设置及模型效果如图4-221所示。

Step 06 展开"中柱"卷展栏，然后在"参数"选项组下设置"半径"为250mm，具体参数设置及最终效果如图4-222所示。

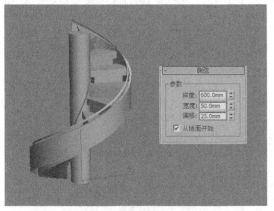
图4-221

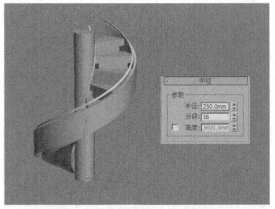
图4-222

4.8.3　直线楼梯

功能介绍

　　该工具可以创建没有休息平台的直线楼梯模型，如图4-223所示。该工具的参数和"L型楼梯"的参数基本一致，这里就不再重复讲解了。

图4-223

4.8.4　U型楼梯

功能介绍

　　该工具可以创建一个有休息平台的U型楼梯模型，如图4-224所示。该工具的参数和"L型楼梯"的参数基本一致，这里就不再重复讲解了。

图4-224

提示：在"U型楼梯"的布局参数栏中，"左/右"参数主要用来控制上下两部分楼梯的相互位置。选择"左"，则楼梯的上半部分位于休息平台的左侧；选择"右"，则在右侧。

4.9　复合对象

使用3ds Max内置的模型就可以创建出很多优秀的模型，但是在很多时候还会使用复合对象，因为使用复合对象来创建模型可以大大节省建模时间。

复合对象建模工具包括12种，分别是"变形"工具 变形 、"散布"工具 散布 、"一致"工具 一致 、"连接"工具 连接 、"水滴网格"工具 水滴网格 、"图形合并"工具 图形合并 、"布尔"工具 布尔 、"地形"工具 地形 、"放样"工具 放样 、"网格化"工具 网格化 、ProBoolean工具 ProBoolean 和ProCutter工具 ProCutter ，如图4-225所示。

图4-225

虽然复合对象的建模工具比较多，但是绝大部分的使用频率都很低，所以这里就不一一介绍，本节重点介绍"散布"工具 散布 、"图形合并"工具 图形合并 、"布尔"工具 布尔 、"放样"工具 放样 和ProBoolean工具 ProBoolean 的用法。

4.9.1　散布

功能介绍

"散布"是复合对象的一种形式，将所选源对象散布为阵列，或散布到分布对象的表面，如图4-226所示。这是一个非常有用的造型工具，通过它可以制作头发、胡须、草地、长满羽毛的鸟或者全身是刺的刺猬，这些都是一般造型工具难以做到的。

> 提示：注意，源对象必须是网格对象或是可以转换为网格对象的对象。如果当前所选的对象无效，则"散布"工具不可用。

图4-226

参数详解

"散布"的功能参数比较多，下面进行详细讲解。

1. "拾取分布对象"卷展栏

"拾取分布对象"卷展栏如图4-227所示。

图4-227

❖ 对象<无>：显示使用"拾取分布对象"工具 拾取分布对象 选择的分布对象的名称。

❖ 拾取分布对象 拾取分布对象 ：单击该按钮，然后在场景中单击一个对象，可以将其指定为分布对象。

❖ 参考/复制/移动/实例：用于指定将分布对象转换为散布对象的方式。它可以作为参考、副本（复制）、实例或移动的对象（如果不保留原始图形）进行转换。

2. "散布对象"卷展栏

"散布对象"卷展栏如图4-228所示。

❖ 使用分布对象：使用分布对象的表面来附着被散布的对象。

❖ 仅使用变换：在参数面板的下方有一个"变换"卷展栏，专门用于对散布对象进行变动设置。如果选择该选项，则将不使用分布对象，只通过"变换"卷展栏的参数设置来影响散布对象的分布。

图4-228

❖ 源名：显示散布源对象的名称，可以进行修改。

❖ 分布名：显示分布对象的名称，可以进行修改。

❖ 重复数：设置散布对象分配在分布对象表面的复制数目，这个值可以设置得很大。

❖ 基础比例：设置散布对象尺寸的缩放比例。

❖ 顶点混乱度：设置散布对象自身顶点的混乱程度。当值为0时，散布对象不发生形态改变，值增大时，会随机移动各顶点的位置，从而使造型变得扭曲、不规则。

❖ 动画偏移：如果散布对象本身带有动画设置，这个参数可以设置每个散布对象开始自身运动所间隔的帧数。例如，模拟风吹过草地时，草丛逐一开始摇动的效果。

❖ 垂直：选择该选项，每一个复制的散布对象都与它所在的点、面或边界垂直，否则它们都保持与源对象相同的方向。

❖ 仅使用选定面：使用选择的表面来分配散布对象。

❖ 区域：在分布对象表面所有允许区域内均匀分布散布对象。

❖ 偶校验：在允许区域内分配散布对象，使用偶校验方式进行过滤。

❖ 跳过N个：在放置重复项时，跳过 n 个面。后面的参数指定了在放置下一个重复项之前要跳过的面数。如果设置为 0，则不跳过任何面。如果设置为 1，则跳过相邻的面，以此类推。

❖ 随机面：散布对象以随机方式分布到分布对象的表面。

❖ 沿边：散布对象以随机方式分布到分布对象的边缘上。

❖ 所有顶点：把散布对象分配到分布对象的所有顶点上。

❖ 所有边的中点：把散布对象分配到分布对象的每条边的中心点上。

❖ 所有面的中心：把散布对象分配到分布对象的每个三角面的中心处。

❖ 体积：把散布对象分配在分布对象体积范围中。

❖ 结果：在视图中直接显示散布的对象。

❖ 操作对象：分别显示散布对象和分布对象散布之前的样子。

3. "变换"卷展栏

"变换"卷展栏如图4-229所示。

图4-229

变换控制包含4种类型，下面来进行详细介绍。

❖ 旋转：在3个轴向上旋转散布对象。

❖ 局部平移：沿散布对象的自身坐标进行位置改变。

❖ 在面上平移：沿所依附面的重心坐标进行位置改变。

❖ 比例：在3个轴向上缩放散布对象。

在这4种类型里面分别还有两个选项，即"使用最大范围"和"锁定纵横比"。

❖ 使用最大范围：当勾选该选项时，只可以调节绝对值最大的一个参数，其他两个参数将被锁定。

❖ 锁定纵横比：可以保证散布对象只改变大小而不改变形态。

4. "显示"卷展栏

"显示"卷展栏如图4-230所示。

❖ 代理：将散布对象以简单的方块替身方式显示，当散布对象过多时，采用这个方法可以提高显示速度。

❖ 网格：将散布对象以标准网格对象方式显示。

❖ 显示：控制占多少百分比的散布对象显示在视图中。

❖ 隐藏分布对象：将分布对象隐藏，只显示散布对象。

❖ 新建：产生一个新的随机种子数。

❖ 种子：产生不同的散布分配效果，可以在相同设置下产生不同效果的散布结果，以避免雷同。

图4-230

5. "加载/保存预设"卷展栏

"加载/保存预设"卷展栏如图4-231所示。

❖ 预设名：输入名称，为当前的参数设置名称。

❖ 保存预设：列出以前所保存的参数设置，在退出3ds Max后仍旧有效。

❖ 加载：载入在列表中选择的参数设置，并且将它用于当前的分布对象。

❖ 保存：将当前设置以"预设名"中的命名进行保存，它将出现在参数列表框中。

❖ 删除：删除在参数列表框中选择的参数设置。

图4-231

【练习4-15】：用散布制作遍山野花

本练习的遍山野花效果如图4-232所示。

图4-232

Step 01 设置几何体类型为"标准基本体"，然后使用"平面"工具 [平面] 在场景中创建一个平面，接着在"参数"卷展栏下设置"长度"为2600mm、"宽度"为2300mm、"长度分段"和"宽度分段"为9，具体参数设置及模型效果如图4-233所示。

Step 02 选择平面，然后进入"修改"面板，接着在"修改器列表"中选择FFD 4×4×4修改器，如图4-234所示。

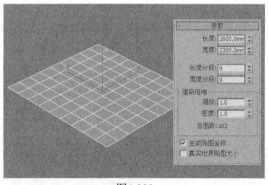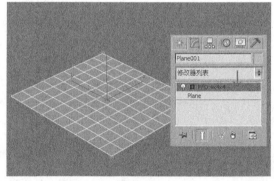

图4-233   图4-234

提示： FFD 4×4×4修改器是一种非常重要的修改器，它可以利用控制点来改变几何体的形状。关于该修改器的使用方法将在后面介绍。

Step 03 在FFD 4×4×4修改器左侧单击 ⊞ 图标，展开次物体层级列表，然后选择"控制点"次物体层级，如图4-235所示。

Step 04 切换到顶视图，然后用"选择并移动"工具框选如图4-236所示的两个控制点，接着在透视图中将选择的控制点沿z轴向上拖曳一段距离，如图4-237所示。

图4-235

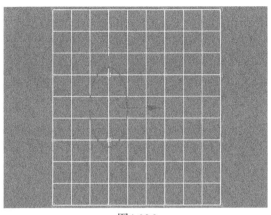

图4-236

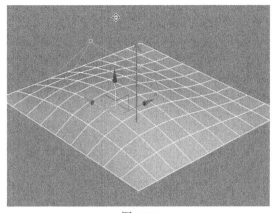

图4-237

Step 05 将光盘中的"练习文件>第4章>练习4-15.max"文件拖曳到场景中，然后在弹出的菜单中选择"合并文件"命令，如图4-238所示，合并后的效果如图4-239所示。

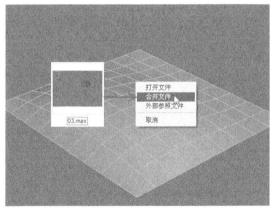

图4-238

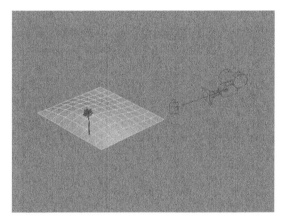

图4-239

Step 06 选择植物模型，设置几何体类型为"复合对象"，然后单击"散布"按钮 散布 ，在"拾取分布对象"卷展栏下单击"拾取分布对象"按钮 拾取分布对象 ，接着在场景中拾取平面，此时在平面上会出现相应的植物，在"散布对象"卷展栏下设置"重复数"为21、"跳过N个"为3，具体参数设置如图4-240所示，最终效果如图4-241所示。

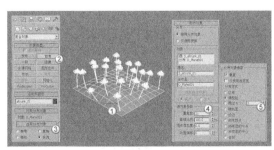

图4-240

图4-241

> **提示**：从图4-240和图4-241中可以观察到地面的颜色都变成灰色了，这是由于3ds Max的自动调节功能，以节省内存资源。由于本例对计算机的配置要求相当高，如果用户的计算机配置较低，那么在制作本例时很可能无法正常使用"散布"功能（遇到这种情况只有升级计算机配置，除此之外没有其他办法）。

4.9.2 图形合并

功能介绍

使用"图形合并"工具 图形合并 可以将一个或多个图形嵌入到其他对象的网格中或从网格中移除，其参数设置面板如图4-242所示。

参数详解

1. **"拾取操作对象"卷展栏**

❖ 拾取图形 拾取图形 ：单击该按钮，然后单击要嵌入网格对象中的图形，图形可以沿图形局部的z轴负方向投射到网格对象上。

❖ 参考/复制/移动/实例：指定如何将图形传输到复合对象中。

2. **"参数"卷展栏**

❖ 操作对象：在复合对象中列出所有操作对象。

❖ 删除图形 删除图形 ：从复合对象中删除选中的图形。

❖ 提取操作对象 提取操作对象 ：提取选中操作对象的副本或实例。在"操作对象"列表中选择操作对象时，该按钮才可用。

❖ 实例/复制：指定如何提取操作对象。

❖ 操作：该选项组中的参数决定如何将图形应用于网格中。

　◇ 饼切：切去网格对象曲面外部的图形。

　◇ 合并：将图形与网格对象曲面合并。

　◇ 反转：反转"饼切"或"合并"效果。

❖ 输出子网格选择：该组选项中的参数提供了指定将哪个选择级别传送到"堆栈"中。

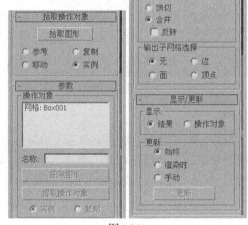

图4-242

3. **"显示/更新"卷展栏**

❖ 显示：确定是否显示图形操作对象。

　◇ 结果：显示操作结果。

　◇ 操作对象：显示操作对象。

❖ 更新：该选项组中的参数用来指定何时更新显示结果。

　◇ 始终：始终更新显示。

　◇ 渲染时：仅在场景渲染时更新显示。

　◇ 手动：仅在单击"更新"按钮后更新显示。

　◇ 更新 更新 ：当选中除"始终"选项之外的任一选项时，该按钮才可用。

【练习4-16】：用图形合并制作创意钟表

　　本练习的创意钟表效果
如图4-243所示。

图4-243

Step 01 打开光盘中的"练习文件>第4章>练习4-16.max"文件，这是一个蝴蝶图形，如图4-244所示。

Step 02 在"创建"面板中单击"圆柱体"按钮 圆柱体 ，然后在前视图创建一个圆柱体，接着在"参数"卷展栏下设置"半径"为100mm、"高度"为100mm、"高度分段"为1、"边数"为30，具体参数设置及模型效果如图4-245所示。

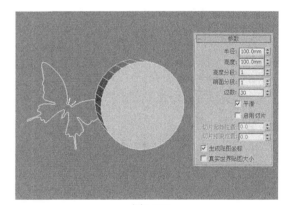

图4-244　　　　　　　　　　　　图4-245

Step 03 使用"选择并移动"工具 在各个视图中调整好蝴蝶图形的位置，如图4-246所示。

Step 04 选择圆柱体，设置几何体类型为"复合对象"，然后单击"图形合并"按钮 图形合并 ，接着在"拾取操作对象"卷展栏下单击"拾取图形"按钮 拾取图形 ，最后在视图中拾取蝴蝶图形，此时在圆柱体的相应位置上会出现蝴蝶的部分映射图形，如图4-247所示。

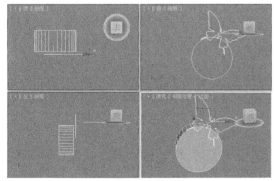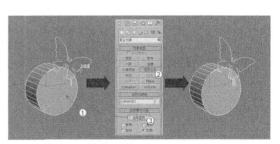

图4-246　　　　　　　　　　　　图4-247

Step 05 选择圆柱体，然后单击鼠标右键，接着在弹出的菜单中选择"转换为>转换为可编辑多边形"命令，如图4-248所示。

Step 06 进入"修改"面板，在"选择"卷展栏下单击"多边形"按钮▣，进入"多边形"级别，然后选择如图4-249所示的多边形，接着按Ctrl+I组合键反选多边形，最后按Delete键删除选择的多边形，操作完成后再次单击"多边形"按钮▣，退出"多边形"级别，效果如图4-250所示。

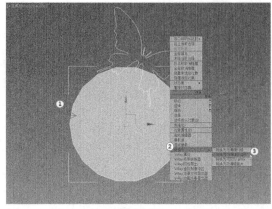

图4-248

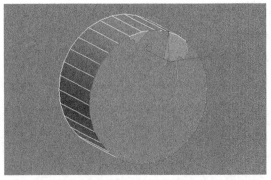

图4-249

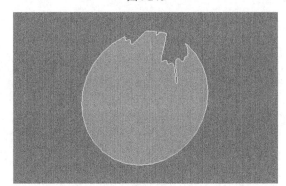

图4-250

提示：为了方便操作，可以在选择多边形之前按Alt+Q组合键或点击"孤立当前选择切换"按钮❓进入"孤立选择"模式，这样可以单独对圆柱体进行操作，如图4-251所示。

Step 07 选择蝴蝶图形，然后单击鼠标右键，接着在弹出的菜单中选择"转换为>转换为可编辑多边形"命令，最后使用"选择并移动"工具✛将蝴蝶拖曳到如图4-252所示的位置。

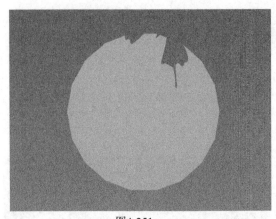

图4-251

图4-252

Step 08 使用"选择并移动"工具✛选择蝴蝶，然后按住Shift键移动复制两只蝴蝶，接着用"选择并均匀缩放"工具▣调整好其大小，如图4-253所示。

Step 09 使用"圆柱体"工具 圆柱体 在场景中创建两个圆柱体，具体参数设置如图4-254所示。

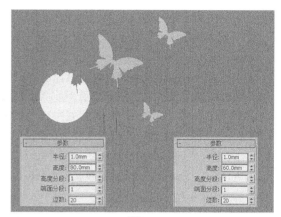

图4-253　　　　　　　　　　　　　　　　图4-254

Step⑩ 使用"球体"工具 ▊▊球体▊▊ 在场景中创建一个圆柱体，然后在"参数"卷展栏下设置"半径"为3mm，具体参数设置及模型位置如图4-255所示。

Step⑪ 使用"选择并移动"工具 ⊹将两个圆柱体摆放到表盘上，然后用"选择并旋转"工具 ⊙调整好其角度，最终效果如图4-256所示。

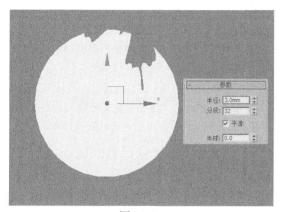

图4-255　　　　　　　　　　　　　　　　图4-256

4.9.3　布尔

功能介绍

"布尔"运算是通过对两个或两个以上的对象进行并集、差集、交集运算，从而得到新的物体形态。"布尔"运算的参数设置面板如图4-257所示。

参数详解

❖ 拾取操作对象B 拾取操作对象 B：单击该按钮可以在场景中选择另一个操作物体来完成"布尔"运算。以下4个选项用来控制操作对象B的方式，必须在拾取操作对象B之前确定采用哪种方式。

❖ 参考：将原始对象的参考复制品作为操作对象B，若以后改变原始对象，同时也会改变布尔物体中的操作对象B，但是改变操作对象B时，不会改变原始对象。

❖ 复制：复制一个原始对象作为操作对象B，而不改变原始对象（当原始对象还要用在其他地方时采用这种方式）。

❖ 移动：将原始对象直接作为操作对象B，而原始对象本身不再存在（当原始对象无其他用途时采用这种方式）。

❖ 实例：将原始对象的关联复制品作为操作对象B，若以后对两者的任意一个对象进行修改时都会影响另一个。

❖ 操作对象：主要用来显示当前操作对象的名称。

❖ 操作：指定采用何种方式来进行"布尔"运算。

◇ 并集：将两个对象合并，相交的部分将被删除，运算完成后两个物体将合并为一个物体。

◇ 交集：将两个对象相交的部分保留下来，删除不相交的部分。

◇ 差集（A-B）：在A物体中减去与B物体重合的部分。

◇ 差集（B-A）：在B物体中减去与A物体重合的部分。

◇ 切割：用B物体切除A物体，但不在A物体上添加B物体的任何部分，共有"优化"、"分割"、"移除内部"和"移除外部"4个选项可供选择。"优化"是在A物体上沿着B物体与A物体相交的面来增加顶点和边数，以细化A物体的表面；"分割"是在B物体切割A物体部分的边缘，并且增

图4-257

加了一排顶点，利用这种方法可以根据其他物体的外形将一个物体分成两部分；"移除内部"是删除A物体在B物体内部的所有片段面；"移除外部"是删除A物体在B物体外部的所有片段面。

提示：物体在进行"布尔"运算后随时都可以对两个运算对象进行修改，"布尔"运算的方式和效果也可以进行编辑修改，并且"布尔"运算的修改过程可以记录为动画，表现出神奇的切割效果。

【练习4-17】：用布尔运算制作骰子

本练习的骰子效果如图4-258所示。

图4-258

Step 01 使用"切角长方体"工具 切角长方体 在场景中创建一个切角长方体，然后在"参数"卷展栏下设置"长度"为80mm、"宽度"为80mm、"高度"为80mm、"圆角"为5mm、"圆角分段"为5，具体参数设置及模型效果如图4-259所示。

Step 02 使用"球体"工具 球体 在场景中创建一个球体，然后在"参数"卷展栏下设置"半径"为8.2mm，模型位置如图4-260所示。

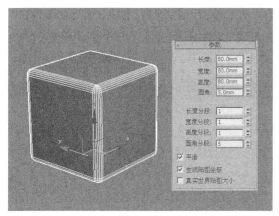

图4-259　　　　　　　　　　　　图4-260

Step 03 按照每个面的点数复制一些球体，并将其分别摆放在切角长方体的6个面上，如图4-261所示。

提示： 骰子的点数由1~6个内陷的半球组成，为了在切角长方体中"挖"出这些点数，下面就要使用"布尔"工具 布尔 来制作。

Step 04 下面需要将这些球体塌陷为一个整体。选择所有的球体，在"命令"面板中单击"实用程序"按钮 ，然后单击"塌陷"按钮 塌陷 ，接着在"塌陷"卷展栏下单击"塌陷选定对象"按钮 塌陷选定对象 ，这样就将所有球体塌陷成了一个整体，如图4-262所示。

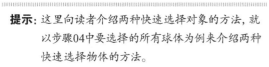

图4-261

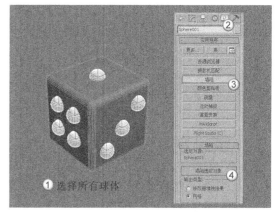

图4-262

提示： 这里向读者介绍两种快速选择对象的方法，就以步骤04中要选择的所有球体为例来介绍两种快速选择物体的方法。

第1种：可以先选择切角长方体，然后按Ctrl+I组合键反选物体，这样就可以选择全部的球体。

第2种：选择切角长方体，然后单击鼠标右键，接着在弹出的菜单中选择"冻结当前选择"命令，将其冻结出来，如图4-263所示，然后在视图中拖曳光标即可框选所有的球体。冻结对象以后，如果要解冻，可以在右键菜单中选择"全部解冻"命令。

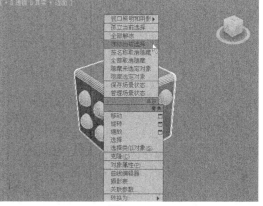

图4-263

Step 05 选择切角长方体，然后设置几何体类型为"复合对象"，单击"布尔"按钮 布尔 ，接着在"拾取布尔"卷展栏下设置"操作"为"差集（A-B）"，再单击"拾取操作对象B"按钮 拾取操作对象B ，最后在视图中拾取球体，如图4-264所示，最终效果如图4-265所示。

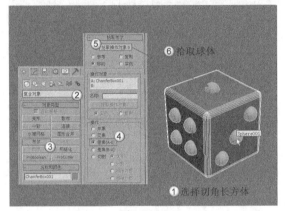

图4-264

图4-265

4.9.4 放样

功能介绍

"放样"是将一个二维图形作为沿某个路径的剖面，从而生成复杂的三维对象。"放样"是一种特殊的建模方法，能快速地创建出多种模型，其参数设置面板如图4-266所示。

图4-266

参数详解

❖ 获取路径 获取路径 ：将路径指定给选定图形或更改当前指定的路径。

❖ 获取图形 获取图形 ：将图形指定给选定路径或更改当前指定的图形。

❖ 移动/复制/实例：用于指定路径或图形转换为放样对象的方式。

❖ 缩放 缩放 ：使用"缩放"变形可以从单个图形中放样对象，该图形在其沿着路径移动时只改变其缩放。

❖ 扭曲 扭曲 ：使用"扭曲"变形可以沿着对象的长度创建盘旋或扭曲的对象，扭曲将沿着路径指定旋转量。

❖ 倾斜 倾斜 ：使用"倾斜"变形可以围绕局部x轴和y轴旋转图形。

❖ 倒角 倒角 ：使用"倒角"变形可以制作出具有倒角效果的对象。

❖ 拟合 拟合 ：使用"拟合"变形可以使用两条拟合曲线来定义对象的顶部和侧剖面。

【练习4-18】：用放样制作旋转花瓶

本练习的旋转花瓶效果如图4-267所示。

Step 01 在"创建"面板中单击"图形"按钮 ，然后设置图形类型为"样条线"，接着单击"星形"按钮 星形 ，如图4-268所示。

图4-267

图4-268

Step 02 在视图中绘制一个星形，然后在"参数"卷展栏下设置"半径1"为50mm、"半径2"为34mm、"点"为6、"圆角半径1"为7mm、"圆角半径2"为8mm，具体参数设置及图形效果如图4-269所示。

Step 03 在"图形"面板中单击"线"按钮 线 ，然后在前视图中按住Shift键绘制一条样条线作为放样路径，如图4-270所示。

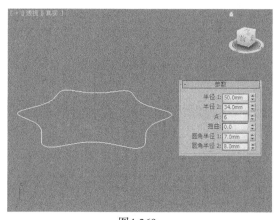

图4-269

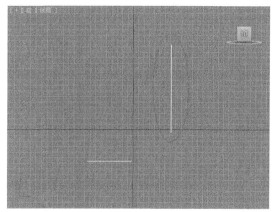

图4-270

Step 04 选择星形，设置几何体类型为"复合对象"，然后单击"放样"按钮 放样 ，接着在"创建方法"卷展栏下单击"获取路径"按钮 获取路径 ，最后在视图中拾取之前绘制的样条线路径，如图4-271所示，放样效果如图4-272所示。

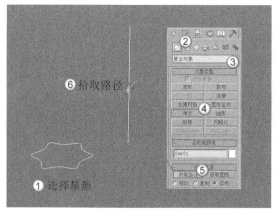

图4-271

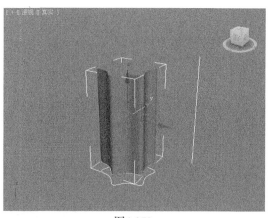

图4-272

Step 05 进入"修改"面板,然后在"变形"卷展栏下单击"缩放"按钮 <u>缩放</u>,打开"缩放变形"对话框,接着将缩放曲线调节成如图4-273所示的形状,模型效果如图4-274所示。

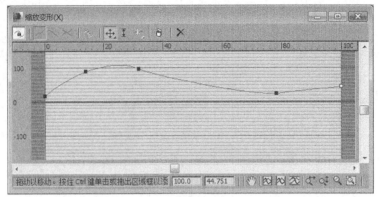

图4-273

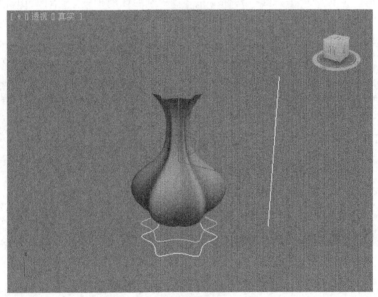

图4-274

 技术专题4-4 [调节曲线的形状]

在"缩放变形"对话框中的工具栏上有一个"移动控制点"工具 ⊕ 和一个"插入角点"工具 ⊥,用这两个工具就可以调节出曲线的形状。但要注意,在调节角点前,需要在角点上单击鼠标右键,然后在弹出的菜单中选择"Bezier-平滑"命令,这样调节出来的曲线才是平滑的,如图4-275所示。

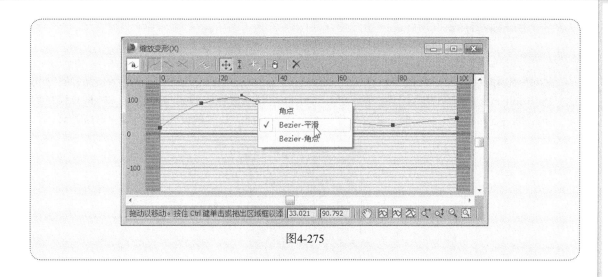

图4-275

Step 06 在"变形"卷展栏下单击"扭曲"按钮 扭曲 ，然后在弹出的"扭曲变形"对话框中将曲线调节成如图4-276所示的形状，最终效果如图4-277所示。

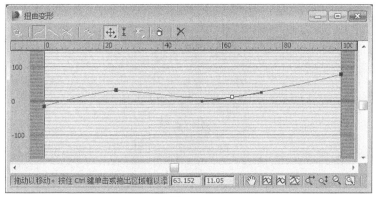

图4-276

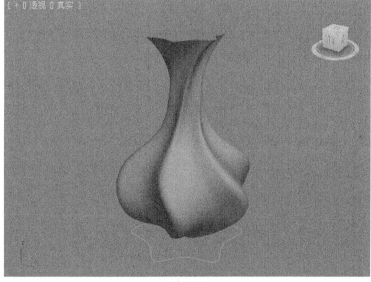

图4-277

4.9.5 ProBoolean

ProBoolean复合对象与前面的"布尔"复合对象很接近,但是与传统的"布尔"复合对象相比,ProBoolean复合对象更具优势。因为ProBoolean运算之后生成的三角面较少,网格布线更均匀,生成的顶点和面也相对较少,并且操作更容易、更快捷,其参数设置面板如图4-278所示。

图4-278

提示: 关于ProBoolean工具的参数含义就不再介绍了,用户可参考前面的"布尔"工具的参数介绍。

第 5 章 3ds Max的修改器

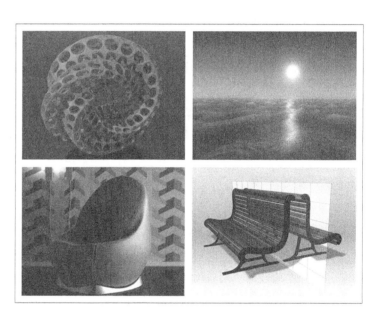

本章导读

上一章详细介绍了内置几何体的创建方法，后面将要学习一些更高级的建模方法，在学习之前先了解一下3ds Max的修改器。不管是网格建模、NURBS建模，还是多边形建模，都会涉及修改器的使用，因为只有通过修改器才能对模型进行更精细的处理，以获得所需的模型效果。修改器位于3ds Max的修改面板中，是修改面板最核心的组成部分。

5.1 修改器的基础知识

修改器是3ds Max非常重要的功能之一，它主要用于改变现有对象的创建参数、调整一个对象或一组对象的几何外形，进行子对象的选择和参数修改、转换参数对象为可编辑对象。

如果把"创建"面板比喻为原材料生产车间，那么"修改"面板就是精细加工车间，而修改面板的核心就是修改器。修改器对于创建一些特殊形状的模型具有非常强大的优势，如图5-1所示的模型，在创建过程中都毫无例外地会大量用到各种修改器。如果单纯依靠3ds Max的一些基本建模功能，是无法实现这样的造型效果。

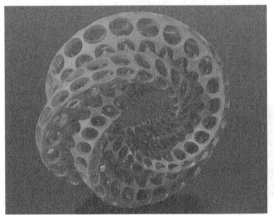 

图5-1

5.1.1 修改面板

3ds Max的修改面板如图5-2所示，从外观上看比较简洁，主要由名称、颜色、修改器列表、修改堆栈和通用修改区构成。如果给对象加载了某一个修改器，则通用修改区下方将出现该修改器的详细参数。

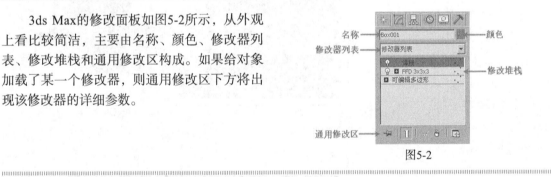

图5-2

提示： 修改器可以在"修改"面板中的"修改器列表"中进行加载，也可以在"菜单栏"中的"修改器"菜单下进行加载，这两个地方的修改器完全一样。

---

1. 名称

用显示修改对象的名称，比如图5-2中的Box001。当然，用户也可以更改这个名称。在3ds Max中，系统允许同一场景中有重名的对象存在。

2. 颜色

单击颜色按钮可以打开颜色选择框，用于对象颜色的选择，如图5-3所示。

3. 修改器列表

用鼠标左键单击修改器列表，系统会弹出修改器命令列表，里面列出了所有可用的修改器。

4. 修改堆栈

修改堆栈是记录所有修改命令信息的集合，并以分配缓存的方式保留各项命令的影响效果，方便用户对其进行再次修改。修改命令按照使用的先后顺序依次排列在堆栈中，最新使用的修改命令总是放置在堆栈的最上面。

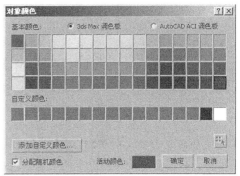

图5-3

5. 通用修改区

这里提供了通用的修改操作命令，对所有修改器有效，起着辅助修改的作用。

❖ 锁定堆栈▦：激活该按钮可以将堆栈和"修改"面板的所有控件锁定到选定对象的堆栈中。即使在选择了视图中的另一个对象之后，也可以继续对锁定堆栈的对象进行编辑。

❖ 显示最终结果开/关切换▮：激活该按钮后，会在选定的对象上显示整个堆栈的效果。

❖ 使唯一▦：激活该按钮可以将关联的对象修改成独立对象，这样可以对选择集中的对象单独进行操作（只有在场景中拥有选择集的时候该按钮才可用）。

❖ 从堆栈中移除修改器▯：若堆栈中存在修改器，单击该按钮可以删除当前的修改器，并清除由该修改器引发的所有更改。

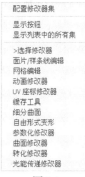

提示：如果想要删除某个修改器，不可以在选中修改器后直接按Delete键，那样删除的将会是物体本身而非修改器。要删除某个修改器，需要先选择该修改器，然后单击"从堆栈中移除修改器"按钮▯。

❖ 配置修改器集▣：单击该按钮将弹出一个子菜单，这个菜单中的命令主要用于配置在"修改"面板中怎样显示和选择修改器，如图5-4所示。

图5-4

技术专题5-1　**[配置修改器]**

在图5-4所示的菜单中单击"显示按钮"命令可以在修改面板中显示修改工具按钮。如图5-5所示，左图没有显示工具按钮，右图显示了工具按钮。

在图5-4所示的菜单中单击"配置修改器集"命令可以打开"修改器配置集"对话框，如图5-6所示。

图5-5

图5-6

在"修改器配置集"对话框中，通过按钮总数的设置可以加入或删除按钮数目，在左侧的修改器列表中选择要加入的修改工具，将其直接拖曳到右侧按钮图标上，然后单击"保存"按钮把自定义的集合设置保存起来。

在图5-4所示的菜单中单击"显示列表中的所有集"命令可以让修改器列表中的命令按不同的修改命令集合显示，这样便于用户查找。如图5-7所示，左图中的命令没有按分类排列，右图中的命令按照不同的集合分类排列（加粗的字体就是每种集合的名称）。

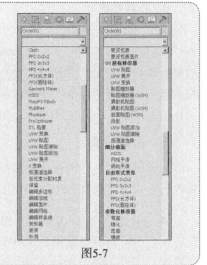

图5-7

5.1.2　为对象加载修改器

为对象加载修改器的方法非常简单。选择一个对象后，进入"修改"面板，然后单击"修改器列表"后面的·按钮，接着在弹出的下拉列表中就可以选择相应的修改器，如图5-8所示。

图5-8

5.1.3　修改器的排序

修改器的排列顺序非常重要，先加入的修改器位于修改器堆栈的下方，后加入的修改器则在修改器堆栈的顶部，不同的顺序对同一物体起到的效果是不一样的。

如图5-9所示，这是一个管状体，下面以这个物体为例来介绍修改器的顺序对效果的影响，同时介绍如何调整修改器之间的顺序。

先为管状体加载一个"扭曲"修改器，然后在"参数"卷展栏下设置扭曲的"角度"为360，这时管状体便会产生大幅度的扭曲变形，如图5-10所示。

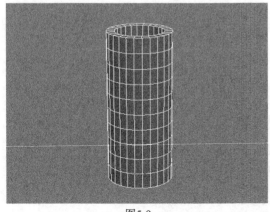

图5-9

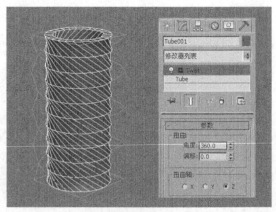

图5-10

　　继续为管状体加载一个"弯曲"修改器，然后在"参数"卷展栏下设置弯曲的"角度"为90，这时管状体会发生很自然的弯曲变形，如图5-11所示。

　　下面调整两个修改器的位置。用鼠标左键单击"弯曲"修改器不放，然后将其拖曳到"扭曲"修改器的下方松开鼠标左键（拖曳时修改器下方会出现一条蓝色的线），调整排序后可以发现管状体的效果发生了很大的变化，如图5-12所示。

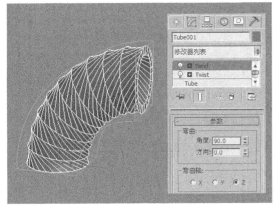

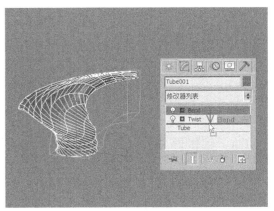

图5-11　　　　　　　　　　　　　　　　　图5-12

提示： 在修改器堆栈中，如果要同时选择多个修改器，可以先选中一个修改器，然后按住Ctrl键单击其他修改器进行加选，如果按住Shift键则可以选中多个连续的修改器。

5.1.4　启用与禁用修改器

　　在修改器堆栈中可以观察到每个修改器前面都有个小灯泡图标，这个图标表示这个修改器的启用或禁用状态。当小灯泡显示为亮的状态时，代表这个修改器是启用的；当小灯泡显示为暗的状态时，代表这个修改器被禁用了。单击这个小灯泡即可切换启用和禁用状态。

　　以图5-13中的修改器堆栈为例，这里为一个球体加载了3个修改器，分别是"晶格"修改器、"扭曲"修改器和"波浪"修改器，并且这3个修改器都被启用了。

　　选择底层的"晶格"修改器，当"显示最终结果"按钮被禁用时，场景中的球体不能显示该修改器之上的所有修改器的效果，如图5-14所示。如果单击"显示最终结果"按钮，使其处于激活状态，即可在选中底层修改器的状态下显示所有修改器的修改结果，如图5-15所示。

　　如果要禁用"波浪"修改器，可以单击该修改器前面的小灯泡图标，使其变为灰色即可，这时物体的形状也跟着发生了变化，如图5-16所示。

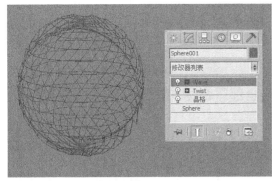

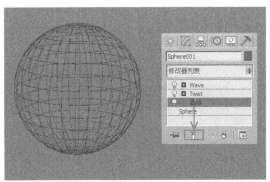

图5-13　　　　　　　　　　　　　　　　　图5-14

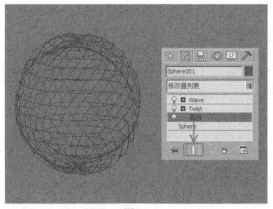
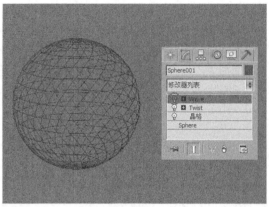

图5-15　　　　　　　　　　　　　　　图5-16

5.1.5　编辑修改器

在修改器堆栈中单击鼠标右键会弹出一个菜单，该菜单中包括一些对修改器进行编辑的常用命令，如图5-17所示。

从菜单中可以观察到修改器是可以复制到其他物体上的，复制的方法有以下两种。

第1种：在修改器上单击鼠标右键，然后在弹出的菜单中选择"复制"命令，接着在需要的位置单击鼠标右键，最后在弹出的菜单中选择"粘贴"命令即可。

第2种：直接将修改器拖曳到场景中的某一物体上。

> **提示：** 在选中某一修改器后，如果按住Ctrl键将其拖曳到其他对象上，可以将这个修改器作为实例粘贴到其他对象上；如果按住Shift键将其拖曳到其他对象上，就相当于将源物体上的修改器剪切并粘贴到新对象上。

图5-17

5.1.6　塌陷修改器堆栈

塌陷修改器会将该物体转换为可编辑网格，并删除其中所有的修改器，这样可以简化对象，并且还能够节约内存。但是塌陷之后就不能对修改器的参数进行调整，并且也不能将修改器的历史恢复到基准值。

塌陷修改器有"塌陷到"和"塌陷全部"两种方法。使用"塌陷到"命令可以塌陷到当前选定的修改器，也就是说删除当前及列表中位于当前修改器下面的所有修改器，保留当前修改器上面的所有修改器；而使用"塌陷全部"命令，会塌陷整个修改器堆栈，删除所有修改器，并使对象变成可编辑网格。

 技术专题5-2　**["塌陷到"与"塌陷全部"命令的区别]**

以图5-18中的修改器堆栈为例，处于最底层的是一个圆柱体，可以将其称为"基础物体"（注意，基础物体一定是处于修改器堆栈的最底层），而处于基础物体之上的是"弯曲"、"扭曲"和"松弛"3个修改器。

在"扭曲"修改器上单击鼠标右键，然后在弹出的菜单中选择"塌陷到"命令，此时系统会弹出"警告:塌陷到"对话框，如图5-19所示。在"警告:塌陷到"对话框中有3个按钮，分别为"暂存/是"按钮 暂存(H)/是 、"是"按钮 是(Y) 和"否"按钮 否(N) 。如果单击"暂存/是"按钮 暂存(H)/是 可以将当前对象的状态保存到"暂存"缓冲区，然后才应用"塌陷到"命令，执行"编辑/取回"菜单命令，可以恢复到塌陷前的状态；如果单击"是"按钮 是(Y) ，将塌陷"扭曲"修改器和"弯曲"两个修改器，而保留"松弛"修改器，同时基础物体会变成"可编辑网格"物体，如图5-20所示。

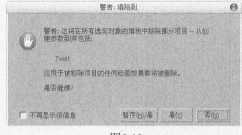

图5-18　　　　　　　　　　图5-19　　　　　　　　　　图5-20

下面对同样的物体执行"塌陷全部"命令。在任意一个修改器上单击鼠标右键，然后在弹出的菜单中选择"塌陷全部"命令，此时系统会弹出"警告:塌陷全部"对话框，如图5-21所示。如果单击"是"按钮 是(Y) 后，将塌陷修改器堆栈中的所有修改器，并且基础物体也会变成"可编辑网格"物体，如图5-22所示。

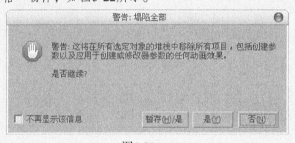

图5-21　　　　　　　　　　图5-22

5.2　选择修改器

单击通用修改区中的 按钮，在弹出的菜单中单击"显示列表中的所有集"命令，此时修改器列表中的所有命令将按照图5-23所示的分类方式排列。

提示：修改器列表中显示的命令会根据所选对象的不同而呈现一些差异。

通过图5-23可以知道，修改器列表中的命令非常多，共分十几个大类，并且每个大类里面都分别包含或多或少的命令。根据本书的教学安排，本章只介绍其中一部分命令，其他各种类型的命令将会在后面相关章节进行介绍。

首先来介绍"选择修改器"集合，该集合中包括"网格选择"、"面片选择"、"样条线选择"、"多边形选择"和"体积选择"等修改器。这些修改器的作用只是用来传递子对象的选择，功能比较单一，不提供子对象编辑功能。

图5-23

5.2.1 网格选择

功能介绍

对多边形网格对象进行子对象的选择操作，包括顶点、边、面、多边形和元素5种子对象级别，其参数面板如图5-24所示。

参数详解

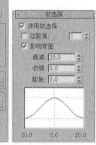

图5-24

1. "网格选择参数"卷展栏

❖ 顶点■：以顶点为最小单位进行选择。

❖ 边■：以边为最小单位进行选择。

❖ 面■：以三角面为最小单位进行选择。

❖ 多边形■：以多边形为最小单位进行选择。

❖ 元素■：选择对象中所有的连续面。如图5-25所示，这是网格被选中不同子级对象后的显示效果，通过图示可以很直观地理解各种子级对象的形态，从左到右依次为选中顶点、线、面、多边形和元素的效果。

  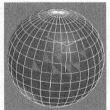  

图5-25

❖ 按顶点：勾选这个选项后，在选择一个顶点时，与该顶点相连的边或面会一同被选中。

❖ 忽略背面：根据法线的方向，模型有正反面之说。在选择模型的子对象时，如果取消择此项，在选择一面的同时，也会将其背面的顶点选择，尤其是框选的时候；如果勾选此项，则只选择正对摄像机的一面，也就是可以看到的一面。

❖ 忽略可见边：如果取消选择此项，在多边形级别进行选择时，每次单击只能选择单一的面；勾选此项时，可通过下面的平面阈值来调节选择范围，每次单击，范围内的所有面会被选中。

❖ 平面阈值：在多边形级别进行选择时，用来指定两面共面的阈值范围，阈值范围是两个面的面法线之间的夹角，小于这个值说明两个面共面。

❖ 获取顶点选择：根据上一次选择的顶点选择面，选择所有共享被选中顶点的面。当"顶点"不是当前子对象层级时，该功能才可用。

❖ 获取面选择：根据上一次选择的面、多边形、元素选择顶点。只有当面、多边形、元素不是当前子对象层级时，该功能才可用。

❖ 获取边选择：根据上一次选择的边选择面，选择含有该边的那些面。只有当"边"不是当前子对象层级时，该功能才可用。

❖ ID：这是"按材质ID选择"参数组中的材质ID输入框，输入ID号之后，单击后面的"选择"按钮，所有具有这个ID号的子对象就会被选择。配合Ctrl键可以加选，配合Shift键可以减选。

❖ 复制/粘贴：用于在不同对象之间传递命名选择信息，要求这些对象必须是同一类型而且必须在相同子对象级别。例如两个可编辑网格对象，在其中一个顶点子对象级别先进行选择，然后在工具栏中为这个选择集合命名，接着单击"复制"按钮，从弹出的对话框中选择刚创建的名称（如图5-26所示）；进入另一个网格对象的顶点子对象级别，然后单击"粘贴"按钮，刚才复制的选择就会粘贴到当前的顶点子对象级别。

图5-26

❖ 选择开放边：选择所有只有一个面的边。在大多数对象中，这会显示何处缺少面。该参数只能用于"边"子对象层级。

2. **"软选择"卷展栏**

❖ 使用软选择：控制是否开启软选择。

❖ 边距离：通过设置衰减区域内边的数目来控制受到影响的区域。

❖ 影响背面：勾选该项时，对选择的子对象背面产生同样的影响，否则只影响当前操作的一面。

❖ 衰减：设置从开始衰减到结束衰减之间的距离。以场景设置的单位进行计算，在图表显示框的下面也会显示距离范围。

❖ 收缩：沿着垂直轴提升或降低顶点。值为负数时，产生弹坑状图形曲线；值为0时，产生平滑的过渡效果。默认值为0。

❖ 膨胀：沿着垂直轴膨胀或收缩顶点。收缩为0、膨胀为1时，产生一个最大限度的光滑膨胀曲线；负值会使膨胀曲线移动到曲面，从而使顶点下压形成山谷的形态。默认值为0。

5.2.2　面片选择

功能介绍

　　该修改器用于对面片类型的对象进行子对象级别的选择操作，包括顶点、控制柄、边、面片和元素5种子对象级别，其参数面板如图5-27所示。

参数详解

在图5-27中，"软选择"卷展栏中的参数跟上一小节介绍的完全一样，所以这里只介绍"参数"卷展栏。

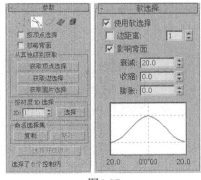

- ❖ 顶点■：以顶点为最小单位进行选择。
- ❖ 控制柄■：以控制柄为最小单位进行选择。
- ❖ 边■：以边为最小单位进行选择。
- ❖ 面片■：以面片为最小单位进行选择。
- ❖ 元素■：选定对象中所有的连续面。

其他参数基本与上一小节介绍的一致，这里就不再重复讲解。

图5-27

5.2.3 样条线选择

功能介绍

用于对样条线进行子对象级别的选择操作，包括顶点、分段和样条线3种子对象级别。当选择顶点时，其参数面板如图5-28（左2）所示；当选择分段时，其参数面板如图5-28（右2）所示；当选择样条线时，其参数面板如图5-28（右1）所示。

图5-28

参数详解

- ❖ 顶点：以顶点为最小单位进行选择。
- ❖ 分段：以线段为最小单位进行选择。
- ❖ 样条线：以样条线为最小单位进行选择。如图5-29所示，从左到右，分别是选择顶点、分段和样条线的显示效果。

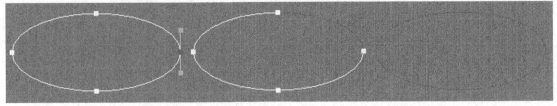

图5-29

5.2.4 多边形选择

功能介绍

对多边形进行子对象级别的选择操作，包括顶点、边、边界、多边形和元素5种子对象级别，其参数面板如图5-30所示。

参数详解

- ❖ 顶点 ■：以顶点为最小单位进行选择。
- ❖ 边 ◢：以边为最小单位进行选择。
- ❖ 边界 ◣：以模型的开放边界为最小单位进行选择。
- ❖ 多边形 ■：以四边形为最小单位进行选择。
- ❖ 元素 ◉：选定对象中所有的连续面。

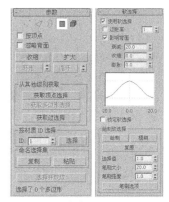

图5-30

提示： 关于多边形选择的其他功能，请读者参考后面的多边形建模章节。

5.3　自由形式变形

5.3.1　什么是自由形式变形

　　FFD是"自由形式变形"的意思，FFD修改器即"自由形式变形"修改器。FFD修改器包含5种类型，分别是FFD 2×2×2修改器、FFD 3×3×3修改器、FFD 4×4×4修改器、FFD（长方体）修改器和FFD（圆柱体）修改器，如图5-31所示。这种修改器是使用晶格框包围住选中的几何体，然后通过调整晶格的控制点来改变封闭几何体的形状。

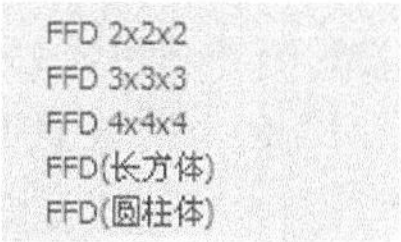

FFD 2x2x2
FFD 3x3x3
FFD 4x4x4
FFD(长方体)
FFD(圆柱体)

图5-31

5.3.2　FFD修改器

功能介绍

　　FFD 2×2×2、FFD 3×3×3和FFD 4×4×4修改器的参数面板完全相同，如图5-32所示，这里统一进行讲解，以节省篇幅。

参数详解

- ❖ 控制点：在这个子对象级别，可以对晶格的控制点进行编辑，通过改变控制点的位置影响外形。
- ❖ 晶格：对晶格进行编辑，可以通过移动、旋转、缩放使晶格与对象分离。
- ❖ 设置体积：在这个子对象级别下，控制点显示为绿色，对控制点的操作不影响对象形态。

图5-32

- ❖ 晶格：控制是否使连接控制点的线条形成栅格。
- ❖ 源体积：开启该选项可以将控制点和晶格以未修改的状态显示出来。
- ❖ 仅在体内：只有位于源体积内的顶点会变形。
- ❖ 所有顶点：所有顶点都会变形。
- ❖ 重置 ▭ 重置 ▭：将所有控制点恢复到原始位置。
- ❖ 全部动画化 ▭ 全部动画化 ▭：单击该按钮可以将控制器指定给所有的控制点，使它们在轨迹视图中可见。
- ❖ 与图形一致 ▭ 与图形一致 ▭：在对象中心控制点位置之间沿直线方向来延长线条，可以将每一个FFD控制点移到修改对象的交叉点上。

❖ 内部点：仅控制受"与图形一致"影响的对象内部的点。

❖ 外部点：仅控制受"与图形一致"影响的对象外部的点。

❖ 偏移：设置控制点偏移对象曲面的距离。

❖ About（关于） 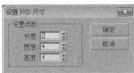 ：显示版权和许可信息。

5.3.3 FFD长方体/圆柱体

功能介绍

FFD（长方体）和FFD（圆柱体）修改器的功能与5.3.2节介绍的FFD修改器基本一致，只是参数面板略有一些差异，如图5-33所示，这里只介绍其特有的相关参数。

参数详解

❖ 点数：显示晶格中当前的控制点数目，例如4×4×4、2×2×2等。

❖ 设置点数 设置点数 ：单击该按钮可以打开"设置FFD尺寸"对话框，在该对话框中可以设置晶格中所需控制点的数目，如图5-34所示。

❖ 衰减：决定FFD的效果减为0时离晶格的距离。

❖ 张力/连续性：调整变形样条线的张力和连续性。虽然无法看到FFD中的样条线，但晶格和控制点代表着控制样条线的结构。

图5-33   图5-34

❖ 全部X 全部X /全部Y 全部Y /全部Z 全部Z ：选中沿着由这些轴指定的局部维度的所有控制点。

【练习5-1】：用FFD修改器制作沙发

本练习的沙发效果如图5-35所示。

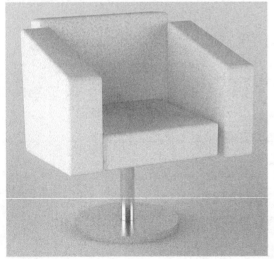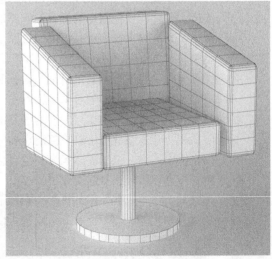

图5-35

Step 01 使用"切角长方体"工具 切角长方体 在场景中创建一个切角长方体，然后在"参数"卷展栏下设置"长度"为1000mm、"宽度"为300mm、"高度"为600mm、"圆角"为30mm，接着设置"长度分段"为5、"宽度分段"为1、"高度分段"为6、"圆角分段"为3，具体参数设置及模型效果如图5-36所示。

Step 02 按住Shift键使用"选择并移动"工具 移动复制一个模型，然后在弹出的"克隆选项"对话框中设置"对象"为"实例"，如图5-37所示。

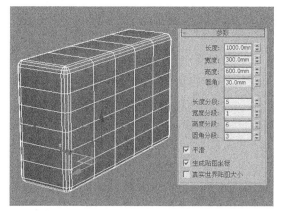

图5-36

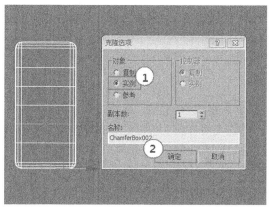

图5-37

Step 03 为其中一个切角长方体加载一个FFD 2×2×2修改器，然后选择"控制点"子对象层级，接着在左视图中用"选择并移动"工具 框选右上角的两个控制点，如图5-38所示，最后将其向下拖曳一段距离，如图5-39所示。

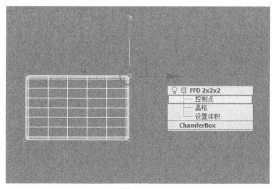

图5-38

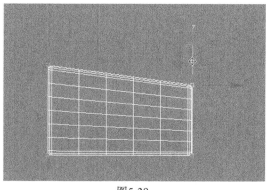

图5-39

提示： 由于前面采用的是"实例"复制法，因此只需要调节其中一个切角长方体的形状，另外一个会跟着一起发生变化，如图5-40所示。

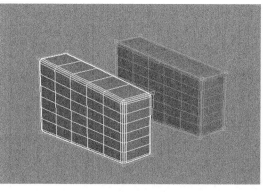

Step 04 在前视图中框选如图5-41所示的4个控制点，然后用"选择并移动"工具 将其向上拖曳一段距离，如图5-42所示。

图5-40

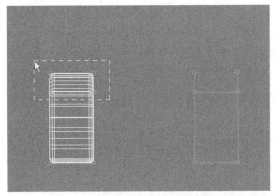

图5-41

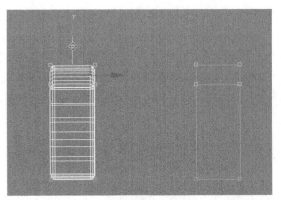

图5-42

Step 05 退出"控制点"子对象层级,然后按住 Shift键使用"选择并移动"工具 💠 移动复制一个模型到中间位置,接着在弹出的"克隆选项"对话框中设置"对象"为"复制",如图5-43所示。

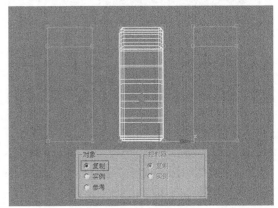

图5-43

提示:退出"控制点"子对象层级的方法有以下两种。

第1种:在修改器堆栈中选择FFD 2×2×2修改器的顶层级,如图5-44所示。

第2种:在视图中单击鼠标右键,然后在弹出的菜单中选择"顶层级"命令,如图5-45所示。

图5-44

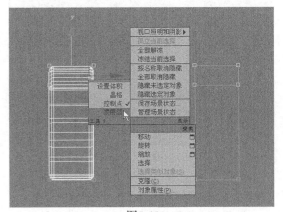

图5-45

Step 06 展开"参数"卷展栏,然后在"控制点"选项组下单击"重置"按钮 ▇▇ ,将控制点产生的变形效果恢复到原始状态,如图5-46所示。

Step 07 按R键选择"选择并均匀缩放"工具 🔘 ,然后在前视图中沿x轴将中间的模型横向放大,如图5-47所示。

Step 08 进入"控制点"子对象层级,然后在前视图中框选顶部的4个控制点,如图5-48所示,接着用"选择并移动"工具 💠 将其向下拖曳到如图5-49所示的位置。

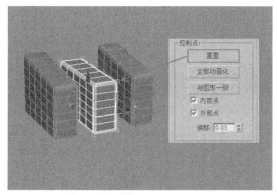

图5-46

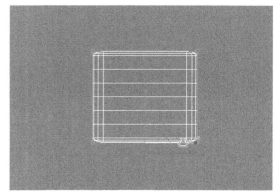

图5-47

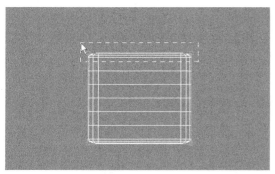

图5-48

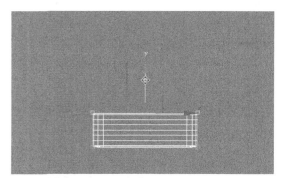

图5-49

Step 09 退出"控制点"子对象层级，然后按住Shift键使用"选择并移动"工具 ░ 移动复制一个扶手模型，接着在弹出的"克隆选项"对话框中设置"对象"为"复制"（复制完成后重置控制点产生的变形效果），如图5-50所示。

Step 10 进入"控制点"子对象层级，然后在左视图中框选右侧的4个控制点，如图5-51所示，接着用"选择并移动"工具 ░ 将其向左拖曳到如图5-52所示的位置。

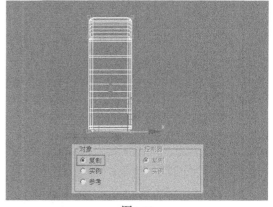

图5-50

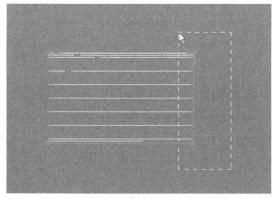

图5-51

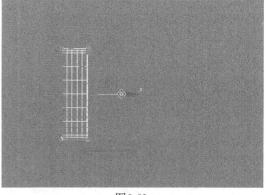

图5-52

Step 11 在左视图中框选顶部的4个控制点，然后用"选择并移动"工具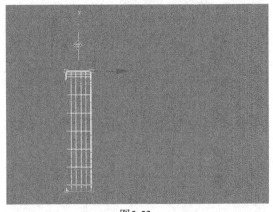将其向上拖曳到如图5-53所示的位置，接着将其向左拖曳到如图5-54所示的位置。

图5-53

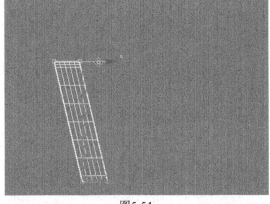

图5-54

Step 12 在前视图中框选右侧的4个控制点，如图5-55所示，然后用"选择并移动"工具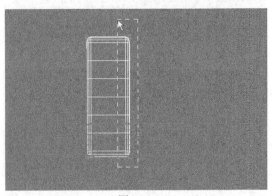将其向右拖曳到如图5-56所示的位置。完成后退出"控制点"子对象层级。

图5-55

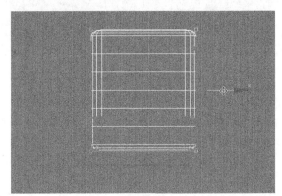

图5-56

提示： 经过一系列的调整，沙发的整体效果就完成了，如图5-57所示。

Step 13 使用"圆柱体"工具 圆柱体 在场景中创建一个圆柱体，然后在"参数"卷展栏下设置"半径"为50mm、"高度"为500mm、"高度分段"为1，具体参数设置及模型位置如图5-58所示。

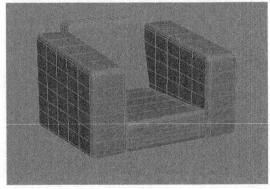

图5-57

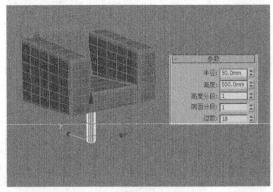

图5-58

Step 14 在前视图中将圆柱体复制一个，然后在"参数"卷展栏下将"半径"修改为350mm、"高度"修改为50mm、"边数"修改为32，具体参数设置及模型位置如图5-59所示，最终效果如图5-60所示。

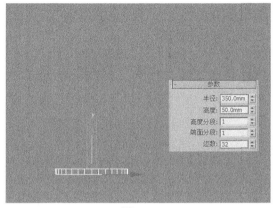

图5-59

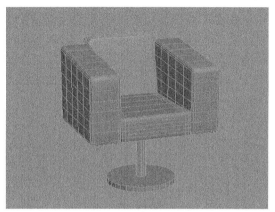

图5-60

5.4 参数化修改器

5.4.1 弯曲

功能介绍

"弯曲"修改器可以使物体在任意3个轴上控制弯曲的角度和方向，也可以对几何体的一段限制弯曲效果，其参数设置面板如图5-61所示。

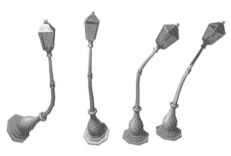

图5-61

参数详解

❖ 角度：从顶点平面设置要弯曲的角度，范围从-999 999~999 999。

❖ 方向：设置弯曲相对于水平面的方向，范围从-999 999~999 999。

❖ X/Y/Z：指定要弯曲的轴，默认轴为z轴。

❖ 限制效果：将限制约束应用于弯曲效果。

❖ 上限：以世界单位设置上部边界，该边界位于弯曲中心点的上方，超出该边界弯曲不再影响几何体，其范围从0~999 999。

❖ 下限：以世界单位设置下部边界，该边界位于弯曲中心点的下方，超出该边界弯曲不再影响几何体，其范围从-999 999~0。

【练习5-2】：用弯曲修改器制作花朵

本练习的花朵效果如图5-62所示。

图5-62

Step 01 打开光盘中的"练习文件>第5章>练习5-2.max"文件，如图5-63所示。

Step 02 选择其中一枝开放的花朵，然后为其加载一个"弯曲"修改器，接着在"参数"卷展栏下设置"角度"为105、"方向"为180、"弯曲轴"为y轴，具体参数设置及模型效果如图5-64所示。

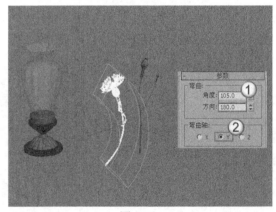

图5-63   图5-64

Step 03 选择另一枝花朵，然后为其加载一个"弯曲"修改器，接着在"参数"卷展栏下设置"角度"为53、"弯曲轴"为y轴，具体参数设置及模型效果如图5-65所示。

Step 04 选择开放的花朵模型，然后按住Shift键使用"选择并旋转"工具旋转复制19枝花朵（注意，要将每枝花朵调整成参差不齐的效果），如图5-66所示。

Step 05 继续使用"选择并旋转"工具对另外一枝花朵进行复制（复制9枝），如图5-67所示。

Step 06 使用"选择并移动"工具将两束花朵放入花瓶中，最终效果如图5-68所示。

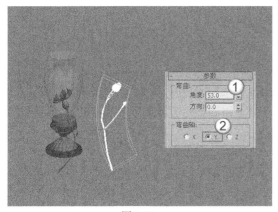

图5-65

图5-66

图5-67

图5-68

5.4.2　锥化

(1)功能介绍

　　锥化修改器通过缩放对象的两端产生锥形轮廓，同时在中央加入平滑的曲线变形，用户可以控制锥化的倾斜度、曲线轮廓的曲度，还可以限制局部锥化效果，如图5-69所示。

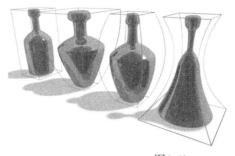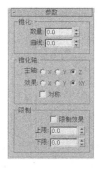

图5-69

(2)参数详解

❖　数量：设置锥化倾斜的程度，缩放扩展的末端，这个量是一个相对值，最大为10。

❖ 曲线：设置锥化曲线的弯曲程度，正值会沿着锥化侧面产生向外的曲线，负值产生向内的曲线。值为0时，侧面不变，默认值为0。

❖ 主轴：设置基本依据轴向。

❖ 效果：设置影响效果的轴向。

❖ 对称：设置一个对称的影响效果。

❖ 限制效果：选择此项，允许在Gizmo（线框）上限制锥化影响效果的范围。

❖ 上限/下限：分别设置锥化限制的区域。

5.4.3 扭曲

功能介绍

　　"扭曲"修改器与"弯曲"修改器的参数比较相似，但是"扭曲"修改器产生的是扭曲效果，而"弯曲"修改器产生的是弯曲效果。"扭曲"修改器可以在对象几何体中产生一个旋转效果（就像拧湿抹布），并且可以控制任意3个轴上的扭曲角度，同时也可以对几何体的一段限制扭曲效果，其参数设置面板如图5-70所示。

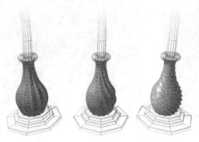

图5-70

【练习5-3】：用扭曲修改器制作大厦

　　本练习的大厦效果如图5-71所示。

图5-71

Step 01 使用"长方体"工具 长方体 在场景中创建一个长方体，然后在"参数"卷展栏下设置"长度"为30mm、"宽度"为27mm、"高度"为205mm、"长度分段"为2、"宽度分段"为2、"高度分段"为13，具体参数设置及模型效果如图5-72所示。

Step 02 为长方体加载一个"扭曲"修改器，然后在"参数"卷展栏下设置"角度"为160、"扭曲轴"为z轴，具体参数设置及模型效果如图5-73所示。

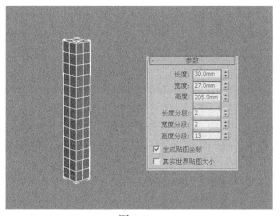
图5-72

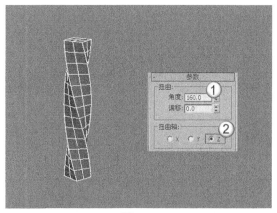
图5-73

> **提示：** 这里将"高度分段"数值设置得比较大，主要是为了在后面加载"扭曲"修改器时能得到良好的扭曲效果。

Step 03 为模型加载一个FFD 4×4×4修改器，然后选择"控制点"层级，如图5-74所示，接着使用"选择并均匀缩放"工具 在透视图中将顶部的控制点稍微向内缩放，同时将底部的控制点稍微向外缩放，以形成顶面小，底面大的效果，如图5-75所示。

Step 04 为模型加载一个"编辑多边形"修改器，然后在"选择"卷展栏下单击"边"按钮 ，进入"边"级别，如图5-76所示。

图5-74

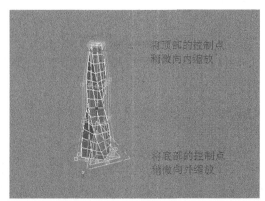
图5-75

图5-76

Step 05 切换到前视图，然后框选竖向上的边，如图5-77所示，接着在"选择"卷展栏下单击"循环"按钮 循环 ，这样可以选择所有竖向上的边，如图5-78所示。

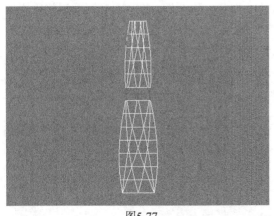

图5-77

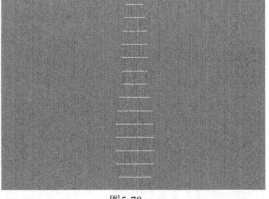

图5-78

Step 06 切换到顶视图，然后按住Alt键在中间区域拖曳光标，减去顶部与底部的边，如图5-79所示，这样就只选择了竖向上的边，如图5-80所示。

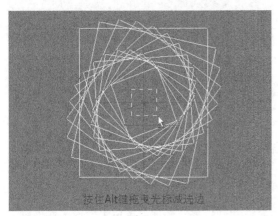

按住Alt键拖曳光标减选边

图5-79

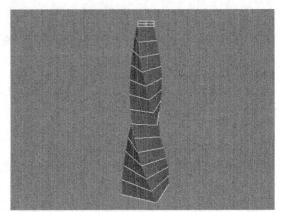

图5-80

Step 07 保持对竖向边的选择，在"编辑边"卷展栏下单击"连接"按钮 连接 后面的"设置"按钮 ，然后设置"分段"为2，接着单击"确定"按钮 ，如图5-81所示。

Step 08 在前视图中任意选择一条横向上的边，如图5-82所示的边，然后在"选择"卷展栏下单击"循环"按钮 循环 ，这样可以选择这个经度上的所有横向边，如图5-83所示，接着单击"环形"按钮 环形 ，选择纬度上的所有横向边，如图5-84所示。

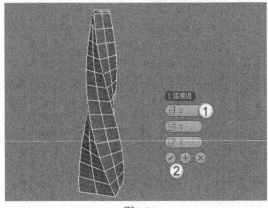

图5-81

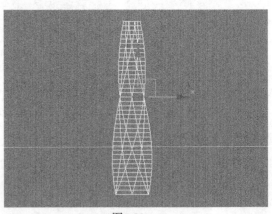

图5-82

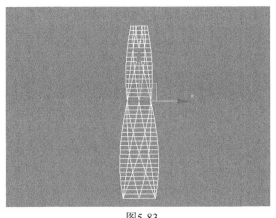

图5-83

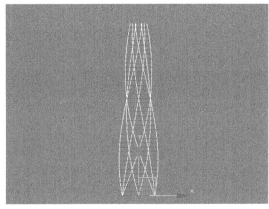

图5-84

Step 09 切换到顶视图，然后按住Alt键在中间区域拖曳光标，减去顶部与底部的边，如图5-85所示，这样就只选择了横向上的边，如图5-86所示。

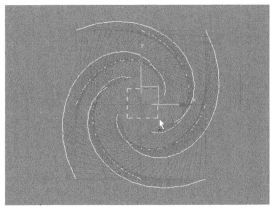

图5-85

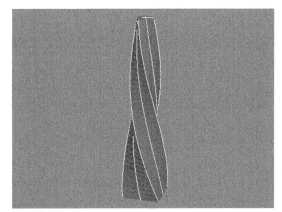

图5-86

Step 10 保持对横向边的选择，在"编辑边"卷展栏下单击"连接"按钮 连接 后面的"设置"按钮，然后设置"分段"为2，如图5-87所示。

Step 11 在"选择"卷展栏下单击"多边形"按钮，进入"多边形"级别，然后在前视图中框选除了顶部和底部以外的所有多边形，如图5-88所示，选择的多边形效果如图5-89所示。

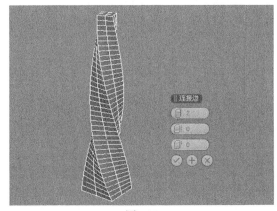

图5-87

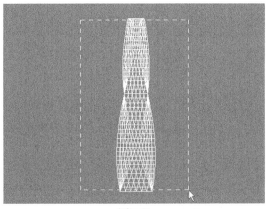

图5-88

Step 12 保持对多边形的选择，在"编辑多边形"卷展栏下单击"插入"按钮 插入 后面的"设置"按钮 ，然后设置"插入类型"为"按多边形"，接着设置"数量"为0.7mm，如图5-90所示。

图5-89

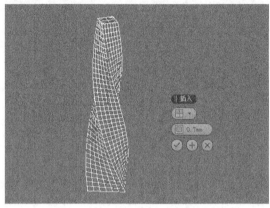

图5-90

Step 13 保持对多边形的选择，在"编辑多边形"卷展栏下单击"挤出"按钮 挤出 后面的"设置"按钮 ，然后设置"挤出类型"为"按多边形"，接着设置"高度"为-0.7mm，如图5-91所示，最终效果如图5-92所示。

提示：本例的大厦模型虽然从外观上看起来比较复杂，但是实际操作起来并不复杂，只是涉及了一些技巧性的东西。由于到目前为止还没有正式讲解多边形建模知识，因此本例在对使用"编辑多边形"修改器编辑模型的操作步骤讲解得非常仔细。

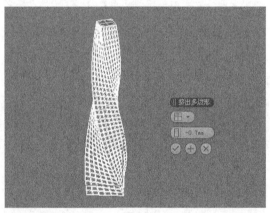

图5-91

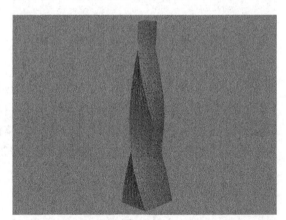

图5-92

5.4.4 噪波

功能介绍

　　"噪波"修改器可以使对象表面的顶点进行随机变动，从而让表面变得起伏不规则，常用于制作复杂的地形、地面和水面效果，并且"噪波"修改器可以应用在任何类型的对象上，其参数设置面板如图5-93所示。

参数详解

❖ 种子：从设置的数值中生成一个随机起始点。该参数在创建地形时非常有用，因为每种设置都可以生成不同的效果。

❖ 比例：设置噪波影响的大小（不是强度）。较大的值可以产生平滑的噪波，较小的值可以产生锯齿现象非常严重的噪波。

图5-93

❖ 分形：控制是否产生分形效果。勾选该选项以后，下面的"粗糙度"和"迭代次数"选项才可用。

❖ 粗糙度：决定分形变化的程度。

❖ 迭代次数：控制分形功能所使用的迭代数目。

❖ X/Y/Z：设置噪波在x/y/z坐标轴上的强度（至少为其中一个坐标轴输入强度数值）。

❖ 动画噪波：控制噪波影响和强度参数的合成效果，提供动态噪波。

❖ 频率：设置噪波抖动的速度，值越高，波动越快。

❖ 相位：设置起始点和结束点在波形曲线上的偏移位置，默认的动画设置就是由相位的变化产生的。

5.4.5　拉伸

功能介绍

模拟传统的挤出拉伸动画效果，在保持体积不变的前提下，沿指定轴向拉伸或挤出对象的形态。可以用于调节模型的形状，也可用于卡通动画的制作，其参数面板如图5-94所示。

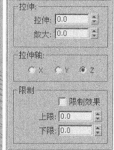

图5-94

参数详解

❖ 拉伸：设置拉伸的强度大小。

❖ 放大：设置拉伸中部扩大变形的程度。

❖ 拉伸轴：设置拉伸依据的坐标轴向。

❖ 限制效果：打开限制影响，允许用户限制拉伸影响在Gizmo（线框）上的范围。

❖ 上限/下限：分别设置拉伸限制的区域。

5.4.6 挤压

功能介绍

挤压类似于拉伸效果，沿着指定轴向拉伸或挤出对象，即可在保持体积不变的前提下改变对象的形态，也可以通过改变对象的体积来影响对象的形态，其参数面板如图5-95所示。

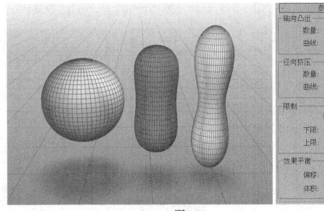

图5-95

参数详解

- ❖ 轴向凸出：沿着Gizmo（线框）自用轴的z轴进行膨胀变形。在默认状态下，Gizmo（线框）的自用轴与对象的轴向对齐。
  - ◇ 数量：控制膨胀作用的程度。
  - ◇ 曲线：设置膨胀产生的变形弯曲程度，控制膨胀的圆滑和尖锐程度。
- ❖ 径向挤压：用于沿着Gizmo（线框）自用轴的z轴挤出对象。
  - ◇ 数量：设置挤出的程度。
  - ◇ 曲线：设置挤出作用的弯曲影响程度。
- ❖ 限制
  - ◇ 限制效果：打开限制影响，在Gizmo（线框）对象上限制挤压影响的范围。
  - ◇ 下限/上限：分别设置限制挤压的区域。
- ❖ 效果平衡
  - ◇ 偏移：在保持对象体积不变的前提下改变挤出和拉伸的相对数量。
  - ◇ 体积：改变对象的体积，同时增加或减少相同数量的拉伸和挤出效果。

5.4.7 推力

功能介绍

沿着顶点的平均法线向内或向外推动顶点，产生膨胀或缩小的效果，其参数面板如图5-96所示。

参数详解

- ❖ 推进值：设置顶点相对于对象中心移动的距离。

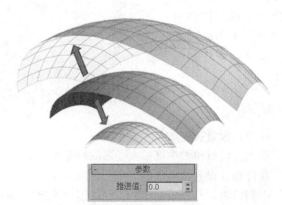

图5-96

5.4.8　松弛

功能介绍

该修改器可以通过向内收紧表面的顶点或向外松弛表面的顶点来改变对象表面的张力，松弛的结果会使原对象更平滑，体积也更小。它不仅可以作用于整个对象，也可以作用于子对象，将对象的局部进行松弛修改。在制作人物动画时，弯曲的关节常会产生坚硬的折角，使用松弛修改可以将它揉平。

如果使用面片建模，最终的模型表面由于三角面和四边形面的拼接，往往出现一些不平滑的褶皱，这时可以加入"松弛"修改器，从而平滑模型的表面。

"松弛"修改器的示意图及参数面板如图5-97所示。

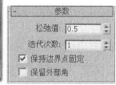

图5-97

参数详解

❖　松弛值：设置顶点移动距离的百分比值，范围为−1.0~1.0，值越大，顶点越靠近，收缩度越大；如果为负值，则表现为膨胀效果。

❖　迭代次数：设置松弛计算的次数，值越大，松弛效果越强烈。

❖　保持边界点固定：如果打开此选项设置，在开放网格对象边界上的点将不进行松弛修改。

❖　保留外部角：勾选时，距对象中心最远的点将保持在初始位置不变。

5.4.9　涟漪

功能介绍

使用这个修改器，可以在对象表面产生一串同心波，从中心向外辐射，振动对象表面的顶点，形成涟漪效果。用户可以对一个对象指定多个涟漪修改，通过移动Gizmo（线框）对象和涟漪中心，还可以改变或增强涟漪效果，其参数面板如图5-98所示。

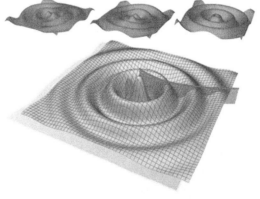

图5-98

参数详解

- ❖ 振幅1：设置沿着涟漪对象自身x轴向上的振动幅度。
- ❖ 振幅2：设置沿着涟漪对象自身y轴向上的振动幅度。
- ❖ 波长：设置每一个涟漪波的长度。
- ❖ 相位：设置波从涟漪中心点发出的振幅偏移。此值的变化可记录为动画，产生从中心向外连续波动的涟漪效果。
- ❖ 衰退：设置从涟漪中心向外衰减振动影响，靠近中心的地区振动最强，随着距离的拉远，振动也逐渐变弱，以符合自然界中的涟漪现象，当水滴落入水中后，水波向四周扩散，振动衰减直到消失。

5.4.10 波浪

功能介绍

该修改器可以在对象表面产生波浪起伏影响，提供两个方向的振幅，用于制作平行波动效果。通过"相位"的变化可以产生动态的波浪效果。这也是一种空间扭曲对象，用于影响大量对象，其参数面板如图5-99所示。

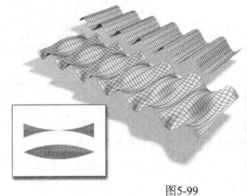

图5-99

参数详解

- ❖ 振幅1：沿着扭曲对象自身y轴的振动幅度。
- ❖ 振幅2：沿着扭曲对象自身x轴的振动幅度。
- ❖ 波长：设置沿着波浪自身y轴每一个波动的长度，波长越小，扭曲就越多。
- ❖ 相位：设置波动的起始位置。此值的变化可记录为动画，产生连续波动的波浪。
- ❖ 衰减：设置从波浪中心向外衰减的振动影响，靠近中心的地区振动强，远离中心的地区振动弱。

5.4.11 倾斜

功能介绍

该修改器用于将对象或对象的局部在指定轴向上产生倾斜变形，其参数面板如图5-100所示。

参数详解

- ❖ 数量：设置与垂直平面倾斜的角度，值范围为1~360，值越大，倾斜越大。
- ❖ 方向：设置倾斜的方向（相对于水平面），值范围为1~360。
- ❖ X/Y/Z：选择倾斜依据的坐标轴向。
- ❖ 限制效果：打开限制影响，允许用户限制倾斜影响在Gizmo（线框）对象上的范围。
- ❖ 上限/下限：分别设置倾斜限制的区域。

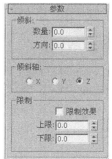

图5-100

5.4.12　切片

功能介绍

　　该修改器用于创建一个穿过网格模型的剪切平面，基于剪切平面创建新的点、线和面，从而将模型切开。"切片"的剪切平面是无边界的，尽管它的黄色线框没有包围模型的全部，但仍然对整个模型有效。如果针对选择的局部表面进行剪切，可以在其下加入一个"网格选择"的修改，打开面层级，将选择的面上传。其参数面板和示意图如图5-101所示。

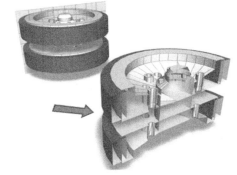

图5-101

参数详解

❖　优化网格：在对象和剪切平面相交的地方增加新的点、线或面，被剪切的网格对象仍然是一个对象。

❖　分割网格：在对象和剪切平面相交的地方增加双倍的点和线，剪切后的对象被分离为两个对象。

❖　移除顶部：删除剪切平面顶部全部的点和面。

❖　移除底部：删除剪切平面底部全部的点和面。

❖　面 ▱：指定切片操作基于三角面，即使是三角面的隐藏边也会产生新的节点。

❖　多边形 ▱：基于对象的可见边进行切片加点，隐藏的边不加点。

5.4.13　球形化

功能介绍

　　该功能用于给对象进行球形化处理，将对象表面顶点向外膨胀，使其趋向于球体。它只有一个百分比参数可调，控制球形化的程度。使用这种工具，可以制作变形动画效果，将一个对象变

为球体，这时用另一个已变
为球体的对象替换，再变回
到另一个对象，使用球体作
为中间过渡，其参数面板如
图5-102所示。

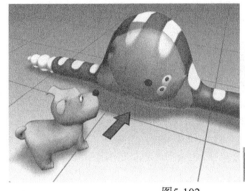

图5-102

参数详解

❖ 百分比：控制球形化的程度，值为0时不产生球形化效果；值为100时，对象将完全变成
球体。

5.4.14 影响区域

功能介绍

该修改器用于将对象
表面区域进行凸起或凹下处
理，任何可以渲染的对象都
可以进行"影响区域"处
理。如果需要对影响区域进
行限制，则可以通过选择修
改器来进行子对象选择，其
参数面板如图5-103所示。

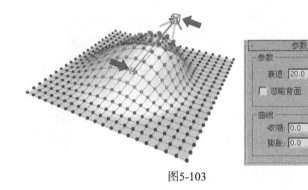

图5-103

参数详解

❖ 衰退：设置影响的半径。值越大，影响面积也越大，凸起也越平缓。
❖ 忽略背面：在凸起时是否也对背面进行处理。打开此选项时，背面将不受凸起影响，否
则将一其凸起。
❖ 收缩：设置凸起尖端的尖锐程度，值为负时表面平坦，值为正时表面尖锐。
❖ 膨胀：设置向上凸起的趋势。当值为1时会产生一个半圆形凸起，值降低时，圆顶会变
得倾斜而陡峭。

5.4.15 晶格

功能介绍

"晶格"修改器可以将图形的线段或边转化为圆柱形结构，并在顶点上产生可选择的关节多
面体，其参数设置面板如图5-104所示。

参数详解

1. "几何体"参数组

❖ 应用于整个对象：将"晶格"修改器应用到对象的所有边或线段上。

❖ 仅来自顶点的节点：仅
显示由原始网格顶点产
生的关节（多面体）。

❖ 仅来自边的支柱：仅显
示由原始网格线段产生
的支柱（多面体）。

❖ 二者：显示支柱和关节。

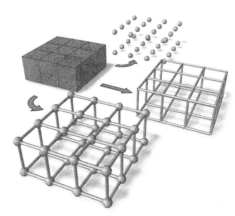

图5-104

2. "支柱"参数组

❖ 半径：指定结构的半径。

❖ 分段：指定沿结构的分段数目。

❖ 边数：指定结构边界的边数。

❖ 材质ID：指定用于结构的材质ID，这样可以使结构和关节具有不同的材质ID。

❖ 忽略隐藏边：仅生成可视边的结构。如果禁用该选项，将生成所有边的结构，包括不可
见边，图5-105所示是开启与关闭"忽略隐藏边"选项时的对比效果。

❖ 末端封口：将末端
封口应用于结构。

❖ 平滑：将平滑应用
于结构。

3. "节点"参数组

❖ 基点面类型：指定
用于关节的多面体
类型，包括"四面
体"、"八面体"
和"二十面体"3种
类型。注意，"基
点面类型"对"仅
来自边的支柱"选项不起作用。

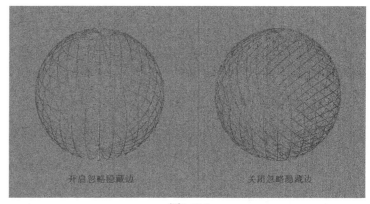

图5-105

❖ 半径：设置关节的半径。

❖ 分段：指定关节中的分段数目。分段数越多，关节形状越接近球形。

❖ 材质ID：指定用于结构的材质ID。

❖ 平滑：将平滑应用于关节。

4. "贴图坐标"参数组

❖ 无：不指定贴图。

❖ 重用现有坐标：将当前贴图指定给对象。

❖ 新建：将圆柱形贴图应用于每个结构和关节。

提示：使用"晶格"修改器可以基于网格拓扑来创建可渲染的几何体结构，也可以用来渲染线框图。

【练习5-4】：用晶格修改器制作鸟笼

本练习的鸟笼效果如图5-106所示。

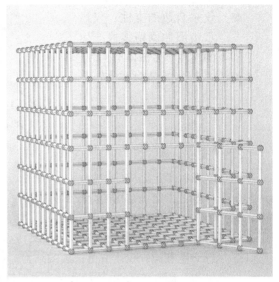

图5-106

Step 01 使用"长方体"工具 长方体 在场景中创建一个长方体，然后在"参数"卷展栏下设置"长度"、"宽度"和"高度"为50mm、"长度分段"和"宽度分段"为10、"高度分段"为6，具体参数设置及模型效果如图5-107所示。

Step 02 选择长方体，然后单击鼠标右键，接着在弹出的菜单中选择"转换为>转换为可编辑多边形"命令，如图5-108所示。

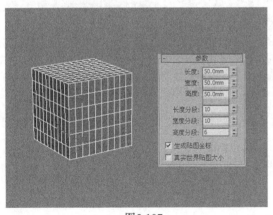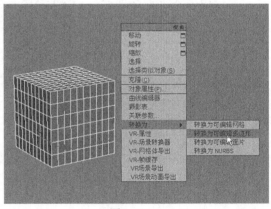

图5-107   图5-108

Step 03 进入"修改"面板，然后在"选择"卷展栏下单击"多边形"按钮■，进入"多边形"级别，接着选择如图5-109所示的多边形，最后按Delete键删除所选多边形，效果如图5-110所示。

Step 04 在"选择"卷展栏下单击"边"按钮■，进入"边"级别，然后选择如图5-111所示的3条边，接着按住Shift键沿y轴向外均匀拖曳4次，得到如图5-112所示的效果。

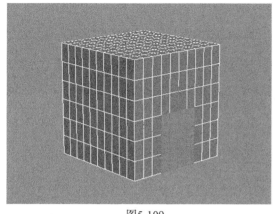

图5-109

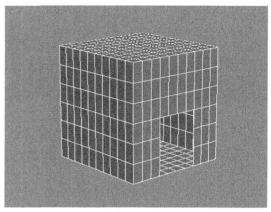

图5-110

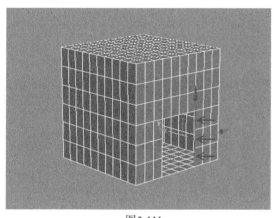

图5-111

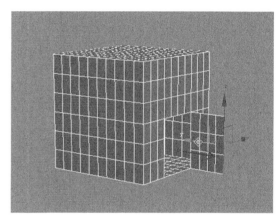

图5-112

Step 05 为模型加载一个"晶格"修改器，然后在"参数"卷展栏下设置"支柱"的"半径"为0.5mm，接着设置"节点"的"基点面类型"为"二十面体"、"半径"为0.8mm，具体参数设置如图5-113所示，最终效果如图5-114所示。

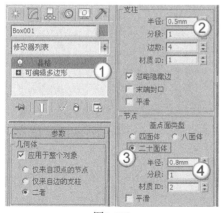

图5-113

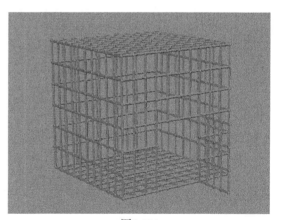

图5-114

5.4.16　镜像

功能介绍

　　该修改器用于沿着指定轴向镜像对象或对象选择集，适用于任何类型的模型，对镜像中心的位置变动可以记录成动画，其参数面板如图5-115所示。

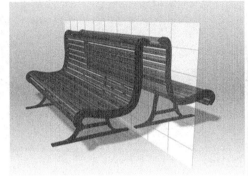
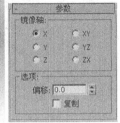

图5-115

参数详解

❖　X/Y/Z/XY/YZ/ZX：选择镜像作用依据的坐标轴向。

❖　偏移：设置镜像后的对象与镜像轴之间的偏移距离。

❖　复制：是否产生一个镜像复制对象。

5.4.17　置换

功能介绍

　　"置换"修改器是以力场的形式来推动和重塑对象的几何外形，可以直接从修改器的Gizmo（也可以使用位图）来应用它的变量力，其参数设置面板如图5-116所示。

参数详解

1.　"置换"参数组

❖　强度：设置置换的强度，数值为0时没有任何效果。

❖　衰退：如果设置"衰退"数值，则置换强度会随距离的变化而衰减。

❖　亮度中心：决定使用什么样的灰度作为0置换值。勾选该选项以后，可以设置下面的"中心"数值。

2.　"图像"参数组

❖　位图/贴图：加载位图或贴图。

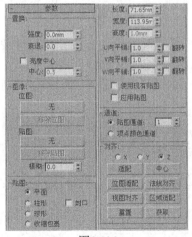

图5-116

❖　移除位图/贴图：移除指定的位图或贴图。

❖　模糊：模糊或柔化位图的置换效果。

3.　"贴图"参数组

❖　平面：从单独的平面对贴图进行投影。

❖　柱形：以环绕在圆柱体上的方式对贴图进行投影。启用"封口"选项可以从圆柱体的末端投射贴图副本。

❖　球形：从球体出发对贴图进行投影，位图边缘在球体两极的交汇处均为奇点。

❖ 收缩包裹：从球体投射贴图，与"球形"贴图类似，但是它会截去贴图的各个角，然后在一个单独的奇点将它们全部结合在一起，在底部创建一个奇点。

❖ 长度/宽度/高度：指定置换Gizmo的边界框尺寸，其中高度对"平面"贴图没有任何影响。

❖ U/V/W向平铺：设置位图沿指定尺寸重复的次数。

❖ 翻转：沿相应的U/V/W轴翻转贴图的方向。

❖ 使用现有贴图：让置换使用堆栈中较早的贴图设置，如果没有为对象应用贴图，该功能将不起任何作用。

❖ 应用贴图：将置换UV贴图应用到绑定对象。

4. "通道"参数组

❖ 贴图通道：指定UVW通道用来贴图，其后面的数值框用来设置通道的数目。

❖ 顶点颜色通道：开启该选项可以对贴图使用顶点颜色通道。

5. "对齐"参数组

❖ X/Y/Z：选择对齐的方式，可以选择沿x/y/z轴进行对齐。

❖ 适配 适配 ：缩放Gizmo以适配对象的边界框。

❖ 中心 中心 ：相对于对象的中心来调整Gizmo的中心。

❖ 位图适配 位图适配 ：单击该按钮可以打开"选择图像"对话框，可以缩放Gizmo来适配选定位图的纵横比。

❖ 法线对齐 法线对齐 ：单击该按钮可以将曲面的法线进行对齐。

❖ 视图对齐 视图对齐 ：使Gizmo指向视图的方向。

❖ 区域适配 区域适配 ：单击该按钮可以将指定的区域进行适配。

❖ 重置 重置 ：将Gizmo恢复到默认值。

❖ 获取 获取 ：选择另一个对象并获得它的置换Gizmo设置。

【练习5-5】：用置换与噪波修改器制作海面

海面效果如图5-117所示。

图5-117

Step 01 使用"平面"工具 ▢▢▢▢▢ 平面 ▢▢ 在场景中创建一个平面，然后在"参数"卷展栏下设置"长度"为185mm、"宽度"为307mm，接着设置"长度分段"和"宽度分段"都为400，具体参数设置及平面效果如图5-118所示。

Step 02 为平面加载一个"置换"修改器，然后在"参数"卷展栏下设置"强度"为3.8mm，接着在"贴图"通道下面单击"无"按钮 ▢▢▢▢ 无 ▢▢，最后在弹出的"材质/贴图浏览器"对话框中选择"噪波"程序贴图，如图5-119所示。

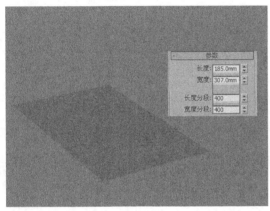

图5-118

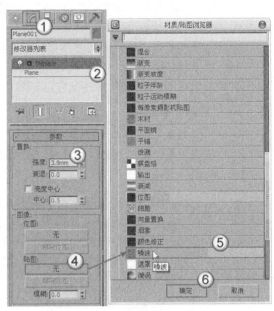

图5-119

提示： 这里为什么要把分段值设置得那么高呢？这是由本例的特点决定的。由于海面是由无数起伏的波涛组成的，如果将分段值设置得过低，虽然也会产生波涛效果，但却不真实。

Step 03 按M键打开"材质编辑器"对话框，然后将"贴图"通道中的"噪波"程序贴图拖曳到一个空白材质球上，接着在弹出的对话框中设置"方法"为"实例"，如图5-120所示。

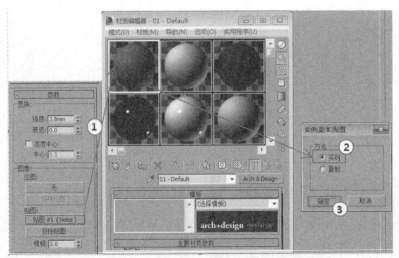

图5-120

Step 04 展开"坐标"卷展栏，然后设置"瓷砖"的X为40、Y为160、Z为1，接着展开"噪波参数"卷展栏，最后设置"大小"为55，具体参数设置如图5-121所示，最终效果如图5-122所示。

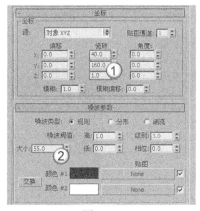

图5-121

图5-122

5.4.18　替换

功能介绍

这是一个非常实用的工具，不论在视图显示或渲染输出都可以迅速将场景模型用二维图形替换，比如AutoCAD中绘制的图形。另外，DWG格式文件被导入后转换为VIZBlocks（VIZ块），必须先调整为使它的轴心点与替换物体的轴心点匹配，才能得到正确的结果。要去除替换对象，可以从堆栈中移除该修改器即可，其参数面板如图5-123所示。

参数详解

❖　在视口中：控制是否在视口中显示为替换对象。

❖　在渲染中：控制是否在渲染时显示为替换对象。

❖　对象：显示替换对象的名称，在此允许改名。

❖　拾取场景对象：用于从场景中拾取替换对象。单击此按钮后，移动光标指针到替换对象，待指针变为+后，便可单击对象。也可以单击右侧的▓图标，然后从选择对象对话框中进行替换对象的选择。

❖　选择外部参照对象：以外部参照对象作为替换对象。

❖　保留局部旋转/缩放：这两个参数必须在指定替换对象前进行选取，在指定完替换对象后，对它的操作，都不会再产生影响。

图5-123

5.4.19 保留

功能介绍

在给对象指定修改堆栈前复制一个拷贝对象，然后对对象进行各种点面的变形操作，保留修改就是尽可能使得变形后的对象在边的长度、面的长度、对象体积各方面更接近原始对象，其参数面板如图5-124所示。

图5-124

参数详解

❖ 拾取原始：通过单击该按钮，可以在视图中拾取未做任何修改的拷贝对象，作为保留依据的对象，要求此对象与当前对象具有相同的顶点数目。

❖ 迭代次数：指定保留计算的级别，值越高，越近似于原始对象。

❖ 边长/面角度/体积：调整相关的对象参数，以便于保留相应的部分。大多数情况下，使用默认值可以达到最佳效果。当然，调节它们可以得到一些特殊效果，比如增加面角度值，可以产生更多网格对象。

❖ 应用于整个网格：将保留作用指定给整个对象，忽略其下层向上传递的子对象选择集。

❖ 仅选定顶点：仅对上一层子对象点的选择集合指定保留作用，要注意一点，只要选择的点被指定了保留作用，那么无论它是否取消选择，保留作用仍然针对该点存在。

❖ 反选：对上一层子对象点的选择集合进行反向选择，然后指定保留作用。

5.4.20 壳

功能介绍

该修改器可以通过拉伸面为曲面添加一个真实的厚度，还能对拉伸面进行编辑，非常适合建造复杂模型的内部结构，它是基于网格来工作的，也可以添加在多边形、面片和NURBS曲面上，但最终会将它们转换为网格。

壳修改器的原理是通过添加一组与现有面方向相反的额外面，以及连接内外面的边来表现出对象的厚度。可以指定内外面之间的距离（也就是厚度大小）、边的特性、材质ID、边的贴图类型，如图5-125所示。

参数详解

❖ 内部量：将内部曲面从原始位置向内移动，内、外部的值之和为壳的厚度，也就是边的宽度。

❖ 外部量：将外部曲面从原始位置向外移动，内、外部的值之和为壳的厚度，也就是边的宽度。

❖ 分段：设置每个边的分段数量。

❖ 倒角边：启用该选项可以让用户对拉伸的剖面自定义一个特定的形状。当指定了"倒角样条线"后，该选项可以作为直边剖面的自定义剖面之间的切换开关。

❖ 倒角样条线：单击 None 按钮后，可以在视图中拾取自定义的样条线。拾取的样条线与倒角样条线是实例复制关系，对拾取的样条线的更改会反映在倒角样条线中，但其对闭合图形的拾取将不起作用。

❖ 覆盖内部材质ID：启用后，可使用"内部材质ID"参数为所有内部曲面上的多边形指定材质ID。如果没有指定材质ID，曲面会使用同一材质ID或者和原始面一样的ID。

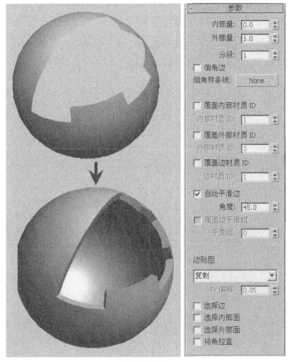

图5-125

❖ 内部材质ID：为内部面指定材质ID。
❖ 覆盖外部材质ID：启用后，可使用"外部材质ID"参数为所有外部曲面上的多边形指定材质ID。如果没有指定材质ID，曲面会使用同一材质ID或者和原始面一样的ID。
❖ 外部材质ID：为外部面指定材质ID。
❖ 覆盖边材质ID：启用后，可使用"边材质ID"参数为所有新边组成的剖面多边形指定材质ID。如果没有指定材质ID，曲面会使用同一材质ID或者和与导出边的原始面一样的ID。
❖ 边材质ID：为新边组成的剖面多边形指定材质ID。
❖ 自动平滑边：启用后，软件自动基于角度参数平滑边面。
❖ 角度：指定由"自动平滑边"所平滑的边面之间的最大角度，默认为45。
❖ 覆盖边平滑组：启用后，可使用"平滑组"设置，该选项只有在禁用了"自动平滑边"选项后才可用。
❖ 平滑组：可为边多边形设置平滑组。平滑组的值为0时，不会有平滑组指定为多边形。要指定平滑组，值的范围为1~32。
❖ 边贴图：指定了将应用于新边的纹理贴图类型，下拉列表中选择的贴图类型如下。
  ✧ 复制：每个边面使用和原始面一样的UVW坐标。
  ✧ 无：将每个边面指定的U值为0、V值为1。因此若指定了贴图，边将获取左上方的像素颜色。
  ✧ 剥离：将边贴图在连续的剥离中。

♦ 插补：边贴图由邻近的内部或者外部面多边形贴图插补形成。

❖ TV偏移：确定边的纹理顶点之间的间隔。该选项仅在"边贴图"中的"剥离"和"插补"时才可用，默认设置为0.05。

❖ 选择边：勾选后可选择边面部分。

❖ 选择内部面：勾选后可选择内部面。

❖ 选择外部面：勾选后可选择外部面。

❖ 将角拉直：勾选后可调整角顶点来维持直线的边。

第6章 样条线建模

本章导读

样条线建模是3ds Max比较基础的建模方法，其核心就是通过二维样条线来生成三维模型，所以创建样条线对建立三维模型至关重要。从概念上来看，样条线是二维图形，它是一个没有深度的连续线（可以是开的，也可以是封闭的），在默认的情况下，样条线是不可以渲染的对象。本章主要告诉读者如何创建样条线，至于把样条线转化为三维模型的方法将在下一章进行讲解。

6.1 样条线

二维图形是由一条或多条样条线组成，而样条线又是由顶点和线段组成，所以只要调整顶点的参数及样条线的参数就可以生成复杂的二维图形，利用这些二维图形又可以生成三维模型，图6-1~图6-3所示是一些优秀的样条线作品。

图6-1

图6-2

图6-3

在"创建"面板中单击"图形"按钮，然后设置图形类型为"样条线"，这里有12种样条线，分别是线、矩形、圆、椭圆、弧、圆环、多边形、星形、文本、螺旋线、卵形和截面，如图6-4所示。

提示：样条线的应用非常广泛，其建模速度相当快。比如，在3ds Max 2014中制作三维文字时，可以直接使用"文本"工具 文本 输入文本，然后将其转换为三维模型。另外，还可以导入AI矢量图形来生成三维物体。选择相应的样条线工具后，在视图中拖曳光标就可以绘制出相应的样条线，如图6-5所示。

图6-4

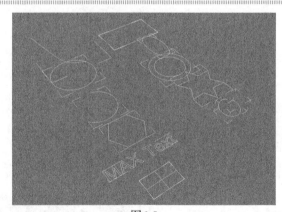
图6-5

6.1.1 线

功能介绍

线是建模中是最常用的一种样条线，其使用方法非常灵活，形状也不受约束，可以封闭也可以不封闭，拐角处可以是尖锐也可以是圆滑的。线的顶点有3种类型，分别是"角点"、"平滑"和Bezier。

线的参数包括4个卷展栏，分别是"渲染"卷展栏、"插值"卷展栏、"创建方法"卷展栏和"键盘输入"卷展栏，如图6-6所示。

图6-6

②参数详解

1. "渲染"卷展栏

展开"渲染"卷展栏，如图6-7所示。

- ❖ 在渲染中启用：勾选该选项才能渲染出样条线；若不勾选，将不能渲染出样条线。
- ❖ 在视口中启用：勾选该选项后，样条线会以网格的形式显示在视图中。
- ❖ 使用视口设置：该选项只有在开启"在视口中启用"选项时才可用，主要用于设置不同的渲染参数。
- ❖ 生成贴图坐标：控制是否应用贴图坐标。
- ❖ 真实世界贴图大小：控制应用于对象的纹理贴图材质所使用的缩放方法。
- ❖ 视口/渲染：当勾选"在视口中启用"选项时，样条线将显示在视图中；当同时勾选"在视口中启用"和"渲染"选项时，样条线在视图中和渲染中都可以显示出来。

图6-7

  - ◇ 径向：将3D网格显示为圆柱形对象，其参数包含"厚度"、"边"和"角度"。"厚度"选项用于指定视图或渲染样条线网格的直径，其默认值为1，范围从0~100；"边"选项用于在视图或渲染器中为样条线网格设置边或面数（例如值为4表示一个方形横截面）；"角度"选项用于调整视图或渲染器中的横截面的旋转位置。
  - ◇ 矩形：将3D网格显示为矩形对象，其参数包含"长度"、"宽度"、"角度"和"纵横比"。"长度"选项用于设置沿局部y轴的横截面大小；"宽度"选项用于设置沿局部x轴的横截面大小；"角度"选项用于调整视图或渲染器中的横截面的旋转位置；"纵横比"选项用于设置矩形横截面的纵横比。
- ❖ 自动平滑：启用该选项可以激活下面的"阈值"选项，调整"阈值"数值可以自动平滑样条线。

2. "插值"卷展栏

展开"插值"卷展栏，如图6-8所示。

图6-8

- ❖ 步数：手动设置每条样条线的步数。
- ❖ 优化：启用该选项后，可以从样条线的直线线段中删除不需要的步数。
- ❖ 自适应：启用该选项后，系统会自适应设置每条样条线的步数，以生成平滑的曲线。

3. "创建方法"卷展栏

展开"创建方法"卷展栏，如图6-9所示。

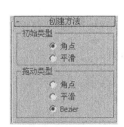

图6-9

- ❖ 初始类型：指定创建第1个顶点的类型，共有以下两个选项。
  - ◇ 角点：通过顶点产生一个没有弧度的尖角。
  - ◇ 平滑：通过顶点产生一条平滑的、不可调整的曲线。
- ❖ 拖动类型：当拖曳顶点位置时，设置所创建顶点的类型。

◇ 角点：通过顶点产生一个没有弧度的尖角。

◇ 平滑：通过顶点产生一条平滑、不可调整的曲线。

◇ Bezier：通过顶点产生一条平滑、可以调整的曲线。

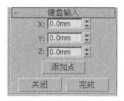

图6-10

4. "键盘输入"卷展栏

展开"键盘输入"卷展栏，如图6-10所示。该卷展栏下的参数可以通过键盘输入来完成样条线的绘制。

【练习6-1】：用线制作台历

本练习的台历效果如图6-11所示。

图6-11

Step 01 下面制作主体模型。切换到左视图，在"创建"面板中单击"图形"按钮，然后设置图形类型为"样条线"，接着单击"线"按钮▇▇线，如图6-12所示，最后绘制出如图6-13所示的样条线。

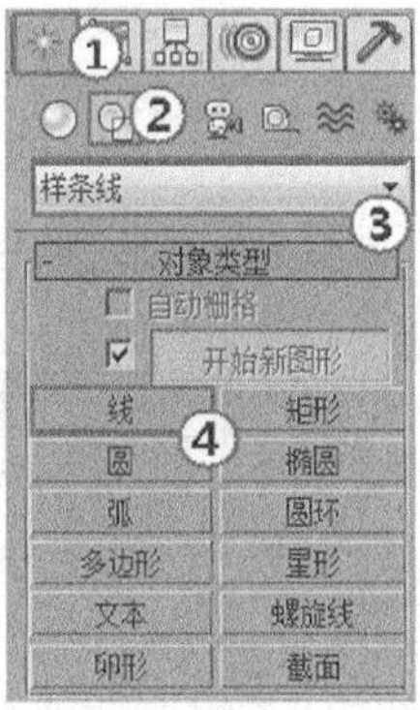

图6-12

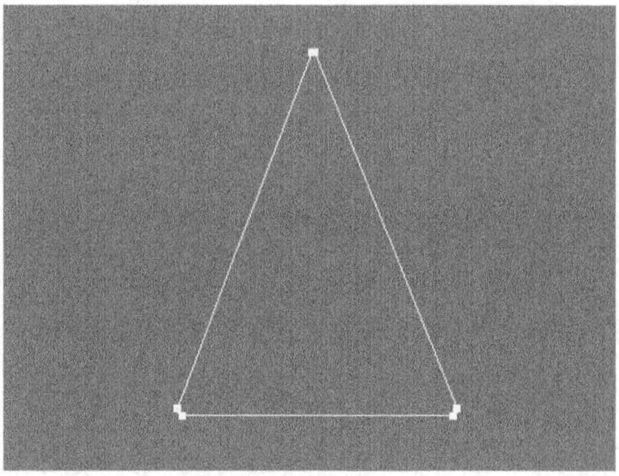

图6-13

Step 02 切换到"修改"面板，然后在"选择"卷展栏下单击"样条线"按钮▇，进入"样条线"级别，接着选择整条样条线，如图6-14所示。

Step 03 展开"几何体"卷展栏，然后在"轮廓"按钮▇▇轮廓后面输入2mm，接着单击"轮廓"按钮▇▇轮廓或按Enter键进行廓边操作，如图6-15所示。

Step 04 在"修改器列表"下选择"挤出"修改器，然后在"参数"卷展栏下设置"数量"为180mm，如图6-16所示，模型效果如图6-17所示。

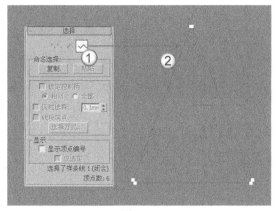

图6-14

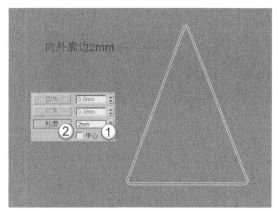

图6-15

图6-16

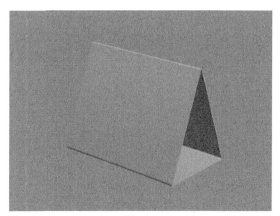

图6-17

Step 05 下面创建纸张模型。继续使用"线"工具 ▬▬ 线 ▬▬ 在左视图中绘制一些独立的样条线，如图6-18所示。

Step 06 为每条样条线廓边0.5mm，然后为每条样条线加载"挤出"修改器，接着在"参数"卷展栏下设置"数量"为160mm，效果如图6-19所示。

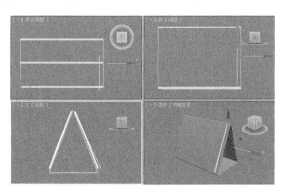

图6-18

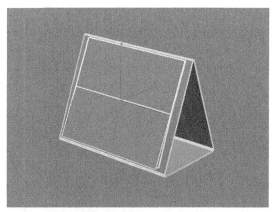

图6-19

Step 07 下面制作圆扣模型。在"创建"面板
中单击"圆"按钮 █ 圆 █ ，然后在左视图中
绘制一个圆形，接着在"参数"卷展栏下设置
"半径"为5.5mm，圆形位置如图6-20所示。

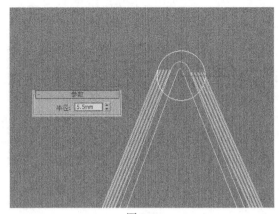

图6-20

Step 08 选择圆形，切换到"修改"面板，然后在"渲染"卷展栏下勾选"在渲染中启用"和
"在视口中启用"选项，接着设置"径向"的"厚度"为0.5mm，具体参数设置如图6-21所示，
模型效果如图6-22所示。

图6-21

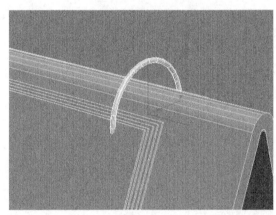

图6-22

Step 09 使用"选择并移动"工具 █ 在前视图中移动复制一些圆扣，如图6-23所示，最终效果如图
6-24所示。

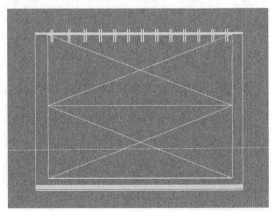

图6-23

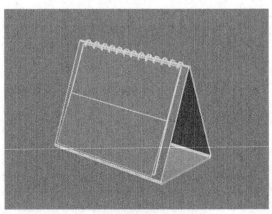

图6-24

【练习6-2】：用线制作卡通猫咪

本练习的卡通猫咪效果如图6-25所示。

图6-25

Step 01 使用"线"工具 ▬▬线▬▬ 在前视图中绘制出猫咪头部的样条线，如图6-26所示。

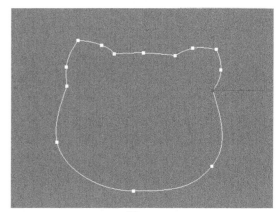

图6-26

技术专题6–1 调节样条线的形状

如果绘制出来的样条线不是很平滑，就需要对其进行调节（需要尖角的角点时就不需要调节），样条线形状主要是在"顶点"级别下进行调节。下面以图6-27中的矩形来详细介绍一下如何将硬角点调节为平面的角点。

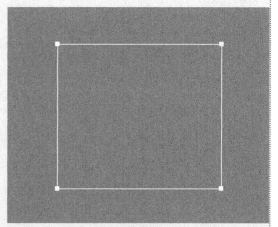

图6-27

进入"修改"面板，然后在"选择"卷展栏下单击"顶点"按钮▬，进入"顶点"级别，如图6-28所示。

选择需要调节的顶点，然后单击鼠标右键，在弹出的菜单中可以观察到除了"角点"选项以外，还有另外3个选项，分别是"Bezier角点"、Bezier和"平滑"选项，如图6-29所示。

平滑：如果选择该选项，则选择的顶点会自动平滑，但是不能继续调节角点的形状，如图6-30所示。

图6-28

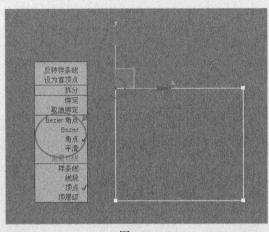

图6-29

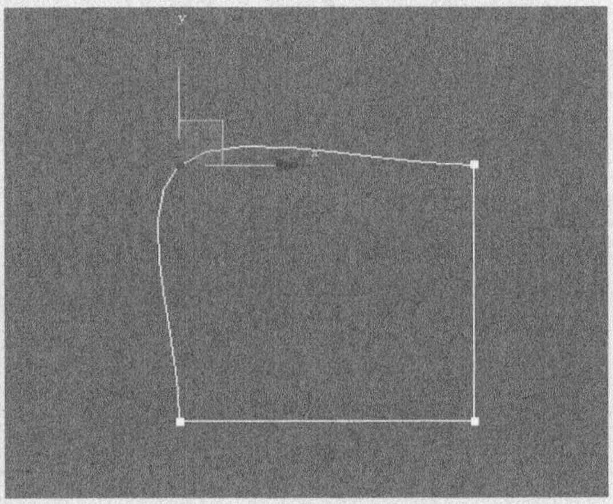

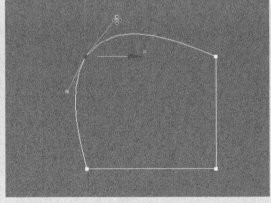

图6-30

Bezier角点：如果选择该选项，则原始角点的形状保持不变，但会出现控制柄（两条滑竿）和两个可供调节方向的锚点，如图6-31所示。通过这两个锚点，可以用"选择并移动"工具 、"选择并旋转"工具 、"选择并均匀缩放"工具 等对锚点进行移动、旋转和缩放等操作，从而改变角点的形状，如图6-32所示。

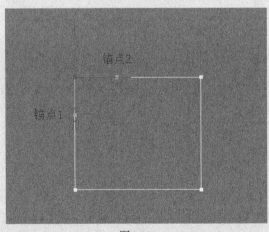

图6-31

图6-32

Bezier：如果选择该选项，则会改变原始角点的形状，同时也会出现控制柄和两个可供调节方向的锚点，如图6-33所示。同样通过这两个锚点，可以用"选择并移动"工具 、"选择并旋转"工具 、"选择并均匀缩放"工具 等对锚点进行移动、旋转和缩放等操作，从而改变角点的形状，如图6-34所示。

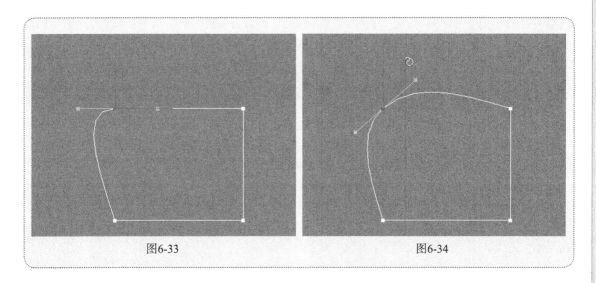

图6-33　　　　　　　　　　　　　　图6-34

Step 02 切换到"修改"面板，然后在"渲染"卷展栏下勾选"在渲染中启用"和"在视口中启用"，接着设置"径向"的"厚度"为1.969mm、"边"为15，最后在"插值"卷展栏下设置"步数"为30，具体参数如图6-35所示，效果如图6-36所示。

图6-35

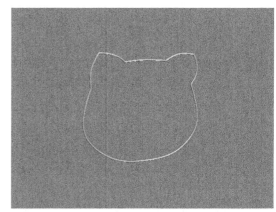

图6-36

提示： "步数"主要用来调节样条线的平滑度，值越大，样条线就越平滑，图6-37和图6-38所示分别是"步数"值为2和50时的效果对比。

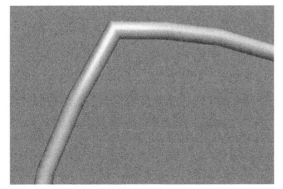

图6-37

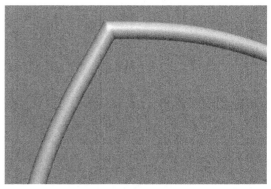

图6-38

Step 03 在"创建"面板中单击"圆"按钮 ▁▁圆▁▁，然后在前视图中绘制一个圆形作为猫咪的眼睛，接着在"参数"卷展栏下设置"半径"为7.46mm，圆形位置如图6-39所示。

提示： 由于在步骤（2）中已经设置了样条线的渲染参数（在"渲染"卷展栏下设置），3ds Max会记忆这些参数，并应用在创建的新样条线中，所以在步骤（3）中就不用设置渲染参数。

Step 04 使用"选择并移动"工具 ✛ 选择圆形，然后按住Shift键移动复制一个圆到如图6-40所示的位置。

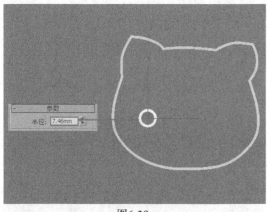
图6-39

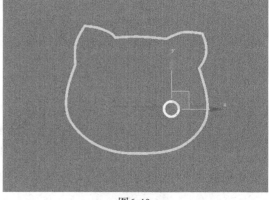
图6-40

Step 05 继续使用"选择并移动"工具 ✛ 移动复制一个圆形到嘴部位置，然后按R键选择"选择并均匀缩放"工具 ▦，接着在前视图中沿y轴向下将其压扁，效果如图6-41所示。

Step 06 采用相同的方法使用"线"工具 ▁▁线▁▁ 在前视图中绘制出猫咪的其他部分，最终效果如图6-42所示。

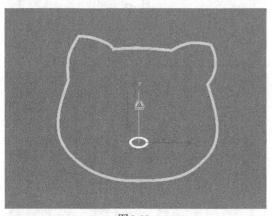
图6-41

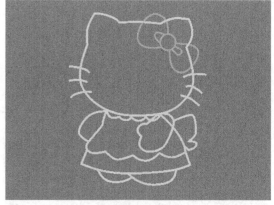
图6-42

6.1.2 文本

功能介绍

使用"文本"样条线工具可以很方便地在视图中创建出文字模型，并且可以更改字体类型和字体大小。文本的参数如图6-43所示（"渲染"和"插值"两个卷展栏中的参数与"线"工具的参数相同）。

参数详解

图6-43

- ❖ 斜体 I：单击该按钮可以将文本切换为斜体，如图6-44 所示。
- ❖ 下划线 U：单击该按钮可以将文本切换为下划线文本，如 图6-45所示。
- ❖ 左对齐：单击该按钮可以将文本对齐到边界框的左侧。
- ❖ 居中：单击该按钮可以将文本对齐到边界框的中心。
- ❖ 右对齐：单击该按钮可以将文本对齐到边界框的右侧。
- ❖ 对正：分隔所有文本行以填充边界框的范围。
- ❖ 大小：设置文本高度，其默认值为100mm。
- ❖ 字间距：设置文字间的间距。
- ❖ 行间距：调整字行间的间距（只对多行文本起作用）。
- ❖ 文本：在此可以输入文本，若要输入多行文本，可以按 Enter键切换到下一行。

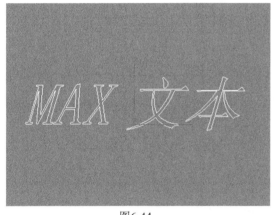

图6-44

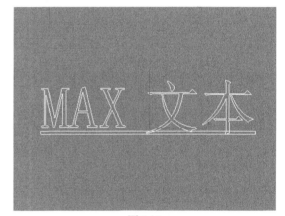

图6-45

∴ 【练习6-3】：用文本制作创意字母

本练习的创意字母效果如图6-46所示。

图6-46

Step 01 在"创建"面板下单击"图形"按钮，然后设置图形类型为"样条线"，接着单击"文本"按钮，最后在前视图中单击鼠标左键创建一个默认的文本图形，如图6-47所示。

Step 02 选择文本图形，进入"修改"面板，然后在"参数"卷展栏设置"字体"为Arial Black、"大小"为78.74mm，接着在"文本"输入框中输入字母H，具体参数设置及字母效果如图6-48所示。

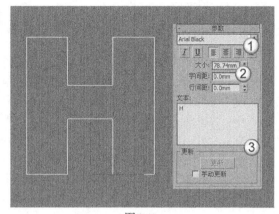

图6-47

图6-48

Step 03 选择文本H，然后在"修改器列表"下选择"挤出"修改器，接着在"参数"卷展栏下设置"数量"为19.685mm，具体参数设置及模型效果如图6-49所示。

Step 04 继续使用"文本"工具 ▢文本 创建出其他的文本，最终效果如图6-50所示。

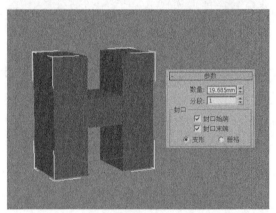

图6-49

图6-50

⁂【练习6-4】：用文本制作数字灯箱

本练习的数字灯箱效果如图6-51所示。

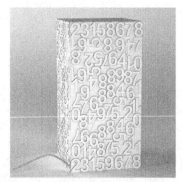

图6-51

Step 01 使用"长方体"工具 █长方体█ 创建一个长方体，然后在"参数"卷展栏下设置"长度"为19.685mm、"宽度"为19.685mm、"高度"为39.37mm，具体参数设置及模型效果如图6-52所示。

Step 02 使用"文本"工具 █文本█ 在前视图中创建一个文本，然后在"参数"卷展栏设置"字体"为Arial Bold、"大小"为5.906mm，接着在"文本"输入框中输入数字1，具体设置及文本效果如图6-53所示。

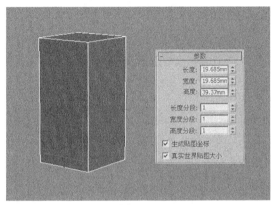

图6-52

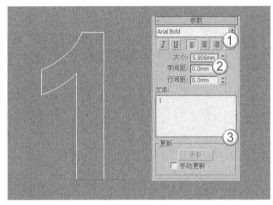

图6-53

Step 03 使用"文本"工具 █文本█ 在前视图中创建出其他的文本2、3、4、5、6、7、8、9、0，完成后的效果如图6-54所示。

提示： 步骤03其实可以采用更简单的方法来制作。先用"选择并移动"工具 ✥ 将数字1复制9份，然后在"文本"输入框中将数字改为其他数字即可，这样可以节省很多操作时间。

Step 04 选择所有的文本，然后在"修改器列表"中为文本加载一个"挤出"修改器，接着在"参数"卷展栏下设置"数量"为0.197mm，具体参数设置及模型效果如图6-55所示。

图6-54

图6-55

Step 05 使用"选择并移动"工具 ✥ 和"选择并旋转"工具 ◎ 调整好文本的位置和角度，完成后的效果如图6-56所示。

Step 06 使用"选择并移动"工具 ✥ 将文本移动复制到长方体的面上，直到铺满整个面为止，如图6-57所示。

图6-56

图6-57

Step 07 选择所有的文本，然后执行"组>组"菜单命令，接着在弹出的"组"对话框中单击"确定"按钮 确定 ，如图6-58所示。

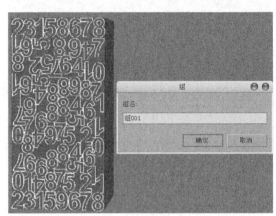

图6-58

Step 08 选择"组001"，按A键激活"角度捕捉切换"工具 ，然后按E键选择"选择并旋转"工具 ，接着按住Shift键在前视图中沿z轴旋转90°复制一份文本，如图6-59所示，最后用"选择并移动"工具 将复制出来的文本放在如图6-60所示的位置。

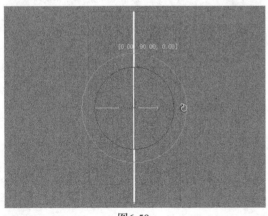

图6-59

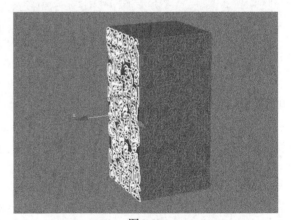

图6-60

Step 09 使用"选择并移动"工具 继续移动复制两份文本到另外两个侧面上，如图6-61所示。

Step 10 使用"线"工具 线 在前视图中绘制一条如图6-62所示的样条线。

图6-61

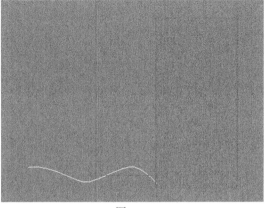

图6-62

Step 11 选择样条线，然后在"渲染"卷展栏下勾选"在渲染中启用"和"在视口中启用"选项，接着设置"径向"的"厚度"为0.394mm，具体参数设置如图6-63所示，最终效果如图6-64所示。

图6-63

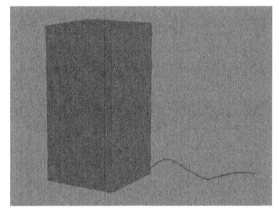

图6-64

6.1.3 螺旋线

功能介绍

使用"螺旋线"工具 螺旋线 可创建开口平面或螺旋线，其创建参数如图6-65所示。

参数详解

图6-65

- ❖ 边：以螺旋线的边为基点开始创建。
- ❖ 中心：以螺旋线的中心为基点开始创建。
- ❖ 半径1/半径2：设置螺旋线起点和终点半径。
- ❖ 高度：设置螺旋线的高度。
- ❖ 圈数：设置螺旋线起点和终点之间的圈数。
- ❖ 偏移：强制在螺旋线的一端累积圈数。高度为0时，偏移的影响不可见。
- ❖ 顺时针/逆时针：设置螺旋线的旋转是顺时针还是逆时针。

提示： 关于螺旋线的"渲染"参数及"键盘输入"参数，请参阅6.1.1小节的相关内容。

【练习6-5】：用螺旋线制作现代沙发

本练习的现代沙发效果如图6-66所示。

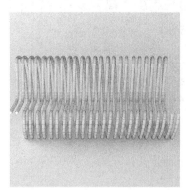

图6-66

Step 01 使用"螺旋线"工具 在左视图中拖曳光标创建一条螺旋线，然后在"参数"卷展栏下设置 "半径1"和"半径2"为500mm、"高度"为2000mm、"圈数"为12，具体参数设置及螺旋线效果如图6-67所示。

提示： 在左视图中创建的螺旋线观察不到效果，要在其他3个视图中才能观察到，图6-68所示是在透视图中的效果。

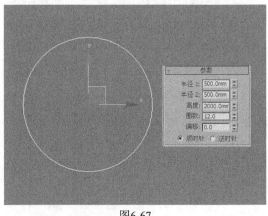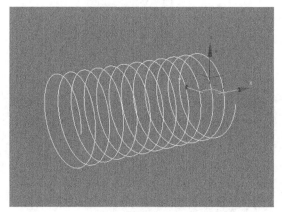

图6-67   图6-68

Step 02 选择螺旋线，然后单击鼠标右键，接着在弹出的菜单中选择"转换为>转换为可编辑样条线"命令，如图6-69所示。

Step 03 切换到"修改"面板，然后在"选择"卷展栏下单击"顶点"按钮 ，进入"顶点"级别，接着在左视图中选择如图6-70所示的顶点，最后按Delete键删除所选顶点，效果如图6-71所示。

提示： 如果用户删除顶点后的效果与图6-71不对应，可能是选择方式不正确的原因。选择方式一般分为"点选"和"框选"两种，下面详细介绍一下这两种方法的区别（这两种选择方法要根据具体情况而定）。

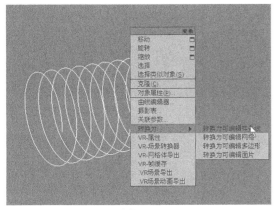

图6-69

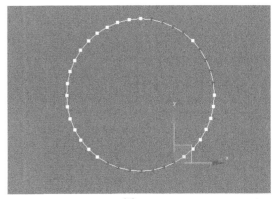

图6-70

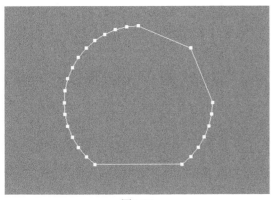

图6-71

点选: 顾名思义，点选就是单击鼠标左键进行选择，一次性只能选择一个顶点，如图6-72中所选顶点就是采用点选方式进行选择的，按Delete键删除顶点后得到如图6-73所示的效果。很明显点选得到的效果不能达到要求，也就是说用户很可能是采用点选方式造成的错误。

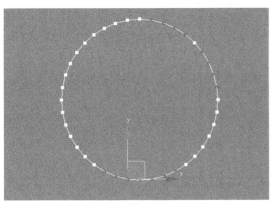

图6-72

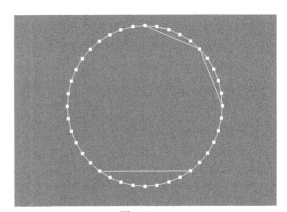

图6-73

框选: 这种选择方式主要用来选择处于一个区域内的对象（步骤03就是框选）。比如框选如图6-74所示的顶点，那么处于选框区域内的所有顶点都将被选中，如图6-75所示。

Step 04 使用"选择并移动"工具 在左视图中框选如图6-76所示的一组顶点，然后将其拖曳到如图6-77所示的位置。

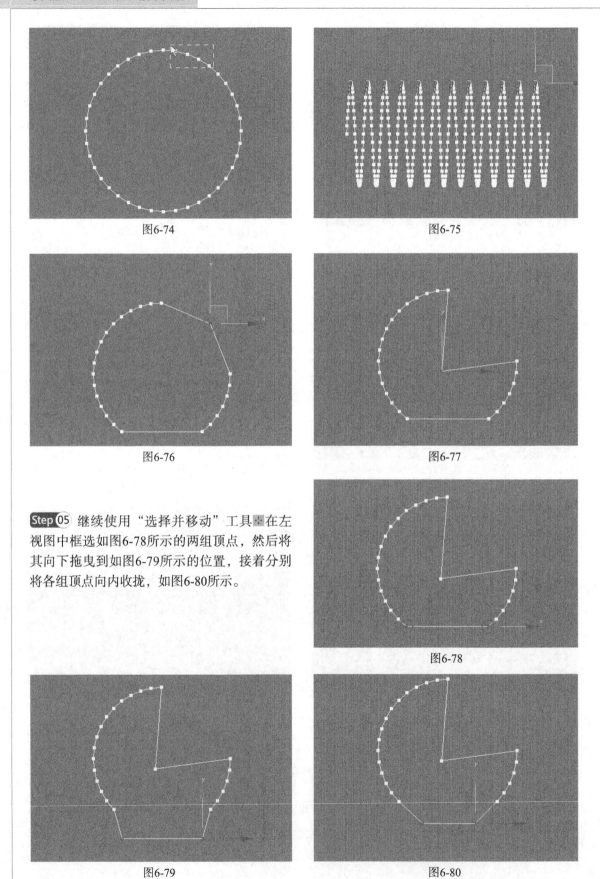

图6-74

图6-75

图6-76

图6-77

Step 05 继续使用"选择并移动"工具 ⊕ 在左视图中框选如图6-78所示的两组顶点，然后将其向下拖曳到如图6-79所示的位置，接着分别将各组顶点向内收拢，如图6-80所示。

图6-78

图6-79

图6-80

Step 06　在左视图中框选如图6-81所示的一组顶点，然后展开"几何体"卷展栏，接着在"圆角"按钮 圆角 后面的输入框中输入120mm，最后按Enter键确认操作，如图6-82所示。

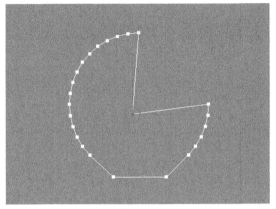

图6-81　　　　　　　　　　　　　　　　图6-82

Step 07　继续在左视图中框选如图6-83所示的4组顶点，然后展开"几何体"卷展栏，接着在"圆角"按钮 圆角 后面的输入框中输入50mm，最后按Enter键确认操作，如图6-84所示。

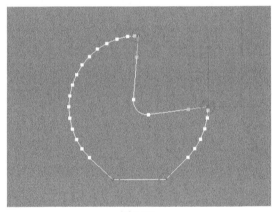

图6-83

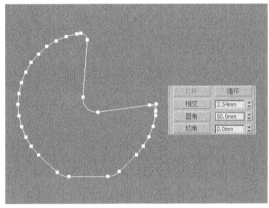

图6-84

Step 08　在"选择"卷展栏下单击"顶点"按钮 ，退出"顶点"级别，然后在"渲染"卷展栏下勾选"在渲染中启用"和"在视口中启用"选项，接着设置"径向"的"厚度"为40mm，具体参数设置及模型效果如图6-85所示。

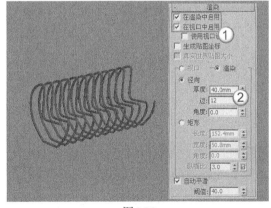

图6-85

Step 09　使用"选择并移动"工具 选择模型，然后按住Shift键在前视图中向左或向右移动复制一个模型，如图6-86所示，最终效果如图6-87所示。

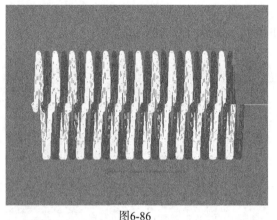

图6-86

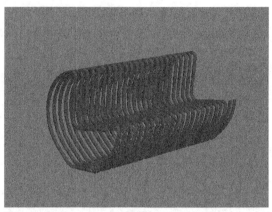

图6-87

6.1.4 其他样条线

除了以上3种样条线以外，还有9种样条
线，分别是矩形、圆、椭圆、弧、圆环、多边
形、星形、卵形和截面，如图6-88所示。这9种
样条线都很简单，其参数也很容易理解，在此
就不再进行重复介绍。

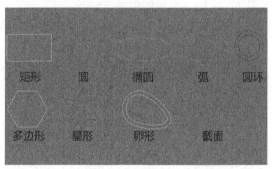

图6-88

【练习6-6】：用多种样条线制作糖果

本练习的糖果效果如图6-89所示。

图6-89

Step 01 使用"圆"工具 ▭圆 在前视图中创建一个圆形，然后在"参数"卷展栏下设置"半
径"为100mm，如图6-90所示。

Step 02 选择样条线，然后在"渲染"卷展栏下勾选"在渲染中启用"和"在视口中启用"选
项，接着设置"径向"的"厚度"为100mm，具体参数设置及模型效果如图6-91所示。

Step 03 使用"弧"工具 ▭弧 在圆形的旁边创建一个圆弧，然后在"参数"卷展栏下设置"半
径"为100mm、"从"为200、"到"为100，具体参数设置及模型效果如图6-92所示。

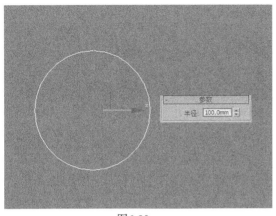
图6-90

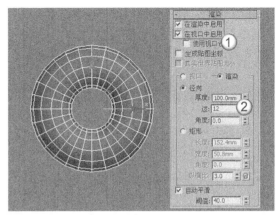
图6-91

Step 04 使用"多边形"工具 多边形 在圆弧的旁边创建一个多边形，然后在"参数"卷展栏下设置"半径"为100mm、"边数"为3、"角半径"为2mm，具体参数设置及模型效果如图6-93所示。

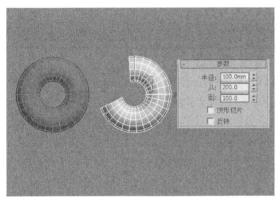
图6-92

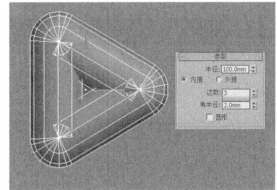
图6-93

Step 05 使用"星形"工具 星形 在多边形的旁边创建一个星形，然后在"参数"卷展栏下设置"半径1"为100mm、"半径2"为60mm、"点"为5、"扭曲"为10、"圆角半径1"和"圆角半径2"为3mm，具体参数设置及模型效果如图6-94所示。

Step 06 使用"圆柱体"工具 圆柱体 在透视图中创建一个圆柱体，然后在"参数"卷展栏下设置"半径"为10mm、"高度"为400mm、"高度分段"为1，具体模型位置如图6-95所示。

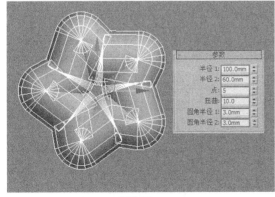
图6-94

图6-95

Step 07 使用"选择并移动"工具✥选择上一步创建的圆柱体，然后按住Shift键移动复制3个圆柱体到如图6-96所示的位置。

Step 08 使用"选择并移动"工具✥调整好每个糖果的位置，最终效果如图6-97所示。

图6-96

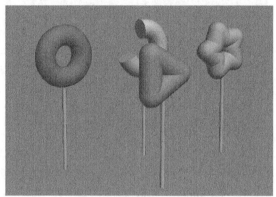

图6-97

6.2 扩展样条线

设置图形类型为"扩展样条线"，这里共有5种类型的扩展样条线，分别是"墙矩形"、"通道"、"角度"、"T形"和"宽法兰"。这5种扩展样条线在前视图中的显示效果如图6-98所示。

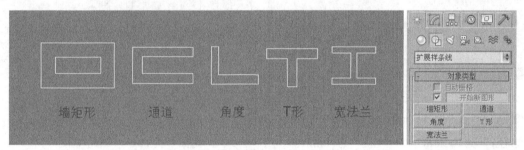

图6-98

扩展样条线的创建和编辑方法与样条线相似，并且也可以直接转化为NURBS曲线。

6.2.1 墙矩形

功能介绍

该工具可以创建两个嵌套的矩形，并且内外矩形的边保持相同间距。适合创建窗框、方管截面等图形，配合Ctrl键可以创建嵌套的正方形，如图6-99所示。

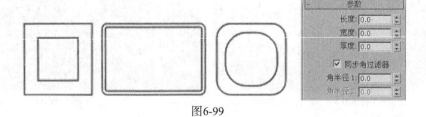

图6-99

- ❖ 长度：设置墙矩形的外围矩形的长度。
- ❖ 宽度：设置墙矩形的外围矩形的宽度。
- ❖ 厚度：墙矩形的厚度，即内外矩形的间距。
- ❖ 同步角过滤器：勾选此选项时，墙矩形的内外矩形圆角保持平行，同时下面的"角半径2"失效。
- ❖ 角半径1/角半径2：设置墙矩形内外矩形的圆角值。

6.2.2 通道

功能介绍

该工具可以创建C型槽轮廓图形，配合Ctrl键可以创建边界框为正方形的C型槽，并可以在槽底和槽壁的转角处设置圆角，如图6-100所示。

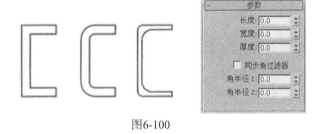

图6-100

参数详解

- ❖ 长度：设置C型槽边界长方形的长度。
- ❖ 宽度：设置C型槽边界长方形的宽度。
- ❖ 厚度：设置槽的厚度。
- ❖ 同步角过滤器：勾选此选项时，C型槽外侧和内侧的圆角保持平行，同时下面的"角半径2"失效。
- ❖ 角半径1/角半径2：分别设置外侧和内侧的圆角值。

6.2.3 角度

功能介绍

该工具可以创建角线图形，配合Ctrl键可以创建边界框为正方形的角线，并可以设置圆角，常用于创建角钢、包角的截面图形，如图6-101所示。

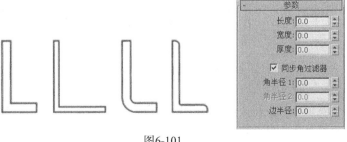

图6-101

- ❖ 长度：设置角线边界长方形的长度。
- ❖ 宽度：设置角线边界长方形的宽度。
- ❖ 厚度：设置角线的厚度。
- ❖ 同步角过滤器：勾选此选项时，角线拐角处外侧和内侧的圆角保持平行，同时下面的"角半径2"失效。
- ❖ 角半径1/角半径2：分别设置角线拐角处外侧和内侧的圆角值。
- ❖ 边半径：设置角线两个顶端内侧的圆角值。

6.2.4 T形

功能介绍

该工具用于创建一个闭合的"T"形样条线，配合Ctrl键可以创建边界框为正方形的T形，如图6-102所示。

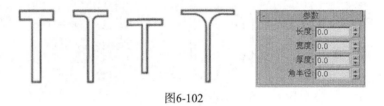

图6-102

参数详解

- ❖ 长度：设置T形边界长方形的长度。
- ❖ 宽度：设置T形边界长方形的宽度。
- ❖ 厚度：设置厚度。
- ❖ 角半径：给T形的腰和翼交接处设置圆角。

6.2.5 宽法兰

功能介绍

该工具用于创建一个工字形图案，配合Ctrl键可以创建边界框为正方形的工字形图案，如图6-103所示。

图6-103

参数详解

- ❖ 长度：设置宽法兰边界长方形的长度。
- ❖ 宽度：设置宽法兰边界长方形的宽度。

❖　厚度：设置厚度。

❖　角半径：为宽法兰的4个凹角设置圆角半径。

提示： 扩展样条线的创建方法和参数设置比较简单，与样条线的使用方法基本相同，因此在这里就不多加讲解了。二维图形建模中还有一个"NURBS曲线"建模方法，这一部分内容将在后面的章节中进行讲解。

【练习6-7】：用扩展样条线制作置物架

本练习的置物架效果如图6-104所示。

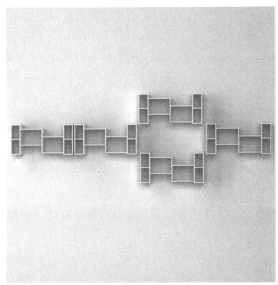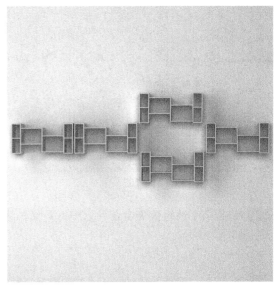

图6-104

Step 01 设置图形类型为"扩展样条线"，然后使用"墙矩形"工具 墙矩形 在前视图中创建一个墙矩形，接着在"参数"卷展栏下设置"长度"为900mm、"宽度"为300mm、"厚度"为25mm，具体参数设置及图形效果如图6-105所示。

Step 02 选择墙矩形，然后在"修改器列表"中为墙矩形加载一个"挤出"修改器，接着在"参数"卷展栏下设置"数量"为500mm，具体参数设置及模型效果如图6-106所示。

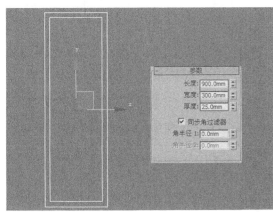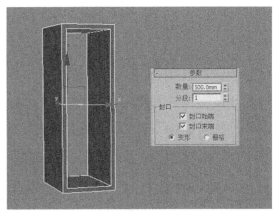

图6-105　　　　　　　　　　　　　　　　　　图6-106

Step 03 使用"长方体"工具 长方体 在场景中创建一个长方体，然后在"参数"卷展栏下设置"长度"为500mm、"宽度"为300mm、"高度"为25mm，具体参数设置及模型位置如图6-107所示。

Step 04 使用"选择并移动"工具 选择墙矩形，然后按住Shift键在前视图中向右移动复制一个墙矩形，接着在"参数"卷展栏下将"长度"修改为500mm、"宽度"修改为700mm，具体参数设置及模型效果如图6-108所示。

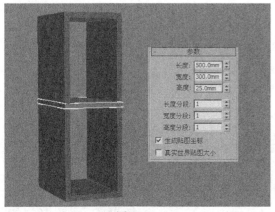
图6-107

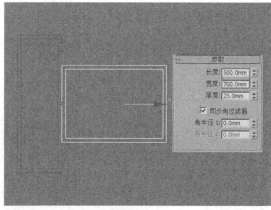
图6-108

Step 05 按Ctrl+A组合键全选场景中的对象，然后用"选择并移动"工具 向右移动复制一组模型，如图6-109所示。

Step 06 使用"选择并移动"工具 调整好复制的墙矩形的位置，如图6-110所示。

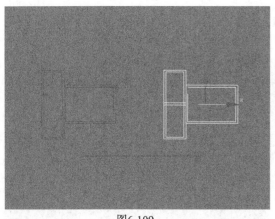
图6-109

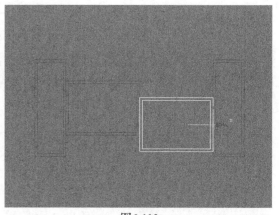
图6-110

Step 07 按Ctrl+A组合键全选场景中的对象，然后执行"组>组"菜单命令，接着在弹出的"组"对话框中单击"确定"按钮 确定 ，如图6-111所示。

Step 08 使用"选择并移动"工具 选择"组001"，然后按住Shift键移动复制4组模型，如图6-112所示。

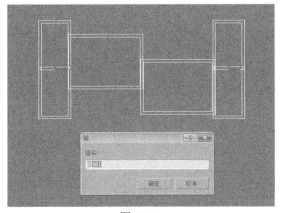

图6-111

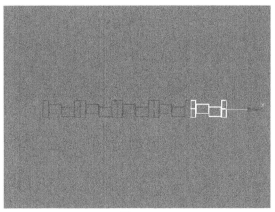

图6-112

Step 09 使用"选择并移动"工具 调整好各组模型的位置，最终效果如图6-113所示。

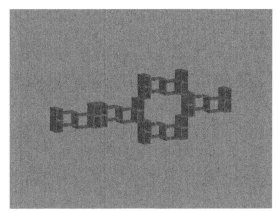

图6-113

【练习6-8】：用扩展样条线创建迷宫

本练习的迷宫效果如图6-114所示。

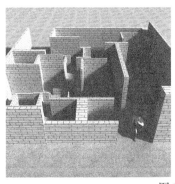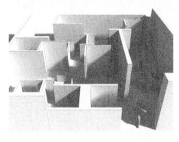

图6-114

Step 01 设置图形类型为"扩展样条线"，然后使用"墙矩形"工具 墙矩形 在顶视图中创建一个墙矩形，如图6-115所示。

Step 02 继续使用"通道"工具 通道 、"角度"工具 角度 、"T形"工具 T形 和"宽法兰"工具 宽法兰 在视图中创建出相应的扩展样条线，完成后的效果如图6-116所示。

提示：在一般情况下都不能一次性绘制出合适的扩展样条线，因此在绘制完成后，需要使用"选择并移动"工具 和"选择并均匀缩放"工具 调整好其位置与大小比例。

257

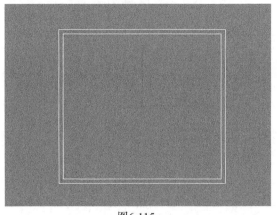

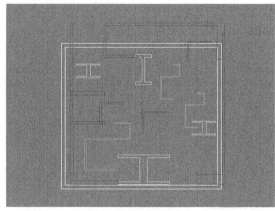

图6-115　　　　　　　　　　　图6-116

Step 03 选择所有的样条线，然后在"修改器列表"中为样条线加载一个"挤出"修改器，接着在"参数"卷展栏下设置"数量"为100mm，如图6-117所示，模型效果如图6-118所示。

图6-117

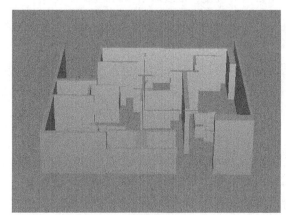

图6-118

提示： 由于每个人绘制的扩展样条线的比例大小都不一致，且本例没有给出相应的创建参数，因此设置"挤出"修改器的"数量"为100mm很难得到与图6-118相似的模型效果。也就是说，"挤出"修改器的"数量"值要根据扩展样条线的大小比例自行调整。

Step 04 单击界面左上角的"应用程序"图标，然后执行"导入>合并"菜单命令，接着在弹出的"合并文件"对话框中选择光盘中的"练习文件>第6章>练习6-8.max"文件，接着调整好人物模型的大小比例与位置，最终效果如图6-119所示。

提示： 实际上"扩展样条线"就是"样条线"的补充，让用户在建模时节省时间，但是只有在特殊情况下才使用扩展样条线来建模，而且还需配合其他修改器一起来完成。

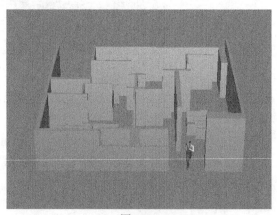

图6-119

6.3 对样条线进行编辑

虽然3ds Max 2014 提供了很多种二维图形，但是也不能完全满足创建复杂模型的需求，因此就需要对样条线的形状进行修改，并且由于绘制出来的样条线都是参数化对象，只能对参数进行调整，所以就需要将样条线转换为可编辑样条线。

6.3.1 把样条线转换为可编辑样条线

将样条线转换为可编辑样条线的方法有以下两种。

第1种：选择样条线，然后单击鼠标右键，接着在弹出的菜单中选择"转换为>转换为可编辑样条线"命令，如图6-120所示。

> **提示**：在将样条线转换为可编辑样条线前，样条线具有创建参数（"参数"卷展栏），如图6-121所示。转换为可编辑样条线以后，"修改"面板的修改器堆栈中的Text就变成了"可编辑样条线"选项，并且没有了"参数"卷展栏，但增加了"选择"、"软选择"和"几何体"3个卷展栏，如图6-122所示。

图6-120　　　　　　　　　　图6-121　　　　　　　图6-122

第2种：选择样条线，然后在"修改器列表"中为其加载一个"编辑样条线"修改器，如图6-123所示。

> **提示**：上面介绍的两种方法有一些区别。与第1种方法相比，第2种方法的修改器堆栈中不只包含"编辑样条线"选项，同时还保留了原始的样条线（也包含"参数"卷展栏）。当选择"编辑样条线"选项时，其卷展栏包含"选择"、"软选择"和"几何体"卷展栏，如图6-124所示；当选择Text选项时，其卷展栏包括"渲染"、"插值"和"参数"卷展栏，如图6-125所示。

图6-123　　　　　　　　　图6-124　　　　　　　　图6-125

在3ds Max的修改器中，能够用于样条线编辑的修改器包括编辑样条线、横截面、删除样条线、车削、规格化样条线、圆角/切角、修剪/延伸等，下面将分别针对这些修改器进行讲解。

6.3.2 编辑样条线

功能介绍

"编辑样条线"修改器主要针对样条线进行修改和编辑，把样条线转换为可编辑样条线后，可编辑样条线就包含5个卷展栏，分别是"渲染"、"插值"、"选择"、"软选择"和"几何体"卷展栏，如图6-126所示。

图6-126

> **提示**：下面只介绍"选择"、"软选择"和"几何体"3个卷展栏下的相关参数，另外两个卷展栏请参阅6.1.1小节的相关内容。

参数详解

1. "选择"卷展栏

"选择"卷展栏主要用来切换可编辑样条线的操作级别，如图6-127所示。

❖ 顶点■：用于访问"顶点"子对象级别，在该级别下可以对样条线的顶点进行调节，如图6-128所示。

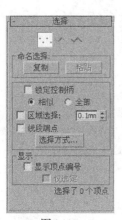

图6-127

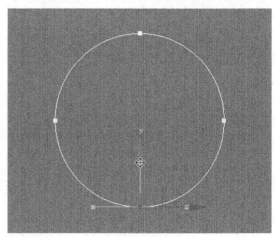

图6-128

❖ 线段■：用于访问"线段"子对象级别，在该级别下可以对样条线的线段进行调节，如图6-129所示。

❖ 样条线■：用于访问"样条线"子对象级别，在该级别下可以对整条样条线进行调节，如图6-130所示。

❖ 命名选择：该选项组用于复制和粘贴命名选择集。

   ◇ 复制 复制：将命名选择集放置到复制缓冲区。

   ◇ 粘贴 粘贴：从复制缓冲区中粘贴命名选择集。

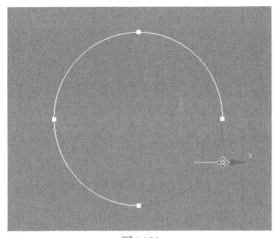
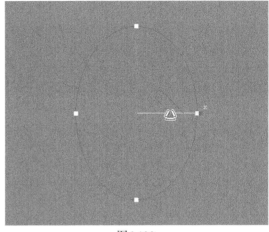

图6-129　　　　　　　　　　　　图6-130

❖ 锁定控制柄：关闭该选项时，即使选择了多个顶点，用户每次也只能变换一个顶点的切线控制柄；勾选该选项时，可以同时变换多个Bezier和Bezier角点控制柄。

❖ 相似：拖曳传入向量的控制柄时，所选顶点的所有传入向量将同时移动。同样，移动某个顶点上的传出切线控制柄将移动所有所选顶点的传出切线控制柄。

❖ 全部：当处理单个Bezier角点顶点并且想要移动两个控制柄时，可以使用该选项。

❖ 区域选择：该选项允许自动选择所单击顶点的特定半径中的所有顶点。

❖ 线段端点：勾选该选项后，可以通过单击线段来选择顶点。

❖ 选择方式 选择方式：单击该按钮可以打开"选择方式"对话框，如图6-131所示。在该对话框中可以选择所选样条线或线段上的顶点。

图6-131

❖ 显示：该选项组用于设置顶点编号的显示方式。

　❖ 显示顶点编号：启用该选项后，3ds Max将在任何子对象级别的所选样条线的顶点旁边显示顶点编号，如图6-132所示。

　❖ 仅选定：启用该选项后（要启用"显示顶点编号"选项时，该选项才可用），仅在所选顶点旁边显示顶点编号，如图6-133所示。

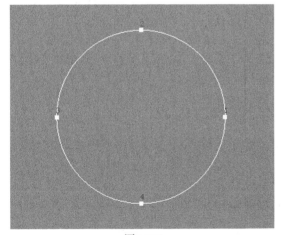
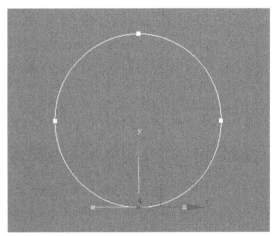

图6-132　　　　　　　　　　　　图6-133

2. "软选择"卷展栏

"软选择"卷展栏下的参数选项允许部分地选择显式选择邻接处中的子对象，如图6-134所示。这将会使显式选择的行为就像被磁场包围了一样。在对子对象进行变换时，在场中被部分选定的子对象就会以平滑的方式进行绘制。

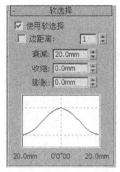

- ❖ 使用软选择：启用该选项后，3ds Max会将样条线曲线变形应用到所变换的选择周围的未选定子对象。
- ❖ 边距离：启用该选项后，可以将软选择限制到指定的边数。
- ❖ 衰减：用以定义影响区域的距离，它是用当前单位表示的从中心到球体的边的距离。使用越高的"衰减"数值，就可以实现更平缓的斜坡。
- ❖ 收缩：用于沿着垂直轴提高并降低曲线的顶点。数值为负数时，将生成凹陷，而不是点；数值为0时，收缩将跨越该轴生成平滑变换。
- ❖ 膨胀：用于沿着垂直轴展开和收缩曲线。受"收缩"选项的限制，"膨胀"选项设置膨胀的固定起点。"收缩"值为0mm并且"膨胀"值为1mm时，将会产生最为平滑的凸起。
- ❖ 软选择曲线图：以图形的方式显示软选择是如何进行工作的。

3. "几何体"卷展栏

"几何体"卷展栏下是一些编辑样条线对象和子对象的相关参数与工具，如图6-135所示。

- ❖ 新顶点类型：该选项组用于选择新顶点的类型。
  - ◇ 线性：新顶点具有线性切线。
  - ◇ Bezier：新顶点具有Bezier切线。
  - ◇ 平滑：新顶点具有平滑切线。
  - ◇ Bezier角点：新顶点具有Bezier角点切线。
- ❖ 创建线 [创建线]：向所选对象添加更多样条线。这些线是独立的样条线子对象。
- ❖ 断开 [断开]：在选定的一个或多个顶点拆分样条线。选择一个或多个顶点，然后单击"断开"按钮 [断开]可以创建拆分效果。
- ❖ 附加 [附加]：将其他样条线附加到所选样条线。
- ❖ 附加多个 [附加多个]：单击该按钮可以打开"附加多个"对话框，该对话框包含场景中所有其他图形的列表。

图6-135

- ❖ 重定向：启用该选项后，将重新定向附加的样条线，使每个样条线的创建局部坐标系与所选样条线的创建局部坐标系对齐。
- ❖ 横截面 [横截面]：在横截面形状外面创建样条线框架。
- ❖ 优化 [优化]：这是最重要的工具之一，可以在样条线上添加顶点，且不更改样条线的曲率值。
- ❖ 连接：启用该选项时，通过连接新顶点可以创建一个新的样条线子对象。使用"优化"工具 [优化]添加顶点后，"连接"选项会为每个新顶点创建一个单独的副本，然后将所有副本与一个新样条线相连。

❖ 线性：启用该选项后，通过使用"角点"顶点可以使新样条线中的所有线段成为线性的。

❖ 绑定首点：启用该选项后，可以使在优化操作中创建的第一个顶点绑定到所选线段的中心。

❖ 闭合：如果用该选项后，将连接新样条线中的第一个和最后一个顶点，以创建一个闭合的样条线；如果关闭该选项，"连接"选项将始终创建一个开口样条线。

❖ 绑定末点：启用该选项后，可以使在优化操作中创建的最后一个顶点绑定到所选线段的中心。

❖ 连接复制：该选项组在"线段"级别下使用，用于控制是否开启连接复制功能。

　　◇ 连接：启用该选项后，按住Shift键复制线段的操作将创建一个新的样条线子对象，以及将新线段的顶点连接到原始线段顶点的其他样条线。

　　◇ 阈值距离：确定启用"连接复制"选项时将使用的距离软选择。数值越高，创建的样条线就越多。

❖ 端点自动焊接：该选项组用于自动焊接样条线的端点。

　　◇ 自动焊接：启用该选项后，会自动焊接在与同一样条线的另一个端点的阈值距离内放置和移动的端点顶点。

　　◇ 阈值距离：用于控制在自动焊接顶点之前，顶点可以与另一个顶点接近的程度。

❖ 焊接 焊接 ：这是最重要的工具之一，可以将两个端点顶点或同一样条线中的两个相邻顶点转化为一个顶点。

❖ 连接 连接 ：连接两个端点顶点以生成一个线性线段。

❖ 插入 插入 ：插入一个或多个顶点，以创建其他线段。

❖ 设为首顶点 设为首顶点 ：指定所选样条线中的哪个顶点为第一个顶点。

❖ 熔合 熔合 ：将所有选定顶点移至它们的平均中心位置。

❖ 反转 反转 ：该工具在"样条线"级别下使用，用于反转所选样条线的方向。

❖ 循环 循环 ：选择顶点以后，单击该按钮可以循环选择同一条样条线上的顶点。

❖ 相交 相交 ：在属于同一个样条线对象的两个样条线的相交处添加顶点。

❖ 圆角 圆角 ：在线段会合的地方设置圆角，以添加新的控制点。

❖ 切角 切角 ：用于设置形状角部的倒角。

❖ 轮廓 轮廓 ：这是最重要的工具之一，在"样条线"级别下使用，用于创建样条线的副本。

❖ 中心：如果关闭该选项，原始样条线将保持静止，而仅仅一侧的轮廓偏移到"轮廓"工具指定的距离；如果启用该选项，原始样条线和轮廓将从一个不可见的中心线向外移动由"轮廓"工具指定的距离。

❖ 布尔：对两个样条线进行2D布尔运算。

　　◇ 并集 ：将两个重叠样条线组合成一个样条线。在该样条线中，重叠的部分会被删除，而保留两个样条线不重叠的部分，构成一个样条线。

　　◇ 差集 ：从第1个样条线中减去与第2个样条线重叠的部分，并删除第2个样条线中剩余的部分。

　　◇ 交集 ：仅保留两个样条线的重叠部分，并且会删除两者的不重叠部分。

❖ 镜像：对样条线进行相应的镜像操作。

　　◇ 水平镜像 ：沿水平方向镜像样条线。

　　◇ 垂直镜像 ：沿垂直方向镜像样条线。

　　◇ 双向镜像 ：沿对角线方向镜像样条线。

　　◇ 复制：启用该选项后，可以在镜像样条线时复制（而不是移动）样条线。

　　◇ 以轴为中心：启用该选项后，可以以样条线对象的轴点为中心镜像样条线。

❖ 修剪 修剪 ：清理形状中的重叠部分，使端点接合在一个点上。

❖ 延伸 延伸 ：清理形状中的开口部分，使端点接合在一个点上。

❖ 无限边界：为了计算相交，启用该选项可以将开口样条线视为无穷长。

❖ 切线：使用该选项组中的工具可以将一个顶点的控制柄复制并粘贴到另一个顶点。

　◇ 复制 复制 ：激活该按钮，然后选择一个控制柄，可以将所选控制柄切线复制到缓冲区。

　◇ 粘贴 粘贴 ：激活该按钮，然后单击一个控制柄，可以将控制柄切线粘贴到所选顶点。

　◇ 粘贴长度：如果启用该选项后，还可以复制控制柄的长度；如果关闭该选项，则只考虑控制柄角度，而不改变控制柄长度。

❖ 隐藏 隐藏 ：隐藏所选顶点和任何相连的线段。

❖ 全部取消隐藏 全部取消隐藏 ：显示任何隐藏的子对象。

❖ 绑定 绑定 ：允许创建绑定顶点。

❖ 取消绑定 取消绑定 ：允许断开绑定顶点与所附加线段的连接。

❖ 删除 删除 ：在"顶点"级别下，可以删除所选的一个或多个顶点，以及与每个要删除的顶点相连的那条线段；在"线段"级别下，可以删除当前形状中任何选定的线段。

❖ 关闭 关闭 ：通过将所选样条线的端点顶点与新线段相连，以关闭该样条线。

❖ 拆分 拆分 ：通过添加由指定的顶点数来细分所选线段。

❖ 分离 分离 ：允许选择不同样条线中的几个线段，然后拆分（或复制）它们，以构成一个新图形。

　◇ 同一图形：启用该选项后，将关闭"重定向"功能，并且"分离"操作将使分离的线段保留为形状的一部分（而不是生成一个新形状）。如果还启用了"复制"选项，则可以结束在同一位置进行的线段的分离副本。

　◇ 重定向：移动和旋转新的分离对象，以便对局部坐标系进行定位，并使其与当前活动栅格的原点对齐。

　◇ 复制：复制分离线段，而不是移动它。

❖ 炸开 炸开 ：通过将每个线段转化为一个独立的样条线或对象，来分裂任何所选样条线。

　◇ 到：设置炸开样条线的方式，包含"样条线"和"对象"两种。

❖ 显示：控制是否开启"显示选定线段"功能。

　◇ 显示选定线段：启用该选项后，与所选顶点子对象相连的任何线段将高亮显示为红色。

6.3.3 横截面

功能介绍

　　这个修改器常用于建筑内部结构，通过连接多个三维曲线的顶点形成三维线框，再通过"曲面"修改器创建表面面片，示意图和参数如图6-136所示。

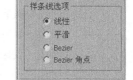

图6-136

参数详解

　　这里提供了4种样条线顶点的属性，和样条线顶点的属性完全相同。

❖ 线性：顶点之间以直线连接，角点处无平滑过渡。

❖ 平滑：强制把线段变成圆滑曲线，但仍和顶点呈相切状态，无调节手柄。

❖ Bezier：提供两根调节杆，但两根调节杆呈一直线并与顶点相切，使顶点两侧的曲线总保持平衡。

❖ Bezier角点：两根调节杆均可随意调节自己的曲率。

6.3.4　曲面

功能介绍

该修改器主要用于配合"横截面"工具完成模型的制作。它的优点在于能以准确、简练的线条构建出模型的空间网格，每一点都是网框上线条的交点，没有独立的点存在，而且对内存的利用率高，系统运算快，其参数面板如图6-137所示。

图6-137

参数详解

- ❖ 阈值：指定焊接顶点的距离范围，在这个距离范围内的所有顶点，都被作为空间中的同一个顶点。
- ❖ 翻转法线：翻转面片表面的法线方向。
- ❖ 移除内部面片：勾选时，移除由于多余计算产生的不需要面片，一般情况，这些面片是看不到的。
- ❖ 仅使用选定分段：勾选后，将只在子对象级别选择的线段上创建面片。
- ❖ 步数：控制曲线的平滑度。步幅值越高，在两点间获得的曲线越平滑。

6.3.5　删除样条线

功能介绍

该修改器用于删除其下修改堆栈中选择的子对象集合，包括顶点、分段、样条线，它是针对"样条线选择"的修改命令，不会将指定部分真正删除。当用户重新需要那些被删除的部分时，只要将这个修改命令删除就可以了。这个修改器没有可调节的参数，直接使用即可。

6.3.6　车削

功能介绍

"车削"修改器可以通过围绕坐标轴旋转一个图形或NURBS曲线来生成3D对象，其参数设置面板如图6-138所示。

参数详解

- ❖ 度数：设置对象围绕坐标轴旋转的角度，其范围为0°～360°，默认值为360°。
- ❖ 焊接内核：通过焊接旋转轴中的顶点来简化网格。
- ❖ 翻转法线：使物体的法线翻转，翻转后物体的内部会外翻。
- ❖ 分段：在起始点之间设置在曲面上创建的插补线段的数量。

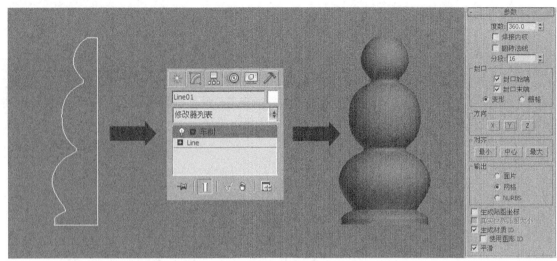

图6-138

❖ 封口：如果设置的车削对象的"度数"小于360°，该选项用来控制是否在车削对象的内部创建封口。

　◈ 封口始端：车削的起点，用来设置封口的最大程度。

　◈ 封口末端：车削的终点，用来设置封口的最大程度。

　◈ 变形：按照创建变形目标所需的可预见且可重复的模式来排列封口面。

　◈ 栅格：在图形边界的方形上修剪栅格中安排的封口面。

❖ 方向：设置轴的旋转方向，共有x、y和z这3个轴可供选择。

❖ 对齐：设置对齐的方式，共有"最小"、"中心"和"最大"3种方式可供选择。

❖ 输出：指定车削对象的输出方式，共有以下3种。

　◈ 面片：产生一个可以折叠到面片对象中的对象。

　◈ 网格：产生一个可以折叠到网格对象中的对象。

　◈ NURBS：产生一个可以折叠到NURBS对象中的对象。

【练习6-9】：用车削修改器制作餐具

本练习的餐具效果如图6-139所示。

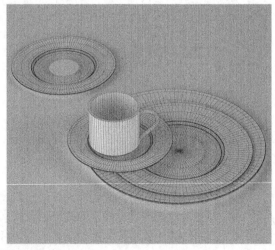

图6-139

Step 01 下面制作盘子模型。使用"线"工具 <u>线</u> 在前视图中绘制一条如图6-140所示的样条线。

Step 02 进入"顶点"级别，然后选择如图6-141所示的6个顶点，接着在"几何体"卷展栏下单击"圆角"按钮 <u>圆角</u> ，最后在前视图中拖曳光标创建出圆角，效果如图6-142所示。

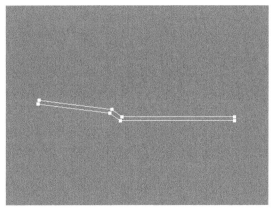

图6-140

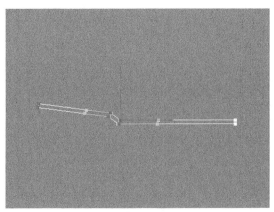

图6-141

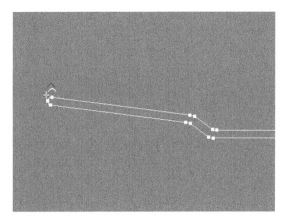

图6-142

Step 03 为样条线加载一个"车削"修改器，然后在"参数"卷展栏下设置"分段"为60，接着设置"方向"为y轴 <u>Y</u> 、"对齐"方式为"最大" <u>最大</u> ，具体参数设置及模型效果如图6-143所示。

Step 04 为盘子模型加载一个"平滑"修改器（采用默认设置），效果如图6-144所示。

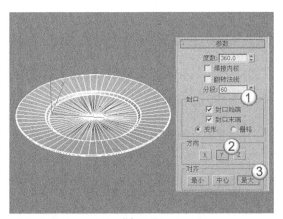

图6-143

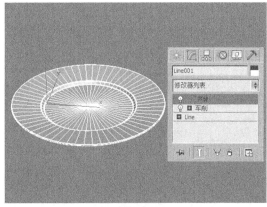

图6-144

Step 05 利用复制功能复制两个盘子，然后用"选择并均匀缩放"工具 将复制的盘子缩放到合适的大小，完成后的效果如图6-145所示。

Step 06 下面制作杯子模型。使用"线"工具 <u>线</u> 在前视图中绘制一条如图6-146所示的样条线。

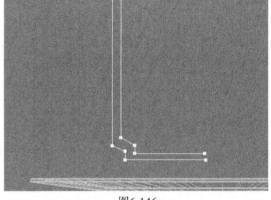

图6-145   图6-146

Step 07 进入"顶点"级别，然后选择如图6-147所示的6个顶点，接着在"几何体"卷展栏下单击 "圆角"按钮 ▢ 圆角 ▢ ，最后在前视图中拖曳光标创建出圆角，效果如图6-148所示。

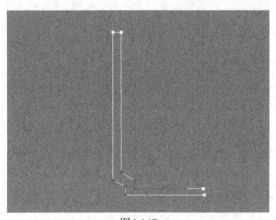

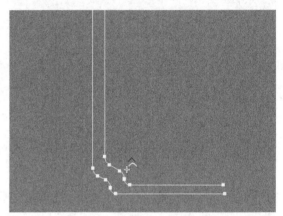

图6-147   图6-148

Step 08 为样条线加载一个"车削"修改器，然后在"参数"卷展栏下设置"分段"为60，接着 设置"方向"为y轴 ▢ Y ▢ 、"对齐"方式为"最大" ▢ 最大 ▢ ，具体参数设置及模型效果如图6-149所示。

Step 09 下面制作杯子的把手模型。使用"线"工具 ▢ 线 ▢ 在前视图中绘制一条如图6-150所示 的样条线。

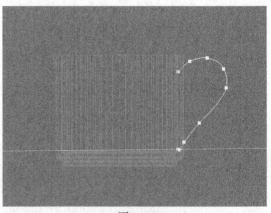

图6-149   图6-150

Step 10　选择样条线，然后在"渲染"卷展栏下勾选"在渲染中启用"和"在视口中启用"选项，接着设置"径向"的"厚度"为8mm，具体参数设置及模型效果如图6-151所示，最终效果如图6-152所示。

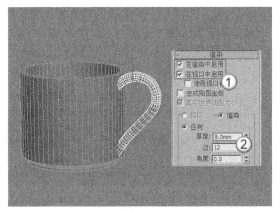

图6-151

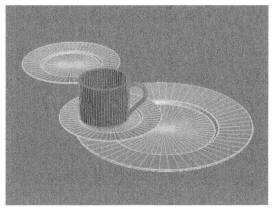

图6-152

【练习6-10】：用车削修改器制作高脚杯

本练习的高脚杯效果如图6-153所示。

图6-153

Step 01　下面制作第1个高脚杯。使用"线"工具 　线　 在前视图中绘制出如图6-154所示的样条线。

Step 02　为样条线加载一个"车削"修改器，然后在"参数"卷展栏下设置"分段"为50，接着设置"方向"为y轴 Y 、"对齐"方式为"最大" 最大 ，具体参数设置及模型效果如图6-155所示。

Step 03　下面制作第2个高脚杯。使用"线"工具 　线　 在前视图中绘制出如图6-156所示的样条线。

Step 04 为样条线加载一个"车削"修改器，然后在"参数"卷展栏下设置"分段"为50，接着设置"方向"为y轴 Y 、"对齐"方式为"最大" 最大 ，具体参数设置及模型效果如图6-157所示。

图6-154

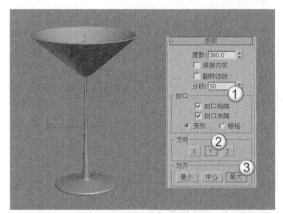

图6-155

图6-156

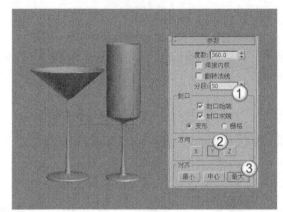

图6-157

Step 05 下面制作第3个高脚杯。使用"线"工具 线 在前视图中绘制出如图6-158所示的样条线。

Step 06 为样条线加载一个"车削"修改器，然后在"参数"卷展栏下设置"分段"为50，接着设置"方向"为y轴 Y 、"对齐"方式为"最大" 最大 ，最终效果如图6-159所示。

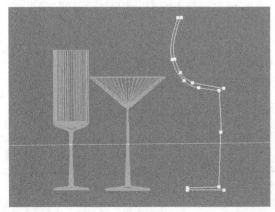

图6-158

图6-159

6.3.7 规格化样条线

功能介绍

该修改器用于增加新的控制点到曲线，并且重新调节顶点的位置，使它们均匀分布在曲线上。常用于路径动画中，保持运动对象的速度不变，其参数面板如图6-160所示。

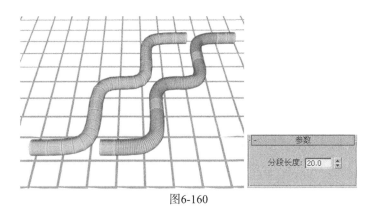

图6-160

参数详解

❖ 分段长度：控制重新分布到曲线上的顶点数量。

6.3.8 圆角/切角

功能介绍

专用于样条线的加工，对直角转折点进行加线处理，产生圆角或切角效果。圆角会在转角处增加更多的顶点；切角会倒折角，增加一个点与选择点之间形成一个线段。在"编辑样条线"修改器的子对象级别中也有圆角和倒角功能，与这里产生的效果是一样的。但这里进行的圆角和倒角操作会记录在堆栈层级中，方便以后的反复编辑。该修改器的参数面板和功能示意如图6-161所示。

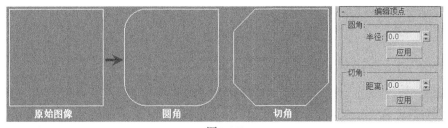

图6-161

执行"圆角/切角"命令后，可以进入它的顶点子对象级进行点的编辑，包括移动、旋转、缩放，但点的属性只有在角点和Bezier角点时才能正确执行圆角和切角操作。

参数详解

❖ 半径：设置圆角的半径大小。
❖ 距离：设置切角的距离大小。
❖ 应用：将当前设置指定给选择点。

6.3.9 修剪/延伸

功能介绍

专用于样条线的加工，对于复杂交叉的样条线，使用这个工具可以轻松地去掉交叉或重新连接交叉点，被去掉交叉的断点会自动重新闭合。在"编辑样条线"修改器中也有同样的功能，用法也相同。但这里进行的修剪/延伸操作会记录在堆栈层级中，可以反复调节。该修改器的参数面板和功能示意如图6-162所示。

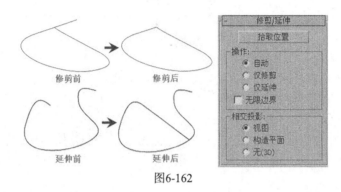

图6-162

参数详解

❖ 拾取位置：单击此按钮，然后在视图中选择位置单击，进行修剪或延伸修改。

❖ 自动：自动进行修剪或延伸，在单击位置点后，系统自动进行判断，能修剪的进行修剪，能延伸的进行延伸。

❖ 仅修剪：只进行修剪操作。

❖ 仅延伸：只进行延伸操作。

❖ 无限边界：选择此选项，系统将以无限远处为界限进行修剪，扩展计算。

❖ 视图：对当前视图显示的交叉进行修改。

❖ 构造平面：对构造平面上的交叉进行修改。

❖ 无（3D）：仅对三维空间中真正的交叉进行修改。

6.3.10 可渲染样条线

功能介绍

该修改器可以直接设置样条线的可渲染属性，而不用将样条线转换为可编辑样条线。可以同时对多个样条线应用该修改器，其参数面板如图6-163所示。

参数详解

"可渲染样条线"修改器的参数选项用于控制样条线的可渲染属性，可以设置渲染时的类型、参数和贴图坐标，还能进行动画设置。

❖ 在渲染中启用：勾选此选项，线条在渲染时具有实体效果。

❖ 在视口中启用：勾选此选项，线条在视口中显示实体效果。

图6-163

❖ 使用视口设置：当勾选"在视口中启用"时，此选项才可用。不勾选此项，样条线在视口中的显示设置保持与渲染设置相同；勾选此项，可以为样条线单独设置显示属性，通常用于提高显示速度。

❖ 生成贴图坐标：用于控制贴图位置。

❖ 真实世界贴图大小：不勾选此项，贴图大小符合创建对象的尺寸；勾选此项，贴图大小由绝对尺寸决定，与对象的相对尺寸无关。

❖ 视口：设置图形在视口中的显示属性。只有勾选"在视口中启用"和"使用视口设置"时，此选项才可用。

❖ 渲染：设置样条线在渲染输出时的属性。

❖ 径向：将样条线渲染或显示为截面为圆形或多边形的实体。

    ◇ 厚度：可以控制渲染或显示时线条的粗细程度。

    ◇ 边：设置渲染或显示样条线的边数。

    ◇ 角度：调节横截面的渲染角度。

❖ 矩形：将样条线渲染或显示为截面为长方体的实体。

    ◇ 长度：设置长方形截面的长度。

    ◇ 宽度：设置长方形截面的宽度。

    ◇ 角度：调节横截面的旋转角度。

    ◇ 纵横比：长方形截面的长宽比值。此参数与"长度"和"宽度"值是联动的，改变长度或宽度值，纵横比值就会自动更新；改变纵横比值时，长度值会自动更新。如果单击后面的⊚按钮，则将保持纵横比不变，此时调整长度或宽度值，另一个参数值会相应发生改变。

❖ 自动平滑：勾选此选项，按照下面的"阈值"设定对可渲染的样条线实体进行自动平滑处理。

❖ 阈值：如果两个相邻表面法线之间的夹角小于阈值的角（单位为度），则指定相同的平滑组。

6.3.11 扫描

功能介绍

该修改器可用于将样条线或NURBS曲线路径挤压出截面，它类似"放样"操作，但与放样相比，扫描工具会显得更加简单而有效率，能让用户轻松快速地得到想要的结果，其参数面板如图6-164所示。"扫描"修改器自带截面图形，同时还允许用户自定义截面图形的形状，以便生成各种复杂的三维实体模型。在创建结构钢细节、建模细节或任何需要沿着样条线挤出截面的情况时，该修改器都会非常有用。

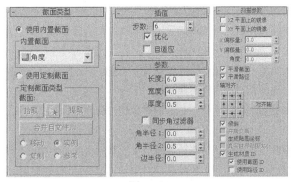

图6-164

参数详解

1. "截面类型"卷展栏

❖ 使用内置截面：选择此项后，用户可以选择内置任一可用截面，选定了截面后还可以在参数栏中对截面进行修改。

❖ 内置截面：在其下拉列表中可以选择内置截面图形，如图6-165所示。

图6-165

◇ 角度：一种结构角的截面类型，这是默认的截面类型。

◇ 条：以2D矩形条作为截面对曲线进行扫描。

◇ 通道：以U形通道结构曲线作为截面沿着曲线进行扫描。

◇ 圆柱体：以圆柱体作为截面沿着曲线进行扫描。

◇ 半圆：以半圆作为截面沿着曲线进行扫描。

◇ 管道：以管道作为截面沿着曲线进行扫描。

◇ 1/4圆：以1/4圆作为截面沿着曲线进行扫描。

◇ T形：以T形字母结构为截面沿着曲线进行扫描。

◇ 管状体：以方形管状结构作为截面沿着曲线进行扫描。

◇ 宽法兰：以扩展凸形结构作为截面沿着曲线进行扫描。

❖ 使用定制截面：选择此项，用户可以自定义截面，也可以选择场景中的对象或其他3ds Max文件中的对象作为截面。

❖ 定制截面类型：在下面的参数栏中提供了定制截面的一些功能和参数。

◇ 拾取：单击此按钮后，可直接从场景拾取图形作为自定义横截面。

◇ （拾取图形）：单击此按钮后，可以弹出"拾取图形"对话框，可以在对话框中选择想要作为截面的图形。

◇ 提取：单击此按钮后，可以将场景中当前对象的自定义截面以复制、实例或关联的方式提取出来。

◇ 合并自文件：单击此按钮后，可以从另一个3ds Max文件中选择想要的截面图形。

◇ 移动：选择此项，扫描后作为截面的图形将不再存在。

◇ 实例：选择此项，扫描后作为截面的对象仍然存在并保持各自独立，对截面曲线的修改不影响扫描对象。

◇ 复制：选择此项，扫描后对原始截面对象的修改将同时影响到扫描对象。

◇ 参考：选择此项，扫描后对原始截面对象的修改将同时影响到扫描对象，对扫描对象的修改将不影响原始截面对象。

2. "插值"卷展栏

❖ 步数：设置截面图形的步数。数值越高，扫描对象的表面越光滑。如图6-166所示，左图是设置步数为0的扫描效果，右图是设置步数为4的扫描效果，右图明显要光滑很多。

❖ 优化：选择该选项，系统自动去除直线截面上多余的步数。如图6-167所示，左图在扫描时启用了优化，右图在扫描时没有启用优化，可以看出左图对多余步数进行了优化处理。

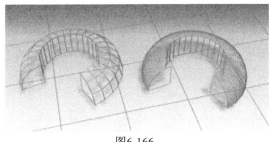

图6-166   图6-167

❖ 自适应：系统自动对截面进行处理，不用管设置的步数值和优化。

3. "参数"卷展栏

该卷展栏的参数主要为内置截面设置角度、弧度、大小等性质，不同的截面图形有着不同的参数。

❖ 当选择"角度"截面时，其参数如图6-168所示。

◇ 长度：设置角度截面垂直腿上的长度。

◇ 宽度：设置角度截面水平腿上的长度。

◇ 厚度：设置角度截面水平和垂直腿上的厚度。

◇ 同步角过滤器：选择该项后，"角半径1"控制垂直腿和水平腿之间内外角的半径，但保持截面的厚度不变。

◇ 角半径1：控制垂直腿和水平腿之间外角的半径。

◇ 角半径2：控制垂直腿和水平腿之间内角的半径。

◇ 边半径：控制垂直腿和水平腿上最外边内半径的值。

图6-168

❖ 当选择"条"截面时，其参数如图6-169所示。

◇ 长度：设置条截面的长度。

◇ 宽度：设置条截面的厚度。

◇ 角半径：设置截面4个角的半径值，值越大边越圆滑。

图6-169

❖ 当选择"通道"截面时，其参数如图6-170所示。

◇ 长度：设置通道截面垂直方向上的长度。

◇ 宽度：设置通道截面顶部和底部水平腿上的宽度。

◇ 厚度：设置通道截面水平和垂直腿上的厚度。

◇ 同步角过滤器：选择该项后，"角半径1"控制垂直腿和水平腿之间内外角的半径，但保持截面的厚度不变。

◇ 角半径1：控制垂直腿和水平腿之间外角的半径。

◇ 角半径2：控制垂直腿和水平腿之间内角的半径。

图6-170

❖ 当选择"圆柱体"截面时，其参数如图6-171所示。
  ◇ 半径：设置圆柱体截面的半径。

图6-171

❖ 当选择"半圆"截面时，其参数如图6-172所示。
  ◇ 半径：设置半圆截面的半径。

图6-172

❖ 当选择"管道"截面时，其参数如图6-173所示。
  ◇ 半径：设置管道截面的外半径。
  ◇ 厚度：设置管道的厚度。

图6-173

❖ 当选择"1/4圆"截面时，其参数如图6-174所示。
  ◇ 半径：设置1/4圆的半径。

图6-174

❖ 当选择"T形"截面时，其参数如图6-175所示。
  ◇ 长度：设置T形截面垂直方向上的长度。
  ◇ 宽度：设置T形截面水平方向上的宽度。
  ◇ 厚度：设置T形截面的厚度。
  ◇ 角半径：设置T形截面水平腿和垂直腿交叉处的内半径。

图6-175

❖ 当选择"管状体"截面时，其参数如图6-176所示。
  ◇ 长度：设置管状体截面的长度。
  ◇ 宽度：设置管状体截面的宽度。
  ◇ 厚度：设置管子的厚度。
  ◇ 同步角过滤器：勾选该项后，"角半径1"控制管状体外侧
    和内侧的角半径，保持截面厚度不变。
  ◇ 角半径1：设置管子4个角外部的角半径。
  ◇ 角半径2：设置管子4个角内部的角半径。

图6-176

❖ 当选择"宽法兰"截面时，其参数如图6-177所示。
  ◇ 长度：设置宽法兰垂直方向上的长度。
  ◇ 宽度：设置宽法兰水平方向上的宽度。
  ◇ 厚度：设置宽法兰的厚度。
  ◇ 角半径：设置宽法兰的4个内角的圆角半径。

图6-177

4. "扫描参数"卷展栏

❖ XZ平面上镜像：勾选此项，截面将沿着XZ平面进行镜像翻转。
❖ XY平面上镜像：勾选此项，截面将沿着XY平面进行镜像翻转。如图6-178所示，左图是
  起用了"XZ平面上镜像"选项，右图是起用了"XY平面上镜像"选项。
❖ X偏移量：相当于基本样条线移动截面的水平位置。
❖ Y偏移量：相当于基本样条线移动截面的垂直位置。

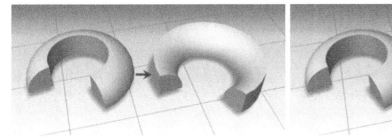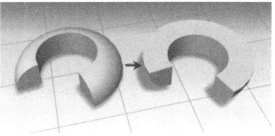

图6-178

- ❖ 角度：相当于基本样条线所在的平面旋转截面。
- ❖ 平滑截面：勾选此项，生成扫描对象时自动圆滑扫描对象的截面表面。
- ❖ 平滑路径：勾选此项，生成扫描对象时自动圆滑扫描对象的路径表面。
- ❖ 轴对齐：提供帮助将截面与基本样条线路径对齐的2D栅格。选择9个按钮之一来围绕样条线路径移动截面的轴。
- ❖ 对齐轴：单击该按钮将直接在视口中选择要对齐的轴心点。
- ❖ 倾斜：选择该项，只要路径弯曲并改变其局部z轴的高度，截面便围绕样条线路径旋转。如果样条线路径为2D，则忽略倾斜。如果禁用，则图形在穿越3D路径时不会围绕其z轴旋转。默认设置为启用。
- ❖ 并集交集：当样条线自身存在相互交叉的线段时，勾选此项表示在生成扫描对象时，交叉的线段的公共部分会生成新面，而取消勾选则表示交叉部分不生成新面，交叉的线段仍然按照各自的走向生成面。
- ❖ 生成贴图坐标：生成扫描对象时自动生成贴图坐标。
- ❖ 真实世界贴图大小：用来控制给指定对象应用材质纹理贴图时的贴图缩放方式。
- ❖ 生成材质ID：扫描时生成材质ID。
- ❖ 使用截面ID：使用截面ID
- ❖ 使用路径ID：使用路径ID。

【练习6-11】：用样条线制作创意桌子

本练习的创意桌子效果如图6-179所示。

图6-179

Step 01 设置图形类型为"样条线",然后使用"矩形"工具 [矩形] 在顶视图中绘制一个矩形,接着在"参数"卷展栏下设置"长度"和"宽度"为100mm、"角半径"为20mm,具体参数设置及矩形效果如图6-180所示。

Step 02 选择样条线,然后在"渲染"卷展栏下勾选"在渲染中启用"和"在视口中启用"选项,接着选中"矩形"选项,最后设置"长度"为20mm、"宽度"为8mm,具体参数设置及模型效果如图6-181所示。

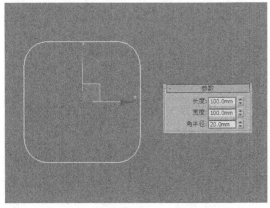

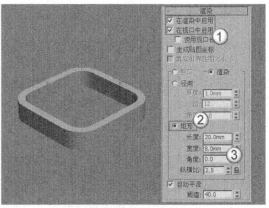

图6-180   图6-181

Step 03 选择模型,然后按住Shift键使用"选择并移动"工具 ⬛ 移动复制10个模型,如图6-182所示。

Step 04 按Ctrl+A组合键全选场景中的所有矩形,然后按住Shift键使用"选择并移动"工具 ⬛ 在顶视图中移动复制一组模型到如图6-183所示的位置。

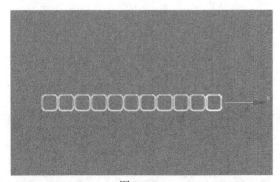

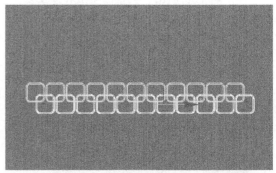

图6-182   图6-183

Step 05 选择左上角的一个矩形,然后单击鼠标右键,接着在弹出的菜单中选择"转换为>转换为可编辑样条线"命令,如图6-184所示。

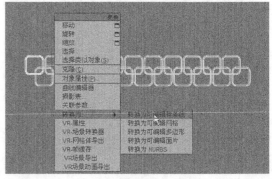

图6-184

Step 06 在"选择"卷展栏下单击"顶点"按钮 ，然后选择如图6-185所示的两个顶点，接着按Delete键删除所选顶点，效果如图6-186所示。

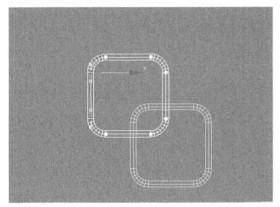

图6-185

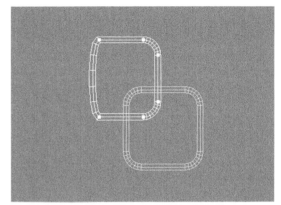

图6-186

Step 07 选择左侧的两个顶点，然后单击鼠标右键，接着在弹出的菜单中选择"角点"命令，如图6-187所示，效果如图6-188所示。

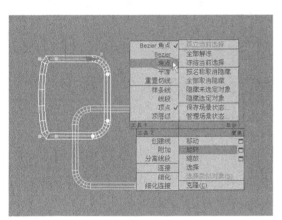

图6-187

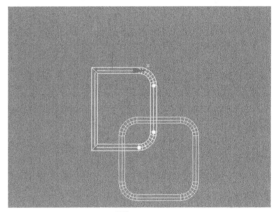

图6-188

Step 08 按W键选择"选择并移动"工具 ，然后将两个顶点向右拖曳到如图6-189所示的位置。

Step 09 采用相同的方法处理好右下角的矩形，完成后的效果如图6-190所示。

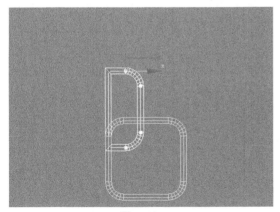

图6-189

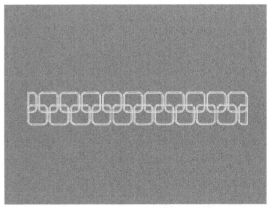

图6-190

Step 10 按Ctrl+A组合键全选场景中的所有矩形，然后按住Shift键使用"选择并移动"工具在顶视图中移动复制9组模型到如图6-191所示的位置。

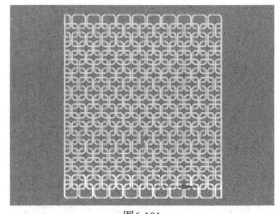

图6-191

Step 11 选择如图6-192所示的11个对象，然后按Delete键将其删除，效果如图6-193所示。

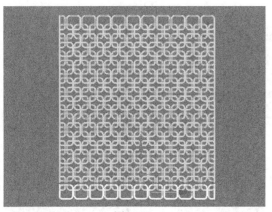

图6-192

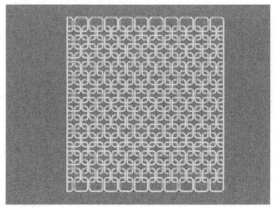

图6-193

Step 12 使用"选择并移动"工具选择如图6-194所示的对象，然后按住Shift键移动复制一个对象，接着使用"选择并旋转"工具和"选择并移动"工具调整好其角度和位置，如图6-195所示。

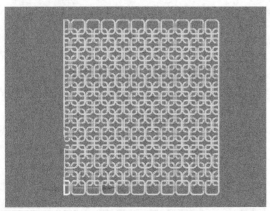

图6-194

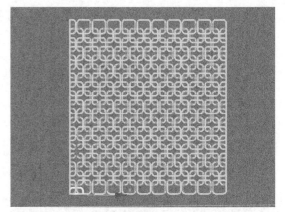

图6-195

Step 13 使用"选择并移动"工具选择上一步调整好的对象，然后按住Shift键向右移动复制9个对象，如图6-196所示。

Step 14 采用相同的方法处理好顶部的模型，完成后的效果如图6-197所示。

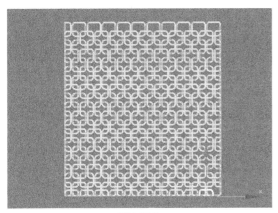

图6-196

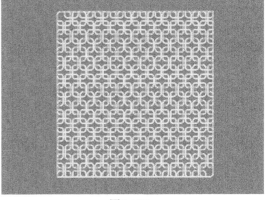

图6-197

Step 15 选择如图6-198所示的矩形，然后按住Shift键使用"选择并移动"工具 在顶视图中向左移动复制一个矩形，接着按Alt+Q组合键进入孤立选择模式，如图6-199所示。

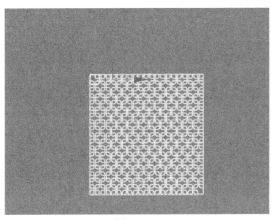

图6-198

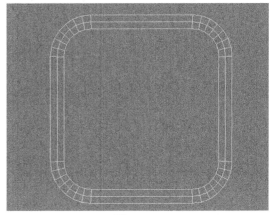

图6-199

Step 16 将矩形转换为可编辑样条线，然后在"选择"卷展栏下单击"线段"按钮 ，进入"线段"级别，接着选择如图6-200所示的线段，最后按Delete键删除所选线段，效果如图6-201所示。

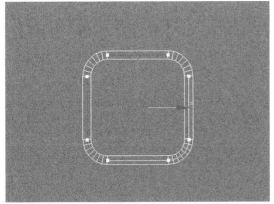

图6-200

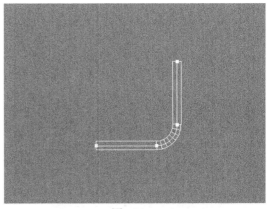

图6-201

Step 17 退出孤立选择模式，然后在"选择"卷展栏下单击"线段"按钮，退出"线段"级别，接着将模型放在如图6-202所示的位置。

> **提示：** 如果要退出孤立选择模式，可以在单击"状态栏"中的"孤立当前选择切换"按钮，即可退出"孤立模式"，如图6-203所示。

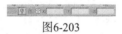
图6-203

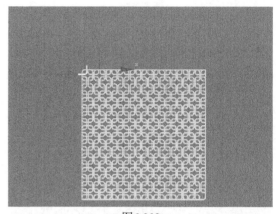
图6-202

Step 18 进入"顶点"级别，然后使用"选择并移动"工具将两个端点调整到如图6-204所示的位置。

Step 19 移动复制一个模型到右下角，然后用"选择并旋转"工具调整好其角度，如图6-205所示。

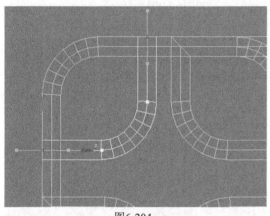
图6-204

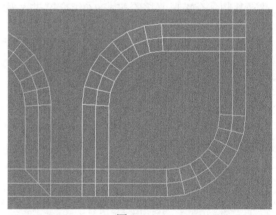
图6-205

Step 20 按Ctrl+A组合键全选场景中所有的对象，然后执行"组>组"菜单命令，接着在弹出的"组"对话框中单击"确定"按钮，如图6-206所示。

Step 21 使用"长方体"工具在左视图中创建一个长方体，然后在"参数"卷展栏下设置"长度"为70mm、"宽度"为20mm、"高度"为900mm，具体参数设置及模型位置如图6-207所示。

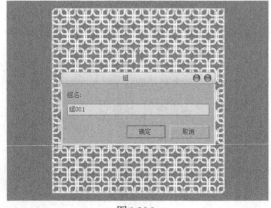
图6-206

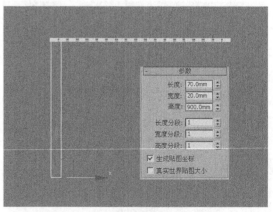
图6-207

Step 22 切换到顶视图，然后按A键激活"角度捕捉切换"工具，然后按住Shift键用"选择并旋转"工具旋转（旋转90°）复制一个长方体，如图6-208所示，接着用"选择并移动"工具调整好其位置，如图6-209所示。

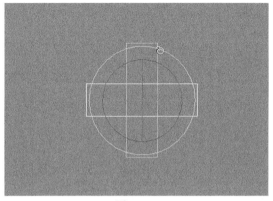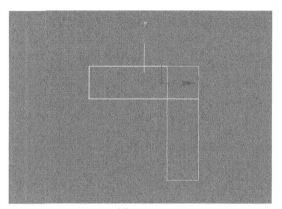

| 图6-208 | 图6-209 |

Step 23 选择两个长方体，然后执行"组>组"菜单命令，将其建立一个组，接着调整好组的位置，如图6-210所示。

Step 24 移动复制3组长方体，然后用"选择并旋转"工具和"选择并移动"工具调整好其角度和位置，最终效果如图6-211所示。

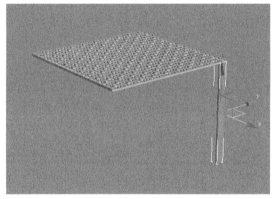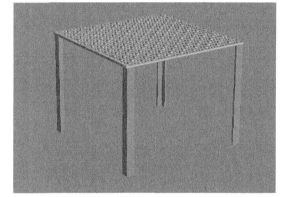

| 图6-210 | 图6-211 |

【练习6-12】：用样条线制作水晶灯

本练习的水晶灯效果如图6-212所示。

图6-212

Step 01 使用"线"工具 线 在前视图中绘制一条如图6-213所示的样条线。

Step 02 选择样条线，然后在"渲染"卷展栏下勾选"在渲染中启用"和"在视口中启用"选项，接着选中"矩形"选项，最后设置"长度"为7mm、"宽度"为4mm，如图6-214所示。

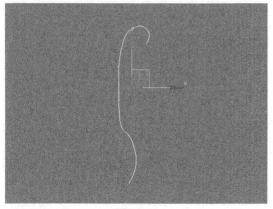

图6-213

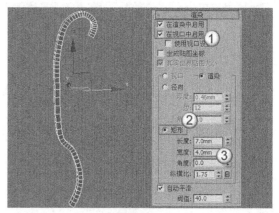

图6-214

Step 03 选择模型，在"创建"面板中单击"层次"按钮切换到"层次"面板，然后在"调整轴"卷展栏下单击"仅影响轴"按钮 仅影响轴 ，接着在前视图中将轴心点拖曳到如图6-215所示的位置，最后再次单击"仅影响轴"按钮 仅影响轴 ，退出"仅影响轴"模式。

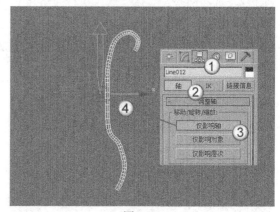

图6-215

技术专题6-2 ["仅影响轴"技术解析]

　　"仅影响轴"技术是一个非常重要的轴心点调整技术。利用该技术调整好轴点的中心以后，就可以围绕这个中心点旋转复制出具有一定规律的对象。比如在如图6-216中有两个球体（这两个球体是在顶视图中的显示效果），如果要围绕红色球体旋转复制3个紫色球体（以90°为基数进行复制），那么就必须先调整紫色球体的轴点中心。具体操作过程如下。

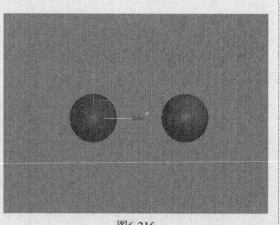

图6-216

第1步：选择紫色球体，在"创建"面板中单击"层次"按钮切换到"层次"面板，然后在"调整轴"卷展栏下单击"仅影响轴"按钮，此时可以观察到紫色球体的轴点中心位置，如图6-217所示，接着用"选择并移动"工具将紫色球体的轴心点拖曳到红色球体的轴点中心位置，如图6-218所示。

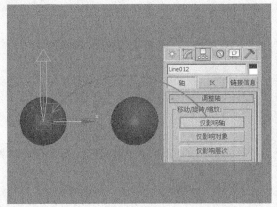

图6-217

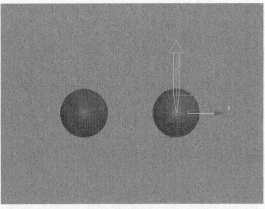

图6-218

第2步：再次单击"仅影响轴"按钮，退出"仅影响轴"模式，然后按住Shift键使用"选择并旋转"工具将紫色球体旋转复制3个（设置旋转角度为90°），如图6-219所示，这样就得到了一组以红色球体为中心的3个紫色球体，效果如图6-220所示。

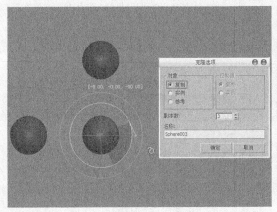

图6-219

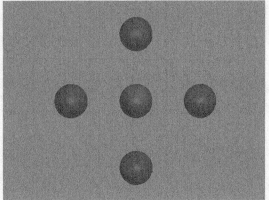

图6-220

Step 04　选择模型，然后按住Shift键使用"选择并旋转"工具旋转复制3个模型，如图6-221所示，效果如图6-222所示。

Step 05　使用"线"工具在前视图中绘制一条如图6-223所示的样条线。

Step 06　选择样条线，然后在"修改器列表"中为其加载一个"车削"修改器，接着在"参数"卷展栏下设置"方向"为y轴、"对齐"方式为"最小"，如图6-224所示。

Step 07　使用"线"工具在前视图中绘制一条如图6-225所示的样条线，然后在"渲染"卷展栏下勾选"在渲染中启用"和"在视口中启用"选项，接着选中"矩形"选项，最后设置"长度"为6mm、"宽度"为4mm，如图6-226所示。

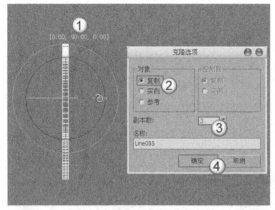

图6-221

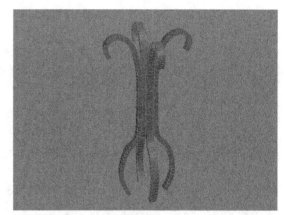

图6-222

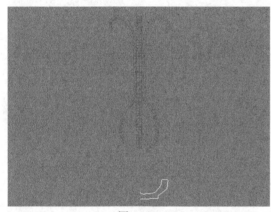

图6-223

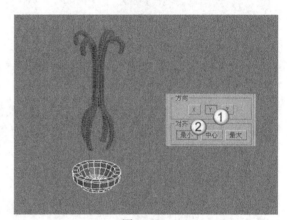

图6-224

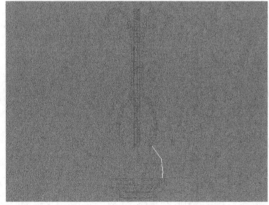

图6-225

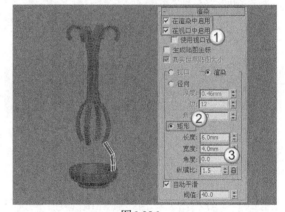

图6-226

Step 08 采用步骤03~步骤04的方法旋转复制3个模型，完成后的效果如图6-227所示。

Step 09 使用"线"工具 ▊线▊ 在前视图中绘制一条如图6-228所示的样条线。

Step 10 选择样条线，然后在"渲染"卷展栏下勾选"在渲染中启用"和"在视口中启用"选项，接着选中"矩形"选项，最后设置"长度"为10mm、"宽度"为4mm，具体参数设置及模型效果如图6-229所示。

Step 11 继续使用"线"工具 ▊线▊ 在前视图中绘制一条如图6-230所示的样条线。

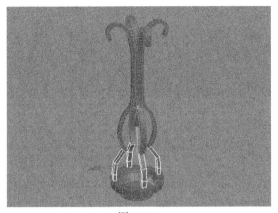

图6-227

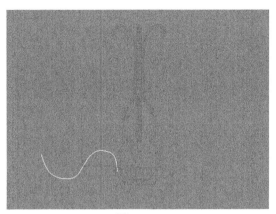

图6-228

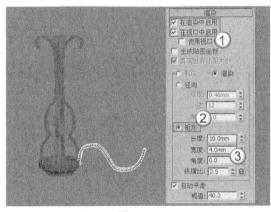

图6-229

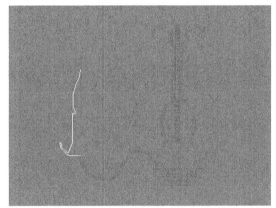

图6-230

Step 12 在"修改器列表"中为样条线加载一个"车削"修改器，然后在"参数"卷展栏下设置"方向"为y轴 Y 、"对齐"方式为"最小" 最小 ，具体参数设置及模型效果如图6-231所示。

Step 13 再次使用"线"工具 线 在前视图中绘制一条如图6-232所示的样条线。

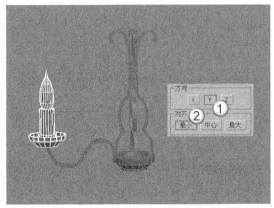

图6-231

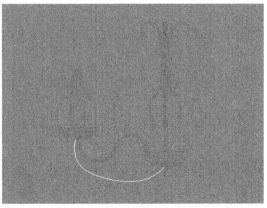

图6-232

Step 14 使用"异面体"工具 异面体 在场景中创建一个大小合适的异面体，然后在"参数"卷展栏下设置"系列"为"十二面体/二十面体"，如图6-233所示。

Step 15 在"主工具栏"中的空白区域单击鼠标右键，然后在弹出的菜单中选择"附加"命令，以调出"附加"工具栏，如图6-234所示。

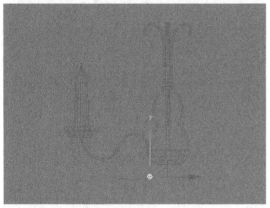

图6-233

图6-234

Step 16 选择异面体，然后在"附加"工具栏中单击"间隔工具"按钮█，打开"间隔工具"对话框，如图6-235所示。

> **提示：** 在默认情况下，"间隔工具"█不会显示在"附加"工具栏上（处于隐藏状态），需要按住鼠标左键单击"阵列"工具█不放，在弹出的工具列表中才能选择"间隔工具"█，如图6-236所示。

图6-235

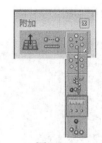

图6-236

Step 17 在"间隔工具"对话框中单击"拾取路径"按钮 ▆拾取路径 ，然后在视图中拾取样条线，接着在"参数"选项组下设置"计数"为20，最后单击"应用"按钮 ▆应用 和"关闭"按钮 ▆关闭 ，具体操作流程及效果如图6-237所示。

Step 18 使用复制功能制作出其他的异面体装饰物，完成后的效果如图6-238所示。

Step 19 使用"异面体"工具 ▆异面体 在场景中创建两个大小合适的异面体，然后在"参数"卷展栏下设置"系列"为"十二面体/二十面体"，如图6-239所示。

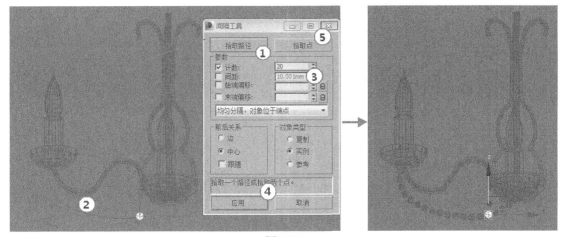

图6-237

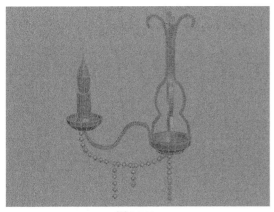

图6-238

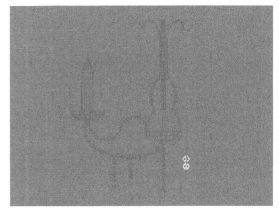

图6-239

Step 20 选择下面的异面体，然后单击鼠标右键，接着在弹出的菜单中选择"转换为>转换为可编辑多边形"命令，如图6-240所示。

Step 21 在"选择"卷展栏下单击"点"按钮，进入"顶点"级别，然后选择所有的顶点，接着用"选择并缩放"工具将其向内缩放压扁，如图6-241所示，接着选择顶部的3个顶点，最后用"选择并移动"工具将其向上拖曳到如图6-242所示的位置。

Step 22 利用复制功能将制作好的吊坠复制到相应的位置，完成后的效果如图6-243所示。

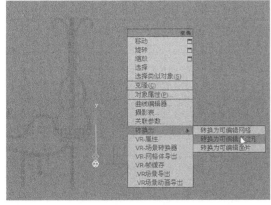

图6-240

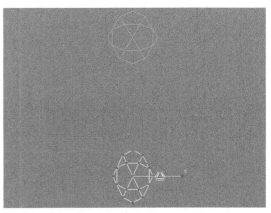

图6-241

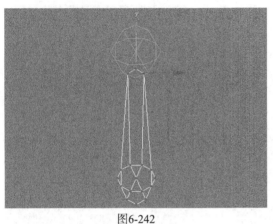

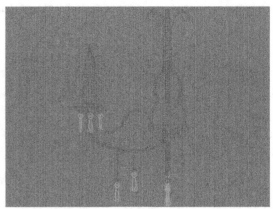

图6-242   图6-243

Step 23 选择如图6-244所示的模型，然后为其创建一个组。

Step 24 选择模型组，然后采用步骤03和步骤04的方法旋转复制3组模型，最终效果如图6-245所示。

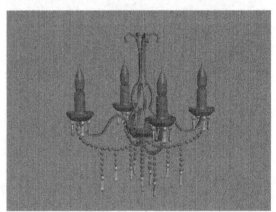

图6-244   图6-245

【练习6-13】：根据CAD图纸制作户型图

本练习的户型图效果如图6-246所示。

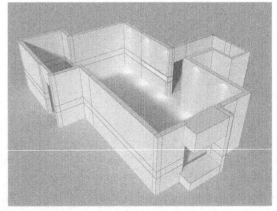

图6-246

Step 01 单击界面左上角的"应用程序"图标 ，然后执行"导入>导入"菜单命令，接着在弹出的"选择要导入的文件"对话框中选择光盘中的"练习文件>第6章>练习6-13.dwg"文件，导入CAD文件后的效果如图6-247所示。

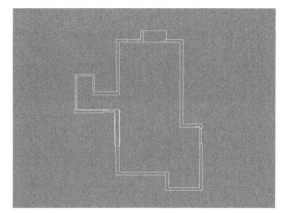

图6-247

提示： 在实际工作中，客户一般都会提供一个CAD图纸文件（即.dwg文件），然后要求建模师根据图纸中的尺寸创建出模型。

Step 02 选择所有的线，然后单击鼠标右键，接着在弹出的菜单中选择"冻结当前选择"命令，如图6-248所示。

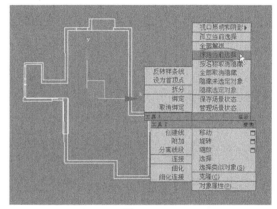

图6-248

提示： 把线设置为冻结线，在绘制线或进行其他操作时，就不用担心失误操作选择到线。

Step 03 在"主工具栏"中的"捕捉开关"按钮 上单击鼠标右键，然后在弹出的"栅格和捕捉设置"对话框中单击"捕捉"选项卡，接着勾选"顶点"选项，如图6-249所示，再单击"选项"选项卡，最后勾选"捕捉到冻结对象"选项，如图6-250所示。

图6-249

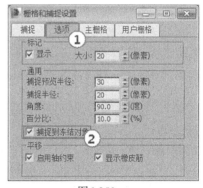

图6-250

Step 04 按S键激活"捕捉开关" ，然后使用"线"工具 根据CAD图纸中的线在顶视图中绘制出如图6-251所示的样条线。

提示： 在参照CAD图纸绘制样条线时，很多情况下，绘制的样条线很可能超出了3ds Max视图中的显示范围，此时可以按一下I键，视图会自动沿绘制的方向进行合适的调整。

Step 05 选择所有的样条线，然后在"修改器列表"中为其加载一个"挤出"修改器，接着在"参数"卷展栏下设置"数量"为2800mm，具体参数设置及模型效果如图6-252所示。

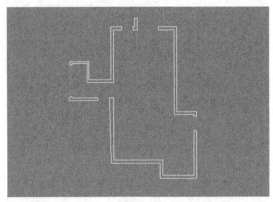

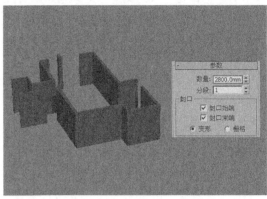

图6-251

图6-252

Step 06 使用"矩形"工具 [矩形] 和"线"工具 [线] 根据CAD图纸中的线在顶视图中绘制出如图6-253所示的图形（黑色的图形）。

Step 07 选择上一步绘制的样条线，然后在"修改器列表"中为其加载一个"挤出"修改器，接着在"参数"卷展栏下设置"数量"为500mm，具体参数设置及模型效果如图6-254所示。

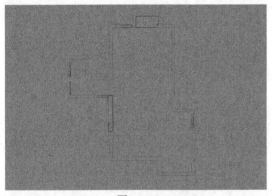

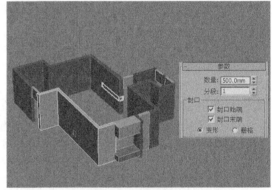

图6-253

图6-254

Step 08 继续使用"线"工具 [线] 根据CAD图纸中的线在顶视图中绘制出如图6-255所示的样条线。由于样条线太多，这里再提供一张孤立选择模式的样条线图，如图6-256所示。

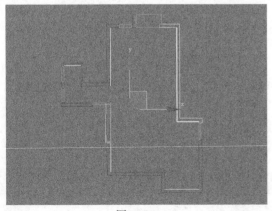

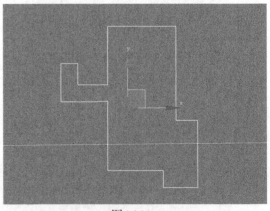

图6-255

图6-256

Step 09 在"修改器列表"中为样条线加载一个"挤出"修改器，然后在"参数"卷展栏下设置"数量"为100mm，最终效果如图6-257所示。

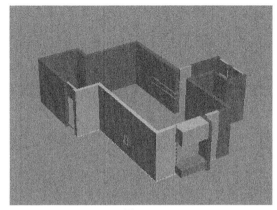

图6-257

6.4　对面片进行编辑

面片建模是基于"面片"的建模方法，它是一种独立的模型类型，在多边形建模基础上发展而来，面片建模解决了多边形表面不易进行弹性（平滑）编辑的难题，可以使用类似于编辑Bezier（贝兹）曲线的方法来编辑曲面。

面片建模的优点在于用来编辑的顶点很少，非常类似NURBS曲面建模，但是没有NURBS要求那么严格，只要是三角形或四边形的面片，都可以自由拼接在一起。面片建模适合于生物建模，不仅容易做出平滑的表面，而且容易生成表皮的褶皱，易于产生各种变形体。

6.4.1　把对象转化为可编辑面片

选择目标对象，然后单击鼠标右键，接着在弹出的菜单中选择"转换为>转换为可编辑面片"命令，如图6-258所示，这样即可将对象转化为可编辑面片。

还有一种转换方法，就是在"修改器列表"中给对象加载一个"编辑面片"修改器，这与6.3.1节介绍的"把样条线转换为可编辑样条线"的两种方法一致，这里就不再细说。

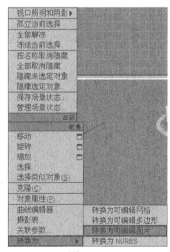

图6-258

6.4.2　编辑面片

功能介绍

"编辑面片"修改器是面片建模最核心的工具，通过该修改器可以对面片的子对象层级进行编辑操作，以便获得需要的模型效果，其参数面板如图6-259所示。

参数详解

1. "选择"卷展栏

❖ 复制：将当前子对象级命名的选择集合复制到剪贴板中。

❖ 粘贴：将剪贴板中复制的选择集合指定到当前子对象级别中。

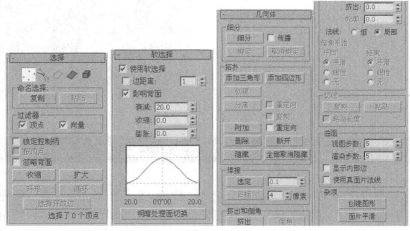

图6-259

❖ 顶点：勾选该项时，可以选择和移动顶点。

❖ 向量：控制对复合顶点进行曲度调节矢量点，它位于控制杆顶端，显示为绿色。

❖ 锁定控制柄：将一个顶点的所有控制手柄锁定，移动一个也会带动其他的手柄移动。

❖ 按顶点：勾选此选项，在选择一个点时，与这个点相连的控制柄、边或面会一同被选择，此选项可在除"顶点"子层级之外的其他子层级中使用。

❖ 忽略背面：控制子对象的选择范围。取消勾选时，不管法线的方向如何，可以选择所有的子对象，包括不被显示的部分。

❖ 收缩：单击该按钮后，可以通过取消选择当前选择集最外围的子对象的方式来缩小选择范围。"控制柄"子层级不能使用该选项。

❖ 扩大：单击该按钮后，可以朝所有可用方向向外扩展选择范围，"控制柄"子层级不能使用该选项。

❖ 环形：单击该按钮后，通过选择与选定边平行的所有边来选定整个对象的四周，仅用于"边"子对象层级。

❖ 循环：单击该按钮后，通过选择与选定边同方向对齐的所有边来选定整个对象四周，仅用于"边"子对象层级。

❖ 选择开放边：单击该按钮后，对象表面不闭合的边会被选择。这个选项只能用于"边"子对象层级。

2. "软选择"卷展栏

❖ 使用软选择：控制是否开启软选择。

❖ 边距离：通过设置衰减区域内边的数目来控制受到影响的区域。

❖ 影响背面：勾选该项时，对选择的子对象背面产生同样的影响，否则只影响当前操作的一面。

❖ 衰减：设置从开始衰减到结束衰减之间的距离。以场景设置的单位进行计算，在图表显示框的下面也会显示距离范围。

❖ 收缩：沿着垂直轴提升或降低顶点。值为负数时，产生弹坑状图形曲线；值为0时，产生平滑的过渡效果。默认值为0。

❖ 膨胀：沿着垂直轴膨胀或收缩顶点。收缩为0、膨胀为1时，产生一个最大限度的光滑膨胀曲线；负值会使膨胀曲线移动到曲面，从而使顶点下压形成山谷的形态。默认值为0。

3. "几何体"卷展栏

❖ "细分"参数组

  ✧ 细分：对选择表面进行细分处理，得到更多的面，使表面平滑。

  ✧ 传播：控制细分设置是否以衰减的形式影响到选择面片的周围。

  ✧ 绑定：用于在同一对象的不同面片之间创建无缝合的连接，并且它们的顶点数可以不相同。单击该按钮后，移动指针到点（不是角点处的点），当指针变为+后，移动指针到另一面片的边线上，同样指针变为+后，释放鼠标，选择点会跳到选择线上，完成绑定，绑定的点以黑色显示。

  ✧ 取消绑定：如要取消绑定，选择绑定的点后，单击"取消绑定"按钮。

❖ "拓扑"参数组

  ✧ 添加三角形：在选择的边上增加一个三角形面片，新增加的面片会沿当前面片的曲率延伸，以保持曲面的平滑。

  ✧ 添加四边形：在选择的边上增加一个四角形面片，新增加的面片会沿当前面片的曲率延伸，以保持曲面的平滑。

  ✧ 创建：在现有的几何体或自由空间创建点、三角形和四边形面片。三角形面片的创建可以在连续单击3次左键后用右键单击结束操作。

  ✧ 分离：将当前选择的面片在当前对象中分离，使它成为一个独立的新对象。可通过"重定向"对分离后的对象重新放置，也可以通过"复制"将选择面片的复制品分离出去。

  ✧ 附加：单击此按钮，单击另外的对象，可以将它转化并合并到当前面片中来。可通过"重定向"对合并后的对象重新放置。

提示： 在附加对象时，两个对象的材质使用以下方法进行合并。

如果两个结合对象中任意一个对象已指定材质，结合后，两个对象共享同一材质。

如果两个对象都已指定材质，在结合时会弹出一个"附加选项"对话框，如图6-260所示。

匹配材质ID到材质：勾选时，合并后对象的子材质数量由合并对象的子材质数量决定。例如，将一个包含有两个子材质的多维材质指定给长方体，长方体被合并后，仅会有两个子材质。使用这个选项，可以保证合并后材质非常精简。

匹配材质到材质ID：勾选时，合并后对象的子材质数量由对象初始的ID数量决定。例如两个长方体，默认情况下材质ID的数量都为6个，如果这两个长方体是单一的材质，在进行合并后，多维材质的数量会是12个，而不是2个，在合并操作中，如果想要保留初始的材质ID分配，可以选择此选项。

  ✧ 删除：将当前选择的面片删除，在删除点、线的同时，也会将共享这些点、线的面片一同删除。

  ✧ 断开：将当前选择点打断，单击此按钮后不会看到效果，但是如果移动断点处，会发现它们已经分离了。

图6-260

  ✧ 隐藏：将选择的面片隐藏，如果选择的是点或线，将隐藏点线所在的面片。

  ✧ 全部取消隐藏：将隐藏的面片全部显示出来。

❖ "焊接"参数组

　❖ 选定：确定可进行顶点焊接的区域面积，当顶点之间的距离小于此值时，它们就会焊接为一个顶点。

　❖ 目标：在视图中将选择的点（或点集）拖曳到要焊接的顶点上（尽量接近），这样会自动进行焊接。

❖ "挤出和倒角"参数组

　❖ 挤出：单击此按钮后，然后拖曳任何边、面片或元素，以便对其进行交互式的挤出操作。

　❖ 倒角：单击此按钮后，移动光标指针到选择的面片上，指针显示会发生变化。按住鼠标左键并上下拖动，产生凸出或凹陷，释放左键并继续移动鼠标，产生导边效果，也可在释放左键后单击右键，结束倒角。

　❖ 挤出：使用该微调器，可以向内或向外设置挤出数值，具体情况视该值的正负而定。

　❖ 轮廓：调节轮廓的缩放数值。

　❖ 法线：选择"组"时，选择的面片将沿着整个面片组平均法线方向挤出；选择"局部"时，面片将沿着自身法线方向挤出。

　❖ 倒角平滑：通过3种选项而获得不同的倒角表面。

❖ "切线"参数组

　❖ 复制：用于复制顶点控制柄切线方向。

　❖ 粘贴：用于将复制的控制柄切线方向粘贴到所选控制柄上。

　❖ 粘贴长度：选择了该选项，可将控制柄的长度一同粘贴。

❖ "曲面"参数组

　❖ 视图步数：调节视图显示的精度。数值越大，精度越高，表面越平滑，但视图刷新速度也同时降低。

　❖ 渲染步数：调节渲染的精度。

　❖ 显示内部边：控制是否显示面片对象中央的横断表面。

　❖ 使用真面片法线：可决定平滑面片之间边缘的方式。启用此选项后会使用真实面片法线，使得明暗处理效果更精确。

❖ "杂项"参数组

　❖ 创建图形：基于选择的边创建曲线，如果没有选择边，创建的曲线基于所有面片的边。

　❖ 面片平滑：可调整所有的顶点控制柄来平滑面片对象表面。

4. "曲面属性"卷展栏

在编辑面片修改命令中"曲面属性"卷展栏比较特殊，在不同的子级别中，曲面属性的内容也不同。在总层级中，曲面属性主要起到松弛网格的作用，如图6-261（左）所示；在顶点子级别中，曲面属性主要用来控制曲面顶点的颜色，如图6-261（中）所示；面片与元素子级别的曲面属性可以对曲面的法线、平滑和顶点颜色进行编辑和设置，如图6-261（右）所示。边和控制柄子级别没有曲面属性。

❖ "曲面属性"卷展栏（总层级）

　❖ 松弛：勾选该选项后下面的参数才会起作用，它的作用是通过改变顶点的张力值来达到平滑曲面的目的，与（松弛）修改器的作用类似。

　❖ 松弛视口：勾选该选项后则在视口中显示松弛后的结果，如果禁用该选项，那么松弛的结果只能在渲染时才会出现，在视口中无任何变化。

　❖ 松弛值：设置顶点移动距离的百分比，值在0~1之间变化，值越大，顶点越靠近。

　❖ 迭代次数：设置松弛的计算次数，值越大，松弛效果越强烈。

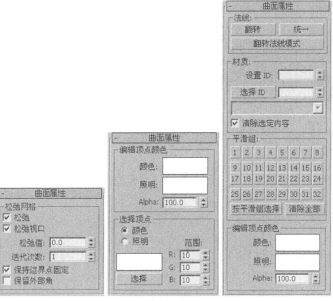

图6-261

◇　保持边界点固定：如果启用该选项，在开放边界上的顶点将不进行松弛修改。

◇　保留外部角：启用该选项时，距离对象中心最远的点保持在初始位置不变。

✦　"曲面属性"卷展栏（顶点子级别）

◇　颜色：设置顶点的颜色。

◇　照明：用于明暗度的调节。

◇　Alpha：指定顶点透明值。

◇　颜色/照明：用于指定选择顶点的方式，以颜色或照明为准进行选择。

◇　范围：设置颜色近似的范围。

◇　选择：单击后，将选择符合这些范围的点。

✦　"曲面属性"卷展栏（面片与元素子级别）

◇　翻转：将选择面的法线方向进行翻转。

◇　统一：将选择面的法线方向统一为一个方向，通常是向外。

◇　翻转法线模式：单击此按钮后，在视图中单击面片对象将改变面片对象法线方向。再次单击后或用鼠标右键单击视图，结束当前操作。

◇　设置ID：在此为选择的表面指定新的ID号，如果对象使用多维材质，将会按材质ID号分配材质。

◇　选择ID：按当前ID号，将所有与此ID号相同的表面进行选择。也可在下方下拉列表中选择子材质名称进行表面选择。

◇　清除选定内容：选择此选项后，如果选择新的ID或材质名称时，会取消选择以前选定的所有面片或元素。取消勾选后，会在原有选择内容基础之上累加新内容。

◇　按平滑组选择：将所有具有当前平滑组号的表面进行选择。

◇　清除全部：删除对面片对象指定的平滑组。

◇　颜色：设置顶点的颜色。

◇　照明：用于明暗度的调节。

◇　Alpha：指定顶点透明值。

6.4.3 删除面片

功能介绍

　　该修改器与"删除网格"修改器相似，用于删除其下修改堆栈中选择的子对象集合，它是针对"面片选择"的修改命令，不会将指定部分真正删除。当用户重新需要那些被删除的部分时，只要将这个修改命令删除就可以了。这个修改器没有可调节的参数，直接使用即可。

第 7 章 网格建模

本章导读

　　网格建模是3ds Max比较重要的建模方式之一，也是3ds Max最为经典和基础的建模方式，这种方式的兼容性好，不容易出错，占用系统资源少，运算速度快。3ds Max为用户提供了丰富的网格建模工具，主要以网格修改器的形式呈现，比如编辑网格、挤出、平滑和倒角等修改命令，这些工具都位于3ds Max修改面板的修改器列表中，使用极为方便。

7.1 转换网格对象

网格建模是3ds Max高级建模方法中的一种，与多边形建模的思路比较类似。网格建模是很多三维软件默认的建模类型，许多被导入的模型也被显示为网格对象，如图7-1和图7-2所示，这是一些比较优秀的网格建模作品。

图7-1

图7-2

与多边形对象一样，网格对象也不是创建出来的，而是经过转换而成的。将物体转换为网格对象的方法主要有以下4种。

第1种：在对象上单击鼠标右键，然后在弹出的菜单中选择"转换为>转换为可编辑网格"命令，如图7-3所示。转换为可编辑网格对象后，在修改器堆栈中可以观察到对象会变成"可编辑网格"对象，如图7-4所示。注意，通过这种方法转换成的可编辑网格对象的创建参数将全部丢失。

图7-3

图7-4

第2种：选中对象，然后在修改器堆栈中的对象上单击鼠标右键，接着在弹出的菜单中选择"可编辑网格"命令，如图7-5所示。这种方法与第1种方法一样，转换成的可编辑网格对象的创建参数将全部丢失。

第3种：选中对象，然后为其加载一个"编辑网格"修改器，如图7-6所示。通过这种方法转换成的可编辑网格对象的创建参数不会丢失，仍然可以调整。

第4种：选中对象，在"创建"面板中单击"实用程序"按钮，切换到"实用程序"面板，然后单击"塌陷"按钮，接着在"塌陷"卷展栏下设置"输出类型"为"网格"，最后单击"塌陷选定对象"按钮，如图7-7所示。

图7-5 图7-6 图7-7

提示: 网格建模本来是3ds Max最基本的多边形加工方法, 但在3ds Max 4之后被多边形建模取代了, 之后
网格建模逐渐被忽略, 不过网格建模的稳定性要高于多边形建模; 多边形建模是当前最流行的建
模方法, 而且建模技术很先进, 有着比网格建模更多更方便的修改功能。其实这两种方法在建模
的思路上基本相同, 不同点在于网格建模所编辑的对象是三角面, 而多边形建模所编辑的对象是
三边面、四边面或更多边的面, 因此多边形建模具有更高的灵活性。

7.2 网格编辑

网格模型是由"顶点"、"边"、"面"、"多边形"和"元素"组成的, 网格编辑功能可以对网格的
各组成部分进行修改, 包括推拉、删除、创建顶点和平面, 并且可以让这些修改记录为动画。

7.2.1 删除网格

功能介绍

该修改器用于删除修改堆栈中选择的子对象集合, 比如点、面、边界、对象, 它与在键盘上直接按
Delete键删除的效果一致, 但它提供了更优秀的修改控制, 因为它是一个变动修改, 不会真的将选择
集删除, 当用户需要那些被删除的部分时, 只要将这个修改命令关闭或删除就可以了。

7.2.2 编辑网格

功能介绍

该修改器主要针对网格对象的不同层级进行编辑, 网格子对象包含顶点、边、面、多边形和
元素5种。网格对象的参数设置面板共有4个卷展栏, 分别是"选择"、"软选择"、"编辑几何
体"和"曲面属性"卷展栏, 如图7-8所示。

参数详解

1. "选择"卷展栏

"选择"卷展栏的参数面板如图7-9所示。

❖ 顶点 ▦：用于选择顶点子对象级别。

❖ 边 ▦：用于选择边子对象级别。

❖ 面 ◢：用于选择三角面子对象级别。

❖ 多边形 ▦：用于选择多边形子对象级别。

❖ 元素 ▦：用于选择元素子对象级别，可以选择对象的所有连续的面。

图7-8

❖ 按顶点：勾选这个选项后，在选择一个顶点时，与该顶点相连的边或面会一同被选中。

❖ 忽略背面：由于表面法线的原因，对象表面有可能在当前视角不被显示。看不到的表面一般是不能被选择的，勾选此项，可以对其进行选择操作。

❖ 忽略可见边：取消勾选时，在多边形子对象层级进行选择时，每次单击只能选择单一的面；勾选时，可以通过下面的"平面阈值"调节选择范围，每次单击，范围内的所有面会被选择。

❖ 平面阈值：在多边形级别进行选择时，用来指定两面共面的阈值范围，阈值范围是两个面的面法线之间的夹角，小于这个值说明两个面共面。

图7-9

❖ 显示法线：控制是否显示法线，法线在场景中显示为蓝色，并可以通过下面的"比例"参数进行调节。

❖ 删除孤立顶点：选择该项后，在删除子对象（除顶点以外的子对象）的同时会删除孤立的顶点，而取消勾选，删除子对象时孤立顶点会被保留。

❖ 隐藏：隐藏被选择的子对象。

❖ 全部取消隐藏：显示隐藏的子对象。

❖ 复制：将当前子对象级中命名的选择集合复制到剪贴板中。

❖ 粘贴：将剪贴板中复制的选择集合指定到当前子对象级别中。

2. "软选择"卷展栏

"软选择"卷展栏的参数面板如图7-10所示。

❖ 使用软选择：控制是否开启软选择。

❖ 边距离：通过设置衰减区域内边的数目来控制受到影响的区域。

❖ 影响背面：勾选该项时，对选择的子对象背面产生同样的影响，否则只影响当前操作的一面。

❖ 衰减：设置从开始衰减到结束衰减之间的距离。以场景设置的单位进行计算，在图表显示框的下面也会显示距离范围。

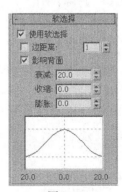

图7-10

❖ 收缩：沿着垂直轴提升或降低顶点。值为负数时，产生弹坑状图形曲线；值为0时，产生平滑的过渡效果。默认值为0。

❖ 膨胀：沿着垂直轴膨胀或收缩顶点。收缩为0、膨胀为1时，产生一个最大限度的光滑膨胀曲线；负值会使膨胀曲线移动到曲面，从而使顶点下压形成山谷的形态。默认值为0。

3. "编辑几何体"卷展栏

"编辑几何体"卷展栏的参数面板如图7-11所示。

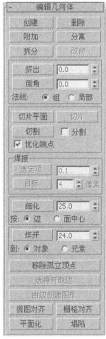

图7-11

❖ 创建：建立新的单个顶点、面、多边形或元素。

❖ 删除：删除被选择的子对象。

❖ 附加：单击此按钮，然后在视图中单击其他对象（任何类型的对象均可），可以将其合并到当前对象中，同时转换为网格对象。

❖ 分离：将当前选择的子对象分离出去，成为一个独立的新对象。

❖ 拆分：单击此按钮，然后单击对象，可以对选择的表面进行分裂处理，以产生更多的表面用于编辑。

❖ 改向：将对角面中间的边换向，改为另一种对角方式，从而使三角面的划分方式改变。

❖ 挤出：将当前选择的子对象加一个厚度，使它凸出或凹入表面，厚度值由数值来决定。

❖ 倒角：对选择面进行挤出成形。

提示： 当选择顶点或边子对象时，这里的"倒角"按钮将显示为"切角"按钮，此时可以对选择的顶点或边进行切角处理。如图7-12所示，这是对选择的顶点进行切角处理；如图7-13所示，这是对选择的边进行切角处理。

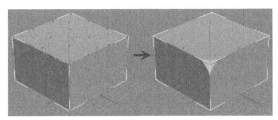

图7-12

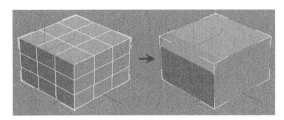

图7-13

❖ 法线：选择"组"时，选择的面片将沿着面片组平均法线方向挤出；选择"局部"时，面片将沿着自身法线方向挤出。

❖ 切片平面：一个方形化的平面，可以通过移动或旋转改变将要剪切对象的位置。单击该按钮后，"切片"按钮才能被激活。

❖ 切片：单击该按钮，将在切片平面处剪切被选择的子对象。

❖ 切割：通过在边上添加点来细分子对象。单击此按钮后，需要在细分的边上单击，然后移动鼠标到下一边，依次单击，完成细分。

❖ 分割：勾选时，在进行切片或剪切操作时，会在细分的边上创建双重的点，这样可以很容易地删除新的面来创建洞，或者像分散的元素一样操作新的面。

❖ 优化端点：勾选时，在相邻的面之间进行平滑过渡；反之，在相邻面之间产生生硬的边。

❖ "焊接"参数组：用于顶点之间的焊接操作，这种空间焊接技术比较复杂，要求在三维空间内移动和确定顶点之间的位置，有两种焊接方法。

    ◇ 选定项：先分别选择好要焊接的点，然后单击"选定项"按钮进行焊接。如果未焊接上，提高"焊接阈值"，再单击"选定项"按钮，直到焊接上为止。

    ◇ 目标：单击"目标"按钮，然后在视图中将选择的点（或点集）拖曳到要焊接的点上（尽量接近），这样就会自动进行焊接。

❖ "细化"参数组：对表面进行分裂复制，产生更多的面。

    ◇ 细化：单击此按钮，系统会根据其下的细分方式对选择表面进行分裂复制处理，产生更多的表面，用于平滑需要。

    ◇ 边：以选择面的边为依据进行分裂复制。

    ◇ 面中心：以选择面的中心为依据进行分裂复制。

❖ "炸开"参数组：将当前选择面打散后分离出当前对象，使它们成为独立新个体。

    ◇ 炸开：单击此按钮，可以将当前选择面炸开分离，根据下面的两种选项获得不同的结果。

    ◇ 对象：将所有面炸为各自独立的新对象。当选择该模式时，单击"炸开"按钮后会弹出一个"炸开"对话框，在这里面可以输入新对象的名称，如图7-14所示。

图7-14

    ◇ 元素：将所有面炸为各自独立的新元素，但仍然属于对象本身，这是进行元素拆分的一个好办法。

❖ 移除孤立顶点：单击此按钮后，将删除所有孤立的点，不管是否选择那些点。

❖ 选择开放边：仅选择对象的边缘线。

❖ 由边创建图形：选择一个或更多的边后，单击此按钮，将以选择的边界为模板创建新的曲线，也就是把选择的边变成曲线独立出来使用。

❖ 视图对齐：单击此按钮后，选择点或子对象被放置在同一平面，且这一平面平行于选择视图。

❖ 栅格对齐：单击此按钮后，选择点或子对象被放置在同一平面，且这一平面平行于活动视图的栅格平面。

❖ 平面化：将所有的选择面强制压成一个平面（不是合成，只是处于同一平面上）。

❖ 塌陷：将选择的点、线、面、多边形或元素删除，留下一个顶点与四周的面连接，产生新的表面，这种方法不同于删除面，它是将多余的表面吸收掉，就好像减肥的人将多余的脂肪除掉后，膨胀的表皮会收缩塌陷下来。

4. "曲面属性"卷展栏

"曲面属性"卷展栏只有在子对象级别下才可用，根据所选择的子对象的不同，其参数面板中的参数也会呈现出差异。

当选择网格的"顶点"子对象时，其"曲面属性"卷展栏如图7-15所示。

图7-15

❖ 权重：显示和改变顶点的权重。

❖ "编辑顶点颜色"参数组。

    ◇ 颜色：设置顶点的颜色。

    ◇ 照明：用于明暗度的调节。

    ◇ Alpha：指定顶点透明值。

❖ "顶点选择方式"参数组。

   ◇ 颜色/照明：用于指定选择顶点的方式，以颜色或照明为准进行选择。

   ◇ 范围：设置颜色近似的范围。

   ◇ 选择：单击该按钮后，将选择符合这些范围的点。

当选择网格的"边"子对象时，其"曲面属性"卷展栏如图7-16所示。

❖ 可见/不可见：选择边后，通过这两个按钮直接控制边
的显示。可见边在线框模式下渲染输出将可见，在选
择"边"子对象后，会以实线显示。不可见边在线框
模式下渲染输出将不可见，在选择"边"子对象后，
会以虚线显示。

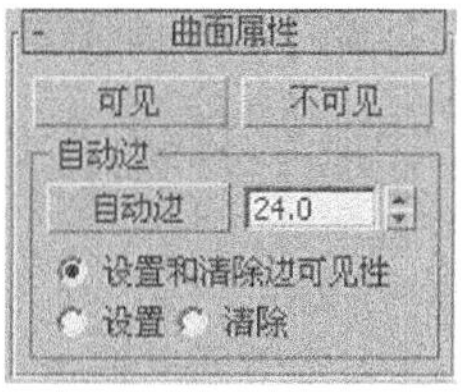

❖ 自动边：提供了另外一种控制边显示的方法。通过自
动比较共线的面之间夹角与阈值的大小，来决定选择的边是否可见。

图7-16

❖ 设置和清除边可见性：只选择当前参数的子对象。

❖ 设置：保留上次选择的结果并加入新的选择。

❖ 清除：从上一次选择结果进行筛选。

当选择网格的"面"、"多边形"或"元素"子对象时，其"曲面属性"卷展栏如图7-17
所示。

❖ "法线"参数组。

   ◇ 翻转：将选择面的法线方向进行反向。

   ◇ 统一：将选择面的法线方向统一为一个方向，通常是向外。

   ◇ 翻转法线模式：单击此按钮后，在视图单击子对象将改变
它的法线方向。再次单击或用鼠标右键单击视图，可以关
闭翻转法线模式。

❖ "材质"参数组。

   ◇ 设置ID：在此为选择的表面指定新的ID号。如果对象使用
多维材质，将会按照材质ID号分配材质。

   ◇ 选择ID：按照当前ID号，将所有与此ID相同的表面进行
选择。

   ◇ 清除选定内容：选择此项后，如果选择新的ID或材质名
称时，会取消选择以前选定的所有面片或元素。取消勾选
后，会在原有选择基础上累加新内容。

❖ "平滑组"参数组。

   ◇ 按平滑组选择：将所有具有当前平滑组号的表面进行选择。

   ◇ 清除全部：删除给面片对象指定的平滑组。

   ◇ 自动平滑：根据右侧的阈值进行表面自动平滑处理。

❖ "编辑顶点颜色"参数组。

   ◇ 颜色：设置顶点的颜色。

   ◇ 照明：用于明暗度的调节。

   ◇ Alpha：指定顶点透明值。

图7-17

【练习7-1】：用网格建模制作沙发

本练习的沙发效果如图7-18所示。

图7-18

Step 01 下面制作扶手模型。使用"长方体"工具 ▭长方体 在场景中创建一个长方体，然后在"参数"卷展栏下设置"长度"为700mm、"宽度"为200mm、"高度"为450mm，具体参数设置及模型效果如图7-19所示。

Step 02 将长方体转换为可编辑网格，进入"边"级别，然后选择"长、宽、高"所有的边，接着将其切角设置为15mm，如图7-20所示。

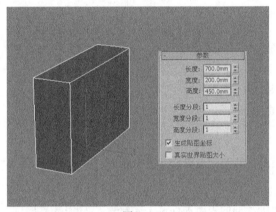

图7-19

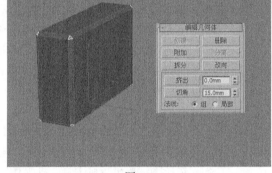

图7-20

Step 03 选择如图7-21所示的边，然后在"编辑集合体"卷展栏下单击"由边创建图形"按钮 ▭由边创建图形 ，接着在弹出的"创建图形"对话框设置"图形类型"为"线性"，如图7-22所示。

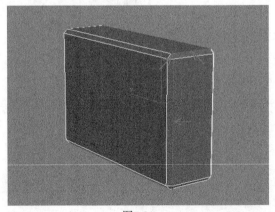

图7-21

图7-22

技术专题7-1 [由边创建图形]

　　网格建模中的"由边创建图形"工具 `由边创建图形` 与多边形建模中的"利用所选内容创建图形"工具 `利用所选内容创建图形` 类似，都是利用所选边来创建图形。下面以图7-23中的一个网格球体来详细介绍一下该工具的使用方法（在球体的周围创建一个圆环图形）。

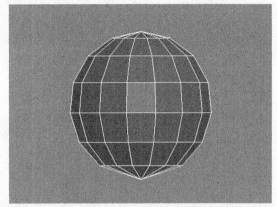

图7-23

　　第1步：进入"边"级别，然后在前视图中框选中间的边，如图7-24所示。

　　第2步：在"编辑几何体"卷展栏下单击"由边创建图形"按钮 `由边创建图形` ，打开"创建图形"对话框，如图7-25所示。

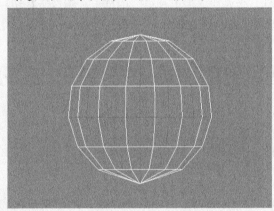

图7-24

图7-25

　　第3步：选择一种图形类型。如果选择"平滑"类型，则图形非常平滑，如图7-26所示；如果选择"线性"类型，则图形具有明显的转折，如图7-27所示。

图7-26

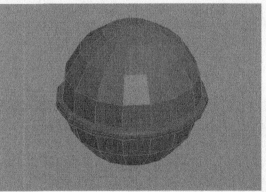

图7-27

Step 04 按H键打开"从场景选择"对话框，然后选择图形Shape001，如图7-28所示，接着在"渲染"卷展栏下勾选"在渲染中启用"和"在视口中启用"选项，最后设置"径向"的"厚度"为15mm、"边"为10，具体参数设置及图形效果如图7-29所示。

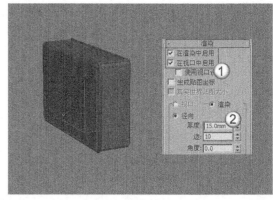

图7-28   图7-29

Step 05 为扶手模型加载一个"网格平滑"修改器，然后在"细分量"卷展栏下设置"迭代次数"为2，具体参数设置及模型效果如图7-30所示。

Step 06 选择扶手和图形，然后为其创建一个组，接着在"主工具栏"中单击"镜像"按钮，最后在弹出的"镜像:屏幕坐标"对话框中设置"镜像轴"为x轴、"偏移"为-1000mm、"克隆当前选择"为"复制"，如图7-31所示。

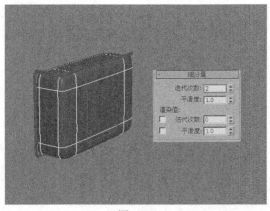
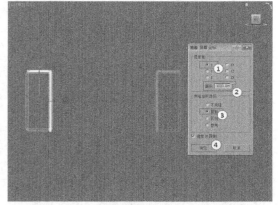

图7-30   图7-31

Step 07 下面制作靠背模型。使用"长方体"工具 长方体 在场景中创建一个长方体，然后在"参数"卷展栏下设置"长度"为200mm、"宽度"为800mm、"高度"为500mm、"长度分段"为3、"宽度分段"为3、"高度分段"为5，具体参数设置及模型效果如图7-32所示。

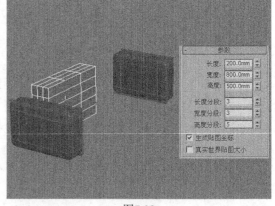

图7-32

Step 08 将长方体转换为可编辑网格，进入"顶点"级别，然后在左视图中使用"选择并移动"
工具 ✛ 将顶点调整成如图7-33所示的效果，调整完成后在透视图中的效果如图7-34所示。

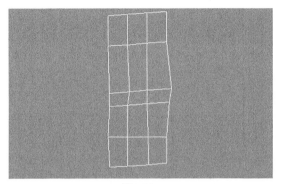

图7-33

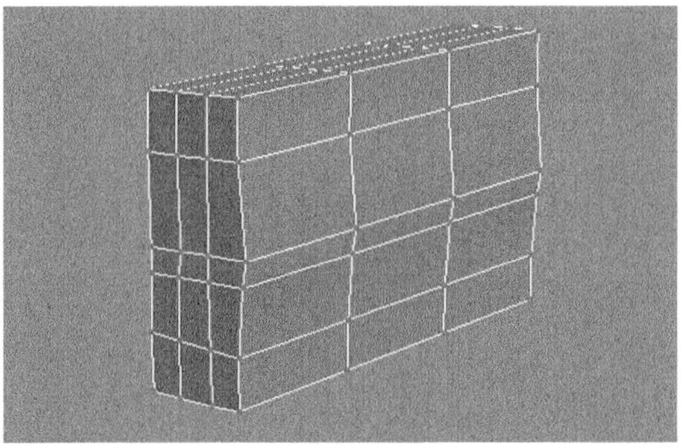

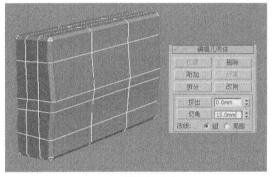

图7-34

Step 09 进入"边"级别，然后选择如图7-35所示的边，接着将其切角设置为15mm，如图7-36所示。

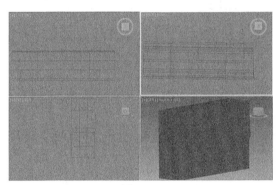

图7-35

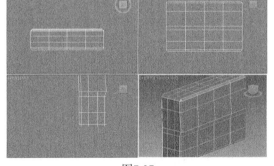

图7-36

Step 10 选择如图7-37所示的边，然后在"选
择"卷展栏下单击"由边创建图形"按钮
⬚由边创建图形⬚，接着在弹出的"创建图形"
对话框中设置"图形类型"为"线性"，如图
7-38所示，效果如图7-39所示。

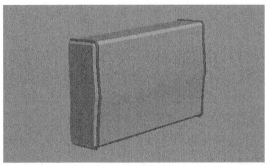

图7-37

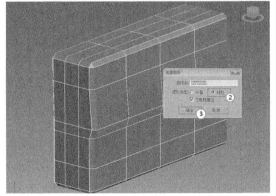

图7-38

图7-39

提示：由于在前面已经创建了一个图形，且已经设置了"渲染"参数，因此步骤10中的图形不用再设置"渲染"参数。

Step 11 为靠背模型加载一个"网格平滑"修改器，然后在"细分量"卷展栏下设置"迭代次数"为1，具体参数设置及模型效果如图7-40所示。

Step 12 为靠背模型和图形创建一个组，然后复制两组靠背模型，接着调整好各个模型的位置，完成后的效果如图7-41所示。

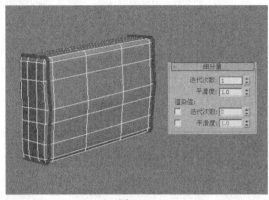

图7-40

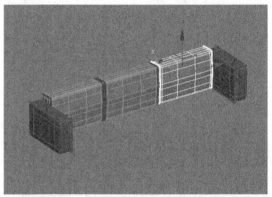

图7-41

Step 13 下面制作座垫模型。使用"长方体"工具 在场景中创建一个长方体，然后在"参数"卷展栏下设置"长度"为450mm、"宽度"为800mm、"高度"为200mm，具体参数设置及模型位置如图7-42所示。

Step 14 将长方体转换为可编辑网格，进入"边"级别，然后选择所有的边，接着将其切角设置为20mm，如图7-43所示。

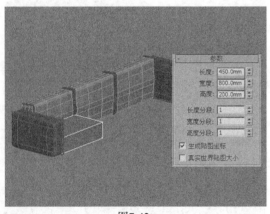

图7-42

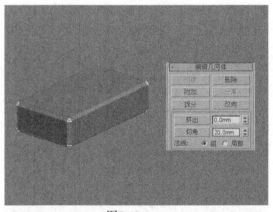

图7-43

Step 15 为模型加载一个"网格平滑"修改器，然后在"细分量"卷展栏下设置"迭代次数"为2，具体参数设置及模型效果如图7-44所示，接着复制一个座垫模型效果如图7-45所示的位置。

Step 16 继续使用"长方体"工具 长方体 在场景中创建一个长方体，然后在"参数"卷展栏下设置"长度"为2000mm、"宽度"为800mm、"高度"为200mm，具体参数设置及模型位置如图7-46所示。

Step 17 采用步骤14~步骤15的方法处理好模型，完成后的效果如图7-47所示。

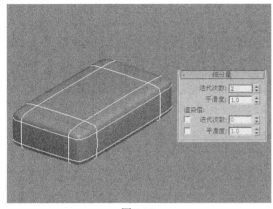

图7-44

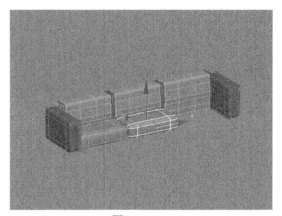

图7-45

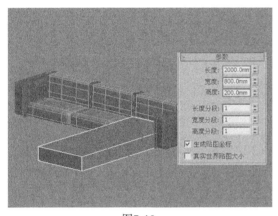

图7-46

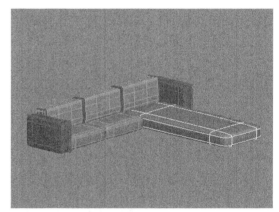

图7-47

Step 18 使用"线"工具 ▆▆▆▆ 在顶视图中绘制出如图7-48所示的样条线。这里提供一张孤立选择图,如图7-49所示。

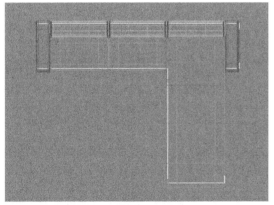

图7-48

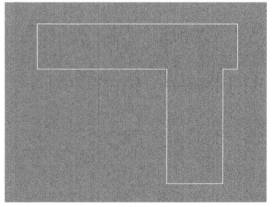

图7-49

Step 19 选择样条线,然后在"渲染"卷展栏下勾选"在渲染中启用"和"在视口中启用"选项,接着选中"矩形"选项,最后设置"长度"为46mm、"宽度"为22mm,具体参数设置及模型效果如图7-50所示,最终效果如图7-51所示。

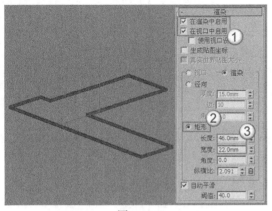

图7-50

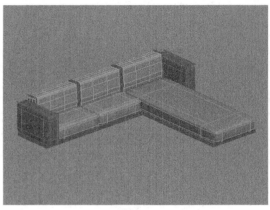

图7-51

【练习7-2】：用网格建模制作大檐帽

本练习的大檐帽效果如图7-52所示。

图7-52

Step 01 使用"球体"工具 球体 在场景中创建一个球体，然后在"参数"卷展栏下设置"半径"为400mm、"分段"为32，具体参数设置及球体效果如图7-53所示。

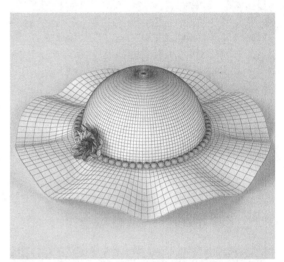

图7-53

Step 02 将转换为可编辑网格，进入"顶点"级别，然后在前视图中框选如图7-54所示的顶点，接着按Delete键将其删除，效果如图7-55所示。

图7-54

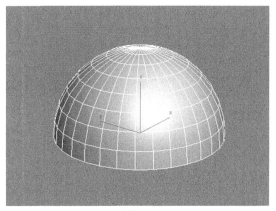

图7-55

Step 03 进入"边"级别,然后在前视图中选择底部的一圈边,如图7-56所示,接着在顶视图中按住Shift键等比例使用"选择并均匀缩放"工具█将边拖曳(复制)3次,如图7-57所示,复制完成后的效果如图7-58所示。

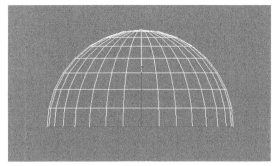

图7-56

图7-57

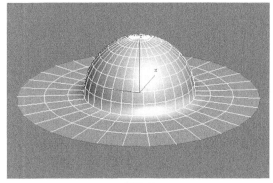

图7-58

Step 04 在顶视图中选择如图7-59所示的边,然后使用"选择并移动"工具█在前视图中将所选边向下拖曳一段距离,如图7-60所示,完成后的效果如图7-61所示。

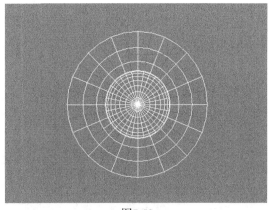

图7-59

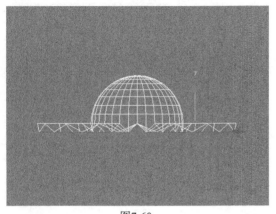

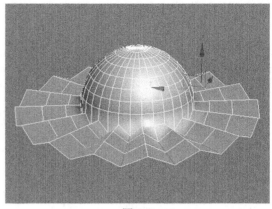

| 图7-60 | 图7-61 |

Step 05 为模型加载一个"网格平滑"修改器，然后在"细分量"卷展栏下设置"迭代次数"为2，具体参数设置及模型效果如图7-62所示。

Step 06 使用"圆"工具 在顶视图中绘制一个圆形，然后在"参数"卷展栏下设置"半径"为407mm，如图7-63所示。

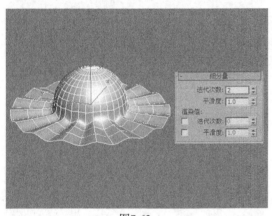

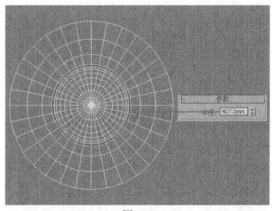

| 图7-62 | 图7-63 |

Step 07 使用"球体"工具 球体 在场景中创建一个球体，然后在"参数"卷展栏下设置"半径"为21mm、"分段"为16，具体参数设置及球体位置如图7-64所示。

Step 08 在"主工具栏"中的空白区域单击鼠标右键，然后在弹出的菜单中选择"附加"命令，以调出"附加"工具栏，如图7-65所示。

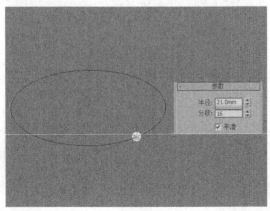

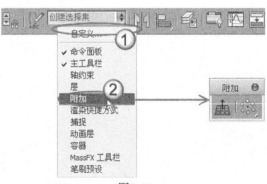

| 图7-64 | 图7-65 |

Step 09　选择球体，在"附加"工具栏中单击"间隔工具"按钮，打开"间隔工具"对话框，然后单击"拾取路径"按钮　拾取路径　，接着在场景中拾取圆形，最后在"参数"选项组下设置"计数"为50，具体操作流程及计数效果如图7-66所示。

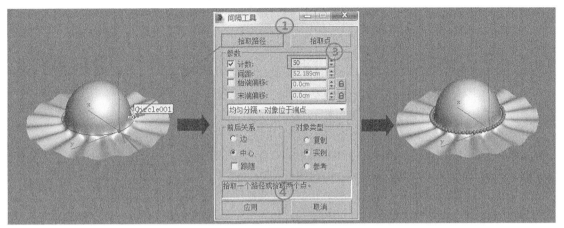

图7-66

Step 10　单击界面左上角的"应用程序"图标，然后执行"导入>合并"菜单命令，接着在弹出的"合并文件"对话框中选择光盘中的"练习文件>第7章>练习7-2.max"文件（花饰模型），最终效果如图7-67所示。

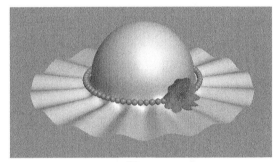

图7-67

7.2.3　挤出

功能介绍

"挤出"修改器可以将深度添加到二维图形中，并且可以将对象转换成一个参数化对象，其参数设置面板如图7-68所示。

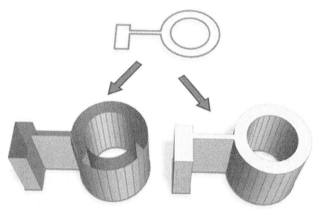

图7-68

参数详解

- ❖ 数量：设置挤出的深度。
- ❖ 分段：指定要在挤出对象中创建的线段数目。
- ❖ 封口：用来设置挤出对象的封口，共有以下4个选项。
  - ◇ 封口始端：在挤出对象的初始端生成一个平面。
  - ◇ 封口末端：在挤出对象的末端生成一个平面。
  - ◇ 变形：以可预测、可重复的方式排列封口面，这是创建变形目标所必需的操作。
  - ◇ 栅格：在图形边界的方形上修剪栅格中安排的封口面。
- ❖ 输出：指定挤出对象的输出方式，共有以下3个选项。
  - ◇ 面片：产生一个可以折叠到面片对象中的对象。
  - ◇ 网格：产生一个可以折叠到网格对象中的对象。
  - ◇ NURBS：产生一个可以折叠到NURBS对象中的对象。
- ❖ 生成贴图坐标：将贴图坐标应用到挤出对象中。
- ❖ 真实世界贴图大小：控制应用于对象的纹理贴图材质所使用的缩放方法。
- ❖ 生成材质ID：将不同的材质ID指定给挤出对象的侧面与封口。
- ❖ 使用图形ID：将材质ID指定给挤出生成的样条线线段，或指定给在NURBS挤出生成的曲线子对象。
- ❖ 平滑：将平滑应用于挤出图形。

【练习7-3】：用挤出修改器制作花朵吊灯

本练习的花朵吊灯如图7-69所示。

 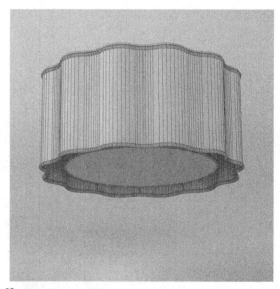

图7-69

Step 01 使用"星形"工具 星形 在顶视图中绘制一个星形，然后在"参数"卷展栏下设置"半径1"为70mm、"半径2"为60mm、"点"为12、"圆角半径1"为10mm、"圆角半径2"为6mm，具体参数设置及星形效果如图7-70所示。

Step 02 选择星形，然后在"渲染"卷展栏下勾选"在渲染中启用"和"在视口中启用"选项，接着设置"径向"的"厚度"为2.5mm，具体参数设置及模型效果如图7-71所示。

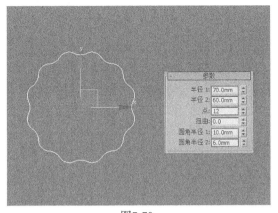

图7-70

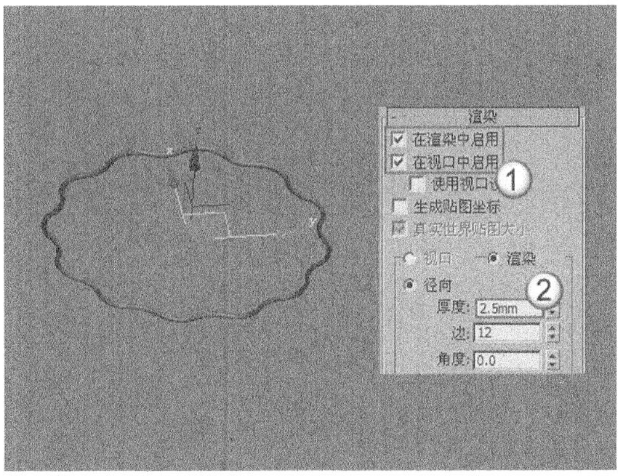

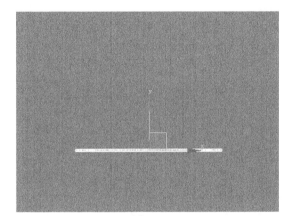

图7-71

Step 03 切换到前视图，然后按住Shift键使用"选择并移动"工具 向下移动复制一个星形，如图7-72所示。

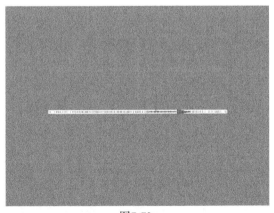

图7-72

Step 04 继续复制一个星形到两个星形的中间，如图7-73所示，然后在"渲染"卷展栏下选中"矩形"选项，接着设置"长度"为60mm、"宽度"为0.5mm，具体参数设置及模型效果如图7-74所示。

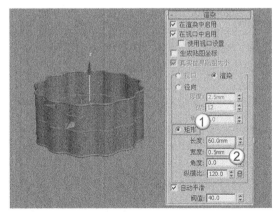

图7-73

图7-74

Step 05 使用"线"工具 线 在前视图中绘制一条如图7-75所示的样条线，然后在"渲染"卷展栏下勾选"在渲染中启用"和"在视口中启用"选项，接着设置"径向"的"厚度"为1.2mm，如图7-76所示。

图7-75

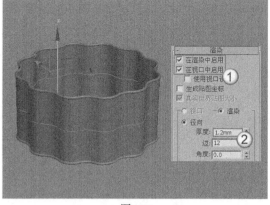

图7-76

Step 06 使用"仅影响轴"技术和"选择并旋转"工具◎围绕星形复制一圈样条线，完成后的效果如图7-77所示。

Step 07 将前面创建的星形复制一个到如图7-78所示的位置（需要关闭"在渲染中启用"和"在视口中启用"选项）。

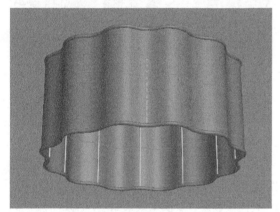

图7-77

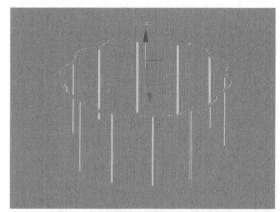

图7-78

Step 08 为星形加载一个"挤出"修改器，然后在"参数"卷展栏下设置"数量"为1mm，具体参数设置及模型效果如图7-79所示。

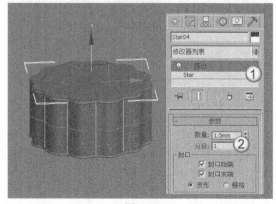

图7-79

Step 09 使用"圆"工具 圆 在顶视图中绘制一个圆形，然后在"参数"卷展栏下设置"半径"为50mm，如图7-80所示，接着在"渲染"卷展栏下勾选"在渲染中启用"和"在视口中启用"选项，最后设置"径向"的"厚度"为1.8mm，如图7-81所示。

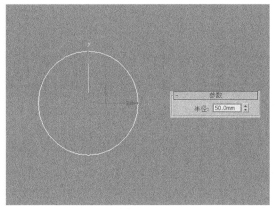

图7-80

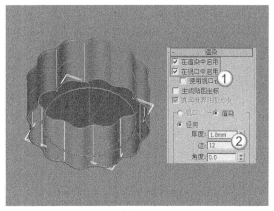

图7-81

Step 10 选择上一步绘制的圆形，然后按
Ctrl+V组合键在原始位置复制一个圆形（需要
关闭"在渲染中启用"和"在视口中启用"选
项），接着为其加载一个"挤出"修改器，最
后在"参数"卷展栏下设置"数量"为1mm，
如图7-82所示。

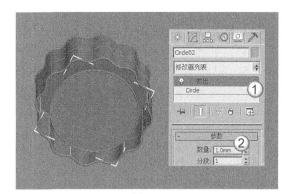

图7-82

Step 11 选择没有进行挤出的圆形，然后按Ctrl+V组合键在原始位置复制一个圆形，接着在"渲
染"卷展栏下选中"矩形"选项，最后设置"长度"为56mm、"宽度"为0.5mm，如图7-83所
示，最终效果如图7-84所示。

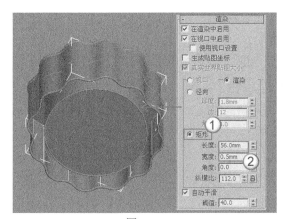

图7-83

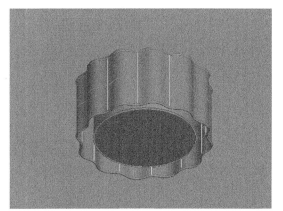

图7-84

7.2.4 面挤出

功能介绍

　　该修改器与"编辑网格"修改器内部的挤出面功能相似，主要用于给对象的"面"子对象进
行挤出成型，从原对象表面挤出或陷入，如图7-85所示。

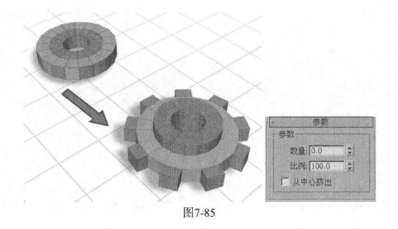

图7-85

参数详解

❖ 数量：设置挤出的数量，当它为负值时，表面为凹陷效果。
❖ 比例：对挤出的选择面进行大小缩放。
❖ 从中心挤出：沿中心点向外放射性挤出被选择的面。

7.2.5 法线

功能介绍

使用这个修改器，在不用加入"编辑网格"修改命令就可以统一或翻转对象的法线方向。在 3ds Max 5以前的版本中，面片对象在加入这个修改命令后，会转换为网格对象，现在，面片对象加入这个修改命令后依然保持为面片对象，它的材质也不会发生改变，如图7-86所示。

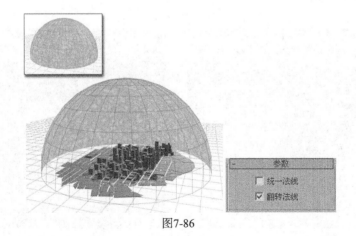

图7-86

参数详解

❖ 统一法线：将对象表面的所有法线都转向一个相同的方向，通常是向外，以保证正确的渲染结果。有时一些来自其他软件的造型会产生法线错误，使用它可以很轻松地矫正法线方向。
❖ 翻转法线：将对象或选择面集合的法线反向。

7.2.6　平滑

功能介绍

该修改器用于给对象指定不同的平滑组，产生不同的表面平滑效果，如图7-87所示。

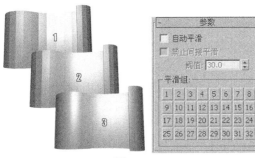

图7-87

参数详解

❖　自动平滑：如果此选项开启，则可以通过"阈值"来调节平滑的范围。

❖　禁止间接平滑：打开此选项，可以避免自动平滑的漏洞，但会使计算速度下降，它只影响自动平滑效果。如果发现自动平滑后的对象表面有问题，可以打开此选项来修改错误，否则不必将它打开。

❖　阈值：设置平滑依据的面之间的夹角度数。

❖　平滑组：提供了32个平滑组群供选择指定，它们之间没有高低强弱之分，只要相邻的面拥有相同的平滑组群号码，它们就产生平滑的过渡，否则就产生接缝。

7.2.7　倒角

功能介绍

"倒角"修改器可以将图形挤出为3D对象，并在边缘应用平滑的倒角效果，其参数设置面板包含"参数"和"倒角值"两个卷展栏，如图7-88所示。

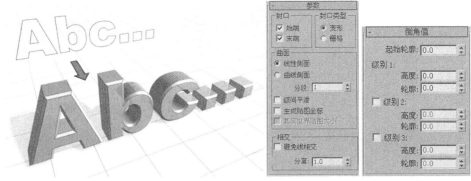

图7-88

参数详解

❖　封口：指定倒角对象是否要在一端封闭开口。

◇ 始端：用对象的最低局部z值（底部）对末端进行封口。

◇ 末端：用对象的最高局部z值（底部）对末端进行封口。

❖ 封口类型：指定封口的类型。

◇ 变形：创建适合的变形封口曲面。

◇ 栅格：在栅格图案中创建封口曲面。

❖ 曲面：控制曲面的侧面曲率、平滑度和贴图。

◇ 线性侧面：勾选该选项后，级别之间会沿着一条直线进行分段插补。

◇ 曲线侧面：勾选该选项后，级别之间会沿着一条Bezier曲线进行分段插补。

◇ 分段：在每个级别之间设置中级分段的数量。

◇ 级间平滑：控制是否将平滑效果应用于倒角对象的侧面。

◇ 生成贴图坐标：将贴图坐标应用于倒角对象。

◇ 真实世界贴图大小：控制应用于对象的纹理贴图材质所使用的缩放方法。

❖ 相交：防止重叠的相邻边产生锐角。

◇ 避免线相交：防止轮廓彼此相交。

◇ 分离：设置边与边之间的距离。

❖ 起始轮廓：设置轮廓到原始图形的偏移距离。正值会使轮廓变大；负值会使轮廓变小。

❖ 级别1：包含以下两个选项。

◇ 高度：设置"级别1"在起始级别之上的距离。

◇ 轮廓：设置"级别1"的轮廓到起始轮廓的偏移距离。

❖ 级别2：在"级别1"之后添加一个级别。

◇ 高度：设置"级别1"之上的距离。

◇ 轮廓：设置"级别2"的轮廓到"级别1"轮廓的偏移距离。

❖ 级别3：在前一级别之后添加一个级别，如果未启用"级别2"，"级别3"会添加在"级别1"之后。

◇ 高度：设置到前一级别之上的距离。

◇ 轮廓：设置"级别3"的轮廓到前一级别轮廓的偏移距离。

【练习7-4】：用倒角修改器制作牌匾

本练习的牌匾效果如图7-89所示。

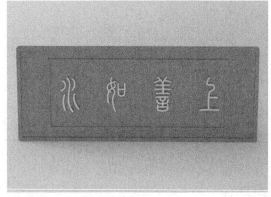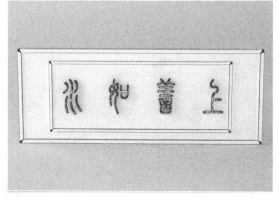

图7-89

Step 01 使用"矩形"工具 矩形 在前视图中绘制一个矩形，然后在"参数"卷展栏下设置"长度"为100mm、"宽度"为260mm、"角半径"为2mm，如图7-90所示。

Step 02 为矩形加载一个"倒角"修改器，然后在"倒角值"卷展栏下设置"级别1"的"高度"为6mm，接着勾选"级别2"选项，并设置其"轮廓"为-4mm，最后勾选"级别3"选项，并设置其"高度"为-2mm，具体参数设置及模型效果如图7-91所示。

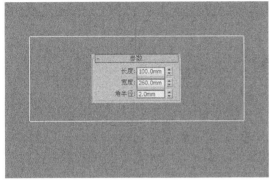

图7-90

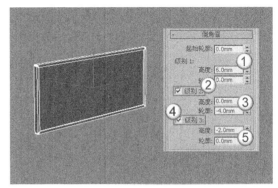

图7-91

Step 03 使用"选择并移动"工具 ● 选择模型，然后在左视图中移动复制一个模型，并在弹出的"克隆选项"对话框中设置"对象"为"复制"，如图7-92所示。

Step 04 切换到前视图，然后使用"选择并均匀缩放"工具 ● 将复制出来的模型缩放到合适的大小，如图7-93所示。

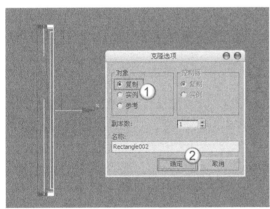

图7-92

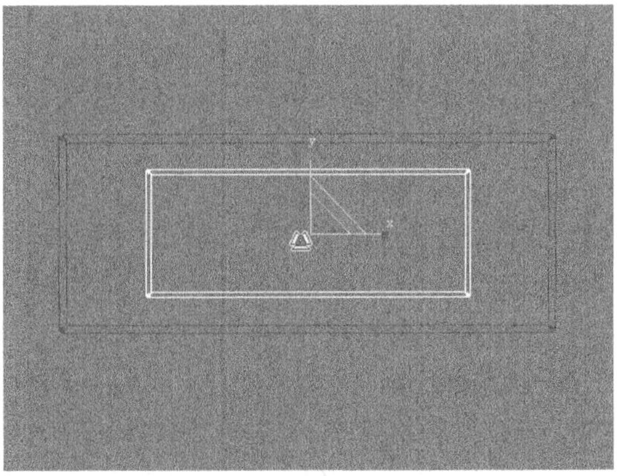

图7-93

Step 05 展开"倒角值"卷展栏，然后将"级别1"的"高度"修改为2mm，接着将"级别2"的"轮廓"修改为-2.8mm，最后将"级别3"的"高度"修改为-1.5mm，具体参数设置及模型效果如图7-94所示。

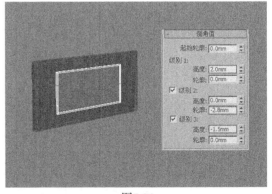

图7-94

Step 06 使用"文本"工具 ![文本] 在前视图中单击鼠标左键创建一个默认的文本，然后在"参数"卷展栏下设置字体为"汉仪篆书繁"、"大小"为50mm，接着在"文本"输入框中输入"水如善上"4个字，如图7-95所示，文本效果如图7-96所示。

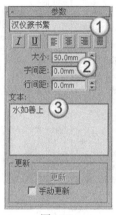

图7-95

图7-96

技术专题7-2 [字体的安装方法]

这里可能有些初学者会发现自己的计算机中没有"汉仪篆书繁"这种字体，这是很正常的，因为这种字体要去互联网上下载下来才能使用。下面介绍一下字体的安装方法。

第1步：选择下载的字体，然后按Ctrl+C组合键复制字体，接着执行"开始>设置>控制面板"命令，如图7-97所示。

第2步：在"控制面板"中双击"字体"项目，如图7-98所示，接着在打开的"字体"文件夹中按Ctrl+V组合键粘贴字体，此时字体会自动安装，如图7-99所示。

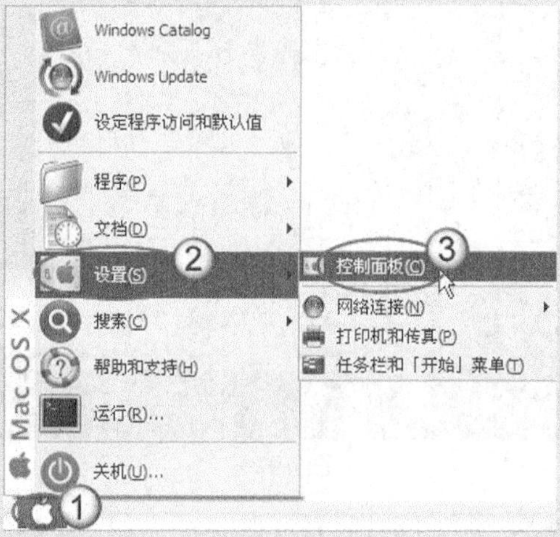

图7-97

图7-98

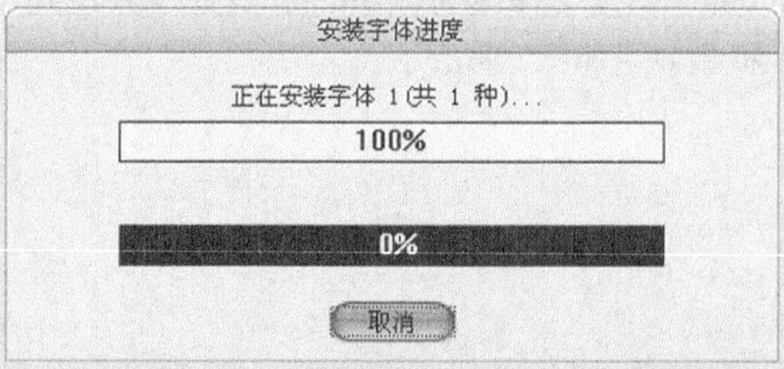

图7-99

Step 07 为文本加载一个"挤出"修改器，然后在"参数"卷展栏下设置"数量"为1.5mm，如图7-100所示，最终效果如图7-101所示。

图7-100

图7-101

7.2.8　倒角剖面

功能介绍

"倒角剖面"修改器可以使用另一个图形路径作为倒角的截剖面来挤出一个图形，其参数设置面板如图7-102所示。

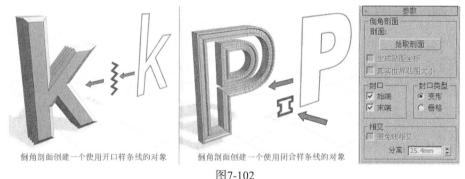

倒角剖面创建一个使用开口样条线的对象　　　倒角剖面创建一个使用闭合样条线的对象

图7-102

参数详解

❖ 倒角剖面：该选项组用于选择剖面图形。
　　◇ 拾取剖面 ▭拾取剖面▭：拾取一个图形或NURBS曲线作为剖面路径。
　　◇ 生成贴图坐标：指定UV坐标。
　　◇ 真实世界贴图大小：控制应用于该对象的纹理贴图材质所使用的缩放方法。
❖ 封口：该选项组用于设置封口的方式。
　　◇ 始端：对挤出图形的底部进行封口。
　　◇ 末端：对挤出图形的顶部进行封口。
❖ 封口类型：该选项组用于设置封口的类型。
　　◇ 变形：这是一个确定性的封口方法，它为对象间的变形提供相等数量的顶点。
　　◇ 栅格：创建更适合封口变形的栅格封口。

❖ 相交：该选项组用于设置倒角曲面的相交情况。

　　◇ 避免线相交：启用该选项后，可以防止倒角曲面自相交。

　　◇ 分离：设置侧面为防止相交而分开的距离。

【练习7-5】：用倒角剖面修改器制作三维文字

本练习的三维文字效果如图7-103所示。

 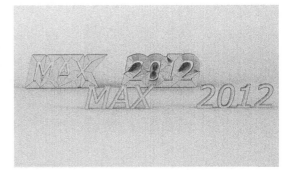

图7-103

Step 01 使用"文本"工具 　文本 　在前视图中单击鼠标左键，创建一个默认的文本，然后在"参数"卷展栏下设置"字体"为Verdana Italic、"大小"为100mm，接着在"文本"输入框中输入MAX 2012，具体参数设置及文本效果如图7-104所示。

Step 02 使用"线"工具 　线 　在前视图中绘制出如图7-105所示的样条线。

图7-104　　　　　　　　　　　　　　　　　图7-105

Step 03 为文本加载一个"倒角剖面"修改器，然后在"参数"卷展栏下单击"拾取剖面"按钮 　拾取剖面 ，接着在视图中拾取样条线，如图7-106所示，效果如图7-107所示。

图7-106　　　　　　　　　　　　　　　　　图7-107

Step 04 复制一个文本，然后删除"倒角剖面"修改器，如图7-108所示，接着使用"线"工具
线 在前视图中绘制一条如图7-109所示的样条线。

图7-108

图7-109

Step 05 为文本加载一个"倒角剖面"修改器，然后在"参数"卷展栏下单击"拾取剖面"按钮
拾取剖面 ，接着在视图中拾取样条线，如图7-110所示，效果如图7-111所示。

图7-110

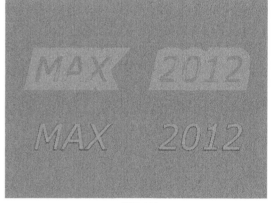

图7-111

7.2.9 细化

功能介绍

给当前对象或子对象选择集合进行面的细划分，产生更多的面，以便于进行其他修改操作。另外在细分面的同时，还可以调节"张力"值来控制细分后对象产生的弹性变形，如图7-112所示。

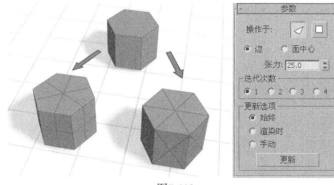

图7-112

参数详解

- ❖ 面☑：以面进行细划分。
- ❖ 多边形▣：以多边形面进行细划分。
- ❖ 边：从每一条边的中心处开始分裂新的面。
- ❖ 面中心：从每一个面的中心点处开始分裂从而产生新的面。
- ❖ 张力：设置细划分后的表面是平的、凹陷的，还是凸起的。值为正数时，向外挤出点；值为负数时，向内吸收点；值为0时，保持面的平整。
- ❖ 迭代次数：设置表面细划分的次数，次数越多，面就越多。
- ❖ 始终：选择后，随时更新当前的显示。
- ❖ 渲染时：控制是否在渲染时更新显示。
- ❖ 手动：选择后，单击"更新"按钮将更新当前显示。

7.2.10 STL检查

功能介绍

检查一个对象在输出STL文件时是否正确，STL文件是立体印刷术专用文件，它可以将保存的三维数据通过特殊设备制造出现实世界的模型，如图7-113所示。STL文件要求完整地描绘出一个完全封闭的表面模型，这个检查工具可以帮助用户节省时间和金钱。

> **提示：** 选择对象并执行"STL检查"修改器命令，在修改面板中勾选"检查"后，系统会自动进行检查，检查结束后，结果会显示在状态栏中。

图7-113

参数详解

- ❖ "错误"参数组：用于选择需要检查的错误类型，如图7-114所示，1是开放边，2是双面，3是钉形，4是多重边。
- ❖ "选择"参数组。
  - ◇ 不选择：选择后，检查的结果不会在对象上显示出来。
  - ◇ 选择边：选择后，错误的边会在视图中标记出来。
  - ◇ 选择面：选择后，错误的面会在视图中标记出来。
  - ◇ 更改材质ID：勾选后，在右侧可以选择一个ID，指定给错误的面。
  - ◇ 检查：勾选时，会进行STL检查。
- ❖ "状态"参数组：显示检查的结果。

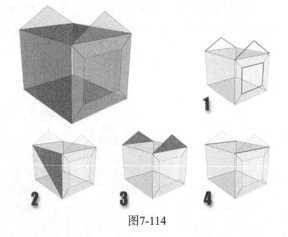

图7-114

7.2.11　补洞

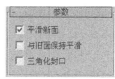功能介绍

　　将对象表面破碎穿孔的地方加盖，进行补漏处理，使对象成为封闭的实体，有时候，它的确很有用，无论对象表面有几片破损，都可以一次修复，并且尽最大的努力去平滑补上的表面，不留下缝隙和棱角，其参数面板如图7-115所示。

图7-115

参数详解

❖　平滑新面：为所有新建的表面指定一个平滑组。

❖　与旧面保持平滑：为裂口边缘的原始表面指定一个平滑组，一般将此项和"平滑新面"两个选项都勾选，以获得较好的效果。

❖　三角化封口：选择此选项，新加入的表面的所有边界都变为可视。如果需要对新增表面的可见边进行编辑，应先勾选这个选项。

7.2.12　优化

功能介绍

　　使用"优化"修改器可以减少对象中面和顶点的数目，这样可以简化几何体并加快渲染速度，其参数设置面板如图7-116所示。

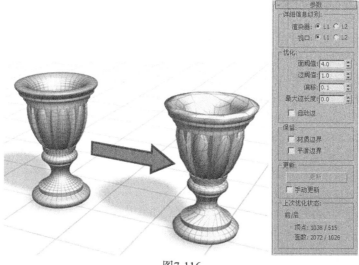

图7-116

参数详解

1. **"详细信息级别"参数组**

❖ 渲染器L1/L2：设置默认扫描线渲染器的显示级别。

❖ 视口L1/L2：同时为视图和渲染器设置优化级别。

2. **"优化"参数组**

❖ 面阈值：设置用于决定哪些面会塌陷的阈值角度。值越低，优化越少，但是会更好地接近原始形状。

❖ 边阈值：为开放边（只绑定了一个面的边）设置不同的阈值角度。较低的值将会保留开放边。

❖ 偏移：帮助减少优化过程中产生的细长三角形或退化三角形，它们会导致渲染时产生缺陷效果。较高的值可以防止三角形退化，默认值0.1就足以减少细长的三角形，取值范围为0~1。

❖ 最大边长度：指定最大长度，超出该值的边在优化时将无法拉伸。

❖ 自动边：控制是否启用任何开放边。

3. **"保留"参数组**

❖ 材质边界：保留跨越材质边界的面塌陷。

❖ 平滑边界：优化对象并保持其平滑。启用该选项时，只允许塌陷至少共享一个平滑组的面。

4. **"更新"参数组**

❖ 更新 ▢ 更新 ▢ ：使用当前优化设置来更新视图显示效果。只有启用"手动更新"选项时，该按钮才可用。

❖ 手动更新：开启该选项后，可以使用上面的"更新"按钮 ▢ 更新 ▢ 。

5. **"上次优化状态"参数组**

❖ 前/后：使用"顶点"和"面数"来显示上次优化的结果。

7.2.13 MultiRes（多分辨率）

功能介绍

用于优化模型的表面精度，被优化部分将最大限度地减少表面顶点数和多边形数量，并尽可能保持对象的外形不变，可用于三维游戏的开发和三维模型的网络传输，与"优化"修改器相比，它不仅提高了操作的速度，还可以指定优化的百分比和对象表面顶点数量的上限，优化的结果也好很多，其参数面板如图7-117所示。

提示：模型品质的高低会影响精简命令的执行结果，在执行"MultiRes（多分辨率）"这个修改器之前，可以先对模型进行一些调节。

要避免对具有复杂层级的模型直接使用"MultiRes（多分辨率）"命令，对于这样的模型，可以对独立的组分模型分别执行该命令，或者塌陷整个模型为单个的网格后再执行。

使模型尽量保持有较高的精度，关键的几何外形处需要有更多的点和面，模型的精度越高，传递"MultiRes（多分辨率）"细节的信息越准确，产生的结果越接近原始模型。

图7-117

参数详解

❖ "分辨率"参数组

　❖ 顶点百分比：控制修改后模型的顶点数相对于原始模型顶点数的百分比，值越低，精简越强烈，所得模型的表面数目越少。

　❖ 顶点数：显示修改后模型的顶点数。通过这个选项，可以直接控制输出网格的最大顶点数。它和"顶点百分比"值是联动的。调节它的数值时，"顶点百分比"也会自动进行更新。

　❖ 最大顶点：显示原始模型顶点总数。"顶点数"的值不可高于此值。

　❖ 面数：显示模型在当前状态的面数量。在调节"顶点百分比"或"顶点数"时，这里的显示会自动更新。

　❖ 最大面：显示原始模型的面数。

❖ "生成参数"参数组

　❖ 顶点合并：勾选时，允许在不同的元素间合并顶点。比如，对一个包含4个元素的茶壶应用"MultiRes（多分辨率）"修改器，勾选"顶点合并"后，分开的各部分元素将合并到一起。

　❖ 阈值：指定被合并点之间允许的最大距离，所有距离范围之内的点将被焊接在一起，使模型更加简化。

　❖ 网格内部：勾选时，在同一元素之间的相邻点和线之间也进行合并。

　❖ 材质边界线：勾选时，该修改器会记录模型的ID值分配，在模型被优化处理后，依据记录的ID值进行材质划分。

　❖ 保留基础顶点：控制是否被选择的子对象进行优化处理，在"顶点"子对象层级对优化模型进行选择后，确定"保留基础顶点"为选择状态，再进行优化计算，这时改变"顶点数"将首先对子对象层级中没有被选择的点进行优化处理。

　❖ 多顶点法线：勾选时，在多精度处理过程中每个顶点拥有多重法线。默认情况下，每个顶点只有单一的法线。

　❖ 折缝角度：设置法线平面之间的夹角。取值范围在1~180，数值越小，模型表面越平滑，数值越大，模型表面的角点越明显。

　❖ 生成：单击后，开始初始化模型。

　❖ 重置：将所有参数恢复为上次进行"生成"操作的设置。

7.2.14 顶点焊接

功能介绍

这是一个独立的修改器，与"编辑网格"和"编辑面片"中的顶点焊接功能相同，通过调节阈值大小，控制焊接的子对象范围，如图7-118所示。

图7-118

参数详解

❖ 阈值：用于指定顶点被自动焊接到一起的接近程度。

7.2.15 对称

功能介绍

"对称"修改器可以将当前模型进行对称复制，并且产生接缝融合效果，这个修改器可以应用到任何类型的模型上，在构建角色模型、船只或飞行器时特别有用，其参数设置面板如图7-119所示。

图7-119

参数详解

❖ 镜像轴：用于设置镜像的轴。
  ◇ X/Y/Z：选择镜像的作用轴向。
  ◇ 翻转：启用该选项后，可以翻转对称效果的方向。
❖ 沿镜像轴切片：启用该选项后，可以沿着镜像轴对模型进行切片处理。
❖ 焊接缝：启用该选项后，可以确保沿镜像轴的顶点在阈值以内时能被自动焊接。
❖ 阈值：设置顶点被自动焊接到一起的接近程度。

【练习7-6】：用对称修改器制作字母休闲椅

本练习的字母休闲椅效果如图7-120所示。

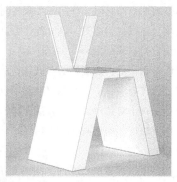

图7-120

Step 01 使用"线"工具 线 在前视图中绘制出如图7-121所示的样条线。

Step 02 为样条线加载一个"挤出"修改器，然后在"参数"卷展栏下设置"数量"为130mm，具体参数设置及模型效果如图7-122所示。

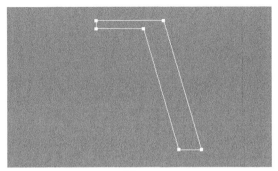

图7-121

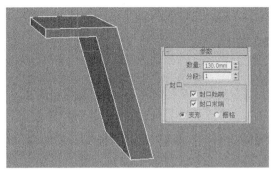

图7-122

Step 03 为模型加载一个"对称"修改器，然后在"参数"卷展栏下设置"镜像轴"为*x*轴，具体参数设置及模型效果如图7-123所示。

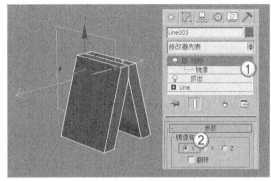

Step 04 选择"对称"修改器的"镜像"次物体层级，然后在前视图中用"选择并移动"工具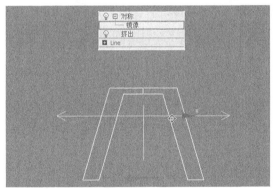向左拖曳镜像Gizmo，如图7-124所示，效果如图7-125所示。

图7-123

图7-124

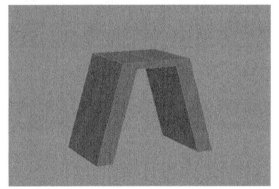

图7-125

Step 05 用"线"工具 ▢▢▢ 在前视图中绘制出如图7-126所示的样条线，然后为其加载一个"挤出"修改器，接着在"参数"卷展栏下设置"数量"为6mm，具体参数设置及模型效果如图7-127所示。

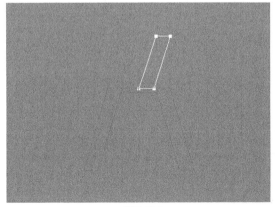

图7-126

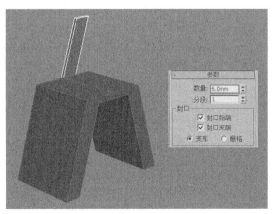

图7-127

Step 06 为模型加载一个"对称"修改器，然后在"参数"卷展栏下设置"镜像轴"为x轴，效果如图7-128所示。

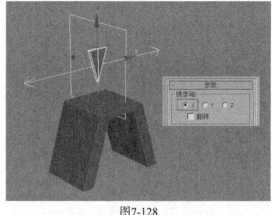

图7-128

Step 07 选择"对称"修改器的"镜像"次物体层级，然后在前视图中用"选择并移动"工具 向左拖曳镜像Gizmo，如图7-129所示，效果如图7-130所示。

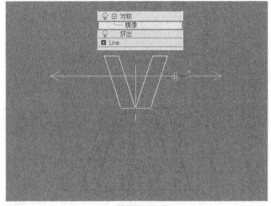

图7-129

图7-130

7.2.16 编辑法线

功能介绍

这个修改器专门针对游戏制作，可以对对象每个顶点的法线进行直接、交互的编辑。3ds Max渲染不支持这种修改，因此只能在视图中看到调节的效果，其参数面板如图7-131所示。

使用"编辑法线"修改器可以产生以下3种类型的法线。

❖ 未指定：这种类型的法线在视图中会显示为蓝色，根据所在平滑组的多边形表面来计算法线的方向。默认情况下每个顶点法线的数量与这个点周围多边形拥有平滑组的数量是相同的。例如，默认情况下长方体的每个表面拥有不同的平滑组，并且每3个面会相交一个顶点，因此，这个相交顶点会拥有3个不同的法线，每个法线垂直于周围的3个表面。再如球体，默认情况下只有单一的平滑组，因此每个顶点只有单一的法线。

❖ 已指定：这种类型的顶点法线不再依靠于周围表面的平滑组。例如，对一个刚创建的长方体应用"编辑法线"修改器，选择一组点的法线后，在修改参数面板中单击"统

图7-131

一"按钮，此选择点原来拥有3个不同方向的法线会不顾其各自所在的平滑组，统一转换为单一的法线，这种类型的法线在视图中显示为青色。

❖ 显示：在使用"移动"或"旋转"工具对选择法线进行变换操作时，法线的默认值会被改变，不能再基于面法线重新计算，这种类型的法线在视图中显示为绿色。

提示： 使用"编辑法线"修改器时应注意下面一些问题。

（1）虽然这个修改器可以应用到任何对象上，但只有多边形对象和网格对象支持"编辑法线"修改器，其他类型的对象在应用这个修改器后会转换为网格对象。如果执行这个修改器后，在以后的操作中转换对象为其他对象类型，法线修改的影响也会失效。

（2）改变对象的拓扑结构后，编辑法线修改的效果都会被移除。比如被加载网格平滑、细化、切片、镜像、对称、面挤出和顶点焊接修改器之后。

（3）使用任意的"复合对象"时，会除去编辑法线修改。

（4）可编辑多边形不支持编辑法线修改，塌陷堆栈时，会丢失编辑法线修改的效果，如果要塌陷可编辑多边形但保留法线修改，可以在编辑法线修改层之下使用"塌陷到"命令。

（5）所有的变形和贴图修改不影响法线。例如在应用"弯曲"修改器后，法线会随着几何体一同弯曲。编辑UVW等贴图修改也不会影响法线。

（6）有少数的修改器，比如"推力"和"松弛"不支持编辑法线修改。

（7）如果是"已指定"和"显式"类型的法线，应用"平滑"修改后会转换为"未指定"类型。

（8）就像网格选择和多边形选择一样，编辑法线修改会继承堆栈层级的属性。例如，在创建一个长方体后应用编辑法线修改器，改变一些法线，接着再次使用编辑法线修改器，顶部的编辑法线修改会继承下面的修改结果。

参数详解

❖ "选择方式"参数组
  ◇ 法线：选择时，直接单击法线可以选择该法线。
  ◇ 边：选择时，只有在单击边时才会选择相邻多边形的法线。
  ◇ 顶点：选择时，单击网格的顶点时会选择相关的法线。
  ◇ 面：选择时，单击网格表面和多边形时会选择相关的法线。

❖ 忽略背面：由于表面法线的原因，对象表面有可能在当前视角不被显示，看不到的表面一般情况是不能被选择的，勾选此选项时，可对其进行选择操作。

❖ 显示控制柄：勾选时，在法线的末端会显示一个方形手柄，便于法线的选取。

❖ 显示长度：用于设置法线在视图中显示的长度，不会对法线的功能产生影响。

❖ 统一：结合选择的法线为单一法线，执行这个命令后，法线会转换为"已指定"类型。

❖ 断开：将结合的法线打散，恢复为初始的组分结构。执行这个命令后，法线会转换为"已指定"类型，如果法线被移动或旋转，也会恢复为初始的方向。

❖ 统一/断开为平均值：决定法线方向操作结果为"统一"或"断开"。

❖ "平均值"参数组
  ◇ 选定项：将所选法线设置为相同的绝对角度（取所有法线的平均角度）。
  ◇ 使用阈值：调用该项后，"选定项"右侧的平均阈值输入框将被激活，而且只计算相互距离小于平均阈值的法线来确定平均值。
  ◇ 目标：激活该选项后，可在视图中直接选择要进行平均的多对法线。按钮右侧的值表示允许光标与实际目标法线之间的最大距离。

- ❖ 复制值：复制选择法线的方向到缓存区中，只能对单一的选择法线使用这个命令。
- ❖ 粘贴值：将复制的信息粘贴到当前选择。
- ❖ 指定：转换法线为"已指定"类型。
- ❖ 重置：用于恢复法线为初始的状态，执行这个命令后，被选择法线会转换为"未指定"类型。
- ❖ 设为显示：转换选择法线为"显示"类型。

7.2.17 四边形网格化

功能介绍

该修改器可以把对象表面转换为相对大小的四边形，它可以与"网格平滑"修改器结合使用，在保持模型基本形体的同时为其制作平滑倒角效果，如图7-132所示。

应用"四边形网格化"和"网格平滑"修改器

图7-132

参数详解

- ❖ 四边形大小%：设置四边形相对于对象的近似大小，该值越低，产生的四边形越小，模型上的四边形就越多。

7.2.18 ProOptimizer（专业优化器）

功能介绍

该修改器可以通过减少顶点的方式来精简模型面数，相对于前面介绍的"优化"和"MultiRes（多分辨率）"修改器而言，ProOptimizer（专业优化器）的功能更加强大，运行也更加稳定，并且能达到更好的优化效果。

在面数优化过程中，ProOptimizer（专业优化器）可以有效地保护模型的边界、材质、UV坐标、顶点颜色和法线等重要信息，并且还包括顶点合并、对称优化以及收藏精简面等高级功能。

【练习7-7】：用优化与专业优化修改器优化模型

本练习的模型优化前后的对比效果如图7-133所示。

图7-133

Step 01 打开光盘中的"练习文件>第7章>练习7-7.max"文件，然后按7键在视图的左上角显示出多边形和顶点的数量，目前的多边形数量为35 182个、顶点数量是37 827个，如图7-134所示。

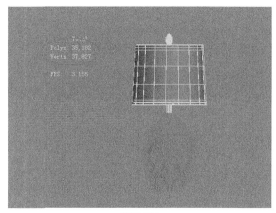

图7-134

> **提示：** 如果在一个很大的场景中每个物体都有这么多的多边形数量，那么系统在运行时将会非常缓慢，因此可以对不重要的物体进行优化。

Step 02 为灯座模型加载一个"优化"修改器，然后在"参数"卷展栏下设置"优化"的"面阈值"为10，如图7-135所示，这时从视图的左上角可以发现多边形数量变成了28 804个、顶点数量变成了15 016个，说明模型已经被优化了，如图7-136所示。

图7-135

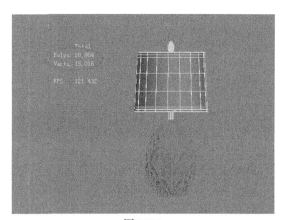

图7-136

Step 03 在修改器堆栈中选择"优化"修改器，然后单击"从堆栈中移除修改器"按钮，删除"优化"修改器，如图7-137所示。

Step 04 为灯座模型加载一个ProOptimizer（专业优化器）修改器，然后在"优化级别"卷展栏下单击"计算"按钮，计算完成后设置"顶点%"为20，如图7-138所示，这时从视图的左上角可以发现多边形数量变成了15 824个、顶点数量变成了8 526个，如图7-139所示。

图7-137

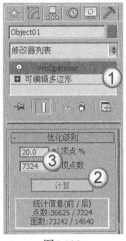

图7-138

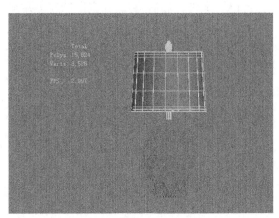

图7-139

7.2.19 顶点绘制

功能介绍

　　"顶点绘制"修改器用于在对象上喷绘顶点颜色，在制作游戏模型时，过大的纹理贴图会浪费系统资源，使用顶点绘制工具可以直接为每个顶点绘制颜色，相邻点之间的不同颜色可以进行插值计算来显示其面的颜色。直接绘制的优点是可以大大节省系统资源，文件小，而且效率高；缺点就是这样绘制出来的颜色效果不够精细。

　　"顶点绘制"修改器可以直接作用于对象，也可以作用于限定的选择区域。如果需要对喷绘的顶点颜色进行最终渲染，需要为对象指定"顶点颜色"材质贴图。

7.3 细分曲面

　　所谓细分曲面，就是通过反复细化初始的多边形网格，可以产生一系列网格趋向于最终的细分曲面，每个新的子分步骤产生一个新的有更多多边形元素并且更光滑的网格，其结果是让模型对象更加圆滑。

7.3.1 HSDS

功能介绍

　　HSDS就是分级细分曲面，它的最大特点就是可以在同一表面拥有不同的细分级别，它主要作为完成工具而不是建模工具使用，其参数面板如图7-140所示。

参数详解

1. "HSDS参数"卷展栏

❖　顶点▦：以选择点为中心分裂出新的面。

❖　边▦：从每一条边的中心点处开始分裂出新的面。

❖　多边形▦：对多边形面进行细划分。

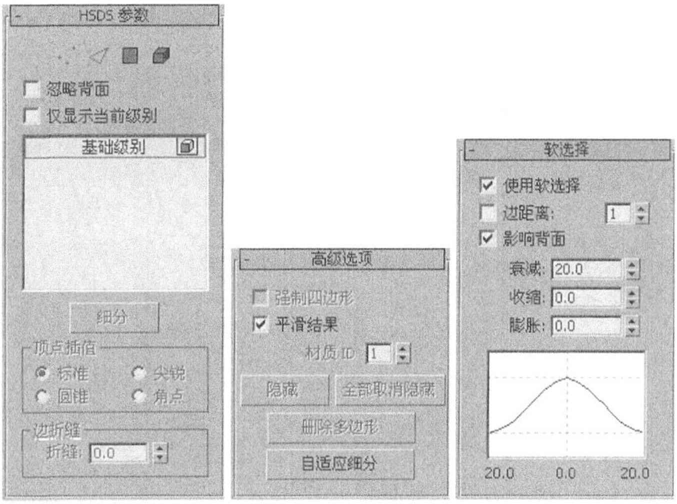

- ❖ 元素　：对元素进行细划分。
- ❖ 忽略背面：控制子对象的选择范围。取消选择时，不管法线的方向如何，可以选择所有的子对象，包括不被显示的部分。
- ❖ 仅显示当前级别：勾选这个选项时，只显示当前级别中的子对象。对于复杂模型，可以通过这个选项来提高效率。
- ❖ 细分：对当前选择的集合执行细分和平滑，增加细分级别到细分堆栈中。

图7-140

- ❖ 标准/尖锐/圆锥/角点：仅在"顶点"子对象层级有用，控制选择点的细分方式。"标准"和"圆锥"细分后的结构更接近原对象的表面。"尖锐"和"角点"产生的新的细分点相对于原表面产生较大的偏移。"角点"选项只针对不封闭对象边界线上的顶点选择。
- ❖ 折缝：控制细分表面的尖锐度，仅在"边"子对象级别中可用。低值产生的细分表面相对平滑，高值会在细分表面产生硬边。

2. "高级选项"卷展栏

- ❖ 强制四边形：勾选此项，转换多边形或三角形的面为四边形面。
- ❖ 平滑结果：选择此项，对所有的曲面应用相同的平滑组。
- ❖ 材质ID：显示指定给当前选中对象的材质ID，仅在"多边形"和"元素"子对象层级中可用。如果选中多个子对象而它们不共享ID，则显示为灰色。
- ❖ 隐藏：隐藏选择的多边形。
- ❖ 全部取消隐藏：显示隐藏的多边形。
- ❖ 删除多边形：删除当前选择的多边形，会在表面创建一个洞口。仅在"多边形"子对象层级中可用。
- ❖ 自适应细分：单击此按钮可以打开"自适应细分"对话框，如图7-141所示。

图7-141

7.3.2　网格平滑

功能介绍

　　"平滑"、"网格平滑"和"涡轮平滑"修改器都可以用来平滑几何体，但是在效果和可调性上有所差别。简单地说，对于相同的物体，"平滑"修改器的参数比其他两种修改器要简单一些，但是平滑的强度不大；"网格平滑"与"涡轮平滑"修改器的使用方法相似，但是后者能够更快并更有效率地利用内存，不过"涡轮平滑"修改器在运算时容易发生错误。因此，"网格平滑"修改器是在实际工作中最常用的一种。"网格平滑"修改器可以通过多种方法来平滑场景中的几何体，它允许细分几何体，同时可以使角和边变得平滑，其参数设置面板如图7-142所示。

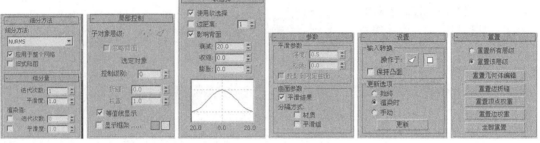

图7-142

2 参数详解

1. "细分方法"卷展栏

❖ 细分方法：在其下拉列表中选择细分的方法，共有"经典"、NURMS和"四边形输出"3种方法。"经典"方法可以生成三面和四面的多面体，如图7-143所示；NURMS方法生成的对象与可以为每个控制顶点设置不同权重的NURBS对象相似，这是默认设置，如图7-144所示；"四边形输出"方法仅生成四面多面体，如图7-145所示。

❖ 应用于整个网络：启用该选项后，平滑效果将应用于整个对象。

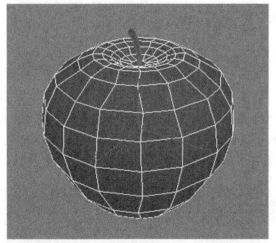

图7-143

图7-144

图7-145

2. "细分量"卷展栏

❖ 迭代次数：设置网格细分的次数，这是最常用的一个参数，其数值的大小直接决定了平滑的效果，取值范围为0~10。增加该值时，每次新的迭代会通过在迭代之前对顶点、边和曲面创建平滑差补顶点来细分网格，图7-146所示是"迭代次数"为1、2、3时的平滑效果对比。

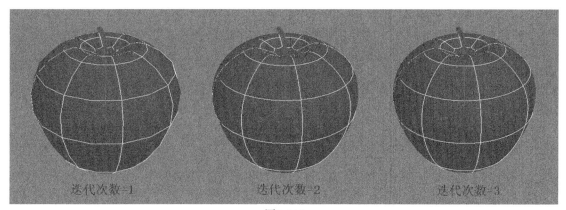

图7-146

提示： "网格平滑"修改器的参数虽然有7个卷展栏，但是基本上只会用到"细分方法"和"细分量"卷展栏下的参数，特别是"细分量"卷展栏下的"迭代次数"。

❖ 平滑度：为多尖锐的锐角添加面以平滑锐角，计算得到的平滑度为顶点连接的所有边的平均角度。

❖ 渲染值：用于在渲染时对对象应用不同平滑"迭代次数"和不同的"平滑度"值。在一般情况下，使用较低的"迭代次数"和较低的"平滑度"值进行建模，而使用较高值进行渲染。

3. "局部控制"卷展栏

❖ 子对象层级：启用或禁用"顶点"或"边"层级。如果两个层级都被禁用，将在对象层级进行工作。

❖ 忽略背面：控制子对象的选择范围。取消选择时，不管法线的方向如何，可以选择所有的子对象，包括不被显示的部分。

❖ 控制级别：用于在一次或多次迭代后查看控制网格，并在该级别编辑子对象点和边。

❖ 折缝：在平滑的表面上创建尖锐的转折过渡。

❖ 权重：设置点或边的权重。

❖ 等值线显示：选择该项，细分曲面之后，软件也只显示对象在平滑之前的原始边。禁用此项后，3ds Max会显示所有通过涡轮平滑添加的曲面，因此更高的迭代次数会产生更多数量的线条，默认设置为禁用状态。

❖ 显示框架：选择该项后，可以显示出细分前的多边形边界。其右侧的第1个色块代表"顶点"子对象层级未选定的边，第2个色块代表"边"子对象层级未选定的边，单击色块可以更改其颜色。

4. "参数"卷展栏

❖ 强度：设置增加面的大小范围，仅在平滑类型选择为"经典"或"四边形输出"时可用。值范围为0~1。

❖ 松弛：对平滑的顶点指定松弛影响，仅在平滑类型选择为"经典"或"四边形输出"时可用。值范围为-1~1，值越大，表面收缩越紧密。

❖ 投影到限定曲面：在平滑结果中将所有的点放到"限定表面"中，仅在平滑类型选择为"经典"时可用。

❖ 平滑结果：选择此项，对所有的曲面应用相同的平滑组。

❖ 分隔方式：有两种方式供用户选择。材质，防止在不共享材质ID的面之间创建边界上的新面；平滑组，防止在不共享平滑组（至少一组）的面之间创建边界上的新面。

5. "设置"卷展栏

❖ 操作于：以两种方式进行平滑处理，三角形方式☑对每个三角面进行平滑处理，包括不可见的三角面边，这种方式细节会很清晰；多边形方式☐只对可见的多边形面进行平滑处理，这种方式整体平滑度较好，细节不明显。

❖ 保持凸面：只能用于多边形模式，勾选时，可以保持所有的多边形是凸起的，防止产生一些折缝。

6. "重置"卷展栏

❖ 重置所有层级：恢复所有子对象级别的几何编辑、折缝和权重等为默认或初始设置。

❖ 重置该层级：恢复当前子对象级别的几何编辑、折缝和权重等为默认或初始设置。

❖ 重置几何体编辑：恢复对点或边的变换为默认状态。

❖ 重置边折缝：恢复边的折缝值为默认值。

❖ 重置顶点权重：恢复顶点的权重设置为默认值。

❖ 重置边权重：恢复边的权重设置为默认值。

❖ 全部重置：恢复所有设置为默认值。

【练习7-8】：用网格平滑修改器制作樱桃

本练习的樱桃效果如图7-147所示。

图7-147

Step 01 下面制作盛放樱桃的杯子模型。使用"茶壶"工具 ▢茶壶▢ 在场景中创建一个茶壶，然后在"参数"卷展栏下设置"半径"为80mm、"分段"为10，接着关闭"壶把"、"壶嘴"和"壶盖"选项，具体参数设置及模型效果如图7-148所示。

Step 02 为杯子模型加载一个FFD 3×3×3修改器，然后选择"控制点"次物体层级，接着在前视图中选择如图7-149所示的控制点，最后用"选择并均匀缩放"工具▢在透视图中将其向内缩放成如图7-150所示的形状。

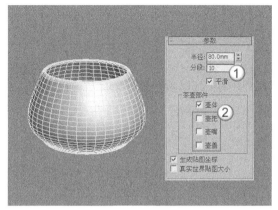

图7-148

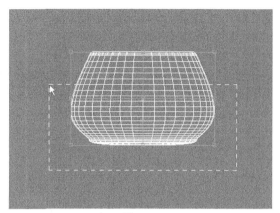

图7-149

Step 03 使用"选择并移动"工具 ⊹ 在前视图中将中间和顶部的控制点向上拖曳到如图7-151所示的位置，效果如图7-152所示。

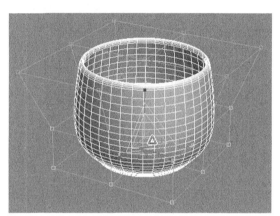

图7-150

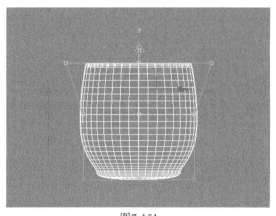

图7-151

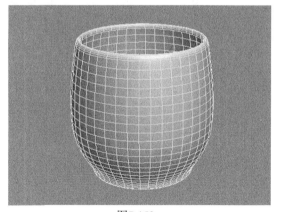

图7-152

Step 04 下面制作樱桃模型。使用"球体"工具 球体 在场景中创建一个球体，然后在"参数"卷展栏下设置"半径"为20mm、"分段"为8，接着关闭"平滑"选项，具体参数设置及模型效果如图7-153所示。

提示：在上一步操作中，关闭"平滑"选项后，将其转换为可编辑多边形时，模型上就不会存在过多的顶点，这样编辑起来更方便一些。

Step 05 选择球体，然后单击鼠标右键，接着在弹出的菜单中选择"转换为>转换为可编辑多边形"命令，如图7-154所示。

Step 06 在"选择"卷展栏下单击"顶点"按钮■，进入"顶点"级别，然后在前视图中选择如图7-155所示的顶点，接着使用"选择并移动"工具■将其向下拖曳到如图7-156所示的位置。

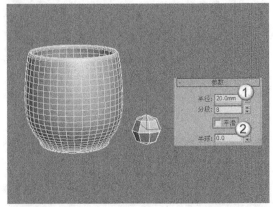

图7-153

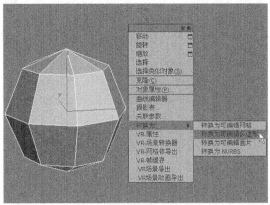

图7-154

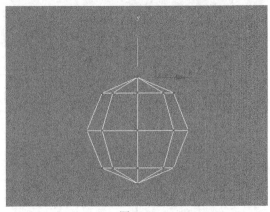

图7-155

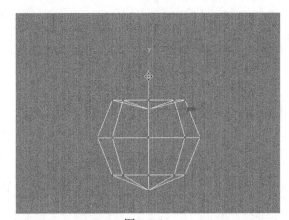

图7-156

Step 07 为模型加载一个"网格平滑"修改器，然后在"细分量"卷展栏下设置"迭代次数"为2，如图7-157所示，模型效果如图7-158所示。

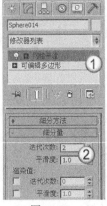

图7-157

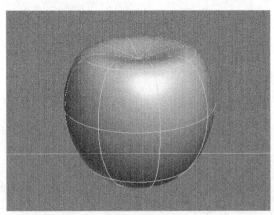

图7-158

提示: 注意, "迭代次数"的数值并不是设置得越大越好, 只要能达到理想效果即可。

Step 08 利用多边形建模方法制作出樱桃把模型, 完成后的效果如图7-159所示。

提示: 由于樱桃把模型的制作不是本例的重点, 并且制作方法比较简单, 主要使用多边形建模方法来制作。关于其制作方法, 请参阅第8章的内容。

Step 09 利用复制功能复制一些樱桃, 然后将其摆放在杯子内和地上, 最终效果如图7-160所示。

图7-159

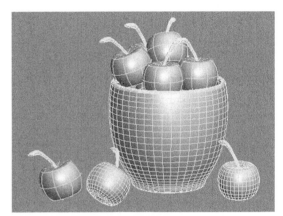

图7-160

7.3.3 涡轮平滑

功能介绍

"涡轮平滑"是基于"网格平滑"的一种新型平滑修改器, 与网格平滑相比, 它更加简捷快速, 其优化了网格平滑中的常用功能, 也使用了更快的计算方式来满足用户的需求, 其参数面板如图7-161所示。

在涡轮平滑中没有对"顶点"和"边"子对象级别的操作, 而且它只有NURMS一种细分方式, 但在处理场景时使用涡轮平滑可以大大提高视口的响应速度。

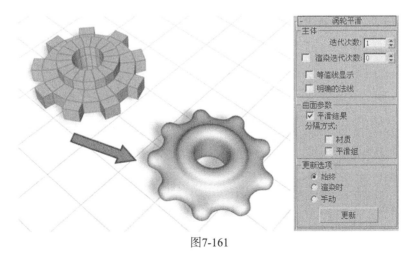

图7-161

参数详解

❖ "主体"参数组

◇ 迭代次数：设置网格的细分次数。增加该值时，每次新的迭代会通过在迭代之前对顶点、边和曲面创建平滑差补顶点来细分网格，修改器会细分曲面来使用这些新的顶点。默认值为1，范围为0~10。

◇ 渲染迭代次数：选择该项，可以在右边的数值框中设置渲染的迭代次数。

◇ 等值线显示：选择该项，细分曲面之后，软件也只显示对象在平滑之前的原始边。禁用此项后，3ds Max 会显示所有通过涡轮平滑添加的曲面，因此更高的迭代次数会产生更多数量的线条，默认设置为禁用状态。

◇ 明确的法线：选择该项，可以在涡轮平滑过程中进行法线计算。此方法比"网格平滑"中用于计算法线的标准方法快速，而且法线质量会稍微提高。默认设置为禁用状态。

❖ "曲面参数"参数组

◇ 平滑结果：选择此项，对所有的曲面应用相同的平滑组。

◇ 材质：选择此项，防止在不共享材质ID的曲面之间的边创建新曲面。

◇ 平滑组：选择此项，防止在不共享至少一个平滑组的曲面之间的边上创建新曲面。

❖ "更新选项"参数组

◇ 始终：任何时刻对涡轮平滑作了改动后都自动更新对象。

◇ 渲染时：仅在渲染时才更新视口中对象的显示。

◇ 手动：单击"更新"按钮，手动更新视口中对象的显示。

◇ 更新：更新视口中的对象显示，仅在选择了"渲染时"或"手动"选项时才起作用。

多边形建模

本章导读

多边形建模就是Polygon建模，这种建模方式在早期主要用于游戏领域，现在则被广泛应用于电影、建筑、工业设计、电视包装等众多领域。到现在，多边形建模已经成为CG行业中最主流的建模方式之一，在电影"最终幻想"中，多边形建模完全有能力把握复杂的角色结构，以及解决后续部门的相关问题。从技术角度来讲，多边形建模比较容易掌握，在创建复杂表面时，细节部分可以任意加线，在结构穿插关系很复杂的模型中就能体现出它的优势。

8.1 转换多边形对象

多边形建模作为当今的主流建模方式，已经被广泛应用到游戏角色、影视、工业造型、室内外等模型制作中。多边形建模方法在编辑上更加灵活，对硬件的要求也很低，其建模思路与网格建模的思路很接近，其不同点在于网格建模只能编辑三角面，而多边形建模对面数没有任何要求，图8-1～图8-3所示是一些比较优秀的多边形建模作品。

图8-1

图8-2

图8-3

> **提示：** 本章全部是关于多边形建模的内容。多边形建模非常重要，希望用户对本章的每部分内容都仔细领会。另外，本章所安排的实例都具有一定的针对性，希望用户对这些实例勤加练习。

在编辑多边形对象之前首先要明确多边形对象不是创建出来的，而是塌陷（转换）出来的。将物体塌陷为多边形的方法主要有以下4种。

第1种：选中物体，然后在"Graphite建模工具"工具栏中单击"Graphite建模工具"按钮 Graphite 建模工具 ，接着单击"多边形建模"按钮 多边形建模 ，最后在弹出的面板中单击"转化为多边形"按钮 ，如图8-4所示。注意，经过这种方法转换得来的多边形的创建参数将全部丢失。

第2种：在物体上单击鼠标右键，然后在弹出的菜单中选择"转换为>转换为可编辑多边形"命令，如图8-5所示。同样，经过这种方法转换得来的多边形的创建参数将全部丢失。

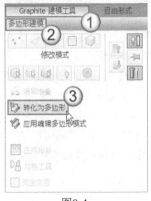
图8-4

图8-5

第3种：为物体加载"编辑多边形"修改器，如图8-6所示。经过这种方法转换得来的多边形的创建参数将保留下来。

第4种：在修改器堆栈中选中物体，然后单击鼠标右键，接着在弹出的菜单中选择"可编辑多边形"命令，如图8-7所示。同样，经过这种方法转换得来的多边形的创建参数将全部丢失。

图8-6

图8-7

8.2 编辑多边形对象

将物体转换为可编辑多边形对象后，就可以对可编辑多边形对象的顶点、边、边界、多边形和元素分别进行编辑。可编辑多边形的参数设置面板中包括6个卷展栏，分别是"选择"卷展栏、"软选择"卷展栏、"编辑几何体"卷展栏、"细分曲面"卷展栏、"细分置换"卷展栏和"绘制变形"卷展栏，如图8-8所示。

图8-8

请注意，在选择了不同的次物体级别以后，可编辑多边形的参数设置面板也会发生相应的变化，比如在"选择"卷展栏下单击"顶点"按钮 ，进入"顶点"级别以后，在参数设置面板中就会增加两个对顶点进行编辑的卷展栏，如图8-9所示。而如果进入"边"级别和"多边形"级别以后，又对增加对边和多边形进行编辑的卷展栏，如图8-10和图8-11所示。

图8-9

图8-10

图8-11

在下面的内容中，将着重对"选择"卷展栏、"软选择"卷展栏和"编辑几何体"卷展栏进行详细讲解，同时还要对"顶点"级别下的"编辑顶点"卷展栏、"边"级别下的"编辑边"卷展栏以及"多边形"卷展栏下的"编辑多边形"卷展栏下进行重点讲解。

8.2.1 "选择"卷展栏

功能介绍

"选择"卷展栏下的工具与选项主要用来访问多边形子对象级别以及快速选择子对象，如图8-12所示。

参数详解

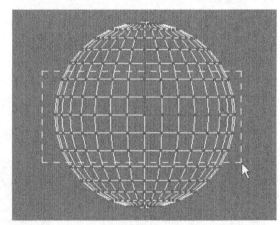

图8-12

- ❖ 顶点■：用于选择顶点子对象级别。
- ❖ 边■：用于选择边子对象级别。
- ❖ 边界■：用于选择边界子对象级别，可从中选择构成网格中孔洞边框的一系列边。边界总是由仅在一侧带有面的边组成，并总是为完整循环。
- ❖ 多边形■：用于选择多边形子对象级别。
- ❖ 元素■：用于选择元素子对象级别，可以选择对象的所有连续面。
- ❖ 按顶点：除了"顶点"级别外，该选项可以在其他4种级别中使用。启用该选项后，只有选择所用的顶点才能选择子对象。
- ❖ 忽略背面：启用该选项后，只能选中法线指向当前视图的子对象。比如启用该选项以后，在前视图中框选如图8-13所示的顶点，但只能选择正面的顶点，而背面不会被选择到，图8-14所示是在左视图中的观察效果；如果关闭该选项，在前视图中同样框选相同区域的顶点，则背面的顶点也会被选择，图8-15所示是在顶视图中的观察效果。

图8-13

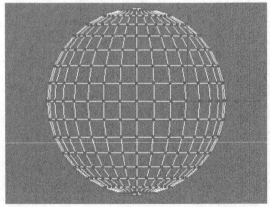

图8-14

图8-15

❖ 按角度：该选项只能用在"多边形"级别中。启用该选项时，如果选择一个多边形，3ds Max会基于设置的角度自动选择相邻的多边形。

❖ 收缩 收缩：单击一次该按钮，可以在当前选择范围中向内减少一圈对象。

❖ 扩大 扩大：与"收缩"相反，单击一次该按钮，可以在当前选择范围中向外增加一圈对象。

❖ 环形 环形：该工具只能在"边"和"边界"级别中使用。在选中一部分子对象后，单击该按钮可以自动选择平行于当前对象的其他对象。例如，选择一条如图8-16所示的边，然后单击"环形"按钮 环形，可以选择整个纬度上平行于选定边的边，如图8-17所示。

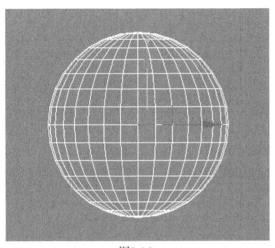

图8-16

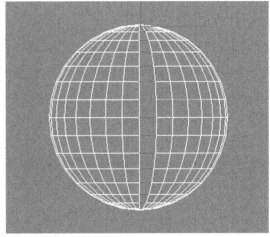

图8-17

❖ 循环 循环：该工具同样只能在"边"和"边界"级别中使用。在选中一部分子对象后，单击该按钮可以自动选择与当前对象在同一曲线上的其他对象。例如，选择如图8-18所示的边，然后单击"循环"按钮 循环，可以选择整个经度上的边，如图8-19所示。

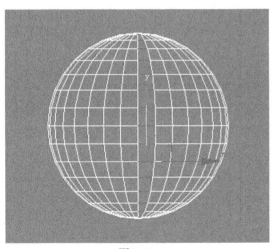

图8-18

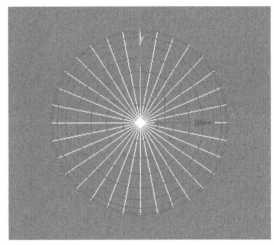

图8-19

❖ 预览选择：在选择对象之前，通过这里的选项可以预览光标滑过处的子对象，有"禁用"、"子对象"和"多个"3个选项可供选择。

8.2.2 "软选择"卷展栏

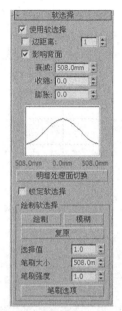

图8-20

功能介绍

"软选择"是以选中的子对象为中心向四周扩散，以放射状方式来选择子对象。在对选择的部分子对象进行变换时，可以让子对象以平滑的方式进行过渡。另外，可以通过控制"衰减"、"收缩"和"膨胀"的数值来控制所选子对象区域的大小及对子对象控制力的强弱，并且"软选择"卷展栏还包含了绘制软选择的工具，如图8-20所示。

参数详解

❖ 使用软选择：控制是否开启"软选择"功能。启用后，选择一个或一个区域的子对象，那么会以这个子对象为中心向外选择其他对象。比如，框选如图8-21所示的顶点，那么软选择就会以这些顶点为中心向外进行扩散选择，如图8-22所示。

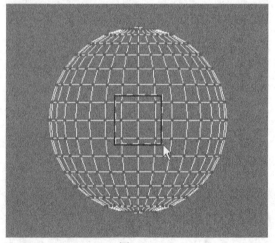

图8-21

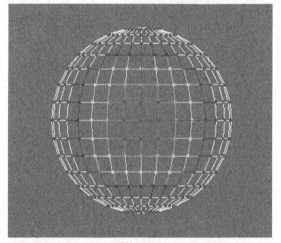

图8-22

 技术专题8-1 【**软选择的颜色显示**】

在用软选择选择子对象时，选择的子对象是以红、橙、黄、绿和蓝5种颜色进行显示的。处于中心位置的子对象显示为红色，表示这些子对象被完全选择，在操作这些子对象时，它们将被完全影响，然后依次是橙、黄、绿、蓝的子对象。

❖ 边距离：启用该选项后，可以将软选择限制到指定的面数。

❖ 影响背面：启用该选项后，那些与选定对象法线方向相反的子对象也会受到相同的影响。

❖ 衰减：用以定义影响区域的距离，默认值为20mm。"衰减"数值越高，软选择的范围也就越大，图8-23和图8-24所示是将"衰减"设置为500mm和800mm时的选择效果对比。

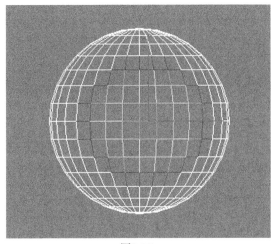

图8-23

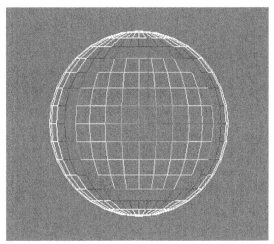

图8-24

❖ 收缩：设置区域的相对"突出度"。

❖ 膨胀：设置区域的相对"丰满度"。

❖ 软选择曲线图：以图形的方式显示软
选择是如何进行工作的。

❖ 明暗处理面切换  ：
只能用在"多边形"和"元素"级别
中，用于显示颜色渐变，如图8-25所
示。它与软选择范围内面上的软选择
权重相对应。

❖ 锁定软选择：锁定软选择，以防止对
按程序的选择进行更改。

❖ 绘制 绘制 ：可以在使用当前设置的
活动对象上绘制软选择。

❖ 模糊 模糊 ：可以通过绘制来软化现
有绘制软选择的轮廓。

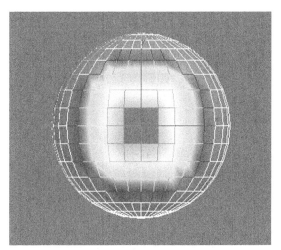

图8-25

❖ 复原 复原 ：通过绘制的方式还原软
选择。

❖ 选择值：整个值表示绘制的或还原的
软选择的最大相对选择。笔刷半径内
周围顶点的值会趋向于0衰减。

❖ 笔刷大小：用来设置圆形笔刷的半径。

❖ 笔刷强度：用来设置绘制子对象的
速率。

❖ 笔刷选项 笔刷选项 ：单击该按钮可以打
开"绘制选项"对话框，如图8-26所
示。在该对话框中可以设置笔刷的更
多属性。

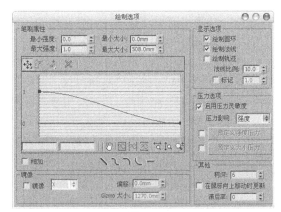

图8-26

8.2.3 "编辑几何体"卷展栏

图8-27

功能介绍

"编辑几何体"卷展栏下的工具适用于所有子对象级别，主要用来全局修改多边形几何体，如图8-27所示。

参数详解

❖ 重复上一个 ［重复上一个］：单击该按钮可以重复使用上一次使用的命令。

❖ 约束：使用现有的几何体来约束子对象的变换，共有"无"、"边"、"面"和"法线"4种方式可供选择。

❖ 保持UV：启用该选项后，可以在编辑子对象的同时不影响该对象的UV贴图。

❖ 设置■：单击该按钮可以打开"保持贴图通道"对话框，如图8-28所示。在该对话框中可以指定要保持的顶点颜色通道或纹理通道（贴图通道）。

❖ 创建 ［创建］：创建新的几何体。

❖ 塌陷 ［塌陷］：通过将顶点与选择中心的顶点焊接，使连续选定子对象的组产生塌陷。

> **提示**："塌陷"工具 ［塌陷］ 类似于"焊接"工具 ［焊接］，但是该工具不需要设置"阈值"数值就可以直接塌陷在一起。

图8-28

❖ 附加 ［附加］：使用该工具可以将场景中的其他对象附加到选定的可编辑多边形中。

❖ 分离 ［分离］：将选定的子对象作为单独的对象或元素分离出来。

❖ 切片平面 ［切片平面］：使用该工具可以沿某一平面分开网格对象。

❖ 分割：启用该选项后，可以通过"快速切片"工具 ［快速切片］ 和"切割"工具 ［切割］ 在划分边的位置处创建出两个顶点集合。

❖ 切片 ［切片］：可以在切片平面位置处执行切割操作。

❖ 重置平面 ［重置平面］：将执行过"切片"的平面恢复到之前的状态。

❖ 快速切片 ［快速切片］：可以将对象进行快速切片，切片线沿着对象表面，所以可以更加准确地进行切片。

❖ 切割 ［切割］：可以在一个或多个多边形上创建出新的边。

❖ 网格平滑 ［网格平滑］：使选定的对象产生平滑效果。

❖ 细化 ［细化］：增加局部网格的密度，从而方便处理对象的细节。

❖ 平面化 ［平面化］：强制所有选定的子对象成为共面。

❖ 视图对齐 ［视图对齐］：使对象中的所有顶点与活动视图所在的平面对齐。

❖ 栅格对齐 ［栅格对齐］：使选定对象中的所有顶点与活动视图所在的平面对齐。

❖ 松弛 ［松弛］：使当前选定的对象产生松弛现象。

❖ 隐藏选定对象 隐藏选定对象 ：隐藏所选定的子对象。
❖ 全部取消隐藏 全部取消隐藏 ：将所有的隐藏对象还原为可见对象。
❖ 隐藏未选定对象 隐藏未选定对象 ：隐藏未选定的任何子对象。
❖ 命名选择：用于复制和粘贴对象的命名选择集。
❖ 删除孤立顶点：启用该选项后，选择连续子对象时会删除孤立顶点。
❖ 完全交互：启用该选项后，如果更改数值，将直接在视图中显示最终的结果。

8.2.4 "编辑顶点"卷展栏

功能介绍

进入可编辑多边形的"顶点"级别以后，在"修改"面板中会增加一个"编辑顶点"卷展栏，如图8-29所示。这个卷展栏下的工具全部是用来编辑顶点的。

图8-29

参数详解

❖ 移除 移除 ：选中一个或多个顶点以后，单击该按钮可以将其移除，然后接合起使用它们的多边形。

 技术专题8-2 [移除顶点与删除顶点的区别]

这里详细介绍一下移动顶点与删除顶点的区别。

移除顶点：选中一个或多个顶点以后，单击"移除"按钮 移除 或按Backspace键即可移除顶点，但也只能是移除了顶点，而面仍然存在，如图8-30所示。注意，移除顶点可能导致网格形状发生严重变形。

删除顶点：选中一个或多个顶点以后，按Delete键可以删除顶点，同时也会删除连接到这些顶点的面，如图8-31所示。

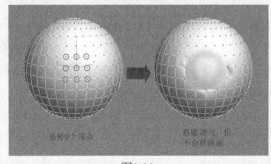

图8-30

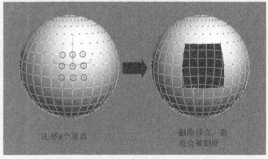

图8-31

❖ 断开 断开 ：选中顶点以后，单击该按钮可以在与选定顶点相连的每个多边形上都创建一个新顶点，这可以使多边形的转角相互分开，使它们不再相连于原来的顶点上。
❖ 挤出 挤出 ：直接使用这个工具可以手动在视图中挤出顶点，如图8-32所示。如果要精确设置挤出的高度和宽度，可以单击后面的"设置"按钮 ，然后在视图中的"挤出顶点"对话框中输入数值即可，如图8-33所示。

图8-32   图8-33

❖ 焊接 [焊接] ：对"焊接顶点"对话框中指定的"焊接阈值"范围之内连续的选中的顶点
  进行合并，合并后所有边都会与产生的单个顶点连接。单击后面的"设置"按钮■可以
  设置"焊接阈值"。

❖ 切角 [切角] ：选中顶点以后，使用该工具在视图中拖曳光标，可以手动为顶点切角，如图8-34
  所示。单击后面的"设置"按钮■，在弹出的"切角"对话框中可以设置精确的"顶点切角
  量"数值，同时还可以将切角后的面"打开"，以生成孔洞效果，如图8-35所示。

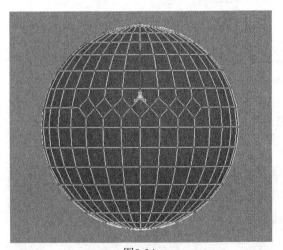

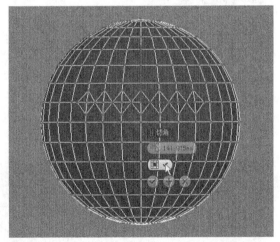

图8-34   图8-35

❖ 目标焊接 [目标焊接] ：选择一个顶点后，使用该工具可以将其焊接到相邻的目标顶点，如
  图8-36所示。

图8-36

提示：**"目标焊接"工具 [目标焊接] 只能焊接成对的
连续顶点。也就是说，选择的顶点与目标顶点有一
个边相连。**

❖ 连接 连接 ：在选中的对角顶点之间创建新的边，如图8-37所示。

❖ 移除孤立顶点 移除孤立顶点 ：删除不属于任何多边形的所有顶点。

❖ 移除未使用的贴图顶点 移除未使用的贴图顶点 ：某些建模操作会留下未使用的（孤立）贴图顶点，它们会显示在"展开UVW"编辑器中，但是不能用于贴图，单击该按钮就可以自动删除这些贴图顶点。

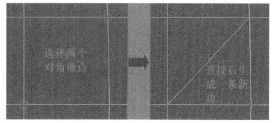

图8-37

❖ 权重：设置选定顶点的权重，供NURMS细分选项和"网格平滑"修改器使用。

8.2.5 "编辑边"卷展栏

 功能介绍

进入可编辑多边形的"边"级别以后，在"修改"面板中会增加一个"编辑边"卷展栏，如图8-38所示。这个卷展栏下的工具全部用于编辑边。

图8-38

参数详解

❖ 插入顶点 插入顶点 ：在"边"级别下，使用该工具在边上单击鼠标左键，可以在边上添加顶点，如图8-39所示。

❖ 移除 移除 ：选择边以后，单击该按钮或按Backspace键可以移除边，如图8-40所示。如果按Delete键，将删除边以及与边连接的面，如图8-41所示。

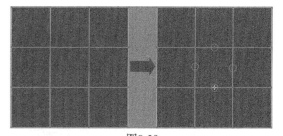

图8-39

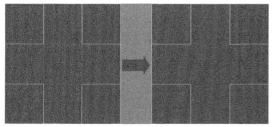

图8-40

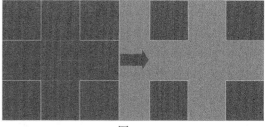

图8-41

❖ 分割 分割 ：沿着选定边分割网格。对网格中心的单条边应用时，不会起任何作用。

❖ 挤出 挤出 ：直接使用这个工具可以手动在视图中挤出边。如果要精确设置挤出的高度和宽度，可以单击后面的"设置"按钮 ，然后在视图中的"挤出边"对话框中输入数值即可，如图8-42所示。

❖ 焊接 焊接 ：组合"焊接边"对话框指定的"焊接阈值"范围内的选定边。只能焊接仅附着一个多边形的边，也就是边界上的边。

❖ 切角 切角 ：这是多边形建模中使用频率最高的工具之一，可以为选定边进行切角（圆角）处理，从而生成平滑的棱角，如图8-43所示。

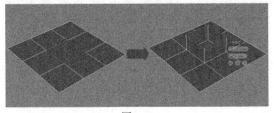

图8-42

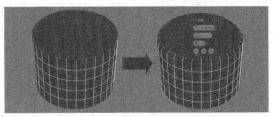

图8-43

> **提示：** 在很多时候为边进行切角处理以后，都需要模型加载"网格平滑"修改器，以生成非常平滑的模型，如图8-44所示。

❖ 目标焊接 目标焊接 ：用于选择边并将其焊接到目标边。只能焊接仅附着一个多边形的边，也就是边界上的边。

❖ 桥 桥 ：使用该工具可以连接对象的边，但只能连接边界边，也就是只在一侧有多边形的边。

❖ 连接 连接 ：这是多边形建模中使用频率最高的工具之一，可以在每对选定边之间创建新边，对于创建或细化边循环特别有用。比如选择一对竖向的边，则可以在横向上生成边，如图8-45所示。

❖ 利用所选内容创建图形 利用所选内容创建图形 ：这是多边形建模中使用频率最高的工具之一，可以将选定的边创建为样条线图形。选择边以后，单击该按钮可以弹出

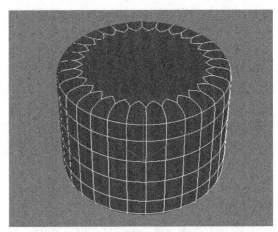

图8-44

图8-45

一个"创建图形"对话框，在该对话框中可以设置图形名称以及设置图形的类型，如果选择"平滑"类型，则生成的平滑的样条线，如图8-46所示；如果选择"线性"类型，则样条线的形状与选定边的形状保持一致，如图8-47所示。

❖ 权重：设置选定边的权重，供NURMS细分选项和"网格平滑"修改器使用。

❖ 拆缝：指定对选定边或边执行的折缝操作量，供NURMS细分选项和"网格平滑"修改器使用。

❖ 编辑三角形 编辑三角形 ：用于修改绘制内边或对角线时多边形细分为三角形的方式。

❖ 旋转 旋转 ：用于通过单击对角线修改多边形细分为三角形的方式。使用该工具时，对角线可以在线框和边面视图中显示为虚线。

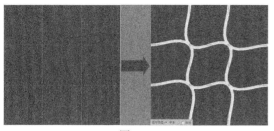

图8-46

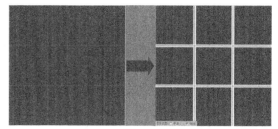

图8-47

8.2.6 "编辑多边形"卷展栏

功能介绍

进入可编辑多边形的"多边形"级别以后，在"修改"面板中会增加一个"编辑多边形"卷展栏，如图8-48所示。这个卷展栏下的工具全部是用来编辑多边形的。

图8-48

参数详解

❖ 插入顶点 插入顶点 ：用于手动在多边形插入顶点（单击即可插入顶点），以细化多边形，如图8-49所示。

❖ 挤出 挤出 ：这是多边形建模中使用频率最高的工具之一，可以挤出多边形。如果要精确设置挤出的高度，可以单击后面的"设置"按钮 ，然后在视图中的"挤出边"对话框中输入数值即可。挤出多边形时，"高度"为正值时可向外挤出多边形，为负值时可向内挤出多边形，如图8-50所示。

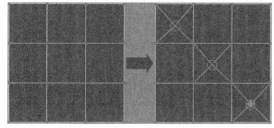

图8-49

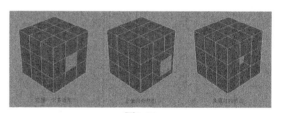

图8-50

❖ 轮廓 轮廓 ：用于增加或减小每组连续的选定多边形的外边。

❖ 倒角 倒角 ：这是多边形建模中使用频率最高的工具之一，可以挤出多边形，同时为多边形进行倒角，如图8-51所示。

❖ 插入 插入 ：执行没有高度的倒角操作，即在选定多边形的平面内执行该操作，如图8-52所示。

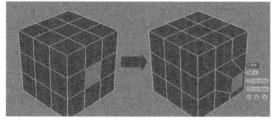

图8-51

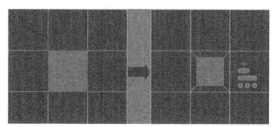

图8-52

- ❖ 桥 <u>桥</u>：使用该工具可以连接对象上的两个多边形或多边形组。
- ❖ 翻转 <u>翻转</u>：反转选定多边形的法线方向，从而使其面向用户的正面。
- ❖ 从边旋转 <u>从边旋转</u>：选择多边形后，使用该工具可以沿着垂直方向拖曳任何边，以便旋转选定多边形。
- ❖ 沿样条线挤出 <u>沿样条线挤出</u>：沿样条线挤出当前选定的多边形。
- ❖ 编辑三角剖分 <u>编辑三角剖分</u>：通过绘制内边修改多边形细分为三角形的方式。
- ❖ 重复三角算法 <u>重复三角算法</u>：在当前选定的一个或多个多边形上执行最佳三角剖分。
- ❖ 旋转 <u>旋转</u>：使用该工具可以修改多边形细分为三角形的方式。

【练习8-1】：用多边形建模制作足球

本练习的足球效果如图8-53所示。

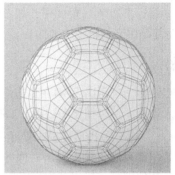

图8-53

Step 01 使用"异面体"工具 <u>异面体</u> 在场景中创建一个异面体，然后在"参数"卷展栏下设置"系列"为"十二面体/二十面体"，接着在"系列参数"选项组下设置P为0.33，最后设置"半径"为100mm，具体参数设置如图8-54所示，模型效果如图8-55所示。

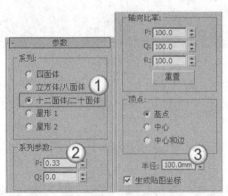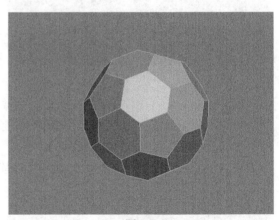

图8-54   图8-55

Step 02 将异面体转换为可编辑多边形，在"选择"卷展栏下单击"多边形"按钮 ▣，进入"多边形"级别，然后选择如图8-56所示的多边形，接着在"编辑几何体"卷展栏下单击"分离"按钮 <u>分离</u>，最后在弹出的"分离"对话框中勾选"分离到元素"选项，如图8-57所示。

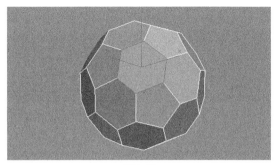

图8-56

图8-57

Step 03 采用相同的方法将所有的多边形都分离到元素，然后为模型加载一个"网格平滑"修改器，接着在"细分量"卷展栏下设置"迭代次数"为2，具体参数设置及模型效果如图8-58所示。

提示：此时虽然为模型加载了"网格平滑"修改器，但模型并没有产生平滑效果，这里只是为模型增加面数而已。

Step 04 为模型加载一个"球形化"修改器，然后在"参数"卷展栏下设置"百分比"为100，具体参数设置及模型效果如图8-59所示。

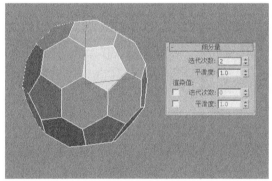

图8-58

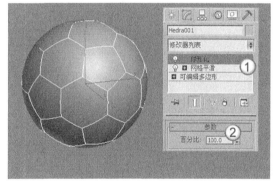

图8-59

Step 05 再次将模型转换为可编辑多边形，进入"多边形"级别，然后选择所有的多边形，如图8-60所示，接着在"编辑多边形"卷展栏下单击"挤出"按钮 挤出 后面的"设置"按钮圖，最后设置"高度"为2mm，如图8-61所示。

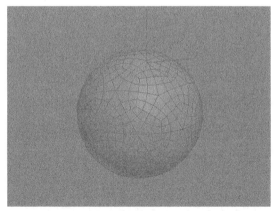

图8-60

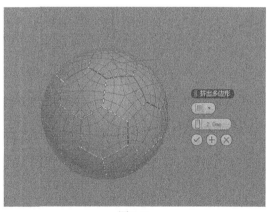

图8-61

Step 06 为模型加载一个"网格平滑"修改器，然后在"细分方法"卷展栏下设置"细分方法"为"四边形输出"，接着在"细分量"卷展栏下设置"迭代次数"为1，具体参数设置如图8-62所示，最终效果如图8-63所示。

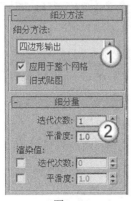

图8-62

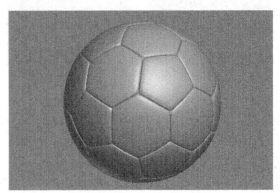

图8-63

【练习8-2】：用多边形建模制作布料

本练习的布料效果如图8-64所示。

图8-64

Step 01 使用"平面"工具 ▢ 平面 在前视图中创建一个平面，然后在"参数"卷展栏下设置"长度"为300mm、"宽度"为160mm、"长度分段"为12、"宽度分段"为8，具体参数设置及平面效果如图8-65所示。

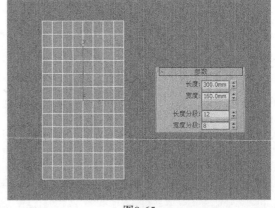

图8-65

Step 02 将平面转换为可编辑多边形，进入"顶点"级别，然后在左视图中选择（框选）如图8-66所示的顶点，接着使用"选择并移动"工具 将其向右拖曳到如图8-67所示的位置。

图8-66

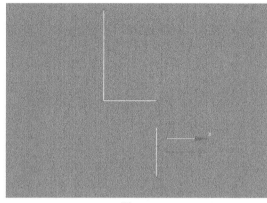

图8-67

Step 03 进入"边"级别，然后在顶视图中选择如图8-68所示的边，接着在"编辑边"卷展栏下单击"连接"按钮 连接 后面的"设置"按钮 ，最后设置"分段"为4，如图8-69所示。

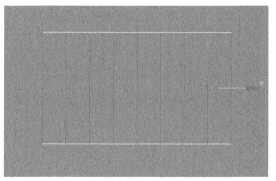

图8-68

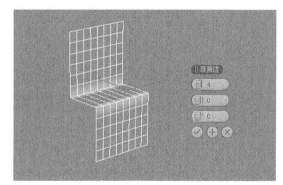

图8-69

提示：这里为边添加分段是为了让模型有足够多的段值，以便在后面绘制褶皱时能产生更自然的效果。

Step 04 为模型加载一个"网格平滑"修改器，然后在"细分量"卷展栏下设置"迭代次数"为2，具体参数设置及模型效果如图8-70所示。

Step 05 再次将模型转换为可编辑多边形，效果如图8-71所示。

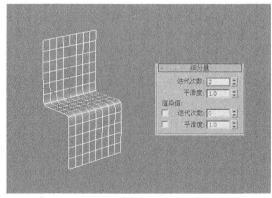

图8-70

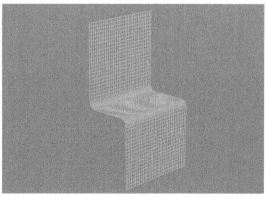

图8-71

提示： 再次将模型转换为可编辑多边形以后，可以发现模型上出现了非常多的分段，且非常平滑，这样的模型可以用来制作布料。

Step 06 展开"绘制变形"卷展栏，然后单击"推/拉"按钮 ▇▇▇ 推拉 ，接着设置"推/拉值"为3mm、"笔刷大小"为25mm、"笔刷强度"为0.5，如图8-72所示，最后在模型的右侧绘制出褶皱效果，如图8-73所示。

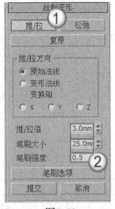

图8-72

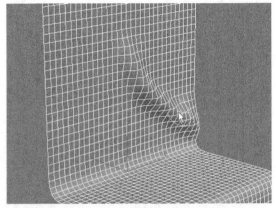

图8-73

 技术专题8-3 〔**绘制变形的技巧**〕

在使用设置好参数的笔刷绘制褶皱时，按住Alt键可以在保持相同参数值的情况下在推和拉之间进行切换。例如，如果拉的值为3mm，按住Alt键可以切换为-3mm，也就是推的操作，松开Alt键后就会恢复为拉的操作。另外，除了可以在"绘制变形"卷展栏下调整笔刷的大小外，还有一种更为简单的方法，即按住Shift+Ctrl组合键拖曳鼠标左键。

Step 07 将"笔刷大小"值修改为15mm、"笔刷强度"值修改为0.8，然后绘制出褶皱的细节，效果如图8-74所示。

Step 08 将"推/拉值"修改为2mm、"笔刷大小"修改为4mm，然后继续绘制出布料的细节褶皱，完成后的效果如图8-75所示。

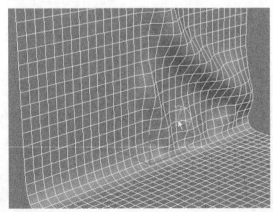

图8-74

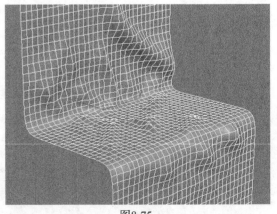

图8-75

Step 09 在"绘制变形"卷展栏下单击"松弛"按钮 松弛 ，然后设置"笔刷大小"为15mm、"笔刷强度"为0.8，如图8-76所示，接着在褶皱上绘制松弛效果，如图8-77所示。

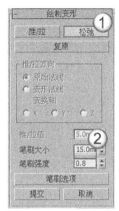

图8-76

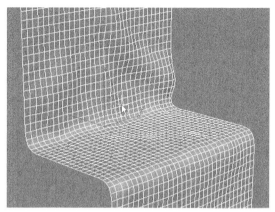

图8-77

Step 10 使用"长方体"工具 长方体 、"球体"工具 球体 、"圆锥体"工具 圆锥体 和"圆柱体"工具 圆柱体 在布料上创建一些几何体，最终效果如图8-78所示。

图8-78

【练习8-3】：用多边形建模制作单人沙发

本练习的单人沙发效果如图8-79所示。

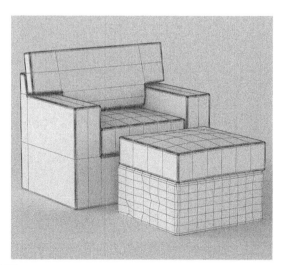

图8-79

Step 01 使用 "长方体" 工具 长方体 在场景中创建一个长方体，然后在 "参数" 卷展栏下设置 "长度" 为270mm、"宽度" 为400mm、"高度" 为120mm、"长度分段" 为2、"宽度分段" 为5、"高度分段" 为1，具体参数设置及模型效果如图8-80所示。

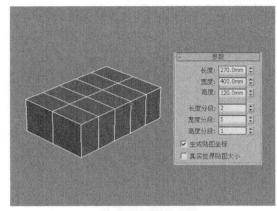

图8-80

Step 02 将长方体转换为可编辑多边形，进入 "顶点" 级别，然后在左视图中框选如图8-81所示的顶点，接着使用 "选择并移动" 工具 将其向左拖曳到如图8-82所示的位置。

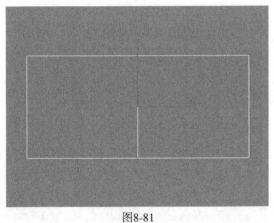

图8-81

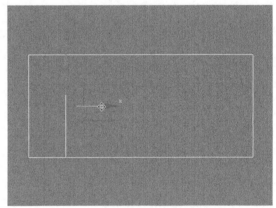

图8-82

Step 03 在顶视图中框选如图8-83所示的顶点，然后使用 "选择并均匀缩放" 工具 将其向两侧缩放成如图8-84所示的效果。

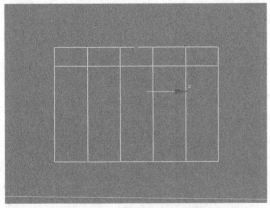

图8-83

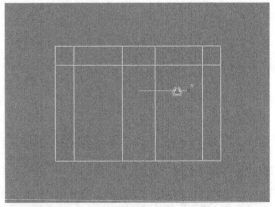

图8-84

Step 04 继续在顶视图中框选如图8-85所示的顶点，然后使用 "选择并均匀缩放" 工具 将其向两侧缩放成如图8-86所示的效果。

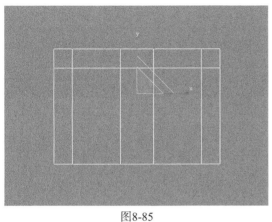

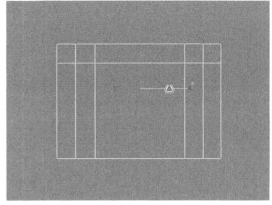

图8-85　　　　　　　　　　　　　　　　图8-86

Step 05 进入"多边形"级别，然后选择如图8-87所示的多边形，接着在"编辑多边形"卷展栏下单击"挤出"按钮 挤出 后面的"设置"按钮■，最后设置"高度"为100mm，如图8-88所示。

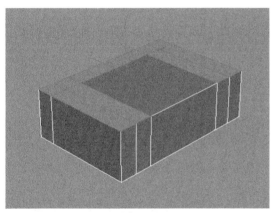

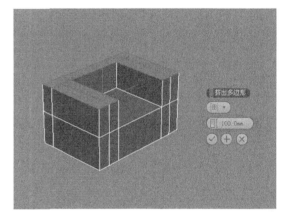

图8-87　　　　　　　　　　　　　　　　图8-88

Step 06 选择如图8-89所示的多边形，然后在"编辑多边形"卷展栏下单击"挤出"按钮 挤出 后面的"设置"按钮■，接着设置"高度"为60mm，如图8-90所示。

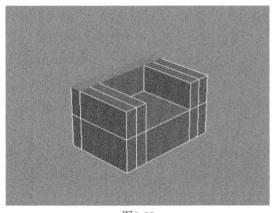

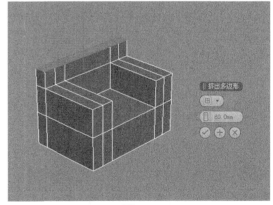

图8-89　　　　　　　　　　　　　　　　图8-90

Step 07 进入"顶点"级别，然后在左视图中框选如图8-91所示的顶点，接着使用"选择并移动"工具❖将其向左拖曳到如图8-92所示的位置。

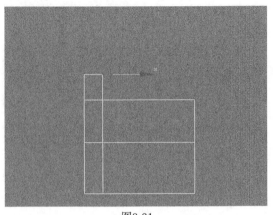

图8-91

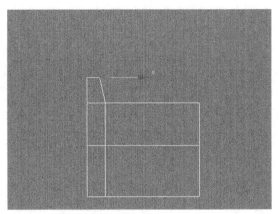

图8-92

Step 08 进入"边"级别，然后选择如图8-93所示的边，接着在"编辑边"卷展栏下单击"切角"按钮 后面的"设置"按钮 ，最后设置"边切角量"为5mm、"连接边分段"为4，如图8-94所示。

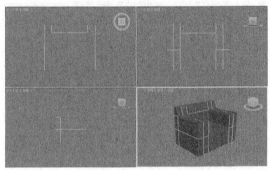

图8-93

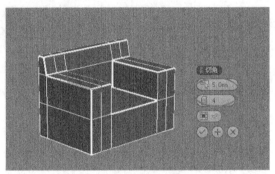

图8-94

Step 09 选择如图8-95所示的边，然后在"编辑边"卷展栏下单击"利用所选内容创建图形"按钮 利用所选内容创建图形 ，接着在弹出的"创建图形"对话框中设置"图形类型"为"线性"，如图8-96所示。

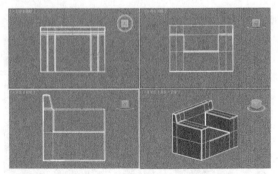

图8-95

图8-96

Step 10 选择图形，然后在"渲染"卷展栏下勾选"在渲染中启用"和"在视口中启用"选项，接着设置"径向"的"厚度"为3mm，具体参数设置及图形效果如图8-97所示。

Step 11 使用"长方体"工具 长方体 在场景中创建一个长方体，然后在"参数"卷展栏下设置"长度"为220mm、"宽度"为210mm、"高度"为65mm、"长度分段"为4、"宽度分段"为6、"高度分段"为1，具体参数设置及模型位置如图8-98所示。

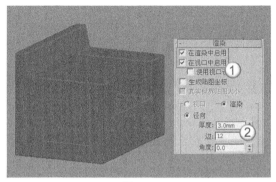

图8-97

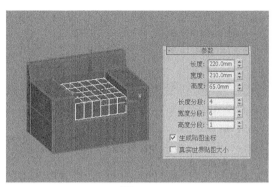

图8-98

Step 12 将长方体转换为可编辑多边形，进入"边"级别，然后选择如图8-99所示的边，接着在"编辑边"卷展栏下单击"切角"按钮 后面的"设置"按钮 ，最后设置"边切角量"为5mm、"连接边分段"为4，如图8-100所示。

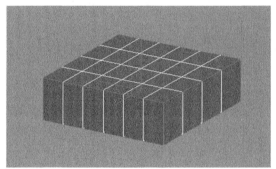

图8-99

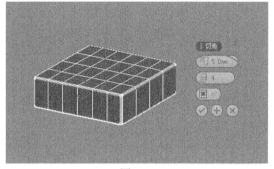

图8-100

Step 13 选择如图8-101所示的边，然后在"编辑边"卷展栏下单击"利用所选内容创建图形"按钮 利用所选内容创建图形 ，接着在弹出的"创建图形"对话框中设置"图形类型"为"线性"，如图8-102所示，效果如图8-103所示。

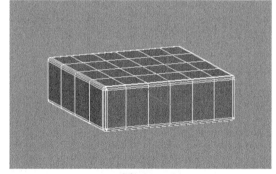

图8-101

图8-102

图8-103

技术专题8-4 ［用户视图］

　　这里要介绍一下在建模过程中的一种常用视图，即用户视图。在创建模型时，很多时候都需要在透视图中进行操作，但有时用鼠标中键缩放视图时会发现没有多大作用，或是根本无法缩放视图，这样就无法对模型进行更进一步的操作。遇到这种情况时，可以按U键将透视图切换为用户视图，这样就不会出现无法缩放视图的现象。但是在用户视图中，模型的透视关系可能会不正常，如图8-104所示，不过没有关系，将模型调整完成后按P键切换回透视图即可，如图8-105所示。

图8-104

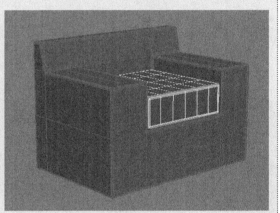
图8-105

Step 14 使用"长方体"工具 长方体 在场景中创建一个长方体，然后在"参数"卷展栏下设置"长度"为43mm、"宽度"为220mm、"高度"为130mm、"长度分段"为1、"宽度分段"为6、"高度分段"为4，具体参数设置及模型位置如图8-106所示。

Step 15 将长方体转换为可编辑多边形，进入"顶点"级别，然后使用"选择并移动"工具 在左视图中将右下角的顶点调整到如图8-107所示的位置。

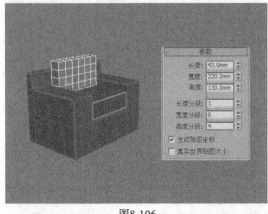
图8-106

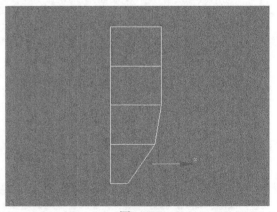
图8-107

Step 16 进入"多边形"级别，然后选择如图8-108所示的多边形，接着在"编辑多边形"卷展栏下单击"挤出"按钮 挤出 后面的"设置"按钮 ，接着设置"高度"为90mm，如图8-109所示。

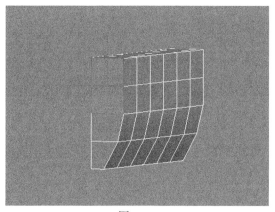

图8-108

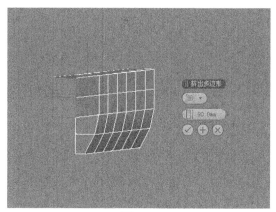

图8-109

Step 17 采用相同的方法将另外一侧的两个多边形也挤出90mm，如图8-110所示。

Step 18 进入"边"级别，然后选择如图8-111所示的边，接着在"编辑边"卷展栏下单击"切角"按钮 切角 后面的"设置"按钮 ，最后设置"边切角量"为5mm、"连接边分段"为4，如图8-112所示。

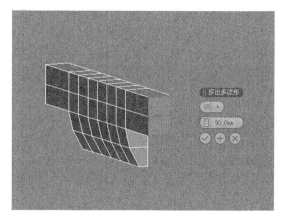

图8-110

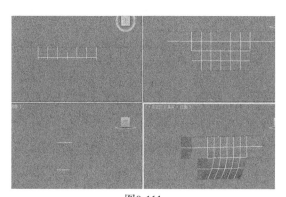

图8-111

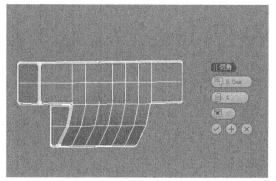

图8-112

Step 19 退出"边"级别，然后使用"选择并旋转"工具 在左视图中将靠背模型逆时针旋转一定的角度，如图8-113所示。

Step 20 选择如图8-114所示的边，然后在"编辑边"卷展栏下单击"利用所选内容创建图形"按钮 利用所选内容创建图形 ，接着在弹出的"创建图形"对话框中设置"图形类型"为"线性"，如图8-115所示，最终效果如图8-116所示。

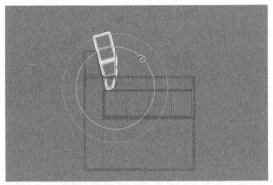

图8-113

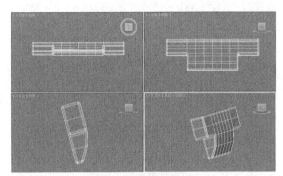

图8-114

图8-115

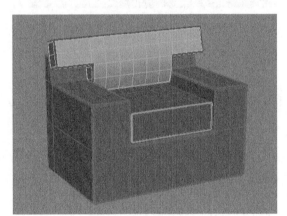

图8-116

🔹【练习8-4】：用多边形建模制作向日葵

本练习的向日葵效果如
图8-117所示。

图8-117

Step 01 使用"圆柱体"工具 ▭圆柱体▭ 在前视图中创建一个圆柱体，然后在"参数"卷展栏下设置"半径"为150mm、"高度"为25mm、"高度分段"为1、"端面分段"为50、"边数"为150，具体参数设置及模型效果如图8-118所示。

提示：这里将圆柱体的分段和边数设置得相当大，目的是为了让模型表面有足够的段值。

Step 02 将圆柱体转换为可编辑多边形，进入"顶点"级别，然后在"软选择"卷展栏下勾选"使用软选择"选项，接着设置"衰减"为80mm，如图8-119所示。

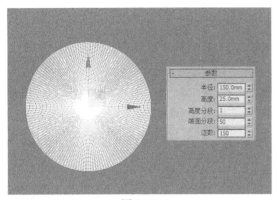

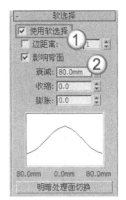

图8-118

图8-119

Step 03 在"主工具栏"中将选择模式设置为"圆形选择区域" ■模式，然后使用"选择对象"工具 ■单击中间的顶点，效果如图8-120所示。

Step 04 使用"选择并移动"按钮 ■在透视图中沿y轴正方向拖曳顶点，得到如图8-121所示的效果。

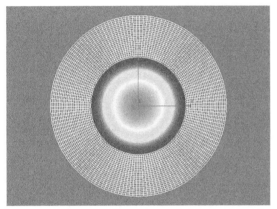

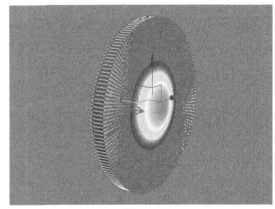

图8-120

图8-121

Step 05 在"软选择"卷展栏下关闭"使用软选择"选项，进入"边"级别，然后在前视图中选择如图8-122所示的边，接着在"选择"卷展栏下单击"循环"按钮 循环 ，选择循环边，如图8-123所示。

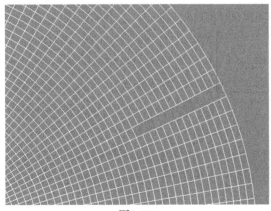

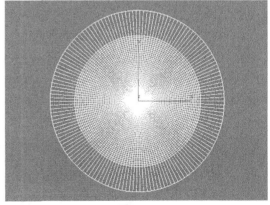

图8-122

图8-123

Step 06 保持对边的选择，单击鼠标右键，然后在弹出的菜单中选择"转换到面"命令，如图8-124所示，这样就可以自动选择如图8-125所示的多边形。

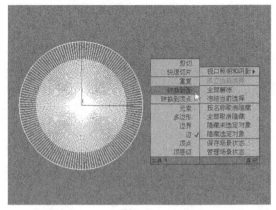
图8-124

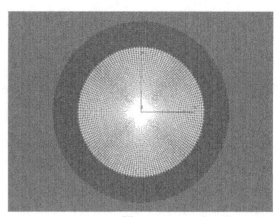
图8-125

 技术专题8-5 [将边的选择转换为面的选择]

从步骤06可以发现，要选择如此之多的多边形是一件都么困难的事情，这里介绍一种选择多边形的简便方法，即将边的选择转换为面的选择。下面以图8-126中的一个多边形球体为例来讲解这种选择技法。

第1步：进入"边"级别，随意选择一条横向上的边，如图8-127所示，然后在"选择"卷展栏下单击"循环"按钮 循环 ，以选择与该边在同一经度上的所有横向边，如图8-128所示。

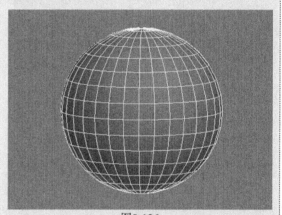
图8-126

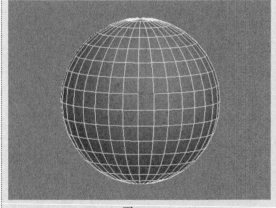
图8-127

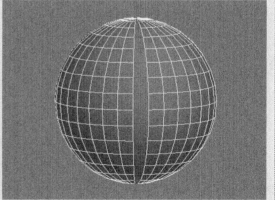
图8-128

第2步：单击鼠标右键，然后在弹出的菜单中选择"转换到面"命令，如图8-129所示，这样就可以将边的选择转换为对面的选择，如图8-130所示。

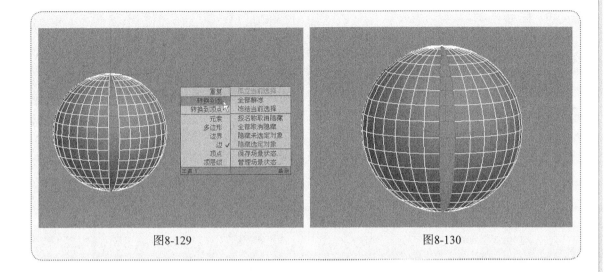

图8-129　　　　　　　　　　　　　　　　图8-130

Step 07 保持对多边形选择，在"编辑多边形"卷展栏下单击"倒角"按钮 倒角 后面的"设置"按钮 ，然后设置"倒角类型"为"按多边形"、"高度"为22mm、"轮廓"为-0.7mm，如图8-131所示。

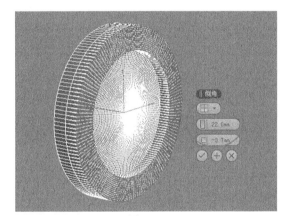

图8-131

Step 08 在"主工具栏"中将选择模式设置为"矩形选择区域" ，然后在左视图中框选如图8-132所示的顶点，切换到"圆形选择区域" 选择模式，将光标定位在原点，接着按住Alt键在前视图中拖曳出一个圆形选择区域，以减去中间区域的顶点，效果如图8-133所示。

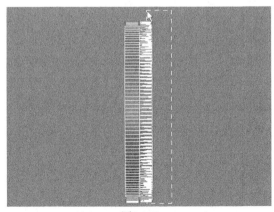

图8-132

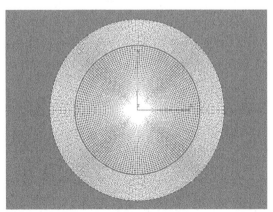

图8-133

Step 09 使用"选择并均匀缩放"工具 ⬚ 将选择的顶点等比例向外缩放成如图8-134所示的效果。

Step 10 进入"多边形"级别，然后选择如图8-135所示的多边形，接着在"编辑多边形"卷展栏下单击"倒角"按钮 倒角 后面的"设置"按钮 ⬚，最后设置"高度"为22mm、"轮廓"为-0.7mm，如图8-136所示。

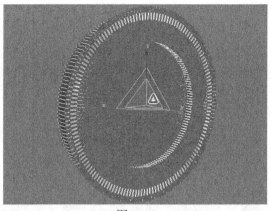

图8-134

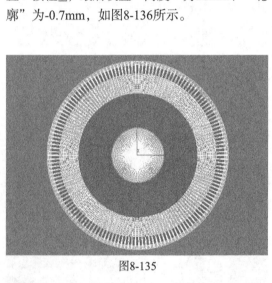

图8-135

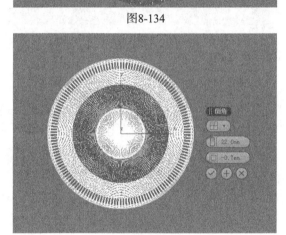

图8-136

Step 11 继续使用"倒角"工具 倒角 制作出中间的倒角效果，如图8-137所示。

Step 12 为模型加载一个"涡轮平滑"修改器，然后在"涡轮平滑"卷展栏下设置"迭代次数"为1，具体参数设置及模型效果如图8-138所示。

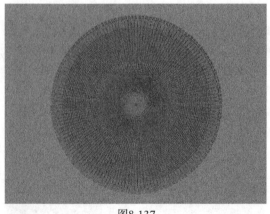

图8-137

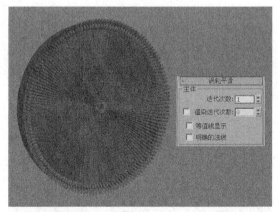

图8-138

Step 13 下面制作向日葵的花瓣部分。使用"平面"工具 平面 在前视图中创建一个平面，然后在"参数"卷展栏下设置"长度"为45mm、"宽度"为200mm、"长度分段"为4、"宽度分段"为4，具体参数设置及平面效果如图8-139所示。

Step 14 将平面转换为可编辑多边形，进入"顶点"级别，然后在各个视图中将顶点调整成如图8-140所示的效果。

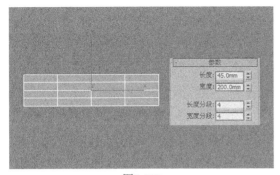

图8-139

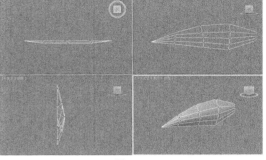

图8-140

Step 15 为花瓣模型加载一个"网格平滑"修改器，然后在"细分量"卷展栏下设置"迭代次数"为1，具体参数设置及模型效果如图8-141所示。

Step 16 复制一个花瓣模型，然后在"顶点"级别下将其调节成如图8-142所示的形状。

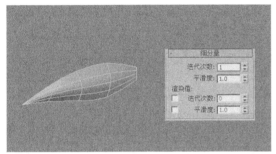

图8-141

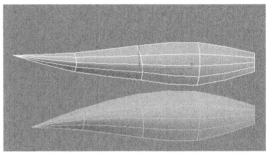

图8-142

Step 17 使用"仅影响轴"技术和"选择并旋转"工具 围绕向日葵旋转复制一圈花瓣模型，如图8-143所示。

Step 18 使用"线"工具 线 在前视图中绘制一条如图8-144所示的样条线，然后在"渲染"卷展栏下勾选"在渲染中启用"和"在视图中启用"选项，接着设置"径向"的"厚度"为30mm，最终效果如图8-145所示。

图8-143

图8-144

图8-145

【练习8-5】：用多边形建模制作藤椅

本练习的藤椅模型效果如图8-146所示。

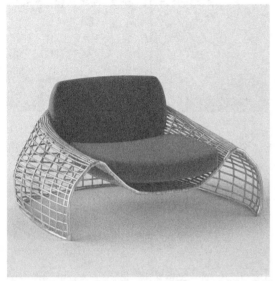

图8-146

Step 01 下面制作竹藤模型。使用"平面"工具 ▢▢平面▢▢ 在场景中创建一个平面，然后在"参数"卷展栏下设置"长度"为120mm、"宽度"为100mm、"长度分段"为2、"宽度分段"为3，具体参数设置及模型效果如图8-147所示。

Step 02 将平面转换为可编辑多边形，进入"顶点"级别，然后在顶视图中选择如图8-148所示的顶点，接着使用"选择并移动"工具 ✛ 将其向下拖曳到如图8-149所示的位置。

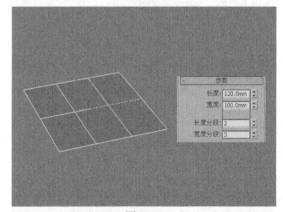

图8-147

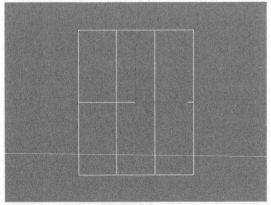

图8-148

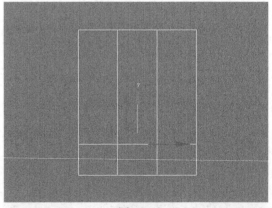

图8-149

Step 03 在顶视图中选择如图8-150所示的顶点，然后使用"选择并均匀缩放"工具 将其向内缩放成如图8-151所示的效果。

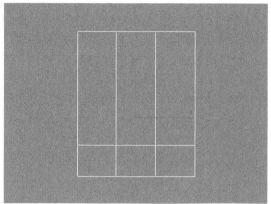

图8-150

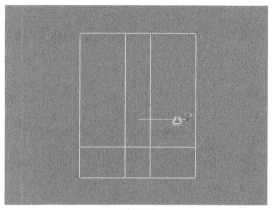

图8-151

Step 04 在顶视图中选择如图8-152所示的顶点，然后使用"选择并移动"工具 将其向下拖曳到如图8-153所示的位置，接着使用"选择并均匀缩放"工具 将其向内缩放成如图8-154所示的效果。

Step 05 继续使用"选择并均匀缩放"工具 将底部的顶点缩放成如图8-155所示的效果。

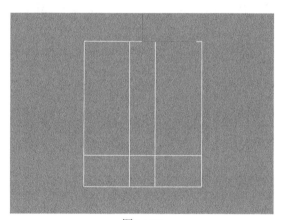

图8-152

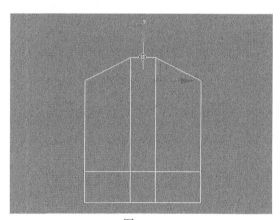

图8-153

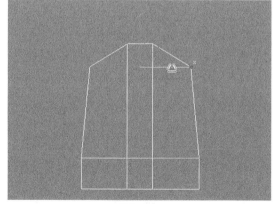

图8-154

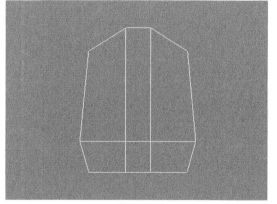

图8-155

Step 06 进入"边"级别，然后选择如图8-156所示的边，接着按住Shift键使用"选择并移动"工具∷将其向上拖曳（复制）两次，得到如图8-157所示的效果。

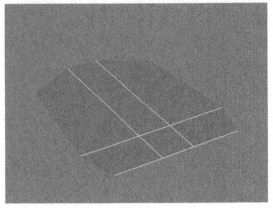

图8-156

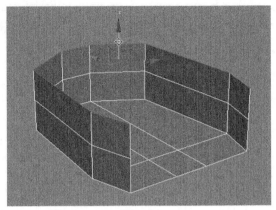

图8-157

Step 07 使用"选择并均匀缩放"工具▦将所选边向内缩放成如图8-158所示的效果。

Step 08 采用步骤06~步骤07的方法将模型调整成如图8-159所示的效果。

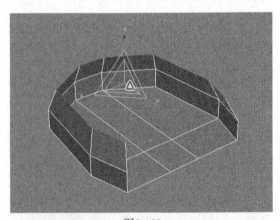

图8-158

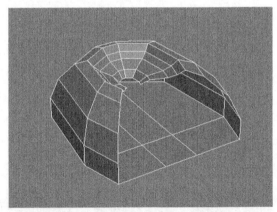

图8-159

Step 09 进入"顶点"级别，然后在顶视图选择如图8-160所示的顶点，接着使用"选择并非均匀缩放"工具▦将其向下缩放成如图8-161所示的效果，最后使用"选择并移动"工具∷将所选顶点向下拖曳一段距离，如图8-162所示。

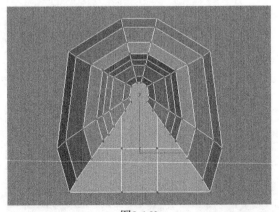

图8-160

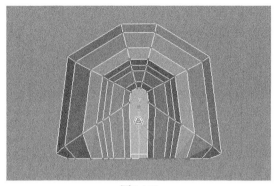

图8-161

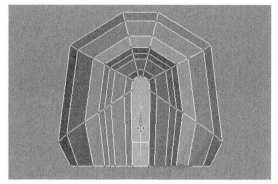

图8-162

Step 10 在顶视图选择如图8-163所示的顶点，然后使用"选择并非均匀缩放"工具 将其向下缩放成如图8-164所示的效果，接着使用"选择并移动"工具 将所选顶点向下拖曳一段距离，如图8-165所示。

Step 11 进入"边"级别，然后选择如图8-166所示的边，接着在"编辑边"卷展栏下单击"桥"按钮 ，效果如图8-167所示。

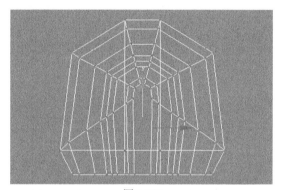

图8-163

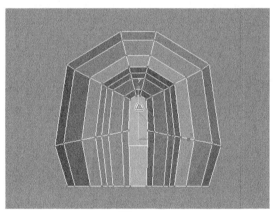

图8-164

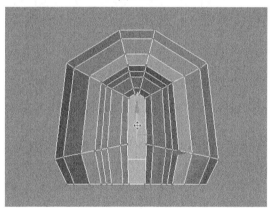

图8-165

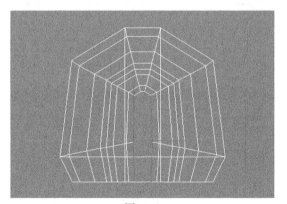

图8-166

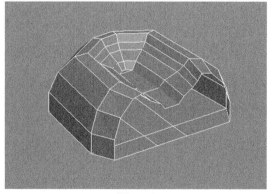

图8-167

Step 12 在顶视图中选择如图8-168所示的边,然后在"编辑边"卷展栏下单击"连接"按钮
连接 后面的"设置"按钮 ,接着设置"分段"为2,如图8-169所示。

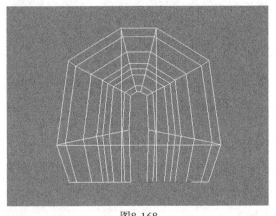

图8-168

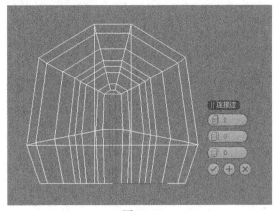

图8-169

Step 13 进入"顶点"级别,然后选择如图8-170所示的顶点,接着在"编辑顶点"卷展栏下单击
"目标焊接"按钮 目标焊接 ,最后将其拖曳到如图8-171所示的顶点上,这样可以将两个顶点焊接
起来,效果如图8-172所示。

Step 14 采用相同的方法将另外一侧的两个顶点焊接起来,完成后的效果如图8-173所示。

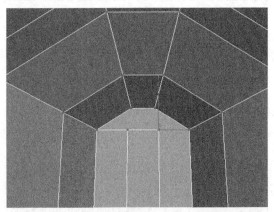

图8-170

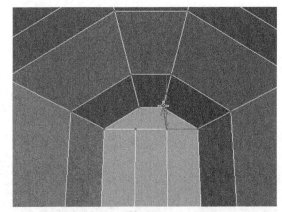

图8-171

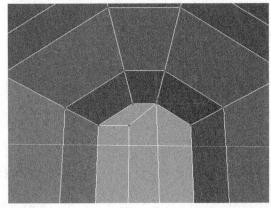

图8-172

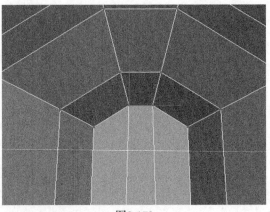

图8-173

Step 15 继续使用"目标焊接"工具 目标焊接 焊接如图8-174所示的顶点,完成后的效果如图8-175所示。

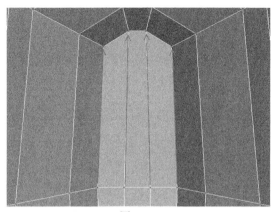

图8-174

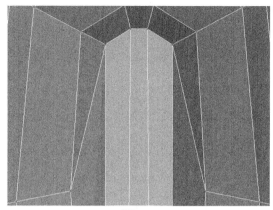

图8-175

Step 16 选择如图8-176所示的边,然后在"编辑边"卷展栏下单击"连接"按钮 连接 后面的 "设置"按钮 ,接着设置"分段"为1,如图8-177所示。

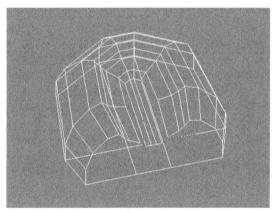

图8-176

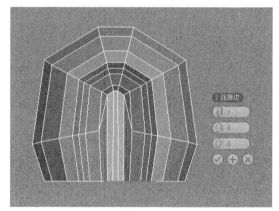

图8-177

Step 17 继续对模型的细节(顶点)进行调节,完成后的效果如图8-178所示。

Step 18 进入"多边形"级别,然后选择模型底部的多边形,如图8-179所示,接着按Delete键将其删除,效果如图8-180所示。

Step 19 为模型加载一个"细化"修改器,然后在"参数"卷展栏下设置"操作于"为"多边形" 、"张力"为10、"迭代次数"为2,具体参数设置及模型效果如图8-181所示。

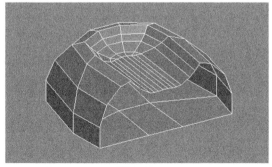

图8-178

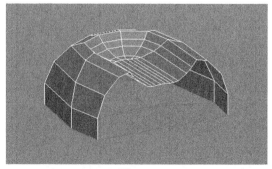

图8-179

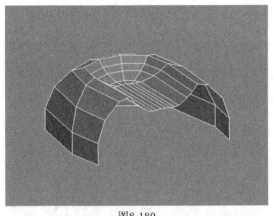

图8-180

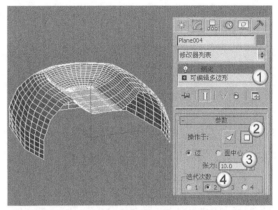

图8-181

Step 20 将模型转换为可编辑多边形，进入"边"级别，然后选择如图8-182所示的边，接着在"编辑边"卷展栏下单击"利用所选内容创建图形"按钮 ，最后在弹出的"创建图形"对话框中设置"图形类型"为"线性"，如图8-183所示。

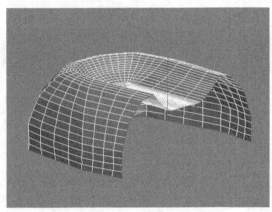

图8-182

图8-183

Step 21 选择"图形001"，然后在"渲染"卷展栏中勾选"在渲染中启用"和"在视口中启用"选项，接着设置"径向"的"厚度"为2mm，效果如图8-184所示。

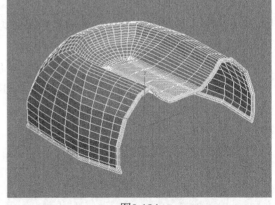

图8-184

Step 22 选择模型，进入"边"级别，然后选择如图8-185所示的边，接着在"编辑边"卷展栏下单击"利用所选内容创建图形"按钮 利用所选内容创建图形 ，最后在弹出的"创建图形"对话框中设置"图形类型"为"线性"，如图8-186所示。

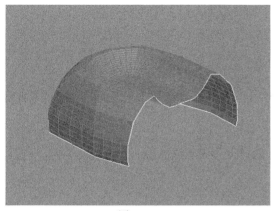

图8-185

图8-186

Step 23 选择"图形002",然后在"渲染"卷展栏中勾选"在渲染中启用"和"在视口中启用"选项,接着设置"径向"的"厚度"为1mm,效果如图8-187所示。

Step 24 选择原始的藤椅模型,然后按Delete键将其删除,效果如图8-188所示。

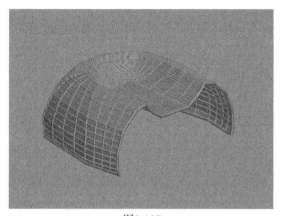

图8-187

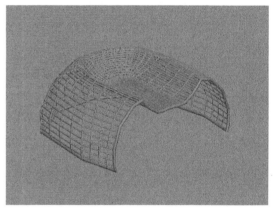

图8-188

Step 25 为模型加载一个FFD 3×3×3修改器,然后进入"控制点"次物体层级,接着选择如图8-189所示的控制点,最后使用"选择并移动"工具 ❖ 将其向上拖曳一段距离,效果如图8-190所示。

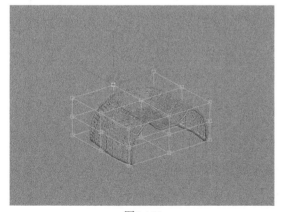

图8-189

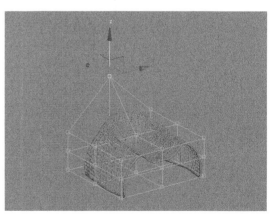

图8-190

Step 26 下面制作座垫模型。使用"切角长方体"工具 切角长方体 在场景中创建一个切角长方体，然后在"参数"卷展栏下设置"长度"为45mm、"宽度"为60mm、"高度"为10mm、"圆角"为3mm、"长度分段"为10、"宽度分段"为10、"高度分段"为1、"圆角分段"为2，具体参数设置及模型位置如图8-191所示。

Step 27 为切角长方体加载一个FFD 4×4×4修改器，然后进入"控制点"次物体层级，接着将切角长方体调整成如图8-192所示的形状。

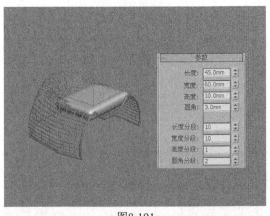

图8-191

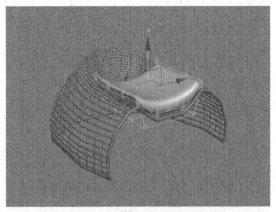

图8-192

Step 28 选择座垫模型，然后按住Shift键使用"选择并旋转"工具 旋转复制一个模型作为靠背，如图8-193所示，接着使用"选择并非均匀缩放"工具调整好其大小比例，最终效果如图8-194所示。

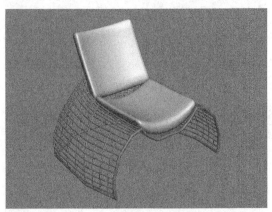

图8-193

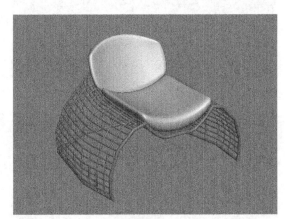

图8-194

❀【练习8-6】：用多边形建模制作苹果手机

本练习的苹果手机效果如图8-195所示。

Step 01 下面制作主体部分。使用"长方体"工具 长方体 在场景中创建一个长方体，然后在"参数"卷展栏下设置"长度"为115mm、"宽度"为61mm、"高度"为5mm、"长度分段"为6、"宽度分段"为4、"高度分段"为1，具体参数设置及模型效果如图8-196所示。

Step 02 将长方体转换为可编辑多边形，进入"顶点"级别，然后在顶视图中将顶点调整成如图8-197所示的效果。

图8-195

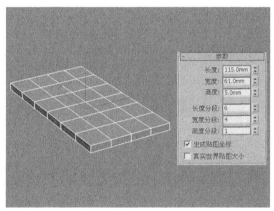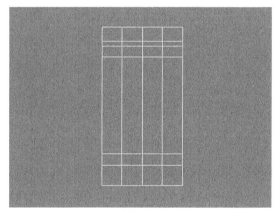

图8-196　　　　　　　　　　　图8-197

Step 03 进入 "边" 级别，然后选择如图8-198所示的边，接着在 "编辑边" 卷展栏下单击 "切角" 按钮 切角 后面的 "设置" 按钮，最后设置 "边切角量" 为7mm、 "连接边分段" 为2，如图8-199所示。

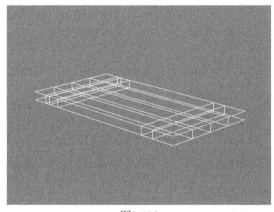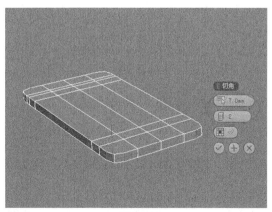

图8-198　　　　　　　　　　　图8-199

Step 04 选择如图8-200所示的边，然后在"编辑边"卷展栏下单击"切角"按钮 切角 后面的"设置"按钮，接着设置"边切角量"为2mm、"连接边分段"为2，如图8-201所示。

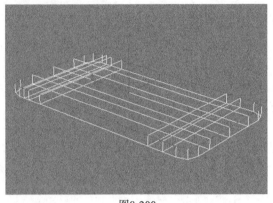

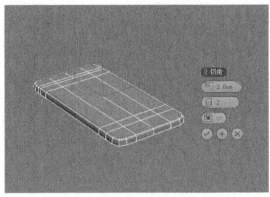

图8-200 图8-201

Step 05 选择如图8-202所示的边，然后在"编辑边"卷展栏下单击"切角"按钮 切角 后面的"设置"按钮，接着设置"边切角量"为0.1mm、"连接边分段"为1，如图8-203所示。

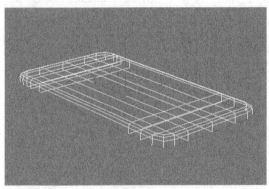

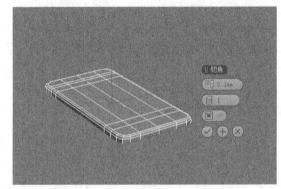

图8-202 图8-203

Step 06 进入"顶点"级别，然后选择如图8-204所示的顶点，接着在"编辑顶点"卷展栏下单击"切角"按钮 切角 后面的"设置"按钮，最后设置"顶点切角量"为6.5mm，如图8-205所示。

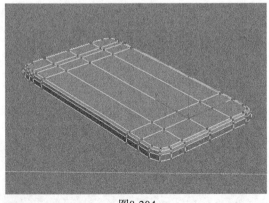

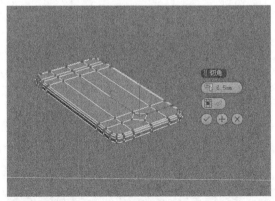

图8-204 图8-205

Step 07 进入"多边形"级别，然后选择如图8-206所示的多边形，接着在"编辑多边形"卷展栏下单击"倒角"按钮 倒角 后面的"设置"按钮▣，再设置"高度"为-0.6mm、"轮廓"为-1.2mm，最后单击"应用并继续"按钮⊕（应用两次倒角）和"确定"按钮✓，如图8-207所示。

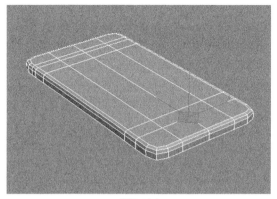

图8-206

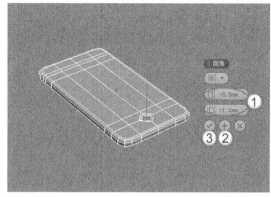

图8-207

Step 08　进入"边"级别，然后选择如图8-208所示的边，接着在"编辑边"卷展栏下单击"切角"按钮 切角 后面的"设置"按钮▣，最后设置"边切角量"为0.1mm、"连接边分段"为1，如图8-209所示。

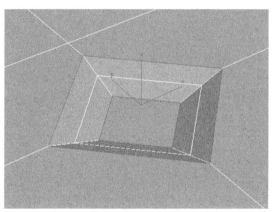

图8-208

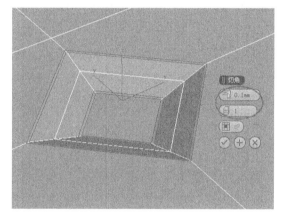

图8-209

Step 09　进入"多边形"级别，然后选择如图8-210所示的多边形，接着在"编辑多边形"卷展栏下单击"倒角"按钮 倒角 后面的"设置"按钮▣，最后设置"高度"为-1mm、"轮廓"为-0.8mm，如图8-211所示。

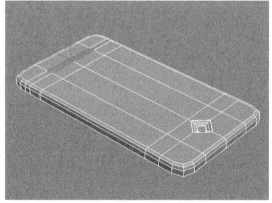

图8-210

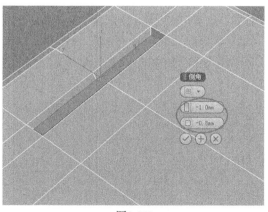

图8-211

Step 10 进入"边"级别，然后选择如图8-212所示的边，接着在"编辑边"卷展栏下单击"切角"按钮 切角 后面的"设置"按钮 ，最后设置"边切角量"为0.1mm、"连接边分段"为1，如图8-213所示。

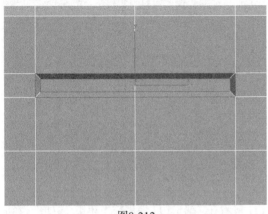

图8-212

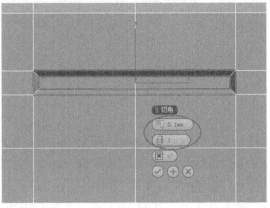

图8-213

Step 11 进入"多边形"级别，然后选择如图8-214所示的多边形，接着在"编辑几何体"卷展栏下单击"分离"按钮 分离 ，最后在弹出的"分离"对话框中勾选"以克隆对象分离"选项，如图8-215所示。

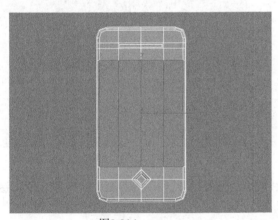

图8-214

图8-215

Step 12 选择"对象001"，然后为其加载一个"壳"修改器，接着在"参数"卷展栏下设置"外部量"为0.8mm，如图8-216所示。

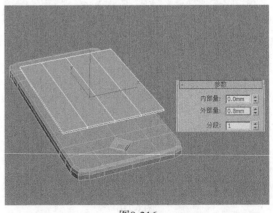

图8-216

Step 13 将"对象001"转换为可编辑多边形，进入"边"级别，然后选择如图8-217所示的边，接着在"编辑边"卷展栏下单击"切角"按钮 切角 后面的"设置"按钮 ，最后设置"边切角量"为0.1mm、"连接边分段"为1，如图8-218所示。

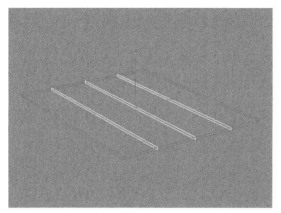

图8-217

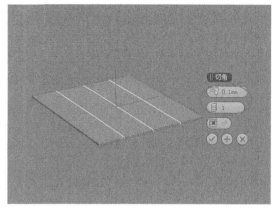

图8-218

Step 14 选择手机模型，进入"多边形"级别，然后选择如图8-219所示的多边形，接着在"编辑多边形"卷展栏下单击"插入"按钮 插入 后面的"设置"按钮 ，最后设置"数量"为1.2mm，如图8-220所示。

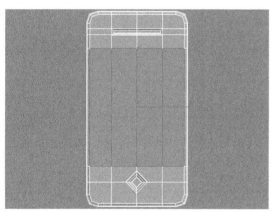

图8-219

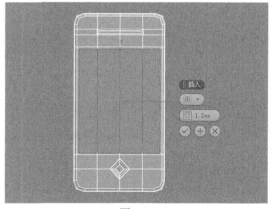

图8-220

Step 15 保持对多边形的选择，在"编辑多边形"卷展栏下单击"挤出"按钮 挤出 后面的"设置"按钮 ，然后设置"高度"为-1.5mm，如图8-221所示。

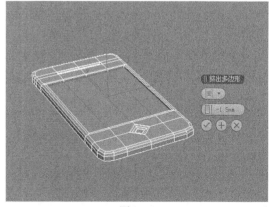

图8-221

Step 16 进入"边"级别，然后选择如图8-222所示的边，接着在"编辑边"卷展栏下单击"切角"按钮 后面的"设置"按钮 ▣，最后设置"边切角量"为0.2mm、"连接边分段"为1，如图8-223所示。

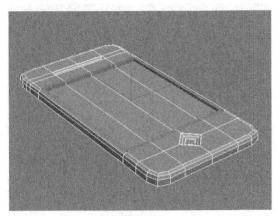

图8-222

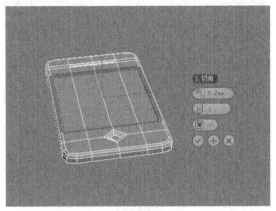

图8-223

Step 17 分别为手机主体模型和屏幕模型各加载一个"网格平滑"修改器，然后在"细分量"卷展栏下设置"迭代次数"为3，如图8-224所示，接着将屏幕拖曳到如图8-225所示的位置。

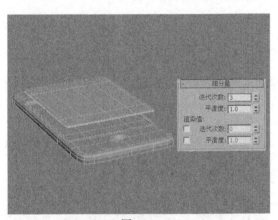

图8-224

图8-225

Step 18 下面创建壳模型。使用"长方体"工具 长方体 在场景中创建一个长方体，然后在"参数"卷展栏下设置"长度"为115mm、"宽度"为61mm、"高度"为7mm，接着设置"长度分段"为5、"宽度分段"为6、"高度分段"为4，具体参数设置及模型效果如图8-226所示。

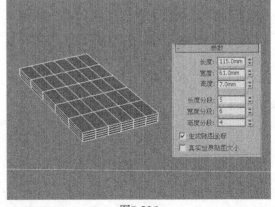

图8-226

Step 19 将长方体转换为可编辑多边形，进入
"顶点"级别，然后将顶点调整成如图8-227所
示的效果。

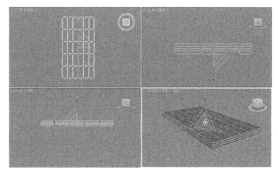

图8-227

Step 20 进入"边"级别，然后选择如图8-228所示的边，接着在"编辑边"卷展栏下单击"切
角"按钮 切角 后面的"设置"按钮，最后设置"边切角量"为7mm、"连接边分段"为2，如
图8-229所示。

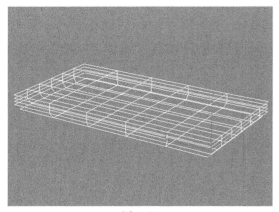

图8-228

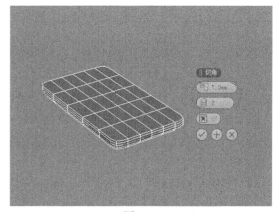

图8-229

Step 21 选择如图8-230所示的边，然后在"编辑边"卷展栏下单击"切角"按钮 切角 后面的
"设置"按钮，接着设置"边切角量"为1.2mm、"连接边分段"为1，如图8-231所示。

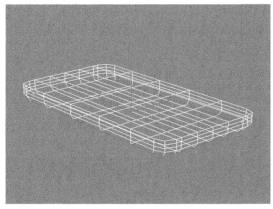

图8-230

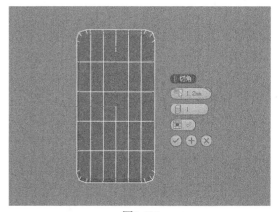

图8-231

Step 22 选择如图8-232所示的边，然后在"编辑边"卷展栏下单击"切角"按钮 切角 后面的
"设置"按钮，接着设置"边切角量"为0.5mm、"连接边分段"为1，如图8-233所示。

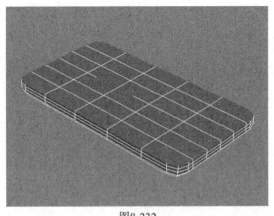

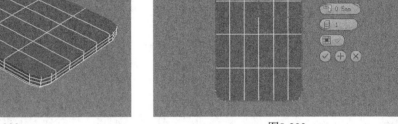

图8-232   图8-233

Step 23 进入"多边形"级别,然后选择如图8-234所示的多边形(顶部相对应的多边形也要选择),接着在"编辑多边形"卷展栏下单击"倒角"按钮 倒角 后面的"设置"按钮 ,最后设置"高度"为-1mm、"轮廓"为-0.2mm,如图8-235所示。

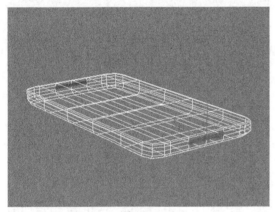

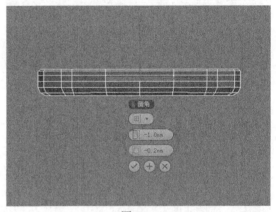

图8-234   图8-235

Step 24 保持对多边形的选择,在"编辑多边形"卷展栏下单击"挤出"按钮 挤出 后面的"设置"按钮 ,然后设置"高度"为1mm,如图8-236所示。

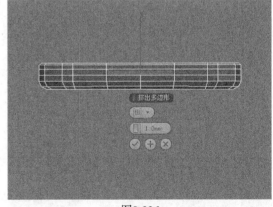

图8-236

Step 25 进入"边"级别,然后选择如图8-237所示的边(顶部相对应的边也要选择),接着在"编辑边"卷展栏下单击"切角"按钮 切角 后面的"设置"按钮 ,最后设置"边切角量"为0.1mm、"连接边分段"为1,如图8-238所示。

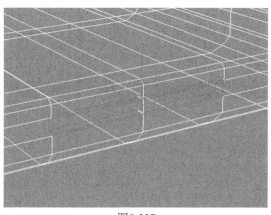

图8-237

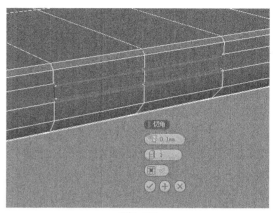

图8-238

Step 26 进入"顶点"级别,然后选择如图8-239所示的一个顶点,接着在"编辑顶点"卷展栏下单击"切角"按钮 切角 后面的"设置"按钮 ,最后设置"顶点切角量"为1.5mm,如图8-240所示。

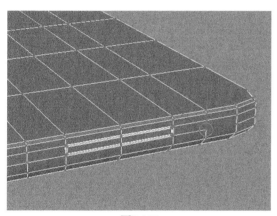

图8-239

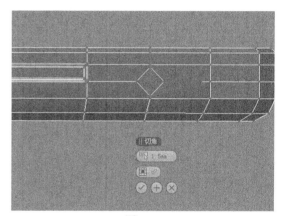

图8-240

Step 27 进入"多边形"级别,然后选择如图8-241所示的多边形,接着在"编辑多边形"卷展栏下单击"倒角"按钮 倒角 后面的"设置"按钮 ,最后设置"高度"为-1mm、"轮廓"为-0.2mm,如图8-242所示。

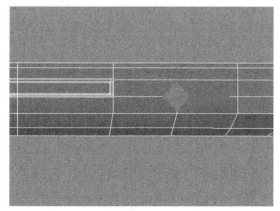

图8-241

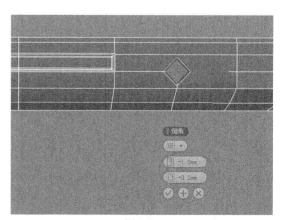

图8-242

Step 28 进入"边"级别，然后选择如图8-243所示的边，接着在"编辑边"卷展栏下单击"切角"按钮 切角 后面的"设置"按钮 ，最后设置"边切角量"为0.1mm、"连接边分段"为1，如图8-244所示。

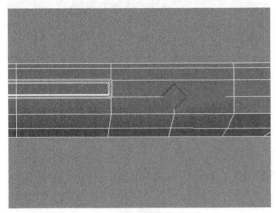

图8-243

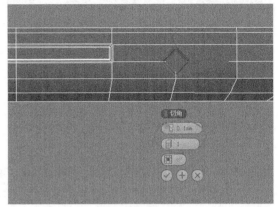

图8-244

Step 29 进入"顶点"级别，然后在顶视图中调整好顶点的位置，如图8-245所示。

Step 30 进入"多边形"级别，然后选择如图8-246所示的多边形，接着在"编辑多边形"卷展栏下单击"插入"按钮 插入 后面的"设置"按钮 ，最后设置"数量"为0.5mm，如图8-247所示。

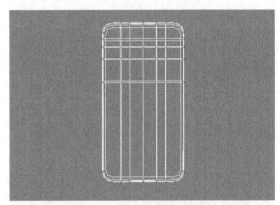

图8-245

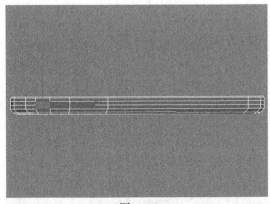

图8-246

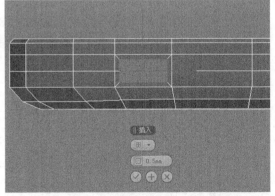

图8-247

Step 31 保持对多边形的选择，在"编辑多边形"卷展栏下单击"倒角"按钮 倒角 后面的"设置"按钮 ，然后设置"高度"为-1mm、"轮廓"为-0.2mm，如图8-248所示。

Step 32 保持对多边形的选择，在"编辑多边形"卷展栏下单击"挤出"按钮 挤出 后面的"设置"按钮 ，然后设置"高度"为1mm，如图8-249所示。

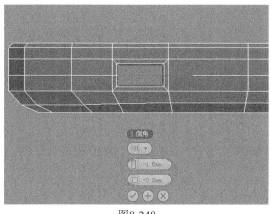

图8-248

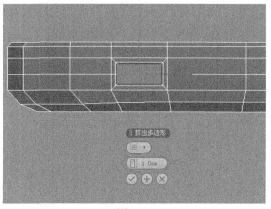

图8-249

Step 33 进入"边"级别，然后选择如图8-250所示的边，接着在"编辑边"卷展栏下单击"切角"按钮 切角 后面的"设置"按钮 ，最后设置"边切角量"为0.1mm、"连接边分段"为1，如图8-251所示。

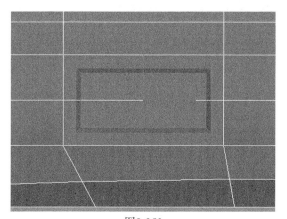

图8-250

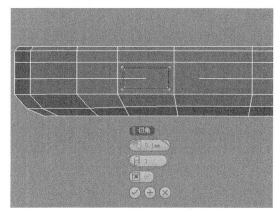

图8-251

Step 34 进入"多边形"级别，然后选择如图8-252所示的多边形，接着在"编辑多边形"卷展栏下单击"倒角"按钮 倒角 后面的"设置"按钮 ，最后设置"高度"为-1mm、"轮廓"为-0.2mm，如图8-253所示。

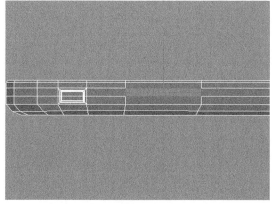

图8-252

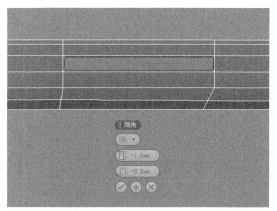

图8-253

Step 35 保持对多边形的选择，在"编辑多边形"卷展栏下单击"挤出"按钮 [挤出] 后面的"设置"按钮▣，然后设置"高度"为1mm，如图8-254所示。

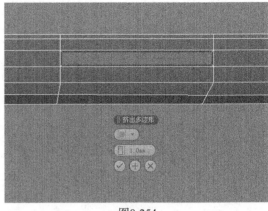

图8-254

Step 36 进入"边"级别，然后选择如图8-255所示的边，接着在"编辑边"卷展栏下单击"切角"按钮 [切角] 后面的"设置"按钮▣，最后设置"边切角量"为0.1mm、"连接边分段"为1，如图8-256所示。

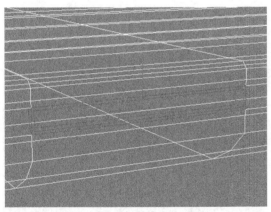

图8-255

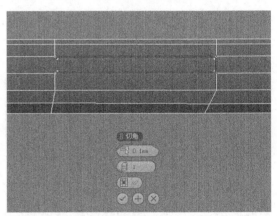

图8-256

Step 37 为壳模型加载一个"网格平滑"修改器，然后在"细分量"卷展栏下设置"迭代次数"为3，具体参数设置及模型效果如图8-257所示，整体效果如图8-258所示。

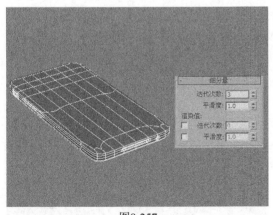

图8-257

图8-258

Step 38 下面创建Logo模型。使用"线"工具 [线] 在顶视图中绘制出如图8-259所示的图形。这里提供一张孤立选择图，如图8-260所示。

Step 39 为Logo图形加载一个"挤出"修改器，然后在"参数"卷展栏下设置"数量"为2mm，具体参数设置及模型如图8-261所示，接着使用"选择并移动"工具▣在左视图中将模型拖曳到如图8-262所示位置（有一半"陷入"机壳里面）。

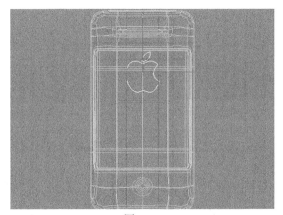

图8-259

图8-260

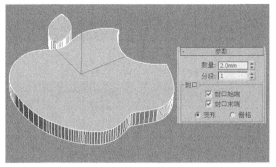

图8-261

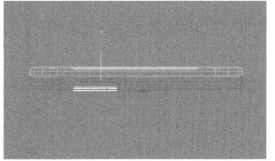

图8-262

Step 40 选择机壳模型，然后设置几何体类型为"复合对象"，接着单击ProBoolean按钮 ProBoolean ，如图8-263所示。

Step 41 在"参数"卷展栏下设置"运算"方式为"差集"，然后在"拾取布尔对象"卷展栏下单击"开始拾取"按钮 开始拾取 ，接着拾取场景中的Logo模型，如图8-264所示，最终效果如图8-265所示。

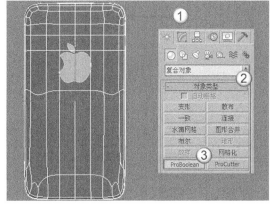

图8-263

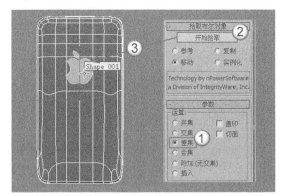

图8-264

图8-265

【练习8-7】：用多边形建模制作欧式别墅

本练习的别墅效果如图8-266所示。

图8-266

Step 01 下面制作别墅的顶层部分。使用"长方体"工具 长方体 在场景中创建一个长方体，然后在"参数"卷展栏下设置"长度"为5 000mm、"宽度"为15 000mm、"高度"为150mm，接着设置"长度分段"、"宽度分段"和"高度分段"都为1，具体参数设置及模型效果如图8-267所示。

提示: 本例是一个难度比较大的模型，其制作过程基本上包括了多边形建模中的各种常用工具。

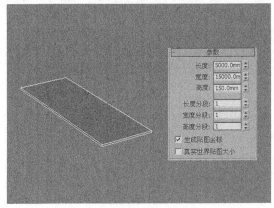

图8-267

Step 02 将长方体转换为可编辑多边形，进入"多边形"级别，然后选择如图8-268所示的多边形，接着在"编辑多边形"卷展栏下单击"倒角"按钮 倒角 后面的"设置"按钮 ，最后设置"高度"为150mm、"轮廓"为-70mm，如图8-269所示。

 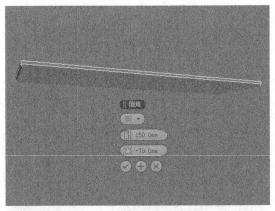

图8-268   图8-269

Step 03 保持对多边形的选择，在"编辑多边形"卷展栏下单击"倒角"按钮 倒角 后面的"设置"按钮 ，然后设置"高度"为120mm、"轮廓"为-90mm，如图8-270所示。

Step 04 保持对多边形的选择，在"编辑多边形"卷展栏下单击"倒角"按钮 倒角 后面的"设置"按钮，然后设置"高度"为0mm、"轮廓"为50mm，如图8-271所示。

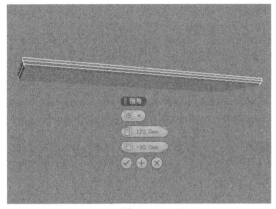
图8-270

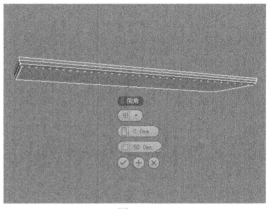
图8-271

提示：步骤04将"高度"设置为0mm主要是给模型扩边，使底部的多边形变大，从而方便下一步的操作。

Step 05 保持对多边形的选择，在"编辑多边形"卷展栏下单击"挤出"按钮 挤出 后面的"设置"按钮 ，然后设置"高度"为40mm，如图8-272所示。

Step 06 保持对多边形的选择，在"编辑多边形"卷展栏下单击"插入"按钮 插入 后面的"设置"按钮 ，然后设置"数量"为70mm，如图8-273所示。

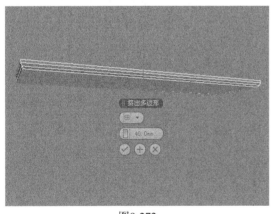
图8-272

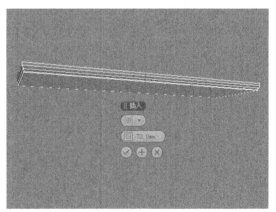
图8-273

Step 07 保持对多边形的选择，在"编辑多边形"卷展栏下单击"挤出"按钮 挤出 后面的"设置"按钮 ，然后设置"高度"为80mm，如图8-274所示。

Step 08 进入"边"级别，然后选择所有的边，接着在"编辑边"卷展栏下单击"切角"按钮 切角 后面的"设置"按钮 ，最后设置"边切角量"为4mm、"连接边分段"为2，如图8-275所示。

Step 09 使用"线"工具 线 在前视图中绘制出如图8-276所示的样条线。这里提供一张孤立选择图，如图8-277所示。

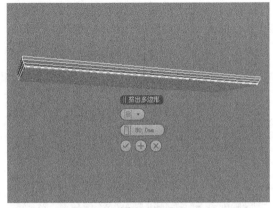

图8-274

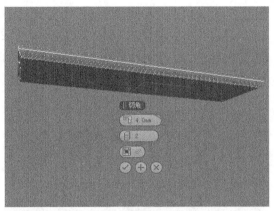

图8-275

图8-276

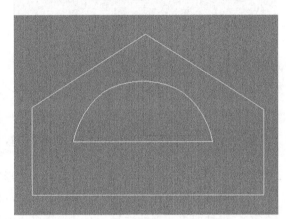

图8-277

Step 10 为样条线加载一个"挤出"修改器，然后在"参数"卷展栏下设置"数量"为850mm，效果如图8-278所示。

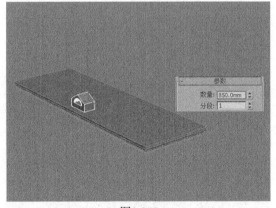

图8-278

 技术专题8-6 〔附加样条线〕

　　这里可能会遇到一个问题，那就是挤出来的模型没有产生"孔洞"，如图8-279所示。这是因为前面绘制的样条线是分开的（即两条样条线），而对这两条样条线加载"挤出"修改器，相当于是分别为每条进行加载，而不是对整体进行加载。因此，在挤出之前需要将两条样条线附加成一个整体。具体操作流程如下。

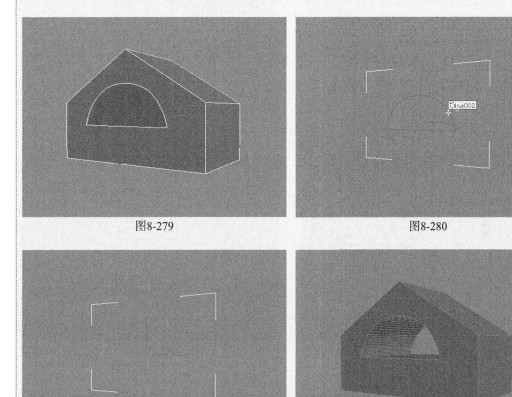

第1步：选择其中一条样条线，然后在"几何体"卷展栏下单击"附加"按钮 附加，接着在视图中单击另外一条样条线，如图8-280所示，这样就可以将两条样条线附加成一个整体，如图8-281所示。

第2步：为样条线加载"挤出"修改器，此时得到的挤出效果即为正确，如图8-282所示。

图8-279

图8-280

图8-281

图8-282

Step 11 使用"线"工具 线 在前视图中绘制出如图8-283所示的样条线，然后为其加载一个"挤出"修改器，接着在"参数"卷展栏下设置"数量"为850mm，效果如图8-284所示。

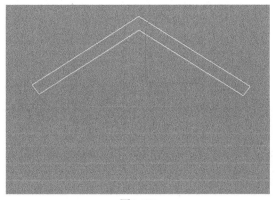

图8-283

图8-284

Step 12 使用"长方体"工具 长方体 在场景中创建一个长方体，然后在"参数"卷展栏下设置"长度"为180mm、"宽度"为1530mm、"高度"为40mm、"宽度分段"为2，具体参数设置及模型位置如图8-285所示。

Step 13 将长方体转换为可编辑多边形，进入"多边形"级别，然后选择如图8-286所示的多边形，接着在"编辑多边形"卷展栏下单击"插入"按钮 插入 后面的"设置"按钮，最后设置"数量"为15mm，如图8-287所示。

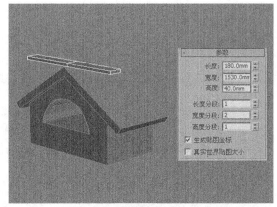

图8-285

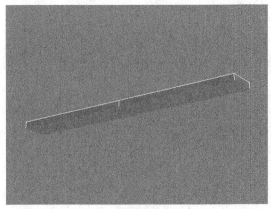

图8-286

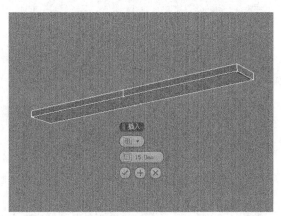

图8-287

Step 14 保持对多边形的选择，在"编辑多边形"卷展栏下单击"挤出"按钮 挤出 后面的"设置"按钮，然后设置"高度"为15mm，如图8-288所示。

Step 15 继续使用"插入"工具 插入 和"挤出"工具 挤出 将模型调整成如图8-289所示的效果。

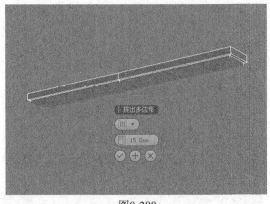

图8-288

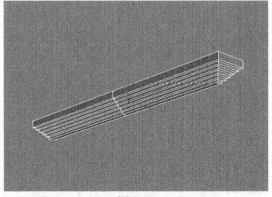

图8-289

Step 16 进入"顶点"级别，然后在前视图中使用"选择并移动"工具 将顶点调整成如图8-290所示的效果，整体效果如图8-291所示。

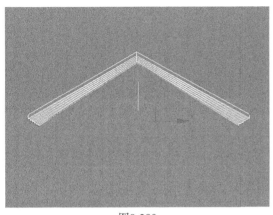

图8-290

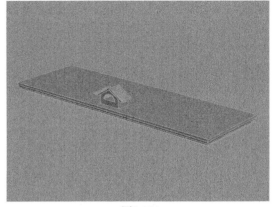

图8-291

Step 17 继续用多边形建模技术制作出窗台模型，完成后的效果如图8-292所示。

Step 18 为小房子模型建立一个组，然后复制一组模型到如图8-293所示的位置。

图8-292

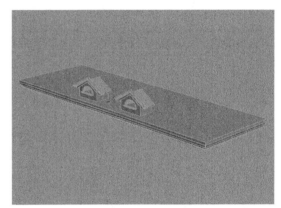

图8-293

Step 19 使用"长方体"工具 长方体 、"倒角"工具 倒角 和"挤出"工具 挤出 创建出如图8-294所示的模型。

Step 20 使用"长方体"工具 长方体 在场景中创建一个长方体，然后在"参数"卷展栏下设置"长度"为4 100mm、"宽度"为9 500mm、"高度"为3 500mm、"长度分段"为1、"宽度分段"为9、"高度分段"为3，具体参数设置及模型位置如图8-295所示。

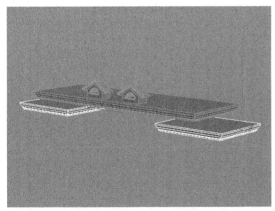

图8-294

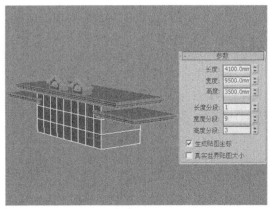

图8-295

Step 21 将长方体转换为可编辑多边形，然后进入"顶点"级别，接着将顶点调整成如图8-296所示的效果。

Step 22 进入"边"级别，然后选择如图8-297所示的边，接着在"编辑边"卷展栏下单击"连接"按钮 连接 后面的"设置"按钮，最后设置"分段"为2、"收缩"为-65，如图8-298所示。

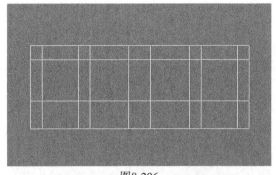

图8-296

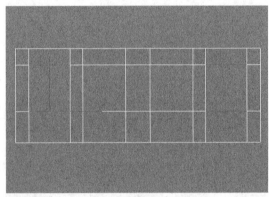

图8-297

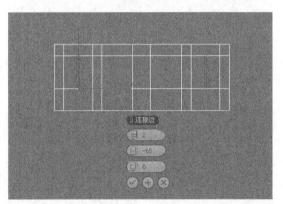

图8-298

Step 23 进入"多边形"级别，然后选择如图8-299所示的多边形，接着在"编辑多边形"卷展栏下单击"挤出"按钮 挤出 后面的"设置"按钮，最后设置"高度"为40mm，如图8-300所示。

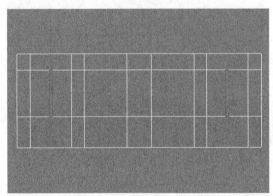

图8-299

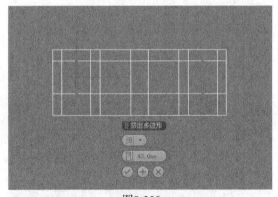

图8-300

Step 24 继续使用"连接"按钮 连接 和"挤出"工具 挤出 制作出如图8-301所示的多边形。

Step 25 使用"长方体"工具 长方体 在场景中创建一个长方体，然后在"参数"卷展栏下设置"长度"为130mm、"宽度"为150mm、"高度"为1 800mm，具体参数设置及模型位置如图8-302所示，接着复制一些长方体到其他位置，如图8-303所示。

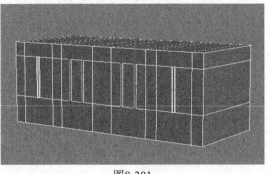

图8-301

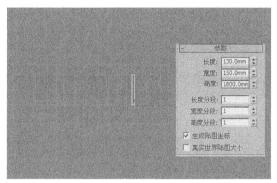

图8-302

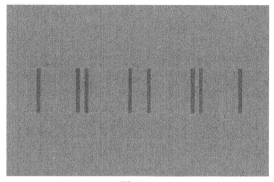

图8-303

Step 26 使用"长方体"工具 长方体 、"倒角"工具 倒角 和"挤出"工具 挤出 制作出如图8-304所示的窗台模型。这里提供一张孤立选择图，如图8-305所示。

图8-304

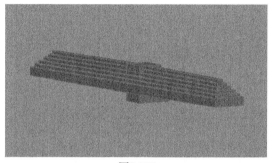

图8-305

Step 27 使用"长方体"工具 长方体 在如图8-306所示的位置创建一个大小合适的长方体。

Step 28 使用"线"工具 线 在前视图中绘制出如图8-307所示的样条线，然后为其加载一个"挤出"修改器，接着在"参数"卷展栏下设置"数量"为300mm，效果如图8-308所示。

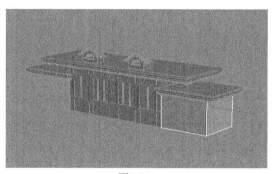

图8-306

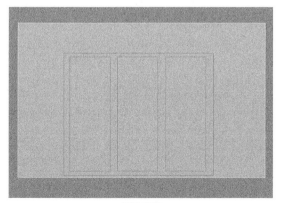

图8-307

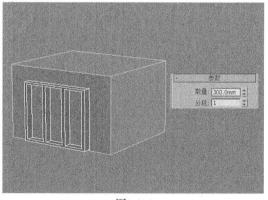

图8-308

Step 29 使用"平面"工具 平面 在前视图中创建一个平面作为玻璃，然后在"参数"卷展栏下设置"长度"为1 870mm、"宽度"为2 100mm，具体参数设置及平面位置如图8-309所示。

Step 30 将前面制好的窗台模型复制一份到大门上，然后使用"选择并均匀缩放"工具 调整好其大小比例，如图8-310所示，接着使用"长方体"工具 长方体 创建一些长方体作为装饰砖块，如图8-311所示，最后将制作好的大门模型镜像复制一份到另外一侧，如图8-312所示。

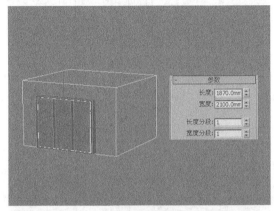

图8-309

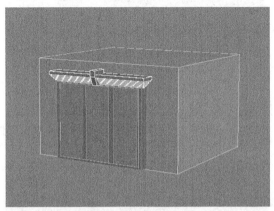

图8-310

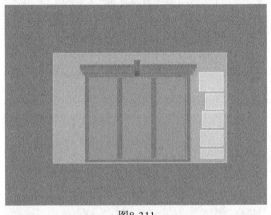

图8-311

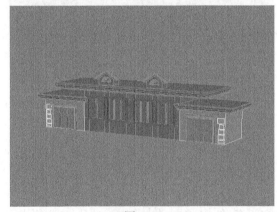

图8-312

Step 31 下面制作别墅的中间部分。使用"线"工具 线 在顶视图中绘制出如图8-313所示的样条线，然后为其加载一个"挤出"修改器，接着在"参数"卷展栏下设置"数量"为200mm，效果如图8-314所示。

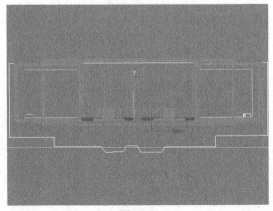

图8-313

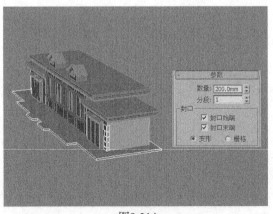

图8-314

Step 32 将模型转换为可编辑多边形，然后使用"倒角"工具 倒角 将模型的底面处理成如图8-315所示的效果。

Step 33 使用"线"工具 线 在顶视图中绘制出如图8-316所示的样条线，然后为其加载一个"挤出"修改器，接着在"参数"卷展栏下设置"数量"为150mm，效果如图8-317所示。

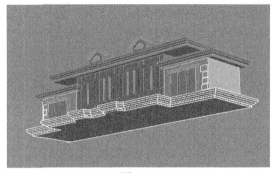

图8-315

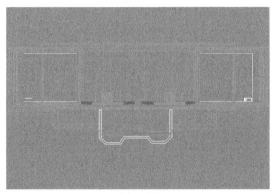

图8-316

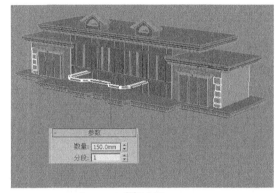

图8-317

Step 34 复制一个围栏到底部，然后将"挤出"修改器的"数量"值修改为300mm，效果如图8-318所示。

Step 35 使用"线"工具 线 在前视图绘制出如图8-319所示的样条线，然后为其加载一个"车削"修改器，接着在"参数"卷展栏下设置"分段"为18、"方向"为y轴 Y 、"对齐"方式为"最小" 最小 ，如图8-320所示。

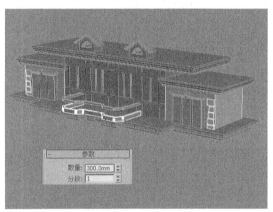

图8-318

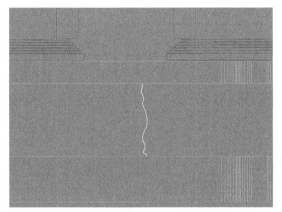

图8-319

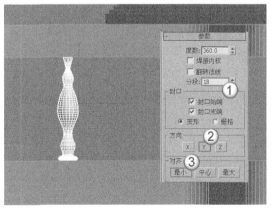

图8-320

Step 36 利用复制功能复制一些罗马柱到围栏
的其他位置，如图8-321所示。

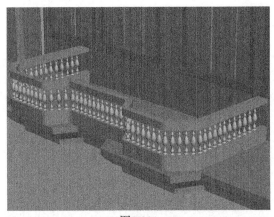

图8-321

Step 37 继续使用样条线建模和多边形建模制作出如图8-322所示的模型，然后利用多边形建模制
作出底层模型（参考顶层的制作方法），如图8-323所示。

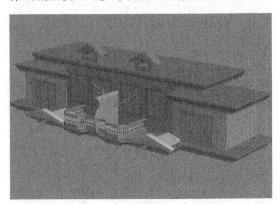

图8-322

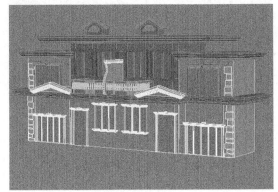

图8-323

Step 38 使用"圆柱体"工具 圆柱体 在场景中创建一根柱子模型，如图8-324所示，然后复制4根
柱子到其他位置，如图8-325所示。

图8-324

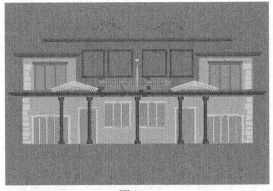

图8-325

Step 39 使用"线"工具 线 在前视图中（两根柱子之间）绘制出如图8-326所示的样条线，
然后为其加载一个"挤出"修改器，接着在"参数"卷展栏下设置"数量"为100mm，效果如图
8-327所示，最后复制一个模型到另外一侧的两根柱子之间，如图8-328所示。

图8-326

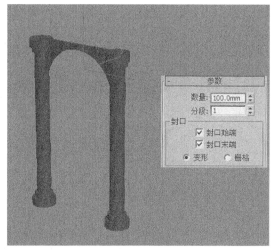

图8-327

图8-328

Step 40 使用"线"工具 ┃ 线 ┃在顶视图中绘制出如图8-329所示的样条线。这里提供一张孤立
选择图，如图8-330所示。

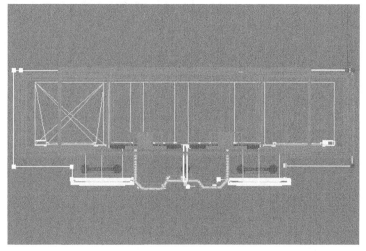

图8-329

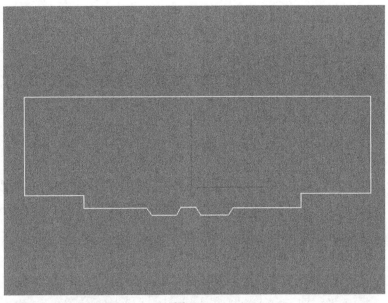

图8-330

Step 41 为样条线加载一个"挤出"修改器，然后在"参数"卷展栏下设置"数量"为200mm，最终效果如图8-331所示。

图8-331

第 **9** 章 石墨建模工具

本章导读

石墨建模功能区又称为Graphite Modeling Ribbon，在3ds Max 2010之前的版本中，"Graphite建模工具"就是3ds Max的PolyBoost插件，3ds Max 2010将该插件整合成了3ds Max内置的"Graphite建模工具"，从而使多边形建模变得更加强大。但是对于大多数用户而言，"Graphite建模"和"多边形建模"几乎没有什么区别，而且操作起来也没有多边形建模方法简便。

9.1 石墨建模功能区界面的使用和控制

石墨建模工具的界面又称为"功能区"界面，它是各种多边形建模工具的集合，默认功能区中包括"石墨建模工具"、"自由形式"、"选择"、"对象绘制"和"填充"5个选项卡，默认状态下，它们水平排列在主工具栏的下方，可以将它们缩小为面板标题模式，也可以将其扩大为图标工具栏，或者将其垂直排列，不仅如此，用户还可以将石墨建模功能区从停靠的工具栏中以浮动窗口形式脱离出来，在软件界面中进行自由移动和组合，接下来将详细介绍如何实现上述操作。

9.1.1 开启和关闭石墨建模功能区

在默认情况下，首次启动3ds Max 2014时，"Graphite建模工具"的工具栏会自动出现在操作界面中，位于"主工具栏"的下方。如果关闭了"Graphite建模工具"的工具栏，可以在"主工具栏"上单击"切换功能区"按钮 。"Graphite建模工具"包含"建模"、"自由形式"、"选择"、"对象绘制"和"填充"5大选项卡，其中每个选项卡下都包含许多工具（这些工具的显示与否取决于当前建模的对象及需要），如图9-1所示。

图9-1

此外，在3ds Max 2014中，还可通过执行"自定义>显示UI>显示功能区"菜单命令来控制其开启和关闭，如果"Graphite建模工具"处于开启状态，那么在该菜单命令的前面会有一个对勾符号，此时再次执行该菜单命令会关闭石墨建模功能区，命令前面的对勾符号也会消失。

9.1.2 切换Graphite建模工具的显示状态

"Graphite建模工具"的界面具有3种不同的状态，单击其工具栏右侧的 按钮，在弹出的菜单中即可选择相应的显示状态，如图9-2所示。

图9-2

最小化为选项卡：将石墨工具面板的显示直接切换为选项卡模式，如图9-3所示。

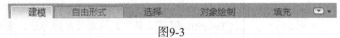

图9-3

最小化为面板标题：将石墨工具面板的显示方式切换为面板标题模式，如图9-4所示。

图9-4

最小化为面板按钮：将石墨工具的面板显示切换为面板按钮模式，如图9-5所示。

图9-5

循环浏览所有项：勾选该选项后，单击下拉按钮会循环切换3种显示模式，如果不勾选该选项，单击了下拉按钮只能在最大化（完整功能区模式）和最小化（选中的最小化模式）之间切换为显示模式。

9.2 石墨建模工具选项卡

石墨建模工具选项卡中包含了各种用于多边形建模的工具，根据工具的功能分为若干个面板，如多边形建模、编辑、几何体等。以便于工具的迅速查找和使用。

Graphite建模工具

"Graphite建模工具"的选项卡下包含了多边形建模的大部分常用工具，它们被分成若干个不同的面板，如图9-6所示。

图9-6

当切换不同的子对象级别时，"Graphite建模工具"的选项卡下的参数面板也会跟着发生相应的变化，图9-7~图9-11所示分别是"顶点"级别、"边"级别、"边界"级别、"多边形"级别和"元素"级别面板。

图9-7

图9-8

图9-9

图9-10

图9-11

提示： 下面分别讲解"Graphite建模工具"选项卡下的各大参数面板。

1.建模面板

功能介绍

"多边形建模"面板中包含了用于切换子对象级别、修改器堆栈、将对象转化为多边形和编辑多边形的常用工具和命令，如图9-12所示。由于该面板是最常用的面板，因此建议用户将其切换为浮动面板（拖曳该面板即可将其切换为浮动状态），这样使用起来会更加方便一些，如图9-13所示。

图9-12

图9-13

参数详解

❖ 顶点：进入多边形的"顶点"级别，在该级别下可以选择对象的顶点。

❖ 边：进入多边形的"边"级别，在该级别下可以选择对象的边。

❖ 边界：进入多边形的"边界"级别，在该级别下可以选择对象的边界。

❖ 多边形：进入多边形的"多边形"级别，在该级别下可以选择对象的多边形。

❖ 元素：进入多边形的"元素"级别，在该级别下可以选择对象中相邻的多边形。

提示： "边"与"边界"级别是兼容的，所以可以在二者之间进行切换，并且切换时会保留现有的选择对象。同理，"多边形"与"元素"级别也是兼容的。

❖ 切换命令面板：控制"命令"面板的可见性。单击该按钮可以关闭"命令"面板，再次单击该按钮可以显示出"命令"面板。

❖ 锁定堆栈：将修改器堆栈和"Graphite建模工具"控件锁定到当前选定的对象。

提示： "锁定堆栈"工具非常适用于在保持已修改对象的堆栈不变的情况下变换其他对象。

* ❖ 显示最终结果：显示在堆栈中所有修改完毕后出现的选定对象。
* ❖ 下一个修改器/上一个修改器：通过上移或下移堆栈以改变修改器的先后顺序。
* ❖ 预览关闭：关闭预览功能。
* ❖ 预览子对象：仅在当前子对象层级启用预览。

提示： 若要在当前层级取消选择多个子对象，可以按住Ctrl+Alt组合键将光标拖曳到高亮显示的子对象处，然后单击选定的子对象，这样就可以取消选择所有高亮显示的子对象。

* ❖ 预览多个：开启预览多个对象。
* ❖ 忽略背面：开启忽略对背面对象的选择。
* ❖ 使用软选择：在软选择和"软选择"面板之间切换。
* ❖ 塌陷堆叠：将选定对象的整个堆栈塌陷为可编辑多边形。
* ❖ 转化为多边形：将对象转换为可编辑多边形格式并进入"修改"模式。
* ❖ 应用编辑多边形模式：为对象加载"编辑多边形"修改器并切换到"修改"模式。
* ❖ 生成拓扑：打开"拓扑"对话框。
* ❖ 对称工具：打开"对称工具"对话框。
* ❖ 完全交互：切换"快速切片"工具和"切割"工具的反馈层级以及所有的设置对话框。

2.修改选择面板

功能介绍

"修改选择"面板中提供了用于调整对象的多种工具，如图9-14所示。

图9-14

* ❖ 增长：向所有可用方向外侧扩展选择区域。
* ❖ 收缩：通过取消选择最外部的子对象来缩小子对象的选择区域。
* ❖ 循环：根据当前选择的子对象来选择一个或多个循环。
    * ◇ 在圆柱体末端循环：沿圆柱体的顶边和底边选择顶点和边循环。

提示： 如果工具按钮后面带有三角形图标，则表示该工具有子选项。

* ❖ 增长循环：根据当前选择的子对象来增长循环。
* ❖ 收缩循环：通过从末端移除子对象来减小选定循环的范围。
* ❖ 循环模式：如果启用该按钮，则选择子对象时也会自动选择关联循环。
* ❖ 点循环：选择有间距的循环。
    * ◇ 点循环相反：选择有间距的顶点或多边形循环。
    * ◇ 点循环圆柱体：选择环绕圆柱体顶边和底边的非连续循环中的边或顶点。
* ❖ 环：根据当前选择的子对象来选择一个或多个环。
* ❖ 增长环：分步扩大一个或多个边环，只能用在"边"和"边界"级别中。

❖ 收缩环▤：通过从末端移除边来减小选定边循环的范围，不适用于圆形环，只能用在"边"和"边界"级别中。

❖ 环模式▤：启用该按钮时，系统会自动选择环。

❖ 点环▤：基于当前选择，选择有间距的边环。

❖ 轮廓▤：选择当前子对象的边界，并取消选择其余部分。

❖ 相似▤：根据选定的子对象特性来选择其他类似的元素。

❖ 填充▤：选择两个选定子对象之间的所有子对象。

❖ 填充孔洞▤：选择由轮廓选择和轮廓内的独立选择指定的闭合区域中的所有子对象。

❖ 步长循环▤：在同一循环上的两个选定子对象之间选择循环。

　　◇ 步长循环最长距离▤：使用最长距离在同一循环中的两个选定子对象之间选择循环。

❖ 步模式▤：使用"步模式"来分步选择循环，并通过选择各个子对象增加循环长度。

❖ 点间距：指定用"点循环"选择循环中的子对象之间的间距范围，或用"点环"选择的环中边之间的间距范围。

3.编辑面板

功能介绍

"编辑"面板中提供了用于修改多边形对象的各种工具，如图9-15所示。

图9-15

参数详解

❖ 保留UV▤：启用该按钮后，可以编辑子对象，而不影响对象的UV贴图。

❖ 扭曲▤：启用该按钮后，可以通过鼠标操作来扭曲UV。

❖ 重复▤：重复最近使用的命令。

> 提示：　"重复"工具▤不会重复执行所有操作，例如不能重复变换。使用该工具时，若要确定重复执行哪个命令，可以将光标指向该按钮，在弹出的工具提示上会显示可重复执行的操作名称。

❖ 快速切片▤：可以将对象快速切片，单击鼠标右键可以停止切片操作。

> 提示：　在对象层级中，使用"快速切片"工具▤会影响整个对象。

❖ 快速循环▤：通过单击来放置边循环。按住Shift键单击可以插入边循环，并调整新循环以匹配周围的曲面流。

❖ NURMS▤：通过NURMS方法应用平滑并打开"使用NURMS"面板。

❖ 剪切▤：用于创建一个多边形到另一个多边形的边，或在多边形内创建边。

❖ 绘制连接▤：启用该按钮后，可以以交互的方式绘制边和顶点之间的连接线。

　　◇ 设置流▤：启用该按钮时，可以使用"绘制连接"工具▤自动重新定位新边，以适合周围网格内的图形。

❖ 约束▤▤▤▤：可以使用现有的几何体来约束子对象的变换。

4.几何体（全部）面板

功能介绍

"几何体（全部）"面板中提供了编辑几何体的一些工具，如图9-16所示。

图9-16

参数详解

❖ 松弛 ▣：使用该工具可以将松弛效果应用于当前选定的对象。

 ◇ 松弛设置 ▣ 松弛设置：打开"松弛"对话框，在对话框中可以设置松弛的相关参数。

❖ 创建 ▣：创建新的几何体。

❖ 附加 ▣：用于将场景中的其他对象附加到选定的多边形对象。

 ◇ 从列表中附加 ▣ 从列表中附加：打开"附加列表"对话框，在对话框中可以将场景中的其他对象附加到选定对象。

❖ 塌陷 ≫：通过将其顶点与选择中心的顶点焊接起来，使连续选定的子对象组产生塌陷效果。

❖ 分离 ▣：将选定的子对象和附加到子对象的多边形作为单独的对象或元素分离出来。

❖ 四边形化全部▣/四边形化选择▣/从全部中选择边▣/从选项中选择边▣：一组用于将三角形转化为四边形的工具。

❖ 切片平面▣：为切片平面创建Gizmo，可以通过定位和旋转它来指定切片位置。

提示：在"多边形"或"元素"级别中，使用"切片平面"工具▣只能影响选定的多边形。如果要对整个对象执行切片操作，可以在其他子对象级别或对象级别中使用"切片平面"工具▣。

5.子对象面板

功能介绍

在不同的子对象级别中，子对象的面板的显示状态也不一样，图9-17~图9-21所示分别是"顶点"级别、"边"级别、"边界"级别、"多边形"级别和"元素"级别下的子对象面板。

图9-17

图9-18

图9-19   图9-20   图9-21

> **提示：** 关于这5个子对象面板中的相关工具和参数请参阅本章前面的内容"8.2 编辑多边形对象"。

6.循环面板

功能介绍

"循环"面板中的工具和参数主要用于处理边循环，如图9-22所示。

图9-22

参数详解

- ❖ 连接▦：在选中的对象之间创建新边。
  - ◇ 连接设置▦：打开"连接边"对话框，只有在"边"级别下才可用。
- ❖ 距离连接▦：在跨越一定距离和其他拓扑的顶点和边之间创建边循环。
- ❖ 流连接▦：跨越一个或多个边界来连接选定边。
  - ◇ 自动环：启用该选项并使用"流连接"工具▦后，系统会自动创建完全边循环。
- ❖ 插入循环▦：根据当前的子对象选择创建一个或多个边循环。
- ❖ 移除循环▦：移除当前子对象层级处的循环，并自动删除所有剩余顶点。
- ❖ 设置流▦：调整选定边以适合周围网格的图形。
  - ◇ 自动循环：启用该选项后，使用"设置流"工具▦可以自动为选定的边选择循环。
- ❖ 构建末端▦：根据选择的顶点或边来构建四边形。
- ❖ 构建角点▦：根据选择的顶点或边来构建四边形的角点，以翻转边循环。
- ❖ 循环工具▦：打开"循环工具"对话框，该对话框中包含用于调整循环的相关工具。
- ❖ 随机连接▦：连接选定的边，并随机定位所创建的边。
  - ◇ 自动循环：启用该选项后，那么应用的"随机连接"可以使循环尽可能完整。
- ❖ 设置流速度：调整选定边的流的速度。

7.细分面板

功能介绍

"细分"面板中的工具可以用来增加网格的数量，如图9-23所示。

图9-23

参数详解

❖ 网格平滑▦：将对象进行网格平滑处理。
　　◇ 网格平滑设置▦ 网格平滑设置：打开"网格平滑"对话框，在该对话框中可以指定平滑的应用方式。
❖ 细化▦：对所有多边形进行细化操作。
　　◇ 细化设置▦ 细化设置：打开"细化"对话框，在该对话框中可以指定细化的方式。
❖ 使用置换△：打开"置换"面板，在该面板中可以为置换指定细分网格的方式。

8.三角剖分面板

功能介绍

"三角剖分"面板中提供了用于将多边形细分为三角形的一些方式，如图9-24所示。

图9-24

参数详解

❖ 编辑▧：在修改内边或对角线时，将多边形细分为三角形的方式。
❖ 旋转▧：通过单击对角线将多边形细分为三角形。
❖ 重复三角算法▧：对当前选定的多边形自动执行最佳的三角剖分操作。

9.对齐面板

功能介绍

"对齐"面板中的工具可以用在对象级别及所有子对象级别中，主要用来选择对齐对象的方式，如图9-25所示。

图9-25

参数详解

❖ 生成平面⊹：强制所有选定的子对象成为共面。

❖ 到视图▣：使对象中的所有顶点与活动视图所在的平面对齐。

❖ 到栅格▦：使选定对象中的所有顶点与活动视图所在的平面对齐。

❖ X x/Y y/Z z：平面化选定的所有子对象，并使该平面与对象的局部坐标系中的相应平面对齐。

10.可见性面板

功能介绍

使用"可见性"面板中的工具可以隐藏和取消隐藏对象，如图9-26所示。

图9-26

参数详解

❖ 隐藏当前选择▥：隐藏当前选定的对象。

❖ 隐藏未选定对象▥：隐藏未选定的对象。

❖ 全部取消隐藏♀：将隐藏的对象恢复为可见。

11.属性面板

功能介绍

使用"属性"面板中的工具可以调整网格平滑、顶点颜色和材质ID，如图9-27所示。

图9-27

参数详解

❖ 硬▱：对整个模型禁用平滑。

   ◇ 选定硬的[选定硬的]：对选定的多边形禁用平滑。

❖ 平滑▱：对整个对象启用平滑。

   ◇ 平滑选定项[平滑选定项]：对选定的多边形启用平滑。

❖ 平滑30▱：对整个对象启用适度平滑。

   ◇ 已选定平滑30[已选定平滑30]：对选定的多边形启用适度平滑。

❖ 颜色⬤：设置选定顶点或多边形的颜色。

❖ 照明※：设置选定顶点或多边形的照明颜色。

❖ Alpha◐：为选定的顶点或多边形分配Alpha值。

❖ 平滑组▦：打开用于处理平滑组的对话框。

❖ 材质ID◈：打开用于设置材质ID、按ID和子材质名称选择的对话框。

提示：下面将安排3个比较简单的Graphite建模实例来让用户熟悉"Graphite建模工具"的使用方法。如果用户觉得"Graphite建模工具"操作太麻烦，可以直接使用多边形建模来制作。

【练习9-1】：用Graphite建模工具制作床头柜

本练习的床头柜效果如图9-28所示。

图9-28

Step 01 使用"长方体"工具 长方体 在前视图中创建一个长方体，然后在"参数"卷展栏下设置"长度"为140mm、"宽度"为240mm、"高度"为120mm、"长度分段"为4、"宽度分段"为3，具体参数设置及模型效果如图9-29所示。

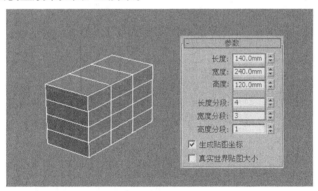

图9-29

Step 02 选择长方体，然后在"Graphite建模工具"的工具栏中单击"建模"选项卡，接着在"多边形建模"面板中单击"转化为多边形"按钮※，如图9-30所示。

图9-30

Step 03 在"多边形建模"面板中单击"顶点"按钮[::]，进入"顶点"级别，然后在前视图中使用"选择并均匀缩放"工具[:]将顶点调节成如图9-31所示的效果。

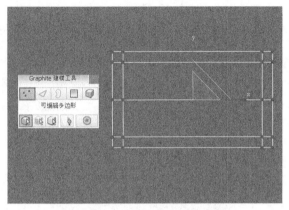

图9-31

Step 04 在"多边形建模"面板中单击"多边形"按钮[□]，进入"多边形"级别，然后选择如图9-32所示的多边形，接着在"多边形"面板中单击"挤出"按钮[⑥]下面的"挤出设置"按钮[□ 挤出设置]，最后设置"高度"为-120mm，如图9-33所示。

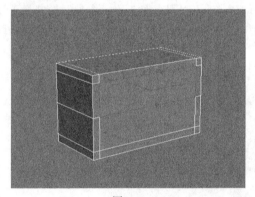

图9-32

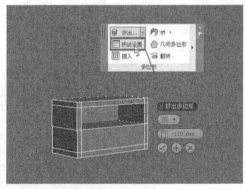

图9-33

Step 05 选择模型，然后按Alt+X组合键将模型以半透明的方式显示出来，接着在"多边形建模"面板中单击"边"按钮[◁]，进入"边"级别，最后选择如图9-34所示的边。

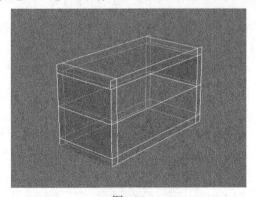

图9-34

提示： 在半透明模式下可以很方便地选择模型的多边形、边、顶点等元素。按Alt+X组合键可以切换到半透明显示方式，再次按Alt+X组合键可以退出半透明显示方式。

Step 06 保持对边的选择，在"边"面板中单击"切角"按钮🔲下面的"切角设置"按钮 🔲切角设置，然后设置"边切角量"为8mm、"连接边分段"为4，如图9-35所示。

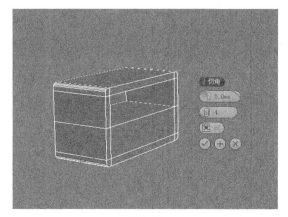

图9-35

Step 07 进入"多边形"级别，然后选择如图9-36所示的多边形，接着在"多边形"面板中单击"挤出"按钮🔲下面的"挤出设置"按钮 🔲挤出设置，最后设置"高度"为2mm，如图9-37所示。

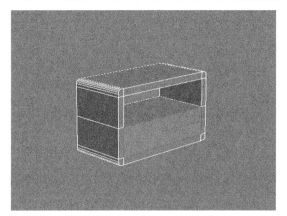

图9-36　　　　　　　　　　　　　　　　图9-37

Step 08 进入"边"级别，然后选择如图9-38所示的边，接着在"边"面板中单击"切角"按钮🔲下面的"切角设置"按钮 🔲切角设置，最后设置"边切角量"0.5mm、"连接边分段"为1，如图9-39所示。

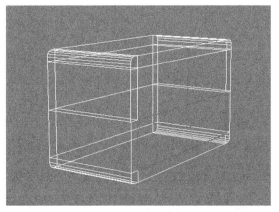

图9-38　　　　　　　　　　　　　　　　图9-39

Step 09 选择如图9-40所示的边，然后在"边"面板中单击"切角"按钮🔲下面的"切角设置"按钮 🔲切角设置，接着设置"边切角量"0.5mm、"连接边分段"为1，如图9-41所示，最终效果如图9-42所示。

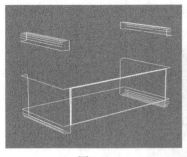 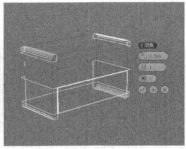 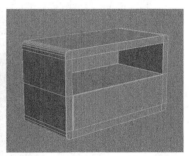

图9-40   图9-41   图9-42

【练习9-2】：用Graphite工具制作欧式台灯

本练习的欧式台灯效果如图9-43所示。

图9-43

Step 01 使用"圆柱体"工具 圆柱体 在场景中创建一个圆柱体，然后在"参数"卷展栏下设置"半径"为20mm、"高度"为510mm、"高度分段"为10，具体参数设置及模型效果如图9-44所示。

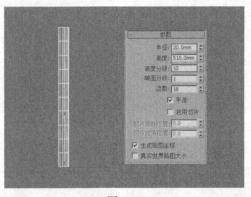

图9-44

Step 02 将圆柱体转化为可编辑多边形，进入"顶点"级别，然后在前视图中将顶点调整成如图9-45所示的效果。

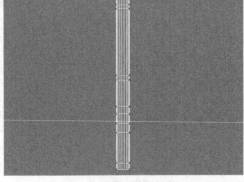

图9-45

Step 03 使用"选择并均匀缩放"工具 在顶视图中将顶点缩放成如图9-46所示的效果，在前视图中的效果如图9-47所示。

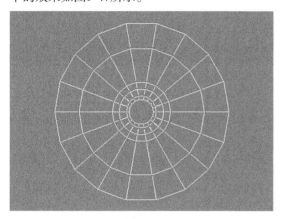

图9-46

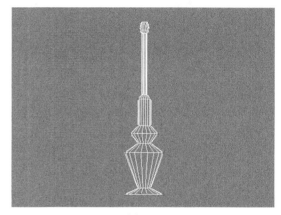

图9-47

Step 04 进入"边"级别，然后选择如图9-48所示的边，接着在"循环"面板中单击"连接"按钮 下面的"连接设置"按钮 ，最后设置"分段"为6，如图9-49所示。

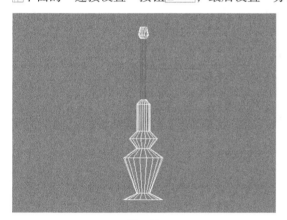

图9-48

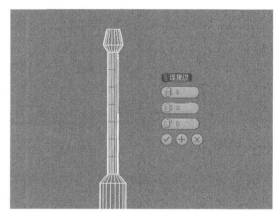

图9-49

Step 05 进入"顶点"级别，然后分别在顶视图和前视图中对顶部的顶点进行调整，如图9-50和图9-51所示。

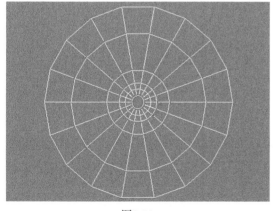

图9-50

图9-51

Step 06 继续使用"连接"工具 在其他位置添加竖向边，然后将顶点调整成如图9-52所示的效果，在透视图中的效果如图9-53所示。

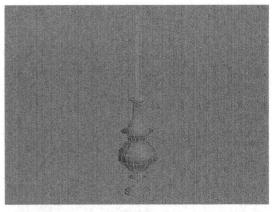

图9-52   图9-53

Step 07 使用"圆柱体"工具 圆柱体 在场景中创建一个圆柱体,然后在"参数"卷展栏下设置"半径"为40mm、"高度"为180mm、"高度分段"为3,具体参数设置及模型位置如图9-54所示。

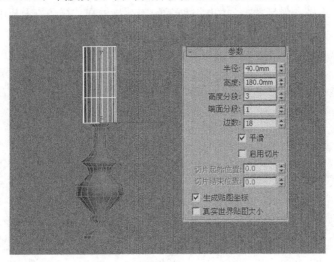

图9-54

Step 08 将圆柱体转化为可编辑多边形,进入"顶点"级别,然后使用"选择并均匀缩放"工具 分别在顶视图和前视图中对顶点进行调整,如图9-55和图9-56所示。

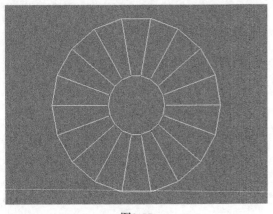

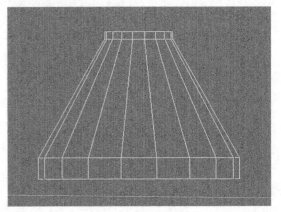

图9-55   图9-56

Step 09 进入"多边形"级别,然后选择顶部和底部的多边形,如图9-57所示,接着按Delete键将其删除,效果如图9-58所示。

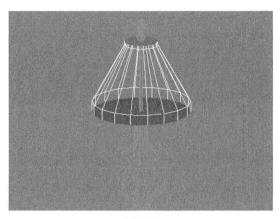

图9-57

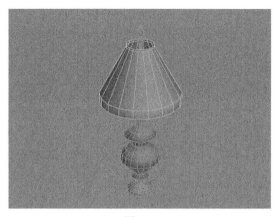

图9-58

Step 10 为灯柱模型加载一个"网格平滑"修改器，然后在"细分量"卷展栏下设置"迭代次数"为1，具体参数设置及模型效果如图9-59所示。

Step 11 使用"长方体"工具 长方体 在灯柱底部创建一个长方体，然后在"参数"卷展栏下设置"长度"和"宽度"为120mm、"高度"为30mm，最终效果如图9-60所示。

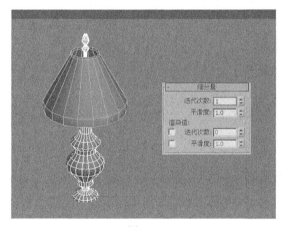

图9-59

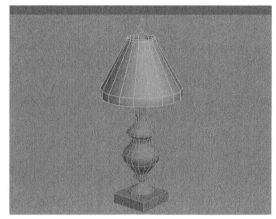

图9-60

【练习9-3】：用Graphite工具制作麦克风

本练习的麦克风效果如图9-61所示。

图9-61

Step 01 下面制作麦克风的金属网膜。使用"球体"工具 球体 在场景中创建一个球体，然后在"参数"卷展栏下设置"半径"为180mm、"分段"为80，具体参数设置及模型效果如图9-62所示。

Step 02 使用"选择并均匀缩放"工具 在前视图中将球体向上缩放成如图9-63所示的效果。

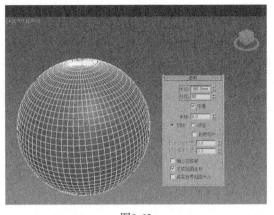
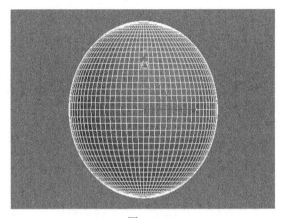

图9-62　　　　　　　　　　　　　　　　图9-63

Step 03 将球体转化为可编辑多边形，然后在"多边形建模"面板中单击"生成拓扑"按钮▦，接着在弹出的"拓扑"对话框中单击"边方向"按钮▦，如图9-64所示，效果如图9-65所示。

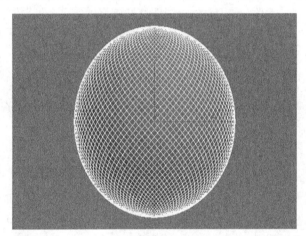

图9-64　　　　　　　　　　　　　　图9-65

Step 04 进入"边"级别，然后选择所有的边，接着在"边"面板中单击"利用所选内容创建图形"按钮🗑️，最后在弹出的"创建图形"对话框中设置"图形类型"为"线性"，如图9-66所示。

Step 05 选择"图形001"，然后在"渲染"卷展栏下勾选"在渲染中启用"和"在视口中启用"选项，接着设置"径向"的"厚度"为2mm，具体参数设置及模型效果如图9-67所示。

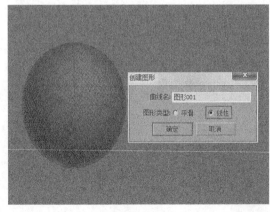
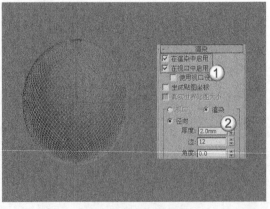

图9-66　　　　　　　　　　　　　　图9-67

Step 06 选择球体多边形，然后在"多边形建模"面板中单击"生成拓扑"按钮，接着在弹出的"拓扑"对话框中再次单击"边方向"按钮，效果如图9-68所示，接着用步骤（4）和步骤（5）的方法将边转换为图形，完成后的效果如图9-69所示。

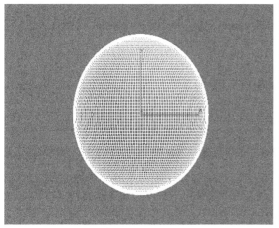 

图9-68 图9-69

 技术专题9-1 【将选定对象的显示设置为外框】

　　制作到这里时，有些用户可能会发现自己的计算机非常卡，这是很正常的，因为此时场景中的多边形面数非常多，耗用了大部分的显示内存。下面介绍一种提高计算机运行速度的方法，即将选定对象的显示设置为外框。具体操作方法如下。

　　第1步：选择"图形001"和"图形002"，然后单击鼠标右键，接着在弹出的快捷菜单中选择"对象属性"命令，如图9-70所示。

　　第2步：在弹出的"对象属性"对话框中的"显示属性"选项组下勾选"显示为外框"选项，如图9-71所示。设置完成后就可以发现运行速度会提高很多。

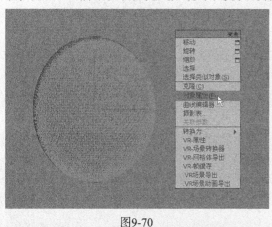 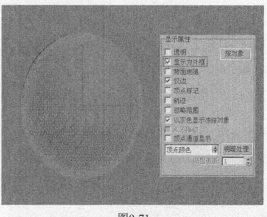

图9-70 图9-71

Step 07 使用"管状体"工具围绕网膜创建一个管状体，然后在"参数"卷展栏下设置"半径1"为180mm、"半径2"为188mm、"高度"为30mm、"高度分段"为6，具体参数设置及模型位置如图9-72所示。

Step 08 将管状体转化为可编辑多边形，进入"顶点"级别，然后将顶点调整成如图9-73所示的效果。

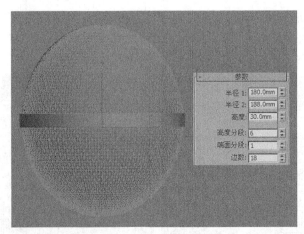

图9-72

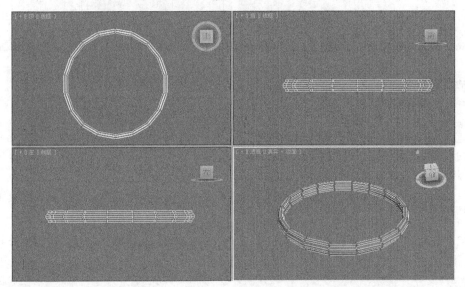

图9-73

Step 09 为模型加载一个"网格平滑"修改器，然后在"细分量"卷展栏下设置"迭代次数"为2，具体参数设置及模型效果如图9-74所示。

Step 10 继续使用"管状体"工具 管状体 和"Graphite建模工具"创建出网膜下的底座模型，完成后的效果如图9-75所示。

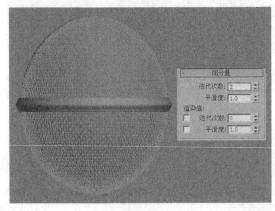

图9-74

图9-75

Step 11 使用"圆锥体"工具 `圆锥体` 创建出手柄模型，如图9-76所示，然后将其转化为可编辑多边形，接着使用"Graphite建模工具"中的"挤出"工具 、"插入"工具 、"连接"工具 等制作出手柄上的按钮，完成后的效果如图9-77所示。

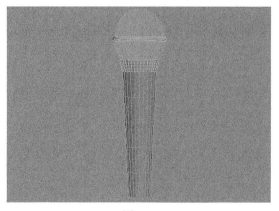

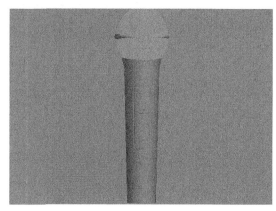

图9-76   图9-77

Step 12 使用"圆柱体"工具 `圆柱体` 在手柄的底部创建一个圆柱体，然后在"参数"卷展栏下设置"半径"和"高度"为100mm、"高度分段"为1，具体参数设置及模型位置如图9-78所示。

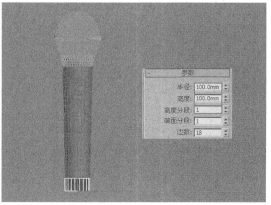

图9-78

Step 13 将圆柱体转换为可编辑多边形，进入"多边形"级别，然后选择底部的多边形，如图9-79所示，接着在"多边形"面板中单击"插入"按钮 下面的"插入设置"按钮 ，最后设置"数量"为40mm，如图9-80所示。

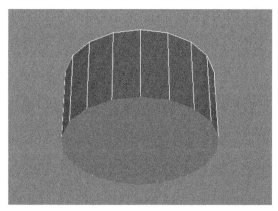

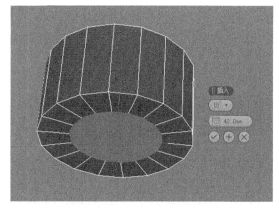

图9-79   图9-80

Step 14 保持对多边形的选择，在"多边形"面板中单击"挤出"按钮 下面的"挤出设置"按钮 ，然后设置"数量"为180mm，如图9-81所示。

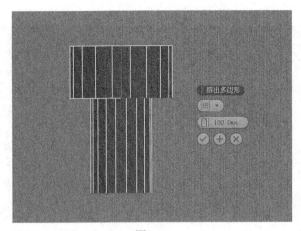

图9-81

Step 15 进入"边"级别，然后选择如图9-82所示的边，接着在"循环"面板中单击"连接"按钮 下面的"连接设置"按钮 ，最后设置"分段"为18，如图9-83所示。

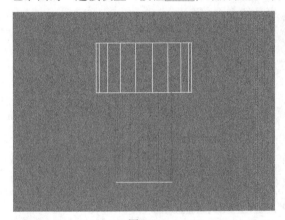

图9-82

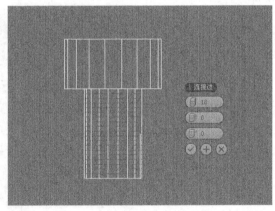

图9-83

Step 16 进入"多边形"级别，然后选择如图9-84所示的多边形，接着在"多边形"面板中单击"倒角"按钮 下面的"倒角设置"按钮 ，最后设置"倒角类型"为"局部法线"、"高度"为8mm、"轮廓"为-1mm，如图9-85所示。

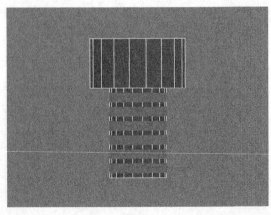

图9-84

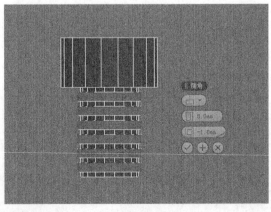

图9-85

Step 17 进入"边"级别，然后选择如图9-86所示的边，接着在"边"面板中单击"切角"按钮，下面的"切角设置"按钮⊞切角设置，最后设置"边切角量"为1mm，如图9-87所示。

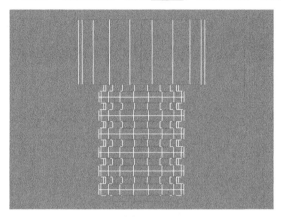

图9-86

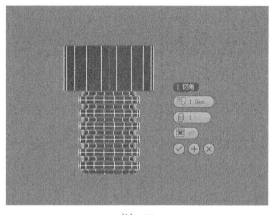

图9-87

Step 18 继续使用"插入"工具⊟、"挤出"工具和"切角"工具将底部的多边形处理成如图9-88所示的效果，然后为模型加载一个"网格平滑"修改器，接着在"细分量"卷展栏下设置"迭代次数"为2，最终效果如图9-89所示。

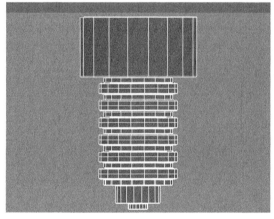

图9-88

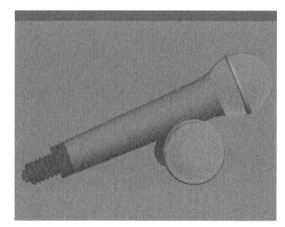

图9-89

9.3 自由形式

自用形式选项卡中提供了大量用于自由绘制和创建多边形的几何工具，默认状态下它包括多边形绘制和绘制变形两个面板。此外还可以将多边形建模、修改选择和编辑面板显示在该选项卡中。

9.3.1 多边形绘制面板

功能介绍

多边形绘制面板中提供了大量用于快速构建和编辑网格的工具，它们可以在栅格或曲面上直接绘制平面或网格，根据不同的键盘快捷键还能达到更多的功能。该面板中的工具不需要指定特定的子对象层级，除非需要在选定的子对象上进行修改。一般情况下，建议在顶点子对象层级使用这些工具，如图9-90所示。

图9-90

![参数详解]

❖ 步骤构建：使用该工具可以在视图中逐个顶点或逐个多边形的构建曲面，并对它们进行快速的编辑，按下该按钮后，配合不同的键盘快捷键将有不同的操作功能，具体用法如下几种。

　　◇ 正常：正常情况下，不运用任何快捷键，在视图中单击鼠标就可以在栅格或曲面上创建顶点，如图9-91所示。

　　◇ Shift键：按住键盘的Shift键并在顶点间拖曳鼠标，就可以在4个顶点间构建曲面，它会始终在最近的4个顶点间创建曲面，如图9-92所示。

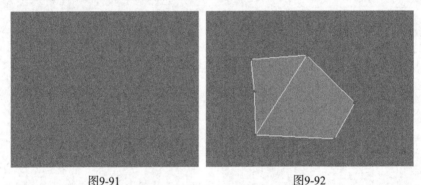

图9-91　　　　　　　　　　　　　图9-92

　　◇ Ctrl键：按住Ctrl键并在四边形上单击鼠标，可以删除四边形平面，但保留多边形上的顶点，如图9-93所示。

　　◇ Alt键：按住Alt键并在顶点上单击，可以移除顶点，如图9-94所示。

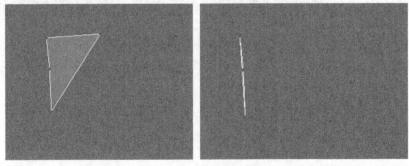

图9-93　　　　　　　　　　　　　图9-94

　　◇ Ctrl+Alt组合键：按住键盘上的Ctrl+Alt组合键并在多边形边上单击，可以移除多边形上的边，并且移除边上的顶点，如图9-95所示。

　　◇ Ctrl+Shift组合键：按住键盘上的Ctrl+Shift组合键并单击，可以创建并选择顶点，每创建4个顶点后即可自动形成一个多边形平面。此外按住键盘上Ctrl+Shift组合键并在现有顶点上单击可以选择顶点，每选择4个顶点也可以自动形成一个平面，如图9-96所示。

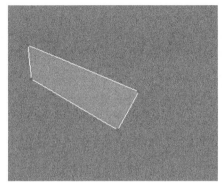

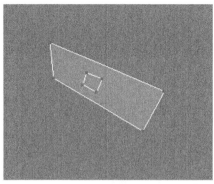

图9-95 图9-96

❖ Shift+Alt组合键：按住键盘上的Shift+Alt组合键后，将光标移动到顶点上时，顶点会被自动选择，以此选择4个顶点后单击鼠标，这样就在这4个顶点间形成了一个多边形平面，如图9-97所示。

❖ Ctrl+Shift+Alt组合键：按住键盘上的Ctrl+Shift+Alt组合键后，将光标放置在顶点上并按住鼠标拖曳，可以移动顶点的位置；如果在顶点层级，当光标移动到顶点上后，会以红色选择状态显示，如图9-98所示。

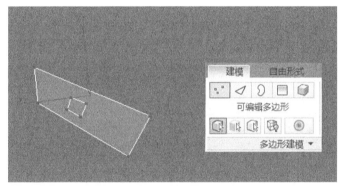

图9-97 图9-98

❖ 扩展：扩展工具可以在开放的边上继续创建多边形平面，按下该按钮后，再配合不同的键盘快捷键可以进行多种修改操作，具体方法如下。

　　❖ 正常：正常情况下，不运用任何快捷键，在视图中单击拖动鼠标可以创建新的顶点，而新的顶点会与附近3个开放边上的顶点共同组建新的多边形平面，如图9-99所示。

　　❖ Shift键：按住Shift键从边界边拖曳，这样可以从该边上延伸出新的多边形平面，如图9-100所示。

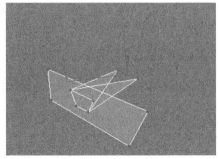

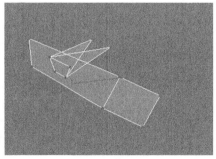

图9-99 图9-100

◇ Ctrl键：按住Ctrl键并在多边形上单击，可以删除该多边形及其相应顶点，如图9-101所示。

◇ Ctrl+Shift+Alt组合键：按住键盘上的Ctrl+Shift+Alt组合键后，将光标放置在顶点上并按住鼠标拖曳，可以移动顶点的位置，如图9-102所示。

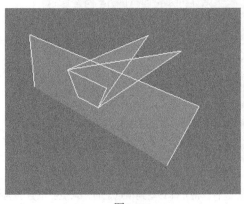
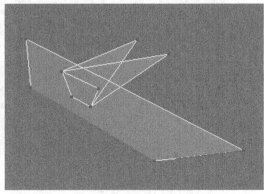

图9-101   图9-102

◇ Alt键：按住Alt键，从边界顶点拖动鼠标可以在屏幕空间中创建多边形。

◇ Alt+Shift组合键：按住Alt+Shift组合键，从边界边拖动鼠标可以在屏幕空间中创建多边形。

❖ 阻力：有些显示方式中将该工具译成"拖动"，使用该工具可以在曲面或网格上移动各个子对象。具体用法如下。

◇ 正常：正常情况下，不运用任何快捷键，在视图中拖动鼠标可以移动顶点，如图9-103所示。

◇ Shift键：通过拖曳边来移动边，如图9-104所示。

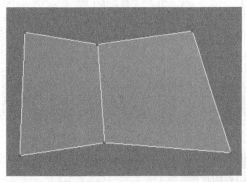
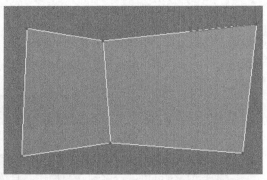

图9-103

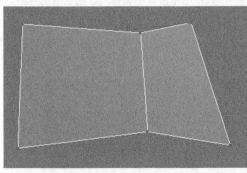
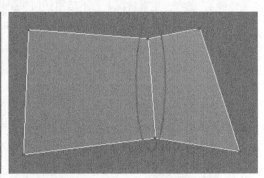

图9-104

◇ Ctrl键：按住Ctrl键，可以移动多边形的曲面，如图9-105所示。

◇ Shift+Ctrl组合键：按住Shift+Ctrl组合键，可以移动多边形网格中的边循环，如图9-106所示。

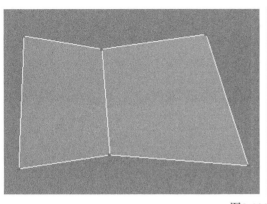 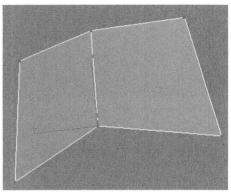

图9-105

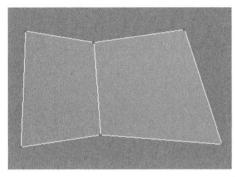 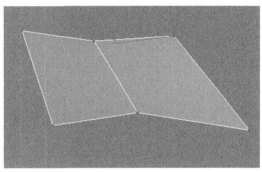

图9-106

◆ Shift+Ctrl+Alt组合键：按住Shift+Ctrl+Alt组合键，可以移动多边形的整个元素。

在"阻力"模式下，使用下列快捷键可以在屏幕空间中移动子对象，也就是与当前视图垂直方向上移动子对象，并且不用更改当前的坐标系统。

◆ Alt：按住Alt键，可以在屏幕空间中移动多边形的顶点。

◆ Alt+Shift组合键：按住Alt+Shift组合键，可以在屏幕空间中移动多边形的边。

◆ Alt+Ctrl组合键：按住Alt+Ctrl组合键，可以在屏幕空间中移动多边形的曲面。

❖ 优化：可以通过简化模型的方式来快速优化网格。具体用法如下。

◆ 正常：正常情况下，不运用任何快捷键，在边上单击后可以使这条边折叠起来，这条边上的两个顶点合二为一，如图9-107所示。

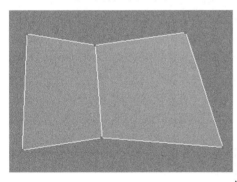 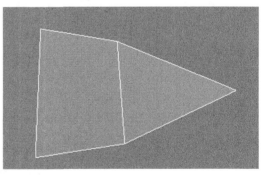

图9-107

◆ Shift键：按住Shift键并且从个顶点拖曳到下一个顶点，这样可以将这两个顶点焊接在一起。如果继续拖曳到其他顶点，则可以焊接多个顶点，如图9-108所示。

◆ Ctrl键：按住Ctrl键，在顶点间拖动鼠标可以将它们用边连接起来，如图9-109所示。

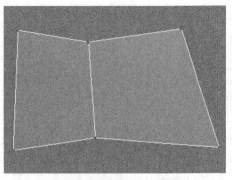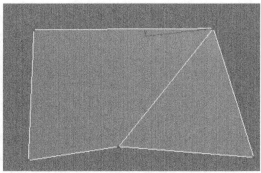

图9-108

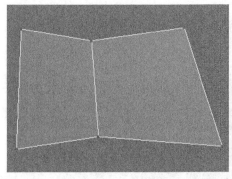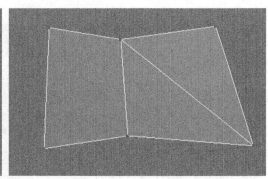

图9-109

- ❖ Alt键：按住Alt键，可以单击移除顶点。
- ❖ Shift+Ctrl组合键：按住Shift+Ctrl组合键，可以通过单击循环中的边，移除边循环，如图9-110所示。

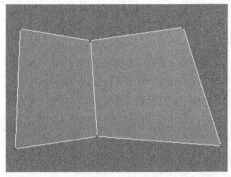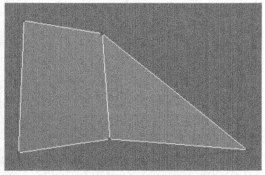

图9-110

- ❖ Shift+Alt组合键：按住Shift+Alt组合键，可以通过单击环中的边移除边环。
- ❖ Ctrl+Alt组合键：按住Ctrl+Alt组合键，可以通过单击边移除边。
- ❖ Shift+Ctrl+Alt组合键：按住Shift+Ctrl+Alt组合键，可拖曳顶点以调整它的位置。
- ❖ 绘制于：该选项用于指定多边形绘制过程中所依附的表面，它包括以下选项，如图9-111 所示。

图9-111

- ❖ 栅格 ：这是默认的选项，选择该项后，多边形绘制工具在活动视口的栅格上创建几何体。该选项主要针对正视图，也适用于透视图。

◇　曲面|○绘制于: 曲面：多边形绘制工具在指定的对象表面创建几何体。选择该项后，按下后面的拾取按钮，然后在视图中拾取对象，此时该对象的名称就出现在曲面的下面了，这样就可以在该对象的表面进行多边形绘制操作了。

◇　选择|○绘制于: 选择：选择该项后，多边形绘制操作将在选定对象的表面进行。

❖　拾取　拾取　：当"绘制于"选项使用"曲面"模式时，使用该按钮从视图中拾取对象。

❖　图形 ○图形：在栅格或曲面上绘制多边形图形。按下该按钮后，在指定的栅格或对象表面绘制多边形轮廓。绘制完后，可选择使用"解算曲面"工具根据图形创建网格，如图9-112所示；在绘制图形时，按住Ctrl键并单击，可以删除多边形；按住Ctrl+Shift+Alt并拖动鼠标，可以移动多边形。

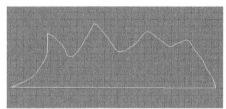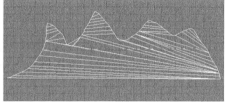

图9-112

❖　拓扑 ○拓扑 ：该工具可以通过绘制纵横交错的边线自动创建多边形网格。启用该工具后，使用鼠标在指定栅格或曲面上绘制纵横交错的线段，单击鼠标右键后自动形成多边形网格并退出该工具，如图9-113和图9-114所示；在绘制拓扑线段时，按住Shift键可以从附近现有线段末端继续绘制，按住Ctrl键单击可以删除线段。当启用"自动焊接"时，新建的网格将会自动附加到选定对象，并焊接相邻的边界顶点。此外，最小距离值确定线的分辨率。如果该值太小，则在多边形创建期间可能会缺失某些面，默认值10（单位为像素）适用于多数情况。

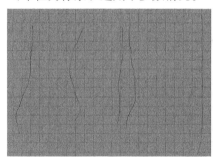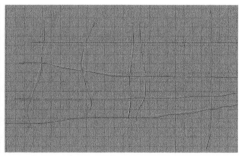

图9-113

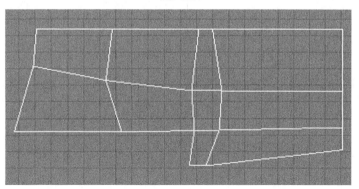

图9-114

✧　自动焊接 ☑自动焊接：该选项位于"拓扑"工具的下拉列表中，启用该选项后，使用"拓扑"工具创建的网格会自动附加到选定对象，并焊接相邻的边界顶点；禁用该选项时，使用"拓扑"工具创建的几何体网格为独立对象。

❖　样条线 ↝样条线：在曲面或栅格上绘制样条线。新绘制的样条线都被合并到一个单独的对象中，我们可以使这些样条线变成可渲染对象，或者使用放样操作形成新的形体。在使用该工具时，首先设置"绘制于"选项，以确定绘制的基面，然后按下"样条线"按钮进入绘制状态，这样就可以拖动鼠标进行样条线的绘制了。绘制的样条线会依附在设定的曲面或栅格上，但是以一个独立的对象存在。在绘制过程中，可以按住Ctrl键并单击样条线可以将其删除，按住Ctrl+Shift+Alt组合键并拖动鼠标可以移动样条线，单击鼠标右键或者再次单击"样条线"即可结束样条线的绘制，如图9-115所示。

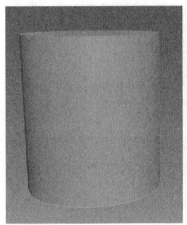

图9-115

❖　条带 ◎条带：在指定基面上绘制多边形条带，可以快速地设置网格对象的拓扑布局，如图9-116所示。

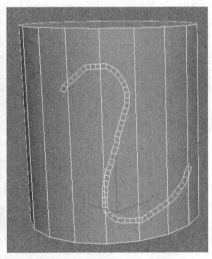

图9-116

❖　曲面 ◉曲面·：在指定基面上绘制曲面，按住Shift键并拖动鼠标可以从现有边界上开始绘制曲面，如果要删除绘制的曲面，可以按住Ctrl键进行单击。

✧　四边形 ☑四边形：该选项位于"曲面"工具的下拉列表中。启用该选项后，绘制的曲面将尽可能为四边形，如图9-117所示；如果禁用该项，绘制的曲面则为三角形面。

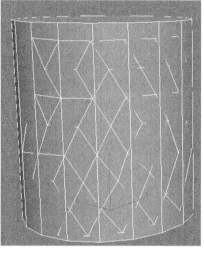

图9-117

❖　分支 ：根据"分支锥化"的设置绘制挤出锥化的多边形，如同树枝或利爪，挤出的多边形与屏幕对齐。"分支锥化" 值可确定分支中第1个多边形与最后一个多边形之间的大小差异，而"最小距离" 最小距离：50 ：用于设置挤出分段之间的距离，如图9-118所示。激活该工具后，配合下列快捷键可进行如下操作。

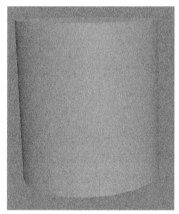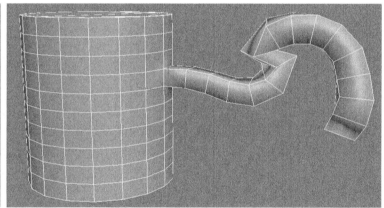

图9-118

❖　正常：正常情况下，不使用任何快捷键，拖动鼠标可以从光标最近的多边形处绘制挤出多边形分支。

❖　Shift键：按住Shift键，拖动鼠标可以从挤出的分支处继续绘制分支。

❖　Ctrl键：按住Ctrl键，单击鼠标可以选择相应的多边形（仅适用于多边形子对象层级）。

❖　Ctrl+Alt组合键：按住Ctrl+Alt组合键，单击鼠标可以选择多条多边形或者取消选择多边形（仅适用于多边形子对象层级）。

❖　分支锥化 分支锥化 ：设置绘制"分支"时的锥化量，值为负数时使分支变小；值为正数时分支变粗，值为0时与起始多边形大小相同；值为-1时尽可能缩小分支末端；值低于-1时会使分支收缩至最小截面，随后放大其余路径。

❖　新对象 ：创建个新的"空"可编辑多边形对象，并且自动进入顶点子对象层级，保持当前的多边形绘制工具为激活状态，这样就可以运用这些工具创建多边形对象了。

❖　解算曲面 解算曲面 ：为新建多边形（如使用图形工具绘制的多边形）创建网格、添加边线，以生成一个主要由四边形组成的多边形对象。如果禁用了"解算到四边形"工具，将会生成三角形组成的多边形对象。

❖ 角度 角度: 35 ：该值影响"解算曲面"连接点的方式，对于平面图形，采用默认值35的效果最佳。对于弯曲的曲面，该值越大，解算曲面产生的效果可能越好。

❖ 解算到四边形▣：启用该选项后，使用"解算曲面"时通常生成四边形；关闭该项后，生成的多边形面通常为三角形。

❖ 偏移：该值控制绘制工具在栅格或曲面上创建几何体的距离，也就是绘制时操作精度。

❖ 最小距离 最小距离: 50 ：该值会影响多个工具，它主要控制在进行下一步骤前需要拖动鼠标的最短距离，例如，在"图形"工具中，该值确定新建顶点间的最小距离。它有以下两个衡量单位。

  ◇ 以像素表示▣：使用像素为单位表示最小距离。

  ◇ 以单位表示▭：使用世界单位表示最小距离。

9.3.2 绘制变形面板

功能介绍

  "绘制变形"面板中提供的工具可以通过绘制的方式直接改变多边形曲面的形状，与Autodesk Mudbox或ZBrush等软件的操作模式类似，可以细致地雕刻形体。"绘制变形"面板可以出现在任何层级上，而且工具的使用不受任何子对象层级的限制。其面板如图9-119所示。

图9-119

参数详解

❖ 偏移 ：在屏幕空间中直接移动子对象，并产生平滑的变形效果，如图9-120所示。它相当于软选择配合移动变换而得到的效果。启用偏移工具后，光标会变成一个圆环形笔刷，中间部分为笔刷的完全强度，两个圆之间为笔刷的衰减区域，这样在拖曳模型时能够产生平滑的修改效果。这两个区域和强度可以在"偏移选项"附加面板中进行设置，也可以配合快捷键进行设置。

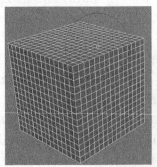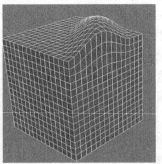

图9-120

◇ Ctrl键：按住Ctrl键并沿垂直方向拖动鼠标可以更改"衰减"图形的半径。

◇ Shift键：按住Shift键并沿垂直方向拖动鼠标可以更改"完全强度"圆形的半径。

◇ Shift+Alt组合键：按住Shift+Alt组合键并沿垂直方向拖动鼠标可以更改笔刷的"强度%"值。

❖ 推/拉：启用该工具后拖曳笔刷可以向外移动顶点，按住Alt键并移动鼠标可以向内移动顶点，如图9-121所示。在"推/拉"模式的绘制过程中，配合键盘上的快捷键还能实现以下更多功能。

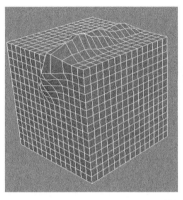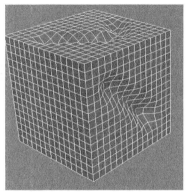

图9-121

◇ Ctrl键：按住Ctrl键拖动鼠标可以还原到上一个保存的状态。

◇ Shift键：按住Shift键拖动鼠标可以松弛网格。

◇ Ctrl+Shift组合键：调整笔刷大小。

◇ Shift+Alt组合键：更改笔刷强度。

提示：启用"推/拉"模式后，自由形式选项卡中会出现绘制选项附加面板，在该面板中可以更改笔刷大小、强度及进行其他设置。关于该面板的使用方法请参见后面的内容。

❖ 松弛/柔化 松弛/柔化：松弛顶点的权重，启用该选项后，拖曳笔刷可以使曲面显得更加平滑，如图9-122所示；在"松弛/柔化"模式下，配合键盘上的快捷键可以实现如下更多功能。

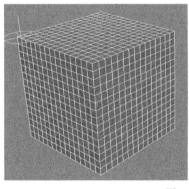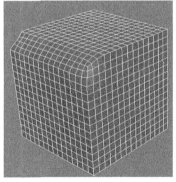

图9-122

◇ Alt键：按住Alt键拖动鼠标可以松弛网格但不会收缩网格。

◇ Ctrl键：按住Ctrl键拖动鼠标可以还原到上一个保存的状态。

◇ Ctrl+Shift组合键：调整笔刷大小。

◇ Shift+Alt组合键：更改笔刷强度。

❖ 涂抹 涂抹：拖曳笔刷以移动顶点。它与"偏移"工具大致相同，但在拖曳时会连续更新效果区域，而不会使用衰减，如图9-123所示。

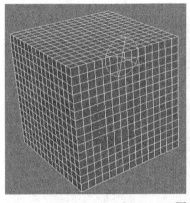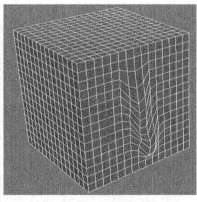

图9-123

❖ 展平 ⬚展平：拖曳笔刷可以把凸面和凹面区域展平，如图9-124所示，可配合如下快捷键进行设置。

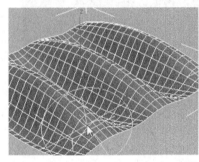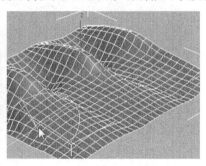

图9-124

  ◇ Ctrl键：按住Ctrl键拖动鼠标可以还原到上一个保存的状态。
  ◇ Shift键：按住Shift键拖动鼠标可以松弛网格。
  ◇ Ctrl+Shift组合键：调整笔刷大小。
  ◇ Shift+Alt组合键：更改笔刷强度。

❖ 收缩/扩散 ⬚收缩/扩散：通过拖动鼠标来移动顶点，使它们彼此相隔更近，如果按住Alt键并拖动鼠标，可以将顶点分散开来，如图9-125所示；在"收缩/扩散"模式下，配合键盘上的快捷键可以实现以下更多功能。

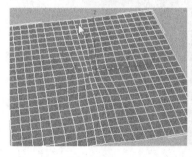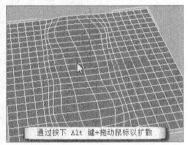

图9-125

  ◇ Ctrl键：按住Ctrl键拖动鼠标可以还原到上一个保存的状态。
  ◇ Shift键：按住Shift键拖动鼠标可以松弛网格。
  ◇ Ctrl+Shift组合键：调整笔刷大小。
  ◇ Shift+Alt组合键：更改笔刷强度。

❖ 噪波 ⬚噪波：拖动鼠标可以将凸面噪波添加到曲面中，如果按住Alt键并拖动鼠标，可以添加凹面噪波，如图9-126所示。在"噪波"模式下，配合键盘上的快捷键可以实现更多功能。

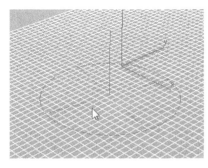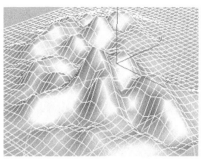

图9-126

◇　Ctrl键：按住Ctrl键拖动鼠标可以还原到上一个保存的状态。

◇　Shift键：按住Shift键拖动鼠标可以松弛网格。

◇　Ctrl+Shift组合键：调整笔刷大小。

◇　Shift+Alt组合键：更改笔刷强度。

❖　放大 ：通过向外移动凸面区域或向内移动凹面区域使绘制的曲面的特征更加明显，如图9-127所示。在"放大"模式下，配合键盘上的快捷键可以实现更多功能。

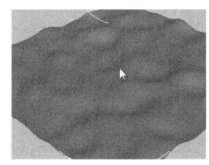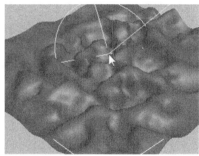

图9-127

◇　Alt键：按住Alt键拖动鼠标可以反转放大，也就是使凸面区域成为凹面区域，凹面区域成为凸面区域。

◇　Ctrl键：按住Ctrl键拖动鼠标可以还原到上个保存的状态。

◇　Shift键：按住Shift键拖动鼠标可以松弛网格。

◇　Ctrl+Shift组合键：调整笔刷大小。

◇　Shift+Alt组合键：更改笔刷强度。

❖　还原 ：启用该模式后，拖动鼠标可以将网格还原为上次提交之前的状态。如果没有进行提交操作，那么可以还原到对象的初始状态。在"还原"模式下，配合键盘上的快捷键可以实现更多功能。

◇　Shift键：按住Shift键拖动鼠标可以松弛网格。

◇　Ctrl+Shift组合键：调整笔刷大小。

◇　Shift+Alt组合键：更改笔刷强度。

❖　提交 ：执行该命令后，将缓冲区中的图形设置为当前网格形状。配合还原操作或取消命令可以使模型恢复到上次使用提交命令时的状态。

❖　取消 ：移除使用绘制变形工具所做的更改，将模型恢复到上次使用提交命令时的状态。如果从未使用提交命令时，则恢复到初始状态。

技术专题9-2 ［附加面板］

1.偏移选项附加面板

当启用"偏移"工具时"，自由形式面板中会出现一个"偏移选项"附加面板，在该面板中可以对绘制笔刷大小、衰减区域以及笔刷强度等参数做详细设置，其参数面板如图9-128所示。

图9-128

完全强度：设置"偏移"工具笔刷的工作区域，该数值控制中间区域，也就是完全根据强度移动顶点的部分。此外，在绘制过程中按住键盘上的Shift键并拖动鼠标，也可以调整该值的大小。

衰减：设置"偏移"工具笔刷的外围衰减区域。此外，在绘制过程中还可以按住键盘上的Ctrl键并拖动鼠标来调整该值。

镜像：启用该选项后，偏移工具将根据"镜像轴"中指定的轴向镜像绘制物体形状。

强度：设置"偏移"工具笔刷的总体强度。此外，在绘制过程中还可以按住键盘上的Shift+Alt组合键并拖动鼠标来调整该值。

使用选定顶点：启用该选项后，"偏移"工具仅影响选定顶点。禁用该选项（默认设置）后，"偏移"工具将影响选定对象中的所有顶点。

忽略背面：启用该选项后，"偏移"工具仅影响面向屏幕的子对象。

镜像轴X/Y/Z：启用V Mirror（镜像）选项后，在这里设置需要镜像绘制的轴向。

冻结轴X/Y/Z：选择冻结轴向，某个轴向被冻结后，将无法使用"偏移"工具在该轴向上移动顶点。

冻结选定边X/Y/Z：将选定的边在指定轴向上冻结起来，使该边上的顶点无法用"偏移"工具在冻结轴向上移动。

2.绘制选项附加面板

在绘制变形面板中，在"绘制变形"面板中，除了"偏移"工具以外，在选择其他绘制工具时都会出现一个"绘制选项"附加面板，在该面板中可以对绘制笔刷的参数进行详细设置，其面板如图9-129所示。

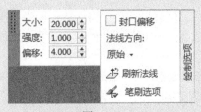

图9-129

松弛/柔化、展平、收缩/扩散、模糊和还原工具中仅提供了大小和强度设置，其余工具中还提供了其他设置选项。

大小：设置变形笔刷的半径尺寸。

强度：设置变形笔刷的强度。

偏移：设置按住鼠标重复拖曳时更改网格的最大量。该设置仅在启用"封口"偏移工具后才会发挥作用。

封口偏移：启用该选项后，在连续拖曳笔刷时，网格变形达到偏移量时则停止变形。如果要继续增加变形，可以释放鼠标按钮后再次拖曳笔刷。禁用该选项后，连续拖曳笔刷将不受限制地增加网格变形。

法线方向：在绘制变形时，该选项用于设置执行变形的方向。

原始：使用开始使用此工具时顶点的法线。

    ◇　变形：选择该模式后，法线会在每次绘制变形后更新，以便于使用变形工具不断地将曲面顶点从变化后的表面向外移动。

    ◇　笔刷：选择该项后，绘制变形工具将使用最初笔触的Gizmo所使用的法线。

    ◇　查看：推向或推离查看方向。

    ◇　变换X/Y/Z：沿相应世界坐标轴移动顶点。

刷新法线：重置笔刷以便在变形时使用每个多边形当前法线的方向，该选项只能在法线方向为"原始"模式时使用。禁用该选项后，绘制始终在多边形法线的原始方向上变形。

笔刷选项：单击该按钮后会打开"笔刷选项"对话框，在这里可以对绘制变形的笔刷属性做更详尽的设置。

噪波选项：这些选项仅适用于"噪波"工具的笔刷，具体包括以下设置。

第1种：种子。根据设置的数值随机生成噪波变形的起始点。该值仅影响后续绘制，而不影响现有结果。

第2种：比例。设置噪波影响（不是强度）的程度。较大的值产生的噪波更为平滑，较小的值产生更为明显的锯齿现象。

第3种：湍流。确定噪波变化的范围。较低的值会更加精细。

9.4　选择

"选择"选项卡中提供了专门用于进行子对象选择的各种工具。例如，可以选择凹面或凸面区域，朝向视口的子对象或某个特定方向的子对象等。该选项卡中的工具仅在进入了子对象层级后才会显示出来，在对象层级中该选项卡是空的。

9.4.1　常规选择面板

常规选择面板是指选择、存储选择和选择集3个面板。"选择"面板根据某些拓扑类型来选择子对象；"存储选择"面板用于存储、还原和合并子对象选择；"选择集"面板用于复制或粘贴命名的子对象选择集。

1.选择面板

功能介绍

"选择"面板中包含了常规的选择工具，如根据材质ID、角度、拓扑图案或者挤出性质来确定选择。它在各个子对象层级中所包含的选择工具也有所差异，如图9-130~图9-134所示。

图9-130 选择点

图9-131 选择边

图9-132 选择边界

图9-133 选择多边形

图9-134 选择元素

参数详解

❖ 顶部 顶部 ·：选择模型挤出部分的顶部。实际结果会根据子对象层级的不同而有所差异。

　　◇ 顶点：选择挤出多边形顶部的顶点。

　　◇ 边：选择挤出多边形顶部的边。

　　◇ 多边形：选择挤出多边形的顶部，如图9-135所示。

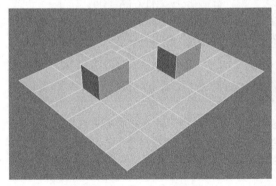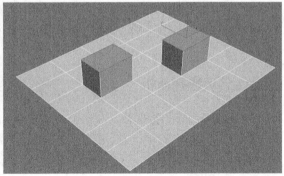

图9-135

❖ 当前选择的顶部：该选项位于"顶部"下拉列表中，该命令用于选择当前选择中挤出部分的顶部，并取消其余子对象的选择。

❖ 打开 打开：选择多边形中所有开口部分的子对象，它的结果会根据子对象层级的不同而有所差异。

✧ 顶点：选择所有边界上的顶点，即仅与一个多边形相连接的边上顶点，如图9-136所示。

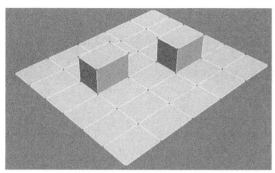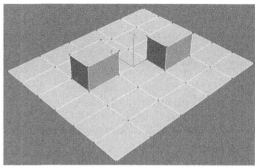

图9-136

✧ 边：选择所有边界的边，即仅与一个多边形相连接的边，如图9-137所示。

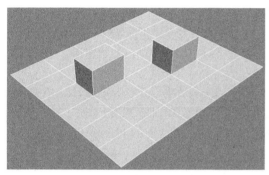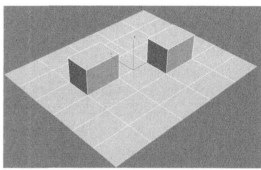

图9-137

✧ 多边形：选择所有边界上的多边形，如图9-138所示。

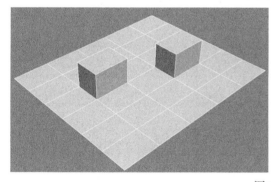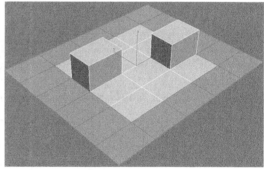

图9-138

❖ 硬 ▦硬 ：选择模型中多边形面不共享相同平滑组的所有边，如图9-139所示，工具只有在边或边界子对象层级中才可以使用。

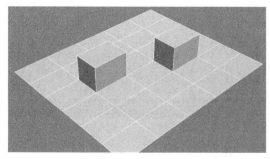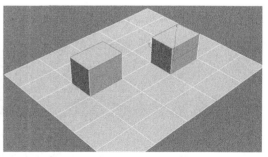

图9-139

❖ 非四边形 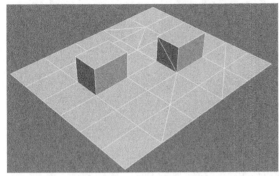 非四边形 ：选择所有非四边形，即边数大于或小于4的多边形，如图9-140所示，该命令只能用在多边形子对象层级。

 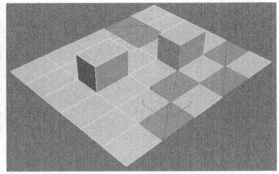

图9-140

❖ 图案 图案 · ：根据当前的子对象选择，按照内置的图案程序扩大选择，以形成各种花纹图案的选择结构。在使用该命令前，首先要在子对象层级中进行初始选择，然后再执行下面的命令以形成新的图案选择。

  ◇ 图案1~8：每个编号图案选项都提供了一种图案选择方案。有些是快速增长，有些较慢增长；有些趋于组成立体图案，有些则比较分散。具体效果在很大程度上取决于初始选择，因此最好先测试使用各种图案的效果，直到找到满意的效果为止，如图9-141所示。

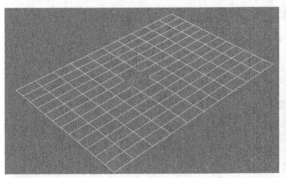 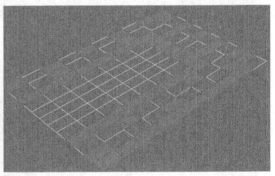

图9-141

  ◇ 增长线：将选择以间隔线的形式扩大。例如，如果选择多边形循环子对象并应用"增长线"命令，则会从初始选择开始间隔选择多个多边形循环，如图9-142所示。

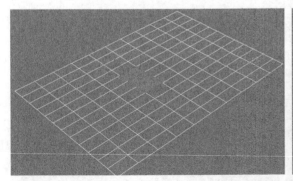 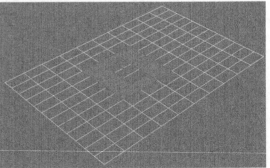

图9-142

  ◇ 棋盘格：以棋盘格图案的形式增长选择，如图9-143所示。

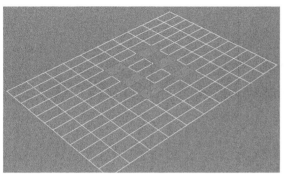
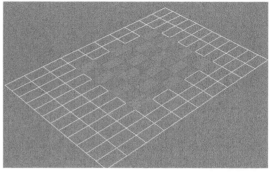

图9-143

◇　点：增长选择并形成选定子对象之间有一定间隔的图案，如图9-144所示。

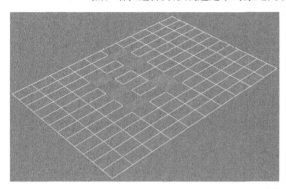
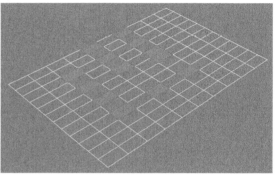

图9-144

◇　一个环：在初始选择周围以单个多边形环的形式增长选择，该选项只能用在多边形层级。

❖　按顶点：启用该选项后，只有单击子对象所在的顶点才能选择子对象。单击某个顶点时，将会选择经过该选定顶点的所有子对象。该功能不能用在顶点子对象层级。

❖　按材质ID：按材质的ID号来选择相应多边形，单击该按钮后会弹出一个对话框。在这里可以设置材质ID或者按照材质ID来选择多边形，它与可编辑多边形中的"多边形：材质ID"卷展栏中的参数相同，如图9-145所示。

图9-145

❖　按角度：启用该选项后，选择一个多边形时还会根据右侧的角度设置同时选择相邻的多边形。右侧的值可以确定与邻近多边形之间的最大角度，例如，单击长方体的一个侧面，如果该角度值小于90，则仅选择该侧面，因为所有侧面相互成90度角；如果该角度值为90或更大，将选择长方体的所有侧面。使用该功能，可以加快连续区域的选择速度，而这些区域由彼此间角度相同的多边形组成。此外，在任意角度值下，通过单击一个多边形，可以选择与其共面的所有多边形。该工具适用于多边形子对象层级。

❖　按平滑组：单击该按钮后打开平滑组对话框。在该对话框中可以设置多边形表面的平滑程度，也可以根据不同的平滑程度选择相应的多边形，它与可编辑多边形中的"多边形：平滑组"卷展栏中的参数相同，参数面板如图9-146所示。

图9-146

2.存储的选择面板

功能介绍

　　使用"存储选择"面板中的工具可以对现有选择进行存储、粘贴、相加减或相交等操作，还可以使选择从个模型转移到另一个模型，其参数面板如图9-147所示。

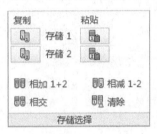

图9-147

参数详解

❖　复制存储1/2 ：将当前子对象选择放入存储1或存储2的缓冲区。

❖　粘贴存储1/2 ：根据相应存储缓冲区的内容选择子对象，并且会替换当前选择。如果要保留当前选择，可以按住Shift键并单击该按钮。

❖　相加1+2：合并两个存储的选择，然后清空这两个存储缓冲区。

❖　相交：选择两个存储区向重叠的部分，然后清空这两个存储缓冲区。

❖　清除：清空这两个存储缓冲区。

3.选择集面板

功能介绍

　　选择集面板只有两个工具，它可以对主工具面板中存储的子对象选择集进行存储和粘贴，当石墨面板变为最大化或处于浮动状态时，该面板标签会缩短为"集"，在使用该面板前，首先要在主工具栏的命名选择集中创建选择集合，其面板参数如图9-148所示。

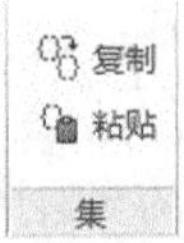

图9-148

参数详解

❖　复制：按下该按钮后则打开"复制命名选择"对话框，如图9-149所示。使用该对话框可以指定要放置在复制缓冲区中的命名选择集。

图9-149

❖ 粘贴：从复制缓冲区中粘贴命名选择。

9.4.2 选择方式面板

"选择方式"面板中主要包含不同的选择方式，其对对象的选择结果也不同，主要包含"按曲面"、"按法线"、"按透视"、"按随机"等方式，下面将逐一对其进行介绍。

1.按曲面面板

功能介绍

根据曲面的凹凸性质来选择子对象，它包括"凹面"和"凸面"两种控制方法。在使用该工具时，首先要选择"凹面"或"凸面"工具，然后在值微调器中指定曲面的弯曲程度，这样系统就会自动选择相应程度的凹面或凸面，其参数面板如图9-150所示。

图9-150

参数详解

❖ 凹面/凸面：从下拉菜单中选择凹面或凸面作为曲面选择的依据。
❖ 值微调器：调整它可更改选定子对象的数量。低值（包括负数）表示仅在极凹或极凸的区域选择子对象，增大该值将从该值开始扩大选择。

2.按法线面板

功能介绍

根据子对象在世界坐标轴上的法线方向来选择子对象。在使用该工具时，首先确定一个轴，然后调节角度的值，这样法线与该轴方向一致或者包含在允许角度范围内的子对象就被选中了，其参数面板如图9-151所示。

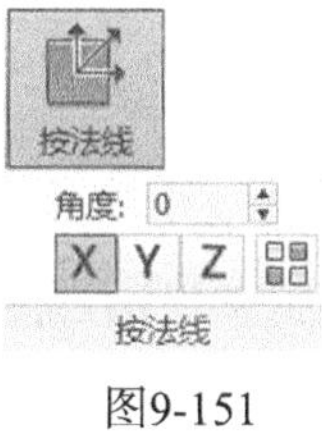

图9-151

2 参数详解

❖ 角度：子对象的法线方向可以偏离指定轴但能够被选定的量。该值越大，选定的子对象就越多。

❖ X/Y/Z：确定要选择的子对象法线必须在世界坐标系中指向的方向。

❖ 反转：反转选定法线的方向。

> 提示：这里的"反转"工具仅反转选择，这种情况下，如"角度"中设置的值越高，则选择的子对象就越少。

3.按透视面板

①功能介绍

根据子对象在活动视口中的朝向来选择子对象，用该工具时，首先用"角度"值设置选择范围，然后单击"选择"按钮可以将选择视为从当前视图投影到模型的区域；还可以同时按下"轮廓"按钮（只选择轮廓），然后单击"选择"按钮，其参数面板如图9-152所示。

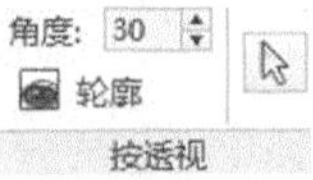

图9-152

②参数详解

❖ 角度：设置子对象的法线方向偏离视图轴时达到的角度，也可视为朝向屏幕的范围。该值越大，选择的子对象就越多。

❖ 轮廓：按下该按钮后，仅选择"角度"范围边缘的子对象。

❖ 选择：单击该按钮后，根据当前设置进行选择。

4.按随机面板

①功能介绍

使用该面板中的工具可以按照数量或百分比随机地选择子对象，并且还可以进行随机的增加或减少选择，其参数面板如图9-153所示。

图9-153

②参数详解

❖ 数量：按下#按钮后，系统将会按照后面设置的数量来随机地选择子对象。如后面的数字默认值为20，按下#按钮后，再单击"选择"按钮，可以观察到系统随机地选择了20个子对象。

❖ 百分比：启用该选项后，系统将按照指定的百分比来随机地选择子对象。

❖ 选择 �：根据当前的设置（数量或百分比）进行选择。

◇ 从当前选择中选择 ⊕从当前选择中选择：该选项位于"选择"下拉菜单中，使用该选择工具，可以在当前子对象选择中依据设置随机地选择。

❖ 随机增长▨：在当前选择的基础上随机地扩大选择。
❖ 随机收缩▨：在当前选择的基础上随机地减少选择。

5.按一半面板

功能介绍

使用该面板工具可以在指定的轴向上选择半个网格。它是基于区域的选择，而不是基于子对象个数的选择。在使用该面板时，首先选择轴向，然后单击"选择"按钮即可，其参数面板如图9-154所示。

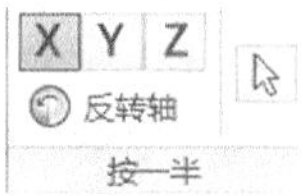

图9-154

参数详解

❖ X/Y/Z：设置要选择半个网格的轴向。
❖ 反转轴：反转选择轴方向，这样可以选择另外一半网格。
❖ 选择▨：根据当前设置进行选择。

6.按轴距离面板

功能介绍

根据子对象与对象轴的距离来选择子对象。它只有个控制参数，即与轴距离的百分比，该参数是选择子对象与对象轴之间的距离百分比，例如，将该参数设置为70，那么距离对象轴70%以外的子对象就被选择了。在最大化显示面板中，该参数的名称为从轴，其参数面板如图9-155所示。

图9-155

7.按视图面板

功能介绍

根据当前视图和内部情况选择和扩大子对象选择。它只有1个控制参数，即从透视视图扩大，如果该值很小，那么只会选择距透视图平面较近的子对象，但随着该值的扩大，选择的范围也会扩大至更远处，其参数面板如图9-156所示。

从
透视视图增长
0.000
按视图

图9-156

8.按对称面板

功能介绍

在对称的模型中，根据当前选中的子对象选择与之对称的部分。使用该工具时，首先选择一侧的子对象，然后根据对称状况在对称轴中单击相应轴，这样与之对称的子对象就被选中了，其参数面板如图9-157所示。

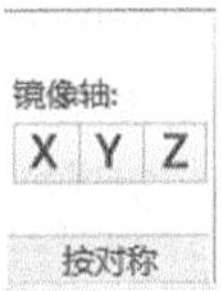

图9-157

9.按数值面板

功能介绍

　　该面板只会出现在顶点和多边形子对象层级。在顶点层级，可以根据连接边的个数来选择顶点，例如，将"边数"设置为4，那么执行"选择"命令后，有4条连线的顶点会被选择。在子对象层级，可以根据多边形的边数来选择多边形面，例如"边数"设置为5，那么所有的五边形将被选中，此外，还可以将边数数量限制在一个范围内，例如，选择所有边数大于或小于5的多边形等，其参数面板如图9-158所示。

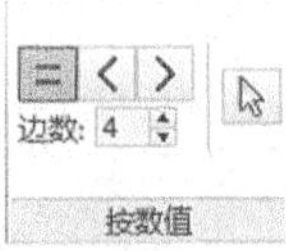

图9-158

参数详解

❖　　这3个按钮用于确定选择的子对象范围是等于(=)、大于(>)，还是小于(<)指定的边数。
❖　边数：该值出现在多边形子对象层级，用来指定多边形的边数量。
❖　选择：根据当前设置进行选择。

10.按颜色面板

功能介绍

　　该面板只出现在顶点层级中，可以按顶点颜色或照明值选择顶点。使用该面板时，首先从下拉列表中选择颜色或照明，然后设置色样和RGB匹配范围，再单击"选择"即可，其参数面板如图9-159所示。

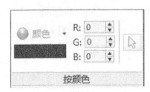

图9-159

参数详解

❖　颜色/照明：指定是使用顶点颜色还是照明值来进行选择。
❖　色样：指定要匹配的颜色。
❖　RGB范围：指定颜色匹配的范围。
❖　选择：根据当前设置进行选择。

9.5　对象绘制

使用"对象绘制"工具，我们可以在场景中的任何位置或特定对象曲面上直接绘制对象，也可以用绘制对象来填充选定的边。我们可以用多个对象按照特定顺序或随机顺序进行绘制，并可在绘制时更改缩放比例。使用"对象绘制"工具不仅可以将一个模型分布在另一个模型的表面，而且还能分布带有动画的对象，其参数面板如图9-160所示。

图9-160

9.5.1　绘制对象面板

功能介绍

打开"对象绘制"工具，下面介绍"绘制对象"工具面板，其参数面板如图9-161所示。

图9-161

参数详解

❖　绘制：当我们指定一个或多个绘制对象，或者指定了要在其上进行绘制的曲面后，单击此按钮，然后在视口中拖曳以绘制对象。要停止绘制，可在视口中单击鼠标右键或再次单击"绘制"按钮，要退出"绘制"模式，但不保存工作时可使用"取消"按钮。

❖　填充：仅在可编辑多边形或编辑多边形对象上沿连续循环中的选定边放置绘制对象。仅适用于至少选择了一条边或边界子对象层级。

❖　使用对象列表 无对象…　▼：要绘制到场景中的对象。默认情况下，该字段将显示无对象，（未指定任何绘制对象时）或对象列表末尾处对象的名称，或者也可以选择以下两选项之一，如图9-162所示，中间的图示为"全部按顺序"，右边的图示为"全部随机"。

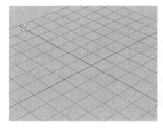

图9-162

❖ 编辑对象列表▦：此按钮可打开"绘制对象"对话框来管理绘制对象列表。将"使用对象"列表设置为一个对象后，可以使用"编辑对象列表"来选择要绘制的对象，如图9-163所示。在将"使用对象"列表设置为"全部按顺序"后，可以使用"编辑对象列表"来更改对象顺序。

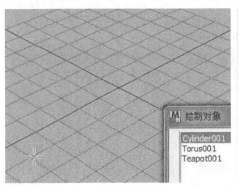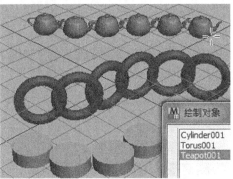

图9-163

❖ 拾取对象▦：指定一个绘制对象。单击"拾取对象"，然后选择一个对象。要指定其他绘制对象，请重复此过程，仅当绘制处于关闭状态时才可用。

❖ 填充编号：单击"填充"按钮时在选定边上绘制的对象数量。

❖ 启用绘制：选择接收绘制对象的曲面，如图9-164所示。

图9-164

◇ 网格：忽略场景中的所有对象，仅将对象绘制到活动网格中，如图9-165所示。

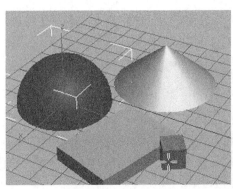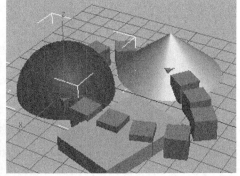

图9-165

◇ 选定对象：仅在选定对象上绘制，如图9-166所示。

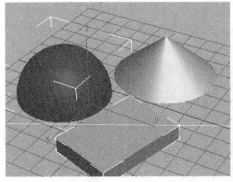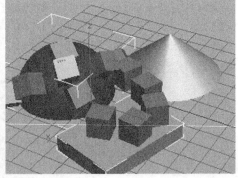

图9-166

◇ 场景：在对象曲面上的光标下方绘制对象，如果光标不在对象上，则在网格上绘制对象，如图9-167所示。

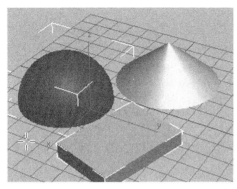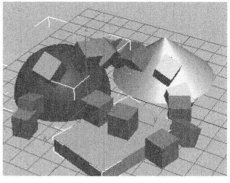

图9-167

❖ 偏移：与其上放置有绘制对象的已绘制曲面之间的距离。如果"偏移"值为正值会将对象放置在曲面之上，如果"偏移"值为负值则会将对象放置在曲面之下。

❖ 偏移变换运动：使用动画变换对象进行绘制时，结果绘制对象将继承该运动。这仅适用于使用"移动"、"旋转"或"缩放"工具（或这些工具的任意组合）对整体对象设置的动画，不适用于子对象层级动画或修改器参数的动画。

❖ 连续：播放动画时，首先开始播放的是晚于前一个帧的N个帧的每个连续绘制的对象，其中N为"按帧数"的值。

❖ 随机：播放动画时，首先开始播放的是晚于前一个帧随机数量帧的每个连续绘制的对象。

❖ 按帧数：当使用"连续"选项时，播放每个连续绘制对象将出现延迟。

❖ 在绘制对象上绘制：勾选该项后，可将绘制笔划放在层上，而不是并置对象。在新建的绘制对象上绘制时，会将后续绘制对象应用于现有绘制对象的曲面上。

9.5.2 笔刷设置面板

功能介绍

打开"笔刷设置"工具面板，其参数面板如图9-168所示。

图9-168

参数详解

❖ 提交✓：将当前设置烘焙到活动绘制对象（即自上一次提交或取消后创建的绘制对象），此时不会退出"绘制工具"，但会退出"填充"工具，仅当"绘制"或"填充"模式处于活动状态时才可用。单击✓（在绘制模式下）按钮后，未来的设置更改不会应用于现有已绘制对象。

❖ 删除✕：删除活动绘制对象，即自上一次使用"提交"或"取消"后创建的对象或自开始绘制后创建的对象（如果尚未使用"提交"或"取消"），不会退出"绘制"工具，但会退出"填充"工具。

❖ 对齐：在下拉列表中，可选择以下两个对齐选项。

　　❖ 对齐到法线：启用时，系统将每个已绘制对象的指定轴与已绘制曲面的法线对齐；禁用时，可以将已绘制对象的指定轴与世界坐标系z轴对齐。

　　❖ 跟随笔划：启用时，系统将每个已绘制对象的指定轴与绘制笔划的方向对齐；禁用时，可以将已绘制对象的指定轴与世界坐标系z轴对齐。

❖ X Y Z ：选择已绘制对象用于对齐的轴，可以与Align（对齐）设置结合使用。

❖ 翻转轴 ：启用时，系统将反转对齐轴。

❖ 间距：笔划中的对象之间以世界单位表示的距离。间距值越高，绘制对象的数量越少，如图9-169所示。

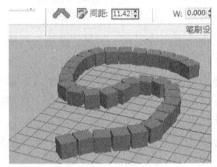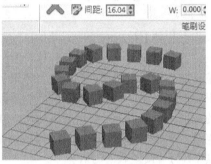

图9-169

散布 ：对每个绘制对象应用已绘制笔划的随机偏移。有以下3种偏移维度可用。

　　❖ U与笔划的最大水平距离。

　　❖ V沿笔划长度的最大距离。

　　❖ W与笔划的最大垂直距离。

❖ 旋转 ：此参数代表围绕每个绘制对象各个局部轴的旋转，每个轴标签（X/Y/Z）都有一个下拉复选框，启用时，围绕该轴的旋转将设置为一个不受数值设置影响的随机值。

❖ 缩放：用于设置绘制对象的缩放选项，如图9-170所示。

图9-170

　　❖ 均匀：对所有绘制对象应用相同的缩放，如图9-171所示。

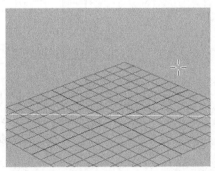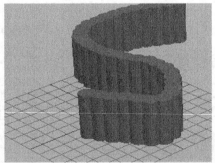

图9-171

❖　随机：对每个绘制对象应用随机的缩放值，如图9-172所示。

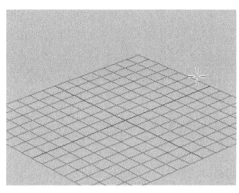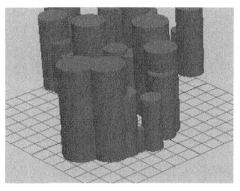

图9-172

❖　坡度：每个绘制笔划的缩放因子在整个笔划中逐渐增加或减少，如图9-173所示。

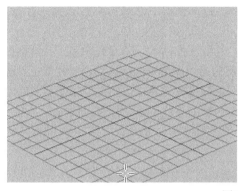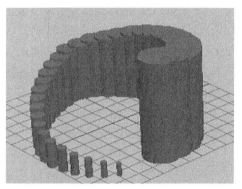

图9-173

❖　轴锁定：启用时，系统将已绘制对象的任意缩放均等地应用到全部3个轴，这样对象就会保持其原始比例。启用"轴锁定"后，仅X设置可用，其值将统一影响所有3个轴。

❖　对象绘制笔刷设置：使用以下按钮可加载和保存"笔刷设置"参数值。

　　❖　加载：打开文件对话框以选择之前保存的"笔刷设置"文件。

　　❖　保存：打开文件对话框以将当前设置保存到某个文件中。

　　❖　将"当前设置"设置为默认值：将当前"笔刷设置"值保存到Default.txt文件中。这些值将在下次启动3ds Max时自动还原。

9.6　自定义功能区

在3ds Max 2014中，石墨建模工具的功能区可以自己定义了。我们可以将3ds Max中几乎所有的命令和工具添加到石墨建模工具的功能区集合中，甚至可以为其设置显示条件，或者用脚本编写新型的工具。此外，我们还可以通过自定义功能区添加适合自己工作的选项卡和面板，创建个性化的工作流程，从而提高工作效率。

在石墨建模的选项卡上或功能区的空白部分单击鼠标右键，然后在弹出的快捷菜单中执行"功能区配置>自定义功能区"命令，如图9-174所示，就会弹出"自定义功能区"窗口。在该窗口中列举了现有石墨建模工具的UI（界面）结构，还可以通过左边的命令和功能区控件创建自己的UI界面。并且为其添加各项实用命令，通过右侧的编辑窗口可以为各项命令或面板编辑名称、图标大小、使用形式等基本属性。

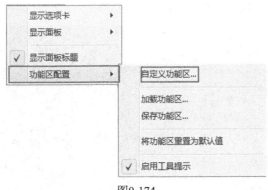

图9-174

9.6.1 自定义功能区

功能介绍

　　"自定义功能区"窗口包括"拟办事项"、"功能区控件"、"现有UI"、"预览窗口"和"属性"等几个部分，如图9-175所示。同其他类型的窗口操作一样，这几个部分都可以通过右上角的三角图标打开或关闭它们的显示，也可以使用鼠标拖曳边界或边角框以改变它们的大小，但是右侧的"预览窗口"为固定大小，无法利用拖曳边框的方式更改，但可以使用右上角的三角图标按钮关闭预览窗口的显示。

图9-175

模块详解

- ❖ 拟办事项：列举了3ds Max中的大部分命令，通过它可以为石墨建模工具的功能区添加各种工具。
- ❖ 功能区控件：提供了创建自定义功能区所必须的命令操作符，如标签、面板、分隔符、行断开，以及各种类型的按钮等。
- ❖ 现有UI：显示当前界面中石墨建模工具的层次列表，单击名称前面的加号图标即可展开相应的项目。这里也是自定义功能区的主要操作平台。
- ❖ 预览窗口：预览自定义功能区的面板显示状况。
- ❖ 属性：在这里可以编辑和修改石墨建模工具的各个项目属性，如名称、可见性、显示状况、应用形式等。

技术专题9-3 [操作"自定义功能区"]

下面介绍一下如何操作"自定义功能区",主要分为如下步骤。

第1步:在石墨建模的选项卡或功能区上的空白部分单击鼠标快捷,在弹出的快捷菜单中选择"功能区配置>自定义功能区"选项。

第2步:在弹出的"自定义功能区"窗口中,展开"现有UI"中的"建模功能区",目前功能区中包括4个默认的选项卡。每个选项卡中包括了设置好的面板和工具命令,如图9-176所示。

图9-176

第3步:在"功能区控件"中选择"选项卡"选项,将其拖曳到现有的"建模功能区"最后一个标签下面,当出现一个箭头标记时释放鼠标,如图9-177所示,这样就为"建模功能区"新增加了一个选项卡,如图9-178所示,如果想删除UI,选中并按Delete键即可。

图9-177

图9-178

第4步:使新增的选项卡处于选定状态,在右侧的"属性"参数区中将"标题"更改为"我的工作流",此时在石墨建模功能区中就能看到自定义的选项卡了,如图9-179所示。

第5步:在"现有UI"中展开"建模"选项,然后选择"多边形建模"选项,再按住Shift键并将其拖曳到"我的工作流"选项卡中,如图9-180所示,这样就复制了一个"多边形建模"面板,并将其放置在自定义的选项卡中,如图9-181所示。

图9-179

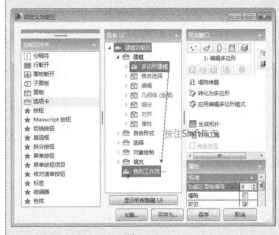

图9-180

图9-181

第6步：在"功能区控件"中选择"面板"选项，然后将其拖曳到"我的工作流"的"建模功能区"标签最下面，当出现一个箭头标记时释放鼠标，如图9-182所示，这样就为"我的工作流"选项卡新增加了一个面板，如图9-183所示。

图9-182

图9-183

第7步：使新增的面板处于选定状态，在右侧的"属性"参数区中将"标题"更改为"建模和修改"，如图9-184所示，此时在石墨建模功能区中就能看到自定义的面板了，如图9-185所示。

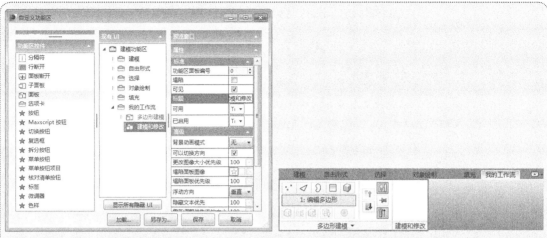

图9-184   图9-185

第8步：在"拟办事项"的"类别"中选择Object Primitives（对象基本体）选项，在下面的列表中选中"茶壶"，并将其拖曳到"建模和修改"面板标签中，并且在右侧的"属性"参数区中勾选"显示文本"选项，如图9-186所示，这样就能将茶壶的图标和文本都显示出来了，如图9-187所示。

图9-186

图9-187

第9步：继续为"建模和修改"面板添加一个"球体"选项，同样启用"属性"参数区中的"显示文本"，如图9-188和图9-189所示。

图9-188

图9-189

第10步：此时两个基本体的创建图标为水平排列，在"功能区控件"中选择"行断开"选项，并将其拖曳到"茶壶"和"球"之间，这样这两个图标就变成了上下两行，如图9-190和图9-191所示。

图9-190

图9-191

第11步：在"拟办事项"中的"类别"中选择Modifiers（修改器）选项，然后使用第8步中讲解的方法将"弯曲修改器"和"锥化修改器"添加到"建模和修改"面板标签中，如图9-192所示。

图9-192

第12步：在"功能区控件"中选择"子面板"选项，并且将其向"建模和修改"面板标签拖曳两次，建立两个子面板，然后使用拖曳的方法将"茶壶"和"球"放在一个子面板中，将"弯曲修改器"和"锥化修改器"放置在另一个子面板中，并且在它们之间放置"行断开"标签，如图9-193和图9-194所示。

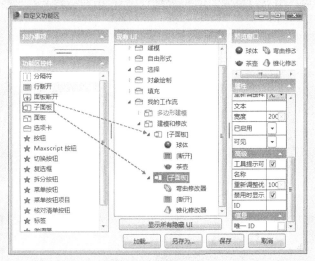

图9-193

图9-194

第13步：选择"建模和修改"中的一个修改器，在属性面板中单击"可见"右侧的下拉列表，选择"有条件的"选项，如图9-195所示，此时会弹出"可见的条件"窗口，如图9-196所示，在该窗口中设置该修改器显示的前提条件，例如，勾选"对象"选项，该修改器只能在多边形的对象层级才能显示出来，其他层级中将不会显示该修改器。单击"打开编辑器"按钮后会打开MAXScript脚本编辑器，在这里可以使用脚本来编写当前工具的显示条件。

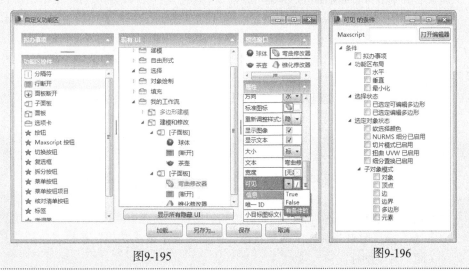

图9-195　　　　　　　　　　　　　　　　　图9-196

9.6.2 功能区控件

功能介绍

自定义功能区的控件用于创建用户界面的各种元素，诸如选项卡、面板、按钮等，如图9-197所示。"功能区控件"的前6个控件为特定图标，而后面的控件（从"按钮"到"色样"）都可以自定义图标。

图9-197

参数详解

❖ 分隔符：在面板或子面板上并排显示的元素之间创建一条垂直分隔线。通常需要在子面板之间放置一个分隔符，以将其区分为不同区域。

❖ 行断开：重新开始一行控件。默认情况下，面板或子面板上相邻的元素将出现在同一行上。如果要创建多行控件，需要使用"行断开"控件。如果要创建垂直布局，需要在每对连续元素之间都要放置个"行断开"控件。

❖ 面板断开：在面板下方（或在垂直功能区的右侧）创建个独立区域。最大化时通过单击面板名称来展开面板后面的工具。

❖ 子面板：子面板是面板或父子面板上一个独立的控件子组。子面板与面板的工作方式非常类似，不同的是通过在面板上放置多个子面板，可以将面板内容排列得更加整齐有序。

❖ 面板：面板是选项卡上的一个独立控件组。使用面板可以将相关命令和属性组织到一个组中。

❖ 选项卡：选项卡是功能区中的顶级组织单位，所包含的相关组件范围也较为广泛。添加选项卡之后，使用面板、子面板和控件来添加各种工具，组织自定义布局。

❖ 按钮：创建一个标准空白按钮作为特定命令的占位符。标准按钮通常只需单击一次即可调用命令，添加按钮之后，可以将执行命令从"拟办事项"列表拖曳到"命令"属性中，还可以通过将"宏脚本"指定给"命令"属性来创建自定义的命令。

❖ 切换按钮：创建一个空白切换按钮作为特定命令的占位符。"切换按钮"通常通过单击的方式在两种状态间进行更换（如启用和禁用）。创建切换按钮时，一般还需要指定一个备选图标，用来分别表示两种状态。例如"显示最终结果"按钮就包括"开启"和"关闭"两个图标。

❖ 复选框：创建一个空白复选框作为特定命令的占位符。标准的复选框通常只需单击一次即可切换状态。添加复选框之后，可以通过将"宏脚本"指定给"命令"属性来定义复选框的功能。

❖ 拆分按钮：创建一个下拉命令列表。添加"拆分按钮"控件后，可以使用子项来填充该控件，方法是将操作直接拖曳到"拆分按钮"控件上，还可以通过"宏脚本"指定给"命令"属性来定义"拆分按钮"控件的功能。

❖ 核对清单按钮：创建一个下拉复选框列表。添加"核对清单按钮"控件之后，使用"复选框"控件来填充"核对清单按钮"控件，方法是将"复选框"控件拖曳到"核对清单按钮"控件上，还可以通过将"宏脚本"指定给"命令"属性来定义"核对清单按钮"控件的功能。

❖ 标签：为不具备标签或默认标签并且处于禁用状态的控件添加文本描述符或图标，也可同时添加两者。

❖ 微调器：创建一个由数值字段和向上/向下箭头按钮组成的标准微调器控件，以便通过鼠标更改微调器中的数值。添加微调器之后，可以通过将"宏脚本"指定给"命令"属性来定义微调器的功能。

❖ 色样：创建标准的色样控件，用户单击该控件后可以使用颜色选择器对话框来编辑颜色，添加色样之后，可以通过将"宏脚本"指定给"命令"属性来定义色样的功能。

9.6.3　自定义功能区按钮

功能介绍

自定义功能区一共包含5个按钮，它们分别是"显示所有隐藏UI"、"加载"、"另存为"和"保存"和"取消"，如图9-198所示。

图9-198

参数详解

- ❖ 显示所有隐藏UI：默认情况下，"现有UI"列表中仅显示功能区中基于可见条件而呈现显示状态的界面元素。如果想观察隐藏的面板或工具，可以单击该按钮。
- ❖ 加载：调用已保存的自定义功能区文件（扩展名为.ribbon）。
- ❖ 另存为：将目前的自定义功能区保存为.ribbon文件，以便于其他用户加载使用。
- ❖ 保存：将当前的自定义功能区保存为默认启用的功能区配置中。该命令替换了原来的默认配置，如果要返回出厂时的默认配置，可以在石墨建模的选项卡上或功能区的空白部分单击鼠标右键，在弹出的快捷菜单中选择"功能区配置>将功能区重置为默认值"选项。
- ❖ 取消：取消当前"自定义功能区"窗口中对石墨建模工具界面的更改，返回上一次保存的功能区状态。

本章导读

    NURBS建模是3ds Max的一种高级建模方法，这种方法的使用频率相对较低，算不上3ds Max的主流建模方法。NURBS是专门做曲面物体的一种造型方法，它的造型总是由曲线和曲面来定义的，所以要在NURBS表面里生成一条有棱角的边是很困难的。就是因为这一特点，用户可以用它做出各种复杂的曲面造型和表现特殊的效果，比如人的皮肤、面貌或流线型的跑车等。

10.1 创建NURBS对象

NURBS建模是一种高级建模方法，所谓NURBS就是Non-Uniform Rational B-Spline（非均匀有理B样条曲线）。NURBS建模适合于创建一些复杂的弯曲曲面。图10-1~图10-4所示是一些比较优秀的NURBS建模作品。

图10-1　　　　　　图10-2　　　　　　图10-3　　　　　　图10-4

10.1.1 NURBS对象类型

NURBS对象包含NURBS曲面和NURBS曲线两种，如图10-5和图10-6所示。

1. NURBS曲面

NURBS曲面包含"点曲面"和"CV曲面"两种。"点曲面"由点来控制曲面的形状，每个点始终位于曲面的表面上，如图10-7

图10-5　　　　　　　　　　图10-6

所示；"CV曲面"由控制顶点（CV）来控制模型的形状，CV形成围绕曲面的控制晶格，而不是位于曲面上，如图10-8所示。

　　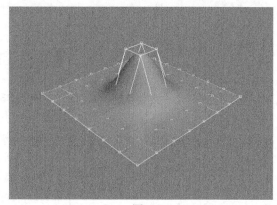

图10-7　　　　　　　　　　　　　　　图10-8

2. NURBS曲线

NURBS曲线包含"点曲线"和"CV曲线"两种。"点曲线"由点来控制曲线的形状，每个点始终位于曲线上，如图10-9所示；"CV曲线"由控制顶点（CV）来控制曲线的形状，这些控制顶点不必位于曲线上，如图10-10所示。

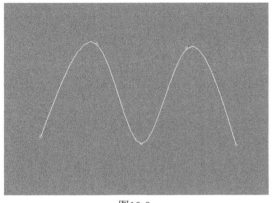

图10-9

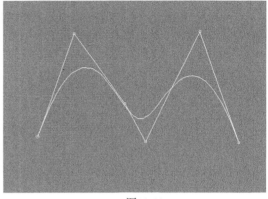

图10-10

10.1.2　创建NURBS对象

创建NURBS对象的方法很简单，如果要创建NURBS曲面，可以将几何体类型切换为"NURBS曲面"，然后使用"点曲面"工具 ▭点曲面▭ 和"CV曲面"工具 ▭CV曲面▭ 即可创建出相应的曲面对象；如果要创建NURBS曲线，可以将图形类型切换为"NURBS曲线"，然后使用"点曲线"工具 ▭点曲线▭ 和"CV曲线"工具 ▭CV曲线▭ 即可创建出相应的曲线对象。

1. 点曲面

功能介绍

点曲面是由矩形点的阵列构成的曲面，创建时可以修改它的长度、宽度以及各边上的点数，如图10-11所示。

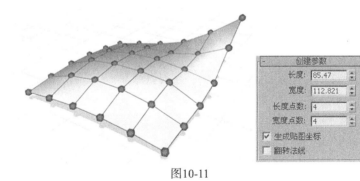

图10-11

参数详解

❖　长度/宽度：分别设置曲面的长度和宽度。

❖　长度点数/宽度点数：分别设置长、宽边上的点的数目。

❖　生成贴图坐标：自动产生贴图坐标。

❖　翻转法线：翻转曲面法线。

2. CV曲面

功能介绍

CV曲面就是可控曲面，即由可以控制的点组成的曲面，这些点不在曲面上，而是对曲面起到控制作用，每一个控制点都有权重值可以调节，以改变曲面的形状，如图10-12所示。

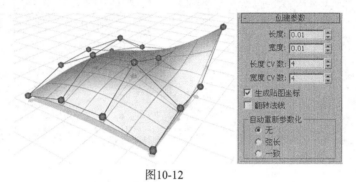

图10-12

参数详解

- ❖ 长度/宽度：分别设置曲面的长度和宽度。
- ❖ 长度CV数/宽度CV数：分别设置长、宽边上的控制点的数目。
- ❖ 生成贴图坐标：自动产生贴图坐标。
- ❖ 翻转法线：翻转曲面法线。
- ❖ 无：不使用自动重新参数化功能。所谓自动重新参数化，就是对象表面会根据编辑命令进行自动调节。
- ❖ 弦长：应用弦长度运算法则，即按照每个曲面片段长度的平方根在曲线上分布控制点的位置。
- ❖ 一致：按一致的原则分配控制点。

3. 点曲线

功能介绍

点曲线是由一系列点来弯曲构成曲线，如图10-13所示。

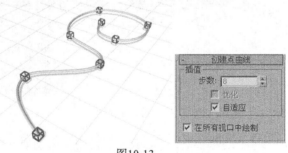

图10-13

参数详解

- ❖ 步数：设置两点之间的分段数目。值越高，曲线越圆滑。
- ❖ 优化：对两点之间的分段进行优化处理，删除直线段上的片段划分。
- ❖ 自适应：由系统自动指定分段，以产生平滑的曲线。
- ❖ 在所有视口中绘制：选择该项，可以在所有的视图中绘制曲线。

4. CV曲线

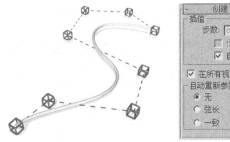**功能介绍**

CV曲线是由一系列线外控制点来调整曲线形态的曲线，如图10-14所示。

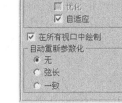

图10-14

CV曲线的功能参数与点曲线基本一致，这里就不再重复介绍。

10.1.3　转换NURBS对象

NURBS对象可以直接创建出来，也可以通过转换的方法将对象转换为NURBS对象。将对象转换为NURBS对象的方法主要有以下3种。

第1种：选择对象，然后单击鼠标右键，接着在弹出的菜单中选择"转换为>转换为NURBS"命令，如图10-15所示。

第2种：选择对象，然后进入"修改"面板，接着在修改器堆栈中的对象上单击鼠标右键，最后在弹出的菜单中选择NURBS命令，如图10-16所示。

第3种：为对象加载"挤出"或"车削"修改器，然后设置"输出"为NURBS，如图10-17所示。

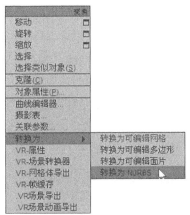

图10-15

图10-16

图10-17

10.2 编辑NURBS对象

在NURBS对象的修改参数面板中共有7个
卷展栏（以NURBS曲面对象为例），分别是
"常规"、"显示线参数"、"曲面近似"、
"曲线近似"、"创建点"、"创建曲线"和
"创建曲面"卷展栏，如图10-18所示。

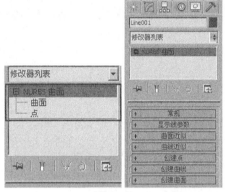

图10-18

10.2.1　"常规"卷展栏

功能介绍

"常规"卷展栏下包含用于编辑NURBS对象的常用工具
（如"附加"工具、"附加多个"工具、"导入"工具、"导
入多个"工具等）以及NURBS对象的显示方式，另外还包
含一个"NURBS创建工具箱"按钮（单击该按钮可以打开
"NURBS创建工具箱"），如图10-19所示。

参数详解

图10-19

- ❖ 附加：单击此按钮，然后在视图中单击选择NURBS允
  许接纳的对象，可以将它附加到当前NURBS造型中。
- ❖ 附加多个：单击此按钮，系统打开一个名称选择框，
  可以通过名称来选择多个对象合并到当前NURBS造
  型中。
- ❖ 导入：单击此按钮，然后在视图中单击选择NURBS允许接纳的对象，可以将它转化为
  NURBS对象，并且作为一个导入造型合并到当前NURBS造型中。
- ❖ 导入多个：单击此按钮，系统打开一个名称选择框，可以通过名称来选择多个对象导入
  到当前NURBS造型中。
- ❖ "显示"参数组：控制造型6种组合因素的显示情况，包括晶格、曲线、曲面、从属对
  象、曲面修剪和变换降级。最后的变换降级比较重要，默认是勾选的，如果在这时进行
  NURBS顶点编辑，则曲面形态不会显示出加工效果，所以一般要取消选择，以便于实
  时编辑操作。
- ❖ "曲面显示"参数组：选择NURBS对象表面的显示方式。
  - ◇ 细分网格：正常显示NURBS对象的构成曲线。
  - ◇ 明暗处理晶格：按照控制线的形式显示NURBS对象表面形状。这种显示方式比较快，但是
    不精确。
- ❖ 相关堆栈：勾选此项，NURBS会在修改堆栈中保持所有的相关造型。

10.2.2 "显示线参数"卷展栏

功能介绍

"显示线参数"卷展栏下的参数主要用来指定显示NURBS曲面所用的"U向线数"和"V向线数"的数值，如图10-20所示。

图10-20

参数详解

❖ U向线数/V向线数：分别设置U向和V向等参线的条数。

❖ 仅等参线：选择此项，仅显示等参线。

❖ 等参线和网格：选择此项，在视图中同时显示等参线和网格划分。

❖ 仅网格：选择此项，仅显示网格划分，这是根据当前的精度设置显示的NURBS转多边形后的划分效果。

10.2.3 "曲面/曲线近似"卷展栏

功能介绍

"曲面近似"卷展栏下的参数主要用于控制视图和渲染器的曲面细分，可以根据不同的需要来选择"高"、"中"、"低"3种不同的细分预设，如图10-21所示；"曲线近似"卷展栏与"曲面近似"卷展栏相似，主要用于控制曲线的步数及曲线的细分级别，如图10-22所示。

图10-21

参数详解

1. 曲面近似

❖ 视口：选择此项，下面的设置只针对视图显示。

❖ 渲染器：选择此项，下面的设置只针对最后的渲染结果。

❖ 基础曲面：设置影响整个表面的精度。

❖ 曲面边：对于有相接的几个曲面，比如修剪、混合、填角等产生的相接曲面，它们由于各自的等参线的数目、分布不同，导致转化为多边形后边界无法一一对应，这时必须使用更高的细分精度来处理相接的两个表面，才能使相接的曲面不产生缝隙。

❖ 置换曲面：对于有置换贴图的曲面，可以进行置换计算时曲面的精度划分，决定置换对曲面造成的形变影响大小。

图10-22

❖ "细分预设"参数组：提供了3种快捷设置，分别是低、中、高3个精度，如果对具体参数不太了解，可以使用它们来设置。

❖ "细分方法"参数组：提供各种可以选用的细分方法。

　　◇ 规则：直接用U、V向的步数来调节，值越大，精度越高。

　　◇ 参数化：在水平和垂直方向产生固定的细化，值越高，精度越高，但运算速度也慢。

　　◇ 空间：产生一个统一的三角面细化，通过调节下面的"边"参数控制细分的精细程度。数值越低，精细化程度越高。

◇ 曲率：根据造型表面的曲率产生一个可变的细化效果，这是一个优秀的细化方式。"距离"和"角度"值降低，可以增加细化程度。

◇ 空间和曲率：空间和曲率两种方式的结合，可以同时调节"边"、"距离"和"角度"参数。

◇ 依赖于视图：该参数只有在"渲染器"选项下有效，勾选它可以根据摄影机与场景对象间的距离调整细化方式，从而缩短渲染时间。

◇ 合并：控制表面细化时哪些重叠的边或距离很近的边进行合并处理，默认值为0，这个功能可以有效地去除一些修剪曲面产生的缝隙。

2. 曲线近似

❖ 步数：设置每个点之间曲线上的步数值，值越高，插补的点越多，曲线越平滑，取值范围是1~100。

❖ 优化：以固定的步数值进行优化适配。

❖ 自适应：自动进行平滑适配，以一个相对平滑的插补值设置曲线。

10.2.4 "创建点/曲线/曲面"卷展栏

功能介绍

"创建点"、"创建曲线"和"创建曲面"卷展栏中的工具与"NURBS工具箱"中的工具相对应，主要用来创建点、曲线和曲面对象，如图10-23 ~ 图10-25所示。

图10-23

图10-24

图10-25

提示： "创建点"、"创建曲线"和"创建曲面"这3个卷展栏中的工具是NURBS中最重要的对象编辑工具，关于这些工具的含义请参阅10.3节的相关内容。

10.3 NURBS创建工具箱

在"常规"卷展栏下单击"NURBS创建工具箱"按钮打开"NURBS"，如图10-26所示。"NURBS"中包含用于创建NURBS对象的所有工具，主要分为3个功能区，分别是"点"功能区、"曲线"功能区和"曲面"功能区。

图10-26

10.3.1　创建点的工具

- ❖ 创建点▣：创建单独的点。
- ❖ 创建偏移点▣：根据一个偏移量创建一个点。
- ❖ 创建曲线点▣：创建从属曲线上的点。
- ❖ 创建曲线-曲线点▣：创建一个从属于"曲线-曲线"的相交点。
- ❖ 创建曲面点▣：创建从属于曲面上的点。
- ❖ 创建曲面-曲线点▣：创建从属于"曲面-曲线"的相交点。

10.3.2　创建曲线的工具

- ❖ 创建CV曲面▣：创建一条独立的CV曲线子对象。
- ❖ 创建点曲线▣：创建一条独立点曲线子对象。
- ❖ 创建拟合曲线▣：创建　条从属的拟合曲线。
- ❖ 创建变换曲线▣：创建一条从属的变换曲线。
- ❖ 创建混合曲线▣：创建一条从属的混合曲线。
- ❖ 创建偏移曲线▣：创建一条从属的偏移曲线。
- ❖ 创建镜像曲线▣：创建一条从属的镜像曲线。
- ❖ 创建切角曲线▣：创建一条从属的切角曲线。
- ❖ 创建圆角曲线▣：创建一条从属的圆角曲线。
- ❖ 创建曲面-曲面相交曲线▣：创建一条从属于"曲面-曲面"的相交曲线。
- ❖ 创建U向等参曲线▣：创建一条从属的U向等参曲线。
- ❖ 创建V向等参曲线▣：创建一条从属的V向等参曲线。
- ❖ 创建法向投影曲线▣：创建一条从属于法线方向的投影曲线。
- ❖ 创建向量投影曲线▣：创建一条从属于向量方向的投影曲线。
- ❖ 创建曲面上的CV曲线▣：创建一条从属于曲面上的CV曲线。
- ❖ 创建曲面上的点曲线▣：创建一条从属于曲面上的点曲线。
- ❖ 创建曲面偏移曲线▣：创建一条从属于曲面上的偏移曲线。
- ❖ 创建曲面边曲线▣：创建一条从属于曲面上的边曲线。

10.3.3　创建曲面的工具

- ❖ 创建CV曲面▣：创建独立的CV曲面子对象。
- ❖ 创建点曲面▣：创建独立的点曲面子对象。
- ❖ 创建变换曲面▣：创建从属的变换曲面。
- ❖ 创建混合曲面▣：创建从属的混合曲面。
- ❖ 创建偏移曲面▣：创建从属的偏移曲面。
- ❖ 创建镜像曲面▣：创建从属的镜像曲面。
- ❖ 创建挤出曲面▣：创建从属的挤出曲面。
- ❖ 创建车削曲面▣：创建从属的车削曲面。
- ❖ 创建规则曲面▣：创建从属的规则曲面。
- ❖ 创建封口曲面▣：创建从属的封口曲面。
- ❖ 创建U向放样曲面▣：创建从属的U向放样曲面。
- ❖ 创建UV放样曲面▣：创建从属的UV向放样曲面。

- ❖ 创建单轨扫描▦：创建从属的单轨扫描曲面。
- ❖ 创建双轨扫描▦：创建从属的双轨扫描曲面。
- ❖ 创建多边混合曲面▦：创建从属的多边混合曲面。
- ❖ 创建多重曲线修剪曲面▦：创建从属的多重曲线修剪曲面。
- ❖ 创建圆角曲面▦：创建从属的圆角曲面。

【练习10-1】：用NURBS建模制作抱枕

本练习的抱枕效果如图10-27所示。

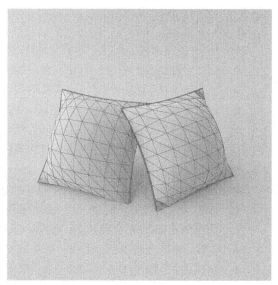

图10-27

Step 01 使用"CV曲面"工具 ▭CV曲面▭ 在前视图中创建一个CV曲面，然后在"创建参数"卷展栏下设置"长度"和"宽度"为300mm、"长度CV数"和"宽度CV数"为4，接着按Enter键确认操作，具体参数设置如图10-28所示，效果如图10-29所示。

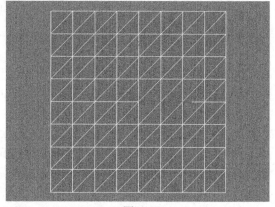

图10-28   图10-29

Step 02 进入"修改"面板，选择NURBS曲面的"曲面CV"次物体层级，然后选择中间的4个CV点，如图10-30所示，接着使用"选择并均匀缩放"工具▦在前视图中将其向外缩放成如图10-31所示的效果。

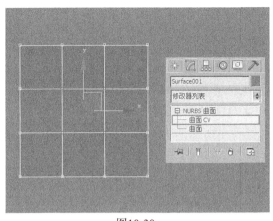

图10-30

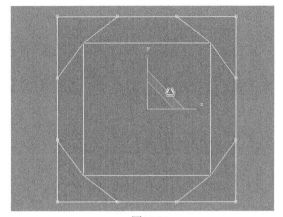

图10-31

Step 03 选择如图10-32所示的CV点，然后使用"选择并均匀缩放"工具在前视图中将其向内缩放成如图10-33所示的效果。

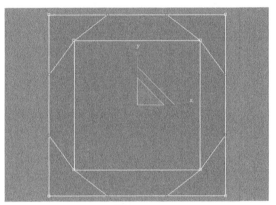

图10-32

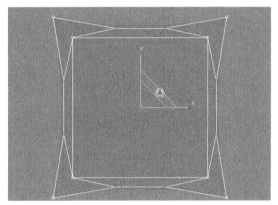

图10-33

Step 04 使用"选择并移动"工具在左视图中将中间的4个CV点向右拖曳一段距离，如图10-34所示。

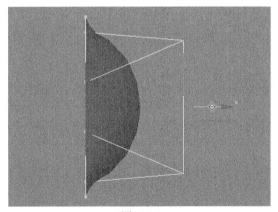

图10-34

Step 05 为模型加载一个"对称"修改器，然后在"参数"卷展栏下设置"镜像轴"为z轴，接着关闭"沿镜像轴切片"选项，最后设置"阈值"为2.5mm，具体参数设置如图10-35所示，最终效果如图10-36所示。

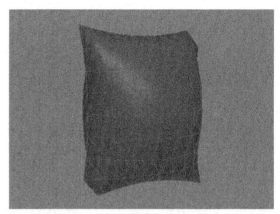

图10-35　　　　　　　　　　　　　　　　　　图10-36

Step 06 选择"对称"修改器的"镜像"次物体层级，然后在左视图中将镜像轴调整好，使两个模型刚好拼合在一起，如图10-37所示，最终效果如图10-38所示。

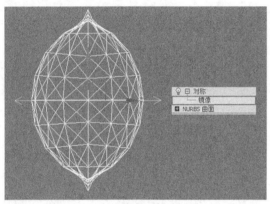

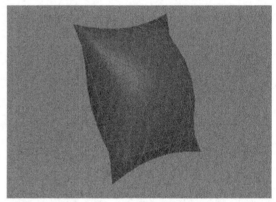

图10-37　　　　　　　　　　　　　　　　　　图10-38

【练习10-2】：用NURBS建模制作植物叶片

本练习的植物叶片效果如图10-39所示。

图10-39

Step 01 使用"CV曲面"工具 _{CV 曲面} 在前视图中创建一个CV曲面，然后在"创建参数"卷展栏下设置"长度"为6mm、"宽度"为13mm、"长度CV数"和"宽度CV数"为5，接着按Enter键确认操作，具体参数设置及模型效果如图10-40所示。

Step 02 选择NURBS曲面的"曲面CV"次物体层级，然后在顶视图中使用"选择并移动"工具，将左侧的4个CV点调节成如图10-41所示的形状。

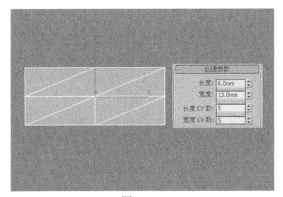

图10-40

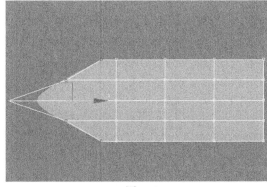

图10-41

Step 03 选择如图10-42所示的6个CV点，然后使用"选择并均匀缩放"工具在前视图中将其向上缩放成如图10-43所示的效果。

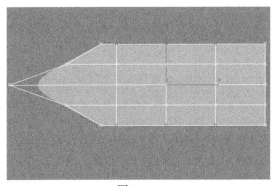

图10-42

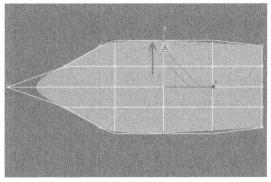

图10-43

Step 04 选择如图10-44所示的两个CV点，然后使用"选择并均匀缩放"工具在前视图中将其向上缩放成如图10-45所示的效果。

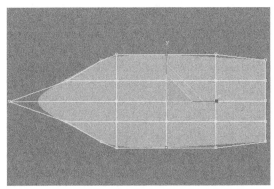

图10-44

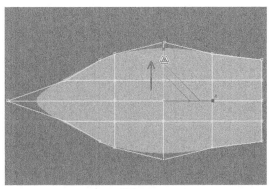

图10-45

Step 05 采用相同的方法调节好右侧的CV点，完成后的效果如图10-46所示。

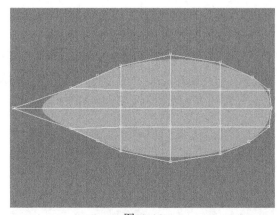

Step 06 在顶视图中选择如图10-47所示的CV点，然后使用"选择并移动"工具 在前视图中将其向下拖曳到如图10-48所示的位置。

图10-46

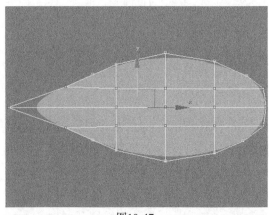

图10-47

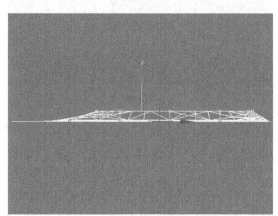

图10-48

Step 07 在顶视图中选择如图10-49所示的CV点，然后使用"选择并移动"工具 在前视图中将其向上拖曳到如图10-50所示的位置。

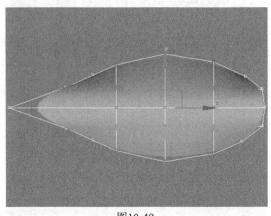

图10-49

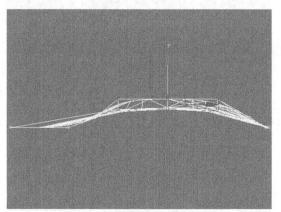

图10-50

Step 08 继续对叶片的细节进行调节，完成后的效果如图10-51所示。

Step 09 单击界面左上角的"应用程序"图标 ，然后执行"导入>合并"菜单命令，接着在弹出的"合并文件"对话框中选择光盘中的"练习文件>第10章>练习10-2.max"文件，最后将叶片放在枝头上，如图10-52所示。

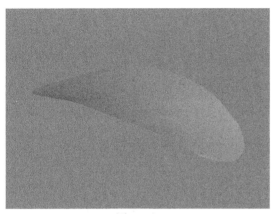

图10-51

图10-52

Step 10 利用复制功能复杂一些叶片到枝头上，并适当调整其大小和位置，最终效果如图10-53所示。

图10-53

【练习10-3】：用NURBS建模制作冰激凌

本练习的冰激凌效果如图10-54所示。

图10-54

Step 01 设置图形类型为"NURBS曲线",然后使用"点曲线"工具 ███点曲线██ 在顶视图中绘制出如图10-55所示的点曲线。

Step 02 继续使用"点曲线"工具 ███点曲线██ 在顶视图中绘制点曲线,调节好各个点曲线之间的间距,完成后的效果如图10-56所示。

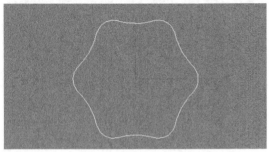

图10-55

图10-56

Step 03 切换到"修改"面板,然后在"常规"卷展栏下单击"NURBS创建工具箱"按钮██,打开"NURBS";接着在"NURBS"中单击"创建U向放样曲面"按钮██,最后在视图中从上到下依次单击点曲线,单击完成后按鼠标右键结束操作,如图10-57所示,放样完成后的模型效果如图10-58所示。

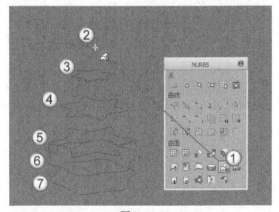

图10-57

图10-58

Step 04 在"NURBS"中单击"创建封口曲面"按钮██,然后在视图中单击最底部的截面(对其进行封口操作),如图10-59所示,封口后的模型效果如图10-60所示。

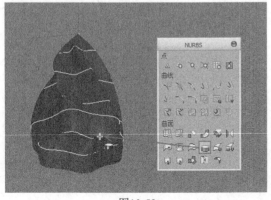

图10-59

图10-60

Step 05 使用"圆锥体"工具 ▢圆锥体▢ 在场景中创建一个大小合适的圆锥体，其位置如图10-61所示。

Step 06 选择圆锥体，然后单击鼠标右键，在弹出的菜单中选择"转换为>转换为可编辑多边形"命令，接着在"选择"卷展栏下单击"多边形"按钮▣，进入"多边形"级别，再选择顶部的多边形，如图10-62所示，最后按Delete键删除所选多边形，最终效果如图10-63所示。

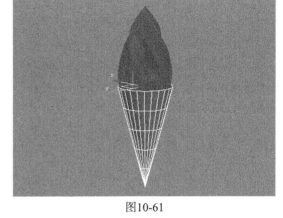

图10-61

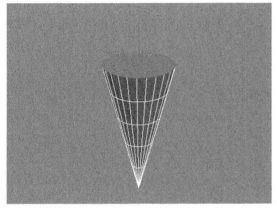

图10-62

图10-63

💧 【练习10-4】：用NURBS建模制作花瓶

本练习的花瓶效果如图10-64所示。

图10-64

Step 01 设置图形类型为"NURBS曲线",然后使用"点曲线"工具 ▬点曲线▬ 在前视图中绘制出如图10-65所示的点曲线。

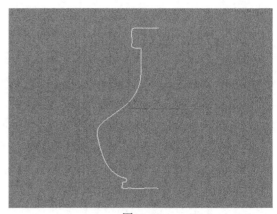
图10-65

Step 02 在"常规"卷展栏下单击"NURBS创建工具箱"按钮▥,打开"NURBS",接着在"NURBS"中单击"创建车削曲面"按钮▣,最后在视图中单击点曲线,如图10-66所示;效果如图10-67所示。

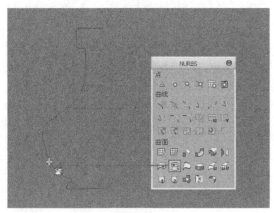
图10-66

图10-67

提示: 在车削点曲线以后,不要单击鼠标右键完成操作,因为还需要调节车削曲线的相关参数。如果已经确认操作,可以按Ctrl+Z组合键返回到上一步,然后重新对点曲线进行车削操作。

Step 03 在"车削曲面"卷展栏下设置"方向"为y轴 ▣、"对齐"方式为"最大" ▣ ,如图10-68所示;最终效果如图10-69所示。

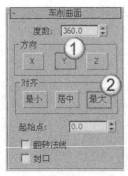
图10-68

图10-69

第11章 摄影机

要点索引

- ➤ 真实摄影机的结构
- ➤ 摄影机的相关术语
- ➤ 目标摄影机
- ➤ 自由摄影机
- ➤ VRay物理像机
- ➤ VRay穹顶像机

本章导读

摄影机是3ds Max的关键功能之一，是观众与作品之间的桥梁，一个完整而优秀的3D作品是绝对离不开摄影机的。在CG创作中，一幅好作品不只是将一个结构空间简单地展示给观众，而是要充分表达设计意图和主题，并且从中表达出作者的一份感情，让作品更具感染力，而摄影机就在其中起到了至关重要的作用。3ds Max的摄影机与现实中的摄影机的拍摄原理基本一致，同样要讲究取景、视角、构图和景深等，由此可见摄影机对表达作品的重要性。

11.1 真实摄影机的结构

在3ds Max中，摄影机其实就是我们通常所说的相机，因为3ds Max软件的中文版把相机翻译为摄影机，所以为了统一说法，本书与软件的中文翻译保持一致，均称之为摄影机。在学习摄影机（相机）之前，我们先来了解一下真实摄影机（相机）的结构与相关术语。

如果拆卸掉任何摄影机（相机）的电子装置和自动化部件，都会看到如图11-1所示的基本结构（这里用一台单反相机为例进行介绍）。遮光外壳的一端有一孔穴，用以安装镜头，孔穴的对面有一容片器，用以承装一段感光胶片。

为了在不同光线强度下都能产生正确的曝光影像，摄影机镜头有一可变光阑，用来调节直径不断变化的小孔，这就是所谓的光圈。打开快门后，光线才能透射到胶片上，快门给了用户选择准确瞬间曝光的机会，而且通过确定某一快门速度，还可以控制曝光时间的长短。

图11-1

11.2 摄影机的相关术语

3ds Max中的摄影机与真实的摄影机有很多术语都是相同的，如镜头、焦距、曝光和白平衡等。

11.2.1 镜头

一个结构简单的镜头可以是一块凸形毛玻璃，它折射来自被摄体上每一点被扩大了的光线，然后这些光线聚集起来形成连贯的点，即焦平面。当镜头准确聚集时，胶片的位置就与焦平面互相叠合。镜头一般分为标准镜头、广角镜头、远摄镜头、鱼眼镜头和变焦镜头。

1. 标准镜头

标准镜头属于校正精良的正光镜头，也是使用最为广泛的一种镜头，其焦距长度等于或接近于所用底片画幅的对角线，视角与人眼的视角相近似，如图11-2所示。凡是要求被摄景物必须符合正常的比例关系，均需依靠标准镜头来拍摄。

图11-2

2. 广角镜头

广角镜头的焦距短、视角广、景深长，而且均大于标准镜头，其视角超过人们眼睛的正常范围，如图11-3所示。

图11-3

广角镜头的具体特性与用途表现主要有以下3点。

❖ 景深大：有利于把纵深度大的被摄物体清晰地表现在画面上。

❖ 视角大：有利于在狭窄的环境中，拍摄较广阔的场面。

❖ 景深长：可使纵深景物的近大远小比例强烈，使画面透视感强。

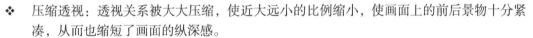

提示：广角镜的缺点是影像畸变差较大，尤其在画面的边缘部分，因此在近距离拍摄中应注意变形失真。

3. 远摄镜头

远摄镜头也称长焦距镜头，它具有类似于望远镜的作用，如图11-4所示。这类镜头的焦距长于标准镜头，而视角小于标准镜头。

图11-4

远摄镜头主要有以下4个特点。

❖ 景深小：有利于摄取虚实结合的景物。

❖ 视角小：能远距离摄取景物的较大影像，对拍摄不易接近的物体，如动物、风光、人的自然神态，均能在远处不被干扰的情况下拍摄。

❖ 压缩透视：透视关系被大大压缩，使近大远小的比例缩小，使画面上的前后景物十分紧凑，从而也缩短了画面的纵深感。

❖ 畸变小：影像畸变差小，这常见于人像摄影中。

4. 鱼眼镜头

鱼眼镜头是一种极端的超广角镜头，因其巨大的视角如鱼眼而得名，如图11-5所示。它拍摄范围大，可使景物的透视感得到极大的夸张，并且可以使画面严重地桶形畸变，故别有一番情趣。

图11-5

5. 变焦镜头

变焦镜头就是可以改变焦点距离的镜头，如图11-6所示。所谓焦点距离，就是从镜头中心到胶片上所形成的清晰影像上的距离。焦距决定着被摄体在胶片上所形成的影像的大小。焦点距离越大，所形成的影像也越大。变焦镜头是一种很有魅力的镜头，它的镜头焦距可以在较大的幅度内自由调节，这就意味着拍摄者在不改变拍摄距离的情况下，能够在较大幅度内调节底片的成像比例，也就是说，一只变焦镜头实际上起到了若干个不同焦距的定焦镜头的作用。

图11-6

11.2.2 焦平面

焦平面是通过镜头折射后的光线聚集起来形成清晰的、上下颠倒的影像的地方。经过离摄影机不同距离的运行，光线会被不同程度地折射后聚合在焦平面上，因此就需要调节聚焦装置，前后移动镜头距摄影机后背的距离。当镜头聚焦准确时，胶片的位置和焦平面应叠合在一起。

11.2.3　光圈

光圈通常位于镜头的中央，它是一个环形，可以控制圆孔的开口大小，并且控制曝光时光线的亮度。当需要大量的光线来进行曝光时，就需要开大光圈的圆孔；若只需要少量光线曝光时，就需要缩小圆孔，让少量的光线进入。

光圈由装设在镜头内的叶片控制，而叶片是可动的。光圈越大，镜头里的叶片开放越大，所谓"最大光圈"就是叶片毫无动作，让可通过镜头的光源全部跑进来的全开光圈；反之光圈越小，叶片就收缩得越厉害，最后可缩小到只剩小小的一个圆点。

光圈的功能就如同人类眼睛的虹膜，是用来控制拍摄时的单位时间的进光量，一般以f/5、F5或1:5来表示。以实际而言，较小的f值表示较大的光圈。

光圈的计算单位称为光圈值（f-number）或者是级数（f-stop）。

1. 光圈值

标准的光圈值（f-number）的编号如下。

f/1、f/1.4、f/2、f/2.8、f/4、f/5.6、f/8、f/11、f/16、f/22、f/32、f/45、f/64，其中f/1是进光量最大的光圈号数，光圈值的分母越大，进光量就越小。通常一般镜头会用到的光圈号数为f/2.8～f/22，光圈值越大的镜头，镜片的口径就越大。

2. 级数

级数（f-stop）是指相邻的两个光圈值的曝光量差距，例如f/8与f/11之间相差一级，f/2与f/2.8之间也相差一级。依此类推，f/8与f/16之间相差两级，f/1.4与f/4之间就相差了3级。

在专业摄影领域，有时称级数为"档"或者"格"，例如f/8与f/11之间相差了一档，或是f/8与f/16之间相差两格。

在每一级（光圈号数）之间，后面号数的进光量都是前面号数的一半。例如f/5.6的进光量只有f/4的一半，f/16的进光量也只有f/11的一半，号数越后面，进光量越小，并且是以等比级数的方式来递减。

> **提示：** 除了考虑进光量之外，光圈的大小还跟景深有关。景深是物体成像后在相片（图档）中的清晰程度。光圈越大，景深会越浅（清晰的范围较小）；光圈越小，景深就越长（清晰的范围较大）。大光圈的镜头非常适合低光量的环境，因为它可以在微亮光的环境下，获取更多的现场光，让我们可以用较快速的快门来拍照，以便保持拍摄时相机的稳定性。但是大光圈的镜头不易制作，必须要花较多的费用才可以获得。好的摄影机会根据测光的结果等情况来自动计算出光圈的大小，一般情况下快门速度越快，光圈就越大，以保证有足够的光线通过，所以也比较适合拍摄高速运动的物体，比如行动中的汽车、落下的水滴等。

11.2.4　快门

快门是摄影机中的一个机械装置，大多设置于机身接近底片的位置（大型摄影机的快门设计在镜头中），用于控制快门的开关速度，并且决定了底片接受光线的时间长短。也就是说，在每一次拍摄时，光圈的大小控制了光线的进入量，快门的速度决定光线进入的时间长短，这样一次的动作便完成了所谓的"曝光"。

快门是镜头前阻挡光线进来的装置，一般而言，快门的时间范围越大越好。秒数低适合拍摄运动中的物体，某款摄影机就强调快门最快能到1/16000秒，可以轻松抓住急速移动的目标。不过当您要拍夜晚的车水马龙时，快门时间就要拉长，常见照片中丝绢般的水流效果也要用慢速快门才能拍到。

快门以"秒"作为单位，它有一定的数字格式，一般在摄影机上可以见到的快门单位有以下15种。

B、1、2、4、8、15、30、60、125、250、500、1000、2000、4000和8000。

上面每一个数字单位都是分母，也就是说每一段快门分别是1秒、1/2秒、1/4秒、1/8秒、1/15秒、1/30秒、1/60秒、1/125秒、1/250秒（以下依此类推）等。一般中阶的单眼摄影机快门能达到1/4000秒，高阶的专业摄影机可以到1/8000秒。

B指的是慢快门Bulb，B快门的开关时间由操作者自行控制，可以用快门按钮或是快门线来决定整个曝光的时间。

每一个快门之间数值的差距都是两倍，例如，1/30是1/60的两倍、1/1000是1/2000的两倍，这个跟光圈值的级数差距计算是一样的。与光圈相同，每一段快门之间的差距也被之为一级、一格或者一档。

光圈级数跟快门级数的进光量其实是相同的，也就是说光圈之间相差一级的进光量，其实就等于快门之间相差一级的进光量，这个观念在计算曝光时很重要。

前面提到了光圈决定了景深，快门则是决定了被摄物的"时间"。当拍摄一个快速移动的物体时，通常需要比较高速的快门才可以抓到凝结的画面，所以在拍动态画面时，通常都要考虑可以使用的快门速度。

有时要抓取的画面可能需要有连续性的感觉，就像拍摄丝缎般的瀑布或是小河时，就必须要用到速度比较慢的快门，延长曝光的时间来抓取画面的连续动作。

11.2.5 胶片感光度

根据胶片感光度，可以把胶片归纳为3大类，分别是快速胶片、中速胶片和慢速胶片。快速胶片具有较高的ISO（国际标准化组织）数值，慢速胶片的ISO数值较低，快速胶片适用于低照度下的摄影。相对而言，当感光性能较低的慢速胶片可能引起曝光不足时，快速胶片获得正确曝光的可能性就更大，但是感光度的提高会降低影像的清晰度，增加反差。慢速胶片在照度良好时，对获取高质量的照片非常有利。

在光照亮度十分低的情况下，例如，在暗弱的室内或黄昏时分的户外，可以选用超快速胶片（即高ISO）进行拍摄。这种胶片对光非常敏感，即使在火柴光下也能获得满意的效果，其产生的景象颗粒度可以营造出画面的戏剧性氛围，以获得引人注目的效果；在光照十分充足的情况下，例如在阳光明媚的户外，可以选用超慢速胶片（即低ISO）进行拍摄。

11.3 3ds Max标准摄影机

3ds Max中的摄影机在制作效果图和动画时非常有用。3ds Max中的摄影机只包含"标准"摄影机，而"标准"摄影机又包含"目标摄影机"和"自由摄影机"两种，如图11-7所示。

图11-7

11.3.1 目标摄影机

功能介绍

目标摄影机可以查看所放置的目标周围的区域，它比自由摄影机更容易定向，因为只需将目标对象定位在所需位置的中心即可。使用"目标"工具 目标 在场景中拖曳光标可以创建一台目标摄影机，可以观察到目标摄影机包含目标点和摄影机两个部件，如图11-8所示。

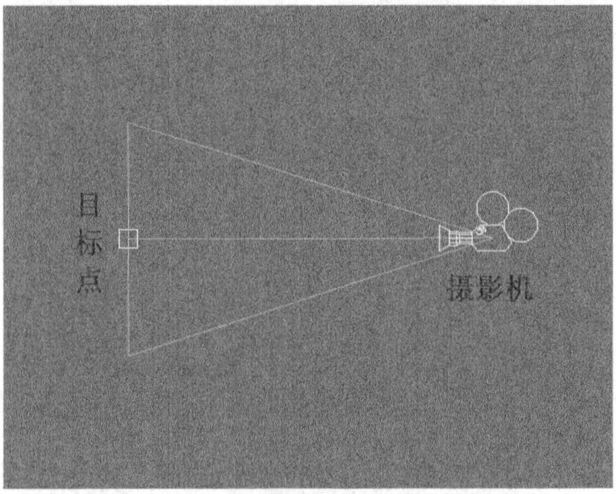

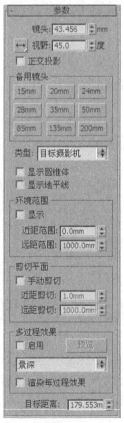

图11-8

参数详解

1. "参数"卷展栏

展开"参数"卷展栏，如图11-9所示。

❖ 镜头：以mm为单位来设置摄影机的焦距。

❖ 视野：设置摄影机查看区域的宽度视野，有水平→、垂直Ⅰ和对角线↗3种方式。

❖ 正交投影：启用该选项后，摄影机视图为用户视图；关闭该选项后，摄影机视图为标准的透视图。

❖ 备用镜头：系统预置的摄影机焦距镜头包含15mm、20mm、24mm、28mm、35mm、50mm、85mm、135mm和200mm。

❖ 类型：切换摄影机的类型，包含"目标摄影机"和"自由摄影机"两种。

❖ 显示圆锥体：显示摄影机视野定义的锥形光线（实际上是一个四棱锥）。锥形光线出现在其他视口，但是显示在摄影机视口中。

❖ 显示地平线：在摄影机视图中的地平线上显示一条深灰色的线条。

❖ "环境范围"参数组

◇ 显示：显示出在摄影机锥形光线内的矩形。

◇ 近距/远距范围：设置大气效果的近距范围和远距范围。

❖ "剪切平面"参数组

◇ 手动剪切：启用该选项可定义剪切的平面。

◇ 近距/远距剪切：设置近距和远距平面。对于摄影机，比"近距剪切"平面近或比"远距剪切"平面远的对象是不可见的。

❖ "多过程效果"参数组

◇ 启用：启用该选项后，可以预览渲染效果。

◇ 预览 预览 ：单击该按钮可以在活动摄影机视图中预览效果。

◇ 多过程效果类型：共有"景深（mental ray）"、"景深"和"运动模糊"3个选项，系统默认为"景深"。

图11-9

◇ 渲染每过程效果：启用该选项后，系统会将渲染效果应用于多重过滤效果的每个过程（景深或运动模糊）。

❖ 目标距离：当使用"目标摄影机"时，该选项用来设置摄影机与其目标之间的距离。

2. "景深参数"卷展栏

景深是摄影机的一个非常重要的功能，在实际工作中的使用频率也非常高，常用于表现画面的中心点，如图11-10和图11-11所示。

图11-10

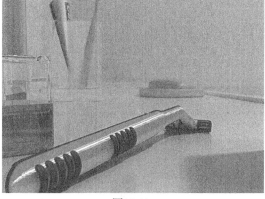

图11-11

当设置"多过程效果"为"景深"时，系统会自动显示出"景深参数"卷展栏，如图11-12所示。

❖ "焦点深度"参数组

◇ 使用目标距离：启用该选项后，系统会将摄影机的目标距离用作每个过程偏移摄影机的点。

◇ 焦点深度：当关闭"使用目标距离"选项时，该选项可以用来设置摄影机的偏移深度，其取值范围为0~100。

❖ "采样"参数组

◇ 显示过程：启用该选项后，"渲染帧窗口"对话框中将显示多个渲染通道。

◇ 使用初始位置：启用该选项后，第1个渲染过程将位于摄影机的初始位置。

◇ 过程总数：设置生成景深效果的过程数。增大该值可以提高效果的真实度，但是会增加渲染时间。

◇ 采样半径：设置场景生成的模糊半径。数值越大，模糊效果越明显。

◇ 采样偏移：设置模糊靠近或远离"采样半径"的权重。增加该值将增加景深模糊的数量级，从而得到更均匀的景深效果。

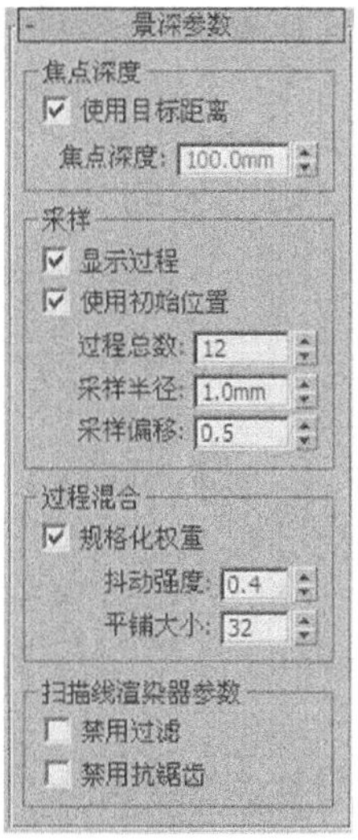

❖ "过程混合"参数组

◇ 规格化权重：启用该选项后可以将权重规格化，以获得平滑的结果；当关闭该选项后，效果会变得更加清晰，但颗粒效果也更明显。

图11-12

◇ 抖动强度：设置应用于渲染通道的抖动程度。增大该值会增加抖动量，并且会生成颗粒状效果，尤其在对象的边缘上最为明显。

◇ 平铺大小：设置图案的大小。0表示以最小的方式进行平铺；100表示以最大的方式进行平铺。

❖ "扫描线渲染器参数"参数组
　　◇ 禁用过滤：启用该选项后，系统将禁用过滤的整个过程。
　　◇ 禁用抗锯齿：启用该选项后，可以禁用抗锯齿功能。

提示： 这里向读者详细介绍一下景深效果形成的原理，以方便读者更深入理解这些参数。

"景深"就是指拍摄主题前后所能在一张照片上成像的空间层次的深度。简单地说，景深就是聚焦清晰的焦点前后"可接受的清晰区域"，如图11-13所示。

下面讲解景深形成的原理。

1. 焦点

与光轴平行的光线射入凸透镜时，理想的镜头应该是所有的光线聚集在一点后，再以锥状的形式扩散开，这个聚集所有光线的点就称为"焦点"，如图11-14所示。

图11-13

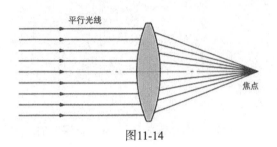

图11-14

2. 弥散圆

在焦点前后，光线开始聚集和扩散，点的影像会变得模糊，从而形成一个扩大的圆，这个圆就称为"弥散圆"，如图11-15所示。

每张照片都有主体和背景之分，景深和摄影机的距离、焦距和光圈之间存在着以下3种关系（这3种关系可以用图11-16来表示）。

第1种：光圈越大，景深越小；光圈越小，景深越大。

第2种：镜头焦距越长，景深越小；焦距越短，景深越大。

第3种：距离越远，景深越大；距离越近，景深越小。

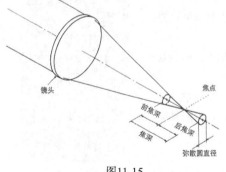

图11-15

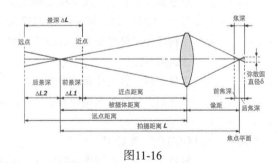

图11-16

景深可以很好地突出主体，不同的景深参数下的效果也不相同，比如图11-17所示突出的是蜘蛛的头部，而图11-18所示突出的是蜘蛛和被捕食的螳螂。

| 图11-17 | 图11-18 |

3.　"运动模糊参数"卷展栏

运动模糊一般运用在动画中，常用于表现运动对象高速运动时产生的模糊效果，如图11-19和图11-20所示。

| 图11-19 | 图11-20 |

当设置"多过程效果"为"运动模糊"时，系统会自动显示出"运动模糊参数"卷展栏，如图11-21所示。

❖　"采样"参数组

　　◇　显示过程：启用该选项后，"渲染帧窗口"对话框中将显示多个渲染通道。

　　◇　过程总数：设置生成效果的过程数。增大该值可以提高效果的真实度，但是会增加渲染时间。

　　◇　持续时间（帧）：在制作动画时，该选项用来设置应用运动模糊的帧数。

　　◇　偏移：设置模糊的偏移距离。

❖　"过程混合"参数组

图11-21

❖ 规格化权重：启用该选项后，可以将权重规格化，以获得平滑的结果；当关闭该选项后，效果会变得更加清晰，但颗粒效果也更明显。

　◇ 抖动强度：设置应用于渲染通道的抖动程度。增大该值会增加抖动量，并且会生成颗粒状的效果，尤其在对象的边缘上最为明显。

　◇ 瓷砖大小：设置图案的大小。0表示以最小的方式进行平铺；100表示以最大的方式进行平铺。

❖ "扫描线渲染器参数"参数组

　◇ 禁用过滤：启用该选项后，系统将禁用过滤的整个过程。

　◇ 禁用抗锯齿：启用该选项后，可以禁用抗锯齿功能。

【练习11-1】：用目标摄影机制作花丛景深

本练习的花丛景深效果如图11-22所示。

图11-22

Step 01 打开光盘中的"练习文件>第11章>练习11-1.max"文件，如图11-23所示。

Step 02 设置摄影机类型为"标准"，然后在前视图中拖曳鼠标创建一台目标摄影机，接着调整好目标点的方向，使摄影机的查看方向对准鲜花，如图11-24所示。

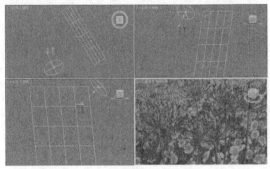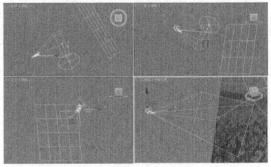

图11-23　　　　　　　　　　图11-24

Step 03 选择目标摄影机，然后在"参数"卷展栏下设置"镜头"为41.167mm、"视野"为47.234度，接着设置"目标距离"为112mm，具体参数设置如图11-25所示。

Step 04 在透视图中按C键切换到摄影机视图，效果如图11-26所示，然后按F9键测试渲染当前场景，效果如图11-27所示。

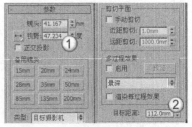

图11-25

图11-26　　　　　　　　　　　　图11-27

提示： 在上一步操作中，虽然创建了目标摄影机，但是并没有产生景深特效，这是因为还没有在渲染中开启景深的原因。

Step 05 按F10键打开"渲染设置"对话框，然后单击"V-Ray"选项卡，接着展开"摄像机"卷展栏，最后在"景深"选项组下勾选"开"选项和"从摄影机获取"选项，如图11-28所示。

提示： 勾选"从摄影机获取"选项后，摄影机焦点位置的物体在画面中是最清晰的，而距离焦点越远的物体将会很模糊。

Step 06 按F9键渲染当前场景，最终效果如图11-29所示。

图11-28　　　　　　　　　　　　图11-29

【练习11-2】：用目标摄影机制作运动模糊特效

本练习的运动模糊效果如图11-30所示。

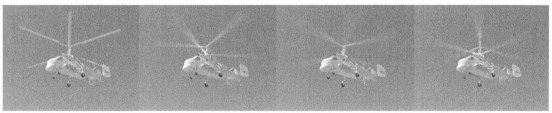

图11-30

Step 01 打开光盘中的"练习文件>第11章>练习11-2.max"文件，如图11-31所示。

提示： 本场景已经设置好了一个螺旋桨旋转动画，在"时间轴"上单击"播放"按钮 ▶，可以观看旋转动画，图11-32和图11-33所示分别是第3帧和第6帧的默认渲染效果。可以发现并没有产生运动模糊效果。

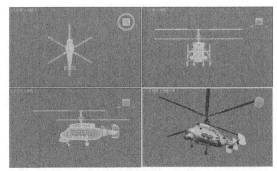

图11-31

图11-32

图11-33

Step 02 设置摄影机类型为"标准"，然后在左视图中拖曳鼠标创建一台目标摄影机，接着调节好目标点的位置，如图11-34所示。

Step 03 选择目标摄影机，然后在"参数"卷展栏下设置"镜头"为43.456mm、"视野"为45度，接着设置"目标距离"为100 000mm，如图11-35所示。

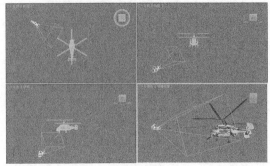

图11-34

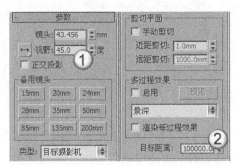

图11-35

Step 04 按F10键打开"渲染设置"对话框，然后单击"V-Ray"选项卡，接着展开"摄像机"卷展栏，最后在"运动模糊"选项组下勾选"开"选项，如图11-36所示。

Step 05 在透视图中按C键切换到摄影机视图，然后将时间线滑块拖曳到第1帧，接着按F9键渲染当前场景，可以发现此时已经产生了运动模糊效果，如图11-37所示。

图11-36

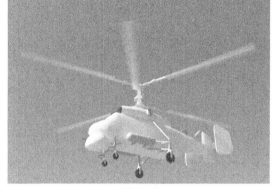

图11-37

Step 06 分别将时间滑块拖曳到第4、10、15帧的位置，然后渲染出这些单帧图，最终效果如图11-38所示。

图11-38

11.3.2 自由摄影机

功能介绍

自由摄影机用于观察所指方向内的场景内容，多应用于轨迹动画制作，比如建筑物中的巡游、车辆移动中的跟踪拍摄效果等。自由摄影机的方向能够随着路径的变化而自由变化，如果要设置垂直向上或向下的摄影机动画时，也应当选择自由摄影机。这是因为系统会自动约束目标摄影机自身坐标系的y轴正方向尽可能地靠近世界坐标系的z轴正方向，在设置摄影机动画靠近垂直位置时，无论向上还是向下，系统都会自动将摄影机视点跳到约束位置，造成视觉突然跳跃。

自由摄影机的初始方向是沿着当前视图栅格的z轴负方向，也就是说，选择顶视图时，摄影机方向垂直向下；选择前视图时，摄影机方向由屏幕向内。单击透视图、正交视图、灯光视图和摄影机视图时，自由摄影机的初始方向垂直向下，沿着世界坐标系z轴负方向。

提示: 自由摄影机的参数面板与目标摄影机的参数面板基本上完全一致，这里就不重复讲解了，请读者参考上一小节的相关内容。

11.4 VRay摄影机

在3ds Max中安装VRay渲染器之后，摄影机列表中会增加一种VRay摄影机，而VRay摄影机又包含"VR_穹顶像机"和"VR_物理像机"两种，如图11-39所示。

图11-39

11.4.1 VRay物理像机

功能介绍

VRay物理像机相当于一台真实的摄影机，有光圈、快门、曝光、ISO等调节功能，它可以对场景进行"拍照"。使用"VR_物理像机"工具 VR_物理像机 在视图中拖曳光标可以创建一台VRay物理像机，可以观察到VR_物理像机同样包含摄影机和目标点两个部件，如图11-40所示。

VRay物理像机的参数包含5个卷展栏，如图11-41所示。

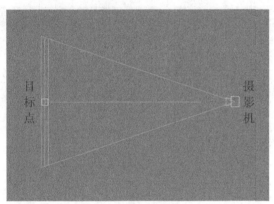

图11-40

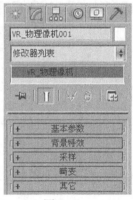

图11-41

> **提示：** 下面只介绍"基本参数"、"背景特效"和"采样"3个卷展栏下的参数。

参数详解

1. "基本参数"卷展栏

展开"基本参数"卷展栏，如图11-42所示。

❖ 类型：设置摄影机的类型，包含"照相机"、"摄影机（电影）"和"摄像机（DV）"3种类型。

　◇ 照相机：用来模拟一台常规快门的静态画面照相机。

　◇ 摄影机（电影）：用来模拟一台圆形快门的电影摄影机。

　◇ 摄像机（DV）：用来模拟带CCD矩阵的快门摄像机。

❖ 目标：当勾选该选项时，摄影机的目标点将放在焦平面上；当关闭该选项时，可以通过下面的"目标距离"选项来控制摄影机到目标点的位置。

❖ 胶片规格（mm）：控制摄影机所看到的景色范围。值越大，看到的景象就越多。

❖ 焦距（mm）：设置摄影机的焦长，同时也会影响到画面的感光强度。较大的数值产生的效果类似于长焦效果，且感光材料（胶片）会变暗，特别是在胶片的边缘区域；较小数值产生的效果类似于广角效果，其透视感比较强，当然胶片也会变亮。

❖ 视野：启用该选项后，可以调整摄影机的可视区域。

❖ 缩放因数：控制摄影机视图的缩放。值越大，摄影机视图拉得越近。

❖ 横向/纵向偏移：控制摄影机视图的水平和垂直方向上的偏移量。

❖ 光圈数：设置摄影机的光圈大小，主要用来控制渲染图像的最终亮度。值越小，图像越亮；值越大，图像越暗，图11-43~图11-45所示分别是"光圈数"值为10、11和14的对比渲染效果。注意，光圈和景深也有关系，大光圈的景深小，小光圈的景深大。

图11-42

 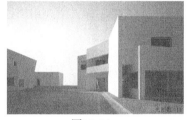 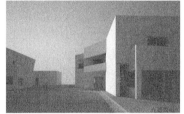

图11-43　　　　　　　图11-44　　　　　　　图11-45

❖ 目标距离：摄影机到目标点的距离，默认情况下是关闭的。当关闭摄影机的"目标"选项时，就可以用"目标距离"来控制摄影机的目标点的距离。

❖ 横向/纵向移动：控制摄影机在垂直/水平方向上的变形，主要用于移动三点透视到两点透视。

❖ 指定焦点：开启这个选项后，可以手动控制焦点。

❖ 曝光：当勾选这个选项后，VRay物理像机中的"光圈数"、"快门速度（s^-1）"和"胶片速度（ISO）"设置才会起作用。

❖ 光晕：模拟真实摄影机里的光晕效果，图11-46和图11-47所示分别是勾选"光晕"和关闭"光晕"选项时的渲染效果。

 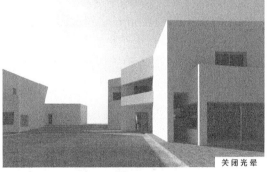

图11-46　　　　　　　　　　　　　图11-47

❖ 白平衡：和真实摄影机的功能一样，控制图像的色偏。例如在白天的效果中，设置一个桃色的白平衡颜色可以纠正阳光的颜色，从而得到正确的渲染颜色。

❖ 快门速度（s^-1）：控制光的进光时间，值越小，进光时间越长，图像就越亮；值越大，进光时间就越小，图像就越暗，图11-48～图11-50所示分别是"快门速度（s^-1）"值为35、50和100时的对比渲染效果。

图11-48

图11-49

图11-50

❖ 快门角度（度）：当摄影机选择"摄影机（电影）"类型的时候，该选项才被激活，其作用和上面的"快门速度（s^-1）"的作用一样，主要用来控制图像的明暗。

❖ 快门偏移（度）：当摄影机选择"摄影机（电影）"类型的时候，该选项才被激活，主要用来控制快门角度的偏移。

❖ 延迟（秒）：当摄影机选择"摄像机（DV）"类型的时候，该选项才被激活，作用和上面的"快门速度（s^-1）"的作用一样，主要用来控制图像的亮暗，值越大，表示光越充足，图像也越亮。

❖ 胶片速度（ISO）：控制图像的亮暗，值越大，表示ISO的感光系数越强，图像也越亮。一般白天效果比较适合用较小的ISO，而晚上效果比较适合用较大的ISO，图11-51～图11-53所示分别是"胶片速度（ISO）"值为80、120和160时的对比渲染效果。

图11-51

图11-52

图11-53

2. "散景特效"卷展栏

"散景特效"卷展栏下的参数主要用于控制散景效果，如图11-54所示。当渲染景深的时候，或多或少都会产生一些散景效果，这主要和散景到摄影机的距离有关，图11-55所示是使用真实摄影机拍摄的散景效果。

图11-54

图11-55

❖ 叶片数：控制散景产生的小圆圈的边，默认值为5表示散景的小圆圈为正五边形。如果关闭该选项，那么散景就是个圆形。

❖ 旋转（度）：散景小圆圈的旋转角度。

❖ 中心偏移：散景偏移源物体的距离。

❖ 各向异性：控制散景的各向异性，值越大，散景的小圆圈拉得越长，即变成椭圆。

3. "采样"卷展栏

展开"采样"卷展栏，如图11-56所示。

图11-56

❖ 景深：控制是否开启景深效果。当某一物体聚焦清晰时，从该物体前面的某一段距离到其后面的某一段距离内的所有景物都是相当清晰的。

❖ 运动模糊：控制是否开启运动模糊功能。这个功能只适用于具有运动对象的场景中，对静态场景不起作用。

❖ 细分：设置"景深"或"运动模糊"的"细分"采样。数值越高，效果越好，但是会增长渲染时间。

【练习11-3】：测试VRay物理像机的缩放因数

本练习测试"缩放因数"参数的效果如图11-57所示。

图11-57

Step 01 打开光盘中的"练习文件>第11章>练习11-3.max"文件，如图11-58所示。

Step 02 设置摄影机类型为VRay，然后在场景中创建一台VRay物理像机，其位置如图11-59所示。

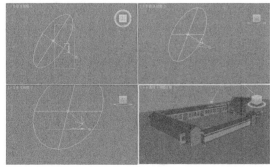 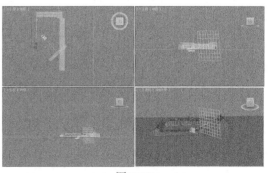

图11-58   图11-59

Step 03 选择VRay物理像机，然后在"基本参数"卷展栏下设置"缩放因数"为1、"光圈数"为2，具体参数设置如图11-60所示。

图11-60

Step 04 按C键切换到摄影机视图，效果如图11-61所示，然后按F9键测试渲染当前场景，效果如图11-62所示。

图11-61

图11-62

Step 05 在"基本参数"卷展栏下将"缩放因数"修改为2，然后按F9键测试渲染当前场景，效果如图11-63所示。

Step 06 在"基本参数"卷展栏下将"缩放因数"修改为3，然后按F9键测试渲染当前场景，效果如图11-64所示。

> **提示：** "缩放因数"参数非常重要，因为它可以改变摄影机视图的远近范围，从而改变物体的远近关系。

图11-63

图11-64

【练习11-4】：测试VRay物理像机的光晕

本练习测试"光晕"参数的效果如图11-65所示。

图11-65

Step 01 打开光盘中的"练习文件>第11章>练习11-3.max"文件，然后设置摄影机类型为VRay，接着在场景中创建一台VRay物理像机，其位置如图11-66所示。

Step 02 选择VRay物理像机，然后在"基本参数"卷展栏下设置"光圈数"为2，如图11-67所示，接着按C键切换到摄影机视图，最后按F9键测试渲染当前场景，效果如图11-68所示。

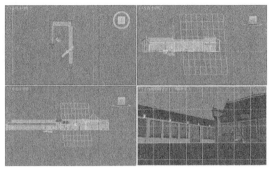

图11-66

图11-67

图11-68

Step 03 选择VRay物理像机，然后在"基本参数"卷展栏下勾选"光晕"选项，并设置其数值为2，如图11-69所示，接着按F9键测试渲染当前场景，效果如图11-70所示。

图11-69

图11-70

Step 04 选择VRay物理像机，然后在"基本参数"卷展栏下将"光晕"修改为4，如图11-71所示，接着按F9键测试渲染当前场景，效果如图11-72所示。

缩放因子............1.0
横向偏移............0.0
纵向偏移............0.0
光圈数............2.0
目标距离............21749.
纵向移动............0.0
横向移动............0.0
[猜测纵向] [猜测横向]
指定焦点............□
焦点距离............78.74m
曝光............☑
光晕............☑ 4.0
白平衡............自定义
自定义平衡............

图11-71

图11-72

【练习11-5】：测试VRay物理像机的快门速度

本练习测试"快门速度（s^-1）"参数的效果如图11-73所示。

图11-73

Step 01 打开光盘中的"练习文件>第11章>练习11-3.max"文件，然后设置摄影机类型为VRay，接着在场景中创建一台VRay物理像机，其位置如图11-74所示。

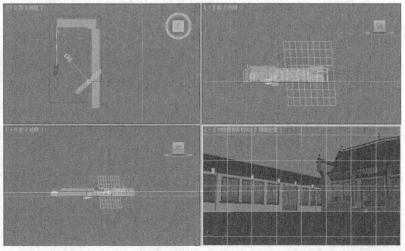

图11-74

Step 02 选择VRay物理像机，然后在"基本参数"卷展栏下设置"光圈数"为2、"快门速度（s^-1）"为130，具体参数设置如图11-75所示，接着按C键切换到摄影机视图，最后按F9键测试渲染当前场景，效果如图11-76所示。

图11-75

图11-76

Step 03 选择VRay物理像机，然后在"基本参数"卷展栏下将"快门速度（s^-1）"修改为200，接着按F9键测试渲染当前场景，效果如图11-77所示。

Step 04 选择VRay物理像机，然后在"基本参数"卷展栏下将"快门速度（s^-1）"修改为300，接着按F9键测试渲染当前场景，效果如图11-78所示。

图11-77

图11-78

提示："快门速度（s^-1）"参数可以用来控制最终渲染图像的明暗程度，与现实中使用的单反相机的快门速度的原理是一样的。

11.4.2 VRay穹顶像机

功能介绍

VRay穹顶像机一般被用来渲染半球圆顶效果，其参数面板如图11-79所示。

参数详解

❖ 翻转 X：让渲染的图像在x轴上反转。

❖ 翻转 Y：让渲染的图像在y轴上反转。

❖ fov：设置视角的大小。

图11-79

第12章 灯光

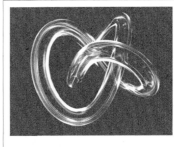

本章导读

灯光是3ds Max提供的用来模拟现实生活中不同类型光源的对象，从居家办公用的普通灯具到舞台、电影布景中使用的照明设备，甚至太阳光都可以模拟。不同种类的灯光对象用不同的方法投影灯光，也就形成了3ds Max中多种类型的灯光对象。灯光是作品与观众之间的桥梁，通过为场景打灯可以增强场景的真实感，增加场景的清晰程度和三维纵深度。可以说，灯光就是3D作品的灵魂，没有灯光来照明，作品就失去了灵魂。

12.1 灯光的应用

没有灯光的世界将是一片黑暗，在三维场景中也是一样，即使有精美的模型、真实的材质以及完美的动画，如果没有灯光照射也毫无作用，由此可见灯光在三维表现中的重要性。

12.1.1 灯光的作用

有光才有影，才能让物体呈现出三维立体感，不同的灯光效果营造的视觉感受也不一样。灯光是视觉画面的一部分，其功能主要有以下3点。

第1点：提供一个完整的整体氛围，展现出影像实体，营造空间的氛围。

第2点：为画面着色，以塑造空间和形式。

第3点：可以让人们集中注意力。

12.1.2 3ds Max灯光的基本属性

3ds Max中的照明原则是模拟自然光照效果，当光线接触到对象表面后，表面会反射或至少部分反射这些光线，这样该表面就可以被我们所见到了。对象表面所呈现的效果取决于接触到表面上的光线和表面自身材质的属性（如颜色、平滑度、不透明度等）相结合的结果。

1. 强度

灯光光源的亮度影响灯光照亮对象的程度。暗淡的光源即使照射在很鲜艳的颜色上，也只能产生暗淡的颜色效果。在3ds Max中，灯光的亮度就是它的HSV值（色度、饱和度、亮度），取最大值（225）时，灯光最亮，取值为0时，完全没有照明效果。如图12-1所示，

图12-1

左图为低强度光源的蜡烛照亮房间，右图为高强度灯光灯泡照亮同一个房间。

2. 入射角

表面法线相对于光源之间的角度称为灯光的入射角。表面偏离光源的程度越大，它所接收到的光线越少，表现越暗。当入射角为0（光线垂直接触表现）时，表面受到完全亮度的光源照射。随着入射角增大，照明亮度不断降低，如图12-2所示。

图12-2

3. 衰减

在现实生活中，灯光的亮度会随着距离增加逐渐变暗，离光源远的对象比离光源近的对象暗，这种效果就是衰减效果。自然界中灯光按照平方反比进行衰减，也就是说灯光的亮度按距光源距离的平方削弱。通常在受大气粒子的遮挡后衰减效果会更加明显，尤其在阴天和雾天的情况下。

如图12-3所示，这是灯光衰减示意图，左图为反向衰减，右图为平方反比衰减。

图12-3

3ds Max中默认的灯光没有衰减设置，因此灯光与对象间的距离是没有意义的，用户在设置时，只需考虑灯光与表面间的入射角度。除了可以手动调节泛光灯和聚光灯的衰减外，还可以通过光线跟踪贴图调节衰减效果。如果使用光线跟踪方式计算反射和折射，应该对场景中的每一盏灯都进行衰减设置，因为一方面它可以提供更为精确和真实的照明效果，另一方面由于不必计算衰减以外的范围，所以还可以大大缩短渲染的时间。

提示： 在没有衰减设置的情况下，有可能会出现对象远离灯光对象，却变得更亮的情况，这是由于对象表面的入射角度更换接近0°造成的。

对于3ds Max中的标准灯光对象，用户可以自由设置衰减开始和结束的位置，无需严格遵循真实场景中灯光与被照射对象间的距离。更为重要的是，可以通过此功能对衰减效果进行优化。对于室外场景，衰减设置可以提高景深效果；对于室内场景，衰减设置有助于模拟蜡烛等低亮度光源的效果。

4. 反射光与环境光

对象反射后的光能够照亮其他的对象，反射的光越多，照亮环境中其他对象的光越多。反射光产生环境光，环境光没有明确的光源和方向，不会产生清晰的阴影。

如图12-4所示，其中A（黄色光线）是平行光，也就是发光源发射的光线；B（绿色光线）是反射光，也就是对象反射的光线；C是环境光，看不出明确的光源和方向。

在3ds Max中使用默认的渲染方式和灯光设置无法计算出对象的反射光，因此采用标准

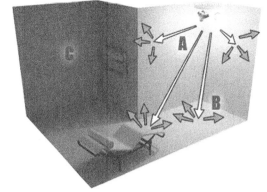

图12-4

灯光照明时往往要设置比实际更多的灯光对象。如果使用具有计算光能传递效果的渲染引擎（如3ds Max的高级照明、mental ray或者其他渲染器插件），就可以获得真实的反射光的效果。如果不使用光能传递方式的话，用户可以在"环境"面板中调节环境光的颜色和高度来模拟环境光的影响。

环境光的亮度影响场景的对比度，亮度越高，场景的对比度就越低；环境光的颜色影响场景整体的颜色，有时环境光表现为对象的反射光线，颜色为场景中其他对象的颜色，但大数情况下，环境光应该是场景中主光源颜色的补色。

5. 颜色和灯光

灯光的颜色部分依赖于生成该灯的过程。例如钨灯投影橘黄色的灯光，水银蒸汽灯投影冷色的浅蓝色灯光，太阳光为浅黄色。灯光颜色也依赖于灯光通过的介质。例如，大气中的云染为蓝色，脏玻璃可以将灯光染为浓烈的饱和色彩。

灯光的颜色也具备加色混合性，灯光的主要颜色为红色、绿色和蓝色（RGB）。当多种颜色混合在一起时，场景中总的灯光将变得更亮且逐渐变为白色，如图12-5所示。

图12-5

在3ds Max中，用户可以通过调节灯光颜色的RGB值作为场景主要照明设置的色温标准，但要明确的是，人们总倾向于将场景看作是白色光源照射的结果（这是一种称为色感一致性的人体感知现象），精确地再现光源颜色可能会适得其反，渲染出古怪的场景效果，所以在调节灯光颜

色时，应当重视主观的视觉感受，而物理意义上的灯光颜色仅仅是作为一项参考。

6. 色温

色温是一种按照绝对温标来描述颜色的方式，有助于描述光源颜色及其他接近白色的颜色值。下面的表格中罗列了一些常见灯光类型的色温值（Kelvin）以及相应的色调值（HSV）。

表 常见灯光类型的色温值、色调值

光源	颜色温度	色调
阴天的日光	6000 K	130
中午的太阳光	5000 K	58
白色荧光	4000 K	27
钨/卤元素灯	3300 K	20
白炽灯（100 W～200 W）	2900 K	16
白炽灯（25 W）	2500 K	12
日落或日出时的太阳光	2000 K	7
蜡烛火焰	1750 K	5

12.1.3　3ds Max灯光的照明原则

说到照明原则，多参考摄影、摄像以及舞台设计方面的照明指导书籍对于提高3ds Max场景的布灯技巧有很大的帮助，这里只笼统地介绍一下标准灯光设置的基础知识。

设置灯光时，首先应该明确场景要模拟的是自然照明效果还是人工照明效果。对自然照明场景，无论是日光照明还是月光照明，最主要的光源只有一个，而人工照明场景通常应包含多个类似的光源。在3ds Max中，无论是哪种照明场景，都需要设置若干个次级光源来辅助照明，无论是室内场景还是室外场景，都会受到材质颜色的影响。

1. 自然光

自然照明（阳光）是来自单一光源的平行光线，它的方向和角度会随着时间、纬度、季节的变化而变化。晴天时，阳光的颜色为淡黄色，多云时偏蓝色，阴雨天时偏暗灰色，大气中的颗粒会使阳光呈橙色或褐色，日出日落时阳光则更为发红或发橙色。天空越晴朗，产生的阴影越清晰，日照场景中的立体效果越突出。

3ds Max提供了多种模拟阳光的方式，标准的灯光方式就是平行光，无论是目标平行光还是自由平行光，一盏就足以作为日照场景的光源了，如图12-6所示。将平行光源的颜色设置为白色，亮度降低，还可以用来模拟月光效果。

图12-6

2. 人工光

人工照明，无论是室内还是室外夜景，都会使用多盏灯光对象。人工照明首先要明确场景中的主体，然后单独为这个主体打一盏明亮的灯光，称为"主灯光"，将其置于主体的前方稍稍偏上。除了"主灯光"以外，还需要设置一盏或多盏灯光用来照亮背景和主体的侧面，称为"辅助灯光"，亮度要低于"主灯光"。这些"主灯光"和"辅助灯光"不仅能够强调场景的主体，同时还加强了场景的立体效果。用户还可以为场景的次要主体添加照明灯光，舞台术语称之为"附加灯"，亮度通常高于"辅助灯光"，低于"主灯光"。

在3ds Max中，聚光灯通常是最好的"主灯光"，无论是聚光灯还是泛光灯都很适于作为"辅助灯光"，环境光则是另一种补充照明光源。

通过光度学灯光，可以基于灯光的色温、能量值以及分布状况设置照明效果。设置这种灯光，只要严格遵循实际的场景尺寸、灯光属性和分布位置，就能够产生良好的照明效果，如图12-7所示。

图12-7

3. 环境光

3ds Max中，环境光用于模拟漫反射表面反射光产生的照明效果，它的设置决定了处于阴影中和直接照明以外的表面的照明级别。用户可以在"环境"对话框中设置环境光的级别，场景会在考虑任何灯光照明之前就先根据它的设置，确立整个场景的照明级别，也是场景所能达到的最暗程度。环境光常常应用于室外场景，帮助日光照明在那些无法直射到的表面上产生均匀分布的反射光，如图12-8所示。一种常用的加深阴影的方法就是将环境光的颜色调节为近似"主灯光"颜色的补充色。

与室外场景不同，室内场景有很多灯光对象，普通环境光设置用来模拟局部光源的漫反射并不理想，最常用的方法就是环境光颜色设为黑色，并使用只影响环境光的灯光来模拟环境照明。

图12-8

12.1.4　3ds Max灯光的分类

　　利用3ds Max中的灯光可以模拟出真实的"照片级"画面，图12-9所示是两张利用3ds Max制作的室内外效果图。

图12-9

　　在"创建"面板中单击"灯光"按钮，在其下拉列表中可以选择灯光的类型。3ds Max 2014包含3种灯光类型，分别是"光度学"灯光、"标准"灯光和VRay灯光（前提是3ds Max中安装了VRay），如图12-10所示。

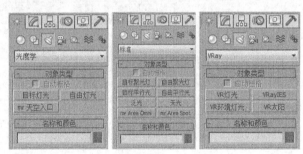

图12-10

提示： 如果3ds Max没有安装VRay渲染器，系统默认的只有"光度学"灯光和"标准"灯光。

12.2　光度学灯光

　　"光度学"灯光是系统默认的灯光，共有3种类型，分别是"目标灯光"、"自由灯光"和"mr 天空入口"。

12.2.1　目标灯光

功能介绍

　　目标灯光带有一个目标点，用于指向被照明物体，如图12-11所示。目标灯光主要用来模拟现实中的筒灯、射灯和壁灯等，其默认参数包含10个卷展栏，如图12-12所示。

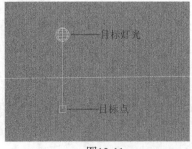

图12-11

图12-12

提示：下面主要针对目标灯光的一些常用卷展栏参数进行讲解。

参数详解

1. "常规参数"卷展栏

展开"常规参数"卷展栏，如图12-13所示。

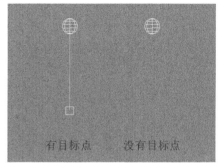

图12-13   图12-14

❖ "灯光属性"参数组
  ◇ 启用：控制是否开启灯光。
  ◇ 目标：启用该选项后，目标灯光才有目标点；如果禁用该选项，目标灯光没有目标点，将变成自由灯光，如图12-14所示。

提示：目标灯光的目标点并不是固定不可调节的，可以对它进行移动、旋转等操作。

  ◇ 目标距离：用来显示目标的距离。
❖ "阴影"参数组
  ◇ 启用：控制是否开启灯光的阴影效果。
  ◇ 使用全局设置：如果启用该选项后，该灯光投射的阴影将影响整个场景的阴影效果；如果关闭该选项，则必须选择渲染器使用哪种方式来生成特定的灯光阴影。
  ◇ 阴影类型列表：设置渲染器渲染场景时使用的阴影类型，包括"高级光线跟踪"、"mental ray阴影贴图"、"区域阴影"、"阴影贴图"、"光线跟踪阴影"、VRay阴影和"VRay阴影贴图"7种类型，如图12-15所示。
  ◇ 排除：将选定的对象排除于灯光效果之外。单击该按钮可以打开"排除/包含"对话框，如图12-16所示。

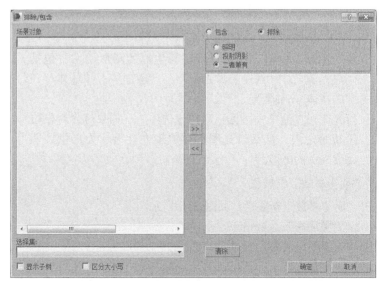

图12-15   图12-16

❖ "灯光分布（类型）"参数组
  ◇ 灯光分布类型列表：设置灯光的分布类型，包含"光度学Web"、"聚光灯"、"统一漫反射"和"统一球形"4种类型。

2. "强度/颜色/衰减"卷展栏

展开"强度/颜色/衰减"卷展栏，如图12-17所示。

❖ "颜色"参数组
  ◇ 灯光：挑选公用灯光，以近似灯光的光谱特征。
  ◇ 开尔文：通过调整色温微调器来设置灯光的颜色。
  ◇ 过滤颜色：使用颜色过滤器来模拟置于光源上的过滤色效果。

❖ "强度"参数组
  ◇ lm（流明）：测量整个灯光（光通量）的输出功率。100W的通用灯泡约有1750 lm的光通量。
  ◇ cd（坎德拉）：用于测量灯光的最大发光强度，通常沿着瞄准发射。100W通用灯泡的发光强度约为139 cd。
  ◇ lx（lux）：测量由灯光引起的照度，该灯光以一定距离照射在曲面上，并面向光源的方向。

图12-17

❖ "暗淡"参数组
  ◇ 结果强度：用于显示暗淡所产生的强度。
  ◇ 暗淡百分比：启用该选项后，该值会指定用于降低灯光强度的"倍增"。
  ◇ 光线暗淡时白炽灯颜色会切换：启用该选项之后，灯光可以在暗淡时通过产生更多的黄色来模拟白炽灯。

❖ "远距衰减"参数组
  ◇ 使用：启用灯光的远距衰减。
  ◇ 显示：在视口中显示远距衰减的范围设置。
  ◇ 开始：设置灯光开始淡出的距离。
  ◇ 结束：设置灯光减为0时的距离。

3. "图形/区域阴影"卷展栏

展开"图形/区域阴影"卷展栏，如图12-18所示。

❖ 从（图形）发射光线：选择阴影生成的图形类型，包括"点光源"、"线"、"矩形"、"圆形"、"球体"和"圆柱体"6种类型。

图12-18

❖ 灯光图形在渲染中可见：启用该选项后，如果灯光对象位于视野之内，那么灯光图形在渲染中会显示为自供照明（发光）的图形。

4. "阴影参数"卷展栏

展开"阴影参数"卷展栏，如图12-19所示。

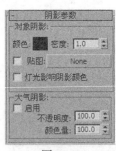

❖ "对象阴影"参数组
  ◇ 颜色：设置灯光阴影的颜色，默认为黑色。
  ◇ 密度：调整阴影的密度。
  ◇ 贴图：启用该选项，可以使用贴图来作为灯光的阴影。

图12-19

◇ None（无）：单击该按钮可以选择贴图作为灯光的阴影。

◇ 灯光影响阴影颜色：启用该选项后，可以将灯光颜色与阴影颜色（如果阴影已设置贴图）混合起来。

❖ "大气阴影"参数组

◇ 启用：启用该选项后，大气效果如灯光穿过它们一样投影阴影。

◇ 不透明度：调整阴影的不透明度百分比。

◇ 颜色量：调整大气颜色与阴影颜色混合的量。

5. "阴影贴图参数"卷展栏

展开"阴影贴图参数"卷展栏，如图12-20所示。

❖ 偏移：将阴影移向或移离投射阴影的对象。

❖ 大小：设置用于计算灯光的阴影贴图的大小。

❖ 采样范围：决定阴影内平均有多少个区域。

❖ 绝对贴图偏移：启用该选项后，阴影贴图的偏移是不标准

图12-20

化的，但是该偏移在固定比例的基础上会以3ds Max为单位来表示。

❖ 双面阴影：启用该选项后，计算阴影时物体的背面也将产生阴影。

提示： 注意，这个卷展栏的名称由"常规参数"卷展栏下的阴影类型来决定，不同的阴影类型具有不同的阴影卷展栏以及不同的参数选项。

6. 大气和效果卷展栏

展开"大气和效果"卷展栏，如图12-21所示。

❖ 添加 添加 ：单击该按钮可以打开"添加大气或效果"对话框，如图12-22所示。在该对话框中可以将大气或渲染效果添加到灯光中。

❖ 删除 删除 ：添加大气或效果以后，在大气或效果列表中选择大气或效果，然后单击该按钮可以将其删除。

❖ 大气或效果列表：显示添加的大气或效果，如图12-23所示。

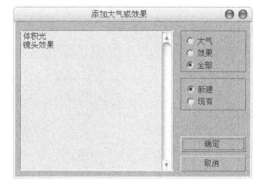

图12-21 　　　　　　　图12-22 　　　　　　　图12-23

❖ 设置 设置 ：在大气或效果列表中选择大气或效果以后，单击该按钮可以打开"环境和效果"对话框。在该对话框中可以对大气或效果参数进行更多的设置。

【练习12-1】：用目标灯光制作餐厅夜晚灯光

本练习的餐厅夜晚灯光效果如图12-24所示。

图12-24

Step 01 打开光盘中的"练习文件>第12章>练习12-1.max"文件，如图12-25所示。

Step 02 设置灯光类型为"光度学"，然后在顶视图中创建6盏目标灯光，其位置如图12-26所示。

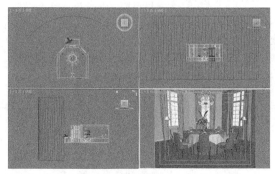

图12-25

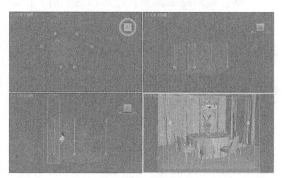

图12-26

> **提示：** 由于这6盏目标灯光的参数都相同，因此可以先创建其中一盏，然后通过移动复制的方式创建另外5盏目标灯光，这样可以节省很多时间。但是要注意一点，在复制灯光时，要选择"实例"复制方式，因为这样只需要修改其中一盏目标灯光的参数，其他的目标灯光的参数也会跟着改变。

Step 03 选择上一步创建的目标灯光，然后进入"修改"面板，具体参数设置如图12-27所示。

① 展开"常规参数"卷展栏，然后在"阴影"参数组下勾选"启用"选项，接着设置阴影类型为VRayShadow（VRay阴影），最后设置"灯光分布（类型）"为"光度学Web"。

② 展开"分布（光度学Web）"卷展栏，然后在其通道中加载一个光盘中的"练习文件>第12章>练习12-1>筒灯.ies"文件。

③ 展开"强度/颜色/衰减"卷展栏，然后设置"过滤颜色"为（红:253，绿:195，蓝:143），接着设置"强度"为1 516。

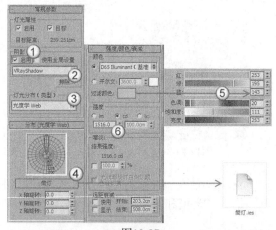

图12-27

技术专题12-1 ［什么是光域网］

将"灯光分布（类型）"设置为"光度学Web"后，系统会自动增加一个"分布（光度学Web）"卷展栏，在"分布（光度学Web）"通道中可以加载光域网文件。

光域网是灯光的一种物理性质，用来确定光在空气中的发散方式。

不同的灯光在空气中的发散方式也不相同，比如手电筒会发出一个光束，而壁灯或台灯发出的光又是另外一种形状，这些不同的形状是由灯光自身的特性来决定的，也就是说这些形状是由光域网造成的。灯光之所以会产生不同的图案，是因为每种灯在出厂时，厂家都要对每种灯指定不同的光域网。在3ds Max中，如果为灯光指定一个特殊的文件，就可以产生与现实生活中相同的发散效果，这种特殊文件的标准格式为.ies，图12-28所示是一些不同光域网的显示形态，图12-29所示是这些光域网的渲染效果。

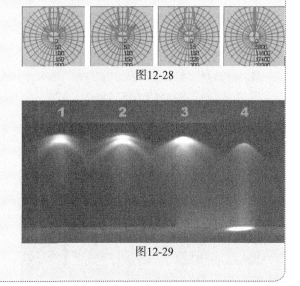

图12-28

图12-29

Step 04 设置灯光类型为VRay，然后在台灯的灯罩内创建两盏VRay光源，其位置如图12-30所示。

Step 05 选择上一步创建的VRay光源，然后进入"修改"面板，接着展开"参数"卷展栏，具体参数设置如图12-31所示。

① 在"基本"参数组下设置"类型"为"球体"。

② 在"亮度"参数组下设置"倍增器"为12，然后设置"颜色"为（红:244，绿:194，蓝:141）。

③ 在"大小"参数组下设置"半径"为3.15mm。

④ 在"选项"参数组下勾选"不可见"选项。

⑤ 在"采样"参数组下设置"细分"为20。

图12-30

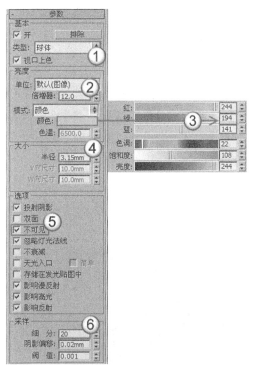

图12-31

Step 06 在吊灯的灯泡上继续创建26盏VRay光源，如图12-32所示。

Step 07 选择上一步创建的VRay光源，然后进入"修改"面板，接着展开"参数"卷展栏，具体参数设置如图12-33所示。

① 在"基本"参数组下设置"类型"为"球体"。

② 在"亮度"参数组下设置"倍增器"为20，然后设置"颜色"为（红:244，绿:194，蓝:141）。

③ 在"大小"参数组下设置"半径"为0.787mm。

④ 在"选项"参数组下勾选"不可见"选项。

⑤ 在"采样"参数组下设置"细分"为20。

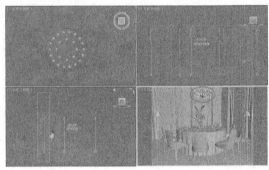

图12-32

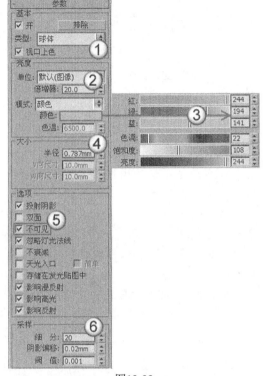

图12-33

Step 08 设置灯光类型为"标准"，然后在吊灯正中央下面创建一盏目标聚光灯，其位置如图12-34所示。

Step 09 选择上一步创建的目标聚光灯，然后进入"修改"面板，具体参数设置如图12-35所示。

① 展开"常规参数"卷展栏，然后在"阴影"参数组下勾选"启用"选项，接着设置阴影类型为VRayShadow（VRay阴影）。

② 展开"强度/颜色/衰减"卷展栏，然后设置"倍增"为2，接着设置"颜色"为（红:241，绿:189，蓝:144）。

③ 展开"聚光灯参数"卷展栏，然后设置"聚光区/光束"为43、"衰减区/区域"为95。

④ 展开VRayShadows params（VRay阴影参数）卷展栏，然后勾选"区域阴影"选项，接着选中"球体"选项，最后设置"U向尺寸"、"V向尺寸"和"W向尺寸"均为19.685mm、"细分"为20。

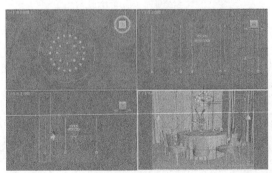

图12-34

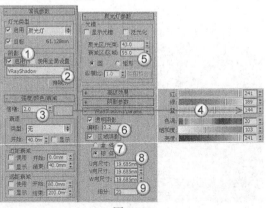

图12-35

Step 10 按C键切换到摄影机视图，然后按F9键渲染当前场景，最终效果如图12-36所示。

图12-36

12.2.2　自由灯光

自由灯光没有目标点，常用来模拟发光球、台灯等。自由灯光的参数与目标灯光的参数完全一样，如图12-37所示。

图12-37

12.2.3　mr Skylight门户

mr Skylight门户灯光是一种mental ray灯光，与VRay光源比较相似，不过mr Skylight门户灯光必须配合天光才能使用，其参数设置面板如图12-38所示。

提示：mr Skylight门户灯光在实际工作中基本上不会用到，因此这里不对其进行讲解。

图12-38

12.3　标准灯光

"标准"灯光包括8种类型，分别是"目标聚光灯"、Free Spot（自由聚光灯）、"目标平行光"、"自由平行光"、"泛光灯"、"天光"、"mr区域泛光灯"（mr Area Omini）和"mr区域聚光灯"（mr Area Spot）。

12.3.1 目标聚光灯

功能介绍

目标聚光灯可以产生一个锥形的照射区域，区域以外的对象不会受到灯光的影响，主要用来模拟吊灯、手电筒等发出的灯光。目标聚光灯由透射点和目标点组成，其方向性非常好，对阴影的塑造能力也很强，如图12-39所示，其参数设置面板如图12-40所示。

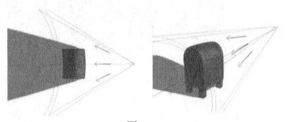

图12-39

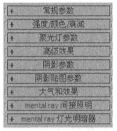

图12-40

参数详解

1. "常规参数"卷展栏

展开"常规参数"卷展栏，如图12-41所示。

❖ "灯光类型"参数组

　◇ 启用：控制是否开启灯光。

　◇ 灯光类型列表：选择灯光的类型，包含"聚光灯"、"平行光"和"泛光灯"3种类型，如图12-42所示。

图12-41

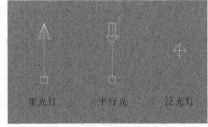

图12-42

提示： 在切换灯光类型时，可以从视图中很直接地观察到灯光外观的变化。但是切换灯光类型后，场景中的灯光就会变成当前选择的灯光。

　◇ 目标：如果启用该选项后，灯光将成为目标聚光灯；如果关闭该选项，灯光将变成自由聚光灯。

❖ "阴影"参数组

　◇ 启用：控制是否开启灯光阴影。

　◇ 使用全局设置：如果启用该选项，该灯光投射的阴影将影响整个场景的阴影效果；如果关闭该选项，则必须选择渲染器使用哪种方式来生成特定的灯光阴影。

　◇ 阴影类型：切换阴影的类型来得到不同的阴影效果。

　◇ 排除 排除... ：将选定的对象排除于灯光效果之外。

2. "强度/颜色/衰减"卷展栏

展开"强度/颜色/衰减"卷展栏，如图12-43所示。

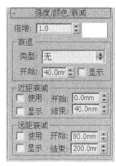

❖ "倍增"参数组

◇ 倍增：控制灯光的强弱程度。

◇ 颜色：用来设置灯光的颜色。

❖ "衰退"参数组

◇ 类型：指定灯光的衰退方式。"无"为不衰退；"倒数"为反向衰退；"平方反比"是以平方反比的方式进行衰退。

图12-43

提示： 如果"平方反比"衰退方式使场景太暗，可以按大键盘上的8键打开"环境和效果"对话框，然后在"全局照明"参数组下适当加大"级别"值来提高场景亮度。

◇ 开始：设置灯光开始衰退的距离。

◇ 显示：在视口中显示灯光衰退的效果。

❖ "近距衰减"参数组

◇ 近距衰减：该参数组用来设置灯光近距离衰退的参数。

◇ 使用：启用灯光近距离衰退。

◇ 显示：在视口中显示近距离衰退的范围。

◇ 开始：设置灯光开始淡出的距离。

◇ 结束：设置灯光达到衰退最远处的距离。

❖ "远距衰减"参数组

◇ 远距衰减：该参数组用来设置灯光远距离衰退的参数。

◇ 使用：启用灯光的远距离衰退。

◇ 显示：在视口中显示远距离衰退的范围。

◇ 开始：设置灯光开始淡出的距离。

◇ 结束：设置灯光衰退为0的距离。

3. "聚光灯参数"卷展栏

展开"聚光灯参数"卷展栏，如图12-44所示。

图12-44

❖ 显示光锥：控制是否在视图中开启聚光灯的圆锥显示效果，如图12-45所示。

❖ 泛光化：开启该选项时，灯光将在各个方向投射光线。

❖ 聚光区/光束：用来调整灯光圆锥体的角度。

❖ 衰减区/区域：设置灯光衰减区的角度，图12-46所示是不同"聚光区/光束"和"衰减区/区域"的光锥对比。

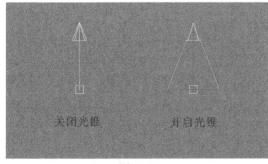

图12-45

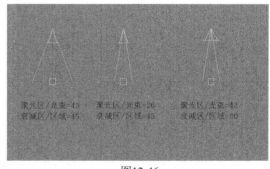

图12-46

- ❖ 圆/矩形：选择聚光区和衰减区的形状。
- ❖ 纵横比：设置矩形光束的纵横比。
- ❖ 位图拟合 位图拟合：如果灯光的投影纵横比为矩形，应设置纵横比以匹配特定的位图。

4. "高级效果"卷展栏

展开"高级效果"卷展栏，如图12-47所示。

图12-47

- ❖ "影响曲面"参数组
  - ◇ 对比度：调整漫反射区域和环境光区域的对比度。
  - ◇ 柔化漫反射边：增加该选项的数值可以柔化曲面的漫反射区域和环境光区域的边缘。
  - ◇ 漫反射：开启该选项后，灯光将影响曲面的漫反射属性。
  - ◇ 高光反射：开启该选项后，灯光将影响曲面的高光属性。
  - ◇ 仅环境光：开启该选项后，灯光仅影响照明的环境光。
- ❖ "投影贴图"参数组
  - ◇ 贴图：为投影加载贴图。
  - ◇ 无 无：单击该按钮可以为投影加载贴图。

【练习12-2】：用目标聚光灯制作餐厅日光

本练习的餐厅日光效果如图12-48所示。

图12-48

Step 01 打开光盘中的"练习文件>第12章>练习12-2.max"文件，如图12-49所示。

Step 02 设置灯光类型为"标准"，然后在场景中创建9盏目标聚光灯，其位置如图12-50所示。

图12-49

图12-50

 技术专题12-2 冻结与过滤对象

可能制作到这里用户会发现一个问题，那就是在调整灯光位置时总是会选择到其他物体。这里以图12-51中的场景来介绍两种快速选择灯光的方法。

第1种：冻结除了灯光外的所有对象。在"主工具栏"中设置"选择过滤器"类型为"G-几何体"，如图12-52所示，然后在视图中框选对象，这样选择的对象全部是几何体，不会选择到其他对象，如图12-53所示。选择好对象以后单击鼠标右键，然后在弹出的菜单中选择"冻结当前选择"命令，如图12-54所示，冻结的对象将以灰色状态显示在视图中，如图12-55所示。将"选择过滤器"类型设置为"全部"，此时无论怎么选择都不会选择到几何体了。另外，如果要解冻对象，可以在视图中单击鼠标右键，然后在弹出的菜单中选择"全部解冻"命令。

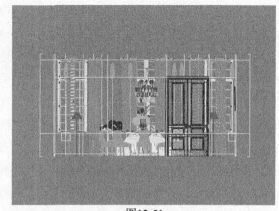

图12-51

图12-52

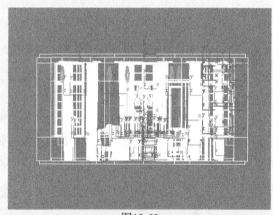

图12-53

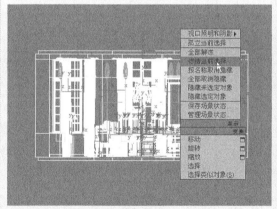

图12-54

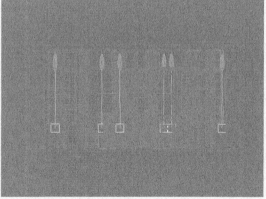

图12-55

第2种：过滤掉灯光外的所有对象。在"主工具栏"中设置"选择过滤器"类型为"L-灯光"，如图12-56所示，这样无论怎么选择，选择的对象永远都只有灯光，不会选择到其他对象，如图12-57所示。

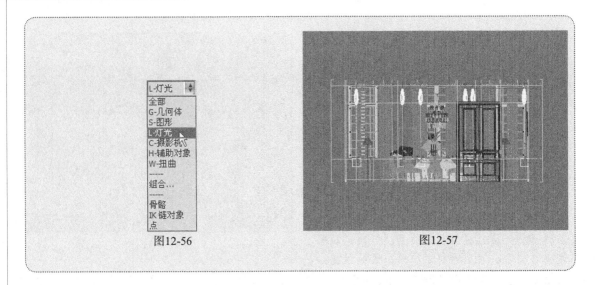

图12-56 图12-57

Step 03 选择上一步创建的目标聚光灯，然后进入"修改"面板，具体参数设置如图12-58所示。

① 展开"常规参数"卷展栏，然后在"阴影"参数组下勾选"启用"选项，接着设置阴影类型为VRayShadow（VRay阴影）。

② 展开"强度/颜色/衰减"卷展栏，然后设置"倍增"为0.6，接着设置"颜色"为（红:255，绿:239，蓝:215）。

③ 展开"聚光灯参数"卷展栏，然后设置"聚光区/光束"为30、"衰减区/区域"为90。

④ 展开VRayShadows params（VRay阴影参数）卷展栏，然后勾选"区域阴影"选项，并选中"球体"选项，接着设置"U向尺寸"、"V向尺寸"和"W向尺寸"均为100mm，最后设置"细分"为16。

Step 04 选择任意一盏目标聚光灯，然后复制一盏到吊灯的下面，其位置如图12-59所示。

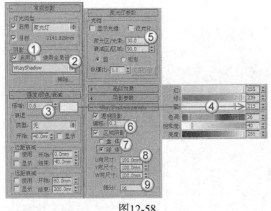

图12-58

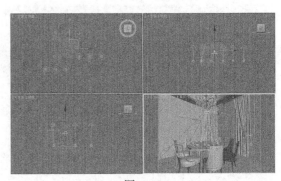

图12-59

提示： 注意，这里在复制灯光的时候，要将复制方式设置为"复制"。

Step 05 选择上一步复制的目标聚光灯，然后在"强度/颜色/衰减"卷展栏下将"倍增"修改为2，如图12-60所示。

Step 06 继续复制一盏目标聚光灯到吊灯下面，然后将目标点调整到上方，其位置如图12-61所示。

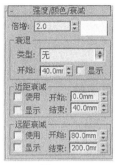

图12-60

图12-61

Step 07 选择上一步复制的目标聚光灯，然后在"强度/颜色/衰减"卷展栏下将"倍增"修改为0.3，接着在"聚光灯参数"卷展栏下将"聚光区/光束"修改为30、将"衰减区/区域"修改为70，如图12-62所示。

Step 08 设置灯光类型为VRay，然后在窗口玻璃处创建一个VRay光源，其位置如图12-63所示。

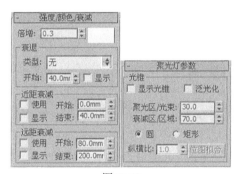

图12-62

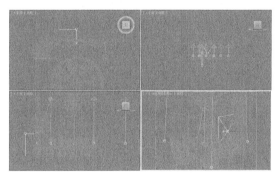

图12-63

Step 09 选择上一步创建的VRay光源，然后进入"修改"面板，接着展开"参数"卷展栏，具体参数设置如图12-64所示。

① 在"基本"参数组下设置"类型"为"平面"。

② 在"亮度"参数组下设置"倍增器"为2.5，然后设置"颜色"为（红:210，绿:233，蓝:255）。

③ 在"大小"参数组下设置"半长度"为478.264mm、"半宽度"为608.338mm。

④ 在"选项"参数组下勾选"不可见"选项，然后关闭"影响高光"和"影响反射"选项。

⑤ 在"采样"参数组下设置"细分"为30。

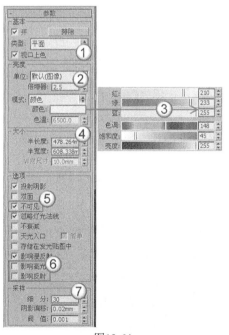

图12-64

Step 10 继续在大门处创建一个VRay光源，如图12-65所示。

Step 11 选择上一步创建的VRay光源，然后进入"修改"面板，接着展开"参数"卷展栏，具体参数设置如图12-66所示。

① 在"基本"参数组下设置"类型"为"平面"。

② 在"亮度"参数组下设置"倍增器"为1.5，然后设置"颜色"为（红:251，绿:230，蓝:184）。

③ 在"大小"参数组下设置"半长度"为1 000mm、"半宽度"为1 290mm。

④ 在"选项"参数组下勾选"不可见"，然后关闭"影响高光"和"影响反射"选项。

⑤ 在"采样"参数组下设置"细分"为30。

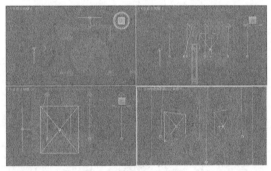

图12-65

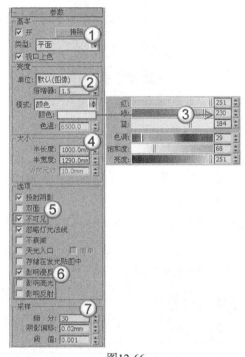

图12-66

Step 12 围绕吊顶创建一圈VRay光源（一共21盏）作为灯带，如图12-67所示。

Step 13 选择上一步创建的VRay光源，然后进入"修改"面板，接着展开"参数"卷展栏，具体参数设置如图12-68所示。

① 在"基本"参数组下设置"类型"为"平面"。

② 在"亮度"参数组下设置"倍增器"为2，然后设置"颜色"为（红:226，绿:141，蓝:72）。

③ 在"大小"参数组下设置"半长度"为202mm、"半宽度"为95mm。

④ 在"选项"参数组下勾选"不可见"，然后关闭"影响高光"和"影响反射"选项。

⑤ 在"采样"参数组下设置"细分"为30。

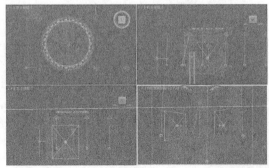

图12-67

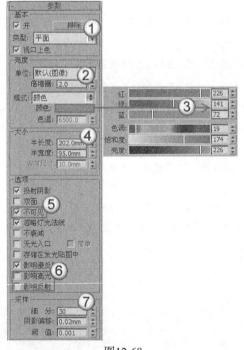

图12-68

Step 14 按C键切换到摄影机视图，然后按F9键渲染当前场景，最终效果如图12-69所示。

图12-69

12.3.2　自由聚光灯

功能介绍

　　自由聚光灯与目标聚光灯的参数基本一致，只是它无法对发射点和目标点分别进行调节，如图12-70所示。自由聚光灯特别适合用来模拟一些动画灯光，比如舞台上的射灯。

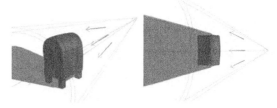

图12-70

12.3.3　目标平行光

功能介绍

　　目标平行光可以产生一个照射区域，主要用来模拟自然光线的照射效果（如太阳光照射），如图12-71所示。如果将目标平行光作为体积光来使用的话，那么可以用它模拟出激光束等效果。

提示： 虽然目标平行光可以用来模拟太阳光，但是它与目标聚光灯的灯光类型却不相同。目标聚光灯的灯光类型是聚光灯，而目标平行光的灯光类型是平行光，从外形上看，目标聚光灯更像锥形，而目标平行光更像筒形，如图12-72所示。

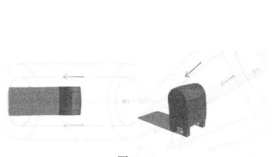

图12-71

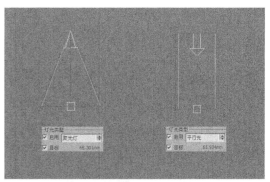

图12-72

【练习12-3】：用目标平行光制作阴影效果

本练习的阴影效果如图12-73所示。

图12-73

Step 01 打开光盘中的"练习文件>第12章>练习12-3.max"文件，如图12-74所示。

Step 02 设置灯光类型为"标准"，然后在场景中创建一盏目标平行光，其位置如图12-75所示。

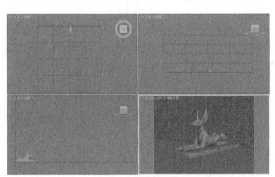

图12-74

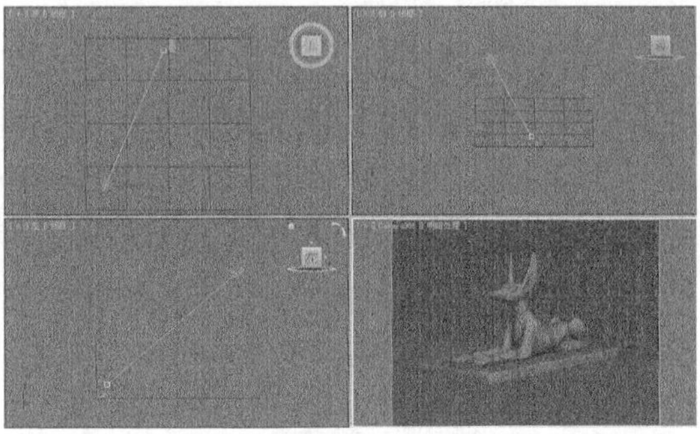

图12-75

Step 03 选择上一步创建的目标平行光，然后进入"修改"面板，具体参数设置如图12-76所示。

① 展开"常规参数"卷展栏下，然后在"阴影"参数组下勾选"启用"选项，接着设置阴影类型为VRayShadow（VRay阴影）。

② 展开"强度/颜色/衰减"卷展栏，然后设置"倍增"为2.6，接着设置"颜色"为白色。

③ 展开"平行光参数"卷展栏，然后设置"聚光区/光束"为1 100mm、"衰减区/区域"为19 999.99mm。

④ 展开"高级效果"卷展栏，然后在"投影贴图"参数组下勾选"贴图"选项，接着在贴图通道中加载一张光盘中的"光盘文件>练习文件>第12章>练习12-3>材质>阴影贴图.jpg"文件。

⑤ 展开VRayShadows params（VRay阴影参数）卷展栏，然后设置"U向尺寸"、"V向尺寸"和"W向尺寸"均为254mm。

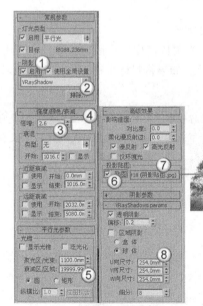

图12-76

技术专题12-3 [柔化阴影贴图]

这里要注意一点，在使用阴影贴图时，需要先在Photoshop中将其进入柔化处理，这样可以产生柔和、虚化的阴影边缘。下面以图12-77中的黑白图像来介绍一下柔化方法。

执行"滤镜>模糊>高斯模糊"菜单命令，打开"高斯模糊"对话框，然后对"半径"数值进行调整（在预览框中可以预览模糊效果），如图12-78所示，接着单击"确定"按钮 确定 完成模糊处理，效果如图12-79所示。

图12-77

图12-78

图12-79

Step 04 按C键切换到摄影机视图，然后按F9键渲染当前场景，最终效果如图12-80所示。

图12-80

12.3.4 自由平行光

功能介绍

自由平行光能产生一个平行的照射区域，常用来模拟太阳光，如图12-81所示。

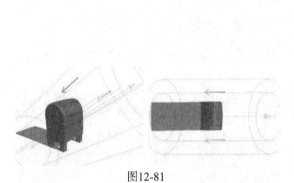

图12-81

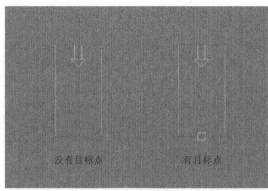

没有目标点　　　　　有目标点

图12-82

12.3.5 泛光灯

功能介绍

泛光灯可以向周围发散光线，其光线可以到达场景中无限远的地方，如图12-83所示。泛光灯比较容易创建和调节，能够均匀地照射场景，但是在一个场景中如果使用太多泛光灯可能会导致场景明暗层次变暗，缺乏对比。

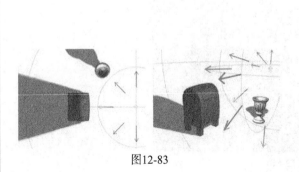

图12-83

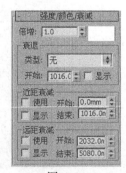

图12-84

【练习12-4】：用泛光灯制作星空特效

本练习的星空特效效果如图12-85所示。

图12-85

Step 01 打开光盘中的"练习文件>第12章>练习12-4.max"文件，如图12-86所示。

Step 02 设置灯光类型为"标准"，然后在场景中创建一盏目标聚光灯，其位置如图12-87所示。

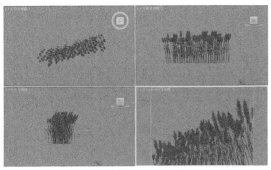

图12-86

图12-87

Step 03 选择上一步创建的目标聚光灯，然后进入"修改"面板，具体参数设置如图12-88所示。

① 展开"常规参数"卷展栏，然后在"阴影"参数组下勾选"启用"选项。

② 展开"强度/颜色/衰减"卷展栏，然后设置"倍增"为2，接着设置"颜色"为（红:151，绿:179，蓝:251）。

③ 展开"聚光灯参数"卷展栏，然后设置"聚光区/光束"为20、"衰减区/区域"为60。

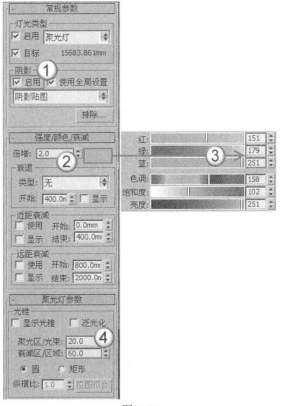

图12-88

Step 04 在天空创建20盏泛光灯作为星光，如图12-89所示。

Step 05 选择上一步创建的泛光灯，然后在"强度/颜色/衰减"卷展栏下设置"倍增"为1，接着设置"颜色"为白色，如图12-90所示。

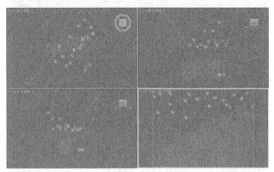

图12-89

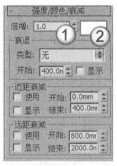

图12-90

Step 06 按大键盘上的8键打开"环境和效果"对话框，然后单击"环境"选项卡，接着在"环境贴图"下面的通道中加载一张"VR天空"环境贴图，如图12-91所示。

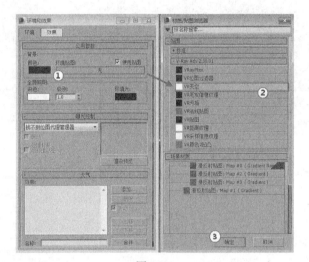

图12-91

提示： 键盘上的数字键分为两种，一种是大键盘上的数字键，另外一种是小键盘上的数字键，如图12-92所示。

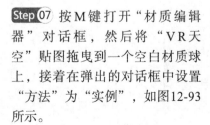

图12-92

Step 07 按M键打开"材质编辑器"对话框，然后将"VR天空"贴图拖曳到一个空白材质球上，接着在弹出的对话框中设置"方法"为"实例"，如图12-93所示。

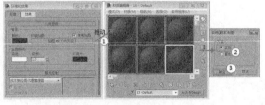

图12-93

Step 08 在"VRay天空参数"卷展栏下勾选"指定太阳节点"选项，然后设置"太阳强度倍增"为0.01，如图12-94所示。

Step 09 切换到"环境和效果"对话框，然后单击"效果"选项卡，接着在"效果"卷展栏下单击"添加"按钮 ，在弹出的对话框中选择"镜头效果"选项，最后单击"确定"按钮 ；选择加载的"镜头效果"，然后展开"镜头效果参数"卷展栏，接着在左侧的列表中选择"星形"选项，最后单击 按钮，将"星形"加载到右侧的列表中，如图12-95所示。

提示： 这里加载"镜头效果"主要是为了在最终渲染中产生星形效果。

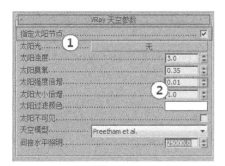

图12-94

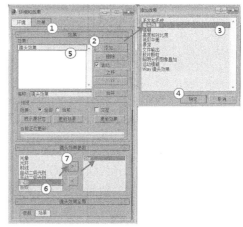

图12-95

Step 10 展开"镜头效果全局"卷展栏，然后设置"大小"为2.5、"强度"为300，接着单击"拾取灯光"按钮 ，并在场景中拾取20盏泛光灯（拾取的灯光在后面的灯光列表中会显示出来），如图12-96所示。

Step 11 按C键切换到摄影机视图，然后按F9键渲染当前场景，最终效果如图12-97所示。

图12-96

图12-97

12.3.6 天光

功能介绍

天光主要用来模拟天空光，以穹顶方式发光，如图12-98所示。天光不是基于物理学，可以用于所有需要基于物理数值的场景。天光可以作为场景唯一的光源，也可以与其他灯光配合使用，实现高光和投射锐边阴影。天光的参数比较少，只有一个"天光参数"卷展栏，如图12-99所示。

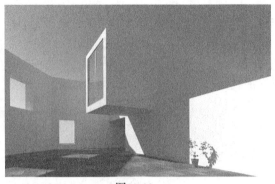

图12-98

图12-99

参数详解

* ❖ 启用：控制是否开启天光。
* ❖ 倍增：控制天光的强弱程度。
* ❖ 使用场景环境：使用"环境与特效"对话框中设置的"背景"颜色作为天光颜色。
* ❖ 天空颜色：设置天光的颜色。
* ❖ 贴图：指定贴图来影响天光的颜色。
* ❖ 投影阴影：控制天光是否投射阴影。
* ❖ 每采样光线数：计算落在场景中每个点的光子数目。
* ❖ 光线偏移：设置光线产生的偏移距离。

12.3.7 mr区域泛光灯

功能介绍

使用mental ray渲染器渲染场景时，mr区域泛光灯可以从球体或圆柱体区域发射光线，而不是从点发射光线。如果使用的是默认扫描线渲染器，mr区域泛光灯会像泛光灯一样发射光线。

mr区域泛光灯相对于泛光灯的渲染速度要慢一些，它与泛光灯的参数基本相同，只是mr区域泛光灯增加了一个"区域灯光参数"卷展栏，如图12-100所示。

图12-100

参数详解

* ❖ 启用：控制是否开启区域灯光。
* ❖ 在渲染器中显示图标：启用该选项后，mental ray渲染器将渲染灯光位置的黑色形状。
* ❖ 类型：指定区域灯光的形状。球形体积灯光一般采用"球体"类型，而圆柱形体积灯光一般采用"圆柱体"类型。
* ❖ 半径：设置球体或圆柱体的半径。
* ❖ 高度：设置圆柱体的高度，只有区域灯光为"圆柱体"类型时才可用。
* ❖ 采样U/V：设置区域灯光投射阴影的质量。

提示：对于球形灯光，U向将沿着半径来指定细分数，而V向将指定角度的细分数；对于圆柱形灯光，U向将沿高度来指定采样细分数，而V向将指定角度的细分数，图12-101和图12-102所示是U、V值分别为5和30时的阴影效果。从这两张图中可以明显地观察出U、V值越大，阴影效果就越精细。

图12-101

图12-102

【练习12-5】：用mr区域泛光灯制作荧光棒

本练习的荧光棒效果如图12-103所示。

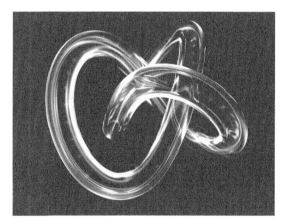

Step 01 打开光盘中的"练习文件>第12章>练习12-5.max"文件，如图12-104所示。

Step 02 设置灯光类型为"标准"，然后在荧光管内部创建一盏mr区域泛光灯，如图12-105所示。

图12-103

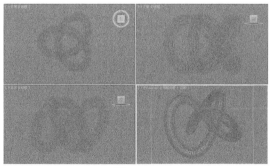

图12-104

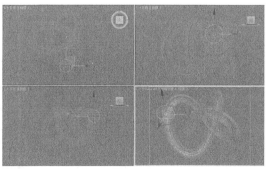

图12-105

Step 03 选择上一步创建的mr区域泛光灯，然后进入"修改"面板，具体参数设置如图12-106所示。

① 展开"常规参数"卷展栏，然后在"阴影"参数组下勾选"启用"选项，接着设置阴影类型为"光线跟踪阴影"。

② 展开"强度/颜色/衰减"卷展栏，然后设置"倍增"为0.2，接着设置"颜色"为（红:112，绿:162，蓝:255），最后在"远距衰减"参数组下勾选"显示"选项，并设置"开始"为66mm、"结束"为154mm。

Step 04 利用复制功能复制一些mr区域泛光灯到荧光管的其他位置（本例一共用了60盏mr区域泛光灯），如图12-107所示。

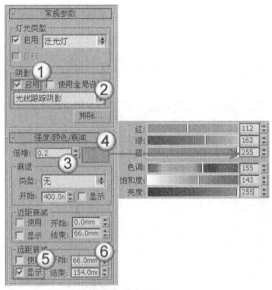

图12-106

提示： 复制的灯光要均匀分布在荧光管内，这样渲染出来的效果才会更加理想。

Step 05 按C键切换到摄影机视图，然后按F9键渲染当前场景，最终效果如图12-108所示。

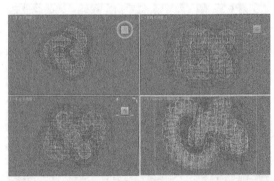

图12-107

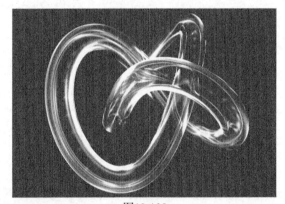

图12-108

提示： 在使用 mental ray 灯光时，需要将渲染器类型设置为 mental ray 渲染器。按 F10 键打开"渲染设置"对话框，然后在"公用"选项卡下展开"指定渲染器"卷展栏，接着单击"产品级"选项后面的"选择渲染器"按钮▦，最后在弹出的对话框中选择"NVIDIA mental ray"，如图 12-109 所示。

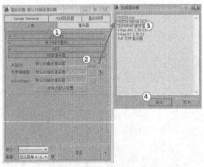

图 12-109

12.3.8 mr区域聚光灯

如果使用mental ray渲染器渲染场景时，mr区域聚光灯可以从矩形或蝶形区域发射光线，而不是从点发射光线。如果使用的是默认扫描线渲染器，mr区域聚光灯会像其他默认聚光灯一样发射光线。

mr区域聚光灯和mr区域泛光灯的参数很相似，只是mr区域聚光灯的灯光类型为"聚光灯"，因此它增加了一个"聚光灯参数"卷展栏，如图12-110所示。

图12-110

【练习12-6】：用mr区域聚光灯制作焦散特效

本练习的焦散特效如图12-111所示。

Step 01 打开光盘中的"练习文件>第12章>练习12-6.max"文件，如图12-112所示。

Step 02 按F10键打开"渲染设置"对话框，然后在"公用"选项卡下展开"指定渲染器"卷展栏，接着单击"产品级"选项后面的"选择渲染器"按钮，最后在弹出的对话框中选择"NVIDIA mental ray"，如图12-113所示。

图12-111

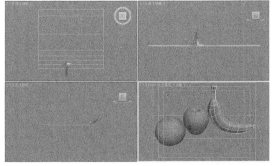

图12-112

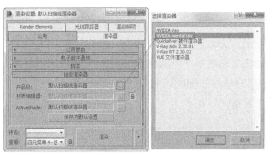

图12-113

Step 03 单击"全局照明"选项卡，然后展开"焦散和光子贴图（GI）"卷展栏，接着在"焦散"参数组和"光子贴图（GI）"参数组下勾选"启用"选项，如图12-114所示。

Step 04 设置灯光类型为"标准"，然后在场景中创建一盏天光，其位置如图12-115所示。

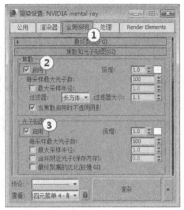

图12-114

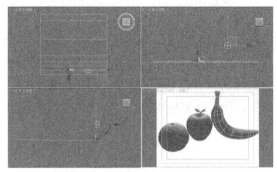

图12-115

Step 05 选择上一步创建的天光，然后在"天光参数"卷展栏下设置"倍增"为0.42，接着设置"天空颜色"为（红:242，绿:242，蓝:255），如图12-116所示。

Step 06 在场景中创建一盏mr区域聚光灯，其位置如图12-117所示。

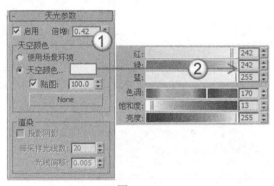

图12-116

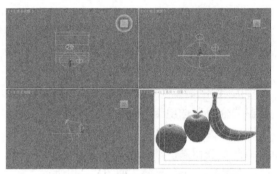

图12-117

Step 07 选择上一步创建的mr区域聚光灯，然后进入"修改"面板，具体参数设置如图12-118所示。

① 展开"聚光灯参数"卷展栏，然后设置"聚光区/光束"为60、"衰减区/区域"为140。

② 展开"区域灯光参数"卷展栏，然后设置"高度"和"宽度"均为500mm，接着在"采样"参数组下设置U、V值为8。

③ 展开"mental ray间接照明"卷展栏，然后关闭"自动计算能量与光子"选项，接着在"手动设置"参数组下勾选"启用"选项，最后设置"能量"为2 000 000、"焦散光子"为30 000、"GI光子"为10 000。

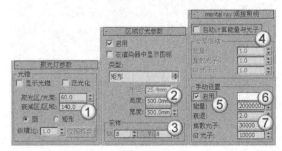

图12-118

Step 08 选中场景中的3个水果，然后单击鼠标右键，并在弹出的菜单中选择"对象属性"命令，如图12-119所示，接着在弹出的"对象属性"对话框中单击mental ray选项卡，再勾选"生成焦散"选项，最后关闭"接受焦散"选项，如图12-120所示。

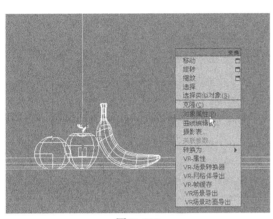

图12-119

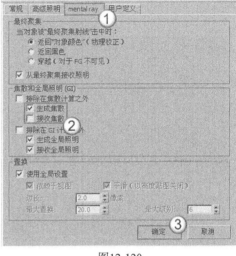

图12-120

Step 09 按C键切换到摄影机视图，然后按F9键渲染当前场景，最终效果如图12-121所示。

图12-121

12.4　VRay灯光

　　安装好VRay渲染器后，在"灯光"创建面板中就可以选择VRay光源。VRay灯光包含4种类型，分别是"VR_光源"、"VR_IES"、"VR_环境光"和"VR_太阳"，如图12-122所示。

图12-122

12.4.1　VRay光源

功能介绍

VRay光源主要用来模拟室内光源，是效果图制作中使用频率最高的一种灯光，其参数设置面板如图12-123所示。

图12-123

参数详解

1.　"基本"参数组

❖　开：控制是否开启VRay光源。

❖　排除 [排除]：用来排除灯光对物体的影响。

❖　类型：设置VRay光源的类型，共有"平面"、"穹顶"、"球体"和"网格体"4种类型，如图12-124所示。

图12-124

◇　平面：将VRay光源设置成平面形状。

◇　穹顶：将VRay光源设置成边界盒形状。

◇　球体：将VRay光源设置成穹顶状，类似于3ds Max的天光，光线来自于位于光源z轴的半球体状圆顶。

◇　网格体：这种灯光是一种以网格为基础的灯光。

提示："平面"、"穹顶"、"球体"和"网格体"灯光的形状各不相同，因此它们可以运用在不同的场景中，如图12-125所示。

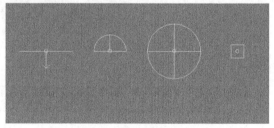

图12-125

2.　"亮度"参数组

❖　单位：指定VRay光源的发光单位，共有"默认（图像）"、"光通量（lm）"、"发光强度（lm/ m²/sr）"、"辐射量（W）"和"辐射强度（W/m²/sr）"5种。

◇　默认（图像）：VRay默认单位，依靠灯光的颜色和亮度来控制灯光的最后强弱，如果忽略曝光类型的因素，灯光色彩将是物体表面受光的最终色彩。

◇　光通量（lm）：当选择这个单位时，灯光的亮度将和灯光的大小无关（100W的亮度大约等于1500lm）。

◇ 发光强度（lm/ m²/sr）：当选择这个单位时，灯光的亮度和它的大小有关系。

◇ 辐射量（W）：当选择这个单位时，灯光的亮度和灯光的大小无关。注意，这里的瓦特和物理上的瓦特不一样，比如这里的100W等于物理上的2W~3W。

◇ 辐射强度（W/m²/sr）：当选择这个单位时，灯光的亮度和它的大小有关系。

❖ 倍增器：设置VRay光源的强度。

❖ 模式：设置VRay光源的颜色模式，共有"颜色"和"色温"两种。

❖ 颜色：指定灯光的颜色。

❖ 色温：以色温模式来设置VRay光源的颜色。

3. "大小"参数组

❖ 半长度：设置灯光的长度。

❖ 半宽度：设置灯光的宽度。

❖ U/V/W向尺寸：当前这个参数还没有被激活（即不能使用）。另外，这3个参数会随着VRay光源类型的改变而发生变化。

4. "选项"参数组

❖ 投射阴影：控制是否对物体的光照产生阴影。

❖ 双面：用来控制是否让灯光的双面都产生照明效果（当灯光类型设置为"平面"时有效，其他灯光类型无效），图12-126和图12-127所示分别是开启与关闭该选项时的灯光效果。

❖ 不可见：这个选项用来控制最终渲染时是否显示VRay光源的形状，图12-128和图12-129所示分别是关闭与开启该选项时的灯光效果。

图12-126

图12-127

图12-128

图12-129

❖ 忽略灯光法线：这个选项控制灯光的发射是否按照光源的法线进行发射，图12-130和图12-131所示分别是关闭与开启该选项时的灯光效果。

图12-130

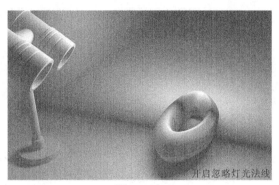

图12-131

❖ 不衰减：在物理世界中，所有的光线都是有衰减的。如果勾选这个选项，VRay将不计算灯光的衰减效果，图12-132和图12-133所示分别是关闭与开启该选项时的灯光效果。

提示： 在真实世界中，光线亮度会随着距离的增大而不断变暗，也就是说远离光源的物体的表面会比靠近光源的物体表面更暗。

❖ 天光入口：这个选项是把VRay灯光转换为天光，这时的VRay光源就变成了"间接照明（GI）"，失去了直接照明。当勾选这个选项时，"投射影阴影"、"双面"、"不可见"等参数将不可用，这些参数将被VRay的天光参数所取代。

图12-132

图12-133

❖ 储存在发光贴图中：勾选这个选项，同时将"间接照明（GI）"里的"首次反弹"引擎设置为"发光贴图"时，VRay光源的光照信息将保存在"发光贴图"中。在渲染光子的时候将变得更慢，但是在渲染出图时，渲染速度会提高很多。当渲染完光子的时候，可以关闭或删除这个VRay光源，它对最后的渲染效果没有影响，因为它的光照信息已经保存在了"发光贴图"中。

❖ 影响漫反射：该选项决定灯光是否影响物体材质属性的漫反射。

❖ 影响高光：该选项决定灯光是否影响物体材质属性的高光。

❖ 影响反射：勾选该选项时，灯光将对物体的反射区进行光照，物体可以将光源进行反射。

5. "采样"参数组

❖ 细分：这个参数控制VRay光源的采样细分。当设置比较低的值时，会增加阴影区域的杂点，但是渲染速度比较快，如图12-134所示；当设置比较高的值时，会减少阴影区域的杂点，但是会减慢渲染速度，如图12-135所示。

图12-134　　　　　　　　　　　　　　　　　图12-135

❖　阴影偏移：这个参数用来控制物体与阴影的偏移距离，较高的值会使阴影向灯光的方向偏移。

❖　阈值：设置采样的最小阈值。

6.　"纹理"参数组

❖　使用纹理：控制是否用纹理贴图作为半球光源。

❖　None（无）：选择纹理贴图。

❖　分辨率：设置纹理贴图的分辨率，最高为2 048。

❖　自适应：设置数值后，系统会自动调节纹理贴图的分辨率。

【练习12-7】：用VRay光源制作客厅灯光

本练习的客厅灯光效果如图12-136所示。

Step 01　打开光盘中的"练习文件>第12章>练习12-7.max"文件，如图12-137所示。

Step 02　设置灯光类型为VRay，然后在窗外创建一盏VRay光源，其位置如图12-138所示。

图12-136

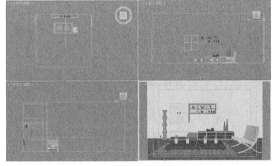

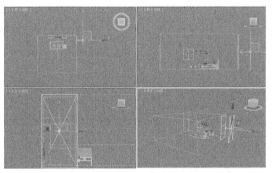

图12-137　　　　　　　　　　　　　　　　　图12-138

Step 03 选择上一步创建的VRay光源，然后进入"修改"面板，接着展开"参数"卷展栏，具体参数设置如图12-139所示。

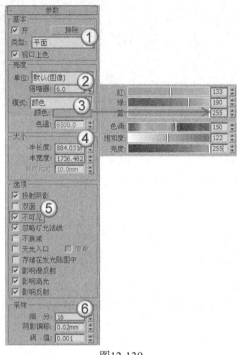

图12-139

① 在"基本"参数组下设置"类型"为"平面"。

② 在"亮度"参数组下设置"倍增器"为6，然后设置"颜色"为（红:133，绿:190，蓝:255）。

③ 在"大小"参数组下设置"半长度"为884.031mm、"半宽度"为1 736.482mm。

④ 在"选项"参数组下勾选"不可见"选项。

⑤ 在"采样"参数组下设置"细分"为16。

Step 04 继续在门口外面创建一盏VRay光源，其位置如图12-140所示。

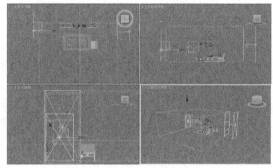

图12-140

Step 05 选择上一步创建的VRay光源，然后进入"修改"面板，接着展开"参数"卷展栏，具体参数设置如图12-141所示。

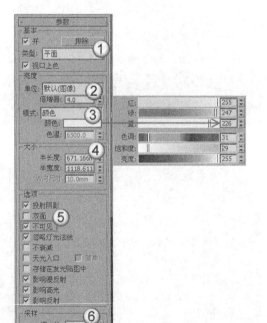

图12-141

① 在"基本"参数组下设置"类型"为"平面"。

② 在"亮度"参数组下设置"倍增器"为4，然后设置"颜色"为（红:255，绿:247，蓝:226）。

③ 在"大小"参数组下设置"半长度"为671.166mm、"半宽度"为1 118.611mm。

④ 在"选项"参数组下勾选"不可见"选项。

⑤ 在"采样"参数组下设置"细分"为16。

Step 06 在落地灯的5个灯罩内创建5盏VRay光源，其位置如图12-142所示。

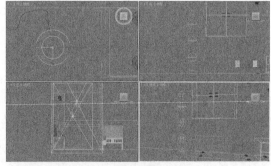

图12-142

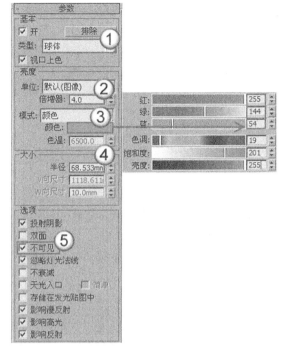

提示：注意，这5个灯光最好用复制的方法来进行创建。先在一个灯罩内创建一盏VRay光源，然后复制4盏到另外4个灯罩内，在复制时选择"实例"方式。

Step 07 选择上一步创建的VRay光源，然后进入"修改"面板，接着展开"参数"卷展栏，具体参数设置如图12-143所示。

① 在"基本"参数组下设置"类型"为"球体"。

② 在"亮度"参数组下设置"倍增器"为4，然后设置"颜色"为（红:255，绿:144，蓝:54）。

③ 在"大小"参数组下设置"半径"为68.533mm。

④ 在"选项"参数组下勾选"不可见"选项。

图12-143

提示：这5盏VRay球体光源的大小并不是全部相同的，中间的3盏灯光稍大一些，顶部和底部的两盏灯光要稍小一些，如图12-144所示。由于这些灯光是用"实例"复制方式来创建的，因此如果改变其中一盏灯光的"半径"数值，其他的灯光也会跟着改变，所以顶部和底部的两盏灯光要用"选择并均匀缩放"工具 来调整大小。

Step 08 在储物柜的装饰物内创建3盏VRay光源，其位置如图12-145所示。

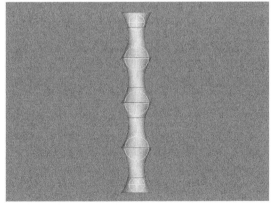

图12-144

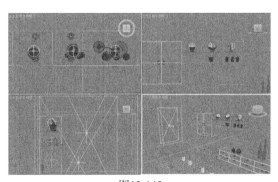

图12-145

Step 09 选择上一步创建的VRay光源，然后进入"修改"面板，接着展开"参数"卷展栏，具体参数设置如图12-146所示。

① 在"基本"参数组下设置"类型"为"球体"。

② 在"亮度"参数组下设置"倍增器"为4，然后设置"颜色"为（红:169，绿:209，蓝:255）。

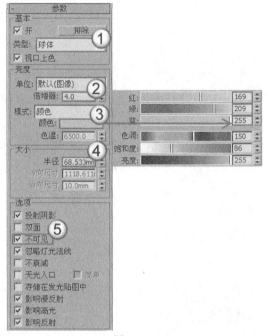

图12-146

③ 在"大小"参数组下设置"半径"为68.533mm。

④ 在"选项"参数组下勾选"不可见"选项。

Step 10 在储物柜的底部创建3盏VRay光源，其位置如图12-147所示。

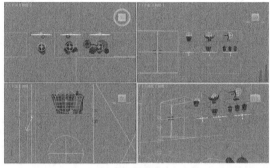

图12-147

Step 11 选择上一步创建的VRay光源，然后进入"修改"面板，接着展开"参数"卷展栏，具体参数设置如图12-148所示。

①在"基本"参数组下设置"类型"为"平面"。

② 在"亮度"参数组下设置"倍增器"为10，然后设置"颜色"为（红:195，绿:223，蓝:255）。

③ 在"大小"参数组下设置"半长度"为173.758mm、"半宽度"为7.672mm。

④ 在"选项"参数组下勾选"不可见"选项。

Step 12 按C键切换到摄影机视图，然后按F9键渲染当前场景，最终效果如图12-149所示。

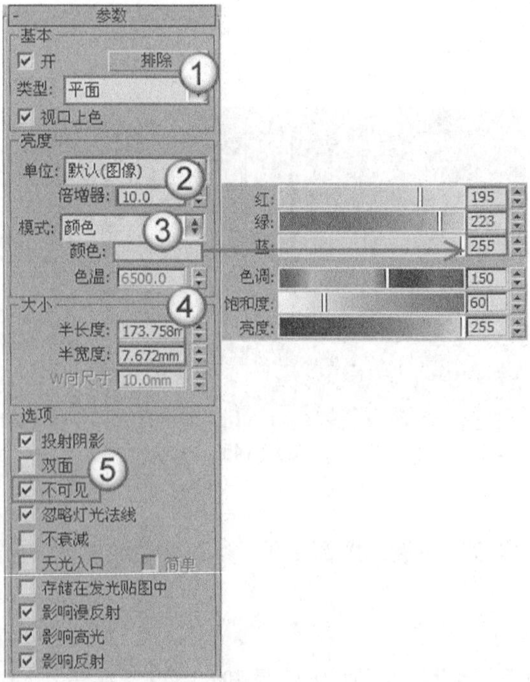

图12-148

图12-149

12.4.2 VRay太阳

功能介绍

VRay太阳主要用来模拟真实的室外太阳光。VRay太阳的参数比较简单，只包含一个"VRay太阳参数"卷展栏，如图12-150所示。

参数详解

❖ 开启：阳光开关。

❖ 不可见：开启该选项后，在渲染的图像中将不会出现太阳的形状。

❖ 影响漫反射：该选项决定灯光是否影响物体材质属性的漫反射。

❖ 影响高光：该选项决定灯光是否影响物体材质属性的高光。

❖ 投射大气阴影：开启该选项以后，可以投射大气的阴影，以得到更加真实的阳光效果。

图12-150

❖ 浊度：这个参数控制空气的混浊度，它影响VRay太阳和VRay天空的颜色。比较小的值表示晴朗干净的空气，此时VRay太阳和VRay天空的颜色比较蓝；较大的值表示灰尘含量重的空气（比如沙尘暴），此时VRay太阳和VRay天空的颜色呈现为黄色甚至橘黄色，图12-151~图12-154所示分别是"混浊度"值为2、3、5、10时的阳光效果。

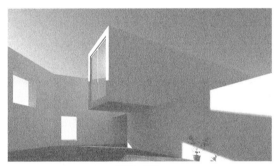

图12-151

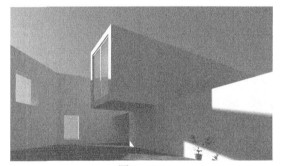

图12-152

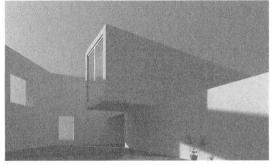

图12-153

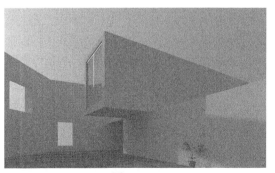

图12-154

提示：当阳光穿过大气层时，一部分冷光被空气中的浮尘吸收，照射到大地上的光就会变暖。

❖ 臭氧：这个参数是指空气中臭氧的含量，较小的值的阳光比较黄，较大的值的阳光比较蓝，图12-155~图12-157所示分别是"臭氧"值为0、0.5、1时的阳光效果。

❖ 强度倍增：这个参数是指阳光的亮度，默认值为1。

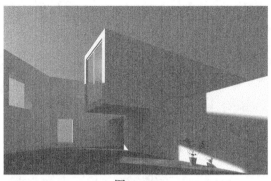
图12-155

图12-156

图12-157

提示： "混浊度"和"强度倍增"是相互影响的，因为当空气中的浮尘多的时候，阳光的强度就会降低。"大小倍增"和"阴影细分"也是相互影响的，这主要是因为影子虚边越大，所需的细分就越多，也就是说"大小倍增"值越大，"阴影细分"的值就要适当增大，因为当影子为虚边阴影（面阴影）的时候，就会需要一定的细分值来增加阴影的采样，不然就会有很多杂点。

❖ 大小倍增：这个参数是指太阳的大小，它的作用主要表现在阴影的模糊程度上，较大的值可以使阳光阴影比较模糊。

❖ 阴影细分：这个参数是指阴影的细分，较大的值可以使模糊区域的阴影产生比较光滑的效果，并且没有杂点。

❖ 阴影偏移：用来控制物体与阴影的偏移距离，较高的值会使阴影向灯光的方向偏移。

❖ 光子发射半径：这个参数和"光子贴图"计算引擎有关。

❖ 天空模型：选择天空的模式，可以选晴天，也可以选阴天。

❖ 排除 ▢▢▢▢ 排除... ▢▢▢▢：将物体排除在阳光照射范围之外。

12.4.3　VRay天空

功能介绍

　　VRay天空是VRay灯光系统中的一个非常重要的照明系统。VR没有真正的天光引擎，只能用环境光来代替，图12-158所示是在"环境贴图"通道中加载了一张"VR天空"环境贴图，这样就可以得到VRay的天光，再使用鼠标左键将"VR天空"环境贴图拖曳到一个空白的材质球上就可以调节VRay天空的相关参数。

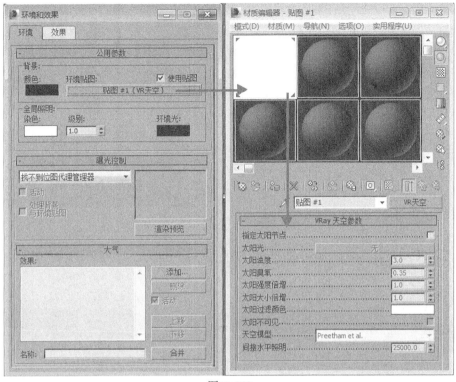

图12-158

参数详解

❖ 指定太阳节点：当关闭该选项时，VRay天空的参数将从场景中的VRay太阳的参数里自动匹配；当勾选该选项时，用户就可以从场景中选择不同的光源，在这种情况下，VRay太阳将不再控制VRay天空的效果，VRay天空将用它自身的参数来改变天光的效果。

❖ 太阳光：单击后面的None（无）按钮 None 可以选择太阳光源，这里除了可以选择VRay太阳之外，还可以选择其他的光源。

❖ 太阳浊度：与"VRay太阳参数"卷展栏下的"浊度"选项的含义相同。

❖ 太阳臭氧：与"VRay太阳参数"卷展栏下的"臭氧"选项的含义相同。

❖ 太阳强度倍增：与"VRay太阳参数"卷展栏下的"强度倍增"选项的含义相同。

❖ 太阳大小倍增：与"VRay太阳参数"卷展栏下的"大小倍增"选项的含义相同。

❖ 太阳不可见：与"VRay太阳参数"卷展栏下的"不可见"选项的含义相同。

❖ 天空模型：与"VRay太阳参数"卷展栏下的"天空模型"选项的含义相同。

提示：其实VRay天空是VRay系统中一个程序贴图，主要用来作为环境贴图或作为天光来照亮场景。在创建VRay太阳时，3ds Max会弹出如图12-159所示的对话框，提示是否将"VRay天空"环境贴图自动加载到环境中。

图12-159

【练习12-8】：用VRay太阳制作室内阳光

本练习的室内阳光效果如图12-160所示。

Step 01 打开光盘中的"练习文件>第12章>练习12-8.max"文件，如图12-161所示。

Step 02 设置灯光类型为VRay，然后在场景中创建一盏VRay太阳，接着在弹出的对话框中单击"是"按钮 是(Y)，如图12-162所示，灯光位置如图12-163所示。

图12-160

Step 03 选择上一步创建的VRay太阳，然后在"参数"卷展栏下设置"强度倍增"为0.85、"大小倍增"为12、"阴影细分"为10，具体参数设置如图12-164所示。

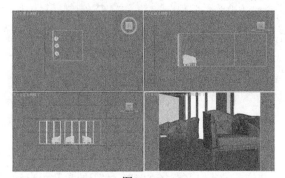

图12-161

图12-162

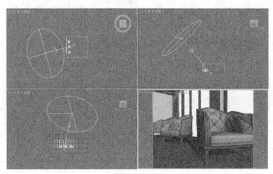

图12-163

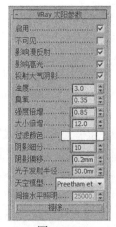

图12-164

Step 04 继续在场景中创建一盏VRay光源，其位置如图12-165所示。

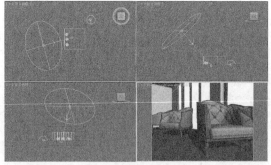

图12-165

Step 05 选择上一步创建的VRay光源，然后进入"修改"面板，接着展开"参数"卷展栏，具体参数设置如图12-166所示。

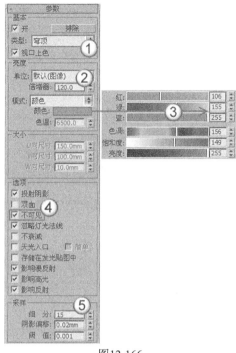

① 在"基本"参数组下设置"类型"为"穹顶"。

② 在"亮度"参数组下设置"倍增器"为120，然后设置"颜色"为（红:106，绿:155，蓝:255）。

③ 在"选项"参数组下勾选"不可见"选项。

④ 在"采样"参数组下设置"细分"为15。

Step 06 按C键切换到摄影机视图，然后按F9键渲染当前场景，最终效果如图12-167所示。

图12-166

图12-167

【练习12-9】：用VRay太阳制作室外阳光

本练习的室外阳光效果如图12-168所示。

图12-168

Step 01 打开光盘中的"练习文件>第12章>练习12-9.max"文件，如图12-169所示。

Step 02 设置灯光类型为VRay，然后在前视图中创建一盏VRay太阳，接着在弹出的对话框中单击"是"按钮 是(Y) ，其位置如图12-170所示。

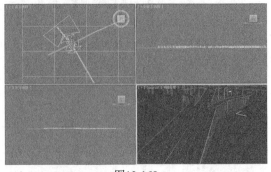
图12-169

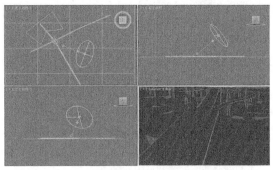
图12-170

Step 03 选择上一步创建的VRay太阳，然后在"VRay太阳参数"卷展栏下设置"强度倍增"为0.075、"大小倍增"为10、"阴影细分"为10，具体参数设置如图12-171所示。

Step 04 按C键切换到摄影机视图，然后按F9键渲染当前场景，最终效果如图12-172所示。

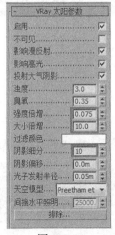
图12-171

图12-172

技术专题12-4 [在Photoshop中制作光晕特效]

由于在3ds Max中制作光晕特效比较麻烦，而且比较耗费渲染时间，因此可以在渲染完成后在Photoshop中来制作光晕。光晕的制作方法如下。

第1步：启动Photoshop，然后打开前面渲染好的图像，如图12-173所示。

第2步：按Shift+Ctrl+N组合键新建一个"图层1"，然后设置前景色为黑色，接着按Alt+Delete组合键用前景色填充"图层1"，如图12-174所示。

图12-173　　　　　　　　　　　　　　　图12-174

第3步：执行"滤镜>渲染>镜头光晕"菜单命令，如图12-175所示，然后在弹出的"镜头光晕"对话框中将光晕中心拖曳到左上角，如图12-176所示，效果如图12-177所示。

第4步：在"图层"面板中将"图层1"的"混合模式"调整为"滤色"模式，如图12-178所示。

图12-177

图12-175　　　　　　　　　图12-176

第5步：为了增强光晕效果，可以按Ctrl+J组合键复制一些光晕，如图12-179所示，效果如图12-180所示。

图12-178

图12-179　　　　　　　　图12-180

12.4.4　VRay IES

在制作建筑效果图时，常会使用一些特殊形状的光源，例如射灯、壁灯等，为了准确真实地表现这一类的光源，可以使用IES光源导入IES格式文件来实现。IES格式文件包含准确的光域网信息。光域网是光源的灯光强度分布的3D表示，平行光分布信息以IES格式存储在光度学数据文件中。光度学Web分布使用光域网定义分布灯光。可以加载各个制造商所提供的光度学数据文件，将其作为Web参数。在视口中，灯光对象会更改为所选光度学Web的图形。VRay IES的参数设置面板如图12-181所示。

图12-181

参数详解

- ❖ 启用：激活选项，勾选此项该灯光才起作用。
- ❖ 目标：控制灯光是否在场景中出现目标调节点。
- ❖ 无 ▭无▭：该按钮为光域网文件添加通道。
- ❖ X/Y/Z轴旋转：旋转x/y/z轴。
- ❖ 中止：设置最小阈值。通过该值来控制灯光影响计算的范围，值越大，中止计算的范围也越大，渲染计算速度也可以加快，当值为0时，会计算灯光对所有物体表面的影响。
- ❖ 阴影偏移：用来控制物体与阴影偏移距离，较高的值会使阴影向灯光的方向偏移。
- ❖ 投影阴影：控制是否对物体光照产生阴影。
- ❖ 影响漫反射：设置灯光是否产生漫反射照明。
- ❖ 影响高光：设置灯光是否产生高光效果。
- ❖ 使用灯光图形：控制是否显示灯光的形状。
- ❖ 图形细分：数值越高灯光质量越好。
- ❖ 颜色模式：该项与前面VRayLight的参数是一样的，这里就不作赘述。
- ❖ 色温：范围值在0~30 000之间，当"颜色模式"选择为"色温"时，才会起到作用，颜色也随着色温数值改变。默认状态是不激活的。
- ❖ 功率：控制灯光的亮度。
- ❖ 区域高光：控制是否产生区域高光效果。
- ❖ 排除 ▭排除…▭：VRay IES的排除面板，含有照明、投射阴影和二者兼有3种模式。

12.4.5 VRay环境灯光

"VRay环境灯光参数"的设置面板如图12-182所示。

参数详解

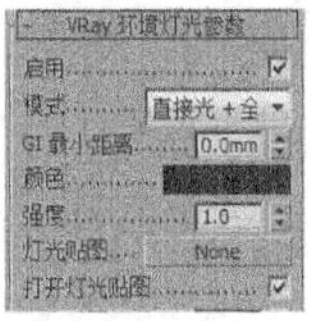

图12-182

- ❖ 启用：勾选该选项开启VR环境灯光。
- ❖ 模式：指受到VR环境灯光的影响，该下拉表中共包含以下3种模式。
  - ◇ 直接光+全局照明：直接光与全局光影响。
  - ◇ 直接光：直接光影响。
  - ◇ 全局照明：全局光照明影响。
- ❖ GI最小距离：全局光最小距离，设置环境灯光的GI影响环境。
- ❖ 颜色：设置灯光的颜色。
- ❖ 强度：设置灯光的影响强度。
- ❖ 灯光贴图：勾选后，可以使用一张纹理贴图来照明。
- ❖ 灯光贴图倍增：设置灯光贴图的倍增值。
- ❖ 补偿曝光：该选项在VR环境灯光使用物理像机的时候有效果，当勾选的时候会确保环境灯光不会被物理像机的曝光设置影响。

第13章 材质与贴图

本章导读

在大自然中，物体表面总是具有各种各样的特性，比如颜色、透明度、表面纹理等。而对于3ds Max而言，制作一个物体除了造型之外，还要将其表面特性表现出来，这样才能在三维虚拟世界中真实地再现物体本身的面貌，既做到了形似，也做到了神似。在这一表现过程中，要做到物体的形似，可以通过3ds Max的建模功能；而要做到物体的神似，就需要通过材质和贴图来表现。本章将对各种材质的制作方法以及3ds Max为用户提供的多种程序贴图进行全面而详细的介绍，为读者深度剖析3ds Max的材质和贴图技术。

13.1 初识材质

13.1.1 材质属性

材质可以看成是材料和质感的结合。在渲染程序中，它是物体表面各种可视属性的结合，这些可视属性是指色彩、纹理、光滑度、透明度、反射率、折射率和发光度等。正是有了这些属性，才能让大家识别三维空间中的物体属性是怎么表现的，也正是有了这些属性，计算机模拟的三维虚拟世界才会和真实世界一样缤纷多彩。

如果要想做出真实的材质，就必须深入了解物体的属性，这需要对真实物理世界中的物体多观察，多分析。

下面来举例分析一下物体的属性。

1. 物体的颜色

色彩是光的一种特性，人们通常看到的色彩是光作用于眼睛的结果。但光线照射到物体上的时候，物体会吸收一些光色，同时也会漫反射一些光色，这些漫反射出来的光色到达人们的眼睛之后，就决定物体看起来是什么颜色，这种颜色常被称为"固有色"。这些被漫反射出来的光色除了会影响人们的视觉之外，还会影响它周围的物体，这就是"光能传递"。当然，影响的范围不会像人们的视觉范围那么大，它要遵循"光能衰减"的原理。

如图13-1所示，远处的光照亮，而近处的光照暗。这是由于光的反弹与照射角度的关系，当光的照射角度与物体表面成90°垂直照射时，光的反弹最强，而光的吸收最弱；当光的照射角度与物体表面成180°时，光的反弹最弱，而光的吸收最强。

图13-1

> **提示**：物体表面越白，光的反射越强；反之，物体表面越黑，光的吸收越强。

2. 光滑与反射

一个物体是否有光滑的表面，往往不需要用手去触摸，视觉就会告诉我们结果。因为光滑的物体，总会出现明显的高光，比如玻璃、瓷器、金属等。而没有明显高光的物体，通常都是比较粗糙的，比如砖头、瓦片、泥土等。

这种差异在自然界无处不在，但它是怎么产生的呢？依然是光线的反射作用，但和上面"固有色"的漫反射方式不同，光滑物体有一种类似"镜子"的效果，在物体的表面还没有光滑到可以镜像反射出周围物体的时候，它对光源的位置和颜色是非常敏感的。所以，光滑的物体表面只"镜射"出光源，这就是物体表面的高光区，它的颜色是由照射它的光源颜色决定的（金属除外），随着物体表面光滑度的提高，对光源的反射会越来越清晰，这就是在材质编辑中，越是光滑的物体高光范围越小，强度越高的原因。

如图13-2所示，从洁具表面可以看到很小的高光，这是因为洁具表面比较光滑。再如图13-3所示，表面粗糙的蛋糕没有一点光泽，光照射到蛋糕表面，发生了漫反射，反射光线弹向四面八方，所以就没有了高光。

图13-2　　　　　　　　　　　　　　　　　　　　图13-3

3. 透明与折射

自然界的大多数物体通常会遮挡光线，当光线可以自由穿过物体时，这个物体肯定就是透明的。这里所说的"穿过"，不单指光源的光线穿过透明物体，还指透明物体背后的物体反射出来的光线也要再次穿过透明物体，这就使得大家可以看见透明物体背后的东西。

由于透明物体的密度不同，光线射入后会发生偏转现象，也就是折射。比如插进水里的筷子，看起来是弯的。不同透明物质的折射率也不一样，即使同一种透明的物质，温度不同也会影响其折射率，比如用眼睛穿过火焰上方的热空气观察对面的景象，会发现景象有明显的扭曲现象，这就是因为温度改变了空气的密度，不同的密度产生了不同的折射。正确使用折射率是真实再现透明物体的重要手段。

在自然界中还存在另一种形式的透明，在三维软件的材质编辑中把这种属性称之为"半透明"，比如纸张、塑料、植物的叶子，还有蜡烛等。它们原本不是透明的物体，但在强光的照射下背光部分会出现"透光"现象。

如图13-4所示，半透明的葡萄在逆光的作用下，表现得更彻底。

图13-4

13.1.2 制作材质的基本流程

通常，在制作新材质并将其应用于对象时，应该遵循以下步骤。

第1步：指定材质的名称。

第2步：选择材质的类型。

第3步：对于标准或光线追踪材质，应选择着色类型。

第4步：设置漫反射颜色、光泽度和不透明度等各种参数。

第5步：将贴图指定给要设置贴图的材质通道，并调整参数。

第6步：将材质应用于对象。

第7步：如有必要，应调整UV贴图坐标，以便正确定位对象的贴图。

第8步：保存材质。

提示： 在3ds Max中，创建材质是一件非常简单的事情，任何模型都可以被赋予栩栩如生的材质。如图13-5所示，这是一个白模场景，设置好了灯光以及正常的渲染参数，但是渲染出来的光感和物体质感都非常"平淡"，一点也不真实。而图13-6所示就是添加了材质后的场景效果，同样的场景、同样的灯光、同样的渲染参数，无论从哪个角度来看，这张图都比白模更具有欣赏性。

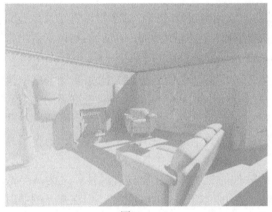

图13-5

图13-6

13.2 材质编辑器

"材质编辑器"对话框非常重要，因为所有的材质都在这里完成。打开"材质编辑器"对话框的方法主要有以下两种。

第1种：执行"渲染>材质编辑器>精简材质编辑器"菜单命令或"渲染>材质编辑器>Slate材质编辑器"菜单命令，如图13-7所示。

图13-7

第2种：直接按M键打开
"材质编辑器"对话框。这
是最常用的方法。

"材质编辑器"对话框
分为4大部分，最顶端为菜
单栏，充满材质球的窗口为
示例窗，示例窗左侧和下部
的两排按钮为工具栏，其余
的是参数控制区，如图13-8
所示。

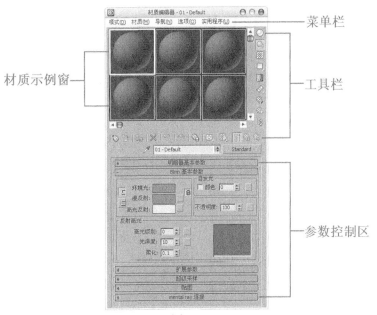

图13-8

13.2.1 菜单栏

"材质编辑器"对话框中的菜单栏包含5个菜单，分别是"模式"菜单、"材质"菜单、
"导航"菜单、"选项"菜单和"实用程序"菜单。

1. 模式菜单

功能介绍

"模式"菜单主要用来切换"精简材质
编辑器"和"Slate材质编辑器"，如图13-9
所示。

图13-9

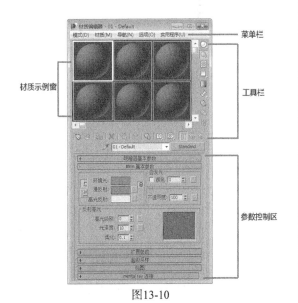

图13-10

命令详解

❖ 精简材质编辑器：这是一个简化的
材质编辑界面，它使用的对话框比
"Slate材质编辑器"小，也是在
3ds Max 2011版本之前唯一的材质编
辑器，如图13-10所示。

> **提示：** 在实际工作中，一般都不会用到"Slate材质编辑器"，因此本书都用"精简材质编辑器"来进行
> 讲解。

❖ Slate材质编辑器：
这是一个完整的材
质编辑界面，在设
计和编辑材质时使
用节点和关联以图
形方式显示材质的
结构，如图13-11
所示。

图13-11

> **提示**：虽然"Slate材质编辑器"在设计材质时功能更强大，但"精
> 简材质编辑器"在设计材质时更方便快捷。

2. 材质菜单

功能介绍

"材质"菜单主要用来获取材质、从对象选取材质等，如
图13-12所示。

命令详解

图13-12

❖ 获取材质：执行该命令可以打开"材质/贴图浏览器"
对话框，在该对话框中可以选择材质或贴图。
❖ 从对象选取：执行该命令可以从场景对象中选择
材质。
❖ 按材质选择：执行该命令可以基于"材质编辑器"对
话框中的活动材质来选择对象。
❖ 在ATS对话框中高亮显示资源：如果材质使用的是已
跟踪资源的贴图，那么执行该命令可以打开"资源跟
踪"对话框，同时资源会高亮显示。
❖ 指定给当前选择：执行该命令可以将当前材质应用于场景中的选定对象。
❖ 放置到场景：在编辑材质完成后，执行该命令可以更新场景中的材质效果。
❖ 放置到库：执行该命令可以将选定的材质添加到材质库中。
❖ 更改材质/贴图类型：执行该命令可以更改材质或贴图的类型。
❖ 生成材质副本：通过复制自身的材质，生成一个材质副本。
❖ 启动放大窗口：将材质示例窗口放大，并在一个单独的窗口中进行显示（双击材质球也
可以放大窗口）。
❖ 另存为.FX文件：将材质另外为FX文件。
❖ 生成预览：使用动画贴图为场景添加运动，并生成预览。
❖ 查看预览：使用动画贴图为场景添加运动，并查看预览。

❖ 保存预览：使用动画贴图为场景添加运动，并保存预览。

❖ 显示最终结果：查看所在级别的材质。

❖ 视口中的材质显示为：选择在视图中显示材质的方式，共有"没有贴图的明暗处理材质"、"有贴图的明暗处理材质"、"没有贴图的真实材质"和"有贴图的真实材质"4种方式。

❖ 重置示例窗旋转：使活动的示例窗对象恢复到默认方向。

❖ 更新活动材质：更新示例窗中的活动材质。

3. 导航菜单

功能介绍

"导航"菜单主要用来切换材质或贴图的层级，如图13-13所示。

图13-13

命令详解

❖ 转到父对象（P）向上键：在当前材质中向上移动一个层级。

❖ 前进到同级（F）向右键：移动到当前材质中的相同层级的下一个贴图或材质。

❖ 后退到同级（B）向左键：与"前进到同级（F）向右键"命令类似，只是导航到前一个同级贴图，而不是导航到后一个同级贴图。

4. 选项菜单

功能介绍

"选项"菜单主要用来更换材质球的显示背景等，如图13-14所示。

图13-14

命令详解

❖ 将材质传播到实例：将指定的任何材质传播到场景中对象的所有实例。

❖ 手动更新切换：使用手动的方式进行更新切换。

❖ 复制/旋转 拖动模式切换：切换复制/旋转拖动的模式。

❖ 背景：将多颜色的方格背景添加到活动示例窗中。

❖ 自定义背景切换：如果已指定了自定义背景，该命令可以用来切换自定义背景的显示效果。

❖ 背光：将背光添加到活动示例窗中。

❖ 循环3×2、5×3、6×4示例窗：用来切换材质球的显示方式。

❖ 选项：打开"材质编辑器选项"对话框，如图13-15所示。在该对话框中可以启用材质动画、加载自定义背景、定义灯光亮度或颜色，以及设置示例窗数目等。

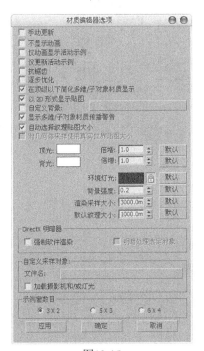

图13-15

5. 实用程序菜单

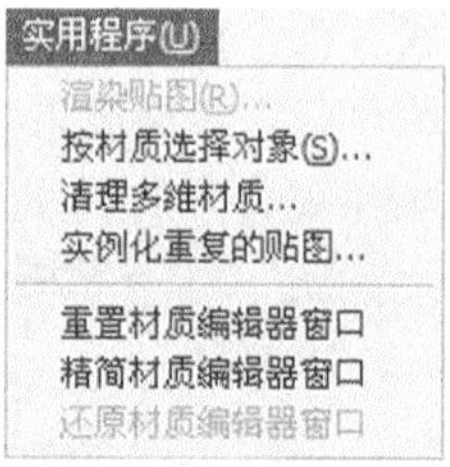

功能介绍

"实用程序"菜单主要用来清理多维材质、重置"材质编辑器"对话框等，如图13-16所示。

实用程序(U)
渲染贴图(R)...
按材质选择对象(S)...
清理多维材质...
实例化重复的贴图...

重置材质编辑器窗口
精简材质编辑器窗口
还原材质编辑器窗口

图13-16

命令详解

❖ 渲染贴图：对贴图进行渲染。

❖ 按材质选择对象：可以基于"材质编辑器"对话框中的活动材质来选择对象。

❖ 清理多维材质：对"多维/子对象"材质进行分析，然后在场景中显示所有包含未分配任何材质ID的材质。

❖ 实例化重复的贴图：在整个场景中查找具有重复位图贴图的材质，并提供将它们实例化的选项。

❖ 重置材质编辑器窗口：用默认的材质类型替换"材质编辑器"对话框中的所有材质。

❖ 精简材质编辑器窗口：将"材质编辑器"对话框中所有未使用的材质设置为默认类型。

❖ 还原材质编辑器窗口：利用缓冲区的内容还原编辑器的状态。

13.2.2 材质球示例窗

材质球示例窗主要用来显示材质效果，通过它可以很直观地观察出材质的基本属性，如反光、纹理和凹凸等，如图13-17所示。

双击材质球会弹出一个独立的材质球显示窗口，可以将该窗口进行放大或缩小来观察当前设置的材质效果，如图13-18所示。

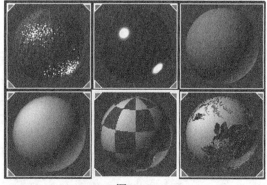

图13-17

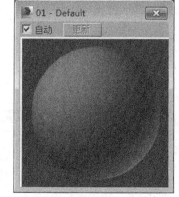

图13-18

技术专题13-1 　[材质球示例窗的基本知识]

在默认情况下，材质球示例窗中一共有12个材质球，可以拖曳滚动条显示出不在窗口中的材质球，同时也可以使用鼠标中键来旋转材质球，这样可以观看到材质球其他位置的效果，如图13-19所示。

使用鼠标左键可以将一个材质球拖曳到另一个材质球上，这样当前材质就会覆盖掉原有的材质，如图13-20所示。

图13-19　　　　　　　　　　　　　　　图13-20

　　使用鼠标左键可以将材质球中的材质拖曳到场景中的物体上（即将材质指定给对象），如图13-21所示。将材质指定给物体后，材质球上会显示4个缺角的符号，如图13-22所示。

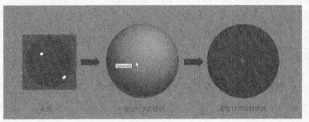
图13-21

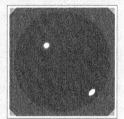
图13-22

13.2.3　工具栏

功能介绍

　　下面讲解"材质编辑器"对话框中的两个工具栏，如图13-23所示，工具栏主要提供了一些快捷材质处理工具，以方便用户使用。

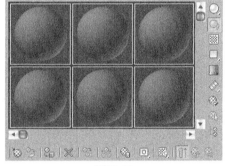

命令详解

❖　获取材质 ：为选定的材质打开"材质/贴图浏览器"对话框。

❖　将材质放入场景 ：在编辑好材质后，单击该按钮可以更新已应用于对象的材质。

图13-23

❖　将材质指定给选定对象 ：将材质指定给选定的对象。

❖　重置贴图/材质为默认设置 ：删除修改的所有属性，将材质属性恢复到默认值。

❖　生成材质副本 ：在选定的示例图中创建当前材质的副本。

❖　使唯一 ：将实例化的材质设置为独立的材质。

❖　放入库 ：重新命名材质并将其保存到当前打开的库中。

❖　材质ID通道 ：为应用后期制作效果设置唯一的ID通道。

❖　在视口中显示明暗处理材质 ：在视口对象上显示2D材质贴图。

❖　显示最终结果 ：在实例图中显示材质以及应用的所有层次。

❖　转到父对象 ：将当前材质上移一级。

❖　转到下一个同级项 ：选定同一层级的下一贴图或材质。

❖　采样类型 ：控制示例窗显示的对象类型，默认为球体类型，还有圆柱体和立方体类型。

❖ 背光■：打开或关闭选定示例窗中的背景灯光。

❖ 背景▨：在材质后面显示方格背景图像，这在观察透明材质时非常有用。

❖ 采样UV平铺□：为示例窗中的贴图设置UV平铺显示。

❖ 视频颜色检查■：检查当前材质中NTSC和PAL制式的不支持颜色。

❖ 生成预览▨：用于产生、浏览和保存材质预览渲染。

❖ 选项▨：打开"材质编辑器选项"对话框，在该对话框中可以启用材质动画、加载自定义背景、定义灯光亮度或颜色，以及设置示例窗数目等。

❖ 按材质选择▨：选定使用当前材质的所有对象。

❖ 材质/贴图导航器▨：单击该按钮可以打开"材质/贴图导航器"对话框，在该对话框中会显示当前材质的所有层级。

 技术专题13-2 〔**从对象获取材质**〕

在材质名称的左侧有一个工具叫作"从对象获取材质"▨，这是一个比较重要的工具。如图13-24所示，这个场景中有一个指定了材质的球体，但是在材质示例窗中却没有显示出球体的材质。遇到这种情况可以使用"从对象获取材质"工具▨将球体的材质吸取出来。首先选择一个空白材质，然后单击"从对象获取材质"工具▨，接着在视图中单击球体，这样就可以获取球体的材质，并在材质示例窗中显示出来，如图13-25所示。

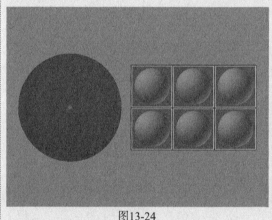
图13-24

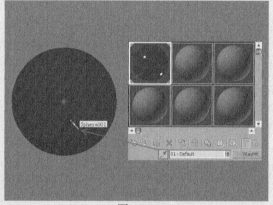
图13-25

13.2.4 参数控制区

参数控制区用于调节材质的参数，基本上所有的材质参数都在这里调节。注意，不同的材质拥有不同的参数控制区，在下面的内容中将对各种重要材质的参数控制区进行详细讲解。

13.3 材质管理器

"材质资源管理器"主要用来浏览和管理场景中的所有材质。执行"渲染>材质资源管理器"菜单命令可以打开"材质管理器"对话框。"材质管理器"对话框分为"场景"面板和"材质"面板两大部分，如图13-26所示。"场景"面板主要用来显示场景对象的材质，而"材质"面板主要用来显示当前材质的属性和纹理。

提示："材质管理器"对话框非常有用，使用它可以直观地观察到场景对象的所有材质，如在图13-27中，可以观察到场景中的对象包含3个材质，分别是"火焰"材质、"默认"材质和"蜡烛"材质。在"场景"面板中选择一个材质以后，在下面的"材质"面板中就会显示出与该材质的相关属性以及加载的纹理贴图，如图13-28所示。

图13-27

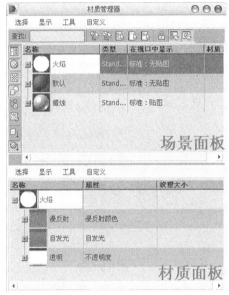

图13-26

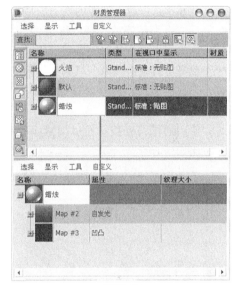

图13-28

13.3.1 场景面板

"场景"面板分为菜单栏、工具栏、显示按钮和列4大部分，如图13-29所示。

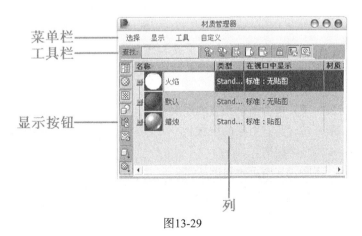

图13-29

1. 菜单栏

菜单栏中包含4组菜单，分别是"选择"、"显示"、"工具"和"自定义"菜单。

<1> 选择菜单

展开"选择"菜单，如图13-30所示。

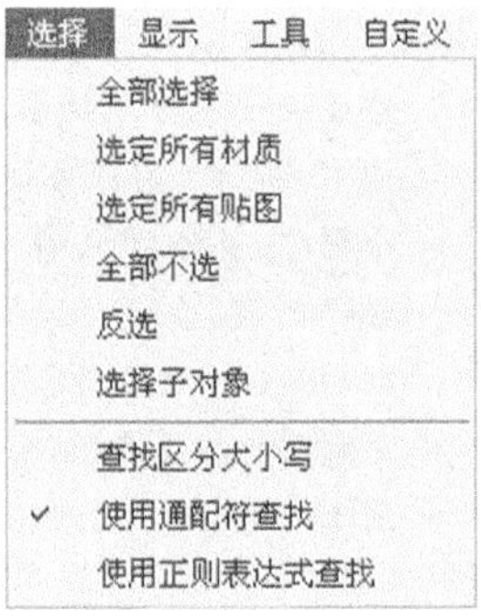

命令详解

- ❖ 全部选择：选择场景中的所有材质和贴图。
- ❖ 选定所有材质：选择场景中的所有材质。
- ❖ 选定所有贴图：选择场景中的所有贴图。
- ❖ 全部不选：取消选择的所有材质和贴图。
- ❖ 反选：颠倒当前选择，即取消当前选择的所有对象，而选择前面未选择的对象。
- ❖ 选择子对象：该命令只起到切换的作用。
- ❖ 查找区分大小写：通过搜索字符串的大小写来查处对象，比如house与House。
- ❖ 使用通配符查找：通过搜索字符串中的字符来查找对象，比如*和?等。
- ❖ 使用正则表达式查找：通过搜索正则表达式的方式来查找对象。

图13-30

<2> 显示菜单

展开"显示"菜单，如图13-31所示。

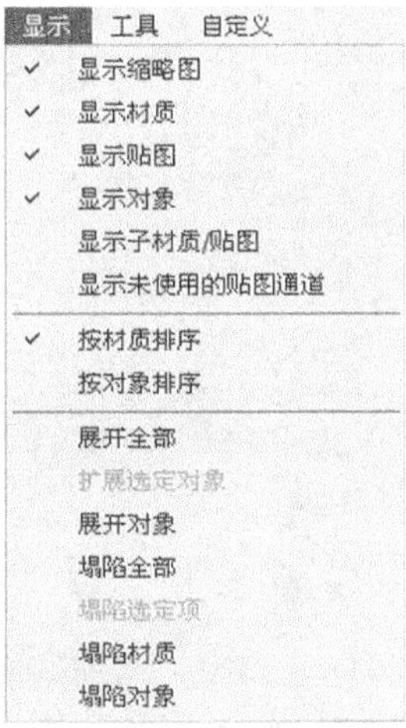

命令详解

- ❖ 显示缩略图：启用该选项之后，"场景"面板中将显示出每个材质和贴图的缩略图。
- ❖ 显示材质：启用该选项之后，"场景"面板中将显示出每个对象的材质。
- ❖ 显示贴图：启用该选项之后，每个材质的层次下面都包括该材质所使用到的所有贴图。
- ❖ 显示对象：启用该选项之后，每个材质的层次下面都会显示出该材质所应用到的对象。
- ❖ 显示子材质/贴图：启用该选项之后，每个材质的层次下面都会显示用于材质通道的子材质和贴图。
- ❖ 显示未使用的贴图通道：启用该选项之后，每个材质的层次下面还会显示出未使用的贴图通道。
- ❖ 按材质排序：启用该选项之后，层次将按材质名称进行排序。
- ❖ 按对象排序：启用该选项之后，层次将按对象进行排序。
- ❖ 展开全部：展开层次以显示出所有的条目。
- ❖ 展开选定对象：展开包含所选条目的层次。
- ❖ 展开对象：展开包含所有对象的层次。
- ❖ 塌陷全部：塌陷整个层次。
- ❖ 塌陷选定项：塌陷包含所选条目的层次。
- ❖ 塌陷材质：塌陷包含所有材质的层次。
- ❖ 塌陷对象：塌陷包含所有对象的层次。

图13-31

<3> 工具菜单

展开"工具"菜单，如图13-32所示。

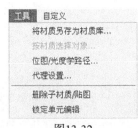

图13-32

命令详解

❖ 将材质另存为材质库：将材质另存为
材质库（即.mat文件）文件。

❖ 按材质选择对象：根据材质来选择场
景中的对象。

❖ 位图/光度学路径：打开"位图/光度
学路径编辑器"对话框，在该对话框
中可以管理场景对象的位图的路径，
如图13-33所示。

图13-33

❖ 代理设置：打开"全局设置和位图
代理的默认"对话框，如图13-34
所示。可以使用该对话框来管理
3ds Max如何创建和并入到材质中的
位图的代理版本。

❖ 删除子材质/贴图：删除所选材质的
子材质或贴图。

❖ 锁定单元编辑：启用该选项之后，可
以禁止在"材质管理器"对话框中编
辑单元。

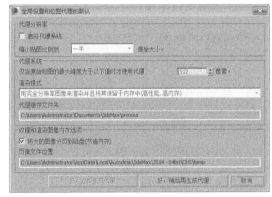

图13-34

<4>自定义菜单

展开"自定义"菜单，如图13-35所示。

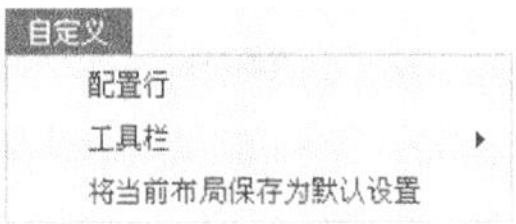

图13-35

命令详解

❖ 配置行：打开"配置行"对话框，在该对话框中可以
为"场景"面板添加队列。

❖ 工具栏：选择要显示的工具栏。

❖ 将当前布局保存为默认设置：保存当前"材质管理器"对话框中的布局方式，并将其设
置为默认设置。

2. 工具栏

功能介绍

工具栏中主要是一些对材质进行基本操作的工具，如图13-36所示。

图13-36

命令详解

❖ 查找 [   ]：输入文本来查找对象。

❖ 选择所有材质▣：选择场景中的所有材质。

❖ 选择所有贴图▣：选择场景中的所有贴图。

❖ 全部选择▣：选择场景中的所有材质和贴图。

❖ 全部不选▣：取消选择场景中的所有材质和贴图。

❖ 反选▣：颠倒当前选择。

❖ 锁定单元编辑▣：激活该按钮以后，可以禁止在"材质管理器"对话框中编辑单元。

❖ 同步到材质资源管理器▣：激活该按钮以后，"材质"面板中的所有材质操作将与"场景"面板保持同步。

❖ 同步到材质级别▣：激活该按钮以后，"材质"面板中的所有子材质操作将与"场景"面板保持同步。

3. 显示按钮

🖋 功能介绍

显示按钮主要用来控制材质和贴图的显示方式，与"显示"菜单相对应，如图13-37所示。

🖋 命令详解

图13-37

❖ 显示缩略图▣：激活该按钮后，"场景"面板中将显示出每个材质和贴图的缩略图。

❖ 显示材质▣：激活该按钮后，"场景"面板中将显示出每个对象的材质。

❖ 显示贴图▣：激活该按钮后，每个材质的层次下面都包括该材质所使用到的所有贴图。

❖ 显示对象▣：激活该按钮后，每个材质的层次下面都会显示出该材质所应用到的对象。

❖ 显示子材质/贴图▣：激活该按钮后，每个材质的层次下面都会显示用于材质通道的子材质和贴图。

❖ 显示未使用的贴图通道▣：激活该按钮后，每个材质的层次下面还会显示出未使用的贴图通道。

❖ 按对象排序▣/按材质排序▣：让层次以对象或材质的方式来进行排序。

4. 材质列表

🖋 功能介绍

材质列表主要用来显示场景材质的名称、类型、在视口中的显示方式以及材质的ID号，如图13-38所示。

🖋 参数详解

图13-38

❖ 名称：显示材质、对象、贴图和子材质的名称。

❖ 类型：显示材质、贴图或子材质的类型。

❖ 在视口中显示：注明材质和贴图在视口中的显示方式。

❖ 材质ID：显示材质的ID号。

13.3.2 材质面板

"材质"面板分为菜单栏和列两大部分，如图13-39所示。

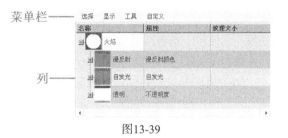

图13-39

> **提示：** "材质"面板中的菜单命令与"场景"面板中的菜单命令基本一致，这里就不再重复介绍。

13.4 材质/贴图浏览器

材质/贴图浏览器提供全方位的材质和贴图浏览、选择功能，它会根据当前的情况而变化，如果允许选择材质和贴图，会将两者都显示在列表窗中，否则会仅显示材质或贴图。

在3ds Max 2014中，材质/贴图浏览器进行了重新设计，新的材质/贴图浏览器对原有功能进行了重新组织，使其变得更加简单易用，执行"渲染>材质/贴图浏览器"菜单命令即可打开"材质/贴图"浏览器，如图13-40所示。

> **提示：** 默认状态下的材质/贴图浏览器被嵌入到了Slate材质编辑器中，成为了编辑器标准界面的一部分（如图13-11所示），通过简单的拖曳操作就可以直接调用，省去了通过各种按钮进行切换的麻烦。

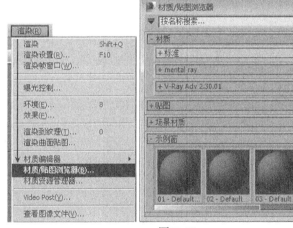

图13-40

13.4.1 材质/贴图浏览器的基本功能

材质/贴图浏览器功的基本功能如下。

（1）浏览并选择材质或贴图，双击某一种材质可以将其直接调入当前活动的示例窗中，也可以通过拖曳复制操作将材质任意拖曳到允许复制的地方。

（2）编辑材质库，制作并扩充自己的材质库，用于其他场景。

（3）可以自定义组合材质、贴图或材质库，使它们的操作和调用变得更加方便。

（4）具备多种显示模式，便于查找相应的项目。

13.4.2　材质/贴图浏览器的构成

在材质/贴图浏览器中，软件将不同类的材质、贴图和材质库分门别类地组织在一起，默认包括材质、贴图、场景材质和示例窗4个组。此外还可以自由组织各种材质和贴图，添加自定的材质库或者自定义组。

每个组用卷展栏的形式组织在一起，组名称前都带有一个打开/关闭 (+/-) 的图标，在卷展栏名称上进行单击即可展开或卷起该卷展栏。在卷展栏上单击鼠标右键，就会弹出控制该组或材质库的菜单项目。各个组中可能还包括更细的分类项目，它们被称为子组，例如，默认情况下，材质或贴图组中包含标准、mental ray（或VRay）等子组（前提是将mental ray或VRay设置为当前渲染器）。

1. "材质" / "贴图" 组

这两个组用于当前渲染器所支持的各种材质和贴图，当使用某个材质或贴图时，可以通过双击或拖曳的方式调用它们。"标准"组用于显示默认扫描渲染器中提供的标准材质和贴图，其他的组则会根据当前使用的渲染器而灵活变化，比如显示VRay组或mental ray组。

2. "场景材质" 组

显示场景中应用的材质或贴图，甚至包括渲染设置面板或灯光中使用明暗器，它会根据场景中的变化而随时更新。利用该材质组可以整理场景中的材质，为其重新命名或将其复制到材质库中。

3. "示例窗" 组

显示精简材质编辑器示例窗中的材质球效果或者列举示例窗中使用的贴图，这是材质编辑器示例窗的小版本，包括使用和尚未使用的材质球共计24个，与材质编辑器中的材质球同步更新。

13.5　3ds Max标准材质

安装好VRay渲染器后，材质类型大致可分为27种。单击Standard（标准）按钮 Standard ，然后在弹出的"材质/贴图浏览器"对话框中可以观察到这27种材质类型，如图13-41所示。

请读者注意，由于3ds Max材质类型很多，本书将挑选一些重要的、常用的材质进行介绍。

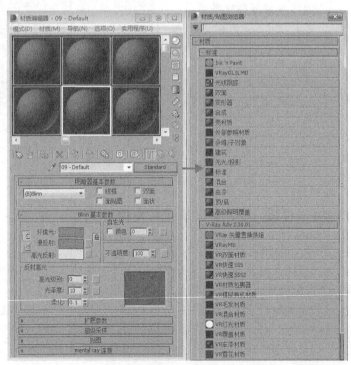

图13-41

13.5.1 标准材质

功能介绍

"标准"材质是3ds Max默认的材质，也是使用频率最高的材质之一，它几乎可以模拟真实世界中的任何材质，其参数设置面板如图13-42所示。

图13-42

参数详解

1. "明暗器基本参数"卷展栏

在"明暗器基本参数"卷展栏下可以选择明暗器的类型，还可以设置"线框"、"双面"、"面贴图"和"面状"等参数，如图13-43所示。

图13-43

❖ 明暗器列表：在该列表中包含了8种明暗器类型，如图13-44所示。

图13-44

    ◇ 各向异性：这种明暗器通过调节两个垂直于正向上可见高光尺寸之间的差值来提供了一种"重折光"的高光效果，这种渲染属性可以很好地表现毛发、玻璃和被擦拭过的金属等物体。

    ◇ Blinn：这种明暗器是以光滑的方式来渲染物体表面，是最常用的一种明暗器。

    ◇ 金属：这种明暗器适用于金属表面，它能提供金属所需的强烈反光。

    ◇ 多层："多层"明暗器与"各向异性"明暗器很相似，但"多层"明暗器可以控制两个高亮区，因此"多层"明暗器拥有对材质更多的控制，第一高光反射层和第二高光反射层具有相同的参数控制，可以对这些参数使用不同的设置。

    ◇ Oren-Nayar-Blinn：这种明暗器适用于无光表面（如纤维或陶土），与Blinn明暗器几乎相同，通过它附加的"漫反射色级别"和"粗糙度"两个参数可以实现无光效果。

    ◇ Phong：这种明暗器可以平滑面与面之间的边缘，也可以真实地渲染有光泽和规则曲面的高光，适用于高强度的表面和具有圆形高光的表面。

    ◇ Strauss：这种明暗器适用于金属和非金属表面，与"金属"明暗器十分相似。

    ◇ 半透明明暗器：这种明暗器与Blinn明暗器类似，它们之间的最大的区别在于该明暗器可以设置半透明效果，使光线能够穿透半透明的物体，并且在穿过物体内部时离散。

❖ 线框：以线框模式渲染材质，用户可以在"扩展参数"卷展栏下设置线框的"大小"参数，如图13-45所示。

❖ 双面：将材质应用到选定面，使材质成为双面。

❖ 面贴图：将材质应用到几何体的各个面。如果材质是贴图材质，则不需要贴图坐标，因为贴图会自动应用到对象的每一个面。

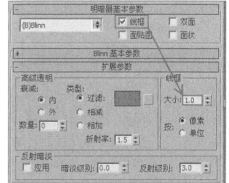

图13-45

❖ 面状：使对象产生不光滑的明暗效果，把对象的每个面都作为平面来渲染，可以用于制作加工过的钻石、宝石和任何带有硬边的物体表面。

2. "Blinn基本参数" / "Phong基本参数"卷展栏

当在图13-44所示的明暗器列表中选择不同的明暗器时，这个卷展栏的名称和参数也会有所不同，比如选择Blinn明暗器之后，这个卷展栏就叫"Blinn基本参数"；如果选择"各向异性"明暗器，这个卷展栏就叫"各向异性基本参数"。

Blinn和Phong都是以光滑的方式进行表现渲染，效果非常相似。Blinn高光点周围的光晕是旋转混合的，Phong是发散混合的；背光处Blinn的反光点形状近似圆形，Phong的则为梭形，影响周围的区域较小；如果增大柔化参数，Blinn的反光点仍保持尖锐的形态，而Phong却趋向于均匀柔和的反光；从色调上来看，Blinn趋于冷色，Phong趋于暖色。综上所述，可以近似地认为，Phong易表现暖色柔和的材质，常用于塑性材质，可以精确地反映出凹凸、不透明、反光、高光和反射贴图效果，Blinn易表现冷色坚硬的材质，它们之间的差别并不是很大。

下面就来介绍一下"Blinn基本参数"和"Phong基本参数"卷展栏的相关参数，如图13-46所示，这两个明暗器的参数完全相同。

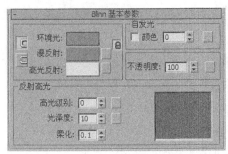 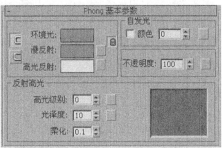

图13-46

❖ 环境光：用于模拟间接光，也可以用来模拟光能传递。

❖ 漫反射："漫反射"是在光照条件较好的情况下（比如在太阳光和人工光直射的情况下）物体反射出来的颜色，又被称作物体的"固有色"，也就是物体本身的颜色。

❖ 高光反射：物体发光表面高亮显示部分的颜色。

❖ 自发光：使用"漫反射"颜色替换曲面上的任何阴影，从而创建出白炽效果。

❖ 不透明度：控制材质的不透明度。

❖ 高光级别：控制"反射高光"的强度。数值越大，反射强度越强。

❖ 光泽度：控制镜面高亮区域的大小，即反光区域的大小。数值越大，反光区域越小。

❖ 柔化：设置反光区和无反光区衔接的柔和度。0表示没有柔化效果；1表示应用最大量的柔化效果。

3. "各向异性基本参数"卷展栏

各向异性就是通过调节两个垂直正交方向上可见高光尺寸之间的差额，从而实现一种"重折光"的高光效果。这种渲染属性可以很好地表现毛发、玻璃和被擦拭过的金属等效果。它的基本参数大体上与上Blinn相同，其参数面板如图13-47所示。

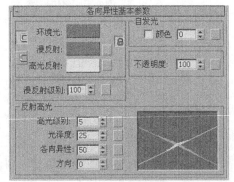

图13-47

❖ 漫反射级别：控制漫反射部分的亮度。增减该值可以在不影响高光部分的情况下增减漫反射部分的亮度，调节范围为0～400，默认为100。

❖ 各向异性：控制高光部分的各向异性和形状。值为0，高光形状呈弧形；值为100时，高光变形为极窄条状。高光图的一个轴发生更改以显示该参数中的变化，默认设置为50。

❖ 方向：用来改变高光部分的方向，范围为0～9 999，默认设置为0。

4. "金属基本参数"卷展栏

这是一种比较特殊的渲染方式，专用于金属材质的制作，可以提供金属所需的强烈反光。它取消了"高光反射"色彩的调节，反光点的色彩仅依据于漫反射色彩和灯光的色彩。

由于取消了"高光反射"色彩的调节，所以在高光部分的高光级别和光泽度设置也与Blinn有所不同。高光级别仍控制高光区域的强度，而光泽度部分变化的同时将影响高光区域的强度和大小，其参数面板如图13-48所示。

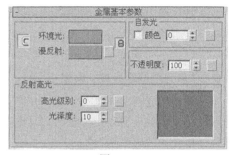

图13-48

5. "多层基本参数"卷展栏

多层渲染属性与各向异性有相似之处，它的高光区域也属于各向异性类型，意味着从不同的角度产生的高光尺寸。当各向异性为0时，它们基本是相同的，高光是圆形的，与Blinn、Phong相同；当各向异性为100时，这种高光的各项异性达到最大程度的不同，在一个方向上高光非常尖锐，而另一个方向上光泽度可以单独控制。多层最明显的不同在于，它拥有两个高光区域控制。通过高光区域的分层，可以创建很多不错的特效，其参数面板如图13-49所示。

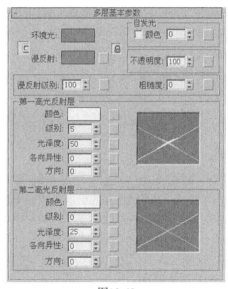

图13-49

❖ 粗糙度：设置由漫反射部分向阴影部分进行调和的快慢。增大该值时，表面的不平滑部分随之增加，材质也显得更暗更平。值为0时，则与Blinn渲染属性没有什么差别，默认为0。

6. "Oren-Nayar-Blinn基本参数"卷展栏

Oren-Nayar-Blinn渲染属性是Blinn的一个特殊变量形式，通过它附加的漫反射级别和粗糙度两个设置，可以实现无光材质的效果，这种渲染属性常用来表现织物、陶制品等粗糙对象的表面，其参数面板如图13-50所示。

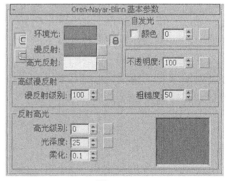

图13-50

7. "Strauss基本参数"卷展栏

Strause提供了一种金属感的表现效果，比金属
渲染属性更简洁，参数更简单，如图13-51所示。

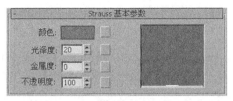

图13-51

- ❖ 颜色：设置材质的颜色。相当于其他渲
  染属性中的漫反射颜色选项，而高光和
  阴影部分的颜色则由系统自动计算。

- ❖ 金属度：设置材质的金属表现程度，默认设置为0。由于主要依靠高光表现金属程度，
  所以"金属度"需要配合"光泽度"才能更好地发挥效果。

8. "半透明基本参数"卷展栏

半透明明暗器与Blinn类似，最大的区别在于能够设置半透明的效果。光线可以穿透这些半透
明效果的对象，并且在穿过对象内部时离散。通常半透明明暗器用来模拟薄对象，诸如窗帘、电
影银幕、霜或者毛玻璃等效果。

制作类似单面反射的材质时，可以选择单面接
受高光，通过勾选或取消"内表面高光反射"复选
框来实现这些控制。半透明材质的背面同样可以产
生阴影，而半透明效果只能出现在渲染结果中，视
图中无法显示，其参数面板如图13-52所示。

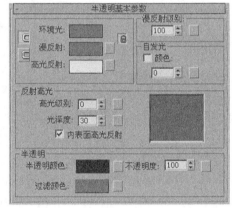

图13-52

- ❖ 半透明颜色：半透明颜色是离散光线穿
  过对象时所呈现的颜色。设置的颜色可
  以不同于过滤颜色，两者互为倍增关
  系。单击色块选择颜色，右侧的灰色方
  块用于指定贴图。

- ❖ 过滤颜色：设置穿透材质的光线颜色，
  与半透明颜色互为倍增关系。单击色块选择颜色，右侧的灰色方块用于指定贴图。过滤
  颜色是指透过透明或半透明对象（如玻璃）后的颜色。过滤颜色配合体积光可以模拟诸
  如彩光穿过毛玻璃后的效果，也可以根据过滤颜色为半透明对象产生的光线跟踪阴影
  配色。

- ❖ 不透明度：用百分率表现材质的透明/不透明程度。当对象有一定厚度时，能够产生一
  些有趣的效果。

提示： 除了模拟薄对象之外，半透明明暗器还可以模拟实体对象子表面的离散，用于制作玉石、肥皂、
蜡烛等半透明对象的材质效果。

---

9. "扩展参数"卷展栏

"扩展参数"卷展栏如图13-53所示，参数内
容涉及透明度、反射以及线框模式，还有标准透明
材质真实程度的折射率设置。

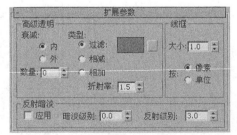

图13-53

❖　"高级透明"参数组：控制透明材质的透明衰减设置。

　　◇　衰减：有两种方式供用户选择。内，由边缘向中心增加透明的程度，像玻璃瓶的效果；外，由中心向边缘增加透明的程度，类似云雾、烟雾的效果。

　　◇　数量：指定衰减的程度大小。

　　◇　类型：确定以哪种方式来产生透明效果。过滤，计算经过透明对象背面颜色倍增的过滤色。单击后面的色块可以改变过滤色，单击灰色方块用于指定贴图；相减：根据背景色做递减色彩处理，用得很少；相加，根据背景色做递增色彩的处理，常用于发光体。

　　◇　折射率：设置带有折射贴图的透明材质折射率，用来控制折射材质被传播光线的程度。当设置为1（空气的折射率）时，透明对象之后看到的对象像在空气中（空气也有折射率，例如热空气对景象产生的气流变形）一样不发生变形；当设置为1.5（玻璃折射率）时，看到的对象会产生很大的变化；当折射率小于1时，对象会沿着它的边界反射，像在水中的气泡。在真实世界中很少有对象的折射率超过2，默认值为1.5。

提示：在真实的物理世界中，折射率是因为光线穿过透明材质和眼睛（或者摄影机）时速度不同而产生的，和对象的密度相关，折射率越高，对象的密度也越大，也可以使用一张贴图去控制折射率，这时折射率会按照从1到折射率的设定值之间的插值进行运算。例如折射率设为2.5，用一个完全黑白的噪波贴图来指定为折射贴图，这时折射率为1～2.5之间，对象表现为比空气密度更大；如果折射率设为0.6，贴图的折射计算将在0.6～1之间，好像使用水下摄像机在拍摄。

❖　"线框"参数组：设置线框特性。

　　◇　大小：设置线框的粗细大小值，单位有"像素"和"单位"两种选择，如果选择"像素"，对像运动时镜头距离的变化不会影响网格线的尺寸，否则会发生改变。

❖　"反射暗淡"参数组：用于设置像阴影区中反射贴图的暗淡效果。当一个对象表面有其他对象投影时，这个区域将会变得暗淡，但是一个标准的反射材质却不会考虑这一点，它会在对象表面进行全方位反射计算，失去投影的影响，对象变得通体光亮，场景也变得不真实。这时可以打开反射暗淡设置，它的两个参数分别控制对象被投影区和未被投影区域的反射强度，这样可以将被投影区的反射强度值降低，使投影效果表现出来，同时增加未被投影区域的反射强度，以补偿损失的反射效果。

　　◇　应用：勾选此选项，反射暗淡将发生作用，通过右侧的两个值对反射效果产生影响。

　　◇　暗淡级别：设置对象被投影区域的反射强度，值为0时，反射贴图在阴影中为全黑；该值为0.5时，反射贴图为半暗淡；该值为1时，反射贴图没有经过暗淡处理，材质看起来好像禁用"应用"一样，默认设置为0。

　　◇　反射级别：设置对象未被投影区域的反射强度，它可以使反射强度倍增，远远超过反射贴图强度为100时的效果，一般用它来补偿反射暗淡给对象表面带来的影响，当值为3时（默认），可以近似达到不打开反射暗淡时不被投影区的反射效果。

10.　"超级采样"卷展栏

　　超级采样是3ds Max中几种抗锯齿技术之一。在3ds Max中，纹理、阴影、高光，以及光线跟踪的反射和折射都具有自身设置抗锯齿的功能，与之相比，超级采样则是一种外部附加的抗锯齿方式，作用于标准材质和光线跟踪材质，其参数面板如图13-54所示。

　　超级采样共有如下4种方式，选择不同的方式，其对应的参数面板会有所差别。

　　（1）自适应Halton：按离散分布的"准随机"方式沿x轴与y轴分隔采样。依据所需品质不同，采样的数量从4～40自由设置，可以向低版本兼容。

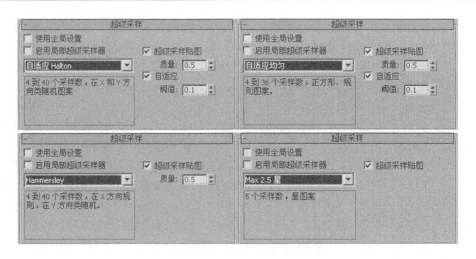

图13-54

（2）自适应均匀：从最小值4到最大值36，分隔均匀采样。采样图案并不是标准的矩形，而是在垂直与水平轴向上稍微歪斜以提高精确性。可以向低版本兼容。

（3）Hammersley：在x轴上均匀分隔采样，在y轴上则按离散分布的"准随机"方式分隔采样。依据所需品质的不同，采样的数量从4~40。不能与低版本兼容。

（4）Max 2.5星：采样的排布类似于骰子中的"5"的图案，在一个采样点的周围平均环绕着4个采样点。这是3ds Max 2.5中所使用的超级采样方式。

> **提示：** 通常分隔均匀采样方式（自适应均匀和Max 2.5星）比非均匀分隔采样方式（自适应Halton和Hammersley）的抗锯齿效果要好。

下面来介绍一下其他的相关参数。

❖ 使用全局设置：勾选此项，对材质使用"默认扫描线渲染器"卷展栏中设置的超级采样选项。

❖ 启用局部超级采样器：勾选此项，可以将超级采样结果指定给材质，默认设置为禁用状态。

❖ 超级采样贴图：勾选此项，可以对应用于材质的贴图进行超级采样。禁用此选项后，超级采样器将以平均像素表示贴图。默认设置为启用，这个选项对于凹凸贴图的品质非常重要，如果是特定的凹凸贴图，打开超级采样可以带来非常优秀的品质。

❖ 质量：自适应Halton、自适应均匀和Hammersley这3种方式可以调节采样的品质。数值从0~1，0为最小，分配在每个像素上的采样约为4个；1为最大，分配在每个像素上的采样在36~40个之间。

❖ 自适应：对于自适应Halton和自适应均匀方式有效，如果勾选该项，当颜色变化小于阈值的范围，将自动使用低于"质量"所设定的采样值进行采样。这样可以节省一些运算时间，推荐勾选。

❖ 阈值：自适应Halton和自适应均匀方式还可以调节"阈值"。当颜色变化超过了"阈值"设置的范围，则依照"质量"的设置情况进行全部的采样计算；当颜色变化在"阈值"范围内时，则会适当减少采样计算，从而节省时间。

11. "贴图"卷展栏

"贴图"卷展栏如图13-55所示，该参数面板提供了很多贴图通道，比如环境光颜色、漫反射颜色、高光颜色、光泽度等通道，通过给这些通道添加不同的程序贴图可以在对象的不同区域产生不同的贴图效果。

在每个通道的右侧有一个很长的按钮，单击它们可以调出材质/贴图浏览器，并可以从中选择不同的贴图。当选择了一个贴图类型后，系统会自动进入其贴图设置层级中，以便进行相应的参数设置。单击 ▒ 按钮可以返回贴图方式设置层级，这时该按钮上会显示出贴图类型的名称。

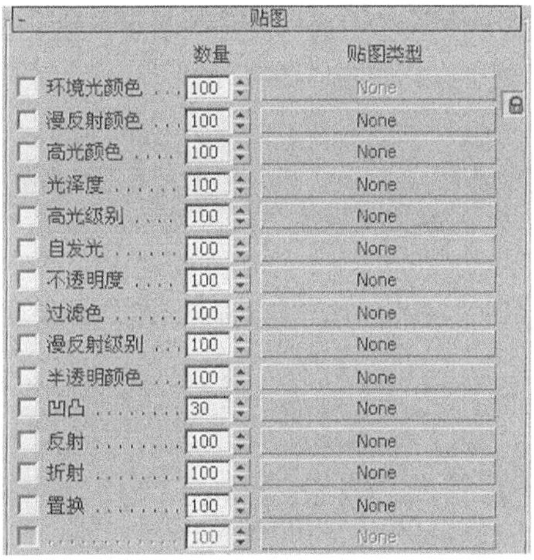

"数量"参数用于控制贴图的程度（通过设置不同的数值来控制），例如对于漫反射贴图，值为100时表示完全覆盖，值为50时表示

图13-55

以50%的透明度进行覆盖，一般最大值都为100，表示百分比值。只有凹凸、高光级别和置换等除外，最大可以设为999。

【练习13-1】：用标准材质制作发光材质

本练习的发光材质效果如图13-56所示。

Step 01 打开光盘中的"练习文件>第13章>练习13-1.max"文件，如图13-57所示。

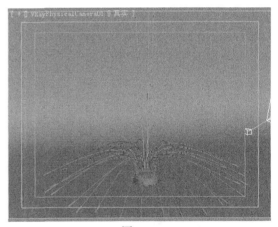

图13-56

图13-57

Step 02 选择一个空白材质球，然后设置材质类型为"标准"材质，接着将其命名为"发光"，具体参数设置如图13-58所示。

① 设置"漫反射"颜色为（红:65，绿:138，蓝:228）。

② 在"自发光"选项组下勾选"颜色"选项，然后设置颜色为（红:183，绿:209，蓝:248）。

③ 在"不透明度"贴图通道中加载一张"衰减"程序贴图。

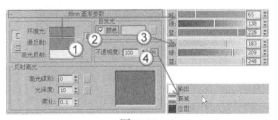

图13-58

Step 03 在视图中选择发光条墨水，然后在"材质编辑器"对话框中单击"将材质指定给选定对象"按钮⬚，如图13-59所示。

提示： 由于本例是材质的第1个案例，因此介绍了如何将材质指定给对象。在后面的实例中，这个步骤会省去。

Step 04 按F9键渲染当前场景，最终效果如图13-60所示。

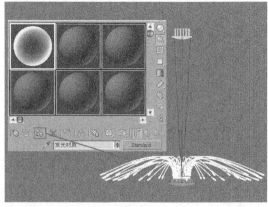
图13-59

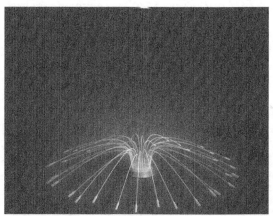
图13-60

13.5.2 混合材质

功能介绍

"混合"材质可以在模型的单个面上将两种材质通过一定的百分比进行混合，其材质参数设置面板如图13-61所示。

图13-61

参数详解

❖ 材质1/材质2：可在其后面的材质通道中对两种材质分别进行设置。

❖ 遮罩：可以选择一张贴图作为遮罩。利用贴图的灰度值可以决定"材质1"和"材质2"的混合情况。

❖ 混合量：控制两种材质混合百分比。如果使用遮罩，则"混合量"选项将不起作用。

❖ 交互式：用来选择哪种材质在视图中以实体着色方式显示在物体的表面。

❖ 混合曲线：对遮罩贴图中的黑白色过渡区进行调节。

    ◇ 使用曲线：控制是否使用"混合曲线"来调节混合效果。

    ◇ 上部：用于调节"混合曲线"的上部。

    ◇ 下部：用于调节"混合曲线"的下部。

【练习13-2】：用混合材质制作雕花玻璃效果

本练习的雕花玻璃材质效果如图13-62所示。

Step 01 打开光盘中的"练习文件>第13章>练习13-2.max"文件，如图13-63所示。

图13-62

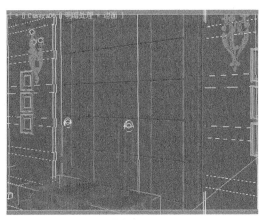
图13-63

Step 02 选择一个空白材质球，然后设置材质类型为"混合"材质，接着分别在"材质1"和"材质2"通道上单击鼠标右键，并在弹出的菜单中选择"清除"命令，如图13-64所示。

提示： 在将"标准"材质切换为"混合材质"时，3ds Max会弹出一个"替换材质"对话框，提示是丢弃旧材质还是将旧材质保存为子材质，用户可根据实际情况进行选择，这里选择"丢弃旧材质"选项（大多数时候都选择该选项），如图13-65所示。

图13-64

图13-65

Step 03 在"材质1"通道中加载一个VRayMtl材质，具体参数设置如图13-66所示。

① 设置"漫反射"颜色为（红:56，绿:36，蓝:11）。

② 设置"反射"颜色为（红:52，绿:54，蓝:53），然后设置"细分"为12。

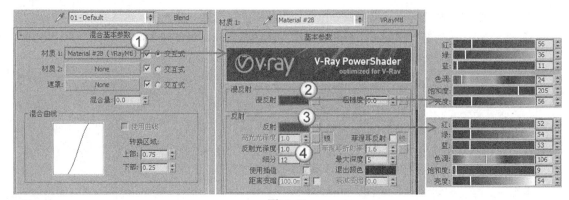

图13-66

Step 04 返回到"混合基本参数"卷展栏，然后在"材质2"通道中加载一个VRayMtl材质，具体参数设置如图13-67所示。

① 设置"漫反射"颜色为（红:17，绿:17，蓝:17）。

② 设置"反射"颜色为（红:87，绿:87，蓝:87），然后设置"细分"为12。

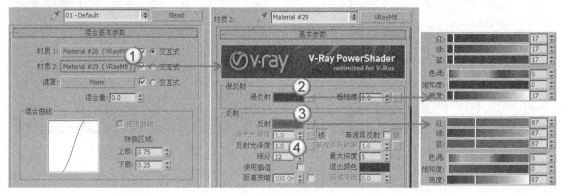

图13-67

提示：这里可能会有些初学者不明白如何返回"混合基本参数"卷展栏。在"材质编辑器"对话框的工具栏上有一个"转换到父对象"按钮，单击该按钮即可返回到父层级。

Step 05 返回到"混合基本参数"卷展栏，然后在"遮罩"贴图通道中加载一张光盘中的"练习文件>第13章>练习13-2>花1.jpg"文件，如图13-68所示，制作好的材质球效果如图13-69所示。

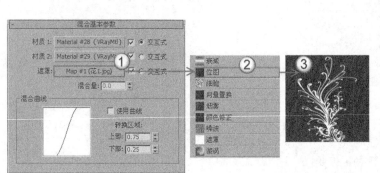

图13-68

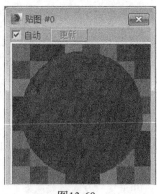

图13-69

Step 06 将制作好的材质指定给场景中的玻璃模型，然后按F9键渲染当前场景，最终效果如图13-70所示。

图13-70

13.5.3 Ink'n Paint（墨水油漆）材质

功能介绍

Ink'n Paint（墨水油漆）材质可以用来制作卡通效果，其参数包含"基本材质扩展"卷展栏、"绘制控制"卷展栏和"墨水控制"卷展栏，如图13-71所示。

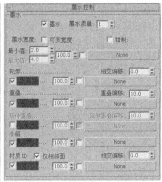

图13-71

参数详解

1. "基本材质扩展"卷展栏

❖ 双面：把与对象法线相反的一面也进行渲染。

❖ 面贴面：把材质指定给造型的全部面。

❖ 面状：将对象的每个表面均平面化进行渲染。

❖ 未绘制时雾化背景：当"绘制"关闭时，材质颜色的填色部分与背景相同，勾选这个选项后，能够在对象和摄影机之间产生雾的效果，对背景进行雾化处理，默认为关闭。

❖ 不透明Alpha：勾选此项，即便在"绘制"和"墨水"关闭情况下，Alpha通道也保持不透明，默认为关闭。

❖ 凹凸：为材质添加凹凸贴图。左侧的复选框设置贴图是否有效，右侧的贴图按钮用于指定贴图，中间的调节按钮用于设置凹凸贴图的数量（影响程度）。

❖ 置换：为材质添加置换贴图。左侧的复选框设置贴图是否有效，右侧的贴图按钮用于指定贴图，中间的调节按钮用于设置置换贴图的数量（影响程度）。

2. "绘制控制"卷展栏

❖ 亮区：用来调节材质的固有颜色，可以在后面的贴图通道中加载贴图。

❖ 暗区：控制材质的明暗度，可以在后面的贴图通道中加载贴图。

❖ 绘制级别：用来调整颜色的色阶。

❖ 高光：控制材质的高光区域。

3. "墨水控制"卷展栏

❖ 墨水：控制是否开启描边效果。

❖ 墨水质量：控制边缘形状和采样值。

❖ 墨水宽度：设置描边的宽度。

❖ 最小值：设置墨水宽度的最小像素值。

❖ 最大值：设置墨水宽度的最大像素值。

❖ 可变宽度：勾选该选项后可以使描边的宽度在最大值和最小值之间变化。

❖ 钳制：勾选该选项后可以使描边宽度的变化范围限制在最大值与最小值之间。

❖ 轮廓：勾选该选项后可以使物体外侧产生轮廓线。

❖ 重叠：当物体与自身的一部分相交叠时使用。

❖ 延伸重叠：与"重叠"类似，但多用在较远的表面上。

❖ 小组：用于勾画物体表面光滑组部分的边缘。

❖ 材质ID：用于勾画不同材质ID之间的边界。

【练习13-3】：用墨水油漆材质制作卡通效果

本练习的卡通材质效果如图13-72所示。

本例共需要制作3个材质，分别是草绿卡通材质、蓝色卡通材质和红色卡通材质，其模拟效果如图13-73所示。

图13-72

图13-73

Step 01 打开光盘中的"练习文件>第13章>练习13-3.max"文件，如图13-74所示。

图13-74

Step 02 选择一个空白材质球，然后设置材质类型为Ink'n Paint（墨水油漆）材质，并将材质命名为"草绿"，接着设置"亮区"颜色为（红:0，绿:110，蓝:13），最后设置"绘制级别"为5，具体参数设置如图13-75所示，制作好的材质球效果如图13-76所示。

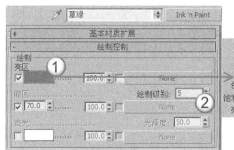

图13-75

图13-76

提示: 蓝色卡通材质与红色卡通材质的制作方法与草绿色卡通材质的制作方法完全相同，只是需要将"亮区"颜色修改为（红:0，绿:0，蓝:255）和（红:255，绿:0，蓝:0）即可，制作好的材质球如图13-77和图13-78所示。

图13-77

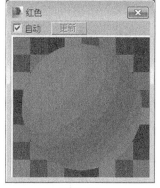

图13-78

Step 03 将制作好的材质分别指定给场景中对应的模型，然后按F9键渲染当前场景，最终效果如图13-79所示。

图13-79

13.5.4 多维/子对象材质

功能介绍

使用"多维/子对象"材质可以采用几何体的子对象级别分配不同的材质，其参数设置面板如图13-80所示。

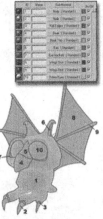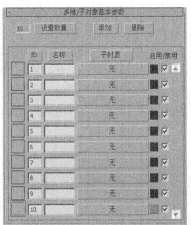

图13-80

参数详解

❖ 数量：显示包含在"多维/子对象"材质中的子材质的数量。

❖ 设置数量 设置数量：单击该按钮可以打开"设置材质数量"对话框，如图13-81所示。在该对话框中可以设置材质的数量。

图13-81

❖ 添加 添加：单击该按钮可以添加子材质。

❖ 删除 删除：单击该按钮可以删除子材质。

❖ ID ID：单击该按钮将对列表进行排序，其顺序开始于最低材质ID的子材质，结束于最高材质ID。

❖ 名称 名称：单击该按钮可以用名称进行排序。

❖ 子材质 子材质：单击该按钮可以通过显示于"子材质"按钮上的子材质名称进行排序。

❖ 启用/禁用：启用或禁用子材质。

❖ 子材质列表：单击子材质后面的"无"按钮 无，可以创建或编辑一个子材质。

 技术专题13-3 〔 多维/子对象材质的用法及原理解析 〕

很多初学者都无法理解"多维/子对象"材质的原理及用法，下面就以图13-82中的一个多边形球体来详解介绍一下该材质的原理及用法。

第1步：设置多边形的材质ID号。每个多边形都具有自己的ID号，进入"多边形"级别，然后选择两个多边形，接着在"多边形:材质ID"卷展栏下将这两个多边形的材质ID设置为1，如图13-83所示。同理，用相同的方法设置其他多边形的材质ID，如图13-84和图13-85所示。

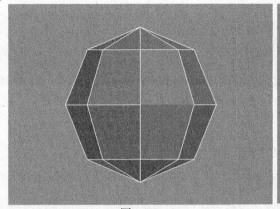

图13-82 图13-83

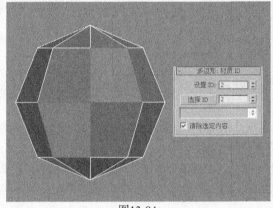
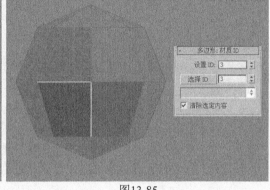

图13-84 图13-85

第2步：设置"多维/子对象"材质。由于这里只有3个材质ID号。因此将"多维/子对象"材质的数量设置为3，并分别在各个子材质通道加载一个VRayMtl材质，然后分别设置VRayMtl材质的"漫反射"颜色为蓝、绿、红，如图13-86所示，接着将设置好的"多维/子对象"材质指定给多边形球体，效果如图13-87所示。

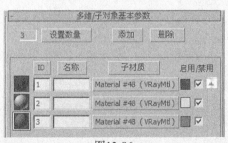
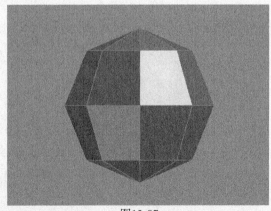

图13-86 图13-87

从图13-87得出的结果可以得出一个结论："多维/子对象"材质的子材质的ID号对应模型的材质ID号。也就是说，ID 1子材质指定给了材质ID号为1的多边形，ID 2子材质指定给了材质ID号为2的多边形，ID 3子材质指定给了材质ID号为3的多边形。

13.5.5　虫漆材质

①功能介绍

虫漆材质是将一种材质叠加到另一种材质上的混合材质，其中叠加的材质称为"虫漆材质"，被叠加的材质称为"基础材质"。"虫漆材质"的颜色增加到"基础材质"的颜色上，通过参数控制颜色混合的程度，其参数面板如图13-88所示。

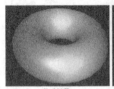

基础材质　　　　虫漆材质　　　与 50% 的虫漆颜色混合值组合的材质

图13-88

②参数详解

- ❖ 基础材质：单击可选择或编辑基础材质。默认情况下，基础材质是带有Blinn明暗处理的标准材质。
- ❖ 虫漆材质：单击可选择或编辑虫漆材质。默认情况下，虫漆材质是带有Blinn明暗处理的标准材质。
- ❖ 虫漆颜色混合：控制颜色混合的量。值为0时，虫漆材质不起作用，随着该参数值的提高，虫漆材质混合到基础材质中的程度越高。该参数没有上限，默认设置为0。

13.5.6　顶/底材质

①功能介绍

该材质可以给对象指定两个不同的材质，一个位于顶部，另一个位于底部，中间交界处可以产生浸润效果，它们所占据的比例可以调节，如图13-89所示。

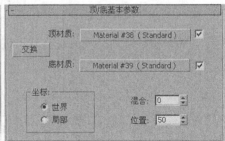

图13-89

提示：对象的顶面是法线向上的面，底面是法线向下的面。根据场景的世界坐标系或对象自身的坐标系来确定顶与底。

参数详解

- ❖ 顶材质：选择一种材质作为顶材质。
- ❖ 底材质：选择一种材质作为底材质。
- ❖ 交换：单击此按钮可以把两种材质的位置进行交换。
- ❖ 坐标：确定上下边界的坐标依据。"世界"是按照场景的世界坐标让各个面朝上或朝下，旋转对象时，顶面和底面之间的边界仍保持不变；"局部"是按照场景的局部坐标让各个面朝上或朝下，旋转对象时，材质随着对象旋转。
- ❖ 混合：混合顶材质和底材质之间的边缘。这是一个范围从0～100的百分比值。值为0时，顶材质和底材质之间存在明显的界线；值为100时，顶材质和底材质彼此混合。默认设置为0。
- ❖ 位置：确定两种材质在对象上划分的位置。这是一个范围从0～100的百分比值。值为0时表示划分位置在对象底部，只显示顶材质。值为100时表示划分位置在对象顶部，只显示底材质。默认设置为50。

13.5.7 壳材质

功能介绍

壳材质是为3ds Max的"渲染到纹理"功能专门提供的材质类型，"渲染到纹理"就是通常所说的"贴图烘焙"，这是一种根据对象在场景中的照明情况，创建相应的烘焙纹理贴图，再将它作为材质指定回对象的特殊渲染方式，而用于放置烘焙纹理贴图的就是壳材质。

壳材质与多维/子对象材质类似，都可以看做是放置不同材质的容器，只不过壳材质只包含两种材质，一种是渲染中使用的普通材质，另一种是被"渲染到纹理"存储到硬盘而得来的位图，用于"烘焙"或结合到场景内的对象上，称为烘焙材质，壳材质参数面板如图13-90所示。

图13-90

参数详解

- ❖ 原始材质：显示原始材质的名称。单击按钮可查看该材质，并调整其设置。
- ❖ 烘焙材质：显示烘焙材质的名称。单击按钮可查看该材质，并调整其设置。除了原始材质所使用的颜色和贴图之外，烘焙材质还包含照明阴影和其他信息。此外，烘焙材质具有固定的分辨率。
- ❖ 视口：设置哪种材质出现在实体视图中，上方代表原始材质，下方代表烘焙材质。
- ❖ 渲染：设置渲染时使用哪种材质，上方代表原始材质，下方代表烘焙材质。

13.5.8 双面材质

功能介绍

使用双面材质可以给对象的前面和后面指定两个不同的材质，并且可以控制它们的透明度，如图13-91所示。

在右侧，双面材质可以为垃圾桶的内部创建一个图案

图13-91

参数详解

❖ 半透明：设置一个材质在另一个材质上显示出的百分比效果。这是范围从0～100的百分比，设置为100%时，可以在内部面上显示外部材质，并在外部面上显示内部材质。设置为中间的值时，内部材质指定的百分比将下降，并显示在外部面上。默认设置为0.0。

❖ 正面材质：设置对象外表面的材质。

❖ 背面材质：设置对象内表面的材质。

13.5.9 合成材质

功能介绍

合成材质最多可以合成10种材质。按照在卷展栏中列出的顺序，从上到下叠加材质。使用相加不透明度、相减不透明度来组合材质，或使用数量值来混合材质，其参数面板如图13-92所示。

图13-92

参数详解

❖ 基础材质：指定基础材质，默认为标准材质。

❖ 材质1～材质9：在此选择要进行复合的材质，默认情况下，不指定材质。前面的复选框控制是否使用该材质，默认为勾选。

❖ A（相加不透明度）：各个材质的颜色依据其不透明度进行相加，总计作为最终的材质颜色。

❖ S（相减不透明度）：各个材质的颜色依据其不透明度进行相减，总计作为最终的材质颜色。

❖ M（基于数量混合）：各个材质依据其数量进行混合。

❖ 100.0 （数量）：控制混合的数量，默认设置为100。

    ◇ 对于A和S合成，数量值的范围从0～200。数量为0时，不进行合成，并且下面的材质不可见。如果数量为100，将完成合成。如果数量大于100，则合成将"超载"，材质的透明部分将变得更不透明，直至下面的材质不再可见。

    ◇ 对于M合成，数量范围从0～100。当数量为0时，不进行合成，下面的材质将不可见。当数量为100时，将完成合成，并且只有下面的材质可见。

13.6　VRay材质

VRay材质是VRay渲染器的专用材质，只有将VRay渲染器设为当前渲染器后才能使用这些材质，下面对这些材质功能进行详细介绍。

13.6.1　VRayMtl材质

功能介绍

VRayMtl材质是使用频率最高的一种材质，也是使用范围最广的一种材质，常用于制作室内外效果图。VRayMtl材质除了能完成一些反射和折射效果外，还能出色地表现出SSS以及BRDF等效果，其参数设置面板如图13-93所示。

图13-93

参数详解

1. **"基本参数"卷展栏**

展开"基本参数"卷展栏，如图13-94所示。

❖ "漫反射"参数组

    ◇ 漫反射：物体的漫反射用来决定物体的表面颜色。通过单击它的色块，可以调整自身的颜色。单击右边的■按钮可以选择不同的贴图类型。

    ◇ 粗糙度：数值越大，粗糙效果越明显，可以用该选项来模拟绒布的效果。

❖ "反射"参数组

    ◇ 反射：这里的反射是靠颜色的灰度来控制，颜色越白反射越亮，越黑反射越弱；而这里选择的颜色则是反射出来的颜色，和反射的强度是分开来计算的。单击旁边的■按钮，可以使用贴图的灰度来控制反射的强弱。

    ◇ 菲涅耳反射：勾选该选项后，反射强度会与物体的入射角度有关系，入射角度越

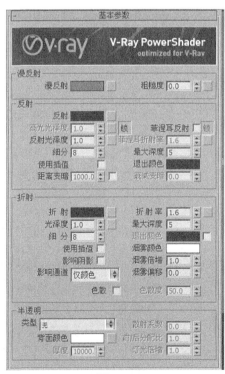

图13-94

小，反射越强烈。当垂直入射的时候，反射强度最弱。同时，菲涅耳反射的效果也和下面的"菲涅耳折射率"有关。当"菲涅耳折射率"为0或100时，将产生完全反射；而当"菲涅耳折射率"从1变化到0时，反射越强烈；同样，当"菲涅耳折射率"从1变化到100时，反射也越强烈。

提示： "菲涅耳反射"是模拟真实世界中的一种反射现象，反射的强度与摄影机的视点和具有反射功能的物体的角度有关。角度值接近0时，反射最强；当光线垂直于表面时，反射功能最弱，这也是物理世界中的现象。

◇ 菲涅耳折射率：在"菲涅耳反射"中，菲涅耳现象的强弱衰减率可以用该选项来调节。

◇ 高光光泽度：控制材质的高光大小，默认情况下和"反射光泽度"一起关联控制，可以通过单击旁边的"锁"按钮█来解除锁定，从而可以单独调整高光的大小。

◇ 反射光泽度：通常也被称为"反射模糊"。物理世界中所有的物体都有反射光泽度，只是或多或少而已。默认值1表示没有模糊效果，而比较小的值表示模糊效果越强烈。单击右边的█按钮，可以通过贴图的灰度来控制反射模糊的强弱。

◇ 细分：用来控制"反射光泽度"的品质，较高的值可以取得较平滑的效果，而较低的值可以让模糊区域产生颗粒效果。注意，细分值越大，渲染速度越慢。

◇ 使用插值：当勾选该参数时，VRay能够使用类似于"发光贴图"的缓存方式来加快反射模糊的计算。

◇ 最大深度：是指反射的次数，数值越高效果越真实，但渲染时间也更长。

提示： 渲染室内的玻璃或金属物体时，反射次数需要设置大一些，渲染地面和墙面时，反射次数可以设置少一些，这样可以提高渲染速度。

◇ 退出颜色：当物体的反射次数达到最大次数时就会停止计算反射，这时由于反射次数不够而造成的反射区域的颜色就用退出色来代替。

❖ "折射"参数组

◇ 折射：和反射的原理一样，颜色越白，物体越透明，进入物体内部产生折射的光线也就越多；颜色越黑，物体越不透明，产生折射的光线也就越少。单击右边的█按钮，可以通过贴图的灰度来控制折射的强弱。

◇ 折射率：设置透明物体的折射率。

提示： 真空的折射率是1，水的折射率是1.33，玻璃的折射率是1.5，水晶的折射率是2，钻石的折射率是2.4，这些都是制作效果图常用的折射率。

◇ 光泽度：用来控制物体的折射模糊程度。值越小，模糊程度越明显；默认值1不产生折射模糊。单击右边的按钮█，可以通过贴图的灰度来控制折射模糊的强弱。

◇ 最大深度：和反射中的最大深度原理一样，用来控制折射的最大次数。

◇ 细分：用来控制折射模糊的品质，较高的值可以得到比较光滑的效果，但是渲染速度会变慢；而较低的值可以使模糊区域产生杂点，但是渲染速度会变快。

◇ 退出颜色：当物体的折射次数达到最大次数时就会停止计算折射，这时由于折射次数不够而造成的折射区域的颜色就用退出色来代替。

◇ 使用插值：当勾选该选项时，VRay能够使用类似于"发光贴图"的缓存方式来加快"光泽度"的计算。

❖ 影响阴影：这个选项用来控制透明物体产生的阴影。勾选该选项时，透明物体将产生真实的阴影。注意，这个选项仅对"VRay光源"和"VRay阴影"有效。

❖ 烟雾颜色：这个选项可以让光线通过透明物体后使光线变少，就好像和物理世界中的半透明物体一样。这个颜色值和物体的尺寸有关，厚的物体颜色需要设置淡一点才有效果。

提示： 默认情况下的"烟雾颜色"为白色，是不起任何作用的，也就是说白色的雾对不同厚度的透明物体的效果是一样的。在图13-95中，"烟雾颜色"为淡绿色，"烟雾倍增"为0.08，由于玻璃的侧面比正面尺寸厚，所以侧面的颜色就会深一些，这样的效果与现实中的玻璃效果是一样的。

❖ 烟雾倍增：可以理解为烟雾的浓度。值越大，雾越浓，光线穿透物体的能力越差。不推荐使用大于1的值。

❖ 烟雾偏移：控制烟雾的偏移，较低的值会使烟雾向摄影机的方向偏移。

❖ "半透明"参数组

　　❖ 类型：半透明效果（也叫3S效果）的类型有3种，一种是"硬（腊）模型"，比如蜡烛；另一种是"软（水）模型"，比如海水；还有一种是"混合模型"。

图13-95

❖ 背面颜色：用来控制半透明效果的颜色。

❖ 厚度：用来控制光线在物体内部被追踪的深度，也可以理解为光线的最大穿透能力。较大的值，会让整个物体都被光线穿透；较小的值，可以让物体比较薄的地方产生半透明现象。

❖ 散射系数：物体内部的散射总量。0表示光线在所有方向被物体内部散射；1表示光线在一个方向被物体内部散射，而不考虑物体内部的曲面。

❖ 前/后分配比：控制光线在物体内部的散射方向。0表示光线沿着灯光发射的方向向前散射；1表示光线沿着灯光发射的方向向后散射；0.5表示这两种情况各占一半。

❖ 灯光倍增：设置光线穿透能力的倍增值。值越大，散射效果越强。

提示： 半透明参数所产生的效果通常也叫3S效果。半透明参数产生的效果与雾参数所产生的效果有一些相似，很多用户分不太清楚。其实半透明参数所得到的效果包括了雾参数所产生的效果，更重要的是它还能得到光线的次表面散射效果，也就是说当光线直射到半透明物体时，光线会在半透明物体内部进行分散，然后会从物体的四周发散出来。也可以理解为半透明物体为二次光源，能模拟现实世界中的效果，如图13-96所示。

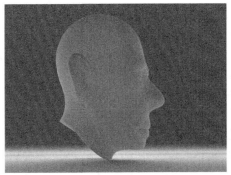

图13-96

2. "双向反射分布函数"卷展栏

展开"双向反射分布函数"卷展栏，如图
13-97所示。

图13-97

❖ 明暗器列表：包含3种明暗器类型，
分别是多面、反射和沃德。多面适合
硬度很高的物体，高光区很小；反射适合大多数物体，高光区适中；沃德适合表面柔软
或粗糙的物体，高光区最大。

❖ 各向异性：控制高光区域的形状，可以用该参数来设置拉丝效果。

❖ 旋转：控制高光区的旋转方向。

❖ UV矢量源：控制高光形状的轴向，也可以通过贴图通道来设置。

♦ 局部轴：有x、y、z3个轴可供选择。

♦ 贴图通道：可以使用不同的贴图通道与UVW贴图进行关联，从而实现一个物体在多个贴图
通道中使用不同的UVW贴图，这样可以得到各自相对应的贴图坐标。

> **提示：** 关于BRDF现象，在物理世界中随处可见。比如在图13-98中，我们可以看到不锈钢锅底的高光形状
> 是由两个锥形构成的，这就是BRDF现象。这是因为不锈钢表面是一个有规律的均匀的凹槽（如常
> 见的拉丝不锈钢效果），当光反射到这样的表面上就会产生BRDF现象。

图13-98

3. "选项"卷展栏

展开"选项"卷展栏，如图13-99所示。

❖ 跟踪反射：控制光线是否追踪反射。如果不
勾选该选项，VRay将不渲染反射效果。

❖ 跟踪折射：控制光线是否追踪折射。如果不
勾选该选项，VRay将不渲染折射效果。

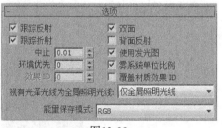

图13-99

❖ 中止：中止选定材质的反射和折射的最小阈值。

❖ 环境优先：控制"环境优先"的数值。

❖ 双面：控制VRay渲染的面是否为双面。

❖ 背面反射：勾选该选项时，将强制VRay计算反射物体的背面产生反射效果。

❖ 使用发光图：控制选定的材质是否使用"发光贴图"。

❖ 视有光泽光线为全局照明光线：该选项在效果图制作中一般都默认设置为"仅全局照明光线"。

❖　能量保存模式：该选项在效果图制作中一般都默认设置为RGB模型，因为这样可以得到彩色效果。

4.　"贴图"卷展栏

展开"贴图"卷展栏，如图13-100所示。

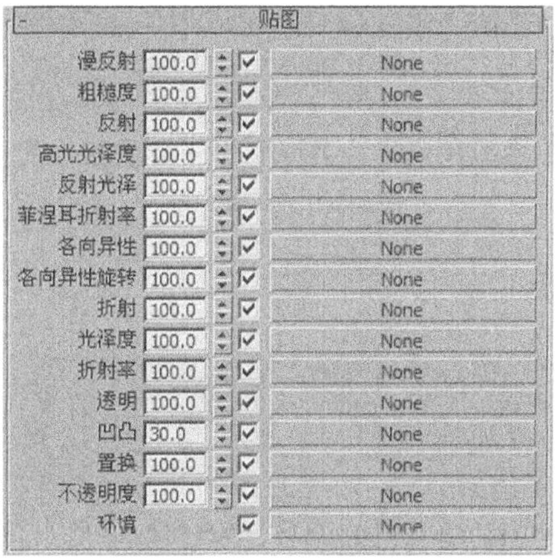

❖　凹凸：主要用于制作物体的凹凸效果，在后面的通道中可以加载一张凹凸贴图。

❖　置换：主要用于制作物体的置换效果，在后面的通道中可以加载一张置换贴图。

❖　透明：主要用于制作透明物体，例如窗帘、灯罩等。

❖　环境：主要是针对上面的一些贴图而设定的，比如反射、折射等，只是在其贴图的效果上加入了环境贴图效果。

图13-100

提示： 如果制作场景中的某个物体不存在环境效果，就可以用"环境"贴图通道来完成。比如在图13-101中，如果在"环境"贴图通道中加载一张位图贴图，那么就需要将"坐标"类型设置为"环境"才能正确使用，如图13-102所示。

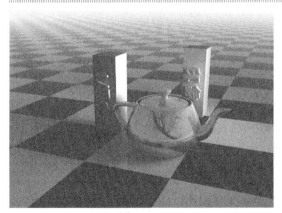

图13-101

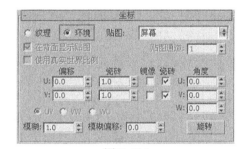

图13-102

5.　"反射插值"卷展栏

展开"反射插值"卷展栏，如图13-103所示。该卷展栏下的参数只有在"基本参数"卷展栏中的"反射"选项组下勾选"使用插值"选项时才起作用。

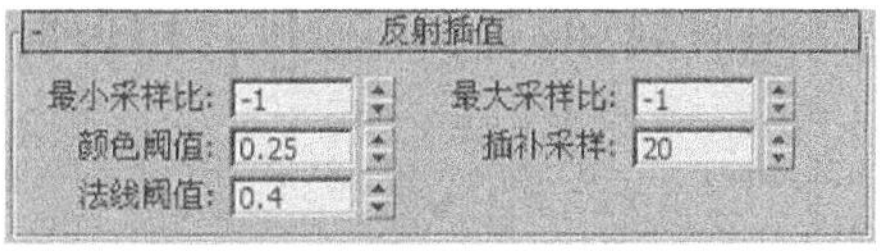

图13-103

❖　最小采样比：在反射对象不丰富（颜色单一）的区域使用该参数所设置的数值进行插补。数值越高，精度就越高，反之精度就越低。

❖　最大采样比：在反射对象比较丰富（图像复杂）的区域使用该参数所设置的数值进行插补。数值越高，精度就越高，反之精度就越低。

❖　颜色阈值：指的是插值算法的颜色敏感度。值越大，敏感度就越低。

❖　法线阈值：指的是物体的交接面或细小的表面的敏感度。值越大，敏感度就越低。

❖　插补采样：用于设置反射插值时所用的样本数量。值越大，效果越平滑模糊。

提示： 由于"折射插值"卷展栏中的参数与"反射插值"卷展栏中的参数相似，因此这里不再进行讲解。"折射插值"卷展栏中的参数只有在"基本参数"卷展栏中的"折射"选项组下勾选"使用插值"选项时才起作用。

【练习13-4】：用VRayMtl材质制作陶瓷材质

本练习的陶瓷材质效果如图13-104所示。

Step 01 打开光盘中的"练习文件>第13章>练习13-4.max"文件，如图13-105所示。

图13-104

图13-105

Step 02 选择一个空白材质球，设置材质类型为VRayMtl材质，具体参数设置如图13-106所示。

① 设置"漫反射"颜色为白色。

② 设置"反射"颜色为（红:131，绿:131，蓝:131），然后勾选"菲涅耳反射"选项，接着将"细分"设置为12。

③ 设置"折射"颜色为（红:30，绿:30，蓝:30），然后设置"光泽度"为0.95。

④ 设置"半透明"的"类型"为"硬（蜡）模型"，然后设置"背面颜色"为（红:255，绿:255，蓝:243），并设置"厚度"为0.05mm。

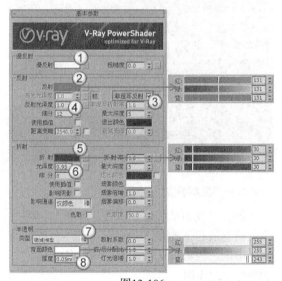

图13-106

技术专题13-4 [制作白色陶瓷材质]

本例的陶瓷材质并非全白，如果要制作全白的陶瓷材质，可以将"反射"颜色修改为白色，但同时要将反射的"细分"增大到15左右，如图13-107所示，材质球效果如图13-108所示。

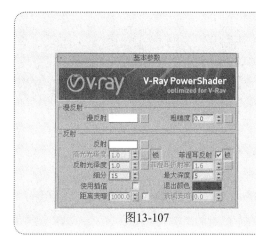

图13-107

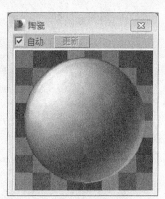

图13-108

Step 03 展开"双向反射分布函数"卷展栏，然后设置明暗器类型为"多面"，接着展开"贴图"卷展栏，并在"凹凸"贴图通道中加载一张光盘中的"练习文件>第13章>练习13-4>RenderStuff_White_porcelain_tea_set_bump.jpg"文件，最后设置凹凸的强度为11，如图13-109所示，制作好的材质球效果如图13-110所示。

Step 04 将制作好的材质指定给场景中的模型，然后按F9键渲染当前场景，最终效果如图13-111所示。

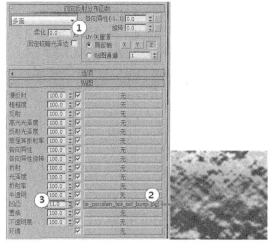

图13-109

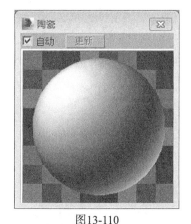

图13-110

图13-111

☆ 【练习13-5】：用VRayMtl材质制作银材质

本练习的银材质效果如图13-112所示。

Step 01 打开光盘中的"练习文件>第13章>练习13-5.max"文件，如图13-113所示。

图13-112

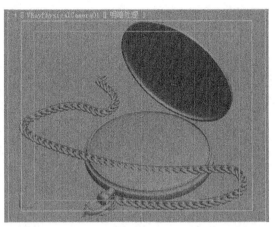
图13-113

Step 02 下面制作银材质。选择一个空白材质球，然后设置材质类型为VRayMtl材质，接着将其命名为"银"，具体参数设置如图13-114所示。

① 设置"漫反射"颜色为（红:103，绿:103，蓝:103）。

② 设置"反射"颜色为（红:98，绿:98，蓝:98），然后设置"反射光泽度"为0.8、"细分"为20。

Step 03 将制作好的材质指定给场景中的模型，然后按F9键渲染当前场景，最终效果如图13-115所示。

图13-114

图13-115

♣ 【练习13-6】：用VRayMtl材质制作水晶材质

本练习的水晶材质效果如图13-116所示。

本例共需要制作两个材质，分别是水晶材质和地板材质，其模拟效果如图13-117所示。

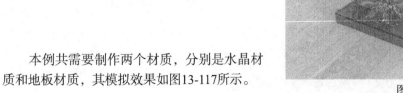
图13-116

Step 01 打开光盘中的"练习文件>第13章>练习13-6.max"文件，如图13-118所示。

Step 02 下面制作水晶材质。选择一个空白材质球，然后设置材质类型为VRayMtl材质，接着将其命名为"水晶"，具体参数设置如图13-119所示。

图13-117

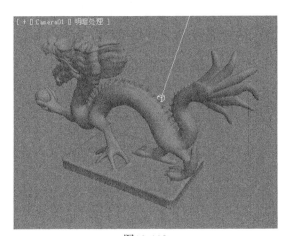

图13-118

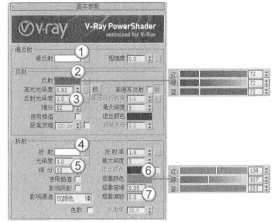

图13-119

① 设置"漫反射"颜色为白色。

② 设置"反射"颜色为（红:72，绿:72，蓝:72），然后设置"高光光泽度"为0.95、"反射光泽度"为1、"细分"为52。

③ 设置"折射"颜色为白色，然后设置"细分"为52，接着设置"烟雾颜色"为（红:138，绿:107，蓝:255），最后设置"烟雾倍增"为0.05。

Step 03 下面制作地板材质。选择一个空白材质球，然后设置材质类型为VRayMtl材质，接着将其命名为"地板"，具体参数设置如图13-120所示。

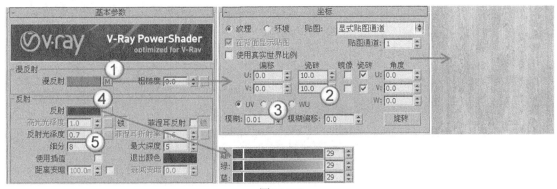

图13-120

① 在"漫反射"贴图通道中加载一张光盘中的"练习文件>第13章>练习13-6>地板.jpg"文件，然后在"坐标"卷展栏下设置"瓷砖"的U和V都为10，接着设置"模糊"为0.01。

② 设置"反射"颜色为（红:29，绿:29，蓝:29），然后设置"反射光泽度"为0.7。

Step 04 展开"贴图"卷展栏，然后将"漫反射"贴图通道中的贴图复制到"凹凸"贴图通道上，接着在弹出的对话框中勾选"复制"选项，如图13-121所示，制作好的材质球效果如图13-122所示。

图13-121

图13-122

Step 05 下面设置场景的环境。按大键盘上的8键打开"环境和效果"对话框，具体参数设置如图13-123所示。

① 在"环境贴图"通道中加载一张VRayHDRI环境贴图。

② 按M键打开"材质编辑器"对话框，然后使用鼠标左键将"环境贴图"通道中的VRayHDRI环境贴图拖曳到一个空白材质球上，接着在弹出的对话框中勾选"实例"选项。

③ 在"参数"卷展栏下单击"浏览"按钮 ，然后在弹出的对话框中选择光盘中的"练习文件>第13章>练习13-6>环境.hdr"文件，最后设置"贴图类型"为"球体"方式。

提示：加载环境贴图主要是为了让水晶材质产生更强的反射（反射环境）。关于HDRI贴图将在下面的内容中进行详细讲解。

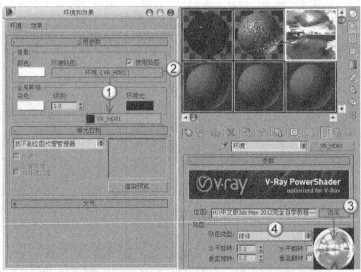

图13-123

Step 06 将制作好的材质分别指定给场景中的模型，然后按F9键渲染当前场景，最终效果如图13-124所示。

图13-124

【练习13-7】：用VRayMtl材质制作卫生间材质

本练习的卫生间材质效果如图13-125所示。

本例共需要制作3个材质，分别是水材质、不锈钢材质和马赛克材质，其模拟效果如图13-126所示。

图13-125

图13-126

Step 01 打开光盘中的"练习文件>第13章>练习13-7.max"文件，如图13-127所示。

Step 02 下面制作水材质。选择一个空白材质球，然后设置材质类型为VRayMtl材质，接着将其命名为"水"，具体参数设置如图13-128所示，制作好的材质球效果如图13-129所示。

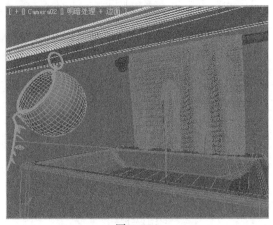

图13-127

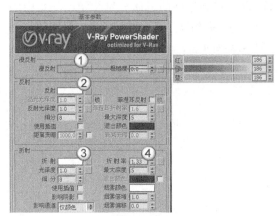

图13-128

① 设置"漫反射"颜色为（红:186，绿:186，蓝:186）。

② 设置"反射"颜色为白色。

③ 设置"折射"颜色为白色，然后设置"折射率"为1.33。

Step 03 下面制作不锈钢材质。选择一个空白材质球，然后设置材质类型为VRayMtl材质，接着将其命名为"不锈钢"，具体参数设置如图13-130所示，制作好的材质球效果如图13-131所示。

① 设置"漫反射"颜色为黑色。

② 设置"反射"颜色为（红:192，绿:197，蓝:205），然后设置"高光光泽度"为0.75、"反射光泽度"为0.83、"细分"为30。

图13-129

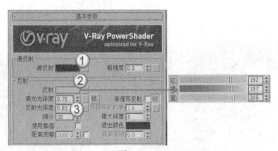

图13-130

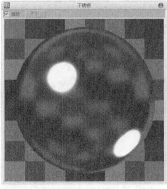

图13-131

提示： 在默认情况下，"高光光泽度"、"菲涅耳折射率"等选项都处于锁定状态，是不能改变其数值的。如果要修改参数值，需要单击后面的"锁"按钮对其解锁后才能修改其数值。

Step 04 下面制作墙面（马赛克）材质。选择一个空白材质球，然后设置材质类型为VRayMtl材质，接着将其命名为"马赛克"，具体参数设置如图13-132所示。

① 在"漫反射"贴图通道中加载一张光盘中的"练习文件>第13章>练习13-7>马赛克.bmp"文件，然后在"坐标"卷展栏下设置"瓷砖"的U为10、V为2，接着设置"模糊"为0.01。

② 在"反射"贴图通道中加载一张"衰减"程序贴图，然后在"衰减参数"卷展栏下设置"衰减类型"为

Fresnel，接着设置"侧"通道的颜色为（红:100，绿:100，蓝:100），最后设置"高光光泽度"为0.7，"反射光泽度"为0.85。

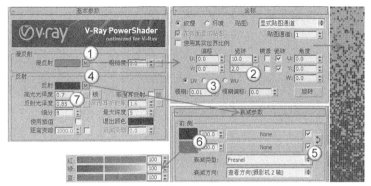

图13-132

Step 05 展开"贴图"卷展栏，然后将"漫反射"贴图通道中的贴图拖曳到"凹凸"贴图通道上，接着在弹出的对话框中勾选"复制"或"实例"选项，如图13-133所示，制作好的材质球效果如图13-134所示。

图13-133

图13-134

提示： 如果用户按照步骤做出来的材质球的显示效果与书中的不同，如图13-135所示，这可能是因为勾选"启用Gamma/LUT校正"的原因。执行"自定义>首选项"菜单命令，打开"首选项设置"对话框，然后单击"Gamma和LUT"选项卡，接着关闭"启用Gamma/LUT校正"选项和"影响颜色选择器"和"影响材质选择器"选项，如图13-136所示。关闭以后材质球的显示效果就会恢复正常了。

图13-135

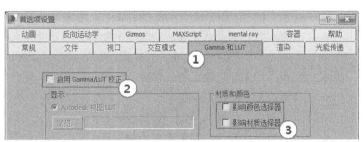

图13-136

Step 06 将制作好的材质分别指定给场景中的
模型，然后按F9键渲染当前场景，最终效果如
图13-137所示。

图13-137

13.6.2 VRay材质包裹器

功能介绍

"VRay材质包裹器"主要控制材质的全局光
照、焦散和物体的不可见等特殊属性。通过相应的设
定，可以控制所有赋有该材质物体的全局光照、焦散
和不可见等属性，其参数面板如图13-138所示。

参数详解

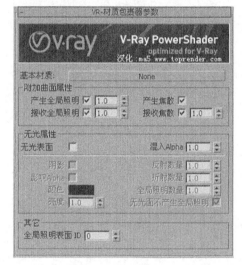

图13-138

❖ 基本材质：用于设置"VRay材质包裹器"
中使用的基本材质参数，此材质必须是
VRay渲染器支持的材质类型。

❖ 产生全局照明：控制当前赋予材质包裹
器的物体是否计算GI光照的产生，后面
的参数控制GI的倍增数量。

❖ 接收全局照明：控制当前赋予材质包裹
器的物体是否计算GI光照的接收，后面的参数控制GI的倍增数量。

❖ 产生焦散：控制当前赋予材质包裹器的物体是否产生焦散。

❖ 接收焦散：控制当前赋予材质包裹器的物体是否接收焦散，后面的数值框用于控制当前
赋予材质包裹器的物体的焦散倍增值。

❖ 无光表面：控制当前赋予材质包裹器的物体是否可见，勾选后，物体将不可见。

❖ 混入Alpha：控制当前赋予材质包裹器的物体在Alpha通道的状态。1表示物体产生Alpha
通道；0表示物体不产生Alpha通道；-1将表示会影响其他物体的Alpha通道。

❖ 阴影：控制当前赋予材质包裹器的物体是否产生阴影效果。勾选后，物体将产生阴影。

❖ 影响Alpha：勾选该选项后，渲染出来的阴影将带Alpha通道。

❖ 颜色：用来设置赋予材质包裹器的物体产生的阴影颜色。

❖ 亮度：控制阴影的亮度。

❖ 反射数量：控制当前赋予材质包裹器的物体的反射数量。

❖ 折射数量：控制当前赋予材质包裹器的物体的折射数量。

❖ 全局照明数量：控制当前赋予材质包裹器的物体的间接照明总量。

13.6.3　VRay快速SSS

功能介绍

　　"VRay快速SSS"是用来计算次表面散射效果的材质，这是一个内部计算简化了的材质，它比使用VRayMtl材质里的半透明参数的渲染速度更快。但它不包括漫反射和模糊效果，如果要创建这些效果可以使用"VRay混合材质"，VRay快速SSS参数面板如图13-139所示。

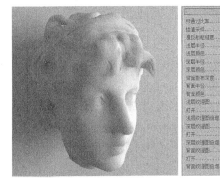

图13-139

参数详解

- ❖ 预通过比率：值为0时就相当于不用插补里的效果，为-1时效果相差1/2，为-2时效果相差1/4，以此类推。
- ❖ 插值采样：用插值的算法来提高精度，可以理解为模糊过渡的一种算法。
- ❖ 漫反射粗糙度：可以得到类似于绒布的效果，受光面能吸光。
- ❖ 浅层半径：依照场景尺寸来衡量物体浅层的次表面散射半径。
- ❖ 浅层颜色：控制次表面散射的浅层颜色。
- ❖ 深层半径：依照场景尺寸来衡量物体深层的次表面散射半径。
- ❖ 深层颜色：次表面散射的深层颜色。
- ❖ 背面散布深度：调整材质背面次表面散射的深度。
- ❖ 背面半径：调整材质背面次表面散射的半径。
- ❖ 背面颜色：调整材质背面次表面散射的颜色。
- ❖ 浅层纹理图：是指用浅层半径来附着的纹理贴图。
- ❖ 深层纹理图：是指用深层半径来附着的纹理贴图。
- ❖ 背面纹理图：是指用背面散射深度来附着的纹理贴图。

13.6.4　VRay覆盖材质

功能介绍

　　"VRay覆盖材质（也有翻译为VRay替代材质）"可以让用户更广泛地去控制场景的色彩融合、反射、折射等，它主要包括5种材质：基本材质、全局光材质、反射材质、折射材质和阴影材质，其参数面板如图13-140所示。

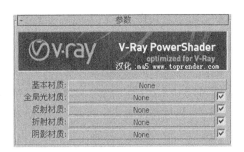

图13-140

❖ 基本材质：这个是物体的基础材质。

❖ 全局光材质：这个是物体的全局光材质，当使用这个参数的时候，灯光的反弹将依照这个材质的灰度来控制，而不是基础材质。

❖ 反射材质：物体的反射材质，在反射里看到的物体的材质。

❖ 折射材质：物体的折射材质，在折射里看到的物体的材质。

❖ 阴影材质：基本材质的阴影将用该参数中的材质来控制，而基本材质的阴影将无效。

图13-141所示的效果就是"VRay覆盖材质"的表现，镜框边辐射绿色，是因为用了"全局光材质"；近处的陶瓷瓶在镜子中的反射是红色，是因为用了"反射材质"；而玻璃瓶子折射的是淡黄色，是因为用了"折射材质"。

图13-141

13.6.5 VRay灯光材质

"VRay灯光材质"可以指定给物体，并把物体当作光源使用，效果和3ds Max里的自发光效果类似，用户可以把它作为材质光源，其参数设置面板如图13-142所示。

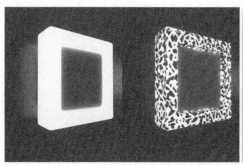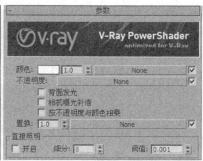

图13-142

❖ 颜色：设置对象自发光的颜色，后面的输入框用来设置自发光的"强度"。

❖ 不透明度：用贴图来指定发光体的不透明度。

❖ 背面发光：当勾选该选项时，它可以让材质光源双面发光。

【练习13-8】：用VRay灯光材质制作灯管材质

本练习的灯管材质效果如图13-143所示。

本例共需要制作两个材质，分别是自发光材质（灯管材质）和地板材质，其模拟效果如图13-144所示。

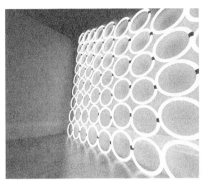

图13-143

图13-144

Step 01 打开光盘中的"练习文件>第13章>练习13-8.max"文件，如图13-145所示。

Step 02 下面制作灯管材质。选择 个空白材质球，然后设置材质类型为"VRay灯光材质"，接着在"参数"卷展栏下设置发光的"强度"为2.5，如图13-146所示，制作好的材质球效果如图13-147所示。

Step 03 下面制作地板材质。选择一个空白材质球，然后设置材质类型为VRayMtl材质，具体参数设置如图13-148所示，制作好的材质球效果如图13-149所示。

① 在"漫反射"贴图通道中加载一张光盘中的"练习文件>第13章>练习13-8>地板.jpg"文件，然后在"坐标"卷展栏下设置"瓷砖"的U和V为5。

② 设置"反射"颜色为（红:64，绿:64，蓝:64），然后设置"反射光泽度"为0.8。

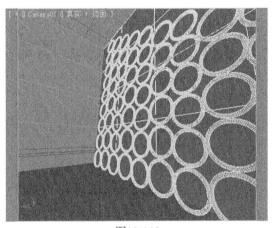

图13-145

图13-146

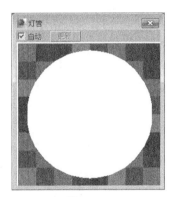

图13-147

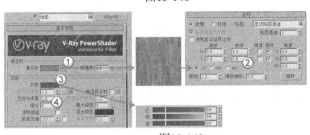

图13-148

图13-149

Step 04 将制作好的材质分别指定给相应的模型，然后按F9键渲染当前场景，最终效果如图13-150所示。

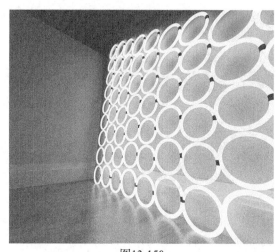

图13-150

13.6.6 VRay双面材质

功能介绍

"VRay双面材质"可以设置物体前、后两面不同的材质，常用来制作纸张、窗帘、树叶等效果，其参数设置面板如图13-151所示。

图13-151

参数详解

❖ 正面材质：用来设置物体外表面的材质。

❖ 背面材质：用来设置物体内表面的材质。

❖ 半透明度：用来设置"正面材质"和"背面材质"的混合程度，可以直接设置混合值，可以用贴图来代替。值为0时，"正面材质"在外表面，"背面材质"在内表面；值在0~100之间时，两面材质可以相互混合；值为100时，"背面材质"在外表面，"正面材质"在内表面。

图13-152所示是应用"VRay双面材质"渲染的叶子效果，效果还是非常不错的。

图13-152

13.6.7 VRay混合材质

功能介绍

"VRay混合材质"可以让多个材质以层的方式混合来模拟物理世界中的复杂材质。"VRay混合材质"和3ds Max里的"混合"材质的效果比较类似，但是其渲染速度比3ds Max的快很多，其参数面板如图13-153所示。

参数详解

❖ 基本材质:可以理解为最基层的材质。

❖ 镀膜材质：表面材质，可以理解为基本材质上面的材质。

❖ 混合数量：这个混合数量是表示"镀膜材质"混合多少到"基本材质"上面，如果颜色给白色，那么这个"镀膜材质"将全部混合上去，而下面的"基本材质"将不起作用；如果颜色给黑色，那么这个"镀膜材质"自身就没什么效果。混合数量也可以由后面的贴图通道来代替。

❖ 相加（虫漆）模式：选择这个选项，"VRay混合材质"将和3ds Max里的"虫漆"材质效果类似，一般情况下不勾选它。

图13-154所示的场景是用"VRay混合材质"制作的车漆效果。

图13-153

图13-154

【练习13-9】：用VRay混合材质制作钻戒材质

本练习的钻戒材质效果如图13-155所示。

本例共需要制作两个材质，分别是钻石材质和金材质，其模拟效果如图13-156所示。

图13-155

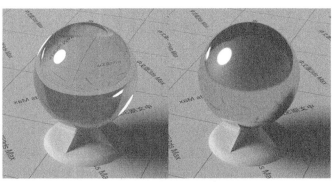

图13-156

Step 01 打开光盘中的"练习文件>第13章>练习13-9.max"文件，如图13-157所示。

Step 02 下面制作钻石材质。选择一个空白材质球，设置材质类型为"VRay混合材质"，并将其命名为"钻石"，然后在第1个"镀膜材质"通道中加载一个VRayMtl材质，接着将其命名为Diamant R，具体参数设置如图13-158所示。

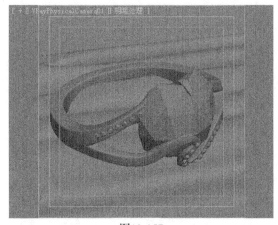

图13-157

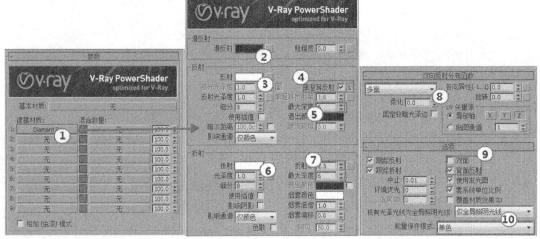

图13-158

① 在"基本参数"卷展栏下设置"漫反射"颜色为黑色、"反射"颜色为白色，然后勾选"菲涅耳反射"选项，并设置"最大深度"为6，接着设置"折射"颜色为白色，最后设置"折射率"为2.5、"最大深度"为6。

② 在"双向反射分布函数"卷展栏下设置明暗器类型为"多面"。

③ 在"选项"卷展栏下关闭"双面"选项，并勾选"背面反射"选项，然后设置"能量保存模式"为"单色"。

提示： 在加载"VRay混合材质"时，3ds Max会弹出"替换材质"对话框，在这里选择第1个选项，如图13-159所示。

图13-159

Step 03 返回到"VRay混合材质"参数设置面板，然后使用鼠标左键将Diamant R材质拖曳在第2个"镀膜材质"的通道上，接着在弹出的对话框中设置"方法"为"复制"，最后将其命名为Diamant G，如图13-160所示。

Step 04 继续复制一份材质到第3个"镀膜材质"的通道上，并将其命名为Diamant B，然后分别将3种材质的颜色修改为红、绿、蓝，用这3种颜色来进行混合，如图13-161所示，制作好的材质球效果如图13-162所示。

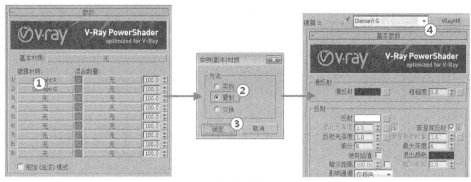

图13-160

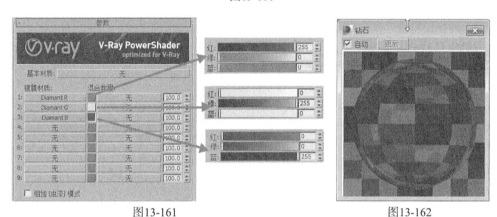

图13-161　　　　　　　　　　　　　　　图13-162

Step 05 下面制作金材质。选择一个空白材质球，然后设置材质类型为VRayMtl材质，接着将其命名为"金"，具体参数设置如图13-163所示，制作好的材质球效果如图13-164所示。

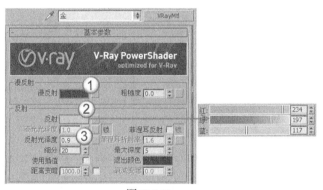　　

图13-163　　　　　　　　　　　　　　　图13-164

① 设置"漫反射"颜色为黑色。

② 设置"反射"颜色为（红:234，绿:197，蓝:117），然后设置"反射光泽度"为0.9、"细分"设置为20。

Step 06 将制作好的材质分别指定给相应的模型，然后按F9键渲染当前场景，最终效果如图13-165所示。

图13-165

13.7 3ds Max程序贴图

13.7.1 认识程序贴图

程序贴图是3ds Max材质功能的重要组成部分，它可以在不增加对象模型的复杂程度的基础上增加对象的细节程度，比如可以创建反射、折射、凹凸和镂空等多种效果，其最大的用途就是提高材质的真实程度，此外程序贴图还可以用于创建环境或灯光投影效果。

展开标准材质的"贴图"卷展栏，在该卷展栏下有很多贴图通道，在这些贴图通道中可以加载程序贴图来表现物体的相应属性，如图13-166所示。

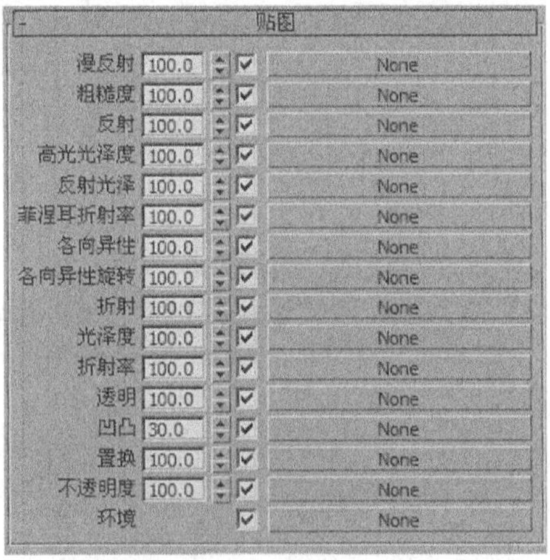

随意单击一个通道的按钮，在弹出的"材质/贴图浏览器"对话框中可以观察到很多程序贴图，主要包括"标准"程序贴图和VRay程序贴图，如图13-167所示。本节将重点介绍"标准"程序贴图，VRay程序贴图将在下一小节进行讲解。

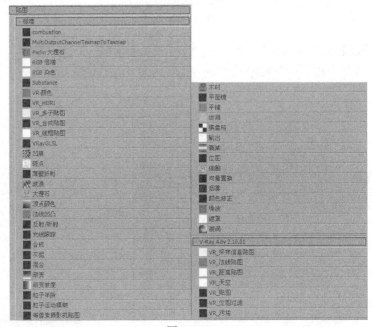

图13-166

"标准"程序贴图的种类非常多，其中最主要的两类是2D贴图和3D贴图，除此之外还有合成贴图、颜色修改以及其他。2D贴图将图像文件直接投射到对象的表现或是指定给环境贴图作为场景的背景；3D贴图可以自动产生各种纹理，如木纹、水波、大理石等，使用时也不需要指定贴图坐标，对对象的内外全部进行了指定。

贴图与材质的层级结构很像，一个贴图既可以使用

图13-167

单一的贴图，也可以由很多贴图层级构成。使用贴图时必须要了解两个重要的概念：贴图类型与贴图坐标。

1. 贴图类型

下面来分别介绍3ds Max的各种贴图类型。

❖ 2D贴图：在二维平面上进行贴图，常用于环境背景和图案商标，最简单也是最重要的

2D贴图是"位图"，除此之外的其他二维贴图都属于程序贴图。

　　◇　位图：通常在这里加载磁盘中的位图贴图，这是一种最常用的贴图，如图13-168所示。

　　◇　平铺：可以用来制作平铺图像，比如地砖，如图13-169所示。

　　◇　棋盘格：可以产生黑白交错的棋盘格图案，如图13-170所示。

图13-168　　　　　　　　　　图13-169　　　　　　　　　　图13-170

　　◇　combustion：可以同时使用Autodesk Combustion 软件和 3ds Max以交互方式创建贴图。使用 Combustion在位图上进行绘制时，材质将在"材质编辑器"对话框和明暗处理视口中自动更新。

　　◇　渐变：使用3种颜色创建渐变图像，如图13-171所示。

　　◇　渐变坡度：可以产生多色渐变效果，如图13-172所示。

　　◇　漩涡：可以创建两种颜色的漩涡形效果，如图13-173所示。

图13-171　　　　　　　　　　图13-172　　　　　　　　　　图13-173

❖ 3D贴图：属于程序类贴图，它们依靠程序参数产生图案效果，能给对象从里到外进行贴图，有自己特定的贴图坐标系统，大多由3D Studio的SXP程序演化而来。

　　◇　细胞：可以用来模拟细胞图案，如图13-174所示。

　　◇　凹痕：这是一种3D程序贴图。在扫描线渲染过程中，"凹痕"贴图会根据分形噪波产生随机图案，如图13-175所示。

　　◇　衰减：基于几何体曲面上面法线的角度衰减来生成从白到黑的过渡效果，如图13-176所示。

　　◇　Perlin大理石：通过两种颜色混合，产生类似于珍珠岩的纹理，如图13-177所示。

　　◇　大理石：针对彩色背景生成带有彩色纹理的大理石曲面，如图13-178所示。

　　◇　噪波：通过两种颜色或贴图的随机混合，产生一种无序的杂点效果，如图13-179所示。

　　◇　粒子年龄：专门用于粒子系统，通常用来制作彩色粒子流动的效果。

　　◇　粒子运动模糊：根据粒子速度产生模糊效果。

图13-174

图13-175

图13-176

图13-177

图13-178

图13-179

- ❖ 斑点：这是一种3D贴图，可以生成斑点状表面图案，如图13-180所示。
- ❖ 灰泥：用于制作腐蚀生锈的金属和破败的物体，如图13-181所示。
- ❖ 烟雾：产生丝状、雾状或絮状等无序的纹理效果，如图13-182所示。

图13-180

图13-181

图13-182

- ❖ 泼溅：产生类似油彩飞溅的效果，如图13-183所示。
- ❖ 木材：用于制作木材效果，如图13-184所示。
- ❖ 波浪：这是一种可以生成水花或波纹效果的3D贴图，如图13-185所示。
- ❖ 合成贴图：提供混合方式，将不同的贴图和颜色进行混合处理。在进行图像处理时，合成贴图能够将两种或者更多的图像按指定方式结合在一起，合成贴图包括合成、混合、遮罩、RGB倍增。
  - ❖ 合成：可以将两个或两个以上的子材质合成在一起。

图13-183　　　　　　　　　　　图13-184　　　　　　　　　　　图13-185

◇　混合：将两种贴图混合在一起，通常用来制作一些多个材质渐变融合或覆盖的效果。

◇　遮罩：使用一张贴图作为遮罩。

◇　RGB倍增：通常用作凹凸贴图，但是要组合两个贴图，以获得正确的效果。

❖　颜色修改：这种程序贴图可以通过图像的各种通道来更改纹理的颜色、亮度、饱和度和对比度，调整的方式包括RGB颜色、单色、反转或自定义，可以调整的通道包括各个颜色通道和Alpha通道。

◇　颜色修正：用来调节材质的色调、饱和度、亮度和对比度。

◇　输出：专门用来弥补某些无输出设置的贴图。

◇　RGB染色：可以调整图像中3种颜色通道的值。3种色样代表3种通道，更改色样可以调整其相关颜色通道的值。

◇　顶点颜色：根据材质或原始顶点的颜色来调整RGB或RGBA纹理，如图13-186所示。

图13-186

❖　其他：用于创建反射和折射效果的贴图。

◇　薄壁折射：模拟缓进或偏移效果，如果查看通过一块玻璃的图像就会看到这种效果。

◇　法线凹凸：可以改变曲面上的细节和外观。

◇　反射/折射：可以产生反射与折射效果。

◇　光线跟踪：可以模拟真实的完全反射与折射效果。

◇　每像素摄影机贴图：将渲染后的图像作为物体的纹理贴图，以当前摄影机的方向贴在物体上，可以进行快速渲染。

◇　平面镜：使共平面的表面产生类似于镜面反射的效果。

◇　Substance：使用这个纹理库，可获得各种范围的材质。

◇　向量置换：可以在3个维度上置换网格，与法线贴图类似。

2. 贴图坐标

对于附有贴图材质的对象，必须依据对象自身的UVW轴向进行贴图坐标指定，即告诉系统怎样将贴图覆盖在对象表面，3ds Max中绝大多数的标准几何体都有"生成贴图坐标"复选项，开启它就可以作用对象默认的贴图坐标。在使用"在视口中显示贴图"或渲染时，拥有"生成贴图坐标"的对象会自动开启这个选项。

对于没有自动指定贴图坐标设置的对象，比如"可编辑网络"对象，需要对其使用"UVW贴图"修改器进行贴图坐标的指定，"UVW贴图"修改器也可以用来改变对象默认的贴图坐标。贴图的坐标参数在"坐标"卷展栏中进行调节，根据贴图类型的不同，"坐标"卷展栏的内容也有所不同。

当材质包含多种贴图且使用多个贴图通道时，必须在通道1之外为每个通道分别指定"UVW贴图"修改器。对于NURBS表面子对象，无须为其指定"UVW贴图"修改器，因为可以通过表面子对象的"材质属性"参数栏设置贴图通道。如果对象指定了使用贴图通道1以外的贴图（贴图通道1例外，是因为给对象指定贴图材质时，通道1贴图坐标会自动开启），却没有通过指定"UVW贴图"修改器为对象指定匹配的贴图通道，渲染时就会出现丢失贴图坐标的情况。

13.7.2 位图（2D贴图）

功能介绍

"位图"贴图就是使用一张位图图像作为贴图。这是一种最基本的贴图类型，也是最常用的贴图类型。位图贴图支持很多种格式，包括AVI、BMP、GIF、JPEG、PNG、PSD和TIFF等主流图像格式，如图13-187所示。

图13-187

"位图"贴图的参数面板主要包含5个卷展栏，分别是"坐标"卷展栏、"噪波"卷展栏、"位图参数"卷展栏、"时间"卷展栏和"输出"卷展栏，如图13-188所示。其中"坐标"和

"噪波"卷展栏基本上算是"2D贴图"类型的程序贴图的公用参数面板，而"输出"卷展栏也是很多贴图（包括3D贴图）都会有的参数面板，"位图参数"卷展栏则是"位图"贴图所独有的参数面板。

图13-188

提示：在本节的参数介绍中，将详细介绍这几个参数卷展栏中的相关参数，而在后续的贴图类型讲解中，就只针对每个贴图类型的独有参数进行介绍，请读者注意。

1. "坐标"卷展栏

展开"坐标"卷展栏，其参数如图13-189所示。

❖ 纹理：将位图作为纹理贴图指定到表面，有4种坐标方式供用户使用，可以在右侧的"贴图"下拉菜单中进行选择，具体如下。

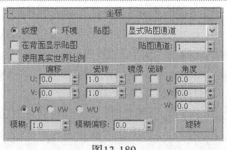

图13-189

◇ 显示贴图通道：使用任何贴图通道，通道从1～99中任选。

◇ 顶点颜色通道：使用指定的顶点颜色作为通道。

◇ 对象XYZ平面：使用源于对象自身坐标系的平面贴图方式，必须打开"在背面显示贴图"选项才能在背面显示贴图。

◇ 世界XYZ平面：使用源于场景世界坐标系的平面贴图方式，必须打开"在背面显示贴图"选项才能在背面显示贴图。

❖ 环境：将位图作为环境贴图使用时就如同将它指定到场景中的某个不可见对象上一样，在右侧的"贴图"下拉菜单中可以选择4种坐标方式，具体如下。

◇ 球形环境。

◇ 柱形环境。

◇ 收缩包裹环境。

◇ 屏幕。

提示： 前3种环境坐标与"UVW贴图"修改器中相同，"球形环境"会在两端产生撕裂现象；"收缩包裹环境"只有一端有少许撕裂现象，如果要进行摄影机移动，它是最好的选择；"柱形环境"则像一个巨大的柱体围绕在场景周围；"屏幕"方式可以将图像不变形地直接指向视角，类似于一面悬挂在背景上的巨大幕布，由于"屏幕"方式总是与视角锁定，所以只适用于静帧或没有摄影机移动的渲染。除了"屏幕"方式之外，其他3种方式都应当使用高精度的贴图来制作环境背景。

❖ 在背面显示贴图：勾选此项，平面贴图能够在渲染时投射到对象背面，默认为开启。只有U、V轴都取消勾选"瓷砖"的情况下它才有效。

❖ 使用真实世界比例：勾选此项后，使用真实"宽度"和"高度"值将贴图应用于对象，而不是U、V值。

❖ 贴图通道：当上面一项选择为"显示贴图通道"时，该输入框可用，允许用户选择从1～99的任意通道。

❖ 偏移：用于改变对象的U、V坐标，以此调节贴图在对象表面的位置。贴图的移动与其自身的大小有关，例如要将某贴图向左移动其完整宽度的距离，向下移动其一半宽度的距离，则在"U轴偏移"栏内输入-1，在"V轴偏移"栏内输入0.5。

❖ 瓷砖（也有翻译为"平铺"）：设置水平和垂直方向上贴图重复的次数，当然右侧"瓷砖"复选项要打开才起作用，它可以将纹理连续不断地贴在对象表面，经常用于砖墙、地板的制作，值为1时，贴图在表面贴一次；值为2时，贴图会在表面各个方向上重复贴两次，贴图尺寸会相应都缩小一倍；值小于1时，贴图会进行放大。

❖ 镜像：将贴图在对象表面进行镜像复制，形成该方向上两个镜像的贴图效果。与"瓷砖"一样，镜像可以在U轴、V轴或两轴向同时进行，轴向上的"瓷砖"参数用于指定显示的贴图数量，每个拷贝都是相对于自身相邻的贴图进行重复的。

❖ UV/VW/WU：改变贴图所使用的贴图坐标系统。默认的UV坐标系统将贴图像放映幻灯片一样投射到对象表现；VW与WU坐标系统对贴图进行旋转，使其垂直于表面。

❖ 角度：控制在相应的坐标方向上产生贴图的旋转效果，既可以输入数据，也可以单击"旋转"钮进行实时调节。

❖ 模糊：影响图像的尖锐程度，影响力较低，主要用于位图的抗锯齿处理。

❖ 模糊偏移：使用图像的偏移产生大幅度的模糊处理，常用于产生柔和散焦效果。它的值很灵敏，一般用于反射贴图的模糊处理。

❖ 旋转：单击激活旋转贴图坐标示意框，可以直接在框中拖动鼠标对贴图进行旋转。

2. "噪波"卷展栏

展开"噪波"卷展栏,其参数如图13-190所示。通过指定不规则噪波函数使UV轴向上的贴图像素产生扭曲,为材质添加噪波效果,产生的噪波图案可以非常复杂,非常适合创建随机图案,还适于模拟不规则的自然地表。噪波参数间的相互影响非常紧密,细微的参数变化就可能带来明显的差别。

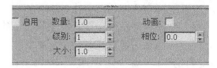

图13-190

- ❖ 启用:控制噪波效果的开关。
- ❖ 数量:控制分形计算的强度,值为0时不产生噪波效果,值为100时位图将被完全噪化,默认设置为1。
- ❖ 级别:设置函数被指定的次数,与"数量"值紧密联系,"数量"值越大,"级别"值的影响也越强烈,它的值由1~10可调,默认设置为1。
- ❖ 大小:设置噪波函数相对于几何造型的比例。值越大,波形越缓;值越小,波形越碎,值由0.001~100可调,默认设置为1。
- ❖ 动画:确定是否要进行动画噪波处理,只有打开它才允许产生动画效果。
- ❖ 相位:控制噪波函数产生动画的速度。将相位值的变化记录为动画,就可以产生动画的噪波材质。

3. "位图参数"卷展栏

展开"位图参数"卷展栏,其参数如图13-191所示。

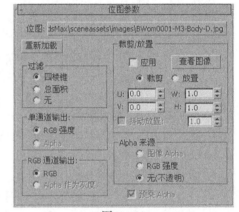

图13-191

- ❖ 位图:单击右侧的按钮,可以在文件框中选择一个位图文件。
- ❖ 重新加载:按照相同的路径和名称重新将上面的位图调入,这主要是因为在其他软件中对该图做了改动,重加载它才能使修改后的效果生效。
- ❖ "过滤"参数组:这里是确定对位图进行抗锯齿处理的方式。对于一般要求,"四棱椎"过滤方式已经足够了。"总面积"过滤方式提供更加优秀的过滤效果,只是会占用更多的内存,如果对"凹凸"贴图的效果不满意,可以选择这种过滤方式,效果非常优秀,这是提高3ds Max凹凸贴图渲染品质的一个关键参数,不过渲染时间也会大幅增长。如果选择"无"选项,将不对贴图进行过滤。
- ❖ "单通道输出"参数组:根据贴图方式的不同,确定图像的哪个通道将被使用。对于某些贴图方式(比如凹凸),只要求位图的黑白效果来产生影响,这时一张彩色的位图就会以一种方式转换为黑白效果,通常以RGB明暗度方式转换,根据红绿蓝的明暗强度转化为灰度图像。就好像在Photoshop中将彩色图像转化为灰度图像一样;如果位图是一个具有Alpha通道32位图像,也可以将它的Alpha通道图像作为贴图影响,例如使用它的Alpha通道制作标签贴图时。
  - ✧ RGB强度:使用红、绿、蓝通道的强度作用于贴图。像素点的颜色将被忽略,只使用它的明亮度值,彩色将在0(黑)~255(白)级的灰度值之间进行计算。
  - ✧ Alpha:使用贴图自带的Alpha通道的强度进行作用。
- ❖ "RGB通道输出"参数组:对于要求彩色贴图的贴图方式,比如漫反射、高光、过滤色、反射、折射等,确定位图显示色彩的方式。

◇　RGB：以位图全部彩色进行贴图。

◇　Alpha作为灰度：以Alpha通道图像的灰度级别来显示色调。

❖　"裁剪/放置"参数组：这是贴图参数中非常有力的一种控制方式，它允许在位图上任意剪切一部分图像作为贴图进行使用，或者将原位图比例进行缩小使用，它并不会改变原位图文件，只是在材质编辑器中实施控制。这种方法非常灵活，尤其是在进行反射贴图处理时可以随意调节反射贴图的大小和内容，以便取得最佳的质感。

◇　应用：勾选此选项，全部的剪切和定位设置才能发生作用。

◇　裁剪：允许在位图内剪切局部图像用于贴图，其下的U、V值控制局部图像的相对位置，W、H值控制局部图像的宽度和高度。

◇　放置：这时的"瓷砖"贴图设置将会失效，贴图以"不重复"的方式贴在物体表面，U、V值控制缩小后的位图在原位图上的位置，这同时影响贴图在物体表面的位置，W、H值控制位图缩小的长宽比例。

◇　抖动放置：针对"放置"方式起作用，这时缩小位图的比例和尺寸由系统提供的随机值来控制。

◇　查看图像：单击此按钮，系统会弹出一个虚拟图像设置框，可以直观地进行剪切和放置操作。拖曳位图周围的控制柄，可以剪切和缩小位图；在方框内拖曳，可以移动被剪切和缩小的图像；在"放置"方式下，配合Ctrl键可以保持比例进行放缩；在"裁剪"方式下，配合Ctrl键按左、右键，可以对图像显示进行放缩。

❖　"Alpha来源"参数组：确定贴图位图透明信息的来源。

◇　图像Alpha：如果该图像具有Alpha通道，将使用它的Alpha通道。

◇　RGB强度：将彩色图像转化的灰度图像作为透明通道来源。

◇　无（不透明）：不使用透明信息。

❖　预乘Alpha：确定以何种方式来处理位图的Alpha通道，默认为开启状态，如果将它关闭，RGB值将被忽略，只有发现不重复贴图不正确时再将它关闭。

4.　"输出"卷展栏

展开"输出"卷展栏，其参数如图13-192所示，这些参数主要用于调节贴图输出时的最终效果，相当于二维软件中的图片校色工具。

❖　反转：将位图的色调反转，如同照片的负片效果，对于凹凸贴图，将它打开可以使凹凸纹理反转。

❖　钳制：勾选此项，限制颜色值的参数将不会超过1。如果将它打开，增加"RGB级别"值会产生强烈的自发光效果，因为大于1后会变白。

❖　来自RGB强度的Alpha：勾选此项后，将为基于位图RGB通道的明度产生一个Alpha通道，黑色透明而白色不透明，中间色根据其明度显示出不同程度的半透明效果，默认为关闭状态。

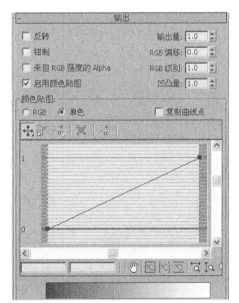

图13-192

❖　启用颜色贴图：勾选此项后，可以使用色彩贴图曲线。

❖　输出量：控制位图融入一个合成材质中的数量（程度），影响贴图的饱和度与通道值，默认设置为1。

❖　RGB偏移：设置位图RGB的强度偏移。值为0时不发生强度偏移；大于0时，位图RGB强度增大，趋向于纯白色；小于0时，位图RGB强度减小，趋向于黑色。默认设置为0。

❖ RGB级别：设置位图RGB色彩值的倍增量，它影响的是图像饱和度，值的增大使图像趋向于饱和与发光，低的值会使图像饱和度降低而变灰，默认设置为1。

❖ 凹凸量：只针对凹凸贴图起作用，它调节凹凸的强度，默认值为1。

❖ "颜色贴图"参数组：颜色图表用于调节图像的色调范围。坐标（1，1）位置控制高亮部分，（0.5，0.5）位置控制中间影调，（0，0）位置控制阴影部分。通过在曲线上添加、移动、放缩点（拐点、贝兹-光滑和贝兹-拐点3种类型）来改变曲线的形状。

　◇ RGB/单色：指定贴图曲线分类单独过滤RGB通道（RGB方式）或联合滤过RGB通道（单色方式）。

　◇ 复制曲线点：开启它，在RGB方式（或单色方式）下添加的点，转换方式后还会保留在原位。这些点的变化可以指定动画，但贝兹点把手的变化不能指定。在RGB方式下指定动画后，转换为单色方式动画可以延续下来，但反之不可。

❖ 可以向任意方向移动选择的点。

❖ 只能在水平方向上移动选择的点。

❖ 只能在垂直方向上移动选择的点。

❖ 改变控制点的输出量，但维持相关的点。对于贝兹-拐点，它的作用等同垂直移动的作用；对于贝兹-光滑的点，它可以同时放缩贝兹点和把手。

❖ 在曲线上任意添加贝兹拐点。

❖ 在曲线上任意添加贝兹光滑点。选择一种添加方式后，可以直接按住Ctrl键在曲线上添加另一种方式的点。

❖ 移除选择点。

❖ 恢复到曲线的默认状态，视图的变化不受影响。

❖ 在视图中任意拖曳曲线位置。

❖ 显示曲线全部。

❖ 显示水平方向上曲线全部。

❖ 显示垂直方向上曲线全部。

❖ 水平方向上放缩观察曲线。

❖ 垂直方向上放缩观察曲线。

❖ 围绕光标进行放大或缩小。

❖ 围绕图上任何区域绘制长方形区域，然后缩放到该视图。

技术专题13-5 ［位图贴图的使用方法］

在所有的贴图通道中都可以加载位图贴图。在"漫反射"贴图通道中加载一张木质位图贴图，如图13-193所示，然后将材质指定给一个球体模型，接着按F9键渲染当前场景，效果如图13-194所示。

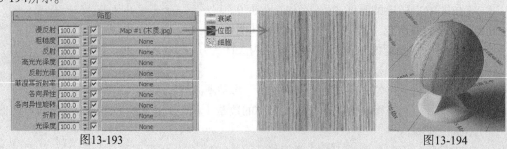

图13-193　　　　　　　　　　　　　　　　　　　　　　　图13-194

加载位图后，3ds Max会自动弹出位图的参数设置面板，如图13-195所示。这里的参数主要用来设置位图的"偏移"值、"瓷砖"（即位图的平铺数量）值和"角度"值，如图13-196所示是"瓷砖"的V和U为6时的渲染效果。

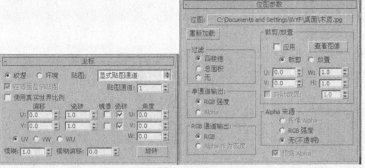

图13-195　　　　　　　　　　　　　　　　　图13-196

勾选"镜像"选项后，贴图就会变成镜像方式，当贴图不是无缝贴图时，建议勾选"镜像"选项，图13-197所示是勾选该选项时的渲染效果。

当设置"模糊"为0.01时，可以在渲染时得到最精细的贴图效果，如图13-198所示；如果设置为1，则可以得到最模糊的贴图效果，如图13-199所示。

图13-197　　　　　　　　图13-198　　　　　　　　图13-199

在"位图参数"卷展栏下勾选"应用"选项，然后单击后面的"查看图像"按钮 查看图像 ，在弹出的对话框中可以对位图的应用区域进行调整，如图13-200所示。

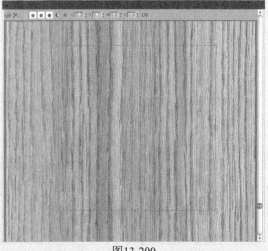

图13-200

13.7.3 棋盘格（2D贴图）

功能介绍

　　"棋盘格"贴图可以用来制作双色棋盘效果，也可以用来检测模型的UV是否合理。如果棋盘格有拉伸现象，那么拉伸处的UV也有拉伸现象，其参数面板如图13-201所示。

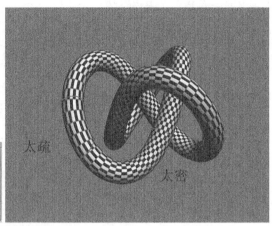

图13-201

技术专题13-6 [棋盘格贴图的使用方法]

　　在"漫反射"贴图通道中加载一张"棋盘格"贴图，如图13-202所示。
　　加载"棋盘格"贴图后，系统会自动切换到"棋盘格"参数设置面板，如图13-203所示。

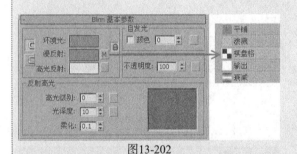

图13-202

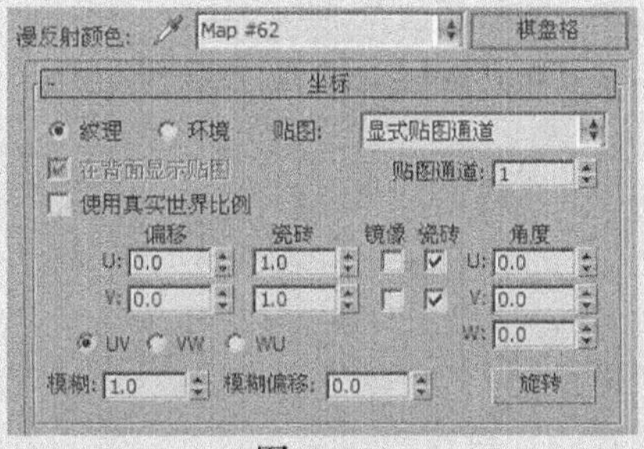

图13-203

　　在这些参数中，使用频率最高的是"瓷砖"选项，该选项可以用来改变棋盘格的平铺数量，如图13-204和图13-205所示。
　　"颜色#1"和"颜色#2"参数主要用来控制棋盘格的两个颜色，如图13-206所示。

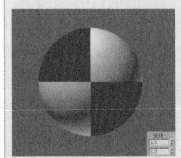

图13-204

图13-205

图13-206

❖ 【练习13-10】：用位图贴图制作书本材质

　　本练习的书本材质效果如图13-207所示。

Step 01 打开光盘中的"练习文件>第13章>练习13-10.max"文件，如图13-208所示。

图13-207

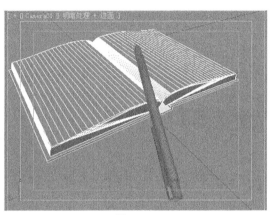

图13-208

Step 02 选择一个空白材质球，然后设置材质类型为VRayMtl材质，接着将其命名为"书页"，具体参数设置如图13-209所示，制作好的材质球效果如图13-210所示。

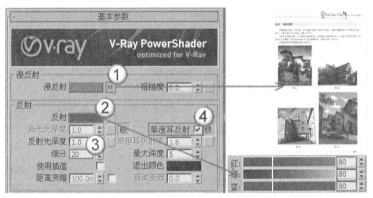

图13-209

图13-210

　　① 在"漫反射"贴图通道中加载一张光盘中的"练习文件>第13章>练习13-10>011.jpg"文件。

　　② 设置"反射"颜色为（红:80，绿:80，蓝:80），然后设置"细分"为20，接着勾选"菲涅耳反射"选项。

Step 03 用相同的方法制作出另外两个书页材质，然后将制作好的材质分别指定给相应的模型，接着按F9键渲染当前场景，最终效果如图13-211所示。

图13-211

13.7.4 渐变（2D贴图）

功能介绍

使用"渐变"程序贴图可以设置3种颜色的渐变效果，其参数设置面板如图13-212所示。

提示：渐变颜色可以任意修改，修改后的物体材质颜色也会随之改变，图13-213和图13-214所示分别是默认的渐变颜色，以及将渐变颜色修改为红、绿、蓝后的渲染效果。

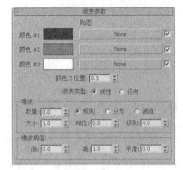

图13-212

图13-213

图13-214

【练习13–11】：用渐变贴图制作渐变花瓶材质

本练习的渐变花瓶材质效果如图13-215所示。

图13-215

本例共需要制作两种花瓶的渐变玻璃材质，其模拟效果如图13-216所示。

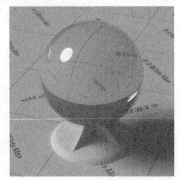

图13-216

Step 01 打开光盘中的"练习文件>第13章>练习13-11.max"文件，如图13-217所示。

图13-217

Step 02 下面制作第1个花瓶材质。选择一个空白材质球，然后设置材质类型为VRayMtl材质，接着将其命名为"花瓶1"，具体参数设置如图13-218所示，制作好的材质球效果如图13-219所示。

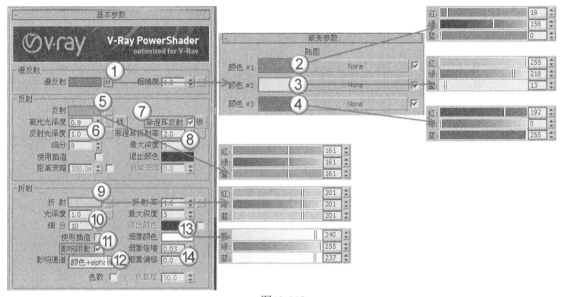

图13-218

① 在"漫反射"贴图通道中加载一张"渐变"程序贴图，然后在"渐变参数"卷展栏下设置"颜色#1"为(红:19,绿:156,蓝:0)、"颜色#2"为(红:255,绿:218,蓝:13)、"颜色#3"为(红:192,绿:0,蓝:255)。

② 设置"反射"颜色为(红:161,绿:161,蓝:161)，然后设置"高光光泽度"为0.9，接着勾选"菲涅耳反射"选项，并设置"菲涅耳折射率"为2。

③ 设置"折射"颜色为(红:201,绿:201,蓝:201)，然后设置"细分"为10，接着勾选"影响阴影"选项，并设置"影响通道"为"颜色+alpha"，最后设置"烟雾颜色"为(红:240,绿:255,蓝:237)，并设置"烟雾倍增"为0.03。

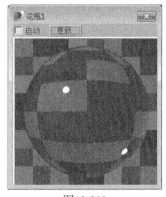

图13-219

Step 03 下面制作第2个花瓶材质。将"花瓶1"材质球拖曳（复制）到一个空白材质球上，然后将其命名为"花瓶2"，接着将"渐变"程序贴图的"颜色#1"修改为（红:90,绿:0,蓝:255）、"颜色#2"修改为（红:4,绿:207,蓝:255）、"颜色#3"修改为（红:155,绿:255,蓝:255），如图13-220所示，制作好的材质球效果如图13-221所示。

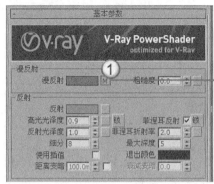
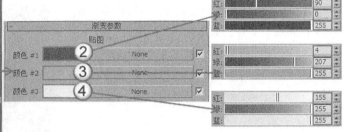

图13-220

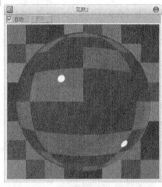

图13-221

> **提示：** 从"步骤3"可以看出，在制作同种类型或是
> 参数差异不大的材质时，可以先制作出其中
> 一个材质，然后对材质进行复制，接着对局
> 部参数进行修改即可。但是，一定要对复制
> 出来的材质球进行重命名，否则3ds Max会对
> 相同名称的材质产生混淆。

Step 04 将制作好的材质分别指定给场景中相应
的模型，然后按F9键渲染当前场景，最终效果如
图13-222所示。

图13-222

13.7.5 平铺（2D贴图）

功能介绍

使用"平铺"程序贴图可以创建类似于瓷
砖的贴图，通常在制作有很多建筑砖块图案时
使用，其参数设置面板如图13-223所示。

图13-223

参数详解

1. "标准控制"卷展栏

预设类型：可以在右侧的下拉列表中选择不同的砖墙图案，其中"自定义平铺"可以调用在"高级控制"中自制的图案。

下图中列出了几种不同的砌合方式，如图13-224所示。

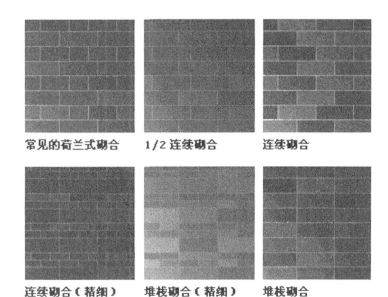

常见的荷兰式砌合　　1/2 连续砌合　　连续砌合

连续砌合（精细）　堆栈砌合（精细）　堆栈砌合

图13-224

2. "高级控制"卷展栏

❖ 显示纹理样例：更新显示指定给墙砖或灰泥的贴图。

❖ "平铺设置"参数组

   ◇ 纹理：控制当前砖块贴图的显示。开启它，使用纹理替换色块中的颜色作为砖墙的图案；关闭它，则只显示砖墙颜色。单击色块可以调用颜色选择对话框。右侧的长方形按钮用来指定纹理贴图。

   ◇ 水平数：控制一行上的平铺数。

   ◇ 垂直数：控制一列上的平铺数。

   ◇ 颜色变化：控制砖墙中的颜色变化程度。

   ◇ 淡出变化：控制砖墙中的褪色变化程度。

❖ "砖缝设置"参数组

   ◇ 纹理：控制当前灰泥贴图的显示。开启它，使用纹理替换色块中的颜色作为灰泥的图案；关闭它，则只显示灰泥颜色。单击色块可以调用颜色选择对话框。右侧的长方形按钮用来指定纹理贴图

   ◇ 水平间距：控制砖块之间水平向上的灰泥大小。默认情况下与"垂直间距"锁定在一起。单击右侧的"锁"图案可以解除锁定。

   ◇ 垂直间距：控制砖块之间垂直方向上的灰泥大小。

   ◇ %孔：设置砖墙表面因没有墙砖而造成的空洞的百分比程度，通过这些墙洞可以看到"灰泥"的情况。

   ◇ 粗糙度：设置灰泥边缘的粗糙程度。

❖ "杂项"参数组

   ◇ 随机种子：将颜色变化图案随机应用到砖墙上，不需要任何其他设置就可以产生完全不同的图案。

   ◇ 交换纹理条目：交换砖墙与灰泥之间的贴图或颜色设置。

❖ "堆垛布局"参数组：只有在预设类型中选择了"自定义平铺"后，这个选项才能被激活。

　　　　◇　线性移动：每隔一行移动砖块行单位距离。

　　　　◇　随机移动：随意移动全部砖块行单位距离。

　　❖　"行和列编辑"参数组：只有在预设类型中选择了"自定义平铺"后，这个选项才能被激活。

　　　　◇　行修改：每隔指定的行数，按"更改"栏中指定的数量变化一行砖块。

　　　　◇　每行：指定相隔的行数。

　　　　◇　更改：指定变化砖块数量。

　　　　◇　列修改：每隔指定的列数，按"更改"栏中指定的数量变化一列砖块。

　　　　◇　每列：指定相隔的列数。

　　　　◇　更改：指定变化砖块数量。

【练习13-12】：用平铺贴图制作地砖材质

本练习的地砖材质效果如图13-225所示。

Step 01 打开光盘中的"练习文件>第13章>练习13-12.max"文件，如图13-226所示。

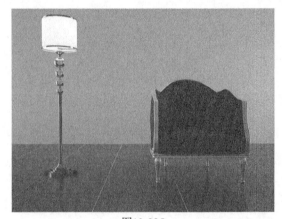

图13-225

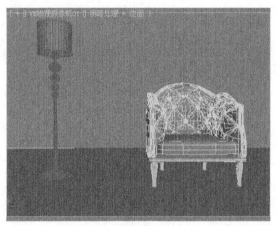

图13-226

Step 02 选择一个空白材质球，然后设置材质类型为VRayMtl材质，接着将其命名为"地砖"，具体参数设置如图13-227所示。

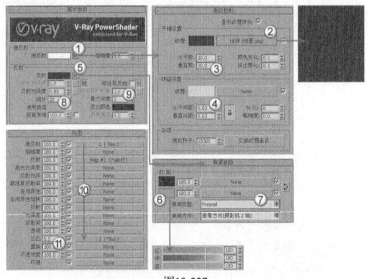

图13-227

① 在"漫反射"贴图通道中加载一张"平铺"程序贴图，然后在"高级控制"卷展栏下的"纹理"贴图通道中加载一张光盘中的"练习文件>第13章>练习13-12>地面.jpg"文件，接着设置"水平数"和"垂直数"为20，最后设置"水平间距"和"垂直间距"为0.02。

② 在"反射"贴图通道中加载一张"衰减"程序贴图，然后在"衰减参数"卷展栏下设置"侧"通道的颜色为（红:180，绿:180，蓝:180），接着设置"衰减类型"为Fresnel，最后设置"反射光泽度"为0.85、"细分"为20、"最大深度"为2。

③ 展开"贴图"卷展栏，然后使用鼠标左键将"漫反射"通道中的贴图拖曳到"凹凸"通道上，接着设置凹凸的强度为5。

Step 03 将制作好的材质指定给场景中的地板模型，然后按F9键渲染当前场景，最终效果如图13-228所示。

图13-228

13.7.6 细胞（3D贴图）

功能介绍

"细胞"程序贴图主要用于制作各种具有视觉效果的细胞图案，如马赛克、瓷砖、鹅卵石和海洋表面等，其参数设置面板如图13-229所示。

参数详解

1. "坐标"卷展栏

图13-229

3D贴图的贴图坐标系与2D贴图有所不同，它的参数是相对于物体的体积对贴图进行定位的。

❖ 源：从右侧的下拉列表中选择所使用的坐标系统，共有4种方式。
　◇ 对象XYZ：使用对象的局部坐标系统。
　◇ 世界XYZ：使用场景的世界坐标系统。
　◇ 显示贴图通道：激活右侧的"贴图通道"参数，可以选择1～99通道中的任意一个。当设置好某个贴图通道时，它会将贴图锁定在物体的顶点位置上，使贴图能够在物体进行变形动画时紧紧贴附于物体。
　◇ 顶点颜色通道：指定顶点颜色作为通道。
❖ 贴图通道：只在"显示贴图通道"方式下有效，范围为1～99。
其他参数与2D贴图坐标系相同，这里就不再重复讲解。

2. "细胞参数"卷站栏

❖ 细胞颜色：该选项组中的参数主要用来设置细胞的颜色。

♦ 颜色：为细胞选择一种颜色。

♦ None（无）　None　：将贴图指定给细胞，而不使用实心颜色。

♦ 变化：通过随机改变红、绿、蓝颜色值来更改细胞的颜色。"变化"值越大，随机效果越明显。

❖ 分界颜色：设置细胞间的分界颜色。细胞分界是两种颜色或两个贴图之间的斜坡。

❖ 细胞特征：该选项组中的参数主要用来设置细胞的一些特征属性。

♦ 圆形/碎片：用于选择细胞边缘的外观。

♦ 大小：更改贴图的总体尺寸。

♦ 扩散：更改单个细胞的大小。

♦ 凹凸平滑：将细胞贴图用作凹凸贴图时，在细胞边界处可能会出现锯齿效果。如果发生这种情况，可以适当增大该值。

♦ 分形：将细胞图案定义为不规则的碎片图案。

♦ 迭代次数：设置应用分形函数的次数。

♦ 自适应：启用该选项后，分形"迭代次数"将自适应地进行设置。

♦ 粗糙度：将"细胞"贴图用作凹凸贴图时，该参数用来控制凹凸的粗糙程度。

❖ 阈值：该选项组中的参数用来限制细胞和分解颜色的大小。

♦ 低：调整细胞最低大小。

♦ 中：相对于第2分界颜色，调整最初分界颜色的大小。

♦ 高：调整分界的总体大小。

13.7.7 衰减（3D贴图）

功能介绍

"衰减"程序贴图可以用来控制材质强烈到柔和的过渡效果，使用频率比较高，其参数设置面板如图13-230所示。

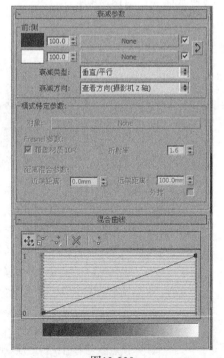

参数详解

❖ 衰减类型：设置衰减的方式，共有以下5种。

♦ 垂直/平行：在与衰减方向相垂直的面法线和与衰减方向相平行的法线之间设置角度衰减范围。

♦ 朝向/背离：在面向衰减方向的面法线和背离衰减方向的法线之间设置角度衰减范围。

♦ Fresnel：基于IOR（折射率）在面向视图的曲面上产生暗淡反射，而在有角的面上产生较明亮的反射。

♦ 阴影/灯光：基于落在对象上的灯光，在两个子纹理之间进行调节。

♦ 距离混合：基于"近端距离"值和"远端距离"值，在两个子纹理之间进行调节。

图13-230

❖ 衰减方向：设置衰减的方向。

❖ 混合曲线：设置曲线的形状，可以精确地控制由任何衰减类型所产生的渐变。

【练习13-13】：用衰减贴图制作水墨材质

本练习的水墨材质效果如图13-231所示。

Step 01 打开光盘中的"练习文件>第13章>练习13-13.max"文件，如图13-232所示。

图13-231

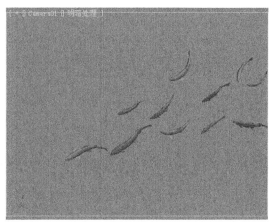

图13-232

Step 02 选择一个空白材质球，然后设置材质类型为"标准"材质，接着其命名为"鱼"，具体参数设置如图13-233所示，制作好的材质球效果如图13-234所示。

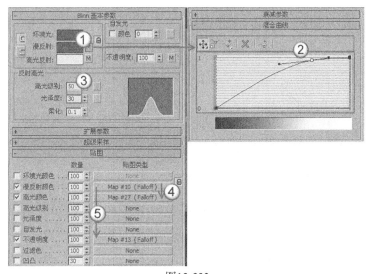

图13-233

① 在"漫反射"贴图通道中加载一张"衰减"程序贴图，然后在"混合曲线"卷展栏下调节好曲线的形状，接着设置"高光级别"为50、"光泽度"为30。

② 展开"贴图"卷展栏，然后使用鼠标左键将"漫反射颜色"通道中的贴图拖曳到"高光颜色"和"不透明度"通道上。

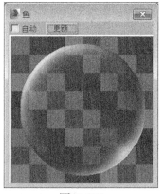

图13-234

Step 03 将制作好的材质指定给场景中的鱼模型，然后用3ds Max默认的扫描线渲染器渲染当前场景，效果如图13-235所示。

> **提示：** 在渲染完场景以后，需要将图像保存为PNG格式，这样可以很方便地在Photoshop中合成背景。

图13-235

Step 04 启动Photoshop，然后打开光盘中的"练习文件>第13章>练习13-13>背景.jpg"文件，如图13-236所示。

Step 05 导入前面渲染好的水墨鱼图像，然后将其放在合适的位置，最终效果如图13-237所示。

图13-236

图13-237

13.7.8　噪波（3D贴图）

功能介绍

使用"噪波"程序贴图可以将噪波效果添加到物体的表面，以突出材质的质感。"噪波"程序贴图通过应用分形噪波函数来扰动像素的UV贴图，从而表现出非常复杂的物体材质，其参数设置面板如图13-238所示。

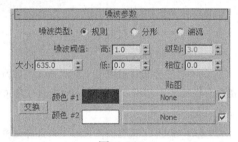

图13-238

参数详解

❖ 噪波类型：共有3种类型，分别是"规则"、"分形"和"湍流"。

　◇ 规则：生成普通噪波，如图13-239所示。

　◇ 分形：使用分形算法生成噪波，如图13-240所示。

　◇ 湍流：生成应用绝对值函数来制作故障线条的分形噪波，如图13-241所示。

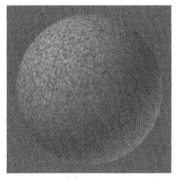
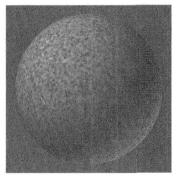

图13-239　　　　　　　　　　图13-240　　　　　　　　　　图13-241

- ❖ 大小：以3ds Max为单位设置噪波函数的比例。
- ❖ 噪波阈值：控制噪波的效果，取值范围从0~1。
- ❖ 级别：决定有多少分形能量用于分形和湍流噪波函数。
- ❖ 相位：控制噪波函数的动画速度。
- ❖ 交换 ：交换两个颜色或贴图的位置。
- ❖ 颜色#1/颜色#2：可以从两个主要噪波颜色中进行选择，将通过所选的两种颜色来生成中间颜色值。

【练习13-14】：用噪波贴图制作茶水材质

本练习的茶水材质效果如图13-242所示。

图13-242

本例共需要制作两个材质，分别是青花瓷材质和茶水材质，其模拟效果如图13-243所示。

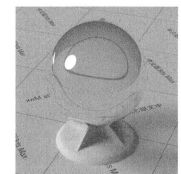

图13-243

Step 01 打开光盘中的"练习文件>第13章>练习13-14.max"文件,如图13-244所示。

Step 02 下面制作青花瓷材质。选择一个空白材质球,然后设置材质类型为VRayMtl材质,接着其命名为"青花瓷",具体参数设置如图13-245所示,制作好的材质球效果如图13-246所示。

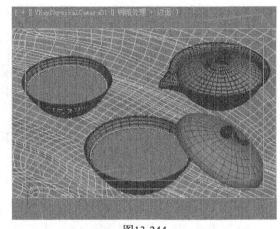

图13-244

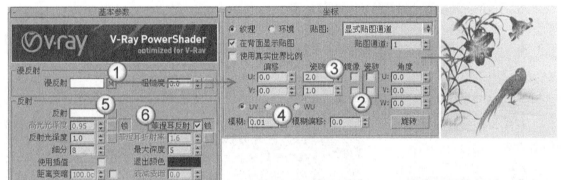

图13-245

① 在"漫反射"贴图通道中加载一张光盘中的"练习文件>第13章>练习13-14>青花瓷.jpg"文件,然后在"坐标"卷展栏下关闭"瓷砖"的U和V选项,接着设置"瓷砖"的U为2,最后设置"模糊"为0.01。

② 设置"反射"颜色为白色,然后勾选"菲涅耳反射"选项。

图13-246

Step 03 下面制作茶水材质。选择一个空白材质球,然后设置材质类型为VRayMtl材质,接着其命名为"茶水",具体参数设置如图13-247所示。

① 设置"漫反射"颜色为黑色。

② 在"反射"贴图通道中加载一张"衰减"程序贴图,然后在"衰减参数"卷展栏下设置"侧"通道的颜色为(红:221,绿:255,蓝:223),接着设置"细分"为30。

③ 设置"折射"颜色为(红:253,绿:255,蓝:252),然后设置"细分"为30、"折射率"为1.2,接着勾选"影响阴影"选项,再设置"烟雾颜色"为(红:246,绿:255,蓝:226),最后设置"烟雾倍增"为0.2。

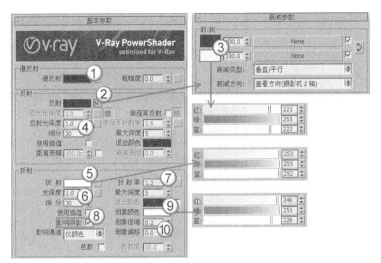

图13-247

Step 04 展开"贴图"卷展栏，在"凹凸"贴图通道中加载一张"噪波"程序贴图，然后在"坐标"卷展栏下设置"瓷砖"的X、Y、Z为0.1，接着在"噪波参数"卷展栏下设置"噪波类型"为"分形"、"大小"为30，最后设置凹凸的强度为20，具体参数设置如图13-248所示，制作好的材质球效果如图13-249所示。

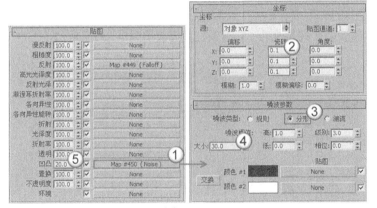

图13-248

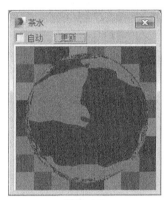

图13-249

Step 05 将制作好的材质分别指定给场景中相应的模型，然后按F9键渲染当前场景，最终效果如图13-250所示。

图13-250

639

13.7.9 斑点（3D贴图）

功能介绍

　　"斑点"程序贴图常用来制作具有斑点的物体，其参数设置面板如图13-251所示。

图13-251

参数详解

❖　大小：调整斑点的大小。

❖　交换 交换：交换两个颜色或贴图的位置。

❖　颜色#1：设置斑点的颜色。

❖　颜色#2：设置背景的颜色。

13.7.10 泼溅（3D贴图）

功能介绍

　　"泼溅"程序贴图可以用来制作油彩泼溅的效果，其参数设置面板如图13-252所示。

参数详解

❖　大小：设置泼溅的大小。

❖　迭代次数：设置计算分形函数的次数。数值越高，泼溅效果越细腻，但是会增加计算时间。

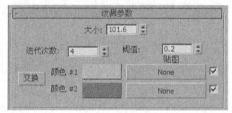

图13-252

❖　阈值：确定"颜色#1"与"颜色#2"的混合量。值为0时，仅显示"颜色#1"；值为1时，仅显示"颜色#2"。

❖　交换 交换：交换两个颜色或贴图的位置。

❖　颜色#1：设置背景的颜色。

❖　颜色#2：设置泼溅的颜色。

13.7.11 混合

功能介绍

　　"混合"程序贴图可以用来制作材质之间的混合效果，其参数设置面板如图13-253所示。

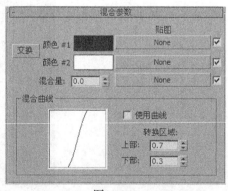

参数详解

❖　交换 交换：交换两个颜色或贴图的位置。

❖　颜色#1/颜色#2：设置混合的两种颜色。

❖　混合量：设置混合的比例。

❖　混合曲线：用曲线来确定对混合效果的影响。

图13-253

❖ 转换区域：调整"上部"和"下部"的级别。

🔹 【练习13-15】：用混合贴图制作颓废材质

本练习的颓废材质效果如图13-254所示。

图13-254

Step 01 打开光盘中的"练习文件>第13章>练习13-15.max"文件，如图13-255所示。

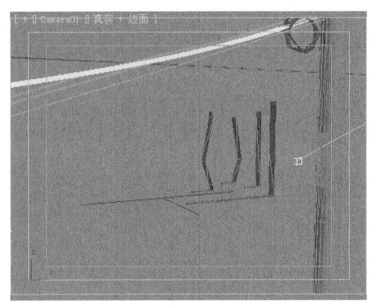

图13-255

Step 02 选择一个空白材质球，设置材质类型为"标准"材质，然后将其命名为"墙"，接着展开"贴图"卷展栏，具体参数设置如图13-256所示，制作好的材质球效果如图13-257所示。

① 在"漫反射颜色"贴图通道中加载一张"混合"程序贴图，然后展开"混合参数"卷展栏，接着分别在"颜色#1"贴图通道、"颜色#2"贴图通道和"混合量"贴图通道加载光盘中的"练习文件>第13章>练习13-15 >墙.jpg、图.jpg、通道0.jpg"文件。

② 使用鼠标左键将"漫反射颜色"通道中的贴图拖曳到"凹凸"贴图通道上。

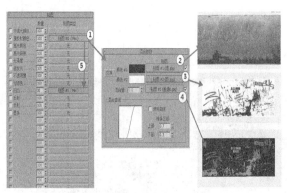

图13-256 　　　　　　　　　　　　　图13-257

Step 03 将制作好的材质指定给场景中的墙模型，然后按F9键渲染当前场景，最终效果如图13-258所示。

图13-258

13.7.12　颜色修正

功能介绍

　　"颜色修正"程序贴图可以用来调节贴图的色调、饱和度、亮度和对比度等，其参数设置面板如图13-259所示。

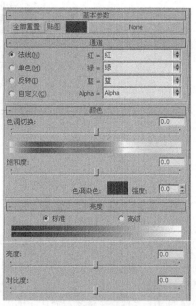

参数详解

❖ 法线：将未经改变的颜色通道传递到"颜色"卷展栏下的参数中。

❖ 单色：将所有的颜色通道转换为灰度图。

❖ 反转：使用红、绿、蓝颜色通道的反向通道来替换各个通道。

❖ 自定义：使用其他选项将不同的设置应用到每一个通道中。

图13-259

❖ 色调切换：使用标准色调谱更改颜色。

❖ 饱和度：调整贴图颜色的强度或纯度。

❖ 色调染色：根据色样值来色化所有非白色的贴图像素（对灰度图无效）。

❖ 强度：调整"色调染色"选项对贴图像素的影响程度。

❖ 亮度：控制贴图图像的总体亮度。

❖ 对比度：控制贴图图像深、浅两部分的区别。

13.7.13　法线凹凸

功能介绍

"法线凹凸"程序贴图多用于表现高精度模型的凹凸效果，其参数设置面板如图13-260所示。

图13-260

参数详解

❖ 法线：可以在其后面的通道中加载法线贴图。

❖ 附加凹凸：包含其他用于修改凹凸或位移的贴图。

❖ 翻转红色（X）：翻转红色通道。

❖ 翻转绿色（Y）：翻转绿色通道。

❖ 红色&绿色交换：交换红色和绿色通道，这样可使法线贴图旋转90°。

❖ 切线：从切线方向投射到目标对象的曲面上。

❖ 局部XYZ：使用对象局部坐标进行投影。

❖ 屏幕：使用屏幕坐标进行投影，即在z轴方向上的平面进行投影。

❖ 世界：使用世界坐标进行投影。

13.8　VRay程序贴图

VRay程序贴图是VRay渲染器提供的一些贴图方式，功能强大，使用方便，在使用VRay渲染器进行工作时，这些程序贴图都是经常用到的。VRay的程序贴图也比较多，这里选择一些比较常用的类型进行介绍。

13.8.1　VRayHDRI

功能介绍

VRayHDRI可以翻译为高动态范围贴图，主要用来设置场景的环境贴图，即把HDRI当作光源来使用，其参数设置面板如图13-261所示。

参数详解

❖ 位图：单击后面的"浏览"按钮 浏览 可以指定一张HDRI。

❖ 贴图类型：控制HDRI的贴图方式，其下拉列表中提供了5种方式供用户选择。

◇ 角度：用于使用了对角拉伸坐标方式的HDRI。

◇ 立方：用于使用了立方体坐标方式的HDRI。

◇ 球形：用于使用了球形坐标方式的HDRI。

◇ 球状镜像：用于使用了镜像球体坐标方式的HDRI。

◇ 3ds Max标准的：用于对单个物体指定环境贴图。

❖ 水平旋转：控制HDRI在水平方向的旋转角度。

❖ 水平翻转：让HDRI在水平方向上翻转。

❖ 垂直旋转：控制HDRI在垂直方向的旋转角度。

❖ 垂直翻转：让HDRI在垂直方向上翻转。

❖ 全局倍增：控制HDRI的亮度。

❖ 渲染倍增：设置渲染时的光强度倍增。

❖ 伽马值：设置贴图的伽马值。

图13-261

提示：HDRI拥有比普通RGB格式图像（仅8bit的亮度范围）更大的亮度范围，标准的RGB图像最大亮度值是（255，255，255），如果用这样的图像结合光能传递照明一个场景的话，即使是最亮的白色也不足以提供足够的照明来模拟真实世界中的情况，渲染结果看上去会很平淡，并且缺乏对比，原因是这种图像文件将现实中的大范围的照明信息仅用一个8bit的RGB图像描述。而使用HDRI的话，相当于将太阳光的亮度值（比如6 000%）加到光能传递计算以及反射的渲染中，得到的渲染结果将会非常真实、漂亮。

13.8.2 VRay位图过滤

功能介绍

"VRay位图过滤"是一个非常简单的贴图类型，它可以对贴图纹理进行x轴、y轴向编辑，其参数面板如图13-262所示。

图13-262

参数详解

❖ 位图：单击后面的 None 按钮可以加载一张位图。

❖ U偏移：x轴向偏移数量。

❖ V偏移：y轴向偏移数量。

❖ 通道：用来与对象指定的贴图坐标相对应。

13.8.3　VRay合成贴图

功能介绍

　　"VRay合成贴图"通过两个通道里贴图色度、灰度的不同，进行减、乘、除等操作，其参数面板如图13-263所示。

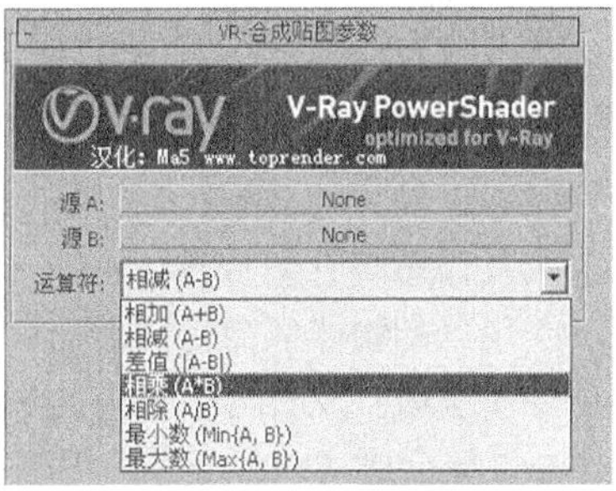

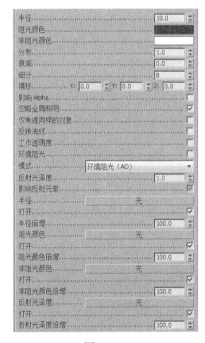

图13-263

参数详解

❖　源A：贴图通道A。

❖　源B：贴图通道B。

❖　运算符：用于A通道材质和B通道材质的比较运算方式。

　　◇　相加（A+B）：与Photoshop图层中的叠加相似，两图相比较，亮区相加，暗区不变。

　　◇　相减（A-B）：A通道贴图的色度、灰度减去B通道贴图的色度、灰度。

　　◇　差值（|A-B|）：两图相比较，将产生照片负效果。

　　◇　相乘（A*B）：A通道贴图的色度、灰度乘以B通道贴图的色度、灰度。

　　◇　相除（A/B）：A通道贴图的色度、灰度除以B通道贴图的色度、灰度。

　　◇　最小数（Min{A,B}）：取A通道和B通道的贴图色度、灰度的最小值。

　　◇　最大数（Max{A,B}）：取A通道和B通道的贴图色度、灰度的最大值。

13.8.4　VRay污垢

功能介绍

　　"VRay污垢"贴图用来模拟真实物理世界中物体上的污垢效果，比如墙角上的污垢、铁板上的铁锈等，其参数面板如图13-264所示。

参数详解

❖　半径：以场景单位为标准控制污垢区域的半径。同时也可以使用贴图的灰度来控制半径，白色表示将产生污垢效果，黑色表示将不产生污垢效果，灰色就按照它的灰度百分比来显示污垢效果。

❖　阻光颜色（也有翻译为"污垢区颜色"）：设置污垢区域的颜色。

❖　非阻光颜色（也有翻译为"非污垢区颜色"）：设置非污垢区域的颜色。

❖　分布：控制污垢的分布，0表示均匀分布。

❖　衰减：控制污垢区域到非污垢区域的过渡效果。

❖　细分：控制污垢区域的细分，小的值会产生杂点，但是渲染速度快；大的值不会有杂

图13-264

点，但是渲染速度慢。

❖ 偏移（X，Y，Z）：污垢在 x 轴、y 轴、z 轴向上的偏移。

❖ 忽略全局照明：这个选项决定是否让污垢效果参加全局照明计算。

❖ 仅考虑同样的对象：当勾选时，污垢效果只影响它们自身；不勾选时，整个场景的物体都会受到影响。

❖ 反转法线：反转污垢效果的法线。

图13-265所示是"VRay污垢"程序贴图的渲染效果。

图13-265

13.8.5　VRay边纹理

功能介绍

"VRay边纹理"是一个非常简单的程序贴图，一般用来制作3D对象的线框效果，操作也非常简单，其参数面板如图13-266所示。

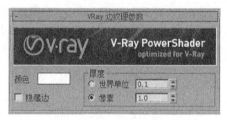

图13-266

参数详解

❖ 颜色：设置边线的颜色。

❖ 隐藏边：当勾选它时，物体背面的边线也将渲染出来。

❖ 厚度：决定边线的厚度，主要分为两个单位，具体如下。

◇ 世界单位:厚度单位为场景尺寸单位。

◇ 像素:厚度单位为像素。

图13-267所示是"VRay边纹理"的渲染效果。

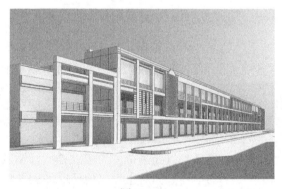

图13-267

13.8.6　VRay颜色

功能介绍

"VRay颜色"贴图可以用来设定任何颜色，其参数面板如图13-268所示。

图13-268

参数详解

- ❖ 红：设置红色通道的值。
- ❖ 绿：设置绿色通道的值。
- ❖ 蓝：设置蓝色通道的值。
- ❖ RGB倍增：控制红、绿、蓝色通道的倍增。
- ❖ alpha：设置alpha通道的值。

13.8.7 VRay贴图

功能介绍

因为VRay不支持3ds Max里的光线追踪贴图类型，所以在使用3ds Max标准材质时，"反射"和"折射"就用"VRay贴图"来代替，其参数面板如图13-269所示。

参数详解

- ❖ 反射：当"VRay贴图"放在反射通道里时，需要选择这个选项。
- ❖ 折射：当"VRay贴图"放在折射通道里时，需要选择这个选项。
- ❖ 环境贴图：为反射和折射材质选择一个环境贴图。
- ❖ "反射参数"参数组

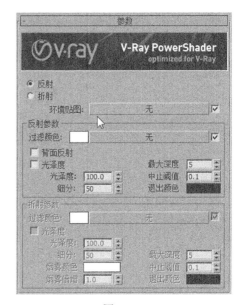

图13-269

  - ◇ 过滤颜色：控制反射的程度，白色将完全反射周围的环境，而黑色将不发生反射效果。也可以用后面贴图通道里的贴图的灰度来控制反射程度。
  - ◇ 背面反射：当选择这个选项时，将计算物体背面的反射效果。
  - ◇ 光泽度：控制反射模糊效果的开和关。
  - ◇ 光泽度：后面的数值框用来控制物体的反射模糊程度。0表示最大程度的模糊；100 000表示最小程度的模糊（基本上没模糊产生）。
  - ◇ 细分：用来控制反射模糊的质量，较小的值将得到很多杂点，但是渲染速度快；较大的值将得到比较光滑的效果，但是渲染速度慢。
  - ◇ 最大深度：计算物体的最大反射次数。
  - ◇ 中止阈值：用来控制反射追踪的最小值，较小的值反射效果好，但是渲染速度慢；较大的值反射效果不理想，但是渲染速度快。
  - ◇ 退出颜色：当反射已经达到最大次数后，未被反射追踪到的区域的颜色。
- ❖ "折射参数"参数组
  - ◇ 过滤颜色：控制折射的程度，白色将完全折射，而黑色将不发生折射效果。同样也可以用后面贴图通道里的贴图灰度来控制折射程度。
  - ◇ 光泽度：控制折射模糊效果的开和关。
  - ◇ 光泽度：后面的数值框用来控制物体的折射模糊程度。0表示最大程度的模糊；100 000表示最小程度的模糊（基本上没模糊产生）。

❖ 细分：用来控制折射模糊的质量，较小的值将得到很多杂点，但是渲染速度快；较大的值将得到比较光滑的效果，但是渲染速度慢。

❖ 烟雾颜色：也可以理解为光线的穿透能力，白色将没有烟雾效果，黑色物体将不透明，颜色越深，光线穿透能力越差，烟雾效果越浓。

❖ 烟雾倍增：用来控制烟雾效果的倍增，较小的值，烟雾效果越谈，较大的值烟雾效果越浓。

❖ 最大深度：计算物体的最大折射次数。

❖ 中止阈值：用来控制折射追踪的最小值，较小的值折射效果好，但是渲染速度慢；较大的值折射效果不理想，但是渲染速度快。

❖ 退出颜色：当折射已经达到最大次数后，未被折射追踪到的区域的颜色。

提示： 到此为止，材质部分的参数讲解就告一段落，这部分内容比较枯燥，希望广大读者能多观察和分析真实物理世界中的质感，再通过自己的练习，把参数的内在含义牢牢掌握，这样才能将其熟练地运用到自己的作品中去。

环境和效果

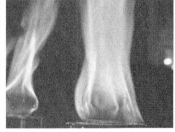

本章导读

在3ds Max中，通过"环境和效果"功能，可以给渲染场景设置各种环境效果或制作各种特殊效果，这些效果是经过渲染计算产生的，通过它们可制作出真实的火焰、烟雾和光线效果。本章将介绍如何使用"环境和效果"功能在场景中产生雾、火焰等特殊效果及学习如何设置场景的背景贴图。

14.1 环境

在现实世界中，所有物体都不是独立存在的，周围都存在相对应的环境。最常见的环境有闪电、大风、沙尘、雾、光束等，如图14-1~图14-3所示。环境对场景的氛围起到了至关重要的作用。在3ds Max 2014中，可以为场景添加云、雾、火、体积雾和体积光等环境效果。

图14-1   图14-2   图14-3

14.1.1 背景与全局照明

功能介绍

一副优秀的作品，不仅要有着精细的模型、真实的材质和合理的渲染参数，同时还要求有符合当前场景的背景和全局照明效果，这样才能烘托出场景的气氛。在3ds Max中，背景与全局照明都在"环境和效果"对话框中进行设定。

打开"环境和效果"对话框的方法主要有以下3种。

第1种：执行"渲染>环境"菜单命令。

第2种：执行"渲染>效果"菜单命令。

第3种：按大键盘上的8键。

打开的"环境和效果"对话框如图14-4所示。

图14-4

参数详解

1. "背景"参数组

❖ 颜色：设置环境的背景颜色。

❖ 环境贴图：在其贴图通道中加载一张"环境"贴图来作为背景。

❖ 使用贴图：使用一张贴图作为背景。

2. "全局照明"参数组

❖ 染色：如果该颜色不是白色，那么场景中的所有灯光（环境光除外）都将被染色。

❖ 级别：增强或减弱场景中所有灯光的亮度。值为1时，所有灯光保持原始设置；增加该值可以加强场景的整体照明；减小该值可以减弱场景的整体照明。

❖ 环境光：设置环境光的颜色。

【练习14-1】：为效果图添加室外环境贴图

为效果图添加的环境贴图效果如图14-5所示。

图14-5

Step 01 打开光盘中的"练习文件>第14章>练习14-1.max"文件，如图14-6所示，然后按F9键测试渲染当前场景，效果如图14-7所示。

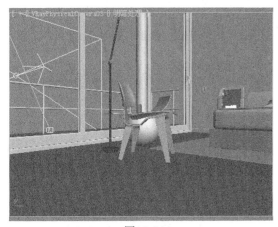

图14-6 　　　　　　　　　　　　　　　　　　　　　　　　图14-7

提示： 在默认情况下，背景颜色都是黑色，也就是说渲染出来的背景颜色是黑色。如果更改背景颜色，则渲染出来的背景颜色也会跟着改变。而图14-7的背景是天蓝色的，这是因为加载了"VRay天空"环境贴图的原因。

Step 02 按大键盘上的8键打开"环境和效果"对话框，然后在"环境贴图"选项组下单击"无"按钮 无 ，接着在弹出的"材质/贴图浏览器"对话框中单击"位图"选项，最后在弹出的"选择位图图像文件"对话框中选择光盘中的"练习文件>第14章>练习14-1>背景.jpg文件"，如图14-8所示。

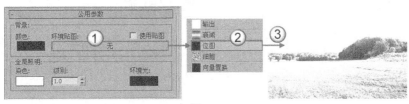

图14-8

Step 03 按C键切换到摄影机视图，然后按F9键
渲染当前场景，最终效果如图14-9所示。

提示： 背景图像可以直接渲染出来，当然也可以
在Photoshop中进行合成，不过这样比较麻烦，此
处能在3ds Max中完成的尽量在3ds Max中完成。

【练习14-2】：测试全局照明

测试的全局照明效果如图14-10所示。

图14-10

Step 01 打开光盘中的"练习文件>第14章>练
习14-2.max"文件，如图14-11所示。

Step 02 按大键盘上的8键打开"环境和效果"
对话框，然后在"全局照明"选项组下设置
"染色"为白色，接着设置"级别"为1，如
图14-12所示，最后按F9键测试渲染当前场景，
效果如图14-13所示。

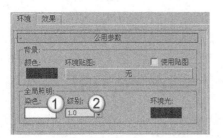

图14-12

图14-11

图14-13

Step 03 在"全局照明"选项组下设置"染色"为蓝色（红:121，绿:175，蓝:255），然后设置"级别"为1.5，如图14-14所示，接着按F9键测试渲染当前场景，效果如图14-15所示。

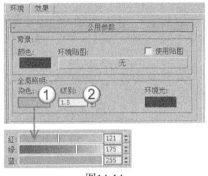

图14-14

图14-15

Step 04 在"全局照明"选项组下设置"染色"为黄色（红:247，绿:231，蓝:45），然后设置"级别"为0.5，如图14-16所示，接着按F9键测试渲染当前场景，效果如图14-17所示。

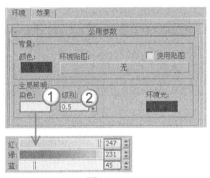

图14-16

图14-17

提示： 从上面的3种测试渲染对比效果中可以观察到，当改变"染色"颜色时，场景中的物体会受到"染色"颜色的影响而发生变化；当增大"级别"数值时，场景会变亮，而减小"级别"数值时，场景会变暗。

14.1.2　曝光控制

功能介绍

　　"曝光控制"是用于调整渲染的输出级别和颜色范围的插件组件，就像调整胶片曝光一样。展开"曝光控制"的类型下拉列表，可以观察到3ds Max 2014的曝光控制类型共有6种，如图14-18所示。

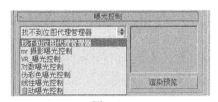

图14-18

参数详解

- ❖ mr摄影曝光控制：可以提供像摄影机一样的控制，包括快门速度、光圈和胶片速度以及对高光、中间调和阴影的图像控制。
- ❖ VR_曝光控制：用来控制VRay的曝光效果，可调节曝光值、快门速度、光圈等数值。
- ❖ 对数曝光控制：用于亮度、对比度，以及在有天光照明的室外场景中。"对数曝光控制"类型适用于"动态阈值"非常高的场景。
- ❖ 伪彩色曝光控制：实际上是一个照明分析工具，可以直观地观察和计算场景中的照明级别。
- ❖ 线性曝光控制：可以从渲染中进行采样，并且可以使用场景的平均亮度来将物理值映射为RGB值。"线性曝光控制"最适合用在动态范围很低的场景中。
- ❖ 自动曝光控制：可以从渲染图像中进行采样，并生成一个直方图，以便在渲染的整个动态范围中提供良好的颜色分离。

1. 自动曝光控制

在"曝光控制"卷展栏下设置曝光类型为"自动曝光控制"时，其参数设置面板如图14-19所示。

图14-19

- ❖ 活动：控制是否在渲染中开启曝光控制。
- ❖ 处理背景与环境贴图：启用该选项时，场景背景贴图和场景环境贴图将受曝光控制的影响。

- ❖ 渲染预览 ▭渲染预览▭：单击该按钮可以预览要渲染的缩略图。
- ❖ 亮度：调整转换颜色的亮度，范围为0~200，默认值为50。
- ❖ 对比度：调整转换颜色的对比度，范围为0~100，默认值为50。
- ❖ 曝光值：调整渲染的总体亮度，范围为-5~5。负值可以使图像变暗，正值可使图像变亮。
- ❖ 物理比例：设置曝光控制的物理比例，主要用在非物理灯光中。
- ❖ 颜色修正：勾选该选项后，"颜色修正"会改变所有颜色，使色样中的颜色显示为白色。
- ❖ 降低暗区饱和度级别：勾选该选项后，渲染出来的颜色会变暗。

2. 对数曝光控制

在"曝光控制"卷展栏下设置曝光类型为"对数曝光控制"时，其参数设置面板如图14-20所示。

图14-20

- ❖ 仅影响间接照明：启用该选项时，"对数曝光控制"仅应用于间接照明的区域。
- ❖ 室外日光：启用该选项时，可以转换适合室外场景的颜色。

3．伪彩色曝光控制

在"曝光控制"卷展栏下设置曝光类型为
"伪彩色曝光控制"时，其参数设置面板如图
14-21所示。

图14-21

- ❖ 数量：设置所测量的值。
  - ◇ 照度：显示曲面上的入射光的值。
  - ◇ 亮度：显示曲面上的反射光的值。
- ❖ 样式：选择显示值的方式。
  - ◇ 彩色：显示光谱。
  - ◇ 灰度：显示从白色到黑色范围的灰
    色色调。
- ❖ 比例：选择用于映射值的方法。
  - ◇ 对数：使用对数比例。
  - ◇ 线性：使用线性比例。
- ❖ 最小值：设置在渲染中要测量和表示的最小值。
- ❖ 最大值：设置在渲染中要测量和表示的最大值。
- ❖ 物理比例：设置曝光控制的物理比例，主要用于非物理灯光。
- ❖ 光谱条：显示光谱与强度的映射关系。

4．线性曝光控制

"线性曝光控制"从渲染图像中采样，使
用场景的平均亮度将物理值映射为RGB值，非
常适合用于动态范围很低的场景，其参数设置
面板如图14-22所示。

图14-22

> **提示**：关于"线性曝光控制"的参数请参阅"自动曝光控制"。

14.1.3 大气

功能介绍

3ds Max中的大气环境效果可以用来模拟
自然界中的云、雾、火和体积光等环境效果。
使用这些特殊环境效果可以逼真地模拟出自然
界的各种气候，同时还可以增强场景的景深
感，使场景显得更为广阔，有时还能起到烘托
场景气氛的作用，其参数设置面板如图14-23
所示。

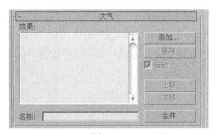

图14-23

参数详解

- ❖ 效果：显示已添加的效果名称。
- ❖ 名称：为列表中的效果自定义名称。
- ❖ 添加 添加... ：单击该按钮可以打开"添加大气效果"对话框，在该对话框中可以添加大气效果，如图14-24所示。
- ❖ 删除 删除 ：在"效果"列表中选择效果以后，单击该按钮可以删除选中的大气效果。
- ❖ 活动：勾选该选项可以启用添加的大气效果。
- ❖ 上移 上移 /下移 下移 ：更改大气效果的应用顺序。
- ❖ 合并 合并 ：合并其他3ds Max场景文件中的效果。

图14-24

1. 火效果

功能介绍

使用"火效果"环境可以制作出火焰、烟雾和爆炸等效果，如图14-25和图14-26所示。

图14-25

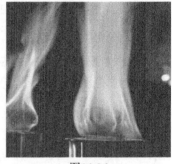

图14-26

"火效果"不产生任何照明效果，若要模拟产生的灯光效果，可以用灯光来实现，其参数设置面板如图14-27所示。

参数详解

- ❖ 拾取Gizmo 拾取 Gizmo ：单击该按钮可以拾取场景中要产生火效果的Gizmo对象。
- ❖ 移除Gizmo 移除 Gizmo ：单击该按钮可以移除列表中所选的Gizmo。移除Gizmo后，Gizmo仍在场景中，但是不再产生火效果。

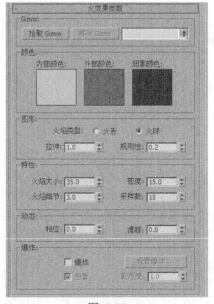

图14-27

❖ 内部颜色：设置火焰中最密集部分的颜色。

❖ 外部颜色：设置火焰中最稀薄部分的颜色。

❖ 烟雾颜色：当勾选"爆炸"选项时，该选项才可以，主要用来设置爆炸的烟雾颜色。

❖ 火焰类型：共有"火舌"和"火球"两种类型。"火舌"是沿着中心使用纹理创建带方向的火焰，这种火焰类似于篝火，其方向沿着火焰装置的局部z轴；"火球"是创建圆形的爆炸火焰。

❖ 拉伸：将火焰沿着装置的z轴进行缩放，该选项最适合创建"火舌"火焰。

❖ 规则性：修改火焰填充装置的方式，范围从0~1。

❖ 火焰大小：设置装置中各个火焰的大小。装置越大，需要的火焰也越大，使用15~30范围内的值可以获得最佳的火效果。

❖ 火焰细节：控制每个火焰中显示的颜色更改量和边缘的尖锐度，范围从0~10。

❖ 密度：设置火焰效果的不透明度和亮度。

❖ 采样数：设置火焰效果的采样率。值越高，生成的火焰效果越细腻，但是会增加渲染时间。

❖ 相位：控制火焰效果的速率。

❖ 漂移：设置火焰沿着火焰装置的z轴的渲染方式。

❖ 爆炸：勾选该选项后，火焰将产生爆炸效果。

❖ 设置爆炸 设置爆炸... ：单击该按钮可以打开"设置爆炸相位曲线"对话框，在该对话框中可以调整爆炸的"开始时间"和"结束时间"。

❖ 烟雾：控制爆炸是否产生烟雾。

❖ 剧烈度：改变"相位"参数的涡流效果。

【练习14-3】：用火效果制作蜡烛火焰

本练习的蜡烛火焰效果如图14-28所示。

图14-28

Step 01 打开光盘中的"练习文件>第14章>练习14-3.max"文件，如图14-29所示，然后按F9键测试渲染当前场景，效果如图14-30所示。

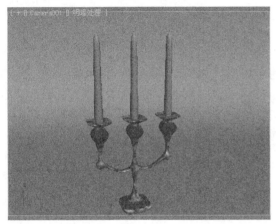

图14-29

图14-30

Step 02 在"创建"面板中单击"辅助对象"按钮，设置辅助对象类型为"大气装置"，然后单击"球体Gizmo"按钮 ，如图14-31所示，接着在顶视图中创建一个球体Gizmo（放在蜡烛的火焰上），最后在"球体Gizmo参数"卷展栏下设置"半径"为40mm，并勾选"半球"选项，如图14-32所示。

Step 03 按R键选择"选择并均匀缩放"工具，然后在左视图中将球体Gizmo缩放成如图14-33所示的形状。

图14-31

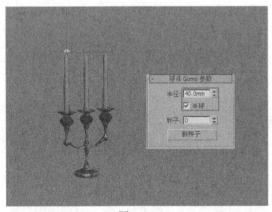

图14-32

图14-33

Step 04 按大键盘上的8键打开"环境和效果"对话框，然后在"大气"卷展栏下单击"添加"按钮 添加... ，接着在弹出的"添加大气效果"对话框选择"火效果"选项，如图14-34所示。

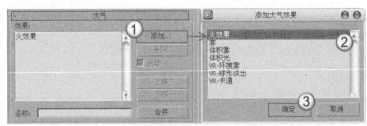

图14-34

Step 05 在"效果"列表框中选择"火效果"
选项,然后在"火效果参数"卷展栏下单击
"拾取Gizmo"按钮 拾取 Gizmo ,接着在视图中
拾取球体Gizmo,最后设置"火焰类型"为
"火舌"、"规则性"为0.5、"火焰大小"
为400、"火焰细节"为10、"密度"为700、
"采样数"为20、"相位"为10、"漂移"为
5,具体参数设置如图14-35所示。

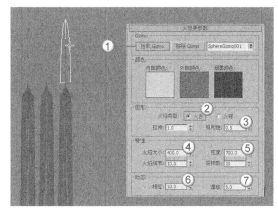

图14-35

Step 06 选择球体Gizmo,然后按住Shift键使用"选择并移动"工具 移动复制两个到另外两个蜡
烛的火焰上,如图14-36所示。

Step 07 按F9键渲染当前场景,最终效果如图14-37所示。

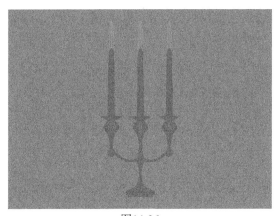

图14-36

图14-37

2. 雾

功能介绍

使用3ds Max的"雾"环境可以创建出雾、烟雾和蒸汽等特殊环境效果,如图14-38和图14-39
所示。

图14-38

图14-39

"雾"效果的类型分为"标准"和"分层"两种，其参数设置面板如图14-40所示。

参数详解

❖ 颜色：设置雾的颜色。

❖ 环境颜色贴图：从贴图导出雾的颜色。

❖ 使用贴图：使用贴图来产生雾效果。

❖ 环境不透明度贴图：使用贴图来更改雾的密度。

❖ 雾化背景：将雾应用于场景的背景。

❖ 标准：使用标准雾。

❖ 分层：使用分层雾。

❖ 指数：随距离按指数增大密度。

❖ 近端%：设置雾在近距范围的密度。

❖ 远端%：设置雾在远距范围的密度。

❖ 顶：设置雾层的上限（使用世界单位）。

❖ 底：设置雾层的下限（使用世界单位）。

❖ 密度：设置雾的总体密度。

❖ 衰减顶/底/无：添加指数衰减效果。

❖ 地平线噪波：启用"地平线噪波"系统。"地平线噪波"系统仅影响雾层的地平线，用来增强雾的真实感。

❖ 大小：应用于噪波的缩放系数。

❖ 角度：确定受影响的雾与地平线的角度。

❖ 相位：用来设置噪波动画。

图14-40

【练习14-4】：用雾效果制作海底烟雾

本练习的海底烟雾效果如图14-41所示。

图14-41

Step 01 打开光盘中的"练习文件>第14章>练习14-4.max"文件，如图14-42所示，然后按F9键测试渲染当前场景，效果如图14-43所示。

图14-42

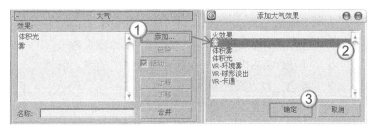

图14-43

Step 02 按大键盘上的8键打开"环境和效果"对话框，然后在"大气"卷展栏下单击"添加"按钮 添加... ，接着在弹出的"添加大气效果"对话框中选择"雾"选项，如图14-44所示。

图14-44

提示：本场景开始加载了一个"雾"效果，其作用是让潜艇产生尾气；而再加载一个"雾"效果，是为了雾化场景。

Step 03 选择加载的"雾"效果，然后单击两次"上移"按钮 上移 ，使其产生的效果处于画面的最前面，如图14-45所示。

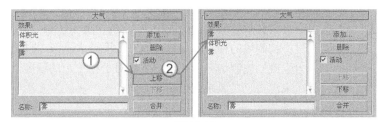

图14-45

Step 04 展开"雾参数"卷展栏，然后在"标准"选项组下设置"远端%"为50，如图14-46所示。

Step 05 按F9键渲染当前场景，最终效果如图14-47所示。

图14-46

图14-47

3. 体积雾

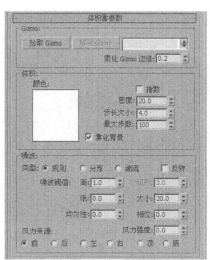

图14-48

功能介绍

"体积雾"环境可以允许在一个限定的范围内设置和编辑雾效果。"体积雾"和"雾"最大的一个区别在于"体积雾"是三维的雾，是有体积的。"体积雾"多用来模拟烟云等有体积的气体，其参数设置面板如图14-48所示。

参数详解

❖ 拾取Gizmo 拾取 Gizmo ：单击该按钮可以拾取场景中要产生体积雾效果的Gizmo对象。

❖ 移除Gizmo 移除 Gizmo ：单击该按钮可以移除列表中所选的Gizmo。移除Gizmo后，Gizmo仍在场景中，但是不再产生体积雾效果。

❖ 柔化Gizmo边缘：羽化体积雾效果的边缘。值越大，边缘越柔滑。

❖ 颜色：设置雾的颜色。

❖ 指数：随距离按指数增大密度。

❖ 密度：控制雾的密度，范围为0~20。

❖ 步长大小：确定雾采样的粒度，即雾的"细度"。

❖ 最大步数：限制采样量，以便雾的计算不会永远执行。该选项适合于雾密度较小的场景。

❖ 雾化背景：将体积雾应用于场景的背景。

❖ 类型：有"规则"、"分形"、"湍流"和"反转"4种类型可供选择。

❖ 噪波阈值：限制噪波效果，范围从0~1。

❖ 级别：设置噪波迭代应用的次数，范围从1~6。

❖ 大小：设置烟卷或雾卷的大小。

❖ 相位：控制风的种子。如果"风力强度"大于0，雾体积会根据风向来产生动画。

❖ 风力强度：控制烟雾远离风向（相对于相位）的速度。

❖ 风力来源：定义风来自于哪个方向。

【练习14-5】：用体积雾制作荒漠沙尘雾

本练习的荒漠沙尘雾效果如图14-49所示。

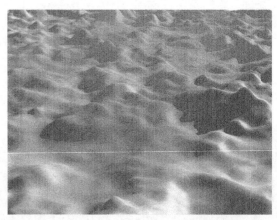

图14-49

Step 01 打开光盘中的"练习文件>第14章>练习14-5.max"文件，如图14-50所示，然后按F9键测试渲染当前场景，效果如图14-51所示。

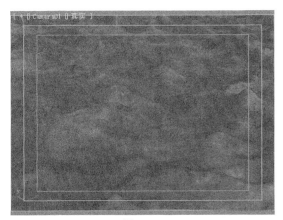

图14-50

图14-51

Step 02 在"创建"面板中单击"辅助对象"按钮 📷，然后设置辅助对象类型为"大气装置"，接着使用"球体Gizmo"工具 球体 Gizmo 在顶视图中创建一个球体Gizmo，最后在"球体Gizmo参数"卷展栏下设置"半径"为125mm，并勾选"半球"选项，其位置如图14-52所示。

Step 03 按大键盘上的8键打开"环境和效果"对话框，然后展开"大气"卷展栏，接着单击"添加"按钮 添加... ，最后在弹出的"添加大气效果"对话框中选择"体积雾"选项，如图14-53所示。

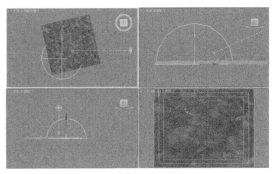

图14-52

Step 04 在"效果"列表中选择"体积雾"选项，然后在"体积雾参数"卷展栏下单击"拾取Gizmo"按钮 拾取 Gizmo ，接着在视图中拾取球体Gizmo，再勾选"指数"选项，最后设置"最大步数"为150，具体参数设置如图14-54所示。

图14-53

Step 05 按F9键渲染当前场景，最终效果如图14-55所示。

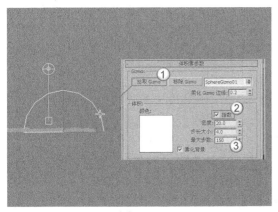

图14-54

图14-55

4. 体积光

功能介绍

"体积光"环境可以用来制作带有光束的光线，可以指定给灯光（部分灯光除外，如VRay太阳）。这种体积光可以被物体遮挡，从而形成光芒透过缝隙的效果，常用来模拟树与树之间的缝隙中透过的光束，如图14-56和图14-57所示，其参数设置面板如图14-58所示。

图14-56

图14-57

参数详解

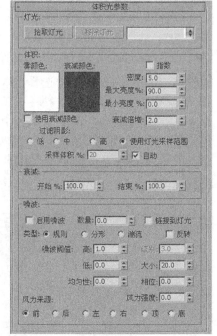

图14-58

❖ 拾取灯光 拾取灯光：拾取要产生体积光的光源。

❖ 移除灯光 移除灯光：将灯光从列表中移除。

❖ 雾颜色：设置体积光产生的雾的颜色。

❖ 衰减颜色：体积光随距离而衰减。

❖ 使用衰减颜色：控制是否开启"衰减颜色"功能。

❖ 指数：随距离按指数增大密度。

❖ 密度：设置雾的密度。

❖ 最大/最小亮度%：设置可以达到的最大和最小的光晕效果。

❖ 衰减倍增：设置"衰减颜色"的强度。

❖ 过滤阴影：通过提高采样率（以增加渲染时间为代价）来获得更高质量的体积光效果，包括"低"、"中"和"高"3个级别。

❖ 使用灯光采样范围：根据灯光阴影参数中的"采样范围"值来使体积光中投射的阴影变模糊。

❖ 采样体积%：控制体积的采样率。

❖ 自动：自动控制"采样体积%"的参数。

❖ 开始%/结束%：设置灯光效果开始和结束衰减的百分比。

❖ 启用噪波：控制是否启用噪波效果。

❖ 数量：应用于雾的噪波的百分比。

❖ 链接到灯光：将噪波效果链接到灯光对象。

【练习14-6】：用体积光为CG场景添加体积光

本练习的CG场景体积光效果如图14-59所示。

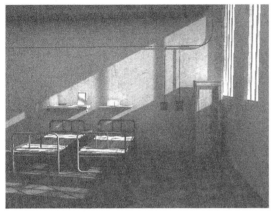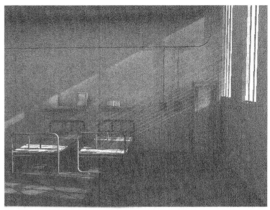

图14-59

Step 01 打开光盘中的"练习文件>第14章>练习14-6.max"文件，如图14-60所示。

Step 02 设置灯光类型为VRay，然后在天空中创建一盏VRay太阳，其位置如图14-61所示。

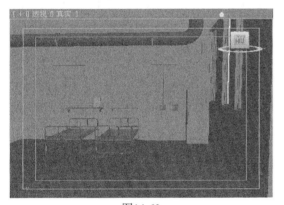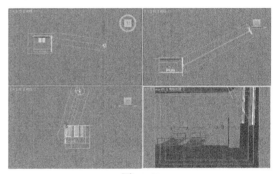

图14-60 图14-61

Step 03 选择VRay太阳，然后在"VRay太阳参数"卷展栏下设置"强度倍增"为0.06、"阴影细分"为8、"光子发射半径"为495.812mm，具体参数设置如图14-62所示，接着按F9键测试渲染当前场景，效果如图14-63所示。

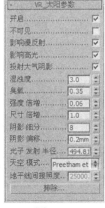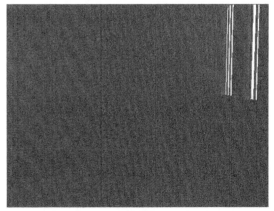

图14-62 图14-63

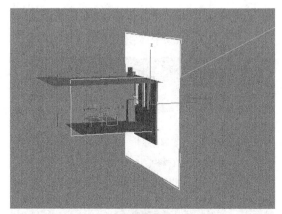

提示： 图14-63所示的效果为何那么黑呢？这是因为窗户外面有个面片将灯光遮挡住了，如图14-64所示。如果不修改这个面片的属性，灯光就不会射进室内。

Step 04 选择窗户外面的面片，然后单击鼠标右键，接着在弹出的菜单中选择"对象属性"命令，最后在弹出的"对象属性"对话框中关闭"投影阴影"选项，如图14-65所示。

Step 05 按F9键测试渲染当前场景，效果如图14-66所示。

图14-64

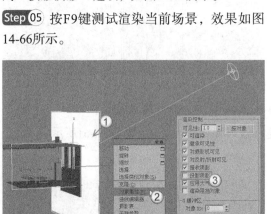

图14-65

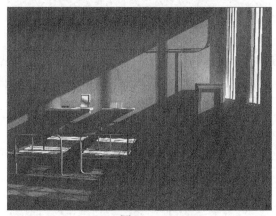

图14-66

Step 06 在前视图中创建一盏VRay光源作为辅助光源，其位置如图14-67所示。

Step 07 选择上一步创建的VRay光源，然后进入"修改"面板，接着展开"参数"卷展栏，具体参数设置如图14-68所示。

① 在"基本"选项组下设置"类型"为"平面"。

② 在"大小"选项组下设置"半长度"为975.123mm、"半宽度"为548.855mm。

③ 在"选项"选项组下勾选"不可见"选项。

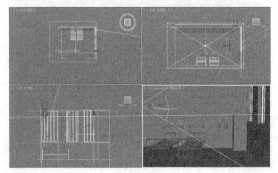

图14-67

图14-68

Step 08 设置灯光类型为"标准",然后在天空中创建一盏目标平行光,其位置如图14-69所示(与VRay太阳的位置相同)。

图14-69

Step 09 选择上一步创建的目标平行光,然后进入"修改"面板,具体参数设置如图14-70所示。

① 展开"常规参数"卷展栏,然后设置阴影类型为VRayShadow(VRay阴影)。

② 展开"强度/颜色/衰减"卷展栏,然后设置"倍增"为0.9。

③ 展开"平行光参数"卷展栏,然后设置"聚光区/光束"为150mm、"衰减区/区域"为300mm。

④ 展开"高级效果"卷展栏,然后在"投影贴图"通道中加载一张光盘中的"练习文件>第14章>练习14-6>55.jpg"文件。

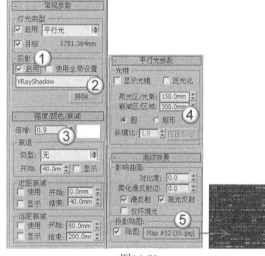

图14-70

Step 10 按F9键测试渲染当前场景,效果如图14-71所示。

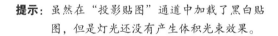

提示: 虽然在"投影贴图"通道中加载了黑白贴图,但是灯光还没有产生体积光束效果。

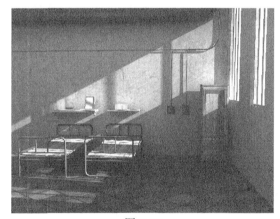

图14-71

Step 11 按大键盘上的8键打开"环境和效果"对话框,然后展开"大气"卷展栏,接着单击"添加"按钮 [添加...],最后在弹出的"添加大气效果"对话框中选择"体积光"选项,如图14-72所示。

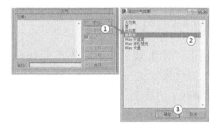

图14-72

Step 12 在"效果"列表中选择"体积光"选项,在"体积光参数"卷展栏下单击"拾取灯光"按钮 拾取灯光 ,然后在场景中拾取目标平行灯光,接着设置"雾颜色"为(红:247,绿:232,蓝:205),再勾选"指数"选项,并设置"密度"为3.8,最后设置"过滤阴影"为"中",具体参数设置如图14-73所示。

Step 13 按F9键渲染当前场景,最终效果如图14-74所示。

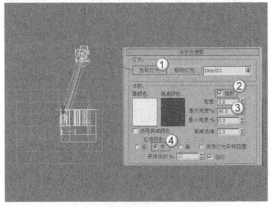
图14-73

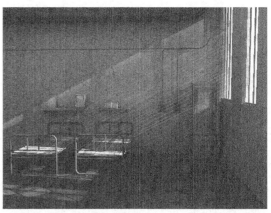
图14-74

14.2 效果

在"效果"面板中可以为场景添加"头发和毛发(Hair和Fur)"、"镜头效果"、"模糊"、"亮度和对比度"、"色彩平衡"、"景深"、"文件输出"、"胶片颗粒"、"照片分析图像叠加"、"运动模糊"和"VRay镜头特效"效果,如图14-75所示。

图14-75

14.2.1 镜头效果

功能介绍

使用"镜头效果"可以模拟照相机拍照时镜头所产生的光晕效果,这些效果包括Glow(光晕)、Ring(光环)、Ray(射线)、Auto Secondary(自动二级光斑)、Manual Secondary(手动二级光斑)、Star(星形)和Streak(条纹),如图14-76所示。

图14-76

提示: 在"镜头效果参数"卷展栏下选择镜头效果，单击 › 按钮可以将其加载到右侧的列表中，以应用镜头效果；单击 ‹ 按钮可以移除加载的镜头效果。

"镜头效果"包含一个"镜头效果全局"卷展栏，该卷展栏分为"参数"和"场景"两大面板，如图14-77和图14-78所示。

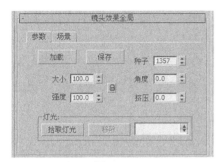

图14-77

图14-78

参数详解

1. "参数"面板

❖ 加载 加载 ：单击该按钮可以打开"加载镜头效果文件"对话框，在该对话框中可选择要加载的lzv文件。

❖ 保存 保存 ：单击该按钮可以打开"保存镜头效果文件"对话框，在该对话框中可以保存lzv文件。

❖ 大小：设置镜头效果的总体大小。

❖ 强度：设置镜头效果的总体亮度和不透明度。值越大，效果越亮越不透明；值越小，效果越暗越透明。

❖ 种子：为"镜头效果"中的随机数生成器提供不同的起点，并创建略有不同的镜头效果。

❖ 角度：当效果与摄影机的相对位置发生改变时，该选项用来设置镜头效果从默认位置的旋转量。

❖ 挤压：在水平方向或垂直方向挤压镜头效果的总体大小。

❖ 拾取灯光 拾取灯光 ：单击该按钮可以在场景中拾取灯光。

❖ 移除 移除 ：单击该按钮可以移除所选择的灯光。

2. "场景"面板

❖ 影响Alpha：如果图像以32位文件格式来渲染，那么该选项用来控制镜头效果是否影响图像的Alpha通道。

❖ 影响Z缓冲区：存储对象与摄影机的距离。Z缓冲区用于光学效果。

❖ 距离影响：控制摄影机或视口的距离对光晕效果的大小和强度的影响。

❖ 偏心影响：产生摄影机或视口偏心的效果，影响其大小或强度。

❖ 方向影响：聚光灯相对于摄影机的方向，影响其大小或强度。

❖ 内径：设置效果周围的内径，另一个场景对象必须与内径相交才能完全阻挡效果。

❖ 外半径：设置效果周围的外径，另一个场景对象必须与外径相交才能开始阻挡效果。

❖ 大小：减小所阻挡的效果的大小。

❖ 强度：减小所阻挡的效果的强度。

❖ 受大气影响：控制是否允许大气效果阻挡镜头效果。

【练习14-7】：用镜头效果制作镜头特效

本练习的各种镜头特效如图14-79所示。

图14-79

Step 01 打开光盘中的"练习文件>第14章>练习14-7.max"文件，如图14-80所示。

Step 02 按大键盘上的8键打开"环境和效果"对话框，然后在"效果"选项卡下单击"添加"按钮 添加...，接着在弹出的"添加效果"对话框中选择"镜头效果"选项，如图14-81所示。

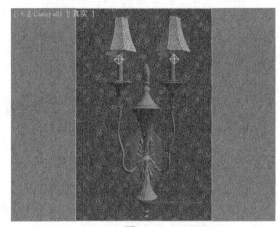

图14-80

Step 03 选择"效果"列表框中的"镜头效果"选项，然后在"镜头效果参数"卷展栏下的左侧列表选择Glow（光晕）选项，接着单击 按钮将其加载到右侧的列表中，如图14-82所示。

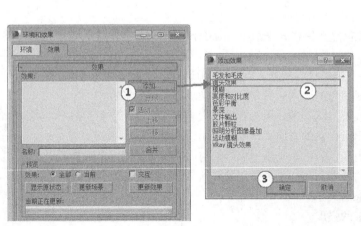

图14-81

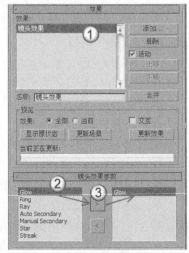

图14-82

Step 04 展开"镜头效果全局"卷展栏，然后单击"拾取灯光"按钮 拾取灯光 ，接着在视图中拾取两盏泛光灯，如图14-83所示。

Step 05 展开"光晕元素"卷展栏，然后在"参数"选项卡下设置"强度"为60，接着在"径向颜色"选项组下设置"边缘颜色"为（红:255，绿:144，蓝:0），具体参数设置如图14-84所示。

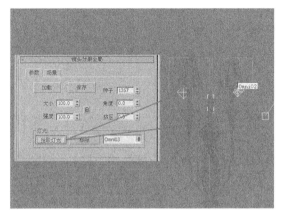

图14-83

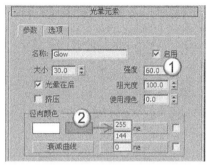

图14-84

Step 06 返回到"镜头效果参数"卷展栏，然后将左侧的Streak（条纹）效果加载到右侧的列表中，接着在"条纹元素"卷展栏下设置"强度"为5，如图14-85所示。

Step 07 返回到"镜头效果参数"卷展栏，然后将左侧的Ray（射线）效果加载到右侧的列表中，接着在"射线元素"卷展栏下设置"强度"为28，如图14-86所示。

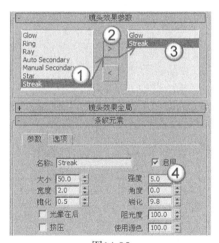

图14-85

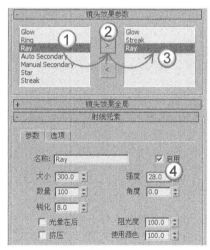

图14-86

Step 08 返回到"镜头效果参数"卷展栏，然后将左侧的Manual Secondary（手动二级光斑）效果加载到右侧的列表中，接着在"手动二级光斑元素"卷展栏下设置"强度"为35，如图14-87所示，最后按F9键渲染当前场景，效果如图14-88所示。

提示：前面的步骤是制作的各种效果的叠加效果，下面制作单个镜头特效。

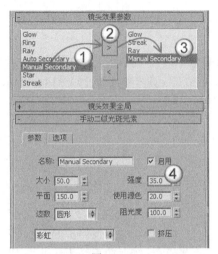

图14-87

图14-88

Step 09 将前面制作好的场景文件保存好，然后重新打开光盘中的"练习文件>第14章>练习14-7. max"文件，下面制作射线特效。在"效果"卷展栏下加载一个"镜头效果"，然后在"镜头效果参数"卷展栏下将Ray（射线）效果加载到右侧的列表中，接着在"射线元素"卷展栏下设置"强度"为80，具体参数设置如图14-89所示，最后按F9键渲染当前场景，效果如图14-90所示。

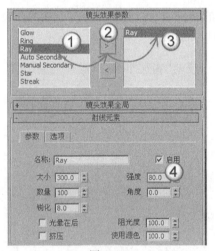

图14-89

图14-90

提示： 注意，这里省略了一个步骤，在加载"镜头效果"以后，同样要拾取两盏泛光灯，否则不会生成射线效果。

Step 10 下面制作手动二级光斑特效。将上一步制作好的场景文件保存好，然后重新打开光盘中的"练习文件>第14章>练习14-7.max"文件。在"效果"卷展栏下加载一个"镜头效果"，然后在"镜头效果参数"卷展栏下将Manual Secondary Ray（手动二级光斑）效果加载到右侧的列表中，接着在"手动二级光斑元素"卷展栏下设置"强度"为400、"边数"为"六"，具体参数设置如图14-91所示，最后按F9键渲染当前场景，效果如图14-92所示。

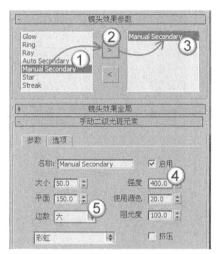

图14-91

图14-92

Step 11 下面制作条纹特效。将上一步制作好的场景文件保存好，然后重新打开光盘中的"练习文件>第14章>练习14-7.max"文件。在"效果"卷展栏下加载一个"镜头效果"，然后在"镜头效果参数"卷展栏下将Streak（条纹）效果加载到右侧的列表中，接着在"条纹元素"卷展栏下设置"强度"为300、"角度"为45，具体参数设置如图14-93所示，最后按F9键渲染当前场景，效果如图14-94所示。

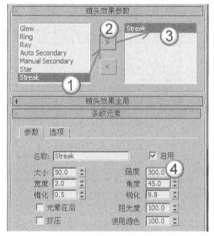

图14-93

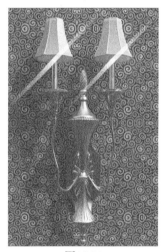

图14-94

Step 12 下面制作星形特效。将上一步制作好的场景文件保存好，然后重新打开光盘中的"练习文件>第14章>练习14-7.max"文件。在"效果"卷展栏下加载一个"镜头效果"，然后在"镜头效果参数"卷展栏下将Star（星形）效果加载到右侧的列表中，接着在"星形元素"卷展栏下设置"强度"为250、"宽度"为1，具体参数设置如图14-95所示，最后按F9键渲染当前场景，效果如图14-96所示。

Step 13 下面制作自动二级光斑特效。将上一步制作好的场景文件保存好，然后重新打开光盘中的"练习文件>第14章>练习14-7.max"文件。在"效果"卷展栏下加载一个"镜头效果"，然后在"镜头效果参数"卷展栏下将Auto Secondary（自动二级光斑）效果加载到右侧的列表中，接着在"自动二级光斑元素"卷展栏下设置"最大"为80、"强度"为200、"数量"为4，具体参数设置如图14-97所示，最后按F9键渲染当前场景，效果如图14-98所示。

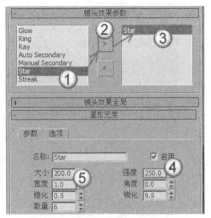

图14-95

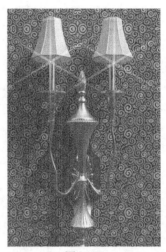

图14-96

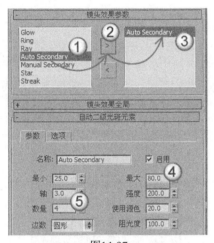

图14-97

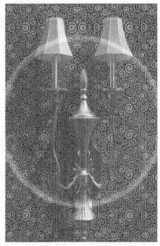

图14-98

14.2.2 模糊

功能介绍

使用"模糊"效果可以通过3种不同的方法使图像变得模糊,分别是"均匀型"、"方向型"和"径向型"。"模糊"效果根据"像素选择"选项卡下所选择的对象来应用各个像素,使整个图像变模糊,其参数包含"模糊类型"和"像素选择"两大部分,如图14-99和图14-100所示。

参数详解

1. **"模糊类型"面板**

❖ 均匀型:将模糊效果均匀应用在整个渲染图像中。

◇ 像素半径:设置模糊效果的半径。

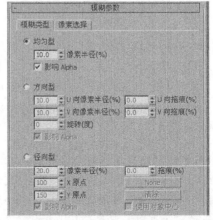

图14-99

◇ 影响Alpha：启用该选项时，可以将"均匀型"模糊效果应用于Alpha通道。

❖ 方向型：按照"方向型"参数指定的任意方向应用模糊效果。

◇ U/V向像素半径（%）：设置模糊效果的水平/垂直强度。

◇ U/V向拖痕（%）：通过为U/V轴的某一侧分配更大的模糊权重来为模糊效果添加方向。

◇ 旋转（度）：通过"U向像素半径（%）"和"V向像素半径（%）"来应用模糊效果的U向像素和V向像素的轴。

◇ 影响Alpha：启用该选项时，可以将"方向型"模糊效果应用于Alpha通道。

❖ 径向型：以径向的方式应用模糊效果。

◇ 像素半径（%）：设置模糊效果的半径。

◇ 拖痕（%）：通过为模糊效果的中心分配更大或更小的模糊权重来为模糊效果添加方向。

◇ X/Y原点：以"像素"为单位，对渲染输出的尺寸指定模糊的中心。

◇ None（无）▊▊None▊▊：指定以中心作为模糊效果中心的对象。

◇ 清除按钮▊▊清除▊▊：移除对象名称。

◇ 影响Alpha：启用该选项时，可以将"径向型"模糊效果应用于Alpha通道。

◇ 使用对象中心：启用该选项后，None（无）按钮▊▊None▊▊指定的对象将作为模糊效果的中心。

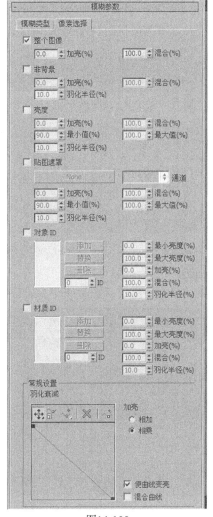

图14-100

2. "像素选择"面板

❖ 整个图像：启用该选项后，模糊效果将影响整个渲染图像。

◇ 加亮（%）：加亮整个图像。

◇ 混合（%）：将模糊效果和"整个图像"参数与原始的渲染图像进行混合。

❖ 非背景：启用该选项后，模糊效果将影响除背景图像或动画以外的所有元素。

◇ 羽化半径（%）：设置应用于场景的非背景元素的羽化模糊效果的百分比。

❖ 亮度：影响亮度值介于"最小值（%）"和"最大值（%）"微调器之间的所有像素。

◇ 最小值/最大值（%）：设置每个像素要应用模糊效果所需的最小和最大亮度值。

❖ 贴图遮罩：通过在"材质/贴图浏览器"对话框选择的通道和应用的遮罩来应用模糊效果。

❖ 对象ID：如果对象匹配过滤器设置，会将模糊效果应用于对象或对象中具有特定对象ID的部分（在G缓冲区中）。

❖ 材质ID：如果材质匹配过滤器设置，会将模糊效果应用于该材质或材质中具有特定材质效果通道的部分。

❖ 羽化衰减：使用曲线来确定基于图形的模糊效果的羽化衰减区域。

【练习14-8】：用模糊效果制作奇幻CG特效

本练习的奇幻CG特效如图14-101所示。

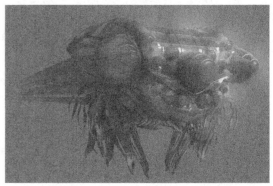

图14-101

Step 01 打开光盘中的"练习文件>第14章>练习14-8.max"文件，如图14-102所示，然后按F9键测试渲染当前场景，效果如图14-103所示。

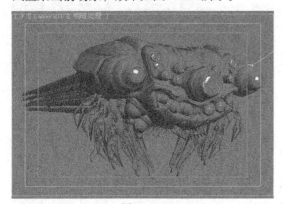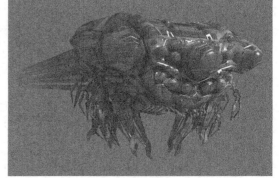

图14-102   图14-103

Step 02 按大键盘上的8键打开"环境和效果"对话框，然后在"效果"卷展栏下加载一个"模糊"效果，如图14-104所示。

Step 03 展开"模糊参数"卷展栏，单击"像素选择"选项卡，然后勾选"材质ID"选项，接着设置ID为8，单击"添加"按钮 添加 （添加材质ID 8），再设置"最小亮度"为60、"加亮"为100、"混合"为50、"羽化半径"为30，最后在"常规设置羽化衰减"选项组下将曲线调节成"抛物线"形状，如图14-105所示。

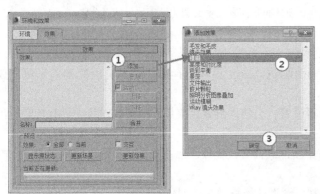

图14-104   图14-105

Step 04 按M键打开"材质
编辑器"对话框，然后选择
第1个材质，接着在"多维/
子对象基本参数"卷展栏下
单击ID 2材质通道，再单击
"材质ID通道"按钮◎，最
后设置ID为8，如图14-106
所示。

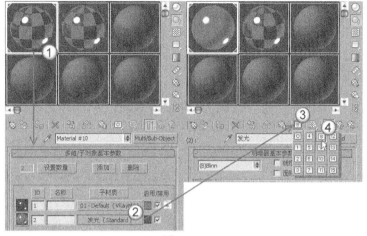

图14-106

Step 05 选择第2个材质，然
后在"多维/子对象基本参
数"卷展栏下单击ID 2材质
通道，接着单击"材质ID通
道"按钮◎，最后设置ID为
8，如图14-107所示。

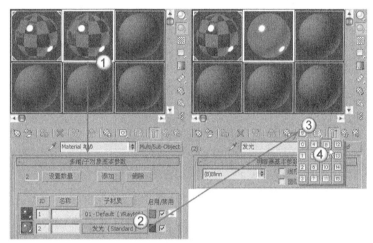

图14-107

Step 06 按F9键渲染当前场
景，最终效果如图14-108
所示。

图14-108

14.2.3 亮度和对比度

功能介绍

使用"亮度和对比度"效果可以调整图像的亮度和对比度,其参数设置面板如图14-109所示。

图14-109

参数详解

❖ 亮度:增加或减少所有色元(红色、绿色和蓝色)的亮度,取值范围从0~1。
❖ 对比度:压缩或扩展最大黑色和最大白色之间的范围,其取值范围从0~1。
❖ 忽略背景:是否将效果应用于除背景以外的所有元素。

【练习14-9】:用亮度/对比度效果调整场景的亮度与对比度

调整场景亮度与对比度后的效果如图14-110所示。

图14-110

Step 01 打开光盘中的"练习文件>第14章>练习14-9.max"文件,如图14-111所示。

Step 02 按大键盘上的8键打开"环境和效果"对话框,然后在"效果"卷展栏下加载一个"亮度和对比度"效果,接着按F9键测试渲染当前场景,效果如图14-112所示。

图14-111

图14-112

Step 03 展开"亮度和对比度参数"卷展栏，然后设置"亮度"为0.65、"对比度"为0.62，如图14-113所示，接着按F9键测试渲染当前场景，最终效果如图14-114所示。

图14-113

图14-114

提示：从图14-114中可以发现，当修改"亮度"和"对比度"数值以后，渲染画面的亮度与对比度都很协调了，但是这样会耗费很多的渲染时间，从而大大降低工作效率。下面介绍一下如何在Photoshop中调整图像的亮度与对比度。

第1步：在Photoshop中打开默认渲染的图像，如图14-115所示。

图14-115

第2步：执行"图像>调整>亮度/对比度"菜单命令，打开"亮度/对比度"对话框，然后对"亮度"和"对比度"数值进行调整，直到得到最佳的画面为止，如图14-116和图14-117所示。

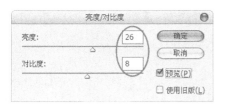

图14-116

图14-117

14.2.4 色彩平衡

功能介绍

使用"色彩平衡"效果可以通过调节"青-红"、"洋红-绿"、"黄-蓝"3个通道来改变场景或图像的色调，其参数设置面板如图14-118所示。

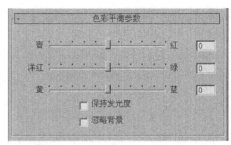

图14-118

参数详解

- ❖ 青-红：调整"青-红"通道。
- ❖ 洋红-绿：调整"洋红-绿"通道。
- ❖ 黄-蓝：调整"黄-蓝"通道。
- ❖ 保持发光度：启用该选项后，在修正颜色的同时将保留图像的发光度。
- ❖ 忽略背景：启用该选项后，可以在修正图像时不影响背景。

【练习14-10】：用色彩平衡效果调整场景的色调

调整场景色调后的效果如图14-119所示。

图14-119

Step 01 打开光盘中的"练习文件>第14章>练习14-10.max"文件，如图14-120所示。

Step 02 按大键盘上的8键打开"环境和效果"对话框，然后在"效果"卷展栏下加载一个"色彩平衡"效果，接着按F9键测试渲染当前场景，效果如图14-121所示。

图14-120

图14-121

Step 03 展开"色彩平衡参数"卷展栏，然后设置"青-红"为15、"洋红-绿"为-15、"黄-蓝"为0，如图14-122所示，接着按F9键测试渲染当前场景，效果如图14-123所示。

Step 04 在"色彩平衡参数"卷展栏下将"青-红"修改为-15、"洋红-绿"修改为0、"黄-蓝"为15，如图14-124所示，按F9键测试渲染当前场景，效果如图14-125所示。

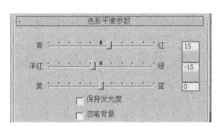

图14-122

图14-123

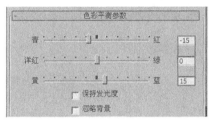

图14-124

图14-125

14.2.5 胶片颗粒

功能介绍

　　"胶片颗粒"效果主要用于在渲染场景中重新创建胶片颗粒，同时还可以作为背景的源材质与软件中创建的渲染场景相匹配，其参数设置面板如图14-126所示。

图14-126

参数详解

❖　颗粒：设置添加到图像中的颗粒数，其取值范围从0~1。

❖　忽略背景：屏蔽背景，使颗粒仅应用于场景中的几何体对象。

【练习14-11】：用胶片颗粒效果制作老电影画面

　　本练习的老电影画面效果如图14-127所示。

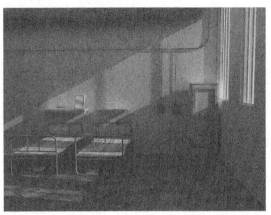

图14-127

Step 01 打开光盘中的"练习文件>第14章>练习14-11.max"文件，如图14-128所示，然后按F9键测试渲染当前场景，效果如图14-129所示。

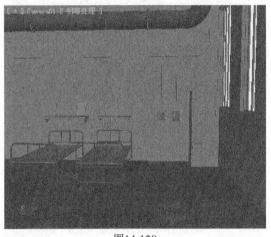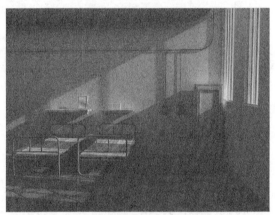

图14-128   图14-129

Step 02 按大键盘上的8键打开"环境和效果"对话框，然后在"效果"卷展栏下加载一个"胶片颗粒"效果，接着展开"胶片颗粒参数"卷展栏，最后设置"颗粒"为0.5，如图14-130所示。

Step 03 按F9键渲染当前场景，最终效果如图14-131所示。

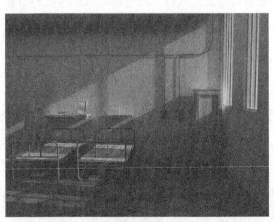

图14-130   图14-131

第15章 VRay渲染器

本章导读

渲染输出是3ds Max工作流程的最后一步，也是呈现作品最终效果的关键一步。一部3D作品能否正确、直观、清晰地展现其魅力，渲染是必要的途径；3ds Max是一个全面性的三维软件，它的渲染模块能够清晰、完美地帮助制作人员完成作品的最终输出。渲染本身就是一门艺术，如果把这门艺术表现好，就需要我们深入掌握3ds Max的各种渲染设置，以及相应的渲染器的用法。

15.1 显示器的校色

一幅作品的效果除了本身的质量以外还有一个很重要的因素，那就是显示器的颜色是否准确。显示器的颜色是否准确决定了最终的打印效果，但现在的显示器品牌太多，每一种品牌的色彩效果都不尽相同，不过原理都一样，这里就以CRT显示器来介绍一下如何校正显示器的颜色。

CRT显示器是以RGB颜色模式来显示图像的，其显示效果除了自身的硬件因素以外还有一些外在的因素，如近处电磁干扰可以使显示器的屏幕发生抖动现象，而磁铁靠近了也可以改变显示器的颜色。

在解决了外在因素以后就需要对显示器的颜色进行调整，可以用专业的软件（如Adobe Gamma）来进行调整，也可以用流行的图像处理软件（如Photoshop）来进行调整，调整的方向主要有显示器的对比度、亮度和伽马值。

下面以Photoshop作为调整软件来学习显示器的校色方法。

15.1.1 调节显示器的对比度

在一般情况下，显示器的对比度调到最高为宜，这样就可以表现出效果图中的细微细节，在显示器上有相对应的对比度调整按扭。

15.1.2 调节显示器的亮度

首先将显示器中的颜色模式调成sRGB模式，如图15-1所示；然后在Photoshop中执行"编辑>颜色设置"菜单命令，打开"颜色设置"对话框，接着将RGB模式也调成sRGB，如图15-2所示；这样Photoshop就与显示器中的颜色模式相同，接着将显示器的亮度调节到最低。

图15-1

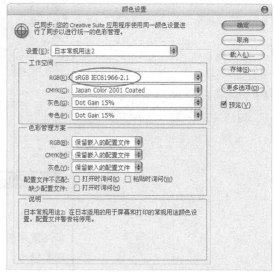

图15-2

在Photoshop中新建一个空白文件，并用黑色填充"背景"图层，然后使用"矩形选框"工具选择填充区域的一半，接着按Ctrl+U组合键打开"色相/饱和度"对话框，并设置"明度"为3，如图15-3所示。最后观察选区内和选区外的明暗变化，如果被调区域依然是纯黑色，这时可以调整显示器的亮度，直到两个区域的亮度有细微的区别，这样就调整好了显示器的亮度，如图15-4所示。

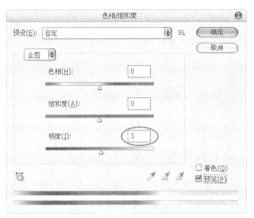

图15-3　　　　　　　　　　　　　　　　　　　　图15-4

15.1.3　调节显示器的伽马值

伽马值是曲线的优化调整，是亮度和对比度的辅助功能，强大的伽马功能可以优化和调整画面细微的明暗层次，同时还可以控制整个画面的对比度。设置合理的伽马值，可以得到更好的图像层次效果和立体感，大大优化画面的画质、亮度和对比度。校对伽马值的正确方法如下。

新建一个Photoshop空白文件，然后使用颜色值为（R:188，G:188，B:188）的颜色填充"背景"图层，接着使用选区工具选择一半区域，并对选择区域填充白色，如图15-5所示；最后在白色区域中每隔1像素加入一条宽度为1像素的黑色线条，图15-6所示为放大后的效果。从远处观察，如果两个区域内的亮度相同，就说明显示器的伽马是正确的；如果不相同，可以使用显卡驱动程序软件来对伽马值进行调整，直到正确为止。

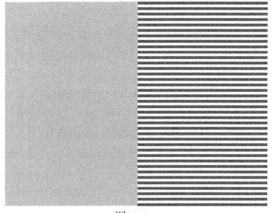

图15-5　　　　　　　　　　　　　　　　　　　　图15-6

15.2　渲染常识

15.2.1　渲染输出的作用

使用3ds Max创作作品时，一般都遵循"建模→灯光→材质→渲染"这个最基本的步骤，渲染是最后一道工序（后期处理除外）。渲染的英文为Render，翻译为"着色"，也就是对场景进行着色的过程，它是通过复杂的运算，将虚拟的三维场景投射到二维平面上，这个过程需要对渲染器参数进行设置，然后经过一定时间的运算并输出。如图15-7所示，这是一些比较优秀的渲染作品，都是从模型阶段开始，到最终渲染输出为成品。

图15-7

15.2.2　常用渲染器的类型

在CG领域，渲染器的种类非常多，发展也非常快，此起彼伏，令人眼花缭乱。从商业应用的角度来看，近十年来，有的渲染器死掉了（比如Lightscape），有的一直不温不火（比如Brazil、FinalRender），有的则大红大紫（比如VRay、mental ray、Renderman），还有的技术比较前沿但商业价值还未得到认可（比如FryRender、Maxwell）。这些渲染器虽然各不相同，但它们都是"全局光渲染器（Lightscape除外）"，也就是说现在是全局光渲染器时代了。

3ds Max是目前应用最为广泛的一个3D开发平台，其软件的通用性和用户数量都是绝对的行业领导者，因此绝大部分渲染器都支持在这个平台上运行，这就给广大的3ds Max用户带来了福音，最起码大家有更多的选择，可以根据自己的习惯、爱好、工作性质等诸多因素去选择最适合自己的渲染器。

3ds Max 2014默认安装的渲染器有"iray渲染器"、"mental ray渲染器"、"Quicksilver硬件渲染器"、"默认扫描线渲染器"和"VUE文件渲染器"，在安装好VRay渲染器之后也可以使用VRay渲染器来渲染场景，如图15-8所示。当然也可以安装一些其他的渲染插件，比如Renderman、Brazil、FinalRender、Maxwell等。

图15-8

15.3　渲染的基本参数设置

15.3.1　渲染命令

默认状态下，主要的渲染命令集中在主工具栏的右侧，通过单击相应的工具图标可以快速执行这些命令，如图15-9所示。

❖ 渲染设置■：这是最标准的渲染命令，单击它会弹出渲染设置对话框，以便进行各项渲染设置，具体参数请参见后面的相关内容。执行"渲染>渲染设置"菜单命令与此工具的用途相同。通常对一个新场景进行渲染时，应首先使用此工具进行参数设置。此后渲染相同场景时，可以使用另外3个工具，按照已指定的设置进行渲染，从而跳过设置环节，加快制作速度。

图15-9

❖ 渲染帧窗口■：渲染帧窗口是一个用于显示渲染输出的窗口，单击该按钮可以打开"渲染帧窗口"对话框，在该对话框中可以选择渲染区域、切换通道和储存渲染图像等任务。

❖ 渲染产品■：根据渲染设置对话框中的输出设置，进行产品级别的快速渲染，单击该按钮就直接进入渲染状态。该工具和渲染设置■一起，在实际工作中的使用频率最高。

❖ 渲染迭代■：可在迭代模式下渲染场景，这是一种快速渲染工具，在现有图像上进行更新，一般用于最终聚集、反射或者其他特定对象的更改调试，迭代渲染会忽略文件输出、网络渲染、多帧渲染、导出到MI文件，以及电子邮件通知。

❖ ActiveShade（动态着色）■：该按钮能够在新窗口中创建动态着色效果，它的参数设置独立于产品级快速渲染的设置。

提示：对于产品级和动态着色渲染，可以各自指定不同的渲染器，在渲染设置面板的"指定渲染器"卷展栏中进行指定。

15.3.2 渲染设置

在3ds Max的默认情况下，单击■按钮打开"渲染设置"对话框，如图15-10所示。此时的当前渲染器为"默认扫描线渲染器"，在该对话框中包含有"公用"、"Render Elements（渲染元素）"、"渲染器"、"光线跟踪器"和"高级照明"5个选项卡。如果将当前渲染器设置为VRay，则渲染设置对话框如图15-11所示；如果将当前渲染器设置为mental ray，则渲染设置对话框如图15-12所示。

图15-10

图15-11

图15-12

从以上3张示意图可以看出，无论选择何种渲染器，其中的"公用"和"Render Elements（渲染元素）"选项卡总是存在的，也就是说这两个选项卡基本上是通用的，尤其是"公用"选项卡，它适用于所有的渲染器。而"Render Elements（渲染元素）"选项卡略有差别，它不能适用于所有的渲染器，比如设置"iray渲染器"或"VUE文件渲染器"为当前渲染器时，该选项卡不会出现在渲染设置对话框中。

关于"渲染设置"对话框各选项卡下的参数，本章将在后续的内容中陆续进行讲解，这里先简单介绍一下该对话框底部的几个参数的含义。

- ❖ 产品级/迭代渲染模式：选择是在"产品"级模式下渲染，还是在"迭代"模式下渲染。
- ❖ 活动的明暗处理模式：设置动态着色渲染参数，用于渲染动态着色渲染窗口，帮助用户实时预览灯光和材质变化所产生的效果。
- ❖ 预设：用于从预设渲染参数集中进行选择，加载或保存渲染参数设置，用户不仅可以调用3ds Max自身提供的多种预设方案，还可以使用自己的预设方案。
- ❖ 查看：在下拉菜单中选择要渲染的视图。这里只提供了当前屏幕中存在的视图类型，选择后会激活相应的视图。后面的"锁"图标工具用于锁定视图列表中的某个视图，当在别的视图中进行操作（改变当前激活视图）后，系统还会渲染被锁定的视图；如果禁用该锁定工具，则系统总是渲染当前激活的视图。
- ❖ 渲染 ：单击此按钮，系统将按照以上的参数设置开始渲染计算。

15.3.3　渲染设置的"公用"选项卡

1.　"公用参数"卷展栏

功能介绍

"公用参数"卷展栏可以设置渲染的帧数、大小、效果选项、保存文件等参数，这些设置对于各种渲染器都是通用的，其参数面板如图15-13所示。

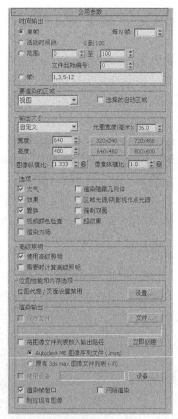

参数详解

- ❖ "时间输出"参数组：设置将要对哪些帧进行渲染。
  - ◇ 单帧：只对当前帧进行渲染，得到静态图像。
  - ◇ 活动时间段：对当前活动的时间段进行渲染，当前时间段根据屏幕下方时间滑块来设置。
  - ◇ 范围：手动设置渲染的范围，这里还可以指定为负数。
  - ◇ 帧：特殊指定单帧或时间段进行渲染，单帧用","号隔开，时间段之间用"-"连接。例如1,3,5-12表示对第1帧、第3帧、第5~12帧进行渲染。对时间段输出时，还可以控制间隔渲染的帧数和起始计数的帧号。
  - ◇ 每N帧：设置间隔多少帧进行渲染，例如输入3，表示每隔3帧渲染1帧，即渲染1、4、7、10帧等。对于较长时间的动画，可以使用这种方式来简略观察动作是否完整。

图15-13

◇ 文件起始编号：设置起始帧保存时文件的编号。对于逐帧保存的图像，它们会按照自身的帧号增加文件序号，例如第2帧为File 0002，因为默认的"文件起始编号"为0，所以所有的文件号都和当前帧的数字相同。如果更改这个序号，保存的文件序号名将和真正的帧号发生偏移，例如当"文件起始编号"为5时，原来的第1帧保存后，自动增加的文件名序号会由File 0001变为File 0006。

提示： "文件起始编号"参数有一个比较重要的应用，就是通过设置它的数值，对动画片段进行渲染，而将片段的文件名用从0开始的名称进行输出，而且它们是负数。例如渲染从第50～55帧，原来保存的文件名会是File 0050～File 0055，如果设置"文件起始编号"为-50，那么输出结果为File 0000～File 0005，设置范围为-99 999～99 999。

❖ "要渲染的区域"参数组：这些参数主要用于设置被渲染的区域。

该参数组的下拉列表提供了5种不同的渲染类别，主要用于控制渲染图像的尺寸和内容，分别如下。

◇ 视图：对当前激活视图的全部内容进行渲染，是默认渲染类型，如图15-14所示。

◇ 选定对象：只对当前激活视图中选择的对象进行渲染，如图15-15所示。

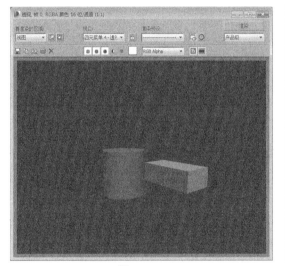

图15-14

图15-15

◇ 区域：只对当前激活视图中被指定的区域进行渲染。进行这种类型的渲染时，会在激活视图中出现一个虚线框，用来调节要渲染的区域，如图15-16所示，这种渲染仍保留渲染设置的图像尺寸。

◇ 放大：选择一个区域放大到当前的渲染尺寸进行渲染，与"区域"渲染方式相同，不同的是渲染后的图像尺寸。"区域"渲染方式相当于在原效果图上切一块进行渲染，尺寸不发生任何变化；"放大"渲染是将切下的一块按当前渲染设置中的尺寸进行渲染，这种放大可以看作是视野上的变化，所以渲染图像的质量不会发生变化，如图15-17所示。

提示： 采用"放大"方式进行渲染时，选择的区域在调节时会保持长宽比不变，符合渲染设置定义的长宽比例。

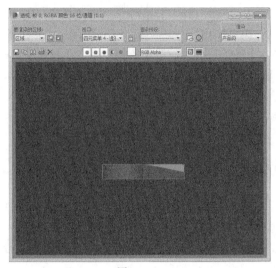
图15-16

图15-17

◇ 裁剪：只渲染被选择的区域，并按区域面积进行裁剪，产生与框选区域等比例的图像，如图15-18所示。

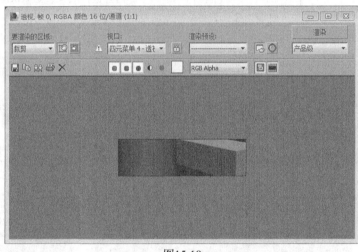
图15-18

◇ 选择的自动区域：勾选此项后，如果要渲染的区域设置为"区域"、"裁剪"和"放大"渲染方式，那么渲染的区域会自动定义为选中的对象。如果将要渲染的区域设置为"视图"或"选定对象"渲染方式，则勾选该项后将自动切换为"区域"模式。

❖ "输出大小"参数组：在此参数组中确定渲染图像的尺寸大小。

◇ 尺寸类型下拉列表 [自定义 ▼]：在这里默认为"自定义"尺寸类型，可以自定义下面的参数来改变渲染尺寸。3ds Max还提供其他的固定尺寸类型，以方便有特殊要求的用户。

◇ 宽度/高度：分别设置图像的宽度和高度，单位为像素，可以直接输入数值或调节微调器 ⬍，也可以从右侧的4种固定尺寸中选择。

◇ 固定尺寸 [ ] [ ]：直接定义尺寸。3ds Max提供了4个固定尺寸按钮，它们也可以进行重新定义，在任意按钮上单击鼠标右键，弹出"配置预设"对话框，如图15-19所示。在该对话框中可以重新设置当前按钮的尺寸， [获取当前设置] 按钮可以直接将当前已设定的长宽尺寸和比例读入，作为当前按钮的设置参考。

◇ 图像纵横比：设置图像长度和宽度的比例，当长宽值指定后，它的值也会自动计算出来。图像纵横=长度/宽度。在自定义尺寸类型下，该参数可以进行调节，它的改变影响高

图15-19

度值的改变；如果按下它右侧的锁定按钮，则会固定图像的纵横比，这时对长度值的调节也会影响宽度值；对于已定义好的尺寸类型，图像纵横比被固化，不可调节。

❖ 像素纵横比：为其他的显示设备设置像素的形状。有时渲染后的图像在其他显示设备上播放时，可能会发生挤压变形，这时可以通过调整像素纵横比值来修正它。如果选择了已定义好的其他尺寸类型，它将变为固定设置值。如果按下它右侧的锁定按钮，将会固定图像像素的纵横比。

❖ 光圈宽度（毫米）：针对当前摄影机视图的摄影机设置，确定它渲染输出的光圈宽度，它的变化将改变摄影机的镜头值，同时也定义了镜头与视野参数之间的相对关系，但不会影响摄影机视图中的观看效果。如果选择了已定义的其他尺寸类型，它将变为固定设置。

提示： 根据选择输出格式的不同，图像的纵横比和分辨率会随之产生变化。

❖ "选项"参数组。
  ❖ 大气：是否对场景中的大气效果进行渲染处理，如雾、体积光。
  ❖ 效果：是否对场景设置的特殊效果进行渲染，如镜头效果。
  ❖ 置换：是否对场景中的置换贴图进行渲染计算。
  ❖ 视频颜色检查：检查图像中是否有像素的颜色超过了NTSC制或PAL制电视的阈值，如果有，则将对它们作标记或转化为允许的范围值。
  ❖ 渲染为场：当为电视创建动画时，设定渲染到电视的场扫描，而不是帧。如果将来要输出到电视，必须考虑是否要将此项开启，否则画面可能会出现抖动现象。
  ❖ 渲染隐藏几何体：如果将它打开，将会对场景中所有对象进行渲染，包括被隐藏的对象。
  ❖ 区域光源/阴影视作点光源：将所有的区域光源或阴影都当作是从点对象发出的，以此进行渲染，这样可以加快渲染速度。
  ❖ 强制双面：对对象内外表面都进行渲染，这样虽然会减慢渲染速度，但能够避免法线错误造成的不正确表面渲染，如果发现有法线异常的错误（镂空面、闪烁面），最简单的解决方法就是将这个选项打开。
  ❖ 超级黑：为视频压缩而对几何体渲染的黑色进行限制，一般情况下不要将它打开。
❖ "高级照明"参数组。
  ❖ 使用高级照明：勾选此项，3ds Max将会调用高级照明系统进行渲染。默认情况是打开的，因为高级照明系统有启用开关，所以如果系统没有打开，即使这里打开了也没有作用，不会影响正常的渲染速度。这时若需要暂时在渲染时关闭高级照明，只要在这里取消勾选进行关闭即可，不要关闭高级照明系统的有效开关，这样做的原因是不会改变已经调节好的高级照明参数。
  ❖ 需要时计算高级照明：勾选此项可以判断是否需要重复进行高级照明的光线分布计算。一般默认是关闭的，表示不进行判断，每帧都进行高级照明的光线分布计算，这样对于静帧无所谓，但对于动画来说就有些浪费，因为如果是没有对象和灯光动画（例如，仅仅是摄影机的拍摄动画），就不必去进行逐帧的光线分布计算，从而节约大量的渲染时间。但对有对象的相对位置发生了变化的场景，整个场景的光线分布也会随之变化，所以必须要逐帧进行光线分布计算。如果勾选了此项，系统会对场景进行自动判断，在没有对象相对位置发生变化的帧不进行光线分布的重复计算，而在有对象相对位置发生变化的帧进行光线重复计算，这样既保证了渲染效果的正确性，又提高了渲染速度。
❖ "渲染输出"参数组。
  ❖ 保存文件：设置渲染后文件的保存方式，通过"文件"按钮设置要输出的文件名称和格式。

一般包括两种文件类型，一种是静帧图像，另一种是动画文件，对于广播级录像带或电影的制作，一般都要求逐帧地输出静态图像，这时选择了文件格式后，输入文件名，系统会为其自动添加0001、0002等序列后缀名称。

◇ 文件：单击该按钮可以打开"渲染输出文件"面板，用于指定输出文件的名称、格式与保存路径等。

◇ 将图像文件列表放入输出路径：勾选此项可创建图像序列文件，并将其保存在与渲染相同的目录中。

◇ 立即创建：单击该按钮，用手动方式创建图像序列文件，首先必须为渲染自身选择一个输出文件。

◇ Autodesk ME 图像序列文件（.imsq）：选择该项之后，创建图像序列（IMSQ）文件。

◇ 原有3ds max图像文件列表（.ifl）：选择该项之后，生成由3ds Max旧版本创建的各种图像文件列表（IFL）文件。

◇ 使用设备：设置是否使用渲染输出的视频硬件设备。

◇ 设备：用于选择视频硬件输出设置，以便进行输出操作。

◇ 渲染帧窗口：设置是否在渲染帧窗口中输出渲染结果。

◇ 网络渲染：设置是否进行网络渲染。勾选该选项后，在渲染时将看到网络任务分配对话框。

◇ 跳过现有图像：如果发现存在与渲染图像名称相同的文件，将保留原来的文件，不进行覆盖。

2. "电子邮件通知"卷展栏

功能介绍

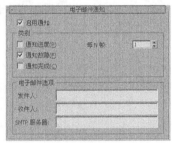

该功能可以使渲染任务像网络渲染一样发送电子邮件通知，这类邮件在执行诸如动画渲染之类的大型渲染任务时非常有用，使用户不必将所有注意力都集中在渲染系统上，其参数面板如图15-20所示。

图15-20

参数详解

❖ 启用通知：勾选此项，渲染器才会在出现情况时发送电子邮件通知，默认为关闭。

❖ "类别"参数组。

◇ 通知进度：发送电子邮件以指示渲染进程。每当"每N帧"参数框中所指定的帧数渲染完毕时，就会发送一份电子邮件。

◇ 通知故障：只有在出现阻碍渲染完成的情况下才发送电子邮件通知，默认为开启。

◇ 通知完成：当渲染任务完成时发送电子邮件通知，默认为关闭。

◇ 每N帧：设置"通知进度"所间隔的帧数，默认为1，通常都会将这个值设置得大一些。

❖ "电子邮件选项"参数组。

◇ 发件人：输入开始渲染任务人的地址。

◇ 收件人：输入要了解渲染情况的人的地址。

◇ SMTP服务器：输入作为邮件服务器系统的IP地址。

3. "脚本"卷展栏

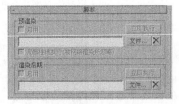

功能介绍

"脚本"卷展栏的参数面板如图15-21所示。

图15-21

参数详解

❖　"预渲染"参数组。

　　◇　启用：勾选此项，启用预渲染脚本。

　　◇　立即执行：单击该按钮，立即运行预渲染脚本。

　　◇　文件：单击该按钮，设定要运行的预渲染脚本。单击右侧的✕按钮可以移除预渲染脚本。

　　◇　局部性地执行（被网络渲染所忽略）：勾选此项，则预渲染脚本只在本机运行，如果使用网络渲染，将忽略该脚本。

❖　"渲染后期"参数组。

　　◇　启用：勾选此项，启用渲染后期脚本。

　　◇　立即执行：单击该按钮，立即运行渲染后期脚本。

　　◇　文件：单击该按钮，设定要运行的渲染后期脚本。单击右侧的✕按钮可以移除渲染后期脚本。

4.　"指定渲染器"卷展栏

功能介绍

　　通过"指定渲染器"卷展栏可以方便地进行渲染器的更换，其参数面板如图15-22所示。

图15-22

参数详解

❖　产品级：当前使用的渲染器的名称将显示在其中，单击右侧的███按钮可以打开"选择渲染器"对话框，如图15-23所示。在该对话框中列出了当前可以指定的渲染器，但不包括当前使用的渲染器（比如当前使用的默认扫描线渲染器就不在其中）。在渲染器列表中选择一个要使用的渲染器，然后单击"确定"按钮，即可改变当前渲染器。

❖　材质编辑器：用于渲染材质编辑器中样本窗的渲染器。当右侧的███按钮处于启用状态时，将锁定材质编辑器和产品级使用相同的渲染器。默认设置为启用。

❖　ActiveShade（动态着色）：用于动态着色窗口显示使用的渲染器。在3ds Max自带的渲染器中，只有默认扫描线渲染器可以用于动态着色视口渲染。

图15-23

15.3.4　渲染设置的"Render Elements（渲染元素）"选项卡

功能介绍

　　使用这个功能可以将场景中的不同信息（比如反射、折射、阴影、高光、Alpha通道等）分别渲染为一个个单独的图像文件，其参数面板如图15-24所示。这项功能的主要目的是方便合成制作，将这些分离的图像导入到合成软件中（比如Photoshop）合成，用不同的方式叠加在一起，如果觉得阴影过暗，可以单独将它变亮一些；如果觉得反射太强，可以单独将它变弱一些。由于这些工作是在后期合成软件中进行的，所以处理速度很快，并且不会因为细微的修改就要重新渲染整个三维场景。

通常来讲，元素在合成时没有非常固定的顺序，但大气、背景以及黑白阴影这3种元素例外，最终的元素合成顺序如下，但这种方法并不考虑彩色照明的情况。

（1）顶部：大气元素。

（2）从顶部第2层：黑白阴影元素，用于暗淡阴影区域的颜色。

（3）中部：漫反射、高光等元素。

（4）底部：背景元素。

图15-24

参数详解

❖ 激活元素：启用该项，单击"渲染"按钮，可以按照下面的元素列表进行分离渲染。

❖ 显示元素：启用该项，每个渲染元素分别显示在各自的渲染帧窗口中，在渲染时会弹出多个观察窗口。

❖ 添加：单击此按钮可以打开"渲染元素"对话框，如图15-25所示，可以从中选择并添加新的元素到列表中。

> **提示：** "渲染元素"对话框中的渲染元素比较多，有3ds Max默认扫描线渲染器提供的渲染元素，有mental ray渲染器提供的渲染元素。如果安装了其他渲染器，还会有更多的渲染元素，比如VRay渲染元素。

图15-25

❖ 合并：从别的3ds Max场景中合并渲染元素。

❖ 删除：从列表中删除选择的渲染元素。

❖ 名称：显示和修改渲染元素的名称。

❖ 启用：显示该渲染元素是否处于有效状态。

❖ 过滤器：显示该元素的抗锯齿过滤计算是否有效。

❖ 类型：显示元素类型。

❖ 输出路径：显示元素的输出路径和文件名称。

❖ "选定元素参数"参数组。

　◇ 启用：勾选时，选定的渲染元素有效。关闭时，不渲染选定的元素。

　◇ 启用过滤：勾选时，选定元素的抗锯齿过滤计算有效；关闭时，选定的元素在渲染时不使用抗锯齿过滤计算。

　◇ 名称：显示当前选定元素的名称，还可以用来对元素重新命名。

　◇ 浏览█：用于指定渲染元素输出的存储位置、名称和类型。右侧的文本框中，可以直接输入元素的路径和名称。

❖ "输出到Combustion"参数组：使用它可以直接生成一个含有渲染元素分层信息的CWS文件（combustion工作文件）。可以直接在combustion合成软件中打开该文件，里面已经自动将这些分层的素材进行了正确的合成，只要分别选择各自的层进行调节就可以了，非常方便。

❖ 启用：勾选时，将会保存一个含渲染元素的CWS文件。

❖ 浏览 ：设置CWS文件的名称和路径位置。

以上介绍了各种渲染元素的通用参数，除此之外，有一些渲染元素还具有自己的特定参数，当在渲染列表中选择这种元素时，相应的参数卷展栏会出现在面板最下方，下面列举一些元素进行介绍。

1. "混合"元素

混合元素是一种将其他几种渲染元素合并在一起的自定义元素。默认状态下，混合元素合并所有的渲染元素，所渲染的结果相当于没有背景的正常渲染结果，通过勾选每种元素前面的复选框来指定要合并的元素，其参数面板如图15-26所示。

图15-26

2. "漫反射"元素

勾选"照明"选项时，渲染得到的对象漫反射元素会受到场景照明的影响，即与光照的强度、角度有关；禁用此项时，漫反射元素与照明无关，对于纹理材质，相当于纹理贴图在对象表面的映射，无明暗照明的变化，对于单色材质，则只渲染为颜色平面。其参数面板如图15-27所示。

图15-27

3. "照明"元素

照明元素有3个控制选项，其参数面板如图15-28所示。

图15-28

❖ 启用直接光：勾选此项，在渲染的照明纹理元素中将包含直接光照的效果。

❖ 启用间接光：勾选此项，在渲染的照明纹理元素中将包含间接光照的效果。

❖ 启用阴影：勾选此项，在渲染的照明纹理元素中将包含阴影效果。

4. "无光"元素

无光元素的参数面板如图15-29所示。

无光元素的作用就是渲染特定对象的遮罩，用于进行图像合成时的抠像。它的用法与Alpha元素相似，但是无光元素可以更灵活地设定遮罩的对象，而不像Alpha元素那样对场景中的所有对象有效。无光元素可

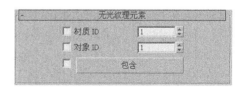

图15-29

以通过材质ID、对像ID和手工选择来指定要生成遮罩的对象。

❖ 材质ID：勾选此项，场景中的材质ID号等于右侧数值设定的可见对象将生成遮罩。

❖ 对象ID：勾选此项，场景中的对象ID号等于右侧数值设定的可见对象将生成遮罩。

❖ 包含：勾选此项，单击"包含"按钮，在弹出的"排除/包含"对话框中手工指定生成遮罩的对象，选择方式可以是排除或者包含方式。当使用包含方式时，与使用材质ID和

对象ID一样，选定对象的区域将渲染为白色，其他区域（包括无对象的区域）渲染为黑色。当使用排除方式时，选定对象的区域将渲染为黑色，其他区域（包括无对象的区域）渲染为白色。

提示： 当使用"排除"方式时，必须禁用材质ID和对象ID选项，因为这几种方式会发生冲突。

5. "Z深度"元素

Z深度元素能通过渲染结果的灰度变化来反映场景对象在z轴或视图方向上的不同景深，最近的对象呈纯白色，最远的对象呈黑色，处于中间的对象呈灰色，灰色越暗，对象距离摄影机越远。

Z深度元素的参数面板如图15-30所示，此卷展栏用于调整Z深度渲染中显示的场景部分。默认情况下，渲染包含视图前面的对象（Z最小值为100），并将300个3ds Max单位延伸到场景（Z最大值为300）中。如果场景深度超过300个单位，则需要增加"Z最大值"的数值。

图15-30

- ❖ Z最小值：z轴深度通道渲染时的最近距离。单位为3ds Max设置单位，默认设置为100。
- ❖ Z最大值：z轴深度通道渲染时的最远距离。单位为3ds Max设置单位，默认设置为300。

6. "对象ID"元素

渲染指定给对象的对象ID信息或对象自身的颜色信息。对于不同ID号的对象或具有不同颜色的对象（指对象的线框颜色），可以分别赋予不同的颜色信息，这样就可以在后期软件或进行特效制作时识别和选择这些物体，其参数面板如图15-31所示。

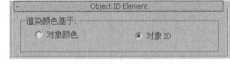

图15-31

- ❖ 对象颜色：依据对象的线框颜色来渲染区分物体。
- ❖ 对象ID：依据对象的ID来随机指定颜色，相同的ID号渲染相同的颜色。

7. "速度"元素

速度元素生成一张包含对象运动信息的渲染图像，它主要用于后期合成软件中运动模糊的制作，与3ds Max中的运动模糊相比，使用速度元素可以节省大量渲染时间。速度元素的另一个用途是重新调整某段视频中的系列帧图像，使该图像内的运动速度变得更加精确。

在速度渲染中，运动信息被保存为RGB颜色信息。相对于要渲染的平面，x轴上的移动保存为红色，y轴上的移动保存为绿色，z轴上的移动保存为蓝色。mental ray渲染器支持该元素，但必须关闭mental ray的摄影机运动模糊效果。另外，一些mental ray材质不支持该渲染元素。

速度元素卷展栏上的参数用于提高在渲染中保存运动数据的精度，其参数面板如图15-32所示。

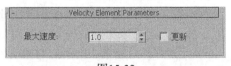

图15-32

- ❖ 最大速度：根据"更新"收集的结果输入一个最大速度值，设置最大速度可以进一步提高运动信息的精度。默认设置为1。
- ❖ 更新：渲染测试帧时启用，每次测试渲染之后，将最大速度设置为最新记录的值，然后使用这些值中的最大值来进行最终渲染。在渲染整个动画前要禁用更新选项，默认设置为禁用状态。

15.3.5 渲染帧窗口

功能介绍

单击"渲染帧窗口"按钮，3ds Max会弹出"渲染帧窗口"对话框，如图15-33所示。渲染帧窗口是一个用于显示渲染输出的窗口，在渲染输出阶段起着不可替代的作用，是用户在渲染过程中观察渲染进程或渲染效果的窗口。

图15-33

参数详解

❖ 要渲染的区域：该下拉列表中提供了要渲染的区域选项，包括"视图"、"选定"、"区域"、"裁剪"和"放大"。

❖ 编辑区域：可以调整控制手柄来重新调整渲染图像的大小。

❖ 自动选定对象区域：激活该按钮后，系统会将"区域"、"裁剪"和"放大"自动设置为当前选择。

❖ 视口：显示当前渲染的是哪个视图。若渲染的是"透视图"，那么在这里就显示为"透视图"。

❖ 锁定到视口：激活该按钮后，系统就只渲染视图列表中的视图。

❖ 渲染预设：可以从下拉列表中选择与预设渲染相关的选项。

❖ 渲染设置：单击该按钮可以打开"渲染设置"对话框。

❖ 环境和效果对话框（曝光控制）：单击该按钮可以打开"环境和效果"对话框，在该对话框中可以调整曝光控制的类型。

❖ 产品级/迭代："产品级"是使用"渲染帧窗口"对话框、"渲染设置"对话框等所有当前设置进行渲染；"迭代"是忽略网络渲染、多帧渲染、文件输出、导出至MI文件以及电子邮件通知，同时使用扫描线渲染器进行渲染。

❖ 渲染：单击该按钮可以使用当前设置来渲染场景。

❖ 保存图像：单击该按钮可以打开"保存图像"对话框，在该对话框中可以保存多种格式的渲染图像。

❖ 复制图像：单击该按钮可以将渲染图像复制到剪贴板上。

❖ 克隆渲染帧窗口：单击该按钮可以克隆一个"渲染帧窗口"对话框。

❖ 打印图像：将渲染图像发送到Windows定义的打印机中。

❖ 清除：清除"渲染帧窗口"对话框中的渲染图像。

❖ 启用红色/绿色/蓝色通道：显示渲染图像的红/绿/蓝通道，图15-34~图15-36所示分别是单独开启红色、绿色、蓝色通道的图像效果。

图15-34

图15-35

图15-36

❖ 显示Alpha通道■：显示图像的Alpha通道。

❖ 单色■：单击该按钮可以将渲染图像以8位灰度的模式显示出来，如图15-37所示。

❖ 切换UI叠加■：激活该按钮后，如果"区域"、"裁剪"或"放大"区域中有一个选项处于活动状态，则会显示表示相应区域的帧。

❖ 切换UI■：激活该按钮后，"渲染帧窗口"对话框中的所有工具与选项均可使用；关闭该按钮后，不会显示对话框顶部的渲染控件以及对话框下部单独面板上的mental ray控件，如图15-38所示。

图15-37

图15-38

15.4 默认扫描线渲染器

"默认扫描线渲染器"是一种多功能渲染器，可以将场景渲染为从上到下生成的一系列扫描线。"默认扫描线渲染器"的渲染速度特别快，但是渲染功能不强，商业应用极少。按F10键打开"渲染设置"对话框，3ds Max默认的渲染器就是"默认扫描线渲染器"，如图15-39所示。

提示：**"默认扫描线渲染器"的参数面板有"公用"、"渲染器"、"Render Elements（渲染元素）"、"光线跟踪器"和"高级照明"5大选项卡。前面已经对"公用"和"Render Elements（渲染元素）"选项卡的参数作了介绍，本节仅讲解该渲染器特有的参数面板。

一般情况下，商业制作都很少用到该渲染器，因为其渲染质量不高，并且渲染参数也特别复杂，所以笔者建议大家尽量少用该渲染器，或者不用。**

图15-39

15.4.1 "渲染器"选项卡

功能介绍

该选项卡下只有一个参数卷展栏——"默认扫描线渲染器"卷展栏，如图15-40所示。这个面板用于设置扫描线渲染器参数，扫描线渲染器是3ds Max中应用时间较长的渲染器，该渲染器通过连续的水平线方式渲染场景，拥有较快的渲染速度，但渲染效果稍微差一点。

参数详解

1. "选项"参数组

❖ 贴图：如果将它关闭，渲染时忽略场景中所有的材质贴图信息以加快渲染速度，同时也影响自动反射贴图与环境贴图。可以用于光照效果测试。

❖ 阴影：如果将它关闭，渲染时忽略所有灯光的投影设置，主要用于效果测试，以加快渲染速度。

❖ 自动反射/折射和镜像：如果将它关闭，渲染时忽略所有自动反射材质，自动折射材质和镜面反射材质的跟踪计算，主要用于效果测试，以加快渲染速度。

❖ 强制线框：如果打开此项，将会强制场景中所有对象以线框的方式渲染，通过右侧线框厚度值来控制线框的粗细。这主要是为了能快速度了解动画效果，又不影响场景中的实际设置，在建筑漫游动画的预览时，经常用它来进行测试。

❖ 线框厚度：设置线框显示的粗细，单位为像素。

❖ 启用SSE：设置使用SSE，对模糊渲染效果和阴影贴图效果有显著的提高。CPU的性能越高，越能节省渲染时间。

图15-40

> 提示：网络渲染时，应确认所有的系统都支持SSE方式，否则可能产生不正确的结果。

2. "抗锯齿"参数组

❖ 抗锯齿：抗锯齿功能能够平滑渲染斜线或曲线上所出现的锯齿边缘。测试渲染时可以将它关闭，以加快渲染速度。

❖ 过滤器：在下拉列表中指定抗锯齿滤镜的类型，主要包括以下几种类型。

　　◇ 区域：使用尺寸变量区域滤镜计算抗锯齿。

　　◇ 黑人：使用25像素滤镜锐化渲染输出对象，但无边缘增加效果。

　　◇ 混合：在清晰区域和高斯柔化过滤器之间混合。

　　◇ 立方回旋：使用25像素滤镜锐化渲染输出对象，同时显示出明显的边缘增加效果。

　　◇ Cook变量：普通效果滤镜，取值在1~2.5之间为锐化效果；值越高，图像越模糊。

❖ 立方体：基于立方体样条的25像素模糊滤镜。

❖ Mitchell-Netravali：在环和各向异性两种滤镜之间逆向交替模糊。

❖ 图像匹配/MAX R2：使用3D Studio MAX R2.x方式（仅边缘），匹配贴图对象到未过滤的背景图像上。

❖ 四方形：基于四方形样条的9像素模糊滤镜。

❖ 清晰四方形：9像素的锐化重组滤镜。

❖ 柔化：可调节的高斯柔化滤镜。

❖ 视频：25像素的模糊滤镜，可以优化PAL和NTSC制式的视频软件。

> **提示**：渲染局部或选择对象时，只有区域方式能够产生可靠的渲染结果。视频方式虽然指明针对视频渲染输出，但效果不是非常理想，要想获得比较优秀的效果，Mitchell-Netravali是不错的选择，只是渲染速度比较慢。

❖ 过滤贴图：对贴图材质所贴的图像进行过滤处理，这会得到更真实和优秀的效果。对于测试，可以将它关闭，以加快渲染速度。

❖ 过滤器大小：调节抗锯齿的程度，也就是光滑边界的程度，默认设置为1.5，如果是作为广播级质量的输出，应该尽量增大它的值，在这里它可以最大设为2.0。

3. "全局超级采样"参数组

启用此参数组中的选项可以对全局采样进行控制，而忽略各材质自身的采样设置。

❖ 禁用所有采样器：取消全部超级采样。

❖ 启用全局超级采样器：启用该选项后，将对所有的材质应用到相同的超级采样器。禁用该选项后，材质设置为使用全局设置，该全局设置由渲染对话框中的设置控制。启用这个选项之后可以在其下边的下拉列表中选择以下几种采样方式。

  ❖ Max 2.5星：像素中心的采样是对它周围的4个采样取平均值，此图案就像个具有5个采样点的小方块，在Max 2.5中常使用此超级采样方法。

  ❖ Hammersley：根据一个散射，"拟随机"图案，沿x轴方向进行空间采样，而在y轴方向对其进行空间划分。根据质量要求，采样数范围为4～40，此方法为非自适应方法。

  ❖ 自适应Halton：根据一个散射，"拟随机"图案，在空间中沿x轴和y轴进行采样，根据质量要求，采样数范围为4～40之间，此方法为自适应方法。

  ❖ 自适应均匀：空间采样范围从最小的4到最大的36。采样的图案不是正方形的，而是稍微有点倾斜，这样可以在垂直和水平轴上提高正确率，此方法为自适应方法。

❖ 超级采样贴图：启用此选项后，将对应用于材质的贴图进行超级采样，超级采样器将以平均像素表示贴图。只有勾选启用全局超级采样器后，此开关才处于活动状态。默认为启用状态。

4. "对象运动模糊"参数组

对于对象的运动模糊效果，扫描线渲染提供了两种方式：对象模糊和图像模糊。在制作运动模糊效果时首先要对对象进行指定，在"编辑>对象属性"菜单命令或在对象上单击鼠标右键，从快捷菜单中进入，右下角有运动模糊控制区域，默认为无，可以选择对象或图像两种方式之一。在这里指定后，渲染设置框中相应的参数才会发生作用。

❖ 应用：当它开启动时，对象运动模糊有效，场景中只要是设置为对象模糊方式的对象，都会进行运动模糊处理。

❖ 持续时间（帧）：确定模糊虚线的持续长度，值越大，虚影越长，运动模糊越强烈。设置为1.0时，虚拟快门在一帧和下一帧之间的整个持续时间保持打开。较长的值产生更为夸张的效果。

❖ 采样数：设置模糊虚影是由多个对象的重复拷贝组合而成，最大可以设置为32。它往往与"持续时间细分"值相关，持续细划分值确定的是在持续时间内将有多少个对象拷贝进行渲染，如果它们两值相等，则会产生均匀浓密的虚影，这是最理想的设置。要获得最光滑的运动模糊效果，两个值应设为32，但这样会增加几倍的渲染时间，一般都设置为12就可以获得很好的效果了。

> **提示**：由于在持续时间内进行采样，所以"持续时间细分"值要小于等于"采样数"的值。

❖ 持续时间细分：确定在模糊运算持续时间中，有多少个对象拷贝要渲染，最大值为32。

5. "图像运动模糊"参数组

与对象运动模糊目的相同，也是为了制作出对角快速移动时产生的模糊效果，只是它从渲染后的图像出发，对图像进行了虚化处理，模拟运动产生的模糊效果。这种方式在渲染速度上要快于对象运动模糊，而且得到的效果也更光滑均匀，在使用时与对角运动模糊相同，先要在对象属性对话框中打开"图像"设置，才能使渲染设置中的参数生效。

> **提示**：对于NURBS对象和动画过程中几何拓扑结构发生变化的对象，如指定了"优化"处理的对象、片段精度变化的对象、指定了网格光滑或置换贴图等的对象，图像运动模糊不适用。

❖ 应用：当它启用时，图像运算模糊有效，场景中凡是设置为"图像"模糊方式的对象，都会进行运动模糊处理。
❖ 持续时间（帧）：设置运动产生的虚影长度，值越大，虚影越长，表现的效果也越夸张。
❖ 透明度：勾选它，图像运动模糊会应用于透明对象的叠加，增加渲染时间。默认设置为禁用状态。
❖ 应用于环境贴图：打开此项目，当场景中有环境贴图设置（球形、柱形或收缩包裹贴图方式，不包括屏幕贴图方式），摄影机又发生了旋转时，将会对整个环境贴图也进行图像运动模糊处理，这常用于模拟在高速运动的摄影机中拍摄到的效果。

6. "自动反射/折射贴图"参数组

❖ 渲染迭代次数：主要针对曲面自动反射和折射贴图设置，使用了"反射/折射"贴图的对象之间会相互反射，这时控制反射的次数，即对象之间会发生多次重复反射，直到无穷尽，当然次数越多越真实，但也没有必要，因为次数增加，渲染时间也会成倍增加。

对反射来说，一般设为1就足够了，如果要表现得更真实一些，可以适当加到2或3；对折射来说，一般需要设为6以上才能得到比较真实的效果。

> **提示**：这个设置只针对"反射/折射"贴图，不影响"光线跟踪"贴图，"光线跟踪"的迭代次数设置在"渲染>光线跟踪器设置"面板上。

7. "颜色范围限制"参数组

在渲染时，往往会遇到颜色超出范围（0～1）的情况，例如高光部分过强。"颜色范围限制"就是用来设置渲染器如何处理这些超出范围的颜色的。有如下两种方式可以选择。

❖ 钳制：该方式会对将所有超出范围1的颜色都指定为1，所有低于范围0的颜色都指定为0，处于范围内的颜色不受影响。过亮的颜色会趋于白色，调整过程中会丢失色相信息（RGB信息）。

❖ 缩放：该方式能够保持色调一致，通过缩放RGB的3种颜色成分，使最大成分保持在范围1的水平。但这种方式会改变高光部分的外观。

8. "内存管理"参数组

❖ 节省内存：启用它，3ds Max会节省出一部分内存，允许用于运行其他程序，但渲染会花费更长的时间。内存节省15%～25%，多花费大约4%的时间。

15.4.2 "光线跟踪器"选项卡

功能介绍

"光线跟踪器"选项卡下也只有一个参数卷展栏——"光线跟踪器全局参数"卷展栏，如图15-41所示，这个面板的参数设置将会影响场景中全部的光线跟踪材质和贴图，同样也影响高级光线跟踪阴影和面阴影的产生。

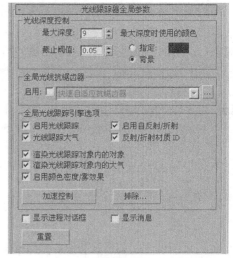

图15-41

参数详解

1. "光线深度控制"参数组

光线深度也可以理解为递归深度，也就是光线在消失以前允许进行的反弹次数。

❖ 最大深度：设置循环反射次数的最大值，这个值越大，渲染效果越真实，但渲染时间也会增加，调节范围从0～100，默认值为9。如果不是很强烈的反射材质，此值设为3～5已经足够了。

❖ 截止阈值：设置适配光程度的中止阈值。当光线对渲染像素颜色的影响低于中止阈值时，该光线就会被中止。这样可以节省渲染时间。默认值为0.05（即渲染像素颜色的5%）。

❖ 最大深度时使用的颜色：通常达到最大深度的光线颜色被渲染为环境背景的颜色，通过此选项，可以选择另一种颜色或环境背景贴图替换最大深度时的光线颜色。这样就可以使那些达到最大深度而"消失"的光线消失在场景中。

❖ 指定：特殊指定一种颜色作为最大深度时的颜色。通过右侧的色块设置。

❖ 背景：光线达到最大深度时返回背景颜色。对于光线跟踪材质，背景颜色是全局环境背景或单独指定给个别材质的环境背景；对于光线跟踪贴图，背景颜色不是全局环境背景就是在光线跟踪参数中进行的个别设置。

2. "全局光线抗锯齿器"参数组

❖ 启用：设置场景中全部的光线跟踪材质和贴图使用抗锯齿。只有勾选此项，自身光线跟踪的抗锯齿功能才可用。

❖ 快速自适应抗锯齿器：使用快速自适应抗锯齿功能。

❖ 多分辨率自适应抗锯齿器：使用多分辨率自适应抗锯齿功能。

3. **"全局光线跟踪引擎选项"参数组**

❖ 启用光线跟踪：设置是否进行光线跟踪计算。即使没有启用此项，光线跟踪材质与光线跟踪贴图依然会对场景中指定给材质的环境贴图进行反射、折射计算，只是不对真实的场景对象进行反射、折射计算。

❖ 光线跟踪大气：设置是否对场景中的大气效果进行光线跟踪计算，大气效果包括火、雾、体积光等。

❖ 启用自反射/折射：设置是否使用自身反射/折射。不同的对象要区别对待，有些对象不需要自身反射/折射，如圆形对象，但有些对象则需要，例如茶壶对象的壶把反射在壶身上的效果。

❖ 反射/折射材质ID：如果为一个光线跟踪材质指定ID号，并且在"视频合成器"或"效果"编辑器中根据其材质ID号指定特殊效果，这个设置就是控制是否对其反射或折射的图像也进行特技处理，即对ID号的设置也进行反射/折射。

❖ 渲染光线跟踪对象内的对象：设置附有光线跟踪材质的透明对象内部是否进行光线跟踪计算。

❖ 渲染光线跟踪对象内的大气：当大气效果位于一个具有光线跟踪材质的对象内部时，确定是否进行内部的光线跟踪计算。

❖ 启用颜色密度/雾效果：设置颜色密度和雾效果是否有效。

❖ 加速控制：单击该按钮激活加速控制对话框。

在该卷展栏的最下方还有两个复选项，其参数功能如下。

❖ 显示进程对话框：勾选此项，渲染时会显示一个光线跟踪计算进程的对话框。

❖ 显示消息：勾选此项，渲染时会显示一个含有光线跟踪情况和进程内容的信息窗口，如图15-42所示。

图15-42

15.4.3 "高级照明"选项卡

1. 光跟踪器

功能介绍

光跟踪器是一种使用光线跟踪技术的全局照明系统，它通过在场景中进行点采样并计算光线的反弹（反射）从而创建较为逼真的照明效果。尽管照明追踪方式并没有精确遵循自然界的光线跟踪照明法则，但产生的效果却已经很接近真实了，操作时也只需要进行细微的设置就可以获得满意的效果。

光跟踪器主要是基于采样点进行工作的，它首先按照规则的间距对图像进行采样，并且通过自适应欠采样功能在对象的边缘和对比强烈的位置进行次级采样（进一步采样）。每个采样点都随机投射出一定数量的光线对环境进行检测，碰到物体的光线所形在的光被添加到采样点上，没有碰到物体的光线则被视为天光处理。这是一个统计的过程，如果采样点设置得过低，产生的光线数量不足，采样点之间的变化情况就会很明显地显现出来，形成表面上的黑斑。

在"选择高级照明"卷展栏中选择"光跟踪器"之后，其参数面板如图15-43所示。

参数详解

- ❖ "常规设置"参数组。
  - ◇ 全局倍增：用于控制整体的照明级别，默认为1。需要注意的是，过高的设置可能会导致表面反射出比实际收到的光线更多的光，产生不真实的发光效果。
  - ◇ 对象倍增：用于单独控制场景中的物体反射的光线级别，默认为1。只有在"反弹"值大于等于2的情况下，此项设置才有明显的效果。
  - ◇ 天光：控制照明追踪是否对天光进行重聚集处理（场景可以包含不止一个天光），默认为开启。右侧的数值用于缩放天光的强度，默认为1。

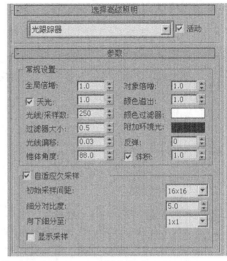

图15-43

  - ◇ 颜色溢出：用于控制颜色溢出的强度。光线在场景物体间反射时通常会发生颜色溢出。只有在"反弹"值大于等于2的情况下，此项设置才有明显的效果。当颜色溢出过强时，可以降低此值，值为0时完全不产生颜色溢出。
  - ◇ 光线/采样数：设置每采样点或像素所投射的光线数量。增加该值能够提高图像的平滑程度，但也增加渲染时间；降低该值图像会出现颗粒（噪波），但渲染时间也相应减少，默认值为250。通常做第一次草图级别预览时，应当降低该值和"过滤器大小"值。该参数值越高，图像质量就越好。
  - ◇ 颜色过滤器：过滤所有照射在物体上的光线，设置为白色以外的颜色时，可以对全部效果进行染色，默认为白色。
  - ◇ 过滤器大小：以像素为单位的过滤尺寸设置主要用于降低噪波的影响，默认值为0.5。可以将它理解为是对噪波进行的涂沫处理，从而使图像看起来更加平滑。在关闭"自适应欠采样"选项且"光线/采样数"值比较低的情况下作用更为明显。
  - ◇ 附加环境光：当设置为黑色以外的颜色时，它将作为附加的环境光颜色添加到对象上，默认为黑色。
  - ◇ 光线偏移：光线偏移类似于光线跟踪阴影中的光线跟踪偏移，能够调节光反射效果的位置，从而纠正渲染时产生的错误，默认值为0.03。
  - ◇ 反弹：用于设置追踪光线反弹的次数，增加该值能够增加颜色溢出的程度。值越小，渲染速度越快，但结果越不精确，并且通常会产生较暗的图像；较大的值允许更多的光在场景中流动，这会产生更亮更精确的图像，但同时也将使用较多渲染时间，默认值为0。当反弹为0时，光跟踪器不考虑体积照明。
  - ◇ 锥体角度：用于控制光线投射的分布角度，通过角度定义一个锥形，所有的光线都投射在锥形范围之类。降低该值可以获得更为细微、高对比度的图像，尤其适用于众多的细小物体在巨大建筑物上的投影区域，设置范围为33～90，默认为88。
  - ◇ 体积：照明追踪方式能够将大气特效作为发光源，该参数设置是否对体积照明效果（如体积光、体积雾）进行重聚处理。右侧的数值用于对体积照明效果进行倍增，增加该值提高效果，降低该值消弱效果，默认为1。
- ❖ "自适应欠采样"参数组：通过该参数中的选项可以降低照明采样的数量，从而有效地提高渲染速度，场景不同，适配采样的设置也往往会不同。当关闭该选项时，系统会强制对图像的每个像素都进行采样处理，这种方式通常是没有必要的，不仅增加渲染时间，而且对最终渲染品质没有什么影响。"自适应欠采样"的主要作用是创建一种能够在边缘和高对比度区域增加密度的采样点网格，对这些区域进行一步采样。原始的采样方式从规则的栅格开始，"自适应欠采样"在诸如边缘或阴影边框等需要识别的区域上添加更多的采样点。

◆ 初始采样间距：对图像进行初始采样时的网格间距。以像素为单位，默认16×16方式。降低取值有助于避免出现在不进行自动细分的大面积表面上的噪波。

◆ 细分对比度：设置对比度阈值，用于决定何时对区域进行进一步的细分，增加该值能够减少细分的产生，减少该值能够对更为细微的对比度差异区域进行采样细分，对于降低天光的软阴影或反射照明效果中的噪波很有帮助，但过低的取值可能会造成不必要的细分，默认值为5。

提示：使用"自适应欠采样"方式时，通常通过调节"细分对比度"值来获得好的结果，此项控制的效果还取决于"光线/采样数"值的设置。

◆ 向下细分至：用于设置细分的最小间距。增加该值能够改善渲染时间，但会影响图像的精确程度，默认为1×1。对于检测到边缘和高对比度区域，初始的采样网格将被细分到这里所指定的程度，1×1的设置意味着在某些区域上，所有的像素都将进行采样。

◆ 显示采样：启用该选项后，采样位置渲染为红色圆点。该选项显示发生最多采样的位置，这可以帮助用户选择欠采样的最佳设置。默认设置为禁用。

2．光能传递

功能介绍

光能传递是一种能够真实模拟光线在环境中相互作用的全局照明渲染技术，它能够重建自然光在场景对象表面的反弹，从而实现更为真实和精确的照明结果。与其他渲染技术相比，光能传递具有以下几项特点。

（1）一旦完成光能传递解算，就可以从任意视角观察场景，解算结果保存在MAX文件中。

（2）可以自定义对象的光能传递解算质量。

（3）不需要使用附加灯光来模拟环境光。

（4）自发光对象能够作为光源。

（5）配合光度学灯光，光能传递可以为照明分析提供精确的结果。

（6）光能传递解算的效果可以直接显示在视图中。

在"选择高级照明"卷展栏中选择"光能传递"之后，其参数面板如图15-44所示。

图15-44

参数详解

展开"光能传递处理参数"卷展栏，其参数面板如图15-45所示。

❖ 全部重置：光能传递在求解时，首先会记录场景的信息并保存在光能传递控制器中，单击"开始"按钮后，依照控制器中记录的信息进行求解。如果场景中对象材质、灯光、动画出现变动，直接进行求解，仍会依照以前记录的场景信息进行求解。这个按钮用于清除上次记录在光能传递控制器的场景信息。

❖ 重置：只将记录的灯光信息从光能传递控制器中清除，而不清除几何体信息。如果只有灯光的变动，可以单击此按钮，这样再次单击"开始"按钮后，可以节省求解的时间。

❖ 开始：单击后，进行光能传递求解。

❖ 停止：单击后，停止光能传递求解，也可按下Esc键。

❖ "处理"参数组。

  ◇ 初始质量：设置停止初始质量过程时的品质百分比，最高为100%。例如，如果设置为80%，会得到能量分配80%精确的光能传递结果。通常80%~85%的设置就可以得到足够好的效果了。

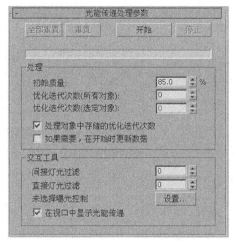

图15-45

提示：　"初始质量"所指的品质是能量分配的精确程度，而不是图像分辨率的质量。即使是相当高的初始质量设置，仍可能出现相当明显的差异，这些差异可以通过后面的求解步骤来解决。

  ◇ 优化迭代次数（所有对象）：设置整个场景执行优化迭代的程度，该选项可以提高场景中所有对象的光能传递品质。它通过从每个表面聚集能量来减少表面间的差异，使用的是与初始质量不同的处理方式。这个过程不能增加场景的亮度，但可以提高光能传递解算的品质并且显著降低表面之间的差异。如果所设置的优化迭代没有达到需要的标准，可以直接提高该数值然后继续进行处理。

  ◇ 优化迭代次数（选定对象）：原理与优化迭代（所有对象）相同，但仅选择对象进行优化迭代计算。在场景中选择对象，然后对其设置需要的迭代次数。仅对个别对象进行优化迭代设置，可以比对整个场景进行迭代设置节省大量的处理时间。对于有很多细碎表面和黑斑的对象尤为有效，如栏杆或椅子或者是高度细分的墙。

  ◇ 处理对象中存储的优化迭代次数：每个对象都有称为优化迭代的光能传递属性，每次对选择对象进行优化处理时，储存在这些对象中的步骤数量就会增加。如果勾选了该选项，在单击"重置"按钮重新进行光能传递解算时，每个对象都会按步骤自动进行优化处理。这对于创建动画，尤其是需要逐帧进行光能传递解算的动画非常有用，帧与帧之间的品质级别必须保持一致。

  ◇ 如果需要，在开始时更新数据：启用此选项之后，如果解决方案无效，则必须重置光能传递引擎，然后重新计算。禁用此选项之后，如果光能传递解决方案无效，则不需要重置，可以使用无效的解决方案继续处理场景。

提示：　当以任何方式添加、移除、移动或更改对象或灯光时，光能传递解决方案都无效。

❖ "交互工具"参数组：该组参数主要用于调节光能传递解算在视图中和渲染输入时的显示情况。这些控制选项能够迅速对现有的光能传递解算产生效果，并且不需要任何处理过程就可以看到结果。

  ◇ 间接灯光过滤：通过向周围的元素均匀化间接照明级别来降低表面元素间的噪波数量。通常指定在3或4就比较合适，因为设置得太高，可能会造成场景细节的丢失。因为"间接灯光过滤"是交互式的，因此可以实时地对结果进行调节。

❖ 直接灯光过滤：通过向周围的元素均匀化直接照明级别来降低表面元素间的噪波数量。通常指定在3或4就比较合适，因为设置得太高，可能会造成场景细节的丢失。因为"直接灯光过滤"命令是交互式的，因此可以实时地对结果进行调节。

❖ 未选择曝光控制：显示当前曝光控制的名称，改变曝光控制之后，这里的名称也会自动更改。

❖ 设置：单击该按钮可以打开"环境"对话框，用于设置日光类型和曝光参数。

❖ 在视口中显示光能传递：在光能传递和标准3ds Max着色之间切换视口中的显示，可以禁用光能传递以增加显示性能。

展开"光能传递网格参数"卷展栏，其参数面板如图15-46所示，这些参数主要用于选择是否进行网格化处理，网格元素的尺寸按世界单位设置。进行场景快速调试时，可以选择不使用网格化设置，这样画面会显得很单调，但光能传递求解仍能表现出整体照明的情况。网格化越精细，场景的照明细节越准确，但所耗费的时间和内存也就越多。

3ds Max进行光能传递计算的原理是将模型表面重新网格化，这种网格化的依据是光能在表面的分布情况，而不是在三维软件中产生的结构划分。例如，一面矩形墙，结构线仅划分为一个矩形网格，而光能传递处理会依据其表面受光的精细情况重新将它划分为多个三角网格。3ds Max的光能传递还不能像Lightscape那样依据不同的情况对同一个模型进行复杂程度不同的网格细分，例如一面墙体模型，在平坦明亮的墙面部分网格细分应当简化，而在墙角边缘的网格细分应当精细，这是3ds Max光能传递有待改进的地方。

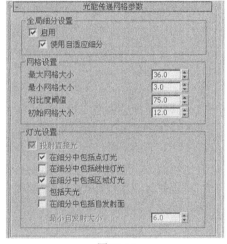

图15-46

❖ "全局细分设置"参数组：控制创建光能传递网格，按世界单位设置网格尺寸。
   ❖ 启用：全部场景使用网格化。进行快速测试时可以关闭此选项。
   ❖ 使用自适应细分：用于启用或禁用自适应细分，默认设置为启用。

❖ "网格设置"参数组。
   ❖ 最大网格大小：自适应细分之后最大面的大小。对于英制单位，默认值为36英寸，对于公制单位，默认值为100cm。禁用"使用自适应细分"后，将最大网格大小设置为以世界单位表示的光能传递网格的大小。
   ❖ 最小网格大小：不能将面细分使其小于最小网格大小。对于英制单位，默认值为3英寸，对于公制单位，默认值为10cm。
   ❖ 对比度阈值：细分具有顶点照明的面，顶点照明因多个对比度阈值设置而异。默认设置为75，最佳的解决方案是将对比度阈值设置为60。
   ❖ 初始网格大小：改进面图形之后，不对小于初始网格大小的面进行细分。对于英制单位，默认值为12英寸（1英尺），对于公制单位，默认值为30.5cm。

❖ "灯光设置"参数组。
   ❖ 投射直接光：启用自适应细分或投射直接光之后，可以使用下面的参数来解析计算场景中所有对象上的直接光。照明是解析计算的，不用修改对象的网格，这样可以产生噪波较少且视觉效果更舒适的照明。使用自适应细分时隐性启用该选项，默认设置为启用。禁用"使用自适应细分"后，该选项仍然可以使用。

◇ 在细分中包括点灯光：控制投射直接光时是否使用点灯光。如果关闭，则在直接计算的顶点照明中不包括点灯光。默认设置为启用。

◇ 在细分中包括线性灯光：控制投射直接光时是否使用线性灯光。如果关闭，则在计算的顶点照明中不使用线性灯光。默认设置为启用。

◇ 在细分中包括区域灯光：控制投射直接光时是否使用区域灯光。如果关闭，则在计算的顶点照明中不使用区域灯光。默认设置为启用。

◇ 包括天光：启用该选项后，投射直接光时使用天光。如果关闭，则在计算的顶点照明中不使用天光。默认为禁用状态。

◇ 在细分中包括自发射面：控制投射直接光时如何使用自发射面。如果关闭，则在计算的顶点照明中不使用自发射面。默认为禁用状态。

◇ 最小自发射大小：这是计算其照明时用来细分自发射面的最小大小。使用最小大小而不是采样数目，可以使较大面的采样多于较小面。默认值为6。

展开"灯光绘制"卷展栏，其参数面板如图15-47所示。通过这些参数可以手动调节对象的照明与阴影区域，可以对阴影进行润色，对图像上的漏光错误进行手工修补，而不必重新修改或重新计算光能传递。

图15-47

❖ 增加照明到曲面：增加照明开始于选择对象的顶点，根据"压力"的设置决定添加的照明程度，而"压力"值取决于采样能量的百分比。

❖ 从曲面减少照明：用于减少光照效果。与"增加照明到曲面"类似，也根据"压力"的设置决定移除的照明强度。"压力"的取值方式也与"增加照明到曲面"类似。

❖ 从曲面拾取照明：从选择表面采集照明数量。"从曲面拾取照明"使用与采样表面相同的照明程度，从而确保操作过程上中不会产生过亮或过暗的斑点。单击该按钮，将滴管状的指针移动到对象表面，在表面单击之后，以lux或candelas为单位的照明数值会出现在"强度"数值框中。

❖ 清除：清除全部手动附加的光照效果。进行进一步光能传递迭代处理或者改变过滤值，也同样清除"灯光绘制"工具的效果。

❖ 强度：以lux或candelas为单位指定照明强度，使用的单位可以通过"自定义>单位设置"菜单命令来进行设置。

❖ 压力：指定用于添加或者移除照明处理的采样能量的百分比。

展开"渲染参数"卷展栏，其参数面板如图15-48所示，主要用于对渲染光能传递处理过的场景进行参数设置。默认情况下，3ds Max先从照明对象产生的阴影开始重新计算，然后将光能传递网格结果作为环境光添加进来。

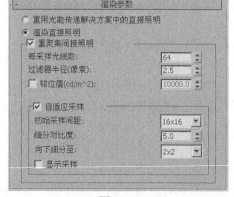

图15-48

❖ 重用光能传递解决方案中的直接照明：这是一种快速的渲染方式，直接根据光能传递网格计算阴影，因此产生的结果可能会有一些细碎粗糙。

❖ 渲染直接照明：使用标准渲染器计算阴影，能够产生更为高质量的图像，但渲染时间会更长些。

❖ 重聚集间接照明：计算阴影时参考所有的光源情况，能够有效地纠正图像错误与阴影泄漏等问题，但却是花费渲染时间最长的方式。

提示："重聚集间接照明"方式对CPU和内存的需求非常高，因此用它来渲染打印分辨率的图像是不实际的。

❖ 每采样光线数：用于设置每次采样光线的数量。数值越高，间接照明投射光线的数量也越多，产生的光效就越精确。数值越低，投射的光线数量越少，产生的光效变化越大。这个数值直接影响最终的渲染品质，值越大效果越细腻，但渲染时间也会成倍增长，默认设置为64。

❖ 过滤器半径（像素）：通过平均相邻采样值来减少光噪。默认值为2.5像素。这个参数和光能传递计算提供的过滤参数的意义近似，就是对采样的像素进行模糊处理，可以去除图像的杂点和噪波。

❖ 钳位值：设置重聚集过程中亮度的上限，避免亮斑的出现，单位为亮度单位（烛光/平方米）。

❖ 自适应采样：这个选项提供了采样光线的精简计算，用于加快聚集算法的计算速度。它是将最终的图像进行一个采样的优化计算，根据下面的最小和最大值，在这两个数值之间根据像素的对比度来决定是否进行采样。"向下细分至"值是设置最精细的局部需要采样的精度，"初始采样间距"值是设置最粗糙的局部需要采样的精度。这样就不会根据最精细的局部要求对全部图像进行采样计算，而是根据图像的亮度信息进行智能采样计算，在细节多、明暗变化大的地方使用高精度采样，在细节少、比较平坦的地方使用低精度采样。

❖ 初始采样间距：设置图像最初的采样间隔，默认设置为16像素×16像素，值越大采样越低。这也是采样最低的区域的要求。

❖ 细分对比度：通过对比度测试细分的范围，增大它的数值，会减少细分的发生，减少数值会导致增加无用的细分。

❖ 向下细分至：设置细分的最小采样间隔，默认设置为2像素×2像素，值越小，采样越精确。这也是采样最高的区域的要求。

❖ 显示采样：勾选后，可以在渲染时显示出红色的采样点，可以看到哪里的采样比较密集，哪里的比较疏散，以助于进行优化设置。

【练习15-1】：用默认扫描线渲染器渲染水墨画

本练习的水墨画效果如图15-49所示。

Step 01 打开光盘中的"练习文件>第15章>练习15-1.max"文件，如图15-50所示。

图15-49

图15-50

Step 02 下面制作水墨画材质。按M键打开"材质编辑器"对话框，选择一个空白材质球，然后将材质命名为"水墨画"，具体参数设置如图15-51所示，制作好的材质球效果如图15-52所示。

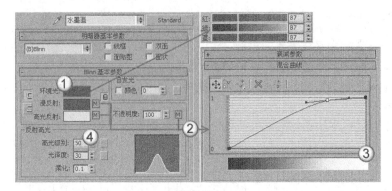

图15-51

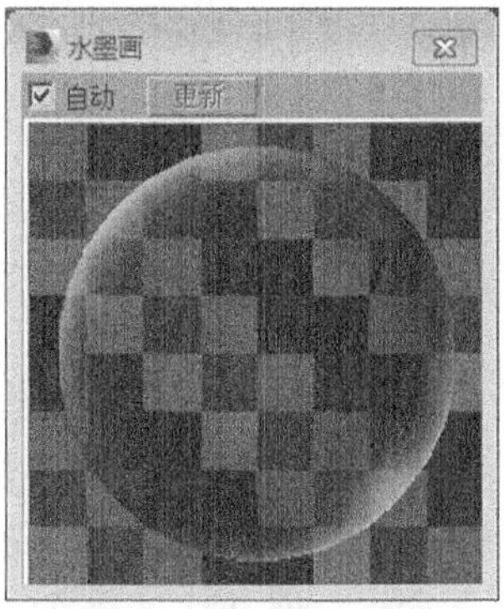

图15-52

① 设置"环境光"的颜色为（红:87，绿:87，蓝:87），然后在"漫反射"贴图通道中加载一张"衰减"程序贴图，接着在"混合曲线"卷展栏调节好曲线的形状，最后使用鼠标左键将"漫反射"通道中的"衰减"程序贴图复制到"高光反射"和"不透明度"通道上。

② 在"反射高光"参数组下设置"高光级别"为50、"光泽度"为30。

Step 03 下面设置渲染参数。按F10键打开"渲染设置"对话框，然后单击"公用"选项卡，接着在"公用参数"卷展栏下设置"宽度"为1500、"高度"为966，如图15-53所示。

Step 04 按F9键渲染当前场景，渲染完成后将图像保存为png格式，效果如图15-54所示。

图15-53

> **提示**：png格式的图像非常适合后期处理，因为这种格式的图像的背景是透明的，也就是说除了竹子和鱼之外，其他区域都是透明的，如图15-55所示。

图15-54

图15-55

Step 05 下面进行后期合成。启动Photoshop，然后打开光盘中的"练习文件>第15章>练习15-1>水墨背景.jpg"文件，如图15-56所示。

Step 06 将前面渲染好的png格式的水墨图像导入到Photoshop中，然后将其放在背景图像的右侧，最终效果如图15-57所示。

图15-56

图15-57

15.5 VRay渲染器

VRay渲染器是保加利亚的Chaos Group公司开发的一款高质量渲染引擎，主要以插件的形式应用在3ds Max、Maya、SketchUp等软件中。由于VRay渲染器可以真实地模拟现实光照，并且操作简单，可控性也很强，因此被广泛应用于建筑表现、工业设计和动画制作等领域。

VRay的渲染速度与渲染质量比较均衡，也就是说在保证较高渲染质量的前提下也具有较快的渲染速度，所以它是目前效果图制作领域最为流行的渲染器，图15-58和图15-59所示是一些比较优秀的效果图作品。

图15-58

图15-59

安装好VRay渲染器之后，若想使用该渲染器来渲染场景，可以按F10键打开"渲染设置"对话框，然后在"公用"选项卡下展开"指定渲染器"卷展栏，接着单击"产品级"选项后面的"选择渲染器"按钮，最后在弹出的"选择渲染器"对话框中选择VRay渲染器即可，如图15-60所示。

VRay渲染器参数主要包括"公用"、"V-Ray"、"间接照明"、"设置"和Render Elements（渲染元素）5大选项卡，如图15-61所示。下面重点讲解"V-Ray"、"间接照明"和"设置"这3个选项卡下的参数。

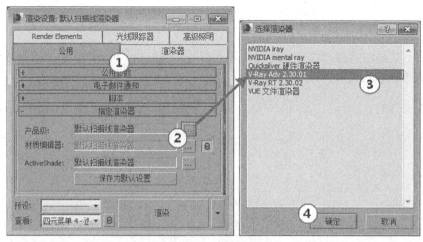

图15-60

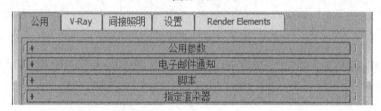

图15-61

15.5.1 V-Ray选项卡

"V-Ray"选项卡下包含9个卷展栏，如图15-62所示。

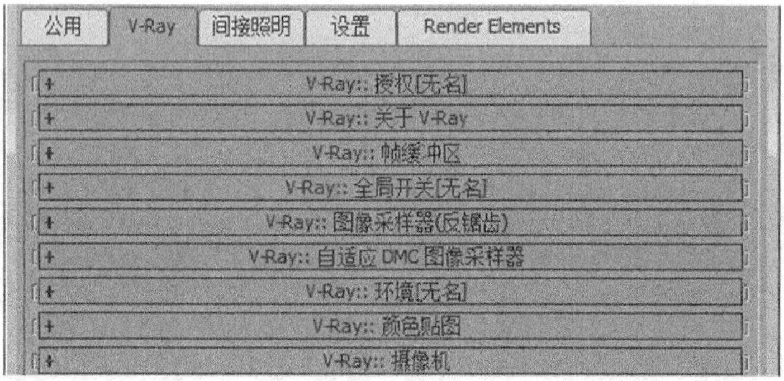

图15-62

1."授权"卷展栏

功能介绍

在"授权"卷展栏中主要呈现了VRay的注册信息，注册文件一般都放置在"C:\Program Files\Common Files\ChaosGroup\VRFLClient.xml"路径下，如果以前安装过低版本的VRay，而在安装VRay Adv 2.0的过程中出现了问题，那么可以把这个文件删除以后再安装，其参数面板如图15-63所示。

图15-63

2. "关于V–Ray" 卷展栏

功能介绍

在这个卷展栏中，用户可以看到关于VRay的官方网站地址www.chaosgroup.com，以及当前渲染器的版本号、LOGO等，如图15-64所示。

图15-64

3. "帧缓冲区" 卷展栏

功能介绍

"帧缓冲区"卷展栏中的参数用来设置VRay自身的图形帧渲染窗口，这里可以设置渲染图像的大小，或者保存渲染图像等，如图15-65所示。

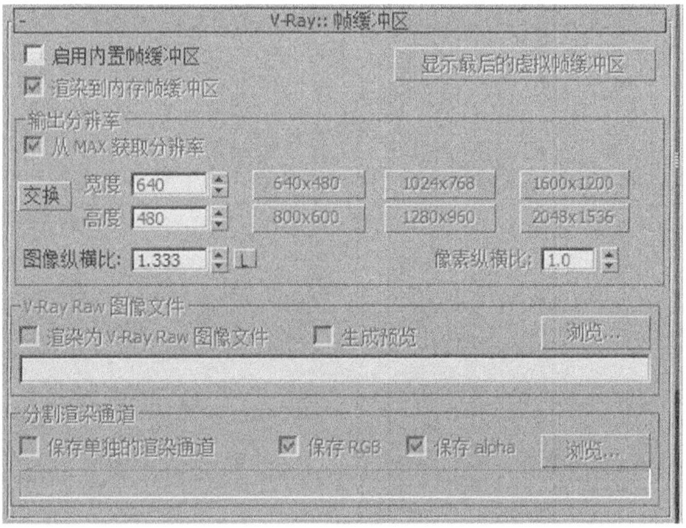

图15-65

参数详解

❖ 启用内置帧缓冲区：当选择这个选项的时候，用户就可以使用VRay自身的渲染窗口。同时需要注意，应该关闭3ds Max默认的"渲染帧窗口"选项，这样可以节约一些内存资源，如图15-66所示。

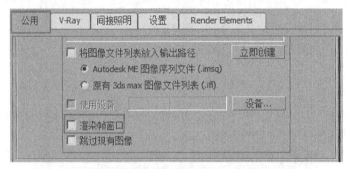

图15-66

❖ 显示最后的虚拟帧缓冲区：单击此按钮，就可以看到上次渲染的图形。

❖ 渲染到内存帧缓冲区：当勾选该选项时，可以将图像渲染到内存中，然后再由帧缓存窗口显示出来，这样可以方便用户观察渲染的过程；当关闭该选项时，不会出现渲染框，而直接保存到指定的硬盘文件夹中，这样的好处是可以节约内存资源。

技术专题15-1 详解"VRay帧缓冲区"对话框

在"帧缓冲区"卷展栏下勾选"启用内置帧缓冲区"选项后，按F9键渲染场景，3ds Max会弹出"VRay帧缓冲区"对话框，如图15-67所示。

图15-67

切换颜色显示模式●▪□□□ ▪：分别为"切换到RGB通道"、"查看红色通道"、"查看绿色通道"、"查看蓝色通道"、"切换到alpha通道"和"灰度模式"。

保存图像▣：将渲染好的图像保存到指定的路径中。

载入图像▬：载入VRay图像文件。

清除图像×：清除帧缓存中的图像。

复制到3ds Max的帧缓冲区▦：单击该按钮可以将VRay帧缓存中的图像复制到3ds Max中的帧缓存中。

渲染时跟踪鼠标▦：强制渲染鼠标所指定的区域，这样可以快速观察到指定的渲染区域。

区域渲染▦：使用该按钮可以在VRay帧缓存中拖出一个渲染区域，再次渲染时就只渲染这个区域内的物体。

渲染上次▦：执行上一次的渲染。

打开颜色校正控制▦：单击该按钮会弹出"颜色校正"对话框，在该对话框中可以校正渲染图像的颜色。

强制颜色钳制▦：单击该按钮可以对渲染图像中超出显示范围的色彩不进行警告。

查看钳制颜色▦：单击该按钮可以查看钳制区域中的颜色。

打开像素信息对话框 i：单击该按钮会弹出一个与像素相关的信息通知对话框。

使用颜色对准校正▦：在"颜色校正"对话框中调整明度的阈值后，单击该按钮可以将最后调整的结果显示或不显示在渲染的图像中。

使用颜色曲线校正▦：在"颜色校正"对话框中调整好曲线的阈值后，单击该按钮可以将最后调整的结果显示或不显示在渲染的图像中。

使用曝光校正●：控制是否对曝光进行修正。

显示在sRGB色彩空间的颜色▦：sRGB是国际通用的一种RGB颜色模式，还有Adobe RGB和ColorMatch RGB模式，这些RGB模式主要的区别就在于Gamma值的不同。

▭%▦▤▤▤▦ F：这里主要是控制水印的对齐方式、字体颜色和大小，以及显示VRay渲染的一些参数。

❖ "输出分辨率"参数组。

◇ 从MAX获取分辨率：当勾选该选项时，将从"公用"选项卡的"输出大小"参数组中获取渲染尺寸，如图15-68所示；当关闭该选项时，将从VRay渲染器的"输出分辨率"参数组中获取渲染尺寸，如图15-69所示。

图15-68

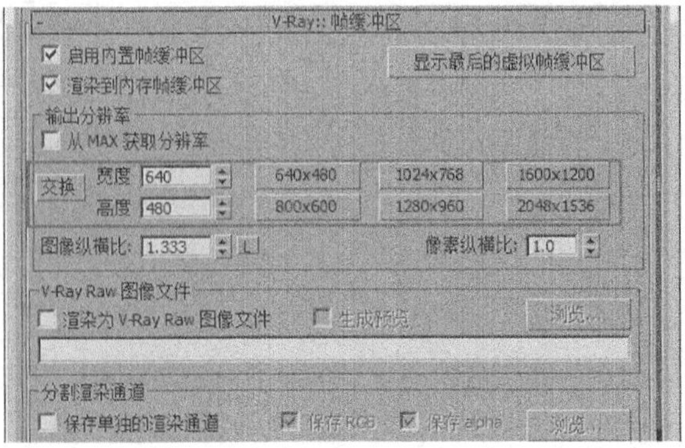

图15-69

◇ 宽度：设置像素的宽度。

◇ 高度：设置像素的高度。

◇ 交换 交换：交换"宽度"和"高度"的数值。

◇ 图像纵横比：设置图像的长宽比例，单击后面的"锁"按钮 可以锁定图像的长宽比。

◇ 像素纵横比：控制渲染图像的像素长宽比。

❖ "V-Ray Raw图像文件"参数组。

◇ 渲染为V-Ray Raw图像文件：控制是否将渲染后的文件保存到所指定的路径中。勾选该选项后渲染的图像将以Raw格式进行保存。

◇ 生成预览：当勾选此项后，可以得到一个比较小的预览框来预览渲染的过程，预览框中的图不能缩放，并且看到的渲染图的质量都不高，这是为了节约内存资源。

提示： 在渲染较大的场景时，计算机会负担很大的渲染压力，而勾选"渲染为V-RayRaw图像文件"选项后（需要设置好渲染图像的保存路径），渲染图像会自动保存到设置的路径中。

❖ "分割渲染通道"参数组。

◇ 保存单独的渲染通道：控制是否单独保存渲染通道。

◇ 保存RGB：控制是否保存RGB色彩。

◇ 保存Alpha：控制是否保存Alpha通道。

◇ 浏览 浏览...：单击该按钮可以保存RGB和Alpha文件。

4."全局开关"卷展栏

功能介绍

"全局开关"卷展栏下的参数主要用来对场景中的灯光、材质、置换等进行全局设置，比如是否使用默认灯光、是否开启阴影、是否开启模糊等，如图15-70所示。

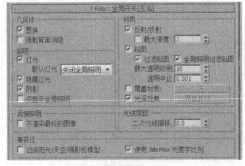

图15-70

参数详解

❖　"几何体"参数组。

　　◇　置换：控制是否开启场景中的置换效果。在VRay的置换系统中，一共有两种置换方式，分别是材质置换方式和VRay置换修改器方式，如图15-71所示。当关闭该选项时，场景中的两种置换都不会起作用。

图15-71

　　◇　强制背面消隐：执行3ds Max中的"自定义>首选项"菜单命令，在弹出的对话框中的"视口"选项卡下有一个"创建对象时背面消隐"选项，如图15-72所示。"强制背面隐藏"与"创建对象时背面消隐"选项相似，但"创建对象时背面消隐"只用于视图，对渲染没有影响，而"强制背面隐藏"是针对渲染而言的，勾选该选项后反法线的物体将不可见。

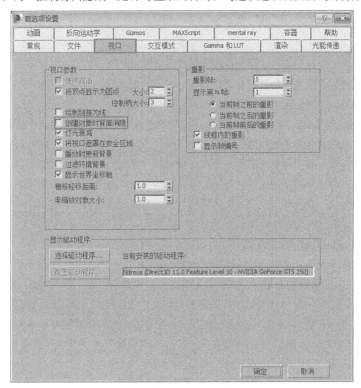

图15-72

❖　"灯光"参数组。

　　◇　灯光：控制是否开启场景中的光照效果。当关闭该选项时，场景中放置的灯光将不起作用。

　　◇　默认灯光：控制场景是否使用3ds Max系统中的默认光照，一般情况下都不设置它。

　　◇　隐藏灯光：控制场景是否让隐藏的灯光产生光照。这个选项对于调节场景中的光照非常方便。

　　◇　阴影：控制场景是否产生阴影。

　　◇　仅显示全局照明：当勾选该选项时，场景渲染结果只显示全局照明的光照效果。虽然如此，渲染过程中也是计算了直接光照的。

❖　"间接照明"参数组。

◇ 不渲染最终的图像：控制是否渲染最终图像。如果勾选该选项，VRay将在计算完光子以后，不再渲染最终图像，这对跑小光子图非常方便。

❖ "材质"参数组。

◇ 反射/折射：控制是否开启场景中的材质的反射和折射效果。

◇ 最大深度：控制整个场景中的反射、折射的最大深度，后面的输入框数值表示反射、折射的次数。

◇ 贴图：控制是否让场景中的物体的程序贴图和纹理贴图渲染出来。如果关闭该选项，那么渲染出来的图像就不会显示贴图，取而代之的是漫反射通道里的颜色。

◇ 过滤贴图：这个选项用来控制VRay渲染时是否使用贴图纹理过滤。如果勾选该选项，VRay将用自身的"抗锯齿过滤器"来对贴图纹理进行过滤，如图15-73所示；如果关闭该选项，将以原始图像进行渲染。

图15-73

◇ 全局照明过滤贴图：控制是否在全局照明中过滤贴图。

◇ 最大透明级别：控制透明材质被光线追踪的最大深度。值越高，被光线追踪的深度越深，效果越好，但渲染速度会变慢。

◇ 透明中止：控制VRay渲染器对透明材质的追踪终止值。当光线透明度的累计比当前设定的阈值低时，将停止光线透明追踪。

◇ 覆盖材质：是否给场景赋予一个全局材质。当在后面的通道中设置了一个材质后，那么场景中所有的物体都将使用该材质进行渲染，这在测试阳光的方向时非常有用。

◇ 光泽效果：是否开启反射或折射模糊效果。当关闭该选项时，场景中带模糊的材质将不会渲染出反射或折射模糊效果。

❖ "光线跟踪"参数组。

◇ 二次光线偏移：这个选项主要用来控制有重面的物体在渲染时不会产生黑斑。如果场景中有重面，在默认值0的情况下将会产生黑斑，一般通过设置一个比较小的值来纠正渲染错误，比如0.0001。但是如果这个值设置得比较大，比如10，那么场景中的间接照明将变得不正常。比如在图15-74中，地板上放了一个长方体，它的位置刚好和地板重合，当"二次光线偏移"数值为0的时候渲染结果不正确，出现黑块；当"二次光线偏移"数值为0.001的时候，渲染结果正常，没有黑斑，如图15-75所示。

图15-74

图15-75

5. "图像采样器（反锯齿）"卷展栏

功能介绍

反锯齿在渲染设置中是一个必须调整的参数，其数值的大小决定了图像的渲染精度和渲染时间，但反锯齿与全局照明精度的高低没有关系，只作用于场景物体的图像和物体的边缘精度，其参数设置面板如图15-76所示。

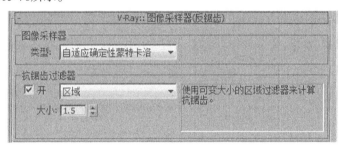

图15-76

参数详解

❖ "图像采样器"参数组：在"类型"下拉列表中可以选择"固定"、"自适应确定性蒙特卡洛"和"自适应细分"3种图像采样器类型，具体如下。

    ◇ 固定：对每个像素使用一个固定的细分值。该采样方式适合拥有大量的模糊效果（比如运动模糊、景深模糊、反射模糊、折射模糊等）或者具有高细节纹理贴图的场景。在这种情况下，使用"固定"方式能够兼顾渲染品质和渲染时间。其采样参数如图15-77所示，细分越高，采样品质越高，渲染时间越长。

图15-77

    ◇ 自适应确定性蒙特卡洛：这是最常用的一种采样器，在下面的内容中还要单独介绍，其采样方式可以根据每个像素以及与它相邻像素的明暗差异来使不同像素使用不同的样本数量。在角落部分使用较高的样本数量，在平坦部分使用较低的样本数量。该采样方式适合拥有少量的模糊效果或者具有高细节的纹理贴图以及具有大量几何体面的场景，其参数面板如图15-78所示。

图15-78

提示： 下面介绍一下图15-78所示的参数面板的各参数含义。

最小细分：定义每个像素使用的最小细分，这个值最主要用在对角落地方的采样。当值越大，角落地方的采样品质越高，图的边线抗锯齿也越好，同时渲染速度也越慢。

最大细分：定义每个像素使用的最大细分，这个值主要用在平坦部分的采样。当值越大时，平坦部分的采样品质越高，渲染速度越慢。在渲染商业图的时候，可以把这个值设置得相对比较低，因为平坦部分需要的采样不多，从而节约渲染时间。

颜色阈值：色彩的最小判断值，当色彩的判断达到这个值以后，就停止对色彩的判断。具体一点就是分辨哪些是平坦区域，哪些是角落区域。这里的色彩应该理解为色彩的灰度。

使用确定性蒙特卡洛采样器阈值：如果勾选了该选项，"颜色阈值"参数将不起作用，取而代之的是采用DMC采样器里的阈值。

显示采样：勾选它以后，可以看到"自适应DMC"的样本分布情况。

❖ 自适应细分：这个采样器具有负值采样的高级抗锯齿功能，适用于在没有或者有少量的模糊效果的场景中，在这种情况下，它的渲染速度最快，但是在具有大量细节和模糊效果的场景中，它的渲染速度会非常慢，渲染品质也不高，这是因为它需要去优化模糊和大量的细节，这样就需要对模糊和大量细节进行预计算，从而把渲染速度降低。同时该采样方式是3种采样类型中最占内存资源的一种，而"固定"采样器占的内存资源最少，其参数面板如图15-79所示。

图15-79

提示： 下面介绍一下图15-79所示的参数面板的各参数含义。

最小采样比：定义每个像素使用的最少样本数量。数值0表示一个像素使用一个样本数量；-1表示两个像素使用一个样本；-2表示4个像素使用一个样本。值越小，渲染品质越低，渲染速度越快。

最大采样比：定义每个像素使用的最多样本数量。数值0表示一个像素使用一个样本数量；1表示每个像素使用4个样本；2表示每个像素使用8个样本数量。值越高，渲染品质越好，渲染速度越慢。

颜色阈值：色彩的最小判断值，当色彩的判断达到这个值以后，就停止对色彩的判断。具体一点就是分辨哪些是平坦区域，哪些是角落区域。这里的色彩应该理解为色彩的灰度。

对象轮廓：勾选它以后，可以对物体轮廓线使用更多的样本，从而让物体轮廓的品质更高，渲染速度减慢。

法线阈值：决定"自适应细分"在物体表面法线的采样程度。当达到这个值以后，就停止对物体表面进行判断。具体一点就是分辨哪些是交叉区域，哪些不是交叉区域。

随机采样：当勾选它以后，样本将随机分布。这个样本的准确度更高，同时对渲染速度没影响，建议勾选。

显示采样：勾选它以后，可以看到"自适应细分"的样本分布情况。

❖ **"抗锯齿过滤器"参数组。**

　　❖ 开：当勾选"开"选项以后，可以从后面的下拉列表中选择一个抗锯齿过滤器来对场景进行抗锯齿处理; 如果不勾选"开"选项, 那么渲染时将使用纹理抗锯齿过滤器。抗锯齿过滤器的类型有以下16种。

①区域: 用区域大小来计算抗锯齿, 如图15-80所示。

②清晰四方形: 来自Neslon Max算法的清晰9像素重组过滤器, 如图15-81所示。

图15-80　　　　　　　　　　　　　　　　　图15-81

③Catmull-Rom: 一种具有边缘增强的过滤器, 可以产生较清晰的图像效果, 如图15-82所示。

④图版匹配/MAX R2: 使用3ds Max R2的方法(无贴图过滤)将摄影机和场景或"无光/投影"元素与未过滤的背景图像相匹配, 如图15-83所示。

图15-82　　　　　　　　　　　　　　　　　图15-83

⑤四方形：和"清晰四方形"相似，能产生一定的模糊效果，如图15-84所示。

⑥立方体：基于立方体的25像素过滤器，能产生一定的模糊效果，如图15-85所示。

图15-84 图15-85

⑦视频：适合于制作视频动画的一种抗锯齿过滤器，如图15-86所示。

⑧柔化：用于程度模糊效果的一种抗锯齿过滤器，如图15-87所示。

图15-86 图15-87

⑨Cook变量：一种通用过滤器，较小的数值可以得到清晰的图像效果，如图15-88所示。

⑩混合：一种用混合值来确定图像清晰或模糊的抗锯齿过滤器，如图15-89所示。

图15-88

图15-89

⑪Blackman：一种没有边缘增强效果的抗锯齿过滤器，如图15-90所示。

⑫Mitchell-Netravali：一种常用的过滤器，能产生微量模糊的图像效果，如图15-91所示。

图15-90

图15-91

⑬VRayLanczos/VRaySinc过滤器：VRay新版本中的两个新抗锯齿过滤器，可以很好地平衡渲染速度和渲染质量，如图15-92所示。

图15-92

⑭VRay盒子过滤器（VrayBoxFilter）/VRay三角形过滤器（VrayTriangleFilter）：这也是VRay新版本中的抗锯齿过滤器，它们以"盒子"和"三角形"的方式进行抗锯齿。

大小：设置过滤器的大小。

功能介绍

6."环境"卷展栏

"环境"卷展栏分为"全局照明环境（天光）覆盖"、"反射/折射环境覆盖"和"折射环境覆盖"3个参数组，如图15-93所示。在该卷展栏下可以设置天光的亮度、反射、折射和颜色等。

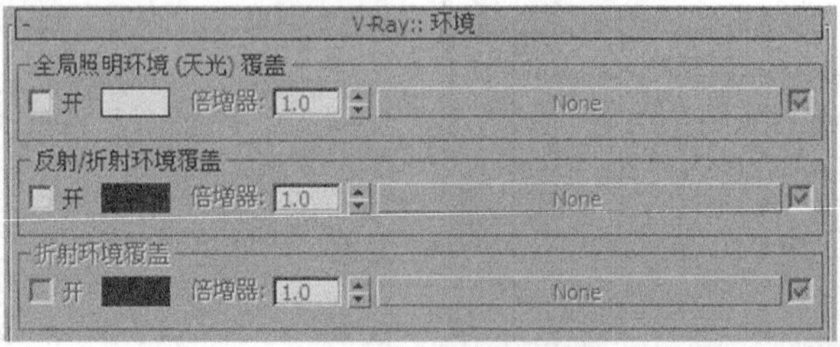

图15-93

参数详解

❖ "全局照明环境（天光）覆盖"参数组。

   ◇ 开：控制是否开启VRay的天光。当使用这个选项以后，3ds Max默认的天光效果将不起光照作用。

   ◇ 颜色：设置天光的颜色。

   ◇ 倍增器：设置天光亮度的倍增。值越高，天光的亮度越高。

   ◇ None（无）   None   ：选择贴图来作为天光的光照。

❖ "反射/折射环境覆盖"参数组。

   ◇ 开：当勾选该选项后，当前场景中的反射环境将由它来控制。

   ◇ 颜色：设置反射环境的颜色。

   ◇ 倍增器：设置反射环境亮度的倍增。值越高，反射环境的亮度越高。

   ◇ None（无）   None   ：选择贴图来作为反射环境。

❖ "折射环境覆盖"参数组。

   ◇ 开：当勾选该选项后，当前场景中的折射环境由它来控制。

   ◇ 颜色：设置折射环境的颜色。

   ◇ 倍增器：设置折射环境亮度的倍增。值越高，折射环境的亮度越高。

   ◇ None（无）   None   ：选择贴图来作为折射环境。

7. "颜色贴图"卷展栏

功能介绍

"颜色贴图"卷展栏下的参数主要用来控制整个场景的颜色和曝光方式，如图15-94所示。

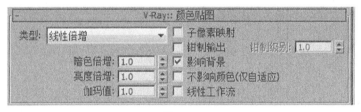

图15-94

参数详解

❖ 类型：提供不同的曝光模式，包括"线性倍增"、"指数"、"HSV指数"、"强度指数"、"伽马校正"、"强度伽马"和"莱因哈德"这7种模式。

   ◇ 线性倍增：这种模式将基于最终色彩亮度来进行线性的倍增，可能会导致靠近光源的点过分明亮，如图15-95所示。"线性倍增"模式包括3个局部参数，"暗色倍增"是对暗部的亮度进行控制，加大该值可以提高暗部的亮度；"亮色倍增"是对亮部的亮度进行控制，加大该值可以提高亮部的亮度；"伽马值"主要用来控制图像的伽马值。

   ◇ 指数：这种曝光是采用指数模式，它可以降低靠近光源处表面的曝光效果，同时场景颜色的饱和度会降低，如图15-96所示。"指数"模式的局部参数与"线性倍增"一样。

   ◇ HSV指数：与"指数"曝光比较相似，不同点在于可以保持场景物体的颜色饱和度，但是这种方式会取消高光的计算，如图15-97所示。"指数"模式的局部参数与"线性倍增"一样。

图15-95

图15-96

图15-97

- ◇ 强度指数：这种方式是对上面两种指数曝光的结合，既抑制了光源附近的曝光效果，又保持了场景物体的颜色饱和度，如图15-98所示。"亮度指数"模式的局部参数与"线性倍增"相同。
- ◇ 伽马校正：采用伽马来修正场景中的灯光衰减和贴图色彩，其效果和"线性倍增"曝光模式类似，如图15-99所示。"伽马校正"模式包括"倍增"、"反转伽马"和"伽马值"3个局部参数，"倍增"主要用来控制图像的整体亮度倍增；"反转伽马"是VRay内部转化的，比如输入2.2就是和显示器的伽马2.2相同。

图15-98

图15-99

◇　强度伽马：这种曝光模式不仅拥有"伽马校正"的优点，同时还可以修正场景灯光的亮度，如图15-100所示。

◇　莱因哈德：这种曝光方式可以把"线性倍增"和"指数"曝光混合起来，它包括了"倍增"、"加深值"和"伽马值"3个参数。 调节不同的参数可以得到不同的效果，如图15-101至图15-103所示。

图15-100

图15-101

图15-102 图15-103

❖ 子像素映射：在实际渲染时，物体的高光区与非高光区的界限处会有明显的黑边，而开启"子像素映射"选项后就可以缓解这种现象。

❖ 钳制输出：当勾选这个选项后，在渲染图中有些无法表现出来的色彩会通过限制来自动纠正。但是当使用HDRI（高动态范围贴图）的时候，如果限制了色彩的输出会出现一些问题。

❖ 影响背景：控制是否让曝光模式影响背景。当关闭该选项时，背景不受曝光模式的影响。

❖ 不影响颜色（仅自适应）：在使用HDRI（高动态范围贴图）和"VRay发光材质"时，若不开启该选项，"颜色映射"卷展栏下的参数将对这些具有发光功能的材质或贴图产生影响。

8. "摄像机"卷展栏

"摄像机"卷展栏是VRay系统里的一个摄影机特效功能，其参数面板如图15-104所示。

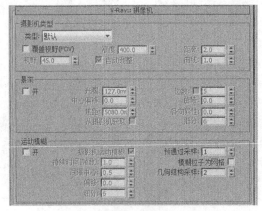

图15-104

❖　"摄相机类型"参数组：定义三维场景投射到平面的不同方式。

类型：VRay支持7种摄影机类型，分别是：默认、球形、圆柱（点）、圆柱（正交）、盒、鱼眼和变形球（旧式）。

①默认：这个是标准摄影机类型，和3ds Max里默认的摄影机效果一样，把三维场景投射到一个平面上，渲染效果如图15-105所示。

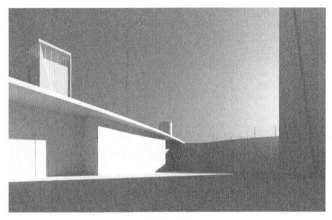

图15-105

②球形：将三维场景投射到一个球面上，渲染效果如图15-106所示。

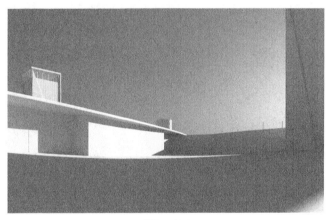

图15-106

③圆柱（点）：由标准摄影机和球形摄影机叠加而成的效果，在水平方向采用球形摄影机的计算方式，而在垂直方向上采用标准摄影机的计算方式，渲染效果如图15-107所示。

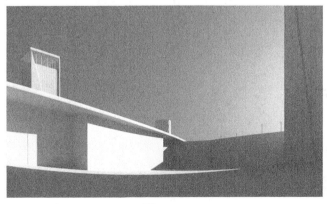

图15-107

④圆柱（正交）：这种摄影机也是混合模式，在水平方向采用球型摄影机的计算方式，而在垂直方向上采用视线平行排列，其渲染效果如图15-108所示。

图15-108

⑤盒：这种方式是把场景按照Box方式展开，其渲染效果如图15-109所示。

图15-109

⑥鱼眼：这种方式就是人们常说的环境球拍摄方式，其渲染效果如图15-110所示。

图15-110

⑦变形球（旧式）：是一种非完全球面摄影机类型，其渲染效果如图15-111所示。

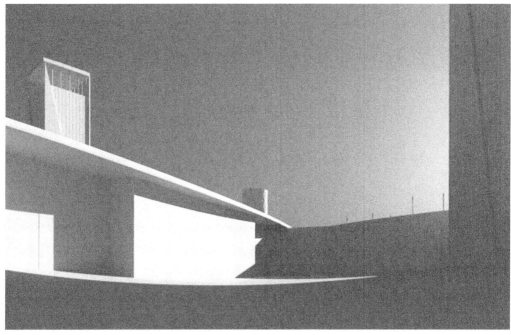

图15-111

◆ 覆盖视野（FOV）：用来替代3ds Max默认摄影机的视角，3ds Max默认摄影机的最大视角为180°，而这里的视角最大可以设定为360°。

◆ 视野：这个值可以替换3ds Max默认的视角值，最大值为360°。

◆ 高度：当且仅当使用"圆柱（正交）"摄影机时，该选项可用。用于设定摄影机高度。

◆ 自动调整：当使用"鱼眼"和"变形球（旧式）"摄影机时，此选项可用。当勾选它时，系统会自动匹配歪曲直径到渲染图的宽度上。

◆ 距离：当使用"鱼眼"摄影机时，该选项可用。在不勾选"自适应"选项的情况下，"距离"控制摄影机到反射球之间的距离，值越大，表示摄影机到反射球之间的距离越大。

◆ 曲线：当使用"鱼眼"摄影机时，该选项可用。它控制渲染图形的扭曲程度，值越小扭曲程度越大。

❖ "景深"参数组：用来模拟摄影里的景深效果。

◆ 开：控制是否打开景深。

◆ 光圈：光圈值越小景深越大，光圈值越大景深越小，模糊程度越高。

◆ 中心偏移：这个参数控制模糊效果的中心位置，值为0意味着以物体边缘均匀地向两边模糊，正值意味着模糊中心向物体内部偏移，负值则意味着模糊中心向物体外部偏移。

◆ 焦距：摄影机到焦点的距离。焦点处的物体最清晰。

◆ 从摄影机获取：当这个选项激活的时候，焦点由摄影机的目标点确定。

◆ 边数：这个选项用来模拟物理世界中的摄影机光圈的多边形形状。比如5就代表五边形。

◆ 旋转：光圈多边形形状的旋转。

◆ 各向异性：这个控制多边形形状的各向异性，值越大，形状越扁。

◆ 细分：用于控制景深效果的品质。

下面来看一下景深渲染效果的一些测试，如图15-112、图15-113和图15-114所示。

图15-112

图15-113

图15-114

❖　"运动模糊"参数组：这里的参数用来模拟真实摄影机拍摄运动物体所产生的模糊效果，它仅对运动的物体有效。

◇　开：勾选此选项，可以打开运动模糊特效。

◇　摄影机运动模糊：勾选此选项，可以打开相机运动模糊效果。

◇　持续时间（帧数）：控制运动模糊每一帧的持续时间，值越大，模糊程度越强。

◇　间隔中心：用来控制运动模糊的时间间隔中心，0表示间隔中心位于运动方向的后面；0.5表示间隔中心位于模糊的中心；1表示间隔中心位于运动方向的前面。

◇　偏移：用来控制运动模糊的偏移，0表示不偏移；负值表示沿着运动方向的反方向偏移；正值表示沿着运动方向偏移。

◇　细分：控制模糊的细分，较小的值容易产生杂点，较大的值模糊效果的品质较高。

◇　预通过采样：控制在不同时间段上的模糊样本数量。

◇　模糊粒子为网格：当勾选此参数以后，系统会把模糊粒子转换为网格物体来计算。

◇　几何结构采样：这个值常用在制作物体的旋转动画上。如果取值为默认的2时，那么模糊的边将是一条直线，如果取值为8的时候，那么模糊的边将是一个8段细分的弧形，通常为了得到比较精确的效果，需要把这个值设定在5以上。

15.5.2　"间接照明"选项卡

"间接照明"选项卡下包含4个参数卷展栏，如图15-115所示，本节将分别讲解其中的相关参数。

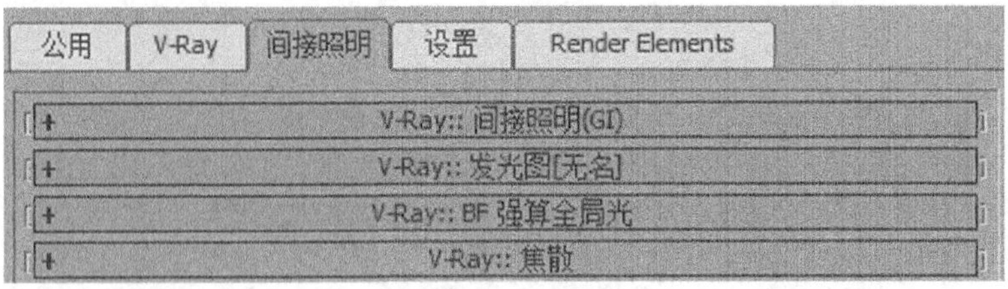

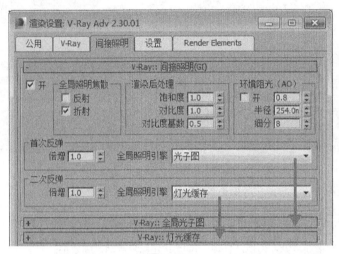

图15-115

提示： 在上图中，第2和第3个卷展栏是可变的，也就是说根据选择参数的不同，这两个卷展栏的名称会有所变化，当然其中对应的参数也会跟着变化。

如图15-116所示，从图中可以看出，第2个卷展栏与首次反弹的全局光引擎对应，第3个卷展栏与二次反弹的全局光引擎对应。

图15-116

1. "间接照明（GI）"卷展栏

功能介绍

在VRay渲染器中，如果没有开启间接照明时的效果就是直接照明效果，开启后就可以得到间接照明效果。开启间接照明后，光线会在物体与物体间互相反弹，因此光线计算会更加准确，图像也更加真实，其参数设置面板如图15-117所示。

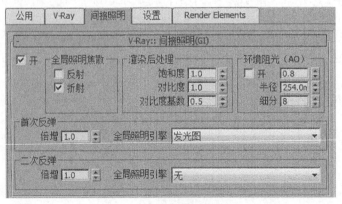

图15-117

参数详解

❖　开：勾选该选项后，将开启间接照明效果。
❖　"全局照明焦散"参数组。
　　◇　反射：控制是否开启反射焦散效果。
　　◇　折射：控制是否开启折射焦散效果。

提示：注意，"全局照明焦散"参数组下的参数只有在"焦散"卷展栏下勾选"开"选项后该项才起作用。

❖　"渲染后处理"参数组。
　　◇　饱和度：可以用来控制色溢，降低该数值可以降低色溢效果，图15-118和图15-119所示是"饱和度"数值为0和2时的效果对比。

图15-118

图15-119

　　◇　对比度：控制色彩的对比度。数值越高，色彩对比越强；数值越低，色彩对比越弱。
　　◇　对比度基数：控制"饱和度"和"对比度"的基数。数值越高，"饱和度"和"对比度"效果越明显。
❖　"环境阻光"参数组。
　　◇　开：控制是否开启"环境阻光"功能。
　　◇　半径：设置环境阻光的半径。
　　◇　细分：设置环境阻光的细分值。数值越高，阻光越好，反之越差。
❖　"首次反弹"参数组。
　　◇　倍增：控制"首次反弹"的光的倍增值。值越高，"首次反弹"的光的能量越强，渲染场景越亮，默认情况下为1。
　　◇　全局照明引擎：设置"首次反弹"的GI引擎，包括"发光图"、"光子图"、"BF算法"和"灯光缓存"4种。
❖　"二次反弹"参数组。
　　◇　倍增：控制"二次反弹"的光的倍增值。值越高，"二次反弹"的光的能量越强，渲染场景越亮，最大值为1，默认情况下也为1。
　　◇　全局照明引擎：设置"二次反弹"的GI引擎，包括"无"（表示不使用引擎）、"光子图"、"BF算法计算"和"灯光缓存"4种。

技术专题15-2 [首次反弹与二次反弹的区别]

在真实世界中，光线的反弹一次比一次减弱。VRay渲染器中的全局照明有"首次反弹"和"二次反弹"，但并不是说光线只反射两次，"首次反弹"可以理解为直接照明的反弹，光线照射到A物体后反射到B物体，B物体所接收到的光就是"首次反弹"，B物体再将光线反射到D物体，D物体再将光线反射到E物体……，D物体以后的物体所得到的光的反射就是"二次反弹"，如图15-120所示。

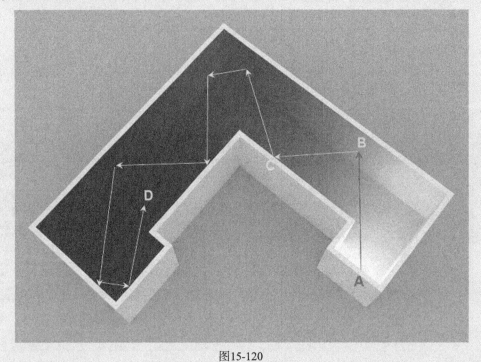

图15-120

2."发光图"卷展栏

功能介绍

"发光图"描述了三维空间中的任意一点以及全部可能照射到这点的光线。在几何光学里，这个点可以是无数条不同的光线来照射，但是在渲染器当中，必须对这些不同的光线进行对比、取舍，这样才能优化渲染速度。那么VRay渲染器的"发光图"是怎样对光线进行优化的呢？当光线射到物体表面的时候，VRay会从"发光贴图"里寻找与当前计算过的点类似的点（VRay计算过的点就会放在"发光图"里），然后根据内部参数进行对比，满足内部参数的点就认为和计算过的点相同，不满足内部参数的点就认为和计算过的点不相同，同时就认为此点是个新点，那么就重新计算它，并且把它也保持在"发光图"里。这就是大家在渲染时看到的"发光图"在计算过程中运算几遍光子的现象。正是因为这样，"发光图"会在物体的边界、交叉、阴影区域计算得更精确（这些区域光的变化很大，所以被计算的新点也很多）；而在平坦区域计算的精度就比较低（平坦区域的光的变化并不大，所以被计算的新点也相对比较少）。这是一种常用的全局光引擎，只存在于"首次反弹"引擎中，其参数设置面板如图15-121所示。

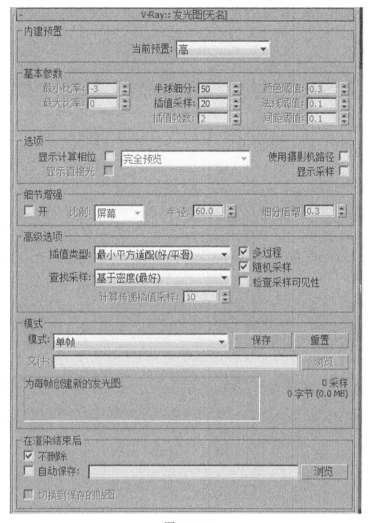

图15-121

参数详解

❖　"内建预置"参数组。
　　◇　当前预置：设置发光贴图的预设类型，共有以下8种。

（1）自定义：选择该模式时，可以手动调节参数。

（2）非常低：这是一种非常低的精度模式，主要用于测试阶段。

（3）低：一种比较低的精度模式，不适合用于保存光子贴图。

（4）中：是一种中级品质的预设模式。

（5）中-动画：用于渲染动画效果，可以解决动画闪烁的问题。

（6）高：一种高精度模式，一般用在光子贴图中。

（7）高-动画：比中等品质效果更好的一种动画渲染预设模式。

（8）非常高：是预设模式中精度最高的一种，可以用来渲染高品质的效果图。

❖　"基本参数"参数组。
　　◇　最小比率：控制场景中平坦区域的采样数量。0表示计算区域的每个点都有样本；-1表示计
　　　　算区域的1/2是样本；-2表示计算区域的1/4是样本，图15-122和图15-123所示是"最小比率"
　　　　为-2和-5时的对比效果。

图15-122

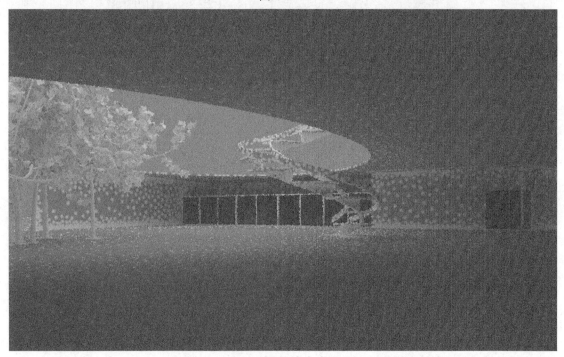

图15-123

❖ 最大比率：控制场景中的物体边线、角落、阴影等细节的采样数量。0表示计算区域的每个点都有样本；-1表示计算区域的1/2是样本；-2表示计算区域的1/4是样本，图15-124和图15-125所示是"最大比率"为0和-1时的效果对比。

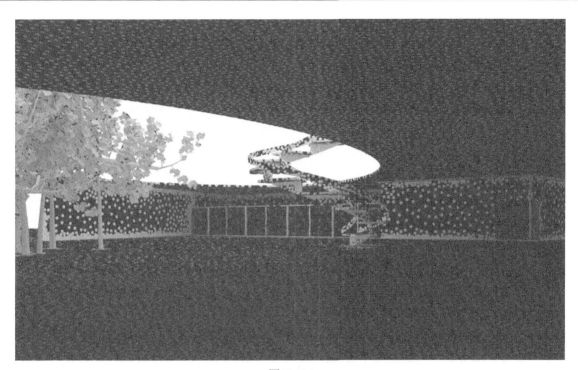

图15-124

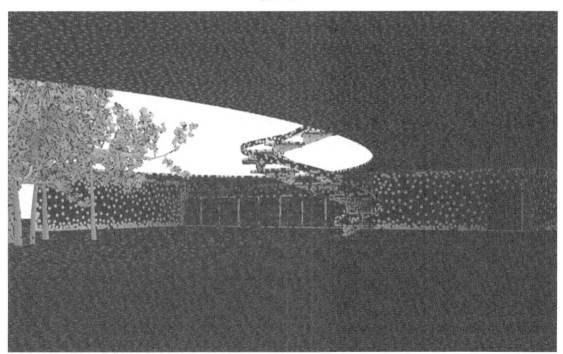

图15-125

✧ 半球细分：因为VRay采用的是几何光学，所以它可以模拟光线的条数。这个参数就是用来模拟
  光线的数量，值越高，表现的光线越多，那么样本精度也就越高，渲染的品质也越好，同时渲染
  时间也会增加，图15-126和图15-127所示是"半球细分"为20和100时的效果对比。

图15-126

图15-127

❖ 插值采样：这个参数是对样本进行模糊处理，较大的值可以得到比较模糊的效果，较小的值
可以得到比较锐利的效果，图15-128和图15-129所示是"插值采样"值为2和20时的效果对
比。

图15-128

图15-129

- ✧ 颜色阈值：这个值主要是让渲染器分辨哪些是平坦区域，哪些不是平坦区域，它是按照颜色的灰度来区分的。值越小，对灰度的敏感度越高，区分能力越强。
- ✧ 法线阈值：这个值主要是让渲染器分辨哪些是交叉区域，哪些不是交叉区域，它是按照法线的方向来区分的。值越小，对法线方向的敏感度越高，区分能力越强。
- ✧ 间距阈值：这个值主要是让渲染器分辨哪些是弯曲表面区域，哪些不是弯曲表面区域，它是按照表面距离和表面弧度的比较来区分的。值越高，表示弯曲表面的样本越多，区分能力越强。

❖ "选项"参数组。

　　◇ 显示计算相位：勾选这个选项后，用户可以看到渲染帧里的GI预计算过程，同时会占用一定的内存资源。

　　◇ 显示直接光：在预计算的时候显示直接照明，以方便用户观察直接光照的位置。

　　◇ 显示采样：显示采样的分布以及分布的密度，帮助用户分析GI的精度够不够。

　　◇ 使用摄像机路径：选择是否使用摄像机的路径。

❖ "细节增强"参数组。

　　◇ 开：是否开启"细节增强"功能。

　　◇ 比例：细分半径的单位依据，有"屏幕"和"世界"两个单位选项。"屏幕"是指用渲染图的最后尺寸来作为单位；"世界"是用3ds Max系统中的单位来定义的。

　　◇ 半径：表示细节部分有多大区域使用"细节增强"功能。"半径"值越大，使用"细部增强"功能的区域也就越大，同时渲染时间也越慢。

　　◇ 细分倍增：控制细部的细分，但是这个值和"发光贴图"里的"半球细分"有关系，0.3代表细分是"半球细分"的30%；1代表和"半球细分"的值一样。值越低，细部就会产生杂点，渲染速度比较快；值越高，细部就可以避免产生杂点，同时渲染速度会变慢。

❖ "高级选项"参数组。

　　◇ 插值类型：VRay提供了4种样本插补方式，为"发光贴图"的样本的相似点进行插补。

①权重平均值（好/强尽计算）：一种简单的插补方法，可以将插补采样以一种平均值的方法进行计算，能得到较好的光滑效果。

②最小平方适配（好/平滑）：默认的插补类型，可以对样本进行最适合的插补采样，能得到比"权重平均值（好/强尽计算）"更光滑的效果。

③Delone三角剖分（好/精确）：最精确的插补算法，可以得到非常精确的效果，但是要有更多的"半球细分"才不会出现斑驳效果，且渲染时间较长。

④最小平方权重/泰森多边形权重（测试）：结合了"权重平均值（好/强尽计算）"和"最小平方适配（好/平滑）"两种类型的优点，但渲染时间较长。

　　◇ 查找采样：它主要控制哪些位置的采样点是适合用来作为基础插补的采样点。VRay内部提供了以下4种样本查找方式。

①平衡嵌块（好）：它将插补点的空间划分为4个区域，然后尽量在它们中寻找相等数量的样本，它的渲染效果比"最近（草稿）"效果好，但是渲染速度比"最近（草稿）"慢。

②最近（草稿）：这种方式是一种草图方式，它简单地使用"发光图"里的最靠近的插补点样本来渲染图形，渲染速度比较快。

③重叠（很好/快速）：这种查找方式需要对"发光图"进行预处理，然后对每个样本半径进行计算。低密度区域样本半径比较大，而高密度区域样本半径比较小。渲染速度比其他3种都快。

④基于密度（最好）：它基于总体密度来进行样本查找，不但物体边缘处理非常好，而且在物体表面也处理得十分均匀。它的效果比"重叠（很好/快速）"更好，其速度也是4种查找方式中最慢的一种。

　　◇ 计算传递插值采样：用在计算"发光贴图"过程中，主要计算已经被查找后的插补样本的使用数量。较低的数值可以加速计算过程，但是会导致信息不足；较高的值计算速度会减慢，但是所利用的样本数量比较多，所以渲染质量也比较好。官方推荐使用10~25之间的数值。

　　◇ 多过程：当勾选该选项时，VRay会根据"最大比率"和"最小比率"进行多次计算。如果关闭该选项，那么就强制一次性计算完。一般根据多次计算以后的样本分布会均匀合理一些。

✧ 随机采样：控制"发光贴图"的样本是否随机分配。如果勾选该选项，那么样本将随机分配，如图15-130所示；如果关闭该选项，那么样本将以网格方式来进行排列，如图15-131所示。

图15-130

图15-131

✧ 检查采样可见性：在灯光通过比较薄的物体时，很有可能会产生漏光现象，勾选该选项可以解决这个问题，但是渲染时间就会长一些。通常在比较高的GI情况下，也不会漏光，所以一般情况下不勾选该选项。当出现漏光现象时，可以试着勾选该选项，图15-132所示是右边的薄片出现的漏光现象，图15-133所示是勾选了"检查采样可见性"以后的效果，从图中可以观察到没有了漏光现象。

图15-132

图15-133

❖ "模式"参数组。

◇ 模式：一共有以下8种模式。

①单帧：一般用来渲染静帧图像。

②多帧增量：这个模式用于渲染仅有摄影机移动的动画。当VRay计算完第1帧的光子以后，在后面的帧里根据第1帧里没有的光子信息进行新计算，这样就节约了渲染时间。

③从文件：当渲染完光子以后，可以将其保存起来，这个选项就是调用保存的光子图进行动画计算（静帧同样也可以这样）。

④添加到当前贴图：当渲染完一个角度的时候，可以把摄影机转一个角度再全新计算新角度的光子，最后把这两次的光子叠加起来，这样的光子信息更丰富、更准确，同时也可以进行多次叠加。

⑤增量添加到当前贴图：这个模式和"添加到当前贴图"相似，只不过它不是全新计算新角度的光子，而是只对没有计算过的区域进行新的计算。

⑥块模式：把整个图分成块来计算，渲染完一个块再进行下一个块的计算，但是在低GI的情况下，渲染出来的块会出现错位的情况。它主要用于网络渲染，速度比其他方式快。

⑦动画（预处理）：适合动画预览，使用这种模式要预先保存好光子贴图。

⑧动画（渲染）：适合最终动画渲染，这种模式要预先保存好光子贴图。

    ◇ 保存 保存：将光子图保存到硬盘。

    ◇ 重置 重置：将光子图从内存中清除。

    ◇ 文件：设置光子图所保存的路径。

    ◇ 浏览 浏览：从硬盘中调用需要的光子图进行渲染。

❖ "在渲染结束后"参数组。

    ◇ 不删除：当光子渲染完以后，不把光子从内存中删掉。

    ◇ 自动保存：当光子渲染完以后，自动保存在硬盘中，单击"浏览"按钮 浏览 就可以选择保存位置。

    ◇ 切换到保存的贴图：当勾选了"自动保存"选项后，在渲染结束时会自动进入"从文件"模式并调用光子贴图。

3. "灯光缓存"卷展栏

功能介绍

"灯光缓存"与"发光图"比较相似，都是将最后的光发散到摄影机后得到最终图像，只是"灯光缓存"与"发光图"的光线路径是相反的，"发光贴图"的光线追踪方向是从光源发射到场景的模型中，最后再反弹到摄影机，而"灯光缓存"是从摄影机开始追踪光线到光源，摄影机追踪光线的数量就是"灯光缓存"的最后精度。由于"灯光缓存"是从摄影机方向开始追踪的光线的，所以最后的渲染时间与渲染的图像的像素没有关系，只与其中的参数有关，一般适用于"二次反弹"，其参数设置面板如图15-134所示。

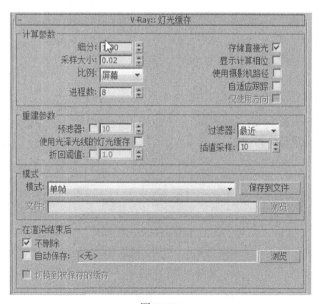

图15-134

参数详解

❖ "计算参数"参数组。

◇ 细分：用来决定"灯光缓存"的样本数量。值越高，样本总量越多，渲染效果越好，渲染时间越慢，图15-135和图15-136所示是"细分"值为200和800时的渲染效果对比。

图15-135

图15-136

◇ 采样大小：用来控制"灯光缓存"的样本大小，比较小的样本可以得到更多的细节，但是同时需要更多的样本，图15-137和图15-138所示是"采样大小"为0.04和0.01时的渲染效果对比。

图15-137

图15-138

- ❖ 比例：主要用来确定样本的大小依靠什么单位，这里提供了两种单位，一般在效果图中使用"屏幕"选项，在动画中使用"世界"选项。
- ❖ 进程数：这个参数由CPU的个数来确定，如果是单CUP单核单线程，那么就可以设定为1；如果是双核，就可以设定为2。注意，这个值设定得太大会让渲染的图像有点模糊。
- ❖ 存储直接光：勾选该选项以后，"灯光缓存"将保存直接光照信息。当场景中有很多灯光时，使用这个选项会提高渲染速度。因为它已经把直接光照信息保存到"灯光缓存"里，在渲染出图的时候，不需要对直接光照再进行采样计算。
- ❖ 显示计算相位：勾选该选项以后，可以显示"灯光缓存"的计算过程，方便观察。
- ❖ 自适应跟踪：这个选项的作用在于记录场景中的灯光位置，并在光的位置上采用更多的样本，同时模糊特效也会处理得更快，但是会占用更多的内存资源。
- ❖ 仅使用方向：当勾选"自适应跟踪"选项以后，该选项才被激活。它的作用在于只记录直接光照的信息，而不考虑间接照明，可以加快渲染速度。

❖ "重建参数"参数组。

    ✧ 预滤器：当勾选该选项以后，可以对"灯光缓存"样本进行提前过滤，它主要是查找样本边界，然后对其进行模糊处理。后面的值越高，对样本进行模糊处理的程度越深，图15-139和图15-140所示是"预滤器"为10和50时的对比渲染效果。

图15-139

图15-140

    ✧ 使用光泽光线的灯光缓存：是否使用平滑的灯光缓存，开启该功能后会使渲染效果更加平滑，但会影响到细节效果。

    ✧ 过滤器：该选项是在渲染最后成图时，对样本进行过滤，其下拉列表中共有以下3个选项。

①无：对样本不进行过滤。

②最近：当使用这个过滤方式时，过滤器会对样本的边界进行查找，然后对色彩进行均化处理，从而得到一个模糊效果。当选择该选项以后，下面会出现一个"插值采样"参数，其值越高，模糊程度越深，图15-141和图15-142所示是"过滤器"都为"最近"，而"插值采样"为10和50时的对比渲染效果。

图15-141

图15-142

③固定：这个方式和"最近"方式的不同点在于，它采用距离的判断来对样本进行模糊处理。同时它也附带一个"过滤大小"参数，其值越大，表示模糊的半径越大，图像的模糊程度越深，图15-143和图15-144所示是"过滤器"方式都为"固定"，而"过滤大小"为0.02和0.06时的对比渲染效果。

　　　　◇　折回阈值：勾选该选项以后，会提高对场景中反射和折射模糊效果的渲染速度。
　　❖　"模式"参数组。
　　　　◇　模式：设置光子图的使用模式，共有以下4种。
①单帧：一般用来渲染静帧图像。
②穿行：这个模式用在动画方面，它把第1帧到最后1帧的所有样本都融合在一起。

图15-143

图15-144

③从文件：使用这种模式，VRay要导入一个预先渲染好的光子贴图，该功能只渲染光影追踪。

④渐进路径跟踪：这个模式就是常说的PPT，它是一种新的计算方式，和"自适应DMC"一样是一个精确的计算方式。不同的是，它不停地去计算样本，不对任何样本进行优化，直到样本计算完毕为止。

    ❖   保存到文件 保存到文件 ：将保存在内存中的光子贴图再次进行保存。

    ❖   浏览 浏览 ：从硬盘中浏览保存好的光子图。

  ❖ "在渲染结束后"参数组。

    ❖   不删除：当光子渲染完以后，不把光子从内存中删掉。

    ❖   自动保存：当光子渲染完以后，自动保存在硬盘中，单击"浏览"按钮 浏览 可以选择保存位置。

　　◇　切换到被保存的缓存：当勾选"自动保存"选项以后，这个选项才被激活。当勾选该选项以后，系统会自动使用最新渲染的光子图来进行大图渲染。

4. "BF强算全局光"卷展栏

功能介绍

当选择了"BF 算法"全局光引擎后，就会出现"BF强算全局光"卷展栏，如图15-145所示。"BF算法"方式是由蒙特卡罗积分方式演变过来的，它和蒙特卡罗不同的是多了细分和反弹控制，并且内部计算方式采用了一些优化方式。虽然这样，但是它的计算精度还是相当精确的，同时渲染速度也很慢，在"细分"较小时，会有杂点产生。

图15-145

参数详解

　　❖　细分：定义"BF算法"的样本数量，值越大效果越好，速度越慢；值越小，产生的杂点会更多，速度相对快些。图15-146左图所示是"细分"为3的效果，右图所示是"细分"为10的效果。

图15-146

　　❖　二次反弹：当二次反弹也选择"BF算法"后，这个选项被激活，它控制二次反弹的次数，值越小，二次反弹越不充分，场景越暗。通常在值达到8以后，更高值的渲染效果区别不是很大，同时值越高渲染速度越慢。图15-147左图所示是"细分"为8、"二次反弹"次数为1的效果；右图所示是"细分"为8、"二次反弹"次数为8的效果。

图15-147

5. "全局光子图"卷展栏

功能介绍

当选择了"光子图"全局光引擎后，就会出现"全局光子图"卷展栏，如图15-148所示。"光子图"是基于场景中的灯光密度来进行渲染的，与"发光图"相比，它没有自适应性，同时它更需要依据灯光的具体属性来控制对场景的照明，这就对灯光有选择性，它仅支持3ds Max里的"目标平行光"和"VRay灯光"。

"光子图"和"灯光缓存"相比，它的使用范围小，而且功能上也没"灯光缓存"强大，所以这里仅简单介绍一下它的部分重要参数。

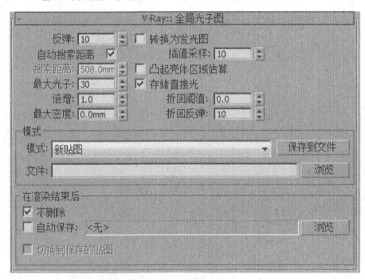

图15-148

参数详解

❖ 反弹：控制光线的反弹次数，较小的值场景比较暗，这是因为反弹光线不充分造成的。默认的值10就可以达到理想的效果。

❖ 自动搜索距离：VRay根据场景的光照信息自动估计一个光子的搜索距离，方便用户的使用。

❖ 搜索距离：当不勾选"自动搜索距离"选项时，此参数激活，它主要让用户手动输入数字来控制光子的搜索距离。较大的值会增加渲染时间，较小的值会让图像产生杂点。

❖ 最大光子：控制场景里着色点周围参与计算的光子数量。值越大效果越好，同时渲染时间越长。

❖ 倍增：控制光子的亮度，值越大，场景越亮，值越小，场景越暗。

❖ 最大密度：它表示在多大的范围内使用一个光子贴图。0表示不使用这个参数来决定光子贴图的使用数量，而使用系统内定的使用数量。值越高，渲染效果越差。

❖ 转换为发光图：它可以让渲染的效果更平滑。

❖ 插补值采样：这个值是控制样本的模糊程度，值越大渲染效果越模糊。

❖ 凸起壳体区域估算：当勾选此选项时，VRay会强制去除光子贴图产生的黑斑。同时渲染时间也会增加。

❖ 存储直接光：把直接光照信息保存到光子贴图中，提高渲染速度。

❖ 折回阈值：控制光子来回反弹的阈值，较小的值，渲染品质高，渲染速度慢。

❖ 折回反弹：用来设置光子来回反弹的次数，较大的值，渲染品质高，渲染速度慢。

6.＂焦散＂卷展栏

功能介绍

＂焦散＂是一种特殊的物理现象，在VRay渲染器里有专门的焦散功能，其参数面板如图15-149所示。

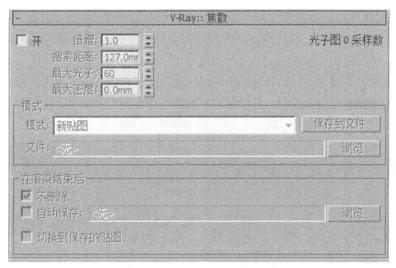

图15-149

参数详解

❖ 开：勾选该选项后，就可以渲染焦散效果。

❖ 倍增：焦散的亮度倍增。值越高，焦散效果越亮，图15-150和图15-151所示分别是＂倍增器＂为4和12时的对比渲染效果。

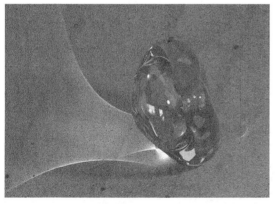

图15-150   图15-151

❖ 搜索距离：当光子追踪撞击在物体表面的时候，会自动搜寻位于周围区域同一平面的其他光子，实际上这个搜寻区域是一个以撞击光子为中心的圆形区域，其半径就是由这个搜寻距离确定的。较小的值容易产生斑点；较大的值会产生模糊焦散效果，图15-152和图15-153所示分别是＂搜索距离＂为0.1mm和2mm时的对比渲染效果。

图15-152   图15-153

❖ 最大光子：定义单位区域内的最大光子数量，然后根据单位区域内的光子数量来均分照明。较小的值不容易得到焦散效果；而较大的值会使焦散效果产生模糊现象，图15-154和图15-155所示分别是"最大光子"为1和200时的对比渲染效果。

图15-154   图15-155

❖ 最大密度：控制光子的最大密度，默认值0表示使用VRay内部确定的密度，较小的值会让焦散效果比较锐利，图15-156和图15-157所示分别是"最大密度"为0.01mm和5mm时的对比渲染效果。

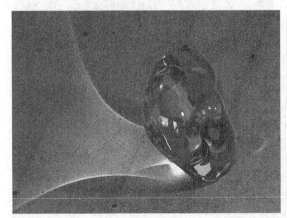

图15-156   图15-157

15.5.3 "设置"选项卡

"设置"选项卡下包含3个卷展栏,分别是"DMC采样器"、"默认置换"和"系统"卷展栏,如图15-158所示。

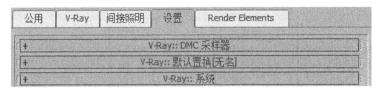

图15-158

1. "DMC采样器"卷展栏

功能介绍

"DMC采样器"是VRay渲染器的核心部分,一般用于确定获取什么样的样本,最终哪些样本被光线追踪。它控制场景中的反射模糊、折射模糊、面光源、抗锯齿、次表面散射、景深、动态模糊等效果的计算程度。

与那些任意一个"模糊"评估使用分散的方法来采样的不同之处是,VRay根据一个特定的值,使用一种独特的统一的标准框架来确定有多少以及多么精确的样本被获取,那个标准框架就是"DMC采样器"。那么在渲染中实际的样本数量是由什么决定的呢?其条件有3个,分别如下。

第1个:由用户在VRay参数面板里指定的细分值。

第2个:取决于评估效果的最终图像采样,例如,暗的平滑的反射需要的样本数就比明亮的要少,原因在于最终的效果中反射效果相对较弱;远处的面积灯需要的样本数量比近处的要少。这种基于实际使用的样本数量来评估最终效果的技术被称之为"重要性抽样"。

第3个:从一个特定的值获取的样本的差异。如果那些样本彼此之间比较相似,那么可以使用较少的样本来评估,如果是完全不同的,为了得到好的效果,就必须使用较多的样本来计算。在每一次新的采样后,VRay会对每一个样本进行计算,然后决定是否继续采样。如果系统认为已经达到了用户设定的效果,会自动停止采样,这种技术称之为"早期性终止"。

现在来看看"DMC采样器"的参数面板,如图15-159所示。

图15-159

参数详解

❖ 适应数量:主要用来控制自适应的百分比。

❖ 噪波阈值:控制渲染中所有产生噪点的极限值,包括灯光细分、抗锯齿等。数值越小,渲染品质越高,渲染速度就越慢。

❖ 时间独立:控制是否在渲染动画时对每一帧都使用相同的"DMC采样器"参数设置。

❖ 最小采样值:设置样本及样本插补中使用的最少样本数量。数值越小,渲染品质越低,速度就越快。

❖ 全局细分倍增：VRay渲染器有很多"细分"选项，该选项是用来控制所有细分的百分比。

❖ 路径采样器：设置样本路径的选择方式，每种方式都会影响渲染速度和品质，在一般情况下选择默认方式即可。

2. "默认置换"卷展栏

功能介绍

"默认置换"卷展栏下的参数是用灰度贴图来实现物体表面的凸凹效果，它对材质中的置换起作用，而不作用于物体表面，其参数设置面板如图15-160所示。

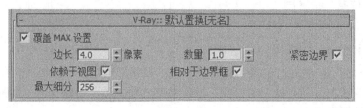

图15-160

参数详解

❖ 覆盖MAX设置：控制是否用"默认置换"卷展栏下的参数来替代3ds Max中的置换参数。

❖ 边长：设置3D置换中产生最小的三角面长度。数值越小，精度越高，渲染速度越慢。

❖ 依赖于视图：控制是否将渲染图像中的像素长度设置为"边长"的单位。若不开启该选项，系统将以3ds Max中的单位为准。

❖ 最大细分：设置物体表面置换后可产生的最大细分值。

❖ 数量：设置置换的强度总量。数值越大，置换效果越明显。

❖ 相对于边界框：控制是否在置换时关联（缝合）边界。若不开启该选项，在物体的转角处可能会产生裂面现象。

❖ 紧密边界：控制是否对置换进行预先计算。

3. "系统"卷展栏

功能介绍

"系统"卷展栏下的参数不仅对渲染速度有影响，而且还会影响渲染的显示和提示功能，同时还可以完成联机渲染，其参数设置面板如图15-161所示。

参数详解

❖ "光线计算参数"参数组。

  ◇ 最大树形深度：控制根节点的最大分支数量。较高的值会加快渲染速度，同时会占用较多的内存。

  ◇ 最小叶片尺寸：控制叶节点的最小尺寸，当达到叶节点尺寸以后，系统停止计算场景。0表示考虑计算所有的叶节点，这个参数对速度的影响不大。

  ◇ 面/级别系数：控制一个节点中的最大三角面数量，当未超过临近点时计算速度较快；当超过临近点以后，渲染速度会减慢。所以，这个值要根据不同的场景来设定，进而提高渲染速度。

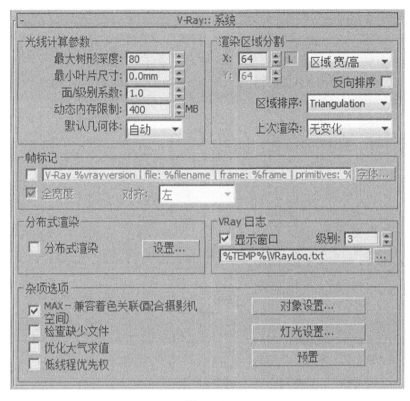

图15-161

❖ 动态内存限制：控制动态内存的总量。注意，这里的动态内存被分配给每个线程，如果是双线程，那么每个线程各占一半的动态内存。如果这个值较小，那么系统经常在内存中加载并释放一些信息，这样就减慢了渲染速度。用户应该根据自己的内存情况来确定该值。

❖ 默认几何体：控制内存的使用方式，共有以下3种方式。

①自动：VRay会根据使用内存的情况自动调整使用静态或动态的方式。

②静态：在渲染过程中采用静态内存会加快渲染速度，同时在复杂场景中，由于需要的内存资源较多，经常会出现3ds Max跳出的情况。这是因为系统需要更多的内存资源，这时应该选择动态内存。

③动态：使用内存资源交换技术，当渲染完一个块后就会释放占用的内存资源，同时开始下个块的计算。这样就有效地扩展了内存的使用。注意，动态内存的渲染速度比静态内存慢。

❖ "渲染区域分割"参数组。

❖ X：当在后面的列表中选择"区域宽/高"时，它表示渲染块的像素宽度；当后面的选择框里选择"区域数量"时，它表示水平方向一共有多少个渲染块。

❖ Y：当后面的列表中选择"区域 宽/高"时，它表示渲染块的像素高度；当后面的选择框里选择"区域数量"时，它表示垂直方向一共有多少个渲染块。

❖ 锁 ：当单击该按钮使其凹陷后，将强制X和Y的值相同。

❖ 反向排序：当勾选该选项以后，渲染顺序将和设定的顺序相反。

❖ 区域排序：控制渲染块的渲染顺序，共有以下6种方式。

①从上->下：渲染块将按照从上到下的渲染顺序渲染。

②从左->右：渲染块将按照从左到右的渲染顺序渲染。

③棋盘格：渲染块将按照棋盘格方式的渲染顺序渲染。

④螺旋：渲染块将按照从里到外的渲染顺序渲染。

⑤三角剖分：这是VRay默认的渲染方式，它将图形分为两个三角形依次进行渲染。

⑥稀耳伯特曲线：渲染块将按照"希耳伯特曲线"方式的渲染顺序渲染。

❖ 上次渲染：这个参数确定在渲染开始的时候，在3ds Max默认的帧缓存框中以什么样的方式处理先前的渲染图像。这些参数的设置不会影响最终渲染效果，系统提供了以下5种方式。

①不改变：与前一次渲染的图像保持一致。

②交叉：每隔两个像素图像被设置为黑色。

③区域：每隔一条线设置为黑色。

④暗色：图像的颜色设置为黑色。

⑤蓝色：图像的颜色设置为蓝色。

❖ "帧标记"参数组。

　❖ ☑ V-Ray %vrayversion | 文件: %filename | 帧: %frame | 基面数: %pri：当勾选该选项后，就可以显示水印。

　❖ 字体 字体：修改水印里的字体属性。

　❖ 全宽度：水印的最大宽度。当勾选该选项后，它的宽度和渲染图像的宽度相当。

　❖ 对齐：控制水印里的字体排列位置，有"左"、"中"和"右"3个选项。

❖ "分布式渲染"参数组。

　❖ 分布式渲染：当勾选该选项后，可以开启"分布式渲染"功能。

　❖ 设置 设置：控制网络中的计算机的添加、删除等。

❖ "VRay日志"参数组。

　❖ 显示窗口：勾选该选项后，可以显示"VRay日志"的窗口。

　❖ 级别：控制"VRay日志"的显示内容，一共分为4个级别。1表示仅显示错误信息；2表示显示错误和警告信息；3表示显示错误、警告和情报信息；4表示显示错误、警告、情报和调试信息。

　❖ c:\VRayLog.txt：可以选择保存"VRay日志"文件的位置。

❖ "杂项选项"参数组。

　❖ MAX-兼容着色关联（配合摄影机空间）：有些3ds Max插件（例如大气等）是采用摄影机空间来进行计算的，因为它们都是针对默认的扫描线渲染器而开发。为了保持与这些插件的兼容性，VRay通过转换来自这些插件的点或向量的数据，模拟在摄影机空间计算。

　❖ 检查缺少文件：当勾选该选项时，VRay会自己寻找场景中丢失的文件，并将它们进行列表，然后保存到C:\VRayLog.txt中。

　❖ 优化大气求值：当场景中拥有大气效果，并且大气比较稀薄的时候，勾选这个选项可以得到比较优秀的大气效果。

　❖ 低线程优先权：当勾选该选项时，VRay将使用低线程进行渲染。

　❖ 对象设置 对象设置...：单击该按钮会弹出"VRay对象属性"对话框，在该对话框中可以设置场景物体的局部参数。

　❖ 灯光设置 灯光设置...：单击该按钮会弹出"VRay光源属性"对话框，在该对话框中可以设置场景灯光的一些参数。

　❖ 预置 预置：单击该按钮会打开"VRay预置"对话框，在该对话框中可以保持当前VRay渲染参数的各种属性，方便以后调用。

【练习15-2】：用VRay渲染器渲染玻璃材质

本练习的玻璃材质效果如图15-162所示。

图15-162

本例共需要制作两个材质，分别是酒瓶材质和花瓶材质，其模拟效果如图15-163所示。

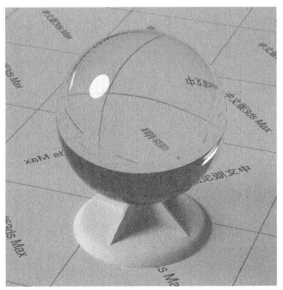

图15-163

Step 01 打开光盘中的"练习文件>第15章>练习15-2.max"文件，如图15-164所示。

图15-164

Step 02 下面制作酒瓶材质（杯子的材质与酒瓶材质相同）。选择一个空白材质球，然后设置材质类型为VRayMtl材质，接着将其命名为"酒瓶"，具体参数设置如图15-165所示，制作好的材质球效果如图15-166所示。

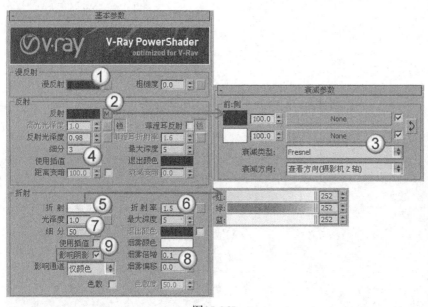

图15-165

图15-166

① 设置"漫反射"颜色为黑色。

② 在"反射"贴图通道中加载一张"衰减"程序贴图，然后在"衰减参数"卷展栏下设置"衰减类型"为Fresnel，接着设置"反射光泽度"为0.98、"细分"为3。

③ 设置"折射"颜色为（红:252，绿:252，蓝:252），然后设置"折射率"为1.5、"细分"为50、"烟雾倍增"为0.1，接着勾选"影响阴影"选项。

Step 03 下面制作花瓶材质。选择一个空白材质球，然后设置材质类型为VRayMtl材质，接着将其命名为"花瓶",具体参数设置如图15-167所示,制作好的材质球效果如图15-168所示。

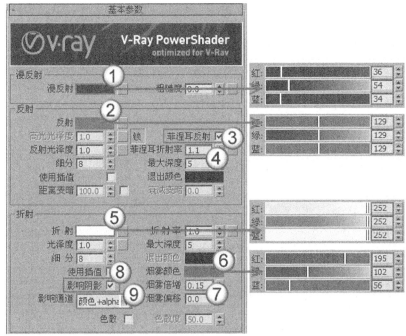

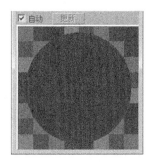

图15-167   图15-168

① 设置"漫反射"颜色为(红:36,绿:54,蓝:34)。

② 设置"反射"颜色为(红:129,绿:129,蓝:129),然后勾选"菲涅耳反射"选项,接着设置"菲涅耳折射率"为1.1。

③ 设置"折射"颜色为(红:252,绿:252,蓝:252),然后设置"烟雾颜色"为(红:195,绿:102,蓝:56),并设置"烟雾倍增"为0.15,接着勾选"影响阴影"选项,最后设置"影响通道"为"颜色+alpha"。

Step 04 将制作好的材质分别指定给场景中相应的模型,然后按F9键渲染当前场景,最终效果如图15-169所示。

图15-169

【练习15-3】：用VRay渲染器渲染钢琴烤漆材质

本练习的钢琴烤漆材质效果如图15-170所示。

图15-170

本例共需要制作3个材质，分别是烤漆材质、金属材质和琴键材质，其模拟效果如图15-171所示。

图15-171

Step 01 打开光盘中的"练习文件>第15章>练习15-3.max"文件，如图15-172所示。

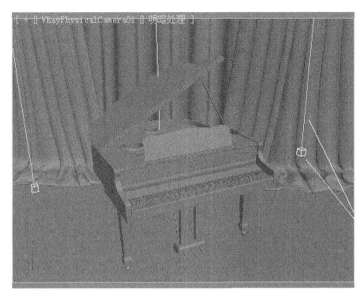

图15-172

Step 02 下面制作烤漆材质。选择一个空白材质球，然后设置材质类型为VRayMtl材质，接着将其命名为"烤漆"，具体参数设置如图15-173所示，制作好的材质球效果如图15-174所示。

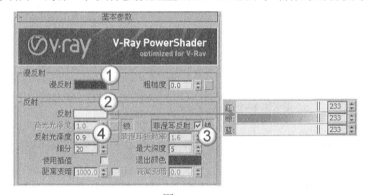

图15-173   图15-174

① 设置"漫反射"颜色为黑色。

② 设置"反射"颜色为（红:233，绿:233，蓝:233），然后勾选"菲涅耳反射"选项，接着设置"反射光泽度"为0.9、"细分"为20。

Step 03 下面制作金属材质。选择一个空白材质球，然后设置材质类型为VRayMtl材质，接着将其命名为"金属"，具体参数设置如图15-175所示，制作好的材质球效果如图15-176所示。

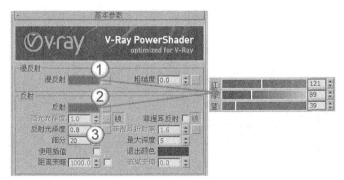

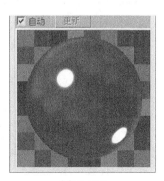

图15-175   图15-176

① 设置"漫反射"颜色为（红:121，绿:89，蓝:39）。

② 设置"反射"颜色为（红:121，绿:89，蓝:39），然后设置"反射光泽度"为0.8、"细分"为20。

Step 04 下面制作琴键材质。选择一个空白材质球，然后设置材质类型为VRayMtl材质，接着将其命名为"琴键"，具体参数设置如图15-177所示，制作好的材质球效果如图15-178所示。

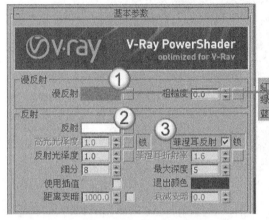
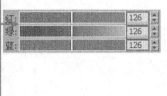
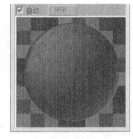

图15-177

图15-178

① 设置"漫反射"颜色为（红:126，绿:126，蓝:126）。

② 设置"反射"颜色为白色，然后勾选"菲涅耳反射"选项。

Step 05 将制作好的材质分别赋予场景中的模型，然后按F9键渲染当前场景，最终效果如图15-179所示。

图15-179

【练习15-4】：用VRay渲染器渲染红酒材质

本练习的红酒材质效果如图15-180所示。

图15-180

本例共需要制作两个材质，分别是酒水材质和酒杯材质，其模拟效果如图15-181所示。

图15-181

Step 01 打开光盘中的"练习文件>第15章>练习15-4.max"文件，如图15-182所示。

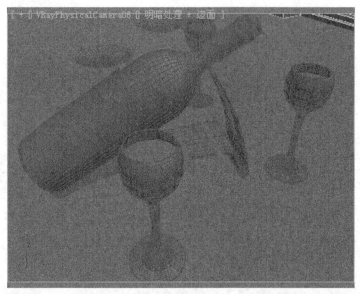

图15-182

Step 02 下面制作酒水材质。选择一个空白材质球，然后设置材质类型为VRayMtl材质，接着将其命名为"酒水"，具体参数设置如图15-183所示，制作好的材质球效果如图15-184所示。

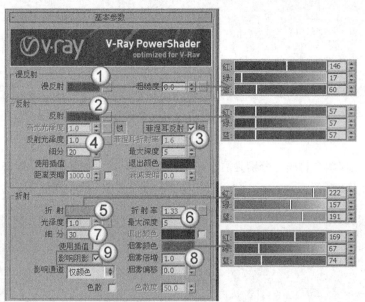

图15-183

图15-184

① 设置"漫反射"颜色为（红:146，绿:17，蓝:60）。

② 设置"反射"颜色为（红:57，绿:57，蓝:57），然后勾选"菲涅耳反射"选项，接着设置"细分"为20。

③ 设置"折射"颜色为（红:222，绿:157，蓝:191），然后设置"折射率"为1.33、"细分"为30，接着设置"烟雾颜色"为（红:169，绿:67，蓝:74），最后勾选"影响阴影"选项。

提示： 读者在此案例中可以设置"烟雾倍增"的参数值，从而得到不同色感的红酒。

Step 03 下面制作酒杯材质。选择一个空白材质球，然后设置材质类型为VRayMtl材质，并将其命名为"酒杯"，具体参数设置如图15-185所示，制作好的材质球效果如图15-186所示。

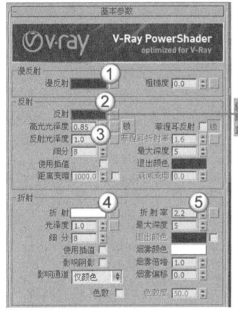

图15-185

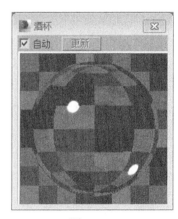

图15-186

① 设置"漫反射"颜色为黑色。

② 设置"反射"颜色为（红:30，绿:30，蓝:30），然后设置"高光光泽度"为0.85。

③ 设置"折射"颜色为白色，然后设置"折射率"为2.2。

Step 04 将制作好的材质分别指定给场景中的模型，然后按F9键渲染当前场景，最终效果如图15-187所示。

图15-187

15.6 综合练习1——制作室内效果图

本例是一个欧式古典场景，储物柜材质及花瓶材质是本例的制作难点，阳光、天光及体积光（后期合成）的制作方法是本例的学习重点，图15-188所示是本例的渲染效果及线框图。

图15-188

15.6.1 材质制作

本例的场景对象材质主要包括地面材质、花架材质、墙围材质、窗帘材质、储物柜材质、花瓶材质和台灯材质，如图15-189所示。

图15-189

1.制作地面材质

本例共需要制作两个地面材质，其模拟效果如图15-190和图15-191所示。

图15-190　　　　　　　　　　　　　　　图15-191

Step 01 打开光盘中的"练习文件>第15章>综合练习1.max"文件，如图15-192所示。

图15-192

Step 02 下面制作第1个地面材质。选择一个空白材质球，然后设置材质类型为VRayMtl材质，并将其命名为"地面1"，具体参数设置如图15-193所示，制作好的材质球效果如图15-194所示。

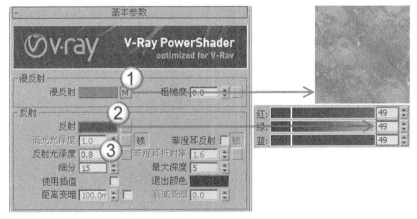

图15-193

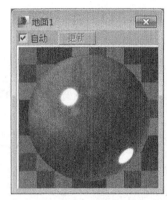

图15-194

① 在"漫反射"贴图通道中加载一张光盘中的"练习文件>第15章>综合练习1>材质>地面1.jpg"文件。

② 设置"反射"颜色为(红:49，绿:49，蓝:49)，然后设置"反射光泽度"为0.8、"细分"为15。

Step 03 下面制作第2个地面材质。选择一个空白材质球，然后设置材质类型为VRayMtl材质，并将其命名为"地面2"，具体参数设置如图15-195所示，制作好的材质球效果如图15-196所示。

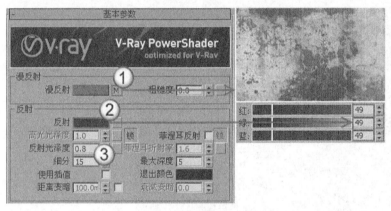

图15-195

图15-196

① 在"漫反射"贴图通道中加载一张光盘中的"练习文件>第15章>综合练习1>材质>地面2.jpg"文件。

② 设置"反射"颜色为(红:49，绿:49，蓝:49)，然后设置"反射光泽度"为0.8、"细分"为15。

2.制作花架材质

花架材质的模拟效果如图15-197所示。

图15-197

选择一个空白材质球，然后设置材质类型为VRayMtl材质，并将其命名为"花架"，具体参数设置如图15-198所示，制作好的材质球效果如图15-199所示。

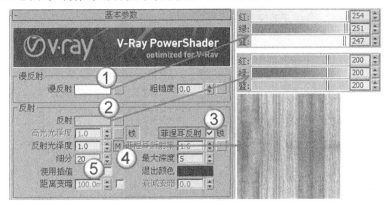

图15-198

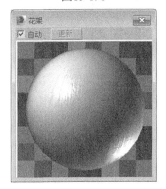

图15-199

① 设置"漫反射"颜色为（红:254，绿:251，蓝:247）。

② 设置"反射"颜色为（红:200，绿:200，蓝:200），然后勾选"菲涅耳反射"选项，接着在"反射光泽度"贴图通道中加载一张光盘中的"练习文件>第15章>综合练习1>材质>木纹黑白.jpg"文件，最后设置"细分"为20。

3.制作墙围材质

墙围材质的模拟效果如图15-200所示。

图15-200

选择一个空白材质球，然后设置材质类型为VRayMtl材质，并将其命名为"墙围"，具体参数设置如图15-201所示，制作好的材质球效果如图15-202所示。

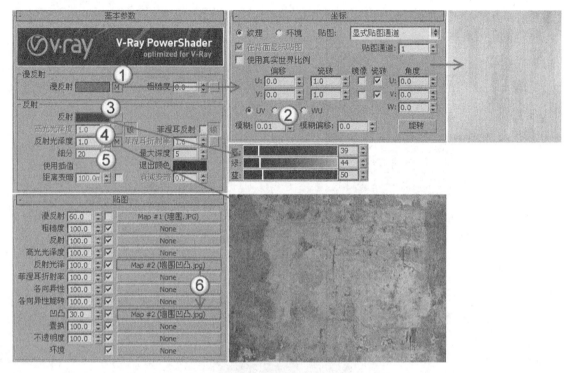

图15-201

图15-202

① 在"漫反射"贴图通道中加载一张光盘中的"练习文件>第15章>综合练习1>材质>墙围.jpg"文件，然后在"坐标"卷展栏下设置"模糊"为0.01。

② 设置"反射"颜色为（红:39，绿:44，蓝:50），然后在"反射光泽度"贴图通道中加载一张光盘中的"练习文件>第15章>综合练习1>材质>墙围凹凸.jpg"文件，接着设置"细分"为20。

③ 展开"贴图"卷展栏，然后将"反射光泽度"通道中的贴图复制到"凹凸"贴图通道上。

4.制作窗帘材质

窗帘材质的模拟效果如图15-203所示。

图15-203

选择一个空白材质球，然后设置材质类型为"VRay材质包裹器"材质，并将其命名为"窗帘"，具体参数设置如图15-204所示，制作好的材质球效果如图15-205所示。

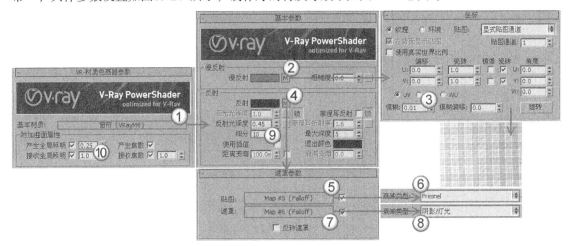

图15-204

图15-205

① 在"基本材质"通道中加载一个VRayMtl材质。

② 在"漫反射"贴图通道中加载一张光盘中的"练习文件>第15章>综合练习1>材质>布纹.jpg"文件，然后在"坐标"卷展栏下设置"模糊"为0.01。

③ 在"反射"贴图通道添加一张"遮罩"程序贴图，然后在"贴图"通道中加载一张"衰减"程序贴图，并设置"衰减类型"为Fresnel，接着在"遮罩"贴图通道中也加载一张"衰减"程序贴图，并设置"衰减类型"为"阴影/灯光"，最后设置"反射光泽度"为0.45、"细分"为10。

④ 返回到"VRay材质包裹器"材质设置面板，然后设置"产生全局照明"为0.25。

提示：若在渲染后发现并未被赋予预期的材质效果，可以在"遮罩参数"中勾选"反转遮罩"，然后再进行渲染。

5.制作储物柜材质

储物柜材质的模拟效果如图15-206所示。

图15-206

选择一个空白材质球，然后设置材质类型为VRayMtl材质，并将其命名为"储物柜"，具体参数设置如图15-207所示，制作好的材质球效果如图15-208所示。

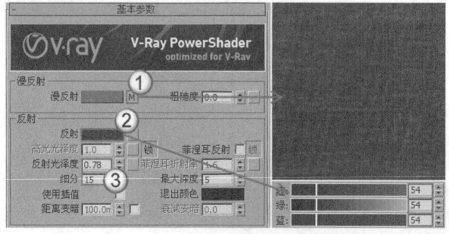

图15-207

图15-208

① 在"漫反射"贴图通道中加载一张光盘中的"练习文件>第15章>综合练习1>材质>古木.jpg"文件。

② 设置"反射"颜色为（红:54，绿:54，蓝:54），然后设置"反射光泽度"为0.78、"细分"为15。

6.制作储物柜桌面材质

储物柜桌面材质的模拟效果如图15-209所示。

图15-209

选择一个空白材质球，然后设置材质类型为VRayMtl材质，并将其命名为"储物柜桌面"，具体参数设置如图15-210所示，制作好的材质球效果如图15-211所示。

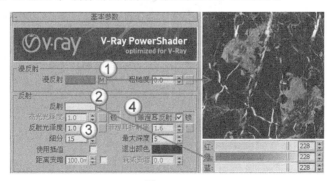

图15-210

图15-211

① 在"漫反射"贴图通道中加载一张光盘中的"练习文件>第15章>综合练习1>材质>凡尔塞
金石.jpg"文件。

② 设置"反射"颜色为（红:228，绿:228，蓝:228），然后设置"细分"为15，接着勾选
"菲涅耳反射"选项。

7.制作花瓶材质

花瓶材质的模拟效果如图15-212所示。

图15-212

选择一个空白材质球，然后设置材质类型为VRayMtl材质，并将其命名为"花瓶"，具体参
数设置如图15-213所示，制作好的材质球效果如图15-214所示。

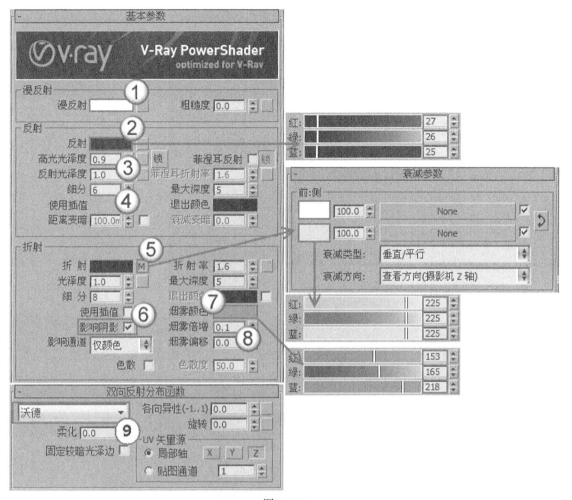

图15-213

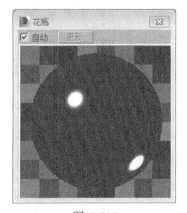

图15-214

① 设置"漫反射"颜色为白色。

② 设置"反射"颜色为（红:27，绿:26，蓝:25），然后设置"高光光泽度"为0.9、"细分"为6。

③ 在"折射"贴图通道中加载一张"衰减"程序贴图，然后设置"前"通道的颜色为白色、"侧"通道的颜色为（红:225，绿:225，蓝:225），再勾选"影响阴影"选项，最后设置"烟雾颜色"为（红:153，绿:165，蓝:218），并设置"烟雾倍增"为0.1。

④ 展开"双向反射分布函数"卷展栏，然后设置明暗器类型为"沃德"。

8.制作台灯材质

台灯材质的模拟效果如图15-215所示。

图15-215

选择一个空白材质球，然后设置材质类型为VRayMtl材质，并将其命名为"台灯"，具体参数设置如图15-216所示，制作好的材质球效果如图15-217所示。

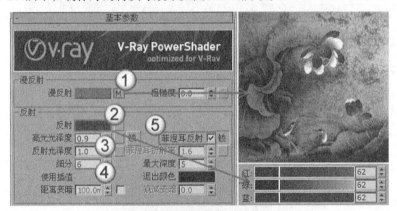

图15-216

图15-217

① 在"漫反射"贴图通道中加载一张光盘中的"练习文件>第15章>综合练习1>材质>花纹.jpg"文件。

② 设置"反射"颜色为（红:62，绿:62，蓝:62），然后设置"高光光泽度"为0.9、"细分"为6，接着勾选"菲涅耳反射"选项。

15.6.2 灯光设置

本例共需要布置3处灯光，分别是室外的阳光、窗口处的天光以及室内的辅助光源。

1.创建阳光

Step 01 设置灯光类型为VRay，然后在天空中创建一盏VRay太阳，其位置如图15-218所示。

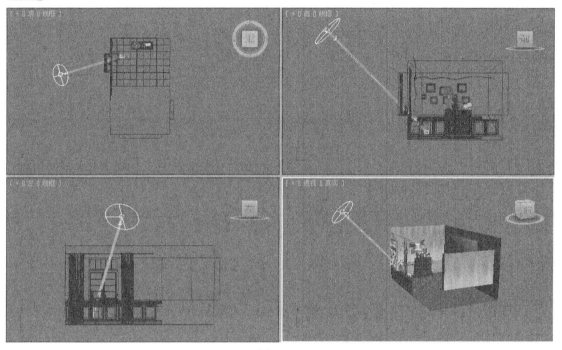

图15-218

Step 02 选择上一步创建的VRay太阳，然后在"VRay太阳参数"卷展栏下设置"强度倍增"为0.05、"大小倍增"为2.6、"阴影细分"为5，具体参数设置如图15-219所示。

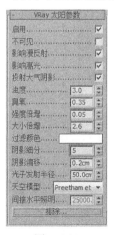

图15-219

2.创建天光

Step 01 在窗口外面位置创建一盏VRay光源作为天光，如图15-220所示。

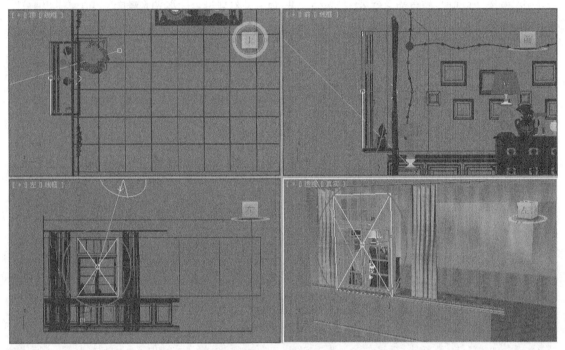

图15-220

提示：在一般情况下，天光都采用VRay光源来模拟。

Step 02 选择上一步创建的VRay光源，然后进入"修改"面板，接着展开"参数"卷展栏，具体参数设置如图15-221所示。

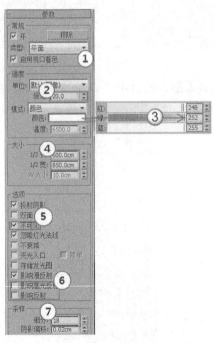

图15-221

① 在"常规"选项组下设置"类型"为"平面"。

② 在"强度"选项组下设置"倍增"为20，然后设置"颜色"为（红:248，绿:252，蓝:255）。

③ 在"大小"选项组下设置"1/2长"为600cm、"1/2宽"为850cm。

④ 在"选项"选项组下勾选"不可见"选项，然后关闭"影响高光反射"和"影响反射"选项。

⑤ 在"采样"选项组下设置"细分"为18。

Step 03 将窗外的VRay光源复制（选择"复制"方式）一盏到窗内，其位置如图15-222所示。

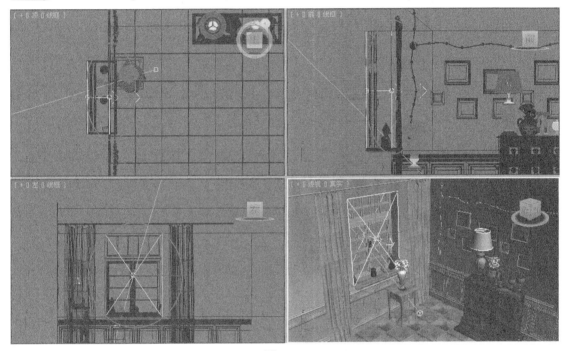

图15-222

Step 04 选择上一步复制的VRay光源，展开"参数"卷展栏，然后在"强度"选项组下将"倍增"修改为12，接着在"选项"选项组下勾选"影响高光反射"和"影响反射"选项，如图15-223所示。

图15-223

3.创建辅助灯光

Step 01 在室内创建一盏VRay光源作为辅助光源，其位置如图15-224所示。

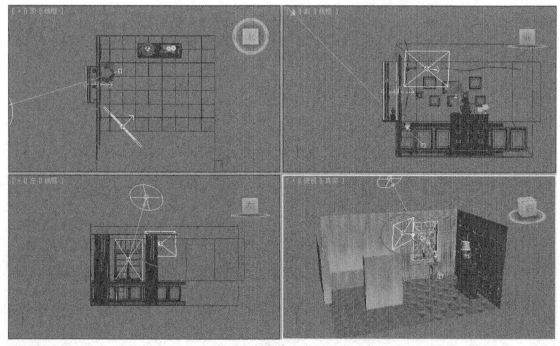

图15-224

Step 02 选择上一步创建的VRay光源，然后进入"修改"面板，接着展开"参数"卷展栏，具体参数设置如图15-225所示。

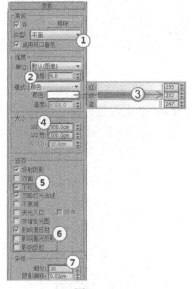

图15-225

① 在"常规"选项组下设置"类型"为"平面"。

② 在"强度"选项组下设置"倍增"为6，然后设置"颜色"为（红:255，绿:252，蓝:247）。

③ 在"大小"选项组下设置"1/2长"为900cm、"1/2宽"为500cm。

④ 在"选项"选项组下勾选"不可见"选项，然后关闭"影响高光反射"和"影响反

射"选项。

⑤在"采样"选项组下设置"细分"为30。

15.6.3 渲染设置

Step 01 按F10键打开"渲染设置"对话框，然后设置渲染器为VRay渲染器，接着单击"公用"选项卡，最后在"公用参数"卷展栏下设置渲染尺寸为1200×900，并锁定图像的纵横比，如图15-226所示。

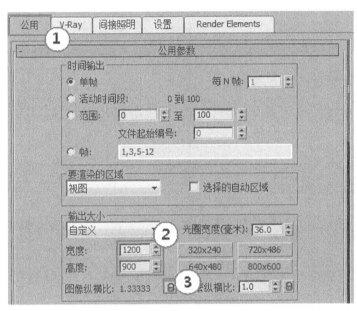

图15-226

Step 02 单击"V-Ray"选项卡，然后在"图像采样器（反锯齿）"卷展栏下设置"图像采样器"的"类型"为"自适应确定性蒙特卡洛"，接着在"颜色贴图"卷展栏下设置"类型"为"指数"，最后勾选"子像素映射"和"钳制输出"选项，如图15-227所示。

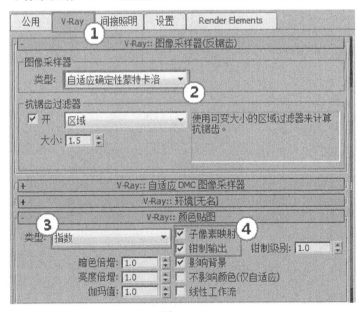

图15-227

Step 03 单击"间接照明"选项卡，然后在"间接照明"卷展栏下勾选"开"选项，接着设置"首次反弹"的"全局照明引擎"为"发光图"、"二次反弹"的"全局照明引擎"为"灯光缓存"，如图15-228所示。

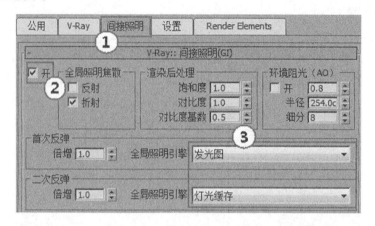

图15-228

Step 04 展开"发光图"卷展栏，然后设置"当前预置"为"低"，接着勾选"显示计算相位"和"显示直接光"选项，如图15-229所示。

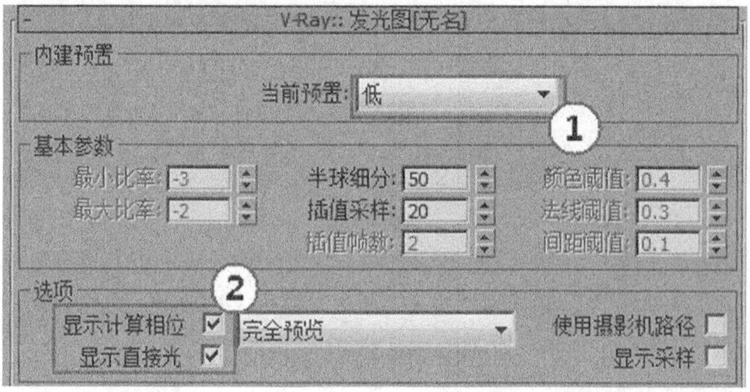

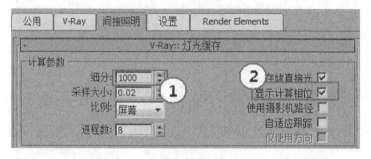

图15-229

Step 05 展开"灯光缓存"卷展栏，然后设置"细分"为1000，接着勾选"显示计算相位"选项，如图15-230所示。

图15-230

Step 06 单击"设置"选项卡，然后在"DMC采样器"卷展栏下设置"适应数量"为0.8、"噪波阈值"为0.005、"最小采样值"为12，如图15-231所示。

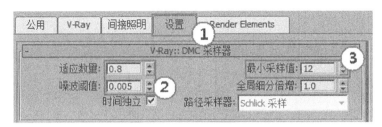

图15-231

Step 07 展开"系统"卷展栏，然后设置"区域排序"为"Top->Bottom（从上->下）"，接着关闭"显示窗口"选项，如图15-232所示。

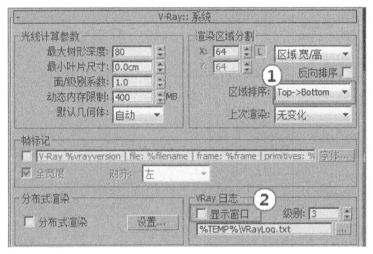

图15-232

Step 08 按F9键渲染当前场景，效果如图15-233所示。

图15-233

15.6.4 后期处理

　　由于在渲染出来的阳光并没有达到渲染场景气氛的效果，为了达到这个目的，就需要增强室内的光照效果。注意，渲染场景气氛的光照最好采用柔和的体积光。

Step 01 启动Photoshop，然后打开前面渲染好的效果图，接着按Shift+Ctrl+N组合键新建一个"图层1"，最后使用"多边形套索工具" 勾勒出如图15-234所示的选区。

图15-234

Step 02 设置前景色为白色，然后按Alt+Delete组合键用前景色填充选区，接着按Ctrl+D组合键取消选区，效果如图15-235所示。

图15-235

Step 03 执行"滤镜>模糊>高斯模糊"菜单命令，然后适当调整"半径"数值，使光线变得柔和，如图15-236和图15-237所示。

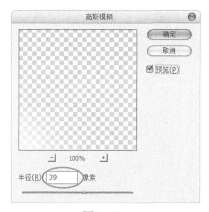

图15-236

图15-237

Step 04 在"图层"面板中将"图层1"的"不透明度"调整到50%~60%之间，使光线变淡一些，如图15-238和图15-239所示。

图15-238

图15-239

Step 05 采用相同的方法继续制作一些光线，最终效果如图15-240所示。

图15-240

提示： 体积光也可以直接在3ds Max中进行制作，但是这样会耗费大量的渲染时间。

15.7 综合实例2——餐厅夜景表现

本例是一个餐厅场景，窗帘材质及桌布材质是本例的制作难点，而用灯光表现夜景效果是本例的重点，图15-241所示是本例的渲染效果和线框图。

图15-241

15.7.1 材质制作

本例的场景对象材质主要包括地面材质、餐桌材质、椅子材质、门材质、壁纸材质、窗帘材质、吊灯材质和桌布材质，如图15-242所示。

图15-242

1.制作地面材质

地面材质的模拟效果如图15-243所示。

图15-243

Step 01 打开光盘中的"场景文件>第15章>综合练习2.max"文件，如图15-244所示。

图15-244

Step 02 选择一个空白材质球，然后设置材质类型为VRayMtl材质，并将其命名为"地面"，具体参数设置如图15-245所示，制作好的材质球效果如图15-246所示。

①在"漫反射"贴图通道中加载一张光盘中的"实例文件>第15章>综合实例2：餐厅夜景表现>地面.jpg"文件。

②设置"反射"的颜色为（红:35，绿:35，蓝:35），然后设置"细分"为15。

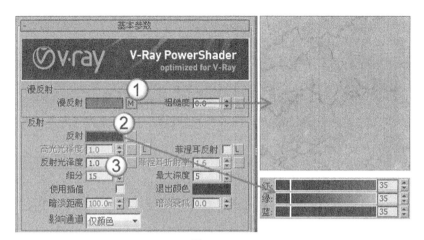

图15-245

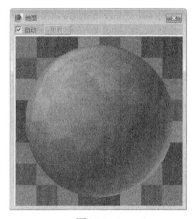

图15-246

2.制作餐桌材质

餐桌材质的模拟效果如图15-247所示。

图15-247

选择一个空白材质球，然后设置材质类型为VRayMtl材质，并将其命名为"餐桌"，具体参数设置如图15-248所示，制作好的材质球效果如图15-249所示。

①在"漫反射"贴图通道中加载一张光盘中的"实例文件>第15章>综合实例3：餐厅夜景表现>黑檀木.jpg"文件。

②在"反射"贴图通道中加载一张"衰减"程序贴图，然后在"衰减参数"卷展栏下设置"侧"通道的颜色为（红:55，绿:56，蓝:78），接着设置"高光光泽度"为0.86、"反射光泽度"为0.9。

③展开"贴图"卷展栏，然后在"环境"贴图通道中加载一张"输出"程序贴图。

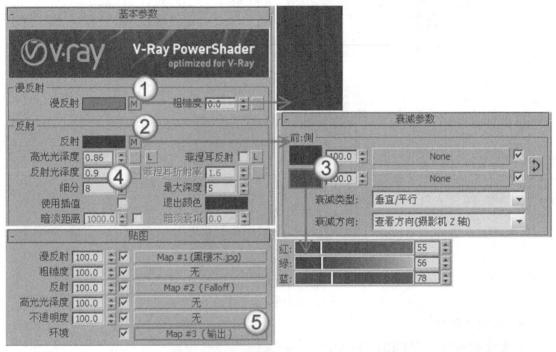

图15-248

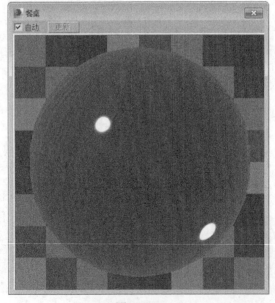

图15-249

3.制作椅子材质

椅子材质的模拟效果如图15-250所示。

图15-250

选择一个空白材质球，然后设置材质类型为VRayMtl材质，并将其命名为"椅子布纹"，具体参数设置如图15-251所示，制作好的材质球效果如图15-252所示。

①设置"漫反射"的颜色为（红:213，绿:191，蓝:154）。

②展开"贴图"卷展栏，然后在"凹凸"贴图通道中加载一张"混合"程序贴图，接着在"混合参数"卷展栏下的"颜色#1"和"颜色#2"贴图通道中各加载一张"噪波"程序贴图。

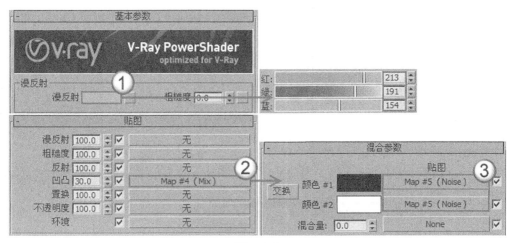

图15-251

图15-252

4.制作门材质

门材质的模拟效果如图15-253所示。

图15-253

选择一个空白材质球,然后设置材质类型为VRayMtl材质,并将其命名为"门",具体参数设置如图15-254所示,制作好的材质球效果如图15-255所示。

①在"漫反射"贴图通道中加载一张光盘中的"实例文件>第15章>综合实例2:餐厅夜景表现>深色红樱桃.jpg"文件,然后在"坐标"卷展栏下设置"模糊"为0.01。

②设置"反射"的颜色为(红:40,绿:40,蓝:40),然后设置"反射光泽度"为0.75、"细分"为25。

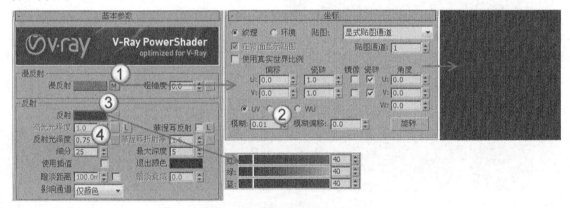

图15-254

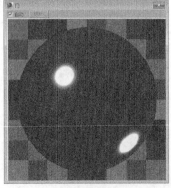

图15-255

5.制作壁纸材质

壁纸材质的模拟效果如图15-256所示。

图15-256

　　选择一个空白材质球，然后设置材质类型为VRayMtl材质，并将其命名为"壁纸"，接着在"漫反射"贴图通道中加载一张光盘中的"实例文件>第15章>综合实例2：餐厅夜景表现>壁纸.jpg"文件，如图15-257所示，制作好的材质球效果如图15-258所示。

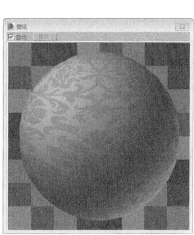

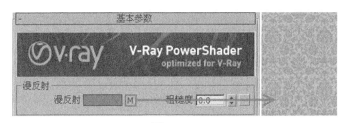

图15-257

图15-258

6.制作窗帘材质

窗帘材质的模拟效果如图15-259所示。

图15-259

Step 01 选择一个空白材质球,然后设置材质类型为"多维/子对象"材质,并将其命名为"窗帘",接着设置材质数量为2,具体参数如图15-260所示。

①在ID1材质通道中加载一个VRayMtl材质,并将其命名为"窗帘1"。

②在"漫反射"贴图通道中加载一张"衰减"程序贴图,然后分别在"前"通道和"侧"通道中各加载一张光盘中的"实例文件>第15章>综合实例2:餐厅夜景表现>窗帘.jpg"文件。

③设置"反射"的颜色为(红:15,绿:15,蓝:15),然后设置"反射光泽度"为0.65、"细分"为12。

④设置"折射"的颜色为(红:5,绿:5,蓝:5),然后设置"光泽度"为0.8、"细分"为12,接着勾选"影响阴影"选项,最后设置"影响通道"为"颜色+alpha"。

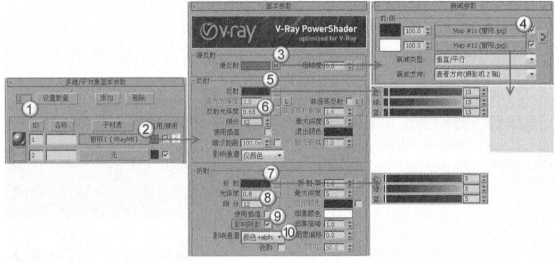

图15-260

Step 02 在ID2材质通道中加载一个VRayMtl材质,并将其命名为"窗帘2",然后在"漫反射"贴图通道中加载一张"衰减"程序贴图,接着分别在"前"通道和"侧"通道中各加载一张光盘中的"实例文件>第15章>综合实例2:餐厅夜景表现>窗帘.jpg"文件,最后设置"衰减类型"为Fresnel,具体参数设置如图15-261所示,制作好的材质球效果如图15-262所示。

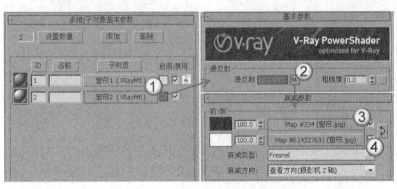

图15-261   图15-262

 技术专题15-3 【 为何制作出来的材质球效果不对 】

如果用户制作出来的材质球显示效果与图15-263相同,则同样是正确的。在"多维/子对象"材质的材质通道后面有个颜色选择器,主要用来设置材质的"漫反射"颜色,如图15-264

所示。如果在"漫反射"贴图通道中加载了贴图，则设置的"漫反射"颜色对物体材质不起任何作用，它只起到区分材质的作用。

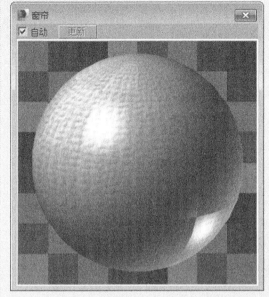

图15-263

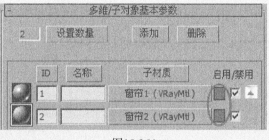

图15-264

7.制作吊灯材质

吊灯材质的模拟效果如图15-265所示。

图15-265

选择一个空白材质球，然后设置材质类型为VRayMtl材质，并将其命名为"吊灯"，具体参数设置如图15-266所示，制作好的材质球效果如图15-267所示。

①设置"漫反射"颜色为（红:152，绿:97，蓝:49）。

②设置"反射"颜色为（红:139，绿:136，蓝:99），然后设置"高光光泽度"为0.85、"反射光泽度"为0.8、"细分"为15。

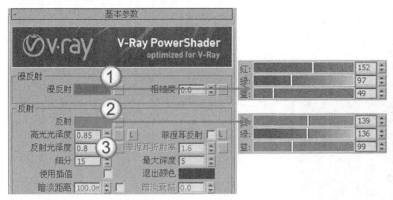

图15-266

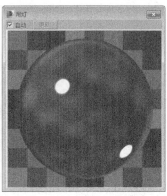

图15-267

8.制作桌布材质

桌布材质的模拟效果如图15-268所示。

图15-268

选择一个空白材质球，然后设置材质类型为"VRay材质包裹器"材质，并将其命名为"桌布"，具体参数设置如图15-269所示，制作好的材质球效果如图15-270所示。

①在"基本材质"通道中加载一个VRayMtl材质，然后设置"漫反射"的颜色为（红:58，绿:43，蓝:26），接着设置"反射"的颜色为（红:22，绿:22，蓝:22），最后设置"高光光泽度"为0.5。

②设置"接收全局照明"为1.5。

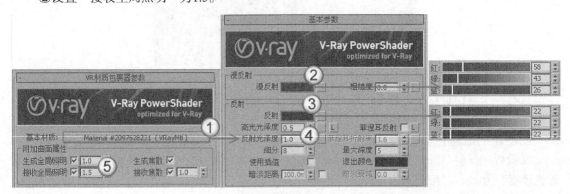

图15-269

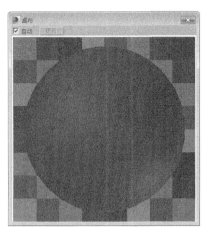

图15-270

15.7.2　灯光设置

本例共需要布置3处灯光，分别是3盏吊灯、天花板上的筒灯以及天花板正中央的灯带。

1.创建吊灯

Step 01　设置灯光类型为"标准"，然后在3盏吊灯上各创建一盏目标聚光灯，如图15-271所示。

图15-271

Step 02　选择上一步创建的目标聚光灯，然后进入"修改"面板，具体参数设置如图15-272所示。

①展开"常规参数"卷展栏，然后在"阴影"选项组下勾选"启用"选项，接着设置阴影类型为"VRay阴影"。

②展开"强度/颜色/衰减"卷展栏，然后设置"倍增"为1。

③展开"聚光灯参数"卷展栏，然后设置"聚光区/光束"为43、"衰减区/区域"为110。

④展开"VRay阴影参数"卷展栏，然后勾选"区域阴影"和"球体"选项，接着设置"细分"为15。

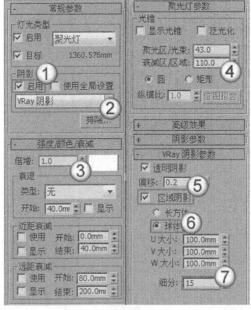

图15-272

2.创建筒灯

Step 01 设置灯光类型为"光度学"，然后在天花吊顶的筒灯孔处创建6盏目标灯光，如图15-273所示。

图15-273

Step 02 选择上一步创建的目标灯光，然后进入"修改"面板，具体参数设置如图15-274所示。

①展开"常规参数"卷展栏，然后在"阴影"选项组下勾选"启用"选项，接着设置阴影类型为"阴影贴图"，最后设置"灯光分布（类型）"为"光度学Web"。

②展开"分布（光度学Web）"卷展栏，然后在其通道中加载一个光盘中的"实例文件>第15章>综合实例2：餐厅夜景表现>射灯.ies"文件。

③展开"强度/颜色/衰减"卷展栏，然后设置"过滤颜色"为（红:250，绿:221，蓝:175），接着设置"强度"为4500。

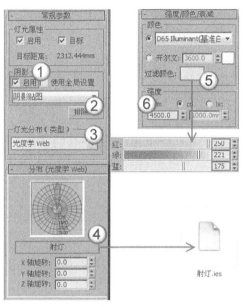

图15-274

3.创建灯带

Step 01 设置灯光类型为VRay，然后在天花上创建4盏VRay灯光作为灯带，如图15-275所示。

图15-275

Step 02 选择上一步创建的VRay灯光，然后展开"参数"卷展栏，具体参数设置如图15-276所示。

①在"常规"选项组下设置"类型"为"平面"。

②在"强度"选项组下设置"倍增"为7，然后设置"颜色"为（红:255，绿:205，蓝:139）。

③在"大小"选项组下设置"1/2长"为2000mm、"1/2宽"为106mm。

④在"选项"选项组下勾选"不可见"，然后关闭"影响高光反射"和"影响反射"选项。

⑤在"采样"选项组下设置"细分"为30。

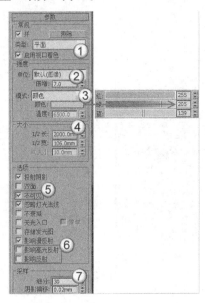

图15-276

15.7.3 设置摄影机

设置摄影机类型为VRay，然后在场景中创建一台VRay物理摄影机，接着在"基本参数"卷展栏下设置"光圈数"为1，其位置如图15-277所示。

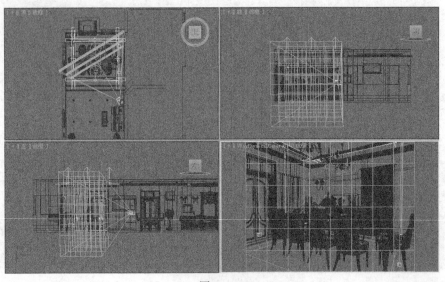

图15-277

15.7.4 渲染设置

Step 01 按F10键打开"渲染设置"对话框，然后设置渲染器为VRay渲染器，接着单击"公用"选项卡，最后在"公用参数"卷展栏下设置渲染尺寸为2665×2000，并锁定图像的纵横比，如图15-278所示。

图15-278

Step 02 单击VRay选项卡，然后在"图像采样器（反锯齿）"卷展栏下设置"图像采样器"的"类型"为"自适应确定性蒙特卡洛"，接着设置"抗锯齿过滤器"为Catmull-Rom，最后在"颜色贴图"卷展栏下设置"类型"为"线性倍增"，并勾选"子像素映射"和"钳制输出"选项，具体参数设置如图15-279所示。

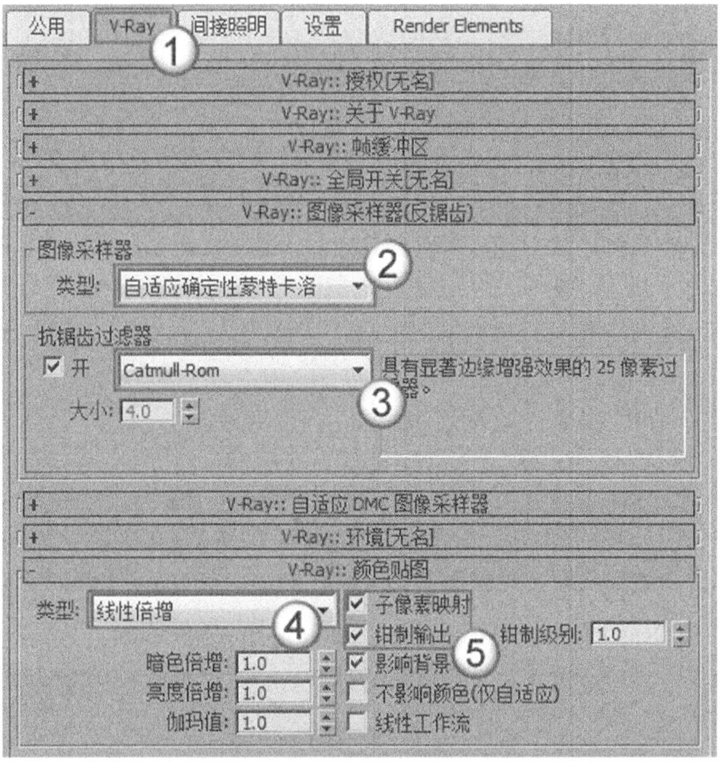

图15-279

Step 03 单击"间接照明"选项卡，然后在"间接照明（GI）"卷展栏下勾选"开"选项，接着设置"首次反弹"的"全局光引擎"为"发光图"、"二次反弹"的"全局光引擎"为"灯光缓存"，如图15-280所示。

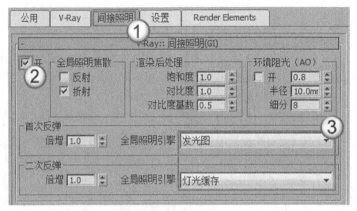

图15-280

Step 04 展开"发光图"卷展栏，然后设置"当前预置"为"低"，接着设置"半球细分"为50、"插值采样"为20，最后再勾选"显示计算相位"和"显示直接光"选项，如图15-281所示。

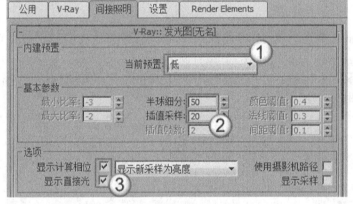

图15-281

Step 05 展开"灯光缓存"卷展栏，然后设置"细分"为1000，接着勾选"显示计算相位"选项，如图15-282所示。

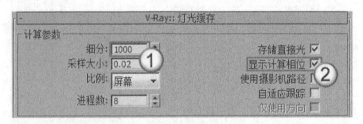

图15-282

Step 06 单击"设置"选项卡，然后在"DMC采样器"卷展栏下设置"适应数量"为0.8、"噪波阈值"为0.005、"最小采样值"为12，如图15-283所示。

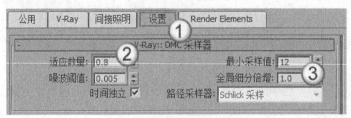

图15-283

Step 07 展开"系统"卷展栏,然后设置"区域排序"为Top->Bottom(从上->下),接着关闭"显示窗口"选项,如图15-284所示。

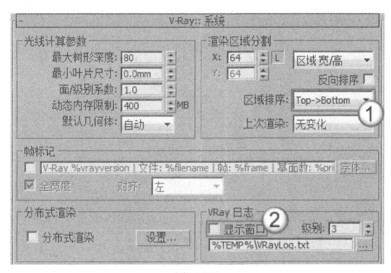

图15-284

Step 08 按F9键渲染当前场景,最终效果如图15-285所示。

图15-285

15.8 综合练习3——制作建筑效果图

本例是一个简约别墅场景,灯光和渲染参数的设置方法很简单,但是本例涉及了树木材质的制作方法,这是一个需要重点掌握的知识点,图15-286所示的本例的渲染效果及线框图。

图15-286

15.8.1 材质制作

本例的场景对象材质主要包括木纹材质、玻璃材质和树木材质,如图15-287所示。

图15-287

提示: 其实本例还有很多材质,比如草地材质、汽车材质、墙面材质、地面材质等,其中草地材质的制作方法与树木材质的制作方法完全相同,墙面、地面材质的制作方法在前面的实例中已经讲解过,而汽车材质在场景中已经设置好了,可以直接使用。

1.制作木纹材质

木纹材质的模拟效果如图15-288所示。

图15-288

Step 01 打开光盘中的"练习文件>第15章>综合练习3.max"文件，如图15-289所示。

图15-289

Step 02 选择一个空白材质球，然后设置材质类型为VRayMtl材质，并将其命名为"木纹"，具体参数设置如图15-290所示。

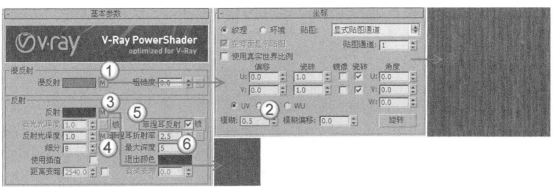

图15-290

①在"漫反射"贴图通道中加载一张光盘中的"练习文件>第15章>综合练习3>材质>木纹.jpg"文件,接着在"坐标"卷展栏下设置"模糊"为0.5。

②在"反射"贴图通道中加载一张光盘中的"练习文件>第15章>综合练习3>材质>木纹黑白.jpg"文件,然后将"反射"通道中的贴图复制到"反射光泽度"贴图通道上,接着勾选"菲涅耳反射"选项,最后设置"菲涅耳折射率"为2.5。

提示:如果勾选"菲涅耳反射"选项后不能设置"菲涅耳折射率"的数值,可以单击"菲涅耳反射"选项后面的"锁"按钮,对其解锁后再设置其数值。

Step 03 展开"贴图"卷展栏,然后在"凹凸"贴图通道中加载一张"法线凹凸"程序贴图,接着在"参数"卷展栏下的"法线"贴图通道中加载一张光盘中的"练习文件>第15章>综合练习3>材质>木纹凹凸.jpg"文件,最后设置凹凸的强度为60,具体参数设置如图15-291所示,制作好的材质球效果如图15-292所示。

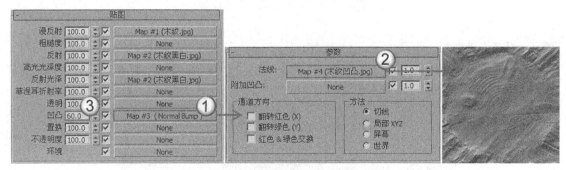

图15-291

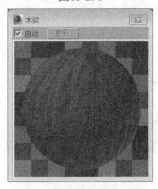

图15-292

2.制作玻璃材质

玻璃材质的模拟效果如图15-293所示。

图15-293

选择一个空白材质球，然后设置材质类型为VRayMtl材质，并将其命名为"玻璃"，具体参数设置如图15-294所示，制作好的材质球效果如图15-295所示。

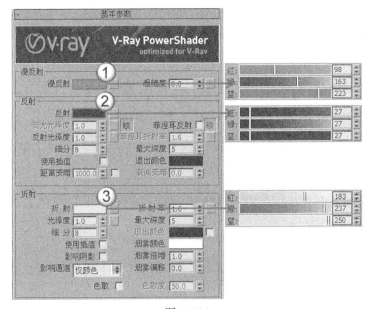

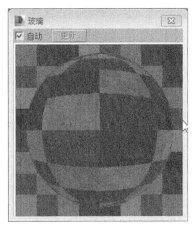

图15-294   图15-295

①设置"漫反射"颜色为（红:98，绿:163，蓝:223）。

②设置"反射"颜色为（红:27，绿:27，蓝:27）。

③设置"折射"颜色为（红:183，绿:237，蓝:250）。

3.制作树木材质

树木材质的模拟效果如图15-296所示。

图15-296

Step 01 选择一个空白材质球，然后设置材质类型为VRayMtl材质，具体参数设置如图15-297所示。

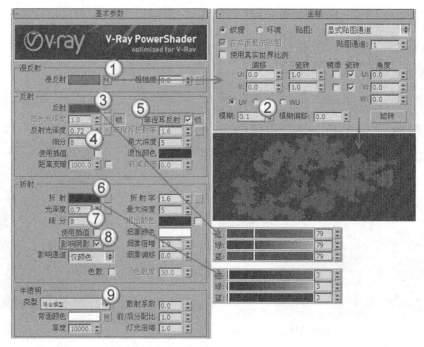

图15-297

①在"漫反射"贴图通道中加载一张光盘中的"练习文件>第15章>综合练习3>材质>室外树木.jpg"文件，接着在"坐标"卷展栏下设置"模糊"为0.1。

②设置"反射"颜色为（红:79，绿:79，蓝:79），然后设置"反射光泽度"为0.72，接着勾选"菲涅耳反射"选项。

③设置"折射"颜色为（红:3，绿:3，蓝:3），然后设置"光泽度"为0.7，接着勾选"影响阴影"选项。

④设置"半透明"的"类型"为"混合模型"。

Step 02 展开"贴图"卷展栏，然后将"漫反射"通道中的贴图复制到"半透明"贴图通道上，接着在"不透明度"贴图通道中加载一张光盘中的"练习文件>第15章>综合练习3>材质>室外树木黑白贴图.jpg"文件，最后在"坐标"卷展栏下设置"模糊"为0.1，具体参数设置如图15-298所示，制作好的材质球效果如图15-299所示。

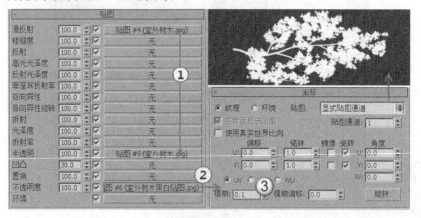

图15-298

图15-299

15.8.2　灯光设置

本例只需要布置一处灯光，即天空中的阳光。

Step 01　设置灯光类型为"标准"，然后在天空中创建一盏目标平行光，其位置如图15-300所示。

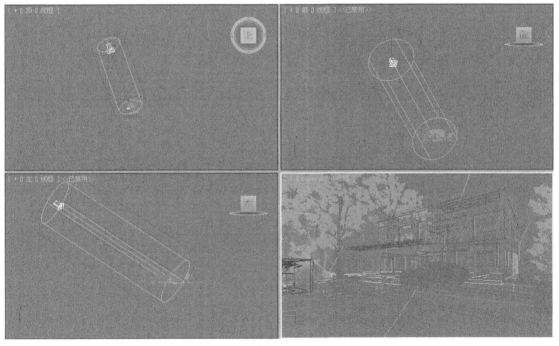

图15-300

Step 02　选择上一步创建的目标平行光，然后进入"修改"面板，具体参数设置如图15-301所示。

①展开"常规参数"卷展栏，然后在"阴影"选项组下勾选"启用"选项，接着设置阴影类型为VRayShadow（VRay阴影）。

②展开"强度/颜色/衰减"卷展栏，然后设置"倍增"为2，接着设置颜色为（红:255，绿:238，蓝:188）。

③展开"平行光参数"卷展栏，然后设置"聚光区/光束"为2200mm、"衰减区/区域"为2300mm。

④展开VRayShadows params（VRay阴影参数）卷展栏，然后勾选"区域阴影"选项，接着设置"U向尺寸"、"V向尺寸"和"W向尺寸"均为40mm，最后设置"细分"为20。

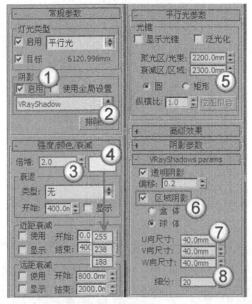

图15-301

15.8.3 渲染设置

Step 01 按F10键打开"渲染设置"对话框，然后设置渲染器为VRay渲染器，接着单击"公用"选项卡，最后在"公用参数"卷展栏下设置渲染尺寸为1200×900，并锁定图像的纵横比，如图15-302所示。

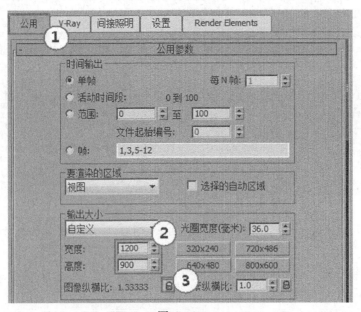

图15-302

Step 02 单击"间接照明"选项卡，然后在"间接照明"卷展栏下勾选"开"选项，接着设置"首次反弹"的"全局照明引擎"为"发光图"、"二次反弹"的"全局照明引擎"为"灯光缓存"，如图15-303所示。

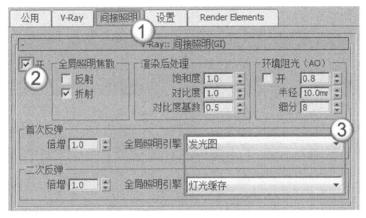

图15-303

Step 03 展开"发光贴图"卷展栏，然后设置"当前预置"为"低"，接着勾选"显示计算相位"和"显示直接光"选项，如图15-304所示。

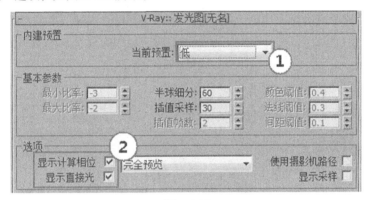

图15-304

Step 04 展开"灯光缓存"卷展栏，然后设置"细分"为1000，接着勾选"显示计算相位"选项，如图15-305所示。

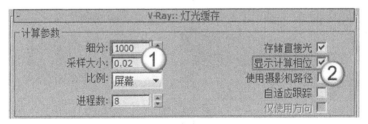

图15-305

Step 05 单击"设置"选项卡，然后在"DMC采样器"卷展栏下设置"适应数量"为0.8、"噪波阈值"为0.005、"最小采样值"为12，如图15-306所示。

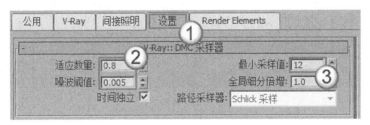

图15-306

Step 06 展开"系统"卷展栏，然后设置"区域排序"为"Top->Bottom（从上->下）"，接着关闭"显示窗口"选项，如图15-307所示。

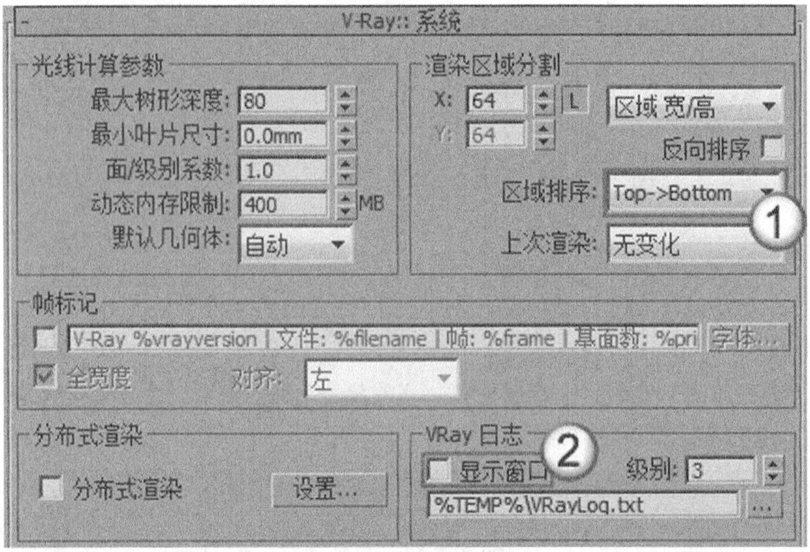

图15-307

Step 07 按F9键渲染当前场景，最终效果如图15-308所示。

图15-308

15.9　综合实例4——地中海风格别墅多角度日光表现

本例是一个超大型地中海风格的别墅场景，灯光、材质的设置方法很简单，重点在于掌握大型室外场景的制作流程，即"调整出图角度→检测模型是否存在问题→制作材质→创建灯光→设置最终渲染参数"这个流程，图15-309所示是本例3个角度的渲染效果及其线框图。

图15-309

15.9.1　创建摄影机

本例有3个出图角度，因此需要创建3台摄影机来确定这3个角度。另外，在本节内容中涉及一个很重要的修改器——"摄影机校正"修改器。

Step 01 打开光盘中的"场景文件>第15章>综合案例4.max"文件，如图15-310所示。

图15-310

Step 02 设置摄影机类型为"标准"，然后在顶视图中创建一台目标摄影机，其位置如图15-311所示。

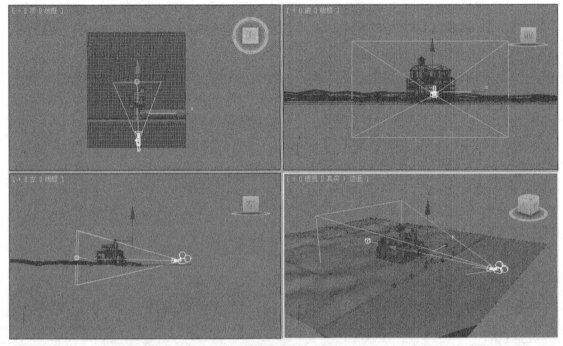

图15-311

Step 03 选择目标摄影机，然后在"参数"卷展栏下设置"镜头"为35mm、"视野"为54.432度，如图15-312所示。

图15-312

Step 04 确定了摄影机的观察范围后，在摄影机上单击鼠标右键，然后在弹出的快捷菜单中选择"应用摄影机校正修改器"命令，对摄影机进行透视校正，使3点透视变成两点透视效果，如图15-313所示。

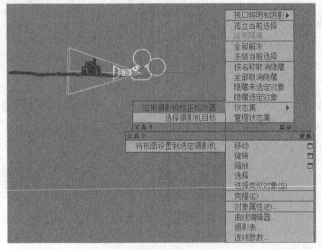

图15-313

Step 05　切换到"修改"面板，然后在"2点透视校正"卷展栏下设置"数量"为-1.302，如图15-314所示。

图15-314

技术专题15-4　摄影机校正修改器

在默认情况下，摄影机视图使用3点透视，其中垂直线看上去在顶点上汇聚。而对摄影机应用"摄影机校正"修改器（注意，该修改器不在"修改器列表"中）以后，可以在摄影机视图中使用两点透视。在两点透视中，垂直线保持垂直。下面举例说明该修改器的具体作用。

第1步：在场景中创建一个圆柱体和一台目标摄影机，如图15-315所示。

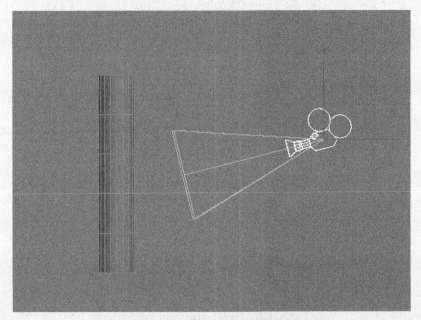

图15-315

第2步：按C键切换到摄影机视图，可以发现圆柱体在摄影机视图中与垂直线不垂直，如图15-316所示。

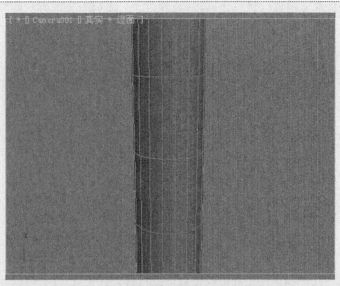

图15-316

第3步：为目标摄影机应用"摄影机校正"修改器，这样可以将圆柱体的垂直线与摄影机视图的垂直线保持垂直，如图15-317所示。这就是"摄影机校正"修改器的主要作用。

图15-317

Step 06 按F10键打开"渲染设置"对话框，然后设置渲染器为VRay渲染器，接着单击"公用"选项卡，最后在"公用参数"卷展栏下设置渲染尺寸为1700×1020，并锁定图像的纵横比，如图15-318所示。

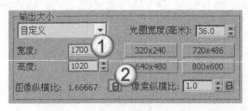

图15-318

Step 07　按C键切换到摄影机视图，然后按Shift+F组合键打开安全框，观察完整的出图画面，如图15-319所示。

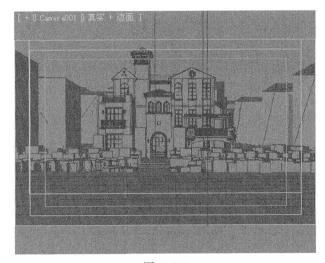

图15-319

Step 08　复制两台目标摄影机，然后用相同的方法调整好第2个和第3个出图角度，如图15-320和图15-321所示。

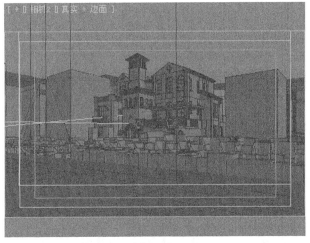

图15-320

图15-321

15.9.2 检测模型

摄影机的角度确定好以后，在设置材质与灯光之前需要对模型进行一次检测，以确定场景模型是否存在问题。

Step 01 选择一个空白材质球，然后设置"漫反射"颜色为（红:240，绿:240，蓝:240），以这个颜色作为模型的通用颜色，材质球如图15-322所示。

图15-322

Step 02 打开"渲染设置"对话框，然后单击VRay选项卡，接着在"全局开关"卷展栏中勾选"覆盖材质"选项，接着将设置好的材质球拖曳到"覆盖材质"选项后面的"无"按钮上，最后在弹出的对话框中设置"方法"为"实例"，如图15-323所示。

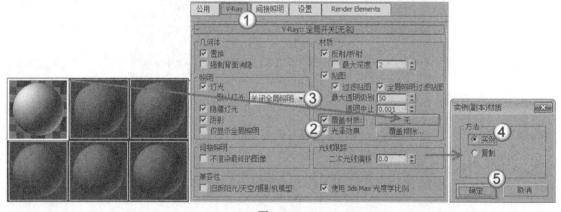

图15-323

Step 03 设置灯光类型为VRay，然后在顶视图中创建一盏VRay灯光，其位置如图15-324所示。

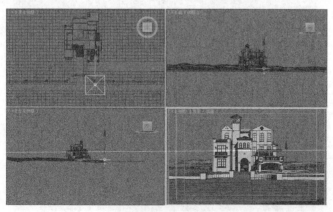

图15-324

Step 04　选择上一步创建的VRay灯光，然后在"参数"卷展栏下设置"类型"为"穹顶"，接着设置"倍增"为1，最后勾选"不可见"选项，如图15-325所示。

图15-325

Step 05　打开"渲染设置"对话框，然后在"公用参数"卷展栏下设置测试渲染尺寸为500×300，如图15-326所示。

图15-326

Step 06　单击VRay选项卡，然后展开"图像采样器（反锯齿）"卷展栏，接着设置"图像采样器"的"类型"为"固定"，接着在"抗锯齿过滤器"选项组下关闭"开"选项，如图15-327所示。

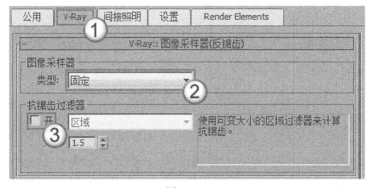

图15-327

Step 07　单击"间接照明"选项卡，然后在"间接照明（GI）"卷展栏下勾选"开"选项，接着设置"首次反弹"的"全局光引擎"为"发光图"、"二次反弹"的"全局光引擎"为"灯光缓存"，如图15-328所示。

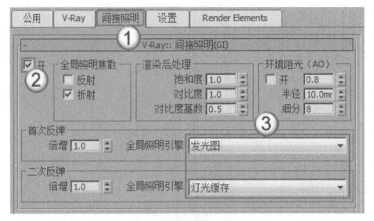

图15-328

Step 08 展开"发光图"卷展栏，然后设置"当前预置"为"非常低"，接着设置"半球细分"为20、"插值采样"为10，最后勾选"显示计算相位"选项，如图15-329所示。

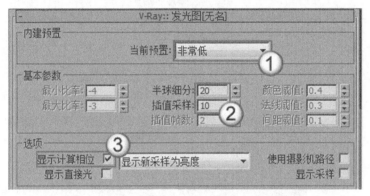

图15-329

Step 09 展开"灯光缓存"卷展栏，然后设置"细分"为100、"进程数"为4，接着勾选"显示计算相位"选项，如图15-330所示。

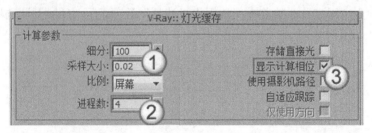

图15-330

提示：在检测模型时，可以将渲染参数设置得非常低，这样可以节省很多渲染时间。

Step 10 按大键盘上的8键打开"环境和效果"对话框，然后在"环境"选项卡下设置"颜色"为白色，如图15-331所示。

图15-331

Step 11 按F9键测试渲染当前场景，效果如图15-332所示。

图15-332

提示：从图15-332中可以观察到模型没有任何问题，渲染角度也很合理。下面就可以为场景设置材质和灯光了。

15.9.3 材质制作

本例的场景对象材质主要包括外墙材质、玻璃材质和草地材质，如图15-333所示。

图15-333

1.制作外墙材质

外墙材质的模拟效果如图15-334所示。

图15-334

选择一个空白材质球，然后设置材质类型为VRayMtl材质，并将其命名为"外墙"，接着设置"漫反射"颜色为（红:255，绿:245，蓝:200），如图15-335所示，制作好的材质球效果如图15-336所示。

图15-335

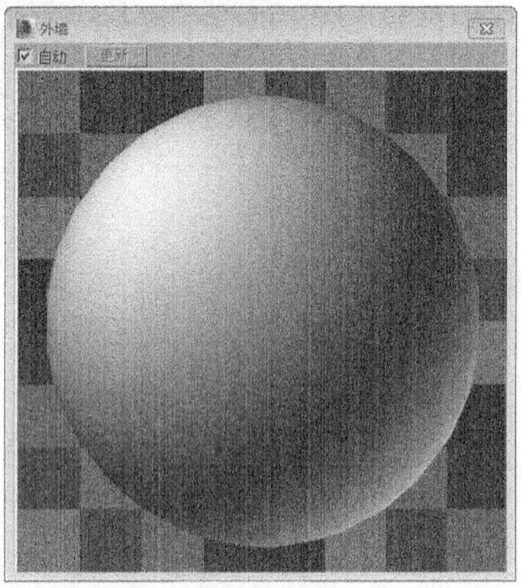

图15-336

2.制作玻璃材质

玻璃材质的模拟效果如图15-337所示。

图15-337

选择一个空白材质球，然后设置材质类型为VRayMtl材质，并将其命名为"玻璃"，具体参数设置如图15-338所示，制作好的材质球效果如图15-339所示。

①设置"漫反射"颜色为黑色。

②设置"反射"颜色为（红:85，绿:85，蓝:85），然后设置"高光光泽度"为0.85、"细分"为10。

③设置"折射"颜色为（红:230，绿:230，蓝:230），然后勾选"影响阴影"选项。

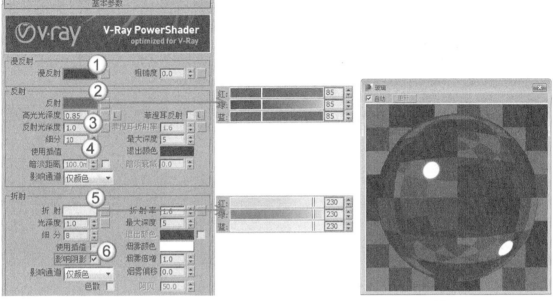

图15-338　　　　　　　　　　　　　　　　　　　　　　图15-339

3.制作草地材质

草地材质的模拟效果如图15-340所示。

图15-340

Step 01 选择一个空白材质球，然后设置材质类型为VRayMtl材质，并将其命名为"草地"，具体参数设置如图15-341所示，制作好的材质球效果如图15-342所示。

①在"漫反射"贴图通道中加载一张光盘中的"实例文件>第15章>综合实例4：地中海风格别墅多角度日光表现>Archexteriors1_001_Grass.jpg"文件，然后在"坐标"卷展栏下设置"模糊"为0.1。

②设置"反射"颜色为（红:28，绿:43，蓝:25），然后设置"反射光泽度"为0.85。

③展开"选项"卷展栏，然后关闭"跟踪反射"选项。

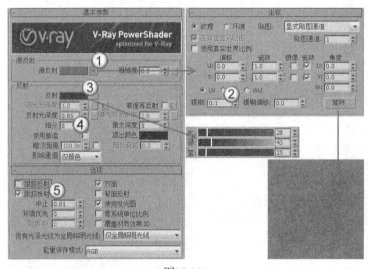

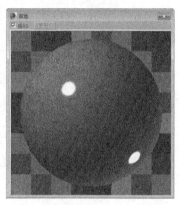

图15-341　　　　　　　　　　　　　　　　　　　　　　　图15-342

Step 02 选择草地模型，然后为其加载一个"VRay置换模式"修改器，接着展开"参数"卷展栏，具体参数设置如图15-343所示。

①在"类型"选项组下选择"2D贴图（景观）"选项。

②在"公用参数纹理贴图"通道中加载一张光盘中的"实例文件>第15章>综合实例4：地中海风格别墅多角度日光表现>Archexteriors1_001_Grass.jpg"文件，然后设置"数量"为152.4mm。

③在"2D贴图"选项组下设置"分辨率"为2048。

图15-343

15.9.4　灯光设置

　　由于本例是室外场景，且是制作白天效果，通常在没有特别要求的情况下，只需要为场景布置一盏太阳光就可以了。

Step 01　设置灯光类型为VRay，然后在前视图中创建一盏VRay太阳，接着在弹出的对话框中单击"是"按钮 是(Y)，其位置如图15-344所示。

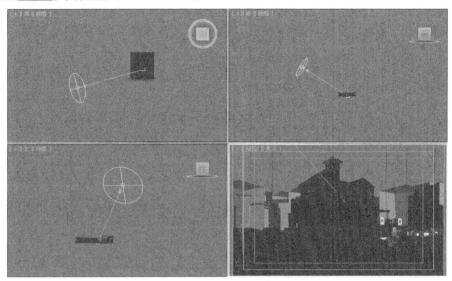

图15-344

Step 02　按大键盘上的8键打开"环境和效果"对话框，然后将"环境贴图"通道中的"VRay天空"贴图拖曳到一个空白材质球上，并在弹出的对话框中设置"方法"为"实例"，如图15-345所示。

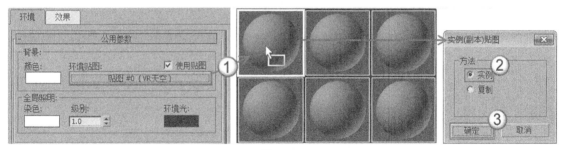

图15-345

Step 03　展开"VRay天空参数"卷展栏，勾选"指定太阳节点"选项，然后单击"太阳光"选项后面的"无"按钮 无，接着在场景中拾取VRay太阳，最后设置"太阳强度倍增"为0.04，具体参数设置如图15-346所示。

图15-346

Step 04 选择VRay太阳，然后在"VRay太阳参数"卷展栏下设置"强度倍增"为0.045、"大小倍增"为4、"阴影细分"为20、"光子发射半径"为150000mm，如图15-347所示。

图15-347

Step 05 按F10键打开"渲染设置"对话框，然后单击VRay选项卡，接着在"全局开关"卷展栏下关闭"覆盖材质"选项，如图15-348所示。

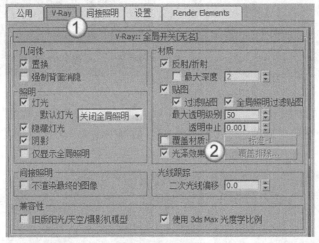

图15-348

Step 06 切换到第1个摄影机视图，然后按F9键测试渲染当前场景，效果如图15-349所示。

图15-349

提示： 观察渲染效果，太阳的光照效果很理想。测试图中出现的锯齿现象是因为渲染参数设置过低。

15.9.5 渲染设置

Step 01 按F10键打开"渲染设置"对话框，然后设置渲染器为VRay渲染器，接着单击"公用"选项卡，最后在"公用参数"卷展栏下设置渲染尺寸为1700×1020，并锁定图像的纵横比，如图15-350所示。

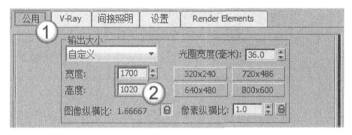

图15-350

Step 02 单击VRay选项卡，然后在"图像采样器（反锯齿）"卷展栏下设置"图像采样器"的"类型"为"自适应确定性蒙特卡洛"，接着在"抗锯齿过滤器"选项组下勾选"开"选项，并设置"抗锯齿过滤器"的类型为Mitchell-Netravali，如图15-351所示。

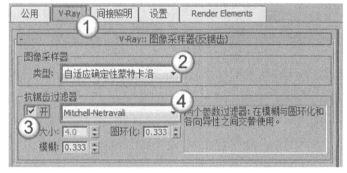

图15-351

Step 03 单击"间接照明"选项卡，然后在"间接照明（GI）"卷展栏下勾选"开"选项，接着设置"首次反弹"的"全局光引擎"为"发光图"、"二次反弹"的"全局光引擎"为"灯光缓存"，如图15-352所示。

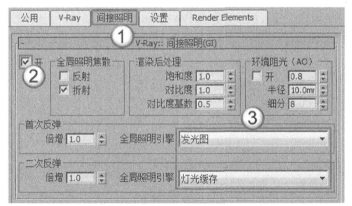

图15-352

Step 04 展开"发光图"卷展栏，然后设置"当前预置"为"中"，接着设置"半球细分"60、"插值采样"为20，最后勾选"显示计算相位"和"显示直接光"选项，如图15-353所示。

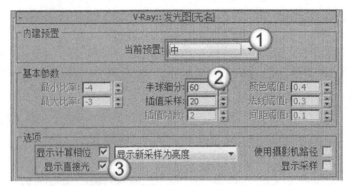

图15-353

Step 05 展开"灯光缓存"卷展栏，然后设置"细分"1500、"采样大小"为0.02，接着关闭"存储直接光"选项，最后勾选"显示计算相位"选项，如图15-354所示。

图15-354

Step 06 单击"设置"选项卡，然后在"DMC采样器"卷展栏下设置"适应数量"为0.7、"噪波阈值"为0.002，如图15-355所示。

图15-355

Step 07 展开"系统"卷展栏，然后设置"最大树形深度"为60、"面/级别系数"为2，接着设置"渲染区域分割"的X为32、"区域排序"为Top–>Bottom（从上–>下），最后关闭"显示窗口"选项，具体参数设置如图15-356所示。

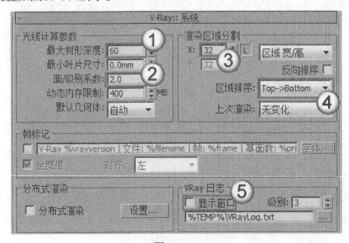

图15-356

Step 08 切换到第1个摄影机视图，然后按F9键渲染当前场景，效果如图15-357所示。

图15-357

Step 09 切换到第2个和第3个摄影机视图，然后按F9键渲染出这两个角度，效果如图15-358和图15-359所示。

图15-358

图15-359

15.10 综合练习5——童话四季

本例是一个大型的CG场景，展现的是大自然中四季的差异以及不同时间的变化，实例渲染效果如图15-360所示（图上部没有景深效果，下部有景深效果），局部特写镜头效果如图15-361~图15-364所示。四季的变化主要体现在整体的色调上，草绿色代表春季、深绿色代表夏季、黄色代表秋季、白色代表冬季，同时还要在细节上表现出不同时节的特点，比如每个季节的植物颜色和生长状态都有所不同。要完美地表现出四季效果，首先要突出植物春季发芽、夏季繁茂、秋季泛黄、冬季凋零这4个特点；然后就是四季的光照效果，春季的光照比较柔和、夏季则是热情剧烈的、秋季要回归安逸平和的感觉、冬季伴随着皑皑白雪的到来场景将会趋于暗淡沉静。

图15-360

图15-361

图15-362

图15-363

图15-364

15.10.1　春

春季效果如图15-365所示。

图15-365

1.材质制作

春季场景的材质类型包括树干材质、树叶材质、蔓藤材质、花朵材质、木屋材质和鸟蛋材质。

<1>制作树干材质

树干材质的模拟效果如图15-366所示。

图15-366

Step 01 打开光盘中的"场景文件>第15章>综合练习5-1.max"文件，如图15-367所示。

图15-367

Step 02 选择一个空白材质球，然后设置材质类型为"标准"材质，并将其命名为"树干"，接着展开"贴图"卷展栏，具体参数设置如图15-368所示，制作好的材质球效果如图15-369所示。

①在"漫反射颜色"贴图通道中加载一张光盘中的"实例文件>第15章>综合实例5：童话四季（CG表现）>树皮UV.jpg"文件。

②将"漫反射颜色"通道中的贴图复制到"凹凸"贴图通道上，然后设置凹凸的强度为20。

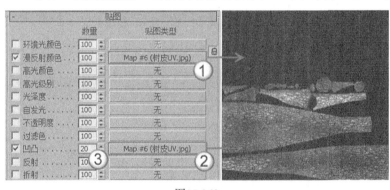

图15-368

图15-369

Step 03 将制作好的材质指定给树干模型，然后按F9键单独测试渲染树干模型，效果如图15-370所示。

图15-370

提示： 这里介绍一下如何单独渲染对象。

单独渲染对象与单独编辑模型的道理相同。先选择要渲染的对象，然后按Alt+Q组合键进入孤立选择模式，如图15-371所示，接着按F9键即可对其进行单独测试渲染。

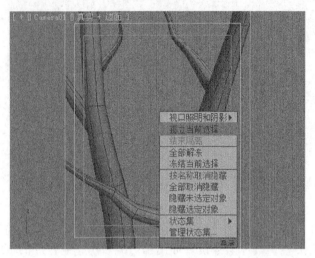

图15-371

<2>制作树叶材质

树叶材质的模拟效果如图15-372所示。

图15-372

Step 01 选择一个空白材质球，然后设置材质类型为"标准"材质，并将其命名为"树叶"，接着展开"贴图"卷展栏，具体参数设置如图15-373所示，制作好的材质球效果如图15-374所示。

①在"漫反射颜色"贴图通道中加载一张光盘中的"树叶.jpg"文件。

②在"不透明度"贴图通道中加载一张光盘中的"树叶黑白.jpg"文件。

③在"凹凸"贴图通道中加载一张光盘中的"树叶.jpg"文件。

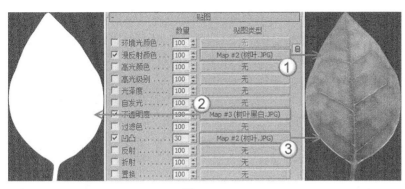

图15-373　　　　　　　　　　　　　　　图15-374

Step 02 将制作好的材质指定给树叶模型，然后按F9键单独测试渲染树叶模型，效果如图15-375所示。

图15-375

<3>制作蔓藤材质

蔓藤材质的模拟效果如图15-376所示。

图15-376

Step 01 选择一个材质球，然后设置材质类型为"标准"材质，并将其命名为"蔓藤"，接着设置"漫反射"颜色为（红:8，绿:42，蓝:0），最后设置"高光级别"为20、"光泽度"为20、"柔化"为0.5，具体参数设置如图15-377所示，制作好的材质球效果如图15-378所示。

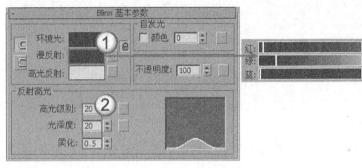
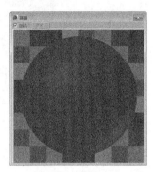

图15-377　　　　　　　　　　　　　　　　　　　　　　图15-378

Step 02 将制作好的材质指定给蔓藤模型，然后按F9键单独测试渲染蔓藤模型，效果如图15-379所示。

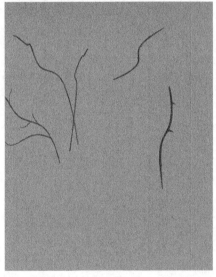

图15-379

<4>制作花朵材质

花朵材质的模拟效果如图15-380所示。

图15-380

Step 01 选择一个空白材质球，然后设置材质类型为"标准"材质，并将其命名为"花朵"，接着展开"贴图"卷展栏，具体参数设置如图15-381所示，制作好的材质球效果如图15-382所示。

①在"漫反射颜色"贴图通道中加载一张光盘中的"花.jpg"文件。

②将"漫反射颜色"通道中的贴图复制到"凹凸"贴图通道上。

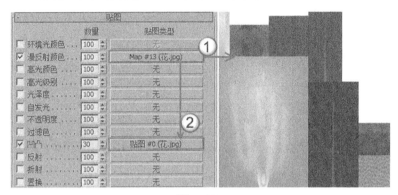
图15-381

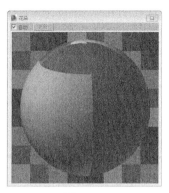
图15-382

Step 02 将制作好的材质指定给花朵模型，然后按F9键单独测试渲染花朵模型，效果如图15-383所示。

图15-383

<5>制作木屋材质

木屋的材质包含3个部分，分别是顶侧面（屋顶和侧面）材质、正面材质和底座材质，其模拟效果如图15-384~图15-386所示。

图15-384

图15-385

图15-386

Step 01 下面制作木屋顶侧面的材质。选择一个空白材质球，然后设置材质类型为"标准"材质，并将其命名为"顶侧面"，接着展开"贴图"卷展栏，具体参数设置如图15-387所示，制作好的材质球效果如图15-388所示。

①在"漫反射颜色"贴图通道中加载一张光盘中的"实例文件>第15章>综合实例5：童话四季（CG表现）>顶侧面.jpg"文件。

②将"漫反射颜色"通道中的贴图复制到"凹凸"贴图通道上，然后设置凹凸的"强度"为100。

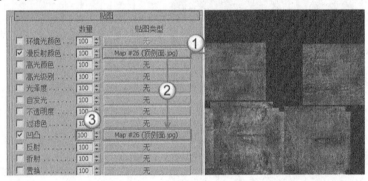
图15-387

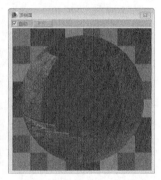
图15-388

Step 02 下面制作木屋正面的材质。选择一个空白材质球，然后设置材质类型为"标准"材质，并将其命名为"正面背面"，接着展开"贴图"卷展栏，具体参数设置如图15-389所示，制作好的材质球效果如图15-390所示。

①在"漫反射颜色"贴图通道中加载一张光盘中的"实例文件>第15章>综合实例5：童话四季（CG表现）>正面.jpg"文件。

②将"漫反射颜色"通道中的贴图复制到"凹凸"贴图通道上。

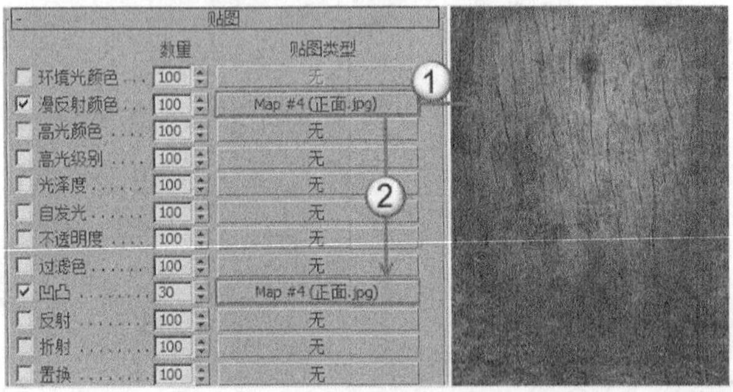

图15-389

图15-390

Step 03 下面制作木屋底座的材质。选择一个空白材质球，然后设置材质类型为"标准"材质，并将其命名为"底座"，接着展开"贴图"卷展栏，具体参数设置如图15-391所示，制作好的材质球效果如图15-392所示。

①在"漫反射颜色"贴图通道中加载一张光盘中的"实例文件>第15章>综合实例5：童话四季（CG表现）>底.jpg"文件。

②将"漫反射颜色"通道中的贴图复制到"凹凸"贴图通道上，然后设置凹凸的强度为35。

③将"凹凸"通道中的贴图复制到"置换"贴图通道上，然后设置置换的"强度"为4。

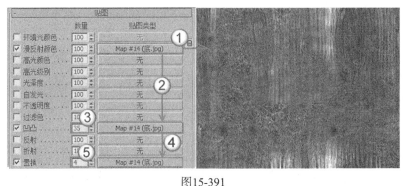

图15-391

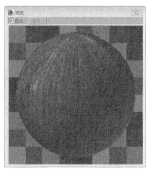

图15-392

Step 04 将制作好的材质指定给木屋模型，然后按F9键单独测试渲染木屋模型，效果如图15-393所示。

图15-393

<6>制作鸟蛋材质

鸟蛋材质的模拟效果如图15-394所示。

图15-394

Step 01　　选择一个空白材质球，然后设置材质类型为"标准"材质，并将其命名为"鸟蛋"，接着展开"贴图"卷展栏，具体参数设置如图15-395所示，制作好的材质球效果如图15-396所示。

①在"漫反射颜色"贴图通道中加载一张光盘中的"实例文件>第15章>综合实例5：童话四季（CG表现）>鸟蛋UV.jpg"文件。

②在"凹凸"贴图通道中加载一张"噪波"程序贴图，然后在"噪波参数"卷展栏下设置"大小"为1，接着设置凹凸的"强度"为30。

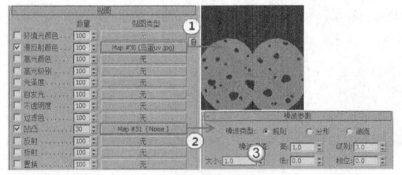

图15-395　　　　　　　　　　　　　　　　　　　图15-396

Step 02　　将制作好的材质指定给鸟蛋模型，然后按F9键单独测试渲染木屋和鸟蛋模型，效果如图15-397所示。

图15-397

2.灯光设置

Step 01 设置灯光类型为VRay，然后在场景中创建一盏VRay太阳，接着在弹出的对话框中单击"是"按钮 ，其位置如图15-398所示。

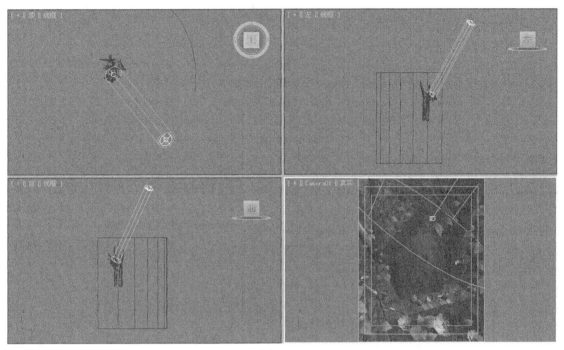

图15-398

Step 02 选择上一步创建的VRay太阳，然后在"VRay太阳参数"卷展栏下设置"浊度"为2.5、"臭氧"为0.3、"强度倍增"为0.004、"阴影偏移"为0.05mm、"光子发射半径"为111mm，具体参数设置如图15-399所示。

图15-399

3.渲染设置

Step 01 按F10键打开"渲染设置"对话框，然后设置渲染器为VRay渲染器，接着单击VRay选项卡，最后在"全局开关"卷展栏下设置"默认灯光"为"关"，如图15-400所示。

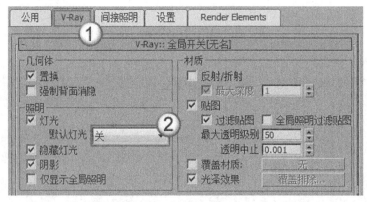

图15-400

Step 02 展开"图像采样器（反锯齿）"卷展栏，然后在"图像采样器（反锯齿）"卷展栏下设置"图像采样器"的"类型"为"自适应细分"，接着在"抗锯齿过滤器"选项组下设置"抗锯齿过滤器"的类型为Catmull-Rom，如图15-401所示。

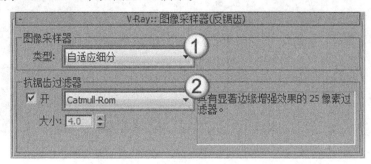

图15-401

Step 03 单击"间接照明"选项卡，然后在"间接照明（GI）"卷展栏下勾选"开"选项，接着设置"首次反弹"的"全局光引擎"为"发光图"、"二次反弹"的"全局光引擎"为"灯光缓存"，如图15-402所示。

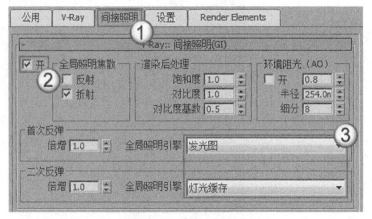

图15-402

Step 04 展开"发光图"卷展栏，然后设置"当前预置"为"高"，接着勾选"显示计算相位"和"显示直接光"选项，如图15-403所示。

Step 05 展开"灯光缓存"卷展栏，然后设置"细分"为1500、"采样大小"为0.002，接着勾选"显示计算相位"选项，如图15-404所示。

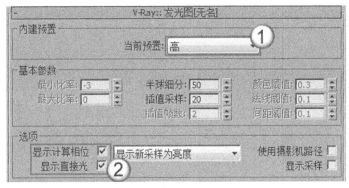

图15-403

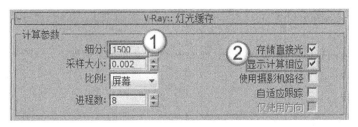

图15-404

Step 06 单击"设置"选项卡,然后在"DMC采样器"卷展栏下设置"适应数量"为0.7、"噪波阈值"为0.005,如图15-405所示。

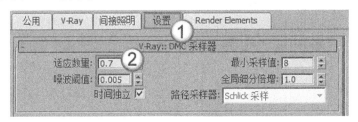

图15-405

Step 07 按F9键测试渲染当前场景,效果如图15-406所示。

图15-406

提示：从图15-406中可以发现整体效果基本达到了要求,但为了使景物更好地融合到场景中,所以还需要添加景深效果。

Step 08 单击"V-Ray"选项卡，然后展开"摄像机"卷展栏，接着在"景深"选项组下勾选"开"选项，最后设置"光圈"为1.5mm、"焦距"为200mm，具体参数设置如图15-407所示。

Step 09 按F9键渲染当前场景，效果如图15-408所示。

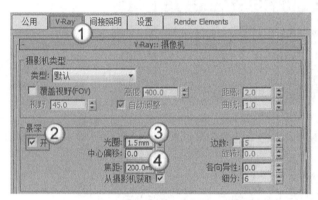

图15-407

图15-408

4.后期处理

启动Photoshop，然后打开渲染好的图像，接着按Ctrl+M组合键打开"曲线"对话框，最后将曲线向上调节，使图像变亮，如图15-409所示，最终效果如图15-410所示。

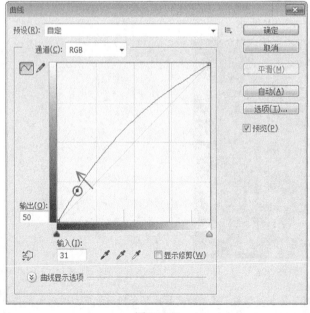

图15-409

图15-410

15.10.2　夏

春季和夏季的区别不大，除了个别模型不同之外，最大的差别就在于材质贴图的不同以及阳光的强度。相比春季而言，夏季的叶子更大一些，材质颜色也略重一些，同时树干的颜色也有细微的变化，如图15-411所示。

图15-411

1.材质制作

夏季场景的材质类型包括向日葵材质和小鸟材质。其他材质的制作方法与春季相同，因此下面不进行讲解。

<1>制作向日葵材质

向日葵材质的模拟效果如图15-412所示。

图15-412

Step 01 打开光盘中的"场景文件>第15章>综合练习5-2.max"文件，如图15-413所示。

图15-413

Step 02 选择一个空白材质球，然后设置材质类型为"标准"材质，并将其命名为"向日葵"，接着展开"贴图"卷展栏，具体参数设置如图15-414所示，制作好的材质球效果如图15-415所示。

①在"漫反射颜色"贴图通道中加载一张光盘中的"实例文件>第15章>综合实例5：童话四季（CG表现）>向日葵.jpg"文件。

②将"漫反射颜色"通道中的贴图复制到"凹凸"贴图通道上，然后设置凹凸的强度为130。

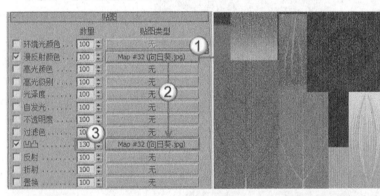

图15-414

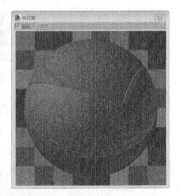

图15-415

Step 03 将制作好的材质指定给向日葵模型，然后按F9键单独测试渲染向日葵模型，效果如图15-416所示。

图15-416

<2>制作小鸟材质

小鸟材质分为两个部分，分别是鸟身材质和鸟腿材质，其模拟效果如图15-417和图15-418所示。

图15-417　　　　　　　　　　　　　　图15-418

Step 01 下面制作鸟身材质。选择一个空白材质球，然后设置材质类型为"标准"材质，并将其命名为"鸟身"，接着展开"贴图"卷展栏，具体参数设置如图15-419所示，制作好的材质球效果如图15-420所示。

①在"漫反射颜色"贴图通道中加载一张光盘中的"实例文件>第15章>综合实例5：童话四季（CG表现）>鸟.jpg"文件。

②将"漫反射颜色"通道中的贴图复制到"凹凸"贴图通道上，然后设置凹凸的强度为46。

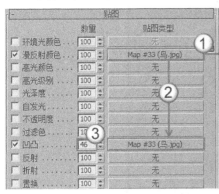

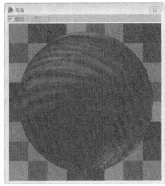

图15-419　　　　　　　　　　　　　　图15-420

Step 02 下面制作鸟腿材质。选择一个空白材质球，然后设置材质类型为"标准"材质，并将其命名为"鸟腿"，具体参数设置如图15-421所示，制作好的材质球效果如图15-422所示。

①在"反射高光"选项组下设置"高光级别"为10、"光泽度"为16。

②展开"贴图"卷展栏，然后在"漫反射颜色"贴图通道中加载一张"噪波"程序贴图，接着在"噪波参数"卷展栏下设置"大小"为0.8。

③将"漫反射颜色"通道中的贴图复制到"凹凸"贴图通道上，然后设置凹凸的强度为88。

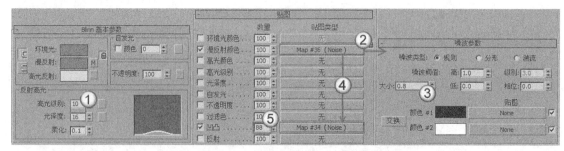

图15-421

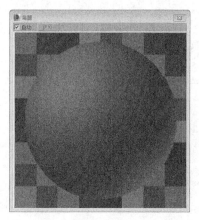

图15-422

Step 03 将制作好的材质指定给小鸟模型，然后按F9键单独测试渲染小鸟模型，效果如图15-423所示。

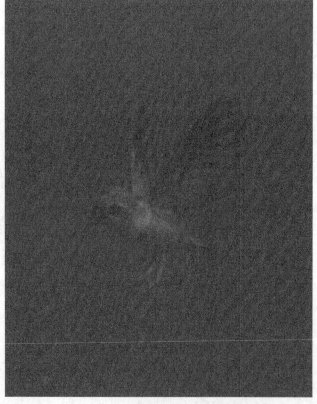

图15-423

提示：小木屋和树干的材质在这里就不再进行讲解了，可以将春季的贴图在Photoshop中进行相关的调色处理，使其接近于夏季的色调即可，如图15-424所示。

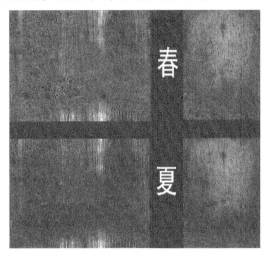

图15-424

2.灯光设置

Step 01　设置灯光类型为VRay，然后在场景中创建一盏VRay太阳（位置与春季相同），其位置如图15-425所示。

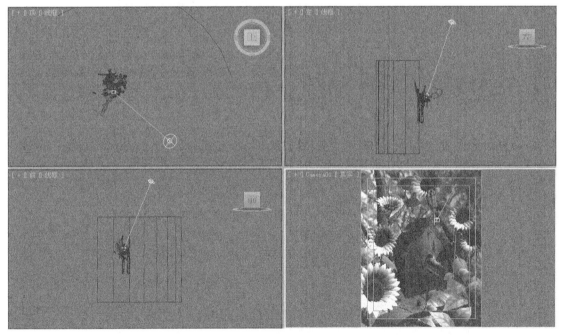

图15-425

Step 02　选择上一步创建的VRay太阳，然后在"VRay太阳参数"卷展栏下设置"浊度"为2.5、"臭氧"为0.3、"强度倍增"为0.003、"阴影偏移"为0.05mm、"光子发射半径"为111mm，具体参数设置如图15-426所示。

Step 03　设置灯光类型为"标准"，然后在场景中创建一盏泛光灯，其位置如图15-427所示。

图15-426

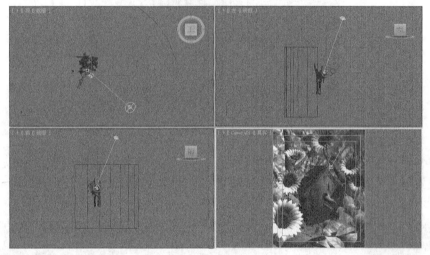

图15-427

Step 04 选择上一步创建的泛光灯，然后在"常规参数"卷展栏下单击"排除"按钮 排除... ，打开"排除/包含"对话框，接着在"场景对象"列表中选择如图15-428所示的对象，接着单击 >> 按钮将选定对象加载到右侧的"排除"列表中，如图15-429所示。

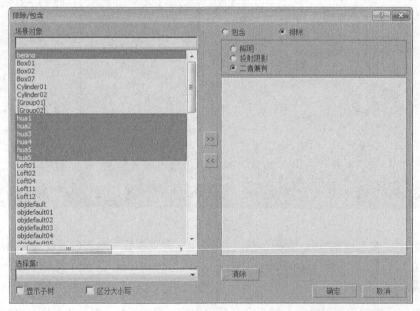

图15-428

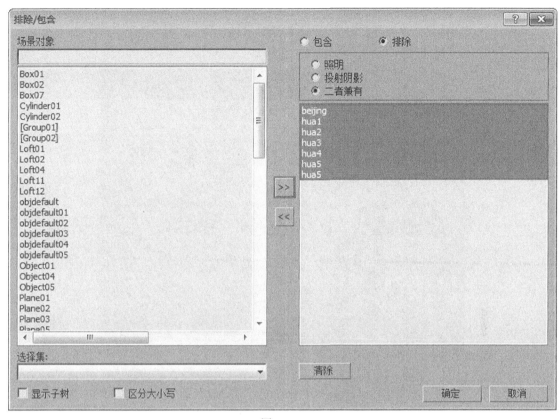

图15-429

技术专题15-5 [灯光排除技术]

灯光排除技术可以将对象排除于灯光照射效果之外。下面以图15-430中的场景来详细讲解一下该技术的用法。在这个场景中，有3把椅子以及4盏VRay面光源。

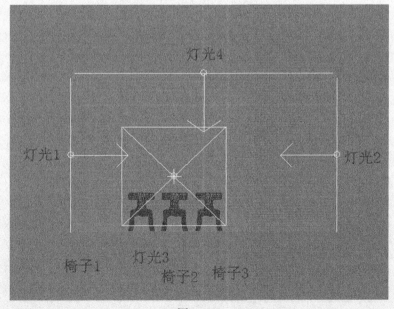

图15-430

第1步：按F9键测试渲染当前场景，效果如图15-431所示。从测试图中可以发现，3把椅子都受到了灯光的照射。

图15-431

第2步：下面将"椅子1"和"椅子2"排除于"灯光1"的照射范围以外。选择"灯光1"，然后在"参数"卷展栏下单击"排除"按钮 排除 ，打开"排除/包含"对话框，然后将Group01和Group02加载到"排除"列表中，如图15-432和图15-433所示。

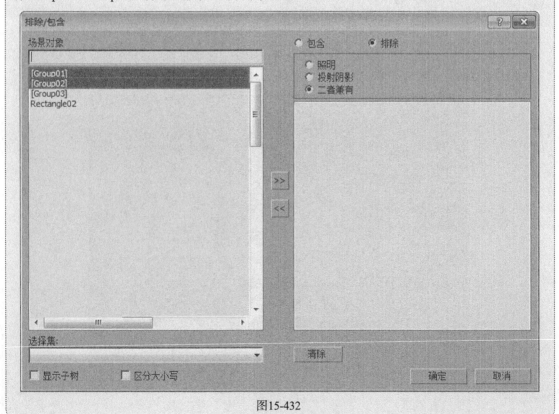

图15-432

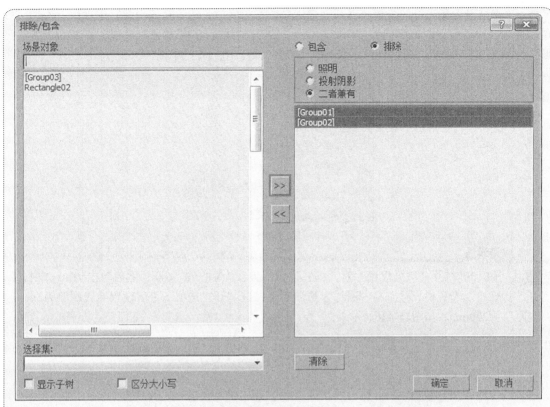

图15-433

第3步：按F9键测试渲染当前场景，效果如图15-434所示。从测试图中可以发现，"椅子1"和"椅子2"已经不受"灯光1"的影响了。

图15-434

Step 05 继续设置泛光灯的参数。展开"常规参数"卷展栏，然后在"阴影"选项组下勾选"启用"选项，接着设置阴影类型为"阴影贴图"；展开"强度/衰减/颜色"卷展栏，然后设置"倍增"为0.67，接着设置"颜色"为（红:255，绿:237，蓝:163），如图15-435所示。

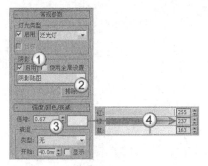

图15-435

3.渲染设置

Step 01 按F10键打开"渲染设置"对话框，设置渲染器为VRay渲染器，然后单击VRay选项卡，展开"摄像机"卷展栏，接着在"景深"选项组下勾选"开"选项，最后设置"光圈"为2mm、"焦距"为200mm，如图15-436所示。

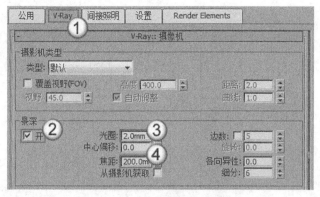

图15-436

Step 02 按照春季的渲染参数设置调整好夏季的其他渲染参数，然后按F9键渲染当前场景，最终效果如图15-437所示。

图15-437

15.10.3 秋

秋季和夏季的差别也不是很大，需要修改的仍然是部分模型及贴图的颜色，但是本场景添加了蘑菇、羽毛和一些枯叶来表现秋季的特点，如图15-438所示。

图15-438

1.材质制作

秋季场景的材质类型包括枯叶材质和羽毛材质。其他材质的制作方法与春季相同，因此下面不进行讲解。

<1>制作枯叶材质

枯叶材质的模拟效果如图15-439所示。

图15-439

Step 01 打开光盘中的"场景文件>第15章>综合练习5-3.max"文件，如图15-440所示。

图15-440

Step 02 选择一个空白材质球，然后设置材质类型为"标准"材质，并将其命名为"枯叶"，接着展开"贴图"卷展栏，具体参数设置如图15-441所示，制作好的材质球效果如图15-442所示。

① 在"漫反射颜色"贴图通道中加载一张光盘中的"实例文件>第15章>综合实例5：童话四季（CG表现）>枯叶1.jpg"文件。

② 在"不透明度"贴图通道中加载一张光盘中的"实例文件>第15章>综合实例5：童话四季（CG表现）>枯叶1黑白.jpg"文件。

③ 将"漫反射颜色"通道中的贴图复制到"凹凸"贴图通道上，然后设置凹凸的强度为72。

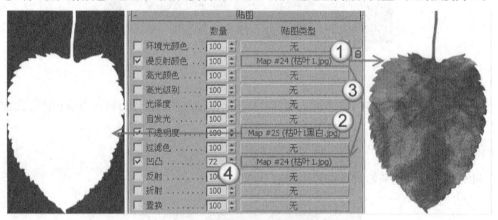

图15-441

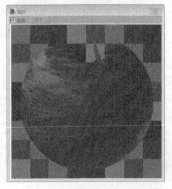

图15-442

<2>制作羽毛材质

羽毛材质的模拟效果如图15-443所示。

图15-443

选择一个空白材质球，然后设置材质类型为"标准"材质，并将其命名为"羽毛"，接着展开"贴图"卷展栏，具体参数设置如图15-444所示，制作好的材质球效果如图15-445所示。

① 在"漫反射颜色"贴图通道中加载一张光盘中的"实例文件>第15章>综合实例5：童话四季（CG表现）>羽毛.jpg"文件。

② 在"不透明度"贴图通道中加载一张光盘中的"实例文件>第15章>综合实例5：童话四季（CG表现）>羽毛黑白.jpg"文件。

图15-444

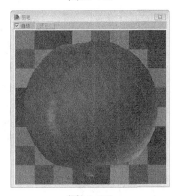

图15-445

提示： 关于其他材质的制作方法在这里就不再讲解了，只需要将春季的贴图色调调整成秋季的色调即可，如图15-446所示。

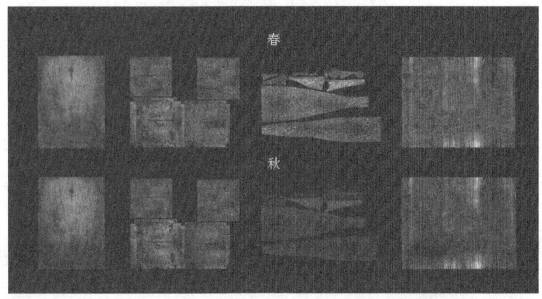

图15-446

2.渲染设置

Step 01 按F10键打开"渲染设置"对话框，设置渲染器为VRay渲染器，然后单击VRay选项卡，展开"摄像机"卷展栏，接着在"景深"选项组下勾选"开"选项，最后设置"光圈"为2mm、"焦距"为200mm，如图15-447所示。

Step 02 按照春季的渲染参数设置调整好秋季的其他渲染参数，然后按F9键渲染当前场景，最终效果如图15-448所示。

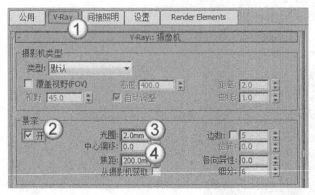

图15-447

图15-448

提示： 关于秋季灯光的设置方法请参阅春季的灯光设置。

15.10.4 冬

冬季给人的第一感觉就是冷，在视野中要体现出白茫茫的一片雪景，并且要配有正在飘落的雪花来衬托场景的氛围，如图15-449所示。

图15-449

1.制作雪材质

雪材质的模拟效果如图15-450所示。

Step 01 打开光盘中的"场景文件>第15章>综合练习5-4.max"文件，如图15-451所示。

图15-450

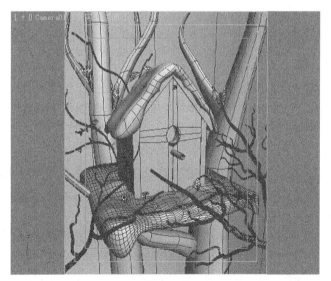

图15-451

Step 02 选择一个空白材质球，然后设置材质类型为"标准"材质，并将其命名为"雪"，接着设置"漫反射"颜色为白色，如图15-452所示。

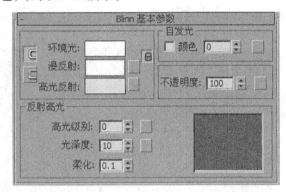

图15-452

Step 03 展开"贴图"卷展栏，然后在"光泽度"贴图通道中加载一张"细胞"程序贴图，接着在"细胞参数"卷展栏下设置"细胞特征"为"分形"、"大小"为1，如图15-453所示。

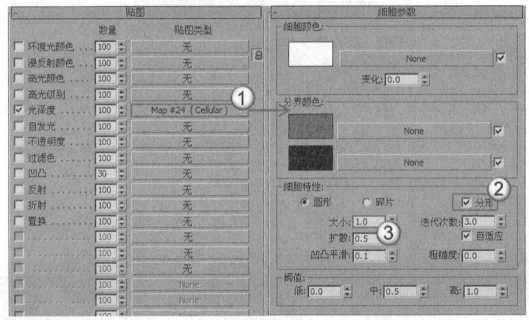

图15-453

Step 04 在"自发光"贴图通道中加载一张"遮罩"程序贴图，具体参数设置如图15-454所示。

①在"贴图"通道中加载一张"渐变坡度"程序贴图，然后在"渐变坡度参数"卷展栏下设置渐变色为5种蓝色的渐变色，接着设置"渐变类型"为"贴图"，最后在"源贴图"通道中加载一张"衰减"程序贴图。

②展开"衰减参数"卷展栏，然后设置"前"通道的颜色为白色、"侧"通道的颜色为黑色，接着设置"衰减类型"为"阴影/灯光"，最后在"混合曲线"卷展栏下调整好混合曲线的形状。

③返回到"渐变坡度参数"卷展栏，然后在"源贴图"后面的"衰减"程序贴图上单击鼠标右键，并在弹出的快捷菜单中选择"复制"命令，接着返回到"遮罩参数"卷展栏，在"遮罩"后面的贴图通道上单击鼠标右键，最后在弹出的快捷菜单中选择"粘贴（复制）"命令。

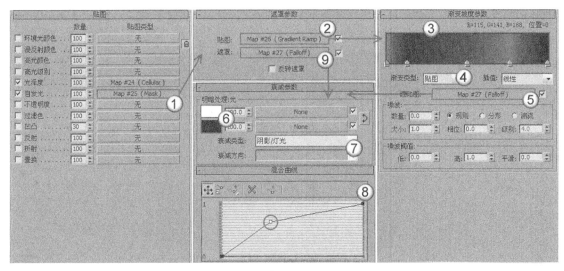

图15-454

Step 05 在 "凹凸" 贴图通道中加载一张 "细胞" 程序贴图, 然后在 "细胞参数" 卷展栏下设置 "细胞特征" 为 "分形", 接着设置 "大小" 为0.4, 具体参数设置如图15-455所示, 制作好的材质球效果如图15-456所示。

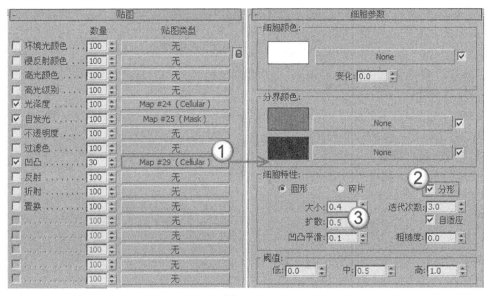

图15-455

图15-456

Step 06 按照春季的灯光设置及渲染参数调整好冬季的灯光设置及渲染参数，然后按F9键渲染当前
场景，效果如图15-457所示。

图15-457

2.制作飞雪特效

Step 01 启动Photoshop，然后打开前面渲染好的冬季效果图，接着按Shift+Ctrl+N组合键新建一个
"雪花1"图层，并用白色填充该图层，接着执行"滤镜>杂色>添加杂色"菜单命令，最后在弹
出的对话框中设置"数量"为400%、"分布"为"高斯分布"，并勾选"单色"选项，具体参数
设置如图15-458所示，效果如图15-459所示。

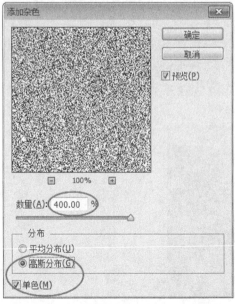

图15-458

图15-459

Step 02 执行"滤镜>其它>自定"菜单命令，然后在弹出的对话框中设置4个角上的数值为100，如图15-460所示，效果如图15-461所示。

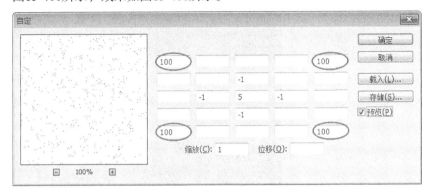

图15-460   图15-461

Step 03 使用"矩形选框工具"🔲框选一部分图像，如图15-462所示，然后按Shift+Ctrl+I组合键反选选区，接着按Delete键删除选区内的图像，最后按Ctrl+D组合键取消选区，效果如图15-463所示。

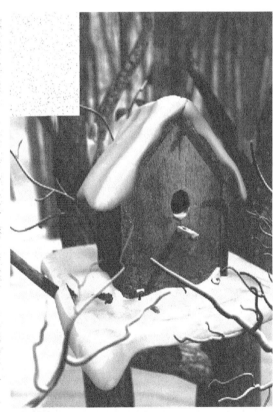

图15-462   图15-463

Step 04 按Ctrl+T组合键进入自由变换状态，然后将"雪花1"图层调整到与画布一样的大小，如图15-464所示，接着按Ctrl+I组合键将图像进行"反相"处理，效果如图15-465所示。

Step 05 使用"魔棒工具"🪄选择黑色区域，如图15-466所示，然后按Delete键删除黑色部分，接着按Ctrl+D组合键取消选区，效果如图15-467所示。

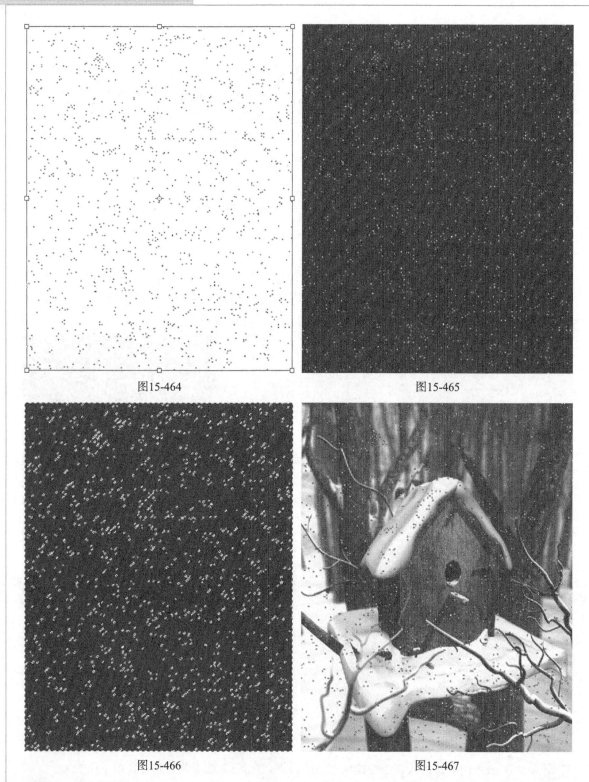

图15-464

图15-465

图15-466

图15-467

Step 06 按Ctrl+M组合键打开"曲线"对话框，然后将曲线调整成如图15-468所示的形状，效果如图15-469所示。

Step 07 按Ctrl+J组合键复制一个"雪花1副本"图层，然后使用"矩形选框工具" 框选一部分图像，如图15-470所示，接着按Shift+Ctrl+I组合键反选选区，最后按Delete键删除选区内的图像。

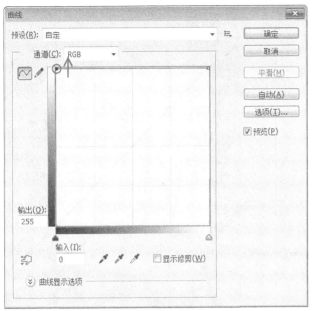

图15-468　　　　　　　　　　　　　　　图15-469

Step 08 按Ctrl+T组合键进入自由变换状态，然后将"雪花1副本"图层调整到与画布一样的大小，效果如图15-471所示。经过这个步骤就制作出了大小不同的雪花效果。

图15-470　　　　　　　　　　　　　　　图15-471

Step 09 按Ctrl+E组合键向下合并图层，将两个雪花图层合并为一个图层，然后执行"滤镜>模糊>动感模糊"菜单命令，接着在弹出的对话框中设置"角度"为76度、"距离"为16像素，如图15-472所示，效果如图15-473所示。

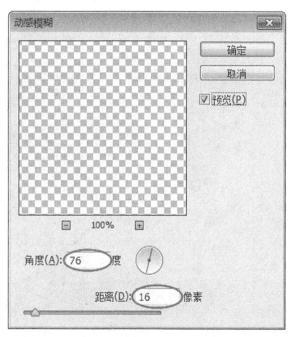

图15-472   图15-473

Step 10 继续使用"模糊工具" ◌和"橡皮擦工具" ▰对雪花的细节进行调整，最终效果如图 15-474所示。

图15-474

第 16 章 mental ray渲染器

本章导读

　　mental ray是业内著名的渲染器之一，由德国的mental images公司开发。自从1989年正式发布首个商业版本至今，其功能在不断地完善与提高，并一直处于业内领先地位，拥有庞大的用户群体和广泛的技术支持。其功能包括完整的灯光、反射、折射、焦散、全局光等，能实现一流的电影、游戏、建筑渲染效果，特别对于质量要求极高的电影特效领域，mental ray更是备受青睐，与Renderman一起被视为两大重要的电影级渲染器，如大家熟悉的《星球大战》、《刀锋战士》、《黑客帝国》、《后天》等大片中都广泛应用了mental ray渲染器。用户完成了3ds Max的安装之后，就可以使用mental ray了，无须再进行单独安装。

16.1 mental ray 渲染器简介

mental ray是早期出现的两个重量级的渲染器之一（另外一个是Renderman），为德国Mental Images公司的产品。在刚推出的时候，集成在著名的3D动画软件Softimage3D中作为其内置的渲染引擎。正是凭借着mental ray高效的速度和质量，Softimage3D一直在好莱坞电影制作中作为首选制作软件。

相对于Renderman而言，mental ray的操作更加简便，效率也更高，因为Renderman渲染系统需要使用编程技术来渲染场景，而mental ray只需要在程序中设定好参数，然后便会"智能"地对需要渲染的场景进行自动计算，所以mental ray渲染器也叫"智能"渲染器。

自mental ray渲染器诞生以来，CG艺术家就利用它制作出了很多令人惊讶的作品，图16-1所示是一些比较优秀的mental ray渲染作品。

图16-1

16.2 mental ray渲染参数

如果要将当前渲染器设置为mental ray渲染器，可以按F10键打开"渲染设置"对话框，然后在"公用"选项卡下展开"指定渲染器"卷展栏，接着单击"产品级"选项后面的"选择渲染器"按钮，最后在弹出的对话框中选择"mental ray渲染器"，如图16-2所示。

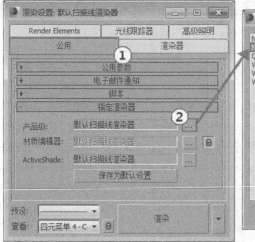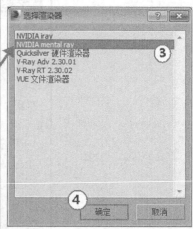

图16-2

将渲染器设置为mental ray渲染器后，在"渲染设置"对话框中将会出现"公用"、"渲染器"、"全局照明"、"处理"和Render Elements（渲染元素）5大选项卡。下面对"间接照明"和"渲染器"两个选项卡下的参数进行讲解，如图16-3所示。

图16-3

16.2.1 "渲染器"选项卡

"渲染器"选项卡下的参数可以用来设置采样质量、渲染算法、摄影机效果、阴影与置换和字符串选项等，如图16-4所示。

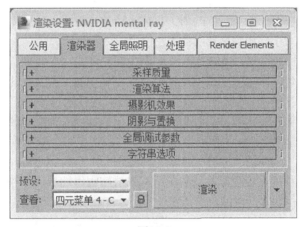

图16-4

1. "全局调试参数"卷展栏

功能介绍

"全局调试参数"卷展栏中的参数可以为软阴影、光泽反射和光泽折射提供对mental ray明暗器质量的高级控制。利用这些控件可调整总体渲染质量，而无需修改单个灯光和材质设置。通常减小全局调整参数值将缩短渲染时间，增大全局调整参数值将增加渲染时间，其参数面板如图16-5所示。

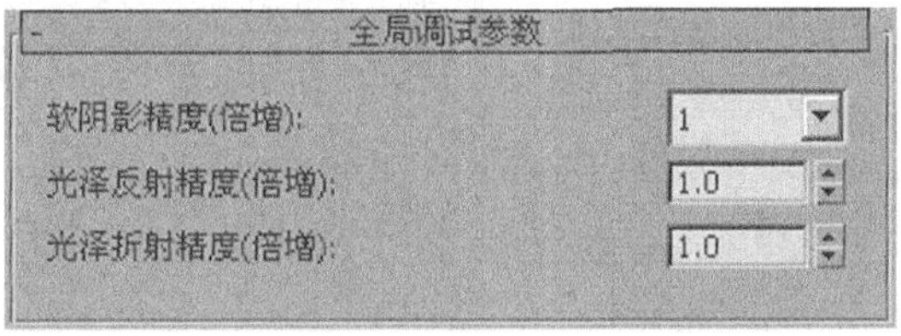

图16-5

参数详解

❖ 软阴影精度（倍增）：此参数是针对灯光阴影参数中的采样值而设置的控制器，灯光阴影的采样值乘以此参数值，就是渲染图像时的最终采样数。此参数有8个选项，分别是0.125、0.25、0.5、1、2、4、8和16，该值小于1时，实际渲染的阴影采样数低于灯光参数中的设置，从而使画面中的阴影质量偏低，但会提高渲染速度，一般用于测试渲染；该值大于1时，实际渲染的阴影采样数高于灯光参数中的设置，从而使画面中的阴影质量很高，但会增加渲染时间，一般用于成品图输出。

> **提示**：此参数一般只针对光线跟踪类型的阴影，支持的灯光包括光度学灯光（目标灯光、自由灯光、mr Sky门户）以及 mr Sun、mr区域泛光灯和 mr区域聚光灯。例如，将灯光阴影采样设置为8，"软阴影精度（倍增）"设置为0.5，这里就会以4（8×0.5）的采样来渲染场景。

❖ 光泽反射精度（倍增）：全局控制渲染场景中的反射质量。一般情况下，在反射类的材质中都有光泽采样的设置，而此参数就是光泽采样数的倍数，实际渲染中的光泽采样数等于材质中的光泽采样数乘以该参数值。同样，该值大于1时，反射光泽效果好；小于1时，反射光泽效果粗糙。

❖ 光泽折射精度（倍增）：全局控制渲染场景中的折射质量。与"光泽反射精度（倍增）"同理，该参数与材质中的折射光泽采样数相乘可以得到最终的采样效果。该值大于1时，折射光泽效果好；小于1时，折射光泽效果粗糙。

下面通过测试场景来了解相关参数的作用及使用技巧。

图16-6所示的场景中包含两个光度学灯光和两个圆柱体。由于光度学灯光默认状态下是以点光源发射光线的，要让灯光产生软阴影就要让灯光具有体积属性，所以这里应该在光度学灯光下的"图形/区域阴影"卷展栏中选择点光源以外的类型。这里选择的是"圆形"模式，两个灯光都具有半径为130mm的圆形发射器并可投射光线跟踪阴影，但左侧灯光的阴影采样设置为64，而右侧灯光的阴影采样设置为8，在"全局调试参数"卷展栏中将"软阴影精度（倍增）"设置为0.125、"光泽反射精度（倍增）"设置为1.0、"光泽折射精度（倍增）"设置为4.0。观察测试渲染效果得知，软阴影精度设置会影响场景中所有投射软阴影的灯光，在预览中为了提高效率，常常会把阴影精度设置得非常低以加快测试速度。

图16-6

2. "采样质量" 卷展栏

"采样质量" 卷展栏中的参数主要用于设置抗锯齿渲染图像时执行采样的方式，这些参数是为了消除渲染图像产生的表面走样、闪烁，以及图像的边缘锯齿等现象而存在的。当然材质贴图的清晰度也与"采样质量"有着重大的关系，其参数面板如图16-7所示。

图16-7

❖ "每像素采样"参数组：用于对渲染输出进行抗锯齿操作的最小和最大采样率。部分采样率组合的预设可以在渲染帧窗口通过图像精度（抗锯齿）滑块调节。

◇ 最小：设置最小采样率。该值代表每个像素的采样数量，大于或等于1时表示对每个像素进行一次或多次采样；小于1时表示一定数量的像素才进行一次采样，例如，1/4表示每4个像素采样1次，默认值为1/4。在需要重点表现细节的渲染场景中，此参数对那些细部结构的渲染质量影响非常大，例如在渲染欧式石膏线时，应该把此参数值设置为1，甚至更大。

◇ 最大：设置最大采样率。这个参数与"空间对比度"有一定的关联，当采样区域相邻的变化超过"空间对比度"的值时，则会按照该参数的设置对这个区域进行采样细分。

下面通过实例来了解"最小"与"最大"参数对场景的影响，为了便于观察，请打开"处理"选项卡中的"诊断"卷展栏，并启用"采样率"选项，如图16-8所示，这样可以更清楚地看到采样效果。

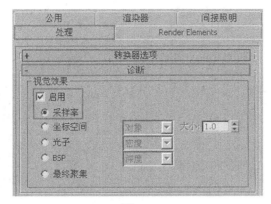

图16-8

在图16-9、图16-10和图16-11中，右侧的图就是启用诊断模式的渲染结果。观察测试渲染效果，我们可以清楚地看到采样的分布结果。在图16-9中，物体周围的边缘采样分布非常混乱，并且对比度也不是很强，并有很强的锯齿问题；在图16-10中，虽然对比度很强，采样在物体边缘分布也非常清楚，但采样数却不够，可以在踢脚线与地面交接的边界中看到，这些采样是断开的（在渲染欧式石膏线时，如果采样如此分布，一般会出现断线的现象，此时应该降低空间对比度来得到更多的采样）；在图16-11中，"空间对比度"值由默认的RGB=0.051降低至0.012，此时的采样效果就很好。由此可见，空间对比度与最小采样和最大采样是关联的，当提高最小采样和最大采样的值时，空间对比度也应该相应的提高。

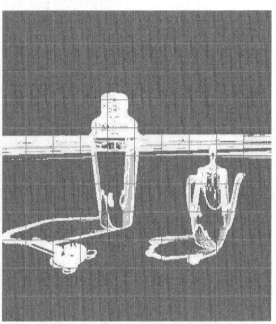

图16-9

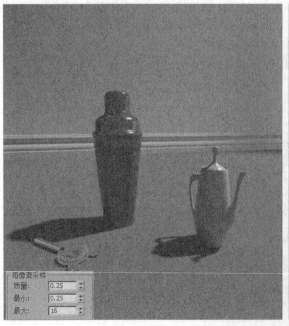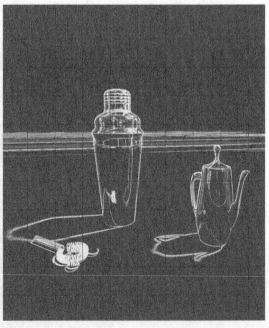

图16-10

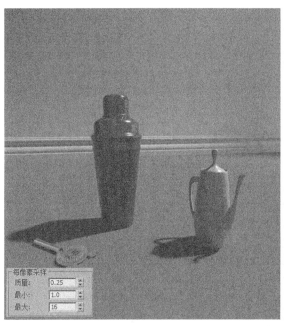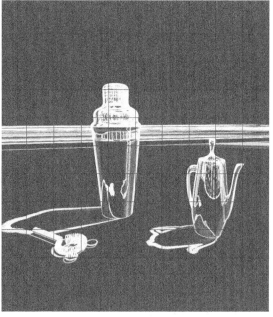

图16-11

❖　"过滤器"参数组。

　　◇　类型：设置过滤器类型，将确定如何将多个采样合并成一个单独的像素值。过滤器类型有长方体、高斯、三角形、Mitchell或Lanczos，默认设置为长方体。

①长方体：对所有的过滤区域的采样进行求和运算，过滤区域的权重相等。这是最快速的采样方法。

②高斯：采用位于像素中心的高斯（贝尔）曲线对采样进行加权。

③三角形：采用位于像素中心的三角形对采样进行加权。

④Mitchell：采用位于像素中心的曲线（比高斯曲线陡峭）对采样进行加权。

⑤Lanczos：采用位于像素中心的曲线（比高斯曲线陡峭）对采样进行加权，减小位于过滤区域边界的采样影响。

下面使用各种过滤器进行测试渲染，效果如图16-12~图16-16所示。

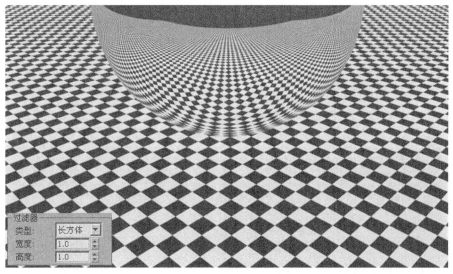

图16-12

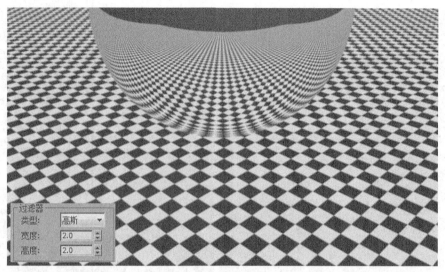

图16-13

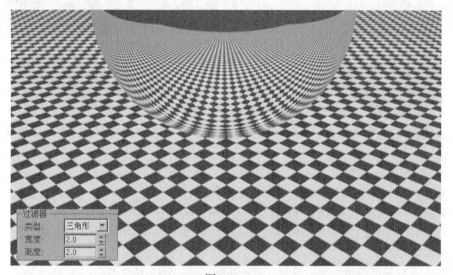

图16-14

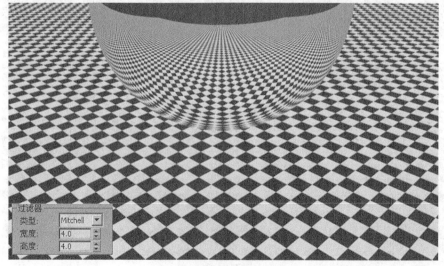

图16-15

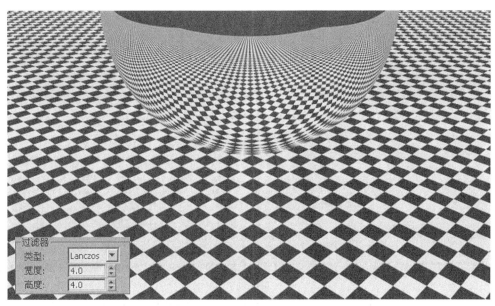

图16-16

观察测试渲染效果得知，使用Lanczos过滤器进行测试渲染的效果是最为清晰的，特别是近处，但从球体反射的远处来看，会产生一些不稳定的抖动。高斯和三角形过滤器的远近都比较稳定，但非常模糊。长方体过滤器虽然比高斯和三角形过滤器都清晰，但从整体上来说Mitchell过滤器最为合适，Mitchell过滤器的清晰度最接近Lanczos过滤器，并且比Lanczos过滤器要稳定。

提示： 对于大多数场景，使用Mitchell过滤器将获得最佳效果。

- ❖ 宽度/高度：指定过滤区域的大小，增大宽度和高度参数的值可以使图像柔和，却会增加渲染时间。其默认参数设置跟选择的过滤器类型有关，具体如下。

①长方体：宽度为1，高度为1。

②高斯：宽度为2，高度为2。

③三角形：宽度为2，高度为2。

④Mitchell：宽度为4，高度为4。

⑤Lanczos：宽度为4，高度为4。

- ❖ "对比度/噪波阈值"参数组：设置对比度值作为控制采样的阈值，空间对比度适用于静态图像。如果相邻1帧区域中的采样差异比设置的颜色更大，mental ray会进行临时的超级采样，每像素采样数会大于1，达到"最大"参数指定的值。提高此参数能够减少采样，提高渲染速度，但图像质量也会下降。
  - ❖ R/G/B：指定红、绿、蓝采样组件的阈值。这些值都是规范化了的值，它们的范围是0~1，0表示颜色组件完全未饱和（黑色，或者在八位代码下为0）；1表示颜色组件完全饱和（白色，或者在八位代码下为255）。默认值为（0.01，0.01，0.01）。
  - ❖ A：指定采样Alpha组件的阈值。这些值都是规范化了的值，它们的范围是0（全透明，或者在八位代码下为0）~1（完全不透明，或者在八位代码下为255），默认设置为0.01。
  - ❖ 色块：单击色块可以通过颜色选择器来指定R、G和B的阈值。

下面通过测试来了解R、G、B值对渲染采样的影响，渲染效果如图16-17~图16-19所示。观察测试效果得知，在右边的诊断模式下很容易分辨出空间对比度的用途，RGB=0.2的测试效果明显采样不足，这容易导致渲染效果的模糊、断线，还有可能产生锯齿等不正常的效果。

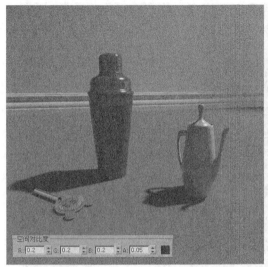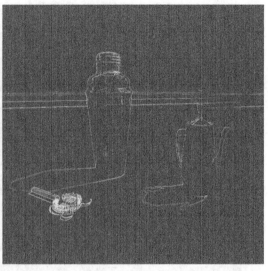

图16-17

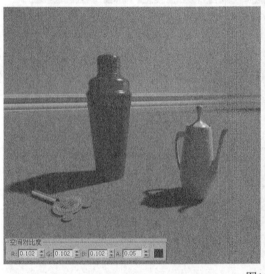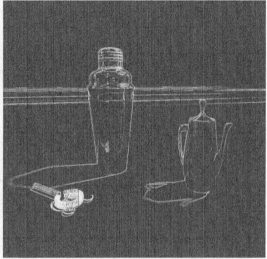

图16-18

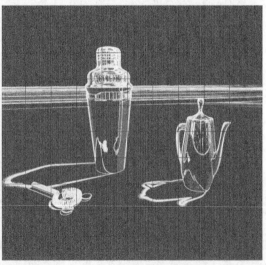

图16-19

❖ "选项"参数组。

◇ 锁定采样：启用该选项后，mental ray渲染器对于动画的每一帧使用同样的采样模式；禁用此选项后，mental ray渲染器将在帧与帧之间的采样模式中引入准随机（蒙特卡罗）变量。默认设置为启用。

◇ 抖动：选择此项后，将在采样位置引入一个变量。开启抖动选项可以避免锯齿问题的出现，默认设置为启用（推荐设置）。如图16-20和图16-21所示，这是未开启和开启抖动选项的对比测试效果，在球体反射的远处，可以很容易看到开启抖动选项所产生的抖动现象。

图16-20

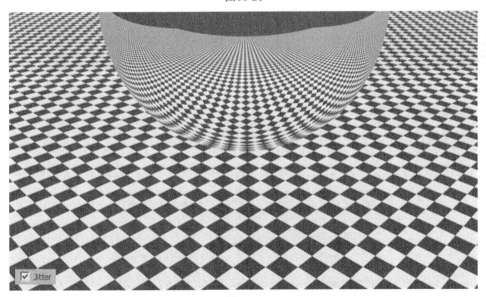

图16-21

◇ 渲染块宽度：确定每个渲染块的大小，以像素为单位，范围为4~512像素，默认值为32像素。为了渲染场景，mental ray会将画面细分成很多矩形块（也就是渲染块），使用较小的渲染块会在渲染时生成更多的更新图像，更新图像消耗一定数量的CPU周期。对于一般复杂的场景来说，小的渲染块将增加渲染时间，而大的渲染块将节约渲染时间；对于复杂的场景来说正好相反。

◇　渲染块顺序：设置渲染各个块的顺序，如果使用占位符或者分布式渲染，则使用默认的希尔伯特顺序。

①希尔伯特（最佳）：这是默认设置，选择的下一个渲染块将触发最少的数据传输。

②螺旋：从图像中心向外，以螺旋方式进行渲染。

③从左到右：按列渲染，每列从下向上渲染，各列则从左向右渲染。

④从右到左：按列渲染，每列从下向上渲染，各列则从右向左渲染。

⑤从上到下：按行渲染，每行从右向左渲染，各行则从上向下渲染。

⑥从下到上：按行渲染，每行从右向左渲染，各行则从下向上渲染。

◇　帧缓冲区类型：允许用户选择输出帧缓冲区的位深。

①浮点数（每通道32位数）：输出每个颜色信息通道占32位字节，该方法支持高动态范围图像（HDRI）。

②整数（每通道16位数）：输出每个颜色信息通道占16位字节，这是默认的输出格式。

下面来测试一下16位和32位的渲染效果，图16-22所示为16位效果，图16-23所示为32位效果。观察测试渲染效果得知，在16位渲染中，茶壶的自发光边缘比较柔和；在32位渲染中，茶壶的自发光边缘则出现较强的锯齿，这种现象在渲染高亮物体时才比较明显。

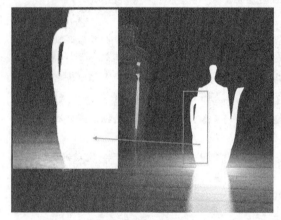

图16-22　　　　　　　　　　　　　　　　　图16-23

3."渲染算法"卷展栏

功能介绍

"渲染算法"卷展栏中的参数用于选择使用光线跟踪进行渲染，其参数面板如图16-24所示。

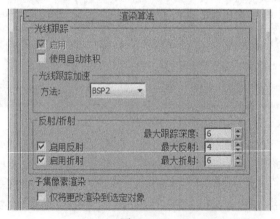

图16-24

如果想要设置反射和折射的跟踪深度，需要执行以下操作。

第1步：计算对象在场景中要被反射或折射的次数。

第2步：在mental ray中展开"渲染算法"卷展栏，勾选"启用反射"和"启用折射"选项。

第3步：将"最大反射"设置为所需的反射数，将"最大折射"设置为所需的折射数。

第4步：将"最大跟踪深度"设置为"最大反射"和"最大折射"值的总和。

第5步：反射和折射的次数越多，渲染场景的速度就会越慢。另一方面，如果"最大反射"或"最大折射"（或"最大跟踪深度"，同时控制两者）的参数值过低，则渲染效果将不真实。

在默认情况下将启用"光线跟踪"，这样mental ray就可以使用这种方法来渲染场景。光线跟踪则用作间接照明（焦散和全局照明），反射、折射和镜头效果也一样用作间接照明。

参数详解

❖　"光线跟踪"参数组。

　　◇　启用：启用该选项后，mental ray使用光线跟踪渲染反射、折射、镜头效果（运动模糊和景深）和间接照明（焦散和全局照明）。禁用该选项后，渲染器只可以使用扫描线方法。光线跟踪比较慢但却更加精确和真实，默认设置为启用。要渲染反射、折射、景深和间接照明，则必须启用光线跟踪。

　　◇　使用自动体积：启用该选项后，使用mental ray自动体积模式。这允许用户渲染嵌套体积或重叠体积，比如两个聚光灯光束交叉的体积光效果。自动体积也允许摄影机穿越嵌套体积或重叠体积，默认设置为禁用状态。要使用自动体积，则必须启用"光线跟踪"选项，禁用"扫描线"选项，同时阴影模式还必须设置成"分段"方式。

　　◇　方法：在其下拉列表中可以选择两种用于光线跟踪加速的算法，根据选择的算法不同，下面的参数会有所变化。

①BSP。BSP代表二进制空间分割，mental ray就是采用BSP方法来将场景分割成各个可用的储存块，且会在处理完一个储存块后移至另一个，BSP树形结构分割如图16-25所示。这种方法有两个控制参数，分别是"大小"和"深度"，其中"大小"设置BSP树中的最大面数（三角形数），增大该参数值可减少内存占用，但是会延长渲染时间，默认设置为10；"深度"设置BSP树中的最大级别数，增大该参数值可缩短渲染时间，但是会增加内存占用和处理时间，默认设置为40。

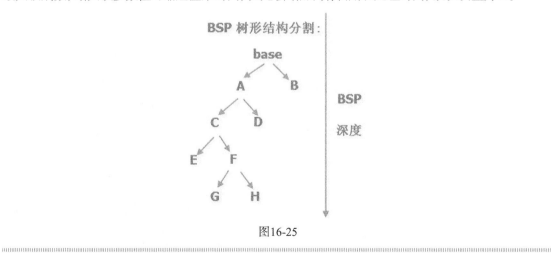

图16-25

提示： 当场景小于40万面数时，可以把"深度"设置为30左右；当场景为40万~100万面数时，可以把"深度"设置为40左右；当场景大于100万面数时，可以把"深度"设定为50~60，"深度"参数的值一般不要超过70。

②BSP2：该方法是通过mental ray自动配置，且没有控件。该方法经过优化，可用于处理包含超过一百万个三角形的大场景。BSP2需要的内存比BSP小，必要时还能够刷新内存。但是如果对较小场景使用BSP2时，则可能会有较小的性能损失。如果电脑配置不高，且又需要渲染较大的场景时可以选用BSP2，它能避免在渲染过程中由于内存不足而导致出错。

◇ 启用反射：启用该选项时，mental ray会跟踪反射。不需要反射时，禁用该选项可提高性能。

◇ 启用折射：启用该选项时，mental ray会跟踪折射。不需要折射时，禁用该选项可提高性能。

◇ 最大跟踪深度：限制反射和折射的组合。在反射和折射的总数达到最大跟踪深度时，光线的跟踪就会停止。例如，如果该参数值设置为3，且两个跟踪深度同时设置为2，则光线可以被反射两次并折射一次，但是光线无法反射和折射4次，默认设置为6。

◇ 最大反射：设置光线可以反射的次数，0表示不发生反射，1表示光线只可以反射一次，2表示光线可以反射两次，以此类推。默认设置为4。

◇ 最大折射：设置光线可以折射的次数，0表示不发生折射，1表示光线只可以折射一次，2表示光线可以折射2次，以此类推。默认设置为6。

提示：在某些情况下，用户可能希望将"最大折射"设置为较高的值，而将"最大反射"设置为较低的值。例如，摄影机可能要透过排列的多层玻璃拍摄，因此它们重叠在摄影机的视角。在一般情况下，用户可能希望光线在每块玻璃上都能折射两次（每层各一次），则用户需要将"最大折射"设置为2×玻璃的数目。但为了节省渲染时间，用户可以将"最大反射"参数设置为1，这样会在相对较短的渲染时间内产生精确的多层折射。

❖ "子集像素渲染"参数组。

◇ 仅将更改渲染到选定对象：启用该选项时，渲染场景只会应用到选定的对象。但是与使用"选定选项"进行渲染不同，使用该选项会考虑到影响其外观的所有场景因素，包括阴影、反射、直接和间接照明等。此种渲染方法允许用户重复渲染以查看独立更改的结果，而不会影响其余渲染的输出。

4."摄影机效果"卷展栏

功能介绍

"摄影机效果"卷展栏的参数用来控制摄影机效果，使用mental ray渲染器设置景深和运动模糊，以及轮廓着色并添加摄影机明暗器，其参数面板如图16-26所示。

图16-26

参数详解

❖ "运动模糊"参数组。

◇ 启用：启用此选项后，mental ray渲染器计算运动模糊，默认设置为禁用。

◇ 模糊所有对象：不考虑对象属性设置，将运动模糊应用于所有对象，默认设置为启用。

◇ 快门持续时间（帧）：模拟摄影机的快门速度。0表示没有运动模糊。该快门持续时间值越大，模糊效果越强，默认设置为0.5。

◇ 快门偏移（帧）：设置相对于当前帧的运动模糊效果的开头。

◇ 运动分段：设置用于计算运动模糊的分段数目，该参数主要针对动画。如果运动模糊要出现在对象真实运动的切线方向上，则增加"运动分段"参数的值，值越大运动模糊越精确，渲染时间也越多，默认值为1。

◇ 时间采样：当场景使用运动模糊时，控制每个时间间隔对材质着色的次数（通过快门持续时间进行设置）。范围从0~100，默认设置为5。默认情况下仅对材质着色一次，然后就进行模糊。如果在快门间隔期间材质改变得很快，增加该参数的值可能会比较有用，这样能够获得更精确的运动模糊。

提示：启用"渲染算法"卷展栏中的"光线跟踪"选项后，"时间采样"参数的标签更改为"时间采样（Fast Rasterizer）"，以表示"时间采样"参数的此版本目前有效。时间采样的Fast Rasterizer版本的默认值是1，范围是1~128。如果任何版本更改此参数值，用户在切换时3ds Max会记住更改后的设置。

❖ "轮廓"参数组。

◇ 启用：启用轮廓渲染，从而为场景中使用轮廓材质的对象渲染出轮廓线，并可通过下面的3个明暗器来调整轮廓着色的结果。注意轮廓渲染不能使用分布式块渲染。

◇ 轮廓对比度：指定Contour Contrast Function Levels（轮廓对比度函数级别）明暗器。

◇ 轮廓存储：指定Contour Store Function（轮廓存储函数）明暗器。

◇ 轮廓输出：可以指定3个类型的明暗器，分别是Contour Composite（轮廓合成）、Contour Only（仅轮廓）和Contour Post Script（轮廓PS）。

❖ "摄影机明暗器"参数组：这些参数用于实现一些渲染上的特殊效果。

◇ 镜头：指定镜头明暗器。

◇ 输出：指定摄影机输出明暗器。

◇ 体积：指定体积明暗器。

❖ "景深（仅透视视图）"参数组：这些参数与摄影机景深参数类似，但这里的参数仅在透视图中生效。可以在透视图中渲染景深效果，渲染正交视口时不出现景深效果。

◇ 启用：勾选该选项后，渲染透视视图时，mental ray渲染器计算景深效果，默认设置为禁用状态。

◇ 方式选择列表 f制光圈：在列表中可以选择f制光圈和焦距范围两种控制景深效果的方法，默认使用f制光圈方式。在大多数情况下，f制光圈方式更容易使用。在场景中有物体进行缩放时，使用f制光圈较难控制，而焦距范围方式则比较方便。

◇ 焦平面：设置透视图的焦点平面，采用3ds Max的系统单位，默认设置为100。如果是摄影机视图，则使用摄影机的目标点作为焦平面。

当在下拉列表中选择f制光圈时，"f制光圈"参数为激活状态，"远"参数为禁用状态，如图16-27所示。

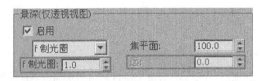

图16-27

❖ f制光圈 [f制光圈 ▾]：使用f制光圈方式控制景深效果。

❖ f制光圈 [f制光圈 1.0 ▾]：当f制光圈被选为当前方法时，设置f制光圈的数值以在渲染透视视图时使用。增加该参数值可以使景深变宽，减小该参数值可以使景深变窄，默认设置为1，该参数值小于1时，画面会变得不真实。

当在下拉列表中选择焦距范围的时候，"近"和"远"参数为激活状态，如图16-28所示。

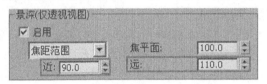

图16-28

❖ 焦距范围 [焦距范围 ▾]：使用焦距范围方式控制景深效果。

❖ 近/远：当使用焦距范围方式时，这两个参数用来定义聚焦范围，并且这两个参数与焦平面之间是关联的，改变一个参数可能会带动其他两个参数同时发生变化。

下面以图16-29所示的场景来测试一下景深控制参数，该场景视图并不是摄影机视图。

图16-29

下面测试未开启景深和开启景深的渲染效果如图，图16-30所示为未开启景深效果，图16-31所示为开启景深效果。

图16-30　　　　　　　　　　　　　　　　　　图16-31

　　下面分别对f制光圈和焦平面参数进行测试，效果如图16-32~图16-34所示。观察测试渲染效果得知，随着焦平面参数的增大，透视图的景深距离发生了改变，使得近处的物体变得很清晰。对f制光圈参数的改变不会改变景深的距离，但其参数越低，景深的效果也就越模糊。

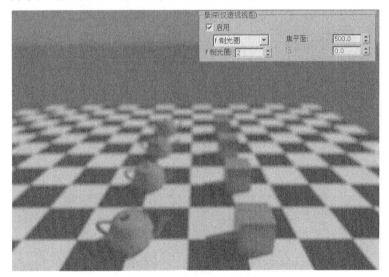

图16-32

图16-33

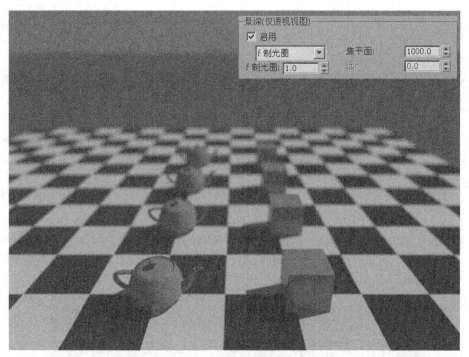

图16-34

5. "阴影与置换" 卷展栏

功能介绍

"阴影与置换" 卷展栏的参数面板如图16-35所示。

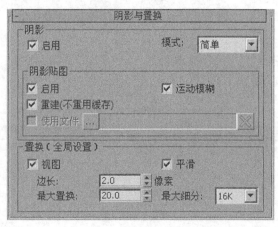

图16-35

参数详解

❖ "阴影" 参数组。

   ◇ 启用：勾选该选项后，mental ray渲染器将渲染阴影；如果禁用该选项，则不渲染阴影，并且其他阴影控制参数将不可用，默认设置为启用。

   ◇ 模式：在其下拉列表中可以选择简单、排序或分段这几种阴影模式，默认设置为简单。

①简单：使用随机顺序投射阴影。

②排序：按照从对象到灯光的顺序投射阴影，该方式适用于第三方阴影明暗器。

③分段：按照光线的顺序投射阴影，体积光优先。

提示：投射常规阴影请选择简单方式，投射体积阴影请选择分段方式。

❖ "阴影贴图"参数组：用于渲染阴影的阴影贴图。指定阴影贴图文件时，mental ray渲染器使用阴影贴图，而不是光线跟踪阴影。要停止使用阴影贴图而使用光线跟踪阴影，请从文件名字段中删除贴图的名称。

 ◇ 启用：勾选该选项之后，mental ray渲染器将渲染阴影贴图的阴影；如果禁用此选项，所有阴影都是光线跟踪形式的。默认设置为启用。如果已启用阴影，但是未启用阴影贴图，则将使用mental ray光线跟踪算法生成所有光线的阴影。如果启用阴影贴图，则阴影生成基于阴影生成器的每个灯光选择。

 ◇ 运动模糊：选择该选项后，mental ray渲染器将向阴影贴图应用运动模糊，默认设置为启用。针对摄影机和阴影启用运动模糊可使阴影移动位置，为了避免产生这种效果，应只针对摄影机启用运动模糊。

 ◇ 重建（不重用缓存）：选择该选项之后，渲染器将重新计算的阴影贴图（.zt）文件保存到通过单击█按钮指定的文件中，默认设置为启用。

 ◇ 使用文件：选择该选项后，mental ray渲染器要么将阴影贴图保存为ZT文件，要么加载现有文件，重建的状态决定是保存还是加载ZT文件。

 ◇ 浏览█：单击该按钮可显示一个"文件选择器"对话框，用于指定最终聚集贴图（FGM）文件的名称以及保存该文件的文件夹。

 ◇ 删除文件█：单击该按钮后可以删除当前的ZT文件。

❖ "置换（全局设置）"参数组。

 ◇ 视图：定义置换的空间，选择该选项之后，"边长"将以像素为单位指定长度。如果禁用该选项，系统将以毫米单位指定"边长"，默认设置为启用。

 ◇ 平滑：禁用该选项可以使mental ray渲染器正确渲染高度贴图。高度贴图可以由法线贴图生成。如果只在场景中使用高度贴图，则确保禁用该选项。如果场景中的一些对象使用高度贴图，而其他对象使用标准置换，可以单独为其他对象设置平滑。启用该选项之后，mental ray只使用插值的法线平滑几何体，从而使几何体看起来更好。

 ◇ 边长：定义由于细分可能生成的最小边长，只要边长达到此参数值的大小，mental ray渲染器会停止对其进行细分，默认值为2。

 ◇ 最大置换：控制置换的最大偏移，采用世界单位。

 ◇ 最大细分：控制一个三角面可以细分的次数。

下面通过图16-36所示的测试场景来进一步了解这些参数的含义。

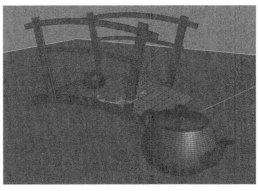

图16-36

分别将边长参数设置为1.0、0.5和0.1，测试渲染效果如图16-37~图16-39所示。观察测试渲染效果得知，边长的值越小，置换时细分就越强烈。

图16-37

图16-38

图16-39

分别将最大细分设置为1K、16K和64K，测试渲染效果如图16-40~图16-42所示。观察测试渲染效果得知，最大细分的值越大，置换时细分就越强烈。并且对比边长和最大细分的测试渲染效果可以看出，单独控制一个参数是不能得到非常理想的效果。要得到更好的效果，边长和最大细分参数的合理搭配是非常重要的。

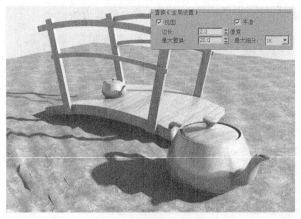

图16-40

图16-41　　　　　　　　　　　　　　　图16-42

提示： 当置换的模型精度很高且面数非常多时，应将最大细分参数的值设置低一些，建议使用边长参数来控制置换的细节；当置换的模型精度并不高时，应该适当提高最大细分的值，以及降低边长的值。

边长和最大细分这两个参数合理搭配的渲染效果如图16-43所示。

图16-43

观察测试渲染效果得知，将最大细分设置为64K是因为被置换的草地模型只有两个面，设置为64K相当于把每个面细分成为64×1024＝65536个面，然后在这个基础上通过边长以像素的方式再次增加模型细节。

16.2.2　"全局照明"选项卡

在学习全局照明之前，我们需要了解间接照明的相关知识。间接照明的概念与理解直接影响到能否控制好mental ray渲染器，对于间接照明的细微变化，还需要仔细观察现实中的光影变化。在三维软件渲染中，我们一般把直接照明和间接照明同时存在的效果称为全局照明。直接照射到物体上的光效就是直接照明，3ds Max默认扫描线渲染的结果就是直接照明。而间接照明相对复杂，当光线照射在物体上时，光线会反弹到其他的物体上，甚至会进行许多次的反弹，这种反弹后的光效就是间接照明。

在mental ray渲染器中有两个渲染引擎来模拟全局照明，分别是最终聚集（FG）和光子贴图（GI）。光子贴图（GI）的光子跟踪是从光源向最终发光目标（将反弹考虑在内），而最终聚集（Final Gather）则是从发光表面到光源。用户可以单独使用这些工具，或将其一起使用以达到最佳渲染效果。最终聚集只计算摄影机可视的场景，而全局照明则全场景计算。在制作室外场景时，一般使用最终聚集能快速得到理想效果。对于室内的封闭场景则应该两种渲染引擎一起使用，这样不但速度有很大提升，画面质量也非常好。

只有直接照明和全局照明的测试渲染效果如图16-44和图16-45所示，图16-44所示的为直接照明效果，图16-45所示的为全局照明效果，大家可以感受一下两者之间的效果差别。

图16-44   图16-45

1."最终聚集"卷展栏

功能介绍

"最终聚集（Final Gather，简称FG）"是用于模拟指定点的全局照明，它的基本原理是视线从视点（摄影机）出发，当视线碰到物体时会产生一个首次相交点，然后在该点法线方向的半球范围向外发出新的光线，新的光线会与场景的其他物体再进行求交计算，这些光线能够确定场景物体的物理属性，比如亮度、颜色、反射和折射等。当新的光线确认物体属性后会返回到首次相交点上，此时该点就成为带着各种信息的采样点，mental ray把这样的采样点称为FG Point，并且这些点还可以保存为最终聚集贴图（FGM），以方便再次调用，从图16-46中可以很清楚地看到"最终聚集"参数的各种关系。

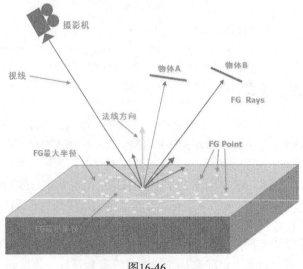

图16-46

尽管最终聚集的计算需要这样的过程，但如果每一个像素都进行一次FG Point的计算，那么计算量是相当大的。一般来说，系统会间隔一定的距离进行一次计算，距离间隔中没有FG Point的地方将会以插值的方式得到。为了更清楚地了解FG Point的分布，可以在"诊断"卷展栏中选择"最终聚集"诊断模式。

使用最终聚集渲染场景时，请注意以下几个要素。

第1个：最终聚集只计算摄影机可视的场景，摄影机以外的物体是不进行计算的。

第2个：最终聚集支持自发光和HDRI高动态贴图。

第3个：最终聚集支持3ds Max自带的Skylight（天空光）和mr Sky，能使用这两种天空光来计算间接照明。

第4个：最终聚集支持多次计算叠加，但叠加时并不会更正或去掉错误的信息，而是增加要计算的新信息。

如图16-47所示，这是采用"最终聚集"方式渲染的室内和室外效果。最终聚集在不需要多次间接照明反弹的场景中的渲染速度是非常快的，所以最终聚集适合用于非封闭式场景，如室外建筑；但对于要求精确的室内空间，最终聚集和全局照明共同使用才可以达到理想效果，也就是常说的FG+GI。

图16-47

展开"最终聚集"卷展栏，其参数面板如图16-48所示。

图16-48

②参数详解

❖ "基本"参数组。

　　❖ 启用最终聚集：勾选该选项时，mental ray渲染器使用最终聚集来创建全局照明或提高渲染质量，默认设置为启用。当"最终聚集精度预设"中的滑块在最左侧的位置时也可以禁用该选项。

　　❖ 倍增/色样：该参数可控制由最终聚集累积的间接光的强度和颜色。默认值1和白色可以产生经过物理校正的渲染。如果不是为了制作特殊的艺术效果，建议保持默认值，这样才能得到正确的物理效果。

　　❖ 最终聚集精度预设：为最终聚集提供快速、轻松的解决方案，包括"草图级"、"低"、"中"、"高"及"很高"5个级别。只有在勾选"启用最终集"选项后，该工具才可用。最终聚集精度预设影响以下3个参数。

①初始最终聚集点密度。
②每最终聚集点光线数目。
③插值的最终聚集点数。

　　❖ 投影最终聚集点的两种方式 `从摄影机位置中投影最终聚集(FG)点(最适合用静▼`：在该下拉列表中可以选择一种方式来避免或减小由静止或移动摄影机渲染动画所导致的最终聚集"闪烁"，特别是在场景也包含移动光源或移动对象时。

①从摄影机位置中投影最终聚集（FG）点（最适合用静止）：分布来自单个视口的最终聚集点。如果用于渲染动画的摄影机未移动，则使用此方法可以节省渲染时间。

②沿摄影机路径的位置投影点：这种方式跨多个视口分布最终聚集点。如果用于渲染动画的摄影机移动了，则使用此方法合适，此方法可能会导致渲染时间有所延长。而且在使用此方法时，要设置"按分段数细分摄影机路径"参数，将参数设为一个合适的值，并增加"初始最终聚集点密度"参数。

　　❖ 按分段数细分摄影机路径：当从上面的下拉列表中选择"沿摄影机路径的位置投影点"选项时，设置要将摄影机路径细分的分段数，参数范围在1~100。一般情况下需要进行测试渲染以得到最佳值，建议将分段数设置为最少每15帧或30帧一个，而且增加此参数时请确保给"初始最终聚集点密度"设置为更高的值。

　　❖ 初始最终聚集点密度：设置最终聚集点密度的倍增，增加此值会增加图像中最终聚集点的密度（以及数量）。因此这些点彼此之间会更加靠近，而且数量会更多。值越高细节越好，但过高的值会导致暗斑的出现，所以越高的值需要越高的最终聚集光线数。此参数用于解决几何体问题，例如临近的边或角，默认设置为0.1。

　　❖ 每最终聚集点光线数目：设置使用多少光线计算最终聚集中的间接照明，增加该值虽然可以降低全局照明的噪波，但是同时会延长渲染时间，默认设置为50。

　　❖ 插值的最终聚集点数：这是最终聚集默认的插值方式，用于控制图像采样的最终聚集点数，它有助于解决噪波问题并获得更平滑的结果。增加该值可以提高渲染结果的平滑度，但是会提高计算量，延长渲染时间。当启用使用半径插值方法时，该设置不可用。

　　❖ 漫反射反弹次数：使用最终聚集渲染时，设置它的漫反射反弹次数，默认值为0。像最大反射和最大折射一样，该值受最大深度的限制。

　　❖ 权重：控制漫反射反弹对最终聚集解决方案的相对贡献，该值的范围为从"使用无漫反射反弹"（值为0）到"使用整个漫反射反弹"（值为1），默认设置为1。

❖ "高级"参数组。

◇ 噪波过滤（减少斑点）：顾名思义，此参数用于设置减少噪点的程度，其下拉列表中包括无、标准、高、很高和极端高5个选项，默认设置为标准。开启噪波过滤器可能会导致光线变暗，此时可以通过调整其他参数来提高画面亮度。

提示：将"噪波过滤（减少斑点）"设置为"无"可以很大程度提高整体照明，但这些设置并不影响直接照明，特别是在使用自发光的时，建议把过滤方式设置为"无"。如图16-49所示，这是采用4种过滤方式的渲染对比效果，大家可以清楚地看到不同设置对场景照明的影响。

图16-49

◇ 草稿模式（无预先计算）：勾选该选项后，最终聚集将跳过预先计算阶段。这将造成渲染不真实，但是可以快速开始进行渲染，因此非常适用于测试渲染，默认设置为禁用状态。

❖ 跟踪深度：其参数与"渲染器"选项卡中的跟踪深度参数类似，只是"渲染器"选项卡中的跟踪深度参数用于控制漫反射和折射，而这里的参数用于控制最终聚集的光子。

◇ 最大深度：设置最终聚集的光子反射和折射的最大总次数。无论右侧的最大反射和最大折射设置为多少，只要反射和折射次数的总和达到此值，就停止跟踪。例如，将最大深度设置为3，而反射和折射的跟踪深度都设置为2，则光线可以反射两次，折射1次，但其不能被折射和反射4次，默认值为5。

◇ 最大反射：设置光线反射的最大次数。0表示不会发生反射，1表示光线只可以反射一次，2表示光线可以反射两次，默认设置为2。

◇ 最大折射：设置光线折射的最大次数。0表示不会发生折射，1表示光线只可以折射一次，2表示光线可以折射两次，默认设置为5。

◇ 使用衰减（限制光线距离）：勾选此项后，使用"开始"和"停止"参数值可以限制用于最终聚集的光子传播的距离。从而有助于加快重新聚集的时间，特别适用于不完全封闭的场景，比如渲染室外建筑效果，默认设置为禁用。

◇ 开始：以3ds Max单位指定光线开始的距离，可以通过该参数来排除距离光源太近的几何体，默认设置为0。

◇ 停止：以3ds Max单位指定最终聚集光子传播的最远距离。如果光子达到此距离，但是没有碰到对象表面，将使用环境色用于着色，默认设置是0。

❖ 最终聚集点插值：其参数可以改变最终聚集的插值方式，可以是以像素的方式指定半径，或以世界单位来指定半径，它们都可以控制最终聚集插值的最大半径和最小半径。

◇ 使用半径插值法：启用该选项之后，该参数组的其他参数才可用，同时还可以使"插值的最终聚集点数"不可用。

◇ 半径：启用该选项之后，将设置应用最终聚集的最大半径。减少该参数值虽然可以改善图像质量，但是会增加渲染时间。如果禁用"以像素表示半径"选项，则以世界单位来指定半径，且默认值为场景最大圆周的10%。如果启用"以像素表示半径"选项，则默认值是5个像素。如果禁用"以像素表示半径"和"半径"选项，则最大半径的默认值是最大场景半径的10%，采用世界单位。

◇ 以像素表示半径：启用该选项之后，将以像素为单位来指定半径值。默认设置为禁用状态。

◇ 最小半径：此参数项必须在勾选"半径"之后才能被激活，用于设置最终聚集计算中的最小半径。减少此值虽然可以改善渲染质量，但是同时会增加渲染时间。像"半径"值一样，如果禁用"以像素表示半径"选项，则以世界单位来指定最小半径，默认设置为0.1；如果启用"以像素表示半径"选项，则以像素为单位，默认设置为0.5。

2. "焦散和光子贴图（GI）"卷展栏

功能介绍

焦散和光子贴图（GI）是使用光子跟踪技术来模拟现实中的光效，比如生成焦散和光子贴图的间接照明效果。它的基本原理是从光源处不断地向场景投射光子，这些光子会撞击物体或弹到无限远处。如果光子弹到无限远处等于在浪费时间，所以必须保证场景有物体接收这些光子。如果光子撞击物体，那它就会遵循现实中的物理原理，或者被吸收，或者被反射、透射等，当光子达到指定的数量后就存储在光子贴图数据结构中。

光子只有在表面有漫散射部分时才被存储，然后被光子明暗器发射或透射（由光子明暗器确定方向）。如果光子没有被再次发射，就说明光子被吸收了。完全镜面表面（没有散射成分）的全局照明使用光线跟踪计算，所以没有光子在那些表面上存储。存储意味着从光子来的入射能量被记录到光子贴图中，光子在那里就能用于以后着色阶段间接照明的计算。光子应该被存储在它们被弹射的地方，作为这个规则的一种例外，光子在首次发射或透射的地方永远不被存储，因为那里被直接照明控制，而不是全局照明，如果存储，照明将被计算两次而产生错误。所以使用光子技术时，材质的设定是非常重要的，材质的属性很大程度上影响光子在场景中是被吸收，还是被反射和透射等。mental ray渲染器将光子贴图保存为PMAP文件，光子贴图控制参数位于"焦散和光子贴图（GI）"卷展栏中。

使用光子贴图技术来模拟物理光效的计算量是非常大的，在mental ray渲染器中有一系列的优化措施，所以才会有控制光子半径、光子数量，以及限制光子被反射、折射次数等参数。

为了减少生成光子贴图所产生的错误，必须明确指定以下几个关键要素。

第1个：哪些灯光发出的光子用于间接照明，并且要明确这些灯光所发出的光子有物体被接收，因为灯光是不断投射光子的，如果没有物体被接收，光子将持续发射，这将非常耗时。

第2个：哪些对象可以生成焦散或全局照明。

第3个：哪些对象可以接收焦散或全局照明。

通常在默认情况下，3ds Max中的对象都是能生成和接收焦散与全局照明的，更改生成和接收焦散与全局照明的设置位于"对象属性"对话框的mental ray选项卡中，如图16-50所示。

下面通过示图来了解光子现象的存在，如图16-51所示。

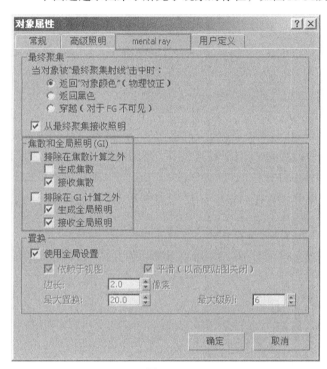

图16-50

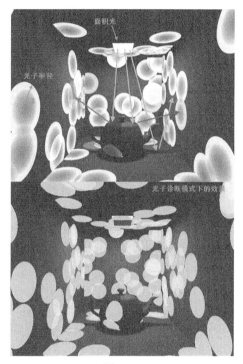

图16-51

开放式空间的光子反弹现象如图16-52所示。

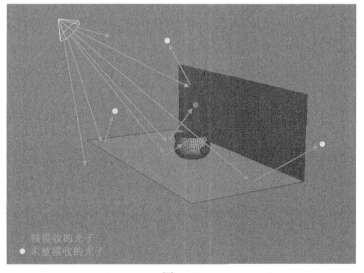

图16-52

封闭式空间的光子反弹现象如图16-53所示。

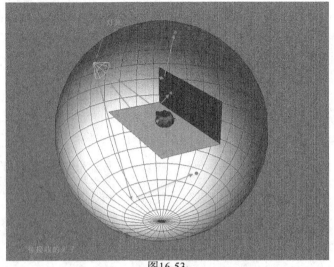

图16-53

从图16-52中可以看到，绿点因为没有物体接收而被反弹到无限远处，属于被浪费的光子。假设需要场景保存20000个光子，按道理灯光发射20000个光子就可以了。但如果部分光子被反弹到无限远处，灯光发射了20000个光子，而物体实际接收的可能只有1000个。那么要让场景接收了20000个光子的话，可能灯光就需要发射200000个光子。这相当于大部分的光子被浪费掉，所以光子的发射在封闭式的空间里会更合适。

如果把光子跟踪技术应用于开放式空间，应该保证有物体在接收这些光子。一般可以建立一个大于场景的球体，用于接收被反弹出来的光子，如图16-53所示。同时值得注意的是，灯光的位置方向也对光子的反弹有巨大影响，并且不应该把灯光放置在物体内部。

展开"焦散和光子贴图（GI）"卷展栏，如图16-54所示。

图16-54

参数详解

❖ "焦散"参数组：控制是否产生焦散效果，要渲染焦散效果，必须确保在场景中满足以下3个条件。

①至少设置一个对象来生成焦散，默认情况下，场景的对象是不生成焦散的。

②至少设置一个对象来接收焦散，默认情况下处于启用状态。

③至少设置一个对灯光来产生焦散，默认情况下，场景的灯光是不生成焦散的。

♦ 启用：启用此选项后，mental ray渲染器计算焦散效果，默认设置为禁用状态。

♦ 倍增/色块：控制焦散累积的间接光的强度和颜色，默认情况下1和白色可以产生经过物理校正的渲染。

♦ 每采样最大光子数：设置用于计算焦散强度的光子个数。增加此参数值可以使焦散产生较少噪波，但变得更模糊。减小此参数值可以使焦散产生较多噪波，但同时降低了模糊效果。采样值越大，渲染时间越长，默认值为100。预览渲染时可以将此值设置为20，在最终渲染时将此值增大。

♦ 最大采样半径：启用该选项后，可以通过右侧的微调器来设置光子大小。禁用该选项后，光子按整个场景半径的1/100计算，默认为禁用状态，默认值为1。

提示： 在很多情况下，默认的光子大小（"半径"为禁用状态）为场景大小的1/100，这个尺寸将产生不错的效果。在某些情况下，默认的光子大小可能过大或过小。当光子反射重叠时，mental ray渲染器使用采样对它们进行平滑，增大采样数可以增大平滑度，同时也产生更加自然的焦散效果。光子半径很小且彼此没有重叠时，采样设置不起作用。光子的半径较小，但是数目很多时，将产生点状焦散。

♦ 过滤器：该选项可以让焦散的效果更清晰，通过其下拉列表可以选择长方体、圆锥体或Gauss方式。长方体方式需要的渲染时间较少，圆锥体方式使焦散效果更为锐化，Gauss方式能够产生比圆锥体方式更为平滑的效果。默认设置为长方体方式。

♦ 过滤器大小：选择圆锥体作为焦散过滤器时，此选项用来控制焦散的锐化程度。该值必须大于1，增加该参数值可以使焦散更模糊，降低该参数值可以使焦散更锐化，但同时产生较多的噪波，默认值为1.1。

♦ 当焦散启用时不透明阴影：启用该选项后阴影为不透明，禁用此选项后阴影可以部分透明，默认设置为启用。不透明阴影的渲染速度比透明阴影更快。

如图16-55所示，这就是mental ray渲染器渲染的焦散效果，感觉非常漂亮。

图16-55

❖ "光子贴图（GI）"参数组：这些参数可以控制光子的使用，默认情况下所有对象生成并接收全局照明。为了在mental ray中渲染全局照明，这些光子必须能够在两个或多个曲面中反弹。

♦ 启用：启用该选项后，mental ray渲染器计算全局照明，默认设置为禁用状态。

♦ 倍增/色块：控制全局照明累积的间接光的强度和颜色，默认情况下1和白色可以产生经过物理校正的渲染。不同倍增值的测试效果对比如图16-56所示，不同间接光颜色的测试效果对比如图16-57所示。

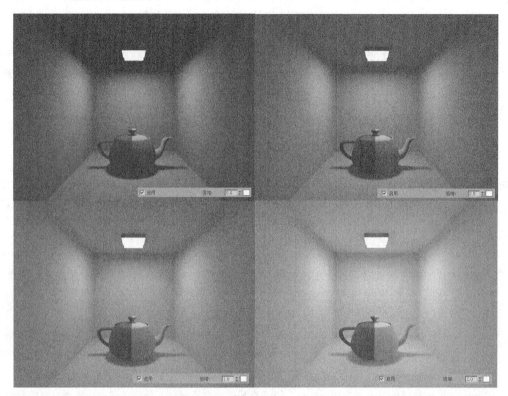

图16- 56

图16-57

◇ 每采样最大光子数：设置用于计算全局照明强度的光子个数。增加该参数值可以使全局照明产生较少噪波，但同时使图像变得更模糊。减小此参数值可以使全局照明产生较多噪波，但同时减轻模糊效果。采样值越大，渲染时间越长，默认设置为500。如图16-58所示，这是不同参数设置的测试渲染效果，可以看出参数越大效果越细腻。

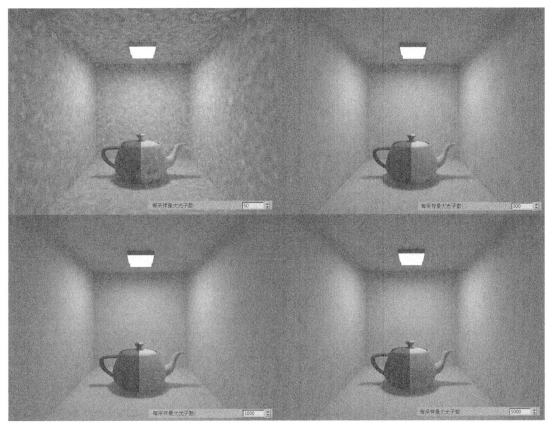

图16-58

提示： 在测试渲染阶段，请将"每采样最大光子数"设置为100，在最终渲染时增大此参数值。

◇ 最大采样半径：启用该选项后，可以通过右侧的数值框设置每个光子的半径大小。禁用该选项后，光子按整个场景半径的1/10计算。默认设置为禁用，其值为1。如图16-59所示，这是不同光子采样半径的测试渲染效果对比。

提示： 光子的半径和光子的数量关系非常密切，虽然较大的光子半径可以不用很多的光子量就可以重叠，但间接照明的细节并不丰富，并且容易产生漏光等现象。间接照明和最终聚集结合使用时，建议使用较小的光子半径和较多的光子数。

◇ 合并附近光子（保存内存）：启用该选项可以减少光子贴图的内存使用量，通过后面的参数框可以指定距离阈值，低于该阈值时mental ray会合并光子，从而会得到一个较平滑、细节较少而且使用的内存也大大减少的光子贴图。默认设置为禁用，默认值为0。

◇ 最终聚集的优化（较慢GI）：如果在渲染场景之前启用该选项，则mental ray在第一次渲染时每个光子将记录和存储相邻光子的亮度等信息，再次渲染时将会通过快速查找功能迅速得到该区域内的光子数量和亮度，因此可以大大缩短总体渲染时间，默认设置为禁用状态。

❖ "体积"参数组：这些参数用于对体积焦散效果进行设置。

图16-59

◇　每采样最大光子数：设置渲染体积焦散的光子数，默认值为100。

◇　最大采样半径：启用该参数后，可以通过该参数值来设置光子半径的大小。禁用此项时，每个光子的半径按场景范围大小的1/10计算，默认值为1。

❖　"跟踪深度"参数组：该组参数与"渲染器"选项卡中的跟踪深度参数组类似，只是"渲染器"选项卡中的跟踪深度参数用于控制漫反射和折射，而此处用于控制焦散和光子贴图。

◇　最大深度：设置计算焦散和光子贴图时的光子反射和折射的最大总次数。无论右侧的最大反射和最大折射设置为多少，只要反射和折射次数的总和达到此值，就会停止跟踪。

◇　最大反射：设置反射的最大次数。

◇　最大折射：设置折射的最大次数。

❖　"灯光属性"参数组：该组参数用于控制计算间接照明时影响灯光的行为方式。默认情况下，能量和光子设置将应用于场景中的所有灯光。

◇　每个灯光的平均焦散光子数：设置每个灯光产生的用于焦散的光子数量，这是用于焦散的光子贴图中使用的光子数量。增加该参数值可以提高焦散的精度，但同时增加内存消耗和渲染时间。减小此值可以减少内存消耗和渲染时间。建议在渲染调试阶段降低此值，在正式渲染阶段提高此值。

◇　每个灯光的平均全局照明光子数：设置每个灯光用于产生全局照明的光子数量，这是用于全局照明的光子贴图中使用的光子数量。如该参数设置为10000时，场景中有10个灯光，那么场景的光子数为10000×10。增加此值可以提高全局照明的精度，但同时增加内存消耗和渲染时间。减小此值可以减少内存消耗和渲染时间。建议在渲染调试阶段降低此值，在正式渲染阶段提高此值。

将光子半径设置为100mm，不断提高光子数的渲染效果如图16-60所示。

图16-60

将光子半径设置为10mm，不断提高光子数的渲染效果如图16-61所示。

图16-61

观察前面的测试渲染效果得知，全局照明的第一前提是光子一定要重叠才能产生完美的间接光照细节，并且较小的光子半径可以获得更丰富的细节。

◇ 衰退：光子能量随着传播距离的增加逐渐衰减，衰减的方式由右侧的数值框设定。如果光子的传播距离为D，衰退值为n，则光子的能量为1/Dn。当衰退值为0时，能量不衰减，光子可以为整个场景提供间接照明；当衰退值为1时，能量以线性速率衰减，即光子能量和传播距离成比例；当衰退值为2时（默认值），能量以平方反比速率衰减，即光子能量与离开光源的距离成平方反比。

提示： 不推荐使用小于1的"衰退"值，这样将产生渲染的人工效果，通常2的"衰退"值可以产生正确的物理效果。如图16-62所示，这是不同的"衰退"值的测试渲染效果对比。

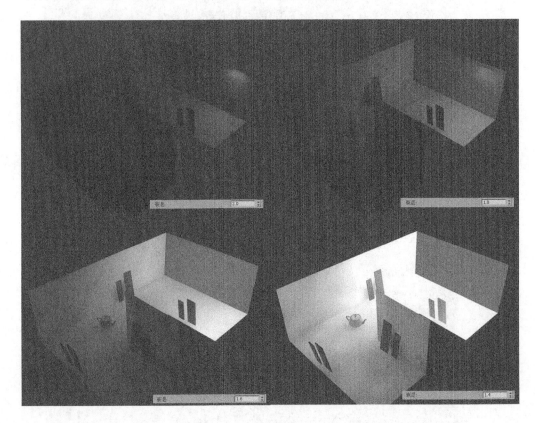

图16-62

❖ "几何体属性"参数组。

◇ 所有对象均生成并接收全局照明和焦散：启用该选项之后，强制场景中所有对象都产生并接收焦散和全局照明；禁用该选项之后，对象的间接照明属性由"对象属性"面板中的设置决定。启用此选项容易确保产生焦散和全局照明，但会增加渲染时间，默认设置为禁用。

3."重用（最终聚集和全局照明磁盘缓存）"卷展栏

功能介绍

"重用（最终聚集和全局照明磁盘缓存）"卷展栏用于生成和再次调用最终聚集贴图文件（FGM）、光子贴图文件（PMAP），而通过在最终聚集贴图文件之间插值，可以减少或消除动画的闪烁。

　　计算最终聚集和光子贴图往往需要消耗大量的计算机资源，因此我们可以将这些计算结果保存为缓存文件，在下次渲染时不必再重新计算最终聚集和光子信息，而是直接从缓存文件中调用，这样可以极大减少资源消耗，提高渲染速度。

　　"重用（最终聚集和全局照明磁盘缓存）"卷展栏的参数面板如图16-63所示。

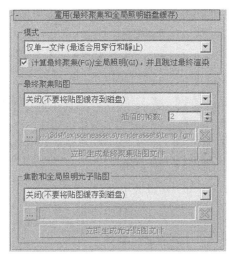

图16-63

参数详解

❖　"模式"参数组：选择3ds Max生成缓存文件的方法，可以选择的方式有两种。

　　◇　仅单一文件（最适合用穿行和静止）：创建一个包含所有最终聚集贴图点的FGM文件，在渲染静态图像或渲染只有摄影机移动的动画时使用此方法。

　　◇　每个帧一个文件（最适合用于动画对象）：为每个动画帧创建单独的FGM文件，该模式用于渲染动画。为了利用此方法达到最佳效果，请首先生成FGM文件，然后在渲染之前在"最终聚集贴图"参数组中选择"仅从现有最终聚集贴图文件中读取最终聚集点"选项，并指定一个适当的插值。

　　◇　计算最终聚集/全局照明并跳过最终渲染：启用该选项后，渲染场景时mental ray会计算最终聚集和全局照明信息，但不进行实际渲染，而且要配合下面的存储设置才能将最终聚集和全局照明信息保存到文件中。

❖　"最终聚集贴图"参数组：用于生成和调用最终聚集贴图文件（FGM）。

　　◇　关闭（不要将贴图缓存到磁盘）：不生成最终聚集贴图文件（FGM）。

　　◇　逐渐将最终聚集点添加到最终聚集贴图文件：在渲染时创建或更改最终聚集贴图文件（FGM）。

　　◇　仅从现有最终聚焦贴图文件中读取最终聚集点：在渲染时调用现有的最终聚集贴图文件（FGM），而不生成任何新的数据。

　　◇　插值的帧数：设置当前帧前面或后面用于插值的最终聚集贴图文件（FGM）数。如果将该参数设置为2，则mental ray将使用当前帧、当前帧的前两个和当前帧的后两个FGM文件（共5个文件）的平均值作为最终聚集的渲染数据。

　　◇　浏览▓：用于选择最终聚集贴图文件（FGM）的保存路径，并指定文件名。该按钮后面的文本框用来显示最终聚集贴图文件的保存路径和文件名称。

　　◇　删除文件▓：单击该按钮可以删除当前的最终聚集贴图文件（FGM）。

◆ 立即生成最终聚集贴图文件：仅当在前面选择了"逐渐将最终聚集点添加到最终聚集贴图文件"和"仅从现有最终聚集贴图文件中读取最终聚集点"时，该按钮才可用，单击此按钮会为每个动画帧都生成一个最终聚集贴图文件（FGM），而不必渲染场景。

❖ "焦散和全局照明光子贴图"参数组：用于生成和调用焦散和全局照明光子贴图文件（PMAP）。

◆ 关闭（不要将贴图缓存到磁盘）：渲染时根据需要计算光子贴图，但不将光子信息写入文件。

◆ 将光子读取/写入到光子贴图文件：如果指定的光子贴图文件不存在，则mental ray会在渲染时生成一个新的贴图文件。如果指定的文件已经存在，则mental ray会加载并使用此文件。

◆ 仅从现有的光子贴图文件中读取光子：在渲染时，只从已经存在的光子贴图文件中读取光子信息，不再进行光子计算。

◆ 浏览█：设置光子贴图文件的的保存路径，并指定文件名称。该按钮后面的文本框用来显示光子贴图文件的保存路径和文件名称。

◆ 删除文件█：单击该按钮可以删除当前的光子贴图文件。

◆ 立即生成光子贴图文件：单击此按钮后生成指定的光子贴图文件，而不会渲染图像。

4.关于最终聚集（FG）和光子贴图（GI）的配合使用

在配合使用FG和GI时，首先要明白为什么要共同使用它们。通过前面的学习可以发现，不管是FG还是GI，单独使用时都很难得到理想效果，而配合使用却有诸多好处，总结起来有以下几点。

第1点：FG对于计算多次反弹非常费劲，而这却是GI的优点。当FG与GI一起使用时，FG将对GI的间接照明信息进行平滑，此时FG的反弹将不起作用。

第2点：FG计算间接照明的色彩不够丰富，比较灰，如常说的色溢，而这却是GI的优点。

第3点：FG只计算摄影机可视部分，因此保存的FGM文件对视角有限制；而GI则全局计算，所以保存的光子贴图没有视角限制。

第4点：GI要计算丰富的间接照明细节需要很小的光子半径和非常高的光子数量，而高光子数量对于内存的需求很大，所以渲染常常会遇到内存不足而自动停止的问题。如果为了减少内存使用而降低光子数，则渲染质量就会降低。但如果我们取一个适中的光子半径与光子数比例，然后通常FG来平滑以及增加细节就解决了这两个问题了。尽管是配合FG使用，但仍然建议不要把光子半径设置过大，一般将其设置为40mm或更小，因为较小的光子半径能让FG的计算更快。计算10000000光子数的代价也远远优于通过FG来提高细节。

第5点：GI设定原则是光子要重叠。当光子没有重叠时，光子的采样将不起作用，这样的结果光子将无法平滑，此时需要提高光子数或增大光子半径。

第6点：FG开启原则是GI要重叠。当GI没有重叠时，即使很高的FG参数也无法得到一个完美的结果。一般来说，FG与GI共同使用时，GI虽然不需完全平滑，但必须完全重叠。当FG和GI共同使用时，建议先测试GI而后测试FG。流程是先测试一个较满意的光子半径（例如将光子半径设置为30mm），然后不断增加光子数，直到光子重叠为标准。光子半径一般以没有严重漏光、间接照明丰富为标准。

下面通过如图16-64所示的场景来了解FG和GI共同使用的方法，其参数设置如图16-65所示。

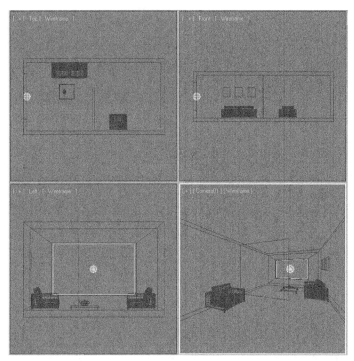

图16-64

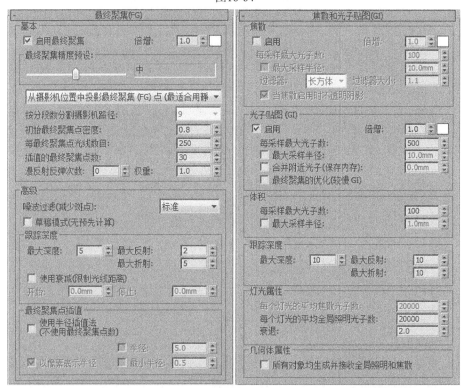

图16-65

图16-66所示为使用FG+GI，图16-67所示为仅使用GI。图16-66所示测试渲染效果为FG与GI的基本默认渲染结果，比较大的问题是存在漏光，但整体结果还是比较满意。在实际应用中，默认的FG与GI参数设置就能够处理绝大部分的场景渲染，只有出现漏光或追求更高的细节时才手动设置GI半径。

图16-66   图16-67

对光子半径和光子数参数进行测试，以得到它们对场景的影响规律，如图16-68（FG为默认，光子半径为100，光子数为20000）、图16-69（FG为默认，光子半径为500，光子数为20000）和图16-70（FG为默认，光子半径为100，光子数为500000）所示。图16-68把光子半径由默认设置为100mm时，漏光虽然有所改善，但因为光子半径并没有重叠的关系导致一些边角出现了不平滑的现象；图16-69同样是20000的光子数，但增大了光子半径使它重叠，边角处平滑了许多，可见FG+GI时光子重叠的意义有多大，此时如果仍然出现不平滑现象就要适当提高GI的最大采样半径或光子数，而不是FG；图16-70是提高了光子数的渲染效果。

图16-68

图16-69

图16-70

经过测试，我们得出了一个较满意的参数设置，FG为默认，光子半径为25mm，光子数为5000000，此时的渲染效果如图16-71所示。

图16-71

16.2.3　"处理"选项卡

在"处理"选项卡中有3个参数卷展栏，主要对内存、渲染过程、分布式块状渲染等进行参数设置和调节。

1. "转换器选项"卷展栏

功能介绍

该卷展栏中的参数可以控制mental ray的常规操作，也可以控制mental ray转换器，将当前场景转换输出成为MI格式的文件，MI格式是mental ray使用的一种场景描述文件，其参数面板如图16-72所示。

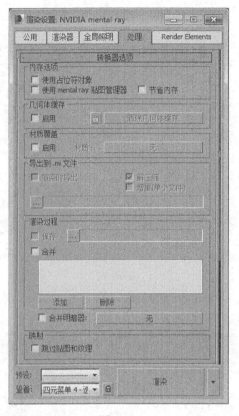

图16-72

参数详解

❖ "内存选项"参数组。

   ❖ 使用占位符对象：启用该选项后，3ds Max只按照需求将几何体发送到mental ray渲染器中。开始时，mental ray场景中包含的都是物体外轮廓大小和位置。当渲染的区块包含某个物体时，这个物体的相关信息才会被送到mental ray渲染器中。默认设置为关闭，当场景比较大时，这项技术能提高渲染效率。

   ❖ 使用mental ray贴图管理器：启用该选项时，将从磁盘中读取材质和明暗器中使用的贴图（通常为基于文件的位图图像），并且在需要时还可以将贴图转换为mental ray渲染器能够读取的格式。禁用此选项后，只能直接从内存中访问贴图，不需要进行转换。在渲染大型场景时，需要消耗大量内存，建议启用此功能。默认设置为禁用。在下列情况下，必须启用"使用mental ray贴图管理器"。

①使用分布式渲染块渲染。

②输出MI文件。

   ❖ 节省内存：控制数据传输系统，使内存运作更加有效率，会减慢数据传输的进程，但是可以减少传送数据的数量。默认为关闭状态。此功能在渲染大场景并且对时间没有特殊要求的情况下很有效。当输出MI文件时，勾选此项还能减少输出文件的尺寸。

❖ "几何体缓存"参数组：通过几何缓存可以将转换的场景内容保存到临时文件中，以便于在后续渲染中重新使用。可使用两种缓存级别，分别是标准和锁定。

   ❖ 启用：启用该选项时，渲染将使用几何缓存。在第一次渲染期间，转换的几何体会保存至缓存文件，然后在相同场景的后续渲染中，渲染器会对任何未经更改的对象使用缓存几何体，而不用对其进行重新转换。任何经过更改的几何体均会被重新转换，默认设置为禁用状态。用户可以在渲染帧窗口下方的面板中访问此参数，如图16-73所示。

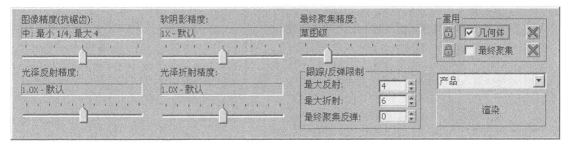

图16-73

    ✧   锁定几何体转换🔒：按下此按钮后，再次渲染时将忽略子对象层级的修改（比如顶点编辑或调整修改器等），只有更改对象层级时，比如对象的移动或旋转变换等，才会重新计算和转换。用户可以在渲染帧窗口下方的面板中访问此参数，如图16-74所示。

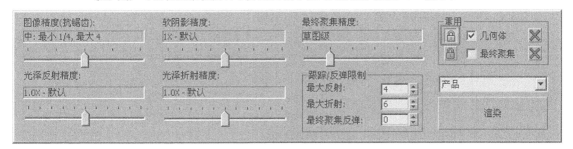

图16-74

    ✧   清除几何体缓存：单击此按钮将删除缓存中的几何体数据。用户可以在渲染帧窗口下方的面板中访问此参数，如图16-75所示。

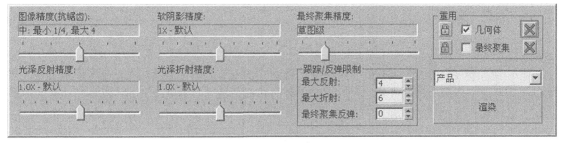

图16-75

❖ "材质覆盖"参数组：通过该功能可以使用一种材质代替场景中的所有材质，也就是说可以把覆盖材质强制赋予场景中的所有对象，让场景中原有的材质暂时失效。比如要渲染场景的线框效果，那么可以在这里创建一个线框材质，启用"材质覆盖"功能后，线框材质就会被赋予场景中的所有对象，从而渲染出整个场景的线框效果。

    ✧   启用：启用该选项后，使用右侧材质按钮指定的材质替代场景中所有对象的材质，默认设置为禁用。禁用此选项时，所有物体都使用自身的材质进行渲染。

    ✧   材质：单击"材质"后面的"无"按钮可打开"材质/贴图浏览器"对话框，从中选择一种材质类型并设置相关参数，然后在覆盖时选择使用该材质。

❖ "导出到.mi文件"参数组：可以将转换的场景保存在mental ray MI文件中。

    ✧   渲染时导出：启用该选项后，将转换的文件保存为MI文件，单击▓按钮指定一个MI文件时才可用，默认设置为禁用。

◇ 解压缩：启用该选项后，可以对MI文件进行解压缩；禁用该选项后，文件以压缩格式保存。默认设置为启用。

◇ 增量（单个文件）：启用该选项后，将动画做为单个MI文件导出，此文件包含第一帧的定义和帧到帧增量更改的描述符；禁用此选项时，每一帧作为单独的MI文件进行导出，默认设置为禁用状态。

> **提示**：在导出动画时，启用"增量（单个文件）"选项可以节省大量磁盘空间。

◇ ▨浏览：单击该按钮可以设定保存MI文件的路径和名称。

❖ "渲染过程"参数组：可以将当前场景分成多个过程分别进行渲染，每个过程保存为一个文件，在渲染最后一个过程时，将其他保存的过程文件合并起来，从而渲染成为一个完整的场景。对于渲染大场景或具有复杂效果的场景，此功能非常有效。

◇ 保存：启用该选项后，将当前渲染结果保存到指定的过程文件中。单击右侧的▨按钮，可以设定过程文件的保存路径和名称。

◇ 合并：启用该选项后，将下面列表窗口中显示的过程文件将合并到当前渲染的过程中。

◇ 添加：单击 添加 按钮选择需要的过程文件加入到合并列表窗口中。

◇ 删除：单击 删除 按钮可以从合并列表窗口中删除被选中的过程文件。

◇ 合并明暗器：勾选此项后，可以选择用于合并过程文件的明暗器。

❖ "映射"参数组。

◇ 跳过贴图和纹理：启用该选项之后，渲染忽略贴图和纹理，包括投影贴图，而只使用曲面颜色（漫反射和反射等）。默认设置为禁用状态。

> **提示**："跳过贴图和纹理"功能是非常有用的，在调节全局照明时启用该功能，可以节约很多渲染时间。

2. "诊断"卷展栏

🔖 **功能介绍**

"诊断"卷展栏中的工具有助于用户更直观地了解mental ray渲染器，尤其是采样率工具，它有助于解释渲染器的原理和性能。这些工具生成的并不是最终渲染图像，而是以诊断功能的图解表示，其参数面板如图16-76所示。

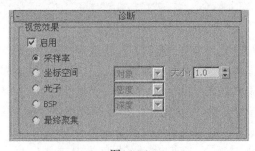

图16-76

🔖 **参数详解**

❖ 启用：启用此选项后，可以选择下面几种不同的渲染分析工具进行分析。

❖ 采样率：选择该选项后，渲染时会显示需要采样的位置。该选项有助于调整对比度和其他采样参数。

❖ 坐标空间：按照渲染对象的自身坐标、世界或摄影机坐标进行显示。

    ◇ 对象：显示局部坐标（UVW），每个对象都有自己的坐标空间。

    ◇ 世界：显示世界坐标（XYZ），相同坐标系应用于所有对象。

    ◇ 摄影机：显示摄影机坐标，该坐标显示为叠加在视图上的一个矩形栅格。

❖ 大小：设置栅格的大小，默认设置为1。

❖ 光子：在渲染屏幕中显示光子的密度或发光度，使用该功能要求打开焦散或全局照明效果。在其下拉列表中可以选择密度或发光度。

    ◇ 密度：显示场景中的光子密度，高密度的地方显示为红色，低密度的地方显示为更冷的颜色。如图16-77所示，这是光子密度的诊断结果，通过这个可以直观地了解光子数。

图16-77

    ◇ 发光度：与"密度"参数类似，但显示内容基于物体的辐照度。同样，最大的辐照度显示为红色，随着辐照度减少，颜色逐渐变冷。

❖ BSP：渲染BSP光线跟踪算法的设置。如果渲染过程中提示BSP深度和大小太大，或渲染非常慢，可以使用此工具解决。在其下拉列表中可以选择深度和大小两个参数。

    ◇ 深度：显示树的深度，顶面显示为亮红色，增加深度后颜色会变冷。

    ◇ 大小：显示树上节点的大小，不同大小的节点显示为不同的颜色。

提示：BSP诊断只能与BSP方法一起使用，BSP2方法不支持该诊断。

❖ 最终聚集：渲染场景时，将初始的最终聚集点显示为绿色，最终的最终聚集点显示为红色。

3. "分布式块状渲染"卷展栏

功能介绍

mental ray的"分布式块状渲染"对于高效率工作流程来说是非常有价值的，其核心就是"使用多台电脑一起渲染同一张图"。

在使用其他渲染器实现分布式渲染时往往需要其他插件配合才行，而使用mental ray渲染器中的分布式渲染是非常容易实现的，其设置也非常简单。如局域网内电脑A为主机，要让电脑B、C、D…共同渲染电脑A的图像，只需要在电脑A上添加电脑B、C、D…的IP即可，电脑B、C、D…不开启3ds Max仍然可以正常渲染。

提示: 使用分布式渲染请注意以下几个问题。

第1个: 确保参加分布式渲染的电脑局域网能相互访问。

第2个: 确保参加分布式渲染的电脑均安装相同版本的系统和3ds Max。

第3个: 渲染时建议关闭所有防火墙与杀毒软件。

设置分布式渲染的操作方法及流程如下。

（1）在电脑A中打开3ds Max软件。

（2）设置mental ray为当前渲染器，设置好各项渲染参数及材质。

（3）如果使用GI，建议先在电脑A中计算好光子贴图，FG则可以在分布式渲染中进行。

（4）在"分布式块状渲染"卷展栏中添加电脑B、C、D…的IP。

（5）在电脑A中单击"渲染"按钮，此时电脑A将借用电脑B、C、D…的CPU资源进行渲染。

展开"分布式块状渲染"卷展栏，其参数面板如图16-78所示。

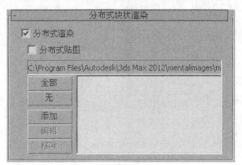

图16-78

参数详解

❖ 分布式渲染: 勾选后将开启分布式渲染方式。

❖ 分布式贴图: 在使用分布式渲染时，如果启用此选项，则在所有系统上可以执行分布式渲染的贴图；禁用此选项，则指定渲染中使用的所有贴图位于本地系统上。需要注意的是，在分布式渲染中，所有系统上的贴图必须拥有完全相同的名称和路径。

❖ 全部: 高亮显示主机列表中的所有主机处理器。

❖ 无: 清除主机列表中被选中的主机处理器。

❖ 添加: 单击该按钮可以打开"添加/编辑DBR宿主"对话框，通过该对话框可以添加多台主机进行渲染，如图16-79所示。

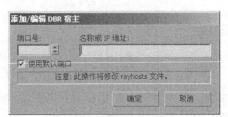

图16-79

      ◇   端口号：可以输入处理器的端口号，除非禁用"使用默认端口"选项，否则该参数不可用。

      ◇   名称或IP地址：输入要添加的处理器的名称或数字IP地址。

      ◇   使用默认端口：启用此选项后，3ds Max将端口号指定给新的处理器。

❖   编辑：单击该按钮可显示"添加/编辑DBR宿主"对话框，用于编辑被选中的主机处理器。

❖   移除：删除被选中的主机处理器。

下面来看看分布式渲染过程的示图，如图16-80所示。示图中有8个格子在进行计算渲染，实际上使用四核CPU进行渲染时只会出现4个格子，当使用分布式渲染添加另一台四核电脑时，就会变成8个渲染格，速度也将提升近一倍。当然，网络的快慢与稳定性也对分布式渲染有很大的影响。

图16-80

【练习】：用mental ray渲染器渲染牛奶场景

本练习的牛奶场景效果如图16-81所示。

图16-81

Step 01 打开光盘中的"练习文件>第16章>练习.max"文件，如图16-82所示。

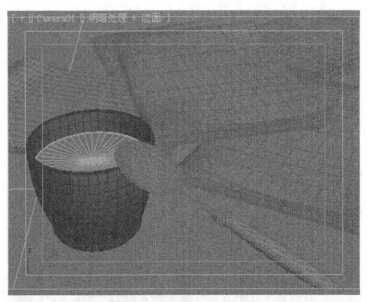

图16-82

Step 02 设置灯光类型为"标准"，然后在左视图中创建一盏mr区域聚光灯，其位置如图16-83所示。

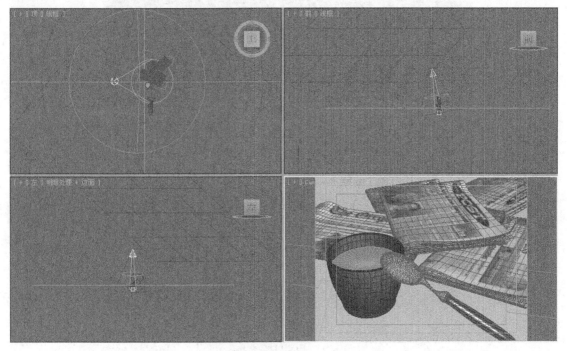

图16-83

提示： 在使用mental ray渲染器渲染场景时，最好使用mental ray类型的灯光，因为这种灯光与mental ray渲染器衔接得非常好，渲染速度比其他灯光要快很多。这里创建的这盏mr区域聚光灯采用默认设置。

Step 03 下面设置渲染参数。按F10键打开"渲染设置"对话框，然后设置渲染器为mental ray渲染器，接着单击"公用"选项卡，最后在"公用参数"卷展栏下设置"宽度"为1200、"高度"为900，如图16-84所示。

图16-84

Step 04 单击"渲染器"选项卡，然后在"采样质量"卷展栏下设置"最小"为1、"最大"为128，接着在"选项"参数组下关闭"抖动"选项，最后设置"帧缓冲区类型"为"浮点数（每通道32位数）"，具体参数设置如图16-85所示。

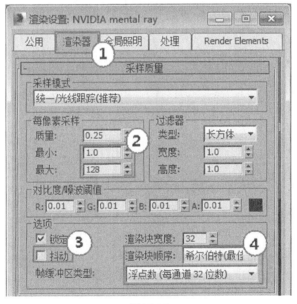

图16-85

Step 05 单击"全局照明"选项卡，展开"焦散和光子贴图（GI）"卷展栏，然后在"焦散"参数组下勾选"启用"，接着设置"每采样最大光子数"为30，最后在"光子贴图（GI）"参数组下勾选"启用"选项，并设置"每采样最大光子数"为500，具体参数设置如图16-86所示。

Step 06 按大键盘上的8键，打开"环境和效果"对话框，然后在"曝光控制"卷展栏下设置曝光类型为"对数曝光控制"，接着在"对数曝光控制参数"卷展栏下设置"亮度"为50、"对比度"为70、"中间色调"为1、"物理比例"为1500，具体参数设置如图16-87所示。

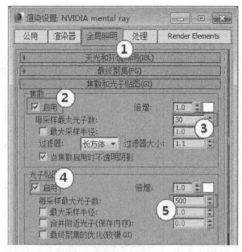

图16-86

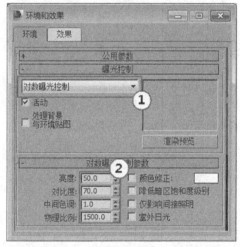

图16-87

Step 07 在透视图中按C键切换到摄影机视图，然后按F9键渲染当前场景，最终效果如图16-88
所示。

图16-88

16.3 mental ray对象属性

在3ds Max中，除了可以在渲染器的相关面板中对mental ray的参数进行设定以外，还可以在每个对象的"属性"对话框中设置其mental ray面板里的参数，从而影响"最终聚集"、"全局照明"、"焦散"和"置换"等效果，其参数面板如图16-89所示。

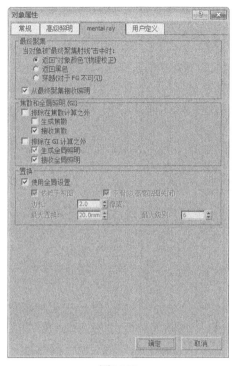

图16-89

16.3.1 "最终聚集"参数组

功能介绍

此参数组用于设置最终聚集对指定对象的影响，其参数面板如图16-90所示。

图16-90

参数详解

❖ 当对象被"最终聚集射线"击中时：此项用于设置最终聚集对场景对象的影响。它有3个选项。

    ◇ 返回"对象颜色"（物理校正）：返回对象与最终聚集射线相交并且构成最终聚集照明时的材质颜色。这是默认模式。

    ◇ 返回黑色：选择此项后，挡住最终聚集射线，不对该对象进行明暗处理。

◇ 穿越（对于FG不可见）：选择此项后，可以使最终聚集进程在射线投影期间忽略对象，这种情况适合于小而且复杂的对象（如小草）。

❖ 从最终聚集接收照明：启用此项时，对象的最终照明来自于最终聚集的射线，禁用此项后，最终聚集将不会对该对象起作用。

16.3.2 "焦散和全局照明(GI)"参数组

功能介绍

此参数组用于控制指定对象是否参与焦散或全局照明的模拟。要使下面的参数起作用，还必须在"渲染设置"对话框中启用焦散或全局照明，其参数面板如图16-91所示。

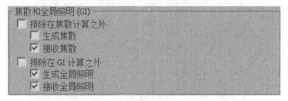

图16-91

参数详解

❖ 排除在焦散计算之外：启用此项后，指定的物体将不参与焦散的模拟计算，既不产生焦散，也不接收焦散。

  ◇ 生成焦散：勾选此项，对象能产生焦散，禁用时对象不能产生焦散，默认为禁用。

  ◇ 接收焦散：勾选此项，物体能接收焦散，禁用时对象不能接收焦散，默认为启用。

❖ 排除在GI计算之外：启用此项后，指定的对象将不参与全局照明的模拟计算，既不产生全局照明，也不接收全局照明。

  ◇ 生成全局照明：勾选此项，对象能产生全局照明，禁用时对象不能产生全局照明，默认为启用。

  ◇ 接收全局照明：勾选此项，对象能接收全局照明，禁用时对象不能接收全局照明，默认为启用。

16.3.3 "置换"参数组

"置换"参数组的参数面板如图16-92所示。

图16-92

参数详解

❖ 使用全局设置：勾选此项时，对象的置换属性使用全局设置。置换的全局设置位于"渲染器"面板中"阴影和置换"卷展栏的"置换（全局设置）"参数组。

❖ 依赖于视图：勾选此项时，"边长"值以像素为单位；禁用此项时，边长值则以世界空间单位进行指定。

❖ 平滑（以高度贴图关闭）：勾选此项，mental ray渲染器使用内置的法线对几何体进行光滑处理。不过，这种平滑处理不能应用于高度贴图置换，因为几何体和高度贴图的作用方式是不同的，如果对象使用了高度贴图，则应当禁用此项以得到正确的渲染结果，高度贴图可以由法线贴图创建。

❖ 边长：定义进行细分的最小边长。当达到这一大小后，mental ray渲染器会停止继续细分。

❖ 最大置换：控制置换的最大偏移，单位是世界单位。如果置换贴图的置换偏移范围超过此参数的设置，则超出部分都将被限制在最大偏移平面上，置换结果会如同顶部被截掉的样子。

❖ 最大级别：控制一个三角面可以细分的次数。

16.4　mental ray专有材质

mental ray渲染器除了支持原来的部分3ds Max材质之外，还有一些附加的材质。当指定了mental ray渲染器后，执行"渲染>材质>贴图浏览器"菜单命令，打开"材质/贴图浏览器"，展开mental ray卷展栏就能看到这些材质了，如图16-93所示。

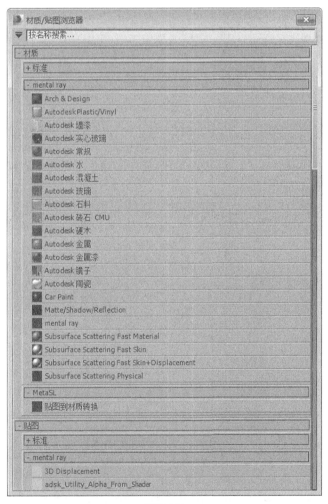

图16-93

在3ds Max中，mental ray的专有材质共有6类，包括Arch&Design（mi）、Autodesk系列、CarPaint Material(mi)、Matte/Shadow/Reflection(mi)、mental ray和子表面散射（3S）材质。

16.4.1　mental ray材质

　　mental ray材质球用于创建完全抛弃3ds Max的独立材质。这个材质球的控制比较少，主要是通过各组件加载不同的"明暗器"来实现效果。它的参数设置与mental ray Connection（mental ray连接）卷展栏中的设置完全一样，不过mental ray材质球多了"凹凸"组件。下面我们来分别介绍mental ray材质球的"材质明暗器"卷展栏和"高级明暗器"卷展栏。

1. "材质明暗器"卷展栏

　　首先在"材质编辑器"创建一个 mental ray材质球，然后就可以在其参数面板中找到"材质明暗器"卷展栏，如图16-94所示。

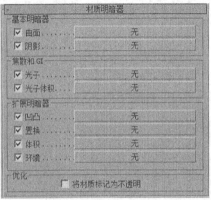

图16-94

参数详解

❖　曲面：控制使用此材质的物体表面属性，单击"无"按钮即可选择可使用的明暗器，图16-95为可使用的明暗器。

图16-95

❖　阴影：指定一个明暗器来控制阴影。这个组件可以使用的明暗器如图16-96所示。

图16-96

❖　光子：指定一个明暗器来控制物体表面对光子进行处理，这个组件可用于控制全局光和焦散，这个组件可以使用的明暗器如图16-97所示。

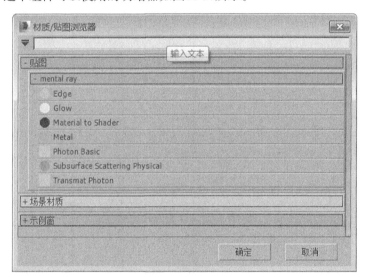

图16-97

❖　光子体积：指定一个明暗器来控制物体表面对光子进行处理，这个组件可用于控制全局光和焦散中体积光的部分，这个组件可以使用的明暗器如图16-98所示。

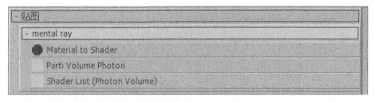

图16-98

❖　凹凸：指定一个明暗器控制凹凸效果，这个组件可以产生类似于标准3ds Max材质的凹凸贴图的效果，可以使用的明暗器如图16-99所示。

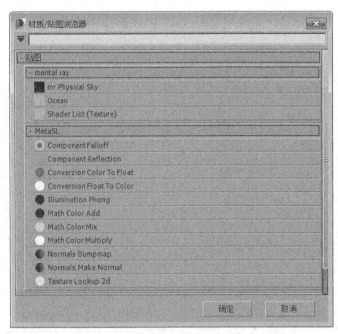

图16-99

❖   置换：指定一个明暗器控制置换效果，这个组件可以使用的明暗器如图16-100所示。

图16-100

❖   体积：指定一个体积明暗器，这个组件可以使用的明暗器如图16-101所示。

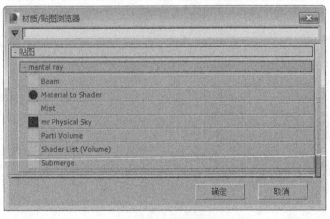

图16-101

❖ 环境：指定一个环境明暗器，这个环境只提供给这个材质使用，会出现在材质的反射或透明效果中，这个组件可用的明暗器如图16-102所示。

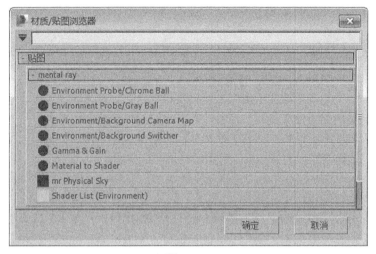

图16-102

❖ 将材质标记为不透明：勾选此项，材质会被设定为完全不透明，这样mental ray渲染器就不需要处理这个材质的透明效果。在使用阴影明暗器时，此功能也能减少渲染的时间，默认为关闭。

2. "高级明暗器"卷展栏

打开"高级明暗器"卷展栏，其参数面板如图16-103所示。

图16-103

参数详解

❖ 轮廓：指定一个轮廓线效果的明暗器，该组件可用的明暗器如图16-104所示。

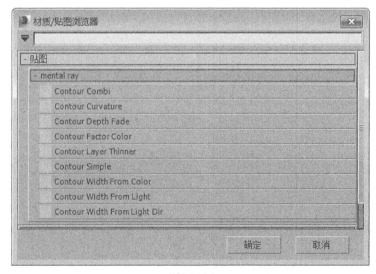

图16-104

❖ 光贴图：指定一个光贴图明暗器，3ds Max并没有提供可以使用的光贴图明暗器，如果要使用这个功能，用户需自行编辑，在其他软件中的mental ray渲染器，光贴图明暗器能实现类似贴图烘焙的效果。

16.4.2 建筑与设计材质（Arch& Design(mi)）

mental ray的Arch& Design(mi)（建筑与设计）材质是在3ds Max中增加的一类专门用于建筑与工业设计的材质。它是基于物理法则而设计材质模拟系统，擅长表现各种金属、木材和玻璃等硬表面物质，并且还内置了许多模板，使参数的调节更加方便快捷。此外，它的细节表现力非常强，通过各种内置参数，可以快速而精确地调节出打蜡的地板、覆霜的玻璃、磨沙的金属、边界的圆角、粉末状的表面等纹理效果，从而达到照片级的渲染质量。

mental ray的Arch&Design (mi)（建筑与设计）材质包括10个卷展栏，如图16-105所示，即"模板"、"主要材质参数"、BRDF、"自发光（发光）"、"特殊效果"、"高级渲染选项"、"快速光滑插值"、"特殊用途贴图"、"通用贴图"和"mental ray连接"。其中"模板"中各种材质是下面参数的预设值，可以在"模板"参数的基础上进行微调，这样就能迅速达到理想的效果，其他的卷展栏分别控制材质的反射、折射、透明度、自发光、环境照明、焦散、凹凸和置换等效果。

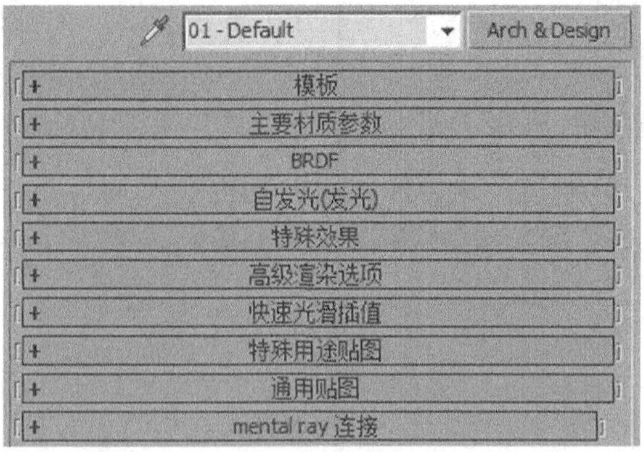

图16-105

1."模板"卷展栏

功能介绍

"模板"中内置了各种常用的材质，可以在此基础上再次调整，从而简化了设置流程。从下拉列表中可以选择不同的模板，当选择某个模板后，左侧的窗框中将列举出这种模板的特点和基本用途，如图16-106所示。

图16-106

参数详解

❖ 外观和属性：该模板组中的预设是一般物体的外观，然后可以在此基础上进行细致调节，其包含3种类型，如图16-107所示。

图16-107

- ◆ 无光磨光：该预设材质为理想的Lambertian漫反射表面，光线和颜色在物体表面分布均匀，没有明显的高光，并且不反射周围的环境。
- ◆ 珍珠磨光：该预设有着柔和的模糊反射表面，光线和颜色分布均匀，没有明显的高光，但表面光滑，明暗对比较强。
- ◆ 光滑磨光：该预设有着强烈的反射和高光，表面能清晰地反射出周围的环境，但仍保留物体的颜色，如同表面被打磨过。

❖ 磨光：此参数组中定义了建筑中常用的地表或墙面材质，包括木地板、水泥、瓷砖、塑料和陶器等，其主要包含材质如图16-108所示。

图16-108

- ◆ 缎子般油漆的木材：有少量的模糊反射，表面比较光滑，并且内置了一张木地板贴图。
- ◆ 光滑油漆的木材：有强烈的反射现象，少量的模糊反射，是一种光滑磨光后的木材。
- ◆ 粗糙水泥：表面粗糙，像是用刷子或扫帚刷过后的湿水泥效果。
- ◆ 精练水泥：有少量模糊反射，表面光滑的水泥表面。
- ◆ 上光陶瓷：表面平滑，反射较为强烈，具有强烈的高光和大面的高光面积。
- ◆ 上光瓷砖：表面平滑，反射和高光都比较明显，并且内置了一张瓷砖纹理。
- ◆ 光滑塑料：表面平滑，有明显的反射和高光，表面呈现出实体塑料的质感。
- ◆ 无光塑料：表面较为粗糙，没有反射高光，表面为实心塑料质地。
- ◆ 砖瓦：有温和的反射效果，并且内置了一张砖瓦贴图，凹凸感强烈。
- ◆ 橡皮：有温和的反射效果和厚重的体积感。
- ◆ 皮革：有温和的反射效果和皮革的凹凸细节。

❖ 透明材质：该组中预设了常见透明物体的材质，例如玻璃、塑料、水面等，其包含材质如图16-109所示。

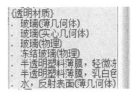

图16-109

- ◆ 玻璃（薄几何体）：该预设为完全透明，没有折射效果，适合表现薄片玻璃效果。
- ◆ 玻璃（实心几何体）：透明并且具备折射效果，具备强烈的透光性，适合表现实心玻璃制品。
- ◆ 玻璃（物理）：对物体内部的折射和反射效果进行菲涅尔计算，这样更加接近现实。
- ◆ 冻结玻璃（物理）：这是对物理玻璃类型的进一步设置，插入模糊的透明效果，渲染速度上有一定优势。

◇ 半透明塑料薄膜，轻微冻结：模拟单一面的塑料薄膜效果，完全透明但不具备折射效果，包含少量模糊。

◇ 半透明塑料薄膜，乳白色：模拟单一面的塑料薄膜效果，完全透明但不具备折射效果，表面呈现一层乳白色，并且伴有强烈的模糊感。

◇ 水，反射表面（薄几何体）：适合表现江河湖海的表面，具备反射效果但没有折射和透明。

❖ 金属：该组预设了多数金属的材质，适合表现不锈钢和有色金属，此外对于拉丝金属和磨沙金属也预定了相应的起始模板，其包含材质如图16-110所示。

图16-110

◇ 铬合金：该预设代表了各种无色金属效果，具备完全的反射效果和强烈的高光。

◇ 刷过的金属：适合在此基础上调节拉丝金属或具备凹凸质感的金属。

◇ 缎子般的金属：反射较为模糊，适合在此基础上调节磨沙金属。

◇ 铜：表面平滑，具备强烈的高光，有略微的模糊，反射效果强烈，适合在此基础上调节有色金属。

◇ 有式样的铜：该预设的最大特点是反射高光呈现出图案纹理状态，适合表现具有特殊反射光泽的金属。

❖ 高级工具：该组模版中预设的并非是独立的材质，而是设置在上述预设材质之上，确定是否进一步增强材质的全局控制，其包含材质如图16-111所示。

图16-111

◇ 启用细节增强：选择此项后则开启"阻挡环境光"设置，以进一步增强细节表现。

◇ 禁用细节增强：选择此项后则关闭"阻挡环境光"设置。

2. "主要材质参数"卷展栏

打开"主要材质参数"卷展栏，其参数面板如图16-112所示。

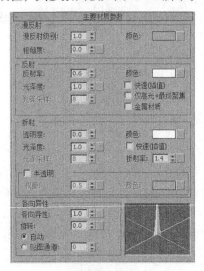

图16-112

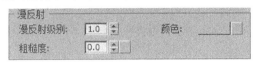参数详解

❖ 漫反射：该选项组共包含下列3个选项，如图16-113所示。

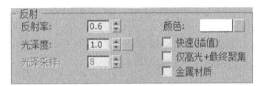

图16-113

◇ 漫反射级别：此参数用于控制漫反射颜色，也就是物体表面颜色的亮度，取值范围为0~10，默认为1。

◇ 颜色：漫反射颜色，也就是直射光照到物体后物体表面所呈现的颜色，默认为50%的灰色。

◇ 粗糙度：控制漫反射颜色混合到环境光中的速度快慢，增加该值可以使曲面看上去像是附了一层粉末。

❖ 反射：该选项组包含下列7个选项，如图16-114所示。

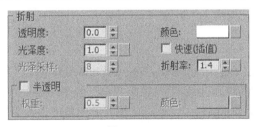

图16-114

◇ 反射率：从总体上控制反射的级别，范围为0~1，值为0时，代表没有反射现象；值为1是代表完全反射，但最终的反射效果要受到BRDF卷展栏中设置的BRDF曲线（角度值）的影响。

◇ 颜色：反射光的颜色，默认为白色。

◇ 光泽度：定义反射表面的光滑程度，适当地降低该值，可以调节出细碎的磨沙效果。

◇ 光泽采样：定义发出光线的最大数目，该值越高得到的最终效果越平滑，渲染图的质量就越好，但是会增加渲染时间。

◇ 快速（插值）：勾选此项后，将使用平滑算法重新使用光线平滑渲染结果，这样得到反射效果计算速度较快、较平滑，但不精确。

◇ 仅高光+最终聚集：启用此选项后，mental ray将不跟踪实际反射的光线计算反射效果，而只会显示高光和通过最终聚集而形成的软反射，这样既使得计算速度快，而且还能达到理性的效果，但是由于不跟踪反射光线而会导致反射的影像失真，这种算法适用于场景中的非主体对象。

◇ 金属材质：显示中的金属颜色会影响到反射的颜色，例如一盏白色的灯罩射到黄金和红色玻璃球上，照射在红玻璃上的反射光仍然是白色，而照射在黄金上的光则呈现出黄色。此选项专门用来纠正这一现象，在调节有色金属材质时，建议勾选此选项。启用此项后，其反射的颜色将由漫反射参数组中的颜色来定义，而不是反射参数组中的颜色，反射率也不再受BRDF曲线的影响，而是变为反射和光泽反射之间的权重。

❖ 折射：该组参数用于设置折射和透明效果，其参数面板如图16-115所示。

图16-115

◇ 透明度：此参数定义折射的级别，范围为0~1，该值也遵循能量守恒定律，最终的折射效果要受到BRDF曲线的影响。

◇ 颜色：此参数设置折射的颜色，一般透明物体的颜色，如彩色玻璃片，可以在这里设置，但是对于一些特殊的情况，例如较厚的玻璃制品、空心玻璃球，如果在这里设置颜色就有些不真实了。这种情况下可以通过"高级渲染选项"卷展栏的"折射"参数组中的"最大距离颜色"来进行设置。

◇ 光泽度：用于定义折射或透明的锐利程度，也就是透明表面的光滑效果，适当地降低该值可以调节出磨砂玻璃的效果。

◇ 快速（插值）：同反射中的设置一样，启用此项后，使用平滑算法生成结果，而不跟踪折射光束，这样能够得到较快的渲染速度，但结果不够精确。

◇ 光泽采样：此参数定义产生折射光线的最大数目，加大该值能够提高折射的质量，但会增加渲染时间。

◇ 折射率：这是一个物理名词，用于描述光线在射入透明物体后产生的角度改变。不同的透明物质有着不同的折射率，例如水的折射率为1.33、酒精的折射率为1.39、璃璃的折射率为1.5、水晶的折射率为2、钻石的折射率为2.4等，在三维材质制作中可以参照现实中的折射率，但仍要以场景的最终效果为准。

◇ 半透明：启用此选项后，下面的半透明设置将被激活，这里的半透明选项一般用于薄壁模式适合调节半透明玻璃片、塑料片等薄片物体。如果要调节固体的半透明材质，建议使用3S材质或明暗器。

◇ 权重：该值为弱化透明程度的参数，如果该值为0.3，那么只有30%的折射和透明参数起作用。

◇ 颜色：设置半透明的颜色。

❖ 各向异性：此参数组用于调节高光的形状，其参数面板如图16-116所示。

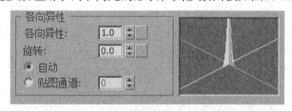

图16-116

◇ 各向异性：控制高光的形状，该值为1时，高光为圆形；随着该值的增大或减小，高光也逐渐变窄变长。

◇ 旋转：更改高光的旋转方向，该值从0~1变化。其中1表示360°，0.5表示180°，0.25表示90°，默认值为0。

◇ 自动/贴图通道：自动模式是通过上面的参数来控制高光的形状，而贴图通道模式可以通过贴图的纹理来控制高光。

3.BRDF卷展栏

🖊️ 功能介绍

BRDF的是Bidirectional Reflectance Distribution Function的缩写，意思是双向反射比分布函数。在现实世界中，物体表面的反射程度与观察视角有着密切的关系，BRDF就是用来描述这种反射强弱关系的函数。在这个卷展栏中，可以从观察者的角度去定义反射率，从而更有效地控制反射程度，其参数面板如图16-117所示。

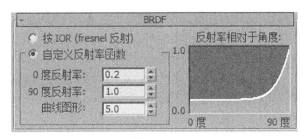

图16-117

![参数详解]

- ❖ 按IOR （fresnel反射）：反射率与角度的关系由材质的IOR（折射率）来决定，这被称为Fresnel（菲涅尔）反射，这是大多数电介质（如玻璃和水）的角度反射状态。
- ❖ 自定义反射率函数：选定该模式后可以根据视角在下列参数中自行设置反射率，该模式可调节出具备强反射程度的物体材质，适合表现金属和多数混合材质的反射现象。
  - ◇ 0度反射率：定义观察者正面的反射率。
  - ◇ 90度反射率：定义垂直于视角的反射率。
  - ◇ 曲线图形：定义BRDF曲线的衰减程度。

4."自发光（发光）"卷展栏

![功能介绍]

　　该卷展栏中的参数用于调节自发光物体，如半透明灯罩、蜡烛、电视机或手机屏幕等，自发光物体并不能作为光源投射光线，但是配合最终聚集可以将其作为间接光源影响周围的环境，从而产生亮丽的光晕效果，如图16-118所示。

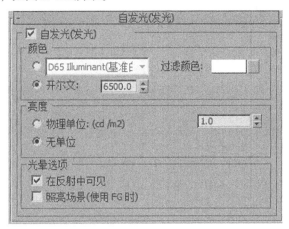

图16-118

![参数详解]

- ❖ 自发光（发光）：勾选此选项后，该材质变为自发光材质，下面的自发光参数组将被激活。
- ❖ 颜色：此参数组用于设置自发光材质的颜色。
  - ◇ 灯光：在下拉列表中挑选一种现实中的物理灯光，用它来确定自发光材质的颜色，还可以通过后面的"过滤颜色"来进行微调。

◇ 开尔文：用色温值控制自发光灯光材质颜色。

❖ 亮度：此参数组用于设置发光材质的亮度值，如果配合后面的"照亮场景（使用FG时）"参数，还会影响到场景的亮度。

◇ 物理单位（cd/m²）：以每平方米坎得拉为单位设置亮度，这是一个基于物理数据的比例值，表16-1列举了常见发光体的亮度值，以便于在三维度场景中参考使用。

表16-1：常见发光体的亮度值

对象	亮度（cd/m²）
阴极射线管（CRT）电视荧光屏	250
液晶（LCD）电视荧光屏	140
使电子设备上的发光二极管（LED）面板明亮，例如DVD播放器	100
桌灯前面的磨砂镜头	10000（平均）
家用埋地卤元素灯前面的磨砂镜头	10000（平均）
装饰设备上陶瓷灯明暗处理的外部	1300
装饰设备上陶瓷灯明暗处理的内部	2500
装饰设备内部的磨砂白炽灯泡	210000
下午多云天空	8000
多云天空下，朝向北明亮的屋子内白色天花板	140
多云天空反射在涂漆的木制地板上	875
反射在下午多云的户外黑色沥青上	115

◇ 无单位：使用任意数值表示自发光材质的亮度。

❖ 光晕选项：包含下列两个参数选项。

◇ 在反射中可见：勾选此选项后，该材质的自发光效果会出现在其他反射物体的表面；不勾选此选项时，自发光物体仍然会出现在反射表面，但没有自发光效果。

◇ 照亮场景（使用FG时）：勾选此选项后，自发光物体将作为间接光源参与最终聚集（FG）计算，其亮度和颜色会影响到周围的物体。

5."特殊效果"卷展栏

打开"特殊效果"卷展栏，其参数面板如图16-119所示。

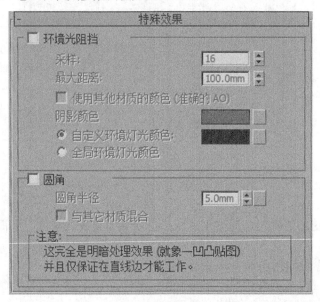

图16-119

参数详解

❖　环境光阻挡：勾选后启用环境光阻挡（AO）功能，并激活下面的参数控制，其参数面板如图16-120所示。

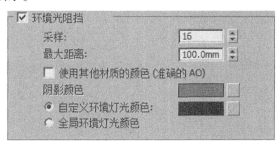

图16-120

> **提示**：环境光阻挡是通过创建一些灯光照射不到的较暗区域，以还原全局照明中计算失真的地方，使得阴影细节显得更加真实。

　　◇　采样：设置用于创建AO的光线数量，该值越高得到的阴影效果越好，但会增加渲染时间。
　　◇　最大距离：该值用于定义阻挡对象的查找范围，较小的值会将AO效果局限在一个很小的缝隙内，值越大AO覆盖的面积越大。
　　◇　使用其他材质的颜色（准确的AO）：勾选此选项后，将从周围的材质派生出AO的颜色，以获得更加精确的效果。
　　◇　阴影颜色：该值用于调节AO的明暗程度。当"使用其他材质的颜色"处于禁用状态时，该值用作阻挡曲面的倍增值，一般设置为灰色；当启用"使用其他材质的颜色"时，该值为用来定义黑色和其他材颜色映射的比率。例如该颜色的RGB值为0.2，那么从黑色派生出的AO阴影颜色比率为20%，其他材质派生出的颜色比率占80%。
　　◇　自定义环境灯光颜色：点选此项后，可以在后面的颜色块中指定AO中的环境光颜色。
　　◇　全局环境灯光颜色：点选此项后，AO的环境光颜色将使用环境面板中的设置。
❖　圆角：启用此选项后，可在渲染时将直角边变为圆角边，其参数面板如图16-121所示。

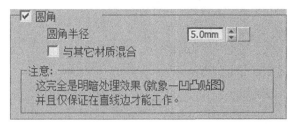

图16-121

> **提示**：圆角是制作金属制品、家具、建筑物等许多模型所必须的效果，它可以使高光反射区域更加明显，模型的边缘更加真实。圆角效果可以通过建模来实现，但这样无疑会增加模型的面数，因此，使用材质实现圆角效果就显得更加合适。目前，越来越多的材质都增加了制作圆角的功能。

　　◇　圆角半径：设置圆角的半径。
　　◇　与其它材质混合：在默认情况下，圆角只会产生在同一材质的直角边上，勾选此项后，则该材质接触的任何直角都会产生圆角。

6. "高级渲染选项" 参数组

打开 "高级渲染选项" 参数组，其参数面板如图16-122所示。

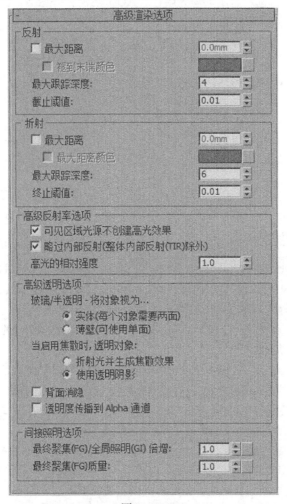

图16-122

❖ 反射：该选项组共包含下列参数选项，如图16-123所示。

图16-123

◇ 最大距离：将反射限制在一定的范围之内，勾选此项后，可以在后面的文本框中输一个最大
   距离值，这样避免了从远处还能看到清晰反射的弊端。

◇ 褪到末端颜色：此项只有在启用 "最大距离" 后才有效，勾选此选项后，可以在后面的颜色
   色块设置一个反射影像淡出的颜色；禁用此项后，反射影像淡出为环境色。

◇ 最大跟踪深度：跟踪反射光的最大反弹次数。

◇ 截止阈值：设置反射终止的级别，如果光线的作用小于该值，那么即使没有达到最大深度值，该反射光线的计算也会被终止。该值越小，则反射发数越多，产生的效果越好，但渲染速度较慢，相反，该值越大，反射质量越粗糙，但渲染速度较快。

❖ 折射：该选项组共包含下列参数选项，如图16-124所示。

图16-124

◇ 最大距离：启用此项后，将折射限制在一定的距离内，该距离以外的部分将填充黑色（默认）或者"最大距离颜色"中的颜色。

◇ 最大距离颜色：启用此选项后，最大距离以外的颜色将由此选项后面的色块来决定，这是模拟物理折射吸收的校正结果，也可以通过这个颜色来模拟实心有色玻璃。

◇ 最大跟踪深度：设置跟踪折射光线的反弹次数，当达到该深度时，没有折射到的部分将被填充黑色。

◇ 终止阈值：与反射中的对应函数类似，设置折射终止的级别，如果折射光线的作用小于该值，那么即使没有达到最大深度，这条折射光线的计算也会被终止。

❖ 高级反射率选项：该选项组共包含下列选项参数，如图16-125所示。

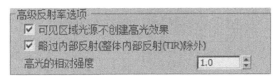

图16-125

◇ 可见区域光源不创建高光效果：启用此项后，如果在mr区域反光灯或mr区域聚光灯的"区域灯光参数"卷展栏中启用了"在渲染器中显示图标"后，那么该灯光不会产生反射高光。

◇ 略过内部反射（整体内部反射（TIR）除外）：具有折射透明现象的物体内部反射都比较微弱，启用此项后，将忽略内部反射。

◇ 高光的相对强度：该值用于设置高光和反射强度的相互关系，该值小于1时会减弱高光相对于反射的强度，大于1时则会增强高光。

❖ 高级透明选项：该选项组共包含下列参数选项，如图16-126所示。

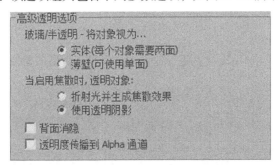

图16-126

◇ 玻璃/半透明-将对象视为：此选项用于设置折射对象的薄厚程度，它包括以下两个模式，"实体（每个对象需要两面）"，该模式用于渲染实体折射对象；"薄壁（可使用单面）"，该模式用于渲染很薄的透明对象，如玻璃片等。

◇ 当启用焦散时，透明对象：当不启用焦散时，mental ray的建筑与设计材质使用阴影明暗器
创建透明阴影，但是启用焦散后，mental ray将计算投射光线的焦散，而不再计算透明阴
影，但是建筑与设计材质中还可以具备下面两种选择，"折射光并生成焦散效果"，当启用
焦散后，折射光将形成焦散和透明阴影；"使用透明阴影"，折射光不计算焦散效果，只形
成透明阴影。

◇ 背面消隐：此选项是一个特殊模式，启用此选项后，从摄影机可以看到该材质背面的情况，
并且保留背面的光照与投影情况。

◇ 透明度传播到Alpha通道：启用此项后，透明和折射效果会影响到Alpha，不勾选此项，将渲
染出实体Alpha效果。

❖ 间接照明：该选项组共包含下列参数选项，如图16-127所示。

图16-127

◇ 最终聚集（FG）/全局照明（GI）倍增：此值用于在最终聚集和全局照明计算过程中提高材
质对周围环境的影响。

◇ 最终聚集（FG）质量：此值是材质发出最终聚集光线的局部倍增。

7. "快速光滑插值"卷展栏

打开"快速光滑插值"卷展栏，其参数面板如图16-128所示。

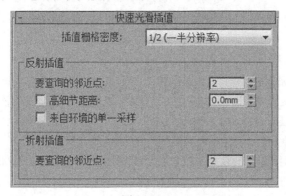

图16-128

参数详解

❖ 插值栅格密度：此值用来设置用于插补光泽反射和折射的栅格分辨率。该值越低，渲染
速度越快，但是细节损失严重。

❖ 反射插值：该选项组包含以下参数选项，如图16-129所示。

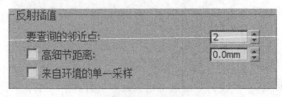

图16-129

◇ 要查询的邻近点：此值用于定义要查询多少周围栅格点来平滑光泽反射度，默认设置为2，越高的值会显得越平滑，但是会损失更多反射细节。

◇ 高细节距离：此值用于定义某段半径距离内产生更清晰的光泽反射。

◇ 来自环境的单一采样：这样可能会导致渲染速度很慢或出现颗粒状杂斑。

❖ 折射插值：该选项组包含如下参数选项，如图16-130所示。

图16-130

◇ 要查询的邻近点：此值用于定义要查询多少周围栅格点来平滑光泽折射度，默认设置为2，越高的值会显得越平滑，但是会损失更多折射细节。

8. "特殊用途贴图"卷展栏

打开"特殊用途贴图"卷展栏，其参数面板如图16-131所示。

图16-131

参数详解

❖ 凹凸：可以在该通道中贴入各种明暗器或位图表现物体表面的凹凸质感，其中的数量值表示凹凸的倍增。

❖ 不应用凹凸到漫反射明暗处理：禁用此选项时，凹凸将应用于所有表面现象，包括漫反射、高光、反射和折射等，勾选此项后凹凸质感不会应用到漫反射表面。

❖ 置换：使用贴图来定义表面的凹凸位移，其中的数量值表示置换的倍增。

❖ 裁切：这个通道就是用来放置不透明度贴图的。

❖ 环境：在这个通道里可以贴上用于反射的环境贴图，这样会使得反射细节变得更加丰富。

❖ 附加颜色/自身照明颜色：这两个通道的作用类似，都可以调节出自发光贴图效果，唯一不同的是"附加颜色"通道的贴图不需要开启自发光效果，而"自身照明颜色"则必须开启自发光功能。

9. "通用贴图"卷展栏

功能介绍

此卷展栏与3ds Max中其他材质的"贴图"卷展栏一样，集合了所有上述建筑与设计材质中可控参数的贴图通道，在这里可以通过建筑与设计材质所支持的所有明暗器或贴图来控制相应的效果。具体含义请参照本书前面的内容，其参数面板如图16-132所示。

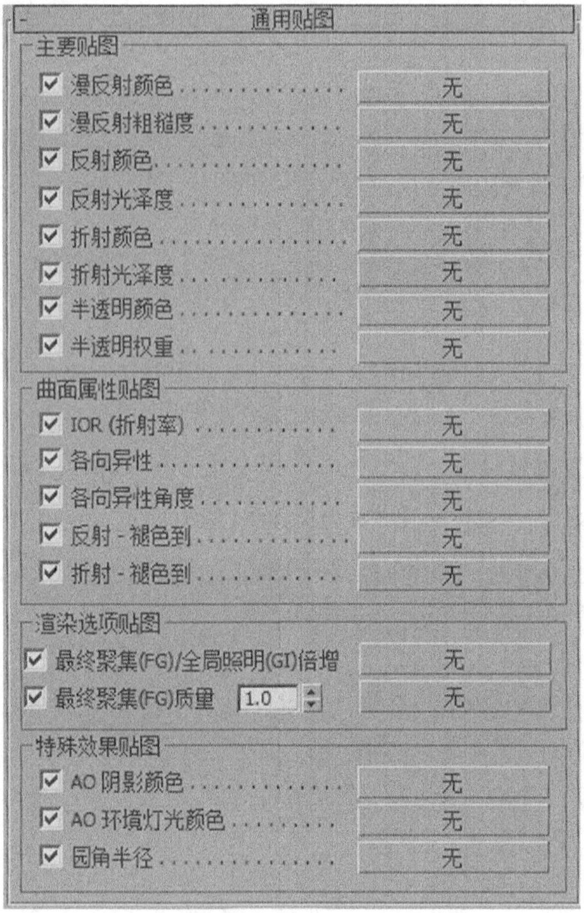

图16-132

16.4.3 车漆材质（Car Paint Material (mi)）

mental ray的Car Paint Material (mi)（车漆材质）是3ds Max增加的一类专门用于表现汽车表面效果的材质。车漆分为3层，金属片涂料层、清漆层和Lambertian尘土层。其中金属片涂料层由色素涂料和金属片组成，它们构成了车体表面的基本颜色，其中金属片还有轻微的高光反射效果；清漆层是表现汽车表面打蜡效果的一种手段，主要用反射和高光参数控制；最顶层的Lambertian尘土层是用于表现汽车表面污垢效果的，这样可以使渲染的图像更加真实。此外，"车漆材质"还可以作为明暗器使用，其参数与材质相同，如图16-133所示。

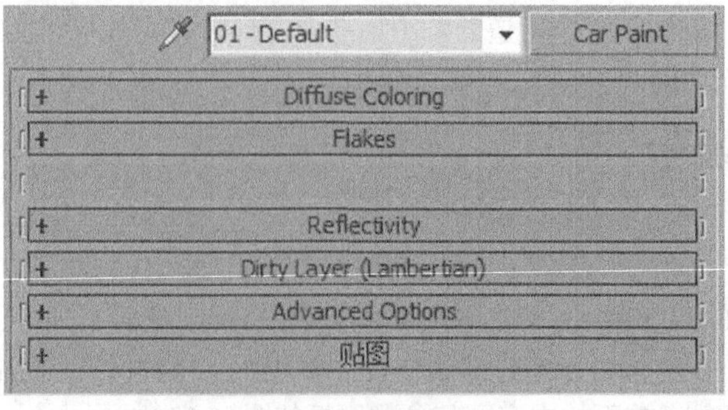

图16-133

1.Diffuse Coloring（漫反射颜色）卷展栏

打开"Diffuse Coloring"卷展栏，其参数面板如图16-134所示。

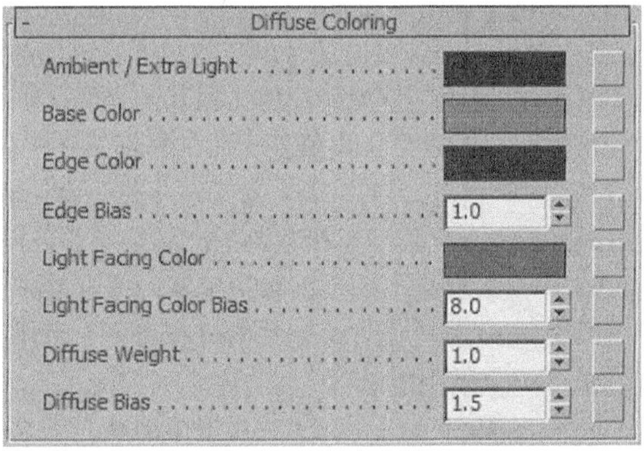

图16-134

参数详解

❖ Ambient/Extra Light（环境/附加光）：此参数类似于3ds Max标准材质中的"环境光"的颜色，主要控制对象整体的环境色，突出显示在对象的暗部区域。

❖ Base Color（基础颜色）：此参数主要控制的是对象表面的漫反射颜色。

❖ Edge Color（边颜色）：在边界处可以见到的颜色。

❖ Edge Bias（边偏移）：边界颜色的衰减比例，该值越低，则边颜色的范围就越宽，值为0.1时相当于禁用边颜色效果。

❖ Light Facing Color（朝向光的颜色）：此参数设置面对光源区域所呈现的颜色。

❖ Light Facing Color Bias（朝向光的颜色偏移）：此参数设置朝向光源颜色的衰减比率。该值越高，这部分的色彩区域会越窄。范围为0.1~10，值为0.1时相当于禁用该效果。

❖ Diffuse Weight（漫反射权重）：此参数控制车漆表面颜色的整体级别。

❖ Diffuse Bias（漫反射偏差）：此参数用于修改车漆表面明暗处理的衰减状况。

2.Flakes（金属片）卷展栏

功能介绍

该卷展栏主要用于控制金属涂料层所呈现的金属杂斑效果，杂斑具备一定的反光特性，也能随着距离的远近而消退，可根据不同的情况进行设置，其参数面板如图16-135所示。

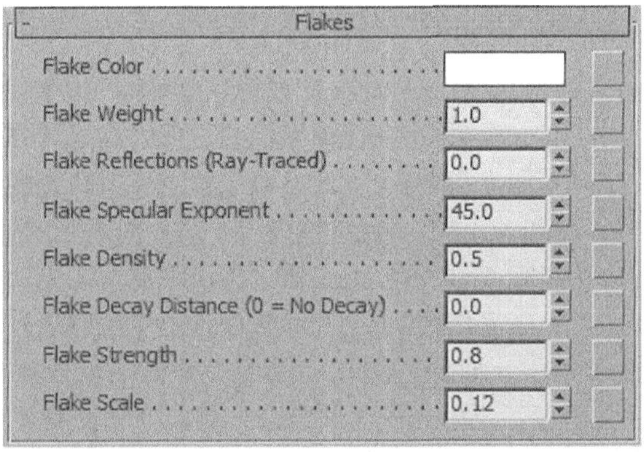

图16-135

参数详解

❖ Flake Color（金属片颜色）：设置金属杂斑的颜色，一般为白色。

❖ Flake Weight（金属片权重）：设置金属片颜色的强度，该值越高，则杂斑效果越明显。

❖ Flake Reflections (Ray-Traced)（金属片反射（跟踪的光线））：设置金属片杂斑的反射效果，值为0时表示禁用反射效果，该值变化非常精细，一般将其设置为0.1就能达到很好的效果了。

❖ Flake Specular Exponent（金属片反射指数）：金属杂斑的Phong反射指数，这是一个衰减指数，该值越低，则金属片杂斑的反射数量越多；该值越高，则反射数量越少。

❖ Flake Density（金属片密度）：设置金属片的分布密度，范围为0.1~10，该值越低则金属片杂斑越少，较高的值杂斑比较多。

❖ Flake Decay Distance（金属片衰减距离）：设置金属杂斑的衰减距离，也就是金属杂斑所呈现的范围。

❖ Flake Strength（金属片强度）：此值利用金属片与汽车表面的角度来影响金属杂斑的亮度。此外，它还能影响到杂斑的分布，此值越小，杂斑越接近高光区域，而此值越大，杂斑越向高光周围扩散。

❖ Flake Scale（金属片比例）：设置金属片杂斑的大小。此外金属片杂斑的大小与车体对象也有着密切的关系，如果改变车体对象的大小，金属杂斑的大小也会随之改变。

3.Specular Reflections（高光反射）卷展栏

打开该卷展栏，其参数面板如图16-136所示。

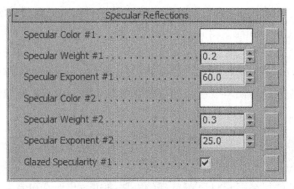

图16-136

参数详解

❖ Specular Color #1（高光颜色1）：此参数设置主反射高光的颜色，通常状况下为白色。

❖ Specular Weight #1（高光权重1）：此参数设置主反射高光的强度。

❖ Specular Exponent #1（高光指数1）：此参数设置主反射高光的衰减指数。

❖ Specular Color #2（高光颜色2）：此参数设置子级反射高光的颜色。

❖ Specular Weight #2（高光权重2）：此参数设置子级反射高光的强度。

❖ Specular Exponent #2（高光指数2）：此参数设置子级反射高光的衰减指数。

❖ Glazed Specularity #1（上釉高光1）：此参数是设置主反射高光的反射模式，启用此模式后高光区域非常明显，反射光泽度非常高，如同上釉的陶瓷或玻璃一样可以完全反射灯光。

4. Reflectivity（反射）卷展栏

打开该卷展栏，其参数面板如图16-137所示。

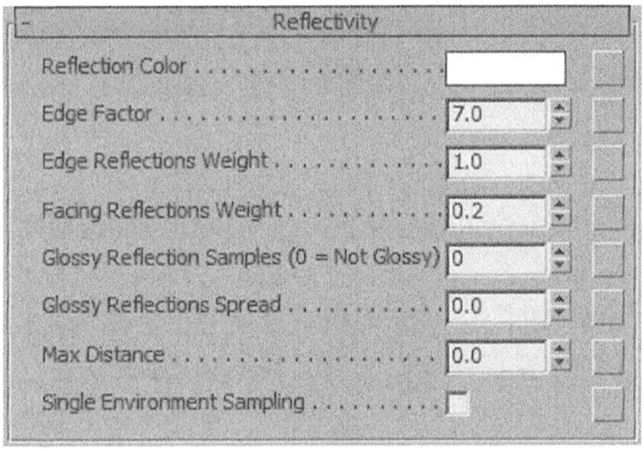

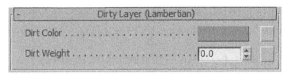

图16-137

参数详解

❖ Reflection Color（反射颜色）：设置清漆层中的反射颜色，一般为白色。

❖ Edge Factor（边缘因子）：清漆层往往在边缘反射较多，此值用于设置边缘的反射"宽度"。

❖ Edge Reflections Weight（边缘反射权重）：此值设置边缘反射的强度。

❖ Facing Reflections Weight（面向角反射权重）：该值设置面对光线的角反射强度。

❖ Glossy Reflection Samples（反射光泽采样）：此参数设置跟踪反射光线的数量，值为0时禁用反射光泽。

❖ Glossy Reflections Spread（光泽反射扩散）：设置汽车表面的光泽度。

❖ Max Distance（最大距离）：设置反射光线的范围。

❖ Single Environment Sampling（单个环境采样）：勾选此项后则优化环境贴图的反射方式。

5.Dirty Layer (Lambertian)（尘土层）卷展栏

功能介绍

尘土层是车漆材质的最顶层，用于表现未经清洗的汽车表面包含很多泥土或灰尘的效果，其参数面板如图16-138所示。

图16-138

参数详解

❖ Dirt Color（尘土颜色）：设置尘土的颜色。

❖ Dirt Weight（尘土量）：设置尘土层的浑浊程度，值为0时禁用尘土层。

6.Advanced Options（高级选项）卷展栏

打开该卷展栏，其参数面板如图16-139所示。

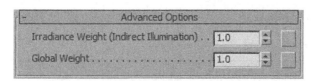

图16-139

②参数详解

❖ Irradiance Weight（Indirect Illumination）（发光量（间接照明））：设置汽车表面上的间接光照强度。

❖ Global Weight（全局权重）：值影响所有漫反射、金属杂斑、高光反射等系统的参数，值越高，效果越明显，但是不会影响到反射和尘土层的设置。

提示： 此外，在Car Paint Material (mi)（车漆材质）中还有一个"贴图"卷展栏。它集合了上述所有功能的贴图通道，在这里可以统一地管理和调节这些通道，具体的功能与上述内容相同，只不过是使用程序贴图或明暗器来控制这些效果。

16.4.4 无光/投影/反射材质（Matte/Shadow/Reflection）

mental ray渲染器不支持默认扫描线渲染器的"无光/投影/反射"，这就使mental ray三维对象与二维影像进行合成时存在着较大的困难。直到3ds Max 2009中mental ray加入了Matte/Shadow/Reflection（无光/投影/反射）材质才真正地解决了这个问题。该材质不仅能使三维对象变为遮挡物或投射阴影，还能将反射影像完美地结合在二维图像中，并且可以使用多种明暗器和贴图来控制其中的参数，其参数面板如图16-140所示。

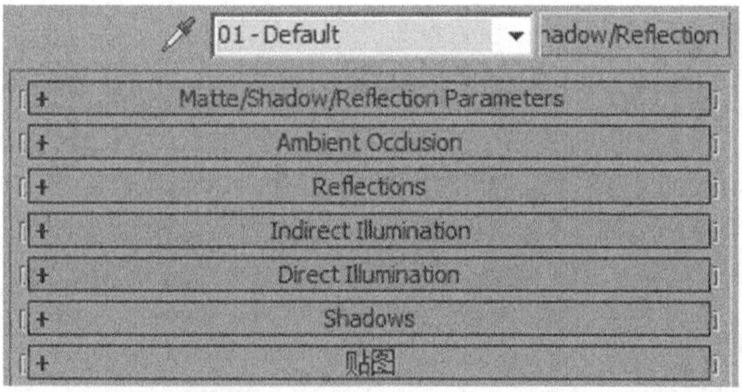

图16-140

1.Matte/Shadow/Reflection Parameters（无光/投影/反射参数）卷展栏

打开"无光/投影/反射参数"卷展栏，其参数面板如图16-141所示。

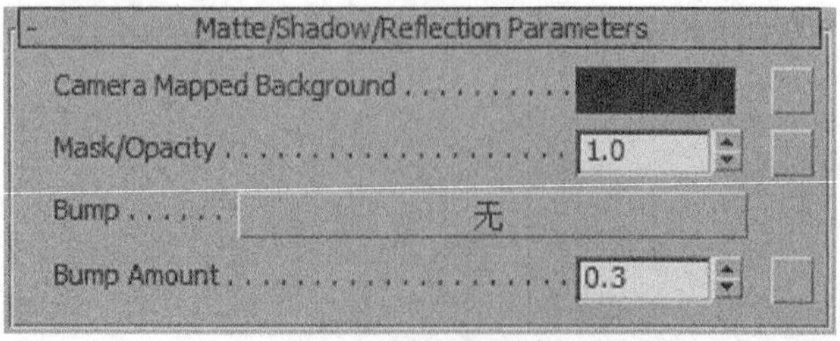

图16-141

参数详解

❖ Camera Mappad Background（摄影机映射背景）：这里设置此材质的背景贴图或颜色，可单击后面的通道按钮选择背景贴图，并将其设置为屏幕投影模式，但是这样反射计算并不准确。通常状况下，这里使用"环境/背景摄影机贴图"明暗器，然后在明暗器的贴图通道中贴入背景位图。

❖ Mask/Opacity（遮罩/不透明度）：设置此材质的不透明度，此选项主要是用来优化遮挡对象的，可以通过羽化遮挡对象来达到无缝合成的目的。

❖ Bump（凹凸）：为无光投影材质指定凹凸贴图。

❖ Bump Amount（凹凸量）：设置凹凸贴图的倍增。

2.Ambient Occlusion（环境光阻挡）卷展栏

打开"环境光阻挡"卷展栏，其参数面板如图16-142所示。

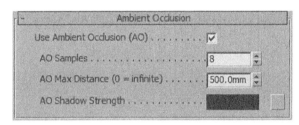

图16-142

参数详解

❖ Use Ambient Occlusion (AO)（使用环境光阻挡(AO)）：启用此项后，环境光阻挡效果会影响该材质的表面。也就是创建灯光照射不到的较暗区域，纠正全局光照产生的错误照明。

❖ AO Samples（AO采样）：设置环境光阻挡射线的数量。

❖ AO Max Distance（AO最大距离）：设置环境光阻挡射线的范围，值为0时射线的距离没有限制。

❖ AO Shadow Strength（AO阴影强度）：设置环境光阻挡所产生阴影灰度，默认为黑色。

3.Reflections（反射）卷展栏

打开"反射"卷展栏，其参数面板如图16-143所示。

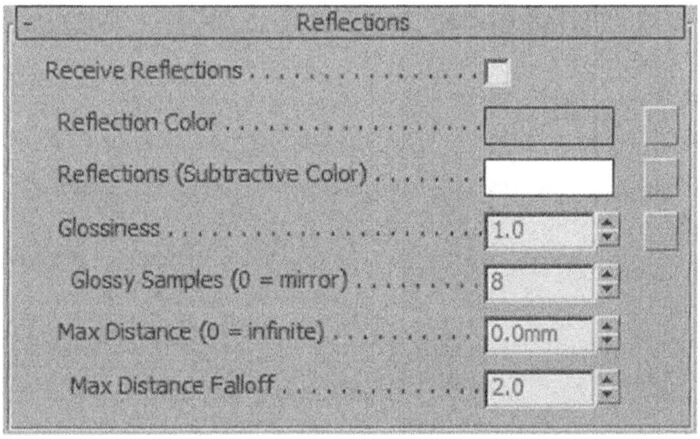

图16-143

参数详解

- ❖ Receive Reflections（接收反射）：启用此项后，此材质所赋予的曲面会反射周围的环境。

- ❖ Reflection Color（反射颜色）：可以通过此项设置反射的颜色或贴图。

- ❖ Reflections (Subtractive Color)（反射（减色））：可以用该值控制反射的亮度，如果是黑色，则不进行亮度像素的衰减；如果是50%的灰度，则衰减到自身强度的50%。

- ❖ Glossiness（光泽度）：设置反射的清晰程度，该值从0~1之间变化，值越高反射越清晰；值越低则反射越模糊。

- ❖ Glossy Samples（光泽采样）：光泽反射的采样数，该值主要控制模糊反射值的画面质量，采样越高，质量越好，此外该值为0时为镜面反射，不会出现模糊反射效果。

- ❖ Max Distance（最大距离）：该值会将反射限制在一定的范围内，值为0时表示没有限制。

4.Indirect Illumination（间接照明）卷展栏

打开"间接照明"卷展栏，其参数面板如图16-144所示。

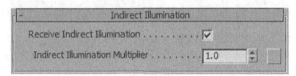

图16-144

参数详解

- ❖ Receive Indirect Illumination（接收间接照明）：启用此项后，该材质将受到最终聚集和全局照明的影响。

- ❖ Indirect Ilumination Multiplier（间接照明倍增）：调节间接照明对此材质的影响程度。值越高，间接照明的亮度越高。

5.Direct Illumination（直接照明）卷展栏

打开"直接照明"卷展栏，其参数面板如图16-145所示。

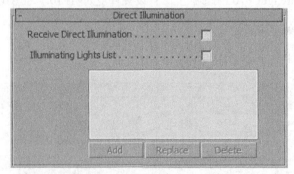

图16-145

参数详解

- ❖ Receive Direct Illumination（接收直接照明）：启用此项后，此材质所赋予的物体则渲染由直接照明照射的区域。如果禁用Illuminating Lights List（照明灯光列表）选项，则渲染场景中所有灯光照射的区域。

❖ Illuminating Lights List（照明灯光列表）：启用此选项后，此材质所赋予的物体只接收下面列表中选择的灯光照明，如果没有启用此项，那么将接收场景中所有的灯光照明。

6.Shadows（阴影）卷展栏

打开"阴影"卷展栏，其参数面板如图16-146所示。

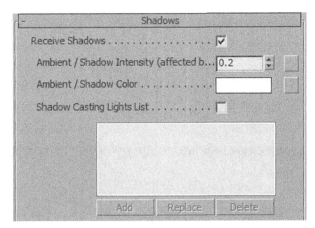

图16-146

参数详解

❖ Receive Shadows（接收阴影）：如果启用此选项，则赋予此材质的物体上会呈现出3种对象的阴影，默认为启用状态。

❖ Ambient/Shadow Intensity（环境光/阴影强度）：此参数可以使材质表面产生柔和的阴影。由于Matte/Shadow/Reflection（无光/投影/反射）材质无法与天光配合产生柔和的阴影，因此此选项的作用就相当于天光。如果启用了"mr摄影曝光控制"，那么该值可达到数百；如果启用了mental ray太阳和天空，那么此参数可以达到数千；如果没有启用上述功能，那么该值从0~1变化，0表示黑色，1表示白色。

❖ Ambient/Shadow Color（环境光/阴影颜色）：可以通过这里的颜色或贴图来控制环境光阴影的颜色。

❖ Shadow Casting Lights List（阴影投射灯光列表）：启用此项目后，可以通过下面的Add（添加）、Replace（替换）和Delete（删除）按钮来控制场景中哪些灯光在该物体上投射阴影，如果禁用此项，那么场景中所有灯光都起作用。

提示：此外，该材质中还有一个"贴图"卷展栏，它同其他材质的贴图卷展栏一样，是将上述功能的贴图通道集合在一起进行统一管理，其功能和作用与前面的讲解一致。

16.4.5　Autodesk系列材质

Autodesk系列材质源于3ds Max 2009和3ds Max 2010中的ProMaterials系列材质，它们与Autodesk公司的其他建筑类软件（如Autodesk Revit、AutoCAD和Inventor）的材质一致，在它们之间可以共享模型与材质信息，从而增强了软件间的互通性，也为3ds Max在建筑领域的应用打下了坚实的基础。

与mental ray的Arch&Design（建筑与设计）材质类似，Autodesk材质也是基于物理学参数而设计的一类专门用于建筑构造设计和环境表现的材质。尤其是对于现实世界尺寸的几何体和光度学灯光的场景，该材质能够达到最佳的效果。它包含了1种常规材质和13种专用材质，常规材质可以针对各种物理现象进行设置，如漫反射颜色、反射、折射、透明、半透明、光泽度、自发光和凹凸纹理等。专用材质包括陶瓷、混凝土、玻璃、硬木、砖石、金属、金属漆、镜面、塑料、实心玻璃、石料、墙漆和水等。它们都进行了内部的优化，包含的参数较少，只需要简单的调节就能达到理想的效果。

在Autodesk系列材质的基础上，3ds Max中还内置了一个包含700多幅预设材质的材质库，包括玻璃、地板、护墙板、灰泥、混凝土、金属、金属漆、镜子、木材、墙面装饰、墙漆、石料、塑料、屋顶、液体、油漆、织物、砖石等多种类别，几乎涵盖了建筑表现和工业设计中所有常见物质，不做任何调节就能直接应用，也可以进行简单的修改，以达到场景所需要的要求，Autodesk材质的种类如图16-147所示。

图16-147

1.Autodesk陶瓷材质

功能介绍

陶瓷材质具备较高的高光和微弱的反射特性，一般用于表现具有陶瓷或瓷器类的光滑表面，其参数面板如图16-148所示。

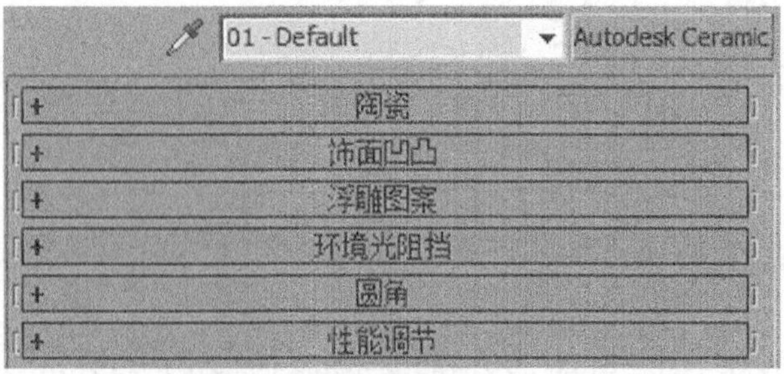

图16-148

参数详解

❖ 陶瓷：打开该卷展栏，其参数面板如图16-149所示。

图16-149

✦ 类型：陶瓷中内置了两种类型，一类是陶瓷，一类是瓷器。默认状态下，两者都存在着平滑的表面和明亮的高光，但是陶瓷比瓷器具有稍大的高光面积和更强的反射。

✦ 颜色：设定陶瓷材质的外观，这是~个下拉列表，可以采用以下两种方式更改材质的外观。

①使用颜色：选择此选项后，可以单击下面的色块，更改陶瓷材质的表面颜色。

②使用贴图：选择此选项后，下面的色块将变为通道按钮，单击此按钮可以为陶瓷材质的表面选择贴图或明暗器。

✦ 饰面：此参数用来设置陶瓷表面的光滑程度，它有3个内置选项分别是"强光泽/玻璃"、"缎光"和"粗面"。"强光泽/玻璃"的光泽度最强；"缎光"的光泽程度较弱；"粗面"的光泽度最低，而且几乎没有高光区域。

❖ 饰面凹凸：该卷展栏用于设置抛光曲面上的凹凸纹理，其参数面板如图16-150所示。

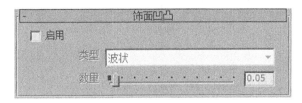

图16-150

✦ 启用：启用后，陶瓷材质表面会显示出低频率的波浪或其他类型的凹凸图案，默认设置为禁用状态。

✦ 类型：此参数设置曲面上的凹凸纹理的形成方式，它有两个选项，"波状"表示表面会有波纹状凹凸纹理，"自定义"选项可以通过下面的通道来自行设置表面凹凸图案。

✦ 图像：如果在上面的"类型"中选择"自定义"方式，那么将激活此按钮，这是一个Autodesk Bitmap位图贴图按钮，单击此按钮后则进入了Autodesk Bitmap设置层级，在这里可以指定位图贴图，设置图像的亮度、位置、大小以及平铺等性质。

✦ 数量：设置凹凸的程度，该值越高，凹凸感越强。范围为0~1，默认设置为0.05。

提示：关于Autodesk Bitmap的具体参数解释请参考本小节中的"公用Autodesk参数"中的内容。

❖ 浮雕图案：该卷展栏是一个附加的凹凸图案设置，该通道内的平铺图案将置于"曲面凹凸"之上，例如为具备凹凸图案的表面添加瓷砖裂缝，其参数面板如图16-151所示。

图16-151

- ◇ 启用：启用此选项后，将激活下面的设置，通过下面的位图通道为表面添加贴图。
- ◇ 图像：添加浮雕图案，这是一个Autodesk Bitmap位图贴图按钮，单击此按钮后则进入了Autodesk Bitmap设置层级，在这里可以指定位图贴图，设置图像的亮度、位置、大小以及平铺等性质。
- ◇ 数量：设置浮雕图案的凹凸程度，该值越高，凹凸感越强。范围为0~2，默认设置为0.25。

2.Autodesk混凝土材质

功能介绍

　　Autodesk混凝土材质用来模拟混凝土表面，默认状态下，它的表面内置了粗糙凹凸纹理，有较弱的光泽性，还可以通过其中的参数来表现表面涂抹的树脂材料，控制光滑程度和反射特性，其参数面板如图16-152所示。

图16-152

参数详解

- ❖ 混凝土：该卷展栏包含如图16-153所示的参数。

图16-153

- ◇ 颜色：此参数控制混凝土材质的外观，这是一个下拉列表，可以采用以下两种方式更改材质的外观。

①使用颜色：选择此选项后，可以单击下面的色块，更改混凝土材质的表面颜色。

②使用贴图：选择此选项后，下面的色块将变为通道按钮，单击此按钮可以为混凝土材质的表面选择贴图或明暗器。

- ◇ 密封层：此参数用于模拟混凝土表面涂抹的光滑密封剂，它内置了3个选项，包括"无"，模拟没有进行光滑处理的混凝土表面；"环氧树脂"，模拟涂抹了环氧树脂的光滑表面；"丙烯酸树脂"，模拟涂抹了丙烯酸树脂的光滑表面。
- ❖ 饰面凹凸：此卷展栏用来设置混凝土抛光曲面的凹凸纹理，其参数面板如图16-154所示。

图16-154

　　◇　类型：设置制混凝土的曲面纹理类型，它有5种样式。

①直扫面：使用直刮纹图案模拟混凝土表面纹理，犹如扫帚直线扫出的图案。

②弯曲扫面：使用弯曲的刮纹图案模拟混凝土表面纹理，犹如扫帚曲线扫出的图案。

③平滑：使用带斑点凹凸的图案模拟混凝土表面纹理。

④抛光：完全平滑，缓凝土表面没有凹凸纹理。

⑤戳记/自定义：使用自定义位图图案模拟混凝土的凹凸表面，此选项处于活动状态时，可以使用下面的"图像"按钮指定位图图案。

　　　　◇　图像：如果在"类型"中选择的是"戳记/自定义"方式，可以通过此按钮添加凹凸纹理的位图。

　　　　◇　数量：当"类型"中选择的是"戳记/自定义"方式时，可以通过"数量"参数滑块确定凹凸程度，该值越高，凹凸感越强。范围为0~2，默认设置为1。

❖　风化：该卷展栏中的选项用于模拟混凝土由于时间或气候改变而导致的颜色变化，其参数面板如图16-155所示。

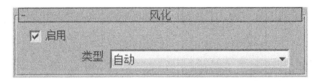

图16-155

　　　　◇　启用：勾选此项后则启用风化效果，默认为启用。

　　　　◇　类型：选择形成风化效果的模拟方法，该下拉列表内容如下。

①自动：自动形成风化效果，这是默认的形式。

②自定义-图像：使用位图指定风化图案。

　　　　◇　图像：如果在"类型"中选择的是"自定义-图像"方式，那么可以在此按钮上贴入位图模拟风化图案。

3.Autodesk常规材质

功能介绍

　　Autodesk常规材质相当于Autodesk的通用材质，通过它可以调节出各种各样的材质外观，如漫反射颜色、反射、折射、透明、半透明、光泽度、自发光和凹凸纹理等，其参数面板如图16-156所示。

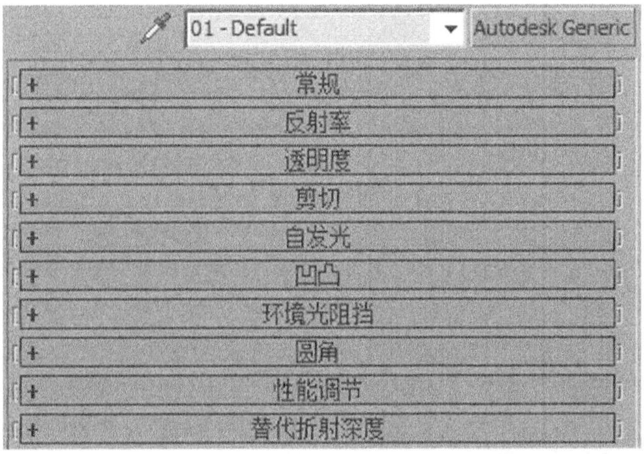

图16-156

② 参数详解

❖ 常规：该卷展栏的参数如图16-157所示。

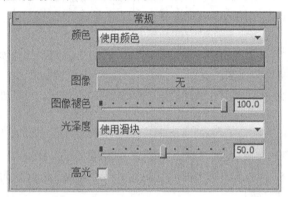

图16-157

❖ 颜色：单击此色块调节材质的基本颜色。

❖ 图像：单击此按钮将为材质表面指定贴图纹理，一般情况下，纹理贴图会覆盖基本颜色，除非应用遮罩类贴图或采用非平铺方式，此外还可以用下面的"图像褪色"选项进行融合。

❖ 图像褪色：控制基本颜色和纹理贴图之间的合成。在值为100（默认）时，纹理贴图完全不透明；值为0时贴图完全透明，此时显示基本颜色。该值范围为0~100。

❖ 光泽度：控制此材质表面的光滑程度，降低光滑程度可以模拟出磨砂效果。它包括以下两个选项。

①使用滑块：当选择此选项时，光泽度受下面的滑块控制，在滑块的右侧会显示出当前的数值。

②使用贴图：当选择此选项时，下面的光泽度滑块将变为通道按钮，单击此按钮可以为光泽度指定贴图或明暗器。

❖ 高光：勾选此选项后，系统会对材质使用金属反射高光；禁用此选项后，系统会使用非金属高光。默认设置为禁用。

❖ 反射率：打开该卷展栏，其参数面板如图16-158所示。

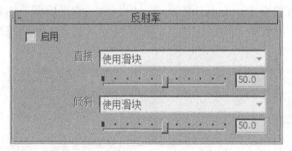

图16-158

❖ 启用：勾选此项后则激活了下面的选项，这些选项用于控制曲面的反射率及反射高光的强度。

❖ 直接：控制平行光下的曲面反射，它有以下两种调节方式。

①使用滑块：选择此项时，平行光的反射率用下面的滑块和数值控制。

②使用贴图：选择此项时，可以用下面的通道按钮为反射率指定纹理贴图或明暗器。

❖ 倾斜：控制斜射光下的曲面反射率。它也有以下两种调节方式。

①使用滑块：选择此项时，斜射光的反射率用下面的滑块和数值控制。

②使用贴图：选择此项时，可以用下面的通道按钮加载纹理贴图和明暗器。

❖ 透明度：打开该卷展栏，其参数面板如图16-159所示。

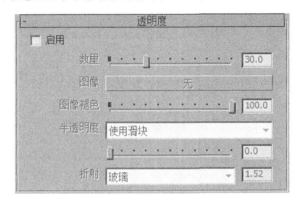

图16-159

♦ 启用：勾选此项后则激活了下面的选项，这些选项用于控制材质的透明程度。

♦ 数量：控制材质的透明程度。范围为0~100，默认值为30。

♦ 图像：单击此按钮可以添加贴图或明暗器，用它们来控制材质表面的透明程度。

♦ 图像褪色：控制"数量"和"图像"的合成状态，一般情况下，贴图或明暗器会覆盖"数量"中的设置，使用此选项可以对二者进行融合。

♦ 半透明度：设置材质的半透明状态。它包括以下两个选项。

①使用滑块：当此选项处于活动状态时，使用滑块控制半透明程度。

②使用贴图：当此选项处于活动状态时，滑块会变为贴图通道按钮，可以使用贴图纹理控制半透明程度。

♦ 折射：用于设置透明材质的折射率（IOR），它的选项包括如下几项。

①空气：折射率为1.0。

②水：折射率为1.33。

③酒精：折射率为1.36。

④水晶：折射率为1.46。

⑤玻璃：折射率为1.52。

⑥钻石：折射率为2.3。

⑦自定义：通过后面的输入框设置任意的折射率值，范围为0.001~50。

❖ 剪切：打开该卷展栏，其参数面板如图16-160所示。

图16-160

♦ 启用：勾选此项后启用剪切贴图，剪切贴图类似于遮罩的作用，定透明的程度，遵循"黑透白不透"的原则。

♦ 图像：单击此按钮可选择要用于剪切的贴图或明暗器。

❖ 自发光：打开该卷展栏，其参数面板如图16-161所示。

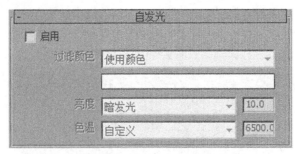

图16-161

◇　启用：启用此选项后，可以使材质表面产生自发光效果。

◇　过滤颜色：设置自发光的颜色，它包括以下两种方式。

①使用颜色：设置自发光的过滤颜色。

②使用贴图：采用贴图纹理控制自发光的过滤颜色。

亮度：色绘制曲面发射的光线亮度，测量单位为每平方米烛光亮度(cd/m²)包含以下预设值。

①暗发光：值为10.0 cd/m²（默认设置）。

②LED显示屏：值为100.0 cd/m²。

③LED屏幕：值为140.0 cd/m²。

④手机屏幕：值为200.0 cd/m²。

⑤CRT电视：值为250.0 cd/m²。

⑥灯罩外部：值为1300.0 cd/m²。

⑦灯罩内部：值为2500.0 cd/m²。

⑧桌灯镜：值为10000.0 cd/m²。

⑨卤素灯镜：值为10000.0 cd/m²。

⑩磨砂灯：值为21000.0 cd/m²。

⑪自定义：可以在输入框中设置任意的亮度值。

◇　色温：以色温值来控制自发光的颜色，单位为开尔文(Kelvin)。它包括以下预设。

①蜡烛：值为1850.0K。

②白炽灯：值为2800.0K。

③泛光灯：值为3400.0K。

④月光：值为4100.0K。

⑤日光（暖）：值为5000.0K。

⑥日光（冷）：值为6000.0K。

⑦氙弧灯：值为6420.0K。

⑧TV屏幕：值为9320.0K。

⑨自定义：可以在输入框中设置任意的色温值。

❖　凹凸：打开该卷展栏，其参数面板如图16-162所示。

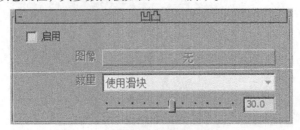

图16-162

◇　启用：启用此选项后，可以用贴图的方式为材质表面设置凹凸效果。

◇　图像：单击此按钮可以为材质表面指定凹凸贴图或明暗器。

◇　数量：控制凹凸的强度，它包含以下两种方式。

①使用滑块：选择此项时，可通过下面的滑块和数值来控制凹凸的强度。

②使用贴图：选择此项时，可通过下面的按钮指定贴图，使用贴图来控制凹凸的强度。

4.Autodesk玻璃材质

功能介绍

Autodesk玻璃材质适合表现玻璃片或透明塑料板等薄壁透明物体，与日光系统配合，可以真实地再现光线射入室内并照亮周围环境的场景。在微弱的暮光中，它还能表现出外部反射的特性，与真实的玻璃窗无异，其参数面板如图16-163所示。

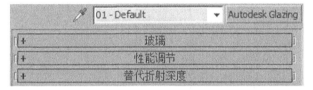

图16-163

参数详解

❖　玻璃：打开该卷展栏，其参数面板如图16-164所示。

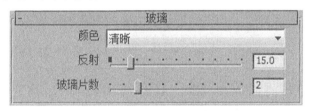

图16-164

◇　颜色：设置玻璃材质的颜色，它包括6个选项，即清晰、绿色、灰色、蓝色、青绿色、青铜色和自定义。

◇　自定义颜色：当"颜色"选项中选择的是"自定义"方式时，则此选项被激活，在这里可以选择自定义玻璃颜色的两种方式。

①使用颜色：选择此项后，可以单击下面的色块来设置玻璃的颜色。

②使用贴图：选择此项后，下面的色块变为贴图按钮，通过此按钮可以定义玻璃表面的颜色纹理。

◇　反射：设置玻璃薄壁的反射程度，值从0~100之间变化。默认值为15，存在着微弱的反射。

◇　玻璃片数：此参数设置透明材质的层数，默认为2，范围从1~6整数变化。

5.Autodesk硬木材质

功能介绍

Autodesk硬木材质专门用来表现木地板、木雕、木制家具等硬木制品的外观，它的特点是木制纹理清晰，可以设置表面的光滑程度和高光强度，具备一定的反射特性，其参数面板如图16-165所示。

图16-165

参数详解

❖ 木材：打开该卷展栏，其参数面板如图16-166所示。

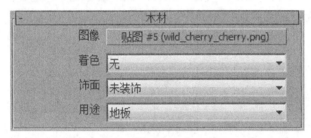

图16-166

◆ 图像：硬木材质本身内置了图案纹理，用户也通过此按钮来指定新的木纹贴图。单击此按钮后进入Autodesk Bitmap位图层级，在这里可以指定新的位图贴图，设置图像的亮度、位置、大小以及平铺等性质。

◆ 着色：此选项用于确定是否对原有木纹进行再次染色，它只有两个选项，一个是"无"，一个是"颜色"。当选择"颜色"选项后，可以通过下面的"着色"色块来为木纹指定一个着色剂颜色。

◆ 饰面：表现硬木表面的抛光程度，它有4个选项，分别是"有光泽的清漆"、"半光泽清漆"、"绸缎清漆"和"未装饰"，它们的光泽程度依次减弱。

◆ 用途：为了表现硬木材质的细节，此选项根据硬木材质的用途进行了进一步划分。它主要有两个选项，"地板"和"家具"。两者的区别主要表现在反射细节上，"家具"类型的反射更加清晰和平滑，而"地板"的反射影像有些微弱的变形。

❖ 浮雕图案：打开该卷展栏，其参数面板如图16-167所示。

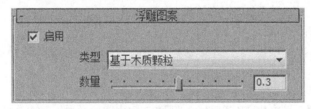

图16-167

◆ 启用：启用此选项后，则可以通过下面的选项定义硬木表面的凹凸纹理。

◆ 类型：设置硬木凹凸纹理的表现类型。它有两个选项，包括"基于木质颗粒"和"自定义"。"基于木质颗粒"表示根据贴入的木纹自动计算凹凸效果；"自定义"表示可以手动贴入一张凹凸质感的贴图。

◆ 图像：如果"类型"设为"自定义"方式，那么单击此按钮贴入一张灰度图作为凹凸纹理。单击此按钮后进入Autodesk Bitmap位图层级，在这里可以指定位图贴图，设置图像的亮度、位置、大小以及平铺等性质。

◇　数量：设置凹凸的程度，范围为-10~10，默认为0.3。

6.Autodesk 砖石CMU材质

功能介绍

Autodesk砖石CMU材质主要用来表现砖石和空心砖等表面外观，它具备较高的高光强度，光滑的表面会有一定的反射效果，其参数面板如图16-168所示。

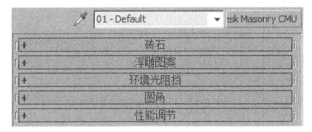

图16-168

参数详解

❖　砖石：打开该卷展栏，其参数面板如图16-169所示。

图16-169

◇　类型：主要包含两种类型，"混凝土空心砖"和"砖石"，二者只是在高光强度上存在略微差别。

◇　颜色：选择砖石表面的颜色的设置类型，它包括两个选项。

①使用颜色：选择此项后，可以通过下面的色块来指定砖石表面颜色。

②使用贴图：选择此项后，可以通过下面的按钮为砖石表面指定贴图纹理。

◇　饰面：设置砖石表面的光滑程度，它包括3个选项，即"有光泽"、"粗面"和"未装饰"。

❖　浮雕图案：打开该卷展栏，其参数面板如图16-170所示。

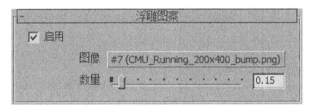

图16-170

◇　启用：启用此选项后，可以在砖石材质曲面上设置凹凸图案。

◇ 图像：此通道按钮中内置了一张凹凸纹理贴图，单击此按钮后进入Autodesk Bitmap位图层级，在这里可以指定新的位图贴图，设置图像的亮度、位置、大小以及平铺等性质。

◇ 数量：此参数用于控制凹凸的程度，默认为0.15。

7.Autodesk金属材质

功能介绍

Autodesk Metal（金属）材质中内置了生活中常见的多数金属外观，只需调节少量的参数就能达到理想的效果，其参数面板如图16-171所示。

图16-171

参数详解

❖ 金属：打开该卷展栏，其参数面板如图16-172所示。

图16-172

◇ 类型：此选项中内置了多数常见金属的类型，包括"铝"、"阳极氧化铝"、"铬"、"铜"、"黄铜"、"青铜"、"不锈钢"和"锌"。

◇ 颜色：此参数仅用于设置"阳极氧化铝"的颜色，无法改变其他类型的金属颜色。

◇ 铜绿色：此参数用于模拟由于氧化作用而导致的褪色现象，只能用在"铜"或"青铜"两种类型的金属中，值在0和1之间变化，0代表没有褪色，1代表完全褪色，铜绿为0.5。

◇ 饰面：设置金属表面的光滑程度和高光强度，它包含4个选项，即"抛光"、"半抛光"、"缎光"和"拉丝"。

❖ 浮雕图案：打开该卷展栏，其参数面板如图16-173所示。

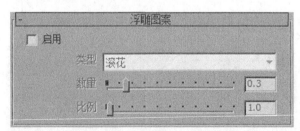

图16-173

◇ 启用：启用此选项后，可以使用下面的选项设置金属表面的浮雕图案，也就是凹凸效果。

◇ 类型：设置金属浮雕图案的形成方式，它包含4个选项，即"滚花"、"花纹板"、"方格板"和"自定义-图像"。

◇　图像：如果选择的是"自定义"方式，那么可以通过此按钮为金属表面指定一张浮雕图案。

◇　数量：设置浮雕图案的高度，也就是凹凸的程度，范围为0~2，默认值为0.3。

❖　剪切：打开该卷展栏，其参数面板如图16-174所示。

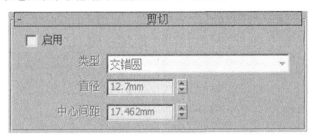

图16-174

❖　启用：勾选此选项后可以通过下面的参数来设置金属表面的镂空效果。

◇　类型：此参数用于选择裁切金属表面的孔洞图案，它有7个选项，具体包括"交错圆"、"直圆"、"方形"、"希腊式"、"苜蓿叶状"、"六边形"和"自定义"。对于"交错圆"和"直圆"选项，还可以在下面设置孔洞的"直径"和"中心间距"；对于"方形"选项可以设置方形孔洞的"大小"和"中心间距"，而"自定义"选项可以激活"图像"按钮，为其自行添加图案。

8.Autodesk金属漆材质

Autodesk金属漆材质与mental ray的车漆材质（Car Paint Material）一样，用来表现金属烤漆类效果，金属漆材质也能够很好地再现清漆、金属片杂斑以及表面打蜡的效果，而且参数的控制更加简单，其参数面板如图16-175所示。

功能介绍

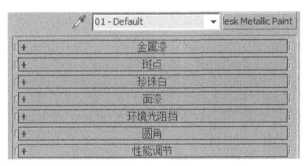

图16-175

参数详解

金属漆：打开该卷展栏，其参数面板如图16-176所示。

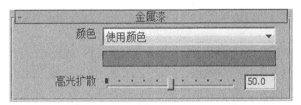

图16-176

◇ 颜色：设置金属漆的颜色，它可以通过两种方式指定金属漆表面的外观颜色，即"使用颜色"和"使用贴图"。当选择"使用颜色"时，可以通过下面的色块来设置金属漆表面的颜色；当选择"使用贴图"时，可以通过下面的按钮为其指定一张贴图。

◇ 高光扩散：此选项用于控制中间涂层的反射高光面积，也就是位于表面涂层主高光周围的次高光面积，范围为0~100，默认值为50。

❖ 斑点：打开该卷展栏，其参数面板如图16-177所示。

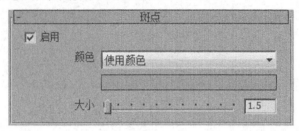

图16-177

◇ 启用：勾选该项后可以使用下面的参数为金属漆表面设置金属片斑点，使金属漆效果更加真实。

◇ 颜色：设置金属片斑点的颜色，默认为灰色，通常状况下将其设置为白色。

◇ 大小：设置斑点的大小，一般要根据模型的大小来确定，范围为0~100，默认值为1.5。

❖ 珍珠白：打开该卷展栏，其参数面板如图16-178所示。

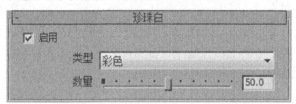

图16-178

◇ 启用：启用此选项后，可以通过下面的选项设置金属漆表面的闪光效果，如珍珠表面的一层薄雾一般。

◇ 类型：选择形成珍珠白效果的方式，它包括以下两个选项。

①彩色：选择此项时，系统将根据基础色调形成表面的薄雾颜色，此时可以会激活"数量"参数，使用它可以调节薄雾效果的强烈程度。

②第二种颜色：选择此项时，可以通过下面的色块来自行定义表面的薄雾颜色，同时利用下面的"混合"参数调节薄雾颜色的扩散程度。

❖ 面漆：该卷展栏用于模拟具有透明和反射性质的表面涂层，使用该卷展栏上的设置可以调整表面涂层的反光度及其纹理，其参数面板如图16-179所示。

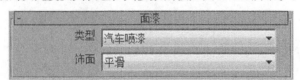

图16-179

◇ 类型：选择金属表面涂层的一般样式，它包括如下几种样式。

①汽车喷漆：模拟汽车烤漆光泽效果，光泽度为80，角度衰减为20。

②铬：模拟金属铬的光泽效果，光泽度为100，角度衰减为0。

③粗面：模拟没有高光光泽的金属表面效果，光泽度和角度衰减均为0。

④自定义：设置任意的光泽效果。

　　◇　光泽：当"类型"中选择的是"自定义"方式时，此选项被激活，用于设置金属表面的光泽度，值为0时，曲面完全无光泽；值为100时，曲面完全反射。

　　◇　角度衰减：当"类型"中选择的是"自定义"方式时，此选项被激活，用于设置光泽度随观察角度衰减的程度，也就是通常所说的Fresnel效果，值为0时，金属表面的反射光泽完全不受角度的影响；值为100时，金属表面具有较高的Fresnel效果，并仅会在极小的夹角内存在反射。

　　◇　饰面：设置金属漆表面的抛光程度，它包含以下两个选项。

①平滑：平滑的抛光效果。

②斑纹漆：具有凹凸纹理的表面效果，如橘皮表面。

　　◇　数量：当使用"斑纹漆"效果时，此参数用于控制凹凸纹理的程度。

9.Autodesk镜子材质

功能介绍

Autodesk镜子材质的用法和参数都比较简单，它主要用作镜像对面的景象，也就是镜子的材质，其参数面板如图16-180所示。

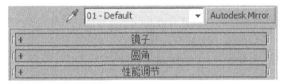

图16-180

参数详解

❖　镜子：其中的"使用颜色"用于设置镜面的颜色，默认为浅灰色，参数面板如图16-181所示。

图16-181

10.Autodesk Plastic/Vinyl（塑料乙烯树脂）材质

功能介绍

Autodesk Plastic Vinyl（塑料乙烯树脂）材质适合表现塑料制品或乙烯基类的化学制品（如PVC），它们的质地较硬、表面平滑，有些还具备透明属性，其参数面板如图16-182所示。

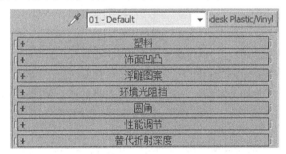

图16-182

 参数详解

❖ 塑料：打开该卷展栏，其参数面板如图16-183所示。

图16-183

◇ 类型：设置"塑料/乙烯基"材质的类型，具体包括"塑料（实体）"、"塑料（透明）"
    和"乙烯树脂"。

◇ 颜色：设置形成塑料和乙烯树脂材质颜色的方式，它包含以下两个选项。

①使用颜色：选择此选项后，可以使用下面的色块为塑料和乙烯树脂材质设置表面颜色。

②使用贴图：选择此选项后，可以使用下面的贴图通道为塑料和乙烯树脂材质设置表面
纹理。

◇ 饰面：设置塑料和乙烯树脂材质表面的光滑程度，具体包括"抛光"、"有光泽"和"粗
    面"。

❖ 饰面凹凸：打开该卷展栏，其参数面板如图16-184所示。

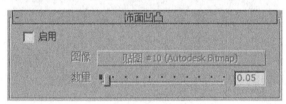

图16-184

◇ 启用：启用此选项后，可以使用下面的参数控件设置塑料和乙烯树脂材质表面的凹凸质感。

◇ 图像：通过此按钮为其添加一张凹凸贴图。单击此按钮后进入Autodesk Bitmap位图层级，在
    这里可以指定位图贴图，设置图像的亮度、位置、大小以及平铺等性质。

◇ 数量：此参数控制凹凸的程度，范围为0~1，默认为0.05。

❖ 浮雕图案：打开该卷展栏，其参数面板如图16-185所示。

图16-185

◇ 启用：启用此选项后，可以设置塑料和乙烯树脂材质表面的凹凸，与前者的区别是，此参数
    倾向于表现浮雕的图案效果，而"饰面凹凸"更侧重于表现凹凸的质感。

◇ 图像：通过此按钮为其添加一张表现浮雕效果的凹凸贴图。单击此按钮后进入Autodesk
    Bitmap位图层级，在这里可以指定位图贴图，设置图像的亮度、位置、大小以及平铺等
    性质。

◇ 数量：此参数控制浮雕图案的凹凸程度，范围为0~2，默认为0.25。

11.Autodesk实心玻璃材质

功能介绍

Autodesk实心玻璃材质专门用于表现实心玻璃制品。相对于前面的"薄玻璃"，该材质的可控性更强，它能够调节各种各样的透明质感，例如彩色玻璃、图案玻璃、磨砂玻璃等，也可用它来表现其他类型的透明材质，如水晶、钻石、塑料等，其参数面板如图16-186所示。

图16-186

参数详解

❖　实心玻璃：打开该卷展栏，其参数面板如图16-187所示。

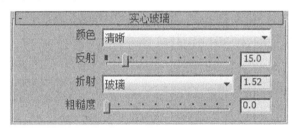

图16-187

    ◇　颜色：此选项控制玻璃的颜色，也就是制作有色玻璃。此选项中内置了"清晰"、"绿色"、"灰色"、"蓝色"、"青绿色"、"青铜色"和"自定义"等几个选项。

    ◇　自定义颜色：如果在"颜色"中选择的是"自定义"方式，此选项被激活，此选项可以选择自定义玻璃表面颜色的方式，它包括以下两个选项。

①使用颜色：选择此项后，可以通过下面的色块来指定实心玻璃的颜色。

②使用贴图：选择此项后，可以通过下面的通道按钮为实心玻璃指定纹理贴图，从而制作带有花纹的彩色玻璃。

    ◇　反射：用于设置反射程度，这是一个百分值，范围为0~100，默认值为15，一般情况下透明材质的反射程度较弱，因此该值设置得比较低。

    ◇　折射：此参数设置透明材质的折射程度，包括以下7个选项。

①空气：折射率为1.0。

②水：折射率为1.33。

③酒精：折射率为1.36。

④石英：折射率为1.46。

⑤玻璃：折射率为1.52。

⑥钻石：折射率为2.3。

⑦自定义：选择此项后，可以通过后面的输入框设置折射率，范围为0.01~5 。

    ◇　粗糙度：该值用于设置磨砂效果，也就是玻璃表面的粗糙程度，范围为0~1，默认为0，该值越高，磨砂效果越明显。

❖ 浮雕图案：打开该卷展栏，其参数面板如图16-188所示。

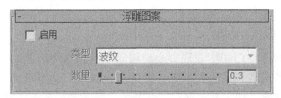

图16-188

◇ 启用：启用此选项后，可以通过下面的参数设置透明材质曲面的凹凸效果。

◇ 类型：该值用于设置形成透明凹凸效果的方式，包含"波纹"、"波状"和"自定义"3个选项，如果选择"自定义"，需要通过下面的贴图通道为其指定一张凹凸纹理。

◇ 图像：如果"类型"选项选择的是"自定义"方式，可以通过此选项贴入一张表现玻璃表面凹凸质感的纹理贴图。单击此按钮后进入Autodesk Bitmap位图层级，在这里可以指定位图贴图，设置图像的亮度、位置、大小以及平铺等性质。

◇ 数量：此参数设置凹凸的程度，范围为0~2，默认值为0.3。

12.Autodesk石料材质

功能介绍

Autodesk石料材质适合表现各种石质材料，如大理石、花岗岩、人造石、板岩等，还可以对石料的光滑程度和凹凸质感做进一步的处理，其参数面板如图16-189所示。

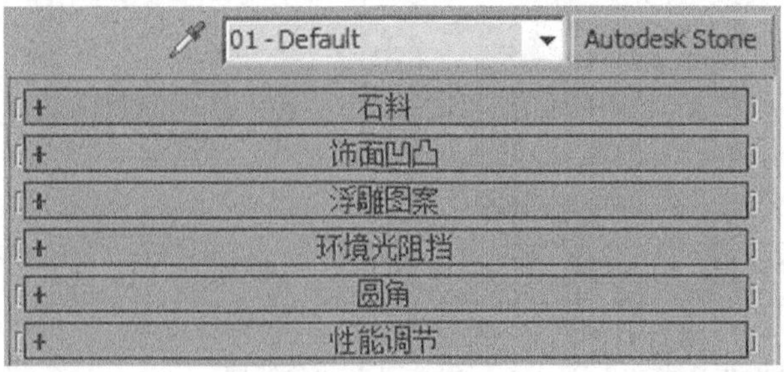

图16-189

参数详解

❖ 石料：打开该卷展栏，其参数面板如图16-190所示。

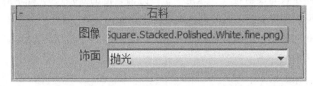

图16-190

◇ 图像：设置石料材质的外观纹理。默认状态下系统内置了一张白色抛光大理石纹理贴图，单击此按钮后可进入Autodesk Bitmap位图层级，在这里可以指定新的位图贴图，设置图像的亮度、位置、大小以及平铺等性质。

◇ 饰面：设置石料材质表面的光滑程度和高光强度。此选项包括"抛光"、"有光泽"、"粗面"和"未装饰"。

❖ 饰面凹凸：打开该卷展栏，其参数面板如图16-191所示。

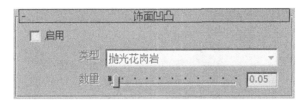

图16-191

◇ 启用：启用此参数后，可以利用下面的参数设置石料表面的凹凸质感。

◇ 类型：选择形成石料表面凹凸的方式。它包括4个选项，分别为"抛光花岗岩"、"墙石料"、"有光泽的大理石"和"自定义"。如果选择的是"自定义"方式，可以通过下面的"图像"按钮来指定凹凸纹理。

◇ 图像：如果"类型"选择的是"自定义"方式，可以在该贴图通道中手动指定一张凹凸质感的贴图。单击此按钮后可进入Autodesk Bitmap位图层级，在这里可以指定位图贴图，设置图像的亮度、位置、大小以及平铺等性质。

◇ 数量：设置凹凸的强度。范围为0~1，默认值为0.05。

❖ 浮雕图案：打开该卷展栏，其参数面板如图16-192所示。

图16-192

◇ 启用：启用此选项后，可以使用下面的参数控件为石料材质表面添加凹凸图案，主要用来表现雕刻效果。

◇ 图像：为浮雕图案指定贴图，默认为一张与表面纹理配套的抛光大理石黑白图。单击此按钮即可进入Autadesk Bitmap层级，在这里可以为石料的表面指定新的浮雕图案。

◇ 数量：设置浮雕图案的凹凸程度，默认为0.15。

13.Autodesk墙漆材质

功能介绍

Autodesk墙漆材质用于表现粉刷或涂上油漆的墙壁和地面，一般情况下，涂过油漆的表面色彩浓厚，有细微的凹凸感，有的还带有轻度的反射现象，其参数面板如图16-193所示。

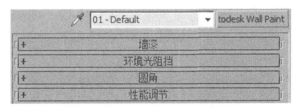

图16-193

参数详解

❖ 墙漆：打开该卷展栏，其参数面板如图16-194所示。

图16-194

◇ 颜色：此参数设置墙漆的颜色，默认为白色。

◇ 饰面：设置墙漆表面的光滑程度和高光强度，包括"平面/粗面"、"黄白色"、"铂"、"珍珠白"、"半光泽"和"光泽"。

◇ 应用：此选项用于设置涂抹墙漆的方式，它有3个选项，即"滚涂"、"刷涂"和"喷涂"。

14.Autodesk水材质

功能介绍

Autodesk水材质一般用于表现各种水源或其他液体效果，它根据各种水体的实际状况，内置了很多种类型，基本上囊括了所有水源的材质表现，其参数面板如图16-195所示。

图16-195

参数详解

❖ 水：打开该卷展栏，其参数面板如图16-196所示。

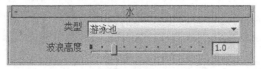

图16-196

◇ 类型：水源的类型。包括"游泳池"、"常规倒影池"、"常规河流/河"、"常规水池/湖"和"常规海/海洋"。

◇ 颜色：设置水或其他液体的颜色。它的选项包括"热带"、"海藻色/绿色"、"暗色/褐色"、"常规倒影池"、"常规河流/河"、"常规水池/湖"、"常规海/海洋"和"自定义"。如果"类型"中选择的是"游泳池"和"倒影游泳池"类型，那么此参数将不被激活。

◇ 自定义颜色：如果在"颜色"选项中选择的是"自定义"颜色，那么通过此参数设置液体的颜色，如图16-197所示。

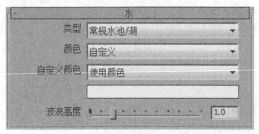

图16-197

◇ 波浪高度：设置波浪或水纹的大小，0代表没有波浪，最大值为5，默认设置为1。

15.公用Autodesk参数

功能介绍

在Autodesk系列材质中，部分材质的"图像"贴图通道中已经内置了Autodesk Bitmap贴图，单击"图像"按钮后即可进入该贴图的设置层级，Autodesk Bitmap贴图的参数用来控制贴图纹理的亮度、位置、角度、大小以及重复平铺等性质，与标准的"位图"贴图的作用类似，但是参数和功能要少很多，相当于"位图"贴图的简化版本，其具体参数面板如图16-198所示。

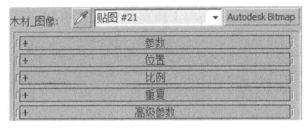

图16-198

参数详解

❖ 参数：打开该卷展栏，其参数面板如图16-199所示。

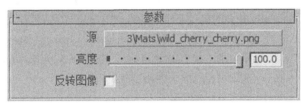

图16-199

◇ 源：单击此按钮后指定位图文件。

◇ 亮度：设置位图的显示程度，值越高效果越明显，图像越清晰。

◇ 反转图像：勾选此选项后，用补色替换原来的颜色。

❖ 位置：打开该卷展栏，其参数面板如图16-200所示。

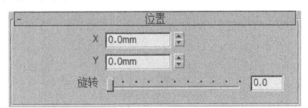

图16-200

◇ X/Y：调整贴图在x轴和y轴上的位置。

◇ 旋转：通过滑块或直接输入角度的方式旋转贴图，范围为0~360.0。

❖ 比例：设置贴图的宽高比例以适配当前的对象，如图16-201所示。

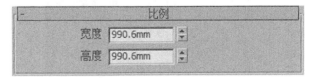

图16-201

❖ 重复：打开该卷展栏，其参数面板如图16-202所示。

图16-202

◇ 水平：勾选此项后在水平方向上重复平铺贴图。

◇ 垂直：勾选此项后在垂直方向上重复平铺贴图。

16.4.6 Subsurface Scattering (SSS)（曲面散色）材质

Subsurface Scattering (SSS)（曲面散色）材质也就是通常所说的SSS（或称3S）材质，它适用于表现半透明材质的质感，如玉石、蜡烛、皮肤、树叶等。这些材质在受到光照，特别是强烈光线的照射时，看起来有一种晶莹剔透的感觉，这是由于光线穿透到材质表面的一定深度内得到的照明效果。在以前要表现这种效果要通过比较复杂的方法来模拟，但自从3ds Max中加入了SSS材质以后，就能够方便地得到非常真实的半透明材质效果了。

mental ray提供了4种SSS材质，它们分别是SSS Fast Material（SSS快速材质）、SSS Fast Skin Material（SSS快速蒙皮材质）、SSS Fast Skin Material+Displacement（SSS快速蒙皮材质+位移）和SSS Physical Material（SSS物理材质）。其中SSS Fast Material（SSS快速材质）是最简单快速的计算方式；SSS Fast Skin Material（SSS快速蒙皮材质）较为复杂一些，计算的结果也更为真实；SSS Fast Skin Material+Displacement（SSS快速蒙皮材质+位移）材质是在SSS Fast Skin Material（SSS快速蒙皮材质）的基础之上增加了支持"置换贴图"的功能，其他参数与SSS Fast Skin Material（SSS快速蒙皮材质）完全相同；SSS Physical Material（SSS物理材质）是最精确的SSS材质。

16.4.7 mental ray连接

功能介绍

除了"多维/子对象"材质，所有的3ds Max材质都有"mental ray连接"卷展栏。通过这个卷展栏，可以给常规的3ds Max材质添加mental ray明暗器为mental ray渲染器所使用，如图16-203所示。

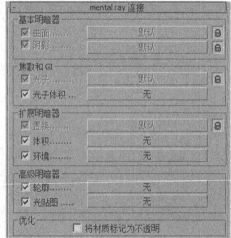

图16-203

在"mental ray连接"卷展栏中每个类型的组件右侧都有一个按钮，单击按钮能够给不同的组件指定明暗器，所选明暗器的名字会显示在按钮上，按钮旁边还有一个锁定开关，如果处于锁定状态，则使用3ds Max材质原来的设定，不能给相应的组件指定明暗器；关闭锁定，指定的mental ray明暗器会覆盖3ds Max基本材质设置。

"mental ray连接"卷展栏中的各组件与mental ray材质中的相应组件的作用相同。

16.5 mental image明暗器库

mental images公司也提供了一些已经编写好的Shader以供使用，这些Shader来自3个mental ray的标准库，分别是Base Shaders（base.mi）（基础明暗器）、Physics Shaders（physics.mi）（物理明暗器）和Contour Shaders（contour.mi）（轮廓明暗器），通过执行"渲染>材质/贴图浏览器"命令打开"材质/贴图浏览器"对话框，然后在其"贴图"卷展栏下打开mental ray子卷展栏可以查看到mental明暗器，如图16-204所示。

图16-204

16.5.1　Contour Shaders（轮廓线明暗器）

该类明暗器主要包含以下几种，下面将对其参数进行详细介绍。

1.Contour Combi（组合轮廓线）

功能介绍

这是一个组合了Depthfade（深度退色）、Layerthinner（层厚度）和Widthfromlight（来自灯光的宽度）3个Shader的明暗器类型，产生的轮廓线会由近向远进行过渡，其参数面板如图16-205所示。

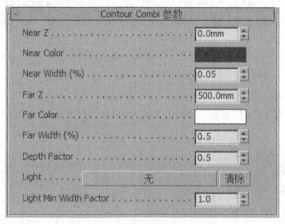

图16-205

参数详解

❖ Near Z（最小距离）：最小的距离。

❖ Near Color（近距颜色）：最小距离以内的颜色。

❖ Near Width（近距宽度）：最小距离以内线条的宽度。

❖ Far Z（最大距离）：最大的距离。

❖ Far Color（远距颜色）：最大距离以内的颜色，颜色会在近距颜色和远距颜色之间产生过渡。

❖ Far Width（远距宽度）：最大距离以内线条的宽度。

❖ Depth Factor（深度系数）：使用深度来影响线条，此设置相当于一个线条宽度的倍增器。如果设置为0则没有任何影响。

❖ Light（灯光）：选择一个灯光作为影响的来源。

❖ Lght Min Width Factor（灯光最小宽度系数）：指定灯光影响的线条的最小宽度。

2.Contour Composite（轮廓线合成）

功能介绍

这个Shader控制轮廓线和渲染图片的合成，其参数面板如图16-206所示。

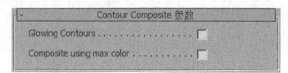

图16-206

参数详解

❖ Glowing Contours（发光轮廓线）：如果启用，轮廓线会添加光晕效果，让线条和物体更好地融合。

❖ Composite using max color（使用最大颜色合成）：如果启用，相互覆盖的轮廓线颜色会叠加进行输出。

3.Contour Contrast Function Levels（轮廓线对比函数等级）

功能介绍

这个Shader主要用于计算何处生成轮廓线，其参数面板如图16-207所示。

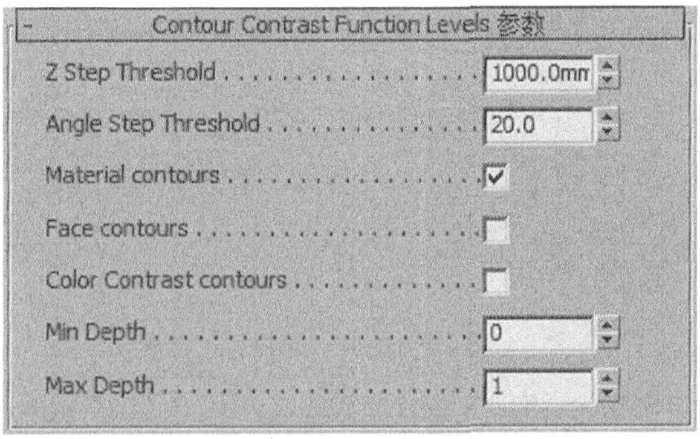

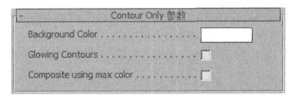

图16-207

参数详解

❖ Z Step Threshold（Z步幅阈值）：计算产生轮廓线的最小深度差异。
❖ Angle Step Threshold（角度步幅阈值）：计算产生轮廓线的最小角度差异。
❖ Material contours（材质轮廓线）：如果启用，则在不同的材质间产生轮廓线。
❖ Face contours（面轮廓线）：如果启用，不同的面之间会产生轮廓线。
❖ Color Contrast contours（颜色对比轮廓线）：不同的颜色之间会产生轮廓线。
❖ Min Depth（最小深度）/Max Depth（最大深度）：设置轮廓线产生的深度，例如要排除反射、折射的轮廓线，可以设置Max Depth（最大深度）为0。

4.Contour Only（仅轮廓线）

功能介绍

这个Shader控制轮廓线的输出，它只输出轮廓线，忽略渲染的图像，其参数面板如图16-208所示。

图16-208

参数详解

❖ Background Color（背景颜色）：设置背景的颜色。
❖ Glowing Contours（发光轮廓线）：如果启用，轮廓线会添加光晕效果，让线条和物体更好地融合。

❖ Composite using max color（使用最大颜色合成）：如果启用，相互覆盖的轮廓线颜色会叠加进行输出。

5.Contour Post Scrip（轮廓线PostScript）

功能介绍

这个Shader控制轮廓线的输出，输出PostScript代码的轮廓线，且对渲染的画面不做任何改动，其参数面板如图16-209所示。

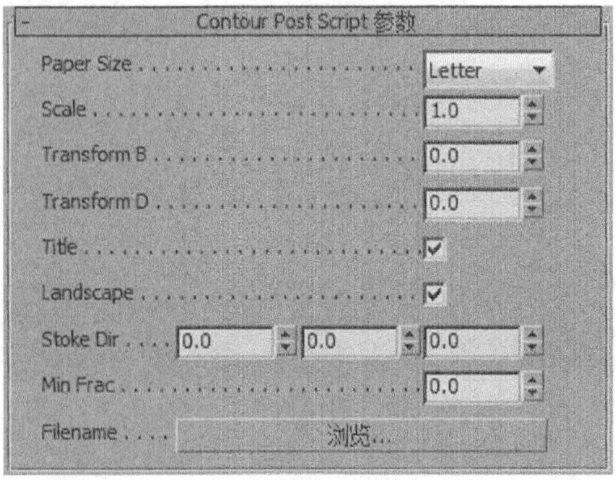

图16-209

参数详解

❖ Paper Size（纸张大小）：用于控制纸张的类型，包含Letter、Executive、Legal、A3、A4、A5、A6、B4、B5、B6、Tablod。
❖ Scale（缩放）：缩放PostScript输出，默认为1。
❖ Transform B/Transform D（变换）：控制脚本输出的偏移量。
❖ Title（标题）：如果启用，输出的文件会包括当前文件的文件名和帧号码。
❖ Landscape（地形）：启用时，使用Landscape（地形）模式输出。
❖ Stroke Dir（笔触方向）：控制笔触的方向，如果不为0，则产生线条的宽度随其角度变化。
❖ Min Frac（最小宽度）：指定笔触的最小宽度。
❖ Filename（文件名称）：指定输出的PostScript文件。

6.Contour Store Function（轮廓线存储功能）

这个Shader没有可以调节的参数，如图16-210所示。

图16-210

7.Contour Curvature（曲率）

功能介绍

根据曲率来计算轮廓线的宽度，曲率越大，线条越粗，其参数面板如图16-211所示。

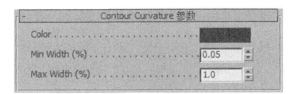

图16-211

参数详解

- ❖ Color（颜色）：线条的颜色。
- ❖ Min Width（最小宽度）：线条的最小宽度。
- ❖ Max Width（最大宽度）：线条的最大宽度。

8.Contour Depth Fade（深度褪色）

功能介绍

这个Shader使轮廓线由近至远进行变化过渡，其参数面板如图16-212所示。

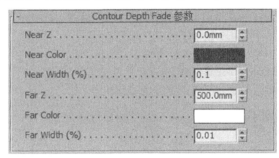

图16-212

参数详解

- ❖ Near Z（最小距离）：最小的距离。
- ❖ Near Color（近距颜色）：最小距离的颜色。
- ❖ Near Width（近距宽度）：最小距离线条的宽度。
- ❖ Far Z（最大距离）：最大的距离。
- ❖ Far Color（远距颜色）：最大距离的颜色。颜色在近距颜色和远距颜色之间产生过渡。
- ❖ Far Width（远距宽度）：最大距离线条的宽度。

9.Contour Factor Color（颜色系数）

功能介绍

这个Shader使用物体本身的颜色来产生轮廓线，通常轮廓线颜色都较暗，其参数面板如图16-213所示。

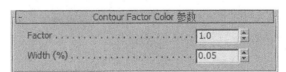

图16-213

❖ Factor（系数）：线条颜色的倍增器，如果为0，则产生黑色的线条；如果在0~1之间，则为比较暗的颜色；如果等于1，则和物体的材质相同；如果大于1，则颜色会更亮。

❖ Width（宽度）：线条的宽度。

10.Contour Layer Thinner（层释）

功能介绍

使用这个Shader轮廓线会根据物体材质的层进行变化。如果材质在最顶层，会使用指定的线条宽度，随着层的增加，线条的宽度变小，其参数面板如图16-214所示。

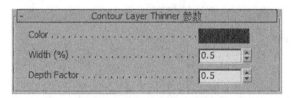

图16-214

参数详解

❖ Color（颜色）：线条的颜色。

❖ Width（宽度）：线条的宽度。

❖ Depth Factor（深度系数）：线条宽度的变化值。

11.Contour Simple（简单）

功能介绍

使用这个Shader产生最普通的轮廓线效果，其参数面板如图16-215所示。

图16-215

参数详解

❖ Color（颜色）：线条的颜色。

❖ Width（宽度）：线条的宽度。

12.Contour Width From Color（来自颜色的宽度）

功能介绍

这个Shader会根据物体的颜色来决定线条的宽度。颜色越深，线条越粗，其参数面板如图16-216所示。

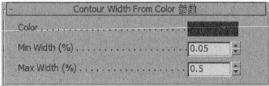

图16-216

❖ Color（颜色）：线条的颜色。

❖ Min Width（最小宽度）：线条的最小宽度。

❖ Max Width（最大宽度）：线条的最大宽度。

13.Contour Width From Light（来自灯光的宽度）

功能介绍

这个Shader使用灯光来控制轮廓线，受光的一面线条会比较粗，不受光的一面线条会比较细，其参数面板如图16-217所示。

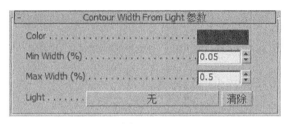

图16-217

参数详解

❖ Color（颜色）：线条的颜色。

❖ Min Width（最小宽度）：线条的最小宽度。

❖ Max Width（最大宽度）：线条的最大宽度。

❖ Light（灯光）：选择一个灯光作为影响的来源。

14.Contour Width From Light Dir（来自灯光方向的宽度）

功能介绍

这个Shader是由Width From Light Shader（宽度来自灯光明暗器）变化得来，它直接使用指定的方向来控制线条的宽度，其参数面板如图16-218所示。

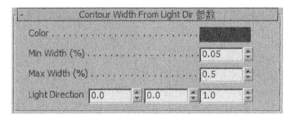

图16-218

参数详解

❖ Color（颜色）：线条的颜色。

❖ Min Width（最小宽度）：线条的最小宽度。

❖ Max Width（最大宽度）：线条的最大宽度。

❖ Light Direction（灯光方向）：指定灯光来源的方向。

16.5.2 Base Shaders（基本明暗器）

下面将介绍mental ray的基本明暗器的几种常用明暗器，主要包含如下几种。

1.Light Infinite（无限光）

功能介绍

这是一个最简单的点光源明暗器，并且没有任何衰减，其参数面板如图16-219所示。

参数详解

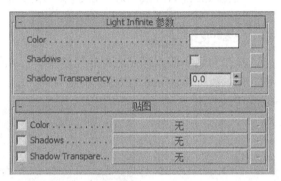

❖ Color（颜色）：灯光的颜色。

❖ Shadows（阴影）：如果打开则投射阴影。

❖ Shadow Transparency（阴影透明度）：只有在打开阴影时这个参数才有作用，此参数用于控制阴影颜色和灯光颜色的混合。如果值为0则表示为阴影颜色；如果值为1则表示为灯光颜色，此时阴影已经完全消失。

图16-219

> **提示**：此面板下方的"贴图"卷展栏用于为相应参数指定其他贴图或明暗器，该卷展栏与3ds Max材质的"贴图"卷展栏非常类似。可以通过单击参数右侧的按钮选择新的明暗器控制这个参数，按钮上会出现所指定明暗器的名字。

2.Light Point（点光源）

功能介绍

这是一个最简单的点光源明暗器，具有衰减效果，其参数面板如图16-220所示。

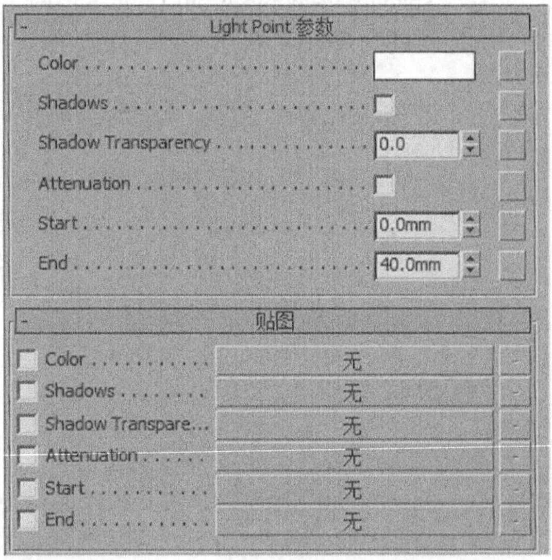

参数详解

❖ Color（颜色）：灯光的颜色。

❖ Shadows（阴影）：如果打开则投射阴影。

❖ Shadow Transparency（阴影透明度）：只有在打开阴影时这个参数才有作用，此参数用于控制阴影颜色和灯光颜色的混合。如果值为0，则表示为阴影颜色；如果值为1则表示为灯光颜色，此时阴影已经完全消失。

❖ Attenuation（衰减）：打开则灯光进

图16-220

行衰减。

❖　Start（开始）：灯光开始衰减的位置。

❖　End（结束）：灯光结束衰减的位置，即灯光能到达的最大距离。

提示： 此面板下方的"贴图"卷展栏同样用于为相应参数指定其他贴图或明暗器，该卷展栏和3ds Max材质的"贴图"卷展栏非常类似。可以通过单击参数右侧的按钮选择新的明暗器控制这个参数，按钮上会出现所指定明暗器的名字，后面的这类卷展栏与之都类似，就不再解释了。

3.Light Spot（聚光灯）

功能介绍

这是一个射灯的明暗器，有衰减，其参数面板如图16-221所示。

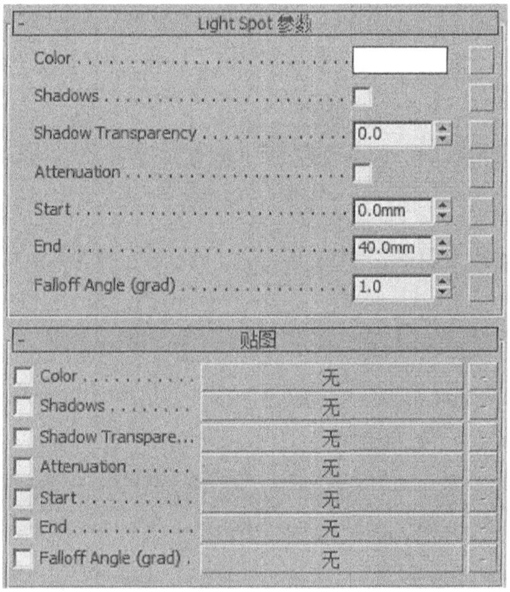

图16-221

参数详解

❖　Color（颜色）：灯光的颜色。

❖　Shadows（阴影）：如果打开则投射阴影。

❖　Attenuation（衰减）：打开则灯光进行衰减。

❖　Start（开始）：灯光开始衰减的位置。

❖　End（结束）：灯光结束衰减的位置，也就是灯光能到达的最大距离。

❖　Falloff Angle（grad）（衰减角度）：指定无衰减区域与衰减区域的夹角，该值用余弦值表示，范围为0~1。

4.Photon Basic（光子基本）

功能介绍

Photon Basi Shader（光子基本明暗器）提供了最基本的全局光明暗器，包括漫反射、反射和折射，其参数面板如图16-222所示。

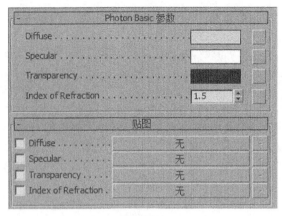

图16-222

参数详解

- ❖ Diffuse（过渡色）：漫反射颜色。
- ❖ Specular（高光）：控制反射的强度。
- ❖ Transparency（透明度）：光线通过的百分比。
- ❖ Index of Refraction（折射率）：为透明材质准备。

5.Shadow Transparency（阴影透明度）

功能介绍

Shadow Transparency Shader（阴影透明度明暗器）用于制作透明阴影的效果，其参数面板如图16-223所示。

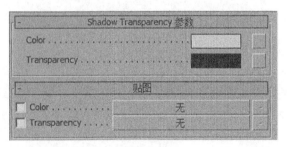

图16-223

参数详解

- ❖ Color（颜色）：设置透明阴影的颜色。
- ❖ Transparency（透明度）：设置阴影的透明程度。

6.Ambient/Reflective Occlusion（环境光/反射阻光）

功能介绍

Ambient/Reflective Occlusion（环境光/反射阻光）可以在场景中产生GI效果，其参数面板如图16-224所示。

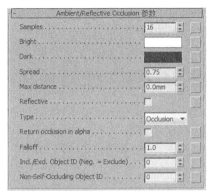 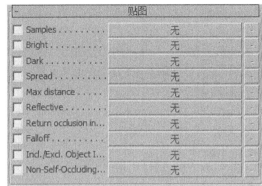

图16-224

参数详解

❖ Samples（采样）：设定产生GI的采样值，要注意的是这个值会和Anti Aliasing（抗锯齿，又称AA）值相乘，从而大大增加了我们定义的采样数量。通常先定义采样率得到阴影噪点较小的效果，然后再应用1/4的AA即可，4/16的AA值将会得到非常平滑的效果。

❖ Bright（亮度）：这个选项用于定义环境光的颜色。它与接下来的Dark颜色按一定比例共同发生作用。这个比例由被吸收的光线数量决定，Bright可以使用位图贴图。

❖ Dark（暗部）：如上所述用于定义被吸收的光线。同样可用位图控制来得到更好或特别的效果。

❖ Spread（展开范围）：这个值决定了采样光线发射的角度，当值为0时将得到一条沿法线发射的光线，当值为1时发射角度为180°。

❖ Max distance（最大深度）：通常采样光在被吸收前都会在场景里发生反弹。这个参数可以定义光线的追踪距离并返回一个值。当光线到达这个距离而没有被吸收，就会返回一个non occluded（未吸收）值。当然这样做会使光线被吸收的计算产生一些误差，光线如果没有距离限制，就可以被物体吸收，但同样因为光线不用追踪那么远，会使渲染速度得到极大的提高。

❖ Reflective（反射）：这个选项为Shader提供了计算反射（reflection occlusion）的能力，适用于需要混合使用raytrace和scanline并同时应用了反射贴图的流程。反射贴图要比光线追踪反射快得多，但最大的缺陷就是当物体移动时，反射不能随之真实地变化（虽然通常只是反射远景）。

提示： 使用reflection occlusion（反射吸收）来靠近物体时，可以减弱反射贴图并保留Dark color，另外还可以使用实际的光线追踪颜色来定义occluded color（吸收颜色），这样既可以保留反射贴图，又反射出附近的物体。

❖ Type（类型）：这个Shader有4种运算模式。之前我们一直使用的模式是Mode 0。

　◇ Occlusion：简单地发出光线，并根据被吸收的光线分配明暗颜色的比例及产生阴影。

　◇ Inverted Occlusion：与Mode 0类似，更进一步的是它可以使用场景的环境贴图或Mental Ray shader来定义未吸收的光线颜色。可以在某种程度上提高对场景的控制能力。

　◇ Environment：这个模式会根据未吸收范围空间的平均世界坐标返回一个RGB值。红色表示x轴，绿色表示y轴，蓝色表示z轴。这个图像可导入合成软件，并通过合适的warp滤镜来调整occlusion color。这个方法常用于电影制作中的灯光调整，使灯光的重大变化在合成中完成而不用重新渲染。

◇　　Bent Normal：与Mode 2相同，但表现的是摄影机信息而不是空间坐标。

❖　Return occlusion in alpha（重现alpha阻光）：勾选此项则按alpha通道获取阻光。

❖　Falloff（衰减）：此项用于控制阻光强度的衰减。

❖　Incl ./Excl. Object ID (Neg.=Exclude)（包含/排除对象ID）：按对象ID进行包含或排除阻光。

❖　Non-Self-Occluding Object ID（非自阻光对象ID）：可以按对象ID控制对象本身是否阳光。

16.5.3　Physics Shaders（物理明暗器）

物理属性的明暗器主要有如下几种，dgs_material_photon（DGS材质光子）、parti_volumeParti Volume（多样介质体积）、parti_volumephotonParti Volume Photon（多样介质体积光子）、transmat（透明）和transmat_photon（透明材质光子）。

1.Parti Volume（多样介质体积）

功能介绍

Parti Voluma Shader能够模拟均匀、不均匀物质的各向同性散色，各项异性散色，常用于雾等模拟，除了真空，任何介质都会包含一定数量的粒子，光线通过时会产生一定的散色现象，光线的波长和粒子的大小决定散色的类型。如果粒子的大小远远小于光线的波长，那么散色较弱，光线也很集中；当粒子比光线波长稍小时，会产生Rayleigh散色（比较典型的如香烟的烟盒灰尘）；如果粒子大小和光线波长大致相等，会产生Hazy Mie和Murky Mie散色（比较典型的是雾）；当粒子大小远大于光线波长时，几何光学则会变成效果的主体。对于不同类型的散色，推荐的参数值如表16-2所示，其参数面板如图16-225所示。

表16-2

Function	r	g1	g2
Rayleigh	0.50	-0.46	0.46
Hazy Mie	0.12	-0.50	0.70
Murky Mie	0.19	-0.65	0.91

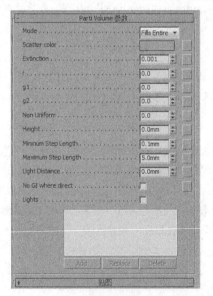

图16-225

参数详解

- ❖ Mode（模式）："模式0"表示介质充满整个空间，"模式1"表示只有部分介质在空间底层，其他部分看作是真空。
- ❖ Scatter color（散色颜色）：指定介质散色的颜色。
- ❖ Extinction（消光）：介质的消光系数，决定光线的散色情况，0表示真空，参数越大表示介质密度越大，散色越强。
- ❖ r/g1/g2：控制散色，如果g1和g2都为0（默认），表示各向同性散色，散色的方同都是相等的，各项异性散色由前后两层散色组成；后散色范围是-l<g<0，前散色范围是0<g<l，第1层的权重如果为r，则第2层为1-r。
- ❖ Non Uniform（非均匀度）：决定介质的纯度。如果为0表示介质为完全均匀，如果为1则表示不均匀。
- ❖ Height（高度）：如果Mode（模式）参数为1时，在此参数设置的高度以上是真空。
- ❖ Mininum Step Length（最小步幅长度）：指定非均匀介质中光线的最小长度。
- ❖ Maximum Step Length（最大步幅长度）：指定非均匀介质中光线的最大长度。
- ❖ Light Distance（灯光距离）：判断灯光和物体的距离，并根据距离指定采样的大小，用于优化面积光源的采样。
- ❖ No GI where direct（直射照明区域不使用全局光）：如果场景不是用全局光，打开此选项可以优化效果。
- ❖ Lights（灯光）：勾选此项，可以在灯光列表中指定产生作用的灯光。
- ❖ List of lights（灯光列表）：列表中显示全部所指定的产生作用的灯光。
- ❖ Add（添加）/Replace（替换）/Delete（删除）：单击按钮，可以分别在列表中添加、替换、删除灯光。

2.Parti Volume Photon（多样介质体积光子明暗器）

功能介绍

Parti Volume Photon Shader和Parti Volume Shader（多样介质体积光子明暗器）通常搭配组合使用，两者参数基本相同，其参数面板如图16-226。

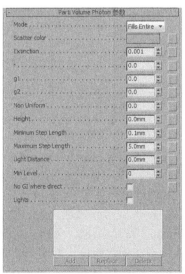

图16-226

②参数详解

❖ Min Level（最小级别）：指定光子存储的最小反射级别，最大级别由全局菜单的refraction depth（折射深度）设定，这是唯一和Parti Volume Shader不一样的参数。

提示：该明暗器其他参数与Parti Volume（多样介质体积）完全一样，所以此处不再赘述了。

3.Transmat（透明材质）

①功能介绍

Transmat Shader（透明材质明暗器）可以在透明介质中用于模拟介质的表面，其自身并不可见，主要帮助多样介质明暗器实现效果，这个明暗器没有可以调节的参数，如图16-227所示。

图16-227

4.Transmat Photon（透明材质光子）

Transmat Photon Shader（透明材质光子明暗器）通常和Transmat Shader（透明材质明暗器）配套使用，这个明暗器没有可以调节的参数，如图16-228所示。

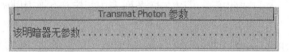

图16-228

16.6 mental ray照明和曝光系统

mental ray渲染器也有自己的一套照明和曝光系统，同样包含太阳、天空等，下面将逐一对其进行介绍，在前面讲到的"mr区域泛光灯"和"mr区域聚光灯"就是mental ray的基础灯光。

16.6.1 mental ray太阳和天空

mental ray的太阳和天空是3ds Max中Daylight（日光）系统的重要组成部分，它们能够用物理参数精确地模拟太阳光、日光和天空，为场景提供真实的室外照明环境。配合"mr Sky门户"还可以将太阳光引入室内，为室内场景模拟从窗外射入的光线。

mr Sun（mr太阳）用于模拟来自于太阳的直接光，mr Sky（mr天空）模拟大气层中因太阳光散射而产生的间接光，mr Physical sky（mr物理天空）是一种用于背景环境通道的明暗器，它不能产生照明，但可以产生太阳圆盘、地面和可视天空。

下面介绍一下如何使用mr太阳、mr天空与mr物理天空，具体操作步骤如下。

第1步：将当前渲染器设置为mental ray渲染器，选择"创建>灯光>日光系统"菜单命令，或者在创建面板中按下 按钮进入"系统"创建面板，按下"日光"按钮，此时系统会提示是否启用mr摄影曝光控制，单击"是"按钮确认启用，如图16-229所示。

图16-229

第2步：在场景中拖动鼠标建立一个日光系统，进入运动面板设置日光系统的时间、地点、方位或者启用"手动"选项后在视图中使用移动工具进行定位，如图16-230所示。

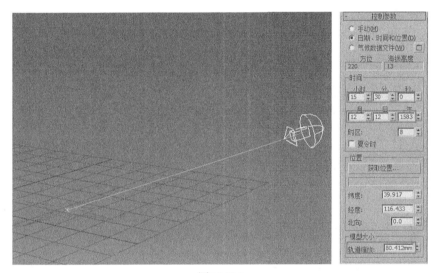

图16-230

第3步：进入修改面板，在"日光参数"卷展栏中将"太阳光"设置为mr Sun，将"天光"设置为"天光"，如图16-231所示；选择mr Sky后，系统将弹出一个对话框，询问是否将"mr物理天空"作为环境贴图放置在背景通道上，点击"是"按钮确认操作，如图16-232所示。

图16-231

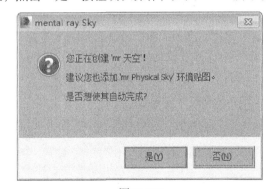

图16-232

第4步：在修改面板中对mr Sun和mr Sky的参数进行修改。

第5步：打开"环境和效果"与"材质编辑器"窗口，然后将"环境"选项卡中"环境贴图"按钮上的"mr物理天空"拖曳到"材质编辑器"中的空白材质球上，再在弹出的"实例（副本）贴图"对话框中点选"实例"方式，这样就能在材质编辑器中对mantal ray的物理天空明暗器进行参数修改了，如图16-233和图16-234所示。

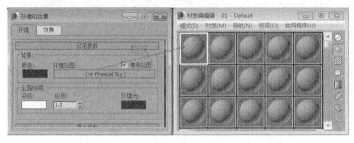
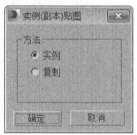

图16-233 图16-234

第6步：在"环境和效果"的"环境"选项卡中展开"曝光控制"和"mr摄影曝光控制"卷展栏，对mental ray的曝光控制参数进行修改，如图16-235所示。

第7步：打开"渲染设置"对话框，进入"铜照明"选项卡，确保"启用最终聚集"处于勾选状态，如图16-236所示，因为mr Sky是种间接光，必须借助最终聚集来渲染。

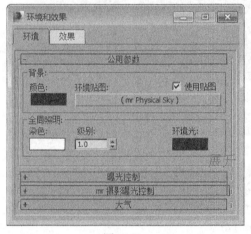

图16-235 图16-236

第8步：按F9键渲染场景，可以得到真实的室外照明效果。

16.6.2 mr太阳

前面介绍了如何创建mr太阳的方法，接下来将详细介绍其参数面板，如图16-237所示，在"日光参数"中设置"太阳光"为mr Sun后，修改面板中就会激活"mr太阳"的参数面板。

1."mr太阳基本参数"卷展栏

展开"mr太阳基本参数"卷展栏，其参数面板如图16-238所示。

图16-237

图16-238

参数详解

❖ 启用：启用或禁用"mr太阳"光照，默认设置为启用。

❖ 倍增：mr太阳的亮度标量倍增，默认为1。

❖ 定向：此参数是为了兼容3ds Max 2009以前的版本而设置的，在3ds Max 2009以前，mr Sun可以从光度学灯光的创建面板进行创建，从这里创建的mr太阳包含一个目标定向点，勾选"定向"选项后，则采用目标定向点进行"mr太阳"的方向和距离定位；如果取消此选项的勾选，那么在后面会出现1个文本框，可以手动输入mr太阳与目标点的距离。

❖ "阴影"参数组。

◇ 启用：启用或禁用"mr太阳"的阴影。

◇ 柔化：设置阴影的柔软程度，该值越低，阴影边缘越清晰；该值越高，阴影边缘越柔和。

◇ 柔化采样：当"柔化"值设置较高时，柔和的阴影边缘会出现许多颗粒，增加该值可以消除这些噪点颗粒。

❖ 由mr Sky继承而来：与"mr太阳"、"mr天光"及"mr物理天空"中的某些参数功能相同，要保证物理数据的正确性，3个元素中的参数必须相互保持同步。启用"由mr天空继承而来"选项后，公用参数将由"mr天空"来控制，因为"mr天空"是天光系统的控制中心，即使"天空"处于关闭状态，"mr太阳"仍可从中继承公用参数。

❖ 非物理调试：在没有继承"天空"公用参数时，此参数组才能被激活，它不根据物理数据来分析太阳表面，而是通过手动的方式改变太阳的基本特征。

◇ 红/蓝染色：对天光的红色度进行控制，默认值为0，它是针对6500k白点计算得出物理校正值，该值的调整范围为-1（极蓝）~1（极红）。

◇ 饱和度：对天光的饱和度进行控制，默认值为1，它是通过物理计算而得出的一般饱和度级别，该值的调节范围为0（黑与白）~2（极高的饱和度）。

2."mr太阳光子"卷展栏

功能介绍

该卷展栏控制"mr太阳"发射全局照明和最终聚集光子的区域，例如在一个城市模型中只渲染某个房间，那么没有必要对城市的每个角落都发射光子，只需要将发射光子的区域对准该房间，使光子能够进入该房间即可，其参数面板如图16-239所示。

图16-239

参数详解

❖ 使用Photon目标：启用此选项后，可以使用灯光的目标半径设置发射光子的区域。
❖ 半径：设置目标半径的大小，从而使"mr太阳"发射的光子限制在这个圆形的目标区域内。

16.6.3　mr天空

在"日光参数"中设置"天光"为mr Sky后，修改面板中就会激活"mr天空"的参数面板，如图16-240所示。

图16-240

1."mr天空参数"卷展栏

展开"mr天空参数"卷展栏，其参数面板如图16-241所示。

图16-241

参数详解

❖ 启用：启用或禁用"mr天空"，默认为启用。
❖ 倍增：灯光输出的亮度标量倍增，默认设置为1.0。
❖ 地面颜色：设置地面的颜色，它只是一个虚拟地面不是地面模型，没有任何影子。
❖ 天空模型："天空模型"是根据物理数据计算天空外观和天空亮度，它们可以真实地模拟出大气中的水汽、颗粒、晴天、阴天等效果；它有3个选项，分别是"薄雾驱动"、"Perez所有天气"和CIE，每选择一个天空模型后，下面就会出现相对应的参数卷展栏。

2."薄雾驱动"卷展栏

当"天空模型"设置为"薄雾驱动"时，该卷展栏被激活，其参数面板如图16-242所示。

参数详解

❖ 薄雾：天空模型根据"薄雾"值来指定空气中水汽和其他颗粒程度，从而模拟出不同的天气效果，"薄雾"指悬浮在空中的颗粒含量，取值范围为0~15，0代表非常晴朗的天气；15代表非常浑浊的沙尘天气，该值也可以被设置成动画。

图16-242

3．"Perez参数"卷展栏

功能介绍

当"天空模型"设置为"Perez所有天气"时，该卷展栏被激活，"Perez所有天气"天空模型是根据实际情况而计算的精确模型，它已经被视为行业标准之一，该模型由两个照度值来控制，如图16-243所示。

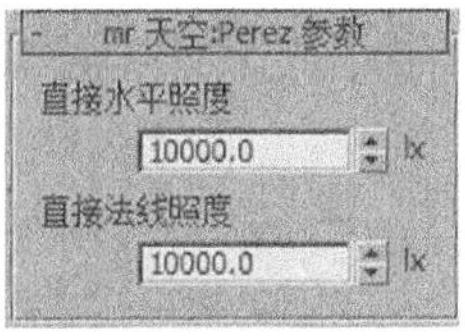

参数详解

❖ 直接水平照度：设置天空的照度值，默认值为10000 lx（勒克斯），可以为该值设置动画。
❖ 直接法线照度：设置太阳（直接光）的照度值，默认值为10000 lx（勒克斯），可以为该值设置动画。

图16-243

4．"CIE参数"卷展栏

功能介绍

当"天空模型"设置为CIE时，该卷展栏被激活，CIE也是一种精确的物理天空模型，该模型也是行业内的标准之一；CIE指的是国际照明委员会，它除了由两个照度值控制外，还可以选择阴暗天空和晴朗天空，其参数面板如图16-244所示。

图16-244

参数详解

❖ 漫反射水平照度：设置天空的照度值，默认值为10000 lx（勒克斯），可以为该值设置动画。
❖ 直接法线照度：设置太阳（直接光）的照度值，默认值为10000 lx（勒克斯），可以为该值设置动画。
❖ 阴暗天空：指定阴暗天空。
❖ 晴朗天空：指定晴朗的天空。

提示：如果系统采用的美制单位，则上述照度值单位是fc（尺烛光），而不是lx（勒克斯）。

5．"mr天空高级参数"卷展栏

展开"mr天空高级参数"卷展栏，其参数面板如图16-245所示。

图16-245

参数详解

❖ "水平"参数组。

◇ 高度：设置地平线的位置，默认设置为0，它与"mr物理天空"的"地平线高度"参数意义相同。

◇ 模糊：地平线与天空之间的模糊程度，默认值为0.1，该值在0~10之间变化；值为0时，地平线与天空之间没有模糊效果，是一条清晰的直线；值为10时地平线则完全消失，虚拟地面与天空之间是逐渐过渡的效果。

❖ 夜间颜色：设置天空的最少颜色，天空的黑暗程度永远不会低于该颜色，通过改变该值可以添加月亮、星星以及高海拔卷云等景象，并且这些景象在落日后很长一段时间内仍然保持光亮。当落日和天空变黑时，夜间颜色的作用不会受影响并且仍然保持着灯光的基础级别。

❖ "非物理调试"参数组。

◇ 红/蓝染色：对天光的红色度进行控制，默认值为0，它是针对6500k白点计算得出的物理校正值。该值的调整范围为-1（极蓝）~1（极红）。

◇ 饱和度：对天光的饱和度进行控制，默认值为1，它是通过物理计算而得出的一般饱和度级别，该值的调节范围为0（黑与白）~2（极高的饱和度）。

❖ 空中透视：用于描述远距离物体被光谱蓝端染色并出现模糊效果的术语。启用此项后将启用"可见性距离"的设置，"可见性距离"是"mr天空"用于模拟空中透视效果的参数，"薄雾"值为0时，该距离10%范围内的物体可见，10%以外的物体则被视为远距离物体，显示出隐隐约约的效果。

16.6.4 mr物理天空

功能介绍

"mr物理天空"明暗器是一种展示天空模型效果的明暗器，一般贴在环境或摄影机效果通道中，它不能为场景提供照明信息，配合mental ray的太阳和天空，可以展示出真实的室外天空效果，其参数面板如图16-246所示。

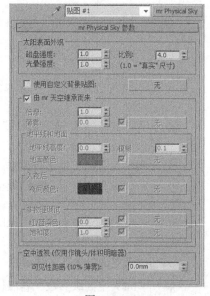

图16-246

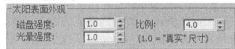

❖ 太阳表面外观：此参数组设置可视太阳的亮
度、大小和光晕程度，如图16-247所示。

图16-247

◇ 磁盘强度：设置太阳的亮度。

◇ 光晕强度：设置太阳周围的光晕强度。

◇ 比例：设置太阳圆盘的大小。

❖ 使用自定义背景贴图：启用此选项后可以通过后面的按钮来指定贴图或明暗器，为"mr
物理天空"指定一张背景。如果启用此选项后没有指定贴图，背景会被渲染成透明的黑
色，这适合于在后期中进行图像合成。

❖ 由mr天空继承而来：启用此项后，下面被框选住的参数将处于禁用状态，这些参数将
由"mr天光"中的相应设置来控制。

❖ 倍增：设置灯光亮度的标量倍增，默认设置为1.0。

❖ 薄雾：与"薄雾驱动"天空模型中的"薄雾"设置相同，控制空气中的水汽和颗粒效果。

❖ "地平线和地面"参数组，如图16-248所示。

◇ 地平线高度：设置地平线的垂直位置。范围为-10~10，一般情况下只在-1~1之间变化即可。

◇ 模糊：设置地平线与天空之间的模糊程度，默认值为0.1，该值在0~10之间变化；该值为0
时，地面与天空之间存在着尖锐的分界线；值为10时，存在着颜色的过渡，几乎没有了分
界；该值一般低于0.5。

◇ 地面颜色：设置虚拟地面的颜色，虚拟地面不是物理对象，不会产生阴影。

❖ "入夜后"参数组，如图16-249所示。

图16-248

图16-249

◇ 夜间颜色：设置天空的最少颜色，天空的黑暗程度永远不会低于该颜色。通过改变该值可以
添加月亮、星星以及高海拔卷云等景象，并且这些景象在落日后很长一段时间内仍然保持光
亮。当落日和天空变黑时，夜间颜色的作用不会受影响并且仍然保持着灯光的基础级别。

❖ "非物理调试"参数组，如图16-250所示。

◇ 红/蓝染色：对天光的红色度进行控制，默认值为0，它是针对6500k白点计算得出的物理校
正值。该值的调整范围为-1（极蓝）~1（极红）。

◇ 饱和度：对天光的饱和度进行控制，默认值为1，它是通过物理计算而得出的一般饱和度级
别，该值的调节范围为0（黑与白）~2（极高的饱和度）。

❖ 空中透视：空中透视是一种高级设置，旨在模拟遥远物体的朦胧感和染色效果，其参数
面板如图16-251所示。

图16-250

图16-251

◇ 可见性距离：当"薄雾"值为0时，则该距离10%范围内的物体可见，10%以外的物体则被
视为远距离物体，显示出朦胧的效果。

16.6.5 mr摄影曝光控制

功能介绍

这是专门为mental ray渲染器而设置的曝光方法，它可以模拟真实的摄影机曝光数据，如快门速度、光圈和感光度等，还可以对渲染图做进一步处理，如调节图像的高光、中间调、阴影、色温、饱和度等效果，其参数面板如图16-252所示。

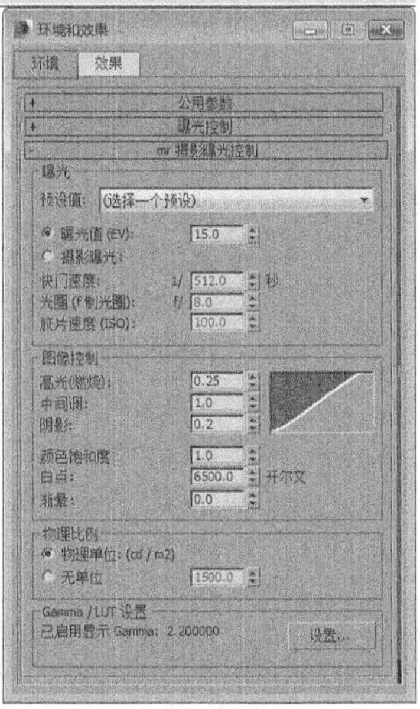

参数详解

❖ "曝光"参数组，如图16-253所示。

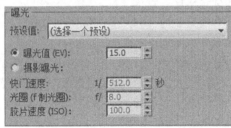

图16-252

图16-253

◇ 预设值：预设值中内置了很多曝光组合，就像摄影机或照相机中的预置模式，如晴天模式、夜晚模式、室内白天模式、室内灯光模式等，即使在不了解曝光参数的情况下，也能根据预设值进行正确的曝光控制。

◇ 曝光值(EV)：该值是3个基本曝光参数（快门速度、光圈、ISO）的组合，它是一个倒数值，值越高，生成的图像越暗；值越低，生成的图像越亮。

◇ 摄影曝光：选择此项后可以根据标准的摄影机曝光参数来设置曝光量，但是不能像真实摄影机那样利用快门速度来控制运动模糊，利用光圈控制景深，也不能利用ISO控制图像的颗粒程度。

◇ 快门速度：模拟摄影机快门开启的持续时间，该值是一个倒数值，以秒为单位，所设置的数值越高，曝光时间越短，图案就越暗。

◇ 光圈：模拟摄影机光圈的大小，这是一个比率值，所设置的数值越高，曝光程度越低，图片越暗。

◇ 胶片速度(ISO)：模拟摄影胶片的感光度，也就是胶片在光线的作用下形成影像的速度，该值越高，胶片的反应就越敏感，曝光量越大，图像显得越明亮。

❖ 图像控制：此参数组中的控件用来调整渲染图像中的亮度、高光、中间调和阴影，此外还可以增加图像的饱和度、设置白平衡、应用镜头渐晕效果等功能，其参数面板如图16-254所示。

◇ 高光（燃烧）：控制图像中明亮区域的高光，该值越高，生成的高光越亮；值越低，生成的高光亮度越暗。

◇ 中间调：调节图像中介于高光和黑暗部分的区域，值越高，中间调区域越明亮；值越低，中间调区域越暗淡。

◇ 阴影：调节图像中黑暗区域的亮度，值越高，阴影越亮；值越低，阴影越暗。

◇ 颜色饱和度：调节图像的色彩强度，值越高色彩的饱和度越高。

◇ 白点：指定图像主色温，它相当于调节相机上的白平衡，用于控制图像的整体色调。

◇ 渐晕：为图像增加一个圆形的渐晕镜头，中间区域正常曝光，周围区域比较暗。

❖ 物理比例：此参数组设置输出HDR（高动态范围）图像时计算像素值的方式，可以使用场景中内在的物理比例，或为非物理照明的情况设置任意比例，其参数面板如图16-255所示。

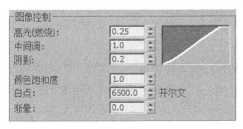

图16-254   图16-255

◇ 物理单位（cd/m²）：输出物理校正HDR像素值，单位为烛光/平方米（cd/m²），在使用光度学光源为场景照明时建议使用此选项。

◇ 无单位：用于定义渲染器解释标准灯光的照明方式，标准灯光不是物理性灯光，使用数值设置可以根据场景照明设置或者输出像素的大小来确定。

❖ Gamma/LUT设置：此参数组只有一个"设置"按钮，单击此按钮可以打开"首选项设置"的Gamma"Gamma和LUT"选项卡，从此选项卡中进行Gamma和LUT的设置，如图16-256所示。

图16-256

16.7   mental ray渲染元素

3ds Max可以将场景中的不同参数信息渲染成图像，以便于后期中进行合成。这些单独的信息，如反射、折射、阴影、高光等就被称为渲染元素。mental ray的渲染元素分为3类：mr A&D元素、mr标签元素和mr明暗器元素。

16.7.1   mr A&D元素

功能介绍

mr A&D元素是mental ray的Arch&Design（建筑与设计）材质的各个独立元素。在渲染元素的列表中以mr A&D为前缀。这类元素又分为3种不同的类型，分别是未加工、级别和输出，读者可以按F10键打开"渲染设置"对话框，然后在Render Elements中添加这些元素，如图16-257所示。

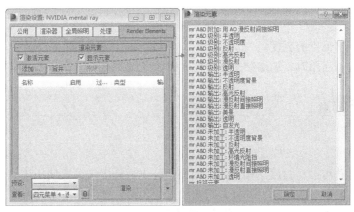

图16-257

"未加工"元素渲染的是某种效果的最高值，例如反射的原始效果就是当反射率为1时（完全反射）的效果；"级别"元素输出的是这种效果所达到的程度，例如反射率、反射颜色等；"输出"元素渲染的图像则是"未加工"元素与"级别"元素两种效果的（乘法）组合，它仍然遵循建筑与设计材质中的能量守恒原理。

功能介绍

- ❖ 美景：输出Arch&Design材质的综合效果。
- ❖ 漫反射直接照明：输出直接照明作用下的漫反射表面图像。"未加工"类型的漫反射直接照明只输出照明后的表面，不含纹理和颜色；"级别"型的漫反射输出的是根据能量守恒计算的漫反射纹理和色彩。
- ❖ 漫反射间接照明：输出间接照明作用下的漫反射表面图像，包括环境光阻挡效果。该渲染元素只存在于Raw"未加工"类型中，"级别"类型中没有这种渲染元素。
- ❖ 环境光阻挡：输出环境光阻挡效果。
- ❖ 用AO的漫反射间接照明：它只是一种"附加"元素，输出的是受环境光阻挡影响的间接光照明效果，不加入漫反射的计算。
- ❖ 不透明度：输出不透明度小于1的图像，不透明为1的地方填充黑色。
- ❖ 反射：输出反射效果，"未加工"类型是渲染完全反射结果、"级别"是渲染实际的反射程度，包括反射颜色及BRDF设置。
- ❖ 自发光：输出自发光的设置效果。
- ❖ 高光：输出高光组件的设置结果。"未加工"类型是渲染反射中的光泽度和各向异性的完全效果，而"级别"是渲染BRDF、反射率、反射中的颜色值以及高光的相对强度。
- ❖ 半透明：半透明是权重和颜色设置的组合结果。"未加工"类型是完全的半透明效果；而"级别"是实际半透明级别，可通过能量守恒进行调节。
- ❖ 透明：输出折射的设置组合结果，"未加工"渲染全透明效果，"级别"渲染透明程度，可通过能量守恒来调节。

以上是各种渲染元素在"未加工"、"级别"和"输出"中的渲染介绍。 mr A&D渲染元素具有相同的设置参数，如图16-258所示。

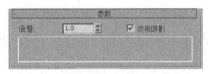

图16-258

参数详解

- ❖ 倍增：调节输出的亮度。
- ❖ 应用阴影：启用时，输出结果中将包含曲面上投射的阴影。

16.7.2 mr标签元素

功能介绍

"mr标签元素"可以将材质结构上的任何一个分支渲染出来，要使用该元素，必须为材质的枝干添加"mr标签元素"明暗器，并为它指定枝干的名称，然后在渲染元素中指定相同的枝干名称，这样就能渲染出材质分支所在的对象表面效果，如图16-259所示。

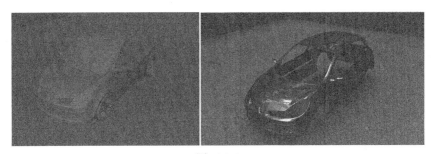

图16-259

下面介绍一下如何使用"mr标签元素"，其操作步骤如下。

第1步：在材质编辑器中选择一个包含较多分支的材质，例如在"漫反射"通道中包含了"渐变"贴图，在"渐变"的颜色通道中又包含"棋盘格"贴图，在棋盘格的颜色通道中又包含"噪波"贴图，并且保证该材质已经被赋予了场景中的对象。

第2步：在"材质编辑器"中单击单独渲染的分支顶部贴图按钮，例如在本例中要渲染"棋盘格"和"噪波"贴图分支，可以进入棋盘格贴图的设置界面，单击"棋盘格"按钮，在弹出的"材质/贴图浏览器"中选择mr Labeled Element（mr标签元素）明暗器，如图16-260所示，然后在弹出的替换贴图对话框中点选"将旧贴图保存为子贴图"选项，最后单击"确定"按钮确认操作，如图16-261所示。

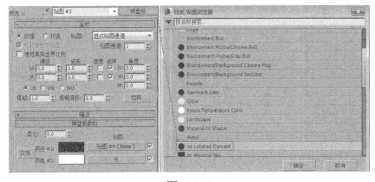

图16-260

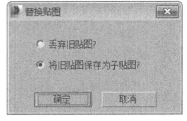

图16-261

第3步：在mr标签元素明暗器的设置参数中输入"标签"的名称，如图16-262所示。

第4步：打开"渲染设置"对话框，进入Render Elements（渲染元素）选项卡，然后单击"添加"按钮，在弹出的"渲染元素"对话框中选择"mr标签元素"选项，再单击"确定"按钮确认操作，如图16-263所示。

图16-262

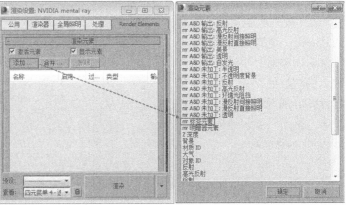

图16-263

图16-264

第5步：在渲染元素列表中选择"mr标签元素"，然后在下面的"参数"卷展栏的"标签"文本框中输入刚才在mr标签元素明暗器中输入的标签名称，如图16-264所示。这样在渲染场景时，就会同时渲染mr标签元素明暗器后面的贴图分支了。

这里介绍一下"mr标签元素"的参数，其参数面板如图16-265所示。

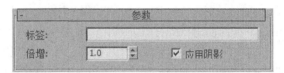

图16-265

参数详解

❖ 标签：在该文本框中指定mr标签元素明暗器中设置的标签名称。

❖ 倍增：调节渲染输出的亮度。

❖ 应用阴影：勾选此选项后，输出的图像曲面上将包含投射的阴影。

16.7.3 mr明暗器元素

功能介绍

"mr明暗器元素"输出场景中任何mental ray的明暗器效果，转化成mental ray明暗器的贴图效果或者它们的组合效果，它们在场景中忽略实际应用的区域，渲染的效果将被应用到场景中所有的对象上。

下面介绍一下如何使用"mr明暗器元素"，具体操作步骤如下。

第1步：在材质编辑器中选择一个包含较多分支的材质，例如在"漫反射"通道中包含了"渐变"贴图，在"渐变"的颜色通道中又包含"棋盘格"贴图，在棋盘格的颜色通道中又包含"噪波"贴图。现在需要将"棋盘格"贴图作为独立的渲染元素进行输出。

第2步：打开"渲染设置"话框，然后在Render Elements（渲染元素）选项卡中单击"添加"按钮，接着在弹出的"渲染元素"对话框中选择"mr明暗器元素"，最后单击"确定"按钮确认操作，如图16-266所示。

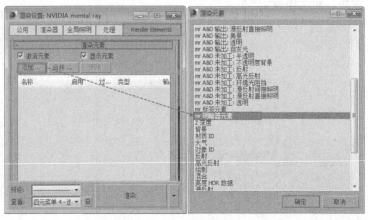

图16-266

第3步：在"mr明暗器元素"的参数中单击"明暗器"后面的按钮，然后打开"材质/贴图浏览器"对话框，接着在该对话框中展开"场景材质"卷展栏，在该卷展栏中列举出了场景中使用的所有明暗器元素，选择一个需要输出的明暗器，例如"棋盘格"贴图分支，最后单击"确定"按钮确认操作，如图16-267所示。

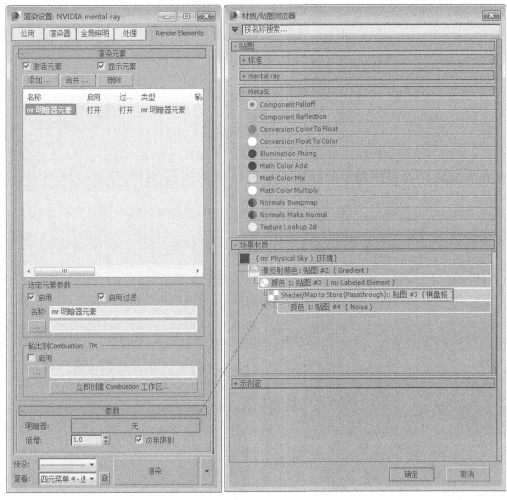

图16-267

第4步：此时渲染场景，在输出场景图像的同时，还渲染了mental ray指定的明暗器元素，并且明暗器元素效果将运用于场景中的所有物体上。

在上述操作中，出现过设置"mr明暗器元素"参数设置，其参数面板如图16-268所示。

图16-268

❖ 明暗器：单击此按钮后可以在场景或指定对象中选择要渲染为元素的明暗器。

❖ 倍增：调节渲染输出的亮度。

❖ 应用阴影：勾选此选项后，输出的图像曲面上将包含投射的阴影。

16.8 mental ray代理对象

mental ray可以把形状复杂，或者在场景中分布较多的物体保存为代理对象，然后使用代理对象组织和渲染场景，这样可以节约大量的系统资源，提高渲染效率。

通过在3ds Max的"创建"面板中选择mental ray类型，可以为对象加载"mr代理"，如图16-269所示，下面笔者先介绍一下如何使用mental ray代理对象，再详细解释其参数。

图16-269

16.8.1 mental ray代理对象的使用

通常情况下，在使用mental ray代理对象的时候，一般将其分为3步完成，分别是创建对象、加载"mr代理"、赋予材质，下面逐一进行介绍。

1.创建和保存mr代理对象

第1步：确保当前渲染器为mental ray渲染器。在场景中创建或加载源对象，也就是要把它创建成代理文件的模型，例如可以在创建几何体的面板中，创建些植物模型，如图16-270所示。

第2步：进入mental ray的创建面板，单击"mr代理"按钮，在顶视图中建立一个代理模型，如图16-271所示，在没有为代理模型指定源对象前，它将显示为立方体线框。

图16-270

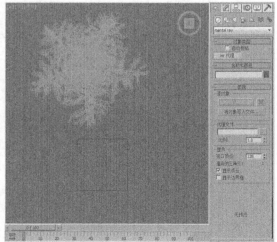

图16-271

第3步：确保代理模型处于选择状态，进入修改面板，然后单击"源对象"参数组中的"无"按钮，接着在视图中单击源对象模型，如图16-272所示，此时此按钮上将显示出源对象模型的名称，这样就为代理模型指定了源对象，如图16-273所示。

第4步：单击"将对象写入文件"按钮，然后在弹出的"写入mr代理文件"对话框中选择代理文件保存的路径，并键入代理文件的名称，接着单击"保存"按钮后会自动弹出"mr代理创建"文件的对话框，在这里可以设置代理文件输出的动画帧，本例中默认为当前帧，最后单击"确定"按钮，如图16-274所示，这时系统将自动创建和保存mr代理文件，如图16-275所示。

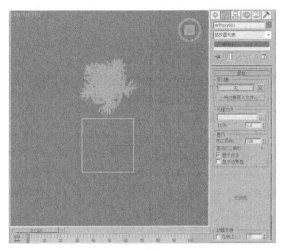

图16-272   图16-273

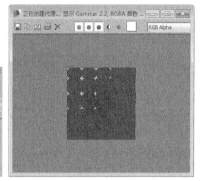

图16-274   图16-275

　　第5步：创建完成后，在"代理文件"的文本框中将显示出代理文件所在的文件目录。场景中原来的线框立方体变成了许多顶点，这被称为"点云"，此时表明这个代理对象中已经加载了代理模型，如图16-276所示。

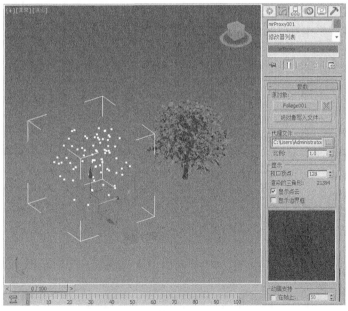

图16-276

2.加载mr代理对象

此时代理文件已经创建并保存完毕，我们可以在场景中创建更多的代理模型，然后将代理文件加载进来。

第1步：首先在场景文件中创建多个mr代理对象，如图16-277所示。

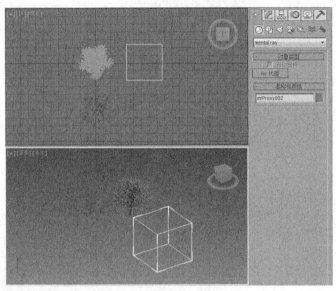

图16-277

第2步：选择一个代理对象，在它的修改面板中单击"代理文件"后面的按钮，在弹出的"加载mr代理文件"对话框中选择刚才保存的代理文件，如图16-278所示，单击"打开"后场景中的代理模型由原来的线框模式变为"点云"形式，表明加载成功，如图16-279所示。

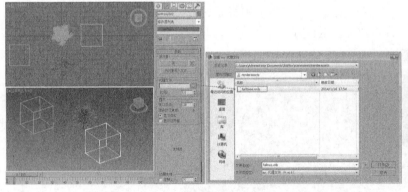

图16-278　　　　　　　　　　　　　　　　　图16-279

第3步：根据上一步的操作将其他代理模型也加载上刚才的代理文件，如图16-280所示。

图16-280

第4步：此时渲染场景，可以观察到场景中的代理对象上已经渲染出代理模型了，但是它们没有继承源对象的材质，如图16-281所示

3.为mr代理对象添加材质

为代理对象添加材质有很多种方法，如果源对象与代理对象处在同一个场景中，而且与源对象共享材质，可以将源对象的材质直接赋予代理对象；如果材质需要进行更改，可以将源对象的材质进行复制并重命名，然后将新复制并更改后的材质赋予代理对象；如果场景中只有代理对象而没有源对象，可以采用外部参照材质或创建材质库的方法为代理对象添加材质。

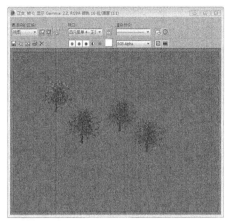

图16-281

16.8.2 mr代理参数

在前面，我们了解了"mr代理"的使用方法，下面笔者将详细介绍一下其参数面板。

1."参数"卷展栏

在创建面板中单击"mr代理"按钮，会激活"参数"卷展栏，其参数面板如图16-282所示。

参数详解

❖ "源对象"参数组，如图16-283所示。

   ◇ 源对象按钮 [无]：单击此按钮可以指定创建代理文件的源对象，未指定时此按钮显示为"无"，指定源对象后则显示为源对象的名称。

   ◇ 清除源对象 ✕：单击此按钮后将清除"源对象按钮"中指定的模型，使其恢复为"无"状态。

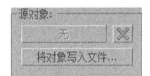

图16-283 图16-282

   ◇ 将对象写入文件：按下此按钮后把指定的源对象创建成mr代理文件（文件后缀为*.mib），按下此按钮后首先会打开"写入mr代理文件"对话框，在这里设置好代理文件的保存路径和文件名称；单击保存后会弹出一个"mr代理创建"的对话框，在这里设置代理文件的输出画面或动画帧，最后单击"确定"按钮后开始创建代理文件。

提示：关于"mr代理创建"，后面会作详细解释。

❖ "代理文件"参数组，如图16-284所示。

   ◇ 代理文件：单击后面的按钮可以为代理对象加载代理文件，加载后的文本框中将显示文件所在的路径。

   ◇ 比例：调整代理对象的大小，还可以通过主工具栏的缩放工具改变它的大小。

❖ "显示"参数组，如图16-285所示。

图16-284

◇ 视口顶点：加载后的代理对象将以一组顶点的形式显示在视图中，这组顶点大致勾画出了源对象的形状，这些顶点模式被称为"点云"形式，在此参数的文本框内可以设置点云形式显示的点数。

◇ 显示点云：启用此选项后，加载后的代理对象将以"点云"的形式显示在视图中。

◇ 显示边界框：启用此选项后，代理对象在视图中则显示边界外框。

◇ 预览窗口：预览窗口显示代理文件中几何模型的形状，如果是动画文件，在播放动画时也会显示出动画效果。

图16-285

❖ "动画支持"参数组，其参数面板如图16-286所示。

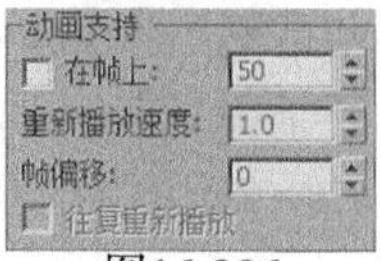

◇ 在帧上：设置预览窗口中显示的帧数。

◇ 重新播放速度：调整播放速度，例如0.5为半速播放，1为全速播放，2为快速播放。

图16-286

◇ 帧偏移：设置动画帧的偏移值，这样可以从某一帧开始预览播放动画，默认为起始帧。

◇ 往复重新播放：启用此选项后则反复播放动画。

2.mr代理创建

功能介绍

在创建mr代理文件时，会弹出"mr代理创建"对话框，在该对话框中确定是否将源对象的动画创建为序列帧代理文件，并且还可以在该对话框中设置代理文件的显示和预览方式，其参数面板如图16-287所示。

参数详解

❖ 要写入的几何体：代理文件可以保存源对象的变形动画（如修改器动画），但不能保存变换工具生成的动画（如移动、旋转动画等），其参数面板如图16-288所示。

图16-287

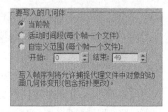

◇ 当前帧：选择此项后则不保存动画代理文件，仅输出当前帧中源对象的状态。

◇ 活动时间段：输出当前时间轴中源对象所有的动画状态，每帧将被保存一个代理文件。

◇ 自定义范围：输出指定帧范围内所有源对象的运动状态，每帧将被保存为一个代理文件。启用此选项后，下面的两个文本框"开始"和"结束"，将处于激活状态。在这里可以手动设置输出的动画范围。

图16-288

❖ "预览生成"参数组，如图16-289所示。

◇ 在预览中仅包含源对象：启用此项后，代理文件的预览窗中仅包括生成代理的几何对象；禁用此选项后，场景中的所有的对象将被显示在预览窗中，但是如果勾选了下面的"自动最大化显示"选项，那么预览窗中虽然有其他选项，但是该代理模型将被最大化显示，其他对象则处于次要位置。

图16-289

◇ 自动最大化显示：勾选此项后，代理模型将以最大化的形式显示在预览窗口中，默认为启用状态。

第17章 粒子系统与空间扭曲

本章导读

　　用奇特的方式来影响场景中的对象，比如产生引力、风吹、涟漪等特殊效果。通过本章的学习，读者应该掌握常用的粒子系统和空间扭曲工具的使用方法。

17.1 粒子系统

3ds Max 2014的粒子系统是一种很强大的动画制作工具,可以通过设置粒子系统来控制密集对象群的运动效果。粒子系统通常用于制作云、雨、风、火、烟雾、暴风雪以及爆炸等动画效果,如图17-1~图17-3所示。

图17-1　　　　　　　　　图17-2　　　　　　　　　图17-3

粒子系统作为单一的实体来管理特定的成组对象,通过将所有粒子对象组合成单一的可控系统,可以很容易地使用一个参数来修改所有对象,而且拥有良好的"可控性"和"随机性"。在创建粒子时会占用很大的内存资源,而且渲染速度相当慢。

3ds Max 2014包含7种粒子,分别是PF Source(粒子流源)、"喷射"、"雪"、"超级喷射"、"暴风雪"、"粒子阵列"和"粒子云",如图17-4所示。这7种粒子在顶视图中的显示效果如图17-5所示。

图17-4　　　　　　　　　　　　　　图17-5

17.1.1 PF Source(粒子流源)

功能介绍

PF Source(粒子流源)是每个流的视口图标,同时也可以作为默认的发射器。在默认情况下,它显示为带有中心徽标的矩形,如图17-6所示。

进入"修改"面板,可以观察到PF Source(粒子流源)的参数包括"设置"、"发射"、"选择"、"系统管理"和"脚本"5个卷展栏,如图17-7所示。

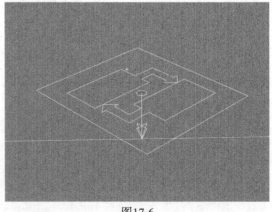

图17-6

图17-7

参数详解

1. "设置"卷展栏

展开"设置"卷展栏，如图17-8所示。

图17-8

❖ 启用粒子发射：控制是否开启粒子系统。

❖ 粒子视图 粒子视图 ：单击该按钮可以打开"粒子视图"对话框，如图17-9所示。

图17-9

提示：关于"粒子视图"对话框的使用方法请参阅本章的"技术专题17-1"。

2. "发射"卷展栏

展开"发射"卷展栏，如图17-10所示。

❖ 徽标大小：主用来设置粒子流中心徽标的尺寸，其大小对粒子的发射没有任何影响。

❖ 图标类型：主要用来设置图标在视图中的显示方式，有"长方形"、"长方体"、"圆形"和"球体"4种方式，默认为"长方形"。

图17-10

❖ 长度：当"图标类型"设置为"长方形"或"长方体"时，显示的是"长度"参数；当"图标类型"设置为"圆形"或"球体"时，显示的是"直径"参数。

❖ 宽度：用来设置"长方形"和"长方体"徽标的宽度。

❖ 高度：用来设置"长方体"徽标的高度。

❖ 显示：主要用来控制是否显示标志或徽标。

❖ 视口%：主要用来设置视图中显示的粒子数量，该参数的值不会影响最终渲染的粒子数量，其取值范围从0~10000。

❖ 渲染%：主要用来设置最终渲染的粒子的数量百分比，该参数的大小会直接影响到最终渲染的粒子数量，其取值范围从0~10000。

3. "选择"卷展栏

展开"选择"卷展栏，如图17-11所示。

❖ 粒子█：激活该按钮以后，可以选择粒子。

❖ 事件█：激活该按钮以后，可以按事件来选择粒子。

❖ ID：使用该选项可以设置要选择的粒子的ID号。注意，每次只能设置一个数字。

图17-11

> **提示**：每个粒子都有唯一的ID号，从第1个粒子使用1开始，并递增计数。使用这些控件可按粒子ID号选择和取消选择粒子，但只能在"粒子"级别使用。

❖ 添加█：设置完要选择的粒子的ID号后，单击该按钮可以将其添加到选择中。

❖ 移除█：设置完要取消选择的粒子的ID号后，单击该按钮可以将其从选择中移除。

❖ 清除选定内容：启用该选项以后，单击"添加"按钮选择粒子会取消选择所有其他粒子。

❖ 从事件级别获取：单击该按钮可以将"事件"级别选择转换为"粒子"级别。

❖ 按事件选择：该列表显示粒子流中的所有事件，并高亮显示选定事件。

4. "系统管理"卷展栏

展开"系统管理"卷展栏，如图17-12所示。

❖ 上限：用来限制粒子的最大数量，默认值为100000，其取值范围从0~10000000。

❖ 视口：设置视图中的动画回放的综合步幅。

❖ 渲染：用来设置渲染时的综合步幅。

图17-12

5. "脚本"卷展栏

展开"脚本"卷展栏，如图17-13所示。该卷展栏可以将脚本应用于每个积分步长以及查看的每帧的最后一个积分步长处的粒子系统。

❖ 每步更新："每步更新"脚本在每个积分步长的末尾，计算完粒子系统中所有动作后和所有粒子后，最终会在各自的事件中进行计算。

◇ 启用脚本：启用该选项后，可以引起按每积分步长执行内存中的脚本。

图17-13

◇　编辑 编辑 ：单击该按钮可以打开具有当前脚本的文本编辑器对话框，如图17-14所示。

◇　使用脚本文件：启用该选项以后，可以通过单击下面"无"按钮 无 来加载脚本文件。

◇　无 无 ：单击该按钮可以打开"打开"对话框，在该对话框中可以指定要从磁盘加载的脚本文件。

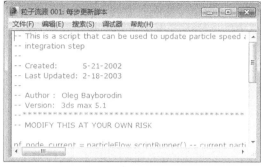

图17-14

❖　最后一步更新：当完成所查看（或渲染）的每帧的最后一个积分步长后，系统会执行"最后一步更新"脚本。

◇　启用脚本：启用该选项以后，可以引起在最后的积分步长后执行内存中的脚本。

◇　编辑 编辑 ：单击该按钮可以打开具有当前脚本的文本编辑器对话框。

◇　使用脚本文件：启用该选项以后，可以通过单击下面"无"按钮 无 来加载脚本文件。

◇　无 无 ：单击该按钮可以打开"打开"对话框，在该对话框中可以指定要从磁盘加载的脚本文件。

【练习17-1】：用粒子流源制作影视包装文字动画

本练习的影视包装文字动画效果如图17-15所示。

图17-15

Step 01　打开光盘中的"练习文件>第17章>练习17-1.max"文件，如图17-16所示。

Step 02　在"创建"面板中单击"几何体"按钮，设置几何体类型为"粒子系统"，然后单击PF Source（粒子流源）按钮 PF Source ，接着在前视图中拖曳光标创建一个粒子流源，如图17-17所示。

图17-16

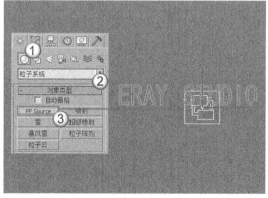

图17-17

Step 03 进入"修改"面板，然后在"设置"卷展栏下单击"粒子视图"按钮 ，打开"粒子视图"对话框，接着单击Birth 001操作符，最后在Birth 001卷展栏下设置"发射停止"为50、"数量"为500，如图17-18所示。

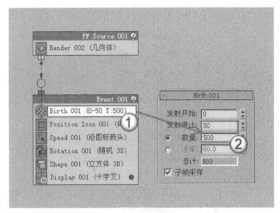

图17-18

技术专题17-1 〔**事件/操作符的基本操作**〕

下面讲解一下在"粒子视图"对话框中对事件/操作符的基本操作方法。

1. 新建操作符

如果要新建一个事件，可以在粒子视图中单击鼠标右键，然后在弹出的快捷菜单中选择"新建"菜单下的事件命令，如图17-19所示。

2. 附加/插入操作符

如果要附加操作符（附加操作符就是在原有操作符中再添加一个操作符），可以在面板上或操作符上单击鼠标右键，然后在弹

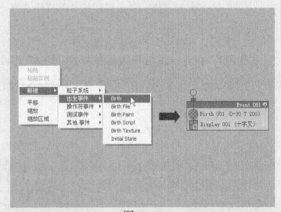

图17-19

出的快捷菜单中选择"附加"下的子命令，如图17-20所示。另外，也可以直接在下面的操作符列表中选择操作符，然后使用鼠标左键将其拖曳到要添加的位置即可，如图17-21所示。

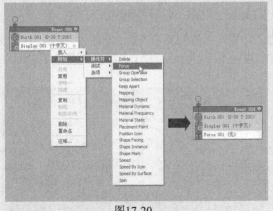

图17-20

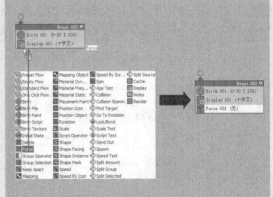

图17-21

插入操作符分为以下两种情况。

第1种：替换操作符。在选择了操作符的情况下单击鼠标右键，在弹出的快捷菜单中选择"插入"菜单下的子命令，会将当前操作符替换掉选择的操作符，如图17-22所示。另外，也

可以直接在下面的操作符列表中选择操作符，然后使用鼠标左键将其拖曳到要被替换的操作符上，如图17-23所示。

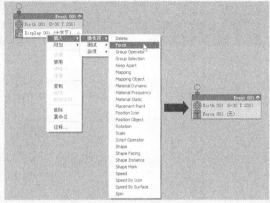

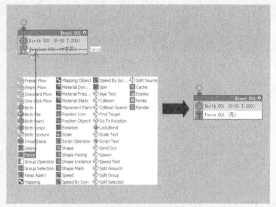

图17-22　　　　　　　　　　　　　　　　图17-23

第2种：添加操作符。在没有选择任何操作符的情况下单击鼠标右键，在弹出的快捷菜单中选择"插入"菜单下的子命令，会将操作符添加到事件面板中，如图17-24所示。

3. 调整操作符的顺序

如果要调整操作符的顺序，可以使用鼠标左键将操作符拖曳到要放置的位置即可，如图17-25所示。注意，如果将操作符拖曳到其他操作符上，将替换掉操作符，如图17-26所示。

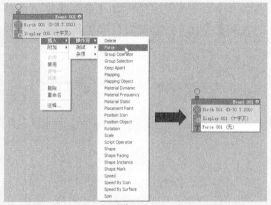

图17-24

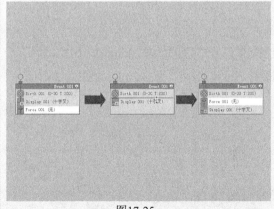

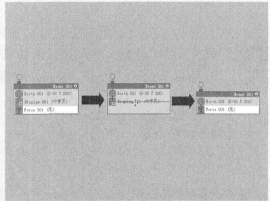

图17-25　　　　　　　　　　　　　　　　图17-26

4. 删除事件/操作符

如果要删除事件，可以在事件面板上单击鼠标右键，然后在弹出的快捷菜单中选择"删除"命令，如图17-27所示；如果要删除操作符，可以在操作符上单击鼠标右键，然后在弹出的快捷菜单中选择"删除"命令，如图17-28所示。

图17-27 图17-28

5. 链接/打断操作符与事件

如果要将操作符链接到事件上，可以使用鼠标左键将事件旁边的 图标拖曳到事件面板上的 图标上，如图17-29所示；如果要打断链接，可以在链接线上单击鼠标右键，然后在弹出的快捷菜单中选择"删除线框"命令，如图17-30所示。

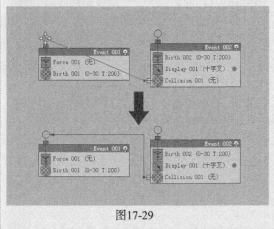
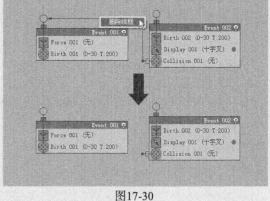

图17-29 图17-30

Step 04 单击Speed 001操作符，然后在Speed 001卷展栏下设置"速度"为7620mm，如图17-31所示。

Step 05 单击Shape 001操作符，然后在Shape 001卷展栏下设置"大小"为254mm，如图17-32所示。

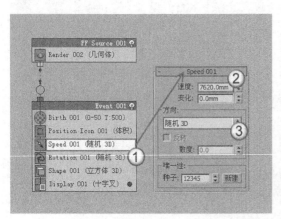
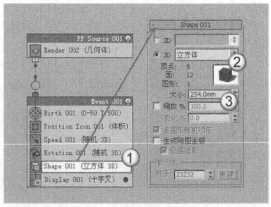

图17-31 图17-32

Step 06 单击Display 001操作符，然后在Display 001卷展栏下设置"类型"为"几何体"，接着设置显示颜色为黄色（红：255，绿：182，蓝：26），如图17-33所示。

Step 07 在下面的操作符列表中选择Position Object操作符，然后使用鼠标左键将其拖曳到Display 001操作符的下面，如图17-34所示。

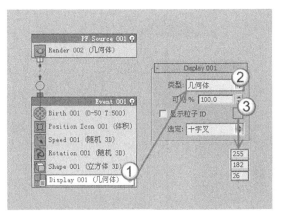

图17-33

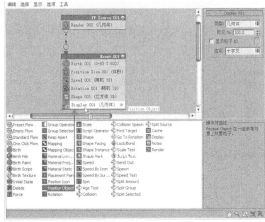

图17-34

Step 08 单击Position Object 001操作符，然后在Position Object 001卷展栏下单击"添加"按钮，接着在视图中拾取文字模型，最后设置"位置"为"曲面"，如图17-35所示。

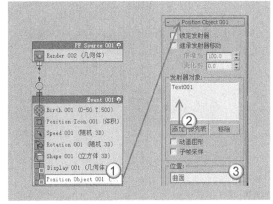

图17-35

Step 09 选择动画效果最明显的一些帧，然后单独渲染出这些单帧动画，最终效果如图17-36所示。

图17-36

【练习17-2】：用粒子流源制作粒子吹散动画

本练习的粒子吹散动画效果如图17-37所示。

图17-37

Step 01 打开光盘中的"练习文件>第17章>练习17-2.max"文件，如图17-38所示。

图17-38

Step 02 使用PF Source（粒子流源）工具 PF Source 在顶视图创建一个粒子流源，如图17-39所示。

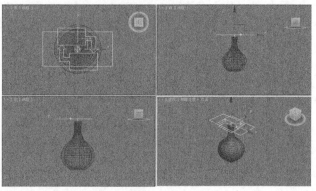

图17-39

Step 03 进入"修改"面板，在"设置"卷展栏下单击"粒子视图"按钮 粒子视图 ，打开"粒子视图"对话框，然后单击Birth 001（出生001）操作符，接着在Birth 001（出生001）卷展栏下设置"发射停止"为0、"数量"为15000，如图17-40所示。

Step 04 按住Ctrl键同时选择Position Icon 001（位置图标 001）、Speed 001（速度 001）和Rotation 001（旋转 001）操作符，然后单击鼠标右键，接着在弹出的快捷菜单中选择"删除"命令，如图17-41所示。

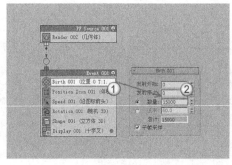

图17-40

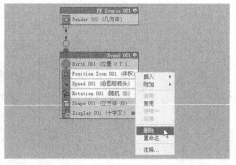

图17-41

Step 05 单击Shape 001（形状 001）操作符，然后在Shape 001（形状 001）卷展栏下设置3D为"20面球体"，接着设置"大小"为120mm，如图17-42所示。

Step 06 单击Display 001（显示 001）操作符，然后在Display 001（显示 001）卷展栏下设置"类型"为"点"，接着设置显示颜色为（红：0，绿：90，蓝：255），如图17-43所示。

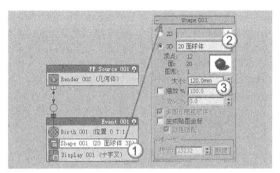

图17-42

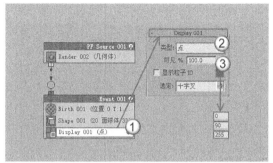

图17-43

Step 07 在下面的操作符列表中选择Position Object（位置对象）操作符，然后使用鼠标左键将其拖曳到Display 001（显示 001）操作符的下面，如图17-44所示。

Step 08 单击Position Object 001（位置 001）操作符，然后在Position Object 001（位置 001）卷展栏下单击"添加"按钮，接着在视图中拾取花瓶模型，最后设置"位置"为"曲面"，如图17-45所示。

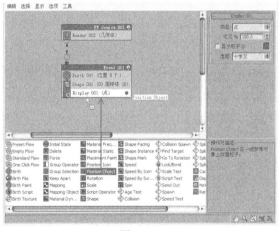

图17-44

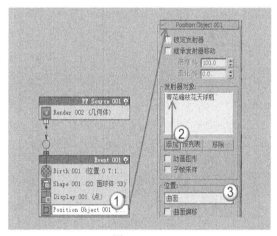

图17-45

Step 09 在"创建"面板中单击"空间扭曲"按钮，并设置空间扭曲的类型为"导向器"，然后单击"导向球"按钮，接着在花瓶的上方创建一个导向球，最后在"基本参数"卷展栏下设置"直径"为597mm，如图17-46所示。

图17-46

提示： 在这里需要做一段关于"导向球"在z轴上从上至下的位移动画，促使导向球与附着在花瓶上的所有粒子
碰撞。具体操作步骤如下：（1）在时间轴上选择第0帧，然后点击"设置关键点"按钮，接着再单
击"切换设置关键点模式"按钮。具体操作如图17-47所示。（2）选择时间轴的第250帧，然后
使用"选择并移动"工具将导向球沿着z轴向下移动。最后单击"设置关键点"按钮。具体操作如
图17-48所示。

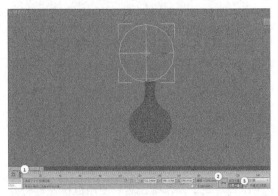

图17-47

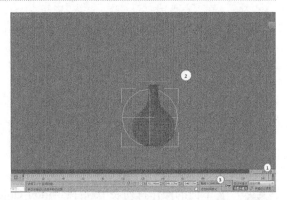

图17-48

Step 10 返回到"粒子视图"对话框，然后使
用鼠标左键将Collision（碰撞）操作符拖曳到
Position Object 001（位置对象）操作符的下
方，如图17-49所示。

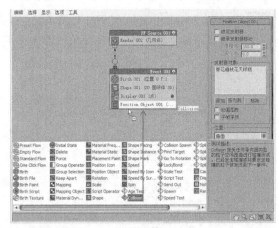

图17-49

Step 11 单击Collision 001（碰撞 001）操作符，然后在Collision 001（碰撞 001）卷展栏下单击
"添加"按钮，接着在视图中拾取导向球，最后设置"速度"为"继续"，如图17-50所示。

Step 12 设置空间扭曲类型为"力"，然后使用"风"工具 在左视图中创建一个风，接着调整
好风向的位置和方向，最后在"参数"卷展栏下设置"图标大小"为1000mm，如图17-51所示。

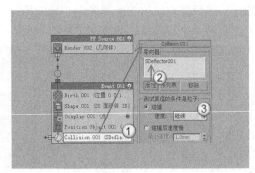

图17-50

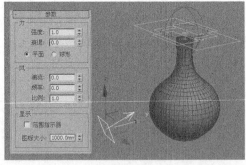

图17-51

Step 13 返回到"粒子视图"对话框，然后使用鼠标左键将Force（力）操作符拖曳到粒子视图中，如图17-52所示。

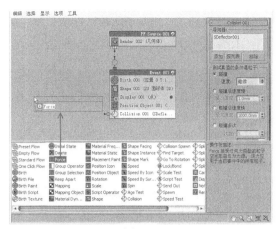

图17-52

Step 14 使用鼠标左键将Event 002（事件002）面板链接到Collision 001（碰撞 001）操作符上，如图17-53所示，链接好的效果如图17-54所示。

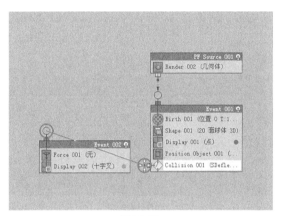

图17-53

图17-54

Step 15 单击Force 001（力 001）操作符，然后在Force 001（力 001）卷展栏下单击"添加"按钮 添加，接着在视图中拾取风，如图17-55所示。

Step 16 将花瓶隐藏，保留附着在花瓶上的所有粒子。

Step 17 选择动画效果最明显的一些帧，然后单独渲染出这些单帧动画，最终效果如图17-56所示。

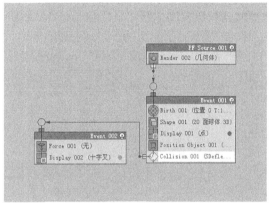

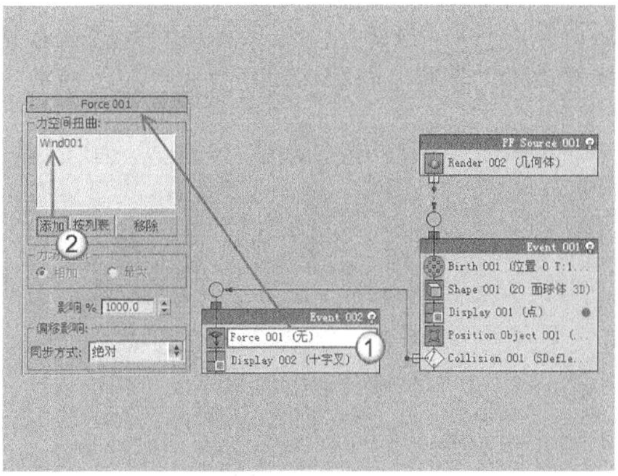

图17-55

图17-56

【练习17-3】：用粒子流源制作烟花爆炸动画

本练习的烟花爆炸动画效果如图17-57所示。

图17-57

Step 01 使用PF Source（粒子流源）工具 PF Source 在透视图中创建一个粒子流源，然后在"发射"卷展栏下设置"徽标大小"为160mm、"长度"为240mm、"宽度"为245mm，如图17-58所示。

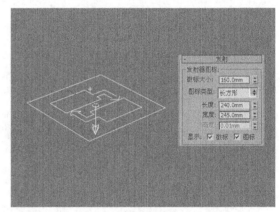

图17-58

Step 02 按A键激活"角度捕捉切换"工具 ，然后使用"选择并旋转"工具 在前视图中将粒子流源顺时针旋转180°，使发射器的发射方向朝向上，如图17-59所示，接着按住Shift键使用"选择并移动"工具 向右移动复制一个粒子流源，如图17-60所示。

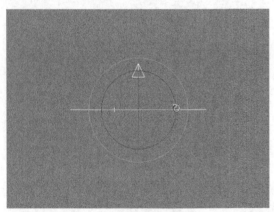

图17-59

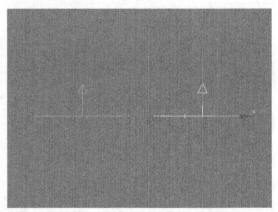

图17-60

Step 03 使用"球体"工具 球体 在一个粒子流源的上方创建一个球体，然后在"参数"卷展栏下设置"半径"为4mm，如图17-61所示。

Step 04 选择球体下方的粒子流源，然后在"设置"卷展栏下单击"粒子视图"按钮 粒子视图 ，打开"粒子视图"对话框，接着单击Birth 001（出生 001）操作符，最后在Birth 001（出生 001）卷展栏下设置"发射停止"为0、"数量"为20000，如图17-62所示。

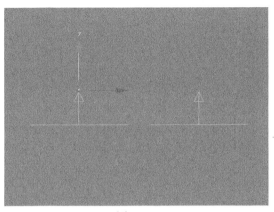

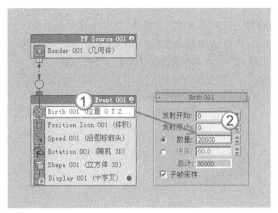

图17-61　　　　　　　　　　　　　　　　　　图17-62

Step 05 单击Shape 001（形状 001）操作符，然后在Shape 001（形状 001）卷展栏下设置3D类型为"80面球体"，接着设置"大小"为1.5mm，如图17-63所示。

Step 06 单击Display 001（显示 001）操作符，然后在Display 001（显示 001）卷展栏下设置"类型"为"点"，接着设置显示颜色为（红：51，绿：147，蓝：255），如图17-64所示。

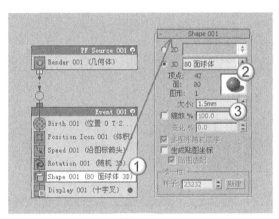

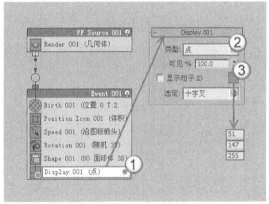

图17-63　　　　　　　　　　　　　　　　　　图17-64

Step 07 使用鼠标左键将操作符列表中的Position Object（位置对象 001）操作符拖曳到Display 001（显示 001）操作符的下方，然后单击Position Object 001（位置对象 001）操作符，接着在Position Object 001（位置对象 001）卷展栏下单击"添加"按钮 添加，最后在视图中拾取球体，将其添加到"发射器对象"列表中，如图17-65所示。

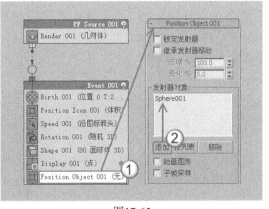

图17-65

图17-66

Step 08 使用"平面"工具 <u>平面</u> 在顶视图中创建一个大小与粒子流源大小几乎相同的平面，然后将其拖曳到粒子流源的上方，如图17-67所示。

Step 09 在"创建"面板中单击"空间扭曲"按钮，并设置空间扭曲的类型为"导向器"，然后使用"导向板"工具 <u>导向板</u> 在顶视图中创建一个导向板（位置与大小与平面相同），如图17-68所示。

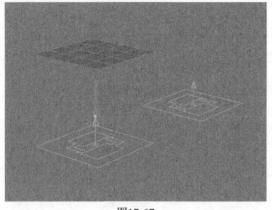

图17-67

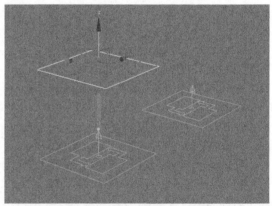

图17-68

Step 10 在"主工具栏"中单击"绑定到空间扭曲"按钮，然后用该工具将导向板拖曳到平面上，如图17-69所示。

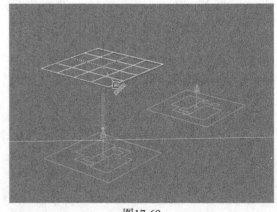

图17-69

技术专题17-2 〔绑定到空间扭曲〕

"绑定到空间扭曲"工具 可以将导向器绑定到对象上。先选择需要的导向器，然后在"主工具栏"中单击"绑定到空间扭曲"按钮 ，接着将其拖曳到要绑定的对象上即可，如图17-70所示。

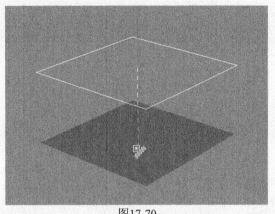

图17-70

Step 11 打开"粒子视图"对话框，然后在操作符列表中将Collision（碰撞）操作符拖曳到Position Object 001（位置对象 001）操作符的下方，单击Collision 001（碰撞 001）操作符，接着在Collision 001（碰撞 001）卷展栏下单击"添加"按钮 ，并在视图中拾取导向板，最后设置"速度"为"随机"，如图17-71所示。

Step 12 拖曳时间线滑块，可以发现此时的粒子已经发生了爆炸效果，如图17-72所示。

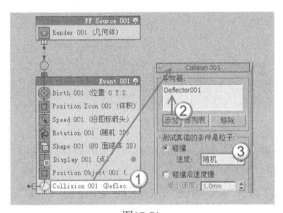

图17-71

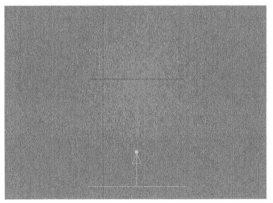

图17-72

Step 13 采用相同的方法设置好另外一个粒子流源，然后选择动画效果最明显的一些帧，接着单独渲染出这些单帧动画，最终效果如图17-73所示。

图17-73

【练习17-4】：用粒子流源制作放箭动画

本练习的放箭动画效果如图17-74所示。

图17-74

Step 01 打开光盘中的"练习文件>第17章>17-4.max"文件，如图17-75所示。

Step 02 使用PF Source（粒子流源）工具 `PF Source` 在左视图中创建一个粒子流源，然后在"发射"卷展栏下设置"徽标大小"为96mm、"长度"为132mm、"宽度"为144mm，其位置如图17-76所示。

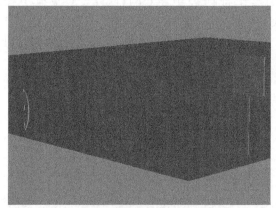

图17-75

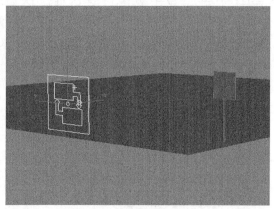

图17-76

Step 03 在"设置"卷展栏下单击"粒子视图"按钮 `粒子视图`，打开"粒子视图"对话框，然后单击Birth 001（出生001）操作符，接着在Birth 001（出生001）卷展栏下设置"发射停止"为500、"数量"为200，如图17-77所示。

Step 04 单击Speed 001（速度 001）操作符，然后在Speed 001（速度 001）卷展栏下设置"速度"为10000mm，如图17-78所示。

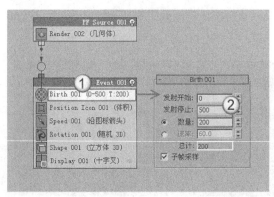

图17-77

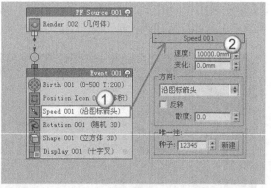

图17-78

Step 05 单击Rotation 001（旋转 001）操作符，然后在Rotation 001（旋转 001）卷展栏下设置"方向矩阵"为"速度空间跟随"，接着设置y方向速度为180，如图17-79所示。

提示： 注意，由于这里不再需要Shape 001（形状 001）操作符，因此可以在Shape 001（形状 001）操作符上单击鼠标右键，然后在弹出的快捷菜单中选择"删除"命令，将其删除，如图17-80所示。

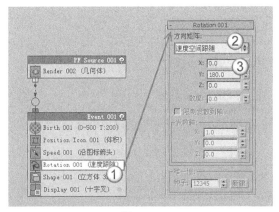

图17-79

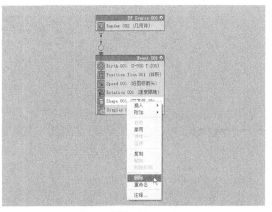

图17-80

Step 06 单击Display 001（显示 001）操作符，然后在Display 001（显示 001）卷展栏下设置"类型"为"几何体"，接着设置显示颜色为（红:228，绿:184，蓝:153），如图17-81所示。

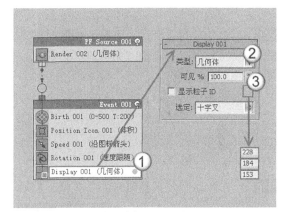

图17-81

Step 07 在操作符列表中将Shape Instance（图形实例）操作符拖曳到Display 001（显示 001）操作符的下方，然后单击Shape Instance 001（图形实例 001）操作符，接着在Shape Instance 001（图形实例 001）卷展栏下单击"无"按钮 ▢▢无▢▢▢，最后在视图中拾取箭模型（注意，不是弓模型），如图17-82所示。

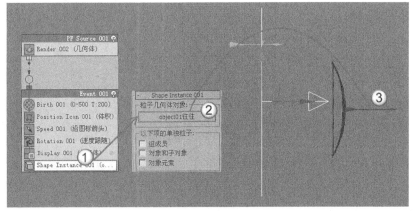

图17-82

Step 08 在"创建"面板中单击"空间扭曲"按钮❖，并设置空间扭曲的类型为"导向器"，然后单击"导向板"按钮 ▊导向板▊，接着在左视图中创建一个大小与箭靶基本相同的导向板（位置也与其相同），如图17-83所示。

Step 09 返回"粒子视图"对话框，然后将Collision（碰撞）操作符拖曳到Shape Instance 001（图形实例 001）操作符的下方，接着在Collision 001（碰撞 001）卷展栏下单击"添加"按钮▊添加▊，并在视图中拾取导向板，最后设置"速度"为"停止"，如图17-84所示。

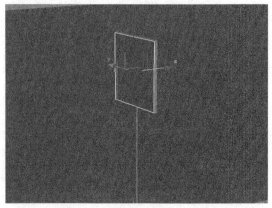

图17-83

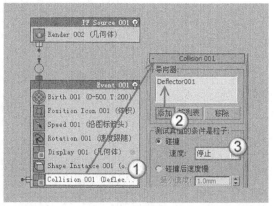

图17-84

Step 10 拖曳时间线滑块，可以发现此时的某些箭射到了平面上，并且"嵌"在了箭靶上，如图17-85所示。

图17-85

Step 11 选择动画效果最明显的一些帧，然后单独渲染出这些单帧动画，最终效果如图17-86所示。

图17-86

🔸【练习17-5】：用粒子流源制作手写字动画

本练习的手写字动画效果如图17-87所示。

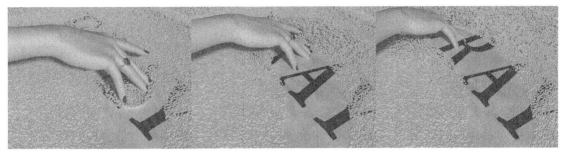

图17-87

Step 01 使用"平面"工具 ![平面] 在场景中创建一个平面，然后在"参数"卷展栏下设置"长度"为2300mm、"宽度"为2400mm，如图17-88所示。

Step 02 使用PF Source（粒子流源）工具 ![PF Source] 在顶视图中创建一个粒子流源（放在平面上方的中间），然后在"发射"卷展栏下设置"徽标大小"为66mm、"长度"为77mm、"宽度"为113mm，如图17-89所示。

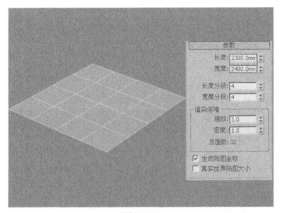

图17-88

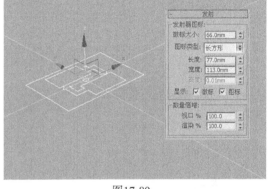

图17-89

Step 03 在"设置"卷展栏下单击"粒子视图"按钮 ![粒子视图]，打开"粒子视图"对话框，然后单击Birth 001（出生 001）操作符，接着在Birth 001（出生 001）卷展栏下设置"发射停止"为0、"数量"为1000000，如图17-90所示。

Step 04 单击Display 001（显示001）操作符，然后在Display 001（显示 001）卷展栏下设置"类型"为"点"，接着设置显示颜色为白色，如图17-91所示。

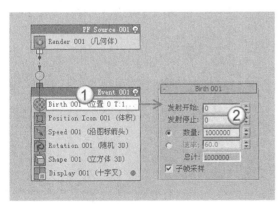

图17-90

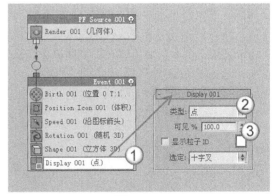

图17-91

Step 05 在操作符列表中将Position Object（位置对象）操作符拖曳到Display 001（显示 001）操作符的下方，然后单击Position Object 001（位置对象 001）操作符，接着在Position Object 001（位置对象 001）卷展栏下单击"添加"按钮，最后在视图中拾取平面，如图17-92所示。

Step 06 将光盘中的"练习文件>第17章>17-5.max"文件合并到场景中，效果如图17-93所示。

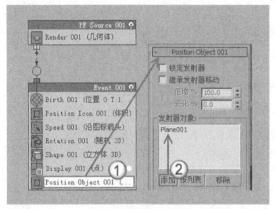

图17-92

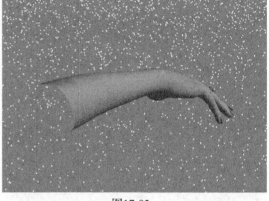

图17-93

提示： 这个场景文件已经为手设置好了一个划动动画，如图17-94所示。

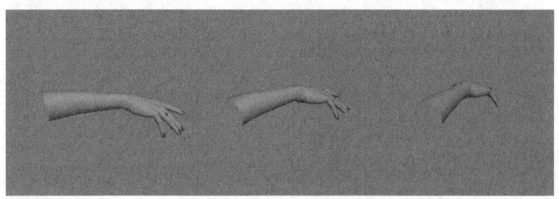

图17-94

Step 07 在"创建"面板中单击"空间扭曲"按钮，并设置空间扭曲的类型为"导向器"，然后使用"导向球"工具 导向球 在顶视图中创建一个导向球（放在手指部位），接着在"基本参数"卷展栏下设置"直径"为30mm，其位置如图17-95所示。

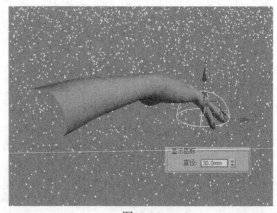

图17-95

Step 08 在"主工具栏"中单击"选择并链
接"按钮，然后使用鼠标左键将导向球链接
到手模型上，如图17-96所示。链接成功后，拖
曳时间线滑块，可以观察到导向球会跟随手一
起运动。

图17-96

Step 09 返回到"粒子视图"对话框，在操作符列表中将Collision（碰撞）操作符
拖曳到Position Object 001（位置对象 001）操作符的下方，然后单击Collision 001
（碰撞 001）操作符，接着在Collision 001（碰撞 001）卷展栏下单击"添加"按钮
，最后在视图中拾取导向球，如图17-97所示。

Step 10 在操作符列表中将Material Dynamic（材质动态）操作符拖曳到Collision 001（碰撞 001）
操作符的下方，然后在Material Dynamic 001（材质动态 001）卷展栏下单击"无"按钮，接
着在弹出的"材质/贴图浏览器"对话框中加载一个"标准"材质，如图17-98所示。

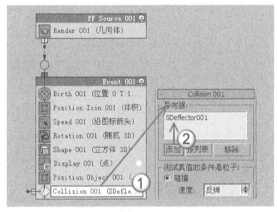

图17-97

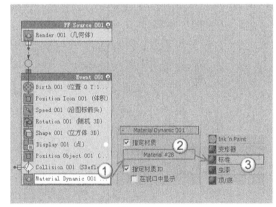

图17-98

Step 11 选择动画效果最明显的一些帧，然后单独渲染出这些单帧动画，最终效果如图17-99所示。

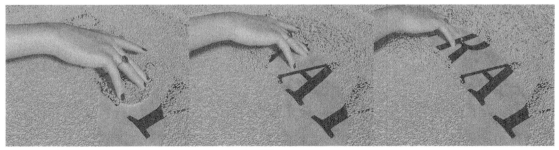

图17-99

17.1.2 喷射

功能介绍

"喷射"粒子常用来模拟雨和喷泉等效果,其参数设置面板如图17-100所示。

参数详解

图17-100

1. "粒子"参数组

❖ 视口计数:在指定的帧处,设置视图中显示的最大粒子数量。

❖ 渲染计数:在渲染某一帧时设置可以显示的最大粒子数量(与"计时"参数组下的参数配合使用)。

❖ 水滴大小:设置水滴粒子的大小。

❖ 速度:设置每个粒子离开发射器时的初始速度。

❖ 变化:设置粒子的初始速度和方向。数值越大,喷射越强,范围越广。

❖ 水滴/圆点/十字叉:设置粒子在视图中的显示方式。

2. "渲染"参数组

❖ 四面体:将粒子渲染为四面体。

❖ 面:将粒子渲染为正方形面。

3. "计时"参数组

❖ 开始:设置第1个出现的粒子的帧编号。

❖ 寿命:设置每个粒子的寿命。

❖ 出生速率:设置每一帧产生的新粒子数。

❖ 恒定:启用该选项后,"出生速率"选项将不可用,此时的"出生速率"等于最大可持续速率。

4. "发射器"参数组

❖ 宽度/长度:设置发射器的宽度和长度。

❖ 隐藏:启用该选项后,发射器将不会显示在视图中(发射器不会被渲染出来)。

【练习17-6】:用喷射粒子制作下雨动画

本练习的下雨动画效果如图17-101所示。

图17-101

Step 01 使用"喷射"工具 [喷射] 在顶视图中创建一个喷射粒子,然后在"参数"卷展栏下设置"视口计数"为600、"渲染计数"为600、"水滴大小"为8mm、"速度"为8、"变化"为0.56,接着设置"开始"为-50、"寿命"为60,具体参数设置如图17-102所示,粒子效果如图17-103所示。

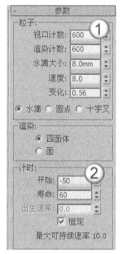

图17-102

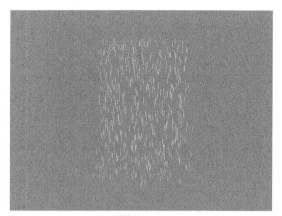

图17-103

Step 02 按大键盘上的8键打开"环境和效果"对话框,然后在"环境贴图"通道中加载一张光盘中的"背景.jpg"文件,如图17-104所示。

图17-104

Step 03 选择动画效果最明显的一些帧,然后单独渲染出这些单帧动画,最终效果如图17-105所示。

图17-105

17.1.3 雪

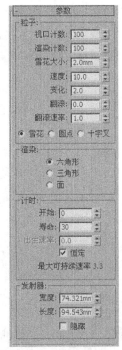

图17-106

功能介绍

"雪"粒子主要用来模拟飘落的雪花或撒落的纸屑等动画效果，其参数设置面板如图17-106所示。

参数详解

- ❖ 雪花大小：设置粒子的大小。
- ❖ 翻滚：设置雪花粒子的随机旋转量。
- ❖ 翻滚速率：设置雪花的旋转速度。
- ❖ 雪花/圆点/十字叉：设置粒子在视图中的显示方式。
- ❖ 六角形：将粒子渲染为六角形。
- ❖ 三角形：将粒子渲染为三角形。
- ❖ 面：将粒子渲染为正方形面。

提示：关于"雪"粒子的其他参数请参阅"喷射"粒子。

【练习17-7】：用雪粒子制作雪花飘落动画

本练习的雪花飘落动画效果如图17-107所示。

图17-107

Step 01 使用"雪"工具 雪 在顶视图中创建一个雪粒子，然后在"参数"卷展栏下设置"视口计数"为400、"渲染计数"为400、"雪花大小"为13mm、"速度"为10、"变化"为10，接着设置"开始"为-30、"寿命"为30，具体参数设置如图17-108所示，粒子效果如图17-109所示。

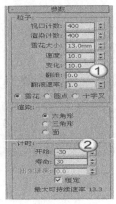

图17-108

图17-109

Step 02 按大键盘上的8键打开"环境和效果"对话框,然后在"环境贴图"通道中加载一张光盘中的"背景.jpg"文件,如图17-110所示。

图17-110

Step 03 选择动画效果最明显的一些帧,然后单独渲染出这些单帧动画,最终效果如图17-111所示。

图17-111

 技术专题17-3 [制作雪粒子的材质]

　　雪材质的制作方法在第15章的"15.10 综合练习5——童话四季"中已经讲解过。但是本例的雪材质没有那么复杂,下面介绍一些简单的雪材质的制作方法。

　　第1步:选择一个空白材质球(用默认的"标准"材质),展开"贴图"卷展栏,然后在"漫反射颜色"贴图通道中加载一张"衰减"程序贴图,接着在"衰减参数"卷展栏下设置"前"通道的颜色为白色、"侧"通道的颜色为黑色,最后在"混合曲线"卷展栏下调整好混合曲线的形状,如图17-112所示。

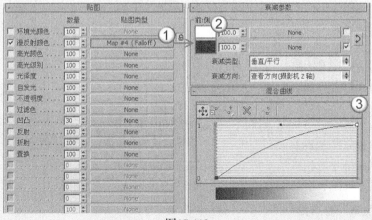

图17-112

第2步：将"漫反射颜色"通道中的"衰减"程序贴图复制到"不透明度"贴图通道上，然后设置"不透明度"为70，如图17-113所示，制作好的材质球效果如图17-114所示。

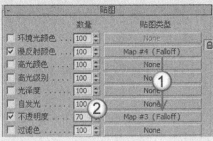

图17-113   图17-114

17.1.4　超级喷射

功能介绍

"超级喷射"粒子可以用来制作暴雨和喷泉等效果，若将其绑定到"路径跟随"空间扭曲上，还可以生成瀑布效果，其参数设置面板如图17-115所示。

图17-115

参数详解

1.　"基本参数"卷展栏

展开"基本参数"卷展栏，如图17-116所示。

❖　"粒子分布"参数组。
　　◇　轴偏离：影响粒子流与z轴的夹角（沿着x轴的平面）。
　　◇　扩散：影响粒子远离发射向量的扩散（沿着x轴的平面）。
　　◇　平面偏离：影响围绕z轴的发射角度。如果设置为0，则该选项无效。
　　◇　扩散：影响粒子围绕"平面偏离"轴的扩散。如果设置为0，则该选项无效。

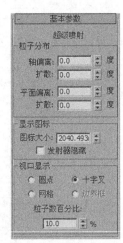

❖　"显示图标"参数组。
　　◇　图标大小：设置"超级喷射"粒子图标的大小。
　　◇　发射器隐藏：勾选该选项后，可以在视图中隐藏发射器。
❖　"视口显示"参数组。
　　◇　圆点/十字叉/网格/边界框：设置粒子在视图中的显示方式。
　　◇　粒子数百分比：设置粒子在视图中的显示百分比。

图17-116

2.　"粒子生成"卷展栏

展开"粒子生成"卷展栏，如图17-117所示。

❖ "粒子数量"参数组。
  ◇ 使用速率：指定每帧发射的固定粒子数。
  ◇ 使用总数：指定在系统使用寿命内产生的总粒子数。
❖ "粒子运动"参数组。
  ◇ 速度：设置粒子在出生时沿着法线的速度。
  ◇ 变化：对每个粒子的发射速度应用一个变化百分比。
❖ "粒子计时"参数组。
  ◇ 发射开始/停止：设置粒子开始在场景中出现和停止的帧。
  ◇ 显示时限：指定所有粒子均将消失的帧（无论其他设置如何）。
  ◇ 寿命：设置每个粒子的寿命。
  ◇ 变化：指定每个粒子的寿命可以从标准值变化的帧数。
  ◇ 子帧采样：启用以下3个选项中的任意一个后，可以通过以较高的子帧分辨率对粒子进行采样，有助于避免粒子"膨胀"。
  ◇ 创建时间：允许向防止随时间发生膨胀的运动添加时间偏移。
  ◇ 发射器平移：如果基于对象的发射器在空间中移动，在沿着可渲染位置之间的几何体路径的位置上以整数倍数创建粒子。
  ◇ 发射器旋转：如果旋转发射器，启用该选项可以避免膨胀，并产生平滑的螺旋形效果。 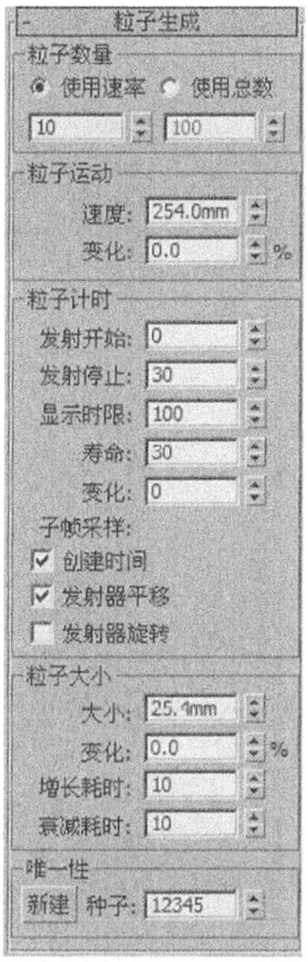
❖ "粒子大小"参数组。
  ◇ 大小：根据粒子的类型指定系统中所有粒子的目标大小。
  ◇ 变化：设置每个粒子的大小可以从标准值变化的百分比。
  ◇ 增长耗时：设置粒子从很小增长到"大小"值经历的帧数。
  ◇ 衰减耗时：设置粒子在消亡之前缩小到其"大小"值的1/10所经历的帧数。
❖ "唯一性"参数组。
  ◇ 新建 新建：随机生成新的种子值。
  ◇ 种子：设置特定的种子值。

图17-117

3. "粒子类型"卷展栏

展开"粒子类型"卷展栏，如图17-118所示。
❖ "粒子类型"参数组。
  ◇ 标准粒子：使用几种标准粒子类型中的一种，例如三角形、立方体、四面体等。
  ◇ 变形球粒子：使用变形球粒子。这些变形球粒子是以水滴或粒子流形式混合在一起的。
  ◇ 实例几何体：生成粒子，这些粒子可以是对象、对象链接层次或组的实例。
❖ "标准粒子"参数组。
  ◇ 三角形/立方体/特殊/面/恒定/四面体/六角形/球体：如果在"粒子类型"参数组中选择了"标准粒子"，则可以在此指定一种粒子类型。

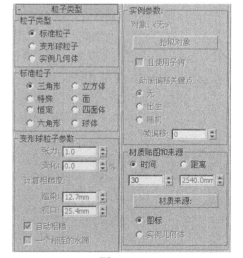

图17-118

❖ "变形球粒子参数"参数组。

    ✦ 张力：确定有关粒子与其他粒子混合倾向的紧密度。张力越大，聚集越难，合并也越难。

    ✦ 变化：指定张力效果的变化的百分比。

    ✦ 渲染：设置渲染场景中的变形球粒子的粗糙度。

    ✦ 视口：设置视口显示的粗糙度。

    ✦ 自动粗糙：如果启用该选项，则将根据粒子大小自动设置渲染的粗糙度。

    ✦ 一个相连的水滴：如果关闭该选项，则将计算所有粒子；如果启用该选项，则仅计算和显示彼此相连或邻近的粒子。

❖ "实例参数"参数组。

    ✦ 对象：<无>：显示所拾取对象的名称。

    ✦ 拾取对象：单击该按钮，在视图中可以选择要作为粒子使用的对象。

    ✦ 且使用子树：如果要将拾取的对象的链接子对象包括在粒子中，则应该启用该选项。

    ✦ 动画偏移关键点：如果要为实例对象设置动画，则使用该选项可以指定粒子的动画计时。

    ✦ 无：所有粒子的动画的计时均相同。

    ✦ 出生：第1个出生的粒子是粒子出生时源对象当前动画的实例。

    ✦ 随机：当"帧偏移"设置为0时，该选项等同于"无"。否则每个粒子出生时使用的动画都将与源对象出生时使用的动画相同。

    ✦ 帧偏移：指定从源对象的当前计时的偏移值。

❖ "材质贴图和来源"参数组。

    ✦ 时间：指定从粒子出生开始完成粒子的一个贴图所需的帧数。

    ✦ 距离：指定从粒子出生开始完成粒子的一个贴图所需的距离。

    ✦ 材质来源：使用该按钮可以更新粒子系统携带的材质。

    ✦ 图标：粒子使用当前为粒子系统图标指定的材质。

    ✦ 实例几何体：粒子使用为实例几何体指定的材质。

4. "旋转和碰撞"卷展栏

展开"旋转和碰撞"卷展栏，如图17-119所示。

图17-119

❖ "自旋速度控制"参数组。

    ✦ 自旋时间：设置粒子一次旋转的帧数。如果设置为0，则粒子不进行旋转。

    ✦ 变化：设置自旋时间的变化的百分比。

    ✦ 相位：设置粒子的初始旋转。

    ✦ 变化：设置相位的变化的百分比。

❖ "自旋轴控制"参数组。

    ✦ 随机：每个粒子的自旋轴是随机的。

    ✦ 运动方向/运动模糊：围绕由粒子移动方向形成的向量旋转粒子。

    ✦ 拉伸：如果该值大于0，则粒子会根据其速度沿运动轴拉伸。

    ✦ 用户定义：使用x轴、y轴和z轴中定义的向量。

    ✦ X/Y/Z轴：分别指定x轴、y轴或z轴的自旋向量。

    ✦ 变化：设置每个粒子的自旋轴从指定的x轴、y轴和z轴设置变化的量。

❖ "粒子碰撞"参数组。

　　◇ 启用：在计算粒子移动时启用粒子间碰撞。

　　◇ 计算每帧间隔：设置每个渲染间隔的间隔数，期间会进行粒子碰撞测试。

　　◇ 反弹：设置在碰撞后速度恢复到正常的程度。

　　◇ 变化：设置应用于粒子的"反弹"值的随机变化百分比。

5. "对象运动继承"卷展栏

展开"对象运动继承"卷展栏，如图17-120所示。

图17-120

❖ 影响：在粒子产生时，设置继承基于对象的发射器的运动粒子所占的百分比。

❖ 倍增：设置修改发射器运动影响粒子运动的量。

❖ 变化：设置"倍增"值的变化的百分比。

6. "气泡运动"卷展栏

展开"气泡运动"卷展栏，如图17-121所示。

❖ 幅度：设置粒子离开通常的速度矢量的距离。

❖ 变化：设置每个粒子所应用的振幅变化的百分比。

图17-121

❖ 周期：设置粒子通过气泡"波"的一个完整振动的周期（建议设置20~30的值）。

❖ 变化：设置每个粒子的周期变化的百分比。

❖ 相位：设置气泡图案沿着矢量的初始置换。

❖ 变化：设置每个粒子的相位变化的百分比。

7. "粒子繁殖"卷展栏

展开"粒子繁殖"卷展栏，如图17-122所示。

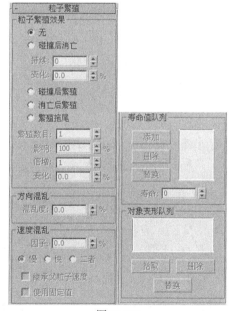

❖ "粒子繁殖效果"参数组。

　　◇ 无：不使用任何繁殖方式，粒子按照正常方式活动。

　　◇ 碰撞后消亡：勾选该选项后，粒子在碰撞到绑定的导向器时会消失。

　　◇ 持续：设置粒子在碰撞后持续的寿命（帧数）。

　　◇ 变化：当"持续"大于0时，每个粒子的"持续"值将各有不同。使用该选项可以羽化粒子的密度。

　　◇ 碰撞后繁殖：勾选该选项后，在与绑定的导向器碰撞时会产生繁殖效果。

　　◇ 消亡后繁殖：勾选该选项后，在每个粒子的寿命结束时会产生繁殖效果。

图17-122

　　◇ 繁殖拖尾：勾选该选项后，在现有粒子寿命的每个帧会从相应粒子繁殖粒子。

　　◇ 繁殖数目：除原粒子以外的繁殖数。例如，如果此选项设置为1，并在消亡时繁殖，每个粒子超过原寿命后繁殖一次。

　　◇ 影响：设置将繁殖的粒子的百分比。

　　◇ 倍增：设置倍增每个繁殖事件繁殖的粒子数。

　　◇ 变化：逐帧指定"倍增"值将变化的百分比范围。

❖ "方向混乱"参数组。

　　◇ 混乱度：指定繁殖的粒子的方向可以从父粒子的方向变化的量。

❖ "速度混乱"参数组。

　　◇ 因子：设置繁殖的粒子的速度相对于父粒子的速度变化的百分比范围。

　　◇ 慢：随机应用速度因子，并减慢繁殖的粒子的速度。

　　◇ 快：根据速度因子随机加快粒子的速度。

　　◇ 二者：根据速度因子让有些粒子加快速度或让有些粒子减慢速度。

　　◇ 继承父粒子速度：除了速度因子的影响外，繁殖的粒子还继承母体的速度。

　　◇ 使用固定值：将"因子"值作为设置值，而不是作为随机应用于每个粒子的范围。

❖ "寿命值队列"参数组。

　　◇ 添加 添加 ：将"寿命"值加入列表窗口。

　　◇ 删除 删除 ：删除列表窗口中当前高亮显示的值。

　　◇ 替换 替换 ：使用"寿命"值替换队列中的值。

　　◇ 寿命：使用该选项可以设置一个值，然后使用"添加"按钮 添加 将该值添加到列表窗口中。

❖ "对象变形队列"参数组。

　　◇ 拾取 拾取 ：单击该按钮后，可以在视口中选择要加入列表的对象。

　　◇ 删除 删除 ：删除列表窗口中当前高亮显示的对象。

　　◇ 替换 替换 ：使用其他对象替换队列中的对象。

8. "加载/保存预设"卷展栏

展开"加载/保存预设"卷展栏，如图17-123所示。

❖ 预设名：定义设置名称的可编辑预设名。

❖ 保存预设：显示所有保存的预设名。

❖ 加载 加载 ：加载"保存预设"列表中当前高亮显示的预设。

❖ 保存 保存 ：将"预设名"保存到"保存预设"列表中。

❖ 删除 删除 ：删除"保存预设"列表中的选定项。

图17-123

【练习17-8】：用超级喷射粒子制作烟雾动画

本练习的烟雾动画效果如图17-124所示。

图17-124

Step 01 打开光盘中的"练习文件>第17章>练习17-8.max"文件，如图17-125所示。

Step 02 使用"超级喷射"工具 超级喷射 在火堆中创建一个超级喷射粒子，如图17-126所示。

图17-125

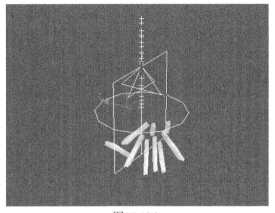

图17-126

Step 03 展开"基本参数"卷展栏，然后在"粒子分布"参数组下设置"轴偏离"为10度、"扩散"为27度、"平面偏离"为139度、"扩散"为180度，接着在"视口显示"参数组下勾选"圆点"选项，并设置"粒子数百分比"为100%，具体参数设置如图17-127所示。

Step 04 展开"粒子生成"卷展栏，设置"粒子数量"为15，然后在"粒子运动"参数组下设置"速度"为254mm、"变化"为12%，接着在"粒子计时"参数组下设置"发射开始"为0、"发射停止"为100、"显示时限"为100、"寿命"为30，最后在"粒子大小"参数组下设置"大小"为600mm，具体参数设置如图17-128所示。

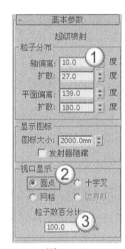

图17-127

图17-128

Step 05 展开"粒子类型"卷展栏，然后设置"粒子类型"为"标准粒子"，接着设置"标准粒子"为"面"，如图17-129所示。

Step 06 设置空间扭曲类型为"力"，然后使用"风"工具 ▨▨▨ 风 ▨▨ 在视图中创建一个风力，接着在"参数"卷展栏下设置"强度"为0.1，如图17-130所示。

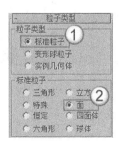

图17-129

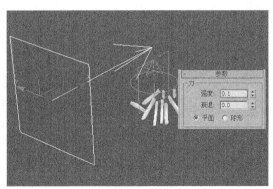

图17-130

Step 07 使用"绑定到空间扭曲"工具■将风力绑定到超级喷射粒子，如图17-131所示。

Step 08 下面制作粒子的材质。按M键打开"材质编辑器"对话框，选择一个空白材质球，然后设置材质类型为"标准"材质，并将其命名为"烟雾"，具体参数设置如图17-132所示，制作好的材质球效果如图17-133所示。

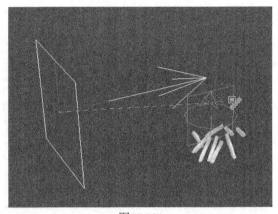

图17-131

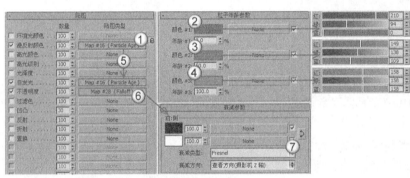

图17-132

图17-133

① 在"漫反射"贴图通道中加载一幅"粒子年龄"程序贴图，然后在"粒子年龄参数"卷展栏下设置"颜色#1"为（红:210，绿:94，蓝:0）、"颜色#2"为（红:149，绿:138，蓝:109）、"颜色#3"为（红:158，绿:158，蓝:158）。

② 将"漫反射"通道中的贴图复制到"自发光"贴图通道上。

③ 在"不透明度"贴图通道中加载一幅"衰减"程序贴图，然后在"衰减参数"卷展栏下设置"衰减类型"为Fresnel。

Step 09 选择动画效果最明显的一些帧，然后单独渲染出这些单帧动画，最终效果如图17-134所示。

图17-134

【练习17-9】：用超级喷射粒子制作喷泉动画

本练习的喷泉动画效果如图17-135所示。

图17-135

Step 01 使用"超级喷射"工具 超级喷射 在顶视图中创建一个超级喷射粒子，在透视图中的显示效果如图17-136所示。

Step 02 选择超级喷射发射器，展开"基本参数"卷展栏，然后在"粒子分布"参数组下设置"轴偏离"为22度、"扩散"为15度、"平面偏离"为90度、"扩散"为180度，具体参数设置如图17-137所示。

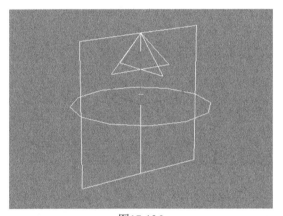

图17-136

图17-137

Step 03 展开"粒子生成"卷展栏，设置"粒子数量"为600，然后在"粒子运动"参数组下设置"速度"为10mm，接着在"粒子计时"参数组下设置"反射开始"为0、"发射停止"为150、"显示时限"为150、"寿命"为30，最后在"粒子大小"参数组下设置"大小"为1.2mm，具体参数设置如图17-138所示。

Step 04 展开"粒子类型"卷展栏，然后设置"粒子类型"为"标准粒子"，接着设置"标准粒子"为"球体"，如图17-139所示。

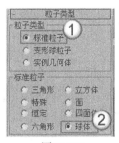

图17-138　　　　图17-139

Step 05 设置空间扭曲类型为"力",然后使用"重力"工具 重力 在顶视图创建一个重力,接着在"参数"卷展栏下设置"强度"为0.8、"图标大小"为100mm,具体参数设置及重力在前视图中的效果如图17-140所示。

Step 06 使用"绑定到空间扭曲"工具 将重力绑定到超级喷射粒子上,如图17-141所示。

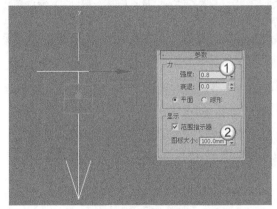

图17-140

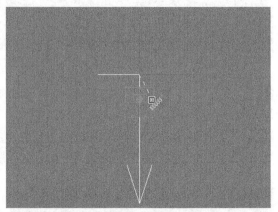

图17-141

提示: 将重力绑定到超级喷射粒子上后,粒子就会受到重力的影响,即粒子喷发出来以后会受重力影响而下落,如图17-142所示。

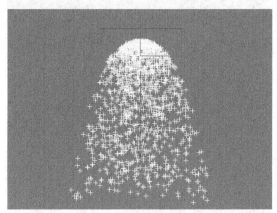

图17-142

Step 07 设置空间扭曲类型为"导向器",然后使用"导向板"工具 导向板 在顶视图中创建一个导向板,在透视图中的效果如图17-143所示。

Step 08 使用"绑定到空间扭曲"工具 将导向板绑定到超级喷射粒子上,如图17-144所示。

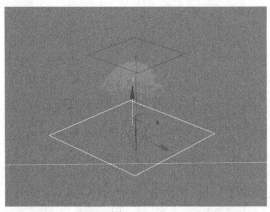

图17-143

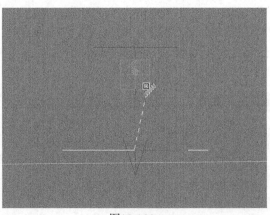

图17-144

Step 09 选择导向板，然后在“参数”卷展栏下设置“反弹”为0.2，如图17-145所示。

提示：将导向板与超级喷射粒子绑定在一起后，粒子下落撞到导向板上就会产生反弹现象，如图17-146所示。

参数
反弹：0.2
变化：0.0 %
混乱：0.0 %
摩擦力：0.0 %
继承速度：1.0
宽度：350.0mm
长度：350.0mm

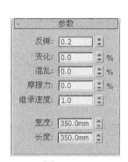

图17-145

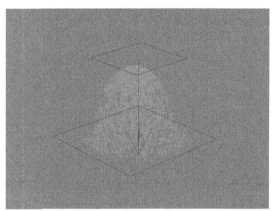

图17-146

Step 10 选择动画效果最明显的一些帧，然后单独渲染出这些单帧动画，最终效果如图17-147所示。

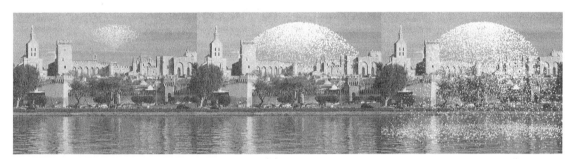

图17-147

17.1.5　暴风雪

功能介绍

“暴风雪”粒子是“雪”粒子的升级版，可以用来制作暴风雪等动画效果，其参数设置面板如图17-148所示。

提示：关于“暴风雪”粒子的参数请参阅“超级喷射”粒子。

基本参数
粒子生成
粒子类型
旋转和碰撞
对象运动继承
粒子繁殖
加载/保存预设

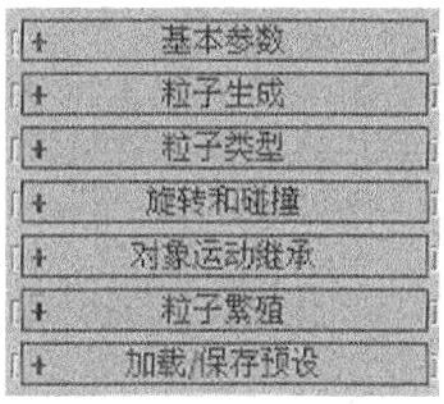

图17-148

17.1.6　粒子阵列

功能介绍

“粒子阵列”粒子可以用来创建复制对象的爆炸效果，其参数设置面板如图17-149所示。

提示：关于“粒子阵列”粒子的参数请参阅“超级喷射”粒子。

基本参数
粒子生成
粒子类型
旋转和碰撞
对象运动继承
气泡运动
粒子繁殖
加载/保存预设

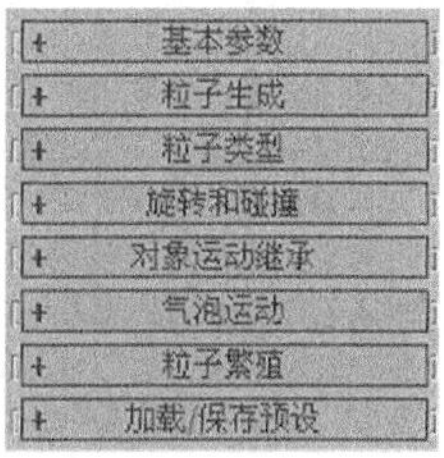

图17-149

【练习17-10】：用粒子阵列制作花瓶破碎动画

本练习的花瓶破碎动画效果如图17-150所示。

图17-150

Step 01 打开光盘中的"练习文件>第17章>练习17-10.max"文件，如图17-151所示。

图17-151

Step 02 使用"粒子阵列"工具 粒子阵列 在地板下面（与花瓶在同一垂直线上）创建一个粒子阵列，如图17-152所示。

Step 03 选择粒子阵列发射器，展开"基本参数"卷展栏，然后单击"拾取对象"按钮 拾取对象 ，接着在视图中拾取花瓶，最后在"视口显示"参数组下勾选"网格"选项，如图17-153所示。

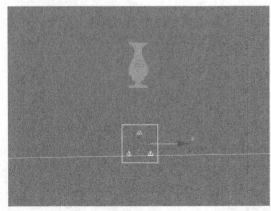

图17-152

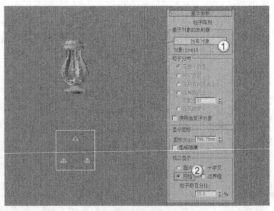

图17-153

Step 04 展开"粒子类型"卷展栏，设置"粒子类型"为"对象碎片"，然后在"对象碎片控制"参数组下设置"厚度"为4mm，并勾选"碎片数目"选项，再设置"最小值"为35，接着在"材质贴图和来源"参数组下勾选"拾取的发射器"选项，最后在"碎片材质"参数组下设置"外表面材质ID"、"边ID"和"内表面材质ID"均为0，具体参数设置如图17-154所示。

Step 05 按M键打开"材质编辑器"对话框，然后设置"花瓶"材质的ID通道为0，如图17-155所示。

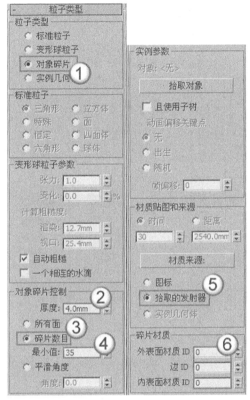

图17-154

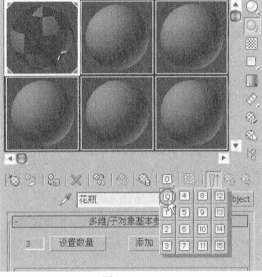

图17-155

Step 06 设置空间扭曲类型为"力"，然后使用"重力"工具 重力 在视图中创建一个重力，如图17-156所示。

Step 07 使用"绑定到空间扭曲"工具将重力绑定到粒子阵列发射器上，如图17-157所示。

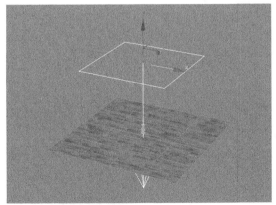

图17-156

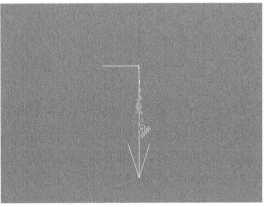

图17-157

Step 08 设置空间扭曲类型为"导向器",然后使用"导向板"工具 [导向板] 在顶视图中创建一个导向板（位置与地板相同），如图17-158所示。

Step 09 使用"绑定到空间扭曲"工具 将导向板绑定到粒子阵列发射器上，如图17-159所示。

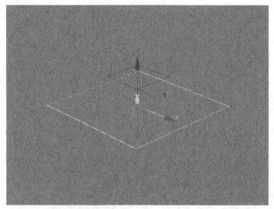

图17-158

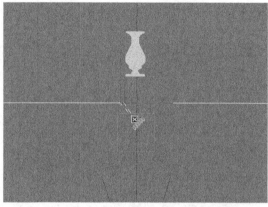

图17-159

Step 10 选择导向板，然后在"参数"卷展栏下设置"反弹"为0.1，如图17-160所示。

图17-160

Step 11 选择动画效果最明显的一些帧，然后单独渲染出这些单帧动画，最终效果如图17-161所示。

图17-161

17.1.7 粒子云

功能介绍

"粒子云"粒子可以用来创建类似体积雾效果的粒子群。使用"粒子云"能够将粒子限定在一个长方体、球体、圆柱体之内，或限定在场景中拾取的对象的外形范围之内（二维对象不能使用"粒子云"），其参数设置面板如图17-162所示。

图17-162

提示：关于"粒子云"粒子的参数请参阅"超级喷射"粒子。

17.2　空间扭曲

"空间扭曲"从字面意思来看比较难懂，可以将其比喻为一种控制场景对象运动的无形力量，如重力、风力和推力等。使用空间扭曲可以模拟真实世界中存在的"力"效果，当然空间扭曲需要与粒子系统一起配合使用才能制作出动画效果。

图17-163

空间扭曲包括5种类型，分别是"力"、"导向器"、"几何/可变形"、"基于修改器"、"粒子和动力学"，如图17-163所示。

17.2.1　力

功能介绍

"力"可以为粒子系统提供外力影响，共有9种类型，分别是"推力"、"马达"、"漩涡"、"阻力"、"粒子爆炸"、"路径跟随"、"重力"、"风"和"置换"，如图17-164所示，这些力在视图中的显示图标如图17-165所示。

图17-164

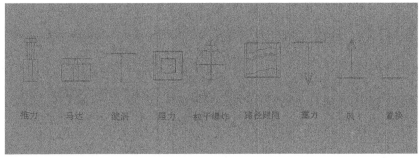

图17-165

参数详解

❖　推力 推力 ：可以为粒子系统提供正向或负向的均匀单向力。

❖　马达 马达 ：对受影响的粒子或对象应用传统的马达驱动力（不是定向力）。

❖　漩涡 漩涡 ：可以将力应用于粒子，使粒子在急转的漩涡中进行旋转，然后让它们向下移动形成一个长而窄的喷流或漩涡井，常用来创建黑洞、涡流和龙卷风。

❖　阻力 阻力 ：这是一种在指定范围内按照指定量来降低粒子速率的粒子运动阻尼器。应用阻尼的方式可以是"线性"、"球形"或"圆柱形"。

❖　粒子爆炸 粒子爆炸 ：可以创建一种使粒子系统发生爆炸的冲击波。

❖　路径跟随 路径跟随 ：可以强制粒子沿指定的路径进行运动。路径通常为单一的样条线，也可以是具有多条样条线的图形，但粒子只会沿其中一条样条线运动。

❖　重力 重力 ：用来模拟粒子受到的自然重力。重力具有方向性，沿重力箭头方向的粒子为加速运动，沿重力箭头逆向的粒子为减速运动。

❖　风 风 ：用来模拟风吹动粒子所产生的飘动效果。

❖ 置换 ▨▨▨▨ 置换 ：以力场的形式推动和重塑对象的几何外形，对几何体和粒子系统都会产生影响。

提示：下面以4个实例来讲解常用的推力、漩涡力、路径跟随和风力的用法。

【练习17-11】：用推力制作冒泡泡动画
本练习的冒泡泡动画效果如图17-166所示。

图17-166

Step 01 使用"平面"工具 ▨▨ 平面 ▨▨ 在前视图中创建一个平面，然后在"参数"卷展栏下设置"长度"为570mm、"宽度"为750mm，如图17-167所示。

Step 02 使用"超级喷射"工具 ▨ 超级喷射 ▨ 在平面底部创建一个超级喷射粒子，如图17-168所示。

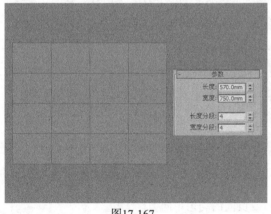

图17-167

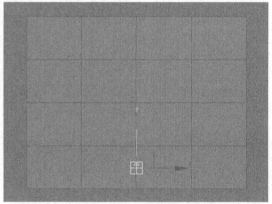

图17-168

Step 03 选择超级喷射发射器，展开"基本参数"卷展栏，然后在"粒子分布"参数组下设置"轴偏离"为5度、"扩散"为5度、"平面偏离"为5度、"扩散"为42度，接着在"显示图标"参数组下设置"图标大小"为20mm，最后在"视口显示"参数组下勾选"网格"选项，并设置"粒子数百分比"为100%，具体参数设置如图17-169所示。

Step 04 展开"粒子生成"卷展栏，设置"粒子数量"为20，然后在"粒子运动"参数组下设置"速度"为10mm，接着在"粒子计时"参数组下设置"发射停止"为100，最后在"粒子大小"参数组下设置"大小"为3mm，具体参数设置如图17-170所示。

Step 05 展开"粒子类型"卷展栏，然后设置"粒子类型"为"标准粒子"，接着设置"标准粒子"为"球体"，如图17-171所示。

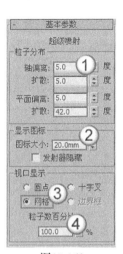

图17-169

图17-170

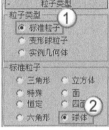

图17-171

提示：拖曳时间线滑块，可以观察到发射器已经
喷射出了很多球体状的粒子，如图17-172
所示。

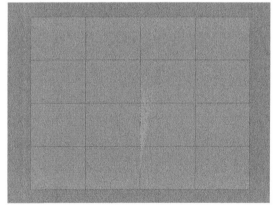

图17-172

Step 06 使用"推力"工具 推力 在左视图中创建一个推力，在前视图中的效果如图17-173所
示，然后在"参数"卷展栏下设置"结束时间"为100、"基本力"为30，如图17-174所示。

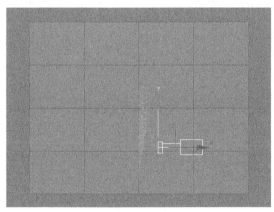

图17-173

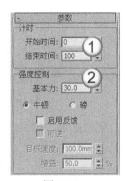

图17-174

Step 07 使用"绑定到空间扭曲"工具 ▦ 将推力绑定到超级喷射发射器上，然后拖曳时间线滑块，可以发现粒子发生了一定的偏移效果，如图17-175所示。

Step 08 复制一个推力，然后调整好其位置和角度，接着将其绑定到超级喷射发射器，效果如图17-176所示。

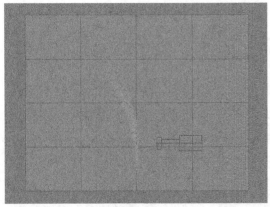
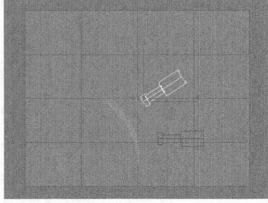

图17-175 　　　　　　　　　　　　　　　　　　图17-176

Step 09 选择动画效果最明显的一些帧，然后单独渲染出这些单帧动画，最终效果如图17-177所示。

图17-177

🔹【练习17-12】：用漩涡力制作蝴蝶飞舞动画

本练习的蝴蝶飞舞动画效果如图17-178所示。

图17-178

Step 01 使用"超级喷射"工具 超级喷射 在顶视图中创建一个超级喷射粒子，在前视图中的显示效果如图17-179所示。

Step 02 选择超级喷射发射器，展开"基本参数"卷展栏，然后在"粒子分布"参数组下设置"轴偏离"为30度、"扩散"为10度、"平面偏离"为10度、"扩散"为10度，接着在"显示图标"参数组下设置"图标大小"为33mm，最后在"视口显示"参数组下设置"粒子数百分比"
为100%，具体参数设置如图17-180所示。

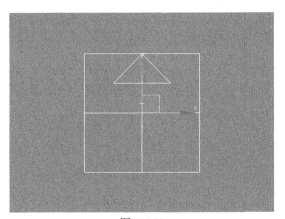

图17-179

图17-180

Step 03 展开"粒子生成"卷展栏，设置"粒
子数量"为30，然后在"粒子运动"参数组下
设置"速度"为10mm、"变化"为5%，接着
在"粒子计时"参数组下设置"发射开始"
为0、"发射停止"为100、"显示时限"为
100、"寿命"为100、"变化"为20，最后在
"粒子大小"参数组下设置"大小"为3mm，
具体参数设置如图17-181所示。

Step 04 展开"粒子类型"卷展栏，然后设置
"粒子类型"为"标准粒子"，接着设置"标
准粒子"为"球体"，如图17-182所示。

Step 05 使用"漩涡"工具 ▢漩涡▢ 在顶视图
中创建一个漩涡力，如图17-183所示，接着使
用"选择并旋转"工具在前视图中将其旋转
90°，使力的方向向上，如图17-184所示。

图17-181

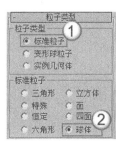

图17-182

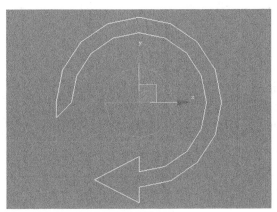

图17-183

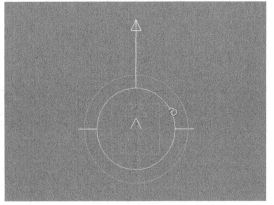

图17-184

Step 06 选择漩涡力，展开"参数"卷展栏，然后在"捕获和运动"参数组下设置"轴向下拉"为0.01、"阻尼"为3%，接着设置"径向拉力"为1、"阻尼"为5%，具体参数设置如图17-185所示。

Step 07 使用"绑定到空间扭曲"工具 将漩涡力绑定到超级喷射发射器上，如图17-186所示。

> **提示**：将漩涡力与超级喷射发射器绑定在一起后，粒子的发射路径就会变成漩涡状，如图17-187所示。

Step 08 选择动画效果最明显的一些帧，然后单独渲染出这些单帧动画，最终效果如图17-188所示。

图17-185

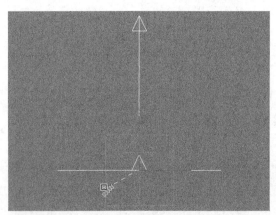

图17-186

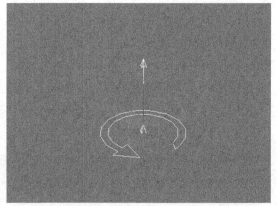

图17-187

图17-188

> **提示**：本例没有讲解如何设置粒子的材质（蝴蝶材质），材质的设置方法在前面的章节中已经讲解过，用户可以打开本例的源文件来进行参考设置。

【练习17-13】：用路径跟随制作树叶飞舞动画

本练习的树叶飞舞动画效果如图17-189所示。

图17-189

Step 01 使用"螺旋线"工具 螺旋线 在顶视图中创建一条螺旋线，然后在"参数"卷展栏下设置"半径1"为85mm、"半径2"为1000mm、"高度"为3000mm、"圈数"为6，在前视图中的效果如图17-190所示。

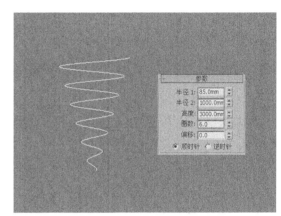

图17-190

Step 02 使用"球体"工具 球体 在螺旋线的底部创建一个球体，然后在"参数"卷展栏下设置"半径"为35mm，如图17-191所示，接着使用"超级喷射"工具 超级喷射 在螺旋线底部创建一个超级喷射发射器，如图17-192所示。

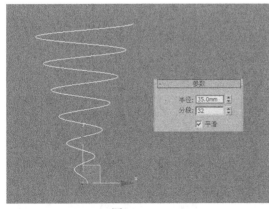

图17-191

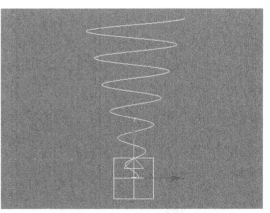

图17-192

Step 03 选择超级喷射发射器，展开"基本参数"卷展栏，然后在"粒子分布"参数组下设置"轴偏离"为6度、"扩散"为26度、"平面偏离"为15度、"扩散"为96度，接着在"显示图标"参数组下设置"图标大小"为268mm，最后在"视口显示"参数组下选中"网格"选项，并设置"粒子数百分比"为100%，具体参数设置如图17-193所示。

Step 04 展开"粒子生成"卷展栏，设置"粒子数量"为8，然后在"粒子运动"参数组下设置"速度"为254mm、"变化"为20%，接着在"粒子计时"参数组下设置"发射停止"为100、"变化"为20，最后在"粒子大小"参数组下设置"大小"为2.5mm，具体参数设置如图17-194所示。

Step 05 展开"粒子类型"卷展栏，然后设置"粒子类型"为"实例几何体"，接着单击"拾取对象"按钮 拾取对象 ，最后在视图中拾取球体，如图17-195所示。

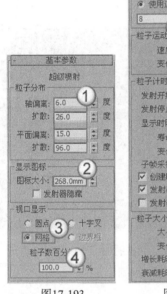

图17-193

图17-194

图17-195

Step 06 使用"路径跟随"工具 路径跟随 在视图中创建一个路径跟随，如图17-196所示。

Step 07 选择路径跟随，然后在"基本参数"卷展栏下单击"拾取图形对象"按钮 拾取图形对象 ，接着在视图中拾取螺旋线，如图17-197所示。

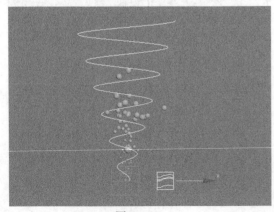

图17-196

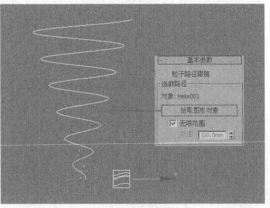

图17-197

Step 08 使用"绑定到空间扭曲"工具 将路
径跟随绑定到超级喷射发射器上，然后拖曳时
间线滑块观察动画，效果如图17-198所示。

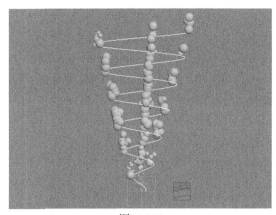

Step 09 选择动画效果最明显的一些帧，然
后单独渲染出这些单帧动画，最终效果如图
17-199所示。

图17-198

图17-199

【练习17-14】：用风力制作海面波动动画

本练习的海面波动动画效果如图17-200所示。

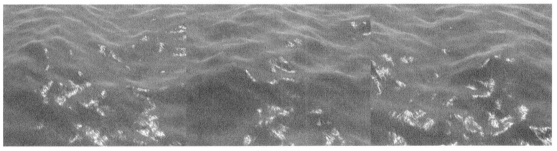

图17-200

Step 01 使用"平面"工具 平面 在场景中创建一个平面，然后在"参数"卷展栏下设置"长
度"和"宽度"为16000mm，接着设置"长度分段"和"宽度分段"为60，如图17-201所示。

Step 02 为平面加载一个"波浪"修改器，然后在"参数"卷展栏下设置"振幅1"为450mm、
"振幅2"为100mm、"波长"为88mm、"相位"为1，具体参数设置如图17-202所示。

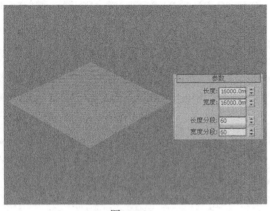

图17-201

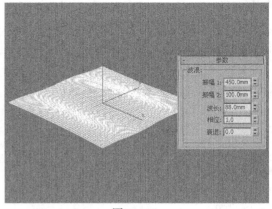

图17-202

Step 03 为平面加载一个"噪波"修改器，然后在"参数"卷展栏下设置"比例"为120，接着勾选"分形"选项，并设置"粗糙度"为0.2、"迭代次数"为6，再设置"强度"的*x*、*y*为500mm、*z*为600mm，最后勾选"动画噪波"选项，并设置"频率"为0.25、"相位"为-70，具体参数设置如图17-203所示，模型效果如图17-204所示。

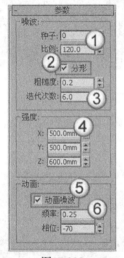

图17-203

图17-204

Step 04 继续为平面加载一个"体积选择"修改器，然后在"参数"卷展栏下设置"堆栈选择层级"为"面"，如图17-205所示，接着选择"体积选择"修改器的Gizmo次物体层级，最后使用"选择并移动"工具 将其向上拖曳一段距离，如图17-206所示。

图17-205

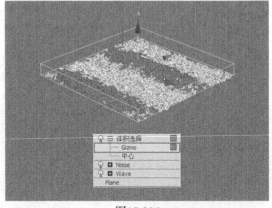

图17-206

提示： 调整Gizmo时，在视图中可以观察到模型的一部分会变成红色，这个红色区域就是一个约束区域，意思就是说只有这个区域才会产生粒子。

Step 05 使用"粒子阵列"工具 粒子阵列 在视图中的任意位置创建一个粒子阵列，然后在"基本参数"卷展栏下单击"拾取对象"按钮 拾取对象 ，接着在视图中拾取平面，最后在"视口显示"参数组下选中"网格"选项，如图17-207所示。

Step 06 展开"粒子生成"卷展栏，设置"粒子数量"为500，然后在"粒子运动"参数组下设置"速度"为1mm、"变化"为30%、"散度"为50度，接着在"粒子计时"参数组下设置"发射停止"为200、"显示时限"为1000、"寿命"为15、"变化"为20，最后在"粒子大小"参数组下设置"大小"为60mm，具体参数设置如图17-208所示。

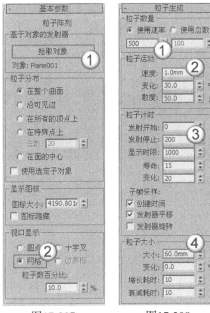

图17-207　　　　图17-208

Step 07 展开"粒子类型"卷展栏，然后设置"粒子类型"为"标准粒子"，接着设置"标准粒子"为"球体"，如图17-209所示。

Step 08 使用"风"工具 风 在视图中创建一个风力，然后在"参数"卷展栏下设置"强度"为0.2，如图17-210所示。

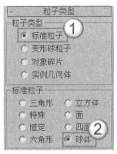

图17-209

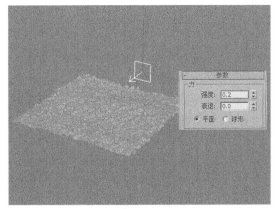

图17-210

Step 09 使用"绑定到空间扭曲"工具█将风力绑定到粒子阵列发射器，效果如图17-211所示。

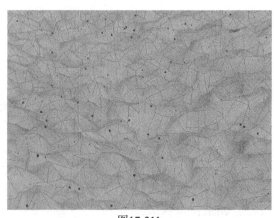

图17-211

Step 10 选择动画效果最明显的一些帧，然后单独渲染出这些单帧动画，最终效果如图17-212所示。

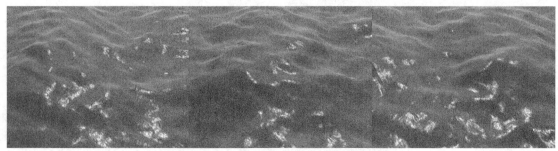

图17-212

17.2.2 导向器

功能介绍

"导向器"可以为粒子系统提供导向功能，共有6种类型，分别是"泛方向导向板"、"泛方向导向球"、"全泛方向导向"、"全导向器"、"导向球"和"导向板"，如图17-213所示。

图17-213

参数详解

❖ 泛方向导向板 泛方向导向板：这是空间扭曲的一种平面泛方向导向器。它能提供比原始导向器空间扭曲更强大的功能，包括折射和繁殖能力。

❖ 泛方向导向球 泛方向导向球：这是空间扭曲的一种球形泛方向导向器。它提供的选项比原始的导向球更多。

❖ 全泛方向导向 全泛方向导向：这个导向器比原始的"全导向器"更强大，可以使用任意几何对象作为粒子导向器。

❖ 全导向器 全导向器：这是一种可以使用任意对象作为粒子导向器的全导向器。

❖ 导向球 导向球：这个空间扭曲起着球形粒子导向器的作用。

❖ 导向板 导向板：这是一种平面装的导向器，也是一种特殊类型的空间扭曲，它能让粒子影响动力学状态下的对象。

17.2.3 几何/可变形

功能介绍

"几何/可变形"空间扭曲主要用于变形对象的几何形状,包括7种类型,分别是"FFD(长方体)"、"FFD(圆柱体)"、"波浪"、"涟漪"、"置换"、"一致"和"爆炸",如图17-214所示。

图17-214

参数详解

❖ FFD(长方体) `FFD(长方体)`:这是一种类似于原始FFD修改器的长方体形状的晶格FFD对象,它既可以作为一种对象修改器也可以作为一种空间扭曲。

❖ FFD(圆柱体) `FFD(圆柱体)`:该空间扭曲在其晶格中使用柱形控制点阵列,它既可以作为一种对象修改器也可以作为一种空间扭曲。

❖ 波浪 `波浪`:该空间扭曲可以在整个世界空间中创建线性波浪。

❖ 涟漪 `涟漪`:该空间扭曲可以在整个世界空间中创建同心波纹。

❖ 置换 `置换`:该空间扭曲的工作方式和"置换"修改器类似。

❖ 一致 `一致`:该空间扭曲修改绑定对象的方法是按照空间扭曲图标所指示的方向推动其顶点,直至这些顶点碰到指定目标对象,或从原始位置移动到指定距离。

❖ 爆炸 `爆炸`:该空间扭曲可以把对象炸成许多单独的面。

【练习17-15】:用爆炸变形制作汽车爆炸动画

本练习的汽车爆炸动画效果如图17-215所示。

图17-215

Step 01 打开光盘中的"练习文件>第17章>练习17-15.max"文件,如图17-216所示。

Step 02 使用"爆炸"工具 `爆炸` 在地面上创建一个爆炸,如图17-217所示。

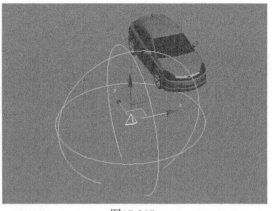

图17-216 图17-217

Step 03 选择爆炸，然后在"爆炸参数"卷展栏下设置"强度"为1.5、"自旋"为0.5，接着勾选 "启用衰减"选项，并设置"衰退"为2540mm，最后设置"重力"为1、"起爆时间"为5，具 体参数设置如图17-218所示。

Step 04 使用"绑定到空间扭曲"工具▓将爆炸绑定到汽车上，如图17-219所示。

图17-218

图17-219

Step 05 使用"爆炸"工具 ▟ 爆炸 ▟继续在地 面上创建一个爆炸，如图17-220所示。

图17-220

Step 06 选择上一步创建的爆炸，然后在"爆炸参数"卷展栏下设置"强度"为0.7、"自旋"为 0.1，接着勾选"启用衰减"选项，并设置"衰退"为2540mm，最后设置"重力"为1、"起爆时间"为5，具体参数设置如图17-221所示。

Step 07 使用"绑定到空间扭曲"工具▓将爆炸绑定到汽车上，然后拖曳时间线滑块预览动画，效果如图17-222所示。

图17-221

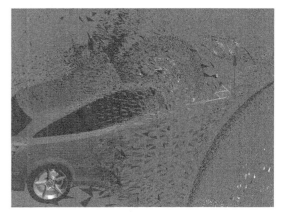

图17-222

提示：本例对计算机的配置要求相当高，在预览动画时很可能让3ds Max发生崩溃现象。

Step 08 选择动画效果最明显的一些帧，然后单独渲染出这些单帧动画，最终效果如图17-223所示。

图17-223

17.2.4 基于修改器

功能介绍

"基于修改器"空间扭曲可以应用于许多对象，它与修改器的应用效果基本相同，包含6种类型，分别是"弯曲"、"扭曲"、"锥化"、"倾斜"、"噪波"和"拉伸"，如图17-224所示。

图17-224

参数详解

- ❖ 弯曲 `弯曲` ：该修改器允许将当前选中对象围绕单独轴弯曲360°，并在对象几何体中产生均匀弯曲。
- ❖ 扭曲 `扭曲` ：该修改器可以在对象几何体中产生一个旋转效果（就像拧湿抹布）。
- ❖ 锥化 `锥化` ：该修改器可以通过缩放几何体的两端产生锥化轮廓。
- ❖ 倾斜 `倾斜` ：该修改器可以在对象几何体中产生均匀的偏移。
- ❖ 噪波 `噪波` ：该修改器可以沿着3个轴的任意组合调整对象顶点的位置。
- ❖ 拉伸 `拉伸` ：该修改器可以模拟挤压和拉伸的传统动画效果。

第18章 动力学

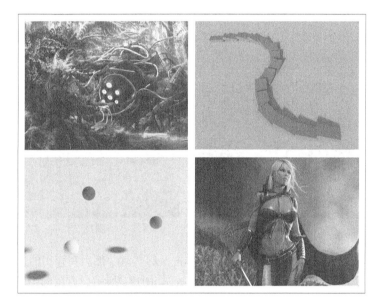

本章导读

在3ds Max中，要做出真实的运动和碰撞，用手工调整是不可能的。因此，3ds Max给用户提供了计算真实运动的方法，那就是动力学系统，这是一个功能强大的动力学模块，它支持刚体和软体动力学，能够使用OpenGL特性实时进行刚体、软体的碰撞计算，还可以模拟绳索、布料和液体等动画效果。对于动画师来讲，动力学是一个不可多得的动画利器，它不仅可以模拟出准确的动力学效果，而且速度很快。当然，动力学系统也是3ds Max技术中的一块硬骨头，需要花时间和精力来啃才行。

18.1 动力学MassFX概述

3ds Max 2014中的动力学系统非常强大,远远超越了之前的任何一个版本,可以快速地制作出物体与物体之间真实的物理作用效果,是制作动画必不可少的一部分。动力学可以用于定义物理属性和外力,当对象遵循物理定律进行相互作用时,可以让场景自动生成最终的动画关键帧。

在3ds Max 2014之前的版本中,动画设计师一直使用Reactor来制作动力学效果,但是Reactor动力学存在很多漏洞,比如卡机、容易出错等。而在3ds Max 2014版本中,在尘封了多年的动力学Reactor之后,终于加入了新的刚体动力学——MassFX。这套刚体动力学系统,可以配合多线程的Nvidia显示引擎来进行MAX视图里的实时运算,并能得到更为真实的动力学效果。MassFX的主要优势在于操作简单,可以实时运算,并解决了由于模型面数多而无法运算的问题,因此Autodesk公司将3ds Max 2014进行了"减法计划",可以将没多大用处的功能直接去掉,换上更好的工具。但是对于习惯Reactor的老用户也不必担心,因为MassFX与Reactor在参数、操作等方面还是比较相近的。

动力学支持刚体和软体动力学、布料模拟和流体模拟,并且它拥有物理属性,如质量、摩擦力和弹力等,可用来模拟真实的碰撞、绳索、布料、马达和汽车运动等效果,图18-1~图18-3所示是一些很优秀的动力学作品。

图18-1   图18-2   图18-3

在"主工具栏"的空白处单击鼠标右键,然后在弹出的快捷菜单中选择"MassFX工具栏"命令,可以调出"MassFX工具栏",如图18-4所示,调出的"MassFX工具栏"如图18-5所示。

图18-4   图18-5

提示:为了方便操作,可以将"MassFX工具栏"拖曳到操作界面的左侧,使其停靠于此,如图18-6所示。另外,在"MassFX工具栏"上单击鼠标右键,在弹出的快捷菜单中选择"停靠"菜单中的子命令可以选择停靠在其他的地方,如图18-7所示。

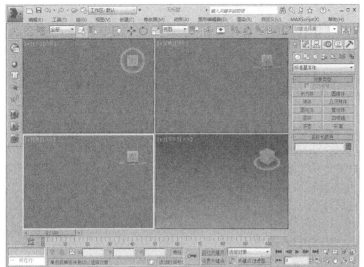

图18-6　　　　　　　　　　　　　　　　　　　　　　　　图18-7

18.2　创建动力学MassFX

本节将针对"MassFX工具栏"中的"MassFX工具"、刚体创建工具以及模拟工具进行讲解。刚体是物理模拟中的对象，其形状和大小不会更改，它可能会反弹、滚动和四处滑动，但无论施加多大的力，它都不会弯曲或折断。

18.2.1　MassFX工具

在"MassFX工具栏"中单击"显示MassFX工具对话框"按钮，打开"MassFX工具"对话框，如图18-8所示。"MassFX工具"对话框分为"世界"、"工具"、"编辑"和"显示"4个面板，下面对这4个面板分别进行讲解。

1.　"世界"选项卡

功能介绍

"世界"面板包含3个卷展栏，分别是"场景设置"、"高级设置"和"引擎"卷展栏，如图18-9所示。

图18-8

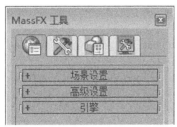

图18-9

参数详解

展开"场景设置"卷展栏，如图18-10所示。

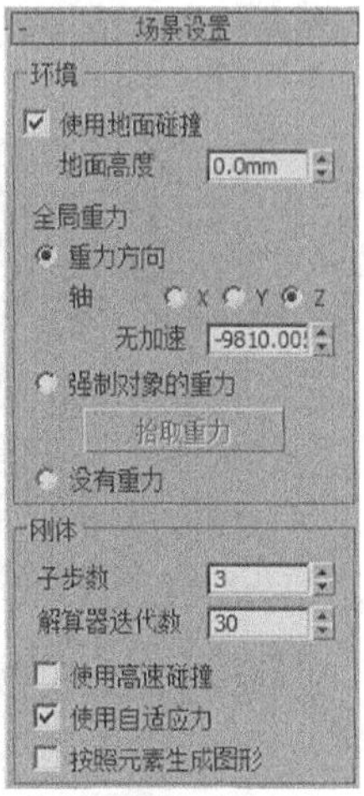

❖ "环境"参数组。

◇ 使用地面碰撞：如果启用该选项，MassFX将使用（不可见）无限静态刚体（即z=0），也就是说与主栅格共面，此时刚体的摩擦力和反弹力值为固定值。

◇ 重力方向：如果启用该选项，则应用"使用重力"的所有刚体都将受到重力的影响。

◇ 轴：设置应用重力的全局轴，一般设置为z轴。

◇ 无加速：设置重力的加速度。使用z轴时，正值可使重力将对象向上拉，负值可使对象向下拉。

◇ 强制对象的重力：可以使用重力空间扭曲将重力应用于刚体。首先将空间扭曲添加到场景中，然后使用"拾取重力"按钮将其指定为在模拟中使用。

◇ 拾取重力：拾取要作为全局重力的重力对象。

◇ 没有重力：选取时，重力不会影响模拟。

❖ "刚体"参数组。

◇ 子步数：设置每个图形更新之间执行的模拟步数。

◇ 解算器迭代数：全局设置约束解算器强制执行碰撞和约束的次数。

◇ 使用高速碰撞：全局设置用于切换连续的碰撞检测。

◇ 使用自适应力：启用时，MassFX会通过根据需要收缩组合防穿透力来减少堆叠和紧密聚合刚体中的抖动。

◇ 按照元素生成图形：启用并将"MassFX刚体"修改器应用于对象后，MassFX会为对象中的每个元素创建一个单独的物理图形。禁用时，MassFX会为整个对象创建单个物理图形。

图18-10

展开"高级设置"卷展栏，如图18-11所示。

❖ "睡眠设置"参数组。

◇ 睡眠能量：模拟中移动速度低于某个速度的刚体会自动进入"睡眠"模式并停止移动。

◇ 自动：MassFX自动计算合理的线速度和角速度睡眠阈值，高于该阈值即应用睡眠。

◇ 手动：勾选该选项后，可以覆盖速度和自旋的试探式值。

❖ "高速碰撞"参数组。

◇ 自动：MassFX使用试探式算法来计算合理的速度阈值，高于该值即应用高速碰撞方法。

◇ 手动：勾选该选项后，可以覆盖速度的自动值。

◇ 最低速度：模拟中移动速度高于该速度的刚体将自动进入高速碰撞模式。

❖ "反弹设置"参数组。

◇ 自动：MassFX使用试探式算法来计算合理的最低速度阈值，高于该值即应用反弹。

◇ 手动：勾选该选项后，可以覆盖速度的试探式值。

◇ 最低速度：模拟中移动速度高于该速度的刚体将相互反弹。

❖ "接触壳"参数组。

◇ 接触距离：允许移动刚体重叠的距离。

◇ 支撑台深度：允许支撑体重叠的距离。

展开"引擎"卷展栏，如图18-12所示。

图18-11

图18-12

❖ "选项"参数组。

    ◇ 使用多线程：启用该选项时，如果CPU具有
多个内核，CPU可以执行多线程，以加快模
拟的计算速度。

    ◇ 硬件加速：启用该选项时，如果系统配备了
NVIDIA GPU，即可使用硬件加速来执行某些
计算。

❖ "版本"参数组。

    ◇ 关于MassFX 关于 MassFX...：单击该按钮可以打开
"关于MassFX"对话框，该对话框中显示的
是MassFX的基本信息，如图18-13所示。

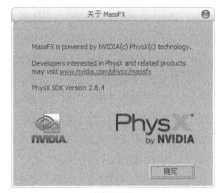

图18-13

2. "模拟工具"选项卡

功能介绍

"模拟工具"面板包含"模拟"、"模拟设置"和"实用程
序"3个卷展栏，如图18-14所示。

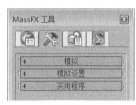

图18-14

参数详解

展开"模拟"卷展栏，如图18-15所示。

❖ "播放"参数组。

    ◇ 重置 ：单击该按钮可以停止模拟，并将时间线滑块移动
到第1帧，同时将任意动力学刚体设置为其初始变换。

    ◇ 开始 ：从当前帧运行模拟，时间线滑块为每个模拟步
长前进一帧，从而让运动学刚体作为模拟的一部分进行
移动。

    ◇ PNA（开始-无动画） ：当模拟运行时，时间线滑块不会
前进，这样可以使动力学刚体移动到固定点。

    ◇ 步阶 ：运行一个帧的模拟，并使时间线滑块前进相同的量。

图18-15

❖ "模拟烘焙"参数组。

    ◇ 烘焙所有 烘焙所有 ：将所有动力学刚体的变换存储为动画关键帧时重置模拟。

    ◇ 烘焙选定项 烘焙选定项 ：与"烘焙所有"类似，只不过烘焙仅应用于选定的动力学刚体。

    ◇ 取消烘焙所有 取消烘焙所有 ：删除烘焙时设置为运动学的所有刚体的关键帧，从而将这些刚
体恢复为动力学刚体。

    ◇ 取消烘焙选定向 取消烘焙选定项 ：与"取消烘焙所有"类似，只不过取消烘焙仅应用于选定的
适用刚体。

❖ "捕获变换"参数组。

    ◇ 捕获变换 捕获变换 ：将每个选定的动力学刚体的初
始变换设置为其变换。

展开"模拟设置"卷展栏，如图18-16所示。

图18-16

❖ 在最后一帧：选择当动画进行到最后一帧时进行模拟的方式。

◇ 继续模拟：即使时间线滑块达到最后一帧也继续运行模拟。

◇ 停止模拟：当时间线滑块达到最后一帧时停止模拟。

◇ 循环动画并且：在时间线滑块达到最后一帧时重复播放动画。

◇ 重置模拟：当时间线滑块达到最后一帧时，重置模拟且动画循环播放到第1帧。

◇ 继续模拟：当时间线滑块达到最后一帧时，模拟继续运行，但动画循环播放到第1帧。

展开"实用程序"卷展栏，如图18-17所示。

❖ 浏览场景 浏览场景 ：单击该按钮打开"场景资源管理器-MassFX 资源管理器"对话框，如图18-18所示。

图18-17

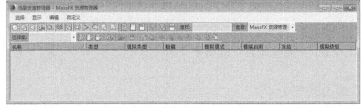

图18-18

❖ 验证场景 验证场景 ：单击该按钮可以打开"验证PhysX场景"对话框，在该对话框中可以验证各种场景元素是否违反模拟要求，如图18-19所示。

❖ 导出场景 导出场景 ：单击该按钮可以打开"Select File to Export"对话框，在该对话框中可以导出PhysX和APFX文件，以使模拟用于其他程序，如图18-20所示。

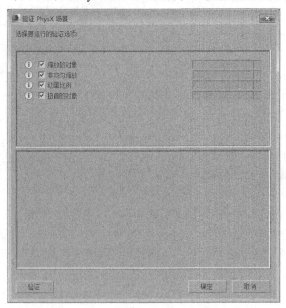

图18-19

图18-20

图18-21

3. "多对象编辑器"选项卡

功能介绍

"多对象编辑器"面板包含7个卷展栏，分别是"刚体属性"、"物理材质"、"物理材质属性"、"物理网格"、"物理网个参数"、"力"和"高级"卷展栏，如图18-21所示。

参数详解

展开"刚体属性"卷展栏，如图18-22所示。

❖ 刚体类型：设置刚体的模拟类型，包含"动力学"、"运
动学"和"静态"3种类型。

❖ 直到帧：设置"刚体类型"为"运动学"时该选项才可
用。启用该选项时，MassFX会在指定帧处将选定的运动学
刚体转换为动态刚体。

❖ 烘焙 ▭▭▭ 烘焙 ▭▭▭ ：将未烘焙的选定刚体的模拟运动转换
为标准动画关键帧。

图18-22

❖ 使用高速碰撞：如果启用该选项，同时又在"世界"面板中启用了"使用高速碰撞"选
项，那么"高速碰撞"设置将应用于选定刚体。

❖ 在睡眠模式中启动：如果启用该选项，选定刚体将使用全局睡眠设置，同时以睡眠模式
开始模拟。

❖ 与刚体碰撞：如果启用该选项，选定的刚体将与场景中的其他刚体发生碰撞。

展开"物理材质"卷展栏，如图18-23所示。

❖ 预设：选择预设的材质类型。使用后面的吸管 ▨可以吸取场景中
的材质。

❖ 创建预设 ▭创建预设▭ ：基于当前值创建新的物理材质预设。

图18-23

❖ 删除预设 ▭删除预设▭ ：从列表中移除当前预设。

展开"物理材质属性"卷展栏，如图18-24所示。

❖ 密度：设置刚体的密度。

❖ 质量：设置刚体的重量。

❖ 静摩擦力：设置两个刚体开始互相滑动的难度系数。

❖ 动摩擦力：设置两个刚体保持互相滑动的难度系数。

图18-24

❖ 反弹力：设置对象撞击到其他刚体时反弹的轻松程度和
高度。

展开"物理网格"卷展栏，如图18-25所示。

❖ 网格类型：选择刚体物理网格的类型，包含"球体"、"长方体"、"胶囊"、"凸
面"、"凹面"和"自定义"6种。

图18-25

展开"物理网格参数"卷展栏，如图18-26所示。

提示：　"物理网格参数"卷展栏的内容是由"网格类型"决定的，如图
18-26所示的参数内容是凸面的网格参数内容。当用户选择不同的
网格类型时，"物理网格参数"卷展栏的内容也会不同。

图18-26

展开"力"卷展栏，如图18-27所示。

❖ 使用世界重力：禁用后，选定的刚体将仅使用在此处应用的力，
并忽略全局重力设置。启用后，刚体将使用全局重力设置。

❖ 应用的场景力：列出场景中影响模拟中选定刚体的力空间扭曲。

❖ 添加：将场景中的力空间扭曲应用到模拟中选定的刚体。将空间扭
曲添加到场景后，单击"添加"，然后单击视口中的空间扭曲。

❖ 移除：可防止应用的空间扭曲影响选择。首先在列表中将其高亮
显示，然后单击移除。

图18-27

展开"高级"卷展栏，如图18-28所示。

❖ "模拟"参数组。

◇ 覆盖解算器迭代次数：如果启用该选项，将为选定刚体使用在这里指定的解算器迭代次数设置，而不使用全局设置。

◇ 启用背面碰撞：仅可用于静态刚体。为凹面静态刚体指定原始图形类型时，启用此选项可确保模拟中的动力学对象与其背面碰撞。

❖ "接触壳"参数组。

◇ 覆盖全局：启用后，MassFX将为选定刚体使用在此处指定的碰撞重叠设置，而不是使用全局设置。

◇ 接触距离：允许移动刚体重叠的距离。

◇ 支撑台深度：允许支撑体重叠的距离。当使用捕获变换设置实体在模拟中的初始位置时，此设置可以发挥作用。

❖ "初始运动"参数组。

◇ 绝对/相对：这两个选项只适用于刚开始时为"运动学"类型之后在指定帧处切换为动态类型的刚体。

◇ 初始速度：设置刚体在变为动态类型时的起始方向和速度。

◇ 初始自旋：设置刚体在变为动态类型时旋转的起始轴和速度。

❖ "质心"参数组。

◇ 从网格计算：基于刚体的几何体自动为刚体确定适当的质心。

◇ 使用轴：使用对象的轴作为其质心。

◇ 局部偏移：用于设置与用作质心的x轴、y轴和z轴上对象轴的距离。

❖ "阻尼"参数组。

◇ 线性：设置为减慢移动对象的速度所施加的力大小。

◇ 角度：设置为减慢旋转对象的速度所施加的力大小。

图18-28

4. "显示"选项卡

功能介绍

"显示"面板包含两个卷展栏，分别是"刚体"和MassFX Visualizer卷展栏，如图18-29所示。

参数详解

展开"刚体"卷展栏，如图18-30所示。

图18-29

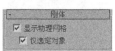

图18-30

❖ 显示物理网格：启用该选项时，物理网格会显示在视口中。

❖ 仅选定对象：启用该选项时，仅选定对象的物理网格会显示在视口中。

展开MassFX Visualizer卷展栏，如图18-31所示。

❖ 启用Visualizer：启用该选项时，MassFX Visualizer卷展栏中的其他设置才起作用。

❖ 比例：设置基于视口的指示器的相对大小。

图18-31

18.2.2 模拟工具

功能介绍

MassFX工具中的模拟工具分为4种，分别是"重置模拟"工具
■、"开始模拟"工具■、"开始没有动画的模拟"工具■和"步阶
模拟"工具■，如图18-32所示。

重置模拟
开始模拟
开始没有动画的模拟
步阶模拟
图18-32

命令详解

❖ 重置模拟■：将时间线滑块返回到第1个动画帧，并将任何动力学刚体移动回其初始
变换。
❖ 开始模拟■：单击该按钮可以模拟刚体动画，并更新场景中动力学刚体对象的位置。
❖ 开始没有动画的模拟■：单击该按钮可以仅运行模拟而不推进时间线滑块，同时不更新
运动学刚体的位置。
❖ 步阶模拟■：单击该按钮可以与标准动画一起运行单个帧的模拟，然后停止模拟。

18.2.3 刚体创建工具

MassFX工具中的刚体创建工具分为3种，分别是"将选定项设
置为动力学刚体"工具■、"将选定项设置为运动学刚体"工具■
和"将选定项设置为静态刚体"工具■，如图18-33所示。

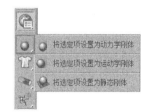

将选定项设置为动力学刚体
将选定项设置为运动学刚体
将选定项设置为静态刚体
图18-33

提示：下面重点讲解"将选定项设置为动力学刚体"工具■和"将选定项设置为运动学刚体"工具■。由
于"将选定项设置为静态刚体"工具■经常用于辅助前两个工具，因此不对其进行讲解。

1. 将选定项设置为动力学刚体

功能介绍

使用"将选定项设置为动力学刚体"工
具■可以将未实例化的MassFX Rigid Body
（MassFX刚体）修改器应用到每个选定对象，
并将刚体类型设置为"动力学"，然后为每个
对象创建一个"凸面"物理网格，如图18-34所
示。如果选定对象已经具有MassFX Rigid Body
（MassFX刚体）修改器，则现有修改器将更改
为动力学，而不重新应用。

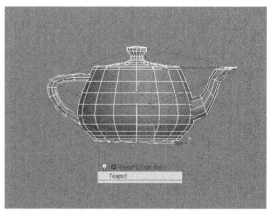

图18-34

MassFX Rigid Body（MassFX刚体）修改器的参数分为6个卷展栏，分别是"刚体属性"、"物理材质"、"物理图形"、"物理网格参数"、"力"和"高级"卷展栏，如图18-35所示。

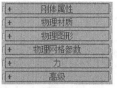

图18-35

 参数详解

展开"刚体属性"卷展栏，如图18-36所示。

❖ 刚体类型：设置选定刚体的模拟类型，包含"动态"、"运动学"和"静态"3种类型。

图18-36

技术专题18-1 ［刚体模拟类型的区别］

刚体的模拟类型包含"动态"、"运动学"和"静态"3种类型，其区别如下。

动力学：动力学刚体与真实世界中的对象非常像。它们因重力而降落、凹凸为其他对象，且可以被这些对象推动。

运动学：运动学刚体是由一系列动画进行移动的木偶，它们不会因重力而降落。它们可以推动所遇到的任意动力学对象，但不能被其他对象推动。

静态：静态刚体与运动学刚体类似，不同之处在于不能对其设置动画。

❖ 直到帧：如果启用该选项，MassFX会在指定帧处将选定的运动学刚体转换为动态刚体。该选项只有在将"刚体类型"设置为"运动学"时才可用。

❖ 烘焙　　烘焙　　：将选定刚体的模拟运动转换为标准动画关键帧，以便进行渲染（仅应用于动态刚体）。

❖ 使用高速碰撞：如果启用该选项以及"世界"面板中的"使用高速碰撞"选项，则这里的"使用高速碰撞"设置将应用于选定刚体。

❖ 在睡眠模式下启动：如果启用该选项，刚体将使用全局睡眠设置以睡眠模式开始模拟。

❖ 与刚体碰撞：启用该此选项后，刚体将与场景中的其他刚体发生碰撞。

展开"物理材质"卷展栏，如图18-37所示。

❖ 网格：选择要更改其材质参数的刚体的物理网格。

❖ 预设：从列表中选择一个预设，以指定所有的物理材质属性。

图18-37

提示：使用吸管 在场景中单击其他的刚体，可以将当前刚体的参数设置更改为被单击刚体的设置。

❖ 密度：设置刚体的密度，度量单位为g/cm^3（克每立方厘米）。

❖ 质量：此刚体的重量，度量单位为kg（千克）。

❖ 静摩擦力：设置两个刚体开始互相滑动的难度系数。

❖ 动摩擦力：设置两个刚体保持互相滑动的难度系数。

❖ 反弹力：设置对象撞击到其他刚体时反弹的轻松程度和高度。

展开"物理图形"卷展栏，如图18-38所示。

图18-38

❖ 修改图形：该列表用于显示添加到刚体的每个物理图形。

◇ 添加 添加 ：将新的物理图形添加到刚体。

◇ 重命名 重命名 ：更改物理图形的名称。

◇ 删除 删除 ：删除选定的物理图形。

◇ 复制图形 复制网格 ：将物理图形复制到剪贴板以便随后粘贴。

◇ 粘贴图形 粘贴网格 ：将之前复制的物理网格粘贴到当前刚体中。

◇ 镜像图形 镜像图形 ：围绕指定轴翻转图形几何体。

◇ 镜像图形设置 ... ：打开一个对话框，用于设置沿哪个轴对图形进行镜像，以及是使用局部轴还是世界轴。

◇ 重新生成选定对象 重新生成选定对象 ：使列表中高亮显示的图形自适应图形网格的当前状态。使用此选项可使物理图形重新适应编辑后的图形网格。

❖ 图形类型：为图形列表中高亮显示的图形选定应用的物理图形类型，包含6种类型，分别是"球体"、"框"、"胶囊"、"凸面"、"凹面"和"自定义"。

❖ 图形元素：使"图形"列表中高亮显示的图形适合从"图形元素"列表中选择的元素。

❖ 转换为自定义图形： 转换为自定义图形 单击该按钮时，将基于高亮显示的物理图形在场景中创建一个新的可编辑网格对象，并将物理图形类型设置为"自定义"。

❖ 覆盖物理材质：在默认情况下，刚体中的每个物理网格使用"物理材质"卷展栏中的材质设置。但是可能使用的是由多个物理网格组成的复杂刚体，需要为某些物理网格使用不同的设置。

❖ 显示明暗处理外壳：启用时，将物理图形作为明暗处理视口中的明暗处理实体对象（而不是线框）进行渲染。

提示："物理网格参数"卷展栏下的参数取决于网格的类型，图18-39所示是将"网格类型"设置为"凸面"时的"物理网格参数"卷展栏。"力"卷展栏的参数在前面"多对象编辑器"中已经介绍过了，这里就不再作介绍。

图18-39

展开"高级"卷展栏，如图18-40所示。

❖ "模拟"参数组。

◇ 覆盖解算器迭代次数：如果启用该选项，MassFX将为此刚体使用在此处指定的解算器迭代次数设置，而不使用全局设置。

◇ 启用背面碰撞：仅可用于静态刚体。为凹面静态刚体指定原始图形类型时，启用此选项可确保模拟中的动力学对象与其背面碰撞。

❖ "接触壳"参数组。

◇ 覆盖全局：启用后，MassFX将为选定刚体使用在此处指定的碰撞重叠设置，而不是使用全局设置。

◇ 接触距离：允许移动刚体重叠的距离。

◇ 支撑台深度：允许支撑体重叠的距离。当使用捕获变换设置实体在模拟中的初始位置时，此设置可以发挥作用。

❖ "初始运动"参数组。

◇ 绝对/相对：这个设置只适用于刚开始时为运动学类型（通常已设置动画）之后在指定帧处切换为动态类型的刚体。

◇ 初始速度：设置刚体在变为动态类型时的起始方向和速度。

◇ 初始自旋：设置刚体在变为动态类型时旋转的起始轴和速度。

图18-40

❖　　"质心"参数组。

　　◇　　从网格计算：基于刚体的几何体自动为刚体确定适当的质心。

　　◇　　使用轴：使用对象的轴作为其质心。

　　◇　　局部偏移：用于设置与用作质心的*x*轴、*y*轴和*z*轴上对象轴的距离。

❖　　"阻尼"参数组。

　　◇　　线性：设置为减慢移动对象的速度所施加的力大小。

　　◇　　角度：设置为减慢旋转对象的速度所施加的力大小。

【练习18-1】：制作弹力球动力学刚体动画

本练习的弹力球动画效果如图18-41所示。

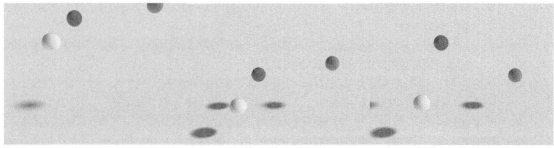

图18-41

Step 01　打开光盘中的"练习文件>第18章>练习18-1.max"文件，如图18-42所示。

Step 02　在"主工具栏"的空白处单击鼠标右键，然后在弹出的快捷菜单中选择"MassFX工具栏"命令调出"MassFX工具栏"，如图18-43所示。

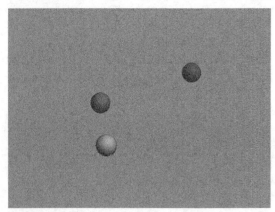

图18-42

图18-43

Step 03　选择场景中的3个弹力球，然后在"MassFX工具栏"中单击"将选定项设置为动力学刚体"按钮，如图18-44所示。

图18-44

Step **04** 选择蓝色弹力球，然后在"物理材质"卷展栏下设置"反弹力"为1，如图18-45所示，接着选择红色弹力球，最后在"物理材质"卷展栏下设置"反弹力"为1，如图18-46所示。黄色弹力球的参数保持默认设置。

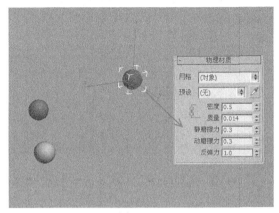

图18-45

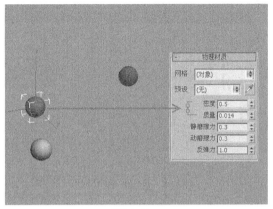

图18-46

Step **05** 选择场景中的地面模型，然后在"MassFX工具栏"中单击"将选定项设置为静态刚体"按钮，如图18-47所示。

Step **06** 在"MassFX工具栏"中单击"开始模拟"按钮模拟动画，待模拟完成后再次单击"开始模拟"按钮结束模拟，然后分别单独选择蓝色、红色和黄色的弹力球，接着在"刚体属性"卷展栏下单击"烘焙"按钮，以生成关键帧动画，如图18-48所示。

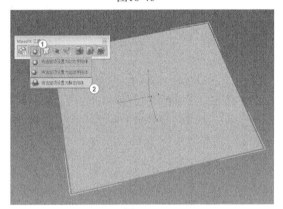

图18-47

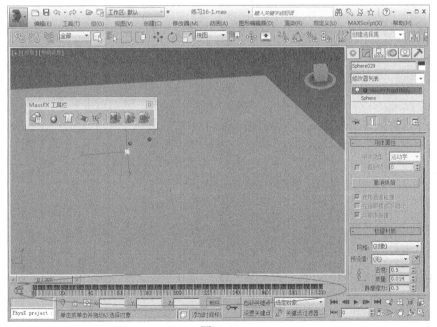

图18-48

Step 07 拖曳时间线滑块，观察弹力球动画，效果如图18-49所示。

图18-49

Step 08 选择动画效果最明显的一些帧，然后单独渲染出这些单帧动画，最终效果如图18-50所示。

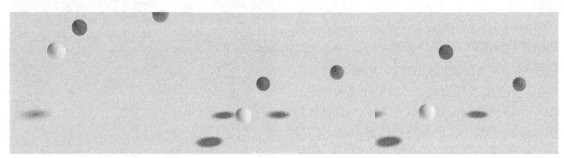

图18-50

【练习18-2】：制作硬币散落动力学刚体动画

本练习的硬币散落动画效果如图18-51所示。

图18-51

Step 01 打开光盘中的"练习文件>第18章>练习18-2.max"文件，如图18-52所示。

Step 02 选择场景中的所有硬币模型，然后在"MassFX工具栏"中单击"将选定项设置为动力学刚体"按钮，如图18-53所示。

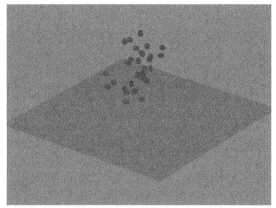

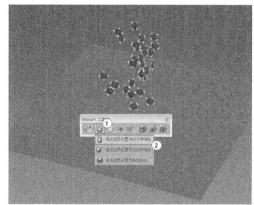

图18-52   图18-53

Step 03 选择地面模型，然后在"MassFX工具栏"中单击"将选定项设置为静态刚体"按钮，如图18-54所示。

Step 04 在"MassFX工具栏"中单击"开始模拟"按钮模拟动画，待模拟完成后再次单击"开始模拟"按钮结束模拟，然后分别单独选择各个硬币，接着在"刚体属性"卷展栏下单击"烘焙"按钮，以生成关键帧动画，最后渲染出效果最明显的单帧动画，最终效果如图18-55所示。

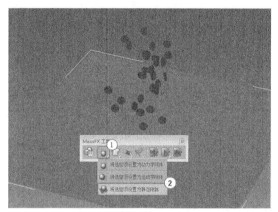

图18-54

图18-55

◆【练习18-3】：制作多米诺骨牌动力学刚体动画

本练习的多米诺骨牌动画效果如图18-56所示。

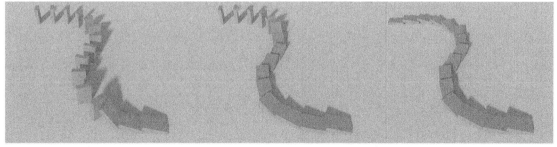

图18-56

Step 01 打开光盘中的"练习文件>第18章>练习18-3.max"文件，如图18-57所示。

Step 02 选择如图18-58所示的骨牌，然后在"MassFX工具栏"中单击"将选定项设置为动力学刚体"按钮 ，如图18-59所示。

> **提示：** 这里为何只将一个骨牌设置为动力学刚体呢？由于本场景中的骨牌是通过"实例"复制方式制作的，因此只需要将其中一个骨牌设置为动力学刚体，其他的骨牌就会自动变成动力学刚体。

Step 03 在"MassFX工具栏"中单击"开始模拟"按钮 ，效果如图18-60所示。

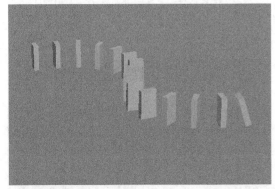

图18-57

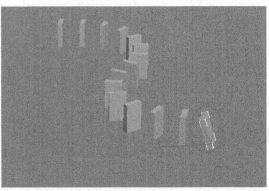

图18-58

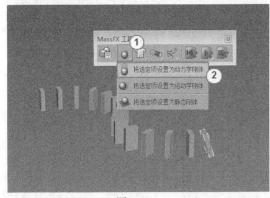

图18-59

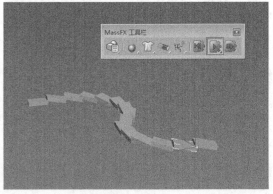

图18-60

Step 04 再次单击"开始模拟"按钮 结束模拟，然后选择全部模型，在"刚体属性"卷展栏下单击"烘焙"按钮 ，以生成关键帧动画，最后渲染出效果最明显的单帧动画，最终效果如图18-61所示。

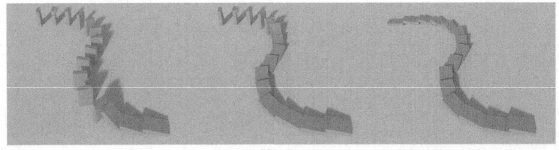

图18-61

【练习18–4】：制作茶壶下落动力学刚体动画

本练习的茶壶下落动画效果如图18-62所示。

图18-62

Step 01 打开光盘中的"练习文件>第18章>练习18-4.max"文件，如图18-63所示。

Step 02 选择最下面的茶壶，然后在"MassFX工具栏"中单击"将选定项设置为动力学刚体"按钮，如图18-64所示。

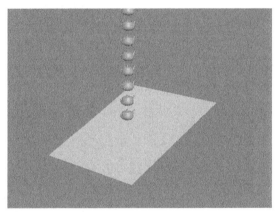

图18-63

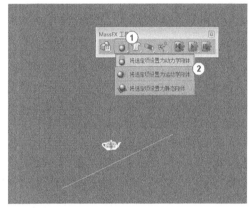

图18-64

Step 03 选择反弹平面，然后在"MassFX工具栏"中单击"将选定项设置为静态刚体"按钮，如图18-65所示。

Step 04 在"MassFX工具栏"中单击"显示MassFX工具对话框"按钮，打开"MassFX工具"对话框，然后在"世界参数"面板下展开"环境"卷展栏，接着关闭"使用地面碰撞"选项，如图18-66所示。

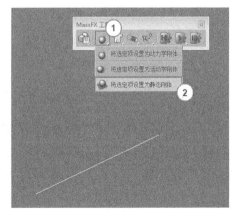

图18-65

图18-66

Step 05 在"MassFX工具栏"中单击"开始模拟"按钮，效果如图18-67所示。

Step 06 再次单击"开始模拟"按钮结束模拟，然后选择所有茶壶，接着在"刚体属性"卷展栏下单击"烘焙"按钮，以生成关键帧动画，最后渲染出效果最明显的单帧动画，最终效果如图18-68所示。

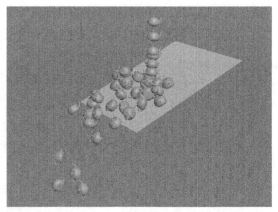

图18-67

图18-68

2. 将选定项设置为运动学刚体

使用"将选定项设置为运动学刚体"工具可以将未实例化的MassFX Rigid Body（MassFX刚体）修改器应用到每个选定对象，并将刚体类型设置为"运动学"，然后为每个对象创建一个"凸面"物理网格，如图18-69所示。如果选定对象已经具有MassFX刚体修改器，则现有修改器将更改为运动学，而不重新应用。

> 提示："将选定项设置为运动学刚体"工具的相关参数请参阅"将选定项设置为动力学刚体"工具。

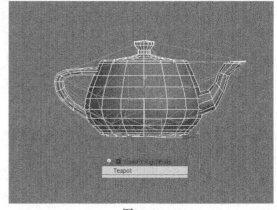

图18-69

【练习18-5】：制作球体撞墙运动学刚体动画

本练习的球体撞墙动画效果如图18-70所示。

图18-70

Step 01 打开光盘中的"练习文件>第18章>练习18-5.max"文件，如图18-71所示。

Step 02 选择墙体模型，然后在"MassFX工具栏"中单击"将选定项设置为动力学刚体"按钮，如图18-72所示，接着在"刚体属性"卷展栏下勾选"在睡眠模式下启动"选项，如图18-73所示。

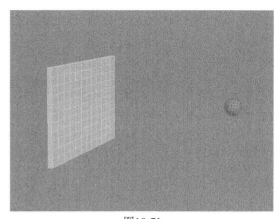

图18-71

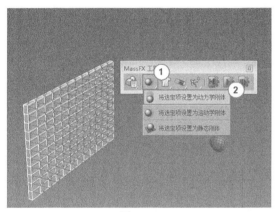

图18-72

图18-73

Step 03 选择球体，然后在"MassFX工具栏"中单击"将选定项设置为运动学刚体"按钮，如图18-74所示，接着在"刚体属性"卷展栏下勾选"直到帧"选项，并设置其数值为7，如图18-75所示。

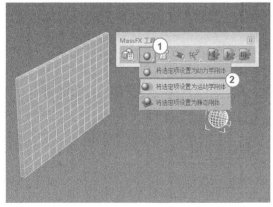

图18-74

图18-75

Step 04 选择球体，然后单击"自动关键点"按钮，接着将时间线滑块拖曳到第10帧位置，最后使用"选择并移动"工具将球体拖曳到墙体的另一侧，如图18-76所示。

Step 05 在"MassFX工具栏"中单击"开始模拟"按钮，效果如图18-77所示。

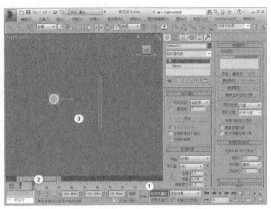
图18-76

图18-77

Step 06 再次单击"开始模拟"按钮◼结束模拟，然后选择墙体，接着在"刚体属性"卷展栏下单击"烘焙"按钮 ▭ 烘焙 ▭，以生成关键帧动画，最后渲染出效果最明显的单帧动画，最终效果如图18-78所示。

图18-78

【练习18-6】：制作汽车碰撞运动学刚体动画

本练习的汽车碰撞动画效果如图18-79所示。

图18-79

Step 01 打开光盘中的"练习文件>第18章>练习18-6.max"文件，如图18-80所示。

Step 02 选择汽车模型，然后在"MassFX工具栏"中单击"将选定项设置为运动学刚体"按钮◼，如图18-81所示。

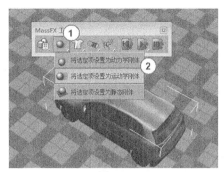

图18-80　　　　　　　　　　　　　　　　图18-81

Step 03 选择所有的纸箱模型，然后在"MassFX工具栏"中单击"将选定项设置为动力学刚体"按钮，如图18-82所示，接着在"刚体属性"卷展栏下勾选"在睡眠模式下启动"选项，如图18-83所示。

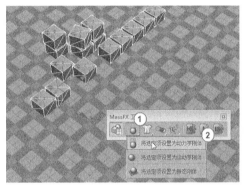

图18-82　　　　　　　　　　　　　　　　图18-83

Step 04 选择地面模型，然后在"MassFX工具栏"中单击"将选定项设置为静态刚体"按钮，如图18-84所示。

Step 05 选择汽车模型，然后单击"自动关键点"按钮，接着将时间线滑块拖曳到第15帧位置，最后在前视图中使用"选择并移动"工具将汽车向前稍微拖曳一段距离，如图18-85所示。

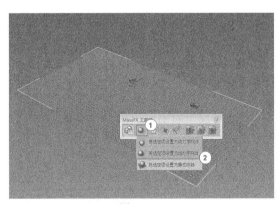

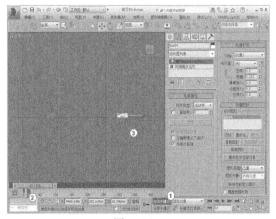

图18-84　　　　　　　　　　　　　　　　图18-85

Step 06 将时间线滑块拖曳到第100帧位置，然后使用"选择并移动"工具将汽车拖曳到纸箱的前方，如图18-86所示。

Step 07 在"MassFX工具栏"中单击"开始模拟"按钮，效果如图18-87所示。

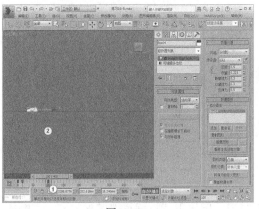

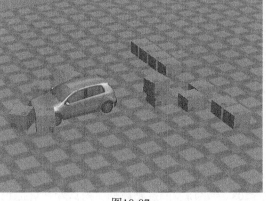

图18-86	图18-87

Step 08 再次单击"开始模拟"按钮▶结束模拟，然后单独选择各个纸箱，接着在"刚体属性"卷展栏下单击"烘焙"按钮 烘焙 ，以生成关键帧动画，最后渲染出效果最明显的单帧动画，最终效果如图18-88所示。

图18-88

18.3 约束工具

　　3ds Max中的MassFX约束可以限制刚体在模拟中的移动。所有的预设约束可以创建具有相同设置的同一类型的辅助对象。约束辅助对象可以将两个刚体链接在一起，也可以将单个刚体锚定到全局空间的固定位置。约束组成了一个层次关系，子对象必须是动力学刚体，而父对象可以是动力学刚体、运动学刚体或为空（锚定到全局空间）。

　　在默认情况下，约束"不可断开"，无论对它应用了多强的作用力或使它违反其限制的程度多严重，它将保持效果并尝试将其刚体移回所需的范围。但是可以将约束设置为可使用独立作用力和扭矩限制来将其断开，超过该限制时约束将会禁用且不再应用于模拟。

图18-89

　　3ds Max中的约束分为"刚性"约束、"滑块"约束、"转枢"约束、"扭曲"约束、"通用"约束和"球和套管"约束6种，如图18-89所示。下面简单介绍一下这些约束的作用。

❖ 创建刚体约束 ：将新的MassFX约束辅助对象添加到带有适合于"刚性"约束的设置项目中。"刚性"约束可以锁定平移、摆动和扭曲，并尝试在开始模拟时保持两个刚体在相同的相对变换中。

❖ 创建滑块约束 ：将新的MassFX约束辅助对象添加到带有适合于"滑块"约束的设置项目中。"滑块"约束类似于"刚性"约束，但是会启用受限的y变换。

❖ 创建转枢约束 ：将新的MassFX约束辅助对象添加到带有适合于"转枢"约束的设置项

目中。"转枢"约束类似于"刚性"约束，但是"摆动z"限制为100°。

❖ 创建扭曲约束：将新的MassFX约束辅助对象添加到带有适合于"扭曲"约束的设置项目中。"扭曲"约束类似于"刚性"约束，但是"扭曲"设置为"自由"。

❖ 创建通用约束：将新的MassFX约束辅助对象添加到带有适合于"通用"约束的设置项目中。"通用"约束类似于"刚性"约束，但"摆动y"和"摆动z"限制为45°。

❖ 建立球和套管约束：将新的MassFX约束辅助对象添加到带有适合于"球和套管"约束的设置项目中。"球和套管"约束类似于"刚性"约束，但"摆动y"和"摆动z"限制为80°，且"扭曲"设置为"无限制"。

由于每种约束的参数都相同，因此这里选择"刚体"约束来进行讲解。"刚体"约束的参数分为5个卷展栏，如图18-90所示。

图18-90

18.3.1 "常规"卷展栏

功能介绍

展开"常规"卷展栏，如图18-91所示。

参数详解

图18-91

❖ 父对象：将刚体作为约束的父对象使用。
❖ 移动到父对象的轴：设置父对象的轴的约束位置。
❖ 切换父/子对象：转换父/子关系，之前的父对象变成子对象，反之亦然。
❖ 子对象：将刚体作为约束的子对象使用。
❖ 移动到子对象的轴：将约束的位置调整到子对象上。
❖ 约束行为：选择确定行为的约束方式。
  ◇ 使用加速度：使用此选项时，受约束刚体的质量不会成为影响行为的因素。其有助于提高关节的总体稳固性，但关节之间的质量平衡可能会出错。
  ◇ 使用力：使用此选项时，弹簧和阻尼行为的所有等式都包括质量，导致产生力而非加速度。结果可能更难控制，但可生成物理上更精确的行为。
❖ 约束限制：设置子刚体受限制的方式。
  ◇ 硬限制：使子刚体的运动不能超过边界。
  ◇ 软限制：使子刚体的运动可以超过边界一段距离，并激活弹簧和阻尼行为使其回到限制范围内。

提示：如果力足够大（或者弹簧值太低），则可能使子刚体永远保持在限制范围外。

18.3.2 "平移限制"卷展栏

功能介绍

展开"平移限制"卷展栏，如图18-92所示。

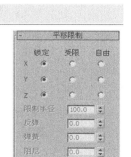

图18-92

参数详解

- ❖ X/Y/Z：为每个轴选择沿轴约束运动的方式。
- ❖ 锁定：防止刚体沿此局部轴移动。
- ❖ 受限：允许对象按"限制半径"大小沿此局部轴移动。
- ❖ 自由：刚体沿着各自轴的运动不受限制。
- ❖ 限制半径：设置父对象和子对象可以从其初始偏移移离的沿受限轴的距离。
- ❖ 反弹：对于任何受限轴，设置碰撞时对象偏离限制而反弹的数量。
- ❖ 弹簧：对于任何受限轴，设置在超限情况下将对象拉回限制点的弹簧强度。
- ❖ 阻尼：对于任何受限轴，设置在平移超出限制时它们所受的移动阻力数量。

18.3.3 "摆动和扭曲限制"卷展栏

功能介绍

展开"摆动和扭曲限制"卷展栏，如图18-93所示。

图18-93

参数详解

- ❖ 摆动Y/摆动Z：分别表示围绕约束的局部y轴和z轴的旋转。
    - ◇ 锁定：防止父对象和子对象围绕约束的各自轴旋转。
    - ◇ 受限：允许父对象和子对象围绕轴的中心旋转固定数量的度数。
    - ◇ 自由：允许父对象和子对象围绕约束的局部轴无限制旋转。
    - ◇ 角度限制：当"摆动"设置为"受限"时，设置离开中心允许旋转的度数。
    - ◇ 反弹：当"摆动"设置为"受限"时，设置碰撞时对象偏离限制而反弹的数量。
    - ◇ 弹簧：当"摆动"设置为"受限"时，设置将对象拉回到限制（如果超出限制）的弹簧强度。
    - ◇ 阻尼：当"摆动"设置为"受限"且超出限制时，设置对象所受的旋转阻力数量。
- ❖ 扭曲：围绕约束的局部x轴旋转。
    - ◇ 锁定：防止父对象和子对象围绕约束的局部x轴旋转。
    - ◇ 受限：允许父对象和子对象围绕局部x轴在固定角度范围内旋转。
    - ◇ 自由：允许父对象和子对象围绕约束的局部x轴无限制旋转。
    - ◇ 限制：当"扭曲"设置为"受限"时，"左"和"右"值是每侧限制的绝对度数。
    - ◇ 反弹：当"扭曲"设置为"受限"时，设置碰撞时对象偏离限制而反弹的数量。
    - ◇ 弹簧：当"扭曲"设置为"受限"时，设置将对象拉回到限制（如果超出限制）的弹簧强度。
    - ◇ 阻尼：当"扭曲"设置为"受限"且超出限制时，设置对象所受的旋转阻力数量。

18.3.4 "弹簧"卷展栏

图18-94

功能介绍

展开"弹簧"卷展栏，如图18-94所示。

参数详解

❖ 弹性：设置始终将父对象和子对象的平移拉回到其初始偏移位置的力量。

❖ 阻尼：设置"弹性"不为0时用于限制弹簧力的阻力。

18.3.5 "高级"卷展栏

图18-95

功能介绍

展开"高级"卷展栏，如图18-95所示。

参数详解

❖ 父/子刚体碰撞：如果关闭该选项，由某个约束所连接的父刚体和子刚体将无法相互碰撞。

❖ "可断开约束"参数组。

◇ 可断开：如果启用此选项，在模拟阶段可能会破坏此约束。

◇ 最大力：如果线性力的大小超过该值，将断开约束。

◇ 最大扭矩：如果扭曲力的数量超过该值，将断开约束。

❖ "投影"参数组。

◇ 无投影：不执行投影。

◇ 仅线性（较快）：仅投影线性距离。

◇ 线性和角度：同时执行线性投影和角度投影。

◇ 距离：设置为了投影生效要超过的约束冲突的最小距离。

◇ 角度：设置必须超过约束冲突的最小角度，这样投影才能生效。

18.4 Cloth（布料）修改器

　　Cloth（布料）修改器是专门为角色和动物创建逼真的织物和衣服的高级工具，图18-96和图18-97所示是用该修改器制作的一些优秀布料作品。

图18-96

图18-97

Cloth（布料）修改器可以应用于布料模拟组成部分的所有对象。该修改器用于定义布料对象和冲突对象、指定属性和执行模拟。Cloth（布料）修改器可以直接在"修改器列表"中进行加载，如图18-98所示。

图18-98

18.4.1　Cloth（布料）修改器默认参数

Cloth（布料）修改器的默认参数包含3个卷展栏，分别是"对象"、"选定对象"和"模拟参数"卷展栏，如图18-99所示。

图18-99

1. "对象"卷展栏

功能介绍

"对象"卷展栏是Cloth（布料）修改器的核心部分，包含了模拟布料和调整布料属性的大部分控件，如图18-100所示。

参数详解

❖ 对象属性 ： 用于打开"对象属性"对话框。

图18-100

技术专题18-2 ["对象属性"对话框]

使用"对象属性"对话框可以定义要包含在模拟中的对象，确定这些对象是布料还是冲突对象，以及与其关联的参数，如图18-101所示。

1. "模拟对象"参数组

添加对象 添加对象...：单击该按钮可以打开"添加对象到Cloth模拟"对话框，如图18-102所示。从该对话框中可以选择要添加到布料模拟的场景对象，添加对象之后，该对象的名称会出现在下面的列表中。

图18-102

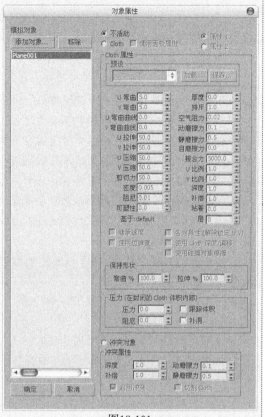

图18-101

移除 移除：移除选定的模拟对象。

2. "选择对象的角色"参数组

不活动：使对象在模拟中处于不活动状态。

Cloth：让选择对象充当布料对象。

冲突对象：让选定对象充当冲突对象。

使用面板属性：启用该选项后，可以让布料对象使用在面板子对象层级指定的布料属性。

属性1/属性2：这两个单选选项用来为布料对象指定两组不同的布料属性。

3. "Cloth属性"参数组

预设：该复参数组用于保存当前布料属性或是加载外部的布料属性文件。

U/V弯曲：用于设置弯曲的阻力。数值越高，织物能弯曲的程序就越小。

U/V弯曲曲线：设置织物折叠时的弯曲阻力。

U/V拉伸：设置拉伸的阻力。

U/V压缩：设置压缩的阻力。

剪切力：设置剪切的阻力。值越高，布料就越硬。

密度：设置每单位面积的布料重量（以gm/cm²表示）。值越高，布料就越重。

阻尼：值越大，织物反应就越迟钝。采用较低的值，织物的弹性将更高。

可塑性：设置布料保持其当前变形（即弯曲角度）的倾向。

厚度：定义织物的虚拟厚度，便于检测布料对布料的冲突。

排斥：用于设置排斥其他布料对象的力值。

空气阻力：设置受到的空气阻力。

动摩擦力：设置布料和实体对象之间的动摩擦力。

静摩擦力：设置布料和实体对象之间的静摩擦力。

自摩擦力：设置布料自身之间的摩擦力。

接合力：该选项在目前还不能使用。

U/V比例:控制布料沿U、V方向延展或收缩的多少。

深度：设置布料对象的冲突深度。

补偿：设置在布料对象和冲突对象之间保持的距离。

粘着：设置布料对象粘附到冲突对象的范围。

层：指示可能会相互接触的布片的正确"顺序"，范围从-100~100。

基于：该文本字段用于显示初始布料属性值所基于的预设值的名称。

继承速度：启用该选项后，布料会继承网格在模拟开始时的速度。

使用边弹簧：用于计算拉伸的备用方法。启用该选项后，拉伸力将以沿三角形边的弹簧为基础。

各向异性（解除锁定U,V）：启用该选项后，可以为"弯曲"、"b曲线"和"拉伸"参数设置不同的U值和V值。

使用Cloth深度/偏移：启用该选项后，将使用在"Cloth属性"参数组中设置的深度和补偿值。

使用碰撞对象摩擦：启用该选项时，可以使用碰撞对象的摩擦力来确定摩擦力。

保持形状：根据"弯曲%"和"拉伸%"的设置来保留网格的形状。

压力：由于布料的封闭体积的行为就像在其中填充了气体一样，因此它具有"压力"和"阻尼"等属性。

4. "冲突属性"参数组

深度：设置冲突对象的冲突深度。

补偿：设置在布料对象和冲突对象之间保持的距离。

动摩擦力：设置布料和该特殊实体对象之间的动摩擦力。

静摩擦力：设置布料和实体对象之间的静摩擦力。

启用冲突：启用或关闭对象的冲突，同时仍然允许对其进行模拟。

切割Cloth：启用该选项后，如果在模拟过程中与布料相交，"冲突对象"可以切割布料。

❖ Cloth力 [Cloth力]：单击该按钮可以打开"力"对话框，如图18-103所示。在该对话框中可以向模拟添加类似风之类的力（即场景中的空间扭曲）。

❖ 模拟局部 [模拟局部]：不创建动画，直接开始模拟进程。

❖ 模拟局部（阻尼）[模拟局部（阻尼）]：与"模拟局部"相同，但是要为布料添加大量的阻尼。

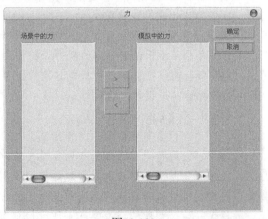

图18-103

❖ 模拟 模拟 ：在激活的时间段上创建模拟。与"模拟局部"不同，这种模拟会在每帧处以模拟缓存的形式创建模拟数据。

❖ 进程：开启该选项之后，将在模拟期间打开"Cloth模拟"对话框。

❖ 模拟帧：显示当前模拟的帧数。

❖ 消除模拟 清除模拟 ：删除当前的模拟。

❖ 截断模拟 截断模拟 ：删除模拟在当前帧之后创建的动画。

❖ 设置初始状态 设置初始状态 ：将所选布料对象高速缓存的第1帧更新到当前位置。

❖ 重设状态 重设状态 ：将所选布料对象的状态重设为应用Cloth（布料）修改器时的状态。

❖ 删除对象高速缓存 删除对象高速缓存 ：删除所选的非布料对象的高速缓存。

❖ 抓取状态 抓取状态 ：从修改器堆栈顶部获取当前状态并更新当前帧的缓存。

❖ 抓取目标状态 抓取目标状态 ：用于指定保持形状的目标形状。

❖ 重置目标状态 重置目标状态 ：将默认弯曲角度重设为堆栈中的布料下面的网格。

❖ 使用目标状态：启用该选项后，将保留由抓取目标状态存储的网格形状。

❖ 创建关键点 创建关键点 ：为所选布料对象创建关键点。

❖ 添加对象 添加对象 ：用于直接向模拟添加对象，而无需打开"对象属性"对话框。

❖ 显示当前状态：显示布料在上一模拟时间步阶结束时的当前状态。

❖ 显示目标状态：显示布料的当前目标状态。

❖ 显示启用的实体碰撞：启用该选项时，将高亮显示所有启用实体收集的顶点组。

❖ 显示启用的自身碰撞：启用该选项时，将高亮显示所有启用自收集的顶点组。

2. "选定对象"卷展栏

功能介绍

"选定对象"卷展栏用于控制模拟缓存、使用纹理贴图或插补来控制并模拟布料的属性，如图18-104所示。

参数详解

图18-104

❖ "缓存"参数组。

  ◇ 文本框 ：用于显示缓存文件的当前路径和文件名。

  ◇ 强制UNC路径：如果文本字段路径是指向映射的驱动器，则将该路径转换为UNC格式。

  ◇ 覆盖现有：启用该选项后，布料可以覆盖现有的缓存文件。

  ◇ 设置 设置 ：用于指定所选对象缓存文件的路径和文件名。

  ◇ 加载 加载 ：将指定的文件加载到所选对象的缓存中。

  ◇ 导入 导入 ：打开"导入缓存"对话框，以加载一个缓存文件，而不是指定的文件。

  ◇ 加载所有 加载所有 ：加载模拟中每个布料对象的指定缓存文件。

  ◇ 保存 保存 ：使用指定的文件名和路径保存当前缓存。

◇ 导出 导出... ：打开"导出缓存"对话框，将缓存保存到一个文件，而不是指定的文件。
◇ 附加缓存：如果要以PointCache2格式创建第2个缓存，则应该启用该选项，然后单击后面的"设置"按钮 设置... 以指定路径和文件名。
❖ "属性指定"参数组。
◇ 插入：通过滑块控制参数位于"属性1"还是"属性2"。
◇ 纹理贴图：设置纹理贴图，以对布料对象应用"属性1"和"属性2"设置。
◇ 贴图通道：用于指定纹理贴图所要使用的贴图通道，或选择要用于取而代之的顶点颜色。
❖ "弯曲贴图"参数组。
◇ 弯曲贴图：控制是否开启"弯曲贴图"选项。
◇ 顶点颜色：使用顶点颜色通道来进行调整。
◇ 贴图通道：使用贴图通道，而不是顶点颜色来进行调整。
◇ 纹理贴图：使用纹理贴图来进行调整。

3. "模拟参数"卷展栏

功能介绍

"模拟参数"卷展栏用于指定重力、起始帧和缝合弹簧选项等常规模拟属性，如图18-105所示。

图18-105

参数详解

❖ 厘米/单位：确定每3ds Max单位表示多少厘米。
❖ 地球 地球 ：单击该按钮可以设置地球的重力值。
❖ 重力 重力 ：启用该按钮之后，"重力"值将影响到模拟中的布料对象。
❖ 步阶：设置模拟器可以采用的最大时间步阶大小。
❖ 子例：设置3ds Max对固体对象位置每帧的采样次数。
❖ 起始帧：设置模拟开始处的帧。
❖ 结束帧：开启该选项后，可以确定模拟终止处的帧。
❖ 自相冲突：开启该选项后，可以检测布料对布料之间的冲突。
❖ 检查相交：该选项是一个过时功能，无论勾选与否都无效。
❖ 实体冲突：开启该选项后，模拟器将考虑布料对实体对象的冲突。
❖ 使用缝合弹簧：开启该选项后，可以使用随Garment Maker创建的缝合弹簧将织物接合在一起。
❖ 显示缝合弹簧：用于切换缝合弹簧在视口中的可见性。
❖ 随渲染模拟：开启该选项后，将在渲染时触发模拟。
❖ 高级收缩：开启该选项后，布料将对同一冲突对象两个部分之间收缩的布料进行测试。
❖ 张力：利用顶点颜色显现织物中的压缩/张力。
❖ 焊接：控制在完成撕裂布料之前如何在设置的撕裂上平滑布料。

18.4.2　Cloth（布料）修改器子对象参数

Cloth（布料）修改器有4个次物体层级，如图18-106所示，每个层级都由不同的工具和参数，下面分别进行讲解。

图18-106

1. "组"层级

功能介绍

"组"层级主要用于选择成组顶点，并将其约束到曲面、冲突对象或其他布料对象，其参数面板如图18-107所示。

参数详解

❖ 设定组 设定组 ：利用选中顶点来创建组。

❖ 删除组 删除组 ：删除选定的组。

❖ 解除 解除 ：解除指定给组的约束，让其恢复到未指定状态。

❖ 初始化 初始化 ：将顶点连接到另一对象的约束，并包含有关组顶点的位置相对于其他对象的信息。

❖ 更改组 更改组 ：用于修改组中选定的顶点。

❖ 重命名 重命名 ：用于重命名组。

❖ 节点 节点 ：将组约束到场景中的对象或节点的变换。

❖ 曲面 曲面 ：将所选定的组附加到场景中的冲突对象的曲面上。

图18-107

❖ Cloth Cloth ：将布料顶点的选定组附加到另一个布料对象。

❖ 保留 保留 ：选定的组类型在修改器堆栈中的Cloth（布料）修改器下保留运动。

❖ 绘制 绘制 ：选定的组类型将顶点锁定就位或向选定组添加阻尼力。

❖ 模拟节点 模拟节点 ：除了该节点必须是布料模拟的组成部分之外，该选项和节点选项的功用相同。

❖ 组 组 ：将一个组附加到另一个组。

❖ 无冲突 无冲突 ：忽略在当前选择的组和另一组之间的冲突。

❖ 力场 力场 ：用于将组链接到空间扭曲，并让空间扭曲影响顶点。

❖ 粘滞曲面 粘滞曲面 ：只有在组与某个曲面冲突之后，才会将其粘贴到该曲面上。

❖ 粘滞Cloth 粘滞Cloth ：只有在组与某个曲面冲突之后，才会将其粘贴到Cloth曲面上。

❖ 焊接 焊接 ：单击该按钮可以使现有组转入"焊接"约束。

❖ 制造撕裂 制造撕裂 ：单击该按钮可以使所选顶点转入带"焊接"约束的撕裂。

❖ 清除撕裂 清除撕裂 ：单击该按钮可以从Cloth（布料）修改器移除所有撕裂。

2. "面板"层级

功能介绍

在"面板"层级下，可以随时选择一个布料，并更改其属性，其参数面板如图18-108所示。

提示：关于"面板"卷展栏下的参数请参考"对象属性"对话框。

3. "接缝"层级

功能介绍

在"接缝"层级下可以定义接合口属性，其参数面板如图18-109所示。

图18-109

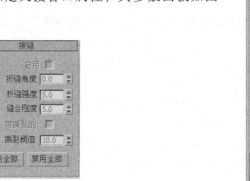

图18-108

参数详解

❖ 启用：控制是否开启接合口。

❖ 折缝角度：在接合口上创建折缝。角度值将确定介于两个面板之间的折缝角度。

❖ 折缝强度：增减接合口的强度。该值将影响接合口相对于布料对象其余部分的抗弯强度。

❖ 缝合刚度：在模拟时接缝面板拉合在一起的力的大小。

❖ 可撕裂的：勾选该选项后，可以将所选接合口设置为可撕裂状态。

❖ 启用全部：将所选布料上的所有接合口设置为激活。

❖ 禁用全部：将所选布料上的所有接合口设置为关闭。

4. "面"层级

功能介绍

在"面"层级下，可以对布料对象进行交互拖放，就像这些对象在本地模拟一样，其参数面板如图18-110所示。

图18-110

参数详解

- ❖ 模拟局部 模拟局部 ：对布料进行局部模拟。为了和布料能够实时交互反馈，必须启用该按钮。
- ❖ 动态拖动！ 动态拖动↑ ：激活该按钮后，可以在进行本地模拟时拖曳选定的面。
- ❖ 动态旋转！ 动态旋转↑ ：激活该按钮后，可以在进行本地模拟时旋转选定的面。
- ❖ 随鼠标下移模拟：只在鼠标左键单击时运行本地模拟。
- ❖ 忽略背面：启用该选项后，可以只选择面对的那些面。

【练习18-7】：用Cloth（布料）修改器制作毛巾动画

本练习的毛巾动画效果如图18-111所示。

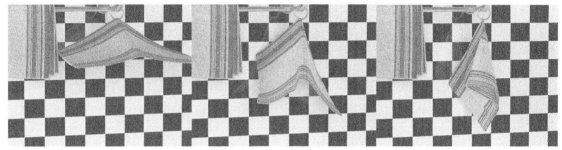

图18-111

Step 01 打开光盘中的"练习文件>第18章>练习18-7.max"文件，如图18-112所示。

Step 02 选择如图18-113所示的平面，为其加载一个Cloth（布料）修改器，然后在"对象"卷展栏下单击"对象属性"按钮 对象属性 ，接着在弹出的"对象属性"对话框中选择模拟对象Plane001，最后选中Cloth选项，如图18-114所示。

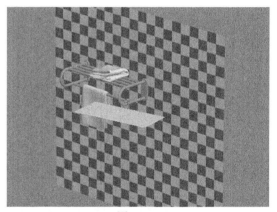

图18-112

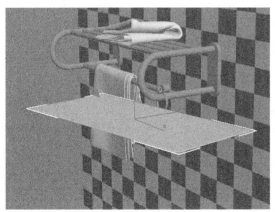

图18-113

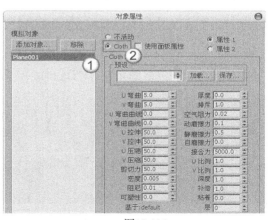

图18-114

Step 03 进入Cloth（布料）修改器的"组"层级，然后选择如图18-115所示的顶点，接着在"组"卷展栏下单击"设定组"按钮 设定组 ，最后在弹出的"设定组"对话框中单击"确定"按钮 确定 ，如图18-116所示。

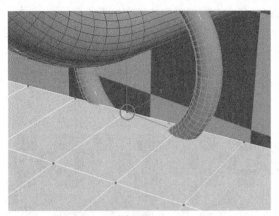

图18-115

图18-116

Step 04 在"组"卷展栏下单击"绘制"按钮 绘制 ，然后返回顶层级结束编辑，接着在"对象"卷展栏下单击"模拟"按钮 模拟 ，此时会弹出生成动画的进程对话框，如图18-117所示。

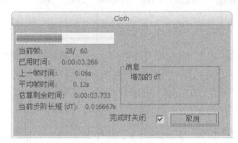

图18-117

Step 05 拖曳时间线滑块观察动画，效果如图18-118所示。

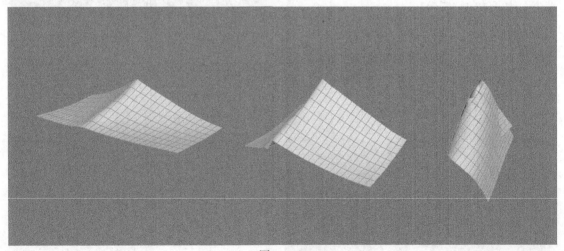

图18-118

Step 06 选择动画效果最明显的一些帧，然后单独渲染出这些单帧动画，最终效果如图18-119所示。

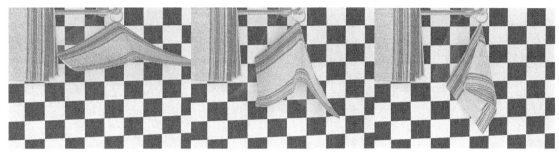

图18-119

【练习18-8】：用Cloth（布料）修改器制作床单下落动画

本练习的床单下落动画效果如图18-120所示。

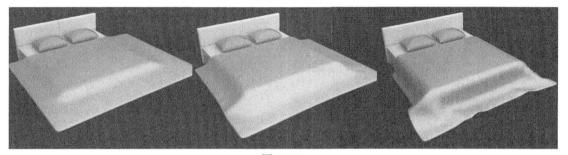

图18-120

Step 01 打开光盘中的"练习文件>第18章>练习18-8.max"文件，如图18-121所示。

Step 02 选择顶部的平面，为其加载一个Cloth（布料）修改器，然后在"对象"卷展栏下单击"对象属性"按钮 对象属性 ，接着在弹出的"对象属性"对话框中选择模拟对象Plane007，最后选中Cloth选项，如图18-122所示。

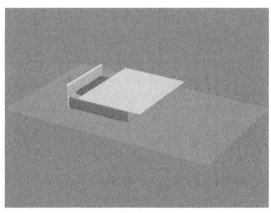

图18-121

图18-122

Step 03 单击"添加对象"按钮 添加对象... ，然后在弹出的"添加对象到Cloth模拟"对话框中选择ChamferBox001（床垫）、Plane006（地板）、Box02和Box24（这两个长方体是床侧板），如图18-123所示。

Step 04 选择ChamferBox001、Plane006、Box02和Box24，然后选中"冲突对象"选项，如图18-124所示。

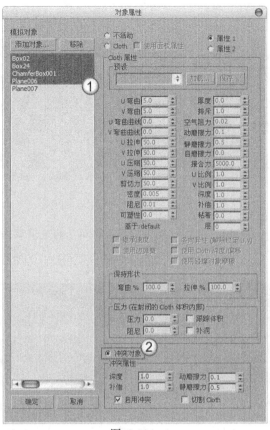

图18-123

图18-124

Step 05 在"对象"卷展栏下单击"模拟"按钮自动生成动画，如图18-125所示，模拟完成后的效果如图18-126所示。

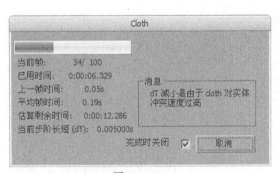

图18-125

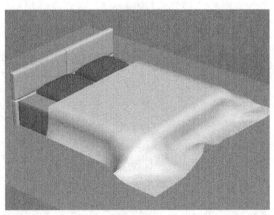

图18-126

Step 06 为床盖模型加载一个"壳"修改器，然后在"参数"卷展栏下设置"内部量"为10mm、"外部量"为1mm，具体参数设置及模型效果如图18-127所示。

Step 07 继续为床盖模型加载一个"网格平滑"修改器（采用默认设置），效果如图18-128所示。

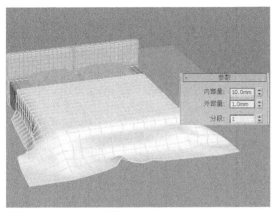

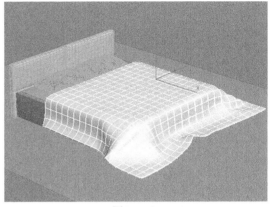

图18-127   图18-128

Step 08 选择动画效果最明显的一些帧，然后单独渲染出这些单帧动画，最终效果如图18-129所示。

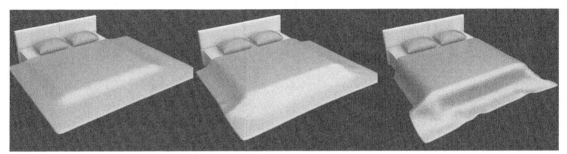

图18-129

【练习18-9】：用Cloth（布料）修改器制作布料下落动画

本练习的布料下落动画效果如图18-130所示。

图18-130

Step 01 打开光盘中的"练习文件>第18章>练习18-9.max"文件，如图18-131所示。

Step 02 选择平面，为其加载一个Cloth（布料）修改器，然后在"对象"卷展栏下单击"对象属性"按钮 对象属性 ，接着在弹出的"对象属性"对话框中选择模拟对象Plane001，最后选中Cloth选项，如图18-132所示。

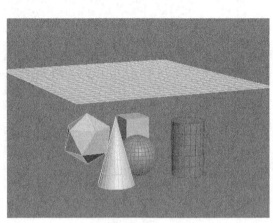

图18-131

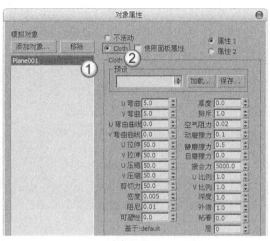

图18-132

Step 03 单击"添加对象"按钮 添加对象... ，然后在弹出的"添加对象到Cloth模拟"对话框中选择所有的几何体，如图18-133所示。

Step 04 选择上一步添加的对象，然后选中"冲突对象"选项，如图18-134所示。

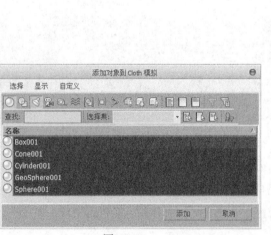

图18-133

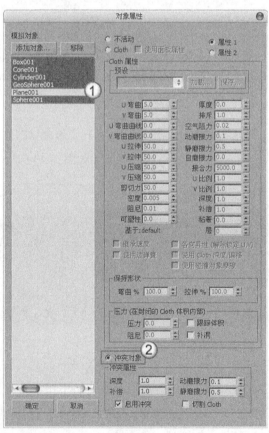

图18-134

Step 05 在"对象"卷展栏下单击"模拟"按钮 模拟 自动生成动画，如图18-135所示，模拟完成后的效果如图18-136所示。

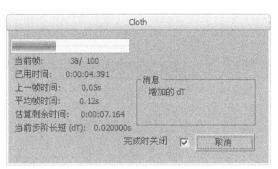

图18-135

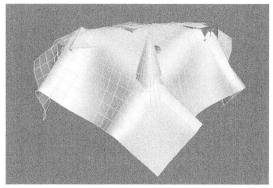

图18-136

Step 06 选择动画效果最明显的一些帧,然后单独渲染出这些单帧动画,最终效果如图18-137所示。

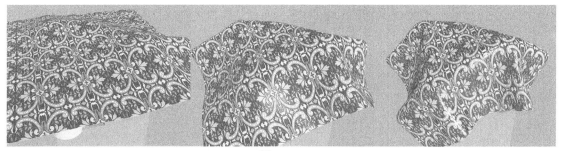

图18-137

【练习18-10】:用Cloth(布料)修改器制作旗帜飘扬动画

本练习的旗帜飘扬动画效果如图18-138所示。

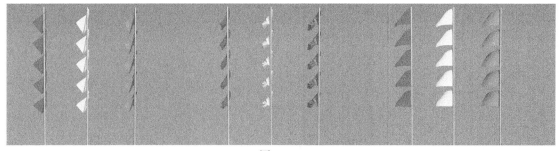

图18-138

Step 01 打开光盘中的"练习文件>第18章>练习18-10.max"文件,如图18-139所示。

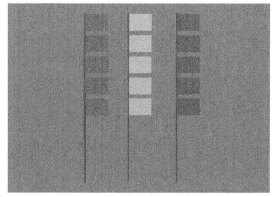

图18-139

Step 02 设置空间扭曲类型为"力",然后使用"风"工具 风 在视图中创建一个风力,其位置如图18-140所示,接着在"参数"卷展栏下设置"强度"为30、"湍流"为5,具体参数设置如图18-141所示。

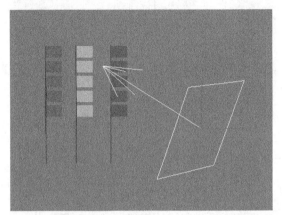

图18-140

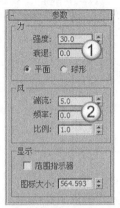

图18-141

Step 03 任意选择一面旗帜,为其加载一个Cloth(布料)修改器,然后在"对象"卷展栏下单击"对象属性"按钮 对象属性 ,接着在弹出的"对象属性"对话框中选择这面旗帜,最后选中Cloth选项,如图18-142所示。

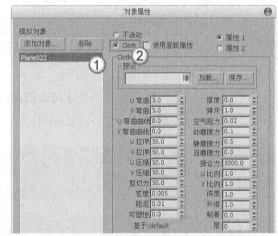

图18-142

提示: 由于本场景中的旗帜是通过"实例"复制方式制作的,因此只需要对其中一面旗帜进行设置。

Step 04 选择Cloth(布料)修改器的"组"层级,然后选择如图18-143所示的顶点(连接旗杆的顶点),接着在"组"卷展栏下单击"设定组"按钮 设定组 ,最后在弹出的"设定组"对话框中单击"确定"按钮 确定 ,如图18-144所示。

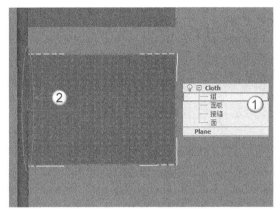

图18-143

图18-144

Step 05 在"组"卷展栏下单击"绘制"按钮 绘制 ，然后返回顶层级结束编辑，在"对象"卷展栏下单击"Cloth力"按钮 Cloth力 ，接着在弹出"力"对话框中选择场景中的风力 Wind001，最后单击 > 按钮将其加载到右侧的列表中，如图18-145和图18-146所示。

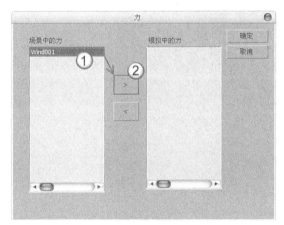

图18-145　　　　图18-146

Step 06 在"对象"卷展栏下单击"模拟"按钮 模拟 自动生成动画，如图18-147所示，模拟完成后的效果如图18-148所示。

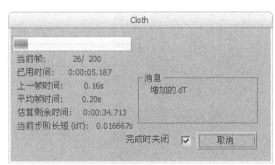

图18-147

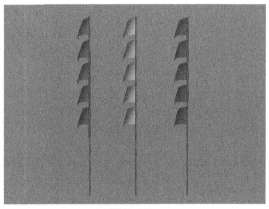

图18-148

Step 07 选择动画效果最明显的一些帧，然后单独渲染出这些单帧动画，最终效果如图18-149
所示。

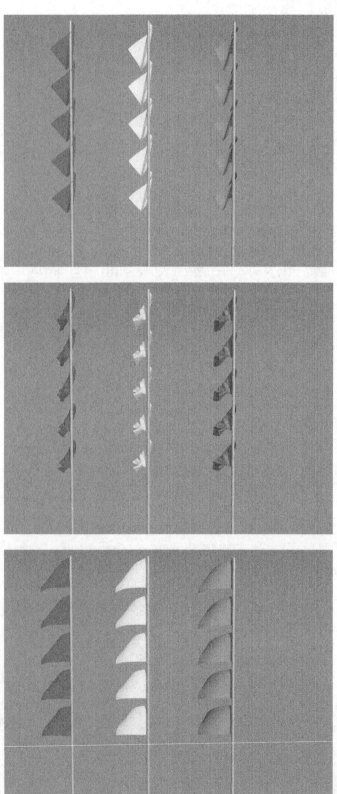

图18-149

毛发系统

本章导读

　　毛发系统工具主要用来创建真实的毛发效果，还可以用于创建树叶、花朵、草丛等植物对象。3ds Max自带的毛发工具是Hair和Fur，如果安装了VRay渲染器，还可以使用VRay毛发功能。这些毛发工具都非常智能化，操作简便，不仅能够在选定的对象上生成毛发效果，还可以进一步调整形态、创建动力学动画等。毛发系统的应用非常广泛，不管是角色创作，还是产品设计，或是建筑效果图制作，都会大量使用到该工具，所以读者要熟练掌握和运用毛发工具。

19.1 毛发系统概述

毛发在静帧和角色动画制作中非常重要，同时毛发也是动画制作中最难模拟的，图19-1~图19-3所示是一个比较优秀的毛发作品。

图19-1

图19-2

图19-3

在3ds Max中，制作毛发的方法主要有以下3种。

第1种：使用Hair和Fur（WSM）（头发和毛发（WSM））修改器来进行制作。

第2种：使用"VRay毛发"工具  VR_毛发 来进行制作。

第3种：使用不透明度贴图来进行制作。

19.2 Hair和Fur（WSM）修改器

Hair和Fur（WSM）（头发和毛发（WSM））修改器是毛发系统的核心。该修改器可以应用在要生长毛发的任何对象上（包括网格对象和样条线对象）。如果是网格对象，毛发将从整个曲面上生长出来；如果是样条线对象，毛发将在样条线之间生长出来。

创建一个物体，然后为其加载一个Hair和Fur（WSM）（头发和毛发（WSM））修改器，可以观察到加载修改器之后，物体表面就生长出了毛发效果，如图19-4所示。

Hair和Fur（WSM）（头发和毛发（WSM））修改器的参数非常多，一共有14个卷展栏，如图19-5所示。下面依次对各卷展栏下的参数进行介绍。

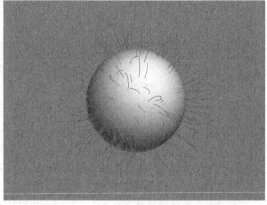
图19-4

图19-5

19.2.1 "选择"卷展栏

图19-6

功能介绍

展开"选择"卷展栏，如图19-6所示。

参数详解

❖ 导向 ： 这是一个子对象层级，单击该按钮后，"设计"卷
展栏中的"设计发型"工具 设计发型 将自动启用。

❖ 面 ： 这是一个子对象层级，可以选择三角形面。

❖ 多边形 ： 这是一个子对象层级，可以选择多边形。

❖ 元素 ： 这是一个子对象层级，可以通过单击一次鼠标左键来选择对象中的所有连续
多边形。

❖ 按顶点：该选项只在"面"、"多边形"和"元素"级别中使用。启用该选项后，只
需要选择子对象的顶点就可以选中子对象。

❖ 忽略背面：该选项只在"面"、"多边形"和"元素"级别中使用。启用该选项后，
选择子对象时只影响面对着用户的面。

❖ 复制 复制 ： 将命名选择集放置到复制缓冲区。

❖ 粘贴 粘贴 ： 从复制缓冲区中粘贴命名的选择集。

❖ 更新选择 更新选择 ： 根据当前子对象来选择重新要计算毛发生长的区域，然后更新显
示。

19.2.2 "工具"卷展栏

功能介绍

展开"工具"卷展栏，如图19-7所示。

图19-7

参数详解

❖ 从样条线重梳 从样条线重梳 ： 创建样条线以后，使用该工具在视
图中拾取样条线，可以从样条线重梳毛发，如图19-8所示。

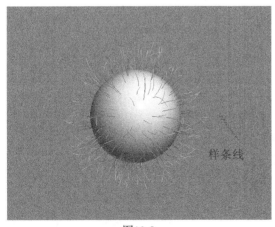

图19-8

- ❖ 样条线变形: 可以用样条线来控制发型与动态效果。
- ❖ 重置其余 重置其余 : 在曲面上重新分布头发的数量, 以得到较为均匀的结果。
- ❖ 重生头发 重生头发 : 忽略全部样式信息, 将头发复位到默认状态。
- ❖ 加载 加载 : 单击该按钮可以打开 "Hair和Fur预设值" 对话框, 在该对话框中可以加载预设的毛发样式, 如图19-9所示。

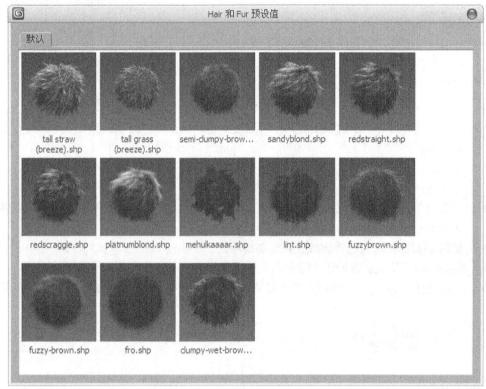

图19-9

- ❖ 保存 保存 : 调整好毛发以后, 单击该按钮可以将当前的毛发保存为预设的毛发样式。
- ❖ 复制 复制 : 将所有毛发设置和样式信息复制到粘贴缓冲区。
- ❖ 粘贴 粘贴 : 将所有毛发设置和样式信息粘贴到当前的毛发修改对象中。
- ❖ 无 无 : 如果要指定毛发对象, 可以单击该按钮, 然后拾取要应用毛发的对象。
- ❖ X X : 如果要停止使用实例节点, 可以单击该按钮。
- ❖ 混合材质: 启用该选项后, 应用于生长对象的材质以及应用于毛发对象的材质将合并为单一的多子对象材质, 并应用于生长对象。
- ❖ 导向–>样条线 导向->样条线 : 将所有导向复制为新的单一样条线对象。
- ❖ 毛发–>样条线 毛发->样条线 : 将所有毛发复制为新的单一样条线对象。
- ❖ 毛发–>网格 毛发->网格 : 将所有毛发复制为新的单一网格对象。
- ❖ 渲染设置 渲染设置 : 单击该按钮可以打开 "环境和效果" 对话框, 在该对话框中可以对毛发的渲染效果进行更多的设置。

19.2.3　"设计"卷展栏

图19-10

功能介绍

展开"设计"卷展栏，如图19-10所示。

参数详解

❖　设计发型 设计发型 ：单击该按钮可以设计毛发的发型，此时该按钮会变成凹陷的"完成设计"按钮 完成设计 ，单击"完成设计"按钮 完成设计 可以返回到"设计发型"状态。

❖　"选择"参数组。

◇　由头梢选择毛发 ：可以只选择每根导向毛发末端的顶点。

◇　选择全部顶点 ：选择导向毛发中的任意顶点时，会选择该导向毛发中的所有顶点。

◇　选择导向顶点 ：可以选择导向毛发上的任意顶点。

◇　由根选择导向 ：可以只选择每根导向毛发根处的顶点，这样会选择相应导向毛发上的所有顶点。

◇　顶点显示下拉列表 长方体标记 ：选择顶点在视图中的显示方式。

◇　反选 ：反转顶点的选择，快捷键为Ctrl+I。

◇　轮流选 ：旋转空间中的选择。

◇　扩展选定对象 ：通过递增的方式增大选择区域。

◇　隐藏选定对象 ：隐藏选定的导向毛发。

◇　显示隐藏对象 ：显示任何隐藏的导向毛发。

❖　"设计"参数组。

◇　发梳 ：在该模式下，可以通过拖曳光标来梳理毛发。

◇　剪毛发 ：在该模式下可以修剪导向毛发。

◇　选择 ：单击该按钮可以进入选择模式。

◇　距离褪光：启用该选项时，刷动效果将朝着画刷的边缘产生褪光现象，从而产生柔和的边缘效果（只适用于"发梳"模式）。

◇　忽略背面毛发：启用该选项时，背面的毛发将不受画刷的影响（适用于"发梳"和"剪毛发"模式）。

◇　画刷大小滑块 ：通过拖曳滑块来调整画刷的大小。另外，按住Shift+Ctrl组合键在视图中拖曳光标也可以更改画刷大小。

◇　平移 ：按照光标的移动方向来移动选定的顶点。

◇　站立 ：在曲面的垂直方向制作站立效果。

◇　蓬松发根 ：在曲面的垂直方向制作蓬松效果。

◇　丛 ：强制选定的导向之间相互更加靠近（向左拖曳光标）或更加分散（向右拖曳光标）。

◇　旋转 ：以光标位置为中心（位于发梳中心）来旋转导向毛发的顶点。

◇　比例 ：放大（向右拖动鼠标）或缩小（向左拖动鼠标）选定的导向。

❖　"实用程序"参数组。

◇　衰减 ：根据底层多边形的曲面面积来缩放选定的导向。这一工具比较实用，例如，将毛发应用到动物模型上时，毛发较短的区域多边形通常也较小。

◇ 选定弹出 ：沿曲面的法线方向弹出选定的毛发。

◇ 弹出大小为零 ：与"选定弹出"类似，但只能对长度为0的毛发进行编辑。

◇ 重梳 ：使用引导线对毛发进行梳理。

◇ 重置剩余 ：在曲面上重新分布毛发的数量，以得到较为均匀的结果。

◇ 切换碰撞 ：如果激活该按钮，设计发型时将考虑毛发的碰撞。

◇ 切换Hair ：切换毛发在视图中的显示方式，但是不会影响毛发导向的显示。

◇ 锁定 ：将选定的顶点相对于最近曲面的方向和距离锁定。锁定的顶点可以选择但不能移动。

◇ 解除锁定 ：解除对所有导向毛发的锁定。

◇ 撤销 ：撤销最近的操作。

❖ "毛发组"参数组。

◇ 拆分选定毛发组 ：将选定的导向拆分为一个组。

◇ 合并选定毛发组 ：重新合并选定的导向。

19.2.4 "常规参数"卷展栏

功能介绍

展开"常规参数"卷展栏，图19-11所示。

图19-11

参数详解

❖ 毛发数量：设置生成的毛发总数，图19-12所示是"毛发数量"为1000和9000时效果对比。

❖ 毛发段：设置每根毛发的段数。段数越多，毛发越自然，但是生成的网格对象就越大（对于非常直的直发，可将"毛发段"设置为1），图19-13所示是"毛发段"为5和60时的效果对比。

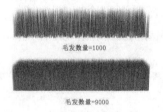

图19-12

图19-13

❖ 毛发过程数：设置毛发的透明度，取值范围为1~20，图19-14所示是"毛发过程数"为1和4时的效果对比。

❖ 密度：设置毛发的整体密度。

❖ 比例：设置毛发的整体缩放比例。

❖ 剪切长度：设置将整体的毛发长度进行缩放的比例。

❖ 随机比例：设置在渲染毛发时的随机比例。

❖ 根厚度：设置发根的厚度。

❖ 梢厚度：设置发梢的厚度。

❖ 置换：设置毛发从根到生长对象曲面的置换量。

❖ 插值：开启该选项后，毛发生长将插入到导向毛发之间。

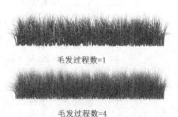

图19-14

19.2.5　"材质参数"卷展栏

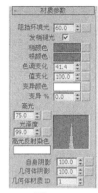

图19-15

功能介绍

展开"材质参数"卷展栏，如图19-15所示。

参数详解

❖　阻挡环境光：在照明模型时，控制环境光或漫反射对模型影响的偏差，图19-16和图19-17所示分别是"阻挡环境光"为0和100时的毛发效果。

❖　发梢褪光：开启该选项后，毛发将朝向梢部而产生淡出到透明的效果。该选项只适用于mental ray渲染器。

图19-16　　　　　　　　　图19-17

❖　梢/根颜色：设置距离生长对象曲面最远或最近的毛发梢部/根部的颜色，图19-18所示是"梢颜色"为红色、"根颜色"为蓝色时的毛发效果。

❖　色调/值变化：设置头发颜色或亮度的变化量,图19-19所示是不同"色调变化"和"值变化"的毛发效果。

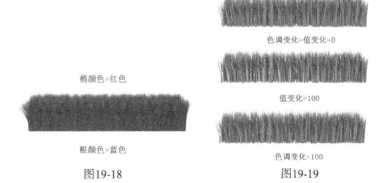

梢颜色=红色

根颜色=蓝色

图19-18

色调变化=值变化=0

值变化=100

色调变化=100

图19-19

❖　变异颜色：设置变异毛发的颜色。

❖　变异%：设置接受"变异颜色"的毛发的百分比，图19-20所示是"变异%"为30和0时的效果对比。

❖　高光：设置在毛发上高亮显示的亮度。

❖　光泽度：设置在毛发上高亮显示的相对大小。

❖　高光反射染色：设置反射高光的颜色。

❖ 自身阴影：设置毛发自身阴影的大小，图19-21所示"自身阴影"为0、50和100时的效果对比。

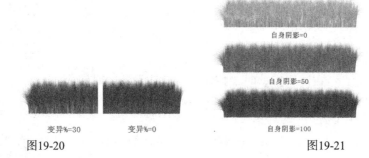

图19-20 图19-21

❖ 几何体阴影：设置毛发从场景中的几何体接收到的阴影的量。
❖ 几何体材质ID：在渲染几何体时设置头发的材质ID。

19.2.6 "mr参数"卷展栏

功能介绍

展开"mr参数"卷展栏，如图19-22所示。

图19-22

参数详解

❖ 应用mr明暗器：开启该选项后，可以应用mental ray的明暗器来生成毛发。
❖ None（无）  ：单击该按钮可以在弹出的"材质/贴图浏览器"对话框中指定明暗器。

19.2.7 "海市蜃楼"卷展栏

功能介绍

展开"海市蜃楼"参数栏，如图19-23所示。

图19-23

参数详解

❖ 百分比：设置其应用"强度"和"Mess强度"的毛发的百分比，范围从0到100。
❖ 强度：海市蜃楼毛发伸出的长度，范围从0.0到1.0。
❖ Mess强度：将卷毛应用于海市蜃楼毛发，范围从0.0到1.0。

19.2.8 "成束参数"卷展栏

功能介绍

展开"成束参数"卷展栏，如图19-24所示。

图19-24

参数详解

- ❖ 束：相对于总体毛发数量，设置毛发束数量。
- ❖ 强度："强度"越大，束中各个梢彼此之间的吸引越强，范围从0.0到1.0。
- ❖ 不整洁：值越大，越不整洁地向内弯曲束，每个束的方向是随机的，范围为0.0至400.0。
- ❖ 旋转：扭曲每个束，范围从0.0到1.0。
- ❖ 旋转偏移：从根部偏移束的梢，范围从0.0到1.0。
- ❖ 颜色：非零值可改变束中的颜色，范围从0.0到1.0。
- ❖ 平坦度：在垂直于梳理方向的方向上挤压每个束，效果是缠结毛发，使其类似于诸如猫或熊等的毛。

19.2.9 "卷发参数"卷展栏

功能介绍

展开"卷发参数"卷展栏，如图19-25所示。

参数详解

- ❖ 卷发根：设置毛发在其根部的置换量。
- ❖ 卷发梢：设置毛发在其梢部的置换量。
- ❖ 卷发X/Y/Z频率：控制在3个轴中的卷发频率。
- ❖ 卷发动画：设置波浪运动的幅度。
- ❖ 动画速度：设置动画噪波场通过空间时的速度。
- ❖ 卷发动画方向：设置卷发动画的方向向量。

图19-25

19.2.10 "纽结参数"卷展栏

功能介绍

展开"纽结参数"卷展栏，如图19-26所示。

参数详解

- ❖ 纽结根/纽结梢：设置毛发在其根部/梢部的扭结置换量。
- ❖ 纽结X/Y/Z频率：设置在3个轴中的扭结频率。

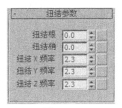

图19-26

19.2.11 "多股参数"卷展栏

功能介绍

展开"多股参数"卷展栏，如图19-27所示。

图19-27

参数详解

- ❖ 数量：设置每个聚集块的毛发数量。
- ❖ 根展开：设置为根部聚集块中的每根毛发提供的随机补偿量。
- ❖ 梢展开：设置为梢部聚集块中的每根毛发提供的随机补偿量。
- ❖ 扭曲：使用每束的中心作为轴扭曲束。
- ❖ 偏移：使束偏移其中心，离尖端越近，偏移越大。
- ❖ 纵横比：在垂直于梳理方向的方向上挤压每个束。
- ❖ 随机化：设置随机处理聚集块中的每根毛发的长度。

19.2.12 "动力学"卷展栏

功能介绍

展开"动力学"卷展栏，如图19-28所示。

参数详解

- ❖ 模式：选择毛发用于生成动力学效果的方法，有"无"、"现场"和"预计算"3个选项可供选择。
- ❖ 模式：该选项组包含下列3个选项。
  - ◇ 起始：设置在计算模拟时要考虑的第1帧。
  - ◇ 结束：设置在计算模拟时要考虑的最后1帧。
  - ◇ 运行 运行：单击该按钮可以进入模拟状态，并在"起始"和"结束"指定的帧范围内生成起始文件。
- ❖ 动力学参数：该参数组用于设置动力学的重力、衰减等属性。
  - ◇ 重力：设置在全局空间中垂直移动毛发的力。
  - ◇ 刚度：设置动力学效果的强弱。
  - ◇ 根控制：在动力学演算时，该参数只影响毛发的根部。
  - ◇ 衰减：设置动态毛发承载前进到下一帧的速度。
- ❖ 碰撞：选择毛发在动态模拟期间碰撞的对象和计算碰撞的方式，共有"无"、"球体"和"多边形"3种方式可供选择。
  - ◇ 使用生长对象：开启该选项后，毛发和生长对象将发生碰撞。
  - ◇ 添加 添加/更换 更换/删除 删除：在列表中添加/更换/删除对象。

图19-28

19.2.13 "显示"卷展栏

功能介绍

展开"显示"卷展栏，如图19-29所示。

参数详解

- ❖ 显示导向：开启该选项后，毛发在视图中会使用颜色样本中的颜色来显示导向。

图19-29

◇ 导向颜色：设置导向所采用的颜色。

❖ 显示毛发：开启该选项后，生长毛发的物体在视图中会显示出毛发。

◇ 覆盖：关闭该选项后，3ds Max会使用与渲染颜色相近的颜色来显示毛发。

◇ 百分比：设置在视图中显示的全部毛发的百分比。

◇ 最大毛发数：设置在视图中显示的最大毛发数量。

◇ 作为几何体：开启该选项后，毛发在视图中将显示为要渲染的实际几何体，而不是默认的线条。

【练习19-1】：用Hair和Fur（WSN）修改器制作海葵

本练习的海葵效果如图19-30所示。

图19-30

Step 01 使用"平面"工具 平面 在场景中创建一个平面，然后在"参数"卷展栏下设置"长度"为160mm、"宽度"为120mm，如图19-31所示。

Step 02 将平面转换为可编辑多边形，然后在"顶点"级别下将其调整成如图19-32所示的形状（这个平面将作为毛发的生长平面）。

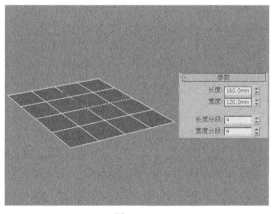

图19-31

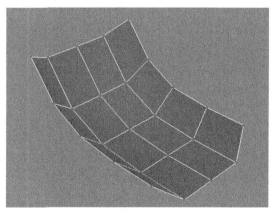

图19-32

Step 03 使用"圆柱体"工具 圆柱体 在场景中创建一个圆柱体，然后在"参数"卷展栏下设置"半径"为6mm、"高度"为60mm、"高度分段"为8，如图19-33所示。

Step 04 将圆柱体转换为可编辑多边形，然后在"顶点"级别下将其调整成如图19-34所示的形状（这个模型作为海葵）。

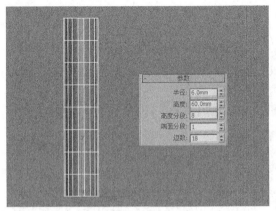

图19-33

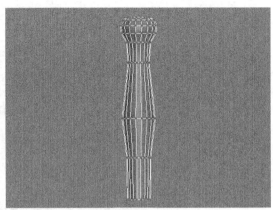

图19-34

Step 05 选择生长平面，然后为其加载一个 Hair和Fur（WSM）（头发和毛发（WSM））修改器，此时平面上会生长出很多凌乱的毛发，如图19-35所示。

Step 06 展开"工具"卷展栏，然后在"实例节点"参数组下单击"无"按钮 ，接着在视图中拾取海葵模型，如图19-36所示，效果如图19-37所示。

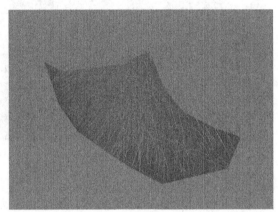

图19-35

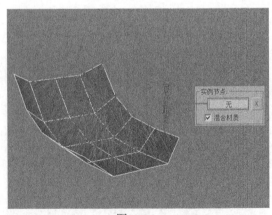

图19-36

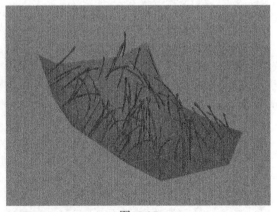

图19-37

提示： 在生长平面上制作出海葵的实例节点以后，可以将原始的海葵模型隐藏起来或直接将其删除。

Step 07 展开"常规参数"卷展栏，然后设置"毛发数量"为2000、"毛发段"为10、"毛发过程数"为2、"随机比例"为20、"根厚度"和"梢厚度"均为6，具体参数设置如图19-38所示，毛发效果如图19-39所示。

图19-38   图19-39

Step 08 展开"卷发参数"卷展栏，然后设置"卷发根"为20、"卷发梢"为0、"卷发Y频率"为8，具体参数设置如图19-40所示，效果如图19-41所示。

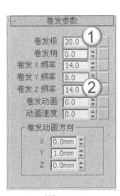

图19-40   图19-41

Step 09 按F9键渲染当前场景，最终效果如图19-42所示。

图19-42

提示：由于海葵材质的制作难度比较大，因此这里专门讲解一下它的制作方法。

图19-43

第1步：选择一个空白材质球，然后设置材质类型为"标准"材质，接着在"明暗器基本参数"卷展栏下设置明暗器类型为Oren-Nayar-Blinn，如图19-43所示。

第2步：展开"贴图"卷展栏，然后在"漫反射颜色"贴图通道中加载一张"衰减"程序贴图，接着在"衰减参数"卷展栏下设置"前"通道的颜色为（红:255，绿:102，蓝:0）、"侧"通道的颜色为（红:248，绿:158，蓝:42），如图19-44所示。

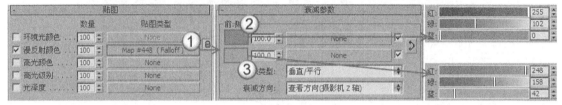

图19-44

第3步：在"自发光"贴图通道中加载一张"遮罩"程序贴图，然后在"贴图"通道中加载一张"衰减"程序贴图，并设置其"衰减类型"为Fresnel，接着在"遮罩"贴图通道加载一张"衰减"程序贴图，并设置其"衰减类型"为"阴影/灯光"，如图19-45所示。

图19-45

第4步：在"凹凸"贴图通道中加载一张"噪波"程序贴图，然后在"噪波参数"卷展栏下设置"大小"为1.5，如图19-46所示，制作好的材质球效果如图19-47所示。

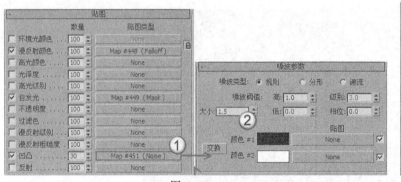

图19-46

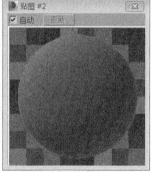

图19-47

【练习19-2】：用Hair和Fur（WSN）修改器制作仙人球

本练习的仙人球效果如图19-48所示。

图19-48

Step 01 打开光盘中的"练习文件>第19章>练习19-2.max"文件，如图19-49所示。

Step 02 选择仙人球的花骨朵模型，如图19-50所示，然后为其加载一个Hair和Fur（WSM）（头发和毛发（WSM））修改器，效果如图19-51所示。

Step 03 展开"常规参数"卷展栏，然后设置"毛发数量"为1000、"剪切长度"为50、"随机比例"为20、"根厚度"为8、"梢厚度"为0，具体参数设置如图19-52所示。

图19-49 · 图19-50

图19-51 · 图19-52

Step 04 展开"材质参数"卷展栏，然后设置"梢颜色"和"根颜色"为白色，接着设置"高光"为40、"光泽度"为50，具体参数设置如图19-53所示。

Step 05 展开"卷发参数"卷展栏，然后设置"卷发根"和"卷发梢"为0，如图19-54所示。

Step 06 展开"多股参数"卷展栏，然后设置"数量"为1、"根展开"为0.05、"梢展开"为0.5，具体参数设置如图19-55所示，毛发效果如图19-56所示。

Step 07 按大键盘上的8键打开"环境和效果"对话框，然后单击"效果"选项卡，展开"效果"卷展栏，接着在"效果"列表下选择"Hair和Fur（头发和毛发）"效果，最后在"Hair和Fur（头发和毛发）"卷展栏下设置"毛发"为"几何体"，如图19-57所示。

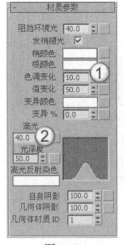

图19-53

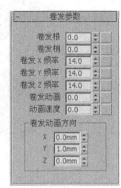

图19-54

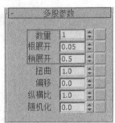

图19-55

图19-56

提示： 要渲染一个场景中的毛发，该场景必须包含"Hair和Fur（头发和毛发）"效果。当为对象加载Hair和Fur（WSM）（头发和毛发（WSM））修改器时，3ds Max会自动在渲染效果（"效果"列表）中加载一个"Hair和Fur（头发和毛发）"效果。如果没有"Hair和Fur（头发和毛发）"效果，则无法渲染出毛发，图19-58和图19-59所示是关闭与开启"Hair和Fur（头发和毛发）"效果时的测试渲染效果。

如果要关闭"Hair和Fur（头发和毛发）"效果，可以在"效果"卷展栏下选择该效果，然后关闭"活动"选项，如图19-60所示。

图19-57

图19-58   图19-59

Step 08   按F9键渲染当前场景，最终效果如图19-61所示。

图19-60   图19-61

【练习19-3】：用Hair和Fur（WSN）修改器制作油画笔

本练习的油画笔效果如图19-62所示。

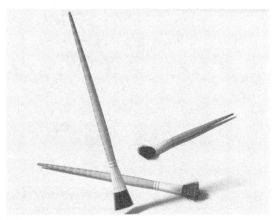

图19-62

Step 01 打开光盘中的"练习文件>第19章>练习19-3.max"文件，如图19-63所示。

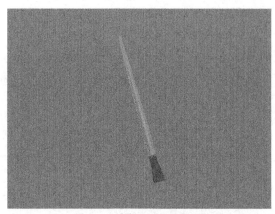

图19-63

Step 02 选择如图19-64所示的模型，然后为其加载一个Hair和Fur（WSM）（头发和毛发（WSM））修改器，效果如图19-65所示。

图19-64

图19-65

Step 03 选择Hair和Fur（WSM）（头发和毛发（WSM））修改器的"多边形"次物体层级，然后选择如图19-66所示的多边形，接着返回到顶层级，效果如图19-67所示。

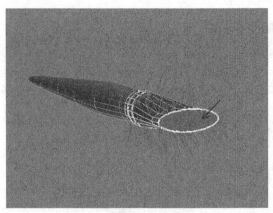

图19-66

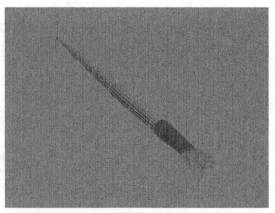

图19-67

提示： 选择好多边形后，毛发就只在这个多边形上生长出来。

Step 04 展开"常规参数"卷展栏，然后设置"毛发数量"为1500、"毛发过程数"为2、"随机比例"为0、"根厚度"为12、"梢厚度"为10，具体参数设置如图19-68所示。

Step 05 展开"卷发参数"卷展栏，然后设置"卷发根"和"卷发梢"为0，如图19-69所示。

Step 06 展开"多股参数"卷展栏，然后设置"数量"为0、"根展开"和"梢展开"为0.2，具体参数设置如图19-70所示，毛发效果如图19-71所示。

Step 07 按F9键渲染当前场景，最终效果如图19-72所示。

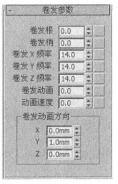

图19-68　　　　　　　　图19-69　　　　　　　　图19-70

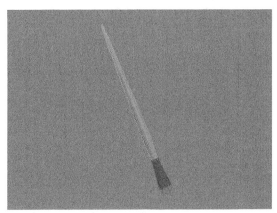

图19-71　　　　　　　　　　　　　图19-72

【练习19-4】：用Hair和Fur（WSM）修改器制作牙刷

本练习的牙刷效果如图19-73所示。

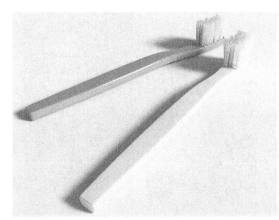

图19-73

Step 01 打开光盘中的"练习文件>第19章>练习19-4.max"文件，如图19-74所示。

Step 02 选择黄色的牙刷柄模型，然后为其加载一个Hair和Fur（WSM）（头发和毛发（WSM））修改器，效果如图19-75所示。

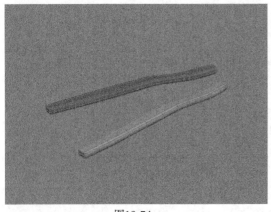

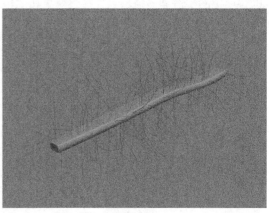

图19-74
图19-75

Step 03 选择Hair和Fur（WSM）（头发和毛发（WSM））修改器的"多边形"次物体层级，然后选择如图19-76所示的两个多边形，接着返回顶层级，效果如图19-77所示。

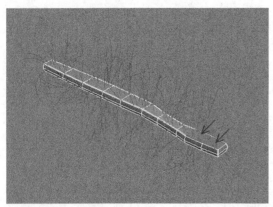

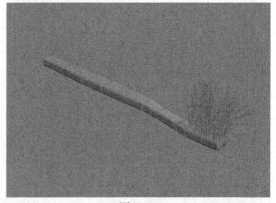

图19-76
图19-77

Step 04 展开"常规参数"卷展栏，然后设置"毛发数量"为100、"随机比例"为0、"根厚度"为5、"梢厚度"为3，具体参数设置如图19-78所示。

Step 05 展开"材质参数"卷展栏，然后设置"梢颜色"和"根颜色"为白色，接着设置"高光"为58、"光泽度"为75，具体参数设置如图19-79所示。

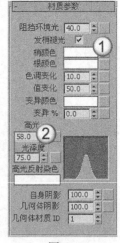

图19-78
图19-79

Step 06 展开 "卷发参数" 卷展栏, 然后设置 "卷发根" 为0、"卷发梢" 为4, 如图19-80所示。

Step 07 展开 "多股参数" 卷展栏, 然后设置 "数量" 为8、"根展开" 为0.05、"梢展开" 为0.24, 具体参数设置如图19-81所示, 毛发效果如图19-82所示。

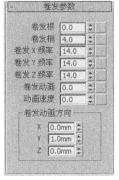

图19-80　　　　　　　　图19-81

Step 08 采用相同的方法为另一把牙刷柄创建出毛发, 完成后的效果如图19-83所示。

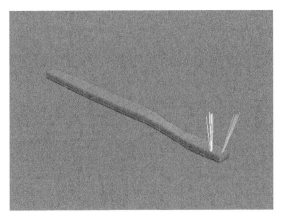

图19-82

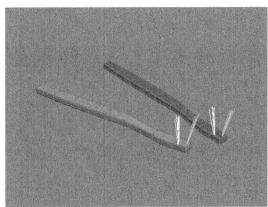

图19-83

提示: 观察上图, 为什么制作出来的毛发那么少呢? 在默认情况下, 视图中的毛发显示数量为总体毛发的2%, 如图19-84所示。如果要将毛发以100%显示出来, 可以在 "显示" 卷展栏下将 "百分比" 设置为100, 如图19-85所示, 毛发效果如图19-86所示。

图19-84　　　　　　　图19-85

图19-86

Step 09 按F9键渲染当前场景，最终效果如图
19-87所示。

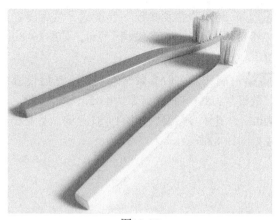

图19-87

【练习19-5】：用Hair和Fur（WSN）修改器制作蒲公英

本练习的蒲公英效果如图19-88所示。

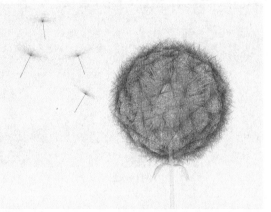

图19-88

Step 01 打开光盘中的"练习文件>第19章>练
习19-5.max"文件，如图19-89所示。

图19-89

Step 02 选择"刺"模型，如图19-90所示，然后为其加载一个Hair和Fur（WSM）（头发和毛发
（WSM））修改器，效果如图19-91所示。

图19-90

图19-91

Step 03 展开"常规参数"卷展栏，然后设置
"毛发数量"为1500、"比例"为18、"剪切
长度"为73、"随机比例"为42、"根厚度"
和"梢厚度"为1，具体参数设置如图19-92所
示。

Step 04 展开"卷发参数"卷展栏，然后设置
"卷发根"为20、"卷发梢"为130，具体参
数设置如图19-93所示。

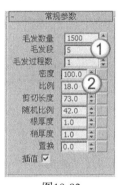

图19-92　　　　图19-93

Step 05 展开"多股参数"卷展栏，然后设置
"数量"为50、"梢展开"为15，具体参数设
置如图19-94所示，毛发效果如图19-95所示。

图19-94

图19-95

Step 06 按大键盘上的8键打开"环境和效果"对话框，然后单击"效果"选项卡，展开"效果"
卷展栏，接着在"效果"列表下选择"Hair和Fur（头发和毛发）"效果，最后在"Hair和Fur（头
发和毛发）"卷展栏下设置"毛发"为"几何体"，如图19-96所示。

Step 07 按F9键渲染当前场景，最终效果如图19-97所示。

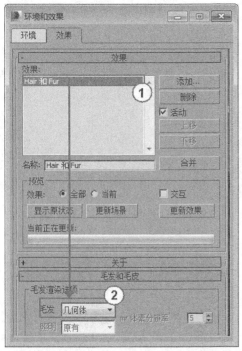

图19-96

图19-97

> **提示：** 注意，在渲染具有大量毛发的场景时，计算机是承担很大的载荷。因此，在不影响渲染效果的情况下，可以适当降低毛发的数量。

19.3 VRay毛发

VRay毛发是VRay渲染器自带的一种毛发制作工具，经常用来制作地毯、草地和毛制品等，如图19-98和图19-99所示。

图19-98

图19-99

加载VRay渲染器后，随意创建一个物体，然后设置几何体类型为VRay，接着单击"VR毛皮"按钮 VR毛皮 ，就可以为选中的对象创建VRay毛皮，如图19-100所示。

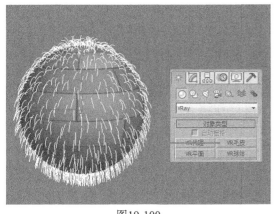

图19-100

VRay毛发的参数只有3个卷展栏，分别是"参数"、"贴图"和"视口显示"卷展栏，如图19-101所示。

图19-101

19.3.1　参数卷展栏

功能介绍

展开"参数"卷展栏，如图19-102所示。

参数详解

❖ "源对象"参数组。
  ◇ 源对象：指定需要添加毛发的物体。
  ◇ 长度：设置毛发的长度。
  ◇ 厚度：设置毛发的厚度。
  ◇ 重力：控制毛发在z轴方向被下拉的力度，也就是通常所说的"重量"。
  ◇ 弯曲：设置毛发的弯曲程度。
  ◇ 锥度：用来控制毛发锥化的程度。
❖ "几何体细节"参数组。
  ◇ 边数：目前这个参数还不可用，在以后的版本中将开发多边形的毛发。
  ◇ 结数：用来控制毛发弯曲时的光滑程度。值越大，表示段数越多，弯曲的毛发越光滑。
  ◇ 平面法线：这个选项用来控制毛发的呈现方式。当勾选该选项时，毛发将以平面方式呈现；当关闭该选项时，毛发将以圆柱体方式呈现。
❖ "变化"参数组。
  ◇ 方向参量：控制毛发在方向上的随机变化。值越大，表示变化越强烈；0表示不变化。
  ◇ 长度参量：控制毛发长度的随机变化。1表示变化越强烈；0表示不变化。
  ◇ 厚度参量：控制毛发粗细的随机变化。1表示变化越强烈；0表示不变化。
  ◇ 重力参量：控制毛发受重力影响的随机变化。1表示变化越强烈；0表示不变化。
❖ "分配"参数组。
  ◇ 每个面：用来控制每个面产生的毛发数量，因为物体的每个面不都是均匀的，所以渲染出来

图19-102

的毛发也不均匀。

    ◇   每区域：用来控制每单位面积中的毛发数量，这种方式下渲染出来的毛发比较均匀。

    ◇   折射帧：指定源物体获取到计算面大小的帧，获取的数据将贯穿整个动画过程。

  ❖ "布局"参数组。

    ◇   全部对象：启用该选项后，全部的面都将产生毛发。

    ◇   选择的面：启用该选项后，只有被选择的面才能产生毛发。

    ◇   材质ID：启用该选项后，只有指定了材质ID的面才能产生毛发。

  ❖ "贴图"参数组。

    ◇   产生世界坐标：所有的UVW贴图坐标都是从基础物体中获取，但该选项的W坐标可以修改毛发的偏移量。

    ◇   通道：指定在W坐标上将被修改的通道。

19.3.2 贴图卷展栏

功能介绍

展开"贴图"卷展栏，如图19-103所示。

图19-103

参数详解

  ❖ 基本贴图通道：选择贴图的通道。

  ❖ 弯曲方向贴图（RGB）：用彩色贴图来控制毛发的弯曲方向。

  ❖ 初始方向贴图（RGB）：用彩色贴图来控制毛发根部的生长方向。

  ❖ 长度贴图（单色）：用灰度贴图来控制毛发的长度。

  ❖ 厚度贴图（单色）：用灰度贴图来控制毛发的粗细。

  ❖ 重力贴图（单色）：用灰度贴图来控制毛发受重力的影响。

  ❖ 弯曲贴图（单色）：用灰度贴图来控制毛发的弯曲程度。

  ❖ 密度贴图（单色）：用灰度贴图来控制毛发的生长密度。

19.3.3 视口显示卷展栏

功能介绍

展开"视口显示"卷展栏，如图19-104所示。

图19-104

参数详解

  ❖ 视口预览：当勾选该选项时，可以在视图中预览毛发的生长情况。

  ❖ 最多毛发数：数值越大，就可以更加清楚地观察毛发的生长情况。

  ❖ 显示图标及文字：勾选该选项后，可以在视图中显示VRay毛发的图标和文字，如图19-105所示。

❖ 自动更新：勾选该选项后，当改变毛发参数时，3ds Max会在视图中自动更新毛发的显示情况。

❖ 手动更新 ![手动更新]：单击该按钮可以手动更新毛发在视图中的显示情况。

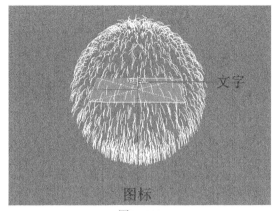
图19-105

● 【练习19-6】：用VRay毛发制作毛巾
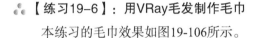
本练习的毛巾效果如图19-106所示。

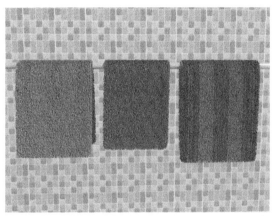
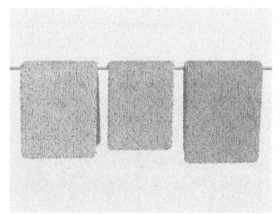
图19-106

Step 01 打开光盘中的"练习文件>第19章>练习19-6.max"文件，如图19-107所示。

Step 02 选择一块毛巾，然后设置几何体类型为VRay，接着单击"VR毛皮"按钮 ![VR毛皮]，此时毛巾上会长出毛发，如图19-108所示。

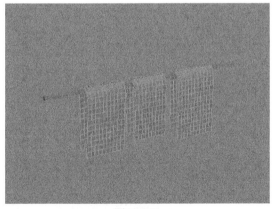
图19-107

图19-108

Step 03 展开"参数"卷展栏，然后在"源对象"参数组下设置"长度"为3mm、"厚度"为0.2mm、"重力"为-3.0mm、"弯曲"为0.8，接着在"变化"参数组下设置"方向参量"为0.1、"重力变化"为1，具体参数设置如图19-109所示，毛发效果如图19-110所示。

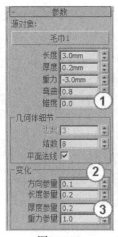

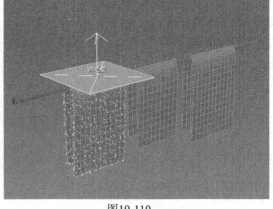

图19-109   图19-110

Step 04 采用相同的方法为另外两块毛巾创建出毛发，完成后的效果如图19-111所示。

Step 05 按F9键渲染当前场景，最终效果如图19-112所示。

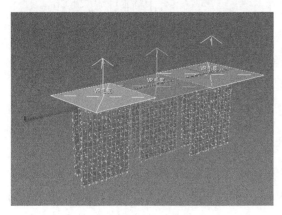

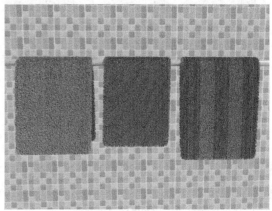

图19-111   图19-112

【练习19-7】：用VRay毛发制作草地

本练习的草地效果如图19-113所示。

图19-113

Step 01 打开光盘中的"练习文件>第19章>练习19-7.max"文件，如图19-114所示。

Step 02 选择地面模型，然后设置几何体类型为VRay，接着单击"VR毛皮"按钮 VR毛皮 ，此时地面上会生长出毛发，如图19-115所示。

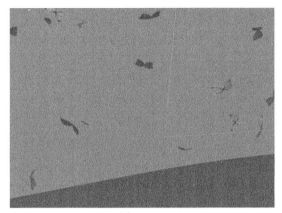

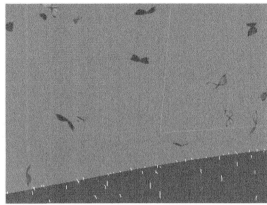

图19-114　　　　　　　　　　　　　　　　　　图19-115

Step 03 为地面模型加载一个"细化"修改器，然后在"参数"卷展栏下设置"操作于"为"多边形"按钮 ，接着设置"迭代次数"为4，如图19-116所示。

提示：这里为地面模型加载"细化"修改器是为了细化多边形，这样就可以生长出更多的毛发，如图19-117所示。

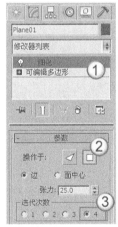

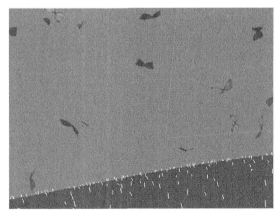

图19-116　　　　　　　　　　　　图19-117

Step 04 选择VRay毛发，展开"参数"卷展栏，然后在"源对象"参数组下设置"长度"为20mm、"厚度"为0.2mm、"重力"为-1mm，接着在"几何体细节"参数组下设置"结数"为6，并在"变化"参数组下设置"长度参量"为1，最后在"分配"参数组下设置"每区域"为0.4，具体参数设置如图19-118所示，毛发效果如图19-119所示。

提示：注意，这里的参数并不是固定的，用户可以根据实际情况来进行调节。

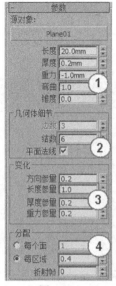

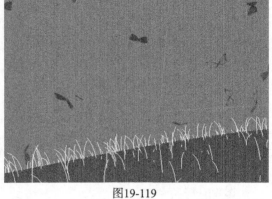

图19-118　　　　　　　　　　图19-119

Step 05 按F9键渲染当前场景，最终效果如图19-120所示。

图19-120

【练习19-8】：用VRay毛发制作地毯

本练习的地毯效果如图19-121所示。

图19-121

Step 01 使用"平面"工具 ▊平面▊ 在场景中创建一个平面，然后在"参数"卷展栏下设置"长度"和"宽度"均为460mm、"长度分段"和"高度分段"均为20，具体参数设置如图19-122所示，平面效果如图19-123所示。

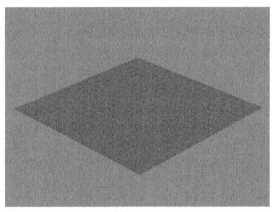

图19-122　　　　　　　　　　图19-123

提示： 注意，"长度分段"和"宽度分段"的数值会直接影响到毛发的数量。段值越少，渲染速度越快，但毛发数量就越少，反之亦然。

Step 02 选择平面，然后设置几何体类型为VRay，接着单击"VR毛皮"按钮 ▊VR毛皮▊，此时平面上会生长出毛发，如图19-124所示。

Step 03 选择VRay毛发，展开"参数"卷展栏，然后在"源对象"卷展栏下设置"长度"为30mm、"厚度"为0.6mm、"重力"为-4.4mm、"弯曲"为0.7，接着在"几何体细节"参数组下设置"结数"为5，最后在"变量"参数组下设置"方向参量"为0.6、"长度参量"为0.3，具体参数设置如图19-125所示，毛发效果如图19-126所示。

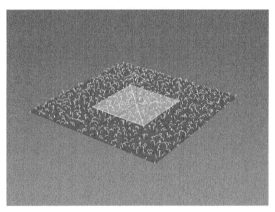

图19-124

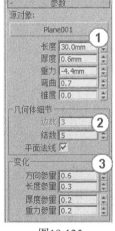

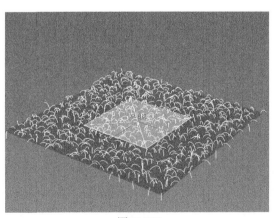

图19-125　　　　　　　　　　图19-126

Step 04 按F9键渲染当前场景，最终效果如图19-127所示。

图19-127

提示： 在VRay毛发的内容中安排了一个毛巾实例、一个草地实例和一个地毯实例，这3种毛发对象是在实际工作中（在效果图领域）最常见的毛发对象，请读者务必牢记其制作方法。

第20章 基础动画

本章导读

　　动画是基于人的视觉原理创建运动图像，在一定时间内连续快速观看一系列相关联的静止画面时，会感觉成连续动作，每个单幅画面被称为帧。在3ds Max中创建动画，只需要创建记录每个动画序列的起始、结束和关键帧，这些关键帧被称为keys（关键点），关键帧之间的插值由软件自动计算完成。3ds Max可以将场景中的任意参数进行动画记录，当对象的参数被确定之后，就可以通过软件进行渲染输出，生成高质量动画。在本书中，笔者将动画功能分两个章节来讲解，本章讲解3ds Max的基础动画知识。

20.1　动画概述

　　动画是一门综合艺术，是工业社会人类寻求精神解脱的产物，它是集合了绘画、漫画、电影、数字媒体、摄影、音乐、文学等众多艺术门类于一身的艺术表现形式，将多张连续的单帧画面连在一起就形成了动画，如图20-1所示。

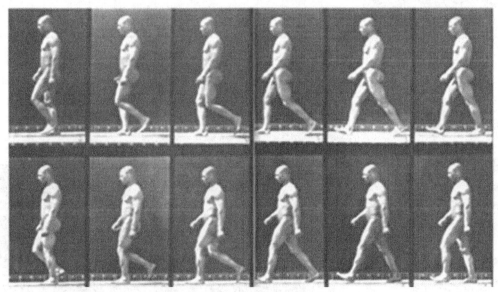

图20-1

　　3ds Max 2014作为世界上最为优秀的三维软件之一，为用户提供了一套非常强大的动画系统，包括基本动画系统和骨骼动画系统。无论采用哪种方法制作动画，都需要动画师对角色或物体的运动有着细致的观察和深刻的体会，抓住了运动的"灵魂"才能制作出生动逼真的动画作品，图20-2~图20-4所示是一些非常优秀的动画作品。

图20-2　　　　　　　　　　图20-3　　　　　　　　　　图20-4

20.2　动画制作工具

　　本节主要介绍制作动画的一些基本工具，如关键帧设置工具、播放控制器和"时间配置"对话框。掌握好了这些基本工具的用法，可以制作出一些简单动画。

20.2.1　关键帧设置

功能介绍

3ds Max的界面的右下角是一些设置动画关键帧的相关工具，如图20-5所示。

图20-5

参数详解

❖　自动关键点 自动关键点：单击该按钮或按N键可以自动记录关键帧。在该状态下，物体的模型、材质、灯光和渲染都将被记录为不同属性的动画。启用"自动关键点"功能后，时间尺会变成红色，拖曳时间线滑块可以控制动画的播放范围和关键帧等，如图20-6所示。

图20-6

❖　设置关键点 设置关键点：在"设置关键点"动画模式中，可以使用"设置关键点"工具 设置关键点 和"关键点过滤器"的组合为选定对象的各个轨迹创建关键点。与"自动关键点"模式不同，利用"设置关键点"模式可以控制设置关键点的对象以及时间。它可以设置角色的姿势（或变换任何对象），如果满意的话，可以使用该姿势创建关键点。如果移动到另一个时间点而没有设置关键点，那么该姿势将被放弃。

技术专题20-1　**[自动/手动设置关键点]**

　　设置关键点的常用方法主要有以下两种。

　　第1种：自动设置关键点。当开启"自动关键点"功能后，就可以通过定位当前帧的位置来记录下动画。比如在图20-7中有一个球体和一个长方体，并且当前时间线滑块处于第0帧位置，下面为球体制作一个位移动画。将时间线滑块拖曳到第11帧位置，然后移动球体的位置，这时系统会在第0帧和第11帧自动记录下动画信息，如图20-8所示。单击"播放动画"按钮▶或拖曳时间线滑块就可以观察到球体的位移动画。

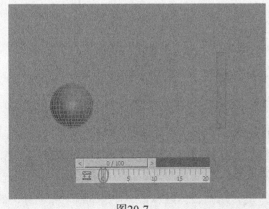

图20-7

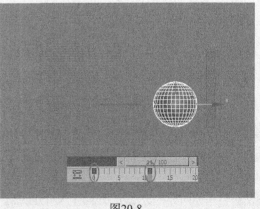

图20-8

第2种：手动设置关键点（同样以图20-7中的球体和长方体为例来讲解如何设置球体的位移动画）。单击"设置关键点"按钮 设置关键点 ，开启"设置关键点"功能，然后单击"设置关键点"按钮 或按K键在第0帧设置一个关键点，如图20-9所示，接着将时间线滑块拖曳到第11帧，再移动球体的位置，最后按K键在第11帧设置一个关键点，如图20-10所示。单击"播放动画"按钮 或拖曳时间线滑块同样可以观察到球体产生了位移动画。

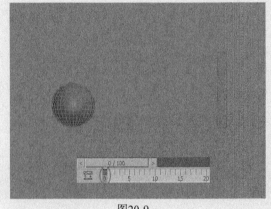

图20-9　　　　　　　　　　图20-10

- ❖ 选定对象 选定对象 ：使用"设置关键点"动画模式时，在这里可以快速访问命名选择集和轨迹集。
- ❖ 设置关键点 ：如果对当前的效果比较满意，可以单击该按钮（快捷键为K键）设置关键点。
- ❖ 关键点过滤器 关键点过滤器 ：单击该按钮可以打开"设置关键点过滤器"对话框，在该对话框中可以选择要设置关键点的轨迹，如图20-11所示。

图20-11

【练习20-1】：用自动关键点制作风车旋转动画

本练习的风车旋转动画效果如图20-12所示。

图20-12

Step 01 打开光盘中的"练习文件>第20章>练习20-1.max"文件，如图20-13所示。

Step 02 选择一个风叶模型，然后单击"自动关键点"按钮 自动关键点 ，接着将时间线滑块拖曳到第100帧，最后使用"选择并旋转"工具 沿y轴将风叶旋转-2000，如图20-14所示。

Step 03 采样同样的方法将另外3个风叶也设置一个旋转动画，然后单击"播放动画"按钮 ，效果如图20-15所示。

图20-13　　　　　图20-14

图20-15

Step 04　选择动画效果最明显的一些帧，然后按F9键渲染出这些单帧动画，最终效果如图20-16所示。

图20-16

【练习20-2】：用自动关键点制作茶壶扭曲动画

本练习的茶壶扭曲动画效果如图20-17所示。

图20-17

Step 01 使用"茶壶"工具 [茶壶] 在场景中任意创建一个茶壶,然后为其加载一个"弯曲"修改器,如图20-18所示。

Step 02 选择茶壶,然后单击"自动关键点"按钮 [自动关键点],接着在第0帧位置设置"角度"为-42,如图20-19所示。

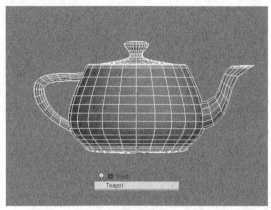

图20-18

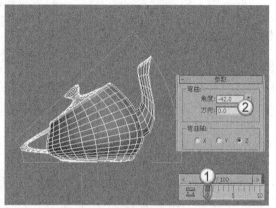

图20-19

Step 03 将时间线滑块拖曳到第100帧位置,然后设置"方向"为360,如图20-20所示。

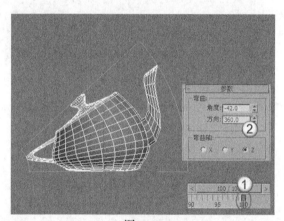

Step 04 单击"播放动画"按钮 ▶ 播放动画,效果如图20-21所示。

图20-20

图20-21

Step 05 选择动画效果最明显的一些帧,然后按F9键渲染出这些单帧动画,最终效果如图20-22所示。

图20-22

20.2.2 播放控制器

功能介绍

在关键帧设置工具的旁边是一些控制动画播放的相关工具，如图20-23所示。

图20-23

参数详解

❖ 转至开头 ◄◄：如果当前时间线滑块没有处于第0帧位置，那么单击该按钮可以跳转到第0帧。

❖ 上一帧 ◄Ⅱ：将当前时间线滑块向前移动一帧。

❖ 播放动画 ►/播放选定对象 ⊡：单击"播放动画"按钮 ► 可以播放整个场景中的所有动画；单击"播放选定对象"按钮 ⊡ 可以播放选定对象的动画，而未选定的对象将静止不动。

❖ 下一帧 Ⅱ►：将当前时间线滑块向后移动一帧。

❖ 转至结尾 ►►：如果当前时间线滑块没有处于结束帧位置，那么单击该按钮可以跳转到最后一帧。

❖ 关键点模式切换 ◄►：单击该按钮可以切换到关键点设置模式。

❖ 时间跳转输入框 ：在这里可以输入数字来跳转时间线滑块，比如输入60，按Enter键就可以将时间线滑块跳转到第60帧。

❖ 时间配置 ：单击该按钮可以打开"时间配置"对话框。该对话框中的参数将在下面的内容中进行讲解。

20.2.3 时间配置

功能介绍

使用"时间配置"对话框可以设置动画时间的长短及时间显示格式等。单击"时间配置"按钮 ，打开"时间配置"对话框，如图20-24所示。

参数详解

❖ "帧速率"参数组。

　　❖ 帧速率：共有NTSC（30帧/秒）、PAL（25帧/秒）、电影（24帧/秒）和"自定义"4种方式可供选择，但一般情况都采用PAL（25帧/秒）方式。

　　❖ FPS（每秒帧数）：采用每秒帧数来设置动画的帧速

图20-24

率。视频使用30FPS的帧速率、电影使用24 FPS的帧速率，而Web和媒体动画则使用更低的帧速率。

❖ "时间显示"参数组。
  ◇ 帧/SMPTE/帧:TICK/分:秒:TICK：指定在时间线滑块及整个3ds Max中显示时间的方法。
❖ "播放"参数组。
  ◇ 实时：使视图中播放的动画与当前"帧速率"的设置保持一致。
  ◇ 仅活动视口：使播放操作只在活动视口中进行。
  ◇ 循环：控制动画只播放一次或者循环播放。
  ◇ 速度：选择动画的播放速度。
  ◇ 方向：选择动画的播放方向。
❖ "动画"参数组。
  ◇ 开始时间/结束时间：设置在时间线滑块中显示的活动时间段。
  ◇ 长度：设置显示活动时间段的帧数。
  ◇ 帧数：设置要渲染的帧数。
  ◇ 重缩放时间 重缩放时间 ：拉伸或收缩活动时间段内的动画，以匹配指定的新时间段。
  ◇ 当前时间：指定时间线滑块的当前帧。
❖ "关键点步幅"参数组。
  ◇ 使用轨迹栏：启用该选项后，可以使关键点模式遵循轨迹栏中的所有关键点。
  ◇ 仅选定对象：在使用"关键点步幅"模式时，该选项仅考虑选定对象的变换。
  ◇ 使用当前变换：禁用"位置"、"旋转"、"缩放"选项时，该选项可以在关键点模式中使用当前变换。
  ◇ 位置/旋转/缩放：指定关键点模式所使用的变换模式。

20.3 曲线编辑器

"曲线编辑器"是制作动画时经常使用到的一个编辑器。使用"曲线编辑器"可以快速地调节曲线来控制物体的运动状态。单击"主工具栏"中的"曲线编辑器（打开）"按钮，打开"轨迹视图-曲线编辑器"对话框，如图20-25所示。

图20-25

为物体设置动画属性以后，在"轨迹视图-曲线编辑器"对话框中就会有与之相对应的曲线，如图20-26所示。

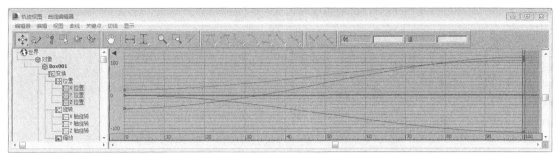

图20-26

 技术专题20-2 ［不同动画曲线所代表的含义］

在"轨迹视图-曲线编辑器"对话框中，*x*轴默认使用红色曲线来表示、*y*轴默认使用绿色曲线来表示，*z*轴默认使用紫色曲线来表示，这3条曲线与坐标轴的3条轴线的颜色相同，如图20-27所示的*x*轴曲线为水平直线，这代表物体在*x*轴上未发生移动。

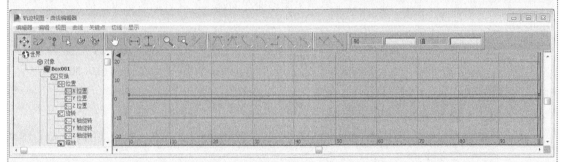

图20-27

图20-28中的*y*轴曲线为抛物线形状，代表物体在*y*轴方向上正处于加速运动状态。

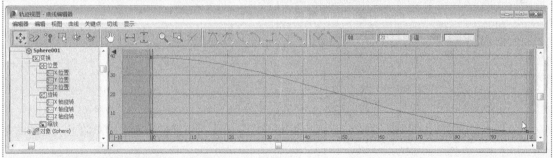

图20-28

图20-29中的*z*轴曲线为倾斜的均匀曲线，代表物体在*z*轴方向上处于匀速运动状态。

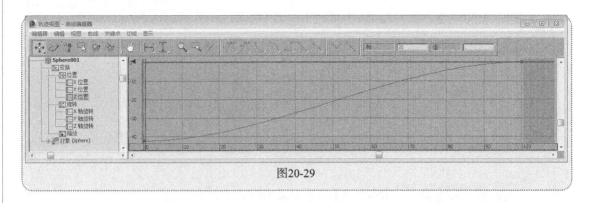

图20-29

20.3.1 "关键点控制"工具栏

功能介绍

"关键点控制"工具栏中的工具主要用来调整曲线的基本形状,同时也可以插入关键点,如图20-30所示。

图20-30

参数详解

❖ 移动关键点▦/▦/▦:在函数曲线图上任意、水平或垂直移动关键点。

❖ 绘制曲线▦:使用该工具可以绘制新曲线,当然也可以直接在函数曲线图上绘制草图来修改已有曲线。

❖ 插入关键点▦:在现有曲线上创建关键点。

❖ 区域工具▦:使用该工具可以在矩形区域中移动和缩放关键点。

❖ 重定时工具▦:基于每个轨迹的扭曲时间。

❖ 对全部对象重定时工具▦:全局修改动画计时。

20.3.2 "关键点切线"工具栏

功能介绍

"关键点切线"工具栏中的工具可以为关键点指定切线(切线控制着关键点附近的运动的平滑度和速度),如图20-31所示。

图20-31

参数详解

❖ 将切线设置为自动▦:按关键点附近的功能曲线的形状进行计算,将选择的关键点设置为自动切线。

◇ 将内切线设置为自动▦:仅影响传入切线。

◇ 将外切线设置为自动▦:仅影响传出切线。

❖ 将切线设置为样条线▦:将选择的关键点设置为样条线切线。样条线具有关键点控制柄,可以在"曲线"视图中拖曳进行编辑。

◇ 将内切线设置为样条线█：仅影响传入切线。

◇ 将外切线设置为样条线█：仅影响传出切线。

❖ 将切线设置为快速█：将关键点切线设置为快。

◇ 将内切线设置为快速█：仅影响传入切线。

◇ 将外切线设置为快速█：仅影响传出切线。

❖ 将切线设置为慢速█：将关键点切线设置为慢。

◇ 将内切线设置为慢速█：仅影响传入切线。

◇ 将外切线设置为慢速█：仅影响传出切线。

❖ 将切线设置为阶梯式█：将关键点切线设置为步长，并使用阶跃来冻结从一个关键点到
另一个关键点的移动。

◇ 将内切线设置为阶梯式█：仅影响传入切线。

◇ 将外切线设置为阶梯式█：仅影响传出切线。

❖ 将切线设置为线性█：将关键点切线设置为线性。

◇ 将内切线设置为线性█：仅影响传入切线。

◇ 将外切线设置为线性█：仅影响传出切线。

❖ 将切线设置为平滑█：将关键点切线设置为平滑。

◇ 将内切线设置为平滑█：仅影响传入切线。

◇ 将外切线设置为平滑█：仅影响传出切线。

20.3.3 "切线动作"工具栏

功能介绍

"切线动作"工具栏中的工具可以用于统一和断开动画关
键点切线，如图20-32所示。

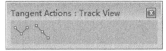

图20-32

参数详解

❖ 断开切线█：允许将两条切线（控制柄）连接到一个关键点，使其能够独立移动，以便
不同的运动能够进出关键点。

❖ 统一切线█：如果切线是统一的，按任意方向移动控制柄，可以让控制柄之间保持最小
角度。

20.3.4 "关键点输入"工具栏

功能介绍

在"关键点输入"工具栏中可以用键盘编辑单个关键点的
数值，如图20-33所示。

图20-33

参数详解

❖ 帧█████：显示选定关键点的帧编号（在时间中的位置）。可以输入新的帧
数或输入一个表达式，以将关键点移至其他帧。

❖ 值█████：显示选定关键点的值（在空间中的位置）。可以输入新的数值或
表达式来更改关键点的值。

20.3.5　"导航"工具栏

功能介绍

"导航"工具栏中的工具主要用于导航关键点或曲线的控件，如图20-34所示。

图20-34

参数详解

❖ 平移：使用该工具可以平移轨迹视图。

❖ 框显水平范围：单击该按钮可以在水平方向上最大化显示轨迹视图。

　◇ 框显水平范围关键点：单击该按钮可以在水平方向上最大化显示选定的关键点。

❖ 框显值范围：单击该按钮可以最大化显示关键点的值。

　◇ 框显范围：单击该按钮可以最大化显示关键点的值范围。

❖ 缩放：使用该工具可以在水平和垂直方向上缩放时间的视图。

　◇ 缩放时间：使用该工具可以在水平方向上缩放轨迹视图。

　◇ 缩放值：使用该工具可以在垂直方向上缩放值视图。

❖ 缩放区域：使用该工具可以框选出一个矩形缩放区域，松开鼠标左键后这个区域将充满窗口。

❖ 孤立曲线：孤立选择当前选择的动画曲线。

【练习20-3】：用曲线编辑器制作蝴蝶飞舞动画

本练习的蝴蝶飞舞动画效果如图20-35所示。

图20-35

Step 01 打开光盘中的"练习文件>第20章>练习20-3.max"文件，如图20-36所示。

Step 02 选择蝴蝶模型，然后单击"自动关键点"按钮，接着使用"选择并移动"工具和"选择并旋转"工具分别在第0帧（第0帧位置不动）、第25帧、第46帧、第74帧和第100帧调整蝴蝶的飞行位置和翅膀扇动的角度，如图20-37所示。

图20-36

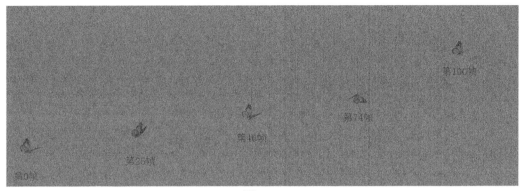

图20-37

Step 03　选择蝴蝶模型，然后在"主工具栏"中单击"曲线编辑器（打开）"按钮🔲，打开"轨迹视图-曲线编辑器"对话框，接着在属性列表中选择"X位置"曲线，最后将曲线调节成如图20-38所示的形状。

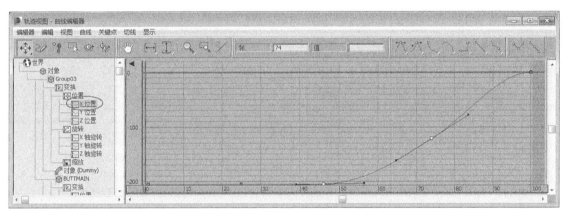

图20-38

Step 04　在属性列表中选择"Y位置"曲线，然后将曲线调节成如图20-39所示的形状。

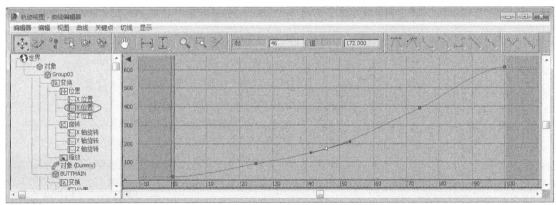

图20-39

Step 05　在属性列表中选择"Z位置"曲线，然后将曲线调节成如图20-40所示的形状。

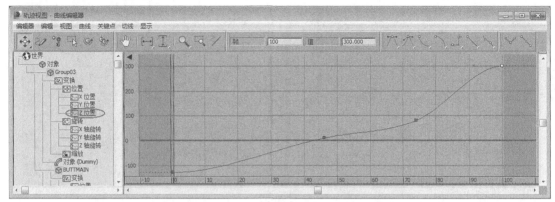

图20-40

Step 06 选择动画效果最明显的一些帧，然后按F9键渲染出这些单帧动画，最终效果如图20-41所示。

图20-41

提示： 在本例中可以只渲染出蝴蝶，然后在Photoshop中合成背景，也可以直接在3ds Max中按大键盘上的8键，打开"环境和效果"对话框，接着在"环境贴图"通道上加载一张背景贴图进行渲染。

20.4 约束

　　所谓"约束"，就是将事物的变化限制在一个特定的范围内。将两个或多个对象绑定在一起后，使用"动画>约束"菜单下的子命令可以控制对象的位置、旋转或缩放。"动画>约束"菜单下包含7个约束命令，分别是"附着约束"、"曲面约束"、"路径约束"、"位置约束"、"链接约束"、"注视约束"和"方向约束"，如图20-42所示。

图20-42

20.4.1 附着约束

功能介绍

"附着约束"是一种位置约束，它可以将一个对象的位置附着到另一个对象的面上（目标对象不用必须是网格，但必须能够转换为网格），其参数设置面板如图20-43所示。

参数详解

❖ "附加到"参数组。

   ◇ 对象名称：显示所要附着的目标对象。

   ◇ 拾取对象 拾取对象 ：在视图中拾取目标对象。

   ◇ 对齐到曲面：勾选该选项后，可以将附着对象的方向固定在其所指定的面上；关闭该选项后，附着对象的方向将不受目标对象上的面的方向影响。

❖ "更新"参数组。

   ◇ 更新 更新 ：更新显示附着效果。

   ◇ 手动更新：勾选该选项后，可以使用"更新"按钮 更新 。

❖ "关键点信息"参数组。

   ◇ 当前关键点 < > 1 ：显示当前关键点编号并可以移动到其他关键点。

   ◇ 时间：显示当前帧，并可以将当前关键点移动到不同的帧中。

❖ "位置"参数组。

   ◇ 面：提供对象所附着到的面的索引。

   ◇ A/B：设置面上附着对象的位置的重心坐标。

   ◇ 显示窗口：在附着面内部显示源对象的位置。

   ◇ 设置位置 设置位置 ：在目标对象上调整源对象的放置。

❖ "TCB"参数组。

   ◇ 张力：设置TCB控制器的张力，范围从0~50。

   ◇ 连续性：设置TCB控制器的连续性，范围从0~50。

   ◇ 偏移：设置TCB控制器的偏移量，范围从0~50。

   ◇ 缓入：设置TCB控制器的缓入位置，范围从0~50。

   ◇ 缓出：设置TCB控制器的缓出位置，范围从0~50。

图20-43

20.4.2 曲面约束

功能介绍

使用"曲面约束"可以将对象限制在另一对象的表面上，其参数设置面板如图20-44所示。

参数详解

❖ "当前曲面对象"参数组。

   ◇ 对象名称：显示选定对象的名称。

   ◇ 拾取曲面 拾取曲面 ：选择需要用作曲面的对象。

图20-44

❖ "曲面选项"参数组。
  ◇ U向位置：调整控制对象在曲面对象 U 坐标轴上的位置。
  ◇ V向位置：调整控制对象在曲面对象 V 坐标轴上的位置。
  ◇ 不对齐：启用该选项后，不管控制对象在曲面对象上的什么位置，它都不会重定向。
  ◇ 对齐到U：将控制对象的局部z轴对齐到曲面对象的曲面法线，同时将x轴对齐到曲面对象的 U轴。
  ◇ 对齐到V：将控制对象的局部z轴对齐到曲面对象的曲面法线，同时将x轴对齐到曲面对象的 V轴。
  ◇ 翻转：翻转控制对象局部z轴的对齐方式。

20.4.3　路径约束

功能介绍

使用"路径约束"（这是约束里面最重要的一种）可以将一个对象沿着样条线或在多个样条线间的平均距离间的移动进行限制，其参数设置面板如图20-45所示。

参数详解

❖ 添加路径 添加路径 ：添加一个新的样条线路径使之对约束对象产生影响。
❖ 删除路径 删除路径 ：从目标列表中移除一个路径。
❖ 目标/权重：该列表用于显示样条线路径及其权重值。
❖ 权重：为每个目标指定并设置动画。
❖ %沿路径：设置对象沿路径的位置百分比。

提示：注意，"%沿路径"的值基于样条线路径的U值。一个NURBS曲线可能没有均匀的空间U值，因此如果"%沿路径"的值为50可能不会直观地转换为NURBS曲线长度的50%。

图20-45

❖ 跟随：在对象跟随轮廓运动同时将对象指定给轨迹。
❖ 倾斜：当对象通过样条线的曲线时允许对象倾斜（滚动）。
❖ 倾斜量：调整这个量使倾斜从一边或另一边开始。
❖ 平滑度：控制对象在经过路径中的转弯时翻转角度改变的快慢程度。
❖ 允许翻转：启用该选项后，可以避免在对象沿着垂直方向的路径行进时有翻转的情况。
❖ 恒定速度：启用该选项后，可以沿着路径提供一个恒定的速度。
❖ 相对：启用该选项后，可以保持约束对象的原始位置。
❖ 轴：定义对象的轴与路径轨迹对齐。

【练习20-4】：用路径约束制作金鱼游动动画

本练习的金鱼游动动画效果如图20-46所示。

图20-46

Step 01 打开光盘中的"练习文件>第20章>练习20-4.max"文件，如图20-47所示。

Step 02 使用"线"工具 ████ 线 在视图中绘制一条如图20-48所示的样条线。

Step 03 选择金鱼，然后执行"动画>约束>路径约束"菜单命令，接着将金鱼的约束虚线拖曳到样条线上，如图20-49所示。

图20-47

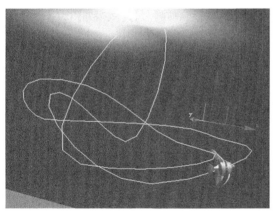

图20-48

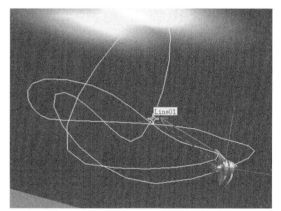

图20-49

Step 04 单击"播放动画"按钮 ▶ 播放动画，效果如图20-50所示。

图20-50

提示：从图20-50中可以发现金鱼的游动方向是反的，这是因为对象的轴与路径轨迹没有设置好的原因。

Step 05 在"命令"面板中单击"运动"按钮，然后在"路径参数"卷展栏下勾选"跟随"选项，接着设置"轴"为x轴，如图20-51所示，此时金鱼的游动方向就是正确的了，如图20-52所示。

图20-51

图20-52

Step 06 选择动画效果最明显的一些帧，然后按F9键渲染出这些单帧动画，最终效果如图20-53所示。

图20-53

【练习20-5】：用路径约束制作写字动画

本练习的写字动画效果如图20-54所示。

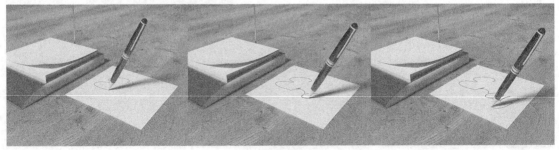

图20-54

Step 01 打开光盘中的"练习文件>第20章>练习20-5.max"文件，如图20-55所示。

图20-55

Step 02 选择钢笔模型，然后执行"动画>约束>路径约束"菜单命令，接着将钢笔的约束虚线拖曳到文本样条线上，如图20-56所示，约束后的效果如图20-57所示。

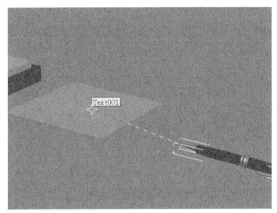

图20-56

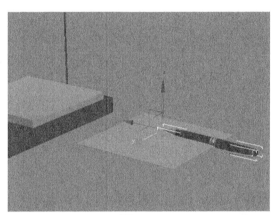

图20-57

Step 03 选择钢笔模型，然后使用"选择并旋转"工具 将其旋转到正常的写字角度，如图20-58所示。

Step 04 使用"圆柱体"工具 圆柱体 在场景中创建一个圆柱体，然后在"参数"卷展栏下设置"半径"为3mm、"高度"为1850mm、"高度分段"为200、"端面分段"为1、"边数"为6，具体参数设置及圆柱体效果如图20-59所示。

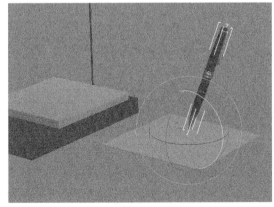

图20-58

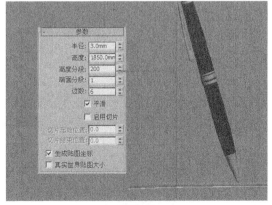

图20-59

Step 05 为圆柱体加载一个"路径变形绑定（WSM）"修改器，然后在"参数"卷展栏下单击"拾取路径"按钮 [拾取路径] ，接着在视图中拾取样条线，如图20-60所示，效果如图20-61所示。

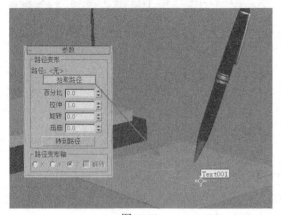

图20-60

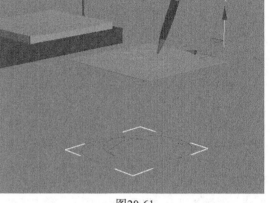

图20-61

> **提示：** 大家请注意，"路径变形绑定（WSM）"修改器属于世界空间修改器，在"修改器列表"下的名称是"路径变形（WSM）"，如图20-62所示。

图20-62

Step 06 在"参数"卷展栏下单击"转到路径"按钮 [转到路径] ，效果如图20-63所示。

Step 07 单击"自动关键点"按钮 [自动关键点] ，然后将时间线滑块拖曳到第1帧，接着在"参数"卷展栏下设置"拉伸"为0，如图20-64所示。

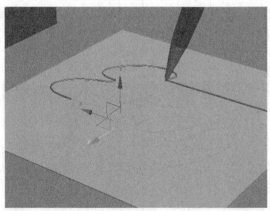

图20-63

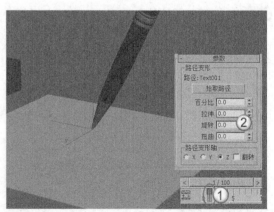

图20-64

Step 08 将时间线滑块拖曳到第10帧，然后在"参数"卷展栏下设置"拉伸"为0.283，如图20-65所示；将时间线滑块拖曳到第20帧，然后在"参数"卷展栏下设置"拉伸"为0.603，如图20-66所示。

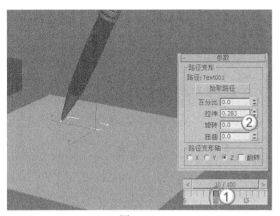

图20-65

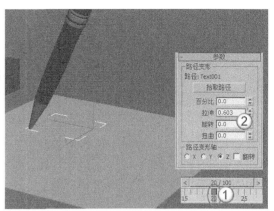

图20-66

Step 09 继续在第30帧设置"拉伸"为0.926、在第40帧设置"拉伸"为1.245、在第50帧设置"拉伸"为1.559、在第60帧设置"拉伸"为1.889、在第70帧设置"拉伸"为2.202、在第80帧设置"拉伸"为2.536、在第90帧设置"拉伸"为2.86、在第100帧设置"拉伸"为3.15，效果如图20-67所示。

Step 10 选择动画效果最明显的一些帧，然后按F9键渲染出这些单帧动画，最终效果如图20-68所示。

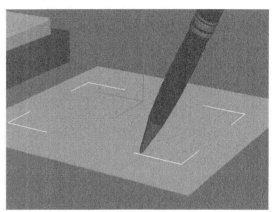

图20-67

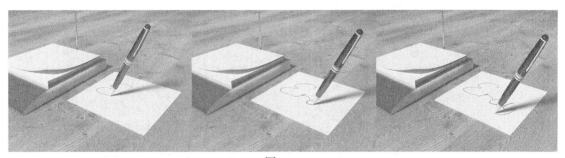

图20-68

【练习20-6】：用路径约束制作摄影机动画

本练习的摄影机动画效果如图20-69所示。

图20-69

Step 01 打开光盘中的"练习文件>第20章>练习20-6.max"文件，如图20-70所示。

图20-70

Step 02 使用"线"工具 线 在视图中绘制一条如图20-71所示的样条线。

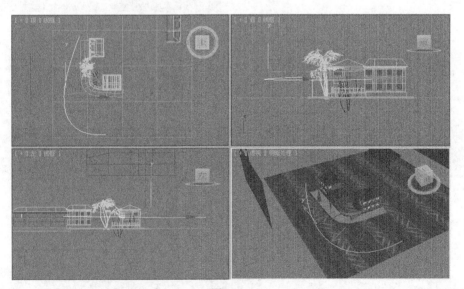

图20-71

Step 03 选择摄影机，然后执行"动画>约束>路径约束"菜单命令，接着将摄影机的约束虚线拖曳到样条线上，如图20-72所示，接着在"路径参数"卷展栏下勾选"跟随"选项，最后设置"轴"为x轴，如图20-73所示。

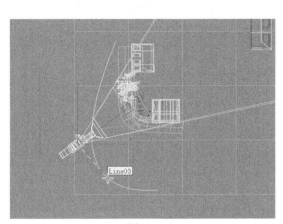

图20-72　　　　　　　　图20-73

Step 04 单击"播放动画"按钮▶播放动画,如图20-74所示。

图20-74

Step 05 选择动画效果最明显的一些帧,然后按F9键渲染出这些单帧动画,最终效果如图20-75所示。

图20-75

【练习20-7】:用路径约束制作星形发光圈

本练习的发光圈效果如图20-76所示。

图20-76

Step 01 设置几何体类型为"粒子系统",然后使用"超级喷射"工具 超级喷射 在场景中创建一个超级喷射发射器,如图20-77所示。

Step 02 选择超级喷射发射器,展开"粒子生成"卷展栏,然后在"粒子运动"参数组下设置"速度"为40mm,接着在"粒子计时"参数组下设置"发射停止"和"寿命"均为100,具体参数设置如图20-78所示。

Step 03 展开"粒子类型"卷展栏,然后设置"粒子类型"为"标准粒子",接着设置"标准粒子"为"四面体",如图20-79所示。

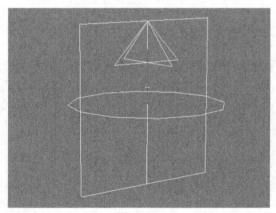

图20-77

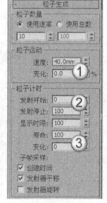

图20-78

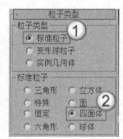

图20-79

Step 04 使用"线"工具 线 在前视图中绘制一个心形,如图20-80所示。

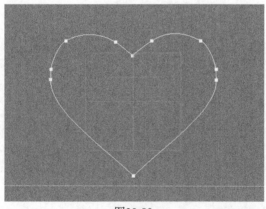

图20-80

Step 05 选择动画效果最明显的一些帧,然后按F9键渲染出这些单帧动画,最终效果如图20-81所示。

图20-81

20.4.4　位置约束

功能介绍

使用"位置约束"可以引起对象跟随一个对象的位置或者几个对象的权重平均位置，其参数设置面板如图20-82所示。

图20-82

参数详解

❖ 添加位置目标 添加位置目标 ：添加影响受约束对象位置的新目标对象。

❖ 删除位置目标 删除位置目标 ：移除位置目标对象。一旦将目标对象移除，它将不再影响受约束的对象。

❖ 目标/权重：该列表用于显示目标对象及其权重值。

❖ 权重：为每个目标指定并设置动画。

❖ 保持初始偏移：启用该选项后，可以保存受约束对象与目标对象的原始距离。

20.4.5　链接约束

功能介绍

使用"链接约束"可以创建对象与目标对象之间彼此链接的动画，其参数面板如图20-83所示。

参数详解

❖ 添加链接 添加链接 ：添加一个新的链接目标。

❖ 链接到世界 链接到世界 ：将对象链接到世界（整个场景）。

❖ 删除链接 删除链接 ：移除高亮显示的链接目标。

❖ 开始时间：指定或编辑目标的帧值。

❖ 无关键点：启用该选项后，在约束对象或目标中不会写入关键点。

图20-83

❖ 设置节点关键点：启用该选项后，可以将关键帧写入到指定的选项，包含"子对象"和
"父对象"两种。

❖ 设置整个层次关键点：用指定选项在层次上部设置关键帧，包含"子对象"和"父对
象"两种。

20.4.6 注视约束

功能介绍

使用"注视约束"可以控制对象的方向，并使它一直注视另一
个对象，其参数设置面板如图20-84所示。

参数详解

❖ 添加注视目标 [添加注视目标] ：用于添加影响约束对象的新
目标。

❖ 删除注视目标 [删除注视目标] ：用于移除影响约束对象的目
标对象。

❖ 权重：用于为每个目标指定权重值并设置动画。

❖ 保持初始偏移：将约束对象的原始方向保持为相对于约束
方向上的一个偏移。

❖ 视线长度：定义从约束对象轴到目标对象轴所绘制的视线
长度。

❖ 绝对视线长度：启用该选项后，3ds Max仅使用"视线长
度"设置主视线的长度。

❖ 设置方向 [设置方向] ：允许对约束对象的偏移方向进行
手动定义。

❖ 重置方向 [重置方向] ：将约束对象的方向设置回默认值。

❖ 选择注视轴：用于定义注视目标的轴。

❖ 选择上部节点：选择注视的上部节点，默认设置为"世界"。

❖ 上部节点控制：允许在注视的上部节点控制器和轴对齐之间快速翻转。

❖ 源轴：选择与上部节点轴对齐的约束对象的轴。

❖ 对齐到上部节点轴：选择与选中的源轴对齐的上部节点轴。

图20-84

【练习20-8】：用注视约束制作人物眼神动画

本练习的人物眼神动画效果如图20-85所示。

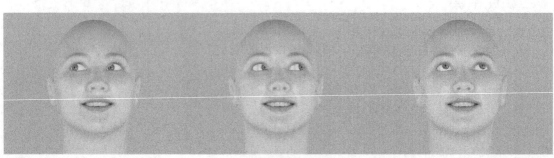

图20-85

Step 01 打开光盘中的"练习文件>第20章>练习20-8.max"文件，如图20-86所示。

Step 02 在"创建"面板中单击"辅助对象"按钮 ，然后使用"点"工具 点 在两只眼睛的正前方创建一个点Point001，如图20-87所示。

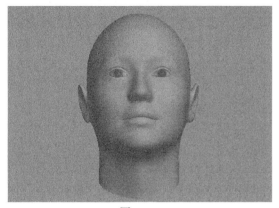

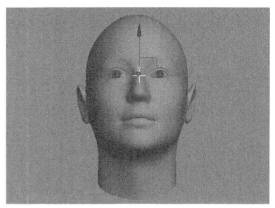

图20-86　　　　　　　　　　　　　　　　　　图20-87

提示： 这里创建点辅助对象的目的是为了通过移动点的位置来控制眼球的注视角度，从而让眼球产生旋转效果。

Step 03 选择点辅助对象，展开"参数"卷展栏，然后在"显示"参数组下勾选"长方体"选项，接着设置"大小"1000mm，如图20-88所示。

Step 04 选择两只眼球，然后执行"动画>约束>注视约束"菜单命令，接着将眼球的约束虚线拖曳到点Point001上，如图20-89所示。

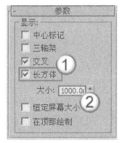

图20-88

Step 05 为点Point001设置一个简单的位移动画，如图20-90所示。

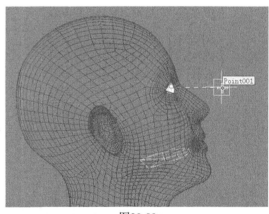

图20-89

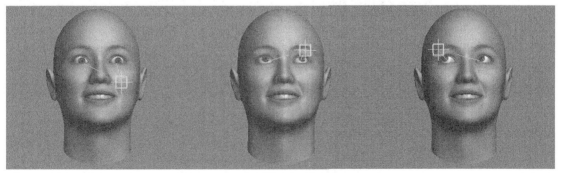

图20-90

Step 06 选择动画效果最明显的一些帧，然后按F9键渲染出这些单帧动画，最终效果如图20-91所示。

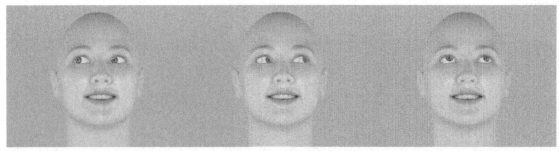

图20-91

20.4.7 方向约束

功能介绍

使用"方向约束"可以使某个对象的方向沿着另一个对象的方向或若干对象的平均方向，其参数设置面板如图20-92所示。

参数详解

图20-92

❖ 添加方向目标 添加方向目标 ：添加影响受约束对象的新目标对象。

❖ 将世界作为目标添加 将世界作为目标添加 ：将受约束对象与世界坐标轴对齐。

❖ 删除方向目标 删除方向目标 ：移除目标对象。移除目标对象后，将不再影响受约束对象。

❖ 权重：为每个目标指定并设置动画。

❖ 保持初始偏移：启用该选项后，可以保留受约束对象的初始方向。

❖ 变换规则：将"方向约束"应用于层次中的某个对象后，即确定了是将局部节点变换还是将父变换用于"方向约束"。

◇ 局部-->局部：选择该选项后，局部节点变换将用于"方向约束"。

◇ 世界-->世界：选择该选项后，将应用父变换或世界变换，而不是应用局部节点变换。

20.5 变形器

本节将介绍制作变形动画的两个重要变形器，即"变形器"修改器与"路径变形"修改器。

20.5.1 "变形器"修改器

功能介绍

"变形器"修改器可以用来改变网格、面片和NURBS模型的形状，同时还支持材质变形，一般用于制作3D角色的口型动画和与其同步的面部表情动画。"变形器"修改器的参数设置面板包含5个卷展栏，如图20-93所示。

图20-93

参数详解

1. "通道颜色图例"卷展栏

展开"通道颜色图例"卷展栏，如图
20-94所示。

图20-94

- ❖ 灰色■：表示通道为空且尚未编辑。
- ❖ 橙色■：表示通道已在某些方面更
  改，但不包含变形数据。
- ❖ 绿色■：表示通道处于活动状态。通道包含变形数据，且目标对象仍然存在于场景中。
- ❖ 蓝色■：表示通道包含变形数据，但尚未从场景中删除目标。
- ❖ 深灰色■：表示通道已被禁用。

2. "全局参数"卷展栏

展开"全局参数"卷展栏，如图20-95所示。

- ❖ "全局设置"参数组。
  - ◇ 使用限制：为所有通道使用最小和最大限制。
  - ◇ 最小值：设置最小限制。
  - ◇ 最大值：设置最大限制。
  - ◇ 使用顶点选择 ：启用该按钮后，可以限制选定
    顶点的变形。
- ❖ "通道激活"参数组。
  - ◇ 全部设置 全部设置：单击该按钮可以激活所有通道。
  - ◇ 不设置 不设置：单击该按钮可以取消激活所有通道。
- ❖ "变形材质"参数组。
  - ◇ 指定新材质 指定新材质：单击按钮可以将"变形器"材质
    指定给基础对象。

图20-95

3. "通道列表"卷展栏

展开"通道列表"卷展栏，如图20-96所示。

- ❖ 标记下拉列表 ：在该列表中可以选择以
  前保存的标记。
- ❖ 保存标记 保存标记：在"标记下拉列表"中输入标记名
  称后，单击该按钮可以保存标记。
- ❖ 删除标记 删除标记：从下拉列表中选择要删除的标记
  名，然后单击该按钮可以将其删除。
- ❖ 通道列表："变形器"修改器最多可以提供100个变
  形通道，每个通道具有一个百分比值。为通道指定变
  形目标后，该目标的名称将显示在通道列表中。
- ❖ 列出范围：显示通道列表中的可见通道范围。
- ❖ 加载多个目标 加载多个目标...：单击该按钮可以打开"加
  载多个目标"对话框，如图20-97所示。在该对话框中可以选择对象，并将多个变形目
  标加载到空通道中。

图20-96

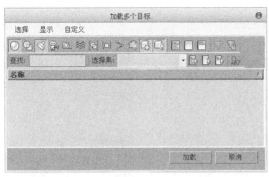

图20-97

❖ 重新加载所有变形目标 重新加载所有变形目标 ：单击该按钮可以重新加载所有变形目标。

❖ 活动通道值清零 活动通道值清零 ：如果已启用"自动关键点"功能，那么单击该按钮可以为所有活动变形通道创建值为0的关键点。

❖ 自动重新加载目标：启用该选项后，可以允许"变形器"修改器自动更新动画目标。

4. "通道参数"卷展栏

展开"通道参数"卷展栏，如图20-98所示。

❖ 通道编号 1 ：单击通道图标会弹出一个菜单。使用该菜单中的命令可以分组和组织通道，还可以查找通道。

❖ 通道名 -空- ：显示当前目标的名称。

❖ 通道处于活动状态：切换通道的启用和禁用状态。

❖ 从场景中拾取对象 从场景中拾取对象 ：使用该按钮在视图中单击一个对象，可以将变形目标指定给当前通道。

❖ 捕获当前状态 捕获当前状态 ：单击该按钮可以创建使用当前通道值的目标。

❖ 删除 删除 ：删除当前通道的目标。

❖ 提取 提取 ：选择蓝色通道并单击该按钮，可以使用变形数据创建对象。

❖ 使用限制：如果在"全局参数"卷展栏下关闭了"使用限制"选项，那么启用该选项可以在当前通道上使用限制。

❖ 最小值：设置最低限制。

❖ 最大值：设置最高限制。

❖ 使用顶点选择 使用顶点选择 ：仅变形当前通道上的选定顶点。

❖ 目标列表：列出与当前通道关联的所有中间变形目标。

❖ 上移↑：在列表中向上移动选定的中间变形目标。

❖ 下移↓：在列表中向下移动选定的中间变形目标。

图20-98

❖ 目标%：指定选定中间变形目标在整个变形解决方案中的所占百分比。

❖ 张力：指定中间变形目标之间的顶点变换的整体线性。

❖ 删除目标 删除目标 ：从目标列表中删除选定的中间变形目标。

❖ 没有要重新加载的目标 没有要重新加载的目标 ，所加载目标后，该按钮变为"重新加载变形目标"，将数据从当前目标重新加载到通道中。

5. "高级参数"卷展栏

展开"高级参数"卷展栏，如图20-99所示。

图20-99

❖　微调器增量：指定微调器增量的大小。5为大增量，0.1为小增量，默认值为1。

❖　精简通道列表 精简通道列表 ：通过填充指定通道之间的所有空通道来精简通道列表。

❖　近似内存使用情况：显示当前的近似内存的使用情况。

【练习20-9】：用变形器修改器制作露珠变形动画

本练习的露珠变形动画效果如图20-100所示。

图20-100

Step 01 打开光盘中的"练习文件>第20章>练习20-9.max"文件，如图20-101所示。

Step 02 选择树叶上的球体，然后按Alt+Q组合键进入孤立选择模式，接着复制（选择"复制"方式）一个球体，如图20-102所示。

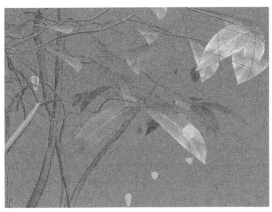

图20-101

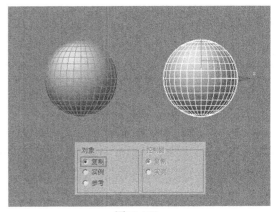

图20-102

Step 03 为复制出来的球体加载一个FFD（长方体）修改器，然后设置点数为5×5×5，接着在"控制点"次物体层级下将球体调整成如图20-103所示的形状。

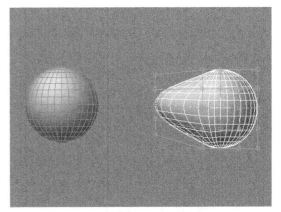

图20-103

Step 04 为正常的球体加载一个"变形器"修改器，然后在"通道列表"卷展栏下的第1个"空"按钮 ![-空-] 上单击鼠标右键，并在弹出的快捷菜单中选择"从场景中拾取"命令，接着在场景中拾取调整好形状的球体模型，如图20-104所示。

Step 05 单击"自动关键点"按钮 ![自动关键点]，然后将时间线滑块拖曳到第100帧，接着在"通道列表"卷展栏下设置变形值为100，如图20-105所示。

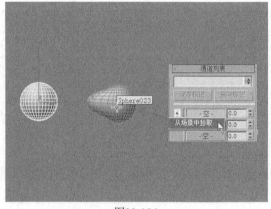

图20-104

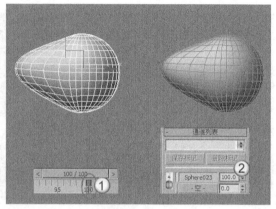

图20-105

Step 06 选择动画效果最明显的一些帧，然后按F9键渲染出这些单帧动画，最终效果如图20-106所示。

图20-106

【练习20-10】：用变形器修改器制作人物面部表情动画

本练习的人物面部表情动画效果如图20-107所示。

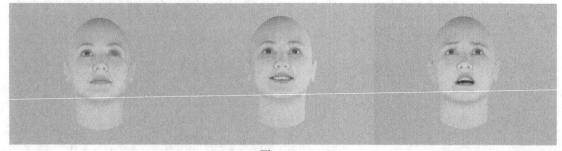

图20-107

Step 01 打开光盘中的"练习文件>第20章>练习20-10.max"文件，如图20-108所示。

Step 02 选择整个人头模型，然后复制（选择"复制"方式）一个人头模型，如图20-109所示。

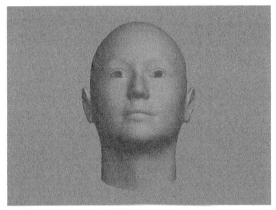

图20-108

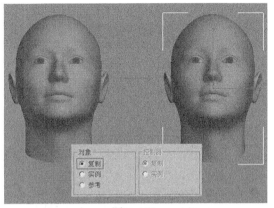

图20-109

Step 03 将复制出来的人头模型转换为可编辑网格，然后进入"顶点"级别，接着在"选择"卷展栏下勾选"忽略背面"选项，最后选择人物左眼附近的顶点，如图20-110所示。

> **提示：** 注意，在选择顶点的时候，尽量少选择一些，因为选择的这些顶点决定了表情动画的自然程度。

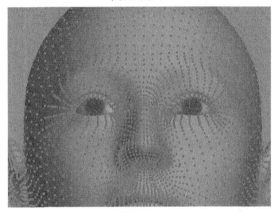

图20-110

Step 04 为选定的顶点加载一个FFD（长方体）修改器，然后设置点数为6×6×6，接着在"控制点"次物体层级下将上眼皮调整成闭上的效果，如图20-111所示。

Step 05 为正常的人头模型加载一个"变形器"修改器，然后在"通道列表"卷展栏下的第1个"空"按钮 ━空━ 上单击鼠标右键，并在弹出的快捷菜单中选择"从场景中拾取"命令，接着在场景中拾取闭上左眼的人头模型，如图20-112所示。操作完成后在"通道参数"卷展栏下将第1个通道命名为"眨眼睛"。

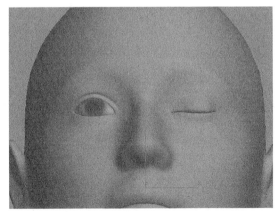

图20-111

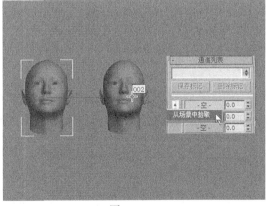

图20-112

図20-113

展开"通道参数"卷展栏，在"通道名"输入框输入名称即可将通道进行重命名，如图20-113所示。

Step 06 单击"自动关键点"按钮 自动关键点，然后将时间线滑块拖曳到第100帧，接着在"通道列表"卷展栏下设置变形值为100，如图20-114所示。

Step 07 采用相同的方法制作出"微笑"和"害怕"的表情动画，完成后的效果如图20-115所示。

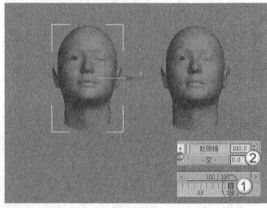

图20-114

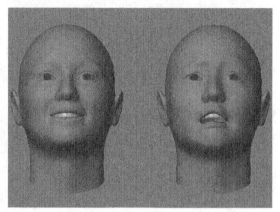

图20-115

Step 08 渲染出各个表情动画，最终效果如图20-116所示。

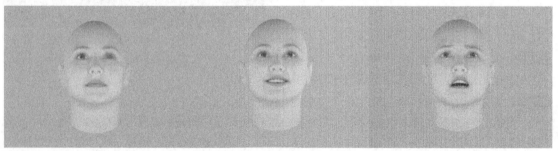

图20-116

20.5.2 "路径变形（WSM）"修改器

功能介绍

使用"路径变形（WSM）"修改器可以根据图形、样条线或NURBS曲线路径来变形对象，其参数设置面板如图20-117所示。

图20-117

参数详解

❖ "路径变形"参数组。

  ◇ 路径：显示选定路径对象的名称。

  ◇ 拾取路径 <u>拾取路径</u>：使用该按钮可以在视图中选择一条样条线或NURBS曲线作为路径使用。

  ◇ 百分比：根据路径长度的百分比沿着Gizmo路径移动对象。

  ◇ 拉伸：使用对象的轴点作为缩放的中心沿着Gizmo路径缩放对象。

  ◇ 旋转：沿着Gizmo路径旋转对象。

  ◇ 扭曲：沿着Gizmo路径扭曲对象。

  ◇ 转到路径 <u>转到路径</u>：将对象从其初始位置转到路径的起点。

❖ "路径变形轴"参数组。

  ◇ X/Y/Z：选择一条轴以旋转Gizmo路径，使其与对象的指定局部轴相对齐。

【练习20-11】：用路径变形（WSM）修改器制作植物生长动画

本练习的植物生长动画效果如图20-118所示。

图20-118

Step 01 使用"圆柱体"工具 <u>圆柱体</u> 在场景中创建一个圆柱体，然后在"参数"卷展栏下设置"半径"为12mm、"高度"为180mm，如图20-119所示。

Step 02 将圆柱体转换为可编辑多边形，然后在"顶点"级别下将其调整成如图20-120所示的形状。

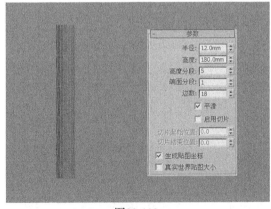

图20-119

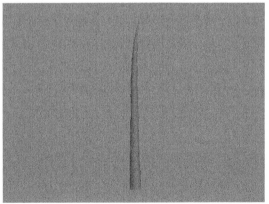

图20-120

Step 03 使用"线"工具 ▭▭▭ 在前视图中绘制出如图20-121所示的样条线，然后选择底部的顶点，接着单击鼠标右键，最后在弹出的快捷菜单中选择"设为首顶点"命令，如图20-122所示。

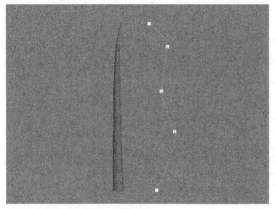

图20-121

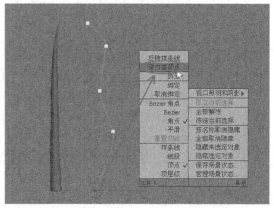

图20-122

Step 04 为树枝模型加载一个"路径变形（WSM）"修改器，然后在"参数"卷展栏下单击"拾取路径"按钮 ▭拾取路径▭，接着在视图中拾取样条线，如图20-123所示，效果如图20-124所示。

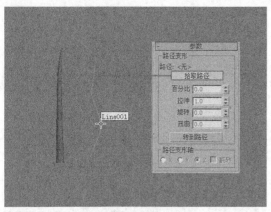

图20-123

图20-124

Step 05 在"参数"卷展栏下单击"转到路径"按钮 ▭转到路径▭，效果如图20-125所示。

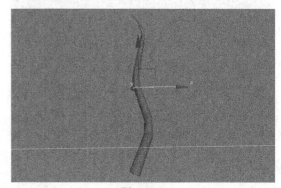

图20-125

Step 06 单击"自动关键点"按钮 [自动关键点]，然后在第0帧设置"拉伸"为0，如图20-126所示，接着在第100帧设置"拉伸"为1.1，如图20-127所示。

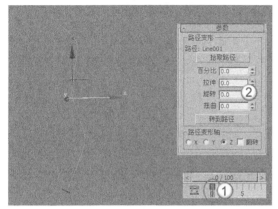

图20-126

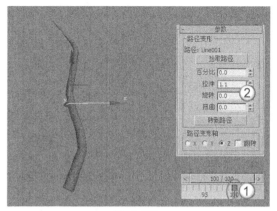

图20-127

Step 07 单击"播放动画"按钮 ▶ 播放动画，效果如图20-128所示。

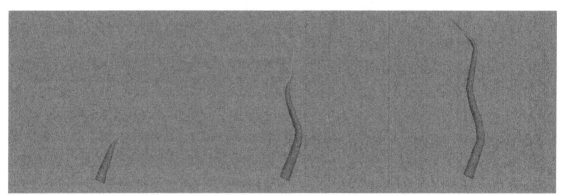

图20-128

Step 08 采用相同的方法制作出其他植物生长动画，完成后的效果如图20-129所示。

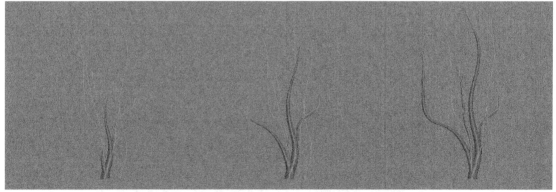

图20-129

Step 09 选择动画效果最明显的一些帧，然后按F9键渲染出这些单帧动画，最终效果如图20-130所示。

图20-130

第21章 高级动画

本章导读

本章主要介绍3ds Max的骨骼、蒙皮、CAT等动画技术,这些都是3ds Max的高级动画制作技术,功能强大,也相对比较复杂。为了能够快速理解和掌握这些技术,建议大家在学习的时候尽量做到对每一个参数都进行实际操作和验证,这样不仅能够加深记忆,同时也使学习过程不再那么枯燥。同时,为了让读者能够熟练掌握这些技术,本章还安排了很多对应的小练习,通过这些案例操作可以很直观地理解和感受3ds Max的高级动画功能。

21.1 骨骼与蒙皮

动物的身体是由骨骼、肌肉和皮肤组成的。从功能上看，骨骼主要用来支撑动物的躯体，它本身不产生运动。动物的运动实际上是由肌肉来控制的，在肌肉的带动下，筋腱拉动骨骼沿着各个关节来产生转动或在某个局部发生移动，从而表现出整个形体上的运动效果。图21-1所示为一个人体的骨骼与一只狗的骨骼。

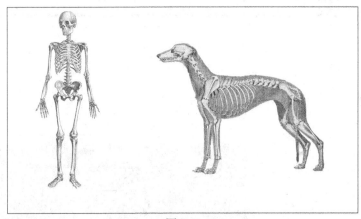

图21-1

21.1.1 骨骼

3ds Max 2014提供了一套非常优秀的动画控制系统——骨骼，创建骨骼需要使用到"骨骼"工具 骨骼 。在"创建"面板中单击"系统"按钮，然后设置系统类型为"标准"，接着单击"骨骼"按钮 骨骼 即可使用"骨骼"工具 骨骼 ，如图21-2所示。

图21-2

1. 创建骨骼

功能介绍

使用"骨骼"工具 骨骼 在场景中拖曳光标即可创建一个骨骼，如图21-3所示；再次拖曳光标可以创建另外一个骨骼，如图21-4所示。

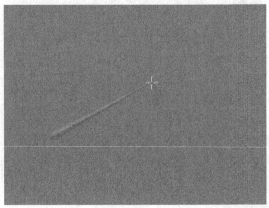

图21-3

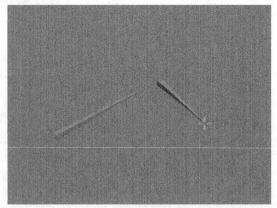

图21-4

骨骼的参数包含两个卷展栏，分别是"IK链指定"卷展栏（注意，该卷展栏只有在创建骨骼时才会出现）和"骨骼参数"卷展栏，如图21-5所示。

图21-5

参数详解

展开"IK链指定"卷展栏，如图21-6所示。

❖ IK解算器：在下面的下拉列表中可以选择IK解算器的类型。注意，只有启用了"指定给子对象"选项，则指定的IK解算器才有用。

❖ 指定给子对象：如果启用该选项，则在IK解算器列表中指定的IK解算器将指定给最新创建的所有骨骼（除第1个（根）骨骼之外）；如果关闭该选项，则为骨骼指定标准的"PRS变换"控制器。

❖ 指定给根：如果启用该选项，则为最新创建的所有骨骼（包括第1个（根）骨骼）指定IK解算器。

展开"骨骼参数"卷展栏，如图21-7所示。

❖ "骨骼对象"参数组。
  ◇ 宽度/高度：设置骨骼的宽度和高度。
  ◇ 锥化：调整骨骼形状的锥化程度。如果设置为0，则生成的骨骼形状为长方体形状。

❖ "骨骼鳍"参数组。
  ◇ 侧鳍：在所创建的骨骼的侧面添加一组鳍。

（1）大小：设置鳍的大小。

（2）始端锥化/末端锥化：设置鳍的始端和末端的锥化程度。

  ◇ 前鳍：在所创建的骨骼的前端添加一组鳍。

（1）大小：设置鳍的大小。

（2）始端锥化/末端锥化：设置鳍的始端和末端的锥化程度。

  ◇ 后鳍：在所创建的骨骼的后端添加一组鳍。

（1）大小：设置鳍的大小。

（2）始端锥化/末端锥化：设置鳍的始端和末端的锥化程度。

❖ 生成贴图坐标：由于骨骼是可渲染的，启用该选项后可以对其使用贴图坐标。

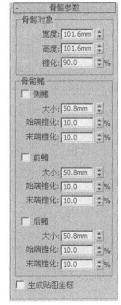

图21-6　　　　　图21-7

2. 修改骨骼

功能介绍

如果需要修改骨骼，可以执行"动画>骨骼工具"菜单命令，然后在弹出的"骨骼工具"对话框中进行调整。"骨骼工具"对话框包含3个卷展栏，分别是"骨骼编辑工具"卷展栏、"鳍调整工具"卷展栏和"对象属性"卷展栏，如图21-8所示。

图21-8

参数详解

展开"骨骼编辑工具"卷展栏，如图21-9所示。

❖ "骨骼轴位置"参数组。

   ◇ 骨骼编辑模式 <u>骨骼编辑模式</u>：使用该工具可以更改骨骼的长度以及骨骼之间的相对位置。启用该按钮后，可以通过移动其子骨骼来更改骨骼长度。注意，启用"骨骼编辑模式"后，不能设置动画，而且当启用"自动关键点"工具 <u>自动关键点</u> 或"设置关键点"工具 <u>设置关键点</u> 时，"骨骼编辑模式"也不可用。

图21-9

❖ "骨骼工具"参数组。

   ◇ 创建骨骼 <u>创建骨骼</u>：该工具与"骨骼"工具 <u>骨骼</u> 的作用完全相同。

   ◇ 创建末端 <u>创建末端</u>：在当前选中骨骼的末端创建一个骨节。如果选中的骨骼不是链的末端，那么骨节将在当前选中的骨骼与链中下一骨骼按顺序链接。

   ◇ 移除骨骼 <u>移除骨骼</u>：移除当前选中骨骼。

   ◇ 连接骨骼 <u>连接骨骼</u>：在当前选中的骨骼和另一骨骼间创建连接骨骼。

   ◇ 删除骨骼 <u>删除骨骼</u>：删除当前选中的骨骼，并移除其所有父/子关联。

   ◇ 重指定根 <u>重指定根</u>：让当前选中的骨骼成为骨骼结构的根（父）对象。如果当前骨骼已经是根，那么单击该按钮将不起作用；如果当前骨骼是链的末端，那么链将完全反转；如果选中的骨骼在链的中间，那么链将成为一个分支结构。

   ◇ 细化 <u>细化</u>：使用该按钮在想要分割的地方单击鼠标左键，可以将骨骼一分为二。

   ◇ 镜像 <u>镜像</u>：单击该按钮可以打开"骨骼镜像"对话框，如图21-10所示。

图21-10

❖ "骨骼着色"参数组。

   ◇ 选定骨骼颜色：为选中的骨骼设置颜色。

   ◇ 渐变颜色：该参数组用于为两个或两个以上的骨骼设置渐变色。

   ◇ 应用渐变 <u>应用渐变</u>：根据"起点颜色"和"终点颜色"将渐变的颜色应用到多个骨骼上。只有在选中两个或两个以上的骨骼时，该按钮才可用。

   ◇ 起点颜色：设置渐变的起点颜色。起点颜色应用于选中链中最高级的父骨骼。

   ◇ 终点颜色：设置渐变的终点颜色。终点颜色应用于选中链上的最后一个子对象。

展开"鳍调整工具"卷展栏，如图21-11所示。

❖ 绝对：将鳍参数设置为绝对值。使用该选项可以为所有选定骨骼设置相同的鳍值。

❖ 相对：相对于当前值设置鳍参数。使用该选项可以保持鳍大小不同的骨骼之间的大小关系。

❖ 复制 <u>复制</u>：复制当前选定骨骼的骨骼和鳍设置，以便粘贴到另一个骨骼上。

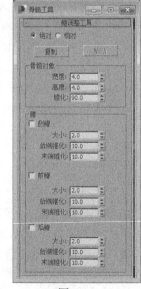

图21-11

❖ 粘贴 [粘贴] ：将复制的骨骼和鳍设置粘贴到当前选定的骨骼。

展开"对象属性"卷展栏，如图21-12所示。

❖ 启用骨骼：启用该选项后，选定的骨骼或对象将作为骨骼进行操作。

提示：注意，勾选"启用骨骼"选项并不会使对象立即对齐或拉伸。

图21-12

❖ 冻结长度：启用该选项后，骨骼将保持其长度。

❖ 自动对齐：如果关闭该选项，骨骼的轴点将不能与其子对象对齐。

❖ 校正负拉伸：启用该选项后，会造成负缩放因子的骨骼拉伸将更正为正数。

❖ 重新对齐 [重新对齐] ：使骨骼的x轴对齐，并指向子骨骼（或多个子骨骼的平均轴）。

❖ 重置拉伸 [重置拉伸] ：如果子骨骼移离骨骼，则将拉伸该骨骼，以到达其子骨骼对象。

❖ 重置缩放 [重置缩放] ：在每个轴上，将内部计算缩放的拉伸骨骼重置为100%。

❖ 选定骨骼：在该选项的前面会显示选定骨骼的数量。

❖ 拉伸因数：显示有关所选骨骼的信息和3个轴各自的拉伸因子信息。

❖ 拉伸：决定在变换子骨骼并关闭"冻结长度"时发生的拉伸种类，"无"表示不发生拉伸；"缩放"表示缩放骨骼；"挤压"表示挤压骨骼。

❖ 轴：决定用于拉伸的轴。

❖ 翻转：沿着选定轴翻转拉伸。

3. 父子骨骼

功能介绍

创建好骨骼后，在"主工具栏"中单击"图解视图（打开）"按钮，在弹出的"图解视图"对话框中可以观察到骨骼节点之间的父子关系，其关系是Bone001>Bone002>Bone003>Bone004>Bone005>Bone006>Bone007>Bone008，如图21-13所示。

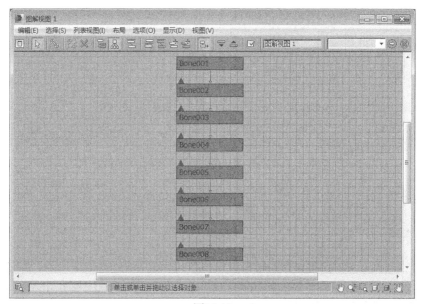

图21-13

技术专题21-1 【父子骨骼之间的关系】

如图21-14所示，图中有3个骨骼，其父子关系是Bone001>Bone002>Bone003。下面用"选择并旋转"工具◎来验证这个关系。

使用"选择并旋转"工具◎旋转Bone001，可以发现Bone002和Bone003都会跟着Bone001一起旋转，这说明Bone001是Bone002和Bone003的父关节，如图21-15所示。

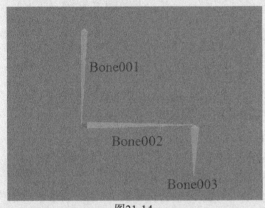

图21-14   图21-15

使用"选择并旋转"工具◎旋转Bone002，可以发现Bone003会跟着Bone002一起旋转，但Bone001不会跟着Bone002一起旋转，这说明Bone001是Bone002的父关节，而Bone002是Bone003的父关节，如图21-16所示。

使用"选择并旋转"工具◎旋转Bone003，可以发现只有Bone003出现了旋转现象，而Bone001和Bone002没有跟着一起旋转，这说明Bone003是Bone001和Bone002的子关节，如图21-17所示。

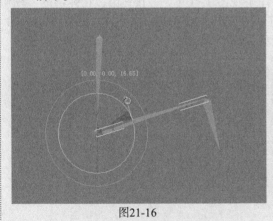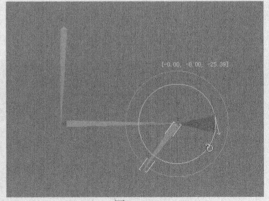

图21-16   图21-17

4. 添加关节

功能介绍

在使用"骨骼"工具　骨骼　创建完骨骼后，还可以继续向骨骼添加关节。如图21-18所示，图中有一个骨骼，将光标放在骨骼上的任何位置，当光标变成十字形+时单击并拖曳光标即可在骨骼的末端继续添加关节，如图21-19所示。

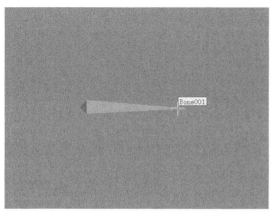

图21-18

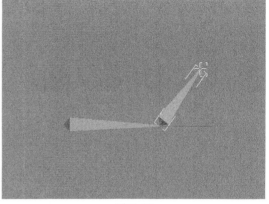

图21-19

【练习21-1】：为变形金刚创建骨骼

为变形金刚创建骨骼后的效果如图21-20所示。

图21-20

Step 01 打开光盘中的"练习文件>第21章>练习21-1.max"文件，如图21-21所示。

图21-21

Step 02 使用"骨骼"工具 骨骼 在左视图中创建4个骨骼，如图21-22所示。

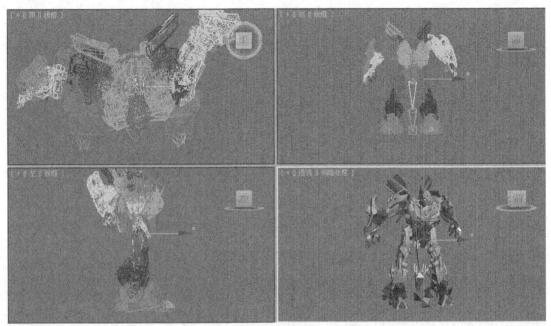

图21-22

提示： 创建完骨骼后，如果不需要继续创建骨骼，可以按鼠标右键或按Esc键结束创建操作。

Step 03 使用"选择并移动"工具 在前视图中调整好骨骼的位置，使其与腿模型相吻合，如图21-23所示。

提示： 在调整骨骼位置时，可以先将变形金刚冻结起来，待调整完后再对其解冻。

Step 04 选择末端的关节，然后执行"动画>IK解算器>IK肢体解算器"菜单命令，接着将光标放在始端关节上并单击鼠标左键，将其链接起来，如图21-24所示，链接好的效果如图21-25所示。

图21-23

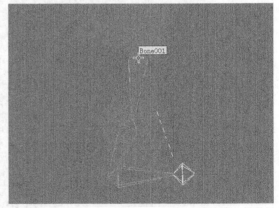

图21-24

提示： 用"选择并移动"工具 移动IK控制器，可以发现关节之间的活动效果非常自然，这就是解算器的主要作用，如图21-26所示。

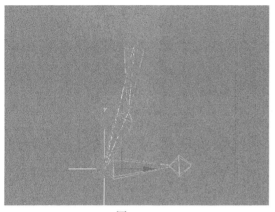

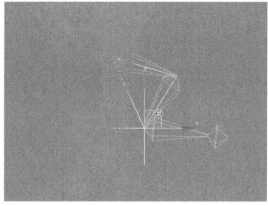

图21-25　　　　　　　　　　　　　　　图21-26

Step 05 选择左腿模型，如图21-27所示，切换到"修改"面板，然后展开"蒙皮"修改器的"参数"卷展栏，接着单击"添加"按钮 添加 ，最后在弹出的"选择骨骼"对话框中选择创建的骨骼，如图21-28所示。

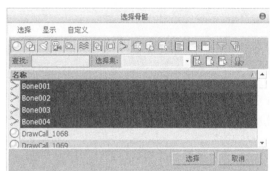

图21-27　　　　　　　　　　　　　　　图21-28

提示： 关于"蒙皮"修改器的具体作用请参阅"21.4 蒙皮"中的内容。

Step 06 使用"选择并移动"工具 移动IK控制器，可以发现腿部模型也会跟着一起移动，且移动效果很自然，如图21-29所示。

Step 07 采用相同的方法处理好另外一只腿模型创建好骨骼，完成后的效果如图21-30所示。

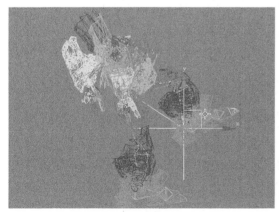

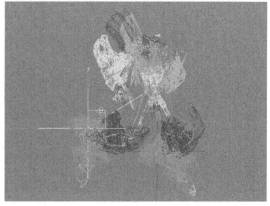

图21-29　　　　　　　　　　　　　　　图21-30

Step 08 为腿部模型摆好一些造型，然后渲染出这些造型，最终效果如图21-31所示。

图21-31

21.1.2 IK解算器

用"IK解算器"可以创建反向运动学的解决方案，用于旋转和定位链中的链接。它可以应用IK控制器，用来管理链接中子对象的变换。要创建IK解算器，可以执行"动画>IK解算器"菜单下的命令，如图21-32所示。

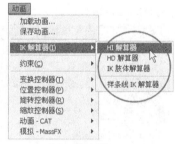

图21-32

1. HI解算器

功能介绍

对角色动画和序列较长的任何IK动画而言，"HI解算器"是首选的方法。使用"HI解算器"可以在层次中设置多个链，如图21-33所示。例如，角色的腿部可能存在一个从臀部到脚踝的链，还存在另外一个从脚跟到脚趾的链。因为该解算器的算法属于历史独立型，所以无论涉及的动画帧有多少，都可以加快使用速度，它在第2000帧的速度与在第10帧的速度相同。"HI解算器"在视图中稳定且无抖动，可以创建目标和末端效应器。"HI解算器"使用旋转角度调整解算器平面，以便定位肘部或膝盖。

"HI解算器"的参数设置面板如图21-34所示。创建"HI解算器"以后，"HI解算器"的参数在"运动"面板下，即"IK解算器"卷展栏。其他解算器的参数也在该面板下。

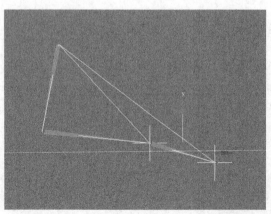

图21-33

图21-34

参数详解

"IK解算器"参数组。

◇ IK解算器下拉列表：用于选择IK解算器的类型。

◇ 启用 启用 ：启用或关闭链的IK控件。"HI IK控制器"有一个FK子控制器。激活 "启用"按钮 启用 后，FK子控制器的值会被IK控制器所覆盖；关闭"启用"按钮 启用 后，就会使用FK值。

◇ IK设置FK姿态：可以在FK操纵中间启用IK。

◇ IK/FK捕捉 IK/FK捕捉 ：在FK模式中执行IK捕捉，而在IK模式中执行FK捕捉。

◇ 自动捕捉：启用该选项后，在启用或关闭"启用"按钮 启用 之前，3ds Max将会自动应用IK/FK捕捉。如果关闭"自动捕捉"选项，则必须在切换"启用"按钮 启用 之前单击"IK/FK捕捉"按钮 IK/FK捕捉 ，否则该链就会跳动。

❖ "首选角度"参数组。

◇ 设置为首选角度 设置为首选角度 ：为 HI IK链中的每个骨骼设置首选角度。

◇ 采用首选角度 采用首选角度 ：复制每个骨骼的x、y和z首选角度通道并将它们放置到它的FK旋转子控制器中。

❖ "骨骼关节"参数组。

◇ 拾取起始关节：定义IK链的一端。

◇ 拾取结束关节：定义 IK 链的另一端。

2. HD解算器

功能介绍

"HD解算器"是一种最适用于动画制作的解算器，尤其适用于那些包含需要IK动画的滑动部分的计算机，因为该解算器的算法属于历史依赖型。使用该解算器可以设置关节的限制和优先级，它具有与长序列有关的性能问题，因此最好在短动画序列中使用。该解算器可以将末端效应器绑定到后续对象，并使用优先级和阻尼系统定义关节参数。另外，该解算器还允许将滑动关节限制与IK动画组合起来。与"HI解算器"不同的是，"HD解算器"允许在使用FK移动时限制滑动关节，如图21-35所示。

要调整链中所有骨骼或层次链接对象的参数，可以选择单个的骨骼或对象，然后在"运动"面板下"IK控制器参数"卷展栏下进行调节，如图21-36所示。

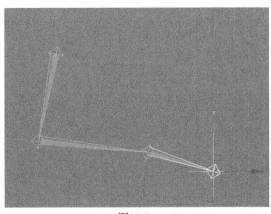

图21-35

图21-36

参数详解

- ❖ "阈值"参数组。
  - ◇ 位置：使用单位来指定末端效应器与其关联对象之间的"溢出"因子。
  - ◇ 旋转：指定末端效应器和它相关联的对象之间旋转错误的可允许度数。
- ❖ "求解"参数组。
  - ◇ 迭代次数：指定用以解算IK解决方案允许的最大迭代次数。
  - ◇ 起始/结束时间：指定解算IK的帧范围。
- ❖ "初始状态"参数组。
  - ◇ 显示初始状态：关闭实时IK解决方案。在IK计算引起任何改变之前，将所有链中的对象移到它们的初始位置和方向。
  - ◇ 锁定初始状态：锁定链中的所有骨骼或对象，以防对它们进行直接变换。
- ❖ "更新"参数组。
  - ◇ 精确：为起始时间和当前时间之间的所有帧解算整个链。
  - ◇ 快速：在鼠标移动时仅为当前帧对链进行解算。
  - ◇ 手动：选中该选项后，可以使用下面的"更新"按钮 更新 解算IK问题。
  - ◇ 更新 更新 ：启用"手动"选项时，单击该按钮可以解算IK解决方案。
- ❖ "显示关节"参数组。
  - ◇ 始终：始终显示链中所有关节的轴杆和关节限制。
  - ◇ 选定时：仅显示选定关节上的轴杆和关节限制。

提示：当骨骼链接到网格对象时，将难以看到关节图标。在设置基于骨骼的层次的动画时，可以隐藏所有的对象，只显示骨骼并只设置骨骼的动画，这样就可以看到关节图标。

- ❖ "末端效应器"参数组。
  - ◇ 位置：创建或删除"位置"末端效应器。如果该节点已经有了一个末端效应器，只有"删除"按钮可用。
    - （1）创建 创建 ：为选定节点创建"位置"末端效应器。
    - （2）删除 删除 ：从选定节点移除"位置"末端效应器。
  - ◇ 旋转：与"位置"末端效应器相似的方式进行工作，不同之处在于创建的是"旋转"末端效应器，而不是"位置"末端效应器。
    - （1）创建 创建 ：为选定节点创建"旋转"末端效应器。
    - （2）删除 删除 ：从选定节点移除"旋转"末端效应器。

提示：注意，除了根对象，不可以将末端效应器链接到层次中的对象，因为这样将会产生无限循环。

- ◇ 末端效应器父对象：显示选定父对象的名称。
- ◇ 链接 链接 ：使选定对象成为当前选定链接的父对象。
- ◇ 取消链接 取消链接 ：取消当前选定末端效应器到从父对象的链接。
- ❖ "移除IK"参数组。
  - ◇ 删除关节 删除关节 ：删除对骨骼或层次对象的所有选择。
  - ◇ 移除IK链 移除IK链 ：从层次中删除IK解算器。
- ❖ 位置 位置 ：显示"位置"末端效应器特定的"关键点信息"卷展栏。如果没有指定任何"位置"末端效应器，则该按钮不可用。
- ❖ 旋转 旋转 ：为指定的"旋转"末端效应器显示参数。

3. IK肢体解算器

功能介绍

"IK肢体解算器"只能对链中的两块骨骼进行操作，如图21-37所示。"IK肢体解算器"是一种在视图中快速使用的分析型解算器，因此可以设置角色手臂和腿部的动画。使用"IK肢体解算器"可以导出到游戏引擎，因为该解算器的算法属于历史独立型，所以无论涉及的动画帧有多少，都可以加快使用速度。"IK肢体解算器"使用旋转角度调整该解算器平面，以便定位肘部或膝盖。

"IK肢体解算器"的参数设置面板如图21-38所示。

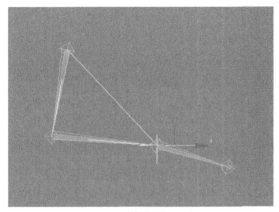

图21-37   图21-38

提示：关于"IK肢体解算器"的参数请参阅"HI解算器"。

4. 样条线IK解算器

功能介绍

"样条线IK解算器"可以使用样条线确定一组骨骼或其他链接对象的曲率，如图21-39所示。IK样条线中的顶点称作节点（样条线节点数可能少于骨骼数），与普通顶点一样，可以移动节点，或对其设置动画，从而更改该样条线的曲率。"样条线IK解算器"提供的动画系统比其他IK解算器的灵活性更高，节点可以在3D空间中随意移动，因此链接的结构可以进行复杂的变形。

"样条线IK解算器"的参数设置面板如图21-40所示。

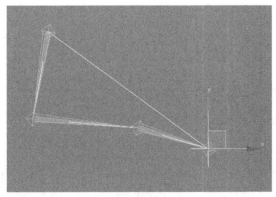

图21-39   图21-40

参数详解

❖ "样条线IK解算器"参数组。

    ◇ 样条线IK解算器下拉列表:显示解算器的名称。唯一可用的解算器是"样条线IK解算器"。

    ◇ 启用   启用   :启用或禁用解算器的控件。

    ◇ 拾取图形:拾取一条样条线作为IK样条线。

❖ "骨骼关节"参数组。

    ◇ 拾取起始关节:拾取"样条线IK解算器"的起始关节并显示对象名称。

    ◇ 拾取结束关节:拾取"样条线IK解算器"的结束关节并显示对象名称。

【练习21-2】:用样条线IK解算器制作爬行动画

本练习的爬行动画效果如图21-41所示。

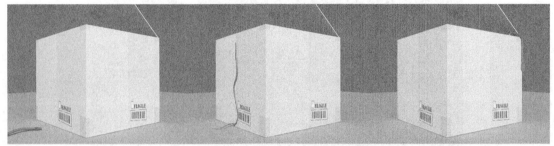

图21-41

Step 01 打开光盘中的"练习文件>第20章>练习21-2.max"文件,如图21-42所示。

Step 02 切换到顶视图,选择末端的关节,然后执行"动画>IK解算器>样条线IK解算器"菜单命令,接着将末端关节链接到始端关节上,最后单击样条线完成操作,如图21-43所示,链接起来后的效果如图21-44所示。

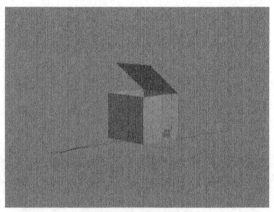

图21-42

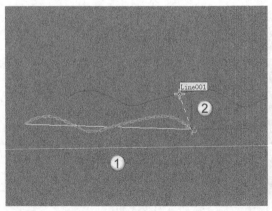

图21-43

图21-44

提示： 图21-44中的这些小方块是点辅助对象，主要用来让爬行路径更加精确。

Step 03 在"命令"面板中单击"运动"按钮 ◎，然后在"路径参数"卷展栏下设置"%沿路径"为0，如图21-45所示。

Step 04 单击"自动关键点"按钮 自动关键点，然后将时间线滑块拖曳到100帧，接着在"路径参数"卷展栏下设置"%沿路径"为100，如图21-46所示。

图21-45

图21-46

Step 05 单击"播放动画"按钮 ▶ 预览动画，效果如图21-47所示。

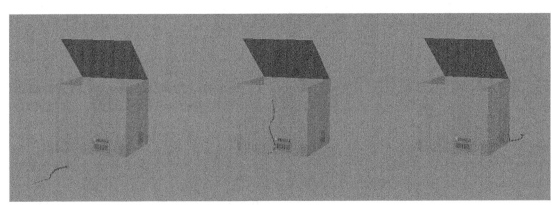

图21-47

Step 06 选择动画效果最明显的一些帧，然后单独渲染出这些单帧动画，最终效果如图21-48所示。

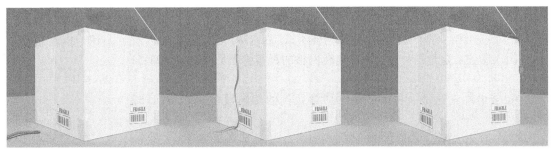

图21-48

21.1.3 Biped

3ds Max 2014还为用户提供了一套非常方便的人体骨骼系统——Biped骨骼。使用Biped工具 `Biped` 创建出的骨骼与真实的人体骨骼基本一致，因此使用该工具可以快速地制作出人物动画，同时还可以通过修改Biped的参数来制作出其他生物。

在"创建"面板中单击"系统"按钮 ，然后设置系统类型为"标准"，接着使用Biped工具 `Biped` 在视图中拖曳光标即可创建一个Biped，如图21-49所示。

在默认情况下，Biped的参数分为两种：一种是在创建Biped时的创建参数，另一种是创建完成后的运动参数。

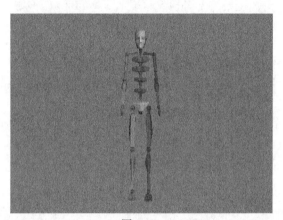

图21-49

图21-50

1. Biped创建参数

Biped的创建参数包含一个"创建Biped"卷展栏，如图21-50所示。

❖ "创建方法"参数组。
　　◇ 拖动高度：以拖曳光标的方式创建Biped。
　　◇ 拖动位置：如果选择这种方式，那么不需要在视图中拖曳光标，直接单击鼠标左键即可创建Biped。
❖ "结构源"参数组。
　　◇ U/I：以3ds Max默认的源创建结构。
　　◇ 最近.flg文件：以最近用过的.fig文件创建结构。
❖ "躯干类型"参数组。
　　◇ 躯干类型下拉列表：选择躯干的类型，包含以下4种。
（1）骨骼：这是一种自然适应角色网格的真实躯干骨骼，如图21-51所示。
（2）男性：这是一种基于基本男性比例的轮廓模型，如图21-52所示。

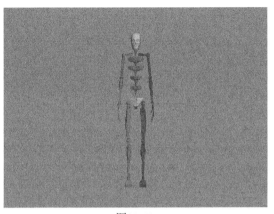

图21-51   图21-52

（3）女性：这是一种基干基本女性比例的轮廓模型，如图21-53所示。

（4）标准：这是一种原始版本的Biped对象，如图21-54所示。

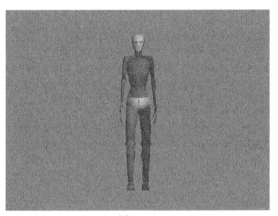
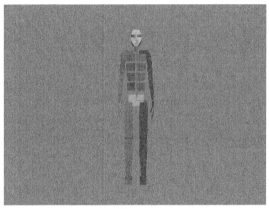

图21-53   图21-54

◇ 手臂：控制是否将手臂和肩部包含
在Biped中，图21-55所示是关闭该
选项时的Biped效果。

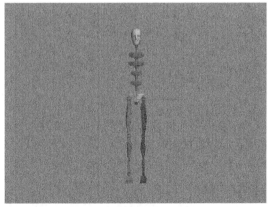

图21-55

◇ 颈部链接：设置Biped颈部的链接数，其取值范围从1~25，默认值为1，图21-56和图21-57所
示是设置"颈部链接"为2和4时的Biped效果。

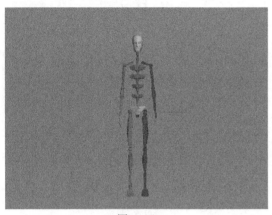

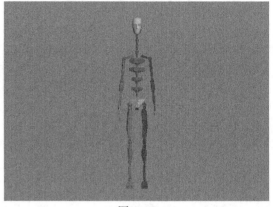

图21-56   图21-57

✧ 脊椎链接：设置Biped脊椎上的链接数，其取值范围从1~10，默认值为4，图21-58和图21-59
所示是设置"脊椎链接"为2和6时的Biped效果。

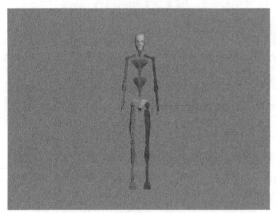

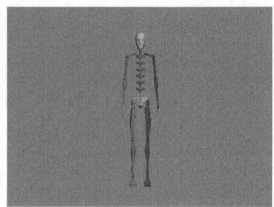

图21-58   图21-59

✧ 腿链接：设置Biped腿部的链接数，其取值范围从3~4，默认设置为3。
✧ 尾部链接：设置Biped尾部的链接数，值为0表明没有尾部，其取值范围从0~25，图21-60和
图21-61所示是设置"尾部链接"为3和8时的Biped效果。

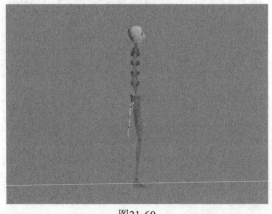

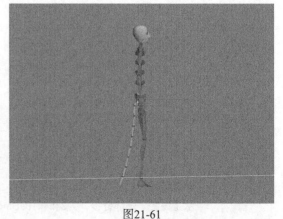

图21-60   图21-61

✧ 马尾辫1/2链接：设置马尾辫链接的数目，其取值范围从0~25，默认值为0，图21-62和图

21-63所示是设置"马尾辫2链接"为6和16时的Biped效果。

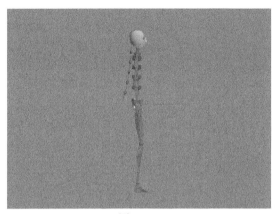

图21-62

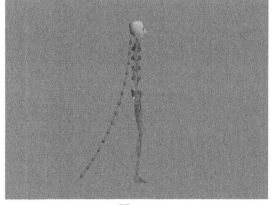

图21-63

❖ 手指：设置Biped手指的数目，其取值范围从0~5，默认值为1。

❖ 手指链接：设置每个手指链接的数目。其取值范围从1~4，默认值为1。

❖ 脚趾：设置Biped脚趾的数目，其取值范围从1~5，默认值为1。

❖ 脚趾链接：设置每个脚趾链接的数目，其取值范围从1~3，默认值为3。

❖ 小道具1/2/3：这些道具可以用来表示附加到Biped上的工具或武器，最后可以开启3个小道具。在默认情况下，道具1出现在右手的旁边，道具2出现在左手的旁边，道具3出现在躯干前面的中心，如图21-64所示。

❖ 踝部附着：设置踝部沿着相应足部块的附着点。

❖ 高度：设置当前Biped的高度。

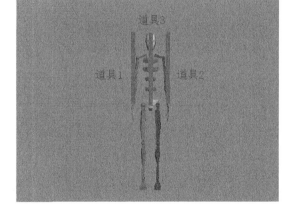

图21-64

❖ 三角形骨盆：启用该选项后，可以创建从大腿到Biped最下面一个脊椎对象的链接。

❖ 三角形颈部：启用该选项后，可以将锁骨链接到顶部脊椎，而不是链接到颈部。

❖ 前端：启用该选项后，可以将Biped的手和手指作为脚和脚趾。

❖ 指节：启用该选项后，将使用符合解剖学特征的手部结构，每个手指均有指骨。

❖ 缩短拇指：启用该选项后，拇指将比其他手指（具有4个指骨）少一个指骨。

❖ "扭曲链接"参数组。

❖ 扭曲：对Biped的肢体启用扭曲链接。启用之后，扭曲链接将可见，但是仍然处于冻结状态。

◇ 上臂：设置上臂中扭曲链接的数量。
◇ 前臂：设置前臂中扭曲链接的数量。
◇ 大腿：设置大腿中扭曲链接的数量。
◇ 小腿：设置小腿中扭曲链接的数量。
◇ 脚架链接：设置脚架链接中扭曲链接的数量。
❖ Xtra参数组。
◇ 创建Xtra：单击该按钮可以创建新的Xtra尾部。
◇ 删除Xtra：单击该按钮可以删除在列表中选定的Xtra尾部。
◇ 创建相反的Xtra：单击该按钮可以在Biped的反面创建另一个Xtra尾部。
◇ 同步选择：激活该按钮后，在列表中选定的任何Xtra尾部将同时在视图中选定，反之亦然。
◇ 选择对称：激活该按钮后，选择一个尾部的同时也将选定反面的尾部。
◇ Xtra名称：显示新的Xtra尾巴的名称。
◇ Xtra列表：按名称列出Biped的Xtra尾巴。
◇ 链接：设置尾巴的链接数。

2. Biped运动参数

切换到"运动"面板，可以观察到Biped的运动参数包含13个卷展栏，如图21-65所示。

展开"指定控制器"卷展栏，如图21-66所示。

❖ 指定控制器：为选定的轨迹显示一个可供选择的控制器列表。

图21-65　　　　图21-66

展开"Biped应用程序"卷展栏，如图21-67所示。

图21-67

❖ 混合器：打开"运动混合器"对话框，在该对话框中可以设置动画文件的层，以便定制Biped的运动，如图21-68所示。

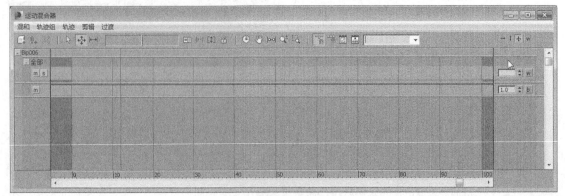

图21-68

❖ 工作台 工作台 ：打开"动画工作台"对话框，在该对话框中可以分析并调整Biped的运动曲线，如图21-69所示。

展开Biped卷展栏，如图21-70所示。

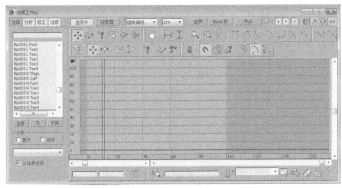 

图21-69　　　　　　　　　　　　　　　　图21-70

❖ 体形模式 ：用于更改两足动物的骨骼结构，并使两足动物与网格对齐。

❖ 足迹模式 ：用于创建和编辑足迹动画。在该模式下，Biped卷展栏下的卷展栏将变成"足迹模式"的相关卷展栏。

❖ 运动流模式 ：用于将运动文件集成到较长的动画脚本中。在该模式下，Biped卷展栏下的卷展栏将变成"运动流模式"的相关卷展栏。

❖ 混合器模式 ：用于查看、保存和加载使用运动混合器创建的动画。在该模式下，Biped卷展栏下的卷展栏将变成"混合器模式"的相关卷展栏。

❖ Biped播放 ：仅在"显示首选项"对话框中删除了所有的两足动物后，才能使用该工具播放它们的动画。

❖ 加载文件 ：加载.bip、.fig或.stp文件。

❖ 保存文件 ：保存Biped文件（.bip）、体形文件（.fig）以及步长文件（.stp）。

❖ 转换 ：将足迹动画转换成自由形式的动画。

❖ 移动所有模式 ：一起移动和旋转两足动物及其相关动画。

❖ 模式：该参数组用于编辑Biped的缓冲区模式、橡皮圈模式、缩放步幅模式和原地模式。

　　◇ 缓冲区模式 ：用于编辑缓冲区模式中的动画分段。

　　◇ 橡皮圈模式 ：使用该模式可以重新定位Biped的肘部和膝盖，而无需在"体形模式"下移动Biped的手或脚。

　　◇ 缩放步幅模式 ：使用该模式可以调整足迹步幅的长度和宽度，使其与Biped体形的步幅长度和宽度相匹配。

　　◇ 原地模式 /原地X模式 /原地Y模式 ：使用"原地模式"可以在播放动画时确保Biped显示在视口中；使用"原地X模式"可以锁定X轴运动的质心；使用"原地Y模式"可以锁定y轴运动的质心。

❖ 显示：该参数组用于设置Biped在视图中的显示模式。

　　◇ 对象 /骨骼 /骨骼与对象 ：将Biped设置为"对象" 显示模式（正常显示模式）时，将显示Biped的形体对象；将Biped设置为"骨骼" 显示模式时，Biped将显示为骨骼，如图21-71所示；将Biped设置为"骨骼与对象" 显示模式时，Biped将同时显示骨骼和对象，如图21-72所示。

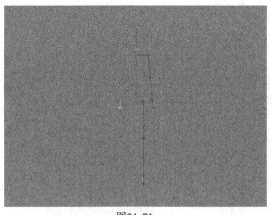

图21-71

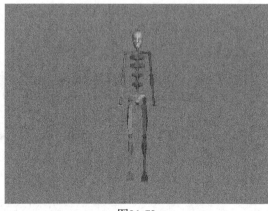

图21-72

❖ 显示足迹▓/显示足迹和编号▓/隐藏足迹▓：创建足迹以后，如果将足迹模式设置为"显示
足迹"▓模式，则在视图中会显示足迹，如图21-73所示；如果将足迹模式设置为"显示足
迹和编号"▓模式，则在视图中会显示足迹与其对应的编号，如图21-74所示；如果将足迹
模式设置为"隐藏足迹"▓模式，则在视图中会隐藏足迹。

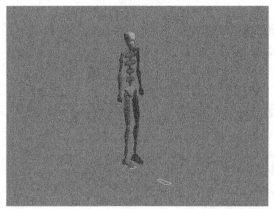

图21-73

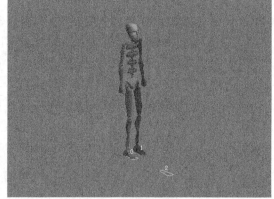

图21-74

❖ 扭曲链接▓：切换Biped中使用的扭
曲链接的显示。

❖ 腿部状态▓：启用该按钮后，视图
会在相应帧的每个脚上显示移动、
滑动和踩踏。

❖ 轨迹▓：显示选定的Biped肢体的轨
迹。

❖ 首选项▓：单击该按钮可以打开
"显示首选项"对话框，如图21-75
所示。在该对话框中可以更改足迹
的颜色和轨迹参数。

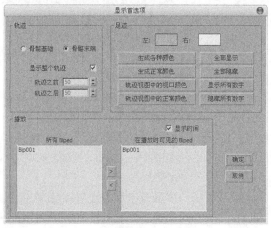

图21-75

展开"轨迹选择"卷展栏，如图21-76所示。

图21-76

- ❖ 躯干水平↔：选择质心可编辑Biped的水平运动。
- ❖ 躯干垂直↕：选择质心可编辑Biped的垂直运动。
- ❖ 躯干旋转⟳：选择质心可编辑Biped的旋转运动。
- ❖ 锁定COM关键点⊟：激活该按钮后，可以同时选择多个COM轨迹。一旦锁定COM关键点后，轨迹将存储在内存中，并且每次选择COM时都将记住这些轨迹。
- ❖ 对称⟰：选择Biped另一侧的匹配对象。
- ❖ 相反⟱：选择Biped另一侧的匹配对象，并取消选择当前对象。

展开"四元数/Euler"卷展栏，如图21-77所示。

图21-77

- ❖ 四元数：将选择的Biped动画转化为四元数旋转。
- ❖ Euler：将选择的Biped动画转换为Euler旋转。
- ❖ 轴顺序：选中Euler选项后，允许选择Euler旋转曲线计算的顺序。

展开"扭曲姿势"卷展栏，如图21-78所示。

- ❖ 上/下一个关键点←/→：滚动扭曲姿势列表并从中进行选择。
- ❖ 扭曲姿势列表：可以选择一个预设或保存姿态，并将其应用到Biped选定的肢体中。
- ❖ 扭曲：将所应用的扭曲旋转的数量（以度计算）设置给链接到选定肢体的扭曲链接。
- ❖ 偏移：沿扭曲链接设置旋转分布。
- ❖ 添加 添加：根据选定肢体的方向创建一个新的扭曲姿态，并将"扭曲"和"偏移"数值重设为默认值。
- ❖ 设置 设置：用当前的"扭曲"和"偏移"值更新活动扭曲姿态。
- ❖ 删除 删除：移除当前的扭曲姿态。
- ❖ 默认 默认：用5个默认的预设姿态替换所有具有3种自由度的肢体的所有扭曲姿态。

展开"弯曲链接"卷展栏，如图21-79所示。

- ❖ 弯曲链接模式⟩：该模式可以用于旋转链的多个链接，而无需先选择所有链接。
- ❖ 扭曲链接模式⟍：该模式与"弯曲链接模式"很相似，可以沿局部x的旋转应用于选定的链接，并在其余整个链中均等地递增它，从而保持其他两个轴中链接的关系。
- ❖ 扭曲个别模式⟨：该模式与"弯曲链接模式"很相似，允许沿局部x旋转选定的链接，而不会影响其父链接或子链接。
- ❖ 平滑扭曲模式⟍：该模式可以考虑沿链的第一个和最后一个链接的局部x的方向进行旋转，以便分布其他链接的旋转。
- ❖ 零扭曲：根据链的父链接的当前方向沿局部x将每个链接的旋转重置为0。
- ❖ 所有归零：根据链的父链接的当前方向沿所有轴将每个链接的旋转重置为0。
- ❖ 平滑偏移：根据0~1之间的值设置旋转分布。

展开"关键点信息"卷展栏，如图21-80所示。

图21-80

❖ 上/下一个关键点 ◄/►：查找选定Biped部位的上一个或下一个关键帧。

❖ 关键点编号：显示关键点的编号。

❖ 时间：输入值来指定关键点产生的时间。

❖ 设置关键点█：移动Biped对象时在当前帧创建关键点。

❖ 删除关键点█：删除选定对象在当前帧的关键点。

❖ 设置踩踏关键点█：设置一个Biped关键点，使其IK混合值为1。

❖ 设置滑动关键点█：设置一个滑动关键点，使其IK混合值为1。

❖ 设置自由关键点█：设置一个Biped关键点，使其IK混合值为0。

❖ 轨迹█：显示和隐藏选定Biped对象的轨迹。

❖ TCB：该参数组可以使用TCB控件来调整已存在的关键点中的缓和曲线与轨迹。

❖ IK：该参数组用于设置IK关键点，并调整IK关键点的参数。

❖ 头部：该参数组用于为要注视的目标定义目标对象。

❖ 躯干：该参数组下的参数可以应用到Biped的质心上，并由Character Studio进行计算。

❖ 属性：该参数组用来引用当前帧中用于定位和旋转的世界坐标空间、形体坐标空间和右手或左手坐标空间。

展开"关键帧工具"卷展栏，如图21-81所示。

图21-81

❖ 启用子动画█：启用Biped子动画。

❖ 操纵子动画█：修改Biped子动画。

❖ 清除选定轨迹█：从选定对象和轨迹中移除所有关键点和约束。

❖ 清除所有动画█：从Biped中移除所有关键点和约束。

❖ 镜像█/适当位置的镜像█：这两个按钮用于局部镜像动画，以便Biped的右侧可以执行左侧的动作，反之亦然。

❖ 设置多个关键点█：使用过滤器选择关键点或将转动增量应用于选定的关键点。

❖ 锚定右臂█/左臂█/右腿█/左腿█：临时修正手和腿的位置和方向。

❖ 单独FK轨迹：该参数组用于将手指、手、前臂和上臂的关键点存储在锁骨轨迹中。

　　◇ 手臂：勾选该选项后，可以为手指、手、前臂和上臂创建单独的变换轨迹。

　　◇ 颈部：勾选该选项后，可以为颈部链接创建单独的变换轨迹。

　　◇ 腿：勾选该选项后，可以创建单独的脚趾、脚和小腿变换轨迹。

　　◇ 尾部：勾选该选项后，可以为每个尾部链接创建单独的变换轨迹。

　　◇ 手指：勾选该选项后，可以为手指创建单独的变换轨迹。

　　◇ 脊椎：勾选该选项后，可以创建单独的脊椎变换轨迹。

　　◇ 脚趾：勾选该选项后，可以为脚趾创建单独的变换轨迹。

　　◇ 马尾辫1：勾选该选项后，可以创建单独的马尾辫1变换轨迹。

　　◇ 马尾辫2：勾选该选项后，可以创建单独的马尾辫2变换轨迹。

　　◇ Xtras：启用该选项后，可以为附加尾部创建单独的轨迹。

❖ 弯曲水平：设置Biped子动画轨迹的弯曲程度。

展开"复制/粘贴"卷展栏，如图21-82所示。

图21-82

- ❖ 创建集合🔲：清除当前集合名称以及与之关联的姿势、姿态和轨迹。
- ❖ 加载集合🔲：加载CPY文件，并在"复制收集"下拉列表的顶部显示其集合名称。
- ❖ 保存集合🔲：保存存储在CPA文件的当前活动集合中的所有姿态、姿势和轨迹。
- ❖ 删除集合🔲：从场景中删除当前集合。
- ❖ 删除所有集合🔲：从场景中删除所有集合。
- ❖ Max加载首选项🔲：单击该按钮可以打开"加载Max文件"对话框，其中包含打开场景文件时可采取操作的选项，如图21-83所示。

图21-83

- ❖ 姿态 姿态：激活该按钮后，可以对姿态进行复制和粘贴。
  - ◇ 复制姿态🔲：复制选定Biped对象的姿势并将其保存在一个新的姿势缓冲区中。
  - ◇ 粘贴姿态🔲：将活动缓冲区中的姿势粘贴到Biped。
  - ◇ 向对面粘贴姿态🔲：将活动缓冲区中的姿势粘贴到Biped相反的一侧中。
  - ◇ 将姿态粘贴到所选的🔲：将活动缓冲区中的姿势粘贴到选定的Biped中。
  - ◇ 删除选定姿态🔲：删除选定的姿态缓冲区。
  - ◇ 删除所有姿态副本🔲：删除所有的姿态缓冲区。
- ❖ 姿势 姿势：激活该按钮后，可以对姿势进行复制和粘贴。
  - ◇ 复制姿势🔲：复制整个Biped的当前姿势并将其保存在新的姿势缓冲区中。
  - ◇ 粘贴姿势🔲：将活动缓冲区中的姿势粘贴到Biped中。
  - ◇ 向对面粘贴姿势🔲：将活动缓冲区中的相反姿势粘贴到Biped中。
  - ◇ 将姿势粘贴到所选的Xtra🔲：将活动缓冲区中的姿势粘贴到选定的Xtra中。
  - ◇ 删除选定姿势🔲：删除选定的姿势缓冲区。
  - ◇ 删除所有姿势副本🔲：删除所有的姿势缓冲区。
- ❖ 轨迹 轨迹：激活该按钮后，可以对轨迹进行复制和粘贴。
  - ◇ 复制轨迹🔲：复制选定Biped对象的轨迹并创建一个新的轨迹缓冲区。
  - ◇ 粘贴轨迹🔲：将活动缓冲区中的一个或多个轨迹粘贴到Biped中。
  - ◇ 向对面粘贴轨迹🔲：将活动缓冲区中的一个或多个轨迹粘贴到Biped相反的一侧中。
  - ◇ 将轨迹粘贴到所选的Xtra🔲：将活动缓冲区中的轨迹粘贴到选定的Xtra中。
  - ◇ 删除选定轨迹🔲：删除选定的轨迹缓冲区。
  - ◇ 删除所有轨迹副本🔲：删除所有的轨迹缓冲区。
- ❖ 复制的姿态/姿势/轨迹：对于每一种模式，下面的列表会列出所复制的缓冲区。
  - ◇ 缩略图缓冲区视图：对于"姿态"模式，该视图会显示一个整体Biped的图解视图；对于"姿势"和"轨迹"模式，该视图会显示在活动复制缓冲区中Biped部位的图解视图。
  - ◇ 从视口中捕捉快照🔲：创建整个Biped活动2D或3D视口的快照。
  - ◇ 自动捕捉快照🔲：创建独立身体部位的前视图快照。
  - ◇ 无快照🔲：使用灰色画布替换快照。
  - ◇ 隐藏🔲/显示快照🔲：切换快照视图的显示。
- ❖ 粘贴选项：在选中COM的情况下复制姿态、姿势或轨迹时，会复制所有3个COM轨迹。
  - ◇ 粘贴水平🔲/垂直🔲/旋转🔲：启用这3个按钮的其中1个、2个或3个时，相应的COM数据将在执行粘贴操作时应用。
  - ◇ 由速度：启用该选项后，将基于通过场景的上一个COM轨迹决定活动COM轨迹的值。
  - ◇ 自动关键点TCB/IK值：该选项用于配合"自动关键点"模式一起使用。
  - ◇ 默认值：将TCB的缓入和缓出设为0，将张力、连续性和偏移设为25。

    ◇   复制：将TCB/IK值设置为与复制的数据值相匹配。

    ◇   插补：将TCB值设置为进行粘贴的动画的插值。

展开"层"卷展栏，如图21-84所示。

❖   加载层■/保存层■：加载单独的Biped层或将Biped层保存为BIP文件。

❖   上■/下一层■：利用这两个箭头可以对上下层进行选择。

❖   级别：显示当前的层级。

❖   活动：开启或关闭显示的层。

❖   层名称：设置层的名称，以方便识别层。

❖   创建层■：创建层以及级别字段增量。

❖   删除层■：删除当前层。

❖   塌陷■：将所有层塌陷为"层0"。

❖   捕捉和设置关键点■：将选定的Biped部位捕捉到其在"层0"中的原始位置，然后创建关键点。

图21-84

❖   只激活我■：在选定的层中查看动画。

❖   全部激活■：激活所有层。

❖   之前可视：设置要显示为线型轮廓图的前面的层编号。

❖   之后可视：设置要显示为线型轮廓图的后面的层编号。

❖   高亮显示关键点：通过突出显示线型轮廓图来显示关键点。

❖   正在重定位：该组中的选项和工具可以在层间设置两足动物的动画，同时保持基础层的IK约束。

    ◇   Biped的基础层：将所选Biped的原始层上的IK约束作为重新定位参考。

    ◇   参考Biped：将显示在"选择参考Biped"按钮■旁边的Biped的名称作为重新定位参考。

    ◇   选择参考Biped■：选择Biped作为所选Biped的重新定位参考。

    ◇   重定位左臂■：激活该按钮后，可以使Biped的左臂遵循基础层的IK约束。

    ◇   重定位右臂■：激活该按钮后，可以使Biped的右臂遵循基础层的IK约束。

    ◇   重定位左腿■：激活该按钮后，可以使Biped的左腿遵循基础层的IK约束。

    ◇   重定位右腿■：激活该按钮后，可以使Biped的右腿遵循基础层的IK约束。

    ◇   更新■■：根据重新定位的方法（基础层或参考Biped）、活动的重新定位身体部位和"仅限IK"选项为每个设置的关键点计算选定Biped的手部和腿部位置。

    ◇   仅IK：启用该选项之后，仅在那些受IK控制的帧间才重定位Biped受约束的手部和足部。

展开"运动捕捉"卷展栏，如图21-85所示。

图21-85

❖   加载运动捕捉文件■：加载BIP、CSM或BVH文件。

❖   从缓冲区转化■：过滤最近加载的运动捕捉数据。

❖   从缓冲区粘贴■：将一帧原始运动捕捉数据粘贴到Biped的选中部位。

❖   显示缓冲区■：将原始运动捕捉数据显示为红色线条图。

❖   显示缓冲区轨迹■：将为Biped的选定躯干部位缓冲的原始运动捕捉数据显示为黄色区域。

❖   批处理文件转化■：将一个或多个CSM或BVH运动捕获文件转换为过滤的BIP格式。

❖ 特征体形模式 ✖：加载原始标记文件后，启用"特征体形模式"来相对于标记缩放Biped。

❖ 保存特征体形结构 ▣：在"特征体形"模式中更改Biped的比例后，可以将更改储为FIG文件。

❖ 调整特征姿势 ▣：加载标记文件后，可以使用"调整特征姿势"按钮 ▣ 来相对于标记修正Biped的位置。

❖ 保存特征姿势调整 ▣：将特征姿势调整保存为CAL文件。

❖ 加载标记名称文件 ▣：加载标记名称（MNM）文件，并将运动捕捉文件（BVH或CSM）中的传入标记名称映射到Character Studio标记命名约定中。

❖ 显示标记 ▣：单击该按钮可以打开"标记显示"对话框，其中提供了用于指定标记显示方式的设置。

展开"动力学和调整"卷展栏，如图21-86所示。

❖ 重力加速度：设置用来计算Biped运动的重力加速度。

❖ Biped动力学：使用"Biped动力学"创建新的重心关键点。

❖ 样条线动力学：使用完全样条线插值来创建新的重心关键点。

❖ 足迹自适应锁定：当更改足迹的位置和计时后，Biped将自动自适应现有关键帧以匹配新的足迹。使用"足迹自适应锁定"参数组下设置可以针对选定轨迹保留现有关键点的位置和计时。

图21-86

　　◇ 躯干水平关键点：防止在空间中编辑足迹时躯干水平关键点发生自适应调整。

　　◇ 躯干垂直关键点：防止在空间中编辑足迹时躯干垂直关键点发生自适应调整。

　　◇ 躯干翻转关键点：防止在空间中编辑足迹时躯干旋转关键点发生自适应调整。

　　◇ 右腿移动关键点：防止在空间中编辑足迹时右腿移动关键点发生自适应调整。

　　◇ 左腿移动关键点：防止在空间中编辑足迹时左腿移动关键点发生自适应调整。

　　◇ 自由形式关键点：防止在足迹动画中自由形式周期发生自适应调整。

　　◇ 时间：防止当轨迹视图中的足迹持续时间发生变化时上半身关键点发生自适应调整。

3. Biped模式参数

当在Biped卷展栏下激活"足迹模式" ▣ 、"运动流模式" ▣ 或"混合器模式" ▣ 时，在Biped卷展栏下会出现相应的模式卷展栏。下面分别进行讲解。

<1>足迹模式参数

在Biped卷展栏下激活"足迹模式" ▣ ，Biped卷展栏下会出现"足迹创建"和"足迹操作"两个卷展栏，如图21-87所示。

展开"足迹创建"卷展栏，如图21-88所示。

❖ 创建足迹（附加） ▣：用"创建足迹（在当前帧上）"按钮 ▣ 和"创建多个足迹"按钮 ▣ 创建足迹以后，用"创建足迹（附加）"按钮 ▣ 可以在创建的足迹上继续创建足迹。

❖ 创建足迹（在当前帧上） ▣：在当前帧上创建足迹。

图21-87　　　　　图21-88

❖ 创建多个足迹 ⚒：自动创建行走、跑动或跳跃的足迹。
❖ 行走 ⚒：将Biped的步态设置为行走。"行走"模式包含以下两个参数。
　　◇ 行走足迹：指定在行走期间新足迹着地的帧数。
　　◇ 双脚支撑：指定在行走期间双脚都着地的帧数。
❖ 跑动 ⚒：将Biped的步态设为跑动。
　　◇ 跑动足迹：指定在跑动期间新足迹着地的帧数。
　　◇ 悬空：指定跑动或跳跃期间形体在空中时的帧数。
❖ 跳跃 ⚒：将Biped的步态设为跳跃。
　　◇ 两脚着地：指定在跳跃期间当两个对边的连续足迹落在地面时的帧数。
　　◇ 悬空：指定跑动或跳跃期间形体在空中时的帧数。

展开"足迹操作"卷展栏，如图21-89所示。

图21-89

❖ 为非活动足迹创建关键点 ⚒：激活所有非活动足迹。
❖ 取消激活足迹 ⚒：删除指定给选定足迹的躯干关键点，使这些足迹成为非活动足迹。
❖ 删除足迹 ⚒：删除选定的足迹。
❖ 复制足迹 ⚒：将选定的足迹和Biped关键点复制到足迹缓冲区。
❖ 粘贴足迹 ⚒：将足迹从足迹缓冲区粘贴到场景中。
❖ 弯曲：弯曲所选择足迹的路径。
❖ 缩放：更改所选择足迹的宽度或长度。
❖ 长度：勾选该选项时，"缩放"参数将更改所选中足迹的步幅长度。
❖ 宽度：勾选该选项时，"缩放"参数将更改所选中足迹的步幅宽度。

<2>运动流模式参数

在Biped卷展栏下激活"运动流模式" ⚒，Biped卷展栏下会出现一个"运动流"卷展栏，如图21-90所示。

图21-90

❖ 加载文件 ⚒：加载运动流编辑器文件（MFE）。
❖ 附加文件 ⚒：将运动流编辑器（MFE）文件附加到已经加载的MFE中。
❖ 保存文件 ⚒：保存运动流编辑器（MFE）文件。
❖ 显示图形 ⚒：打开运动流图。
❖ 共享运动流 ⚒：单击该按钮可以"共享运动流"对话框。在该对话框中可以创建、删除和修改共享运动流。
❖ 脚本：该参数组可以用脚本来运行运动流。

<3>混合器模式参数

在Biped卷展栏下激活"混合器模式" ⚒，Biped卷展栏下会出现一个"混合器"卷展栏，如图21-91所示。

　　❖ 加载文件 ⚒：加载运动混合器文件（.mix）。
　　❖ 保存文件 ⚒：将当前在运动混合器中选定的Biped混合保存到MIX文件。

图21-91

【练习21-3】：用Biped制作人体行走动画

本练习的人体行走动画如图21-92所示。

图21-92

Step 01 打开光盘中的"练习文件>第21章>练习21-3.max"文件，如图21-93所示。

Step 02 选择人物的骨骼，进入"运动"面板，然后在Biped卷展栏下单击"足迹模式"按钮 ，接着在"足迹创建"卷展栏下单击"创建足迹（在当前帧上）"按钮 ，最后在人物的前方创建出行走足迹（在顶视图中进行创建），如图21-94所示。

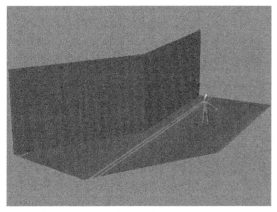

图21-93

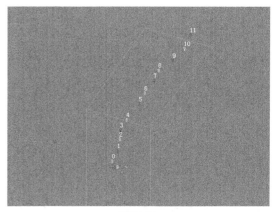

图21-94

Step 03 切换到左视图，然后使用"选择并移动"工具 将足迹向上拖曳到地面上，如图21-95所示，接着在透视图中调整好足迹之间的间距，如图21-96所示。

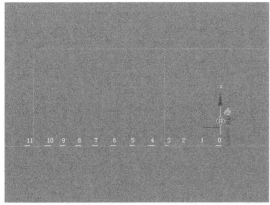

图21-95

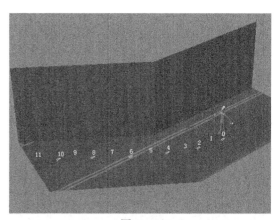

图21-96

Step 04 在"足迹操作"卷展栏下单击"为非活动足迹创建关键点"按钮，然后单击"播放动画"按钮，效果如图21-97所示。

图21-97

Step 05 单击"自动关键点"按钮，然后将时间线滑块拖曳到第15帧，接着使用"选择并移动"工具调整好Biped手臂关节的动作，如图21-98所示。

Step 06 继续在第30帧、第45帧、第60帧和第75帧调整好Biped小臂、手腕和大臂等骨骼的动作，如图21-99~图21-102所示。

Step 07 单击"时间配置"按钮，然后在弹出的对话框中设置"开始时间"为10、"结束时间"为183，如图21-103所示。

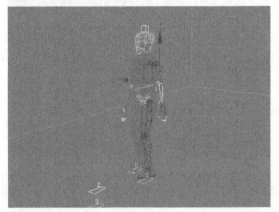

图21-98

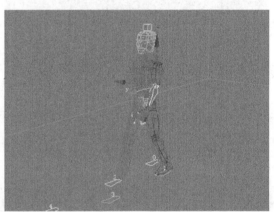

图21-99

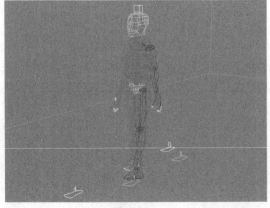

图21-100

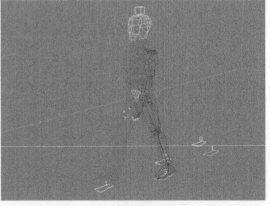

图21-101

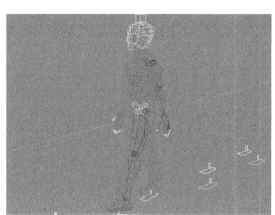

图21-102　　　　　　　　　　　　图21-103

提示： 由于"结束时间"默认的是100帧，如果时间不够，用户可以根据实际需要来进行设置。

Step 08 选择动画效果最明显的一些帧，然后单独渲染出这些单帧动画，最终效果如图21-104所示。

图21-104

⚙ 【练习21-4】：用Biped制作搬箱子动画

本练习的搬箱子动画效果如图21-105所示。

图21-105

Step 01 打开光盘中的"练习文件>第21章>练习21-4.max"文件，如图21-106所示。

Step 02 使用Biped工具 `Biped` 在前视图中创建一个Biped骨骼，如图21-107所示，接着在透视图中调整好其位置，如图21-108所示。

Step 03 选择人体模型，然后为其加载一个“蒙皮”修改器，接着在“参数”卷展栏下单击“添加”按钮，最后在弹出的“选择骨骼”对话框中选择所有的关节，如图21-109所示。

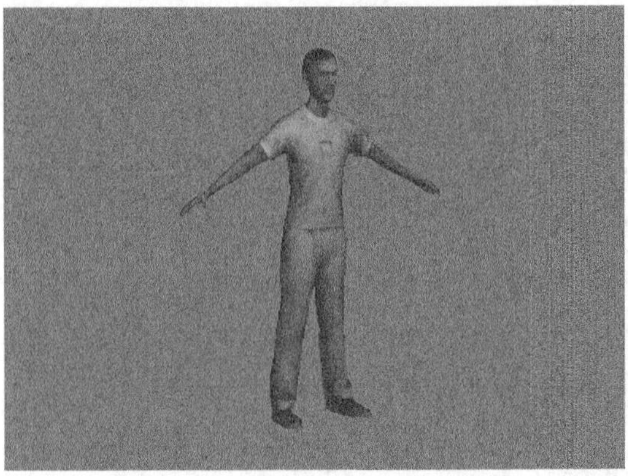

图21-106

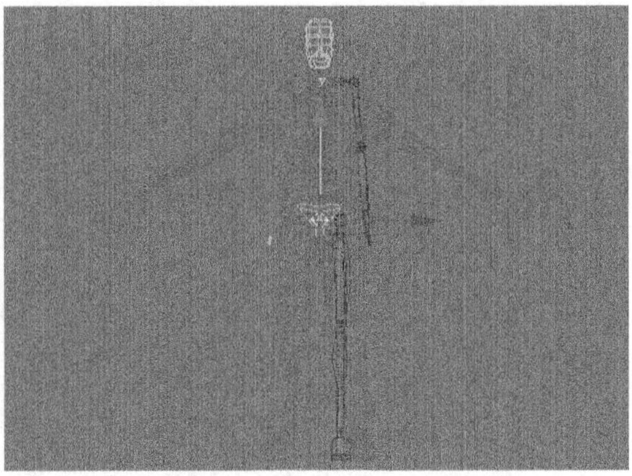

图21-107

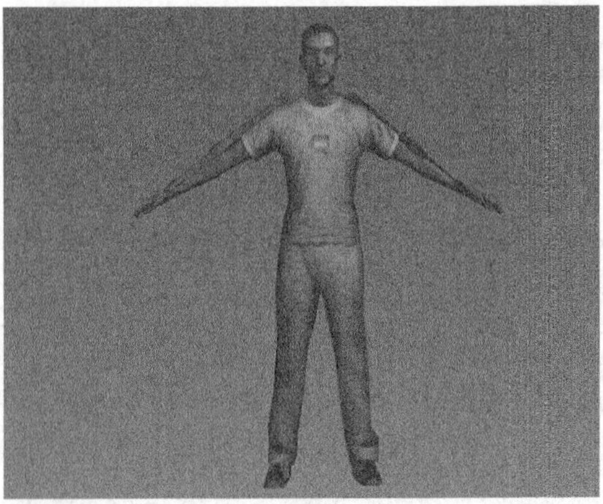

图21-108

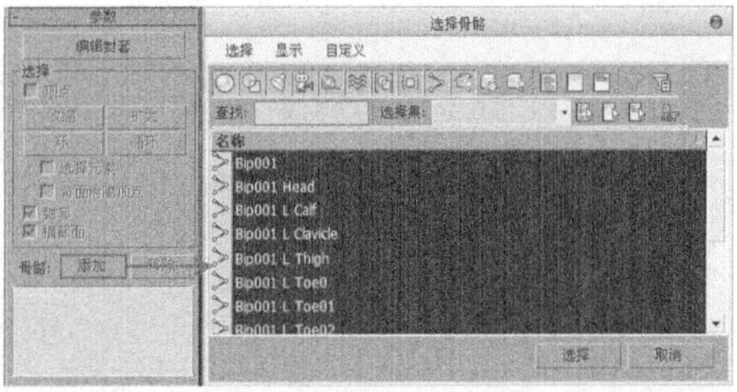

图21-109

Step 04 进入“运动”面板，然后在Biped卷展栏下单击“足迹模式”按钮，接着单击“加载文件”按钮，并在弹出的对话框中选择光盘中的“练习文件>第21章>练习21-4-2.bip”文件，效果如图21-110所示。

Step 05 使用“长方体”工具在两手之间创建一个箱子，如图21-111所示。

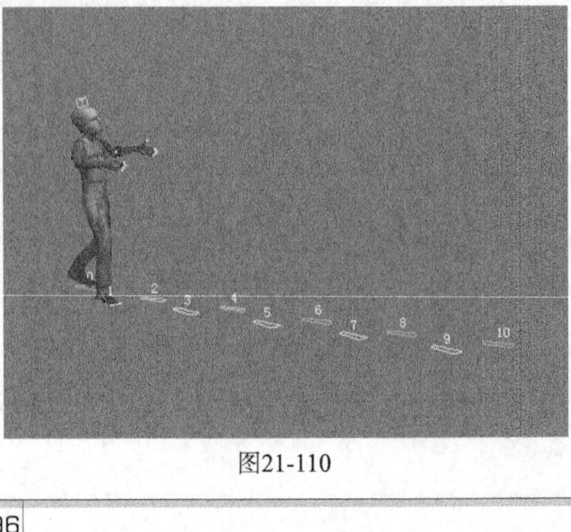

图21-110

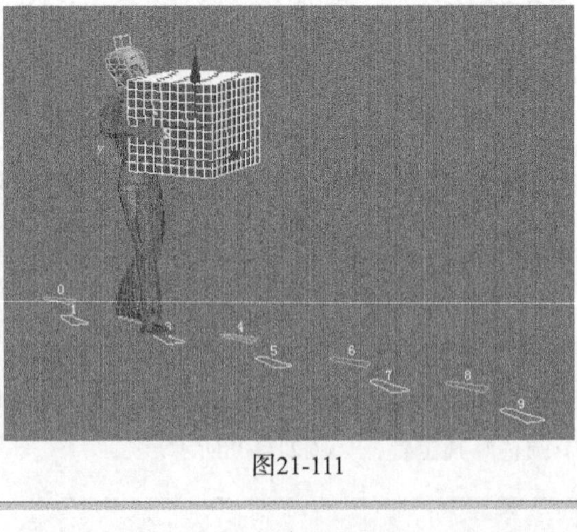

图21-111

提示： 拖曳时间线滑块，可以发现箱子并没有跟随Biped一起移动，如图21-112所示。

Step 06 将时间线滑块拖曳到第0帧位置，然后使用"选择并链接"工具 将箱子链接到手上，如图21-113所示。

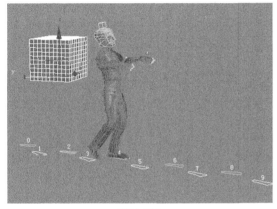

图21-112

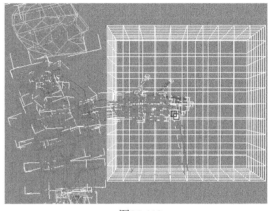

图21-113

Step 07 单击"播放动画"按钮 ，效果如图21-114所示。

图21-114

Step 08 选择动画效果最明显的一些帧，然后单独渲染出这些单帧动画，最终效果如图21-115所示。

图21-115

21.1.4　蒙皮

功能介绍

为角色创建好骨骼后，就需要将角色模型和骨骼绑定在一起，让骨骼带动角色的形体发生变化，这个过程就称为"蒙皮"。3ds Max 2014提供了两个蒙皮修改器，分别是"蒙皮"修改器和Physique修改器，这里重点讲解"蒙皮"修改器的使用方法。

创建好角色的模型和骨骼后，选择角色模型，然后为其加载一个"蒙皮"修改器。"蒙皮"修改器包含5个卷展栏，如图21-116所示。

图21-116

参数详解

1．"参数"卷展栏

展开"参数"卷展栏，如图21-117所示。

❖ 编辑封套 编辑封套：激活该按钮可以进入子对象层级，进入子对象层级后可以编辑封套和顶点的权重。

❖ "选择"参数组。

　◆ 顶点：启用该选项后可以选择顶点，并且可以使用"收缩"工具 收缩、"扩大"工具 扩大、"环"工具 环和"循环"工具 循环来选择顶点。

　◆ 选择元素：启用该选项后，只要至少选择所选元素的一个顶点，就会选择它的所有顶点。

　◆ 背面消隐顶点：启用该选项后，不能选择指向远离当前视图的顶点（位于几何体的另一侧）。

　◆ 封套：启用该选项后，可以选择封套。

　◆ 横截面：启用该选项后，可以选择横截面。

❖ "骨骼"参数组。

　◆ 添加 添加/移除 移除：使用"添加"工具 添加可以添加一个或多个骨骼；使用"移除"工具 移除可以移除选中的骨骼。

❖ "横截面"参数组。

　◆ 添加 添加/移除 移除：使用"添加"工具 添加可以添加一个或多个横截面；使用"移除"工具 移除可以移除选中的横截面。

❖ "封套属性"参数组。

　◆ 半径：设置封套横截面的半径大小。

　◆ 挤压：设置所拉伸骨骼的挤压倍增量。

　◆ 绝对 A/相对 R：用来切换计算内外封套之间的顶点权重的方式。

　◆ 封套可见性 /：用来控制未选定的封套是否可见。

　◆ 衰减 ///：为选定的封套选择衰减曲线。

图21-117

◇ 复制█/粘贴█：使用"复制"工具█可以复制选定封套的大小和图形；使用"粘贴"工具█可以将复制的对象粘贴到所选定的封套上。

❖ "权重属性"参数组。

图21-118

◇ 绝对效果：设置选定骨骼相对于选定顶点的绝对权重。

◇ 刚性：启用该选项后，可以使选定顶点仅受一个最具影响力的骨骼的影响。

◇ 刚性控制柄：启用该选项后，可以使选定面片顶点的控制柄仅受一个最具影响力的骨骼的影响。

◇ 规格化：启用该选项后，可以强制每个选定顶点的总权重合计为1。

◇ 排除选定的顶点█/包含选定的顶点█：将当前选定的顶点排除/添加到当前骨骼的排除列表中。

◇ 选择排除的顶点█：选择所有从当前骨骼排除的顶点。

◇ 烘焙选定顶点█：单击该按钮可以烘焙当前的顶点权重。

◇ 权重工具█：单击该按钮可以打开"权重工具"对话框，如图21-118所示。

◇ 权重表 █：单击该按钮可以打开"蒙皮权重表"对话框，在该对话框中可以查看和更改骨骼结构中所有骨骼的权重，如图21-119所示。

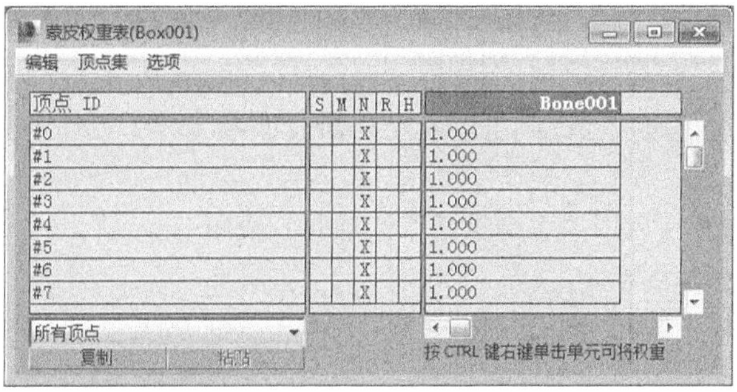

图21-119

◇ 绘制权重 █：使用该工具可以绘制选定骨骼的权重。

◇ 绘制选项█：单击该按钮可以打开"绘制选项"对话框，在该对话框中可以设置绘制权重的参数，如图21-120所示。

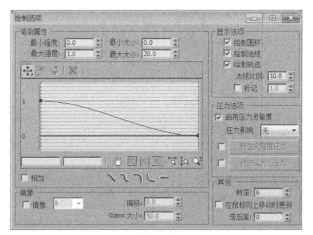

图21-120

◇ 绘制混合权重：启用该选项后，通过均分相邻顶点的权重，然后可以基于
笔刷强度来应用平均权重，这样可以缓和绘制的值。

2. "镜像参数"卷展栏

展开"镜像参数"卷展栏，如图21-121所示。

❖ 镜像模式 镜像模式 ：启用该模式后，可以将封套和顶点指定从网
格的一个侧面镜像到另一个侧面。

❖ 镜像粘贴 ▦ ：将选定封套和顶点粘贴到物体的另一侧。

❖ 将绿色粘贴到蓝色骨骼 ▦ ：将封套设置从绿色骨骼粘贴到蓝色骨骼。

❖ 将蓝色粘贴到绿色骨骼 ▦ ：将封套设置从蓝色骨骼粘贴到绿色骨骼。

❖ 将绿色粘贴到蓝色顶点 ▦ ：将各个顶点指定从所有绿色顶点粘贴到对应
的蓝色顶点。

❖ 将蓝色粘贴到绿色顶点 ▦ ：将各个顶点指定从所有蓝色顶点粘贴到对应
的绿色顶点。

图21-121

❖ 镜像平面：确定将用于左侧和右侧的平面。

❖ 镜像偏移：沿"镜像平面"轴移动镜像平面。

❖ 镜像阈值：设置在将顶点设置为左侧或右侧顶点时，镜像工具看到的
相对距离。

❖ 显示投影：当"显示投影"设置为"默认显示"时，选择镜像平面
一侧上的顶点会自动将选择投影到相对面。

❖ 手动更新：如果启用该选项，则可以手动更新显示内
容。

❖ 更新 更新 ：在启用"手动更新"选项时，使用
该按钮可以更新显示内容。

3. "显示"卷展栏

展开"显示"卷展栏，如图21-122所示。

❖ 色彩显示顶点权重：根据顶点权重设置视口中的顶点颜色。

❖ 显示有色面：根据面权重设置视口中的面颜色。

❖ 明暗处理所有权重：向封套中的每个骨骼指定一个颜色。

图21-122

❖ 显示所有封套：同时显示所有封套。

❖ 显示所有顶点：在每个顶点绘制小十字叉。

❖ 显示所有Gizmos：显示除当前选定Gizmo以外的所有Gizmo。

❖ 不显示封套：即使已选择封套，也不显示封套。

❖ 显示隐藏的顶点：启用该选项后，将显示隐藏的顶点。

❖ 在顶端绘制：该参数组下的选项用来确定在视口中，将在所有其他对象的顶部绘制哪些元素。

◇ 横截面：强制在顶部绘制横截面。

◇ 封套：强制在顶部绘制封套。

4. "高级参数"卷展栏

展开"高级参数"卷展栏，如图21-123所示。

❖　始终变形：用于编辑骨骼和所控制点之间的变形关系的切换。

❖　参考帧：设置骨骼和网格位于参考位置的帧。

❖　回退变换顶点：用于将网格链接到骨骼结构。

❖　刚性顶点（全部）：如果启用该选项，则可以有效地将每个顶点指定给其封套影响最大的骨骼，即使为该骨骼指定的权重为100%也是如此。

❖　刚性面片控制柄（全部）：在面片模型上，强制面片控制柄权重等于结权重。

❖　骨骼影响限制：限制可影响一个顶点的骨骼数。

❖　重置：该参数组用来重置顶点和骨骼。

　　◇　重置选定的顶点：将选定顶点的权重重置为封套默认值。

　　◇　重置选定的骨骼：将关联顶点的权重重新设置为选定骨骼的封套计算的原始权重。

　　◇　重置所有骨骼：将所有顶点的权重重新设置为所有骨骼的封套计算的原始权重。

图21-123

❖　保存　　保存　　/加载　　加载　　：用于保存和加载封套位置及形状以及顶点权重。

❖　释放鼠标按钮时更新：启用该选项后，如果按下鼠标左键，则不进行更新。

❖　快速更新：在不渲染时，禁用权重变形和Gizmo的视口显示，并使用刚性变形。

❖　忽略骨骼比例：启用该选项后，可以使蒙皮的网格不受缩放骨骼的影响。

❖　可设置动画的封套：启用"自动关键点"模式时，该选项用来切换在所有可设置动画的封套参数上创建关键点的可能性。

❖　权重所有顶点：启用该选项后，将强制不受封套控制的所有顶点加权到与其最近的骨骼。

❖　移除零权重　　移除零权重　　：如果顶点低于"移除零限制"值，则从其权重中将其去除。

❖　移除零限制：设置权重阈值。该阈值确定在单击"移除零权重"按钮　　移除零权重　　后是否从权重中去除顶点。

5．Gizmo卷展栏

展开Gizmo卷展栏，如图21-124所示。

❖　Gizmo列表：列出当前的"角度"变形器。

❖　变形器列表：列出可用变形器。

❖　添加Gizmo：将当前Gizmo添加到选定顶点。

❖　移除Gizmo：从列表中移除选定Gizmo。

❖　复制Gizmo：将高亮显示的Gizmo复制到缓冲区以便粘贴。

❖　粘贴Gizmo：从复制缓冲区粘贴Gizmo。

图21-124

21.2 群组对象

"群组"对象属于辅助对象。辅助对象可以起支持的作用，就像阶段手或构造助手一样。而群组辅助对象在角色动画中充当了控制群组模拟的命令中心。在大多数情况下，每个场景需要的群组对象不会多于一个。

在"创建"面板中单击"辅助对象"按钮 ，然后使用"群组"工具 群组 在场景中拖曳光标可以创建一个群组对象，如图21-125所示。

群组对象包含7个卷展栏，如图21-126所示。

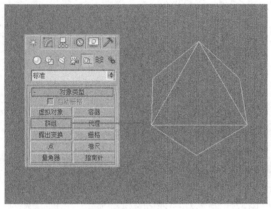

图21-125   图21-126

21.2.1 "设置"卷展栏

功能介绍

展开"设置"卷展栏，如图21-127所示。

图21-127

参数详解

❖ 散布 ：单击该按钮可以打开"散布对象"对话框，如图21-128所示。在该对话框中可以克隆、旋转和缩放散布对象。

❖ 对象/代理关联 ：单击该按钮可以打开"对象/代理关联"对话框，如图21-129所示。在该对话框中可以链接任意数量的代理对象。

❖ Biped/代理关联 ：单击该按钮可以打开"将Biped与代理相关联"对话框，如图21-130所示。在该对话框中可以将许多代理与相等数量的Biped相关联。

图21-128

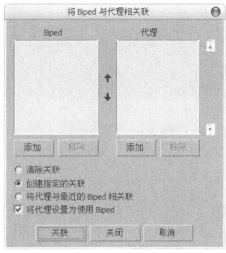

图21-129　　　　　　　　　　　图21-130

❖ 多个代理编辑 ：单击该按钮可以打开"编辑多个代理"对话框，如图21-131所示。在
该对话框中可以定义代理组并为之设置参数。

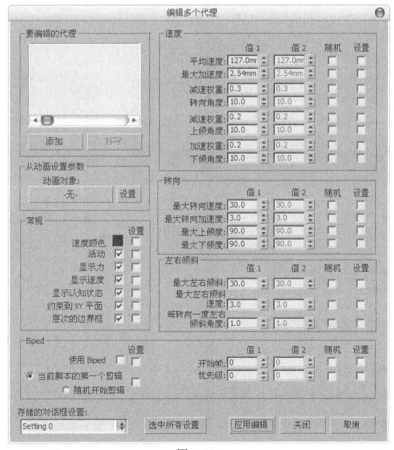

图21-131

❖ 行为指定 ：单击该按钮可以打开"行为指定和组"对话框，如图21-132所示。在该对
话框中可以将代理分组归类到组，并为单个代理和组指定行为和认知控制器。

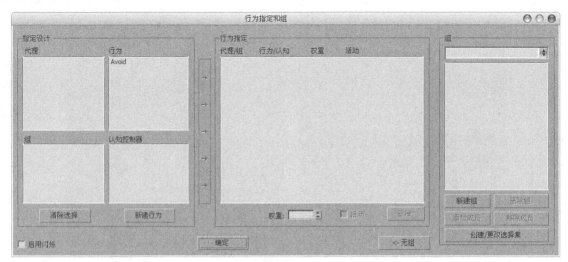

图21-132

❖ 认知控制器 **■**：单击该按钮可以打开"认知控制器编辑器"对话框，如图21-133所示。
在该对话框中可以将行为合并到状态中。
❖ 行为：该参数组用于为一个或多个代理新建行为。
   ❖ 新建 **新建**：单击该按钮可以打开"选择行为类型"对话框，如图21-134所示。在该对话框
     中可以选择要新建的行为类型。

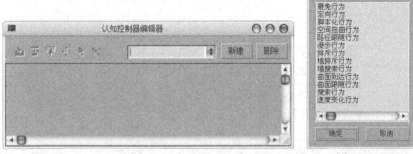

图21-133   图21-134

   ❖ 删除 **删除**：删除当前行为。
   ❖ 行为列表：列出当前场景中的所有行为。

21.2.2 "解算"卷展栏

功能介绍

展开"解算"卷展栏，如图21-135所示。

参数详解

❖ 解算 **解算**：应用所有指定行为到指定的代理中来连续运行群组模拟。
❖ 分步解算 **分步解算**：以时间线滑块位置指定帧作为开始帧，来一次一帧地运行群组模拟。
❖ 模拟开始：设置模拟的第1帧。
❖ 开始解算：设置开始进行解算的帧。

❖ 结束解算：设置解算的最后一帧。

❖ 在解算之前删除关键点：删除在求解发生范围之内的活动代理的关键点。

❖ 每隔N个关键点进行保存：在求解之后，可以使用该选项来指定要保存的位置和旋转关键点的数目。

❖ 位置/旋转：设置保存代理位置和旋转关键点的频率。

❖ 在解算期间显示：该参数组用于设置解算期间的显示情况。

　　◇ 更新显示：勾选该选项后，在群组模拟过程中产生的运动将显示在视口中。

　　◇ 频率：在求解过程中，设置多长时间进行一次更新显示。

　　◇ 向量缩放：在模拟过程中，设置显示全局缩放的所有力和速度向量。

❖ MAXScript：该参数组用于设置解算的脚本。

　　◇ 使用MAXScript：勾选该选项后，在解算过程中，用户指定的脚本会在每一帧上执行。

　　◇ 函数名：显示将被执行的函数名。

　　◇ 编辑MAXScript ：单击该按钮可以打开"MAXScript编辑器"对话框。在该对话框中可以修改脚本。

图21-135

❖ Biped：该参数组用于设置Biped/代理的优先和回溯情况。

　　◇ 仅Biped/代理：勾选该选项后，在计算中仅包含Biped/代理。

　　◇ 使用优先级：勾选该选项后，Biped/代理以一次一个的方式进行计算，并根据它们的优先级值进行排序，从最低值到最高值。

　　◇ 回溯：当求解使用Biped群组模拟时，打开"回溯"功能。

21.2.3 "优先级"卷展栏

功能介绍

展开"优先级"卷展栏，如图21-136所示。

参数详解

❖ 起始优先级：设置"起始优先级"的值。

❖ 通过拾取指定：使用"拾取/指定"按钮 可以在视图中依次选择每个代理，然后将连续的较高优先级值指定给任何数目的代理。

❖ 通过计算指定：该参数组用于指定代理优先级的5种不同方法。

　　◇ 要指定优先级的代理 ：指定受后续使用其他控件来影响代理。

　　◇ 对象的接近度：允许根据代理与特定对象之间的距离来指定优先级。

　　◇ 栅格的接近度：允许根据代理与特定栅格对象指定的无限平面之间的距离来指定优先级。

　　◇ 指定随机优先级 ：为选定的代理指定随机优先级。

　　◇ 使优先级唯一 ：确保所有的代理具有唯一的优先级值。

图21-136

◇ 增量优先级 增量优先级：按照"增量"值递增所有选定代理的优先级。

◇ 增量：按照"增量优先级"按钮 增量优先级 调整代理优先级来设置"增量"值。

❖ 设置开始帧 设置开始帧…：单击该按钮可以打开"设置开始帧"对话框，如图21-137所示。在该对话框中可以根据指定的优先级设置开始帧。

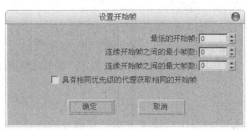

图21-137

❖ 显示优先级：勾选该选项后，将显示作为附加到代理的黑色数字指定的优先级值。

❖ 显示开始帧：勾选该选项后，将显示作为附加到代理的黑色数字指定的开始帧值。

21.2.4 "平滑"卷展栏

功能介绍

展开"平滑"卷展栏，如图21-138所示。

参数详解

❖ 选择要平滑的对象 选择要平滑的对象：打开该按钮可以打开"选择"对话框。在该对话框中可以指定要平滑的对象位置和旋转。

❖ 过滤代理选择：勾选该选项后，由"选择要平滑的对象"按钮 选择要平滑的对象 打开的"选择"对话框仅显示代理。

❖ 整个动画：平滑所有动画帧。

❖ 动画分段：仅平滑"从"和"到"中指定范围内的帧。

❖ 从：当勾选了"动画分段"选项后，该选项用于指定要平滑动画的第1帧。

❖ 到：当勾选了"动画分段"选项后，该选项用于指定要平滑动画的最后一帧。

图21-138

❖ 位置：勾选该选项时，在模拟结束后，通过模拟产生的选定对象的动画路径便已经进行了平滑。

❖ 旋转：勾选该选项时，在模拟结束后，通过模拟产生的选定对象的旋转便已经进行了平滑。

❖ 减少：该参数组用于设置每隔多少个关键点进行保留来减少关键点的数目。

◇ 减少：通过在每一帧中每隔n个关键点进行保留来减少关键点的数目。

◇ 每N个：每隔2个关键点进行保留或每隔3个关键点进行保留等来限制平滑处理量。

❖ 过滤：该参数组可以通过平均代理的当前位置和/或方向来平滑这些向前和向后的关键帧。

◇ 过滤：勾选该选项时，可以使用其他设置来执行平滑操作。

◇ 过去关键点：使用当前帧之前的关键点数目来平均位置和/或旋转。

◇ 未来关键点：使用当前帧之后的关键点数目来平均位置和/或旋转。

◇ 平滑度：设置要执行的平滑程度。

◇ 执行平滑处理 [执行平滑处理]：单击该按钮可以执行平滑操作。

21.2.5 "碰撞"卷展栏

功能介绍

展开"碰撞"卷展栏，如图21-139所示。

图21-139

参数详解

❖ 高亮显示碰撞代理：勾选该选项后，发生碰撞的代理将用碰撞颜色突出显示。

❖ 仅在碰撞期间：碰撞代理仅在实际发生碰撞的帧中突出显示。

❖ 始终：碰撞代理在碰撞帧和后续帧中均突出显示。

❖ 碰撞颜色：用于设置显示碰撞代理所使用的颜色。

❖ 清除碰撞 [清除碰撞]：从所有代理中清除碰撞信息。

21.2.6 "几何体"卷展栏

功能介绍

展开"几何体"卷展栏，如图21-140所示。

图21-140

参数详解

❖ 图标大小：设置群组辅助对象图标的大小。

21.2.7 "全局剪辑控制器"卷展栏

功能介绍

展开"全局剪辑控制器"卷展栏，如图21-141所示。

图21-141

参数详解

❖ 列表：该列表用于显示全局对象。

❖ 新建 [新建]：指定全局对象并将其添加到列表中。

❖ 编辑 [编辑]：单击该按钮可以修改全局对象的属性。

❖ 加载 [加载]：从磁盘中加载前面已保存过的全局运动剪辑（.ant）文件。

❖ 保存 [保存]：以.ant文件格式将当前全局运动剪辑设置存储到磁盘中。

【练习21-5】：用群组和代理辅助对象制作群集动画

本练习的群集动画效果如图21-142所示。

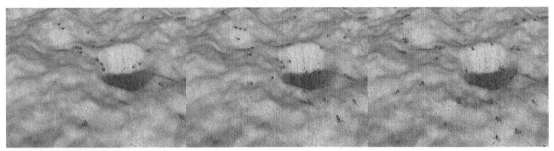

图21-142

Step 01 打开光盘中的"练习文件>第21章>练习21-5.max"文件，如图21-143所示。

Step 02 在"创建"面板中单击"辅助对象"按钮 ，然后使用"群组"工具 群组 在场景中创建一个群组辅助对象，如图21-144所示。

图21-143

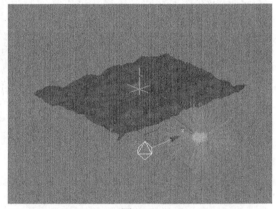

图21-144

Step 03 使用"代理"工具 代理 在场景中创建一个代理辅助对象，如图21-145所示。

Step 04 选择群组对象，然后在"设置"卷展栏下单击"新建"按钮 新建 ，接着在弹出的"选择行为类型"对话框中选择"搜索行为"选项，如图21-146所示。

Step 05 展开"搜索行为"卷展栏，然后单击"多个选择"按钮 ，接着在弹出的"选择"对话框中选择Sphere001，如图21-147所示。

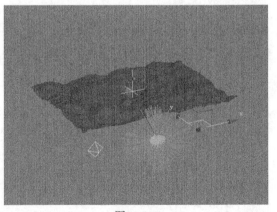

图21-145

Step 06 在"设置"卷展栏下单击"新建"按钮 新建 ，然后在弹出的"选择行为类型"对话框中选择"曲面跟随行为"选项，如图21-148所示。

Step 07 展开"曲面跟随行为"卷展栏，然后单击"多个选择"按钮 ，接着在弹出的"选择"对话框中选择Plane001，如图21-149所示。

图21-146

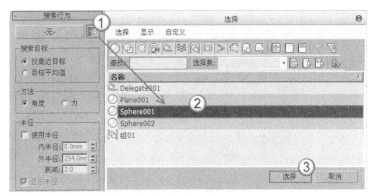

图21-147

图21-148

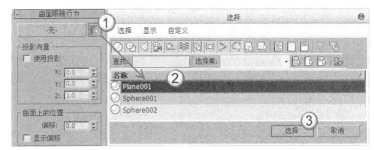

图21-149

Step 08 在"设置"卷展栏下单击"散布"按钮圖打开"散布对象"对话框，然后在"克隆"选项卡下单击"无"按钮 ，接着在弹出的"选择"对话框中选择代理对象Delegate001，最后设置"数量"为60，如图21-150所示。

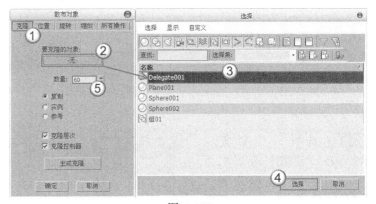

图21-150

Step 09 单击"位置"选项卡，然后设置"放置相对于对象"为"在曲面上"，接着单击"无"按钮 ，最后在弹出的"选择"对话框中选择Plane001，如图21-151所示。

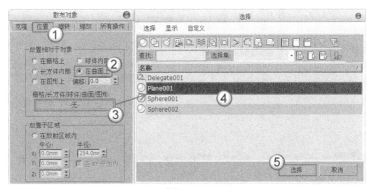

图21-151

Step 10 单击"所有操作"选项卡，然后在"操作"参数组下勾选"克隆"和"位置"选项，接着单击"散布"按钮 ![散布]，如图21-152所示，散布效果如图21-153所示。

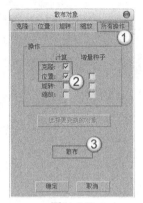

图21-152

图21-153

Step 11 选择蜘蛛模型，然后使用"选择并移动"工具 ![工具]移动复制（选择"实例"复制方式）60个蜘蛛模型，如图21-154所示。

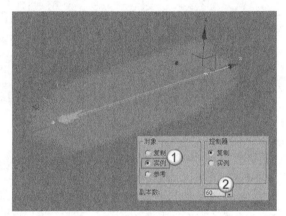

图21-154

Step 12 选择群组对象，然后在"设置"卷展栏下单击"对象/代理关联"按钮 ![按钮]打开"对象/代理关联"对话框，接着在"对象"列表下单击"添加"按钮 ![添加]，最后在弹出的"选择"对话框中选择所有的蜘蛛模式，如图21-155所示。

图21-155

Step 13 在"代理"列表下单击"添加"按钮 ![添加]，然后在弹出的"选择"对话框中选择所有的代理对象，如图21-156所示。

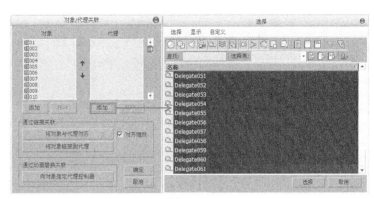

图21-156

Step 14 继续在"对象/代理关联"对话框中单击"将对象与代理对齐"按钮 ，如图21-157所示，效果如图21-158所示。

图21-157

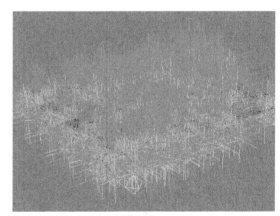

图21-158

Step 15 选择所有的蜘蛛模型，然后在"主工具栏"中设置"参考坐标系"为"局部"，接着设置轴点中心为"使用轴点中心" ，如图21-159所示，最后使用"选择并均匀缩放"工具 等比例缩放蜘蛛模型，完成后的效果如图21-160所示。

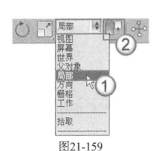

图21-159

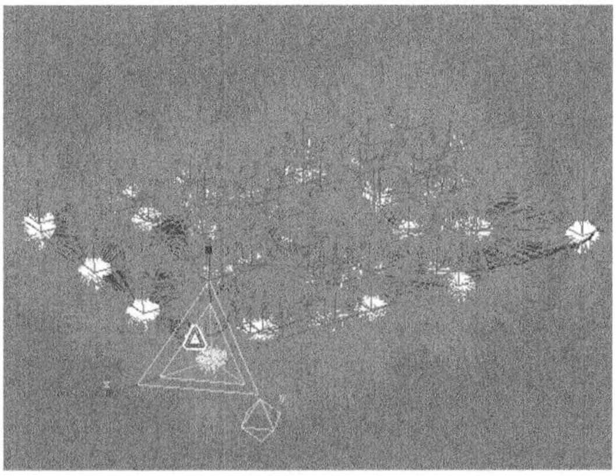

图21-160

Step 16 选择群组对象，在"设置"卷展栏下单击"散布"按钮█打开"散布对象"对话框，然后在"旋转"选项卡下设置"注视来自"为"选定对象"，接着单击"无"按钮 █ 无 █，在弹出的"选择"对话框中选择Sphere002球体，最后单击"生成方向"按钮 █ 生成方向 █，如图21-161所示，效果如图21-162所示。

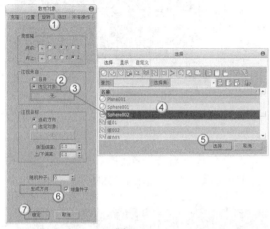

图21-161

图21-162

Step 17 选择群组对象，在"设置"卷展栏下单击"多个代理编辑"按钮█打开"编辑多个代理"对话框，然后单击"添加"按钮 █ 添加 █，并在弹出的"选择"对话框中选择所有的代理对象，接着在"常规"参数组下关闭"约束到XY平面"选项前面的复选框，并勾选后面的复选框，最后单击"应用编辑"按钮█应用编辑█，如图21-163所示。

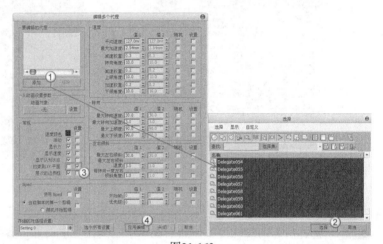

图21-163

Step 18 选择群组对象，在"设置"卷展栏下单击"行为指定"按钮█打开"行为指定和组"对话框，然后在"组"面板中单击"新建组"按钮 █ 新建组 █，接着在弹出的"选择代理"对话框中选择所有的代理对象，如图21-164所示。

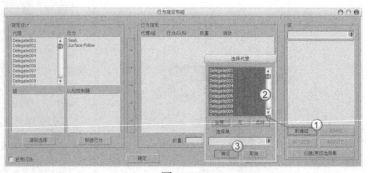

图21-164

Step 19 在"组"列表下选择Team0，然后在"行为"列表下选择Seek和Surface Follow，接着单击箭头➡按钮，将其加载到"行为指定"列表下，如图21-165所示。

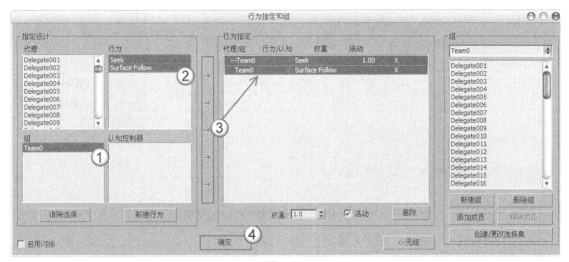

图21-165

Step 20 在"解算"卷展栏下单击"解算"按钮 ，这样场景中的对象会自动生成动画，解算完成后的动画效果如图21-166所示。

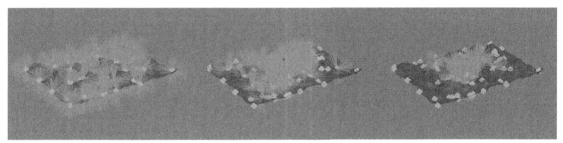

图21-166

Step 21 选择动画效果最明显的一些帧，然后单独渲染出这些单帧动画，最终效果如图21-167所示。

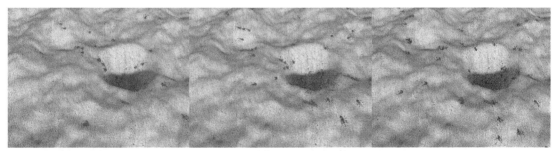

图21-167

21.3 CAT对象

CAT是一个3ds Max 2014角色动画插件。CAT有助于角色绑定、非线性动画制作、动画分层、运动捕捉导入和肌肉模拟等，如图21-168所示。

图21-168

21.3.1 CATMuscle

功能介绍

CATMuscle（CAT 肌肉）辅助对象属于非渲染、多段式的肌肉辅助对象，最适合用于在拉伸和变形时需要保持相对一致的大面积时使用（如肩膀和胸部），如图21-169所示。创建CATMuscle（CAT 肌肉）辅助对象后，可以修改其分段方式、碰撞检测属性等。

CATMuscle（CAT肌肉）辅助对象包含一个Limbs（肢体）卷展栏，如图21-170所示。

图21-169

参数详解

❖ "类型"参数组。

　　◇ 网格：将CATMuscle肌肉设置为"网格"类型。这种肌肉相当于单块碎片，上面有许多始终完全相互连接的面板。

　　◇ 骨骼：将CATMuscle肌肉设置为"骨骼"类型。这种肌肉的每块面板都相当于一个单独的骨骼，具有自己的名称。

　　◇ 移除倾斜：将CATMuscle肌肉类型设置为"骨骼"类型时，如果通过移动控制柄使肌肉变形，则面板角会形成非直角的角。

❖ "属性"参数组。

　　◇ 名称：设置肌肉的名称。

　　◇ 颜色：设置肌肉及其控制柄的颜色。

　　◇ U/V分段：设置肌肉在水平和垂直维度上细分的段数。

　　◇ L/M/R：表示左、中、右，即肌肉所在的绑定侧面。

　　◇ 镜像轴：设置肌肉沿其分布的轴。

图21-170

❖ "控制柄"参数组。
　　◇ 可见：切换肌肉控制柄的显示。
　　◇ 中央控制柄：切换与各个角点控制柄相连的Bezier型额外控制柄的显示。
　　◇ 控制柄大小：设置每个控制柄的大小。
❖ "冲突检测"参数组。
　　◇ 添加 添加 ：是该按钮可以拾取碰撞对象，并将其添加到列表中。
　　◇ 移除高亮显示的冲突对象 ✖ ：移除选定的冲突对象。
　　◇ 硬度：设置肌肉的变形程度。
　　◇ 扭曲：设置碰撞对象引起变形的粗糙度。
　　◇ 顶点法线：将沿受影响肌肉区域的曲面法线的方向（即垂直于该曲面）产生变形。
　　◇ 对象X：沿碰撞对象的局部x轴的反方向产生变形。
　　◇ 平滑：勾选该选项时，将恢复碰撞对象引起的变形。
　　◇ 反转：反转碰撞对象引起的变形的方向。

21.3.2 肌肉股

功能介绍

　　"肌肉股"是一种用于角色蒙皮的非渲染辅助对象，其作用类似于两个点之间的Bezier曲线，如图21-171所示。股的精度高于CATMuscle，而且在必须扭曲蒙皮的情况下才可提供更好的结果。CATMuscle最适用于肩部和胸部的蒙皮，但对于手臂和腿的蒙皮，"肌肉股"更加合适。

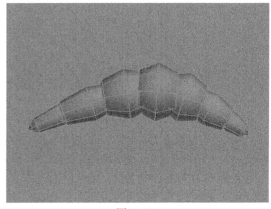

图21-171

图21-172

　　"肌肉股"辅助对象包含一个"肌肉股"卷展栏，如图21-172所示。

参数详解

❖ "类型"参数组。
　　◇ 网格：将"肌肉股"设置为单个碎片。
　　◇ 骨骼：将"肌肉股"的每个球体设置为一块单独的骨骼。
　　◇ L/M/R：表示左、中、右，即肌肉所在的绑定侧面。
　　◇ 镜像轴：设置肌肉沿其分布的轴。
❖ "控制柄"参数组。
　　◇ 可见：切换肌肉控制柄的显示。
　　◇ 控制柄大小：设置每个控制柄的大小。

❖ "球体属性"参数组。

◇ 球体数：设置构成"肌肉股"的球体的数量。

◇ 显示轮廓曲线 显示轮廓曲线 ：单击该按钮可以打开"肌肉轮廓曲线"对话框，如图21-173所
示。在该对话框中可以调整曲线来控制"肌肉股"的剖面或轮廓。

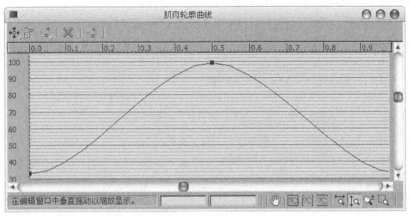

图21-173

❖ "挤压/拉伸"参数组。

◇ 启用：勾选该选项时，可以更改肌肉长度来影响剖面。

◇ 当前比例：显示肌肉的缩放量。

◇ 倍增：设置挤压和拉伸的量。

◇ 松弛长度：设置肌肉处于松弛状态时的长度。

◇ 当前长度：显示肌肉的当前长度。

◇ 设置松弛状态 设置松弛状态 ：单击该按钮可以设置松弛状态，即将"松弛长度"设置为当前
长度，并将"当前比例"设置为1。

❖ 当前球体：设置要调整的球体。

❖ 半径：显示当前球体的半径。

❖ U开始/结束：设置相对于球体全长测量的当前球体的范围。

21.3.3 CATParent

功能介绍

每个CATRig都有一个CATParent（CAT父
对象）。CATParent（CAT父对象）是在创建绑
定时在每个绑定下显示的带有箭头的三角形符
号，可将这个符号视为绑定的角色节点，如图
21-174所示。

图21-174

CATParent（CAT父对象）包含两个卷展栏，分别是"CATRig参数"卷展栏和"CATRig加载保存"卷展栏，如图21-175所示。

图21-175

参数详解

1. "CATRig参数"卷展栏

展开"CATRig参数"卷展栏，如图21-176所示。

❖ 名称：显示CAT用作CATRig中所有骨骼的前缀名称。

❖ CAT单位比：设置CATRig的缩放比。

❖ 轨迹显示：选择CAT在轨迹视图中显示CATRig上的层和关键帧所采用的方法。

❖ 骨骼长度轴：选择CATRig用作长度轴的轴。

❖ 运动提取节点 运动提取节点 ：切换运动并提取节点。

2. "CATRig加载保存"卷展栏

展开"CATRig加载保存"卷展栏，如图21-177所示。

❖ CATRig预设列表：列出所有可用CATRig预设。在列表中双击预设即可在场景中创建相应的CATRig，如图21-178所示。

图21-176

图21-177

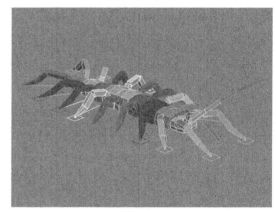

图21-178

❖ 打开预设装备 ：将CATRig预设（仅限RG3格式）加载到选定CATParent的文件对话框。

❖ 保存预设装备 ：将选定CATRig另存为预设文件。

❖ 创建骨盆 创建骨盆 /重新加载 重新加载 ：如果绑定中不存在任何骨盆，按钮显示为"创建骨盆"按钮 创建骨盆 ，使用该按钮可以创建一个用作自定义绑定的基础的骨盆；如果绑定包含骨盆，并且该骨盆是从RG3预设加载而来或已另存为RG3预设，则按钮显示为"重新加载"按钮 重新加载 ，使用该按钮可以加载当前预设文件。

❖ 添加装配 添加装配 ：用于在CATParent级别向绑定添加场景中的对象。

❖ 从预设更新装备：如果启用该选项，当加载场景时，场景文件将保留原始角色，但CAT会自动使用更新后的数据（保存在预设中）替换该角色。

【练习21-6】：用CATParent制作动物行走动画

本练习的动物行走动画效果如图21-179所示。

图21-179

Step 01 使用CATParent工具 在场景中创建一个CATParent辅助对象，如图21-180所示。

Step 02 展开"CATRig加载保存"卷展栏，然后在CATRig预设列表下双击Lizard预设在场景中创建一个Lizard对象，如图21-181所示。

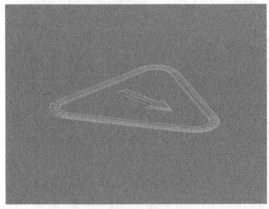

图21-180

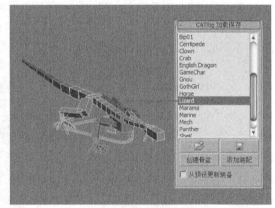

图21-181

Step 03 展开"CATRig参数"卷展栏，然后设置"CAT单位比"为0.593，如图21-182所示。

Step 04 切换到"运动"面板，然后在"层管理器"卷展栏下单击"添加层"按钮 创建一个CATMotion层，如图21-183所示，接着单击"设置/动画模式切换"按钮 （激活后的按钮会成 状）生成一段动画。

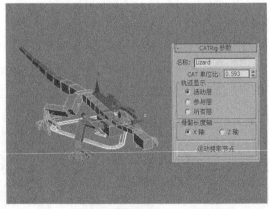

图21-182

图21-183

Step 05 在"层管理器"卷展栏下单击"CATMotion编辑器"按钮 ，然后在列表中选择"全局"选项，接着在"行走模式"参数组下勾选"直线行走"选项，如图21-184所示。

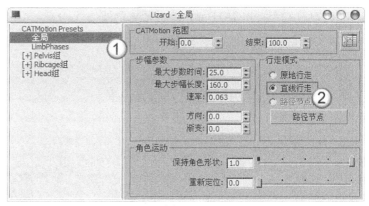

图21-184

Step 06 单击"播放动画"按钮 ，效果如图21-185所示。

图21-185

Step 07 采用相同的方法创建出其他的CAT动画，完成后的效果如图21-186所示。

Step 08 选择动画效果最明显的一些帧，然后单独渲染出这些单帧动画，最终效果如图21-187所示。

图21-186

图21-187

【练习21-7】：用CATParent制作恐龙动画

本练习的恐龙动画效果如图21-188所示。

图21-188

Step 01 使用CATParent工具 CATParent 在场景中创建一个CATParent辅助对象，然后在"CATRig参数"卷展栏下设置"CAT单位比"为0.5，如图21-189所示。

Step 02 在"CATRig加载保存"卷展栏下单击"创建骨盆"按钮 创建骨盆 ，创建好的骨盆效果如图21-190所示。

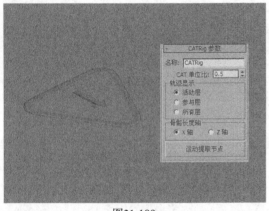

图21-189

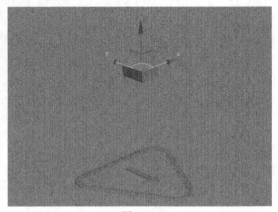

图21-190

Step 03 选择骨盆，然后在"连接部设置"卷展栏下设置"长度"为30、"宽度"为30、"高度"为15，接着单击"添加腿"按钮 添加腿 ，效果如图21-191所示。

Step 04 选择腿，然后在"肢体设置"卷展栏下勾选"锁骨"选项，如图21-192所示。

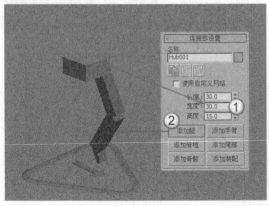

图21-191

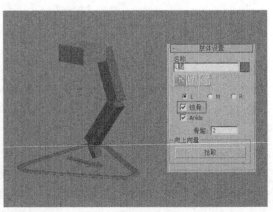

图21-192

Step 05 选择脚掌骨骼，然后在前视图中将其沿x轴正方向拖曳一段距离，如图21-193所示。

Step 06 选择骨盆，然后在"连接部设置"卷展栏下单击"添加腿"按钮 添加腿 ，效果如图21-194所示。

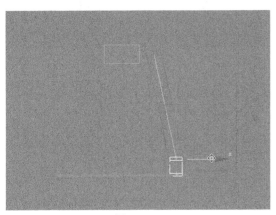

图21-193

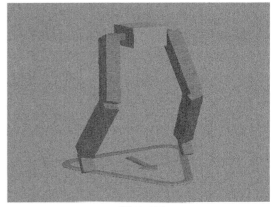

图21-194

Step 07 选择骨盆，然后在"连接部设置"卷展栏下单击"添加脊椎"按钮 添加脊椎 ，效果如图21-195所示，接着使用"选择并旋转"工具 和"选择并移动"工具 将脊椎骨骼调节成如图21-196所示的效果。

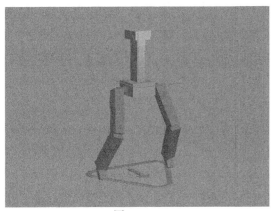

图21-195

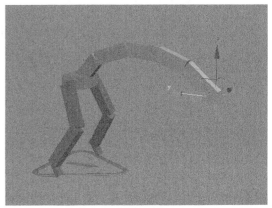

图21-196

Step 08 选择脊椎骨骼，然后在"连接部设置"卷展栏下单击"添加腿"按钮 添加腿 ，效果如图21-197所示，接着将腿骨骼调节成如图21-198所示的效果。

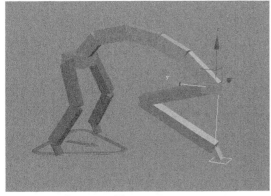

图21-197

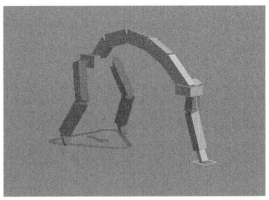

图21-198

Step 09 选择连接前腿的骨盆，然后在"连接部设置"卷展栏下继续单击"添加腿"按钮 添加腿，效果如图21-199所示。

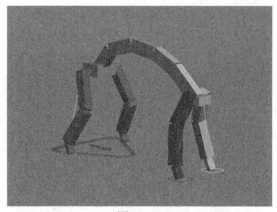

图21-199

Step 10 选择连接前腿的骨盆，然后在"连接部设置"卷展栏下单击"添加脊椎"按钮 添加脊椎，效果如图21-200所示，接着将恐龙骨骼调整成如图21-201所示的效果。

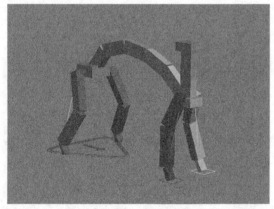

图21-200

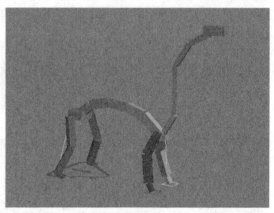

图21-201

Step 11 选择连接后腿的骨盆，然后在"连接部设置"卷展栏下单击"添加尾部"按钮 添加尾部，效果如图21-202所示，接着将骨骼调整成如图21-203所示的效果。

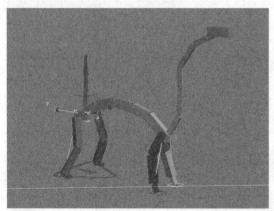

图21-202

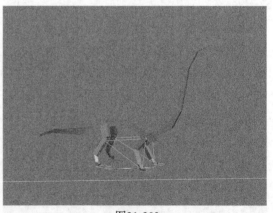

图21-203

Step 12 为恐龙骨骼创建一个行走动画，完成后的效果如图21-204所示。

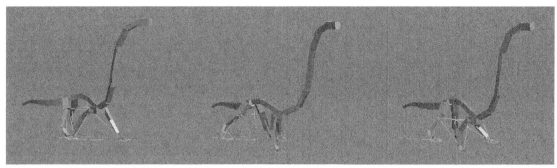

图21-204

Step 13 选择CATParent辅助对象，然后在"CATRig加载保存"卷展栏下单击"保存预设装备"按钮 ，接着在弹出的"另存为"对话框中为将其保存为预设文件，如图21-205所示。

图21-205

提示：保存预设文件以后，在CATRig预设列表中就会显示出这个预设文件，并且可以直接使用这个预设文件创建一个相同的恐龙骨骼，如图21-206所示。

Step 14 在CATRig预设列表下双击保存好的预设，创建一个相同的恐龙动画，如图21-207所示。

图21-206

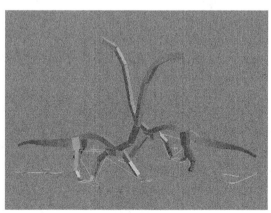

图21-207

Step 15 选择动画效果最明显的一些帧，然后单独渲染出这些单帧动画，最终效果如图21-208所示。

图21-208

21.4 综合练习1——用Biped制作人物打斗动画

本练习的人物打斗动画效果如图21-209所示。

图21-209

21.4.1 创建骨骼与蒙皮

Step 01 打开光盘中的"练习文件>第21章>综合练习1-1.max"文件，如图21-210所示。

Step 02 使用Biped工具 Biped 在前视图中创建一个Biped骨骼，如图21-211所示。

图21-210

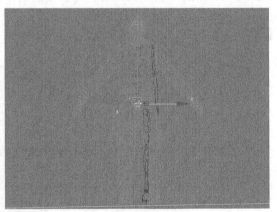

图21-211

Step 03 为人物模型加载一个"蒙皮"修改器,然后在"参数"卷展栏下单击"添加"按钮 添加,接着在弹出的"选择骨骼"对话框中选择所有的关节,如图21-212所示。

图21-212

21.4.2 制作打斗动画

Step 01 选择Biped骨骼,然后切换到"运动"面板,接着在Biped卷展栏下单击"加载文件"按钮,最后在弹出的"打开"对话框中选择光盘中的"练习文件>第21章>综合练习1-2.bip"文件,如图21-213所示。

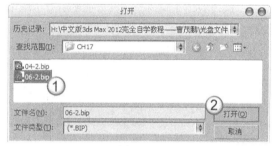

图21-213

提示:在加载 .bip 文件时,3ds Max 会弹出一个"Biped 过时文件"对话框,直接单击"确定"按钮 确定 即可,如图 21-214 所示。

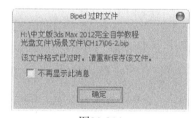

图21-214

Step 02 单击"播放动画"按钮,观察打斗动画,效果如图21-215所示。

Step 03 选择动画效果最明显的一些帧,然后单独渲染出这些单帧动画,最终效果如图21-216所示。

图21-215

图21-216

21.5 综合练习2——用CATParent制作飞龙爬树动画

本练习的飞龙爬树动画效果如图21-217所示。

图21-217

21.5.1 创建骨骼与蒙皮

Step 01 打开光盘中的"练习文件>第21章>综合练习2.max"文件，如图21-218所示。

Step 02 使用CATParent工具 CATParent: 在场景中创建一个CATParent辅助对象，如图21-219所示。

Step 03 展开"CATRig加载保存"卷展栏，然后在CATRig列表中双击English Dragon预设选项，创建一个English Dragon骨骼，如图21-220所示。

Step 04 仔细调整English Dragon骨骼的大小和形状，使其与飞龙的大小和形状相吻合，如图21-221所示。

图21-218

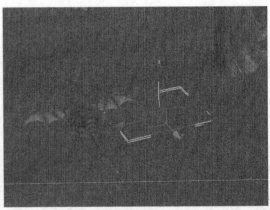

图21-219

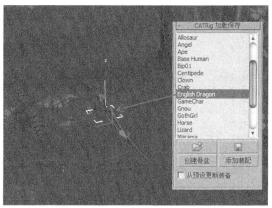

图21-220

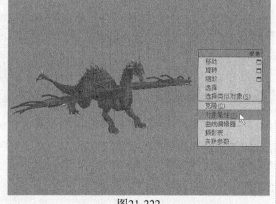

图21-221

技术专题21-2 [透明显示对象]

　　在调整骨骼时，由于飞龙模型总是挡住视线，因此很难调整骨骼的形状和大小。这里介绍一下如何将飞龙模型以透明的方式显示在视图中。

　　第1步：选择飞龙模式，然后单击鼠标右键，接着在弹出的快捷菜单中选择"对象属性"命令，如图21-222所示。

　　第2步：执行"对象属性"命令后会弹出"对象属性"对话框，在"显示属性"参数组下勾选"透明"选项，如图21-223所示，这样飞龙模型就会在视图中显示为透明效果，如图21-224所示。另外，为了在调整骨骼时不会选择到飞龙模型，可以将其先冻结起来，待调整完骨骼以后再对其解冻。

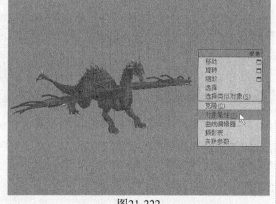

图21-222

图21-223

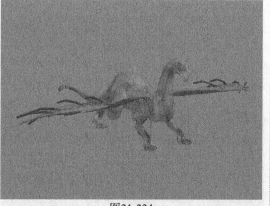

图21-224

Step 05 为飞龙模型加载一个"蒙皮"命令修改器，然后在"参数"卷展栏下单击"添加"按钮 添加 ，接着在弹出的"选择骨骼"对话框中所有的关节，如图21-225所示。

图21-225

21.5.2 制作爬树动画

Step 01 选择CATParent辅助对象，切换到"运动"面板，然后在"层管理器"卷展栏下单击"添加层"按钮 ，接着激活"设置/动画模式切换"按钮 ，动画效果如图21-226所示。

图21-226

Step 02 设置辅助对象类型为"标准"，然后使用"点"工具 点 在场景中创建一个点辅助对象，接着在"参数"卷展栏下设置"显示"方式为"长方体"，如图21-227所示。

Step 03 选择点辅助对象，然后执行"动画>约束>路径约束"菜单命令，接着将点辅助对象链接到样条线路径上，如图21-228所示。

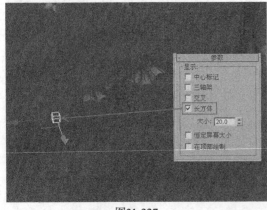

图21-227

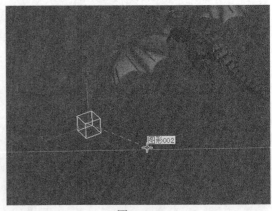

图21-228

Step 04 选择CATParent辅助对象，切换到"运动"面板，然后在"层管理器"卷展栏下单击"CATMotion编辑器"按钮 ，接着在列表中选择"全局"选项，最后在"行走模式"参数组下单击"路径节点"按钮 路径节点 ，并在视图中拾取点辅助对象，如图21-229所示。

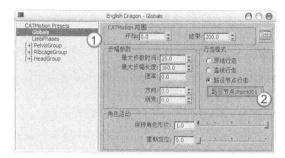

图21-229

Step 05 在"层管理器"卷展栏下激活"设置/动画模式切换"按钮 ，然后为点辅助对象设置一个简单的自动关键点位移动画，如图21-230所示。

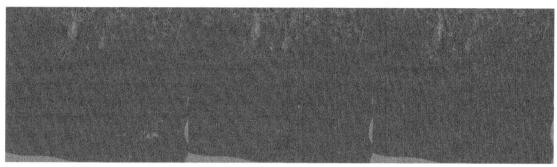

图21-230

Step 06 选择动画效果最明显的一些帧，然后单独渲染出这些单帧动画，最终效果如图21-231所示。

图21-231

21.6 综合练习3——制作守门员救球动画

本练习的守门员救球动画效果如图21-232所示。

图21-232

21.6.1　创建骨骼系统

Step 01　打开光盘中的"练习文件>第21章>综合练习3-1.max"文件，如图21-233所示。

Step 02　使用Biped工具 ▭ Biped ▭ 在前视图中创建一个与人物等高的Biped骨骼，如图21-234所示。

图21-233

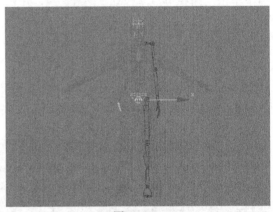

图21-234

Step 03　选择Biped骨骼，然后在Biped卷展栏下单击"体形模式"按钮 ▭，接着在"结构"卷展栏下设置"手指"为5、"手指链接"为3、"脚趾"为1、"脚趾链接"为3，具体参数设置如图21-235所示，最后使用"选择并移动"工具 ▭ 将骨骼调整成与人体形状一致，如图21-236所示。

图21-235

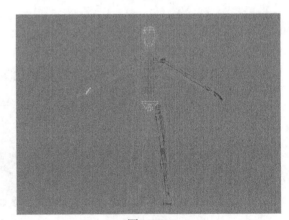

图21-236

21.6.2　为人物蒙皮

Step 01　为人物模型加载一个"蒙皮"修改器，然后在"参数"卷展栏下单击"添加"按钮 ▭添加▭，接着在弹出的"选择骨骼"对话框中所有的关节，如图21-237所示。

Step 02　选择小腿部分的骨骼，然后使用"选择并移动"工具 ▭ 向上拖曳骨骼，此时可以观察到小腿和脚都抬起来了，但是小腿与脚的连接部分有很大的弯曲，这是不正确的，如图21-238所示。

图21-237

图21-238

Step 03 选择人物模型，然后进入"修改"面板，接着在"参数"卷展栏下单击"编辑封套"按钮 编辑封套 ，最后扩大小腿部分的封套范围，如图21-239所示。

Step 04 采用相同的方法调整脚部的封套范围，如图21-240所示。调整完成后退出"编辑封套"模式。

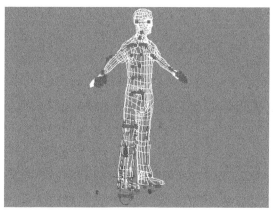

图21-239

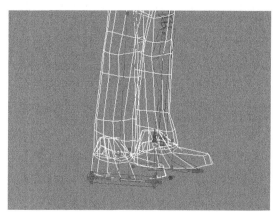

图21-240

21.6.3 制作救球动画

Step 01 选择Biped骨骼，进入"运动"面板，然后在Biped卷展栏单击"加载文件"按钮，接着在弹出的对话框中选择光盘中的"练习文件>第21章>综合练习3-2.bip"文件，动画效果如图21-241所示。

图21-241

Step 02 选择足球，然后为其加载一个"优化"修改器，接着在"参数"卷展栏下设置"面阈值"为50，如图21-242所示。

提示：上面加载"优化"修改器是为了优化足球，减少足球的面数，这样在动力学演算时才会流畅。在最终渲染时，可以将"优化"修改器删除掉。

Step 03 在"主工具栏"中的空白处单击鼠标右键，然后在弹出的快捷菜单中选择"MassFX工具栏"命令，调出"MassFX工具栏"，如图21-243所示。

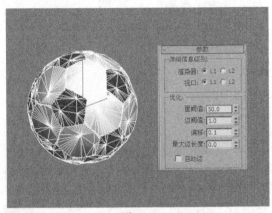

图21-242　　　　　　　　　　　　　　　　　　　　图21-243

Step 04 选择足球，然后在"MassFX工具栏"中单击"将选定项设置为动力学刚体"按钮，如图21-244所示，接着在"物理材质"卷展栏下设置"质量"为1.533、"反弹力"为1，如图21-245所示。

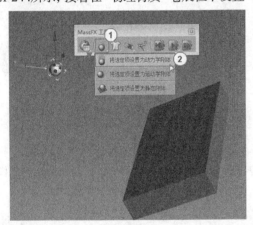

图21-244　　　　　　　　　　　　　　　　　　　图21-245

Step 05 选择挡板模型，然后在"MassFX工具栏"中单击"将选定项设置为静态刚体"按钮，如图21-246所示。

Step 06 使用"选择并移动"工具将足球放到挡板的上方，如图21-247所示。

Step 07 在"MassFX工具栏"中单击"开始模拟"按钮模拟动画，待模拟完成后再次单击"开始模拟"按钮结束模拟，然后选择足球，接着在"刚体属性"卷展栏下单击"烘焙"按钮，以生成关键帧动画，效果如图21-248所示。

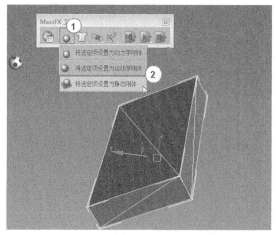

图21-246

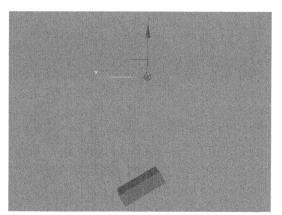

图21-247

图21-248

Step 08 选择挡板模型，然后单击鼠标右键，接着在弹出的快捷菜单中选择"隐藏选定对象"命令，如图21-249所示。

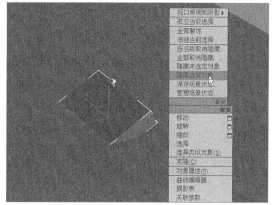

图21-249

Step 09 单击"播放动画"按钮 ，观察扑球动画，效果如图21-250所示。

图21-250

Step 10 选择动画效果最明显的一些帧，然后单独渲染出这些单帧动画，最终效果如图21-251所示。

图21-251

本书快捷键索引

NO.1　主界面快捷键

操作	快捷键
显示降级适配（开关）	O
适应透视图格点	Shift+Ctrl+A
排列	Alt+A
角度捕捉（开关）	A
动画模式（开关）	N
改变到后视图	K
背景锁定（开关）	Alt+Ctrl+B
前一时间单位	.
下一时间单位	,
改变到顶视图	T
改变到底视图	B
改变到摄影机视图	C
改变到前视图	F
改变到等用户视图	U
改变到右视图	R
改变到透视图	P
循环改变选择方式	Ctrl+F
默认灯光（开关）	Ctrl+L
删除物体	Delete
当前视图暂时失效	D
是否显示几何体内框（开关）	Ctrl+E
显示第一个工具条	Alt+1
专家模式，全屏（开关）	Ctrl+X
暂存场景	Alt+Ctrl+H
取回场景	Alt+Ctrl+F
冻结所选物体	6
跳到最后一帧	End
跳到第一帧	Home
显示/隐藏摄影机	Shift+C
显示/隐藏几何体	Shift+O
显示/隐藏网格	G
显示/隐藏帮助物体	Shift+H
显示/隐藏光源	Shift+L
显示/隐藏粒子系统	Shift+P
显示/隐藏空间扭曲物体	Shift+W
锁定用户界面（开关）	Alt+0

（续表）

匹配到摄影机视图	Ctrl+C
材质编辑器	M
最大化当前视图（开关）	W
脚本编辑器	F11
新建场景	Ctrl+N
法线对齐	Alt+N
向下轻推网格	小键盘-
向上轻推网格	小键盘+
NURBS表面显示方式	Alt+L或Ctrl+4
NURBS调整方格1	Ctrl+1
NURBS调整方格2	Ctrl+2
NURBS调整方格3	Ctrl+3
偏移捕捉	Alt+Ctrl+Space（Space键即空格键）
打开一个max文件	Ctrl+O
平移视图	Ctrl+P
交互式平移视图	I
放置高光	Ctrl+H
播放/停止动画	/
快速渲染	Shift+Q
回到上一场景操作	Ctrl+A
回到上一视图操作	Shift+A
撤销场景操作	Ctrl+Z
撤销视图操作	Shift+Z
刷新所有视图	1
用前一次的参数进行渲染	Shift+E或F9
渲染配置	Shift+R或F10
在XY/YZ/ZX锁定中循环改变	F8
约束到x轴	F5
约束到y轴	F6
约束到z轴	F7
旋转视图模式	Ctrl+R或V
保存文件	Ctrl+S
透明显示所选物体（开关）	Alt+X
选择父物体	PageUp
选择子物体	PageDown
根据名称选择物体	H
选择锁定（开关）	Space（Space键即空格键）
减淡所选物体的面（开关）	F2
显示所有视图网格（开关）	Shift+G
显示/隐藏命令面板	3

（续表）

显示/隐藏浮动工具条	4
显示最后一次渲染的图像	Ctrl+I
显示/隐藏主要工具栏	Alt+6
显示/隐藏安全框	Shift+F
显示/隐藏所选物体的支架	J
百分比捕捉（开关）	Shift+Ctrl+P
打开/关闭捕捉	S
循环通过捕捉点	Alt+Space（Space键即空格键）
间隔放置物体	Shift+I
改变到光线视图	Shift+4
循环改变子物体层级	Ins
子物体选择（开关）	Ctrl+B
贴图材质修正	Ctrl+T
加大动态坐标	+
减小动态坐标	-
激活动态坐标（开关）	X
精确输入转变量	F12
全部解冻	7
根据名字显示隐藏的物体	5
刷新背景图像	Alt+Shift+Ctrl+B
显示几何体外框（开关）	F4
视图背景	Alt+B
用方框快显几何体（开关）	Shift+B
打开虚拟现实	数字键盘1
虚拟视图向下移动	数字键盘2
虚拟视图向左移动	数字键盘4
虚拟视图向右移动	数字键盘6
虚拟视图向中移动	数字键盘8
虚拟视图放大	数字键盘7
虚拟视图缩小	数字键盘9
实色显示场景中的几何体（开关）	F3
全部视图显示所有物体	Shift+Ctrl+Z
视窗缩放到选择物体范围	E
缩放范围	Alt+Ctrl+Z
视窗放大两倍	Shift++（数字键盘）
放大镜工具	Z
视窗缩小两倍	Shift+-（数字键盘）
根据框选进行放大	Ctrl+W
视窗交互式放大	[
视窗交互式缩小	]

NO.2　轨迹视图快捷键

操作	快捷键
加入关键帧	A
前一时间单位	<
下一时间单位	>
编辑关键帧模式	E
编辑区域模式	F3
编辑时间模式	F2
展开对象切换	O
展开轨迹切换	T
函数曲线模式	F5或F
锁定所选物体	Space（Space键即空格键）
向上移动高亮显示	↓
向下移动高亮显示	↑
向左轻移关键帧	←
向右轻移关键帧	→
位置区域模式	F4
回到上一场景操作	Ctrl+A
向下收拢	Ctrl+↓
向上收拢	Ctrl+↑

NO.3　渲染器设置快捷键

操作	快捷键
用前一次的配置进行渲染	F9
渲染配置	F10

NO.4　示意视图快捷键

操作	快捷键
下一时间单位	>
前一时间单位	<
回到上一场景操作	Ctrl+A

NO.5　Active Shade快捷键

操作	快捷键
绘制区域	D
渲染	R
锁定工具栏	Space（Space键即空格键）

NO.6　视频编辑快捷键

操作	快捷键
加入过滤器项目	Ctrl+F
加入输入项目	Ctrl+I
加入图层项目	Ctrl+L
加入输出项目	Ctrl+O
加入新的项目	Ctrl+A
加入场景事件	Ctrl+S
编辑当前事件	Ctrl+E
执行序列	Ctrl+R
新建序列	Ctrl+N

NO.7　NURBS编辑快捷键

操作	快捷键
CV约束法线移动	Alt+N
CV约束到U向移动	Alt+U
CV约束到V向移动	Alt+V
显示曲线	Shift+Ctrl+C
显示控制点	Ctrl+D
显示格子	Ctrl+L
NURBS面显示方式切换	Alt+L
显示表面	Shift+Ctrl+S
显示工具箱	Ctrl+T
显示表面整齐	Shift+Ctrl+T
根据名字选择本物体的子层级	Ctrl+H
锁定2D所选物体	Space（Space键即空格键）
选择U向的下一点	Ctrl+→
选择V向的下一点	Ctrl+↑
选择U向的前一点	Ctrl+←
选择V向的前一点	Ctrl+↓
根据名字选择子物体	H
柔软所选物体	Ctrl+S
转换到CV曲线层级	Alt+Shift+Z
转换到曲线层级	Alt+Shift+C
转换到点层级	Alt+Shift+P
转换到CV曲面层级	Alt+Shift+V
转换到曲面层级	Alt+Shift+S
转换到上一层级	Alt+Shift+T
转换降级	Ctrl+X

NO.8　FFD快捷键

操作	快捷键
转换到控制点层级	Alt+Shift+C

常见材质参数设置索引

NO.1 玻璃材质

材质名称	示例图	贴图	参数设置		用途
普通玻璃材质			漫反射	漫反射颜色=（红:129，绿:187，蓝:188）	家具装饰
			反射	反射颜色=（红:20，绿:20，蓝:20）、高光光泽度=0.9、反射光泽度=0.95、细分=10、菲涅耳反射=勾选	
			折射	折射颜色=（红:240，绿:240，蓝:240）、细分=20、影响阴影=勾选、烟雾颜色=（红:242,绿:255,蓝:253）、烟雾倍增=0.2	
			其他		
窗玻璃材质			漫反射	漫反射颜色=（红:193，绿:193，蓝:193）	窗户装饰
			反射	反射通道=衰减贴图、侧=（红:134，绿:134，蓝:134）、衰减类型=Fresnel、反射光泽度=0.99、细分=20	
			折射	折射颜色=白色、光泽度=0.99、细分=20、影响阴影=勾选、烟雾颜色=（红:242，绿:243，蓝:247）、烟雾倍增=0.001	
			其他		
彩色玻璃材质			漫反射	漫反射颜色=黑色	家具装饰
			反射	反射颜色=白色、细分=15、菲涅耳反射=勾选	
			折射	折射颜色=白色、细分=15、影响阴影=勾选、烟雾颜色=自定义、烟雾倍增=0.04	
			其他		
磨砂玻璃材质			漫反射	漫反射颜色=（红:180，绿:189，蓝:214）	家具装饰
			反射	反射颜色=（红:57，绿:57，蓝:57）、菲涅耳反射=勾选、反射光泽度=0.95	
			折射	折射颜色=（红:180，绿:180，蓝:180）、光泽度=0.95、影响阴影=勾选、折射率=1.2、退出颜色=勾选、退出颜色=（红:3，绿:30，蓝:55）	
			其他		
龟裂缝玻璃材质			漫反射	漫反射颜色=（红:213，绿:234，蓝:222）	家具装饰
			反射	反射颜色=（红:119，绿:119，蓝:119）、高光光泽度=0.8、反射光泽度=0.9、细分=15	
			折射	折射颜色=（红:217，绿:217，蓝:217）、细分=15、影响阴影=勾选、烟雾颜色=（红:247，绿:255，蓝:255）、烟雾倍增=0.3	
			其他	凹凸通道=贴图、凹凸强度=-20	
镜子材质			漫反射	漫反射颜色=（红:24，绿:24，蓝:24）	家具装饰
			反射	反射颜色=（红:239，绿:239，蓝:239）	
			折射		
			其他		
水晶材质			漫反射	漫反射颜色=（红:248，绿:248，蓝:248）	家具装饰
			反射	反射颜色=（红:250，绿:250，蓝:250）、菲涅耳反射=勾选	
			折射	折射颜色=（红:130，绿:130，蓝:130）、折射率=2、影响阴影=勾选	
			其他		

NO.2 金属材质

材质名称	示例图	贴图	参数设置		用途
亮面不锈钢材质			漫反射	漫反射颜色=（红:49，绿:49，蓝:49）	家具及陈设品装饰
			反射	反射颜色=（红:210，绿:210，蓝:210）、高光光泽度=0.8、细分=16	
			折射		
			其他	双向反射=沃德	
哑光不锈钢材质			漫反射	漫反射颜色=（红:40，绿:40，蓝:40）	家具及陈设品装饰
			反射	反射颜色=（红:180，绿:180，蓝:180）、高光光泽度=0.8、反射光泽度=0.8、细分=20	
			折射		
			其他	双向反射=沃德	
拉丝不锈钢材质			漫反射		家具及陈设品装饰
			反射	反射颜色=（红:77，绿:77，蓝:77）、反射通道=贴图、反射光泽度=0.95、反射光泽度通道=贴图、细分=20	
			折射		
			其他	双向反射=沃德、各向异性（-1..1）=0.6、旋转=-15 凹凸通道=贴图	
银材质			漫反射	漫反射颜色=（红:103，绿:103，蓝:103）	家具及陈设品装饰
			反射	反射颜色=（红:98，绿:98，蓝:98）、反射光泽度=0.8、细分=为20	
			折射		
			其他	双向反射=沃德	
黄金材质			漫反射	漫反射颜色=（红:133，绿:53，蓝:0）	家具及陈设品装饰
			反射	反射颜色=（红:225，绿:124，蓝:24）、反射光泽度=0.95、细分=为15	
			折射		
			其他	双向反射=沃德	
黄铜材质			漫反射	漫反射颜色=（红:70，绿:26，蓝:4）	家具及陈设品装饰
			反射	反射颜色=（红:225，绿:124，蓝:24）、高光光泽度=0.7、反射光泽度=0.65、细分=为20	
			折射		
			其他	双向反射=沃德、各向异性（-1..1）=0.5	

NO.3 布料材质

材质名称	示例图	贴图	参数设置		用途
绒布材质（注意，材质类型为标准材质）			明暗器	（O）Oren-Nayar-Blinn	家具装饰
			漫反射	漫反射通道=贴图	
			自发光	自发光=勾选、自发光通道=遮罩贴图、贴图通道=衰减贴图（衰减类型=Fresnel）、遮罩通道=衰减贴图（衰减类型=阴影/灯光）	
			反射高光	高光级别=10	
			其他	凹凸强度=10、凹凸通道=噪波贴图、噪波大小=2（注意，这组参数需要根据实际情况进行设置）	

（续表）

材质名称	材质球	贴图	参数项	参数	用途
单色花纹绒布材质（注意，材质类型为标准材质）			明暗器	（O）Oren-Nayar-Blinn	家具装饰
			自发光	自发光=勾选、自发光通道=遮罩贴图、贴图通道=衰减贴图（衰减类型=Fresnel）、遮罩通道=衰减贴图（衰减类型=阴影/灯光）	
			反射高光	高光级别=10	
			其他	漫反射颜色+凹凸通道=贴图、凹凸强度=-180（注意，这组参数需要根据实际情况进行设置）	
麻布材质			漫反射	通道=贴图	
			反射		
			折射		
			其他	凹凸通道=贴图、凹凸强度=20	
抱枕材质			漫反射	漫反射通道=抱枕贴图、模糊=0.05	家具装饰
			反射	反射颜色=（红:34，绿:34，蓝:34）、反射光泽度=0.7、细分=20	
			折射		
			其他	凹凸通道=凹凸贴图、凹凸强度=50	
毛巾材质			漫反射	漫反射颜色=（红:243，绿:243，蓝:243）	家具装饰
			反射		
			折射		
			其他	置换通道=贴图、置换强度=8	
半透明窗纱材质			漫反射	漫反射颜色=（红:240，绿:250，蓝:255）	家具装饰
			反射		
			折射	折射通道=衰减贴图、前=（红:180，绿:180，蓝:180）、侧=黑色、光泽度=0.88、折射率=1.001、影响阴影=勾选	
			其他		
花纹窗纱材质（注意，材质类型为混合材质）			材质1	材质1通道=VRayMtl材质、漫反射颜色=（红:98，绿:64，蓝:42）	家具装饰
			材质2	材质2通道=VRayMtl材质、漫反射颜色=（红:164，绿:102，蓝:35）、反射颜色=（红:162，绿:170，蓝:75）、高光光泽度=0.82、反射光泽度=0.82细分=15	
			遮罩	遮罩通道=贴图	
			其他		
软包材质			漫反射	漫反射通道=衰减贴图、前通道=软包贴图、模糊=0.1、侧=（红:248，绿:220，蓝:233）	家具装饰
			反射		
			折射		
			其他	凹凸通道=软包凹凸贴图、凹凸强度=45	
普通地毯			漫反射	漫反射通道=衰减贴图、前通道=地毯贴图、衰减类型=Fresnel	家具装饰
			反射		
			折射		
			其他	凹凸通道=地毯凹凸贴图、凹凸强度=60	

（续表）

材质名称	示例图	贴图	参数设置		用途
普通花纹地毯	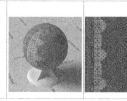		漫反射	漫反射通道=贴图	家具装饰
			反射		
			折射		
			其他		

NO.4 木纹材质

材质名称	示例图	贴图	参数设置		用途
高光木纹材质			漫反射	漫反射通道=贴图	家具及地面装饰
			反射	反射颜色=（红:40，绿:40，蓝:40）、高光光泽度=0.75、反射光泽度=0.7、细分=15	
			折射		
			其他	凹凸通道=贴图、环境通道=输出贴图	
哑光木纹材质			漫反射	漫反射通道=贴图、模糊=0.2	家具及地面装饰
			反射	反射颜色=（红:213，绿:213，蓝:213）、反射光泽度=0.6、菲涅耳反射=勾选	
			折射		
			其他	凹凸通道=贴图、凹凸强度=60	
木地板材质			漫反射	漫反射通道=贴图、瓷砖（平铺）U/V=6	地面装饰
			反射	反射颜色=（红:55，绿:55，蓝:55）、反射光泽度=0.8、细分=15	
			折射		
			其他		

NO.5 石材材质

材质名称	示例图	贴图	参数设置		用途
大理石地面材质			漫反射	漫反射通道=贴图	地面装饰
			反射	反射颜色=（红:228，绿:228，蓝:228）、细分=15、菲涅耳反射=勾选	
			折射		
			其他		
人造石台面材质			漫反射	漫反射通道=贴图	台面装饰
			反射	反射通道=衰减贴图、衰减类型=Fresnel、高光光泽度=0.65、反射光泽度=0.9、细分=20	
			折射		
			其他		
拼花石材材质			漫反射	漫反射通道=贴图	地面装饰
			反射	反射颜色=（红:228，绿:228，蓝:228）、细分=15、菲涅耳反射=勾选	
			折射		
			其他		

（续表）

材质名称	示例图	贴图	参数设置		用途
仿旧石材材质			漫反射	漫反射通道=混合贴图、颜色#1通道=旧墙贴图、颜色#1通道=破旧纹理贴图、混合量=50	墙面装饰
			反射		
			折射		
			其他	凹凸通道=破旧纹理贴图、凹凸强度=10、置换通道=破旧纹理贴图、置换强度=10	
文化石材质			漫反射	漫反射通道=贴图	墙面装饰
			反射	反射颜色=（红:30，绿:30，蓝:30）高光光泽度=0.5	
			折射		
			其他	凹凸通道=贴图、凹凸强度=50	
砖墙材质			漫反射	漫反射通道=贴图	墙面装饰
			反射	反射通道=衰减贴图、侧=（红:18，绿:18，蓝:18）、衰减类型=Fresnel、高光光泽度=0.5、反射光泽度=0.8	
			折射		
			其他	凹凸通道=灰度贴图、凹凸强度=120	
玉石材质			漫反射	漫反射颜色=（红:180，绿:214，蓝:163）	陈设品装饰
			反射	反射颜色=（红:67，绿:67，蓝:67）、高光光泽度=0.8、反射光泽度=0.85、细分=25	
			折射	折射颜色=（红:220，绿:220，蓝:220）、光泽度=0.6、细分=20、折射率=1、影响阴影=勾选、烟雾颜色=（红:105，绿:150，蓝:115）、烟雾倍增=0.1	
			其他	半透明类型=硬（蜡）模型、正/背面系数=0.5、正/背面系数=1.5	

NO.6 陶瓷材质

材质名称	示例图	贴图	参数设置		用途
白陶瓷材质			漫反射	漫反射颜色=白色	陈设品装饰
			反射	反射颜色=（红:131，绿:131，蓝:131）、细分=15、菲涅耳反射=勾选	
			折射	折射颜色=（红:30，绿:30，蓝:30）、光泽度=0.95	
			其他	半透明类型=硬（蜡）模型、厚度=0.05mm（该参数要根据实际情况而定）	
青花瓷材质			漫反射	漫反射通道=贴图、模糊=0.01	陈设品装饰
			反射	反射颜色=白色、菲涅耳反射=勾选	
			折射		
			其他		
马赛克材质			漫反射	漫反射通道=马赛克贴图	墙面装饰
			反射	反射颜色=（红:10，绿:10，蓝:10）、反射光泽度=0.95	
			折射		
			其他	凹凸通道=灰度贴图	

NO.7 漆类材质

材质名称	示例图	贴图	参数设置		用途
白色乳胶漆材质			漫反射	漫反射颜色=（红:250，绿:250，蓝:250）	墙面装饰
			反射	反射通道=衰减贴图、衰减类型=Fresnel、高光光泽度=0.85、反射光泽度=0.9、细分=12	
			折射		
			其他	环境通道=输出贴图、输出量=3	
彩色乳胶漆材质（注意，材质类型为VRay材质包裹器材质）			基本材质	基本材质通道=VRayMtl材质	墙面装饰
			漫反射	漫反射颜色=（红:205，绿:164，蓝:99）	
			反射	细分=15	
			其他	生成全局照明=0.2、跟踪反射=关闭	
烤漆材质			漫反射	漫反射颜色=黑色	电器及乐器装饰
			反射	反射颜色=（红:233，绿:233，蓝:233）、反射光泽度=0.9、细分=20、菲涅耳反射=勾选	
			折射		
			其他		

NO.8 皮革材质

材质名称	示例图	贴图	参数设置		用途
亮光皮革材质			漫反射	漫反射颜色=黑色	家具装饰
			反射	反射颜色=白色、高光光泽度=0.7、反射光泽度=0.88、细分=30、菲涅耳反射=勾选	
			折射		
			其他	凹凸通道=凹凸贴图	
哑光皮革材质			漫反射	漫反射通道=贴图	家具装饰
			反射	反射颜色=（红:38，绿:38，蓝:38）、反射光泽度=0.75、细分=15	
			折射		
			其他		

NO.9 壁纸材质

材质名称	示例图	贴图	参数设置		用途
壁纸材质			漫反射	通道=贴图	墙面装饰
			反射		
			折射		
			其他		

NO.10 塑料材质

材质名称	示例图	贴图	参数设置		用途
普通塑料材质			漫反射	漫反射颜色=自定义	陈设品装饰
			反射	反射通道=衰减贴图、前=（红:22，绿:22，蓝:22）、侧=（红:200，绿:200，蓝:200）、衰减类型=Fresnel、高光光泽度=0.8、反射光泽度=0.7、细分=15	
			折射		
			其他		
半透明塑料材质			漫反射	漫反射颜色=自定义	陈设品装饰
			反射	反射颜色=（红:51，绿:51，蓝:51）、高光光泽度=0.4、反射光泽度=0.6、细分=10	
			折射	折射颜色=（红:221，绿:221，蓝:221）、光泽度=0.9、细分=10、影响阴影=勾选、烟雾颜色=漫反射颜色、烟雾倍增=0.05	
			其他		
塑钢材质			漫反射	漫反射颜色=黑色	家具装饰
			反射	反射颜色=（红:233，绿:233，蓝:233）、反射光泽度=0.9、细分=20、菲涅耳反射=勾选	
			折射		
			其他		

NO.11 液体材质

材质名称	示例图	贴图	参数设置		用途
清水材质			漫反射	漫反射颜色=（红:123，绿:123，蓝:123）	室内装饰
			反射	反射颜色=白色、菲涅耳反射=勾选、细分=15	
			折射	折射颜色=（红:241，绿:241，蓝:241）、细分=20、折射率=1.333、影响阴影=勾选	
			其他	凹凸通道=噪波贴图、噪波大小=3（该参数要根据实际情况而定）	
游泳池水材质			漫反射	漫反射颜色=(红:15，绿:162，蓝:169)	公用设施装饰
			反射	反射颜色=（红:132，绿:132，蓝:132）、反射光泽度=0.97、菲涅耳反射=勾选	
			折射	折射颜色=（红:241，绿:241，蓝:241）、折射率=1.333、影响阴影=勾选、烟雾颜色=漫反射颜色、烟雾倍增=0.01	
			其他	凹凸通道=噪波贴图、噪波大小=3（该参数要根据实际情况而定）	
红酒材质			漫反射	漫反射颜色=（红:146，绿:17，蓝:60）	陈设品装饰
			反射	反射颜色=（红:57，绿:57，蓝:57）、细分=20、菲涅耳反射=勾选	
			折射	折射颜色=（红:222，绿:157，蓝:191）、细分=30、折射率=1.333、影响阴影=勾选、烟雾颜色=（红:169，绿:67，蓝:74）	
			其他		

NO.12 自发光材质

材质名称	示例图	贴图	参数设置		用途
灯管材质（注意，材质类型为VRay灯光材质）			颜色	颜色=白色、强度=25（该参数要根据实际情况而定）	电器装饰
电脑屏幕材质（注意，材质类型为VRay灯光材质）			颜色	颜色=白色、强度=25（该参数要根据实际情况而定）、通道=贴图	电器装饰
灯带材质（注意，材质类型为VRay灯光材质）			颜色	颜色=自定义、强度=25（该参数要根据实际情况而定）	陈设品装饰
环境材质（注意，材质类型为VRay灯光材质）			颜色	颜色=白色、强度=25（该参数要根据实际情况而定）、通道=贴图	室外环境装饰

NO.13 其他材质

材质名称	示例图	贴图	参数设置		用途
叶片材质（注意，材质类型为标准材质）			漫反射	漫反射通道=叶片贴图	室内/外装饰
			不透明度	不透明度通道=黑白遮罩贴图	
			反射高光	高光级别=40、光泽度=50	
			其他		
水果材质			漫反射	漫反射通道=草莓贴图	室内/外装饰
			反射	反射通道=衰减贴图、侧通道=草莓衰减贴图、衰减类型=Fresnel、反射光泽度=0.74、细分=12	
			折射	折射颜色(红:12,绿:12,蓝:12)、光泽度=0.8、影响阴影=勾、烟雾颜色=（红:251,绿:59,蓝:3）、烟雾倍增=0.001	
			其他	半透明类型=硬（蜡）模型、背面颜色=（红:251,绿:48,蓝:21）、凹凸通道=发现凹凸贴图、法线通道=草莓法线贴图	
草地材质			漫反射	漫反射通道=草地贴图	室外装饰
			反射	反射颜色=（红:28,绿:43,蓝:25）、反射光泽度=0.85	
			折射		
			其他	跟踪反射=关闭、草地模型=加载VRay置换模式修改器、类型=2D贴图（景观）、纹理贴图=草地贴图、数量=150mm（该参数要根据实际情况而定）	

（续表）

镂空藤条材质（注意，材质类型为标准材质）			漫反射	漫反射通道=藤条贴图	家具装饰
			不透明度	不透明度通道=黑白遮罩贴图	
			反射高光	高光级别=60	
			其他		
沙盘楼体材质			漫反射	漫反射颜色=（红:237，绿:237，蓝:237）	陈设品装饰
			反射		
			折射		
			其他	不透明度通道=VRay边纹理贴图、颜色=白色、像素=0.3	
书本材质			漫反射	漫反射通道=贴图	陈设品装饰
			反射	反射颜色=（红:80，绿:80，蓝:8）、细分=20、菲涅耳反射=勾选	
			折射		
			其他		
画材质			漫反射	漫反射通道=贴图	陈设品装饰
			反射		
			折射		
			其他		
毛发地毯材质（注意，该材质用VRay毛皮工具进行制作）				根据实际情况，对VRay毛皮的参数进行设定，如长度、厚度、重力、弯曲、结数、方向变量和长度变化。另外，毛发颜色可以直接在"修改"面板中进行选择	地面装饰